建筑结构设计系列手册

建筑结构静力计算实用手册

（第二版）

主　编　姚　谏
主　审　董石麟

中国建筑工业出版社

图书在版编目（CIP）数据

建筑结构静力计算实用手册/姚谏主编．—2版．—北京：中国建筑工业出版社，2014.5（2020.10重印）
建筑结构设计系列手册
ISBN 978-7-112-16372-4

Ⅰ.①建… Ⅱ.①姚… Ⅲ.①建筑结构—结构静力学—计算方法—手册 Ⅳ.①TU311.1-62

中国版本图书馆CIP数据核字（2014）第022297号

此次修订主要做了部分章节的增补和改进。其中第6、8、9章都做了改进，增补了第13.6组合网架的计算。

本书是一本专供土木建筑结构静力计算应用的工具手册。内容不但包括建筑结构的梁、板、桁架、拱、刚架、排架等基本静力计算方法，也涉及一些具体结构或构件的受力分析计算，如井式梁、螺旋楼梯、悬挑式楼梯、地下室侧墙板、网架、薄壁杆件扭转计算，以及针对钢结构的梁、柱、板件的稳定计算。手册中除列有截面特性、梁变位计算的基本资料外，一般以列出各种计算公式和计算用表为主，并简明地介绍其计算方法和应用例题。对于一些具体结构或构件则着重介绍它的计算方法和例题的演算。为读者采用手算和计算机计算的方便，手册分别将常用数学公式，矩阵位移方程的基本内容、方程的求解和一些工程设计中的问题，以及考虑剪切变形杆件的剪应力分布不均匀系数等在附录中列出。本手册包括了结构静力学中的基本内容，可作为建筑结构计算和施工计算中的一种辅助工具和参考资料，供建筑结构设计与施工技术人员工作中应用，以及土建专业大、专院校师生教学参考。

* * *

责任编辑：赵梦梅
责任校对：张　颖　赵　颖

建筑结构设计系列手册
建筑结构静力计算实用手册
（第二版）
主编　姚　谏
主审　董石麟
*
中国建筑工业出版社出版、发行（北京西郊百万庄）
各地新华书店、建筑书店经销
北京千辰公司制版
北京京华铭诚工贸有限公司印刷
*
开本：787×1092毫米　1/16　印张：39¾　字数：990千字
2014年4月第二版　2020年10月第十六次印刷
定价：**118.00**元
ISBN 978-7-112-16372-4
（34355）

《建筑结构静力计算实用手册》（第二版）编写组成

主　编　姚　谏
主　审　董石麟
副主编　（按姓氏笔画排序）
　　　　干　钢　李志飚　陈水福
编　委　（按姓氏笔画排序）
　　　　干　钢　李志飚　杨骊先　肖　南　肖志斌　应祖光
　　　　沈　金　陈　勇　陈水福　赵　阳　姚　谏　袁行飞

编写内容分工

编　写　章　节	主要编写人员
第1章　力学计算基本资料	姚谏
第2章　单跨梁	应祖光
第3章　连续梁	干钢、肖志斌
第4章　薄壁杆件扭转时的内力计算公式	应祖光
第5章　板	李志飚
第6章　普通桁架与空腹桁架	袁行飞、肖南（空腹桁架）
第7章　拱	陈勇
第8章　等截面刚架内力分析	陈水福
第9章　单层刚架内力计算公式	陈水福
第10章　井式梁	沈金
第11章　排架	杨骊先
第12章　特种螺旋楼梯	沈金
第13章　网架	赵阳
第14章　杆与板的稳定性计算	姚谏
附录A　常用数学计算资料	姚谏
附录B　平面杆系计算结构力学部分内容介绍	袁行飞
附录C　考虑剪切变形杆件的剪应力颁布不均匀系数 k	应祖光
附录D　建筑结构水平地震作用计算——底部剪力法	李志飚

第二版前言

本手册第一版自2009年底出版以来，得到了读者的欢迎与好评，迄今印刷4次，近一万五千册。

为适应科技进步和社会发展的最新需要，在出版社的提议下，编著者自2013年7月开始对第一版进行修订。修订后的第二版在第一版内容的基础上，主要进行了以下几个方面的增补和改进：

第6章普通桁架与空腹桁架，增加了两个有关钢结构平面空腹桁架的计算例题；

第8章等截面刚架内力分析，增加了一端固定另一端滑动梁的固端弯矩列表；

第9章单层刚架内力计算公式，其中的图表、计算式、符号、内容等均作了重新编排，主要包括：(1) 除圆形结构外，其余刚架结构的计算式均由第一版的同一结构默认为等截面单一材料（即各杆抗弯刚度 EI＝常数），推广为同一杆件采用等截面单一材料（即该杆 E_iI_i＝常数），但同一结构不同杆件的截面和材料（即其 E_iI_i）可互不相同的情况；(2) 多数插图已重新绘制，图中的结点编号及杆件抗弯刚度 E_iI_i 均作了重新编排；(3) 公式中的符号作了重新定义，并列出了主要符号的物理意义，使得改编后的计算公式更为简捷易用，且具有前后一致性；(4) 对各类刚架作用集中力偶且力偶移至与其他杆件相交的杆端的特殊情况，补充列出了杆端弯矩表达式的说明，或另给出了该表达式的简化计算式，使得阅读更为明晰。

第13章网架，考虑到组合网架是实际工程中应用较广泛的一种新型组合空间结构，新增一节“13.6 组合网架的计算”。

第14章杆与板的稳定计算，因国家标准《钢结构设计规范》GB 50017在最后送审阶段尚未颁布，暂不作修订，待新规范颁布后再全面更新。

另外，对第一版中图表、公式、文字等存在的错漏进行了仔细修订。

限于水平与时间，书中难免还会有错、漏之处，敬请读者批评指正，以利于今后修订，使之更臻完善。

编委会

2014年元月于浙江大学、浙江树人大学

编 写 说 明

本手册由中国建筑工业出版社组织策划，经浙江大学、浙江树人大学和浙江省建筑设计研究院三家单位的12位教授、研究员合作编写而成，历时两年整。编写中结合考虑当前有关建筑结构现状和发展的需要，以及实际工程应用情况，新增了一些内容，如：变截面悬臂梁的内力及挠度计算公式，二层地下室侧墙板的弯矩简化计算，空腹桁架的内力及变形计算，等截面抛物线拱的计算，刚架内力的二阶分析，特种楼梯的计算，网架的内力及变形计算，杆和板的稳定性计算，常用单元刚度矩阵，建筑结构水平地震作用计算方法，工程中常见边界条件的板的内力计算公式与用表，设计冷弯薄壁型钢结构等所需构件扭转性能方面的知识等。对于一些只属于建筑结构小构件的计算，以及工程中已应用不多的计算法，则不予列入。

编排上主要以结构构件的静力计算划分章节，并使章节标题尽量与其内容贴切，一些相关的常用数学公式、有限元法的刚度矩阵等则只精简地在附录中列出。引用的公式、数表等都经过详细的推导和编排。为突出实用，手册中列入了较多的例题，并使例题尽量与现行相关规范相联系，以便工程人员应用。

本手册由十四章加四个附录组成。第1章主要介绍截面几何特性的计算公式和计算梁变形的两种方法，并给出常用情况的计算用表。

第2章介绍各种工程常用单跨梁内力计算公式与用表，包括变截面悬臂梁、圆弧梁、简支吊车梁等。

第3章主要介绍等截面与变截面连续梁的常规计算方法，并根据设计的实际需要，针对能简化为连续梁的二层地下室侧墙板，给出了不同层高比、不同墙厚比的内力计算图表。

第4章介绍薄壁杆件扭转时的内力与截面几何特性计算公式，以及纯扭转的内力和荷载偏离截面剪心时的扭转内力计算图表。

第5章基于弹性薄板小挠度理论，给出圆形板、环形板内力变形计算用表、计算公式，以及矩形板在多种支承条件和荷载作用方式下的内力计算用表；最后提供了按极限平衡法分析四边支承弹塑性板的相关计算用表，以及均布荷载作用下的邻边固支、邻边自由矩形板的内力计算用表等；另外特别编写了两个例题，用以说明本章计算用表的具体应用。

第6章提供桁架结构的内力和变位的计算公式与用表，专门编写了一个十二节间芬克式屋架计算例题、以及空腹桁架的内力与变形计算和例题。

第7章主要介绍拱的计算公式与用表，包括超静定圆弧拱、超静定变截面与等截面的抛物线拱，都由力法方程推导得到。同时，选择了一个两铰拱跨中作用集中力的例子，对载变位进行了定量分析。对拱的计算原理也进行了概括叙述。

第8章介绍超静定等截面刚架的内力计算常用方法，主要包括力矩分配法、无剪力分配法、分层计算法和反弯点法，对每种方法均结合算例给出具体的计算步骤及计算要点，并专门加入了考虑轴向力侧移影响的二阶分析方法及相应算例。对于计算较为冗繁且目前较少应用的迭代计算方法等则未予列入。

第 9 章以列表形式给出了 9 种单层等截面刚架和一种单跨变截面加腋杆门式刚架在不同荷载作用下的内力计算公式。

第 10 章主要列出井式梁内力计算公式以及计算例题。

第 11 章较全面地列出不同跨数、不同跨高的排架计算公式。对于过于繁复的排架，如不等高四跨排架、荷载形式过于复杂的低跨数排架则不予列入。为了帮助读者更好地运用本章所列的计算公式，以解决实际设计问题，特别编写了单跨和两跨等高排架厂房的计算例题，以及两跨不等高排架的计算例题。

排架设计在目前仍比较经常碰到，对其解析中的文字说明，力求概念清晰，运用方便，对有些特殊荷载作用下的栏目还加了注解。

第 12 章内容为螺旋楼梯和悬挑式楼梯的计算。螺旋楼梯计算主要包括两端铰支和两端固支螺旋楼梯的计算方法两个部分。悬挑式楼梯的计算主要介绍采用板的相互作用法分析悬挑式楼梯的设计方法。

第 13 章主要介绍网架结构分析中应用最广、适合计算机分析的精确计算方法——空间桁架位移法，还介绍了适合手算并具有良好精度的下弦内力法、交叉梁系差分法和拟夹层板法，对各种方法给出其计算步骤、主要计算图表、计算公式，并附有算例。

第 14 章主要介绍钢结构中常用构件（包括轴心受压构件、梁和压弯构件）及其组成板件的稳定性计算原理、规范计算公式以及计算例题。

附录 A 列出了常用数学公式（包括代数、平面三角、双曲线函数、微分、积分、函数展开式和矩阵及其运算方法）、立体图形的面积及体积计算公式以及常用常数值和常用单位与法定计量单位之间的换算。

附录 B 对平面杆系计算结构力学部分内容进行了介绍，并列出了杆、梁单元刚度矩阵。

附录 C 列出了考虑剪切变形杆件的剪应力分布不均匀系数 k 的计算公式，给出了常见截面的 k 值计算用表，并尽量扩大计算用表的范围。

附录 D 介绍了计算建筑结构水平地震作用的底部剪力法及其适用范围，并结合例题说明该方法的具体应用。

本手册由姚谏负责组织分工编写。第 1、14 章和附录 A 由姚谏编写；第 2、4 章和附录 C 由应祖光编写；第 3 章由干钢和肖志斌编写（邵剑文绘制了第 3 章全部插图，尹雄完成了部分表格制作）；第 5 章和附录 D 由李志飚编写；第 6 章中的普通桁架和附录 B 由袁行飞编写，第 6 章中空腹桁架的内力及变形计算由肖南编写；第 7 章由陈勇编写；第 8 和 9 章由陈水福编写；第 10 和 12 章由沈金编写；第 11 章由杨骊先编写；第 13 章由赵阳编写。

校审工作分两步进行。首先划分内容由干钢（第 1、6、8、9 章和附录 D）、姚谏（第 2～5 章和附录 C）、陈水福（第 7、10～12 章）和李志飚（第 13、14 章和附录 A、B）分头校审，然后由姚谏汇总、统稿送中国工程院院士董石麟教授总校审。

本书读者对象为建筑结构设计与施工技术人员，也可供大、中专院校土建专业师生参考。

编委会

2009 年 6 月于西子湖畔

目　　录

第1章　力学计算基本资料 ………………………………………… 1
1.1　截面的几何特性 ………………………………………… 1
1.1.1　截面几何特性的计算公式 ………………………………………… 1
1.1.2　常用截面的几何特性表 ………………………………………… 3
1.2　计算梁变位用表 ………………………………………… 6
1.2.1　图形相乘法 ………………………………………… 6
1.2.2　虚梁反力表 ………………………………………… 10
参考文献 ………………………………………… 13

第2章　单跨梁 ………………………………………… 14
2.1　概述 ………………………………………… 14
2.1.1　符号说明 ………………………………………… 14
2.1.2　单跨静定梁 ………………………………………… 14
2.1.3　单跨超静定梁 ………………………………………… 16
2.2　单跨梁的内力及变位计算公式 ………………………………………… 20
2.2.1　悬臂梁 ………………………………………… 20
2.2.2　简支梁 ………………………………………… 25
2.2.3　一端简支另一端固定梁 ………………………………………… 35
2.2.4　两端固定梁 ………………………………………… 42
2.2.5　伸臂梁 ………………………………………… 48
2.3　单跨梁的内力系数 ………………………………………… 50
2.3.1　简支梁的弯矩及剪力系数 ………………………………………… 50
2.3.2　梁的固端弯矩系数 ………………………………………… 51
2.4　其他形式的单跨梁 ………………………………………… 56
2.4.1　变截面悬臂梁的内力及挠度计算公式 ………………………………………… 56
2.4.2　圆弧梁的内力计算公式 ………………………………………… 57
2.4.3　简支吊车梁的内力计算公式及系数 ………………………………………… 62
2.4.4　下撑式组合梁的内力系数 ………………………………………… 65
参考文献 ………………………………………… 66

第3章　连续梁 ………………………………………… 67
3.1　概述 ………………………………………… 67
3.2　弯矩分配法 ………………………………………… 67
3.2.1　一般弯矩分配法 ………………………………………… 67
3.2.2　矩形截面直线加腋梁的形常数及载常数 ………………………………………… 72

3.2.3 弯矩一次分配法 …… 76
3.3 三弯矩方程式 …… 79
3.4 等截面连续梁的计算系数 …… 82
3.4.1 等跨梁在常用荷载作用下的内力及挠度系数 …… 82
3.4.2 不等跨梁在均布荷载作用下的内力系数 …… 92
3.4.3 等跨等截面连续梁支座弯矩计算公式 …… 94
3.4.4 不等跨等截面连续梁支座弯矩计算公式 …… 95
3.5 梁跨内弯矩与挠度的计算用表 …… 96
3.5.1 梁跨内最大弯矩计算公式 …… 96
3.5.2 梁跨内最大弯矩处横坐标 x_0 的计算公式 …… 98
3.5.3 梁在均布荷载作用下的跨内最大弯矩系数 n …… 99
3.5.4 梁在均布荷载作用下的最大挠度值 …… 100
3.6 连续梁其他计算用表 …… 101
3.6.1 各种荷载化成具有相同支座弯矩的等效均布荷载 …… 101
3.6.2 等跨梁在支座沉陷时的支座弯矩系数 …… 103
3.6.3 等跨梁弯矩及剪力影响线的纵标值 …… 104
3.6.4 不等两跨、对称不等三至四跨梁弯矩影响线纵标值 …… 106
3.7 二层地下室侧墙板的弯矩简化计算用表 …… 107
3.7.1 概述 …… 107
3.7.2 三角形分布荷载作用下的弯矩计算系数 …… 108
3.7.3 矩形分布荷载作用下的弯矩计算系数 …… 117
3.7.4 底层均布荷载作用下的弯矩计算系数 …… 118
3.7.5 算例 …… 119
参考文献 …… 120

第4章 薄壁杆件扭转时的内力计算公式 …… 121
4.1 符号说明 …… 121
4.2 自由扭转 …… 122
4.2.1 纯扭转的内力 …… 122
4.2.2 荷载偏离截面剪心时的扭转内力 …… 123
4.2.3 截面的抗扭特性 …… 124
4.3 约束扭转 …… 126
4.3.1 单跨薄壁梁受约束扭转时的内力计算公式 …… 126
4.3.2 截面的扇性几何特性 …… 130
参考文献 …… 132

第5章 板 …… 133
5.1 轴对称荷载作用下的圆形板和环形板 …… 133
5.1.1 概述 …… 133

5.1.2　符号说明 …… 133
5.1.3　计算用表 …… 134
5.1.4　计算公式 …… 143
5.2　均匀分布和三角形分布荷载作用下的矩形板 …… 151
5.2.1　概述 …… 151
5.2.2　符号说明 …… 152
5.2.3　计算用表 …… 152
5.2.4　连续板的实用计算方法 …… 179
5.3　按极限平衡法计算四边支承弹塑性板 …… 183
5.3.1　计算假定 …… 183
5.3.2　计算公式 …… 183
5.3.3　计算用表 …… 185
参考文献 …… 198

第6章　普通桁架与空腹桁架 …… 199
6.1　概述 …… 199
6.2　普通桁架 …… 199
6.2.1　桁架变位的计算 …… 199
6.2.2　桁架次应力的计算 …… 200
6.2.3　桁架杆件的长度及内力系数 …… 201
6.2.4　桁架算例 …… 228
6.3　空腹桁架的内力及变形计算 …… 231
6.3.1　说明 …… 231
6.3.2　刚度等代计算公式 …… 231
6.3.3　变形计算公式 …… 233
6.3.4　最大刚度时的桁架高度计算公式 …… 233
6.3.5　上、下弦杆及竖腹杆弯矩、剪力和轴力计算 …… 234
参考文献 …… 239

第7章　拱 …… 241
7.1　概述 …… 241
7.1.1　拱的类型 …… 241
7.1.2　符号规定 …… 241
7.2　拱的计算方法 …… 242
7.2.1　求解静定三铰拱的解析方法及内力计算 …… 242
7.2.2　求解超静定两铰拱的解析方法 …… 244
7.2.3　求解超静定无铰拱的解析方法 …… 246
7.2.4　超静定拱的反力及内力计算方法 …… 248
7.2.5　轴向变形的影响 …… 248

7.3 任意外形对称三铰拱 …… 250

7.4 超静定圆弧拱 …… 252

7.4.1 圆弧拱拱轴几何数据 …… 252

7.4.2 相关计算理论与系数 …… 253

7.4.3 各种荷载作用下的赘余力计算公式 …… 255

7.5 超静定变截面抛物线拱 …… 261

7.5.1 抛物线拱拱轴几何数据及截面变化规律 …… 262

7.5.2 相关计算理论与系数 …… 263

7.5.3 两铰变截面抛物线拱在各种荷载作用下的计算公式 …… 264

7.5.4 无铰抛物线拱在各种荷载作用下的计算公式 …… 266

7.6 超静定等截面抛物线拱 …… 268

7.6.1 两铰等截面抛物线拱相关计算理论及系数 …… 269

7.6.2 对称无铰抛物线拱 …… 276

参考文献 …… 286

第8章 等截面刚架内力分析 …… 287

8.1 概述 …… 287

8.1.1 刚架内力分析方法 …… 287

8.1.2 符号说明 …… 287

8.2 用力矩分配法计算刚架 …… 287

8.2.1 无侧移刚架的计算 …… 287

8.2.2 单跨对称矩形刚架在水平节点荷载作用下的计算 …… 290

8.3 用近似法计算刚架 …… 294

8.3.1 竖向荷载作用下多跨多层刚架的分层计算 …… 294

8.3.2 水平荷载作用下多跨多层刚架的反弯点法计算 …… 296

8.4 刚架内力的二阶分析 …… 298

8.4.1 基本概念 …… 298

8.4.2 分析方法 …… 299

参考文献 …… 304

第9章 单层刚架内力计算公式 …… 305

9.1 等截面刚架的内力计算公式 …… 305

9.1.1 “Γ”形刚架 …… 305

9.1.2 “⊓”形刚架 …… 309

9.1.3 “/‾\”形刚架 …… 312

9.1.4 “⌒”形刚架 …… 317

9.1.5 “∩”形刚架 …… 322

9.1.6 “∩”形刚架（横梁为二次抛物线形） …… 326

9.1.7 “□”形刚架 …… 330

9.1.8　“□□”形刚架 …… 335
9.1.9　“○”形刚架 …… 338
9.2　变截面门式刚架的内力计算公式 …… 341
9.2.1　对称两铰门式刚架 …… 341
9.2.2　对称无铰门式刚架 …… 345
9.2.3　一端加腋梁的形常数及载常数 …… 349
参考文献 …… 360

第10章　井式梁 …… 361
10.1　概述 …… 361
10.2　说明 …… 361
10.3　正交正放井式梁的最大弯矩及剪力系数 …… 362
10.4　正交斜放井式梁的最大弯矩及剪力系数 …… 370
10.5　算例 …… 375
参考文献 …… 376

第11章　排架 …… 377
11.1　概述 …… 377
11.2　计算要点 …… 378
11.3　柱位移计算公式 …… 379
11.3.1　概述 …… 379
11.3.2　公式应用说明 …… 379
11.3.3　计算公式 …… 380
11.4　等高排架计算 …… 392
11.4.1　概述 …… 392
11.4.2　公式应用说明 …… 392
11.4.3　计算公式 …… 393
11.4.4　算例 …… 398
11.5　不等高排架计算 …… 406
11.5.1　概述 …… 406
11.5.2　公式应用说明 …… 407
11.5.3　计算公式 …… 408
11.5.4　算例 …… 418
参考文献 …… 426

第12章　特种楼梯 …… 427
12.1　螺旋楼梯 …… 427
12.1.1　概述 …… 427
12.1.2　两端铰支螺旋楼梯内力计算 …… 427

12.1.3 两端固支螺旋楼梯内力计算 …… 430
12.2 悬挑式楼梯 …… 436
12.2.1 概述 …… 436
12.2.2 板相互作用法计算悬挑式楼梯 …… 437
参考文献 …… 445

第13章 网架 …… 447
13.1 概述 …… 447
13.1.1 网架结构的一般计算原则 …… 447
13.1.2 网架结构计算方法概述 …… 447
13.2 空间桁架位移法 …… 448
13.2.1 概述 …… 448
13.2.2 计算步骤 …… 448
13.2.3 计算机分析方法简介 …… 451
13.3 下弦内力法 …… 451
13.3.1 下弦内力的基本方程 …… 451
13.3.2 杆件内力计算 …… 453
13.3.3 挠度计算 …… 454
13.3.4 矩形平面网架的内力、挠度计算用表 …… 455
13.3.5 算例 …… 461
13.4 交叉梁系差分法 …… 465
13.4.1 网架结构的差分表达式 …… 465
13.4.2 边界条件处理 …… 466
13.4.3 计算步骤 …… 468
13.4.4 差分法节点挠度系数表 …… 469
13.4.5 算例 …… 487
13.5 拟夹层板法 …… 493
13.5.1 拟夹层板的刚度计算公式 …… 493
13.5.2 拟夹层板的基本方程式及其求解 …… 493
13.5.3 拟夹层板内力、挠度计算用表 …… 494
13.5.4 网架变刚度时的挠度修正 …… 500
13.5.5 由拟夹层板内力求网架杆件内力的计算公式 …… 500
13.5.6 计算步骤 …… 502
13.5.7 算例 …… 503
13.6 组合网架的计算 …… 507
13.6.1 组合网架的计算方法 …… 507
13.6.2 组合网架简化计算法的设计计算步骤 …… 507
参考文献 …… 509

第 14 章　杆与板的稳定性计算 …… 511
14.1　概述…… 511
14.2　轴心受压构件…… 512
14.2.1　截面形式 …… 512
14.2.2　理想压杆的屈曲临界荷载 …… 512
14.2.3　规范公式 …… 514
14.2.4　算例 …… 519
14.3　梁…… 521
14.3.1　理想梁的弹性弯扭屈曲临界弯矩 …… 521
14.3.2　规范公式 …… 523
14.3.3　非规范规定情况下梁弹性屈曲的整体稳定性系数 φ_b …… 526
14.3.4　简支梁的端部构造 …… 527
14.3.5　算例 …… 527
14.4　压弯构件…… 530
14.4.1　概述 …… 530
14.4.2　单向压弯构件稳定性计算原理 …… 531
14.4.3　规范公式 …… 533
14.4.4　算例 …… 536
14.5　板件…… 542
14.5.1　局部稳定性 …… 542
14.5.2　理想情况下的屈曲临界应力 …… 542
14.5.3　规范公式 …… 544
14.5.4　算例 …… 552
参考文献…… 558

附录 A　常用数学计算资料 …… 559
A1　常用数学公式 …… 559
A1.1　代数…… 559
A1.2　平面三角 …… 560
A1.3　双曲线函数 …… 561
A1.4　微分…… 562
A1.5　积分…… 563
A1.6　函数展开式 …… 564
A1.7　矩阵…… 565
A2　立体图形的面积及体积计算公式 …… 570
A3　常用常数值和常用单位与法定计量单位之间的换算 …… 573

附录 B　平面杆系计算结构力学部分内容介绍 …… 576
B1　推导矩阵位移法方程的基本约定 …… 576

B1.1 符号 …… 576
B1.2 局部坐标系与总体坐标系 …… 577
B1.3 力和位移的正负号约定 …… 577
B2 结构刚度矩阵与节点力列向量 …… 577
B2.1 局部坐标系下的单元刚度矩阵 …… 577
B2.2 坐标变换矩阵 …… 579
B2.3 总体坐标系下的单元刚度矩阵 …… 579
B2.4 结构的总刚度矩阵 …… 580
B2.5 杆件的位移列向量与节点力列向量 …… 585
B2.6 等效节点力 …… 586
B2.7 作用于结构的总外力列向量 …… 586
B3 矩阵位移法方程及方程的求解 …… 587
B3.1 矩阵位移法方程 …… 587
B3.2 矩阵位移法方程的求解 …… 588
B4 杆端力及截面内力 …… 588
B5 常用单元刚度矩阵 …… 589
B6 工程设计中的一些问题 …… 589
B6.1 变截面杆件与考虑剪切变形的杆件 …… 589
B6.2 主从节点关系与带刚域的杆件 …… 596
B6.3 杆件间的连接 …… 598
B6.4 支座沉降与限制节点位移 …… 600
B6.5 弹性支座 …… 601
参考文献 …… 602

附录 C 考虑剪切变形杆件的剪应力分布不均匀系数 *k* …… 603
C1 概述 …… 603
C2 计算公式 …… 603
C2.1 T形、任意工字形、任意十字形截面的计算图形 …… 603
C2.2 有关参数 …… 603
C2.3 k 值的计算 …… 604
C3 计算用表 …… 605
C3.1 T形截面的 k 值表 …… 605
C3.2 对称工字形截面的 k 值表 …… 606
C3.3 不对称工字形截面的 k 值表（1） …… 607
C3.4 不对称工字形截面的 k 值表（2） …… 610
C3.5 对称十字形截面的 k 值表 …… 613
C3.6 不对称十字形截面的 k 值表 …… 614
参考文献 …… 617

附录 D　建筑结构水平地震作用计算——底部剪力法 …… 618
D1　一般规定 …… 618
D2　底部剪力法的计算方法 …… 618
D3　算例 …… 619
参考文献 …… 620

第 1 章　力学计算基本资料

1.1　截面的几何特性

1.1.1　截面几何特性的计算公式

1. 截面惯性矩的计算公式

（1）截面对任一轴的惯性矩：

截面对任一轴的惯性矩等于各微面积 dA 与其至该轴距离平方的乘积之总和（图 1.1-1），即

$$\left.\begin{aligned} I_x &= \int_A y^2 dA \\ I_y &= \int_A x^2 dA \end{aligned}\right\} \tag{1.1-1}$$

（2）截面对 x 轴和 y 轴的惯性积：

截面对 x 轴和 y 轴的惯性积等于各微面积 dA 与其分别至 x 轴和 y 轴距离的乘积之总和（图 1.1-1），即

$$I_{xy} = \int_A xy\, dA \tag{1.1-2}$$

（3）惯性矩和惯性积的平行移轴公式

设一面积为 A 的任意形状截面如图 1.1-2 所示，C 点为截面的形心，x_C 轴和 y_C 轴为截面的形心轴。截面对平行于形心轴 x_C 轴和 y_C 轴而相距 a 和 b 的 x 轴和 y 轴的惯性矩和惯性积分别为

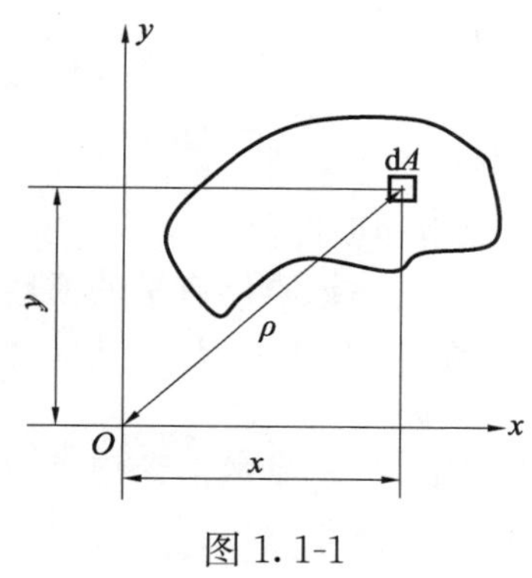

图 1.1-1

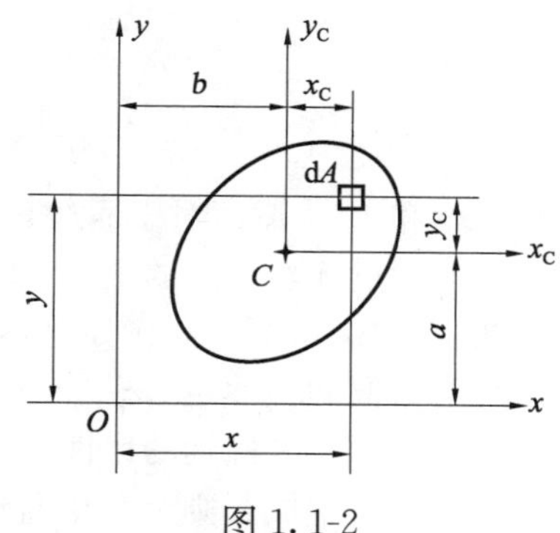

图 1.1-2

$$\left.\begin{aligned} I_{x} &= I_{x_C} + a^2 A \\ I_{y} &= I_{y_C} + b^2 A \\ I_{xy} &= I_{x_C y_C} + abA \end{aligned}\right\} \tag{1.1-3}$$

式中，I_{x_C}、I_{y_C}和$I_{x_C y_C}$分别是截面对于形心轴的惯性矩和惯性积。

(4) 惯性矩和惯性积的转轴公式

设一面积为 A 的任意形状截面如图 1.1-3 所示。截面对于通过其上任意一点 O 的两坐标轴 x、y 的惯性矩和惯性积为I_x、I_y和I_{xy}。若坐标轴 x、y 绕 O 点旋转 α 角（α 角以逆时针向旋转为正）至 x_1、y_1 位置，则该截面对于新坐标轴 x_1、y_1 惯性矩和惯性积分别为

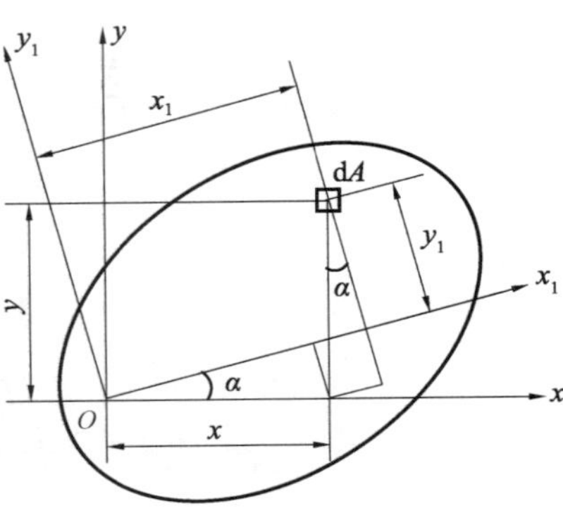

图 1.1-3

$$\left.\begin{aligned} I_{x_1} &= \frac{I_x + I_y}{2} + \frac{I_x - I_y}{2}\cos 2\alpha - I_{xy}\sin 2\alpha \\ I_{y_1} &= \frac{I_x + I_y}{2} - \frac{I_x - I_y}{2}\cos 2\alpha + I_{xy}\sin 2\alpha \\ I_{x_1 y_1} &= \frac{I_x - I_y}{2}\sin 2\alpha + I_{xy}\cos 2\alpha \end{aligned}\right\} \tag{1.1-4}$$

由公式（1.1-4）中的前两式相加，可得到如下结论：**截面对于通过同一点的任意一对相互垂直的坐标轴的两惯性矩之和为一常数。**

(5) 截面的形心主惯性轴和形心主惯性矩

参阅图 1.1-3 所示，当坐标轴 x、y 旋转到一特定的角度 $\alpha=\alpha_0$ 时，使截面对于新坐标轴 x_0、y_0 的惯性积等于零，则这对坐标轴称为主惯性轴。截面对主惯性轴的惯性矩称为主惯性矩。若这对主惯性轴的交点与截面的形心重合，这对坐标轴就称为形心主惯性轴。截面对形心主惯性轴的惯性矩就称为形心主惯性矩。形心主惯性轴的方位角 α_0 和形心主惯性矩分别按下列公式计算：

$$\tan 2\alpha_0 = \frac{2I_{xy}}{I_y - I_x} \tag{1.1-5}$$

$$\left.\begin{aligned} I_{x_0} &= \frac{I_x + I_y}{2} + \frac{1}{2}\sqrt{(I_x - I_y)^2 + 4I_{xy}^2} \\ I_{y_0} &= \frac{I_x + I_y}{2} - \frac{1}{2}\sqrt{(I_x - I_y)^2 + 4I_{xy}^2} \end{aligned}\right\} \tag{1.1-6}$$

式中，I_x、I_y 和 I_{xy}为截面对于通过其形心的某一对轴的惯性矩和惯性积。

截面对于通过任意一点的主惯性轴的主惯性矩之值，就是通过该点所有轴的惯性矩中的极大值 I_{max}和极小值 I_{min}。例如上述公式（1.1-6）中，I_{x0}就是 I_{max}，而 I_{y0}则为 I_{min}。

(6) 组合截面的惯性矩

组合截面对于某坐标轴的惯性矩等于其各组成部分对于同一坐标轴的惯性矩之和。设截面是由 n 个部分组成，则组合截面对于 x、y 两轴的惯性矩分别为

$$I_x = \sum_{i=1}^{n} I_{xi}, \qquad I_y = \sum_{i=1}^{n} I_{yi} \tag{1.1-7}$$

式中，I_{xi}和I_{yi}分别为组合截面中组成部分i对于x轴和y轴的惯性矩。

（7）截面的极惯性矩

截面对任一点O的极惯性矩I_0，等于各微面积dA与其至该点距离平方的乘积之总和（图1.1-1），且等于截面对以O点为原点的任意两正交坐标轴x、y的惯性矩之和，即

$$I_0=\int_A \rho^2 \mathrm{d}A = I_x + I_y \tag{1.1-8}$$

式中，ρ是微面积dA至O点距离（图1.1-1）。

因截面对于通过同一点的任意一对相互垂直的坐标轴的两惯性矩之和为一常数，故当坐标轴绕该点旋转时，I_0保持为一个常数。

2. 截面回转半径的计算公式

$$i_x=\sqrt{\frac{I_x}{A}},\qquad i_y=\sqrt{\frac{I_y}{A}} \tag{1.1-9}$$

式中，i_x和I_x分别是截面对于x轴的回转半径（或称惯性半径）和惯性矩；i_y和I_y分别是截面对于y轴的回转半径和惯性矩；A是截面面积。

3. 截面模量的计算公式

$$W_{x_1}=\frac{I_x}{y_1},\qquad W_{x_2}=\frac{I_x}{y_2} \tag{1.1-10}$$

式中，W_{x1}和W_{x2}分别是对于截面上边缘和下边缘的截面模量；y_1和y_2分别是x轴至截面上边缘和下边缘的距离。

1.1.2　常用截面的几何特性表

建筑结构常用截面的几何特性计算公式见表1.1-1，x轴和y轴是截面的形心轴。其中，矩形截面和等腰梯形截面是两种最基本的截面，除圆、椭圆及其相关截面外，表1.1-1中其他截面的计算公式都是由这两种基本截面的计算公式并利用惯性矩的平行移轴公式（1.1-3）导出的。例如翼缘内侧带斜坡的“工字形截面－2”的惯性矩I_x和I_y计算公式，就是直接由矩形截面和等腰梯形截面的惯性矩计算公式得出的：（1）对x轴，由宽为b、高为h的矩形截面惯性矩减去2个等腰梯形截面（每一个梯形截面的高为b'、上下底边分别为h_0和h_w）得到；（2）对y轴，由2个矩形截面（一个矩形截面的宽为$2t$、高为b，另一个矩形截面的宽为h_0、高为t_w）与2个等腰梯形截面（每一个梯形截面的高为$(h_w-h_0)/2$、上下底边分别为t_w和b）的惯性矩之和得出。

常用截面的几何特性　　　　**表1.1-1**

截面简图	截面积A	图示形心轴至边缘距离（x，y）	对图示轴线的惯性矩I、回转半径i
矩形截面 （图：h，b，x，x_1，y）	bh	$y=\frac{h}{2}$	$I_x=\frac{bh^3}{12}$，$i_x=\frac{\sqrt{3}}{6}h=0.289h$ $I_{x_1}=\frac{bh^3}{3}$，$i_{x_1}=\frac{\sqrt{3}}{3}h=0.577h$

续表

截面简图	截面积 A	图示形心轴至边缘距离（x，y）	对图示轴线的惯性矩 I、回转半径 i
箱形截面	$b_1t_1+2h_wt_w+b_2t_2$	$y_1=\frac{1}{2}\times\left[\frac{2h^2t_w+(b_1-2t_w)t_1^2}{b_1t_1+2h_wt_w+b_2t_2}+\frac{(b_2-2t_w)(2h-t_2)t_2}{b_1t_1+2h_wt_w+b_2t_2}\right]$ $y_2=h-y_1$	$I_x=\frac{1}{3}[b_1y_1^3+b_2y_2^3-(b_1-2t_w)\times(y_1-t_1)^3-(b_2-2t_w)(y_2-t_2)^3]$ $I_y=\frac{1}{12}\{t_1b_1^3+h_w[(b_0+2t_w)^3-b_0^3]+t_2b_2^3\}$
等腰梯形截面①	$\frac{(b_1+b)h}{2}$	$y_1=\frac{h}{3}\left(\frac{b_1+2b}{b_1+b}\right)$ $y_2=\frac{h}{3}\left(\frac{2b_1+b}{b_1+b}\right)$	$I_x=\frac{(b_1^2+4b_1b+b^2)h^3}{36(b_1+b)}$， $I_{x_1}=\frac{(b+3b_1)h^3}{12}$ $I_y=\frac{\tan\alpha}{96}\cdot(b^4-b_1^4)$； 式中 $\tan\alpha=\frac{2h}{b-b_1}$
工字形截面－1	h_wt_w+2bt 或 $bh-(b-t_w)h_w$	$y=\frac{h}{2}$	$I_x=\frac{1}{12}[bh^3-(b-t_w)h_w^3]$ $I_y=\frac{1}{12}(2tb^3+h_wt_w^3)$
工字形截面－2	$bh-b'(h_0+h_w)$ 式中 $b'=\frac{b-t_w}{2}$	$y=\frac{h}{2}$	$I_x=\frac{1}{12}\left(bh^3-\frac{h_w^4-h_0^4}{4\tan\alpha}\right)$ $I_y=\frac{1}{12}\left[(h-h_w)b^3+h_0t_w^3+\frac{\tan\alpha}{4}(b^4-t_w^4)\right]$ 式中 $\tan\alpha=\frac{h_w-h_0}{b-t_w}$
工字形截面－3	$b_1t_1+h_wt_w+b_2t_2$	$y_1=\frac{1}{2}\times\left[\frac{h^2t_w+(b_1-t_w)t_1^2}{b_1t_1+h_wt_w+b_2t_2}+\frac{(b_2-t_w)(2h-t_2)t_2}{b_1t_1+h_wt_w+b_2t_2}\right]$ $y_2=h-y_1$	$I_x=\frac{1}{3}[b_1y_1^3+b_2y_2^3-(b_1-t_w)\times(y_1-t_1)^3-(b_2-t_w)(y_2-t_2)^3]$ $I_y=\frac{1}{12}(t_1b_1^3+h_wt_w^3+t_2b_2^3)$
T形截面－1	$bt+h_wt_w$	$y_1=\frac{h^2t_w+(b-t_w)t^2}{2(bt+h_wt_w)}$ $y_2=h-y_1$	$I_x=\frac{1}{3}[by_1^3+t_wy_2^3-(b-t_w)\times(y_1-t)^3]$ $I_y=\frac{1}{12}(tb^3+h_wt_w^3)$
T形截面－2	$b_1t+\frac{h_w}{2}(b_2+t_w)$	$y_1=\frac{3t(b_1t+b_2h_w+h_wt_w)}{6b_1t+3h_w(b_2+t_w)}+\frac{h_w^2(b_2+2t_w)}{6b_1t+3h_w(b_2+t_w)}$ $y_2=h-y_1$	$I_x=\frac{1}{12}[4b_1t^3+(b_2+3t_w)h_w^3]-\left[b_1t+\frac{h_w}{2}(b_2+t_w)\right](y_1-t)^2$ $I_y=\frac{1}{12}\left[tb_1^3+\frac{\tan\alpha}{8}(b_2^4-t_w^4)\right]$ 式中 $\tan\alpha=\frac{2h_w}{b_2-t_w}$

注：① 取 $b_1=0$ 或 $b=0$ 即得等腰三角形或倒等腰三角形截面的几何特性计算公式；取 $b_1=b$ 则可得矩形截面的几何特性计算公式。

续表

截面简图	截面积 A	图示形心轴至边缘距离（x，y）	对图示轴线的惯性矩 I、回转半径 i
槽形截面—1	$bh-(b-t_w)h_w$	$x_1=\frac{1}{2}\left[\frac{2b^2t+h_wt_w^2}{bh-(b-t_w)h_w}\right]$ $x_2=b-x_1$ $y=h/2$	$I_x=\frac{1}{12}[bh^3-(b-t_w)h_w^3]$ $I_y=\frac{1}{3}(2tb^3+h_wt_w^3)$ $-[bh-(b-t_w)h_w]x_1^2$
槽形截面—2	$bh-\frac{b'}{2}(h_0+h_w)$ 式中 $b'=b-t_w$	$x_1=\frac{1}{2}\left[\frac{2b^2t+h_wt_w^2}{bh-(b-t_w)h_w}\right]$ $+\frac{1}{3}\left[\frac{b'^2(b'+3t_w)\tan\alpha}{bh-(b-t_w)h_w}\right]$ $x_2=b-x_1$；$y=h/2$	$I_x=\frac{1}{12}\left(bh^3-\frac{h_w^4-h_0^4}{8\tan\alpha}\right)$ $I_y=\frac{1}{3}\left[2tb^3+h_0t_w^3+\frac{\tan\alpha}{2}(b^4-t_w^4)\right]$
		式中 $\tan\alpha=(h_w-h_0)/2(b-t_w)$	
Z 形截面	$2bt+h_wt_w$	$y=\frac{h}{2}$	$I_x=\frac{1}{12}[bh^3-(b-t_w)h_w^3]$ $I_y=\frac{2}{3}\left[t\left(b-\frac{t_w}{2}\right)^3+\frac{t_w^3}{8}(h-t)\right]$
L 形截面	$ht_w+(b-t_w)t$	$y_1=\frac{h^2t_w+(b-t_w)(2h-t)t}{2[ht_w+(b-t_w)t]}$ $y_2=h-y_1$ $x_1=\frac{b^2t+(h-t)t_w^2}{2[ht_w+(b-t_w)t]}$ $x_2=b-x_1$	$I_x=\frac{1}{3}[t_wy_1^3+by_2^3$ $-(b-t_w)(y_2-t)^3]$ $I_y=\frac{1}{3}[hx_1^3-(h-t)$ $\times(x_1-t_w)^3+tx_2^3]$
圆形截面	$\frac{\pi d^2}{4}=\pi R^2$	$y=\frac{d}{2}=R$	$I_x=\frac{\pi d^4}{64}=\frac{\pi R^4}{4}$；　$i_x=\frac{1}{4}d=\frac{R}{2}$
圆环/管截面	$\frac{\pi(d^2-d_1^2)}{4}$	$y=\frac{d}{2}$	$I_x=\frac{\pi(d^4-d_1^4)}{64}$；　$i_x=\frac{1}{4}\sqrt{d^2+d_1^2}$
半圆形截面	$\frac{\pi d^2}{8}$	$y_1=\frac{(3\pi-4)d}{6\pi}$，$y_2=\frac{2d}{3\pi}$ $x=\frac{d}{2}$	$I_x=\frac{(9\pi^2-64)d^4}{1152\pi}$，$I_y=\frac{\pi d^4}{128}$； $I_{x_1}=\frac{\pi d^4}{128}$

续表

截面简图	截面积 A	图示形心轴至边缘距离（x，y）	对图示轴线的惯性矩 I、回转半径 i
半圆环截面	$\frac{\pi(d^2-d_1^2)}{8}$	$y_1=\frac{d}{2}-y_2$ $y_2=\frac{2}{3\pi}\left(\frac{d^3-d_1^3}{d^2-d_1^2}\right)$ $x=\frac{d}{2}$	$I_x=\frac{\pi(d^4-d_1^4)}{128}-\frac{(d^3-d_1^3)^2}{18\pi(d^2-d_1^2)}$ $I_y=\frac{\pi(d^4-d_1^4)}{128}$；$I_{x_1}=\frac{\pi(d^4-d_1^4)}{128}$
椭圆形截面	$\frac{\pi bh}{4}$	$y=\frac{h}{2}$ $x=\frac{b}{2}$	$I_x=\frac{\pi bh^3}{64},i_x=\frac{1}{4}h$ $I_y=\frac{\pi hb^3}{64},i_y=\frac{1}{4}b$
椭圆环截面	$\frac{\pi}{4}(bh-b_1h_1)$	$y=\frac{h}{2}$ $x=\frac{b}{2}$	$I_x=\frac{\pi}{64}(bh^3-b_1h_1^3)$ $I_y=\frac{\pi}{64}(hb^3-h_1b_1^3)$
正六边形截面	$\frac{3\sqrt{3}}{2}a^2$	$y=\frac{\sqrt{3}}{2}a$ $x=a$	$I_x=I_y=\frac{5\sqrt{3}}{16}a^4,i_x=i_y=\frac{\sqrt{30}}{12}a$
	式中 $a=h/\sqrt{3}$		
空腹正六边形截面	$\frac{3\sqrt{3}}{2}(a^2-a_1^2)$	$y=\frac{\sqrt{3}}{2}a$ $x=a$	$I_x=I_y=\frac{5\sqrt{3}}{16}(a^4-a_1^4)$ $i_x=i_y=\frac{\sqrt{30}}{12}\sqrt{a^2+a_1^2}$
	式中：$a=h/\sqrt{3}$，$a_1=h_1/\sqrt{3}$		
正八边形截面	$2\sqrt{2}R^2$	$y=\frac{\sqrt{2+\sqrt{2}}}{2}R$	$I_x=I_{x_1}=\frac{1+2\sqrt{2}}{6}R^4$ $i_x=i_{x_1}=\frac{\sqrt{24+6\sqrt{2}}}{12}R$
	式中 $R=h/\sqrt{2+\sqrt{2}}$		
空腹正八边形截面	$2\sqrt{2}(R^2-R_1^2)$	$y=\frac{\sqrt{2+\sqrt{2}}}{2}R$	$I_x=I_{x_1}=\frac{1+2\sqrt{2}}{6}(R^4-R_1^4)$ $i_x=i_{x_1}=\frac{\sqrt{24+6\sqrt{2}}}{12}\sqrt{R^2+R_1^2}$
	式中：$R=h/\sqrt{2+\sqrt{2}}$，$R_1=h_1/\sqrt{2+\sqrt{2}}$		

1.2 计算梁变位用表

1.2.1 图形相乘法

等截面直梁和由等截面直杆组成的刚架，在荷载作用下的弹性位移 Δ（线位移与角位

移）通常按下列简化公式计算

$$\Delta=\sum\left(\frac{1}{EI}\int\overline{M}\cdot M\mathrm{d}s\right) \tag{1.2-1}$$

式中，M 是实际荷载引起的弯矩；$\overline{M}$是虚设单位荷载引起的弯矩；EI 是杆件截面的抗弯刚度。

公式（1.2-1）中的积分$\int\overline{M}M\mathrm{d}s$，包含两个弯矩图形，即$\overline{M}$图和 M 图。只要其中有一个弯矩图（设为$\overline{M}$图，下同）是直线图，如图 1.2-1 所示，则该积分可按下式求出积分值：

$$\int\overline{M}\cdot M\mathrm{d}s=A\cdot y_0 \tag{1.2-2}$$

式中，A 是M 图的面积；y_0 是在$\overline{M}$图上对应于M 图形心处（图 1.2-1 示空心圆处）的纵坐标。

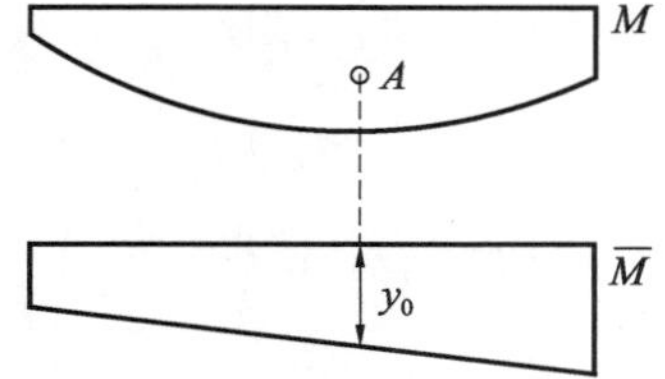

图 1.2-1　弯矩图中有一个为直线图形

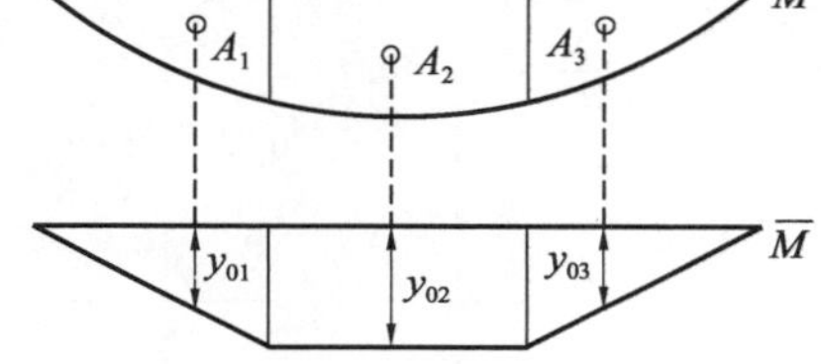

图 1.2-2　弯矩图中有一个为折线图形

这样，积分改为由图形相乘替代，故称之为“图乘法”。

如果$\overline{M}$图是由几段直线组成的折线，则必须将$\overline{M}$图分成几个直线段，如图 1.2-2 所示。同时，须将 M 图也分成相应的几段。然后，分别求出各段的 $A\cdot y_0$ 值再进行叠加，即：

$$\int\overline{M}\cdot M\mathrm{d}s=A_1y_{01}+A_2y_{02}+A_3y_{03} \tag{1.2-3}$$

式中（参见图 1.2-2），A_1、A_2……为 M 图上各段或各块的面积；y_{01}、y_{02}……为$\overline{M}$图上对应于M 图各段或各块形心处的纵坐标。

M 图可以是直线的或曲线的，如果是直线所组成，则可以和$\overline{M}$图互换，结果完全相同。

如果 M 图是由几根直线或曲线所组成，或者有正负两部分，为了计算面积与形心位置的方便，宜将 M 图分成几段或几块，按公式（1.2-3）计算。

图乘法公式亦可推广应用于具有截面惯性矩 $I=I_0/\cos\theta$ 的曲杆（式中 θ 为曲杆轴线的倾斜角，I_0 为 $\theta=0$ 处的截面惯性矩）❶。

表 1.2-1（a）和（b）列出了常用的积分公式$\int\overline{M}\cdot M\mathrm{d}x$的图乘公式，表中：（1）弯矩图以绘于水平轴线上方者为正，图形相乘时必须将对应的正负号代入公式；（2）曲线均为二次抛物线（所围成图形的面积和形心位置见表 1.2-2，表中 x 轴和 y 轴是截面的形心轴）；（3）M 图形为直角三角形的图乘公式可由 M 图形为直角梯形的公式得到。

❶ $\int\frac{\overline{M}M}{EI}\mathrm{d}s=\int\frac{\overline{M}M}{EI_0/\cos\theta}\frac{\mathrm{d}s}{\cos\theta}=\frac{1}{EI_0}\int\overline{M}M\mathrm{d}x$，所得积分公式与直杆相同。

积分公式 $\int\overline{M}\cdot M\mathrm{d}x$ 的图乘公式 　　　　表 1.2-1*a*

项次	$\overline{M}$图形 / M图形	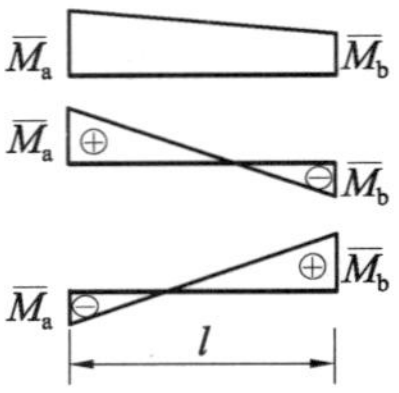 $\overline{M}_a$, $\overline{M}_b$（⊕、⊖）；l	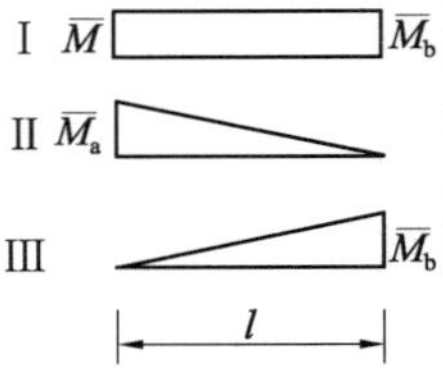 Ⅰ $\overline{M}$ $\overline{M}_b$；Ⅱ $\overline{M}_a$；Ⅲ $\overline{M}_b$；l	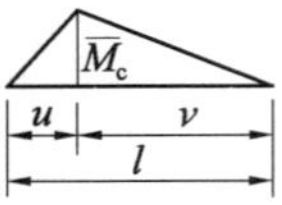 $\overline{M}_c$；u，ν，l；$\mu=\frac{u}{l}$，$\nu=\frac{v}{l}$；Ⅰ $\mu=\nu=\frac{1}{2}$； Ⅱ $\mu\neq\nu$；Ⅲ $\mu\geqslant\alpha$； Ⅳ $\mu\leqslant\alpha$
1	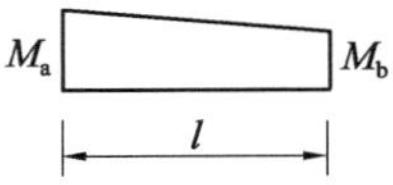 M_a M_b l	$\frac{l}{6}[2(\overline{M}_aM_a+\overline{M}_bM_b)+\overline{M}_aM_b+\overline{M}_bM_a]$	Ⅰ $\frac{l}{2}\overline{M}(M_a+M_b)$ Ⅱ $\frac{l}{6}\overline{M}_a(2M_a+M_b)$ Ⅲ $\frac{l}{6}\overline{M}_b(M_a+2M_b)$	Ⅰ $\frac{l}{4}\overline{M}_c(M_a+M_b)$ Ⅱ $\frac{l}{6}\overline{M}_c[M_a(1+\nu)+M_b(1+\mu)]$
2	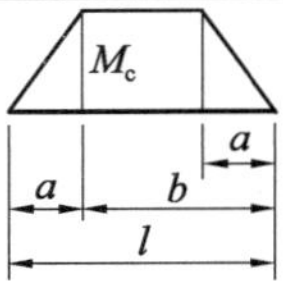 M_c a b a l $\alpha=a/l$；$\beta=b/l$	$\frac{l}{2}M_c(\overline{M}_a+\overline{M}_b)\beta$	Ⅰ $l\overline{M}M_c\beta$ Ⅱ $\frac{l}{2}\overline{M}_aM_c\beta$ Ⅲ $\frac{l}{2}\overline{M}_bM_c\beta$	Ⅰ $\frac{l}{6}\overline{M}_cM_c(3-4\alpha^2)$ Ⅲ $\frac{l}{6}\overline{M}_cM_c\left(3-\frac{\alpha^2}{\mu\nu}\right)$ Ⅳ $\frac{l}{6}\overline{M}_cM_c\left(\frac{3\beta}{\nu}-\frac{\mu^2}{\alpha\nu}\right)$
3	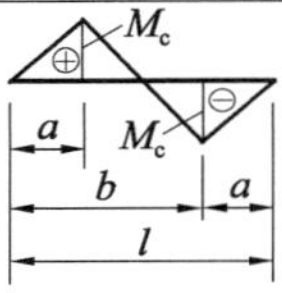 M_c ⊕ ⊖ a M_c b a l $\alpha=a/l$；$\beta=b/l$	$\frac{l}{6}M_c(\overline{M}_a-\overline{M}_b)\beta$	Ⅰ 0 Ⅱ $\frac{l}{6}\overline{M}_aM_c\beta$ Ⅲ $-\frac{l}{6}\overline{M}_bM_c\beta$	Ⅰ 0 Ⅲ $\frac{l}{6}\overline{M}_cM_c\frac{\nu-\mu}{\beta-\alpha}\left(1-\frac{\alpha^2}{\mu\nu}\right)$ Ⅳ $\frac{l}{6}\overline{M}_cM_c\frac{\beta}{\nu}\left(1-\frac{\mu^2}{\alpha\beta}\right)$
4	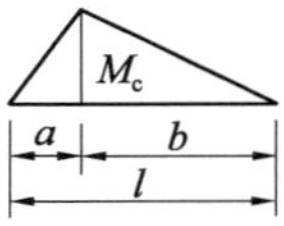 M_c a b l $\alpha=a/l$；$\beta=b/l$	$\frac{l}{6}M_c[\overline{M}_a(1+\beta)+\overline{M}_b(1+\alpha)]$	Ⅰ $\frac{l}{2}\overline{M}M_c$ Ⅱ $\frac{l}{6}\overline{M}_aM_c(1+\beta)$ Ⅲ $\frac{l}{6}\overline{M}_bM_c(1+\alpha)$	Ⅰ 若 $\alpha\leqslant\frac{1}{2}$：$\frac{l}{12}\overline{M}_cM_c\left(\frac{3-4\alpha^2}{\beta}\right)$ Ⅲ $\frac{l}{6}\overline{M}_cM_c\left[2-\frac{(\mu-\alpha)^2}{\mu\beta}\right]$ Ⅳ $\frac{l}{6}\overline{M}_cM_c\left[2-\frac{(\nu-\beta)^2}{\nu\alpha}\right]$
5	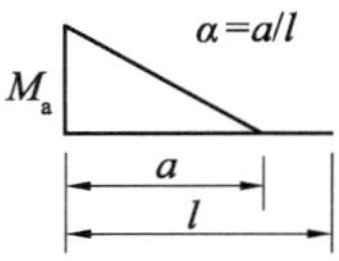 $\alpha=a/l$ M_a a l	$\frac{l}{2}M_a\alpha\left[\overline{M}_a-\frac{\alpha}{3}(\overline{M}_a-\overline{M}_b)\right]$	Ⅰ $\frac{l}{2}\overline{M}M_a\alpha$ Ⅱ $\frac{l}{6}\overline{M}_aM_a\alpha(3-\alpha)$ Ⅲ $\frac{l}{6}\overline{M}_bM_a\alpha^2$	Ⅰ 若 $\alpha\leqslant\frac{1}{2}$：$\frac{l}{3}\overline{M}_cM_a\alpha^2$ 若 $\alpha>\frac{1}{2}$： $\frac{l}{12}\overline{M}_cM_a\left(\frac{1-6\alpha+12\alpha^2-4\alpha^3}{\alpha}\right)$
6	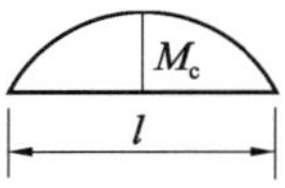 M_c l	$\frac{l}{3}M_c(\overline{M}_a+\overline{M}_b)$	Ⅰ $\frac{2l}{3}\overline{M}M_c$ Ⅱ $\frac{l}{3}\overline{M}_aM_c$ Ⅲ $\frac{l}{3}\overline{M}_bM_c$	Ⅰ $\frac{5l}{12}\overline{M}_cM_c$ Ⅱ $\frac{l}{3}\overline{M}_cM_c(1+\mu\nu)$
7	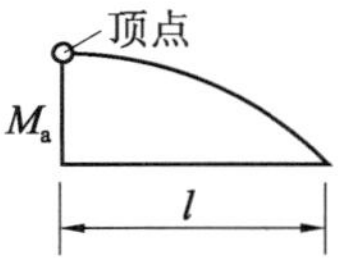 顶点 M_a l	$\frac{l}{12}M_a(5\overline{M}_a+3\overline{M}_b)$	Ⅰ $\frac{2l}{3}\overline{M}M_a$ Ⅱ $\frac{5l}{12}\overline{M}_aM_a$ Ⅲ $\frac{l}{4}\overline{M}_bM_a$	Ⅰ $\frac{17l}{48}\overline{M}_cM_a$ Ⅱ $\frac{l}{12}\overline{M}_cM_a(3+3\nu-\nu^2)$
8	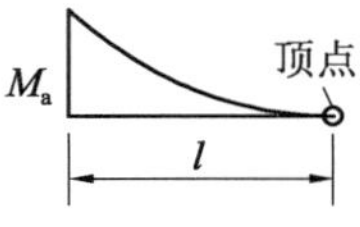 M_a 顶点 l	$\frac{l}{12}M_a(3\overline{M}_a+\overline{M}_b)$	Ⅰ $\frac{l}{3}\overline{M}M_a$ Ⅱ $\frac{l}{4}\overline{M}_aM_a$ Ⅲ $\frac{l}{12}\overline{M}_bM_a$	Ⅰ $\frac{7l}{48}\overline{M}_cM_a$ Ⅱ $\frac{l}{12}\overline{M}_cM_a(1+\nu+\nu^2)$

续表

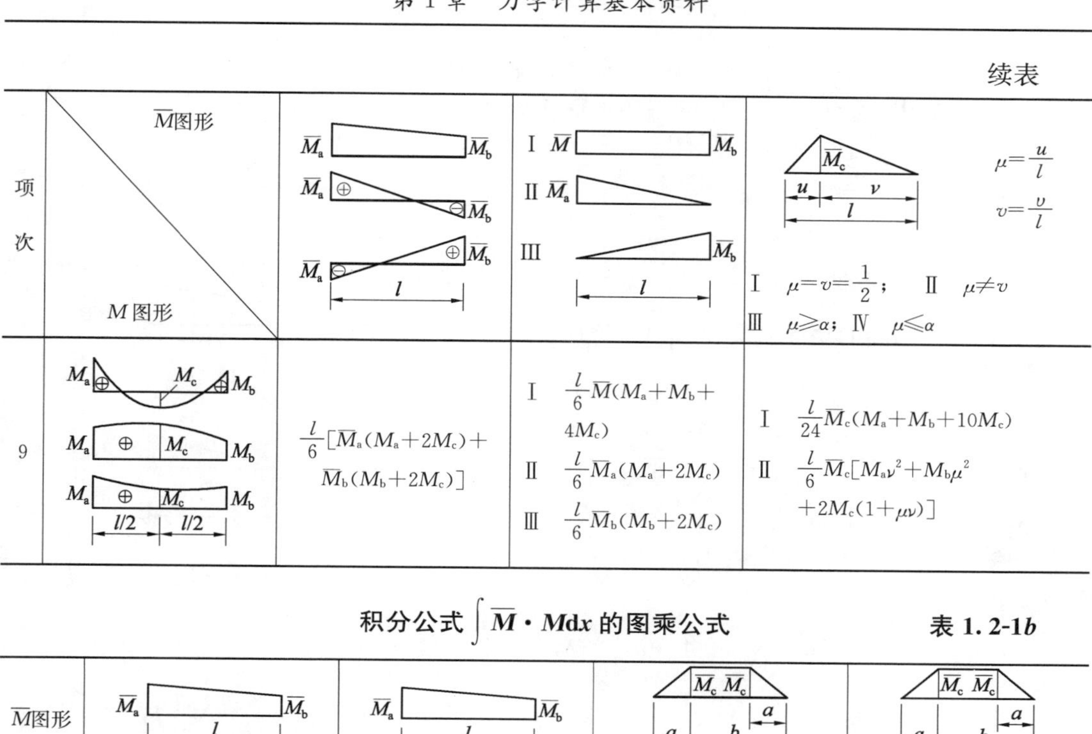

项次 \ $\overline{M}$图形 / M图形			$\mu=\frac{u}{l}$，$v=\frac{v}{l}$；Ⅰ $\mu=v=\frac{1}{2}$；Ⅱ $\mu\neq v$；Ⅲ $\mu\geqslant\alpha$；Ⅳ $\mu\leqslant\alpha$
9	$\frac{l}{6}[\overline{M}_a(M_a+2M_c)+\overline{M}_b(M_b+2M_c)]$	Ⅰ $\frac{l}{6}\overline{M}(M_a+M_b+4M_c)$ Ⅱ $\frac{l}{6}\overline{M}_a(M_a+2M_c)$ Ⅲ $\frac{l}{6}\overline{M}_b(M_b+2M_c)$	Ⅰ $\frac{l}{24}\overline{M}_c(M_a+M_b+10M_c)$ Ⅱ $\frac{l}{6}\overline{M}_c[M_a\nu^2+M_b\mu^2+2M_c(1+\mu\nu)]$

积分公式 $\int\overline{M}\cdot M\mathrm{d}x$ 的图乘公式　　表 1.2-1*b*

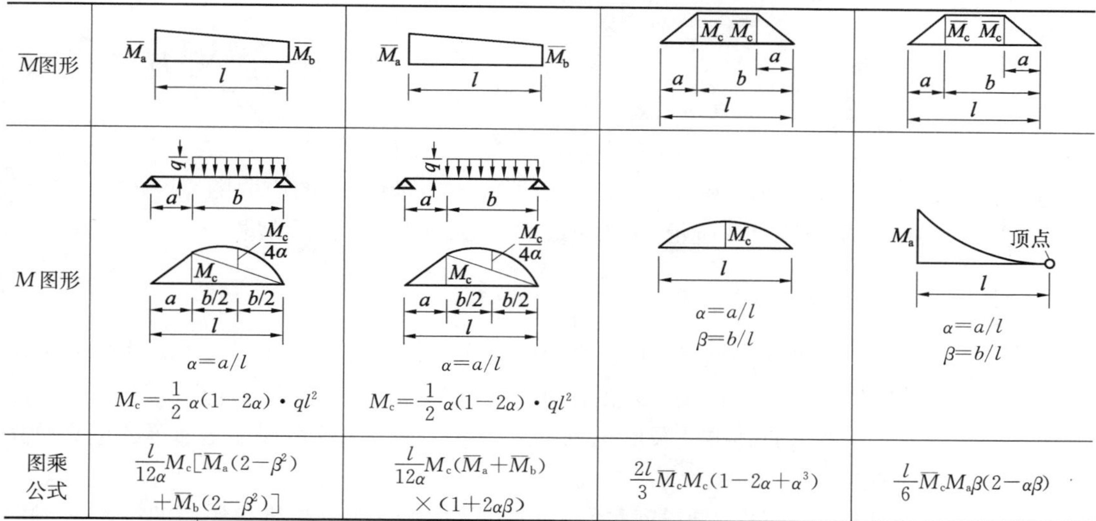

$\overline{M}$图形				
M图形	$\alpha=a/l$ $M_c=\frac{1}{2}\alpha(1-2\alpha)\cdot ql^2$	$\alpha=a/l$ $M_c=\frac{1}{2}\alpha(1-2\alpha)\cdot ql^2$	$\alpha=a/l$ $\beta=b/l$	$\alpha=a/l$ $\beta=b/l$
图乘公式	$\frac{l}{12\alpha}M_c[\overline{M}_a(2-\beta^2)+\overline{M}_b(2-\beta^2)]$	$\frac{l}{12\alpha}M_c(\overline{M}_a+\overline{M}_b)\times(1+2\alpha\beta)$	$\frac{2l}{3}\overline{M}_cM_c(1-2\alpha+\alpha^3)$	$\frac{l}{6}\overline{M}_cM_a\beta(2-\alpha\beta)$

二次抛物线所围成图形的截面积和形心位置　　表 1.2-2

截面简图	顶点	顶点	顶点
截面积 A	$\frac{4}{3}bh$	$\frac{2}{3}bh$	$\frac{1}{3}bh$
形心轴至边缘距离	$x=b$	$x_1=5h/8$，$x_2=3h/8$	$x_1=h/4$，$x_2=3h/4$

【例题 1-1】　图 1.2-3（a）所示为一悬臂梁，在 A 点作用集中荷载 F。试求中点 C 的竖向挠度 f_x。

【解】 作集中荷载作用下的 M 图和虚设单位力作用下的 $\overline{M}$ 图，如图 1.2-3（b）和（c）所示。应用图乘法，$\overline{M}$ 图中的三角形面积为

$$A=\frac{1}{2}\times\frac{l}{2}\times\frac{l}{2}=\frac{l^2}{8}$$

M 图中相应的标距

$$y_0=\frac{5}{6}Fl$$

梁中点 C 的竖向挠度，见公式（1.2-1）

$$f_x=\frac{1}{EI}\int\overline{M}\cdot M\mathrm{d}s=\frac{1}{EI}(A\cdot y_0)$$

$$=\frac{1}{EI}\times\frac{l^2}{8}\times\frac{5}{6}Fl=\frac{5Fl^3}{48EI}$$

梁中点 C 的竖向挠度也可直接利用表 1.2-1（a）中给出的公式计算，见表 1.2-1（a）中项次 5 情况Ⅱ：

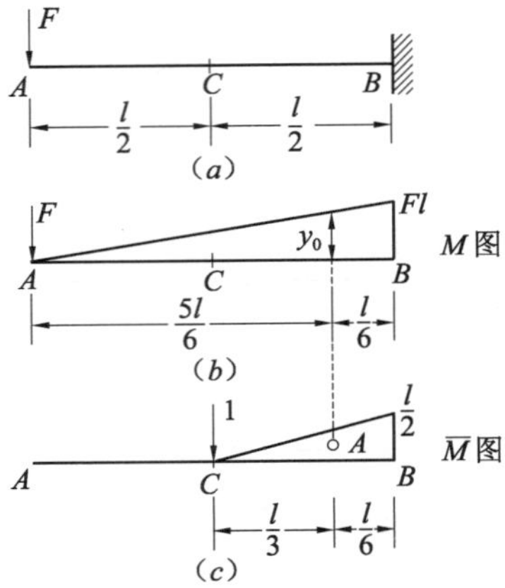

图 1.2-3 自由端作用集中荷载的悬臂梁

$$\alpha=\frac{a}{l}=\frac{1}{2},M_a=\frac{l}{2},\overline{M}_a=Fl$$

$$\int\overline{M}\cdot M\mathrm{d}s=\frac{l}{6}\overline{M}_aM_a(3-\alpha)\alpha=\frac{l}{6}\times Fl\times\frac{l}{2}\left(3-\frac{1}{2}\right)\times\frac{1}{2}=\frac{5}{48}Fl^3$$

$$f_x=\frac{1}{EI}\int\overline{M}\cdot M\mathrm{d}s=\frac{5Fl^3}{48EI}$$

这里须注意，对本例题，表 1.2-1（a）中项次 5 所示的 M 图应取图 1.2-3（c）所示的 $\overline{M}$ 图，而表中对应的情况Ⅱ所示 $\overline{M}$ 图应取图 1.2-3（b）所示的 M 图。

1.2.2 虚梁反力表

梁的弹性位移（挠度 f 与转角 θ）可采用虚梁法（共轭梁法）计算。虚梁法是通过比拟的方法，将求所研究梁（简称实梁）的位移问题从形式上转变成求对应虚梁截面上的内力（弯矩与剪力）问题，具体方法及应用见第 2 章第 2.1 节，这里仅给出虚梁的定义及其支座反力的计算公式。

虚梁法中所谓的"虚梁"，是长度与实梁相等、承受假想分布荷载作用的梁，该假想分布荷载（简称虚荷载）是实梁的弯矩图改变正负号后的弯矩分布图，如图 1.2-4 所示。Ω 是图 1.2-4（a）中简支梁弯矩图的面积，即图 1.2-4（b）中虚梁上虚荷载的总值；$\overline{R}_A$ 是虚梁左端支座 A 的虚反力，相应于简支实梁的 $EI\theta_A$；$\overline{R}_B$ 是虚梁右端支座 B 的虚反力，相应于简支实梁的 $EI\theta_B$。

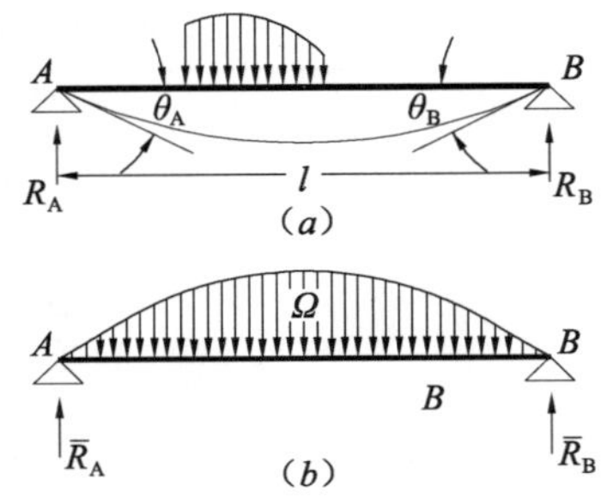

图 1.2-4 计算梁弹性位移的虚梁法

（a）实梁；（b）虚梁

简支梁在常见荷载情况作用下对应虚梁的虚荷载总值 Ω 和虚反力见表 1.2-3，表中 $\alpha=a/l$、$\beta=b/l$ 和 $\gamma=c/l$ 为简支梁（实梁）荷载图中分段尺寸与梁跨度之比值。

虚梁法（共轭梁法）还可用来计算阶梯状变截面梁的位移，限于篇幅，本手册不作介绍，读者可参阅文献［1.2］第 292～294 页。

简支梁在常见荷载情况下对应虚梁的虚荷载总值 Ω 和虚反力 $\bar{R}_A$、$\bar{R}_B$　　表 1.2-3

实梁荷载图	Ω、$\bar{R}_A$、$\bar{R}_B$	实梁荷载图	Ω、$\bar{R}_A$、$\bar{R}_B$
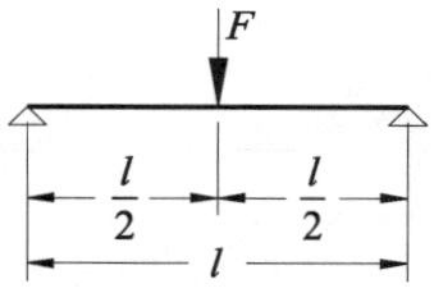 F；$\frac{l}{2}$，$\frac{l}{2}$；l	$\Omega=\frac{1}{8}Fl^2$ $\bar{R}_A=\bar{R}_B=\frac{1}{16}Fl^2$	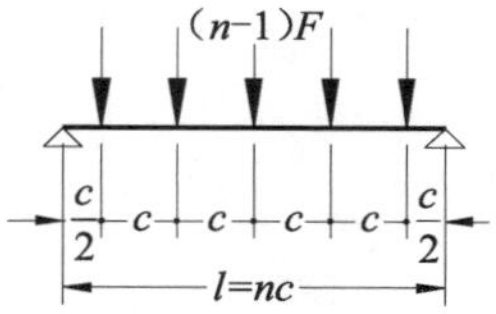 $(n-1)F$；$\frac{c}{2}$，c，c，c，c，$\frac{c}{2}$；$l=nc$	$\Omega=\frac{2n^2+1}{24n}Fl^2$ $\bar{R}_A=\bar{R}_B=\frac{2n^2+1}{48n}Fl^2$
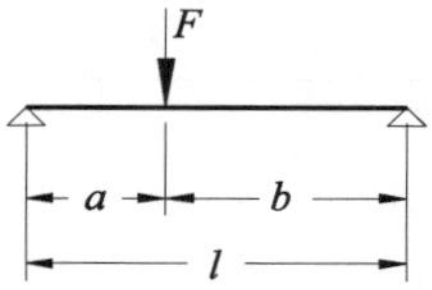 F；a，b；l	$\Omega=\frac{Fl^2}{2}\alpha\beta$ $\bar{R}_A=\frac{Fl^2}{6}(1+\beta)\alpha\beta$ $\bar{R}_B=\frac{Fl^2}{6}(1+\alpha)\alpha\beta$	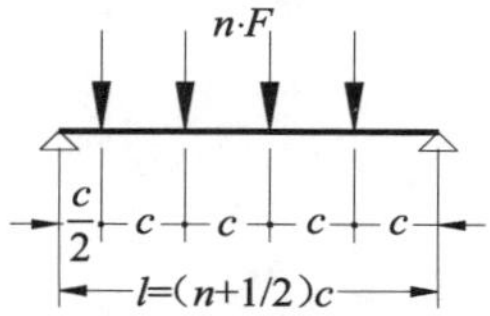 $n\cdot F$；$\frac{c}{2}$，c，c，c，c；$l=(n+1/2)c$	$\Omega=\frac{1}{6}\frac{n(n+1)}{2n+1}Fl^2$ $\bar{R}_A=\frac{1}{6}\frac{n(n+1)^3+n^3(n+1)}{(2n+1)^3}Fl^2$ $\bar{R}_B=\frac{1}{3}\frac{n^2(n+1)^2}{(2n+1)^3}Fl^2$
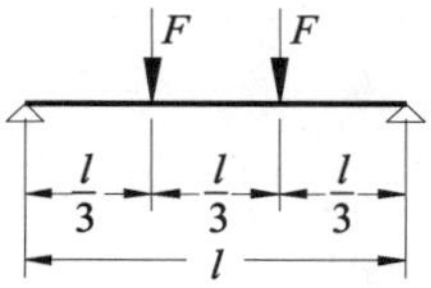 F，F；$\frac{l}{3}$，$\frac{l}{3}$，$\frac{l}{3}$；l	$\Omega=\frac{2}{9}Fl^2$ $\bar{R}_A=\bar{R}_B=\frac{1}{9}Fl^2$	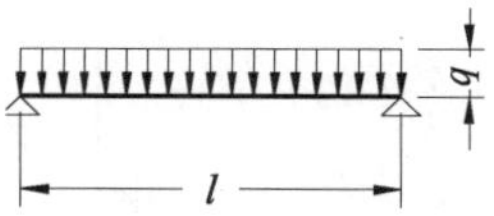 q；l	$\Omega=\frac{1}{12}ql^3$ $\bar{R}_A=\bar{R}_B=\frac{1}{24}ql^3$
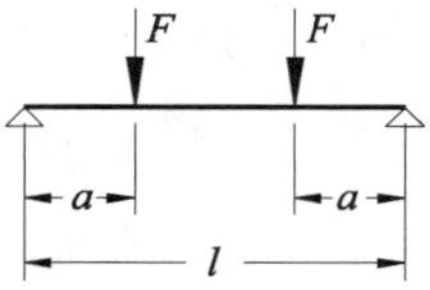 F，F；a，a；l	$\Omega=Fl^2\alpha\beta$ $\bar{R}_A=\bar{R}_B=\frac{Fl^2}{2}\alpha\beta$	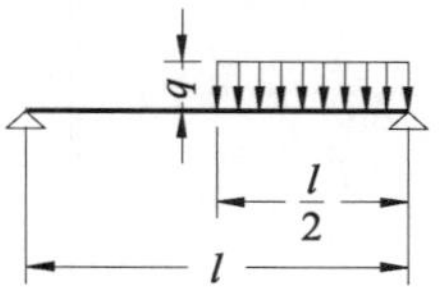 q；$\frac{l}{2}$；l	$\Omega=\frac{1}{24}ql^3$ $\bar{R}_A=\frac{7}{384}ql^3$ $\bar{R}_B=\frac{9}{384}ql^3$
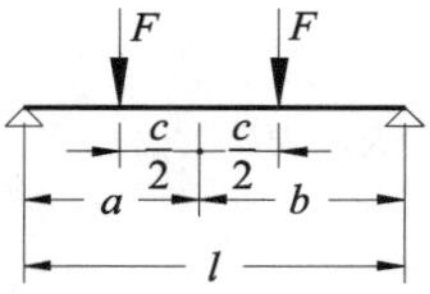 F，F；$\frac{c}{2}$，$\frac{c}{2}$；a，b；l	$\Omega=\frac{Fl^2}{4}(4\alpha\beta-\gamma^2)$ $\bar{R}_A=\frac{Fl^2}{3}\left(1-\beta^2-\frac{3}{4}\gamma^2\right)\beta$ $\bar{R}_B=\frac{Fl^2}{3}\left(1-\alpha^2-\frac{3}{4}\gamma^2\right)\alpha$	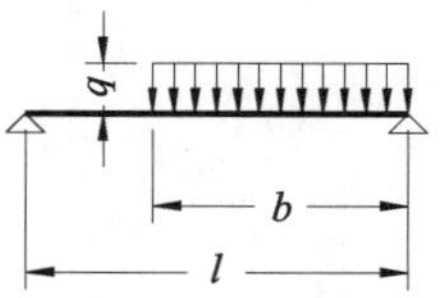 q；b；l	$\Omega=\frac{ql^3}{12}(3-2\beta)\beta^2$ $\bar{R}_A=\frac{ql^3}{24}(2-\beta^2)\beta^2$ $\bar{R}_B=\frac{ql^3}{24}(2-\beta)^2\beta^2$
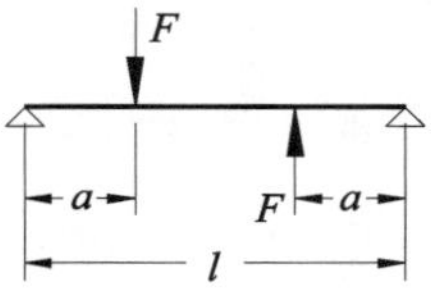 F；a；F，a；l	$\Omega=0$ $\bar{R}_A=-\bar{R}_B=$ $\frac{Fl^2}{6}(1-3\alpha+2\alpha^2)\alpha$	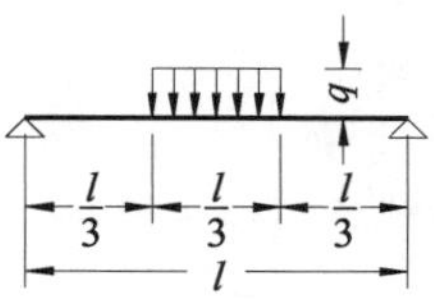 q；$\frac{l}{3}$，$\frac{l}{3}$，$\frac{l}{3}$；l	$\Omega=\frac{13}{324}ql^3$ $\bar{R}_A=\bar{R}_B=\frac{13}{648}ql^3$
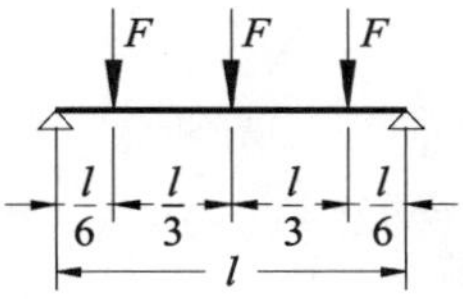 F，F，F；$\frac{l}{6}$，$\frac{l}{3}$，$\frac{l}{3}$，$\frac{l}{6}$；l	$\Omega=\frac{19}{72}Fl^2$ $\bar{R}_A=\bar{R}_B=\frac{19}{144}Fl^2$	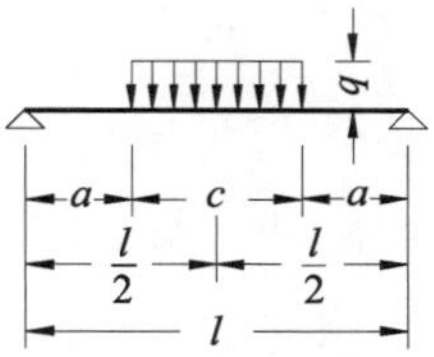 q；a，c，a；$\frac{l}{2}$，$\frac{l}{2}$；l	$\Omega=\frac{ql^3}{24}(3-\gamma^2)\gamma$ $\bar{R}_A=\bar{R}_B=\frac{ql^3}{48}(3-\gamma^2)\gamma$

续表

实梁荷载图	Ω、$\overline{R}_A$、$\overline{R}_B$	实梁荷载图	Ω、$\overline{R}_A$、$\overline{R}_B$
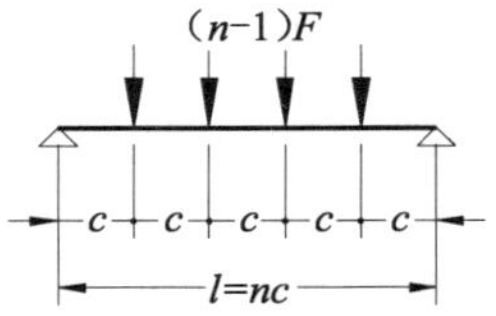 $(n-1)F$；c c c c c；$l=nc$	$\Omega=\frac{n^2-1}{12}Fl^2$ $\overline{R}_A=\overline{R}_B=\frac{n^2-1}{24}Fl^2$	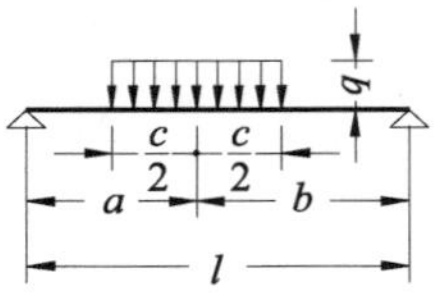 q；$\frac{c}{2}$ $\frac{c}{2}$；a b；l	$\Omega=\frac{ql^3}{24}(12\alpha\beta-\gamma^2)\gamma$ $\overline{R}_A=\frac{ql^3}{6}\left(1-\beta^2-\frac{\gamma^2}{4}\right)\beta\gamma$ $\overline{R}_B=\frac{ql^3}{6}\left(1-\alpha^2-\frac{\gamma^2}{4}\right)\alpha\gamma$
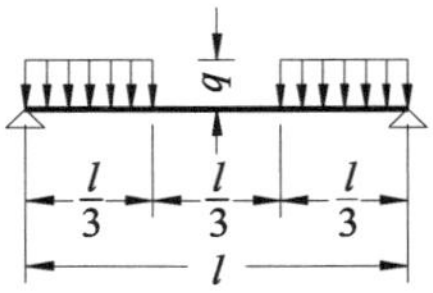 q；$\frac{l}{3}$ $\frac{l}{3}$ $\frac{l}{3}$；l	$\Omega=\frac{7}{162}ql^3$ $\overline{R}_A=\overline{R}_B=\frac{7}{324}ql^3$	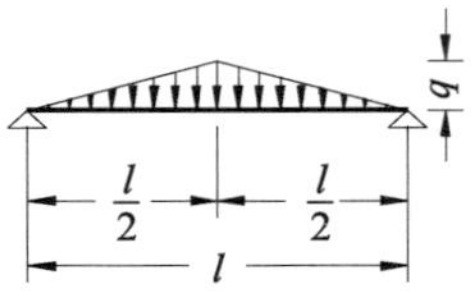 q；$\frac{l}{2}$ $\frac{l}{2}$；l	$\Omega=\frac{5}{96}ql^3$ $\overline{R}_A=\overline{R}_B=\frac{5}{192}ql^3$
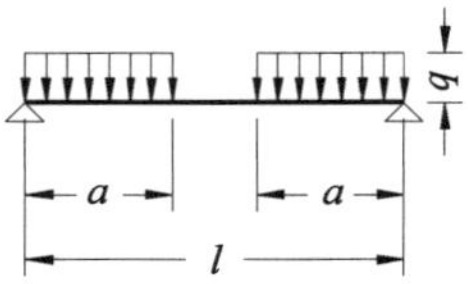 q；a a；l	$\Omega=\frac{ql^3}{6}(3-2\alpha)\alpha^2$ $\overline{R}_A=\overline{R}_B=\frac{ql^3}{12}(3-2\alpha)\alpha^2$	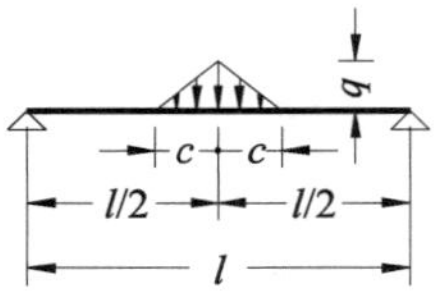 q；c c；$l/2$ $l/2$；l	$\Omega=\frac{ql^3}{24}(3-2\gamma^2)\gamma$ $\overline{R}_A=\overline{R}_B=\frac{ql^3}{48}(3-2\gamma^2)\gamma$
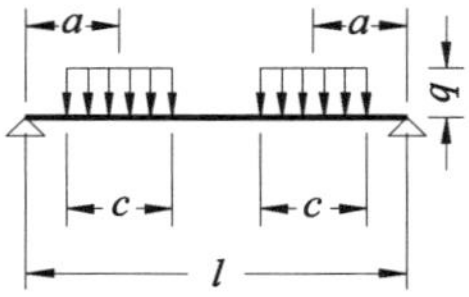 q；a a；c c；l	$\Omega=\frac{ql^3}{12}(12\alpha\beta-\gamma^2)\gamma$ $\overline{R}_A=\overline{R}_B=\frac{ql^3}{24}(12\alpha\beta-\gamma^2)\gamma$	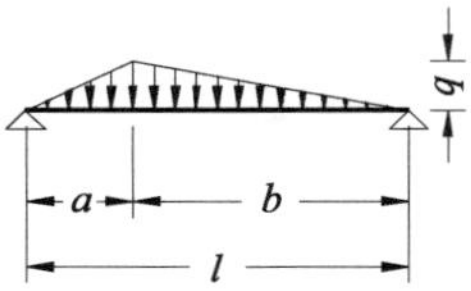 q；a b；l	$\Omega=\frac{ql^3}{24}(1+\alpha\beta)$ $\overline{R}_A=\frac{ql^3}{360}(1+\beta)(7-3\beta^2)$ $\overline{R}_B=\frac{ql^3}{360}(1+\alpha)(7-3\alpha^2)$
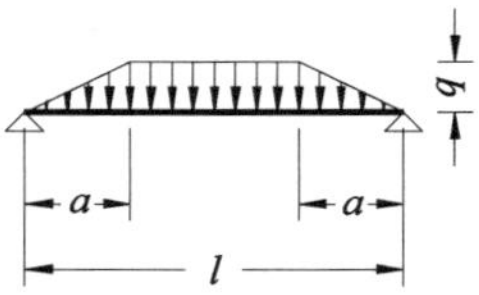 q；a a；l	$\Omega=\frac{ql^3}{12}(1-2\alpha^2+\alpha^3)$ $\overline{R}_A=\overline{R}_B=\frac{ql^3}{24}(1-2\alpha^2+\alpha^3)$	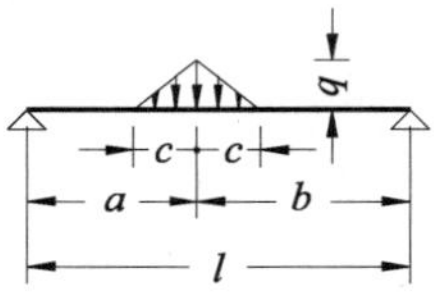 q；c c；a b；l	$\Omega=\frac{ql^3}{12}(6\alpha\beta-\gamma^2)\gamma$ $\overline{R}_A=\frac{ql^3}{6}\left(1-\beta^2-\frac{\gamma^2}{2}\right)\beta\gamma$ $\overline{R}_B=\frac{ql^3}{6}\left(1-\alpha^2-\frac{\gamma^2}{2}\right)\alpha\gamma$
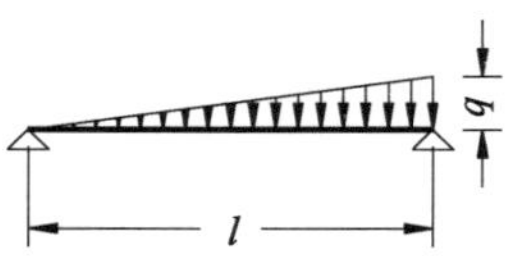 q；l	$\Omega=\frac{1}{24}ql^3$ $\overline{R}_A=\frac{7}{360}ql^3$ $\overline{R}_B=\frac{1}{45}ql^3$	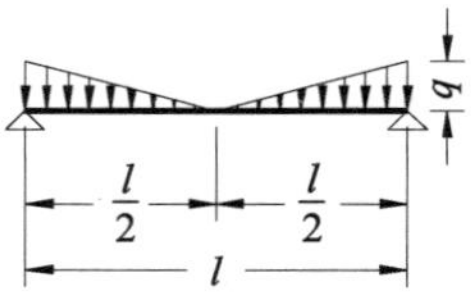 q；$\frac{l}{2}$ $\frac{l}{2}$；l	$\Omega=\frac{1}{32}ql^3$ $\overline{R}_A=\overline{R}_B=\frac{1}{64}ql^3$
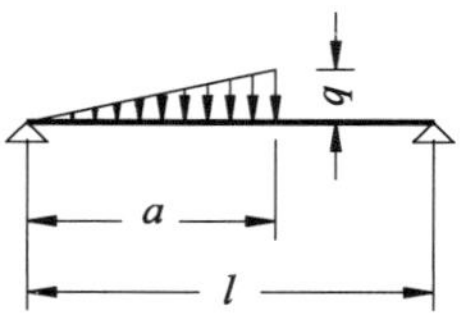 q；a；l	$\Omega=\frac{ql^3}{24}(4-3\alpha)\alpha^2$ $\overline{R}_A=\frac{ql^3}{360}(40-45\alpha+12\alpha^2)\alpha^2$ $\overline{R}_B=\frac{ql^3}{90}(5-3\alpha^2)\alpha^2$	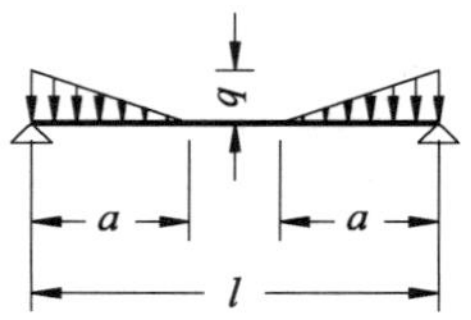 q；a a；l	$\Omega=\frac{ql^3}{12}(2-\alpha)\alpha^2$ $\overline{R}_A=\overline{R}_B=\frac{ql^3}{24}(2-\alpha)\alpha^2$
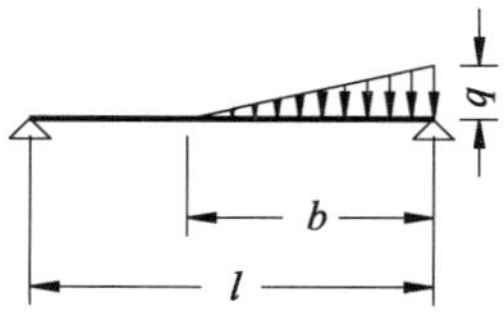 q；b；l	$\Omega=\frac{ql^3}{24}(2-\beta)\beta^2$ $\overline{R}_A=\frac{ql^3}{360}(10-3\beta^2)\beta^2$ $\overline{R}_B=\frac{ql^3}{360}(20-15\beta+3\beta^2)\beta^2$	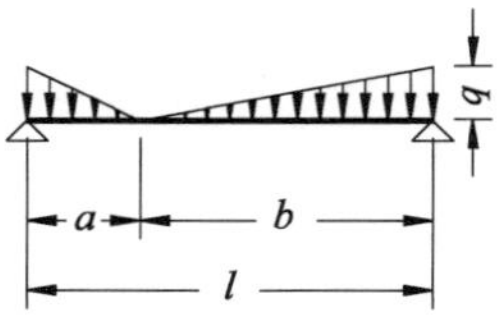 q；a b；l	$\Omega=\frac{ql^3}{24}(1-\alpha\beta)$ $\overline{R}_A=\frac{ql^3}{360}[15-(1+\beta)(7-3\beta^2)]$ $\overline{R}_B=\frac{ql^3}{360}[15-(1+\alpha)(7-3\alpha^2)]$

续表

实梁荷载图	Ω、$\bar{R}_A$、$\bar{R}_B$	实梁荷载图	Ω、$\bar{R}_A$、$\bar{R}_B$
q; $\frac{2c}{3}$; $\frac{c}{3}$; a; b; l	$\Omega=\frac{ql^3}{72}(18\alpha\beta-\gamma^2)\gamma$ $\bar{R}_A=\frac{ql^3}{12}[\beta(1-\beta^2)-\frac{\gamma^2}{6}(\beta+\frac{2\gamma}{45})]\gamma$ $\bar{R}_B=\frac{ql^3}{12}[\alpha(1-\alpha^2)-\frac{\gamma^2}{6}(\alpha-\frac{2\gamma}{45})]\gamma$	q_1; q_2; $\frac{l}{2}$; $\frac{l}{2}$; l	$\Omega=\frac{l^3}{64}(q_1+q_2)$ $\bar{R}_A=\frac{l^3}{5760}(53q_1+37q_2)$ $\bar{R}_B=\frac{l^3}{5760}(37q_1+53q_2)$
q; $\frac{l}{4}$; $\frac{l}{4}$; $\frac{l}{4}$; $\frac{l}{4}$; l	$\Omega=\frac{17}{384}ql^3$ $\bar{R}_A=\bar{R}_B=\frac{17}{768}ql^3$	M; $\frac{l}{2}$; $\frac{l}{2}$; l	$\Omega=0$ $\bar{R}_A=-\bar{R}_B=-\frac{1}{24}Ml$
q; $\frac{l}{4}$; $\frac{l}{4}$; $\frac{l}{4}$; $\frac{l}{4}$; l	$\Omega=\frac{5}{128}ql^3$ $\bar{R}_A=\bar{R}_B=\frac{5}{256}ql^3$	M; a; b; l	$\Omega=\frac{1}{2}Ml(\beta-\alpha)$ $\bar{R}_A=\frac{1}{6}Ml(3\beta^2-1)$ $\bar{R}_B=-\frac{1}{6}Ml(3\alpha^2-1)$
q_1; q_2; l	$\Omega=\frac{l^3}{24}(q_1+q_2)$ $\bar{R}_A=\frac{l^3}{360}(8q_1+7q_2)$ $\bar{R}_B=\frac{l^3}{360}(7q_1+8q_2)$	M; l	$\Omega=\frac{1}{2}Ml$ $\bar{R}_A=\frac{1}{6}Ml$ $\bar{R}_B=\frac{1}{3}Ml$
抛物线; q; l	$\Omega=\frac{1}{15}ql^3$ $\bar{R}_A=\bar{R}_B=\frac{1}{30}ql^3$	M_1; M_2; l	$\Omega=\frac{l}{2}(M_1+M_2)$ $\bar{R}_A=\frac{l}{6}(2M_1+M_2)$ $\bar{R}_B=\frac{l}{6}(M_1+2M_2)$

参 考 文 献

[1.1]《建筑结构静力计算手册》编写组．建筑结构静力计算手册（第二版）．北京：中国建筑工业出版社，1998

[1.2] 孙训方，方孝淑，关来泰编．材料力学（上册）．北京：人民教育出版社，1979

[1.3] 孙训方，方孝淑，关来泰编，孙训方，胡增强修订．材料力学（第四版）．北京：高等教育出版社，2002

第 2 章　单　跨　梁

2.1　概　　述

2.1.1　符号说明

本章中力及变形的正负号规定如下（图 2.1-1）：

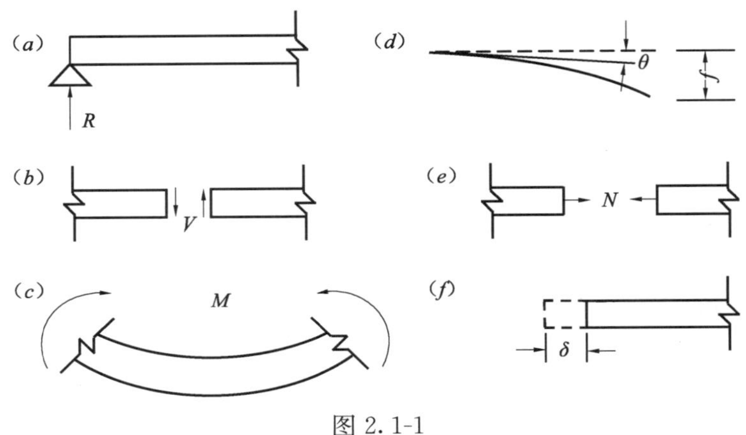

图 2.1-1

R——支座反力，作用方向向上者为正；

V——剪力，对邻近截面所产生的力矩沿顺时针方向者为正；

M——弯矩，使截面上部受压、下部受拉者为正；

N——轴力，受拉为正；

θ——转角，顺时针方向旋转者为正；

f——挠度，向下变位者为正；

δ——轴向变位，拉伸变位为正。

2.1.2　单跨静定梁

1. 梁的支座反力 *R*、剪力 *V* 及弯矩 *M* 的求法

梁的反力 R 根据作用于结构上所有的力及支座反力的平衡条件求得。任意截面的剪力 V_x，即为此截面任一边所有外力（包括反力）平行于该截面的分力的代数和。任意截面的弯矩 M_x，即为此截面任一边所有外力（包括反力）对该截面形心轴的力矩的代数和。

2. 梁的转角 *θ* 及挠度 *f* 的求法

下面简单列举两种方法：

（1）积分法　　图 2.1-2 中虚线表示梁 AB 受荷载作用后挠曲线的形状，f_x 为该梁距 A 端为 x 处的挠度。对结构上常用的梁，在荷载作用下，曲率半径 ρ 是很大的。此时，梁的挠曲线微分方程可写为：

$$\frac{1}{\rho}=\frac{d^2 f_x}{dx^2}=-\frac{M_x}{EI} \tag{2.1-1}$$

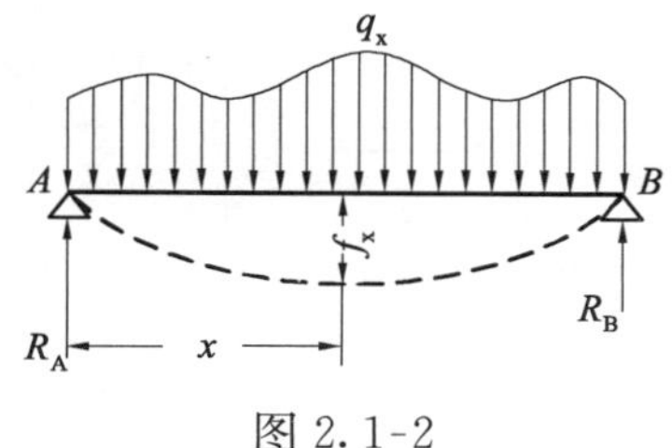

图 2.1-2

M_x 为 x 的函数。将上式逐次积分后得：

$$\left.\begin{aligned}\frac{df_x}{dx}&=\theta_x=-\int\frac{M_x}{EI}dx+C\\ f_x&=-\int dx\int\frac{M_x}{EI}dx+Cx+D\end{aligned}\right\} \tag{2.1-2}$$

式中 C 和 D 为积分常数，可由边界条件或其他已知条件求得。

单跨梁的微分关系如下：

$$\left.\begin{aligned}&\frac{df_x}{dx}=\theta_x \quad EI\frac{d\theta_x}{dx}=-M_x\\ &\frac{dM_x}{dx}=V_x \quad \frac{dV_x}{dx}=-q_x\end{aligned}\right\} \tag{2.1-3}$$

由这些关系可以看出，若已知荷载 q_x 及支承情况，可将 q_x 依次积分求得 V_x、M_x、$EI\theta_x$ 及 EIf_x。相反，若已知梁挠曲线的方程 EIf_x，也可将 EIf_x 对 x 依次微分得 $EI\theta_x$、M_x、V_x 及 q_x。

（2）虚梁法（或称共轭梁法）　　如将某根梁 AB（图 2.1-3a），在荷载作用下的 $\frac{M}{EI}$ 图视为一虚拟梁（图 2.1-3b）的荷载图，则此组实梁和虚梁有如下的关系：

1）实梁上任意点的转角 θ_x，等于虚梁上相对应点处的剪力 $\overline{V}_x$；

2）实梁上任意点的挠度 f_x，等于虚梁上相对应点的弯矩 $\overline{M}_x$。

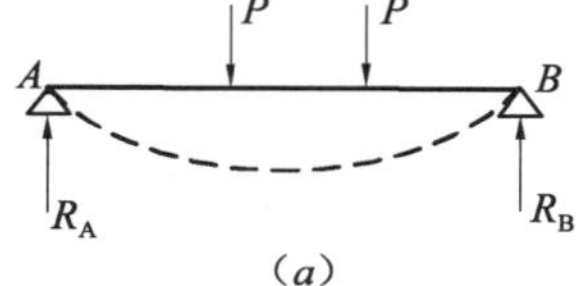

(a)

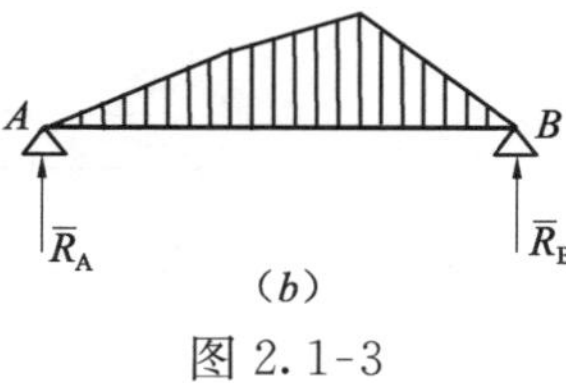

(b)

图 2.1-3

因此，求实梁的转角和挠度时，可转化为求虚梁的剪力和弯矩；计算时可采用大家所熟悉的静力平衡条件求得。为了符合本章正负号的规定，对虚梁上荷载的方向作如下的规定：实梁的弯矩 M 为正值时，虚梁荷载 $\frac{M}{EI}$ 向下；实梁的 M 为负值时，虚梁荷载 $\frac{M}{EI}$ 向上。

虚梁的支承条件应根据实梁在支座处 θ 及 f 的边界条件确定，实梁与虚梁支座的转换关系列于表 2.1-1。

实梁与虚梁支座的对应转换关系　　表 2.1-1

	简支端	固定端	自由端	中间支座	铰接
实梁	$\theta\neq0$ 单值 $f=0$	$\theta=0$ $f=0$	$\theta\neq0$ 单值 $f\neq0$ 单值	$\theta\neq0$ 单值 $f=0$	$\theta\neq0$ 双值 $f\neq0$ 单值

续表

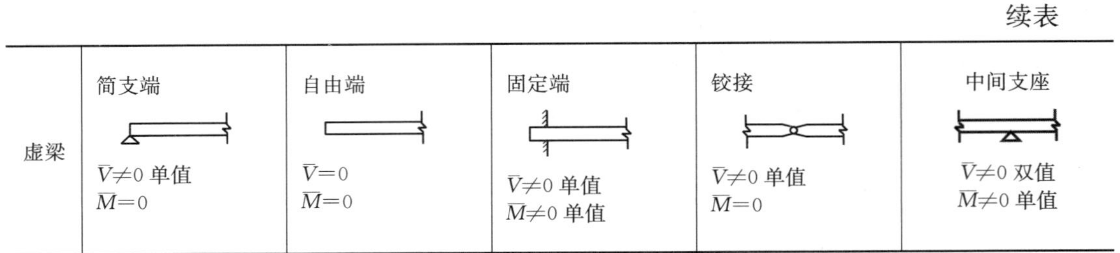

	简支端	自由端	固定端	铰接	中间支座
虚梁	$\bar{V}\neq0$ 单值 $\bar{M}=0$	$\bar{V}=0$ $\bar{M}=0$	$\bar{V}\neq0$ 单值 $\bar{M}\neq0$ 单值	$\bar{V}\neq0$ 单值 $\bar{M}=0$	$\bar{V}\neq0$ 双值 $\bar{M}\neq0$ 单值

采用虚梁法计算等截面梁的转角和挠度时，虚梁的荷载可以采用实梁的弯矩图 M。此时，虚梁的剪力和弯矩，相应于实梁的 $EI\theta_x$ 和 EIf_x 值。

2.1.3 单跨超静定梁

1. 梁的支座反力 *R*、剪力 *V* 及弯矩 *M* 的求法

要先解出赘余力，然后按静定梁处理，用静力平衡条件求出 R、V 及 M。下面叙述用虚梁原理求解一端固定或两端固定的等截面超静定梁的赘余力（固端弯矩）的方法。这个方法如与表 1.2-3 配合使用，则计算甚为简便。

（1）两端固定梁　图 2.1-4（a）中两端固定梁 AB 的内力，等于图 2.1-4（b）及图 2.1-4（d）两简支梁内力之和。图 2.1-4（c）及图 2.1-4（e）是对应于上述两简支梁的两根虚梁。根据两端固定梁 AB 在其两端的转角为零的条件可知

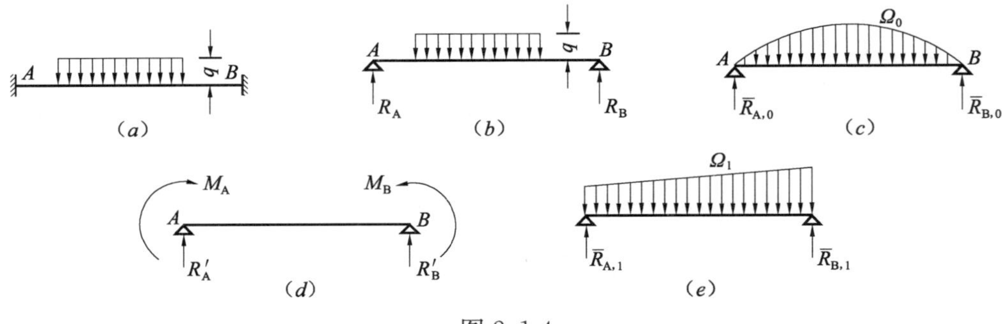

图 2.1-4

$$\bar{R}_{A,0}+\bar{R}_{A,1}=0$$
$$\bar{R}_{B,0}+\bar{R}_{B,1}=0$$

由此，得到如下关系式：

$$\left.\begin{aligned}M_A&=\frac{2\Omega_0}{l}-\frac{6\bar{R}_{A,0}}{l}\\M_B&=\frac{2\Omega_0}{l}-\frac{6\bar{R}_{B,0}}{l}\end{aligned}\right\}\tag{2.1-4}$$

式中　Ω_0 表示图 2.1-4（b）中简支梁弯矩图的面积，即图 2.1-4（c）中虚梁上虚荷载的总和；$\bar{R}_{A,0}$及 $\bar{R}_{B,0}$表示图 2.1-4（c）中虚梁的反力。Ω_0、$\bar{R}_{A,0}$及 $\bar{R}_{B,0}$可由表 1.2-3 直接查得。

（2）一端固定、一端简支梁　按上述相同的原理，图 2.1-5（a）中一端固定、一端简支梁的固端弯矩 M_B，可根据固定端 $\theta_B=0$ 的条件，得到如下的关系式

$$M_B=-\frac{3\overline{R}_{B,0}}{l} \tag{2.1-5}$$

式中，$\overline{R}_{B,0}$表示图 2.1-5（c）中虚梁 B 端的反力，同样可由表 1.2-3 查得。

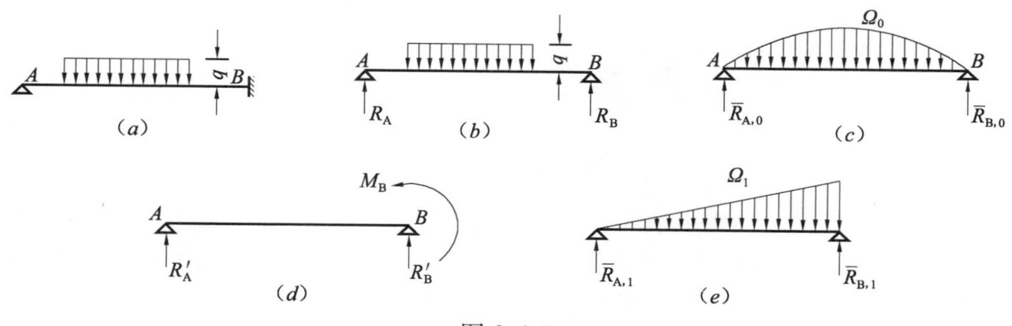

图 2.1-5

2. 梁的转角 θ 及挠度 f 的求法

（1）积分法　　解出固端弯矩以后，将固端弯矩作为外力，梁的支承条件即变为两端简支的静定梁。因此，可以用静定梁求转角及挠度的方法计算。

（2）虚梁法　　用虚梁原理求静定梁的转角及挠度的方法，在超静定梁中仍然适用。由实梁（两端固定或一端固定）在固定端处转角 θ 及挠度 f 的条件得出的虚梁支承条件，使虚梁成几何可变的结构。但由于虚荷载（一端固定另一端简支时包括简支端的虚反力）成为自相平衡的力系。因此，仍可按静力平衡条件求得虚梁的剪力 V_x 及弯矩 M_x，亦即求得了实梁上的转角 θ_x 及挠度 f_x。

【例题 2-1】　已知梁 AB 为一端固定另一端简支的单跨等截面超静定梁，如图 2.1-6（a）。求算该梁在图中所示荷载的作用下，固端弯矩 M_B、A 点的转角以及跨度中点的转角和挠度。

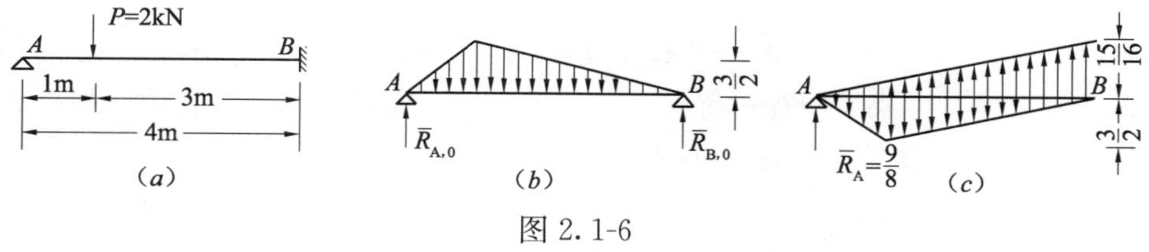

图 2.1-6

【解】　由表 1.2-3 可求出在外荷载作用下简支梁的虚梁反力 $\overline{R}_{A,0}$、$\overline{R}_{B,0}$，如图 2.1-6（b）：

$$\overline{R}_{A,0}=\frac{Pab}{6}(1+\beta)=\frac{2\times1\times3}{6}\left(1+\frac{3}{4}\right)=\frac{7}{4}$$

$$\overline{R}_{B,0}=\frac{Pab}{6}(1+\alpha)=\frac{2\times1\times3}{6}\left(1+\frac{1}{4}\right)=\frac{5}{4}$$

代入公式（2.1-5）得

$$M_B=-\frac{3\overline{R}_{B,0}}{l}=-3\times\frac{5}{4}\times\frac{1}{4}=-\frac{15}{16}\text{kN}\cdot\text{m}$$

如将 M_B 图作为虚荷载作用在简支虚梁上，则虚反力可由表 1.2-3 查得

$$\bar{R}_{A,1}=\frac{M_B l}{6}=-\frac{15}{16}\times\frac{4}{6}=-\frac{5}{8}$$

$$\bar{R}_{B,1}=\frac{M_B l}{3}=-\frac{15}{16}\times\frac{4}{3}=-\frac{5}{4}$$

虚梁的总反力为

$$\bar{R}_A=\bar{R}_{A,0}+\bar{R}_{A,1}=\frac{7}{4}-\frac{5}{8}=\frac{9}{8}$$

$$\bar{R}_B=\bar{R}_{B,0}+\bar{R}_{B,1}=\frac{5}{4}-\frac{5}{4}=0$$

因此，根据表 2.1-1 将图 2.1-6（*a*）中实梁的支承条件转换成图 2.1-6（*c*）中虚梁的支承条件（几何可变）时，虚荷载和简支端反力 $\bar{R}_A$ 仍成为平衡的力系，故可求出下列数值

A 点的转角

$$EI\theta_A=\bar{V}_A=\bar{R}_A=\frac{9}{8}$$

$$\theta_A=\frac{9}{8EI}$$

跨度中点的转角

$$EI\theta_{l/2}=\bar{V}_{l/2}=\frac{1}{2}\times1\times2-\frac{1}{2}\times\left(\frac{15}{16}+\frac{15}{32}\right)\times2=-\frac{13}{32}$$

$$\theta_{l/2}=-\frac{13}{32EI}$$

跨度中点的挠度

$$EIf_{l/2}=\bar{M}_{l/2}=\frac{1}{2}\times\frac{15}{16}\times2\times\frac{2\times2}{3}+\frac{1}{2}\times\frac{15}{32}\times2\times\frac{2}{3}-\frac{1}{2}\times1\times2\times\frac{2}{3}=\frac{43}{48}$$

$$f_{l/2}=\frac{43}{48EI}$$

表 2.2-1～表 2.2-5 列出了单跨等截面梁在各种支承条件下及各种荷载作用下的内力及变位的计算公式。如果表中有些荷载形式不满足实际需要时，还可利用叠加原理求得，图 2.1-7、图 2.1-8 和图 2.1-9 为几种叠加的示例。

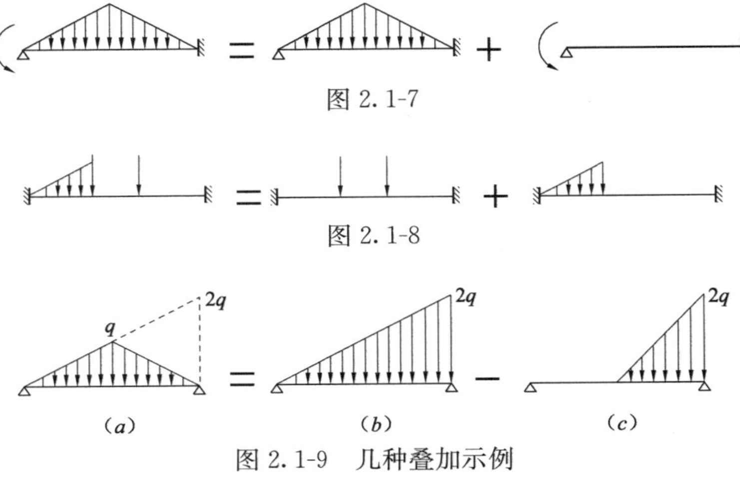

图 2.1-7

图 2.1-8

图 2.1-9　几种叠加示例

下面以图 2.1-9（a）所示简支梁在三角形分布荷载作用下的内力及变位计算为例，简要说明叠加原理的应用。

由后面表 2.2-2 查得简支梁在全跨三角形线性分布荷载作用下（图 2.1-9b）的剪力、弯矩、转角、挠度为

$$V_x=\frac{ql}{3}\left(1-3\frac{x^2}{l^2}\right);\qquad M_x=\frac{qlx}{3}\left(1-\frac{x^2}{l^2}\right)$$

$$\theta_x=\frac{ql^3}{180EI}\left(7-30\frac{x^2}{l^2}+15\frac{x^4}{l^4}\right)$$

$$f_x=\frac{ql^3x}{180EI}\left(7-10\frac{x^2}{l^2}+3\frac{x^4}{l^4}\right)$$

简支梁在右半跨三角形线性分布荷载作用下（图 2.1-9c）的剪力、弯矩、转角、挠度为

$$V_{x左}=\frac{ql}{12};\qquad V_{x右}=\frac{ql}{6}\left[\frac{1}{2}-3\frac{(l-2x)^2}{l^2}\right]$$

$$M_{x左}=\frac{qlx}{12};\qquad M_{x右}=\frac{ql^2}{12}\left[\frac{x}{l}+\frac{(l-2x)^3}{l^3}\right]$$

$$\theta_{x左}=\frac{ql^3}{144EI}\left(1\frac{17}{20}-6\frac{x^2}{l^2}\right);\qquad \theta_{x右}=\frac{ql^3}{144EI}\left[1\frac{17}{20}-6\frac{x^2}{l^2}+\frac{3(l-2x)^4}{2l^4}\right]$$

$$f_{x左}=\frac{ql^3x}{144EI}\left(1\frac{17}{20}-2\frac{x^2}{l^2}\right)$$

$$f_{x右}=\frac{ql^4}{144EI}\left[\frac{37x}{20l}-2\frac{x^3}{l^3}-\frac{3(l-2x)^5}{20l^5}\right]$$

按叠加原理，将以上全跨三角形线性分布荷载作用下的内力及变位减去半跨三角形线性分布荷载作用下的内力及变位，即得简支梁在三角形分布荷载作用下（图 2.1-9a）的剪力、弯矩、转角、挠度，分别为：

$$V_{x左}=\frac{ql}{4}\left(1-4\frac{x^2}{l^2}\right);V_{x右}=-\frac{ql}{4}\left[1-4\frac{(l-x)^2}{l^2}\right]$$

$$M_{x左}=\frac{qlx}{12}\left(3-4\frac{x^2}{l^2}\right);M_{x右}=\frac{ql(l-x)}{12}\left[3-4\frac{(l-x)^2}{l^2}\right]$$

$$\theta_{x左}=\frac{ql^3}{24EI}\left(\frac{5}{8}-3\frac{x^2}{l^2}+2\frac{x^4}{l^4}\right)$$

$$\theta_{x右}=-\frac{ql^3}{24EI}\left[\frac{5}{8}-3\frac{(l-x)^2}{l^2}+2\frac{(l-x)^4}{l^4}\right]$$

$$f_{x左}=\frac{ql^3x}{120EI}\left(\frac{25}{8}-5\frac{x^2}{l^2}+2\frac{x^4}{l^4}\right)$$

$$f_{x右}=\frac{ql^3(l-x)}{120EI}\left[\frac{25}{8}-5\frac{(l-x)^2}{l^2}+2\frac{(l-x)^4}{l^4}\right]$$

2.2 单跨梁的内力及变位计算公式

2.2.1 悬臂梁

表 2.2-1

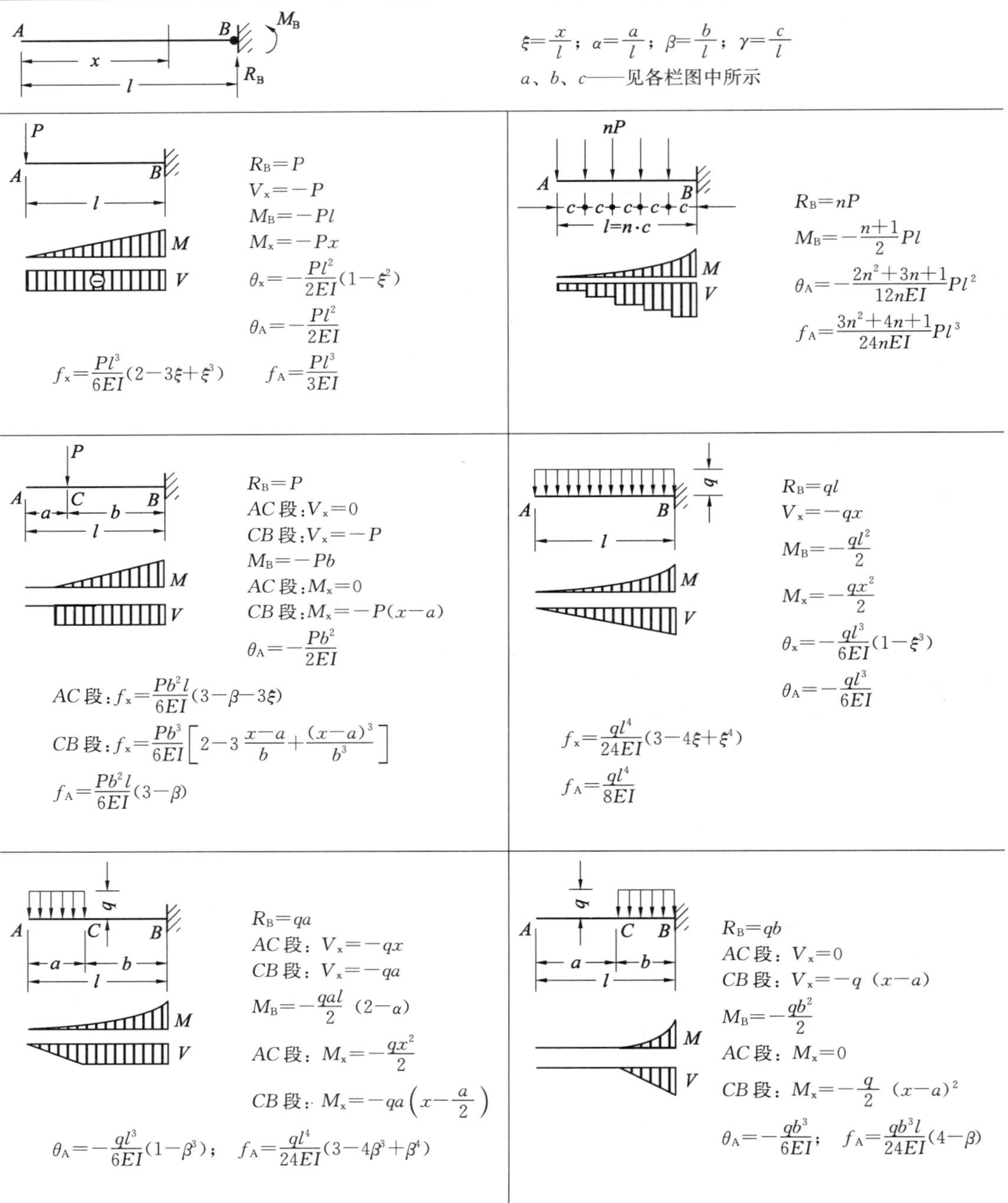

$\xi=\frac{x}{l}$；$\alpha=\frac{a}{l}$；$\beta=\frac{b}{l}$；$\gamma=\frac{c}{l}$

a、b、c——见各栏图中所示

$R_B=P$ $V_x=-P$ $M_B=-Pl$ $M_x=-Px$ $\theta_x=-\frac{Pl^2}{2EI}(1-\xi^2)$ $\theta_A=-\frac{Pl^2}{2EI}$ $f_x=\frac{Pl^3}{6EI}(2-3\xi+\xi^3)$　$f_A=\frac{Pl^3}{3EI}$	$R_B=nP$ $M_B=-\frac{n+1}{2}Pl$ $\theta_A=-\frac{2n^2+3n+1}{12nEI}Pl^2$ $f_A=\frac{3n^2+4n+1}{24nEI}Pl^3$
$R_B=P$ AC 段：$V_x=0$ CB 段：$V_x=-P$ $M_B=-Pb$ AC 段：$M_x=0$ CB 段：$M_x=-P(x-a)$ $\theta_A=-\frac{Pb^2}{2EI}$ AC 段：$f_x=\frac{Pb^2l}{6EI}(3-\beta-3\xi)$ CB 段：$f_x=\frac{Pb^3}{6EI}\left[2-3\frac{x-a}{b}+\frac{(x-a)^3}{b^3}\right]$ $f_A=\frac{Pb^2l}{6EI}(3-\beta)$	$R_B=ql$ $V_x=-qx$ $M_B=-\frac{ql^2}{2}$ $M_x=-\frac{qx^2}{2}$ $\theta_x=-\frac{ql^3}{6EI}(1-\xi^3)$ $\theta_A=-\frac{ql^3}{6EI}$ $f_x=\frac{ql^4}{24EI}(3-4\xi+\xi^4)$ $f_A=\frac{ql^4}{8EI}$
$R_B=qa$ AC 段：$V_x=-qx$ CB 段：$V_x=-qa$ $M_B=-\frac{qal}{2}(2-\alpha)$ AC 段：$M_x=-\frac{qx^2}{2}$ CB 段：$M_x=-qa\left(x-\frac{a}{2}\right)$ $\theta_A=-\frac{ql^3}{6EI}(1-\beta^3)$；$f_A=\frac{ql^4}{24EI}(3-4\beta^3+\beta^4)$	$R_B=qb$ AC 段：$V_x=0$ CB 段：$V_x=-q(x-a)$ $M_B=-\frac{qb^2}{2}$ AC 段：$M_x=0$ CB 段：$M_x=-\frac{q}{2}(x-a)^2$ $\theta_A=-\frac{qb^3}{6EI}$；$f_A=\frac{qb^3l}{24EI}(4-\beta)$

续表

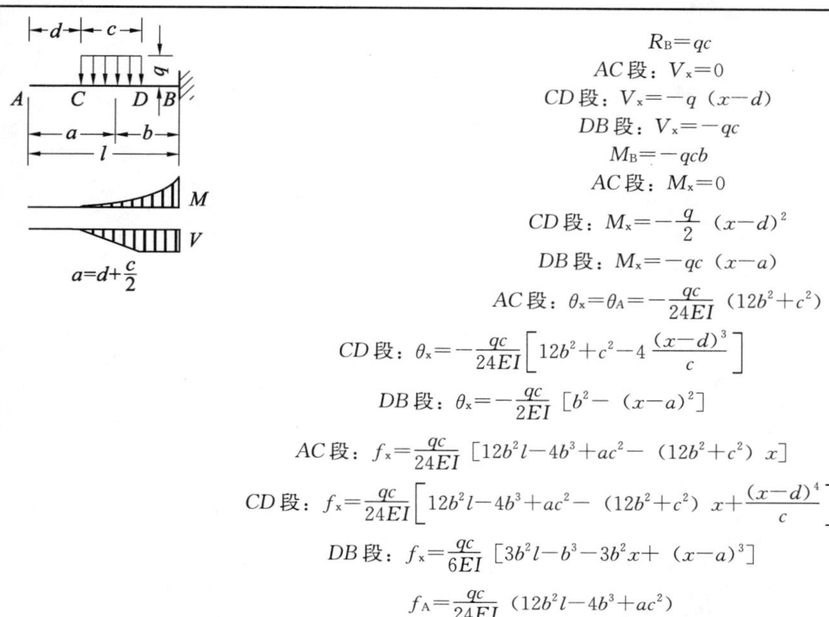

$$R_B=qc$$
$$AC段：V_x=0$$
$$CD段：V_x=-q\ (x-d)$$
$$DB段：V_x=-qc$$
$$M_B=-qcb$$
$$AC段：M_x=0$$
$$CD段：M_x=-\frac{q}{2}\ (x-d)^2$$
$$DB段：M_x=-qc\ (x-a)$$
$$AC段：\theta_x=\theta_A=-\frac{qc}{24EI}\ (12b^2+c^2)$$
$$CD段：\theta_x=-\frac{qc}{24EI}\left[12b^2+c^2-4\frac{(x-d)^3}{c}\right]$$
$$DB段：\theta_x=-\frac{qc}{2EI}\ [b^2-\ (x-a)^2]$$
$$AC段：f_x=\frac{qc}{24EI}\ [12b^2l-4b^3+ac^2-\ (12b^2+c^2)\ x]$$
$$CD段：f_x=\frac{qc}{24EI}\left[12b^2l-4b^3+ac^2-\ (12b^2+c^2)\ x+\frac{(x-d)^4}{c}\right]$$
$$DB段：f_x=\frac{qc}{6EI}\ [3b^2l-b^3-3b^2x+\ (x-a)^3]$$
$$f_A=\frac{qc}{24EI}\ (12b^2l-4b^3+ac^2)$$

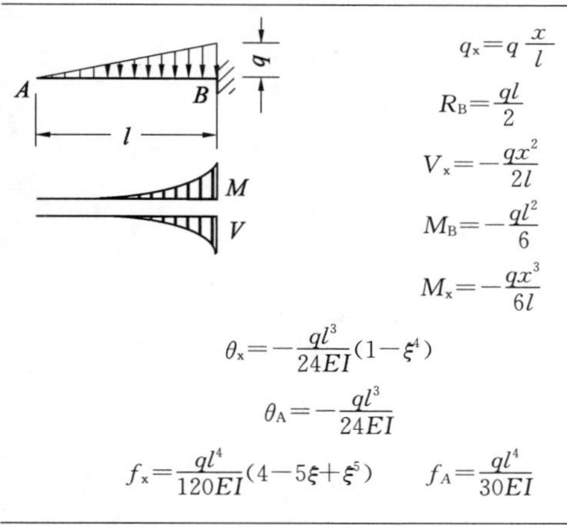

$$q_x=q\frac{x}{l}$$
$$R_B=\frac{ql}{2}$$
$$V_x=-\frac{qx^2}{2l}$$
$$M_B=-\frac{ql^2}{6}$$
$$M_x=-\frac{qx^3}{6l}$$
$$\theta_x=-\frac{ql^3}{24EI}(1-\xi^4)$$
$$\theta_A=-\frac{ql^3}{24EI}$$
$$f_x=\frac{ql^4}{120EI}(4-5\xi+\xi^5)\qquad f_A=\frac{ql^4}{30EI}$$

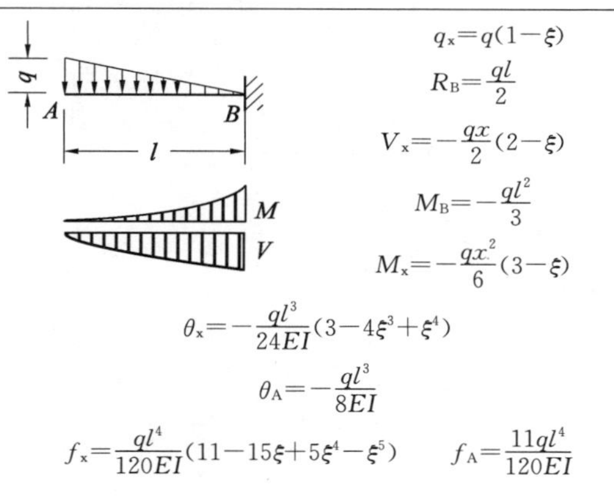

$$q_x=q(1-\xi)$$
$$R_B=\frac{ql}{2}$$
$$V_x=-\frac{qx}{2}(2-\xi)$$
$$M_B=-\frac{ql^2}{3}$$
$$M_x=-\frac{qx^2}{6}(3-\xi)$$
$$\theta_x=-\frac{ql^3}{24EI}(3-4\xi^3+\xi^4)$$
$$\theta_A=-\frac{ql^3}{8EI}$$
$$f_x=\frac{ql^4}{120EI}(11-15\xi+5\xi^4-\xi^5)\qquad f_A=\frac{11ql^4}{120EI}$$

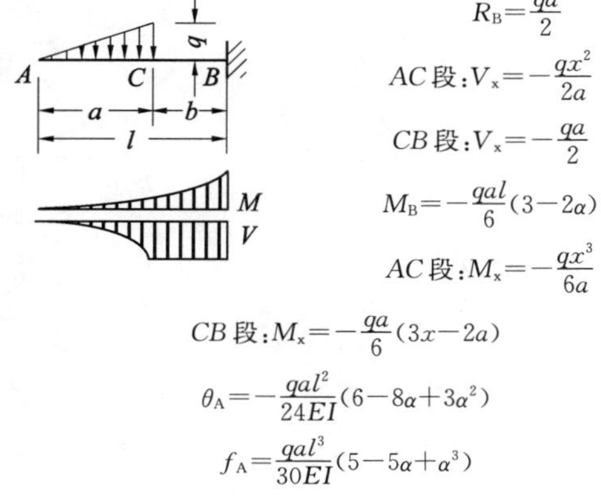

$$R_B=\frac{qa}{2}$$
$$AC段:V_x=-\frac{qx^2}{2a}$$
$$CB段:V_x=-\frac{qa}{2}$$
$$M_B=-\frac{qal}{6}(3-2\alpha)$$
$$AC段:M_x=-\frac{qx^3}{6a}$$
$$CB段:M_x=-\frac{qa}{6}(3x-2a)$$
$$\theta_A=-\frac{qal^2}{24EI}(6-8\alpha+3\alpha^2)$$
$$f_A=\frac{qal^3}{30EI}(5-5\alpha+\alpha^3)$$

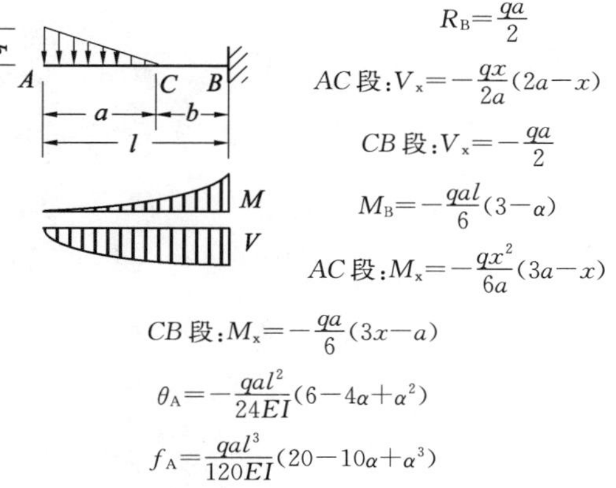

$$R_B=\frac{qa}{2}$$
$$AC段:V_x=-\frac{qx}{2a}(2a-x)$$
$$CB段:V_x=-\frac{qa}{2}$$
$$M_B=-\frac{qal}{6}(3-\alpha)$$
$$AC段:M_x=-\frac{qx^2}{6a}(3a-x)$$
$$CB段:M_x=-\frac{qa}{6}(3x-a)$$
$$\theta_A=-\frac{qal^2}{24EI}(6-4\alpha+\alpha^2)$$
$$f_A=\frac{qal^3}{120EI}(20-10\alpha+\alpha^3)$$

续表

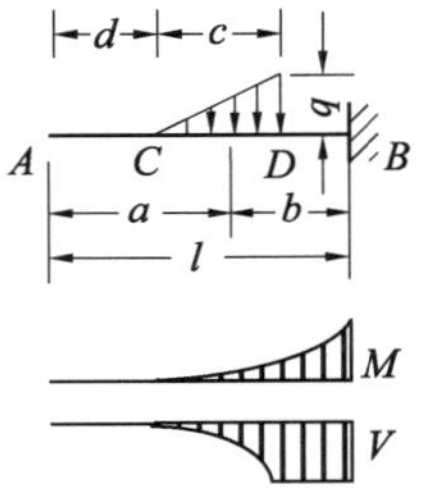

$a=d+\frac{2c}{3}$

$$R_B=\frac{qc}{2}$$

$$AC段:V_x=0$$

$$CD段:V_x=-\frac{q(x-d)^2}{2c}$$

$$DB段:V_x=-\frac{qc}{2};M_B=-\frac{qcb}{2}$$

$$AC段:M_x=0$$

$$CD段:M_x=-\frac{q(x-d)^3}{6c}$$

$$DB段:M_x=-\frac{qc}{2}(x-a)$$

$$AC段:\theta_x=\theta_A=-\frac{qc}{72EI}(18b^2+c^2)$$

$$CD段:\theta_x=-\frac{qc}{72EI}\left[18b^2+c^2-3\frac{(x-d)^4}{c^2}\right]$$

$$DB段:\theta_x=-\frac{qc}{4EI}[b^2-(x-a)^2]$$

$$AC段:f_x=\frac{qc}{72EI}\left[18b^2l-6b^3+ac^2-\frac{2c^3}{45}-(18b^2+c^2)x\right]$$

$$CD段:f_x=\frac{qc}{72EI}\left[18b^2l-6b^3+ac^2-\frac{2c^3}{45}-(18b^2+c^2)x+\frac{3(x-d)^5}{5c^2}\right]$$

$$DB段:f_x=\frac{qc}{12EI}[3b^2l-b^3-3b^2x+(x-a)^3]$$

$$f_A=\frac{qc}{72EI}\left(18b^2l-6b^3+ac^2-\frac{2c^3}{45}\right)$$

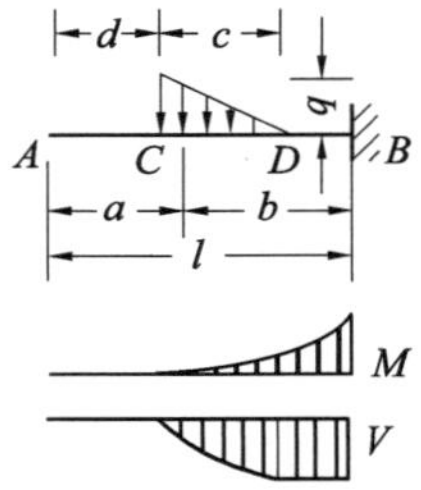

$a=d+\frac{c}{3}$

$$R_B=\frac{qc}{2}$$

$$AC段:V_x=0$$

$$CD段:V_x=-qc\left[\frac{x-d}{c}-\frac{(x-d)^2}{2c^2}\right]$$

$$DB段:V_x=-\frac{qc}{2};\quad M_B=-\frac{qcb}{2}$$

$$AC段:M_x=0$$

$$CD段:M_x=-\frac{qc}{2}\left[\frac{(x-d)^2}{c}-\frac{(x-d)^3}{3c^2}\right]$$

$$DB段:M_x=-\frac{qc}{2}(x-a)$$

$$AC段:\theta_x=\theta_A=-\frac{qc}{72EI}(18b^2+c^2)$$

$$CD段:\theta_x=-\frac{qc}{72EI}\left[18b^2+c^2-12\frac{(x-d)^3}{c}+3\frac{(x-d)^4}{c^2}\right]$$

$$DB段:\theta_x=-\frac{qc}{4EI}[b^2-(x-a)^2]$$

$$AC段:f_x=\frac{qc}{72EI}\left[18b^2l-6b^3+ac^2+\frac{2c^3}{45}-(18b^2+c^2)x\right]$$

$$CD段:f_x=\frac{qc}{72EI}\left[18b^2l-6b^3+ac^2+\frac{2c^3}{45}-(18b^2+c^2)x+3\frac{(x-d)^4}{c}-\frac{3(x-d)^5}{5c^2}\right]$$

$$DB段:f_x=\frac{qc}{12EI}[3b^2l-b^3-3b^2x+(x-a)^3]$$

$$f_A=\frac{qc}{72EI}\left(18b^2l-6b^3+ac^2+\frac{2c^3}{45}\right)$$

续表

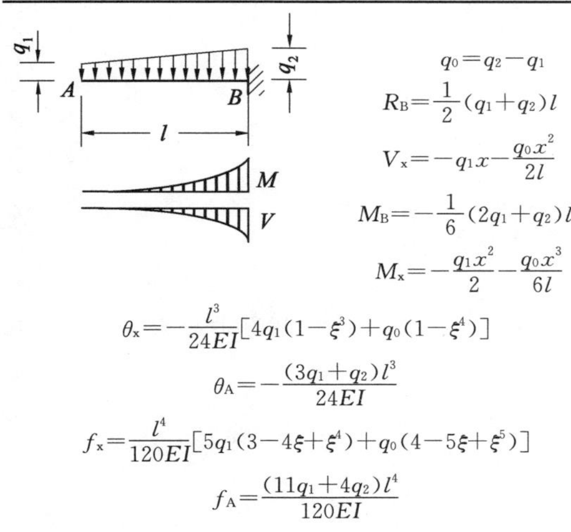

$$q_0=q_2-q_1$$

$$R_B=\frac{1}{2}(q_1+q_2)l$$

$$V_x=-q_1x-\frac{q_0x^2}{2l}$$

$$M_B=-\frac{1}{6}(2q_1+q_2)l^2$$

$$M_x=-\frac{q_1x^2}{2}-\frac{q_0x^3}{6l}$$

$$\theta_x=-\frac{l^3}{24EI}[4q_1(1-\xi^3)+q_0(1-\xi^4)]$$

$$\theta_A=-\frac{(3q_1+q_2)l^3}{24EI}$$

$$f_x=\frac{l^4}{120EI}[5q_1(3-4\xi+\xi^4)+q_0(4-5\xi+\xi^5)]$$

$$f_A=\frac{(11q_1+4q_2)l^4}{120EI}$$

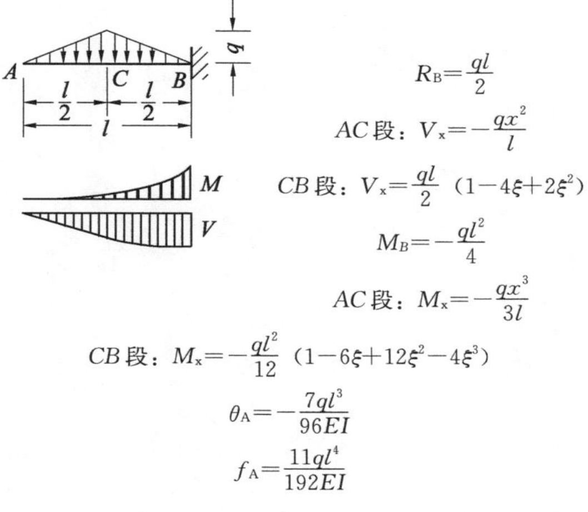

$$R_B=\frac{ql}{2}$$

AC 段：$V_x=-\frac{qx^2}{l}$

CB 段：$V_x=\frac{ql}{2}(1-4\xi+2\xi^2)$

$$M_B=-\frac{ql^2}{4}$$

AC 段：$M_x=-\frac{qx^3}{3l}$

CB 段：$M_x=-\frac{ql^2}{12}(1-6\xi+12\xi^2-4\xi^3)$

$$\theta_A=-\frac{7ql^3}{96EI}$$

$$f_A=\frac{11ql^4}{192EI}$$

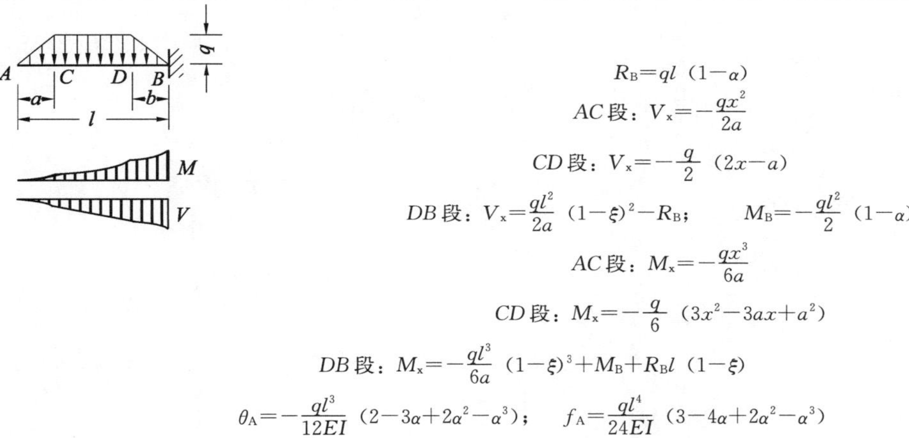

$$R_B=ql(1-\alpha)$$

AC 段：$V_x=-\frac{qx^2}{2a}$

CD 段：$V_x=-\frac{q}{2}(2x-a)$

DB 段：$V_x=\frac{ql^2}{2a}(1-\xi)^2-R_B$；　　$M_B=-\frac{ql^2}{2}(1-\alpha)$

AC 段：$M_x=-\frac{qx^3}{6a}$

CD 段：$M_x=-\frac{q}{6}(3x^2-3ax+a^2)$

DB 段：$M_x=-\frac{ql^3}{6a}(1-\xi)^3+M_B+R_Bl(1-\xi)$

$\theta_A=-\frac{ql^3}{12EI}(2-3\alpha+2\alpha^2-\alpha^3)$；　　$f_A=\frac{ql^4}{24EI}(3-4\alpha+2\alpha^2-\alpha^3)$

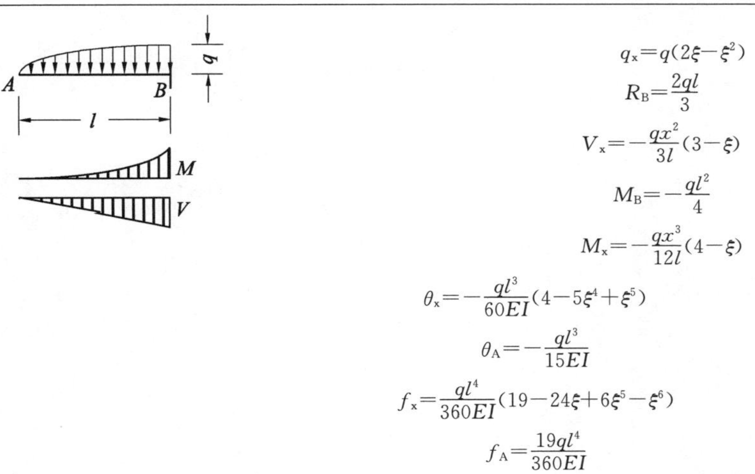

$$q_x=q(2\xi-\xi^2)$$

$$R_B=\frac{2ql}{3}$$

$$V_x=-\frac{qx^2}{3l}(3-\xi)$$

$$M_B=-\frac{ql^2}{4}$$

$$M_x=-\frac{qx^3}{12l}(4-\xi)$$

$$\theta_x=-\frac{ql^3}{60EI}(4-5\xi^4+\xi^5)$$

$$\theta_A=-\frac{ql^3}{15EI}$$

$$f_x=\frac{ql^4}{360EI}(19-24\xi+6\xi^5-\xi^6)$$

$$f_A=\frac{19ql^4}{360EI}$$

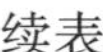

续表

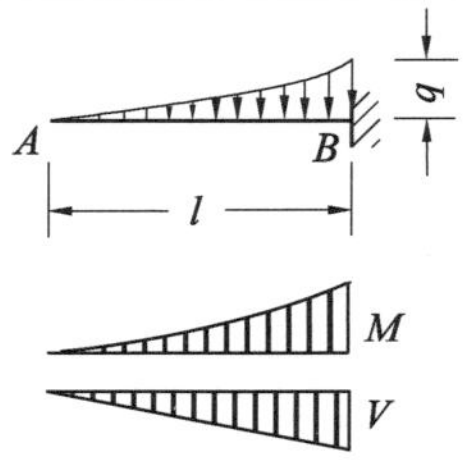

$q_x=\frac{qx^2}{l^2}$ $R_B=\frac{ql}{3}$ $V_x=-\frac{qx^3}{3l^2}$ $M_B=-\frac{ql^2}{12}$ $M_x=-\frac{qx^4}{12l^2}$ $\theta_x=-\frac{ql^3}{60EI}(1-\xi^5)$ $\theta_A=-\frac{ql^3}{60EI}$ $f_x=\frac{ql^4}{360EI}(5-6\xi+\xi^6)$ $f_A=\frac{ql^4}{72EI}$	$q_x=q(1-\xi)^2$ $R_B=\frac{ql}{3}$ $V_x=-\frac{qx}{3}(3-3\xi+\xi^2)$ $M_B=-\frac{ql^2}{4}$ $M_x=-\frac{qx^2}{12}(6-4\xi+\xi^2)$ $\theta_x=-\frac{ql^3}{60EI}(6-10\xi^3+5\xi^4-\xi^5)$ $\theta_x=-\frac{ql^3}{10EI}$ $f_x=\frac{ql^4}{360EI}(26-36\xi+15\xi^4-6\xi^5+\xi^6)$ $f_A=\frac{13ql^4}{180EI}$
$R_B=0$ $V_x=0$ $M_B=M_x=-M$ $\theta_x=-\frac{Ml}{EI}(1-\xi)$ $\theta_A=-\frac{Ml}{EI}$ $f_x=\frac{Ml^2}{2EI}(1-\xi)^2$ $f_A=\frac{Ml^2}{2EI}$	$R_B=0$；$V_x=0$ AC段：$M_x=0$ CB段：$M_x=M_B=-M$ AC段：$\theta_x=\theta_A=-\frac{Mb}{EI}$ CB段：$\theta_x=-\frac{Ml}{EI}(1-\xi)$ AC段：$f_x=\frac{Mbl}{2EI}(2-\beta-2\xi)$ CB段：$f_x=\frac{Ml^2}{2EI}(1-\xi)^2$ $f_A=\frac{Mbl}{2EI}(2-\beta)$
$V_x=0;M_x=0$ $\theta_x=0;f_x=0$ $N_B=N_x=P$ $\delta_x=\frac{Pl}{EA}(1-\xi)$ $\delta_A=\frac{Pl}{EA}$	$V_x=0$；$M_x=0$ $\theta_x=0$；$f_x=0$ AC段：$N_x=0$ CB段：$N_x=P$ $N_B=P$ AC段：$\delta_x=\frac{Pb}{EA}$ CB段：$\delta_x=\frac{Pl}{EA}(1-\xi)$ $\delta_A=\frac{Pb}{EA}$
$V_x=0$；$M_x=0$ $\theta_x=0$；$f_x=0$ $N_x=qx$ $N_B=ql$ $\delta_x=\frac{ql^2}{2EA}(1-\xi^2)$ $\delta_A=\frac{ql^2}{2EA}$	$V_x=0$；$M_x=0$ $\theta_x=0$；$f_x=0$ AC段：$N_x=0$ CB段：$N_x=q(x-a)$ $N_B=qb$ AC段：$\delta_x=\frac{qb^2}{2EA}$ CB段：$\delta_x=\frac{q}{2EA}(x-a+b)(l-x)$ $\delta_A=\frac{qb^2}{2EA}$

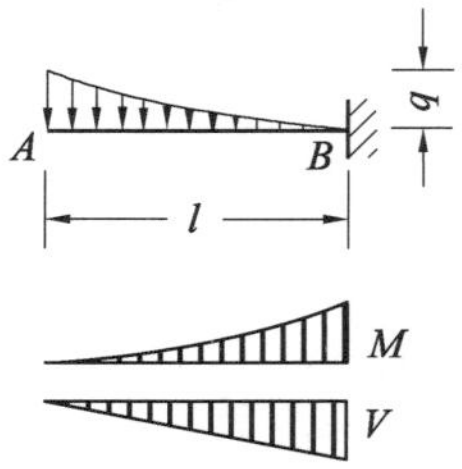

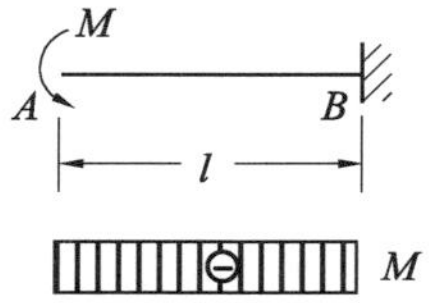

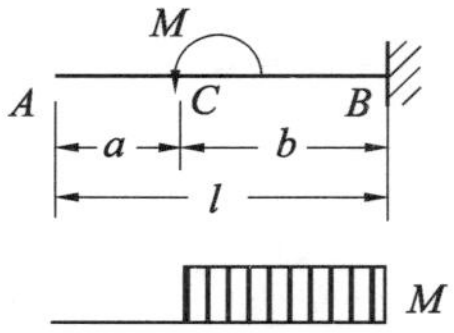

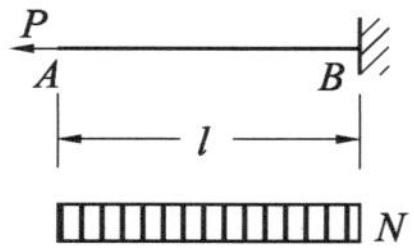

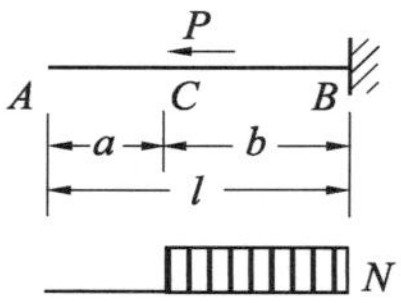

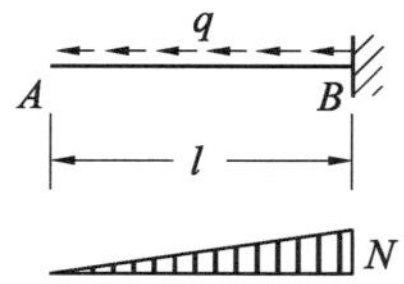

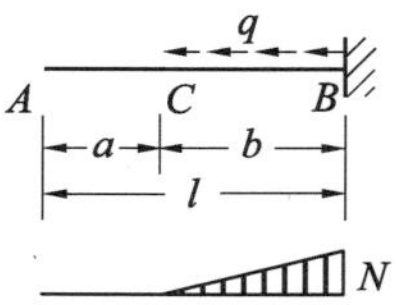

2.2.2　简支梁

表 2.2-2

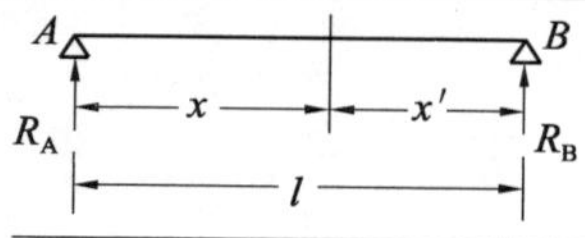

$\xi=\frac{x}{l}$；$\zeta=\frac{x'}{l}$；$\alpha=\frac{a}{l}$；$\beta=\frac{b}{l}$；$\gamma=\frac{c}{l}$

a、b、c——见各栏图中所示

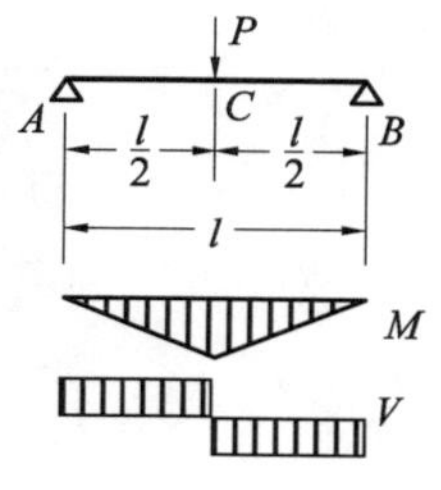

$R_A=R_B=\frac{P}{2}$

AC 段：$V_x=\frac{P}{2}$

CB 段：$V_x=-\frac{P}{2}$

AC 段：$M_x=\frac{Px}{2}$

CB 段：$M_x=\frac{Pl}{2}(1-\xi)$

$M_C=M_{max}=\frac{Pl}{4}$

AC 段：$\theta_x=\frac{Pl^2}{16EI}(1-4\xi^2)$

$\theta_A=-\theta_B=\frac{Pl^2}{16EI}$

AC 段：$f_x=\frac{Pl^4x}{48EI}(3-4\xi^2)$

$f_C=f_{max}=\frac{Pl^3}{48EI}$

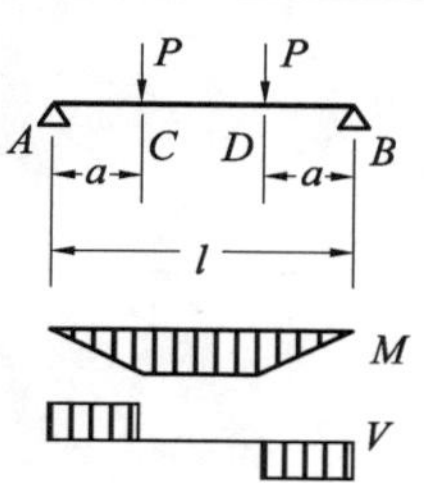

$R_A=R_B=P$

AC 段：$V_x=P$

CD 段：$V_x=0$

AC 段：$M_x=Px$

CD 段：$M_x=M_{max}=Pa$

$\theta_A=-\theta_B=\frac{Pal}{2EI}(1-\alpha)$

$f_{max}=\frac{Pal^2}{24EI}(3-4\alpha^2)$

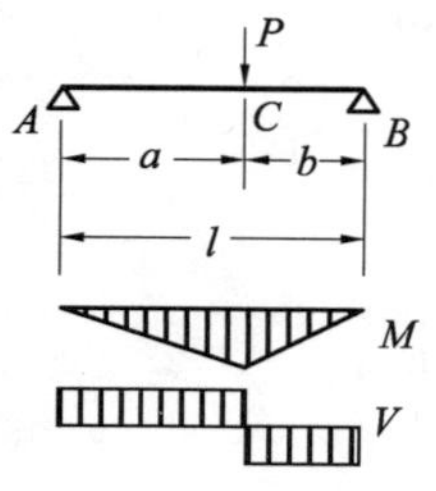

$R_A=\frac{Pb}{l}$；$R_B=\frac{Pa}{l}$

AC 段：$V_x=\frac{Pb}{l}$

CB 段：$V_x=-\frac{Pa}{l}$

AC 段：$M_x=\frac{Pbx}{l}$

CB 段：$M_x=Pa(1-\xi)$

$M_C=M_{max}=\frac{Pab}{l}$

AC 段：$\theta_x=-\frac{Pbl}{6EI}(3\xi^2+\beta^2-1)$

CB 段：$\theta_x=\frac{Pal}{6EI}(3\zeta^2+\alpha^2-1)$

$\theta_A=\frac{Pbl}{6EI}(1-\beta^2)$；

$\theta_B=-\frac{Pal}{6EI}(1-\alpha^2)$

AC 段：$f_x=\frac{Pbl^2}{6EI}\xi(1-\xi^2-\beta^2)$

续表

CB 段：$f_x=\frac{Pal^2}{6EI}\zeta\ (1-\zeta^2-\alpha^2)$

$$f_C=\frac{Pa^2b^2}{3EIl}=\frac{Pl^3}{3EI}\alpha^2\beta^2$$

若 $a>b$，当 $x=\sqrt{\frac{a}{3}\ (a+2b)}$：$f_{max}=\frac{Pb}{9EIl}\sqrt{\frac{(a^2+2ab)^3}{3}}$

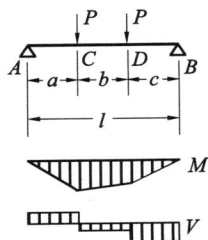

$$R_A=\frac{P}{l}(2c+b);R_B=\frac{P}{l}(2a+b)$$

AC 段：$V_x=\frac{P}{l}(2c+b)$

CD 段：$V_x=\frac{P}{l}(c-a)$

DB 段：$V_x=-\frac{P}{l}(2a+b)$

AC 段：$M_x=\frac{P}{l}(2c+b)x$

CD 段：$M_x=\frac{P}{l}[(c-a)x+al]$

DB 段：$M_x=\frac{P}{l}(2a+b)(l-x)$

若 $a>c$：$M_C=M_{max}=\frac{Pa}{l}(2c+b)$

$$\theta_A=\frac{P}{6EIl}[(2a+c)l^2-3a^2l+a^3-c^3]$$

$$\theta_B=-\frac{P}{6EIl}[(2c+a)l^2-3c^2l+c^3-a^3]$$

$$f_C=\frac{Pa}{6EIl}[(2a+c)l^2-4a^2l+2a^3-a^2c-c^3]$$

$$f_D=\frac{Pc}{6EIl}[(2c+a)l^2-4c^2l+2c^3-ac^2-a^3]$$

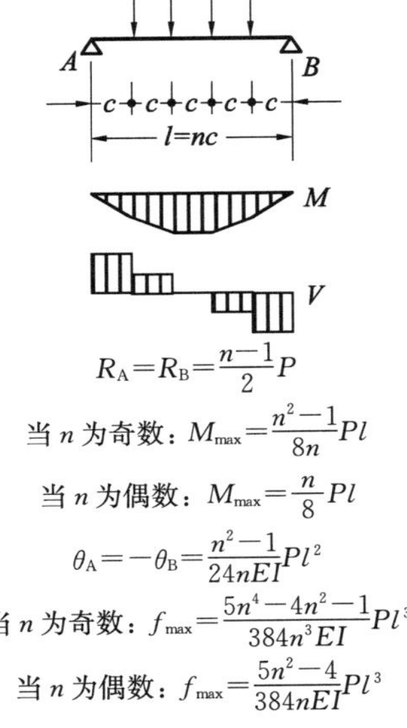

$$R_A=R_B=\frac{n-1}{2}P$$

当 n 为奇数：$M_{max}=\frac{n^2-1}{8n}Pl$

当 n 为偶数：$M_{max}=\frac{n}{8}Pl$

$$\theta_A=-\theta_B=\frac{n^2-1}{24nEI}Pl^2$$

当 n 为奇数：$f_{max}=\frac{5n^4-4n^2-1}{384n^3EI}Pl^3$

当 n 为偶数：$f_{max}=\frac{5n^2-4}{384nEI}Pl^3$

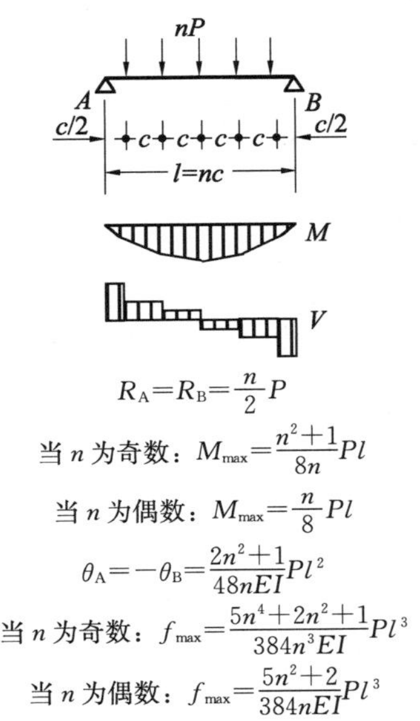

$$R_A=R_B=\frac{n}{2}P$$

当 n 为奇数：$M_{max}=\frac{n^2+1}{8n}Pl$

当 n 为偶数：$M_{max}=\frac{n}{8}Pl$

$$\theta_A=-\theta_B=\frac{2n^2+1}{48nEI}Pl^2$$

当 n 为奇数：$f_{max}=\frac{5n^4+2n^2+1}{384n^3EI}Pl^3$

当 n 为偶数：$f_{max}=\frac{5n^2+2}{384nEI}Pl^3$

续表

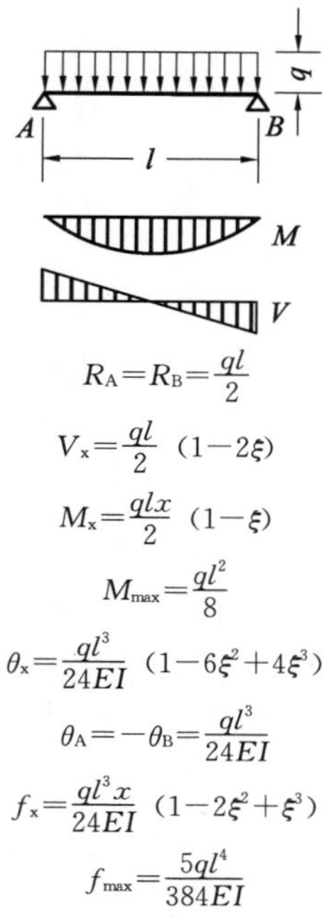

$$R_A=R_B=\frac{ql}{2}$$

$$V_x=\frac{ql}{2}\ (1-2\xi)$$

$$M_x=\frac{qlx}{2}\ (1-\xi)$$

$$M_{max}=\frac{ql^2}{8}$$

$$\theta_x=\frac{ql^3}{24EI}\ (1-6\xi^2+4\xi^3)$$

$$\theta_A=-\theta_B=\frac{ql^3}{24EI}$$

$$f_x=\frac{ql^3x}{24EI}\ (1-2\xi^2+\xi^3)$$

$$f_{max}=\frac{5ql^4}{384EI}$$

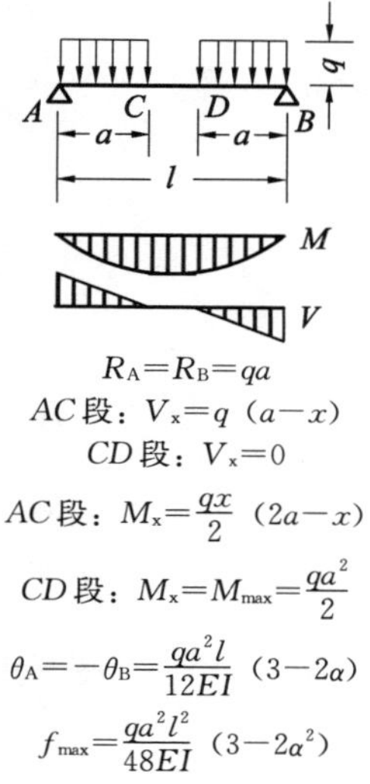

$$R_A=R_B=qa$$

AC 段：$V_x=q\ (a-x)$

CD 段：$V_x=0$

AC 段：$M_x=\frac{qx}{2}\ (2a-x)$

CD 段：$M_x=M_{max}=\frac{qa^2}{2}$

$$\theta_A=-\theta_B=\frac{qa^2l}{12EI}\ (3-2\alpha)$$

$$f_{max}=\frac{qa^2l^2}{48EI}\ (3-2\alpha^2)$$

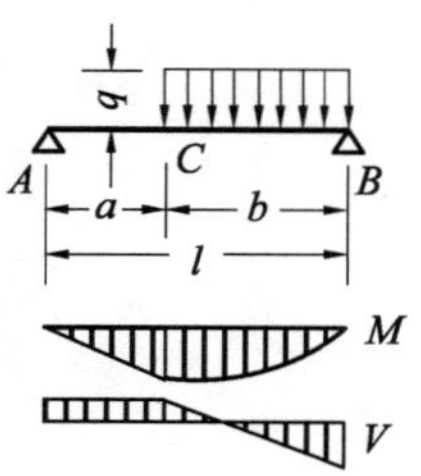

$$R_A=\frac{qb^2}{2l};R_B=\frac{qb}{2}(2-\beta)$$

AC 段：$V_x=\frac{qb^2}{2l}$

CB 段：$V_x=\frac{qb}{2}\left[\beta-\frac{2(x-a)}{b}\right]$

AC 段：$M_x=\frac{qb^2x}{2l}$

CB 段：$M_x=\frac{qb^2}{2}\left[\xi-\frac{(x-a)^2}{b^2}\right]$

当 $x=a+\frac{b^2}{2l}$：$M_{max}=\frac{qb^2}{8}(2-\beta)^2$

AC 段：$\theta_x=\frac{qb^2l}{24EI}(2-\beta^2-6\xi^2)$

CB 段：$\theta_x=\frac{qb^2l}{24EI}\left[2-\beta^2-6\xi^2+\frac{4(x-a)^3}{b^2l}\right]$

$$\theta_A=\frac{qb^2l}{24EI}(2-\beta^2);\theta_B=-\frac{qb^2l}{24EI}(2-\beta)^2$$

AC 段：$f_x=\frac{qb^2lx}{24EI}(2-\beta^2-2\xi^2)$

CB 段：$f_x=\frac{qb^2l^2}{24EI}\left[(2-\beta^2-2\xi^2)\xi+\frac{(x-a)^4}{b^2l^2}\right]$

续表

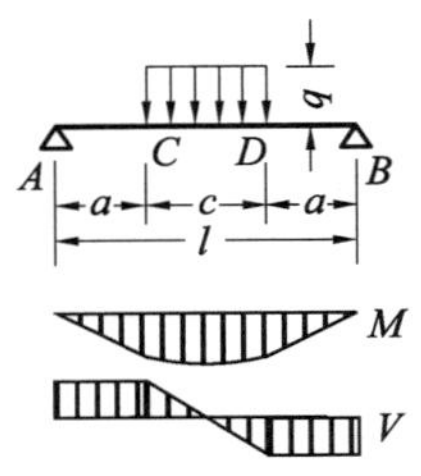

$$R_A=R_B=\frac{qc}{2}$$

$$AC\text{段：}V_x=\frac{qc}{2}$$

$$CD\text{段：}V_x=\frac{q}{2}\left[c-2(x-a)\right]$$

$$AC\text{段：}M_x=\frac{qcx}{2}$$

$$CD\text{段：}M_x=\frac{q}{2}\left[cx-(x-a)^2\right]$$

$$M_{\max}=\frac{qcl}{8}(2-\gamma)$$

$$AC\text{段：}\theta_x=\frac{qcl^2}{48EI}(3-\gamma^2-12\xi^2)$$

$$CD\text{段：}\theta_x=\frac{qcl^2}{48EI}\left[3-\gamma^2-12\xi^2+\frac{8(x-a)^3}{cl^2}\right]$$

$$\theta_A=-\theta_B=\frac{qcl^2}{48EI}(3-\gamma^2)$$

$$AC\text{段：}f_x=\frac{qcl^2x}{48EI}(3-\gamma^2-4\xi^2)$$

$$CB\text{段：}f_x=\frac{qcl^3}{48EI}\left[(3-\gamma^2-4\xi^2)\xi+\frac{2(x-a)^4}{cl^3}\right]$$

$$f_{\max}=\frac{qcl^3}{384EI}(8-4\gamma^2+\gamma^3)$$

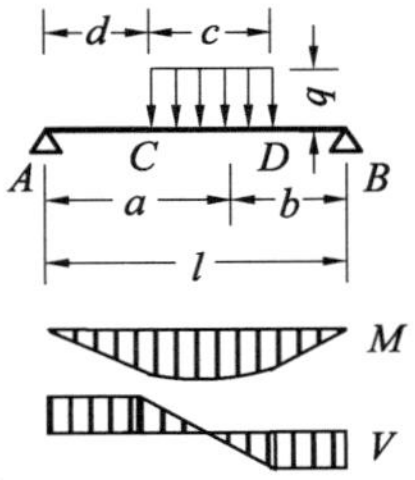

$a=d+\frac{c}{2}$

$$R_A=\frac{qcb}{l};\ R_B=\frac{qca}{l}$$

$$AC\text{段：}V_x=\frac{qcb}{l}$$

$$CD\text{段：}V_x=qc\left(\frac{b}{l}-\frac{x-d}{c}\right)$$

$$DB\text{段：}V_x=-\frac{qca}{l}$$

$$AC\text{段：}M_x=\frac{qcbx}{l}$$

$$CD\text{段：}M_x=qc\left[\frac{bx}{l}-\frac{(x-d)^2}{2c}\right]$$

$$DB\text{段：}M_x=qca\left(1-\frac{x}{l}\right)$$

$$\text{当 }x=d+\frac{cb}{l}\text{：}M_{\max}=\frac{qcb}{l}\left(d+\frac{cb}{2l}\right)$$

$$AC\text{段：}\theta_x=\frac{qcb}{24EI}\left(4l-4\frac{b^2}{l}-\frac{c^2}{l}-12\frac{x^2}{l}\right)$$

$$CD\text{段：}\theta_x=\frac{qcb}{24EI}\left[4l-4\frac{b^2}{l}-\frac{c^2}{l}-12\frac{x^2}{l}+4\frac{(x-d)^3}{bc}\right]$$

$$DB\text{段：}\theta_x=\frac{qc}{24EI}\left[4bl-4\frac{b^3}{l}+\frac{ac^2}{l}-12\frac{bx^2}{l}+12(x-a)^2\right]$$

$$\theta_A=\frac{qcb}{24EI}\left(4l-4\frac{b^2}{l}-\frac{c^2}{l}\right)$$

$$\theta_B=-\frac{qca}{24EI}\left(4l-4\frac{a^2}{l}-\frac{c^2}{l}\right)$$

$$AC\text{段：}f_x=\frac{qcb}{24EI}\left[\left(4l-4\frac{b^2}{l}-\frac{c^2}{l}\right)x-4\frac{x^3}{l}\right]$$

$$CD\text{段：}f_x=\frac{qcb}{24EI}\left[\left(4l-4\frac{b^2}{l}-\frac{c^2}{l}\right)x-4\frac{x^3}{l}+\frac{(x-d)^4}{bc}\right]$$

$$DB\text{段：}f_x=\frac{qc}{24EI}\left[4b\left(l-\frac{b^2}{l}\right)x-4\frac{bx^3}{l}+4(x-a)^3-ac^2\left(1-\frac{x}{l}\right)\right]$$

续表

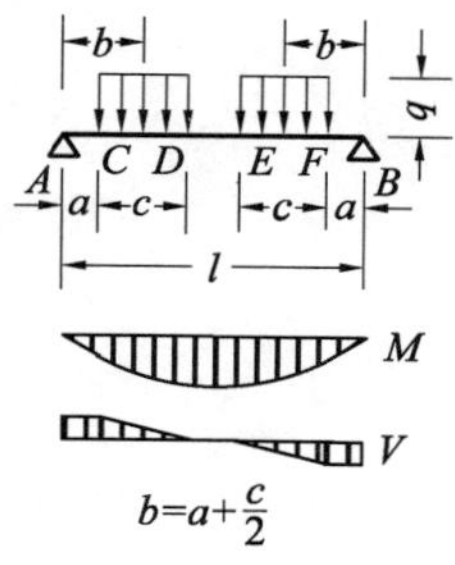

$$R_A=R_B=qc$$
$$AC段：V_x=qc$$
$$CD段：V_x=qc\left(1-\frac{x-a}{c}\right)$$
$$DE段：V_x=0$$
$$AC段：M_x=qcx$$
$$CD段：M_x=qc\left[x-\frac{(x-a)^2}{2c}\right]$$
$$DE段：M_x=M_{max}=qcb$$
$$\theta_A=-\theta_B=\frac{qc}{2EI}\left(lb-b^2-\frac{c^2}{12}\right)$$
$$f_{max}=\frac{qcb}{2EI}\left(\frac{l^2}{4}-\frac{b^2}{3}-\frac{c^2}{12}\right)$$

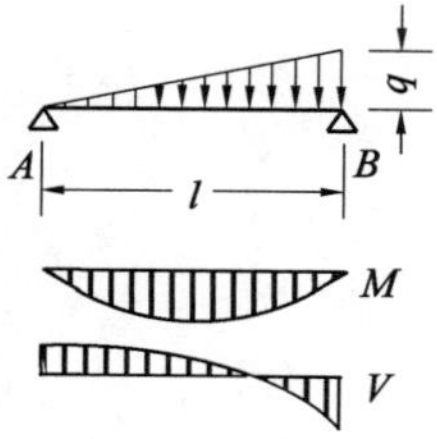

$$R_A=\frac{ql}{6}；R_B=\frac{ql}{3}$$
$$V_x=\frac{ql}{6}(1-3\xi^2)$$
$$M_x=\frac{qlx}{6}(1-\xi^2)$$
$$当 x=\frac{l}{\sqrt{3}}：M_{max}=\frac{ql^2}{9\sqrt{3}}$$
$$\theta_x=\frac{ql^3}{360EI}(7-30\xi^2+15\xi^4)$$
$$\theta_A=\frac{7ql^3}{360EI}；\theta_B=-\frac{ql^3}{45EI}$$
$$f_x=\frac{ql^3x}{360EI}(7-10\xi^2+3\xi^4)$$
$$当 x=0.519l：f_{max}=0.00652\frac{ql^4}{EI}$$

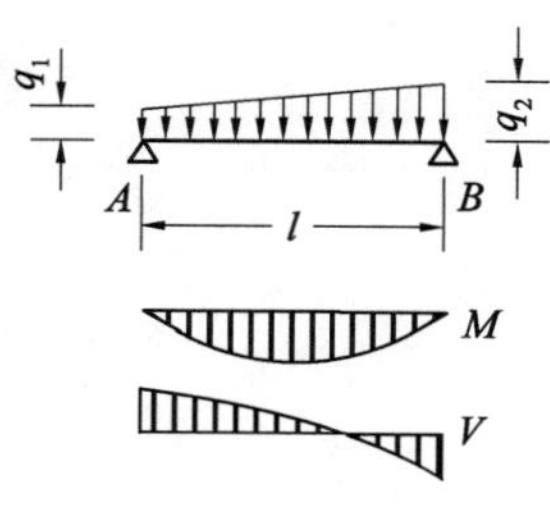

$$q_0=q_2-q_1$$
$$R_A=\frac{(2q_1+q_2)l}{6};R_B=\frac{(q_1+2q_2)l}{6}$$
$$V_x=R_A-q_1x-\frac{q_0x^2}{2l}$$
$$M_x=R_Ax-\frac{q_1x^2}{2}-\frac{q_0x^3}{6l}$$
$$当 x=\frac{\nu-\mu}{1-\mu}l:M_{max}=\frac{q_2l^2}{6}\times\frac{2\nu^3-\mu(1+\mu)}{(1-\mu)^2}$$
$$式中 \mu=\frac{q_1}{q_2};\nu=\sqrt{\frac{1+\mu+\mu^2}{3}}\quad(q_1\neq q_2)$$
$$\theta_A=\frac{(8q_1+7q_2)l^3}{360EI};\theta_B=-\frac{(7q_1+8q_2)l^3}{360EI}$$
$$f_x=\frac{l^4}{360EI}[15q_1\xi(1-2\xi^2+\xi^3)+q_0\xi(7-10\xi^2+3\xi^4)]$$

续表

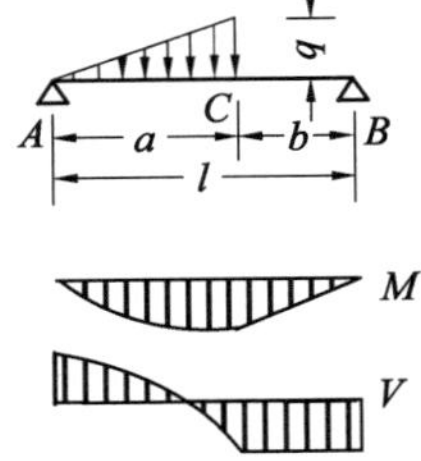

$$R_A=\frac{qa}{6}(3-2\alpha);R_B=\frac{qa^2}{3l}$$

$$AC段:V_x=\frac{qa}{6}\left(3-2\alpha-3\frac{x^2}{a^2}\right)$$

$$CB段:V_x=-\frac{qa^2}{3l}$$

$$AC段:M_x=\frac{qax}{6}\left(3-2\alpha-\frac{x^2}{a^2}\right)$$

$$CB段:M_x=\frac{qa^2}{3}(1-\xi)$$

$$当\ x=a\sqrt{1-\frac{2}{3}\alpha}:M_{max}=\frac{qa^2}{3}\sqrt{\left(1-\frac{2}{3}\alpha\right)^3}$$

$$AC段:\theta_x=\frac{qal^2}{72EI}\left[8\alpha-9\alpha^2+\frac{12}{5}\alpha^3-6(3-2\alpha)\xi^2+\frac{3x^4}{a^2l^2}\right]$$

$$CB段:\theta_x=\frac{qa^2l}{72EI}\left(8+\frac{12\alpha^2}{5}-24\xi+12\xi^2\right)$$

$$\theta_A=\frac{qa^2l}{72EI}\left(8-9\alpha+\frac{12}{5}\alpha^2\right);\theta_B=-\frac{qa^2l}{18EI}\left(1-\frac{3}{5}\alpha^2\right)$$

$$AC段:f_x=\frac{qal^2x}{72EI}\left[8\alpha-9\alpha^2+\frac{12}{5}\alpha^3-(6-4\alpha)\xi^2+\frac{3x^4}{5a^2l^2}\right]$$

$$CB段:f_x=\frac{qa^2l^2}{72EI}\left[-\frac{12}{5}\alpha^2+\left(8+\frac{12}{5}\alpha^2\right)\xi-12\xi^2+4\xi^4\right]$$

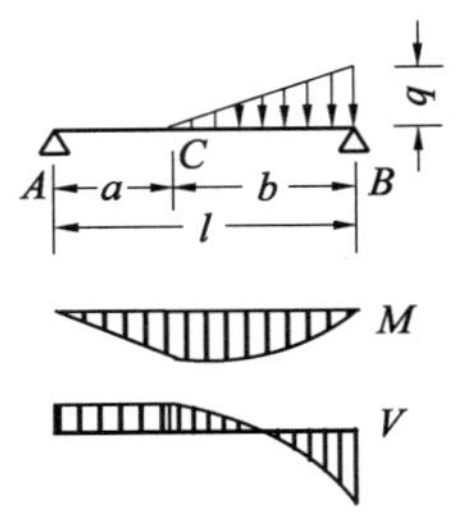

$$R_A=\frac{qb^2}{6l};\quad R_B=\frac{qb}{6}(3-\beta)$$

$$AC段:V_x=\frac{qb^2}{6l}$$

$$CB段:V_x=\frac{qb}{6}\left[\beta-\frac{3(x-a)^2}{b^2}\right]$$

$$AC段:M_x=\frac{qb^2x}{6l}$$

$$CB段:M_x=\frac{qb^2}{6}\left[\xi-\frac{(x-a)^3}{b^3}\right]$$

$$当\ x=a+b\sqrt{\frac{\beta}{3}}:M_{max}=\frac{qb^2}{6}\left[\alpha+\frac{2\beta}{3}\sqrt{\frac{\beta}{3}}\right]$$

$$AC段:\theta_x=\frac{qb^2l}{72EI}\left(2-\frac{3}{5}\beta^2-6\xi^2\right)$$

$$CB段:\theta_x=\frac{qb^2l}{72EI}\left[2-\frac{3}{5}\beta^2-6\xi^2+\frac{3(x-a)^4}{b^3l}\right]$$

$$\theta_A=\frac{qb^2l}{72EI}\left(2-\frac{3}{5}\beta^2\right);\theta_B=-\frac{qb^2l}{72EI}\left(4-3\beta+\frac{3}{5}\beta^2\right)$$

$$AC段:f_x=\frac{qb^2lx}{72EI}\left(2-\frac{3}{5}\beta^2-2\xi^2\right)$$

$$CB段:f_x=\frac{qb^2l^2}{72EI}\left[\left(2-\frac{3}{5}\beta^2-2\xi^2\right)\xi+\frac{3(x-a)^5}{5b^3l^2}\right]$$

续表

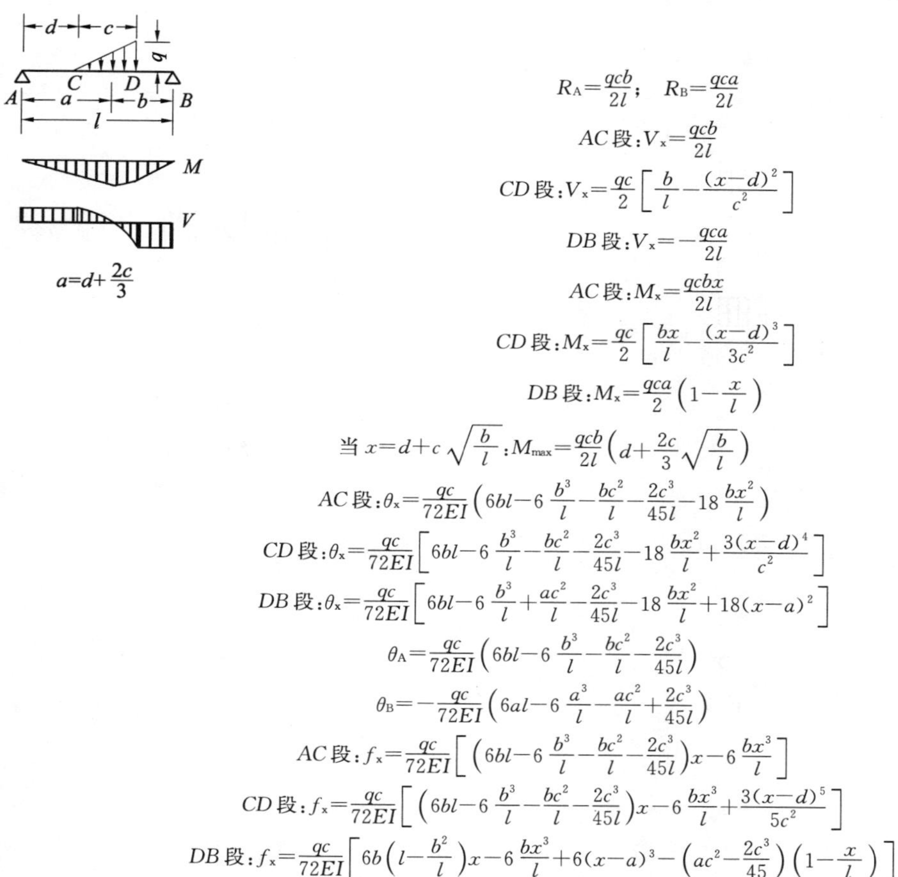

$a=d+\frac{2c}{3}$

$$R_A=\frac{qcb}{2l};\quad R_B=\frac{qca}{2l}$$

$$AC段:V_x=\frac{qcb}{2l}$$

$$CD段:V_x=\frac{qc}{2}\left[\frac{b}{l}-\frac{(x-d)^2}{c^2}\right]$$

$$DB段:V_x=-\frac{qca}{2l}$$

$$AC段:M_x=\frac{qcbx}{2l}$$

$$CD段:M_x=\frac{qc}{2}\left[\frac{bx}{l}-\frac{(x-d)^3}{3c^2}\right]$$

$$DB段:M_x=\frac{qca}{2}\left(1-\frac{x}{l}\right)$$

$$当\ x=d+c\sqrt{\frac{b}{l}}:M_{max}=\frac{qcb}{2l}\left(d+\frac{2c}{3}\sqrt{\frac{b}{l}}\right)$$

$$AC段:\theta_x=\frac{qc}{72EI}\left(6bl-6\frac{b^3}{l}-\frac{bc^2}{l}-\frac{2c^3}{45l}-18\frac{bx^2}{l}\right)$$

$$CD段:\theta_x=\frac{qc}{72EI}\left[6bl-6\frac{b^3}{l}-\frac{bc^2}{l}-\frac{2c^3}{45l}-18\frac{bx^2}{l}+\frac{3(x-d)^4}{c^2}\right]$$

$$DB段:\theta_x=\frac{qc}{72EI}\left[6bl-6\frac{b^3}{l}+\frac{ac^2}{l}-\frac{2c^3}{45l}-18\frac{bx^2}{l}+18(x-a)^2\right]$$

$$\theta_A=\frac{qc}{72EI}\left(6bl-6\frac{b^3}{l}-\frac{bc^2}{l}-\frac{2c^3}{45l}\right)$$

$$\theta_B=-\frac{qc}{72EI}\left(6al-6\frac{a^3}{l}-\frac{ac^2}{l}+\frac{2c^3}{45l}\right)$$

$$AC段:f_x=\frac{qc}{72EI}\left[\left(6bl-6\frac{b^3}{l}-\frac{bc^2}{l}-\frac{2c^3}{45l}\right)x-6\frac{bx^3}{l}\right]$$

$$CD段:f_x=\frac{qc}{72EI}\left[\left(6bl-6\frac{b^3}{l}-\frac{bc^2}{l}-\frac{2c^3}{45l}\right)x-6\frac{bx^3}{l}+\frac{3(x-d)^5}{5c^2}\right]$$

$$DB段:f_x=\frac{qc}{72EI}\left[6b\left(l-\frac{b^2}{l}\right)x-6\frac{bx^3}{l}+6(x-a)^3-\left(ac^2-\frac{2c^3}{45}\right)\left(1-\frac{x}{l}\right)\right]$$

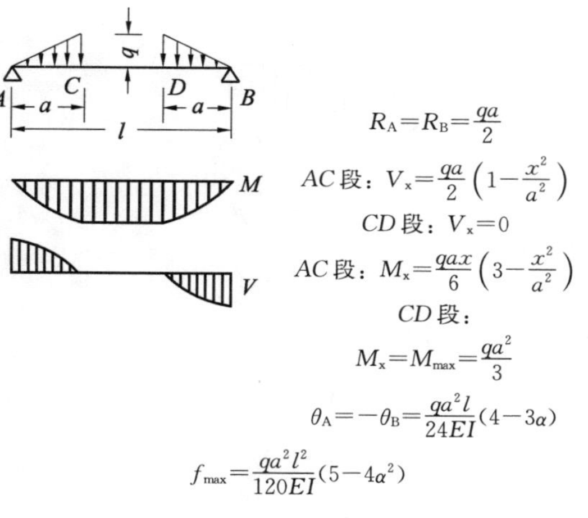

$$R_A=R_B=\frac{qa}{2}$$

$$AC段:\ V_x=\frac{qa}{2}\left(1-\frac{x^2}{a^2}\right)$$

$$CD段:\ V_x=0$$

$$AC段:\ M_x=\frac{qax}{6}\left(3-\frac{x^2}{a^2}\right)$$

CD段：

$$M_x=M_{max}=\frac{qa^2}{3}$$

$$\theta_A=-\theta_B=\frac{qa^2l}{24EI}(4-3\alpha)$$

$$f_{max}=\frac{qa^2l^2}{120EI}(5-4\alpha^2)$$

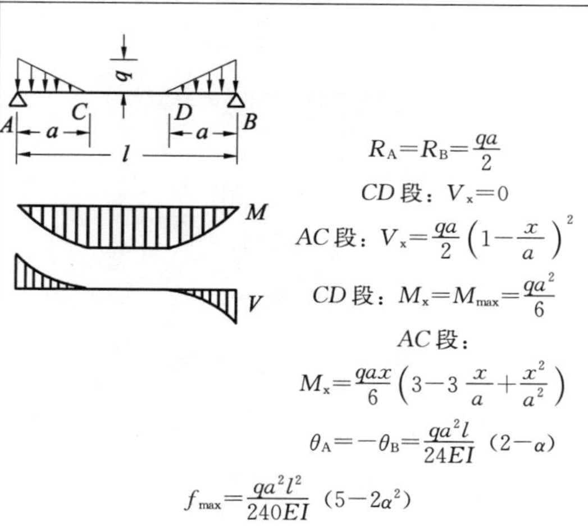

$$R_A=R_B=\frac{qa}{2}$$

$$CD段:\ V_x=0$$

$$AC段:\ V_x=\frac{qa}{2}\left(1-\frac{x}{a}\right)^2$$

$$CD段:\ M_x=M_{max}=\frac{qa^2}{6}$$

AC段：

$$M_x=\frac{qax}{6}\left(3-3\frac{x}{a}+\frac{x^2}{a^2}\right)$$

$$\theta_A=-\theta_B=\frac{qa^2l}{24EI}\ (2-\alpha)$$

$$f_{max}=\frac{qa^2l^2}{240EI}\ (5-2\alpha^2)$$

续表

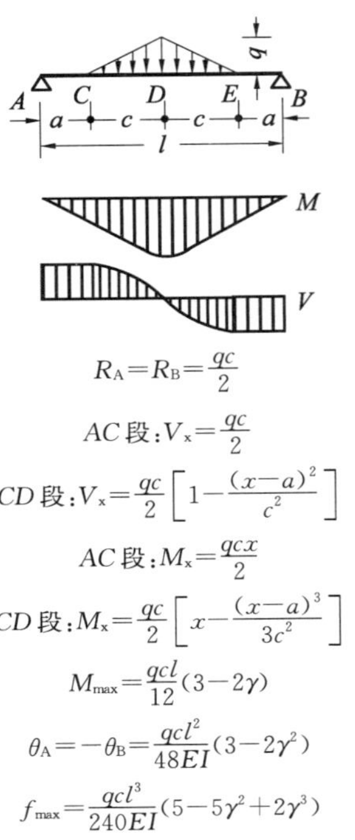

$R_A=R_B=\frac{qc}{2}$

AC段：$V_x=\frac{qc}{2}$

CD段：$V_x=\frac{qc}{2}\left[1-\frac{(x-a)^2}{c^2}\right]$

AC段：$M_x=\frac{qcx}{2}$

CD段：$M_x=\frac{qc}{2}\left[x-\frac{(x-a)^3}{3c^2}\right]$

$M_{max}=\frac{qcl}{12}(3-2\gamma)$

$\theta_A=-\theta_B=\frac{qcl^2}{48EI}(3-2\gamma^2)$

$f_{max}=\frac{qcl^3}{240EI}(5-5\gamma^2+2\gamma^3)$

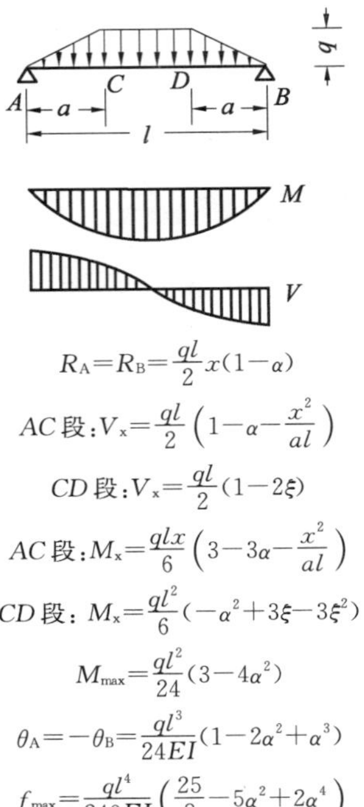

$R_A=R_B=\frac{ql}{2}x(1-\alpha)$

AC段：$V_x=\frac{ql}{2}\left(1-\alpha-\frac{x^2}{al}\right)$

CD段：$V_x=\frac{ql}{2}(1-2\xi)$

AC段：$M_x=\frac{qlx}{6}\left(3-3\alpha-\frac{x^2}{al}\right)$

CD段：$M_x=\frac{ql^2}{6}(-\alpha^2+3\xi-3\xi^2)$

$M_{max}=\frac{ql^2}{24}(3-4\alpha^2)$

$\theta_A=-\theta_B=\frac{ql^3}{24EI}(1-2\alpha^2+\alpha^3)$

$f_{max}=\frac{ql^4}{240EI}\left(\frac{25}{8}-5\alpha^2+2\alpha^4\right)$

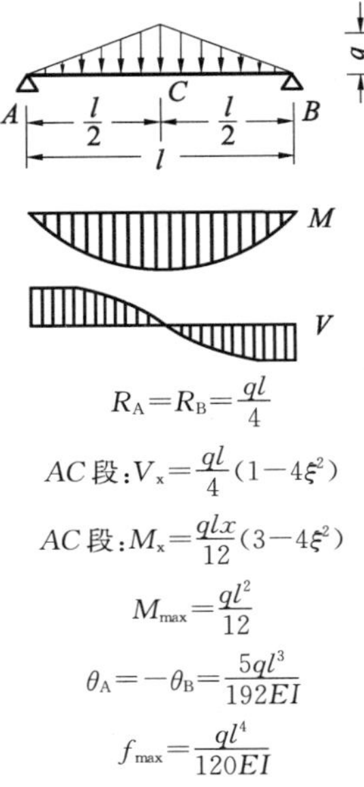

$R_A=R_B=\frac{ql}{4}$

AC段：$V_x=\frac{ql}{4}(1-4\xi^2)$

AC段：$M_x=\frac{qlx}{12}(3-4\xi^2)$

$M_{max}=\frac{ql^2}{12}$

$\theta_A=-\theta_B=\frac{5ql^3}{192EI}$

$f_{max}=\frac{ql^4}{120EI}$

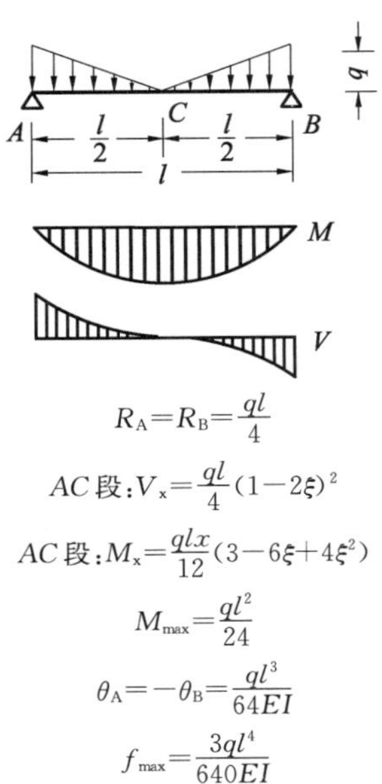

$R_A=R_B=\frac{ql}{4}$

AC段：$V_x=\frac{ql}{4}(1-2\xi)^2$

AC段：$M_x=\frac{qlx}{12}(3-6\xi+4\xi^2)$

$M_{max}=\frac{ql^2}{24}$

$\theta_A=-\theta_B=\frac{ql^3}{64EI}$

$f_{max}=\frac{3ql^4}{640EI}$

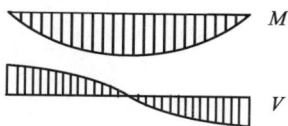

续表

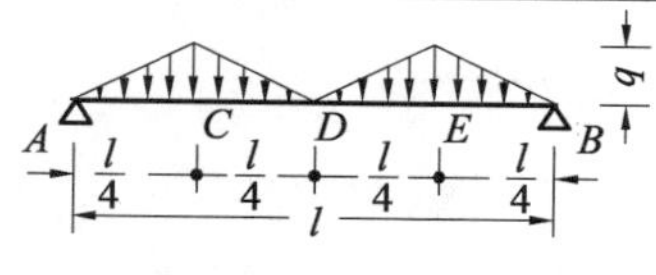

$R_A=R_B=\frac{ql}{4}$

AC 段：$V_x=\frac{ql}{4}(1-8\xi^2)$

CD 段：$V_x=\frac{ql}{2}(1-2\xi)^2$

AC 段：$M_x=\frac{qlx}{12}(3-8\xi^2)$

CD 段：$M_x=\frac{ql^2}{6}\left(-\frac{1}{8}+3\xi-6\xi^2+4\xi^3\right)$

$M_{max}=\frac{ql^2}{16}$

$\theta_A=-\theta_B=\frac{17ql^3}{768EI}$

$f_{max}=\frac{7ql^4}{1024EI}$

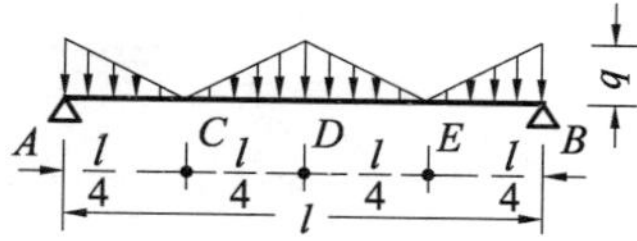

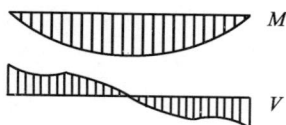

$R_A=R_B=\frac{ql}{4}$

AC 段：$V_x=\frac{ql}{4}(1-4\xi+8\xi^2)$

CD 段：$V_x=qx(1-2\xi)$

AC 段：$M_x=\frac{qlx}{12}(3-6\xi+8\xi^2)$

CD 段：$M_x=\frac{ql^2}{6}\left(\frac{1}{8}+3\xi^2-4\xi^3\right)$

$M_{max}=\frac{ql^2}{16}$

$\theta_A=-\theta_B=\frac{5ql^3}{256EI}$

$f_{max}=\frac{19ql^4}{3072EI}$

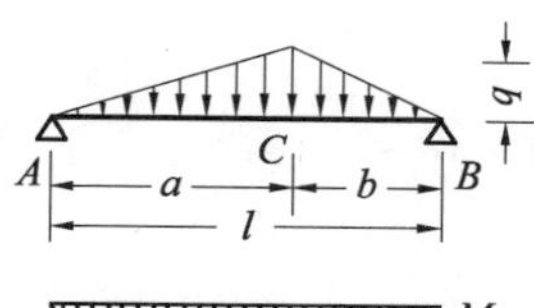

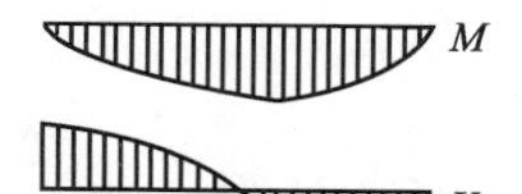

$R_A=\frac{ql}{6}(1+\beta)$；$R_B=\frac{ql}{6}(1+\alpha)$

AC 段：$V_x=-\frac{ql^2}{6a}(\beta^2+3\xi^2-1)$

CB 段：$V_x=\frac{ql^2}{6b}(\alpha^2+3\zeta^2-1)$

AC 段：$M_x=\frac{ql^3}{6a}\xi(1-\xi^2-\beta^2)$

CB 段：$M_x=\frac{ql^3}{6b}\xi(1-\xi^2-\alpha^2)$

若 $a>b$，当 $x=\sqrt{\frac{a(l+b)}{3}}$：$M_{max}=\frac{q}{9}\sqrt{\frac{a(l+b)^3}{3}}$

$\theta_A=\frac{ql^3}{360EI}(1+\beta)(7-3\beta^2)$；$\theta_B=-\frac{ql^3}{360EI}(1+\alpha)(7-3\alpha^2)$

$f_C=\frac{ql^4}{45EI}[4(\alpha^5+\beta^5)-9(\alpha^4+\beta^4)+5(\alpha^3+\beta^3)]$

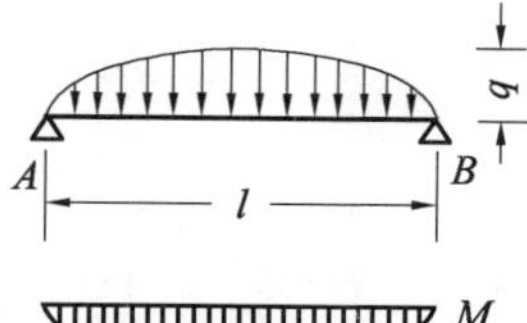

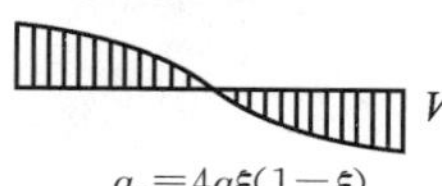

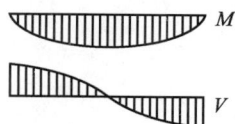

$q_x=4q\xi(1-\xi)$

$R_A=R_B=\frac{ql}{3}$

$V_x=\frac{ql}{3}(1-6\xi^2+4\xi^3)$

$M_x=\frac{qlx}{3}(1-2\xi^2+\xi^3)$

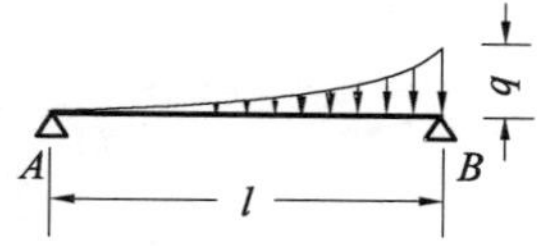

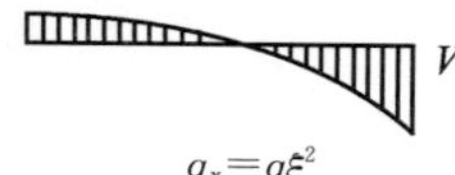

$q_x=q\xi^2$

$R_A=\frac{ql}{12}$；$R_B=\frac{ql}{4}$

$V_x=\frac{ql}{12}(1-4\xi^3)$

$M_x=\frac{qlx}{12}(1-\xi^3)$

续表

$M_{max}=\frac{5ql^2}{48}$ $\theta_x=\frac{ql^3}{30EI}(1-5\xi^2+5\xi^4-2\xi^5)$ $\theta_A=-\theta_B=\frac{ql^3}{30EI}$ $f_x=\frac{ql^3x}{90EI}(3-5\xi^2+3\xi^4-\xi^5)$ $f_{max}=\frac{61ql^4}{5760EI}$	当 $x=0.630l$；$M_{max}=0.0394ql^2$ $\theta_x=\frac{ql^3}{360EI}(4-15\xi^2+6\xi^5)$ $\theta_A=\frac{ql^3}{90EI}$；$\theta_B=-\frac{ql^3}{72EI}$ $f_x=\frac{ql^3x}{360EI}(4-5\xi^2+\xi^5)$ 当 $x=0.533l$：$f_{max}=0.00388\frac{ql^4}{EI}$
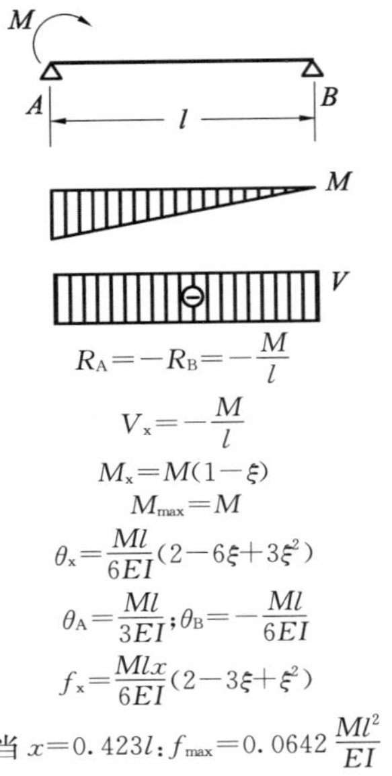 $R_A=-R_B=-\frac{M}{l}$ $V_x=-\frac{M}{l}$ $M_x=M(1-\xi)$ $M_{max}=M$ $\theta_x=\frac{Ml}{6EI}(2-6\xi+3\xi^2)$ $\theta_A=\frac{Ml}{3EI}$；$\theta_B=-\frac{Ml}{6EI}$ $f_x=\frac{Mlx}{6EI}(2-3\xi+\xi^2)$ 当 $x=0.423l$：$f_{max}=0.0642\frac{Ml^2}{EI}$	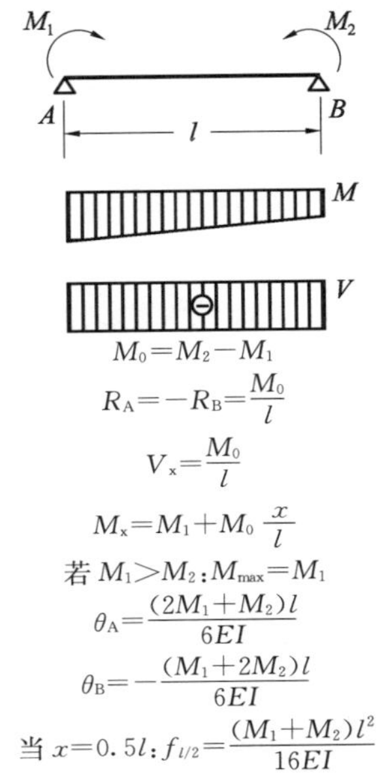 $M_0=M_2-M_1$ $R_A=-R_B=\frac{M_0}{l}$ $V_x=\frac{M_0}{l}$ $M_x=M_1+M_0\frac{x}{l}$ 若 $M_1>M_2$：$M_{max}=M_1$ $\theta_A=\frac{(2M_1+M_2)l}{6EI}$ $\theta_B=-\frac{(M_1+2M_2)l}{6EI}$ 当 $x=0.5l$：$f_{l/2}=\frac{(M_1+M_2)l^2}{16EI}$
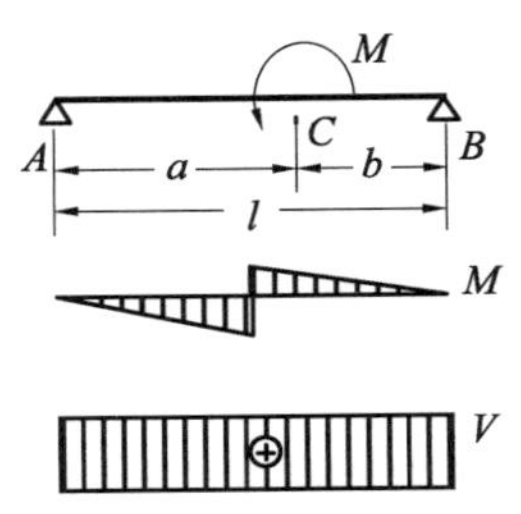	$R_A=-R_B=\frac{M}{l}$ $V_x=\frac{M}{l}$ AC 段：$M_x=M\xi$ CB 段：$M_x=-M\zeta$ $M_{C左}=M\alpha$；　$M_{C右}=-M\beta$ AC 段：$\theta_x=-\frac{Ml}{6EI}(3\xi^2+3\beta^2-1)$ CB 段：$\theta_x=-\frac{Ml}{6EI}(3\zeta^2+3\alpha^2-1)$ $\theta_A=\frac{Ml}{6EI}(1-3\beta^2)$ $\theta_B=\frac{Ml}{6EI}(1-3\alpha^2)$ AC 段：$f_x=\frac{Ml^2}{6EI}\xi(1-\xi^2-3\beta^2)$ CB 段：$f_x=-\frac{Ml^2}{6EI}\zeta(1-\zeta^2-3\alpha^2)$

2.2.3　一端简支另一端固定梁

表 2.2-3

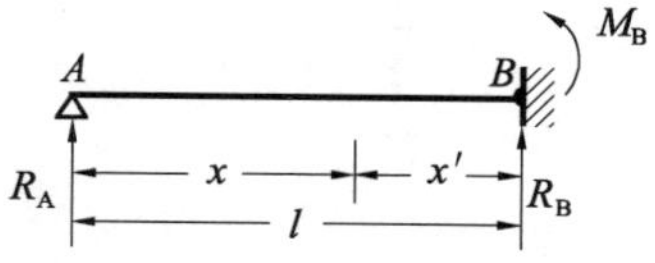

$\xi=\frac{x}{l}$；$\zeta=\frac{x'}{l}$；$\alpha=\frac{a}{l}$；$\beta=\frac{b}{l}$；$\gamma=\frac{c}{l}$

a、b、c——见各栏图中所示

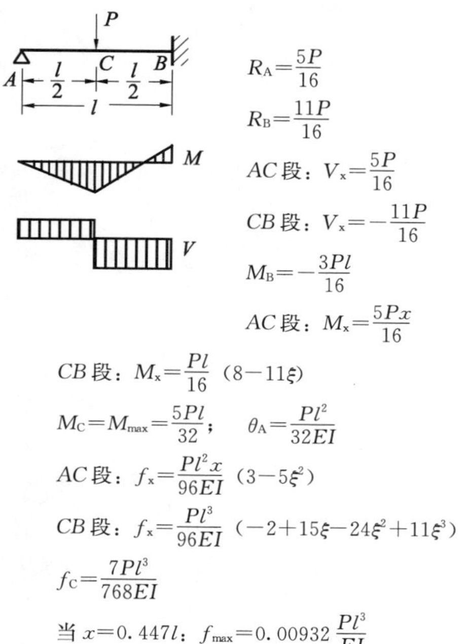

$R_A=\frac{5P}{16}$

$R_B=\frac{11P}{16}$

AC 段：$V_x=\frac{5P}{16}$

CB 段：$V_x=-\frac{11P}{16}$

$M_B=-\frac{3Pl}{16}$

AC 段：$M_x=\frac{5Px}{16}$

CB 段：$M_x=\frac{Pl}{16}(8-11\xi)$

$M_C=M_{max}=\frac{5Pl}{32}$；　$\theta_A=\frac{Pl^2}{32EI}$

AC 段：$f_x=\frac{Pl^2x}{96EI}(3-5\xi^2)$

CB 段：$f_x=\frac{Pl^3}{96EI}(-2+15\xi-24\xi^2+11\xi^3)$

$f_C=\frac{7Pl^3}{768EI}$

当 $x=0.447l$：$f_{max}=0.00932\frac{Pl^3}{EI}$

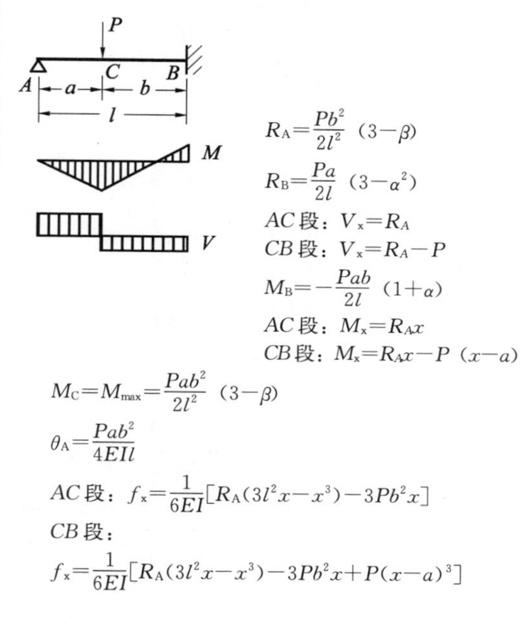

$R_A=\frac{Pb^2}{2l^2}(3-\beta)$

$R_B=\frac{Pa}{2l}(3-\alpha^2)$

AC 段：$V_x=R_A$

CB 段：$V_x=R_A-P$

$M_B=-\frac{Pab}{2l}(1+\alpha)$

AC 段：$M_x=R_Ax$

CB 段：$M_x=R_Ax-P(x-a)$

$M_C=M_{max}=\frac{Pab^2}{2l^2}(3-\beta)$

$\theta_A=\frac{Pab^2}{4EIl}$

AC 段：$f_x=\frac{1}{6EI}[R_A(3l^2x-x^3)-3Pb^2x]$

CB 段：

$f_x=\frac{1}{6EI}[R_A(3l^2x-x^3)-3Pb^2x+P(x-a)^3]$

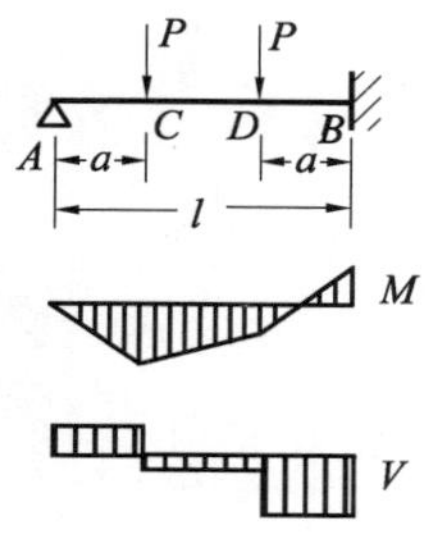

$R_A=\frac{P}{2}(2-3\alpha+3\alpha^2)$

$R_B=\frac{P}{2}(2+3\alpha-3\alpha^2)$

AC 段：$V_x=R_A$

CD 段：$V_x=R_A-P$

DB 段：$V_x=R_A-2P$

$M_B=-\frac{3Pa}{2}(1-\alpha)$

AC 段：$M_x=R_Ax$

CD 段：$M_x=R_Ax-P(x-a)$

DB 段：$M_x=R_Ax-P(2x-l)$

$M_C=M_{max}=R_Aa$

$\theta_A=\frac{Pal}{4EI}(1-\alpha)$

$f_C=\frac{Pa^2l}{12EI}(3-5\alpha+3\alpha^2-3\alpha^3)$

续表

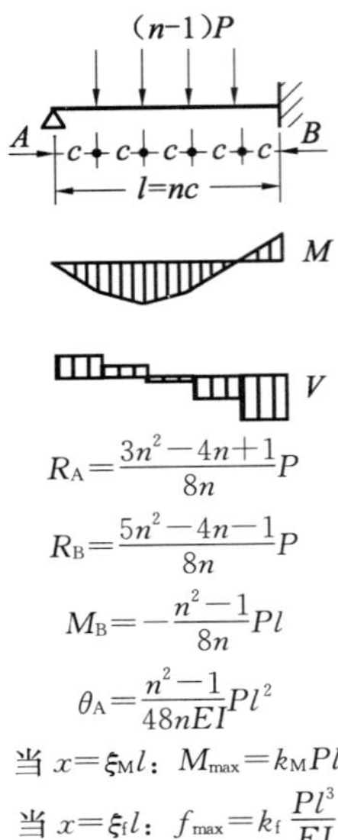

$$R_A=\frac{3n^2-4n+1}{8n}P$$

$$R_B=\frac{5n^2-4n-1}{8n}P$$

$$M_B=-\frac{n^2-1}{8n}Pl$$

$$\theta_A=\frac{n^2-1}{48nEI}Pl^2$$

当 $x=\xi_M l$：$M_{max}=k_M Pl$

当 $x=\xi_f l$：$f_{max}=k_f\frac{Pl^3}{EI}$

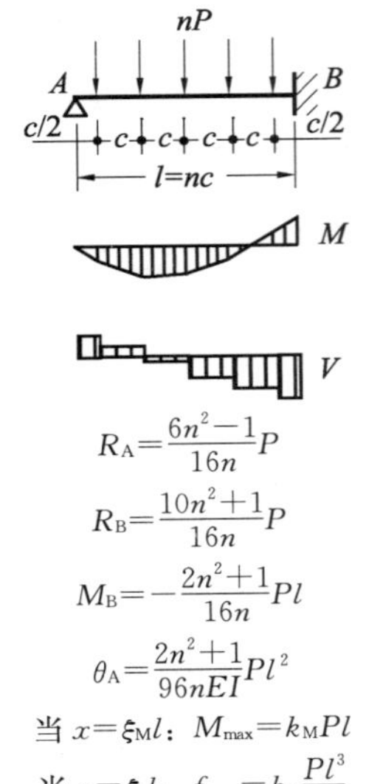

$$R_A=\frac{6n^2-1}{16n}P$$

$$R_B=\frac{10n^2+1}{16n}P$$

$$M_B=-\frac{2n^2+1}{16n}Pl$$

$$\theta_A=\frac{2n^2+1}{96nEI}Pl^2$$

当 $x=\xi_M l$：$M_{max}=k_M Pl$

当 $x=\xi_f l$：$f_{max}=k_f\frac{Pl^3}{EI}$

n	2	3	4	5	n	2	3	4	5
ξ_M k_M	0.500 0.156	0.333 0.222	0.500 0.266	0.400 0.360	ξ_M k_M	0.250 0.180	0.500 0.219	0.375 0.307	0.300 0.359
ξ_f k_f	0.447 0.00932	0.423 0.0152	0.426 0.0209	0.423 0.0265	ξ_f k_f	0.405 0.0116	0.423 0.0168	0.418 0.0221	0.421 0.0274

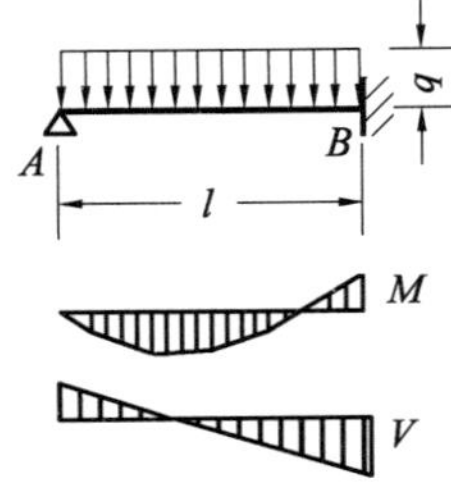

$$R_A=\frac{3ql}{8};\quad R_B=\frac{5ql}{8}$$

$$V_x=\frac{ql}{8}(3-8\xi)$$

$$M_B=-\frac{ql^2}{8}$$

$$M_x=\frac{qlx}{8}(3-4\xi)$$

当 $x=\frac{3}{8}l$：$M_{max}=\frac{9ql^2}{128}$

$$\theta_x=\frac{ql^3}{48EI}(1-9\xi^2+8\xi^3)$$

$$\theta_A=\frac{ql^3}{48EI}$$

$$f_x=\frac{ql^3x}{48EI}(1-3\xi^2+2\xi^3)$$

当 $x=0.422l$：$f_{max}=0.00542\frac{ql^4}{EI}$

续表

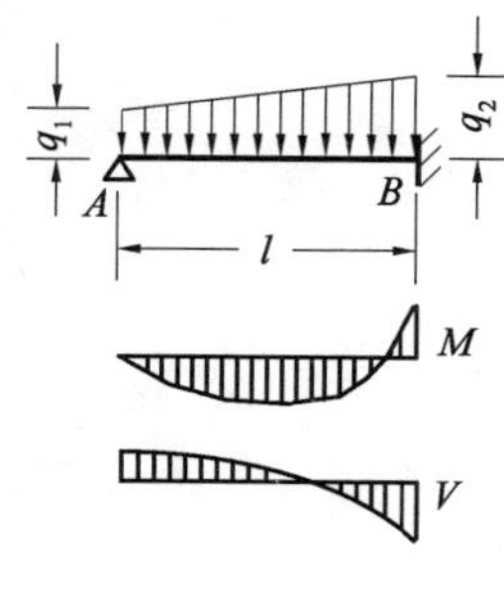

$$q_0=q_2-q_1$$

$$R_A=\frac{(11q_1+4q_2)\ l}{40};\ R_B=\frac{(9q_1+16q_2)\ l}{40}$$

$$V_x=R_A-q_1x-\frac{q_0x^2}{2l}$$

$$M_B=-\frac{(7q_1+8q_2)\ l^2}{120}$$

$$M_x=R_Ax-\frac{q_1x^2}{2}-\frac{q_0x^3}{6l}$$

当 $x_0=\frac{\nu-\mu}{1-\mu}l$：$M_{max}=R_Ax_0-\frac{q_1x_0^2}{2}-\frac{q_0x_0^3}{6l}$；式中 $\mu=\frac{q_1}{q_2}$，$\nu=\sqrt{\frac{9\mu^2+7\mu+4}{20}}$

$$\theta_A=\frac{(3q_1+2q_2)\ l^2}{240EI}$$

$$f_x=\frac{l^3x}{240EI}[5q_1(1-3\xi^2+2\xi^3)+2q_0(1-2\xi^2+\xi^4)]$$

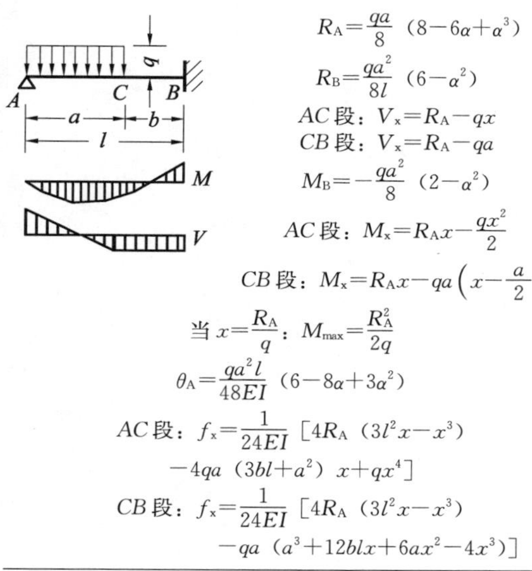

$$R_A=\frac{qa}{8}(8-6\alpha+\alpha^3)$$

$$R_B=\frac{qa^2}{8l}(6-\alpha^2)$$

AC 段：$V_x=R_A-qx$

CB 段：$V_x=R_A-qa$

$$M_B=-\frac{qa^2}{8}(2-\alpha^2)$$

AC 段：$M_x=R_Ax-\frac{qx^2}{2}$

CB 段：$M_x=R_Ax-qa\left(x-\frac{a}{2}\right)$

当 $x=\frac{R_A}{q}$：$M_{max}=\frac{R_A^2}{2q}$

$$\theta_A=\frac{qa^2l}{48EI}(6-8\alpha+3\alpha^2)$$

AC 段：$f_x=\frac{1}{24EI}[4R_A(3l^2x-x^3)-4qa(3bl+a^2)x+qx^4]$

CB 段：$f_x=\frac{1}{24EI}[4R_A(3l^2x-x^3)-qa(a^3+12blx+6ax^2-4x^3)]$

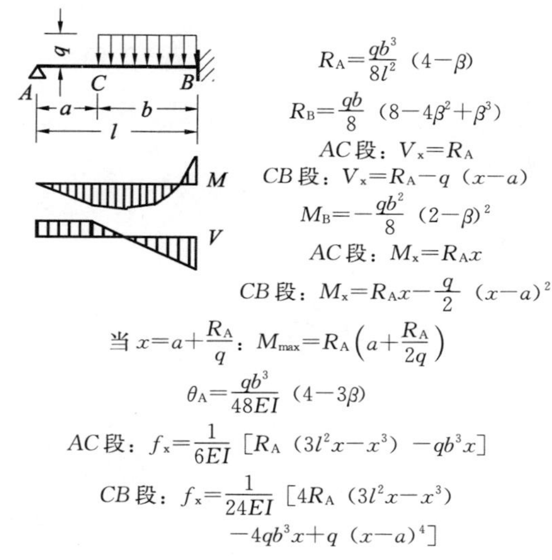

$$R_A=\frac{qb^3}{8l^2}(4-\beta)$$

$$R_B=\frac{qb}{8}(8-4\beta^2+\beta^3)$$

AC 段：$V_x=R_A$

CB 段：$V_x=R_A-q(x-a)$

$$M_B=-\frac{qb^2}{8}(2-\beta)^2$$

AC 段：$M_x=R_Ax$

CB 段：$M_x=R_Ax-\frac{q}{2}(x-a)^2$

当 $x=a+\frac{R_A}{q}$：$M_{max}=R_A\left(a+\frac{R_A}{2q}\right)$

$$\theta_A=\frac{qb^3}{48EI}(4-3\beta)$$

AC 段：$f_x=\frac{1}{6EI}[R_A(3l^2x-x^3)-qb^3x]$

CB 段：$f_x=\frac{1}{24EI}[4R_A(3l^2x-x^3)-4qb^3x+q(x-a)^4]$

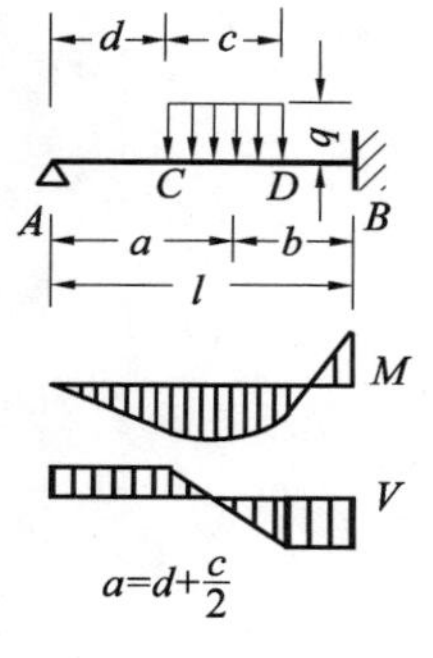

$$R_A=\frac{qc}{8l^3}(12b^2l-4b^3+ac^2)$$

$$R_B=qc-R_A$$

AC 段：$V_x=R_A$

CD 段：$V_x=R_A-q(x-d)$

DB 段：$V_x=R_A-qc$

$$M_B=R_Al-qcb$$

AC 段：$M_x=R_Ax$

CD 段：$M_x=R_Ax-\frac{q}{2}(x-d)^2$

DB 段：$M_x=R_Ax-qc(x-a)$

当 $x=d+\frac{R_A}{q}$：$M_{max}=R_A\left(d+\frac{R_A}{2q}\right)$

$$\theta_A=\frac{1}{24EI}[12R_Al^2-qc(12b^2+c^2)]$$

AC 段：$f_x=\frac{1}{24EI}[4R_A(3l^2x-x^3)-qc(12b^2+c^2)x]$

CD 段：$f_x=\frac{1}{24EI}[4R_A(3l^2x-x^3)-qc(12b^2+c^2)x+q(x-d)^4]$

DB 段：$f_x=\frac{1}{24EI}[4R_A(3l^2x-x^3)-12qcb^2x+4qc(x-a)^3-qac^3]$

续表

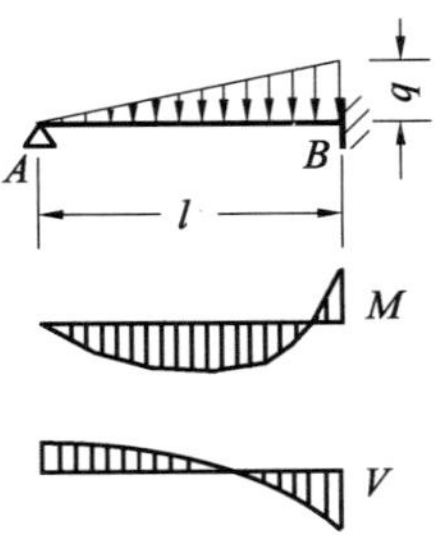

$$R_A=\frac{ql}{10};\quad R_B=\frac{2ql}{5}$$

$$V_x=\frac{ql}{10}(1-5\xi^2)$$

$$M_B=-\frac{ql^2}{15}$$

$$M_x=\frac{qlx}{30}(3-5\xi^2)$$

当 $x=0.447l$：$M_{max}=0.0298ql^2$

$$\theta_x=\frac{ql^3}{120EI}(1-6\xi^2+5\xi^4)$$

$$\theta_A=\frac{ql^3}{120EI}$$

$$f_x=\frac{ql^3x}{120EI}(1-2\xi^2+\xi^4)$$

当 $x=0.447l$：$f_{max}=0.00239\frac{ql^4}{EI}$

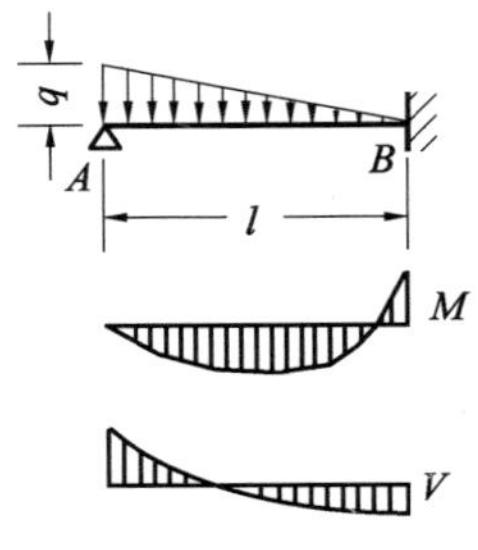

$$R_A=\frac{11ql}{40};\quad R_B=\frac{9ql}{40}$$

$$V_x=\frac{ql}{2}\left(\frac{11}{20}-2\xi+\xi^2\right)$$

$$M_B=-\frac{7ql^2}{120}$$

$$M_x=\frac{qlx}{6}\left(\frac{33}{20}-3\xi+\xi^2\right)$$

当 $x=0.329l$：$M_{max}=0.0423ql^2$

$$\theta_x=\frac{ql^3}{240EI}(3-33\xi^2+40\xi^3-10\xi^4)$$

$$\theta_A=\frac{ql^3}{80EI}$$

$$f_x=\frac{ql^3x}{240EI}(3-11\xi^2+10\xi^3-2\xi^4)$$

当 $x=0.402l$：$f_{max}=0.00305\frac{ql^4}{EI}$

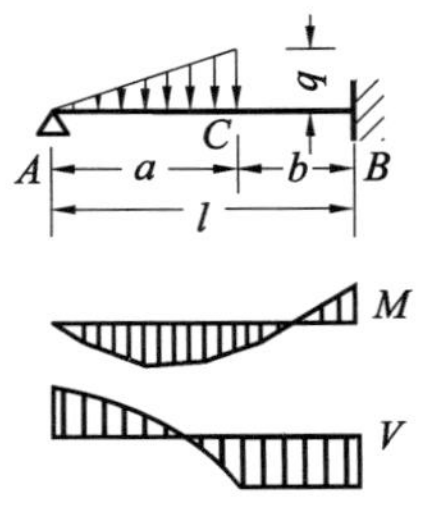

$$R_A=\frac{qa}{2}\left(\beta+\frac{\alpha^3}{5}\right);\quad R_B=\frac{qa^2}{2l}\left(1-\frac{\alpha^2}{5}\right)$$

AC 段：$V_x=R_A-\frac{qx^2}{2a}$

CB 段：$V_x=R_A-\frac{qa}{2}$

$$M_B=-\frac{qa^2}{6}\left(1-\frac{3\alpha^2}{5}\right)$$

AC 段：$M_x=R_Ax-\frac{qx^3}{6a}$

CB 段：$M_x=R_Ax-\frac{qa}{2}\left(x-\frac{2a}{3}\right)$

当 $x=a\sqrt{\frac{2R_A}{qa}}$：$M_{max}=\frac{2R_Aa}{3}\sqrt{\frac{2R_A}{qa}}$

$$\theta_A=\frac{qa^2l}{24EI}\left(2-3\alpha+\frac{6\alpha^2}{5}\right)$$

AC 段：$f_x=\frac{1}{24EI}\left[4R_A(3l^2x-x^3)-qa(6l^2-8al+3a^2)x+\frac{qx^5}{5a}\right]$

CB 段：$f_x=\frac{1}{12EI}\left[2R_A(3l^2x-x^3)-qa\left(\frac{2a^3}{5}+3l^2x-4alx+2ax^2-x^3\right)\right]$

续表

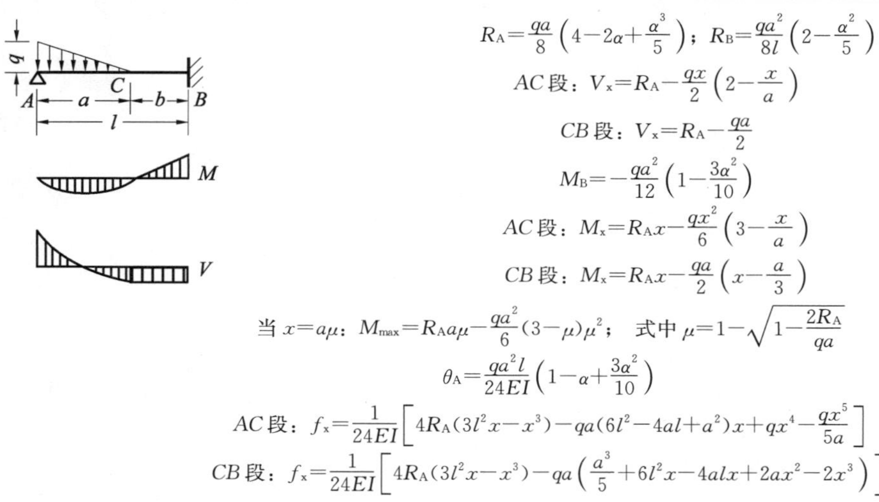

$$R_A=\frac{qa}{8}\left(4-2\alpha+\frac{\alpha^3}{5}\right)；R_B=\frac{qa^2}{8l}\left(2-\frac{\alpha^2}{5}\right)$$

$$AC\text{段}：V_x=R_A-\frac{qx}{2}\left(2-\frac{x}{a}\right)$$

$$CB\text{段}：V_x=R_A-\frac{qa}{2}$$

$$M_B=-\frac{qa^2}{12}\left(1-\frac{3\alpha^2}{10}\right)$$

$$AC\text{段}：M_x=R_Ax-\frac{qx^2}{6}\left(3-\frac{x}{a}\right)$$

$$CB\text{段}：M_x=R_Ax-\frac{qa}{2}\left(x-\frac{a}{3}\right)$$

$$\text{当 }x=a\mu：M_{max}=R_Aa\mu-\frac{qa^2}{6}(3-\mu)\mu^2；\quad\text{式中 }\mu=1-\sqrt{1-\frac{2R_A}{qa}}$$

$$\theta_A=\frac{qa^2l}{24EI}\left(1-\alpha+\frac{3\alpha^2}{10}\right)$$

$$AC\text{段}：f_x=\frac{1}{24EI}\left[4R_A(3l^2x-x^3)-qa(6l^2-4al+a^2)x+qx^4-\frac{qx^5}{5a}\right]$$

$$CB\text{段}：f_x=\frac{1}{24EI}\left[4R_A(3l^2x-x^3)-qa\left(\frac{a^3}{5}+6l^2x-4alx+2ax^2-2x^3\right)\right]$$

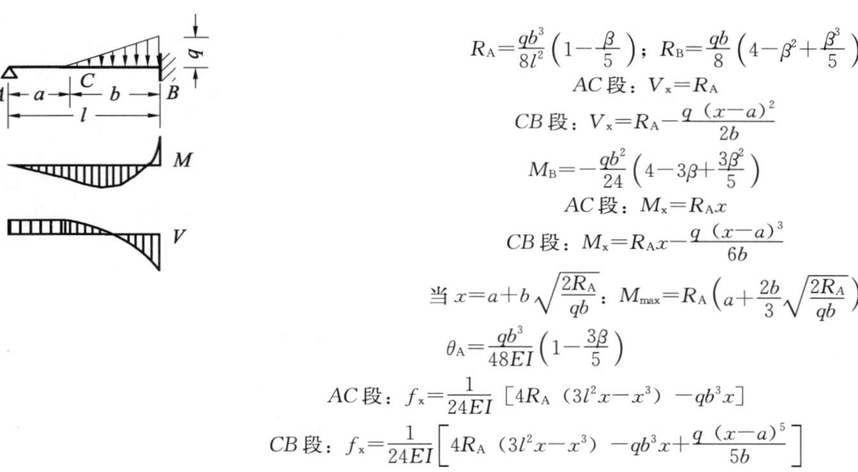

$$R_A=\frac{qb^3}{8l^2}\left(1-\frac{\beta}{5}\right)；R_B=\frac{qb}{8}\left(4-\beta^2+\frac{\beta^3}{5}\right)$$

$$AC\text{段}：V_x=R_A$$

$$CB\text{段}：V_x=R_A-\frac{q\ (x-a)^2}{2b}$$

$$M_B=-\frac{qb^2}{24}\left(4-3\beta+\frac{3\beta^2}{5}\right)$$

$$AC\text{段}：M_x=R_Ax$$

$$CB\text{段}：M_x=R_Ax-\frac{q\ (x-a)^3}{6b}$$

$$\text{当 }x=a+b\sqrt{\frac{2R_A}{qb}}：M_{max}=R_A\left(a+\frac{2b}{3}\sqrt{\frac{2R_A}{qb}}\right)$$

$$\theta_A=\frac{qb^3}{48EI}\left(1-\frac{3\beta}{5}\right)$$

$$AC\text{段}：f_x=\frac{1}{24EI}\ [4R_A\ (3l^2x-x^3)\ -qb^3x]$$

$$CB\text{段}：f_x=\frac{1}{24EI}\left[4R_A\ (3l^2x-x^3)\ -qb^3x+\frac{q\ (x-a)^5}{5b}\right]$$

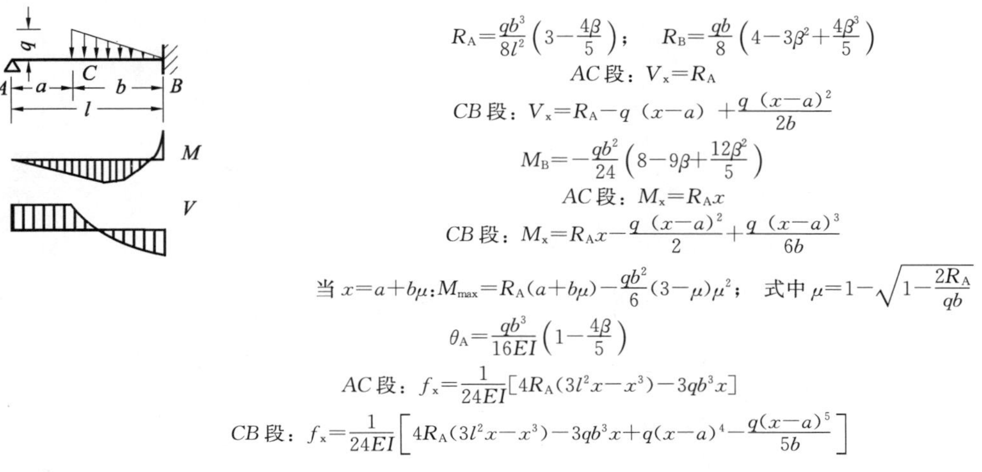

$$R_A=\frac{qb^3}{8l^2}\left(3-\frac{4\beta}{5}\right)；\quad R_B=\frac{qb}{8}\left(4-3\beta^2+\frac{4\beta^3}{5}\right)$$

$$AC\text{段}：V_x=R_A$$

$$CB\text{段}：V_x=R_A-q\ (x-a)\ +\frac{q\ (x-a)^2}{2b}$$

$$M_B=-\frac{qb^2}{24}\left(8-9\beta+\frac{12\beta^2}{5}\right)$$

$$AC\text{段}：M_x=R_Ax$$

$$CB\text{段}：M_x=R_Ax-\frac{q\ (x-a)^2}{2}+\frac{q\ (x-a)^3}{6b}$$

$$\text{当 }x=a+b\mu：M_{max}=R_A(a+b\mu)-\frac{qb^2}{6}(3-\mu)\mu^2；\quad\text{式中 }\mu=1-\sqrt{1-\frac{2R_A}{qb}}$$

$$\theta_A=\frac{qb^3}{16EI}\left(1-\frac{4\beta}{5}\right)$$

$$AC\text{段}：f_x=\frac{1}{24EI}[4R_A(3l^2x-x^3)-3qb^3x]$$

$$CB\text{段}：f_x=\frac{1}{24EI}\left[4R_A(3l^2x-x^3)-3qb^3x+q(x-a)^4-\frac{q(x-a)^5}{5b}\right]$$

续表

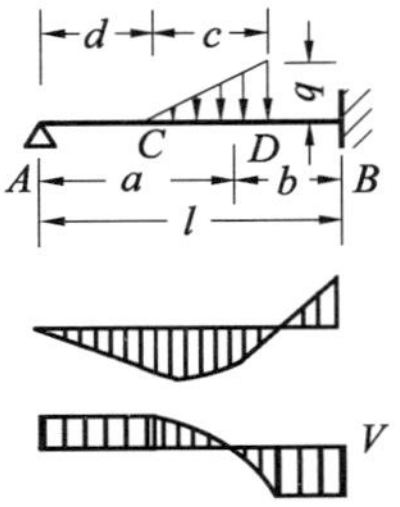

$a=d+\frac{2c}{3}$

$$R_A=\frac{qc}{24l^3}\left(18b^2l-6b^3+ac^2-\frac{2c^3}{45}\right)$$

$$R_B=\frac{qc}{2}-R_A$$

AC 段：$V_x=R_A$

CD 段：$V_x=R_A-\frac{q\ (x-d)^2}{2c}$

DB 段：$V_x=R_A-\frac{qc}{2}$

$$M_B=R_Al-\frac{qcb}{2}$$

AC 段：$M_x=R_Ax$

CD 段：$M_x=R_Ax-\frac{q\ (x-d)^3}{6c}$

DB 段：$M_x=R_Ax-\frac{qc\ (x-a)}{2}$

当 $x=d+c\sqrt{\frac{2R_A}{qc}}$：$M_{max}=R_A\left(d+\frac{2c}{3}\sqrt{\frac{2R_A}{qc}}\right)$

$$\theta_A=\frac{1}{72EI}[36R_Al^2-qc(18b^2+c^2)]$$

AC 段：$f_x=\frac{1}{72EI}[12R_A(3l^2x-x^3)-qc(18b^2+c^2)x]$

CD 段：$f_x=\frac{1}{72EI}\left[12R_A(3l^2x-x^3)-qc(18b^2+c^2)x+\frac{3q(x-d)^5}{5c}\right]$

DB 段：$f_x=\frac{1}{72EI}\left[12R_A(3l^2x-x^3)-18qcb^2x+6qc(x-a)^3-qc^3\left(a-\frac{2c}{45}\right)\right]$

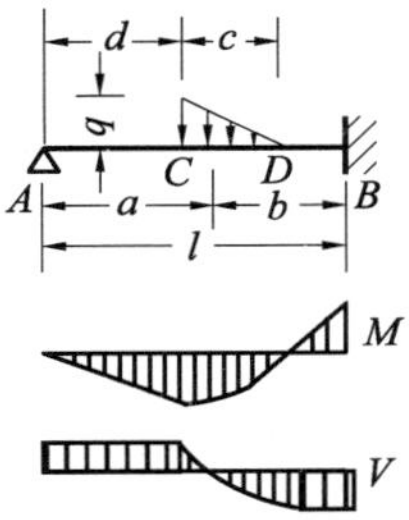

$a=d+\frac{c}{3}$

$$R_A=\frac{qc}{24l^3}\left(18b^2l-6b^3+ac^2+\frac{2c^3}{45}\right)$$

$$R_B=\frac{qc}{2}-R_A$$

AC 段：$V_x=R_A$

CD 段：$V_x=R_A-q(x-d)+\frac{q(x-d)^2}{2c}$

DB 段：$V_x=R_A-\frac{qc}{2}$

$$M_B=R_Al-\frac{qcb}{2}$$

AC 段：$M_x=R_Ax$

CD 段：$M_x=R_Ax-\frac{q(x-d)^2}{2}+\frac{q(x-d)^3}{6c}$

DB 段：$M_x=R_Ax-\frac{qc(x-a)}{2}$

当 $x=d+c\mu$：$M_{max}=R_A(d+c\mu)-\frac{qc^2}{6}(3-\mu)\mu^2$； 式中 $\mu=1-\sqrt{1-\frac{2R_A}{qc}}$

$$\theta_A=\frac{1}{72EI}[36R_Al^2-qc(18b^2+c^2)]$$

AC 段：$f_x=\frac{1}{72EI}[12R_A(3l^2x-x^3)-qc(18b^2+c^2)x]$

CD 段：$f_x=\frac{1}{72EI}\left[12R_A(3l^2x-x^3)-qc(18b^2+c^2)x+3q(x-d)^4-\frac{3q(x-d)^5}{5c}\right]$

DB 段：$f_x=\frac{1}{72EI}\left[12R_A(3l^2x-x^3)-18qcb^2x+6qc(x-a)^3-qc^3\left(a+\frac{2c}{45}\right)\right]$

续表

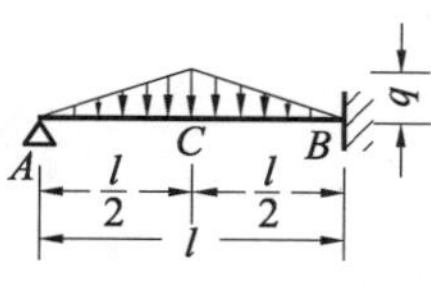

$$R_A=\frac{11ql}{64};\ R_B=\frac{21ql}{64}$$

$$M_B=-\frac{5ql^2}{64}$$

当 $x=0.415l$：$M_{max}=0.0475ql^2$

$$\theta_A=\frac{5ql^3}{384EI}$$

当 $x=0.430l$：$f_{max}=0.00357\frac{ql^4}{EI}$

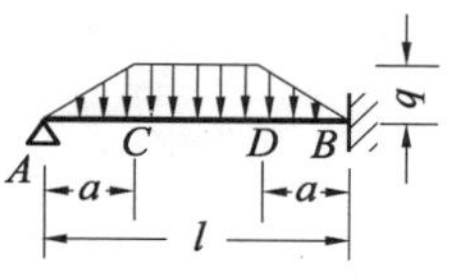

$$R_A=\frac{ql}{8}(3-4\alpha+2\alpha^2-\alpha^3)$$

$$R_B=\frac{ql}{8}(5-4\alpha-2\alpha^2+\alpha^3)$$

$$M_B=-\frac{ql^2}{8}(1-2\alpha^2+\alpha^3)$$

$$\theta_A=\frac{ql^3}{48EI}(1-2\alpha^2+\alpha^3)$$

当 $a=0$：$f_{max}=\frac{ql^4}{185EI}$

当 $a=\frac{l}{2}$：$f_{max}=\frac{ql^4}{280EI}$

当 $0<a<\frac{l}{2}$：f_{max}可用插入法近似求得

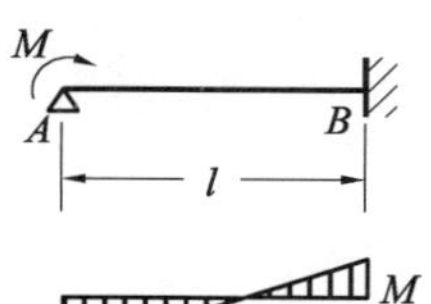

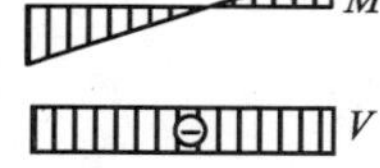

$$R_A=-R_B=-\frac{3M}{2l}$$

$$V_x=-\frac{3M}{2l}$$

$$M_B=-\frac{M}{2}$$

$$M_x=\frac{M}{2}(2-3\xi)$$

$$M_A=M_{max}=M$$

$$\theta_x=\frac{Ml}{4EI}(1-4\xi+3\xi^2)$$

$$\theta_A=\frac{Ml}{4EI}$$

$$f_x=\frac{Mlx}{4EI}(1-2\xi+\xi^2)$$

当 $x=\frac{l}{3}$：$f_{max}=\frac{Ml^2}{27EI}$

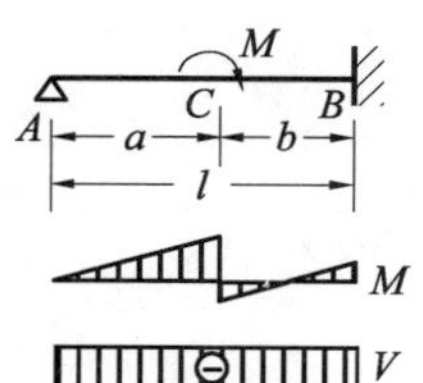

$$R_A=-R_B=-\frac{3M}{2l}(1-\alpha^2)$$

$$V_x=R_A$$

$$M_B=-\frac{M}{2}(1-3\alpha^2)$$

AC 段：$M_x=-\frac{3M}{2}(1-\alpha^2)\xi$

CB 段：$M_x=\frac{M}{2}[2-3(1-\alpha^2)\xi]$

$$M_{C左}=-\frac{3M}{2}(\alpha-\alpha^3)$$

$$M_{C右}=M_{max}=M+M_{C左}$$

$$\theta_A=\frac{Ml}{4EI}(1-4\alpha+3\alpha^2)$$

AC 段：$f_x=\frac{Ml^2}{4EI}[(1-4\alpha+3\alpha^2)\xi+(1-\alpha^2)\xi^3]$

CB 段：$f_x=\frac{Ml^2}{4EI}[(1-\xi)^2\xi-(2-3\xi+\xi^3)\alpha^2]$

续表

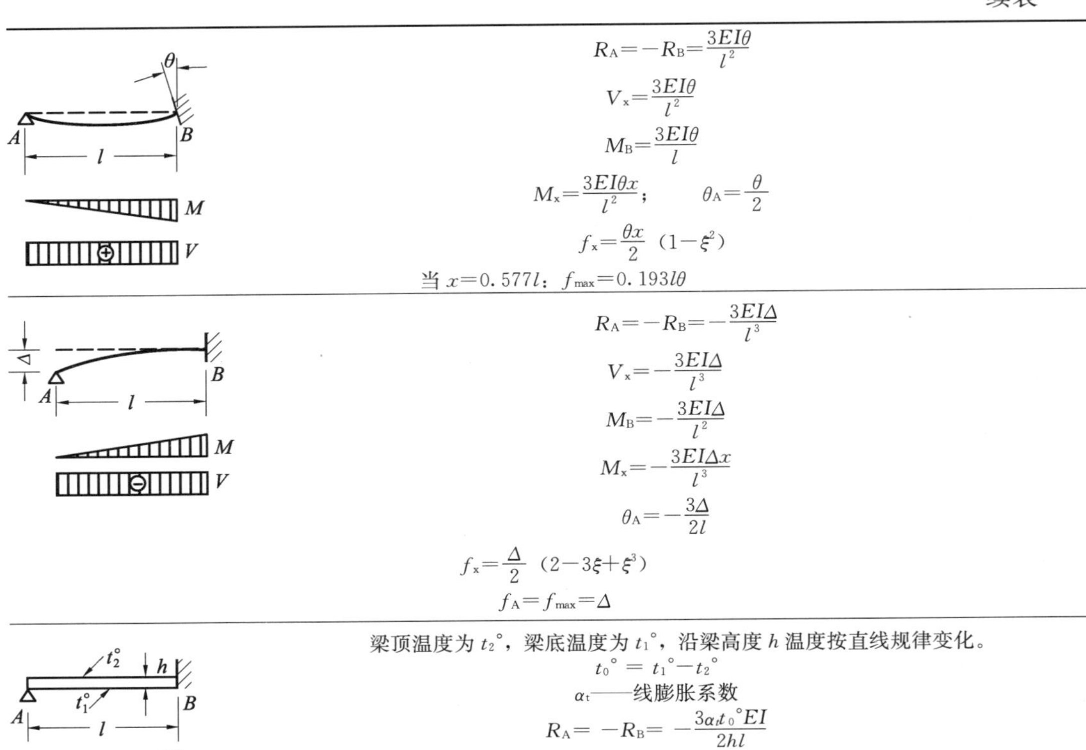

$$R_A=-R_B=\frac{3EI\theta}{l^2}$$

$$V_x=\frac{3EI\theta}{l^2}$$

$$M_B=\frac{3EI\theta}{l}$$

$$M_x=\frac{3EI\theta x}{l^2};\qquad \theta_A=\frac{\theta}{2}$$

$$f_x=\frac{\theta x}{2}(1-\xi^2)$$

当 $x=0.577l$：$f_{max}=0.193l\theta$

$$R_A=-R_B=-\frac{3EI\Delta}{l^3}$$

$$V_x=-\frac{3EI\Delta}{l^3}$$

$$M_B=-\frac{3EI\Delta}{l^2}$$

$$M_x=-\frac{3EI\Delta x}{l^3}$$

$$\theta_A=-\frac{3\Delta}{2l}$$

$$f_x=\frac{\Delta}{2}(2-3\xi+\xi^3)$$

$$f_A=f_{max}=\Delta$$

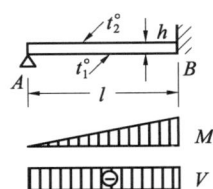

梁顶温度为 t_2°，梁底温度为 t_1°，沿梁高度 h 温度按直线规律变化。

$$t_0^\circ=t_1^\circ-t_2^\circ$$

α_t——线膨胀系数

$$R_A=-R_B=-\frac{3\alpha_t t_0^\circ EI}{2hl}$$

$$V_x=-\frac{3\alpha_t t_0^\circ EI}{2hl}$$

$$M_B=-\frac{3\alpha_t t_0^\circ EI}{2h}$$

$$M_x=-\frac{3\alpha_t t_0^\circ EIx}{2hl}$$

2.2.4 两端固定梁

表 2.2-4

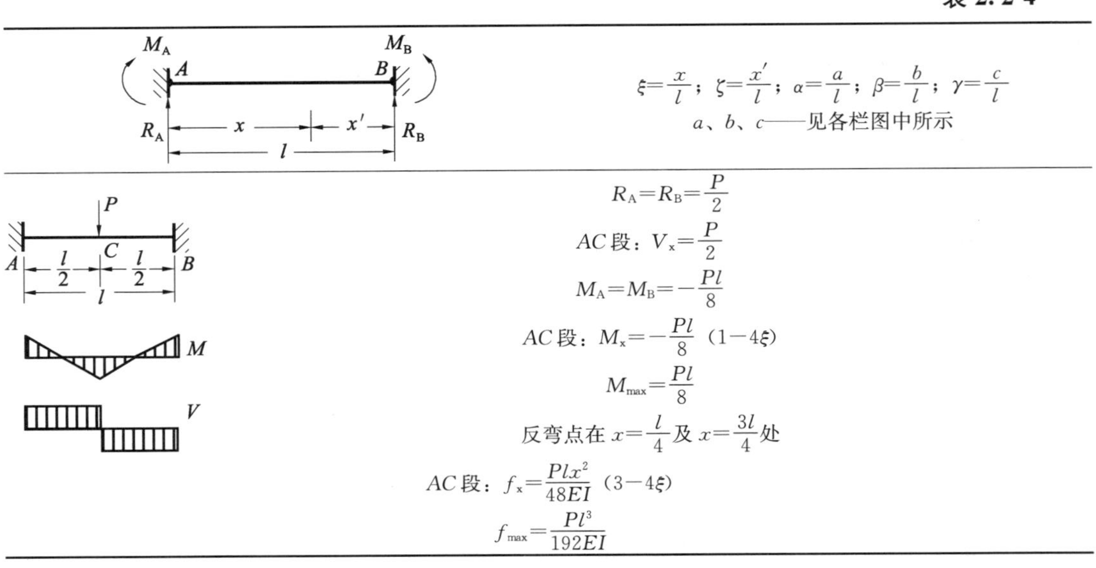

$$\xi=\frac{x}{l};\ \zeta=\frac{x'}{l};\ \alpha=\frac{a}{l};\ \beta=\frac{b}{l};\ \gamma=\frac{c}{l}$$

a、b、c——见各栏图中所示

$$R_A=R_B=\frac{P}{2}$$

AC 段：$V_x=\frac{P}{2}$

$$M_A=M_B=-\frac{Pl}{8}$$

AC 段：$M_x=-\frac{Pl}{8}(1-4\xi)$

$$M_{max}=\frac{Pl}{8}$$

反弯点在 $x=\frac{l}{4}$ 及 $x=\frac{3l}{4}$ 处

AC 段：$f_x=\frac{Plx^2}{48EI}(3-4\xi)$

$$f_{max}=\frac{Pl^3}{192EI}$$

续表

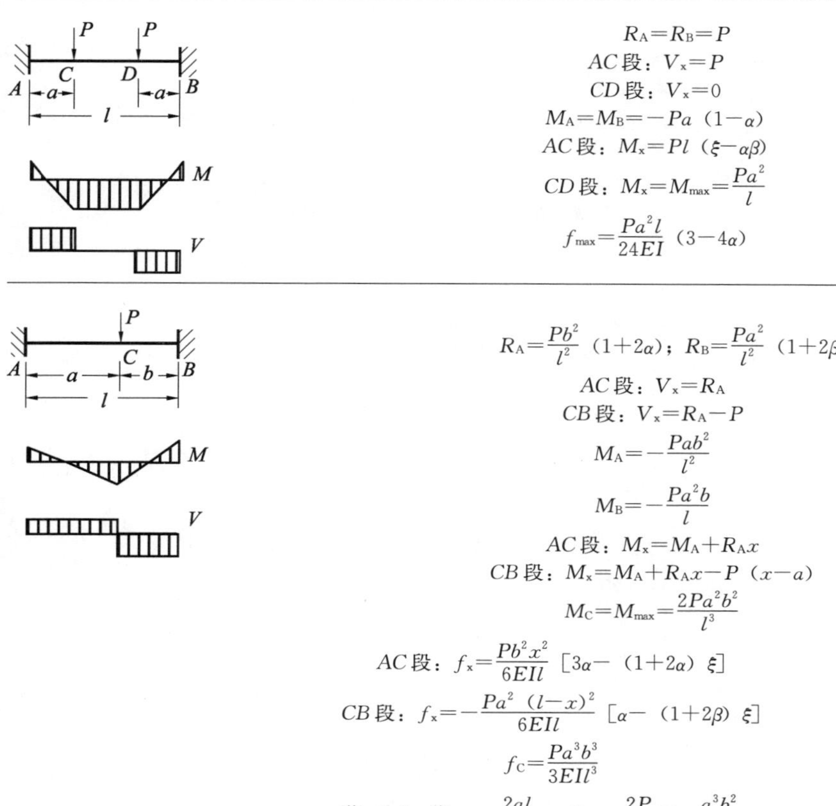

$R_A=R_B=P$

AC段：$V_x=P$

CD段：$V_x=0$

$M_A=M_B=-Pa(1-\alpha)$

AC段：$M_x=Pl(\xi-\alpha\beta)$

CD段：$M_x=M_{max}=\dfrac{Pa^2}{l}$

$f_{max}=\dfrac{Pa^2l}{24EI}(3-4\alpha)$

$R_A=\dfrac{Pb^2}{l^2}(1+2\alpha)$；$R_B=\dfrac{Pa^2}{l^2}(1+2\beta)$

AC段：$V_x=R_A$

CB段：$V_x=R_A-P$

$M_A=-\dfrac{Pab^2}{l^2}$

$M_B=-\dfrac{Pa^2b}{l}$

AC段：$M_x=M_A+R_Ax$

CB段：$M_x=M_A+R_Ax-P(x-a)$

$M_C=M_{max}=\dfrac{2Pa^2b^2}{l^3}$

AC段：$f_x=\dfrac{Pb^2x^2}{6EIl}[3\alpha-(1+2\alpha)\xi]$

CB段：$f_x=-\dfrac{Pa^2(l-x)^2}{6EIl}[\alpha-(1+2\beta)\xi]$

$f_C=\dfrac{Pa^3b^3}{3EIl^3}$

若$a>b$，当$x=\dfrac{2al}{3a+b}$：$f_{max}=\dfrac{2P}{3EI}\times\dfrac{a^3b^2}{(3a+b)^2}$

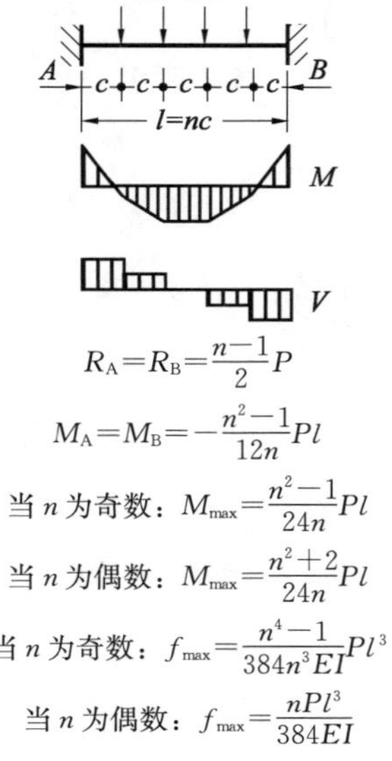

$R_A=R_B=\dfrac{n-1}{2}P$

$M_A=M_B=-\dfrac{n^2-1}{12n}Pl$

当n为奇数：$M_{max}=\dfrac{n^2-1}{24n}Pl$

当n为偶数：$M_{max}=\dfrac{n^2+2}{24n}Pl$

当n为奇数：$f_{max}=\dfrac{n^4-1}{384n^3EI}Pl^3$

当n为偶数：$f_{max}=\dfrac{nPl^3}{384EI}$

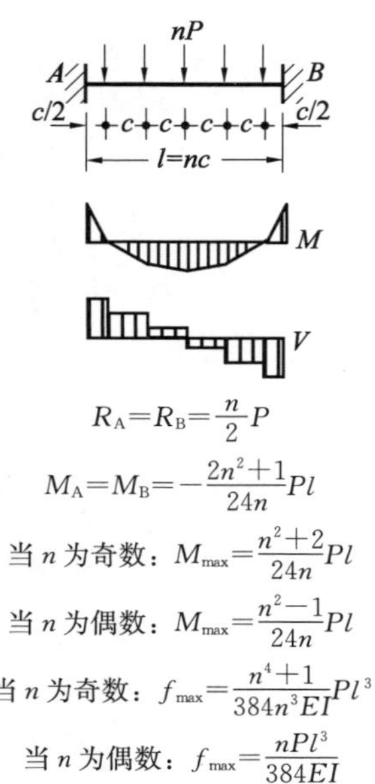

$R_A=R_B=\dfrac{n}{2}P$

$M_A=M_B=-\dfrac{2n^2+1}{24n}Pl$

当n为奇数：$M_{max}=\dfrac{n^2+2}{24n}Pl$

当n为偶数：$M_{max}=\dfrac{n^2-1}{24n}Pl$

当n为奇数：$f_{max}=\dfrac{n^4+1}{384n^3EI}Pl^3$

当n为偶数：$f_{max}=\dfrac{nPl^3}{384EI}$

续表

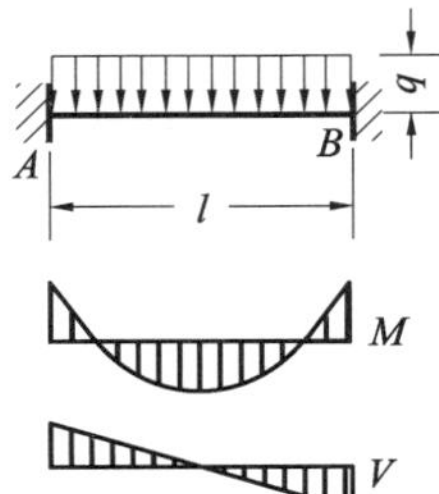

$$R_A=R_B=\frac{ql}{2};\quad V_x=\frac{ql}{2}(1-2\xi)$$

$$M_A=M_B=-\frac{ql^2}{12};\quad M_x=\frac{ql^2}{12}(6\xi\zeta-1)$$

$$M_{max}=\frac{ql^2}{24}$$

反弯点在 $x=0.211l$ 及 $x=0.789l$ 处

$$f_x=\frac{ql^2x^2}{24EI}(1-\xi)^2;\quad f_{max}=\frac{ql^4}{384EI}$$

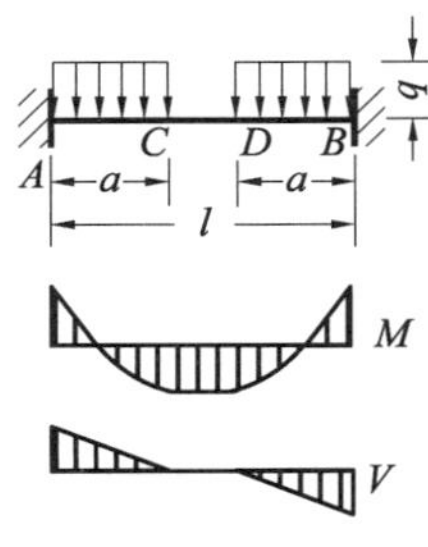

$$R_A=R_B=qa$$

AC 段：$V_x=qa\left(1-\frac{x}{a}\right)$

CD 段：$V_x=0$

$$M_A=M_B=-\frac{qa^2}{6}(3-2\alpha)$$

AC 段：$M_x=\frac{qa^2}{6}\left(-3+2\alpha+6\frac{x}{a}-3\frac{x^2}{a^2}\right)$

CD 段：$M_x=M_{max}=\frac{qa^3}{3l}$

$$f_{max}=\frac{qa^3l}{24EI}(1-\alpha)$$

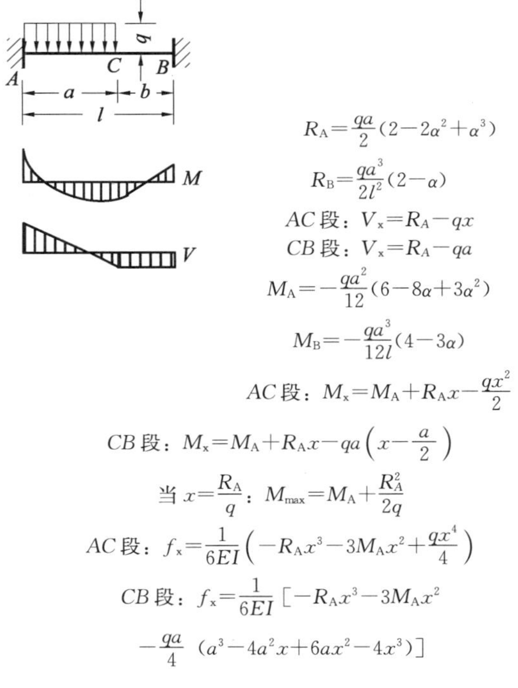

$$R_A=\frac{qa}{2}(2-2\alpha^2+\alpha^3)$$

$$R_B=\frac{qa^3}{2l^2}(2-\alpha)$$

AC 段：$V_x=R_A-qx$

CB 段：$V_x=R_A-qa$

$$M_A=-\frac{qa^2}{12}(6-8\alpha+3\alpha^2)$$

$$M_B=-\frac{qa^3}{12l}(4-3\alpha)$$

AC 段：$M_x=M_A+R_Ax-\frac{qx^2}{2}$

CB 段：$M_x=M_A+R_Ax-qa\left(x-\frac{a}{2}\right)$

当 $x=\frac{R_A}{q}$：$M_{max}=M_A+\frac{R_A^2}{2q}$

AC 段：$f_x=\frac{1}{6EI}\left(-R_Ax^3-3M_Ax^2+\frac{qx^4}{4}\right)$

CB 段：$f_x=\frac{1}{6EI}[-R_Ax^3-3M_Ax^2$

$-\frac{qa}{4}(a^3-4a^2x+6ax^2-4x^3)]$

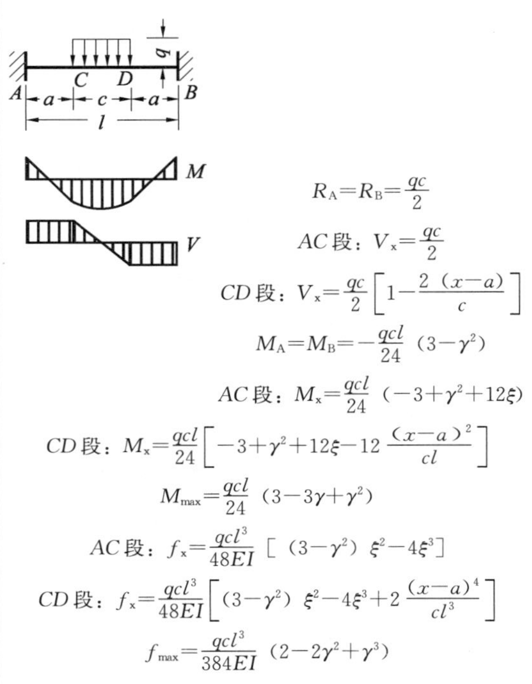

$$R_A=R_B=\frac{qc}{2}$$

AC 段：$V_x=\frac{qc}{2}$

CD 段：$V_x=\frac{qc}{2}\left[1-\frac{2(x-a)}{c}\right]$

$$M_A=M_B=-\frac{qcl}{24}(3-\gamma^2)$$

AC 段：$M_x=\frac{qcl}{24}(-3+\gamma^2+12\xi)$

CD 段：$M_x=\frac{qcl}{24}\left[-3+\gamma^2+12\xi-12\frac{(x-a)^2}{cl}\right]$

$$M_{max}=\frac{qcl}{24}(3-3\gamma+\gamma^2)$$

AC 段：$f_x=\frac{qcl^3}{48EI}[(3-\gamma^2)\xi^2-4\xi^3]$

CD 段：$f_x=\frac{qcl^3}{48EI}\left[(3-\gamma^2)\xi^2-4\xi^3+2\frac{(x-a)^4}{cl^3}\right]$

$$f_{max}=\frac{qcl^3}{384EI}(2-2\gamma^2+\gamma^3)$$

续表

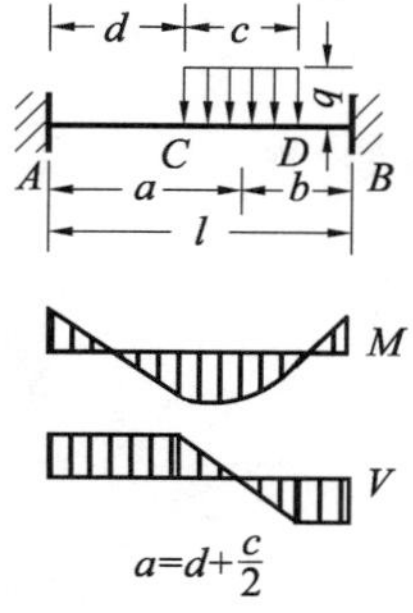

$$R_A=\frac{qc}{4l^3}(12b^2l-8b^3+c^2l-2bc^2)$$

$$R_B=qc-R_A$$

AC 段：$V_x=R_A$

CD 段：$V_x=R_A-q(x-d)$

DB 段：$V_x=R_A-qc$

$$M_A=-\frac{qc}{12l^2}(12ab^2-3bc^2+c^2l)$$

$$M_B=-\frac{qc}{12l^2}(12a^2b+3bc^2-2c^2l)$$

AC 段：$M_x=M_A+R_Ax$

CD 段：$M_x=M_A+R_Ax-\frac{q(x-d)^2}{2}$

DB 段：$M_x=M_A+R_Ax-qc(x-a)$

当 $x=d+\frac{R_A}{q}$：$M_{max}=M_A+R_A\left(d+\frac{R_A}{2q}\right)$

AC 段：$f_x=\frac{1}{6EI}(-R_Ax^3-3M_Ax^2)$

CD 段：$f_x=\frac{1}{6EI}\left[-R_Ax^3-3M_Ax^2+\frac{q(x-d)^4}{4}\right]$

DB 段：$f_x=\frac{1}{6EI}\left[-R_Ax^3-3M_Ax^2+qc(x-a)^3+\frac{qc^3(x-a)}{4}\right]$

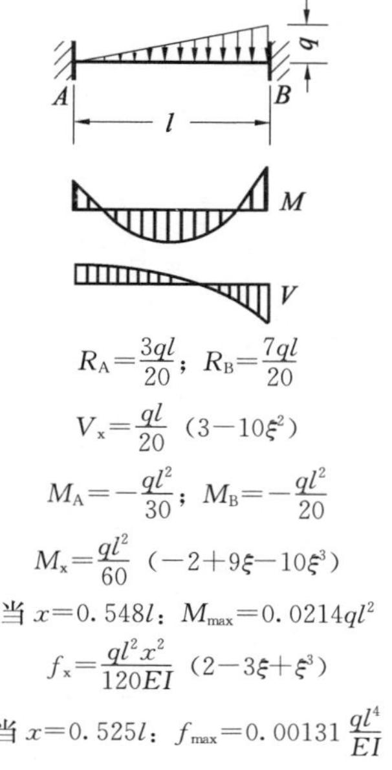

$R_A=\frac{3ql}{20}$；$R_B=\frac{7ql}{20}$

$V_x=\frac{ql}{20}(3-10\xi^2)$

$M_A=-\frac{ql^2}{30}$；$M_B=-\frac{ql^2}{20}$

$M_x=\frac{ql^2}{60}(-2+9\xi-10\xi^3)$

当 $x=0.548l$：$M_{max}=0.0214ql^2$

$f_x=\frac{ql^2x^2}{120EI}(2-3\xi+\xi^3)$

当 $x=0.525l$：$f_{max}=0.00131\frac{ql^4}{EI}$

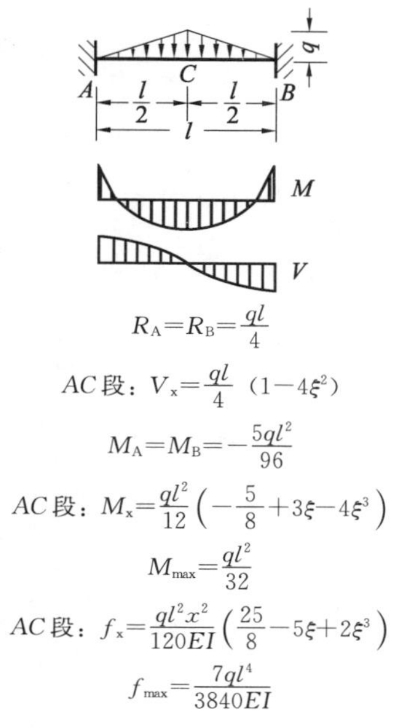

$R_A=R_B=\frac{ql}{4}$

AC 段：$V_x=\frac{ql}{4}(1-4\xi^2)$

$M_A=M_B=-\frac{5ql^2}{96}$

AC 段：$M_x=\frac{ql^2}{12}\left(-\frac{5}{8}+3\xi-4\xi^3\right)$

$M_{max}=\frac{ql^2}{32}$

AC 段：$f_x=\frac{ql^2x^2}{120EI}\left(\frac{25}{8}-5\xi+2\xi^3\right)$

$f_{max}=\frac{7ql^4}{3840EI}$

续表

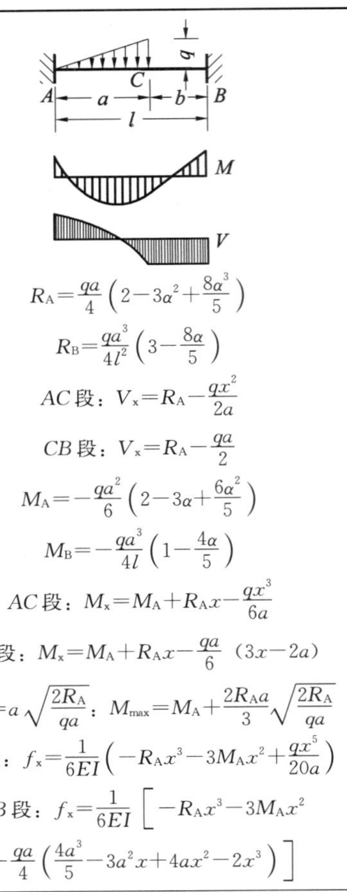

$$R_A=\frac{qa}{4}\left(2-3\alpha^2+\frac{8\alpha^3}{5}\right)$$

$$R_B=\frac{qa^3}{4l^2}\left(3-\frac{8\alpha}{5}\right)$$

AC 段：$V_x=R_A-\frac{qx^2}{2a}$

CB 段：$V_x=R_A-\frac{qa}{2}$

$$M_A=-\frac{qa^2}{6}\left(2-3\alpha+\frac{6\alpha^2}{5}\right)$$

$$M_B=-\frac{qa^3}{4l}\left(1-\frac{4\alpha}{5}\right)$$

AC 段：$M_x=M_A+R_Ax-\frac{qx^3}{6a}$

CB 段：$M_x=M_A+R_Ax-\frac{qa}{6}(3x-2a)$

当 $x=a\sqrt{\frac{2R_A}{qa}}$：$M_{max}=M_A+\frac{2R_Aa}{3}\sqrt{\frac{2R_A}{qa}}$

AC 段：$f_x=\frac{1}{6EI}\left(-R_Ax^3-3M_Ax^2+\frac{qx^5}{20a}\right)$

CB 段：$f_x=\frac{1}{6EI}\left[-R_Ax^3-3M_Ax^2-\frac{qa}{4}\left(\frac{4a^3}{5}-3a^2x+4ax^2-2x^3\right)\right]$

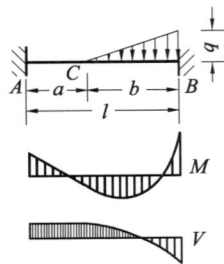

$$R_A=\frac{qb^3}{4l^2}\left(1-\frac{2\beta}{5}\right)$$

$$R_B=\frac{qb}{4}\left(2-\beta^2+\frac{2\beta^3}{5}\right)$$

AC 段：$V_x=R_A$

CB 段：$V_x=R_A-\frac{q(x-a)^2}{2b}$

$$M_A=-\frac{qb^3}{12l}\left(1-\frac{3\beta}{5}\right)$$

$$M_B=-\frac{qb^2}{12}\left(2\alpha+\frac{3\beta^2}{5}\right)$$

AC 段：$M_x=M_A+R_Ax$

CB 段：$M_x=M_A+R_Ax-\frac{q(x-a)^3}{6b}$

当 $x=a+b\sqrt{\frac{2R_A}{qb}}$：$M_{max}=M_A+R_A\left(a+\frac{2b}{3}\sqrt{\frac{2R_A}{qb}}\right)$

AC 段：$f_x=\frac{1}{6EI}(-R_Ax^3-3M_Ax^2)$

CB 段：$f_x=\frac{1}{6EI}\left[-R_Ax^3-3M_Ax^2+\frac{q(x-a)^5}{20b}\right]$

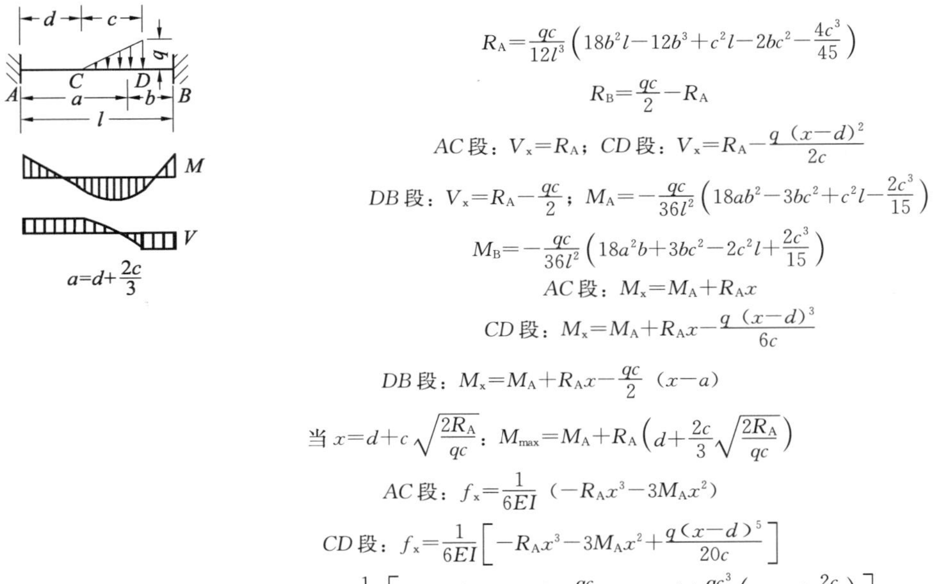

$a=d+\frac{2c}{3}$

$$R_A=\frac{qc}{12l^3}\left(18b^2l-12b^3+c^2l-2bc^2-\frac{4c^3}{45}\right)$$

$$R_B=\frac{qc}{2}-R_A$$

AC 段：$V_x=R_A$；CD 段：$V_x=R_A-\frac{q(x-d)^2}{2c}$

DB 段：$V_x=R_A-\frac{qc}{2}$；$M_A=-\frac{qc}{36l^2}\left(18ab^2-3bc^2+c^2l-\frac{2c^3}{15}\right)$

$$M_B=-\frac{qc}{36l^2}\left(18a^2b+3bc^2-2c^2l+\frac{2c^3}{15}\right)$$

AC 段：$M_x=M_A+R_Ax$

CD 段：$M_x=M_A+R_Ax-\frac{q(x-d)^3}{6c}$

DB 段：$M_x=M_A+R_Ax-\frac{qc}{2}(x-a)$

当 $x=d+c\sqrt{\frac{2R_A}{qc}}$：$M_{max}=M_A+R_A\left(d+\frac{2c}{3}\sqrt{\frac{2R_A}{qc}}\right)$

AC 段：$f_x=\frac{1}{6EI}(-R_Ax^3-3M_Ax^2)$

CD 段：$f_x=\frac{1}{6EI}\left[-R_Ax^3-3M_Ax^2+\frac{q(x-d)^5}{20c}\right]$

DB 段：$f_x=\frac{1}{6EI}\left[-R_Ax^3-3M_Ax^2+\frac{qc}{2}(x-a)^3+\frac{qc^3}{12}\left(x-a+\frac{2c}{45}\right)\right]$

续表

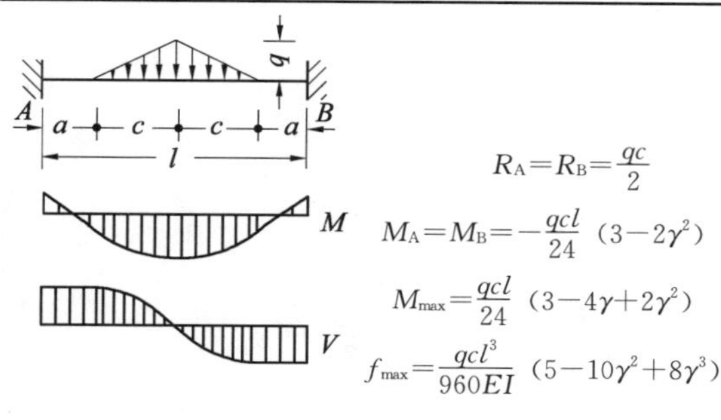

$$R_A = R_B = \frac{qc}{2}$$

$$M_A = M_B = -\frac{qcl}{24}(3-2\gamma^2)$$

$$M_{max} = \frac{qcl}{24}(3-4\gamma+2\gamma^2)$$

$$f_{max} = \frac{qcl^3}{960EI}(5-10\gamma^2+8\gamma^3)$$

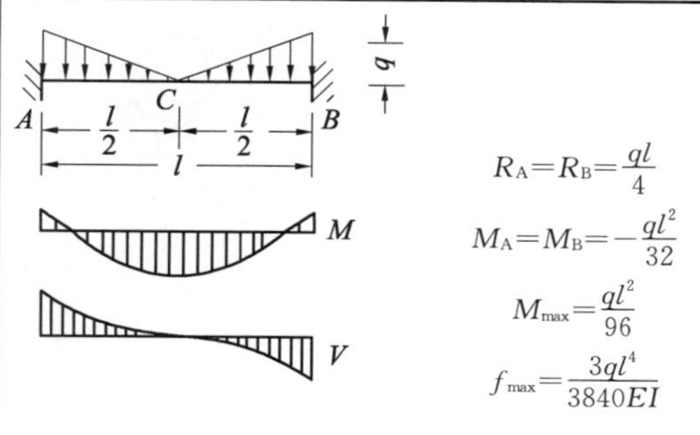

$$R_A = R_B = \frac{ql}{4}$$

$$M_A = M_B = -\frac{ql^2}{32}$$

$$M_{max} = \frac{ql^2}{96}$$

$$f_{max} = \frac{3ql^4}{3840EI}$$

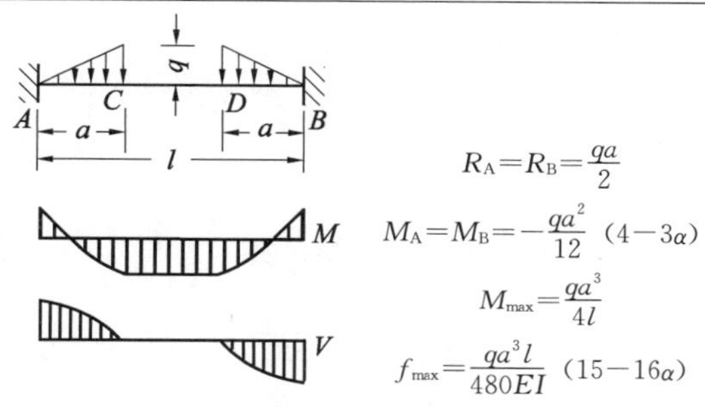

$$R_A = R_B = \frac{qa}{2}$$

$$M_A = M_B = -\frac{qa^2}{12}(4-3\alpha)$$

$$M_{max} = \frac{qa^3}{4l}$$

$$f_{max} = \frac{qa^3 l}{480EI}(15-16\alpha)$$

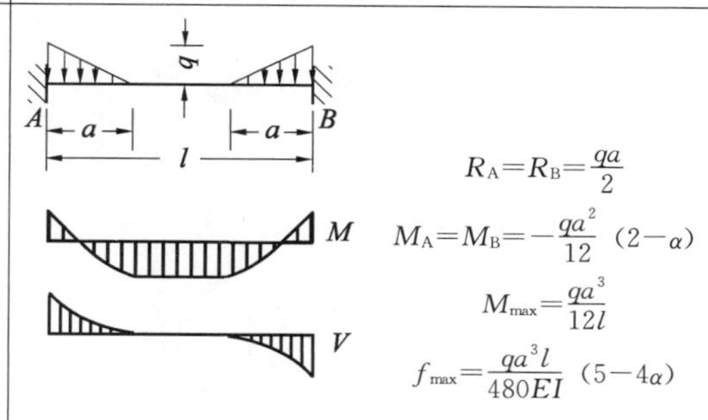

$$R_A = R_B = \frac{qa}{2}$$

$$M_A = M_B = -\frac{qa^2}{12}(2-\alpha)$$

$$M_{max} = \frac{qa^3}{12l}$$

$$f_{max} = \frac{qa^3 l}{480EI}(5-4\alpha)$$

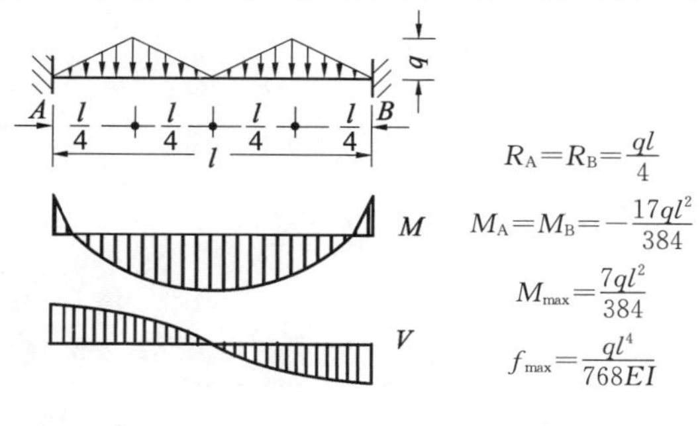

$$R_A = R_B = \frac{ql}{4}$$

$$M_A = M_B = -\frac{17ql^2}{384}$$

$$M_{max} = \frac{7ql^2}{384}$$

$$f_{max} = \frac{ql^4}{768EI}$$

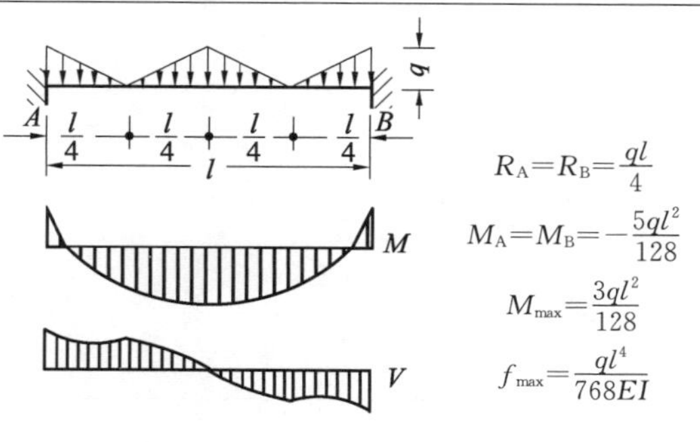

$$R_A = R_B = \frac{ql}{4}$$

$$M_A = M_B = -\frac{5ql^2}{128}$$

$$M_{max} = \frac{3ql^2}{128}$$

$$f_{max} = \frac{ql^4}{768EI}$$

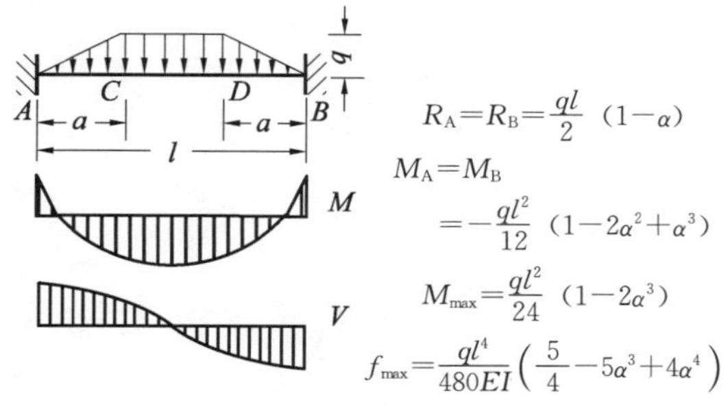

$$R_A = R_B = \frac{ql}{2}(1-\alpha)$$

$$M_A = M_B = -\frac{ql^2}{12}(1-2\alpha^2+\alpha^3)$$

$$M_{max} = \frac{ql^2}{24}(1-2\alpha^3)$$

$$f_{max} = \frac{ql^4}{480EI}\left(\frac{5}{4}-5\alpha^3+4\alpha^4\right)$$

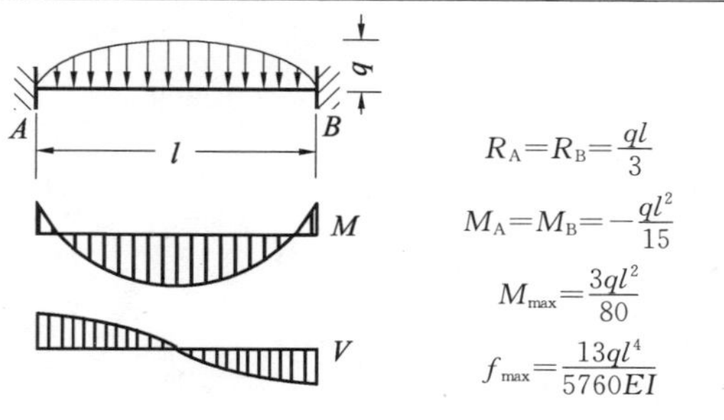

$$R_A = R_B = \frac{ql}{3}$$

$$M_A = M_B = -\frac{ql^2}{15}$$

$$M_{max} = \frac{3ql^2}{80}$$

$$f_{max} = \frac{13ql^4}{5760EI}$$

续表

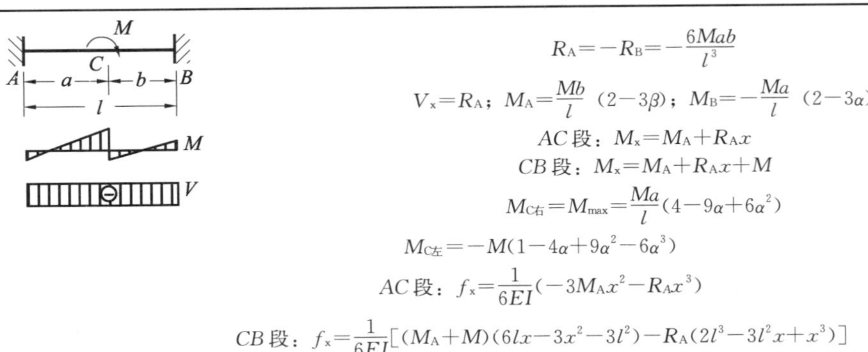

$$R_A=-R_B=-\frac{6Mab}{l^3}$$

$$V_x=R_A;\ M_A=\frac{Mb}{l}(2-3\beta);\ M_B=-\frac{Ma}{l}(2-3\alpha)$$

AC 段：$M_x=M_A+R_Ax$

CB 段：$M_x=M_A+R_Ax+M$

$$M_{C右}=M_{max}=\frac{Ma}{l}(4-9\alpha+6\alpha^2)$$

$$M_{C左}=-M(1-4\alpha+9\alpha^2-6\alpha^3)$$

AC 段：$f_x=\frac{1}{6EI}(-3M_Ax^2-R_Ax^3)$

CB 段：$f_x=\frac{1}{6EI}[(M_A+M)(6lx-3x^2-3l^2)-R_A(2l^3-3l^2x+x^3)]$

$$R_A=-R_B=-\frac{6EI\theta}{l^2}$$

$$V_x=-\frac{6EI\theta}{l^2}$$

$$M_A=\frac{4EI\theta}{l};\ M_B=-\frac{2EI\theta}{l}$$

$$M_x=\frac{2EI\theta}{l}(2-3\xi)$$

$$f_x=\theta x(1-\xi)^2$$

当 $x=\frac{l}{3}$: $f_{max}=\frac{4l\theta}{27}$

$$R_A=-R_B=-\frac{12EI\Delta}{l^3}$$

$$V_x=-\frac{12EI\Delta}{l^3}$$

$$M_A=-M_B=\frac{6EI\Delta}{l^2}$$

$$M_x=\frac{6EI\Delta}{l^2}(1-2\xi)$$

$$f_x=\Delta(1-3\xi^2+2\xi^3)$$

当 $x=0$：$f_{max}=\Delta$

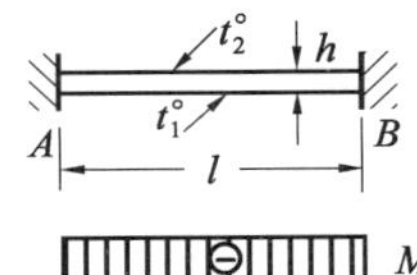

梁顶温度为 t_2°，梁底温度为 t_1°，沿梁高度 h 温度按直线规律变化。

$$t_0^\circ=t_1^\circ-t_2^\circ$$

α_t——线膨胀系数

$$R_A=-R_B=0$$

$$V_x=0$$

$$M_A=M_B=-\frac{\alpha_t t^\circ_0 EI}{h}$$

$$M_x=-\frac{\alpha_t t^\circ_0 EI}{h}$$

2.2.5 伸臂梁

表 2.2-5

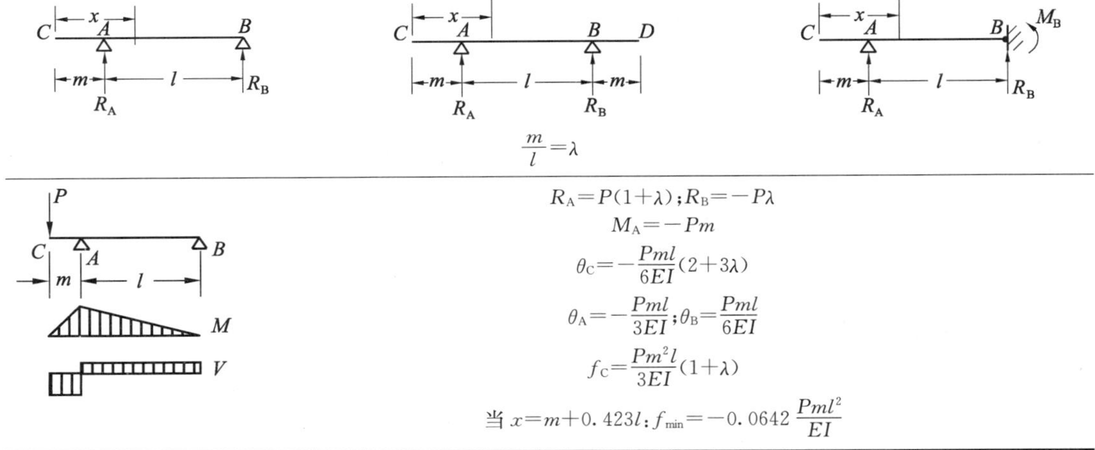

$$\frac{m}{l}=\lambda$$

$$R_A=P(1+\lambda);R_B=-P\lambda$$

$$M_A=-Pm$$

$$\theta_C=-\frac{Pml}{6EI}(2+3\lambda)$$

$$\theta_A=-\frac{Pml}{3EI};\theta_B=\frac{Pml}{6EI}$$

$$f_C=\frac{Pm^2l}{3EI}(1+\lambda)$$

当 $x=m+0.423l$: $f_{min}=-0.0642\frac{Pml^2}{EI}$

续表

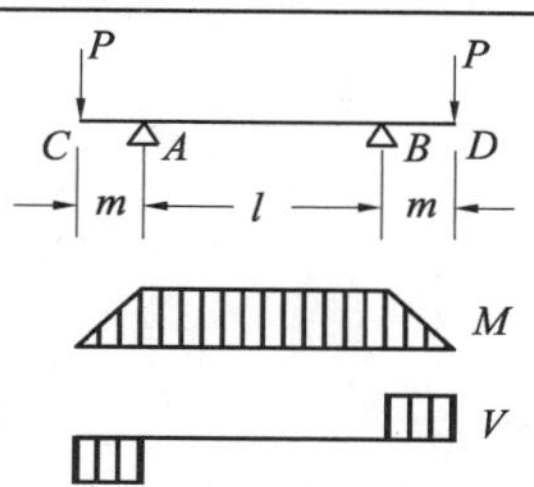

$R_A=R_B=P$

$M_A=M_B=-Pm$

$\theta_C=-\theta_D=-\dfrac{Pml}{2EI}(1+\lambda)$

$\theta_A=-\theta_B=-\dfrac{Pml}{2EI}$

$f_C=f_D=\dfrac{Pm^2l}{6EI}(3+2\lambda)$

当 $x=m+0.5l$：$f_{min}=-\dfrac{Pml^2}{8EI}$

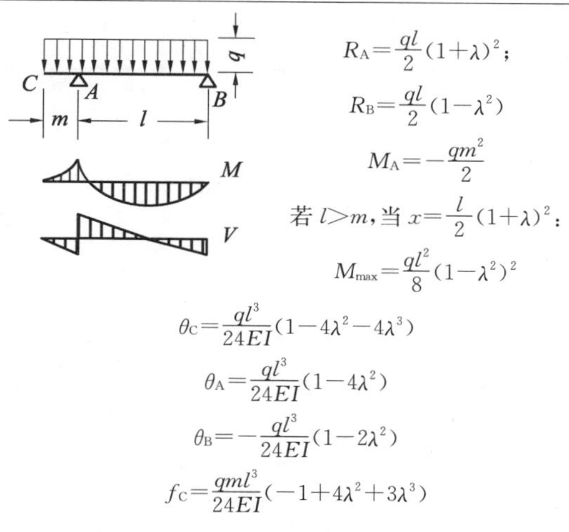

$R_A=\dfrac{ql}{2}(1+\lambda)^2$；

$R_B=\dfrac{ql}{2}(1-\lambda^2)$

$M_A=-\dfrac{qm^2}{2}$

若 $l>m$，当 $x=\dfrac{l}{2}(1+\lambda)^2$：

$M_{max}=\dfrac{ql^2}{8}(1-\lambda^2)^2$

$\theta_C=\dfrac{ql^3}{24EI}(1-4\lambda^2-4\lambda^3)$

$\theta_A=\dfrac{ql^3}{24EI}(1-4\lambda^2)$

$\theta_B=-\dfrac{ql^3}{24EI}(1-2\lambda^2)$

$f_C=\dfrac{qml^3}{24EI}(-1+4\lambda^2+3\lambda^3)$

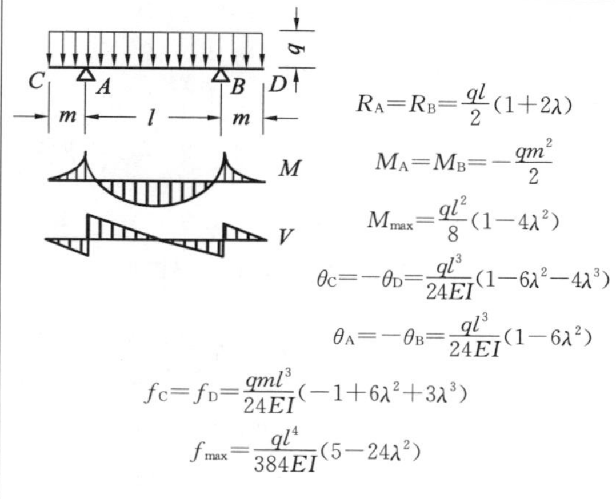

$R_A=R_B=\dfrac{ql}{2}(1+2\lambda)$

$M_A=M_B=-\dfrac{qm^2}{2}$

$M_{max}=\dfrac{ql^2}{8}(1-4\lambda^2)$

$\theta_C=-\theta_D=\dfrac{ql^3}{24EI}(1-6\lambda^2-4\lambda^3)$

$\theta_A=-\theta_B=\dfrac{ql^3}{24EI}(1-6\lambda^2)$

$f_C=f_D=\dfrac{qml^3}{24EI}(-1+6\lambda^2+3\lambda^3)$

$f_{max}=\dfrac{ql^4}{384EI}(5-24\lambda^2)$

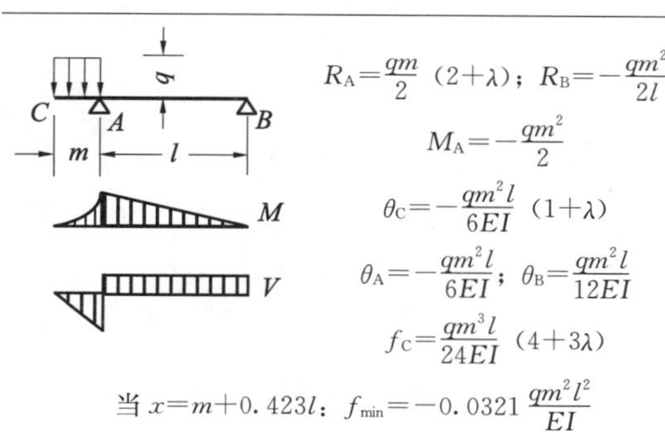

$R_A=\dfrac{qm}{2}(2+\lambda)$；$R_B=-\dfrac{qm^2}{2l}$

$M_A=-\dfrac{qm^2}{2}$

$\theta_C=-\dfrac{qm^2l}{6EI}(1+\lambda)$

$\theta_A=-\dfrac{qm^2l}{6EI}$；$\theta_B=\dfrac{qm^2l}{12EI}$

$f_C=\dfrac{qm^3l}{24EI}(4+3\lambda)$

当 $x=m+0.423l$：$f_{min}=-0.0321\dfrac{qm^2l^2}{EI}$

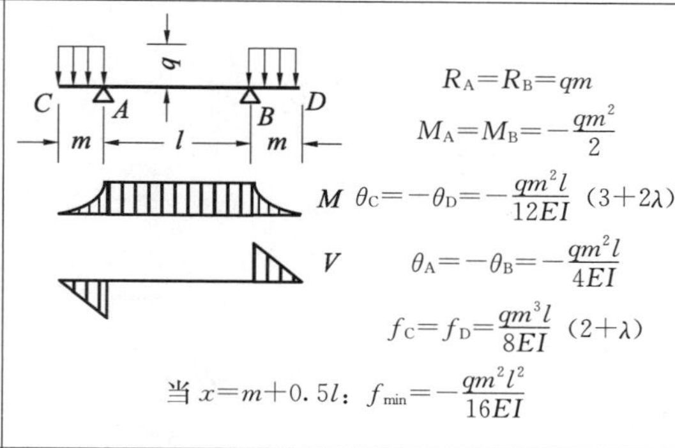

$R_A=R_B=qm$

$M_A=M_B=-\dfrac{qm^2}{2}$

$\theta_C=-\theta_D=-\dfrac{qm^2l}{12EI}(3+2\lambda)$

$\theta_A=-\theta_B=-\dfrac{qm^2l}{4EI}$

$f_C=f_D=\dfrac{qm^3l}{8EI}(2+\lambda)$

当 $x=m+0.5l$：$f_{min}=-\dfrac{qm^2l^2}{16EI}$

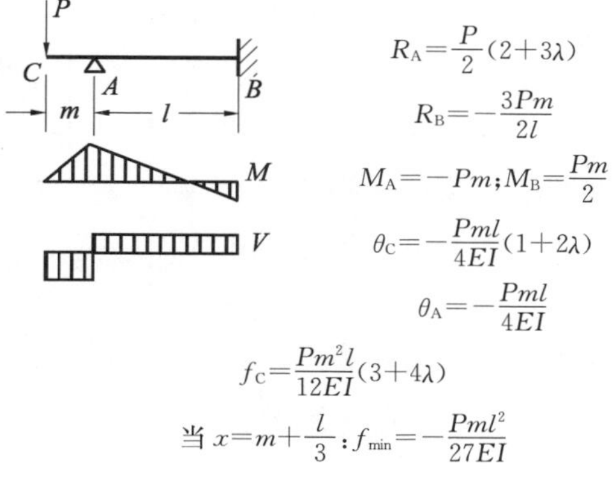

$R_A=\dfrac{P}{2}(2+3\lambda)$

$R_B=-\dfrac{3Pm}{2l}$

$M_A=-Pm$；$M_B=\dfrac{Pm}{2}$

$\theta_C=-\dfrac{Pml}{4EI}(1+2\lambda)$

$\theta_A=-\dfrac{Pml}{4EI}$

$f_C=\dfrac{Pm^2l}{12EI}(3+4\lambda)$

当 $x=m+\dfrac{l}{3}$：$f_{min}=-\dfrac{Pml^2}{27EI}$

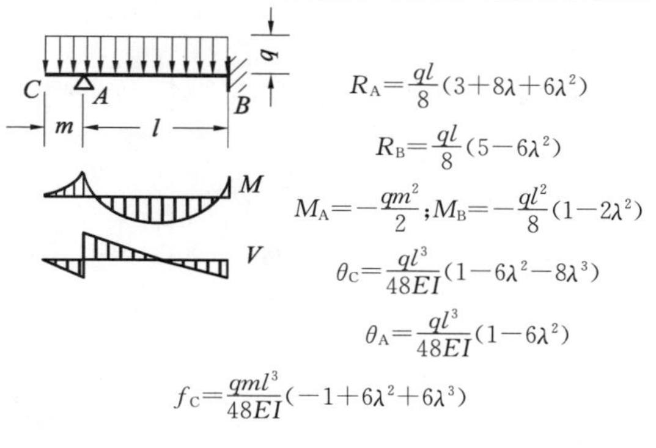

$R_A=\dfrac{ql}{8}(3+8\lambda+6\lambda^2)$

$R_B=\dfrac{ql}{8}(5-6\lambda^2)$

$M_A=-\dfrac{qm^2}{2}$；$M_B=-\dfrac{ql^2}{8}(1-2\lambda^2)$

$\theta_C=\dfrac{ql^3}{48EI}(1-6\lambda^2-8\lambda^3)$

$\theta_A=\dfrac{ql^3}{48EI}(1-6\lambda^2)$

$f_C=\dfrac{qml^3}{48EI}(-1+6\lambda^2+6\lambda^3)$

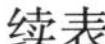
续表

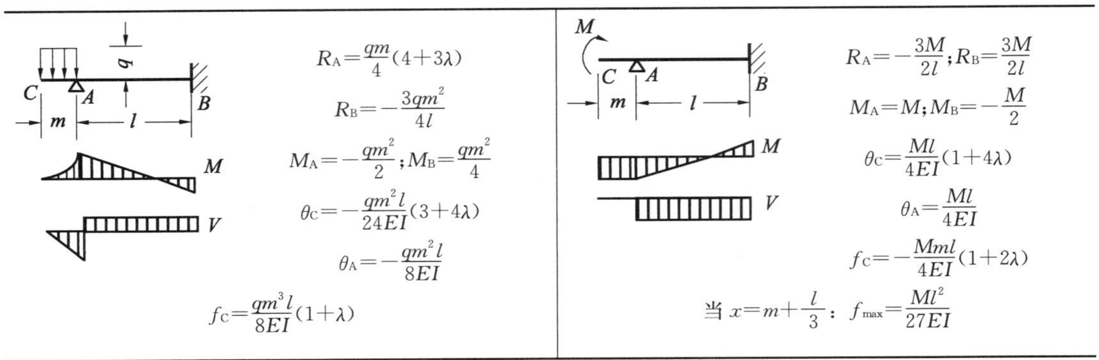

q
C
A
B
m
l
M
V
$R_A=\frac{qm}{4}(4+3\lambda)$
$R_B=-\frac{3qm^2}{4l}$
$M_A=-\frac{qm^2}{2}$；$M_B=\frac{qm^2}{4}$
$\theta_C=-\frac{qm^2l}{24EI}(3+4\lambda)$
$\theta_A=-\frac{qm^2l}{8EI}$
$f_C=\frac{qm^3l}{8EI}(1+\lambda)$
M
C
A
B
m
l
M
V
$R_A=-\frac{3M}{2l}$；$R_B=\frac{3M}{2l}$
$M_A=M$；$M_B=-\frac{M}{2}$
$\theta_C=\frac{Ml}{4EI}(1+4\lambda)$
$\theta_A=\frac{Ml}{4EI}$
$f_C=-\frac{Mml}{4EI}(1+2\lambda)$
当 $x=m+\frac{l}{3}$：$f_{max}=\frac{Ml^2}{27EI}$

2.3 单跨梁的内力系数

2.3.1 简支梁的弯矩及剪力系数

表中数字：上行为弯矩系数；下行为剪力系数 **表 2.3-1**

荷载图 \ x/l	0.05	0.1	0.15	1/6	0.2	0.25	0.3	1/3	0.35	0.4	0.45	0.5	乘数
P；x；$\frac{l}{2}$ $\frac{l}{2}$	0.025	0.050	0.075	0.083	0.100	0.125	0.150	0.167	0.175	0.200	0.225	0.250	Pl
	0.500	0.500	0.500	0.500	0.500	0.500	0.500	0.500	0.500	0.500	0.500	0.500	P
P P；$\frac{l}{3}$ $\frac{l}{3}$ $\frac{l}{3}$	0.050	0.100	0.150	0.167	0.200	0.250	0.300	0.333	0.333	0.333	0.333	0.333	Pl
	1.000	1.000	1.000	1.000	1.000	1.000	1.000	1.000	0	0	0	0	P
P P P；$\frac{l}{4}$ $\frac{l}{4}$ $\frac{l}{4}$ $\frac{l}{4}$	0.075	0.150	0.225	0.250	0.300	0.375	0.400	0.417	0.425	0.450	0.475	0.500	Pl
	1.500	1.500	1.500	1.500	1.500	1.500	0.500	0.500	0.500	0.500	0.500	0.500	P
P P P P；$\frac{l}{5}$ $\frac{l}{5}$ $\frac{l}{5}$ $\frac{l}{5}$ $\frac{l}{5}$	0.100	0.200	0.300	0.333	0.400	0.450	0.500	0.533	0.550	0.600	0.600	0.600	Pl
	2.000	2.000	2.000	2.000	2.000	1.000	1.000	1.000	1.000	1.000	0	0	P
P P P P P；$\frac{l}{6}$ $\frac{l}{6}$ $\frac{l}{6}$ $\frac{l}{6}$ $\frac{l}{6}$ $\frac{l}{6}$	0.125	0.250	0.375	0.417	0.467	0.542	0.617	0.667	0.675	0.700	0.725	0.750	Pl
	2.500	2.500	2.500	2.500	1.500	1.500	1.500	1.500	0.500	0.500	0.500	0.500	P
q；l	0.024	0.045	0.064	0.069	0.080	0.094	0.105	0.111	0.114	0.120	0.124	0.125	ql^2
	0.450	0.400	0.350	0.333	0.300	0.250	0.200	0.167	0.150	0.100	0.050	0	ql

续表

荷载图 \ x/l	0.05	0.1	0.15	1/6	0.2	0.25	0.3	1/3	0.35	0.4	0.45	0.5	乘数
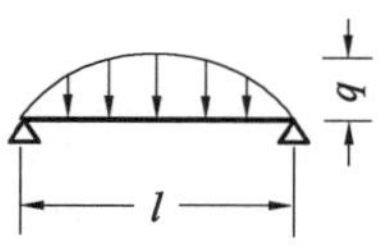 抛物线荷载 q，跨度 l	0.017	0.033	0.048	0.053	0.062	0.074	0.085	0.091	0.093	0.099	0.103	0.104	ql^2
	0.328	0.315	0.293	0.284	0.264	0.229	0.189	0.160	0.146	0.099	0.050	0	ql
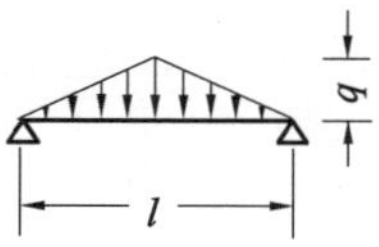 三角形荷载 q，跨度 l	0.012	0.025	0.036	0.040	0.047	0.057	0.066	0.071	0.073	0.079	0.082	0.083	ql^2
	0.247	0.240	0.227	0.222	0.210	0.187	0.160	0.139	0.127	0.090	0.047	0	ql
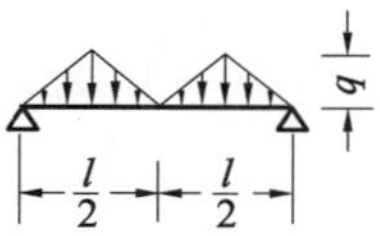 两个三角形荷载 q，$\frac{l}{2}$，$\frac{l}{2}$	0.012	0.024	0.035	0.039	0.045	0.052	0.057	0.059	0.060	0.062	0.062	0.062	ql^2
	0.245	0.230	0.205	0.195	0.170	0.125	0.080	0.056	0.045	0.020	0.005	0	ql
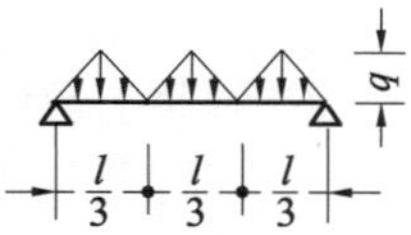 三个三角形荷载 q，$\frac{l}{3}$，$\frac{l}{3}$，$\frac{l}{3}$	0.012	0.024	0.034	0.037	0.042	0.048	0.053	0.056	0.057	0.061	0.064	0.065	ql^2
	0.242	0.220	0.182	0.167	0.137	0.104	0.087	0.083	0.082	0.070	0.042	0	ql
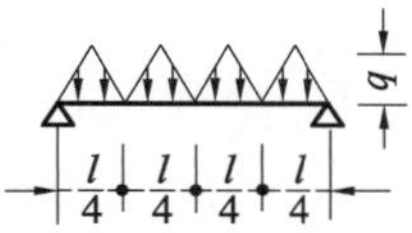 四个三角形荷载 q，$\frac{l}{4}$，$\frac{l}{4}$，$\frac{l}{4}$，$\frac{l}{4}$	0.012	0.024	0.033	0.035	0.040	0.047	0.053	0.057	0.058	0.061	0.062	0.062	ql^2
	0.240	0.210	0.165	0.153	0.135	0.125	0.115	0.097	0.085	0.040	0.010	0	ql
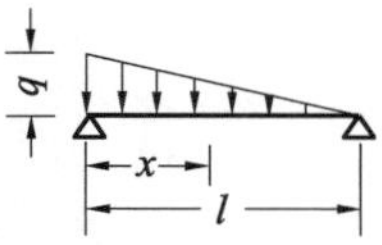 三角形荷载 q（左端最大），x，l；表内为弯矩系数	0.05	0.1	0.2	0.25	0.3	0.4	0.5	0.6	0.7	0.75	0.8	0.9	x/l \ 乘数
	0.0154	0.0285	0.0480	0.0547	0.0595	0.0640	0.0625	0.0560	0.0455	0.0391	0.0320	0.0165	ql^2

2.3.2　梁的固端弯矩系数

1. 均布荷载作用下固端弯矩系数表

表 2.3-2

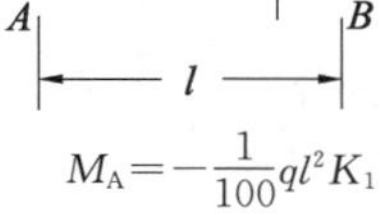

$M_A=-\frac{1}{100}ql^2K_1$

$M_B=-\frac{1}{100}ql^2K_2$

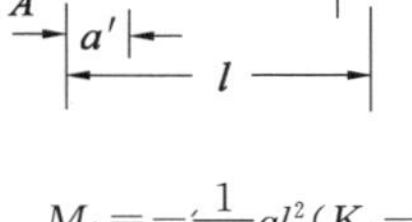

$M_A=-\frac{1}{100}ql^2(K_1-K'_1)$

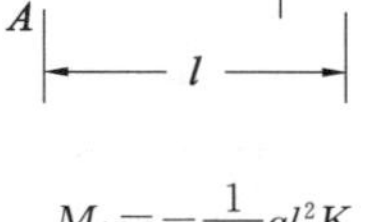

$M_A=-\frac{1}{100}ql^2K_3$

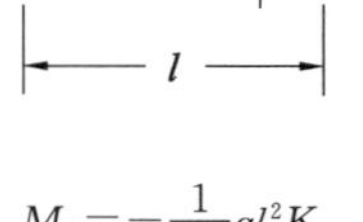

$M_A=-\frac{1}{100}ql^2K_4$

续表

a/l	K_1	K_2	K_3	K_4	a/l	K_1	K_2	K_3	K_4	a/l	K_1	K_2	K_3	K_4
0.01	0.01	0	0.01	0	0.36	3.79	1.14	4.36	3.03	0.71	7.70	5.58	10.49	9.43
0.02	0.02	0	0.02	0.01	0.37	3.94	1.22	4.55	3.19	0.72	7.76	5.72	10.62	9.60
0.03	0.04	0	0.04	0.02	0.38	4.09	1.31	4.74	3.35	0.73	7.81	5.87	10.74	9.77
0.04	0.08	0	0.08	0.04	0.39	4.23	1.40	4.93	3.51	0.74	7.86	6.01	10.87	9.94
0.05	0.12	0	0.12	0.06	0.40	4.37	1.49	5.12	3.68	0.75	7.91	6.15	10.99	10.11
0.06	0.17	0.01	0.17	0.09	0.41	4.52	1.59	5.31	3.85	0.76	7.96	6.29	11.10	10.27
0.07	0.22	0.01	0.23	0.12	0.42	4.66	1.69	5.50	4.02	0.77	8.00	6.43	11.21	10.43
0.08	0.29	0.02	0.30	0.16	0.43	4.80	1.80	5.70	4.20	0.78	8.04	6.56	11.32	10.58
0.09	0.36	0.02	0.37	0.20	0.44	4.94	1.90	5.89	4.37	0.79	8.07	6.70	11.42	10.73
0.10	0.44	0.03	0.45	0.25	0.45	5.08	2.01	6.08	4.55	0.80	8.11	6.83	11.52	10.88
0.11	0.52	0.04	0.54	0.30	0.46	5.21	2.13	6.27	4.73	0.81	8.14	6.95	11.61	11.02
0.12	0.61	0.05	0.64	0.36	0.47	5.34	2.24	6.46	4.91	0.82	8.17	7.08	11.70	11.16
0.13	0.71	0.07	0.74	0.42	0.48	5.47	2.36	6.65	5.10	0.83	8.19	7.20	11.79	11.29
0.14	0.81	0.08	0.85	0.49	0.49	5.60	2.48	6.84	5.28	0.84	8.21	7.31	11.87	11.42
0.15	0.91	0.10	0.96	0.56	0.50	5.73	2.60	7.03	5.47	0.85	8.23	7.42	11.94	11.54
0.16	1.02	0.12	1.08	0.63	0.51	5.85	2.73	7.22	5.66	0.86	8.25	7.53	12.01	11.65
0.17	1.14	0.14	1.21	0.71	0.52	5.97	2.86	7.40	5.85	0.87	8.27	7.63	12.08	11.76
0.18	1.26	0.17	1.34	0.80	0.53	6.09	2.99	7.59	6.04	0.88	8.28	7.72	12.14	11.86
0.19	1.38	0.20	1.48	0.89	0.54	6.21	3.12	7.77	6.23	0.89	8.29	7.81	12.20	11.96
0.20	1.51	0.23	1.62	0.98	0.55	6.32	3.26	7.95	6.42	0.90	8.30	7.90	12.25	12.05
0.21	1.64	0.26	1.77	1.08	0.56	6.43	3.40	8.13	6.61	0.91	8.31	7.98	12.30	12.13
0.22	1.77	0.30	1.92	1.18	0.57	6.54	3.53	8.30	6.80	0.92	8.32	8.05	12.34	12.21
0.23	1.90	0.34	2.07	1.29	0.58	6.64	3.67	8.48	7.00	0.93	8.32	8.11	12.38	12.27
0.24	2.04	0.38	2.23	1.40	0.59	6.74	3.82	8.65	7.19	0.94	8.33	8.17	12.41	12.33
0.25	2.18	0.42	2.40	1.51	0.60	6.84	3.96	8.82	7.38	0.95	8.33	8.22	12.44	12.38
0.26	2.32	0.47	2.56	1.63	0.61	6.93	4.10	8.99	7.57	0.96	8.33	8.26	12.46	12.42
0.27	2.47	0.52	2.73	1.76	0.62	7.03	4.25	9.15	7.76	0.97	8.33	8.29	12.48	12.46
0.28	2.61	0.58	2.90	1.88	0.63	7.11	4.40	9.31	7.95	0.98	8.33	8.31	12.49	12.48
0.29	2.76	0.64	3.07	2.01	0.64	7.20	4.54	9.47	8.14	0.99	8.33	8.33	12.50	12.50
0.30	2.90	0.70	3.25	2.15	0.65	7.28	4.69	9.63	8.33	1.00	8.33	8.33	12.50	12.50
0.31	3.05	0.76	3.43	2.29	0.66	7.36	4.84	9.78	8.52					
0.32	3.20	0.83	3.61	2.43	0.67	7.43	4.99	9.93	8.70					
0.33	3.35	0.90	3.80	2.57	0.68	7.50	5.14	10.07	8.89					
0.34	3.49	0.98	3.98	2.72	0.69	7.57	5.28	10.21	9.07					
0.35	3.64	1.05	4.17	2.87	0.70	7.64	5.43	10.35	9.25					

注：K_1' 为相应于用 $\frac{a'}{l}$ 代替 $\frac{a}{l}$ 时由表内查得的 K_1 值。

2. 集中及梯形荷载作用下固端弯矩系数表

表 2.3-3

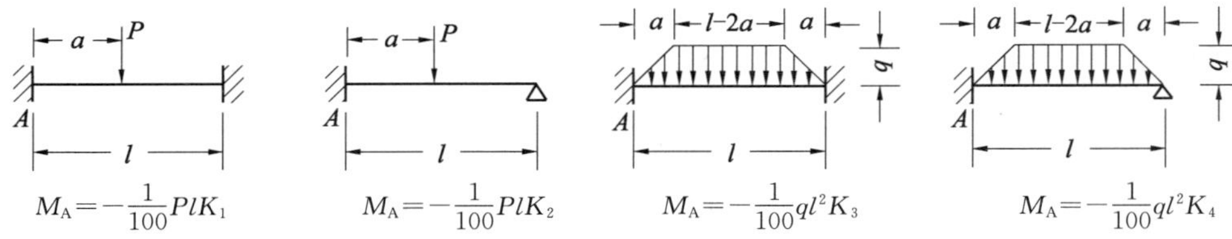

续表

a/l	K_1	K_2	K_3	K_4	a/l	K_1	K_2	K_3	K_4	a/l	K_1	K_2
0.01	0.98	0.99	8.33	12.50	0.36	14.75	18.89	6.56	9.84	0.71	5.97	13.28
0.02	1.92	1.94	8.33	12.49	0.37	14.69	19.00	6.47	9.71	0.72	5.64	12.90
0.03	2.82	2.87	8.32	12.48	0.38	14.61	19.08	6.38	9.58	0.73	5.32	12.52
0.04	3.69	3.76	8.31	12.46	0.39	14.51	19.15	6.29	9.44	0.74	5.00	12.12
0.05	4.51	4.63	8.29	12.44	0.40	14.40	19.20	6.20	9.30	0.75	4.69	11.72
0.06	5.30	5.47	8.28	12.41	0.41	14.27	19.23	6.11	9.16	0.76	4.38	11.31
0.07	6.05	6.28	8.25	12.38	0.42	14.13	19.24	6.01	9.02	0.77	4.07	10.89
0.08	6.77	7.07	8.23	12.35	0.43	13.97	19.24	5.91	8.87	0.78	3.78	10.47
0.09	7.45	7.82	8.20	12.31	0.44	13.80	19.22	5.82	8.72	0.79	3.48	10.04
0.10	8.10	8.55	8.18	12.26	0.45	13.61	19.18	5.72	8.58	0.80	3.20	9.60
0.11	8.71	9.25	8.14	12.21	0.46	13.41	19.13	5.62	8.43	0.81	2.92	9.16
0.12	9.29	9.93	8.11	12.16	0.47	13.20	19.06	5.52	8.28	0.82	2.66	8.71
0.13	9.84	10.57	8.07	12.10	0.48	12.98	18.97	5.41	8.12	0.83	2.40	8.25
0.14	10.35	11.20	8.03	12.04	0.49	12.74	18.87	5.31	7.97	0.84	2.15	7.80
0.15	10.84	11.79	7.99	11.98	0.50	12.50	18.75	5.21	7.81	0.85	1.91	7.33
0.16	11.29	12.36	7.94	11.91	0.51	12.25	18.62			0.86	1.69	6.86
0.17	11.71	12.91	7.89	11.84	0.52	11.98	18.47			0.87	1.47	6.39
0.18	12.10	13.43	7.84	11.76	0.53	11.71	18.31			0.88	1.27	5.91
0.19	12.47	13.93	7.79	11.68	0.54	11.43	18.13			0.89	1.08	5.43
0.20	12.80	14.40	7.73	11.60	0.55	11.14	17.94			0.90	0.90	4.95
0.21	13.11	14.85	7.68	11.51	0.56	10.84	17.74			0.91	0.74	4.46
0.22	13.38	15.27	7.62	11.42	0.57	10.54	17.52			0.92	0.59	3.97
0.23	13.64	15.67	7.55	11.33	0.58	10.23	17.30			0.93	0.46	3.48
0.24	13.86	16.05	7.49	11.23	0.59	9.92	17.05			0.94	0.34	2.99
0.25	14.06	16.41	7.42	11.13	0.60	9.60	16.80			0.95	0.24	2.49
0.26	14.24	16.74	7.35	11.03	0.61	9.28	16.53			0.96	0.15	2.00
0.27	14.39	17.05	7.28	10.92	0.62	8.95	16.26			0.97	0.09	1.50
0.28	14.52	17.34	7.21	10.81	0.63	8.62	15.97			0.98	0.04	1.00
0.29	14.62	17.60	7.13	10.70	0.64	8.29	15.67			0.99	0.01	0.50
0.30	14.70	17.85	7.06	10.59	0.65	7.96	15.36			1.00	0	0
0.31	14.76	18.07	6.98	10.47	0.66	7.63	15.03					
0.32	14.80	18.28	6.90	10.35	0.67	7.30	14.70					
0.33	14.81	18.46	6.82	10.23	0.68	6.96	14.36					
0.34	14.81	18.63	6.73	10.10	0.69	6.63	14.01					
0.35	14.79	18.77	6.65	9.97	0.70	6.30	13.65					

3. 三角荷载作用下固端弯矩系数表

表 2.3-4

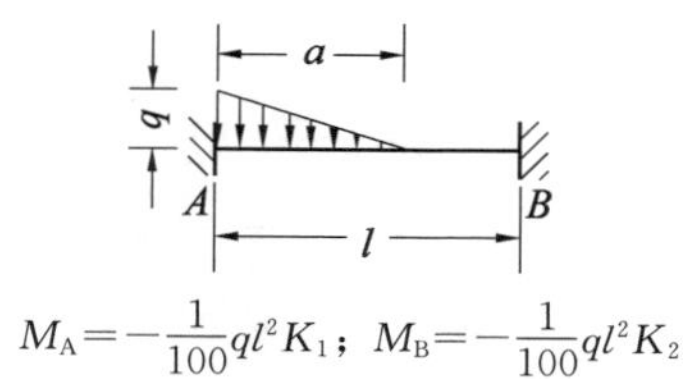

$M_A=-\frac{1}{100}ql^2K_1$；$M_B=-\frac{1}{100}ql^2K_2$

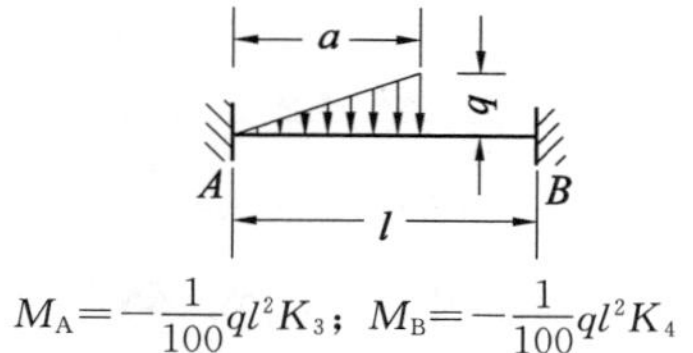

$M_A=-\frac{1}{100}ql^2K_3$；$M_B=-\frac{1}{100}ql^2K_4$

续表

a/l	K_1	K_2	K_3	K_4	a/l	K_1	K_2	K_3	K_4	a/l	K_1	K_2	K_3	K_4
0.01	0	0	0	0	0.36	1.47	0.30	2.32	0.83	0.71	3.71	1.71	3.99	3.87
0.02	0.01	0	0.01	0	0.37	1.53	0.33	2.41	0.89	0.72	3.76	1.77	3.99	3.96
0.03	0.02	0	0.03	0	0.38	1.60	0.35	2.49	0.95	0.73	3.82	1.82	3.99	4.05
0.04	0.03	0	0.05	0	0.39	1.66	0.38	2.57	1.02	0.74	3.87	1.88	3.99	4.13
0.05	0.04	0	0.08	0	0.40	1.73	0.41	2.65	1.09	0.75	3.93	1.93	3.98	4.22
0.06	0.06	0	0.11	0.01	0.41	1.79	0.43	2.72	1.16	0.76	3.98	1.99	3.98	4.30
0.07	0.08	0	0.15	0.01	0.42	1.86	0.46	2.80	1.23	0.77	4.03	2.05	3.97	4.38
0.08	0.10	0	0.19	0.01	0.43	1.93	0.49	2.87	1.30	0.78	4.08	2.10	3.96	4.46
0.09	0.12	0.01	0.24	0.02	0.44	1.99	0.52	2.94	1.38	0.79	4.13	2.16	3.94	4.54
0.10	0.15	0.01	0.29	0.02	0.45	2.06	0.55	3.01	1.46	0.80	4.18	2.22	3.93	4.61
0.11	0.18	0.01	0.34	0.03	0.46	2.13	0.59	3.08	1.54	0.81	4.23	2.28	3.91	4.68
0.12	0.21	0.01	0.40	0.04	0.47	2.20	0.62	3.15	1.62	0.82	4.28	2.33	3.89	4.74
0.13	0.25	0.02	0.46	0.05	0.48	2.26	0.66	3.21	1.70	0.83	4.32	2.39	3.87	4.80
0.14	0.28	0.02	0.52	0.06	0.49	2.33	0.69	3.27	1.79	0.84	4.37	2.45	3.84	4.86
0.15	0.32	0.03	0.59	0.07	0.50	2.40	0.73	3.33	1.88	0.85	4.42	2.51	3.82	4.91
0.16	0.36	0.03	0.66	0.09	0.51	2.46	0.77	3.39	1.96	0.86	4.46	2.57	3.79	4.96
0.17	0.40	0.04	0.73	0.11	0.52	2.53	0.81	3.45	2.05	0.87	4.50	2.62	3.76	5.00
0.18	0.45	0.04	0.81	0.13	0.53	2.60	0.85	3.50	2.14	0.88	4.55	2.68	3.73	5.04
0.19	0.49	0.05	0.89	0.15	0.54	2.66	0.89	3.55	2.24	0.89	4.59	2.74	3.70	5.08
0.20	0.54	0.06	0.97	0.17	0.55	2.73	0.93	3.59	2.33	0.90	4.63	2.79	3.67	5.10
0.21	0.59	0.07	1.05	0.19	0.56	2.79	0.97	3.64	2.42	0.91	4.67	2.85	3.64	5.12
0.22	0.64	0.08	1.13	0.22	0.57	2.86	1.02	3.68	2.52	0.92	4.71	2.91	3.61	5.14
0.23	0.69	0.09	1.21	0.25	0.58	2.92	1.06	3.72	2.61	0.93	4.75	2.96	3.57	5.15
0.24	0.75	0.10	1.30	0.28	0.59	2.98	1.11	3.76	2.71	0.94	4.79	3.02	3.54	5.15
0.25	0.80	0.11	1.38	0.31	0.60	3.05	1.15	3.79	2.81	0.95	4.82	3.07	3.50	5.14
0.26	0.86	0.12	1.47	0.35	0.61	3.11	1.20	3.82	2.91	0.96	4.86	3.13	3.47	5.13
0.27	0.91	0.14	1.55	0.39	0.62	3.17	1.25	3.85	3.00	0.97	4.90	3.18	3.44	5.11
0.28	0.97	0.15	1.64	0.43	0.63	3.24	1.30	3.88	3.10	0.98	4.93	3.23	3.40	5.08
0.29	1.03	0.17	1.73	0.47	0.64	3.30	1.35	3.90	3.20	0.99	4.97	3.28	3.37	5.05
0.30	1.09	0.18	1.81	0.51	0.65	3.36	1.40	3.92	3.30	1.00	5.00	3.33	3.33	5.00
0.31	1.15	0.20	1.90	0.56	0.66	3.42	1.45	3.94	3.39					
0.32	1.21	0.22	1.98	0.61	0.67	3.48	1.50	3.96	3.49					
0.33	1.28	0.24	2.07	0.66	0.68	3.54	1.55	3.97	3.58					
0.34	1.34	0.26	2.16	0.72	0.69	3.59	1.60	3.98	3.68					
0.35	1.40	0.28	2.24	0.77	0.70	3.65	1.66	3.99	3.77					

4. 外加力矩作用下固端弯矩系数表

表 2.3-5

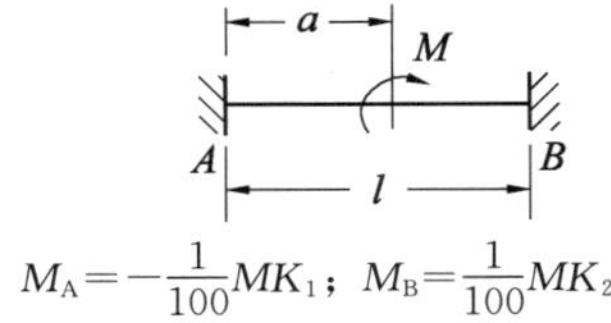

$M_A=-\frac{1}{100}MK_1$；$M_B=\frac{1}{100}MK_2$

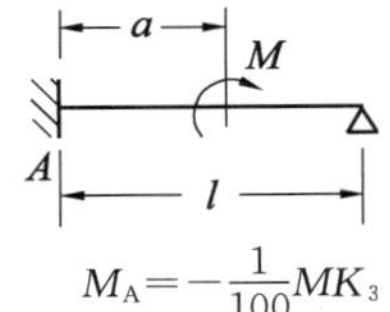

$M_A=-\frac{1}{100}MK_3$

续表

a/l	K_1	K_2	K_3	a/l	K_1	K_2	K_3	a/l	K_1	K_2	K_3
0.01	96.03	−1.97	97.02	0.36	−5.12	−33.12	11.44	0.71	−32.77	9.23	−37.39
0.02	92.12	−3.88	94.06	0.37	−6.93	−32.93	9.54	0.72	−32.48	11.52	−38.24
0.03	88.27	−5.73	91.14	0.38	−8.68	−32.68	7.66	0.73	−32.13	13.87	−39.07
0.04	84.48	−7.52	88.24	0.39	−10.37	−32.37	5.82	0.74	−31.72	16.28	−39.86
0.05	80.75	−9.25	85.38	0.40	−12.00	−32.00	4.00	0.75	−31.25	18.75	−40.63
0.06	77.08	−10.92	82.54	0.41	−13.57	−31.57	2.22	0.76	−30.72	21.28	−41.36
0.07	73.47	−12.53	79.74	0.42	−15.08	−31.08	0.46	0.77	−30.13	23.87	−42.07
0.08	69.92	−14.08	76.96	0.43	−16.53	−30.53	−1.27	0.78	−29.48	26.52	−42.74
0.09	66.43	−15.57	74.22	0.44	−17.92	−29.92	−2.96	0.79	−28.77	29.23	−43.39
0.10	63.00	−17.00	71.50	0.45	−19.25	−29.25	−4.63	0.80	−28.00	32.00	−44.00
0.11	59.63	−18.37	68.82	0.46	−20.52	−28.52	−6.26	0.81	−27.17	34.83	−44.59
0.12	56.32	−19.68	66.16	0.47	−21.73	−27.73	−7.87	0.82	−26.28	37.72	−45.14
0.13	53.07	−20.93	63.54	0.48	−22.88	−26.88	−9.44	0.83	−25.33	40.67	−45.67
0.14	49.88	−22.12	60.94	0.49	−23.97	−25.97	−10.99	0.84	−24.32	43.68	−46.16
0.15	46.75	−23.25	58.38	0.50	−25.00	−25.00	−12.50	0.85	−23.25	46.75	−46.63
0.16	43.68	−24.32	55.84	0.51	−25.97	−23.97	−13.99	0.86	−22.12	49.88	−47.06
0.17	40.67	−25.33	53.34	0.52	−26.88	−22.88	−15.44	0.87	−20.93	53.07	−47.47
0.18	37.72	−26.28	50.86	0.53	−27.73	−21.73	−16.87	0.88	−19.68	56.32	−47.84
0.19	34.83	−27.17	48.42	0.54	−28.52	−20.52	−18.26	0.89	−18.37	59.63	−48.19
0.20	32.00	−28.00	46.00	0.55	−29.25	−19.25	−19.63	0.90	−17.00	63.00	−48.50
0.21	29.23	−28.77	43.62	0.56	−29.92	−17.92	−20.96	0.91	−15.57	66.43	−48.79
0.22	26.52	−29.48	41.26	0.57	−30.53	−16.53	−22.27	0.92	−14.08	69.92	−49.04
0.23	23.87	−30.13	38.94	0.58	−31.08	−15.08	−23.54	0.93	−12.53	73.47	−49.27
0.24	21.28	−30.72	36.64	0.59	−31.57	−13.57	−24.79	0.94	−10.92	77.08	−49.46
0.25	18.75	−31.25	34.38	0.60	−32.00	−12.00	−26.00	0.95	−9.25	80.75	−49.63
0.26	16.28	−31.72	32.14	0.61	−32.37	−10.37	−27.19	0.96	−7.52	84.48	−49.76
0.27	13.87	−32.13	29.94	0.62	−32.68	−8.68	−28.34	0.97	−5.73	88.27	−49.87
0.28	11.52	−32.48	27.76	0.63	−32.93	−6.93	−29.47	0.98	−3.88	92.12	−49.94
0.29	9.23	−32.77	25.62	0.64	−33.12	−5.12	−30.56	0.99	−1.97	96.03	−49.99
0.30	7.00	−33.00	23.50	0.65	−33.25	−3.25	−31.63	1.00	0	100.00	−50.00
0.31	4.83	−33.17	21.42	0.66	−33.32	−1.32	−32.66				
0.32	2.72	−33.28	19.36	0.67	−33.33	0.67	−33.67				
0.33	0.67	−33.33	17.34	0.68	−33.28	2.72	−34.64				
0.34	−1.32	−33.32	15.34	0.69	−33.17	4.83	−35.59				
0.35	−3.25	−33.25	13.38	0.70	−33.00	7.00	−36.50				

2.4 其他形式的单跨梁

2.4.1 变截面悬臂梁的内力及挠度计算公式

表 2.4-1

$$R_B = P;M_B = -Pb$$

$$CB\text{ 段}:V_x = -P;M_x = -P(x-a)$$

$$AC\text{ 段}:f_x = \int_a^l \frac{P}{EI}(y-a)(y-x)dy$$

$$CB\text{ 段}:f_x = \int_x^l \frac{P}{EI}(y-a)(y-x)dy$$

矩形截面宽度为 B、高度线性变化 $h=\frac{x}{l}H$ 时，A 端挠度 $f_A=\frac{12Pl^3}{EBH^3}\left(\ln\frac{l}{a}-\frac{b}{l}\right)$

$$R_B = 2P;M_B = -P(b+2c)$$

$$CD\text{ 段}:V_x = -P;M_x = -P(x-a)$$

$$DB\text{ 段}:V_x = -2P;M_x = -P(2x-2a-b)$$

$$AC\text{ 段}:f_x = \int_a^{a+b} \frac{P}{EI}(y-a)(y-x)dy + \int_{a+b}^l \frac{P}{EI}(2y-2a-b)(y-x)dy$$

$$CD\text{ 段}:f_x = \int_x^{a+b} \frac{P}{EI}(y-a)(y-x)dy + \int_{a+b}^l \frac{P}{EI}(2y-2a-b)(y-x)dy$$

$$DB\text{ 段}:f_x = \int_x^l \frac{P}{EI}(2y-2a-b)(y-x)dy$$

矩形截面宽度为 B、高度线性变化 $h=\frac{x}{l}H$ 时，A 端挠度 $f_A=\frac{12Pl^3}{EBH^3}\left[\ln\frac{l^2}{a(a+b)}-\frac{bl+c(2a+b)}{l(a+b)}\right]$

$$R_B = ql;M_B = -\frac{1}{2}ql^2$$

$$V_x = -qx;M_x = -\frac{1}{2}qx^2$$

$$f_x = \int_x^l \frac{qy^2}{2EI}(y-x)dy$$

矩形截面宽度为 B、高度线性变化 $h=\frac{x}{l}H$ 时，A 端挠度 $f_A=\frac{6ql^4}{EBH^3}$

$$R_B = qc;M_B = -qbc$$

$$CD\text{ 段}:V_x = -q(x-d);M_x = -\frac{1}{2}q(x-d)^2$$

$$DB\text{ 段}:V_x = -qc;M_x = -qc(x-a)$$

$$AC\text{ 段}:f_x = \int_d^{d+c} \frac{q}{2EI}(y-d)^2(y-x)dy + \int_{d+c}^l \frac{qc}{EI}(y-a)(y-x)dy$$

$$CD\text{ 段}:f_x = \int_x^{d+c} \frac{q}{2EI}(y-d)^2(y-x)dy + \int_{d+c}^l \frac{qc}{EI}(y-a)(y-x)dy$$

$$DB\text{ 段}:f_x = \int_x^l \frac{qc}{EI}(y-a)(y-x)dy$$

矩形截面宽度为 B、高度线性变化 $h=\frac{x}{l}H$ 时，A 端挠度 $f_A=\frac{6ql^3}{EBH^3}\left[2c\ln\frac{l}{d+c}-2d\ln\frac{d+c}{d}+\frac{c(2d+c)}{l}\right]$

$$R_B = \frac{1}{2}ql;M_B = -\frac{1}{6}ql^2$$

$$V_x = -\frac{qx^2}{2l};M_x = -\frac{qx^3}{6l}$$

$$f_x = \int_x^l \frac{qy^3}{6EIl}(y-x)dy$$

矩形截面宽度为 B、高度线性变化 $h=\frac{x}{l}H$ 时，A 端挠度 $f_A=\frac{ql^4}{EBH^3}$

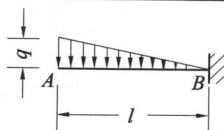

续表

	$R_B=\frac{1}{2}ql;M_B=-\frac{1}{3}ql^2$ $V_x=-\frac{qx}{2l}(2l-x);M_x=-\frac{qx^2}{6l}(3l-x)$ $f_x=\int_x^l\frac{qy^2}{6EIl}(3l-y)(y-x)\mathrm{d}y$ 矩形截面宽度为 B、高度线性变化 $h=\frac{x}{l}H$ 时，A 端挠度 $f_A=\frac{5ql^4}{EBH^3}$
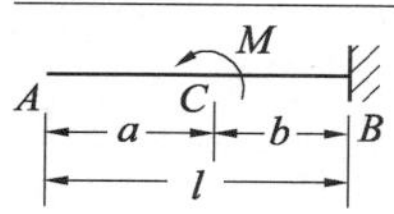	$R_B=\frac{1}{2}ql;M_B=-\frac{1}{4}ql^2$ AC 段：$V_x=-\frac{qx^2}{l};M_x=-\frac{qx^3}{3l}$ CB 段：$V_x=\frac{q}{2l}(l^2-4lx+2x^2);M_x=-\frac{q}{12l}(l^3-6l^2x+12lx^2-4x^3)$ AC 段：$f_x=\int_x^{l/2}\frac{qy^3}{3EIl}(y-x)\mathrm{d}y+\int_{l/2}^l\frac{q}{12EIl}(l^3-6l^2y+12ly^2-4y^3)(y-x)\mathrm{d}y$ CB 段：$f_x=\int_x^l\frac{q}{12EIl}(l^3-6l^2y+12ly^2-4y^3)(y-x)\mathrm{d}y$ 矩形截面宽度为 B、高度线性变化 $h=\frac{x}{l}H$ 时，A 端挠度 $f_A=\frac{6ql^4}{EBH^3}(1-\ln2)$
	$R_B=0;M_B=-M$ CB 段：$V_x=0;M_x=-M$ AC 段：$f_x=\int_a^l\frac{M}{EI}(y-x)\mathrm{d}y$ CB 段：$f_x=\int_x^l\frac{M}{EI}(y-x)\mathrm{d}y$ 矩形截面宽度为 B、高度线性变化 $h=\frac{x}{l}H$ 时，A 端挠度 $f_A=\frac{12Mbl^2}{EBH^3a}$

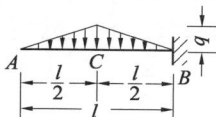

2.4.2　圆弧梁的内力计算公式

1. 符号说明

E——弹性模量；

$I=\frac{bh^3}{12}$——矩形截面惯性矩；

EI——抗弯刚度；

G——剪变模量；

$I_t=K'hb^3$——矩形截面抗扭惯性矩；

GI_t——抗扭刚度；

K'——系数，由表 4.2-3 中的圣维南表查得；

$\lambda=\frac{EI}{GI_t}$；

M_0、M_{z0} 及 V_0——跨中弯矩、扭矩及剪力。

正负号规定：

弯矩——与图 2.1-1 规定相同；

剪力——与图 2.1-1 规定相反；

扭矩——取右半截梁，自左向右看，顺时针为正（图 2.4-1）。

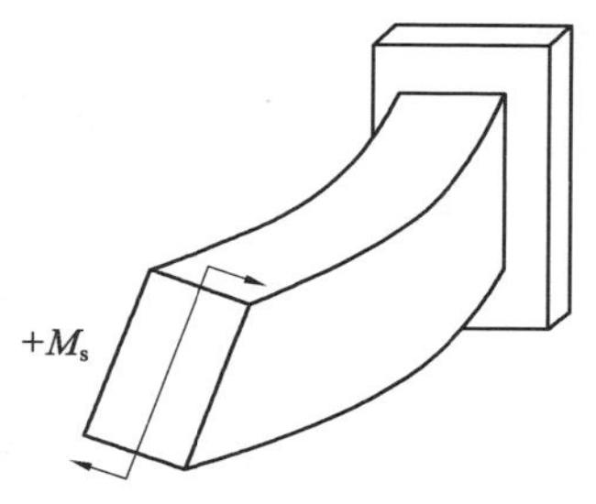

图 2.4-1

圆弧梁公式正负号均以右半截梁为准，计算左半截梁时须注意：

1）当荷载对称时：扭矩及剪力正负号与公式相反；

2）当荷载反对称时：弯矩正负号与公式相反。

2. 对称及反对称均布荷载作用下任意截面的弯矩及扭矩

在对称及反对称均布荷载作用下（图 2.4-2），圆弧梁任意截面的弯矩（M）及扭矩（M_s）公式为：

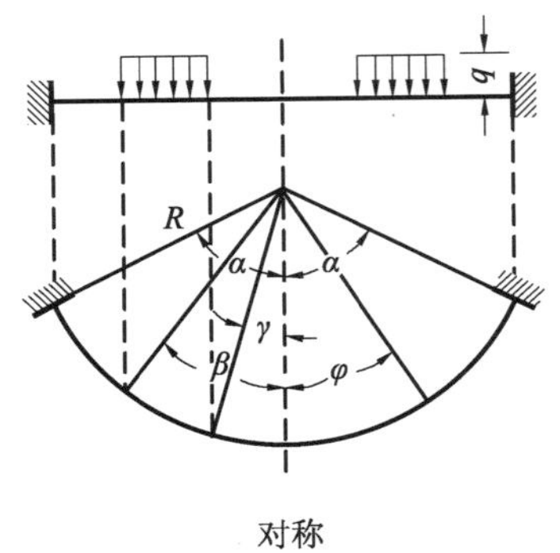

对称

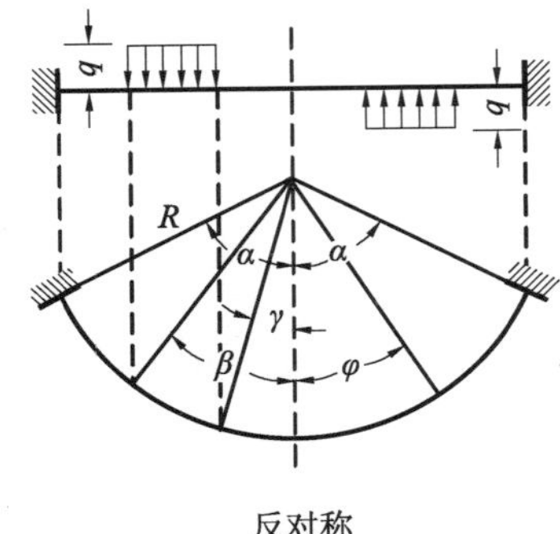

反对称

图 2.4-2

（1）当 $0<\varphi<\gamma$

对称：

$$M=M_0\cos\varphi;M_s=M_0\sin\varphi$$

反对称：

$$M=-M_{z0}\sin\varphi-V_0R\sin\varphi;M_s=(M_{z0}+V_0R)\cos\varphi-V_0R$$

（2）当 $\gamma<\varphi<\beta$

对称：

$$M=M_0\cos\varphi-qR^2[1-\cos(\varphi-\gamma)]$$
$$M_s=M_0\sin\varphi-qR^2[(\varphi-\gamma)-\sin(\varphi-\gamma)]$$

反对称：

$$M=-(M_{z0}+V_0R)\sin\varphi+qR^2[1-\cos(\varphi-\gamma)]$$
$$M_s=(M_{z0}+V_0R)\cos\varphi-V_0R+qR^2[(\varphi-\gamma)-\sin(\varphi-\gamma)]$$

（3）当 $\beta<\varphi<\alpha$

对称：

$$M=M_0\cos\varphi-2qR^2\sin\frac{\beta-\gamma}{2}\sin\left(\varphi-\frac{\beta+\gamma}{2}\right)$$

$$M_s=M_0\sin\varphi-qR^2\left[(\beta-\gamma)-2\sin\frac{\beta-\gamma}{2}\cos\left(\varphi-\frac{\beta+\gamma}{2}\right)\right]$$

反对称：

$$M=-(M_{z0}+V_0R)\sin\varphi+2qR^2\sin\frac{\beta-\gamma}{2}\sin\left(\varphi-\frac{\beta+\gamma}{2}\right)$$

$$M_s=(M_{z0}+V_0R)\cos\varphi-V_0R+qR^2\left[(\beta-\gamma)-2\sin\frac{\beta-\gamma}{2}\cos\left(\varphi-\frac{\beta+\gamma}{2}\right)\right]$$

以上各式中：

$$M_0=\frac{qR^2}{\Delta_1}[\lambda(K_1+K_2-K_3)+K_1-K_2]=K_XqR^2$$

$$M_{z0}=\frac{qR^2}{\Delta_2}\{[K_{10}(K_4+K_5-K_6)+K_7K_8-4K_8\sin\alpha]\lambda+K_{10}(K_4-K_5)+K_8K_9\}$$
$$=K_YqR^2$$

$$V_0=\frac{qR}{\Delta_2}\{[\sin\alpha(K_4+K_5-K_6)-K_7K_8]\lambda+\sin\alpha(K_4-K_5)-K_8K_9\}=K_ZqR$$

$$K_1=2[2(\sin\beta-\sin\gamma)+(\alpha-\beta)\cos\beta-(\alpha-\gamma)\cos\gamma]$$

$$K_2=2\cos\alpha[\sin(\alpha-\gamma)-\sin(\alpha-\beta)]$$

$$K_3=4(\beta-\gamma)\cos\alpha$$

$$K_4=2[(\alpha-\beta)\sin\beta-(\alpha-\gamma)\sin\gamma-2(\cos\beta-\cos\gamma)]$$

$$K_5=2\sin\alpha[\sin(\alpha-\gamma)-\sin(\alpha-\beta)]$$

$$K_6=4(\beta-\gamma)\sin\alpha$$

$$K_7=2\alpha+\sin2\alpha$$

$$K_8=(\beta-\gamma)\left(\frac{\beta+\gamma}{2}-\alpha\right)+\cos(\alpha-\beta)-\cos(\alpha-\gamma)$$

$$K_9=2\alpha-\sin2\alpha$$

$$K_{10}=\alpha-\sin\alpha$$

$$\Delta_1=2\alpha(\lambda+1)-(\lambda-1)\sin2\alpha$$

$$\Delta_2=\alpha[2\alpha(\lambda+1)+(\lambda-1)\sin2\alpha]-4\lambda\sin^2\alpha$$

为便于计算，几种常见情况的 K_X、K_Y 及 K_Z 值列于表 2.4-2。

K_X、K_Y、K_Z 值　　**表 2.4-2**

λ	$\alpha=90°$，$\beta=45°$，$\gamma=0°$			$\alpha=90°$，$\beta=90°$，$\gamma=0°$			$\alpha=90°$，$\beta=90°$，$\gamma=45°$		
	K_X	K_Y	K_Z	K_X	K_Y	K_Z	K_X	K_Y	K_Z
0.5	0.254	0.0553	0.479	0.273	0.0790	0.548	0.0194	0.0237	0.0688
1.0	0.254	0.0535	0.476	0.273	0.0760	0.543	0.0194	0.0225	0.0667
1.5	0.254	0.0520	0.473	0.273	0.0735	0.538	0.0194	0.0215	0.0649
2.0	0.254	0.0507	0.471	0.273	0.0713	0.534	0.0194	0.0206	0.0633
2.5	0.254	0.0496	0.469	0.273	0.0694	0.531	0.0194	0.0198	0.0619
3.5	0.254	0.0478	0.466	0.273	0.0663	0.526	0.0194	0.0185	0.0596
4.5	0.254	0.0463	0.463	0.273	0.0638	0.521	0.0194	0.0175	0.0578
5.5	0.254	0.0451	0.461	0.273	0.0617	0.518	0.0194	0.0166	0.0563
6.5	0.254	0.0441	0.459	0.273	0.0600	0.515	0.0194	0.0159	0.0551
7.5	0.254	0.0432	0.458	0.273	0.0586	0.512	0.0194	0.0153	0.0540
8.5	0.254	0.0425	0.457	0.273	0.0573	0.510	0.0194	0.0148	0.0532

注：当 $\alpha\neq90°$时，K_X 随 λ 值而变。

3. 对称及反对称集中荷载作用下任意截面的弯矩及扭矩

在对称及反对称集中荷载作用下（图 2.4-3），圆弧梁任意截面的弯矩（M）及扭矩（M_s）公式为：

（1）当 $0<\varphi<\beta$

对称：

$$M=M_0\cos\varphi;\qquad M_s=M_0\sin\varphi$$

反对称：

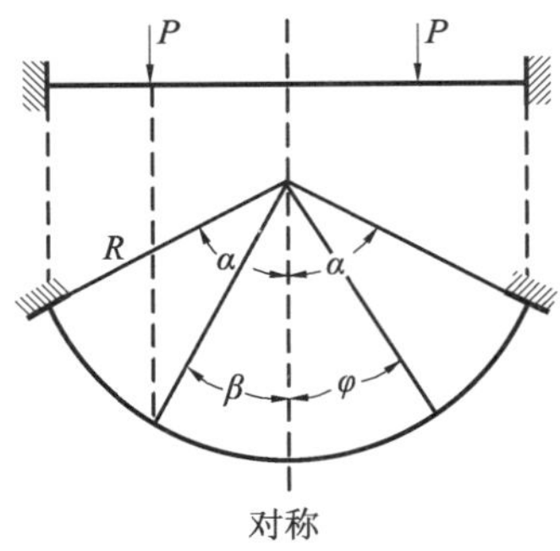

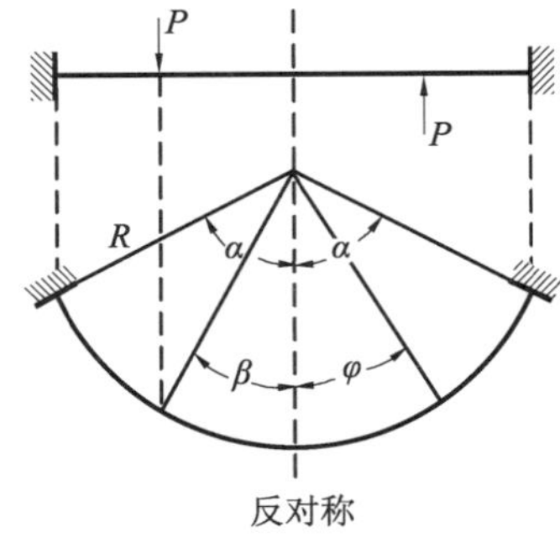

图 2.4-3

$$M=-M_{z0}\sin\varphi-V_0R\sin\varphi$$
$$M_s=(M_{z0}+V_0R)\cos\varphi-V_0R$$

（2）当 $\beta<\varphi<\alpha$

对称：

$$M=M_0\cos\varphi-PR\sin(\varphi-\beta)$$
$$M_s=M_0\sin\varphi-PR[1-\cos(\varphi-\beta)]$$

反对称：

$$M=-(M_{z0}+V_0R)\sin\varphi+PR\sin(\varphi-\beta)$$
$$M_s=(M_{z0}+V_0R)\cos\varphi-V_0R+PR[1-\cos(\varphi-\beta)]$$

以上各式中：

$$M_0=\frac{2(\lambda K_{11}+K_{12})}{\Delta_1}PR=K_XPR$$
$$M_{z0}=\frac{PR}{\Delta_2}[(K_{10}K_{13}-K_7K_{14}+4K_{14}\sin\alpha)\lambda-K_9K_{14}+K_{10}K_{15}]=K_YPR$$
$$V_0=\frac{P}{\Delta_2}[(K_{13}\sin\alpha+K_7K_{14})\lambda+K_{15}\sin\alpha+K_9K_{14}]=K_ZP$$
$$K_{11}=2(\cos\beta-\cos\alpha)-(\alpha-\beta)\sin\beta-\sin\alpha\sin(\alpha-\beta)$$
$$K_{12}=\sin\alpha\sin(\alpha-\beta)-(\alpha-\beta)\sin\beta$$
$$K_{13}=2[(\alpha-\beta)\cos\beta+\cos\alpha\sin(\alpha-\beta)-2(\sin\alpha-\sin\beta)]$$
$$K_{14}=(\alpha-\beta)-\sin(\alpha-\beta)$$
$$K_{15}=2[(\alpha-\beta)\cos\beta-\cos\alpha\sin(\alpha-\beta)]$$

为便于计算，几种常见情况的 K_X、K_Y 及 K_Z 值列于表 2.4-3。

K_X、K_Y、K_Z 值 **表 2.4-3**

α	β		$\lambda=\frac{EI}{GI_t}$										
			0.5	1.0	1.5	2.0	2.5	3.5	4.5	5.5	6.5	7.5	8.5
90°	0°	K_X❶	0.63662	0.63662	0.63662	0.63662	0.63662	0.63662	0.63662	0.63662	0.63662	0.63662	0.63662
		K_Y	0.00	0.00	0.00	0.00	0.00	0.00	0.00	0.00	0.00	0.00	0.00
		K_Z❶	1.00	1.00	1.00	1.00	1.00	1.00	1.00	1.00	1.00	1.00	1.00
	15°	K_X	0.39925	0.39925	0.39925	0.39925	0.39925	0.39925	0.39925	0.39925	0.39925	0.39925	0.39925
		K_Y	0.07191	0.07007	0.06851	0.06716	0.06598	0.06403	0.06248	0.06121	0.06016	0.05928	0.05852
		K_Z	0.7270	0.7238	0.7211	0.7187	0.7166	0.7132	0.7105	0.7083	0.7064	0.7049	0.7036

续表

α	β		$\lambda=\frac{EI}{GI_t}$										
			0.5	1.0	1.5	2.0	2.5	3.5	4.5	5.5	6.5	7.5	8.5
90°	30°	K_X	0.218	0.218	0.218	0.218	0.218	0.218	0.218	0.218	0.218	0.218	0.218
		K_Y	0.09084	0.08780	0.08521	0.08298	0.08103	0.07780	0.07523	0.07314	0.07140	0.06993	0.06868
		K_Z	0.4766	0.4712	0.4667	0.4628	0.4594	0.4537	0.4492	0.4455	0.4425	0.4399	0.4377
	45°	K_X	0.0966	0.0966	0.0966	0.0966	0.0966	0.0966	0.0966	0.0966	0.0966	0.0966	0.0966
		K_Y	0.07483	0.07164	0.06892	0.06657	0.06453	0.06113	0.05843	0.05623	0.05441	0.05287	0.05155
		K_Z	0.2683	0.2627	0.2579	0.2538	0.2502	0.2443	0.2395	0.2357	0.2325	0.2298	0.2275
	60°	K_X	0.02963	0.02963	0.02963	0.02963	0.02963	0.02963	0.02963	0.02963	0.02963	0.02963	0.02963
		K_Y	0.04283	0.04054	0.03860	0.03692	0.03545	0.03303	0.03110	0.02953	0.02822	0.02712	0.02618
		K_Z	0.1164	0.1124	0.1090	0.1060	0.1035	0.0992	0.0958	0.0931	0.0908	0.0889	0.0872
	75°	K_X	0.00378	0.00378	0.00378	0.00378	0.00378	0.00378	0.00378	0.00378	0.00378	0.00378	0.00378
		K_Y	0.01278	0.01194	0.01123	0.01061	0.01008	0.00919	0.00848	0.00790	0.00742	0.00702	0.00667
		K_Z	0.0276	0.0261	0.0249	0.0238	0.0229	0.0213	0.0201	0.0191	0.0182	0.0175	0.0169
60°	0°	K_X	0.48957	0.47746	0.46846	0.46150	0.45595	0.44767	0.44180	0.43740	0.43400	0.43128	0.42905
		K_Y	0.00	0.00	0.00	0.00	0.00	0.00	0.00	0.00	0.00	0.00	0.00
		K_Z	1.00	1.00	1.00	1.00	1.00	1.00	1.00	1.00	1.00	1.00	1.00
	10°	K_X	0.32967	0.31825	0.30976	0.30319	0.29796	0.29015	0.28460	0.28046	0.27725	0.27468	0.27258
		K_Y	0.03196	0.03157	0.03122	0.03088	0.03057	0.03000	0.02950	0.02905	0.02865	0.02829	0.02796
		K_Z	0.7413	0.7394	0.7377	0.7361	0.7346	0.7319	0.7295	0.7274	0.7255	0.7237	0.7222
	20°	K_X	0.20135	0.19186	0.18480	0.17935	0.17500	0.16851	0.16391	0.16046	0.15779	0.15566	0.15392
		K_Y	0.04072	0.04008	0.03948	0.03892	0.03840	0.03746	0.03662	0.03588	0.03521	0.03461	0.03406
		K_Z	0.5001	0.4971	0.4942	0.4915	0.4891	0.4845	0.4805	0.4770	0.4738	0.4709	0.4683
	30°	K_X	0.10621	0.09953	0.09455	0.09071	0.08765	0.08307	0.07983	0.07740	0.07552	0.07402	0.07279
		K_Y	0.03404	0.03336	0.03273	0.03214	0.03159	0.03058	0.02970	0.02891	0.02820	0.02756	0.02698
		K_Z	0.2930	0.2897	0.2867	0.2839	0.2812	0.2765	0.2722	0.2684	0.2651	0.2620	0.2592
	40°	K_X	0.04341	0.03979	0.03710	0.03502	0.03336	0.03089	0.02913	0.02782	0.02680	0.02599	0.02533
		K_Y	0.01989	0.01940	0.01894	0.01851	0.01811	0.01739	0.01675	0.01618	0.01566	0.01520	0.01478
		K_Z	0.1340	0.1316	0.1294	0.1274	0.1255	0.1220	0.1189	0.1162	0.1138	0.1115	0.1095
	50°	K_X	0.00975	0.00868	0.00788	0.00726	0.00667	0.00603	0.00551	0.00512	0.00482	0.00458	0.00438
		K_Y	0.00610	0.00592	0.00575	0.00559	0.00544	0.00517	0.00493	0.00472	0.00452	0.00435	0.00420
		K_Z	0.0341	0.0332	0.0324	0.0316	0.0309	0.0296	0.0284	0.0274	0.0265	0.0257	0.0249

❶ 当$\beta=0°$时：K_X及K_Z值对应$2P$作用于跨中时的值，如为P作用时应将P除以 2 的值作为P代入前面的公式。

4. 连续水平圆弧梁在均布荷载作用下的弯矩、剪力及扭矩

公式：因荷载及支点均对称，扭矩在支座及跨度中点均为零。

最大剪力$=\dfrac{R\pi q}{n}$

任意点弯矩$=\left(\dfrac{\pi}{n}\dfrac{\cos\varphi}{\sin\alpha}-1\right)qR^2$

跨度中点弯矩$=\left(\dfrac{\pi}{n}\dfrac{1}{\sin\alpha}-1\right)qR^2$

支座弯矩$=\left(\dfrac{\pi}{n}\cot\alpha-1\right)qR^2$

任意点扭矩$=\left(\dfrac{\pi}{n}\dfrac{\sin\varphi}{\sin\alpha}-\varphi\right)qR^2$

式中　n 表示支座数量。

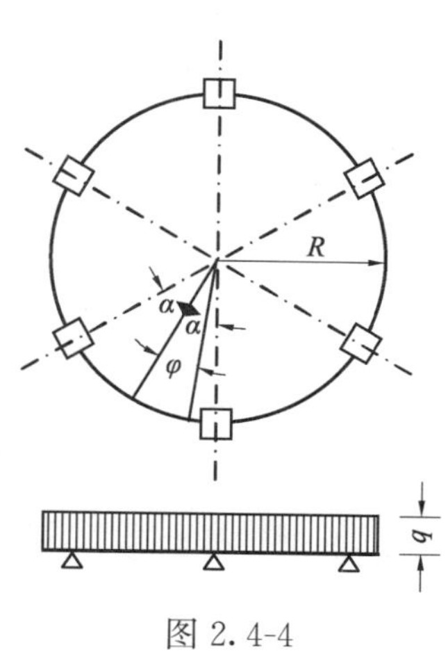

图 2.4-4

连续水平圆弧梁在均布荷载下弯矩、剪力及扭矩 **表 2.4-4**

圆弧梁支座数	最大剪力	弯矩		最大扭矩	支座轴线与最大扭矩截面间的中心角
		在二支座间的跨中	支　座　上		
4	$R\pi q/4$	$0.03524\pi qR^2$	$-0.06381\pi qR^2$	$0.01055\pi qR^2$	19°12′
6	$R\pi q/6$	$0.01502\pi qR^2$	$-0.02964\pi qR^2$	$0.00302\pi qR^2$	12°44′
8	$R\pi q/8$	$0.00833\pi qR^2$	$-0.01653\pi qR^2$	$0.00126\pi qR^2$	9°32′
12	$R\pi q/12$	$0.00366\pi qR^2$	$-0.00731\pi qR^2$	$0.00037\pi qR^2$	6°21′

2.4.3　简支吊车梁的内力计算公式及系数

1. 内力计算公式

跨内最大弯矩：$M_{max}=KPl$；

支座最大剪力：$V_{max}=K_0P$；

最不利截面的位置与支座的距离为βl。

式中，P为吊车轮压值；l为计算跨度；K、β及K_0为按不同的适用条件由表 2.4-5 及表 2.4-6 相应的公式计算给出，对工程上常用的梁跨度及吊车规格可由表 2.4-7 直接查得。

K、β及K_0的计算公式（一般情况，即$\alpha\geqslant\gamma$） **表 2.4-5**

	单台吊车		相同的两台吊车			
简图	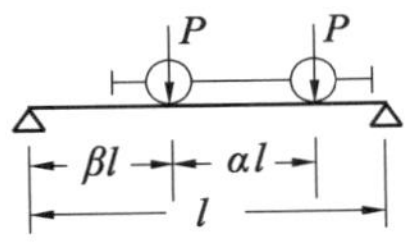	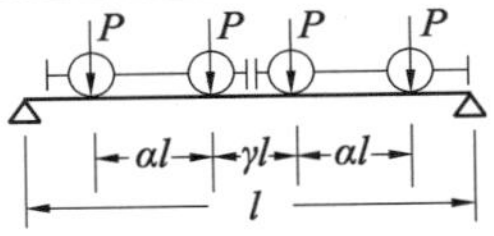	令：$A=0.634-1.366\alpha$；$B=2.449-4.449\alpha$			
适用条件	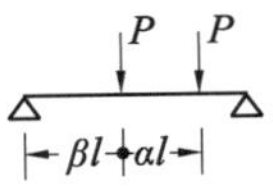 $\alpha\leqslant0.586$	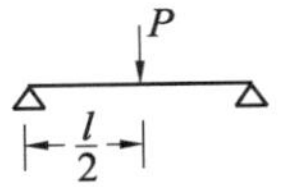 $\alpha\geqslant0.586$	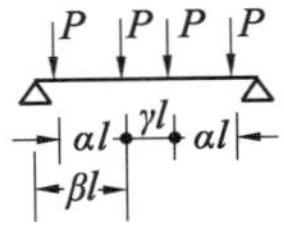 $\gamma\leqslant A$	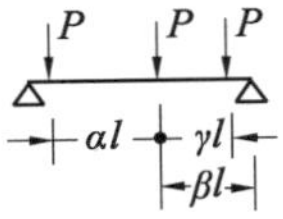 $A\leqslant\gamma\leqslant B$	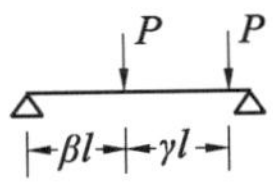 $B\leqslant\gamma\leqslant0.586$	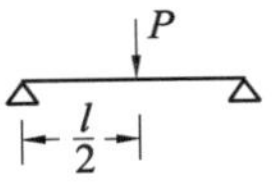 $\gamma\geqslant0.586$
β	$(2-\alpha)/4$	0.5	$(2-\gamma)/4$	$(3-\alpha+\gamma)/6$	$(2-\gamma)/4$	0.5
K	$2\beta^2$	0.25	$4\beta^2-\alpha$	$3\beta^2-\gamma$	$2\beta^2$	0.25
简图	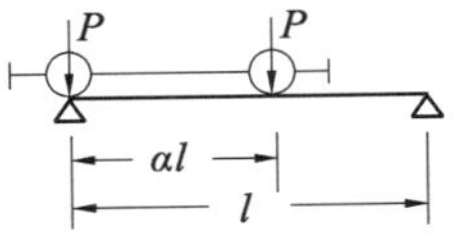		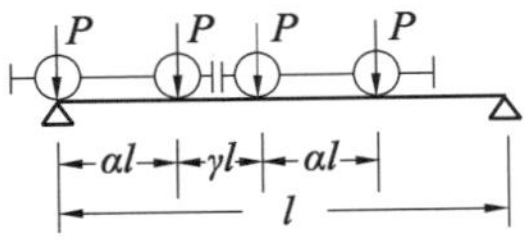			
适用条件	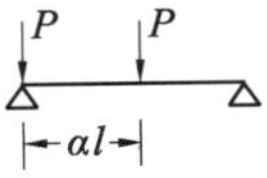 $\alpha\leqslant1$	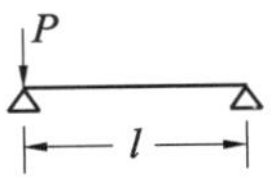 $\alpha\geqslant1$	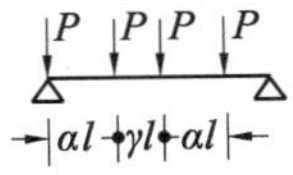 $\alpha\leqslant0.333$	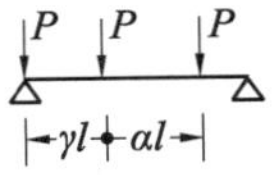 $0.333\leqslant\alpha\leqslant1-\gamma$	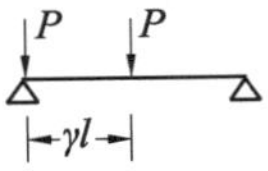 $1-\alpha\leqslant\gamma\leqslant1$	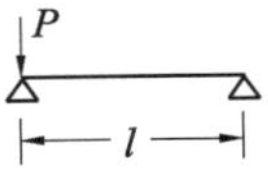 $\gamma\geqslant1$
K_0	$2-\alpha$	1	$4-4\alpha-2\gamma$	$3-\alpha-2\gamma$	$2-\gamma$	1

K、β 及 K_0 的计算公式（特殊情况，即 $\alpha<\gamma$）　　**表 2.4-6**

简图	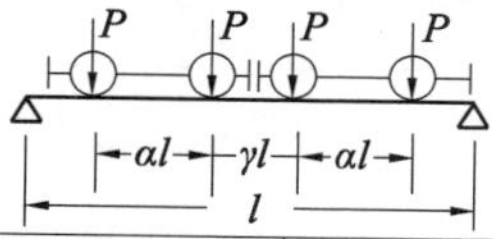 令：$A=0.634-1.366\alpha$；$C=0.551-0.225\alpha$			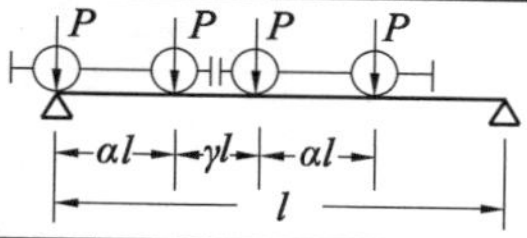		
适用条件	$\gamma\leqslant A$	$A\leqslant\gamma\leqslant C$	$\gamma\geqslant C$	$\alpha\leqslant\frac{1}{2}(1-\gamma)$	$\frac{1-\gamma}{2}\leqslant\alpha\leqslant1-\gamma$	$\alpha\geqslant1-\gamma$
β	$\frac{1}{4}(2-\gamma)$	$\frac{1}{6}(3-\alpha+\gamma)$	按单台计算	—	—	—
K	$4\beta^2-\alpha$	$3\beta^2-\gamma$		—	—	—
K_0	—	—	—	$4-4\alpha-2\gamma$	$3-2\alpha-\gamma$	按单台计算

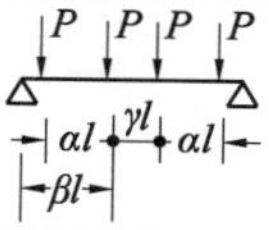

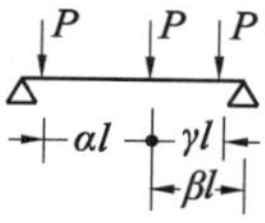

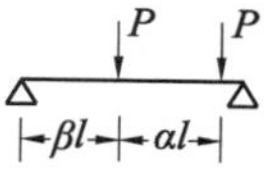

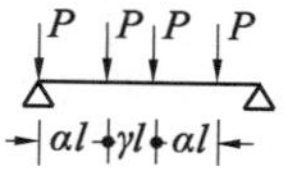

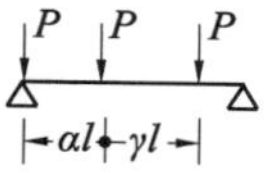

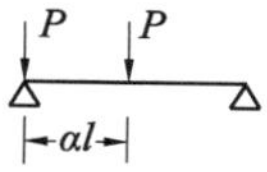

2. 内力计算系数表

内力计算系数　　**表 2.4-7**

（1）单台吊车情况下最大弯矩系数及最大剪力系数表

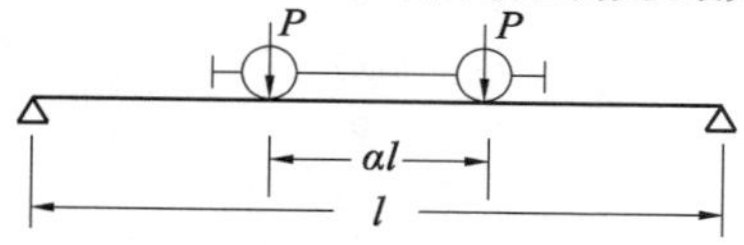

跨内最大弯矩：$M_{max}=KPl$

支座最大剪力：$V_{max}=K_0P$

最不利截面位置与支座的距离为 βl

单台吊车下最大弯矩系数及最大剪力系数

α	0.10	0.20	0.30	0.40	0.50	0.60	0.70	0.80	0.90
β	0.475	0.450	0.425	0.400	0.375	0.500	0.500	0.500	0.500
K	0.4512	0.4050	0.3612	0.3200	0.2812	0.2500	0.2500	0.2500	0.2500
K_0	1.90	1.80	1.70	1.60	1.50	1.40	1.30	1.20	1.10

（2）相同的两台吊车情况下最大弯矩系数及最大剪力系数表

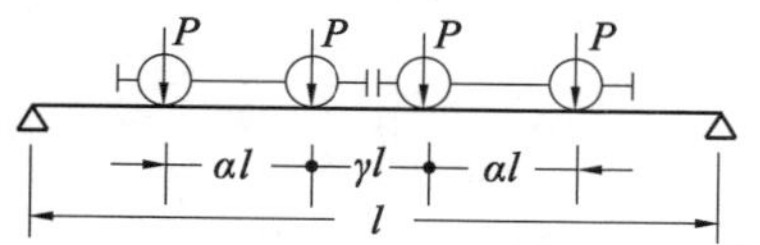

跨内最大弯矩：$M_{max}=KPl$

支座最大剪力：$V_{max}=K_0P$

最不利截面位置与支座的距离为 βl

注：1. 表中在粗横线上下的两数值间不宜采用插入法；

2. 表中 K_0 值在 $\alpha=0.3$ 与 $\alpha=0.4$ 间不宜采用插入法。

两台相同吊车下最大弯矩系数及最大剪力系数

α	γ	β	K	K_0	α	γ	β	K	K_0
0.10	0.02	0.4950	0.8801	3.56	0.30	0.06	0.4850	0.6409	2.68
	0.03	0.4925	0.8702	3.54		0.10	0.4750	0.6025	2.60
	0.05	0.4875	0.8506	3.50		0.15	0.4625	0.5556	2.50
	0.07	0.4825	0.8312	3.46		0.20	0.4500	0.5100	2.40
	0.10	0.4750	0.8025	3.40		0.30	0.5000	0.4500	2.20
0.20	0.04	0.4900	0.7604	3.12	0.40	0.08	0.4800	0.5216	2.44
	0.06	0.4850	0.7409	3.08		0.12	0.4533	0.4964	2.36
	0.10	0.4750	0.7025	3.00		0.20	0.4667	0.4634	2.20
	0.15	0.4625	0.6556	2.90		0.30	0.4833	0.4008	2.00
	0.20	0.4500	0.6100	2.80		0.40	0.5000	0.3500	1.80

续表

α	γ	β	K	K_0
0.50	0.10	0.4333	0.4631	2.30
	0.20	0.4500	0.4075	2.10
	0.30	0.4250	0.3612	1.90
	0.40	0.4000	0.3200	1.70
	0.50	0.3750	0.2812	1.50
0.60	0.12	0.4700	0.4418	2.16
	0.20	0.4500	0.4050	2.00
	0.30	0.4250	0.3612	1.80
	0.40	0.4000	0.3200	1.60
	0.60	0.5000	0.2500	1.40
0.70	0.14	0.4650	0.4324	2.02
	0.20	0.4500	0.4324	1.90
	0.30	0.4250	0.3612	1.70
	0.50	0.3750	0.2812	1.50
	0.70	0.5000	0.2500	1.30
0.80	0.16	0.4600	0.4232	1.88
	0.25	0.4375	0.3828	1.75
	0.40	0.4000	0.3200	1.60
	0.60	0.5000	0.2500	1.40
	0.80	0.5000	0.2500	1.20
0.90	0.18	0.4550	0.4140	1.82
	0.30	0.4250	0.3612	1.70
	0.50	0.3750	0.2812	1.50
	0.70	0.5000	0.2500	1.30
	0.90	0.5000	0.2500	1.10

【例题 2-2】 已知一 9m 跨度的吊车梁承受两台 10t（重力荷载为 100kN）桥式吊车的作用（图 2.4-5）。求算该梁跨内最大弯矩及支座剪力。

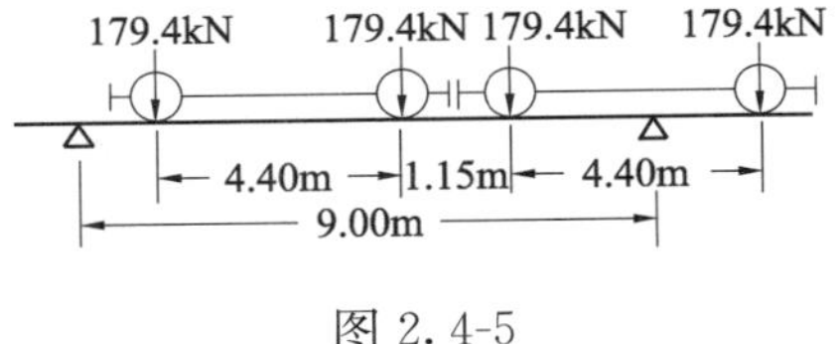

图 2.4-5

【解】 （1）用公式计算

1）跨内最大弯矩

$$\alpha=\frac{4.40}{9.00}=0.489$$

$$\gamma=\frac{1.15}{9.00}=0.128$$

即 $\alpha>\gamma$，由表 2.4-5，

$$A=0.634-1.366\alpha=0.634-1.366\times0.489=-0.034$$

$$B=2.449-4.449\alpha=2.449-4.449\times0.489=0.27$$

即 $A<\gamma<B$，可知上述参数满足表 2.4-5 中梁上有三个轮压的情况，所以

$$\beta=\frac{1}{6}(3-\alpha+\gamma)=\frac{1}{6}(3-0.489+0.128)=0.440$$

$$K=3\beta^2-\gamma=3\times0.440^2-0.128=0.453$$

跨内最大弯矩 $M_{max}=KPl=0.453\times179.4\times9.00=731.4\text{kN}\cdot\text{m}$

最不利截面位置与支座的距离 $\beta l=0.440\times9.00=3.96\text{m}$。

2）支座最大剪力

$$\alpha=0.489,1-\gamma=1-0.128=0.872$$

即 $0.333<\alpha<1-\gamma$，可知上述参数满足表 2.4-5 中梁上有三个轮压的情况，所以

$$K_0=3-\alpha-2\gamma=3-0.489-2\times0.128=2.255$$

支座最大剪力 $V_{max}=K_0P=2.255\times179.4=404.5\text{kN}$。

（2）查表计算

算出 $\alpha=0.489$ 及 $\gamma=0.128$ 后，由表 2.4-7 用插入法查得

$$\beta=0.4398, K=0.4524, K_0=2.255$$

这些数值与用公式算出的相同或很接近。

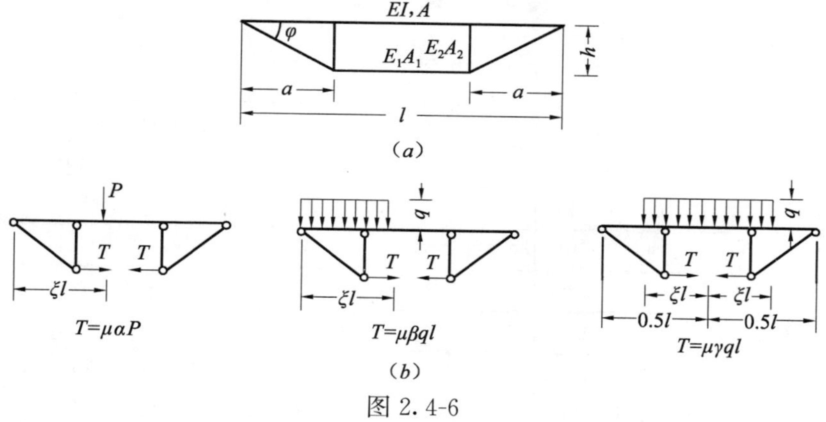

图 2.4-6

2.4.4　下撑式组合梁的内力系数

$$\mu=\frac{l}{1200\left(\frac{a}{l}\right)^2K_1K_3+1200\left(\frac{h}{l}\right)^2K_2+600\frac{a}{l}\left(1-\frac{4a}{3l}\right)h+600\frac{a}{l}\left(1-\frac{2a}{l}\right)K_1+600\frac{a}{l}K_4}$$

当 $a=\frac{l}{3}$：　$\mu=\frac{l}{133K_1K_3+1200\left(\frac{h}{l}\right)^2K_2+111h+67K_1+200K_4}$

$a=\frac{l}{4}$：　$\mu=\frac{l}{75K_1K_3+1200\left(\frac{h}{l}\right)^2K_2+100h+75K_1+150K_4}$

$a=\frac{l}{5}$：　$\mu=\frac{l}{48K_1K_3+1200\left(\frac{h}{l}\right)^2K_2+88h+72K_1+120K_4}$

$a=\frac{l}{6}$：　$\mu=\frac{l}{33K_1K_3+1200\left(\frac{h}{l}\right)^2K_2+78h+67K_1+100K_4}$

式中　$K_1=\frac{EI}{E_1A_1h}$；$K_2=\frac{EI}{E_2A_2a}$；$K_3=\frac{1}{\cos^3\varphi}$；$K_4=\frac{I}{Ah}$

当 $\xi l\leqslant a$：　$\alpha=100\xi\left[\frac{3a}{l}\left(1-\frac{a}{l}\right)-\xi^2\right]$

当 $l-a\geqslant\xi l\geqslant a$：　$\alpha=100\frac{a}{l}\left[3\xi(1-\xi)-\left(\frac{a}{l}\right)^2\right]$

当 $\xi l\leqslant a$：　$\beta=25\left[\frac{6a}{l}\left(1-\frac{a}{l}\right)\xi^2-\xi^4\right]$

当 $l-a\geqslant\xi l\geqslant a$：　$\beta=25\frac{a}{l}\left[2\xi^2(3-2\xi)-\left(\frac{a}{l}\right)^2\left(4\xi-\frac{a}{l}\right)\right]$

当 $\xi l\leqslant\frac{l}{2}-a$：　$\gamma=50\frac{a}{l}\xi\left[3-4\left(\frac{a}{l}\right)^2-4\xi^2\right]$

当 $\xi l \geqslant \frac{l}{2}-a$：$\gamma=50\left\{\frac{a}{l}\left[1-\left(2-\frac{a}{l}\right)\left(\frac{a}{l}\right)^{2}\right]+\left(\frac{1}{2}-\xi\right)^{2}\left[\left(\frac{1}{2}-\xi\right)^{2}-\frac{6a}{l}\left(1-\frac{a}{l}\right)\right]\right\}$

下撑式组合梁的内力系数表 **表 2.4-8**

a	$l/3$			$l/4$			$l/5$			$l/6$		
ξ	α	β	γ	α	β	γ	α	β	γ	α	β	γ
0.05	3.32	0.083	2.121	2.80	0.070	1.712	2.39	0.060	1.415	2.07	0.052	1.200
0.10	6.57	0.331	4.193	5.53	0.279	3.388	4.70	0.238	2.800	4.07	0.206	2.374
0.15	9.66	0.737	6.164	8.10	0.620	4.988	6.86	0.527	4.125	5.91	0.456	3.499
1/6	10.65	0.907	6.790	8.91	0.762	5.498	7.54	0.647	4.548	6.48	0.559	3.858
0.20	12.53	1.293	7.985	10.45	1.085	6.475	8.80	0.920	5.360	7.54	0.793	4.548
0.25	15.10	1.986	9.609	12.50	1.660	7.812	10.45	1.402	6.475	8.91	1.206	5.498
0.30	17.30	2.798	10.994	14.19	2.329	8.963	11.80	1.960	7.440	10.04	1.680	6.322
1/3	18.52	3.395	11.767	15.10	2.818	9.609	12.53	2.366	7.985	10.65	2.025	6.790
0.35	19.05	3.708	12.106	15.50	3.073	9.892	12.85	2.578	8.225	10.91	2.205	6.997
0.40	20.30	4.694	12.919	16.44	3.873	10.575	13.60	3.240	8.805	11.54	2.767	7.497
0.45	21.05	5.729	13.414	17.00	4.710	10.992	14.05	3.932	9.160	11.91	3.355	7.805
0.50	21.30	6.790	13.580	17.19	5.566	11.133	14.20	4.640	9.280	12.04	3.954	7.909

例如，下撑式组合梁的高度 $h=l/5$、长度 $a=l/3$、集中力 P 作用于中点 $\xi=0.5$ 时，查表 2.4-8 得内力系数 $\alpha=21.30$，则内力

$$T=21.30\mu P$$

其中内力系数由公式得

$$\mu=\frac{l}{133K_1K_3+48K_2+111h+66.7K_1+200K_4}$$

$$K_1=\frac{5EI}{E_1A_1l};\quad K_2=\frac{3EI}{E_2A_2l};\quad K_3=\frac{34\sqrt{34}}{125};\quad K_4=\frac{5I}{Al}$$

参考文献

[2.1]《建筑结构静力计算手册》编写组．建筑结构静力计算手册（第二版）．北京：中国建筑工业出版社，1998

[2.2] 孙训方，方孝淑，关来泰编．材料力学（第三版）．北京：高等教育出版社，1994

第3章　连　续　梁

3.1　概　　述

本章首先介绍用于连续梁计算的两种方法：一是弯矩分配法，它可计算等截面或变截面连续梁的内力；另一种是三弯矩方程式求解，它适用于计算跨度内截面保持不变、但各跨截面可以是不同情况下连续梁的内力。为便于计算，在第3.4节以后，本章列出了一些计算图表，可直接查得等截面连续梁的内力。最后，针对能简化为连续梁计算的二层地下室侧墙板，给出了不同层高比、不同墙厚比情况下的内力计算用表。

计算连续梁的最大弯矩和最大剪力时，应考虑活荷载在梁上最不利的布置，表3.1-1是以五跨梁为例来说明活荷载的布置方法。

考虑活荷载在梁上不利的布置方法　　**表3.1-1**

活荷载布置图	最大值	
	弯矩	剪力
A　B　C　D　E　F 1　2　3　4　5		
	M_1、M_3、M_5	V_A、V_F
	M_2、M_4	
	M_B	$V_{B左}$、$V_{B右}$
	M_C	$V_{C左}$、$V_{C右}$
	M_D	$V_{D左}$、$V_{D右}$
	M_E	$V_{E左}$、$V_{E右}$

由表3.1-1可以看出：求算某跨的最大正弯矩时，该跨应布满活荷载，其余每隔一跨布满活荷载；求算某支座的最大负弯矩及支座剪力时，该支座相邻两跨应布满活荷载，其余每隔一跨布满活荷载。

3.2　弯矩分配法

3.2.1　一般弯矩分配法

1. 计算步骤

(1) 首先锁住各节点，使梁在荷载作用下支座处不产生旋转。因此，各跨的梁均可视为单跨固端梁，按第 2 章表 2.2-4（变截面梁按本章后面的表 3.2-2 及表 3.2-3）求得每跨梁在荷载作用下的固端弯矩（弯矩的正负号以作用于梁端的弯矩沿顺时针方向者为正）。

（2）这时，相邻梁端的固端弯矩往往是不能互相平衡的。当放松该节点时，不平衡弯矩将使节点产生旋转，于是，相应地在汇合于该节点的各杆杆端产生反方向的平衡弯矩（即分配弯矩），使节点保持平衡。某一杆端的平衡弯矩（分配弯矩）等于该节点的不平衡弯矩$\overline{M}_A$（见图 3.2-1）乘该杆的分配系数 μ，其正负号与不平衡弯矩相反。

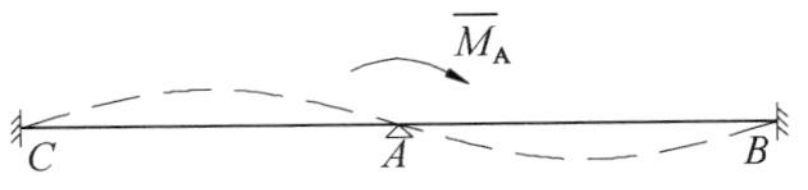

图 3.2-1

放松节点是逐个进行的，首先从不平衡弯矩较大的一个节点开始。

（3）当放松一个节点时，梁的另一端还是锁住的，故梁放松端的分配弯矩，将在另一端引起一个正负号相同的传递弯矩，其值等于分配弯矩乘传递系数 C。

（4）这些传递过去的弯矩，将引起另一端原来已经平衡的节点产生新的不平衡，需要再进行分配平衡。这样逐个节点进行，直到分配弯矩小至可不必传递为止。

（5）最后，将每个梁端所有的固端弯矩、分配弯矩和传递弯矩相加，所得的代数和即为所求的支座弯矩。

2. 分配系数及传递系数

（1）分配系数 μ　　在图 3.2-1 中，梁 AB 和 AC 交于 A 点，B 及 C 端为固定的，当在 A 点作用有不平衡弯矩$\overline{M}_A$ 时，则各梁在 A 端的分配弯矩可按下面的比例进行分配。

对于等截面梁：

$$\mu_{AB}=\frac{i_{AB}}{i_{AB}+i_{AC}},\ \mu_{AC}=\frac{i_{AC}}{i_{AB}+i_{AC}} \tag{3.2-1}$$

式中　$i=4EI/l$——等截面梁的抗弯线刚度。

对于变截面梁，

$$\mu_{AB}=\frac{S_{AB}}{S_{AB}+S_{AC}},\quad \mu_{AC}=\frac{S_{AC}}{S_{AB}+S_{AC}} \tag{3.2-2}$$

式中　S——变截面梁的抗弯线刚度，其值可由下面表 3.2-2 及表 3.2-3 求得。

在一计算简图中，既有等截面梁又有变截面梁时，分配系数仍可参照公式（3.2-1）或公式（3.2-2）进行计算。只要在等截面梁跨用 i，在变截面梁跨用 S 代入公式中即可。

当连续梁各跨的弹性模量 E 相同时，计算分配系数 μ 可以将 E 消去。此时对于等截面梁可采用 $i=4I/l$；对于变截面梁，表 3.2-2 及表 3.2-3 表末的注可改为 $i_0=I_0/l$。

当连续梁各跨均为等截面梁且弹性模量 E 均相同时，可进一步采用 $i=I/l$。

（2）传递系数 C　　对于等截面梁，传递系数 $C=0.5$；对于变截面梁，C 值可由表 3.2-2 及表 3.2-3 查得。

3. 简化计算处理

（1）对于端节点为简支的端跨以及结构形状对称且荷载对称或反对称的奇数跨的中跨，不平衡弯矩只需按表 3.2-1 中修正后的刚度 i'或 S'进行分配，而无须在该跨中传递。此时，对于端节点为简支的端跨，应按一端简支另一端固定梁求算固端弯矩。当端跨为变截面时，由于表 3.2-2 和表 3.2-3 仅有两端固定梁的固端弯矩，所以须将端支点先锁住，从端支点向中间传递一次。

修正后的 i' 及 S'　　　　**表 3.2-1**

梁　的　简　图	等　截　面	变　截　面
	$i'_{AC}=0.75i_{AC}$	$S'_{AC}=S_{AC}\ (1-C_{AC}C_{CA})$
	$i'_{BC}=0.5i_{BC}$	$S'_{BC}=S_{BC}\ (1-C_{BC})$
	$i'_{BC}=1.5i_{BC}$	$S'_{BC}=S_{BC}\ (1+C_{BC})$

（2）结构形状及荷载均对称的偶数跨连续梁，只要取对称中心线一边的半个结构进行计算，但中间节点应改为固定端（图 3.2-2）。

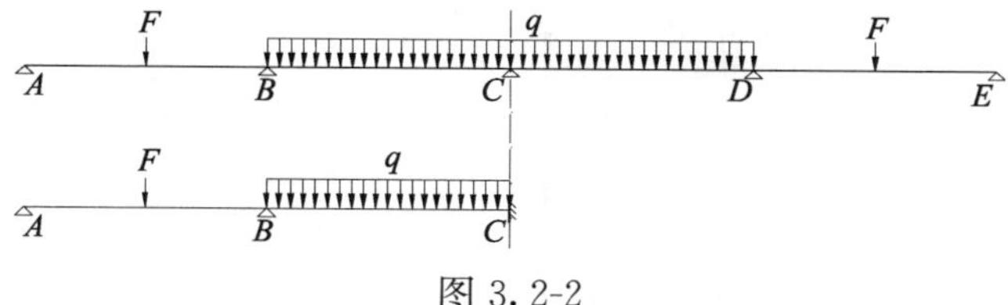

图 3.2-2

（3）结构形状对称而荷载是反对称的偶数跨连续梁，可取对称中心线一边的半个结构进行计算，中间节点视为简支（图 3.2-3）。

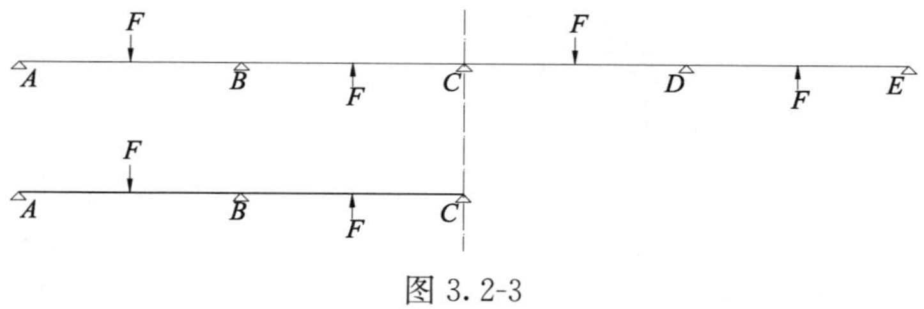

图 3.2-3

【例题 3-1】　已知各跨弹性模量 E 均相同的一等截面连续梁（图 3.2-4），求算其弯矩及剪力。

【解】　在图 3.2-4 中：

剪力修正，指的是由梁跨两端支座弯矩引起的剪力修正，在第一跨中该剪力修正为

$$-\frac{-283.2+232.3}{8.0}=6.4\text{kN}$$

剪力零点距离，指的是梁跨内剪力零点（跨内最大弯矩点）离开左支座的距离。

跨内最大弯矩可根据脱离体的平衡条件计算，将梁跨沿左支座与剪力零点处断开形成脱离体，在第一跨中左支座的剪力为 196.4kN，左支座的弯矩为－283.2kN·m，剪力零点距离为 4.16m，根据平衡条件可得图中跨内最大弯矩的计算公式。

【例题 3-2】　已知各跨弹性模量 E 均相同的一变截面连续梁（图 3.2-5）。求算其支座弯矩。

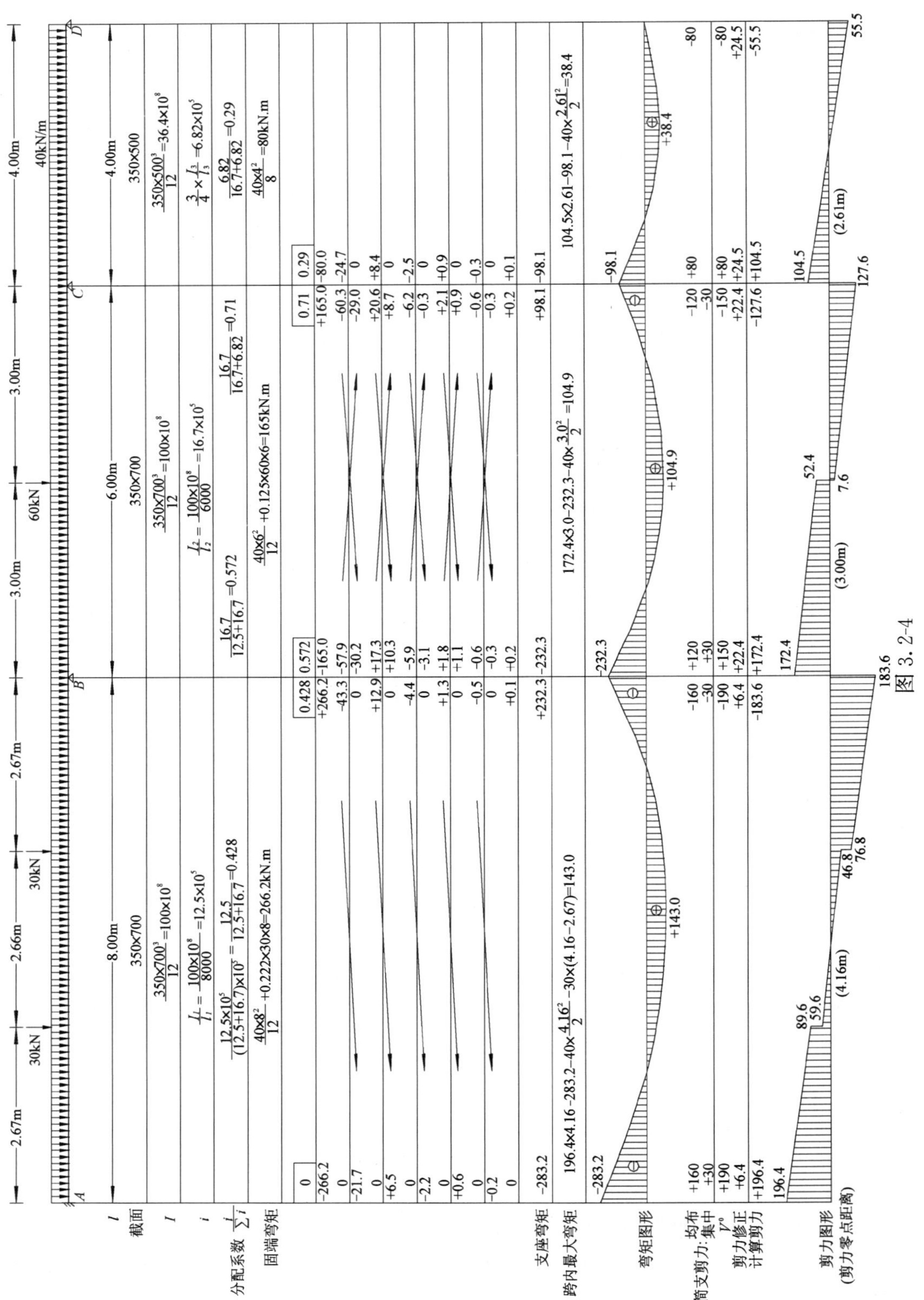

l
截面
I
i
分配系数 $\frac{i}{\sum i}$
固端弯矩
支座弯矩
跨内最大弯矩
弯矩图形
简支剪力: 均布 集中 V^0
剪力修正
计算剪力
剪力图形 (剪力零点距离)
30kN
30kN
60kN
40kN/m
2.67m
2.66m
2.67m
3.00m
3.00m
4.00m
8.00m
6.00m
4.00m
350×700
350×700
350×500
A
B
C
D

图 3.2-4

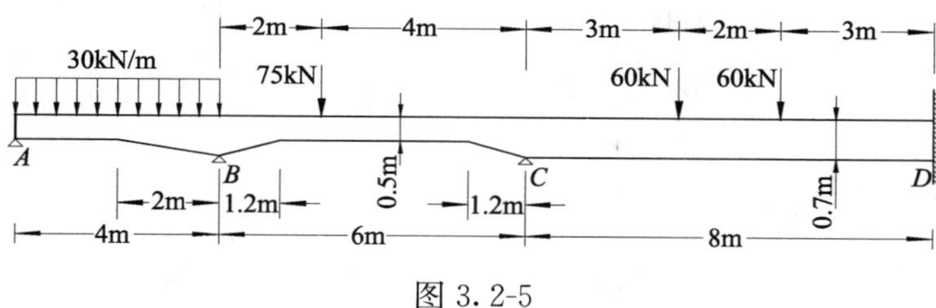

图 3.2-5

【解】(1) 形常数及固端弯矩

$$I_{0(AB)}=I_{0(BC)}=I_0; \qquad I_{(CD)}=\left(\frac{0.7}{0.5}\right)^3 I_0=2.744I_0$$

$$i_{0(AB)}=\frac{I_{0(AB)}}{l_{(AB)}}=\frac{I_0}{4}=0.25I_0; \qquad i_{0(BC)}=\frac{I_0}{6}=0.167I_0$$

$$S_{CD}=i_{(CD)}=\frac{4\times 2.744I_0}{8}=1.372I_0$$

AB 跨　　$\alpha=\dfrac{2.0}{4.0}=0.5 \qquad \gamma=\dfrac{0.2}{0.5}=0.4$

由表 3.2-3 查得

$$C_{AB}=0.697 \qquad C_{BA}=0.434$$

$$\frac{S_{AB}}{i_{0(AB)}}=4.43 \qquad \frac{S_{BA}}{i_{0(AB)}}=7.12$$

$$m_A=0.0718, \qquad m_B=0.1079$$

$$S_{AB}=4.43\times 0.25I_0=1.108I_0$$

所以

$$S_{BA}=7.12\times 0.25I_0=1.78I_0$$

$$\overline{M}_{AB}=-0.0718\times 30\times 4^2=-34.5\text{kN}\cdot\text{m}$$

$$\overline{M}_{BA}=0.1079\times 30\times 4^2=51.8\text{kN}\cdot\text{m}$$

由于梁 AB 的 A 端是简支的，故该梁 B 端修正后的抗弯线刚度为

$$S'_{BA}=S_{BA}(1-C_{AB}C_{BA})=1.78I_0(1-0.697\times 0.434)=1.242I_0$$

BC 跨　　$\alpha=\dfrac{1.2}{6}=0.2, \quad \gamma=\dfrac{0.2}{0.5}=0.4, \quad \lambda=\dfrac{2}{6}=0.33$

由表 3.2-2 查得

$$C_{BC}=C_{CB}=0.588; \quad \frac{S_{BC}}{i_{0(BC)}}=\frac{S_{CB}}{i_{0(BC)}}=5.75$$

$$m_B=0.168, \quad m_C=0.0750$$

所以

$$S_{BC}=S_{CB}=5.75\times 0.167I_0=0.960I_0$$

$$\overline{M}_{BC}=-0.168\times 75\times 6=-75.6\text{kN}\cdot\text{m}$$

$$\overline{M}_{CB}=0.075\times 75\times 6=33.8\text{kN}\cdot\text{m}$$

CD 跨

$$S_{CD}=S_{DC}=i_{(CD)}=1.372I_0$$

$$\overline{M}_{CD}=-60\times 3\left(1-\frac{3}{8}\right)=-112.5\text{kN}\cdot\text{m}$$

$$\overline{M}_{DC}=112.5\text{kN}\cdot\text{m}$$

（2）分配系数

$$\mu_{BA}=\frac{S'_{BA}}{\Sigma S'}=\frac{1.242I_0}{(1.242+0.960)I_0}=0.564;\mu_{BC}=\frac{S_{BC}}{\Sigma S'}=\frac{0.960I_0}{(1.242+0.960)I_0}=0.436$$

$$\mu_{CB}=\frac{S_{CB}}{\Sigma S'}=\frac{0.960I_0}{(0.960+1.372)I_0}=0.412;\mu_{CD}=\frac{S_{CD}}{\Sigma S'}=\frac{1.372I_0}{(0.960+1.372)I_0}=0.588$$

具体计算过程如图 3.2-6，双线下的数，即为所求的支座弯矩。

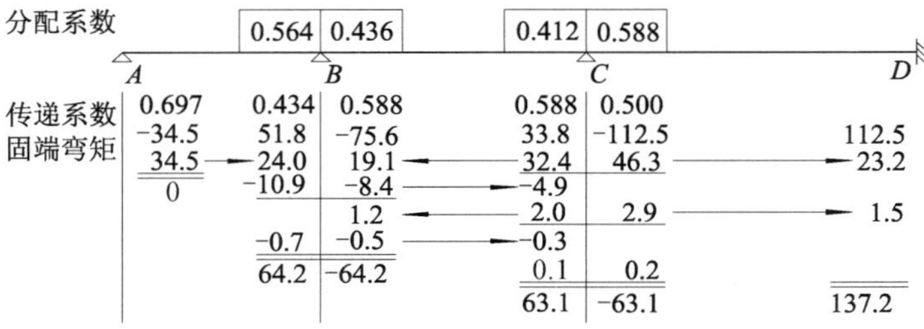

图 3.2-6

在表 3.2-3 中仅有两端固定梁的固端弯矩，所以须先将 A 端也锁住并从 A 端分配传递一次。经过这次分配传递后，即可得到 A 端简支、B 端固定时的固端弯矩。

$$\overline{M}_{BA}=51.8+24.0=75.8\text{kN}\cdot\text{m}$$

此后，即可按端节点为简支的简化计算步骤进行运算。

3.2.2 矩形截面直线加腋梁的形常数及载常数

1. 对称直线加腋梁的形常数及载常数

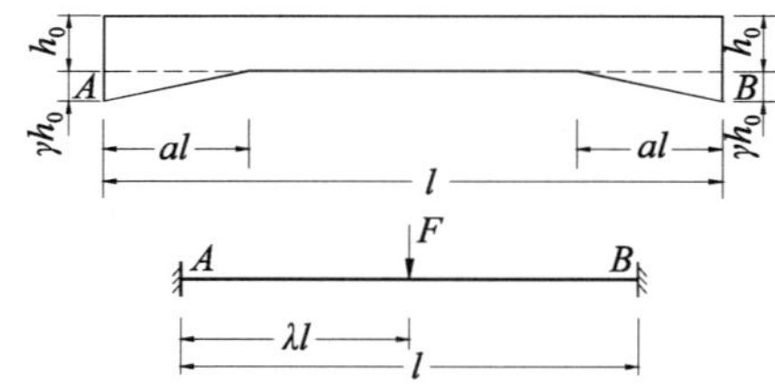

均布荷载作用时，$M_A=-M_B=-mql^2$

集中荷载作用时，$M_A=-m_AFl$

$M_B=m_BFl$

表 3.2-2

			α \ γ	0.0	0.4	0.6	1.0	1.5	2.0
形常数	传递系数	$C_{AB}=C_{BA}$	0.1	0.500	0.552	0.567	0.588	0.603	0.613
			0.2	0.500	0.588	0.618	0.659	0.691	0.711
			0.3	0.500	0.608	0.647	0.705	0.753	0.785
			0.4	0.500	0.610	0.653	0.720	0.779	0.820
			0.5	0.500	0.595	0.633	0.692	0.748	0.789
	刚度系数	$\frac{S_{AB}}{i_0}=\frac{S_{BA}}{i_0}$	0.1	4.00	4.83	5.12	5.54	5.89	6.11
			0.2	4.00	5.75	6.51	7.81	9.08	10.05
			0.3	4.00	6.65	8.04	10.85	14.27	17.42
			0.4	4.00	7.44	9.50	14.26	21.31	29.36
			0.5	4.00	8.07	10.72	17.34	28.32	42.61

续表

				γ / α	0.0	0.4	0.6	1.0	1.5	2.0
载常数（固端弯矩系数）	均布荷载	$m_A=m_B=m$		0.1	0.0833	0.0889	0.0905	0.0925	0.0941	0.0950
				0.2	0.0833	0.0926	0.0954	0.0993	0.1021	0.1039
				0.3	0.0833	0.0945	0.0982	0.1034	0.1074	0.1099
				0.4	0.0833	0.0947	0.0987	0.1046	0.1094	0.1126
				0.5	0.0833	0.0933	0.0969	0.1023	0.1070	0.1103
	集中荷载	$\lambda=0.1$	m_A	0.1	0.0810	0.0884	0.0906	0.0936	0.0957	0.0969
				0.2	0.0810	0.0885	0.0908	0.0939	0.0962	0.0974
				0.3	0.0810	0.0875	0.0897	0.0924	0.0945	0.0962
				0.4	0.0810	0.0862	0.0880	0.0905	0.0925	0.0939
				0.5	0.0810	0.0852	0.0867	0.0887	0.0903	0.0914
			m_B	0.1	0.0090	0.0060	0.0050	0.0036	0.0025	0.0018
				0.2	0.0090	0.0065	0.0055	0.0039	0.0025	0.0018
				0.3	0.0090	0.0073	0.0066	0.0052	0.0039	0.0031
				0.4	0.0090	0.0081	0.0076	0.0067	0.0057	0.0049
				0.5	0.0090	0.0085	0.0081	0.0076	0.0071	0.0067
		$\lambda=0.3$	m_A	0.1	0.1470	0.1629	0.1679	0.1749	0.1802	0.1836
				0.2	0.1470	0.1732	0.1828	0.1973	0.2097	0.2184
				0.3	0.1470	0.1762	0.1876	0.2063	0.2241	0.2375
				0.4	0.1470	0.1729	0.1829	0.1991	0.2145	0.2264
				0.5	0.1470	0.1682	0.1761	0.1886	0.1999	0.2083
			m_B	0.1	0.0630	0.0617	0.0609	0.0594	0.0581	0.0572
				0.2	0.0630	0.0618	0.0600	0.0561	0.0515	0.0478
				0.3	0.0630	0.0640	0.0625	0.0577	0.0506	0.0438
				0.4	0.0630	0.0666	0.0667	0.0649	0.0608	0.0559
				0.5	0.0630	0.0672	0.0680	0.0686	0.0679	0.0667
		$\lambda=0.5$	$m_A=m_B$	0.1	0.1250	0.1340	0.1366	0.1400	0.1425	0.1441
				0.2	0.1250	0.1412	0.1463	0.1533	0.1587	0.1621
				0.3	0.1250	0.1461	0.1534	0.1640	0.1725	0.1781
				0.4	0.1250	0.1481	0.1567	0.1700	0.1816	0.1897
				0.5	0.1250	0.1458	0.1538	0.1667	0.1786	0.1875

注：$i_0=EI_0/l$（I_0 是梁的最小截面惯性矩）。

2. 一端直线加腋梁的形常数及载常数表

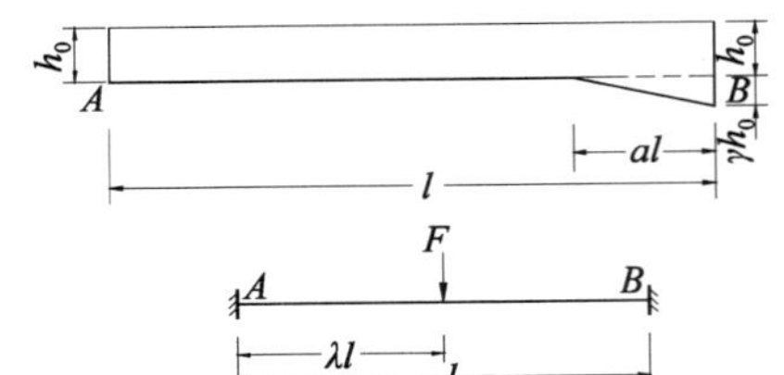

均布荷载作用时，$M_A=-m_Aql^2$

$M_B=m_Bql^2$

集中荷载作用时，$M_A=-m_AFl$

$M_B=m_BFl$

表 3.2-3

			α \ γ	0.0	0.4	0.6	1.0	1.5	2.0
形常数	传递系数	C_{AB}	0.1	0.500	0.556	0.573	0.596	0.613	0.624
			0.2	0.500	0.606	0.642	0.694	0.736	0.764
			0.3	0.500	0.648	0.704	0.791	0.866	0.918
			0.4	0.500	0.679	0.754	0.879	0.996	1.082
			0.5	0.500	0.697	0.788	0.948	1.114	1.245
			1.0	0.500	0.642	0.709	0.834	0.981	1.119
		C_{BA}	0.1	0.500	0.496	0.495	0.493	0.492	0.491
			0.2	0.500	0.486	0.481	0.475	0.470	0.467
			0.3	0.500	0.470	0.461	0.449	0.439	0.433
			0.4	0.500	0.453	0.438	0.418	0.403	0.392
			0.5	0.500	0.434	0.413	0.385	0.363	0.349
			1.0	0.500	0.388	0.350	0.294	0.247	0.214
	刚度系数	$\frac{S_{AB}}{i_0}$	0.1	4.00	4.14	4.19	4.25	4.30	4.33
			0.2	4.00	4.26	4.35	4.49	4.61	4.68
			0.3	4.00	4.34	4.48	4.71	4.91	5.06
			0.4	4.00	4.39	4.57	4.87	5.18	5.42
			0.5	4.00	4.43	4.62	4.99	5.39	5.73
			1.0	4.00	5.17	5.74	6.86	8.23	9.57
		$\frac{S_{BA}}{i_0}$	0.1	4.00	4.64	4.85	5.14	5.36	5.50
			0.2	4.00	5.31	5.81	6.57	7.22	7.66
			0.3	4.00	5.98	6.84	8.29	9.68	10.72
			0.4	4.00	6.59	7.86	10.24	12.82	14.94
			0.5	4.00	7.12	8.81	12.28	16.52	20.42
			1.0	4.00	8.57	11.63	19.46	32.69	50.13
载常数（固端弯矩系数）	均布荷载	m_A	0.1	0.0833	0.0780	0.0763	0.0741	0.0724	0.0714
			0.2	0.0833	0.0747	0.0717	0.0673	0.0638	0.0616
			0.3	0.0833	0.0730	0.0690	0.0630	0.0577	0.0542
			0.4	0.0833	0.0722	0.0678	0.0607	0.0541	0.0494
			0.5	0.0833	0.0718	0.0672	0.0597	0.0524	0.0468
			1.0	0.0833	0.0675	0.0618	0.0529	0.0450	0.0392

续表

				γ / α	0.0	0.4	0.6	1.0	1.5	2.0
载常数（固端弯矩系数）	均布荷载	m_B		0.1	0.0833	0.0946	0.0981	0.1029	0.1066	0.1088
				0.2	0.0833	0.1025	0.1093	0.1192	0.1274	0.1327
				0.3	0.0833	0.1069	0.1162	0.1311	0.1442	0.1534
				0.4	0.0833	0.1084	0.1192	0.1376	0.1544	0.1688
				0.5	0.0833	0.1079	0.1191	0.1390	0.1599	0.1770
				1.0	0.0833	0.1011	0.1086	0.1216	0.1352	0.1466
	集中荷载	λ=0.1	m_A	0.1	0.0810	0.0804	0.0802	0.0799	0.0797	0.0795
				0.2	0.0810	0.0798	0.0794	0.0788	0.0783	0.0780
				0.3	0.0810	0.0795	0.0789	0.0779	0.0770	0.0764
				0.4	0.0810	0.0793	0.0785	0.0772	0.0758	0.0748
				0.5	0.0810	0.0791	0.0783	0.0767	0.0749	0.0735
				1.0	0.0810	0.0766	0.0744	0.0706	0.0664	0.0627
			m_B	0.1	0.0090	0.0103	0.0108	0.0114	0.0118	0.0121
				0.2	0.0090	0.0116	0.0125	0.0140	0.0152	0.0164
				0.3	0.0090	0.0127	0.0141	0.0166	0.0190	0.0210
				0.4	0.0090	0.0133	0.0153	0.0190	0.0228	0.0258
				0.5	0.0090	0.0137	0.0161	0.0208	0.0263	0.0311
				1.0	0.0090	0.0139	0.0168	0.0224	0.0296	0.0370
		λ=0.3	m_A	0.1	0.1470	0.1426	0.1412	0.1393	0.1378	0.1369
				0.2	0.1470	0.1391	0.1363	0.1321	0.1287	0.1264
				0.3	0.1470	0.1368	0.1327	0.1262	0.1203	0.1161
				0.4	0.1470	0.1355	0.1305	0.1219	0.1134	0.1070
				0.5	0.1470	0.1346	0.1291	0.1192	0.1087	0.1001
				1.0	0.1470	0.1243	0.1154	0.1005	0.0860	0.0752
			m_B	0.1	0.0630	0.0724	0.0754	0.0795	0.0826	0.0846
				0.2	0.0630	0.0806	0.0871	0.0968	0.1049	0.1104
				0.3	0.0630	0.0870	0.0970	0.1134	0.1286	0.1397
				0.4	0.0630	0.0911	0.1041	0.1273	0.1513	0.1702
				0.5	0.0630	0.0930	0.1079	0.1364	0.1688	0.1969
				1.0	0.0630	0.0885	0.1001	0.1221	0.1475	0.1682
		λ=0.5	m_A	0.1	0.1250	0.1164	0.1137	0.1100	0.1072	0.1056
				0.2	0.1250	0.1102	0.1049	0.0971	0.0908	0.0866
				0.3	0.1250	0.1064	0.0990	0.0874	0.0771	0.0700
				0.4	0.1250	0.1044	0.0958	0.0815	0.0679	0.0578
				0.5	0.1250	0.1032	0.0941	0.0788	0.0636	0.0519
				1.0	0.1250	0.0953	0.0850	0.0691	0.0555	0.0460

续表

				γ \ α	0.0	0.4	0.6	1.0	1.5	2.0
载常数（固端弯矩系数）	集中荷载	λ=0.5	m_B	0.1	0.1250	0.1432	0.1490	0.1568	0.1629	0.1667
				0.2	0.1250	0.1581	0.1701	0.1881	0.2030	0.2129
				0.3	0.1250	0.1684	0.1862	0.2150	0.2412	0.2599
				0.4	0.1250	0.1734	0.1950	0.2327	0.2704	0.2993
				0.5	0.1250	0.1733	0.1958	0.2371	0.2812	0.3174
				1.0	0.1250	0.1583	0.1717	0.1951	0.2184	0.2371
		λ=0.7	m_A	0.1	0.0630	0.0534	0.0505	0.0464	0.0434	0.0415
				0.2	0.0630	0.0476	0.0423	0.0346	0.0285	0.0246
				0.3	0.0630	0.0453	0.0387	0.0289	0.0208	0.0155
				0.4	0.0630	0.0449	0.0383	0.0283	0.0199	0.0144
				0.5	0.0630	0.0448	0.0384	0.0288	0.0207	0.0153
				1.0	0.0630	0.0434	0.0375	0.0289	0.0221	0.0176
			m_B	0.1	0.1470	0.1672	0.1735	0.1822	0.1887	0.1928
				0.2	0.1470	0.1809	0.1929	0.2105	0.2247	0.2339
				0.3	0.1470	0.1865	0.2017	0.2252	0.2452	0.2585
				0.4	0.1470	0.1849	0.2001	0.2241	0.2453	0.2597
				0.5	0.1470	0.1812	0.1950	0.2175	0.2382	0.2529
				1.0	0.1470	0.1689	0.1766	0.1893	0.2010	0.2097
		λ=0.9	m_A	0.1	0.0090	0.0052	0.0042	0.0028	0.0018	0.0013
				0.2	0.0090	0.0050	0.0038	0.0023	0.0014	0.0009
				0.3	0.0090	0.0051	0.0039	0.0024	0.0015	0.0010
				0.4	0.0090	0.0053	0.0042	0.0028	0.0018	0.0012
				0.5	0.0090	0.0055	0.0044	0.0030	0.0020	0.0014
				1.0	0.0090	0.0055	0.0048	0.0035	0.0026	0.0020
			m_B	0.1	0.0810	0.0889	0.0911	0.0940	0.0960	0.0972
				0.2	0.0810	0.0893	0.0917	0.0948	0.0969	0.0980
				0.3	0.0810	0.0887	0.0911	0.0943	0.0965	0.0977
				0.4	0.0810	0.0877	0.0900	0.0931	0.0954	0.0968
				0.5	0.0810	0.0869	0.0890	0.0919	0.0943	0.0958
				1.0	0.0810	0.0850	0.0858	0.0877	0.0893	0.0905

注：$i_0=EI_0/l$（I_0 是梁的最小截面惯性矩）。

3.2.3 弯矩一次分配法

弯矩一次分配法，是一种只要一轮分配与传递过程即可得到结果的方法。

1. 计算步骤

（1）同一般弯矩分配法一样，锁住各节点，计算每跨梁在荷载作用下的固端弯矩。

（2）在各节点同时放松的条件下，分配各节点的不平衡弯矩。

（3）在各节点同时放松的条件下传递分配弯矩

1）对每一跨梁按顺序自左向右传递分配弯矩

对左面第一跨梁，梁左端的分配弯矩乘以传递系数后得到梁右端的传递弯矩。

梁右端的传递弯矩须继续向右通过节点传递得到下一跨梁左端的传递弯矩。

对左面第二跨及以后的梁，应首先将通过左节点传来的梁左端的传递弯矩与梁左端的分配弯矩求和。然后，再乘以传递系数得到梁右端的传递弯矩。

2）对每一跨梁按顺序自右向左传递分配弯矩

对右面第一跨梁，将梁右端的分配弯矩乘以传递系数后得到梁左端的传递弯矩。

梁左端的传递弯矩须继续向左通过节点传递得到下一跨梁右端的传递弯矩。

对右面第二跨及以后的梁，应首先将通过右节点传来的梁右端的传递弯矩与梁右端的分配弯矩求和。然后，再乘以传递系数得到梁左端的传递弯矩。

3）通过节点的弯矩传递规则

前两项弯矩传递过程均需通过节点传递弯矩。根据节点放松时的平衡条件以及本节的弯矩正负号规定，可以确定如下的传递规则：交于节点两梁端的传递弯矩，数值相等，正负号相反。

（4）将每跨梁两端的固端弯矩、分配弯矩、传递弯矩相加，所得代数和即为所求的支座弯矩。

2. 分配系数及传递系数

如图 3.2-7 所示的连续梁，C 点有一个不平衡弯矩$\overline{M}_C$，这时分配系数 μ' 及传递系数 C' 分别为：

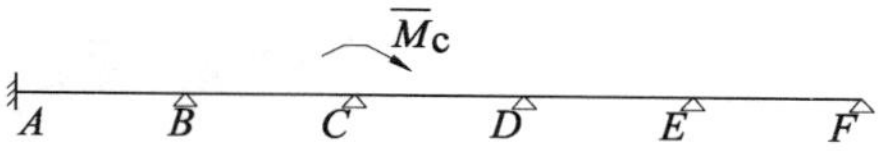

$\overline{M}_C$

A　B　C　D　E　F

图 3.2-7

对于等截面梁

$$\left.\begin{aligned}&\mu'_{CB}=\frac{i'_{CB}}{i'_{CB}+i'_{CD}},\qquad C'_{CB}=0.5\left(\frac{1-K_{BC}}{1-0.25K_{BC}}\right)\\&\mu'_{CD}=\frac{i'_{CD}}{i'_{CB}+i'_{CD}},\qquad C'_{CD}=0.5\left(\frac{1-K_{DC}}{1-0.25K_{DC}}\right)\\&\text{其中，}i'_{CB}=i_{CB}(1-0.25K_{BC}),\qquad i'_{CD}=i_{CD}(1-0.25K_{DC})\\&K_{BC}=\frac{i_{BC}}{i_{BC}+i'_{BA}},\qquad K_{DC}=\frac{i_{DC}}{i_{DC}+i'_{DE}}\end{aligned}\right\}\tag{3.2-3}$$

对于变截面梁

$$\left.\begin{aligned}&\mu'_{CB}=\frac{S'_{CB}}{S'_{CB}+S'_{CD}},\qquad C'_{CB}=C_{CB}\left(\frac{1-K_{BC}}{1-C_{BC}C_{CB}K_{BC}}\right)\\&\mu'_{CD}=\frac{S'_{CD}}{S'_{CB}+S'_{CD}},\qquad C'_{CD}=C_{CD}\left(\frac{1-K_{DC}}{1-C_{DC}C_{CD}K_{DC}}\right)\\&\text{其中，}S'_{CB}=S_{CB}(1-C_{BC}C_{CB}K_{BC}),\qquad S'_{CD}=S_{CD}(1-C_{DC}C_{CD}K_{DC})\\&K_{BC}=\frac{S_{BC}}{S_{BC}+S'_{BA}},\qquad K_{DC}=\frac{S_{DC}}{S_{DC}+S'_{DE}}\end{aligned}\right\}\tag{3.2-4}$$

式中　S、C 值可由表 3.2-2 及表 3.2-3 查得。

从公式（3.2-3）与公式（3.2-4）中可以看出，欲求 i'_{CD}、S'_{CD}、C'_{CD}，须知下一跨梁

的 i'_{DE}、S'_{DE}（系数 K_{DC} 中包括 i'_{DE}、S'_{DE}）。故 S'、C' 的计算须从两端开始。端跨的 i'、S'、C' 可按端部支承情况决定。

对于等截面梁

$$\left.\begin{array}{lll}\text{简支端} & i'_{EF}=0.75i_{EF}, & C'_{EF}=0 \\ \text{固定端} & i'_{BA}=i_{BA}, & C'_{BA}=0.5\end{array}\right\} \tag{3.2-5}$$

对于变截面梁

$$\left.\begin{array}{lll}\text{简支端} & S'_{EF}=(1-C_{EF}C_{FE})S_{EF}, & C'_{EF}=0 \\ \text{固定端} & S'_{BA}=S_{BA}, & C'_{BA}=C_{BA}\end{array}\right\} \tag{3.2-6}$$

【例题 3-3】 用弯矩一次分配法求例题 3-1 中连续梁的支座弯矩。

【解】 例题 3-1 中的梁是三跨等截面连续梁，各跨梁段的抗弯线刚度为（见图 3.2-4）：

$$i_{AB}=12.5\times10^5, i_{BC}=16.7\times10^5, i_{CD}=(6.82\times10^5)/0.75$$

（1）按公式（3.2-5）确定两端跨的抗弯线刚度 i' 和传递系数 C'：

A 点为固定端，故

$$i'_{BA}=i_{AB}=12.5\times10^5, \quad C'_{BA}=0.5$$

D 点为简支端，故

$$i'_{CD}=0.75i_{CD}=6.82\times10^5, \quad C'_{CD}=0$$

（2）按公式（3.2-3）依次计算 B 点、C 点的分配系数及传递系数

1）B 点

$$K_{CB}=\frac{i_{CB}}{i_{CB}+i'_{CD}}=\frac{16.7\times10^5}{(16.7+6.82)\times10^5}=0.710$$

$$i'_{BC}=i_{BC}(1-0.25K_{CB})=16.7\times10^5(1-0.25\times0.71)=13.74\times10^5$$

$$\mu'_{BA}=\frac{i'_{BA}}{i'_{BA}+i'_{BC}}=\frac{12.5\times10^5}{(12.5+13.74)\times10^5}=0.476, C'_{BA}=0.5\text{（上面已求得）}$$

$$\mu'_{BC}=\frac{i'_{BC}}{i'_{BA}+i'_{BC}}=\frac{13.74}{(12.5+13.74)\times10^5}=0.524$$

$$C'_{BC}=0.5\left(\frac{1-K_{CB}}{1-0.25K_{CB}}\right)=0.5\left(\frac{1-0.71}{1-0.25\times0.71}\right)=0.176$$

2）C 点

$$K_{BC}=\frac{i_{BC}}{i_{BC}+i'_{BA}}=\frac{16.7\times10^5}{(16.7+12.5)\times10^5}=0.572$$

$$i'_{CB}=i_{CB}(1-0.25K_{BC})=16.7\times10^5(1-0.25\times0.572)=14.31\times10^5$$

$$\mu'_{CB}=\frac{i'_{CB}}{i'_{CB}+i'_{CD}}=\frac{14.31\times10^5}{(14.31+6.82)\times10^5}=0.677$$

$$C'_{CB}=0.5\left(\frac{1-K_{BC}}{1-0.25K_{BC}}\right)=0.5\left(\frac{1-0.572}{1-0.25\times0.572}\right)=0.250$$

$$\mu'_{CD}=\frac{i'_{CD}}{i'_{CB}+i'_{CD}}=\frac{6.82\times10^5}{(14.31+6.82)\times10^5}=0.323, \quad C'_{CD}=0\text{（上面已求得）}$$

（3）弯矩分配

分配过程如图 3.2-8，双线下的数值即为所求的支座弯矩，与例题 3-1 的计算结果是一致的。

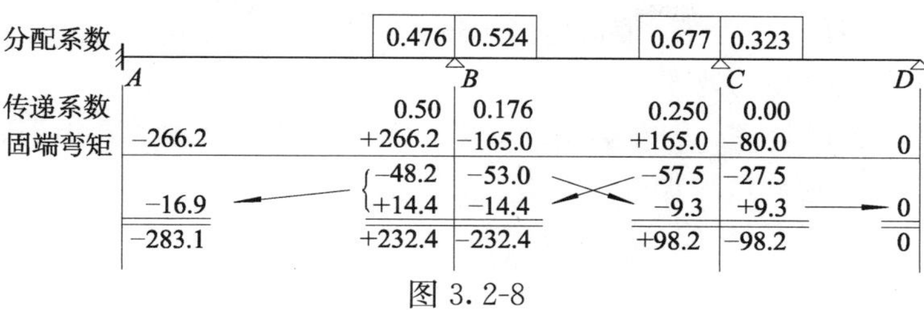

图 3.2-8

从上述算例中可见，弯矩一次分配法的系数计算比较复杂，但分配与传递过程只要一轮即可完成。当对同一连续梁，计算几种荷载组合下的支座弯矩时，此法比较简便。

3.3　三弯矩方程式

对于跨内等截面，各跨的截面可以不同的连续梁，其支座弯矩可用三弯矩方程式求解，然后用静力平衡方程式求得支座反力和截面内力（剪力和弯矩）。内力的正负号按第 2 章第 2.1.1 节的规定。

在一连续梁中（图 3.3-1a），如以其支座弯矩作为赘余力，则利用支座处的连续条件（图 3.3-1b）可得任一支座 i 处的三弯矩方程式，其表达形式为

$$M_{i-1}\frac{l_i}{I_i}+2M_i\left(\frac{l_i}{I_i}+\frac{l_{i+1}}{I_{i+1}}\right)+M_{i+1}\frac{l_{i+1}}{I_{i+1}}=-6\left(\frac{\overline{R}_{\mathrm{B},i}}{I_i}+\frac{\overline{R}_{\mathrm{A},i+1}}{I_{i+1}}\right) \tag{3.3-1}$$

在公式（3.3-1）中，$\overline{R}_\mathrm{A}$ 及 $\overline{R}_\mathrm{B}$ 实际上是把上述连续梁分割成为几个简支梁后，将简支梁的弯矩图作为虚荷载时的反力（图 3.3-1c、d），即

$$\overline{R}_{\mathrm{B},i}=\frac{\Omega_i a_i}{l_i}\qquad \overline{R}_{\mathrm{A},i+1}=\frac{\Omega_{i+1}b_{i+1}}{l_{i+1}}$$

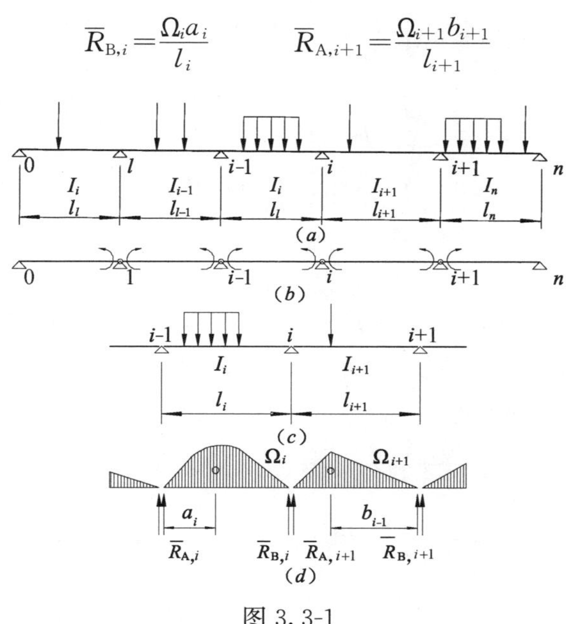

图 3.3-1

各种荷载作用下的 $\overline{R}_A$ 及 $\overline{R}_B$ 值可由第 1 章表 1.2-3 中的公式求得。

梁的固定端及悬臂端的处理：

(1) 梁的固定端的处理　因在固定端支座处多了一个未知数 M_0，可假定将 0 点延伸至 0′点（图 3.3-2），这样就增加了一个方式，即，

$$2M_0\frac{l_1}{I_1}+M_1\frac{l_1}{I_1}=-6\frac{\overline{R}_{A,1}}{I_1} \tag{3.3-2}$$

(2) 梁悬臂端的处理　将悬臂处支座的已知弯矩值代入方程式中的有关 M 项即可。如图 3.3-2 中，$M_2=-Fl_3$。

当连续梁各跨的截面都相同时，上述三弯矩方程式简化成后面表 3.4-3、表 3.4-4 列出的公式，可直接求算支座弯矩。

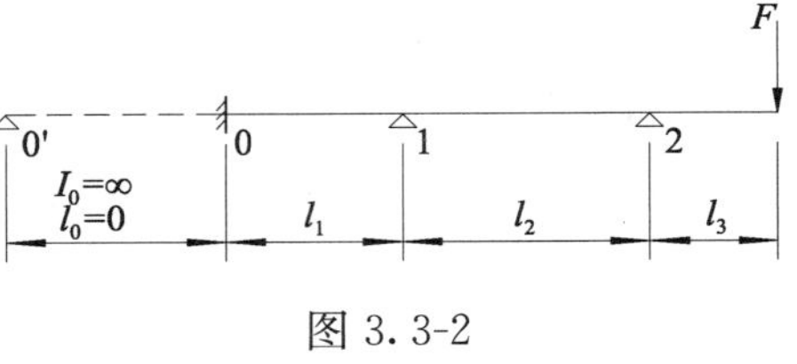

图 3.3-2

【例题 3-4】已知一跨间截面不等的连续梁（图 3.3-3）。求算其支座弯矩。

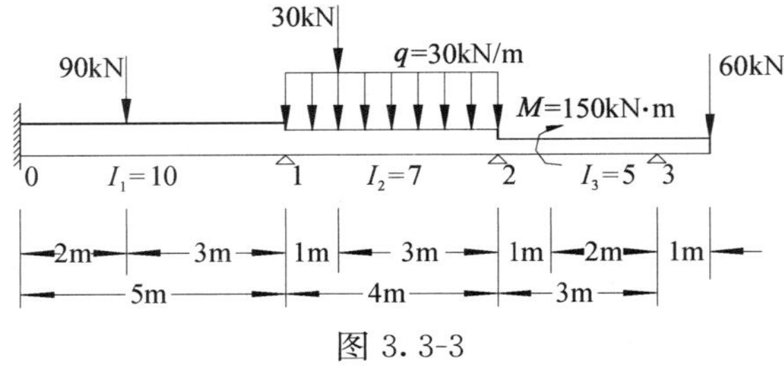

图 3.3-3

【解】各支座的三弯矩方程式为：

$$\left.\begin{aligned}
&\text{支座 0}\quad 2M_0\frac{l_1}{I_1}+M_1\frac{l_1}{I_1}=-6\frac{\overline{R}_{A,1}}{I_1}\\
&\text{支座 1}\quad M_0\frac{l_1}{I_1}+2M_1\left(\frac{l_1}{I_1}+\frac{l_2}{I_2}\right)+M_2\frac{l_2}{I_2}=-6\left(\frac{\overline{R}_{B,1}}{I_1}+\frac{\overline{R}_{A,2}}{I_2}\right)\\
&\text{支座 2}\quad M_1\frac{l_2}{I_2}+2M_2\left(\frac{l_2}{I_2}+\frac{l_3}{I_3}\right)+M_3\frac{l_3}{I_3}=-6\left(\frac{\overline{R}_{B,2}}{I_2}+\frac{\overline{R}_{A,3}}{I_3}\right)
\end{aligned}\right\}$$

由题意得（图 3.3-3）

$$\frac{l_1}{I_1}=\frac{5}{10}=0.5,\quad \frac{l_2}{I_2}=\frac{4}{7}=0.57,\quad \frac{l_3}{I_3}=\frac{3}{5}=0.6$$

$$M_3=-60\times1=-60\text{kN}\cdot\text{m}$$

由表 1.2-3 的公式求得：

$$\overline{R}_{A,1}=\frac{Fl^2}{6}(1+\beta)\alpha\beta=\frac{90\times5^2}{6}\times\left(1+\frac{3}{5}\right)\times\frac{2}{5}\times\frac{3}{5}=144,\qquad 6\frac{\overline{R}_{A,1}}{I_1}=86.4$$

$$\overline{R}_{B,1}=\frac{Fl^2}{6}(1+\alpha)\alpha\beta=\frac{90\times5^2}{6}\times\left(1+\frac{2}{5}\right)\times\frac{2}{5}\times\frac{3}{5}=126,\qquad 6\frac{\overline{R}_{B,1}}{I_1}=75.6$$

$$\overline{R}_{A,2}=\frac{30\times4^2}{6}\times\left(1+\frac{3}{4}\right)\times\frac{1}{4}\times\frac{3}{4}+\frac{1}{24}\times30\times4^3=106.3,\qquad 6\frac{\overline{R}_{A,2}}{I_2}=91.1$$

$$\overline{R}_{B,2}=\frac{30\times4^2}{6}\times\left(1+\frac{1}{4}\right)\times\frac{1}{4}\times\frac{3}{4}+\frac{1}{24}\times30\times4^3=98.8,\qquad 6\frac{\overline{R}_{B,2}}{I_2}=84.7$$

$$\overline{R}_{A,3}=\frac{150\times3}{6}\left[3\times\left(\frac{2}{3}\right)^2-1\right]=25,\quad 6\frac{\overline{R}_{A,3}}{I_3}=30.0$$

将上述各值代入三弯矩方程式，有

$$\left.\begin{array}{l}M_0+0.5M_1=-86.4\\0.5M_0+2.14M_1+0.57M_2=-166.7\\0.57M_1+2.34M_2-60\times0.6=-114.7\end{array}\right\}$$

解之得　$M_0=-56.6\text{kN}\cdot\text{m}$，$M_1=-59.6\text{kN}\cdot\text{m}$，$M_2=-19.1\text{kN}\cdot\text{m}$

【例题 3-5】　已知一等跨等截面连续梁（图 3.3-4）。求算其支座弯矩。

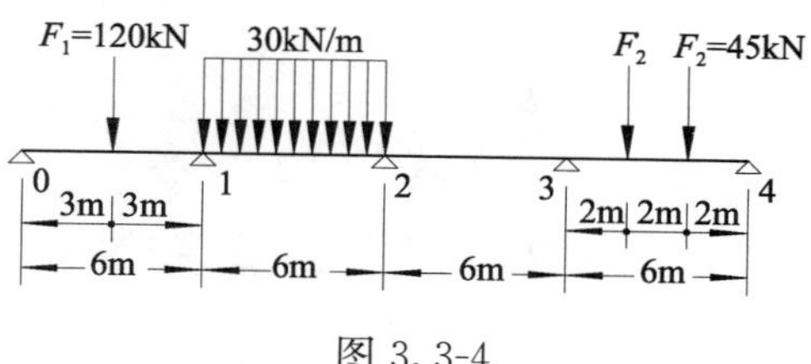

图 3.3-4

【解】　按表 3.4-3 中简图为四跨连续梁的公式计算。

由表 1.2-3 的公式求得

$$\overline{R}_{B,1}=\frac{F_1l_1^2}{16}=\frac{120\times6^2}{16}=270$$

$$\overline{R}_{A,2}=\overline{R}_{B,2}=\frac{ql_2^3}{24}=\frac{30\times6^3}{24}=270$$

$$\overline{R}_{A,3}=\overline{R}_{B,3}=0,\quad \overline{R}_{A,4}=\frac{F_2l_4^2}{9}=\frac{45\times6^2}{9}=180$$

因　$R_1^\phi=\overline{R}_{B,1}+\overline{R}_{A,2}=540$，　$R_2^\phi=\overline{R}_{B,2}+\overline{R}_{A,3}=270$，　$R_3^\phi=\overline{R}_{B,3}+\overline{R}_{A,4}=180$

代入表 3.4-3 的公式，得

$$M_1=-\frac{3}{28l}(15R_1^\phi-4R_2^\phi+R_3^\phi)=-\frac{3}{28\times6}(15\times540-4\times270+180)=-128.6\text{kN}\cdot\text{m}$$

$$M_2=\frac{3}{7l}(R_1^\phi-4R_2^\phi+R_3^\phi)=\frac{3}{7\times6}(540-4\times270+180)=-25.7\text{kN}\cdot\text{m}$$

$$M_3=-\frac{3}{28l}(R_1^\phi-4R_2^\phi+15R_3^\phi)=-\frac{3}{28\times6}(540-4\times270+15\times180)=-38.6\text{kN}\cdot\text{m}$$

【例题 3-6】　已知各跨承受相同荷载的等跨等截面连续梁，如图 3.3-5 所示。求算其支座弯矩。

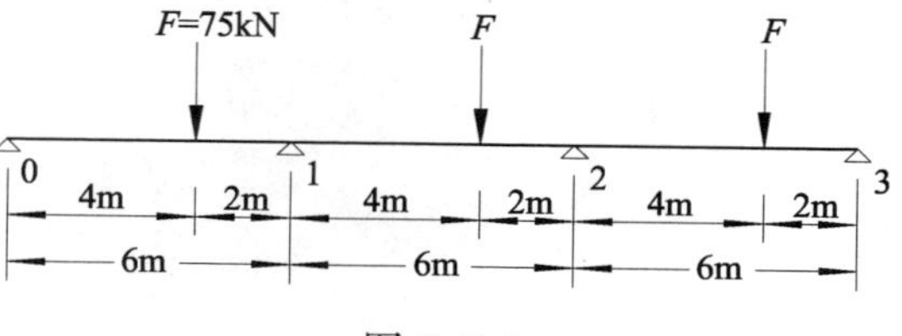

图 3.3-5

【解】　按表 3.4-3 中简图为三跨连续梁的公式计算。

由表 1.2-3 的公式，得

$$\Omega=\frac{Fl^2}{2}\alpha\beta=\frac{75\times6^2}{2}\times\frac{4}{6}\times\frac{2}{6}=300$$

代入表 3.4-3 的公式，得

$$M_1=M_2=-\frac{6}{5l}\Omega=-\frac{6\times300}{5\times6}=-60\text{kN}\cdot\text{m}$$

【例题 3-7】　已知一等截面三跨连续梁，各跨跨度均不相等（图 3.3-6）。求算其支座弯矩。

【解】 按表 3.4-4 中简图为三跨连续梁的公式计算

$$k_1=2(l_1+l_2)=2(4+6)=20$$

$$k_2=2(l_2+l_3)=2(6+8)=28$$

$$k_3=k_1k_2-l_2^2=20\times 28-6^2=524$$

$$a_1=\frac{k_2}{k_3}=\frac{28}{524}=0.0534$$

$$a_2=\frac{l_2}{k_3}=\frac{6}{524}=0.0115$$

$$a_3=\frac{k_1}{k_3}=\frac{20}{524}=0.0382$$

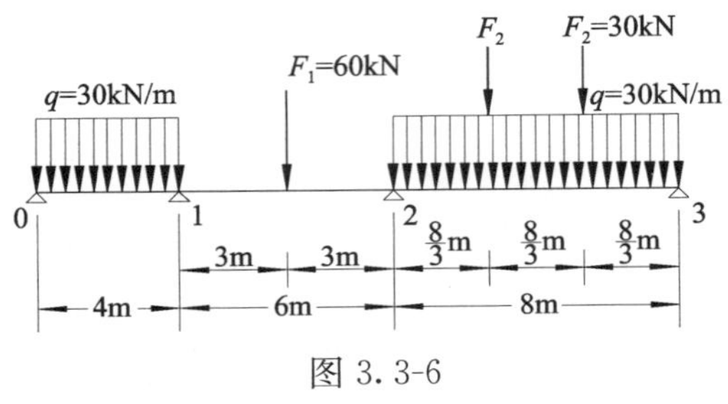

图 3.3-6

由表 1.2-3 的公式求得

$$\overline{R}_{B,1}=\frac{ql_1^3}{24}=\frac{30\times 4^3}{24}=80,\quad \overline{R}_{A,2}=\overline{R}_{B,2}=\frac{F_1l_2^2}{16}=\frac{60\times 6^2}{16}=135$$

$$\overline{R}_{A,3}=\frac{ql_3^3}{24}+\frac{F_2l_3^2}{9}=\frac{30\times 8^3}{24}+\frac{30\times 8^2}{9}=\frac{2560}{3}$$

将上述各值代入表 3.4-4 所给公式，得

$$N_1=6(R_{B,1}+R_{A,2})=6(80+135)=1290$$

$$N_2=6(R_{B,2}+R_{A,3})=6\left(135+\frac{2560}{3}\right)=5930$$

$$M_1=-a_1N_1+a_2N_2=-0.0534\times 1290+0.0115\times 5930=-0.7\text{kN}\cdot\text{m}$$

$$M_2=a_2N_1-a_3N_2=0.0115\times 1290-0.0382\times 5930=-211.7\text{kN}\cdot\text{m}$$

3.4 等截面连续梁的计算系数

3.4.1 等跨梁在常用荷载作用下的内力及挠度系数

（1）在均布及三角形荷载作用下，

$$M=表中系数\times ql^2$$

$$V=表中系数\times ql$$

$$f=表中系数\times\frac{ql^4}{100EI}$$

（2）在集中荷载 F 作用下，

$$M=表中系数\times Fl$$

$$V=表中系数\times F$$

$$f=表中系数\times\frac{Fl^3}{100EI}$$

（3）当荷载组成超出本表所示的形式时，对于对称荷载，可利用表 3.6-1 中的等效均布荷载 q_E 求算支座弯矩；然后按单跨简支梁在实际荷载及求出的支座弯矩共同作用下计算跨中弯矩和剪力；

（4）当有活荷载作用时，为求算最大弯矩和剪力，其荷载参照表 3.1-1 进行布置；
（5）内力的正负号按第 2 章第 2.1.1 节的规定。

两跨梁　　**表 3.4-1*a***

荷　载　图	跨内最大弯矩		支座弯矩	剪　　力			跨度中点挠度	
	M_1	M_2	M_B	V_A	$V_{B左}$ $V_{B右}$	V_C	f_1	f_2
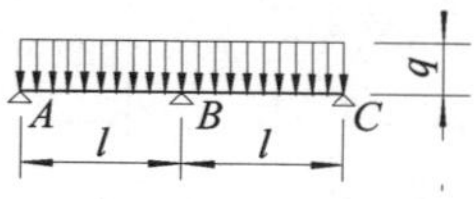 q; A l B l C	0.070	0.070	−0.125	0.375	−0.625 0.625	−0.375	0.521	0.521
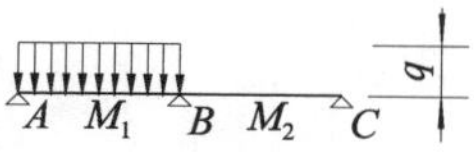 q; A M_1 B M_2 C	0.096	—	−0.063	0.437	−0.563 0.063	0.063	0.912	−0.391
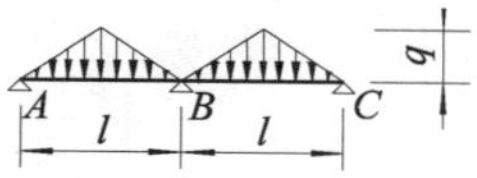 q; A l B l C	0.048	0.048	−0.078	0.172	−0.328 0.328	−0.172	0.345	0.345
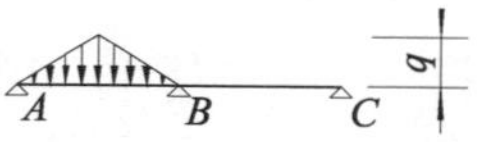 q; A B C	0.064	—	−0.039	0.211	−0.289 0.039	0.039	0.589	−0.244
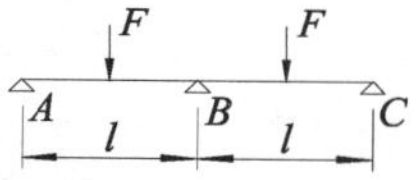 F F; A l B l C	0.156	0.156	−0.188	0.312	−0.688 0.688	−0.312	0.911	0.911
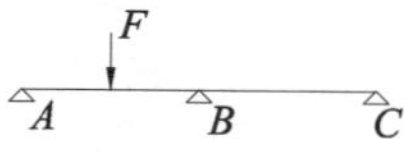 F; A B C	0.203	—	−0.094	0.406	−0.594 0.094	0.094	1.497	−0.586
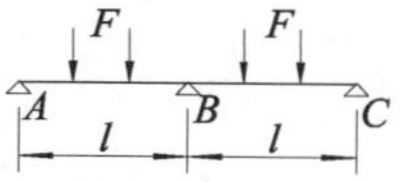 F F; A l B l C	0.222	0.222	−0.333	0.667	−1.333 1.333	−0.667	1.466	1.466
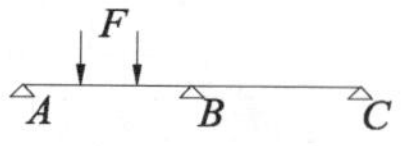 F; A B C	0.278	—	−0.167	0.833	−1.167 0.167	0.167	2.508	−1.042

三跨梁　　**表 3.4-1*b***

荷　载　图	跨内最大弯矩		支座弯矩		剪　　力				跨度中点挠度		
	M_1	M_2	M_B	M_C	V_A	$V_{B左}$ $V_{B右}$	$V_{C左}$ $V_{C右}$	V_D	f_1	f_2	f_3
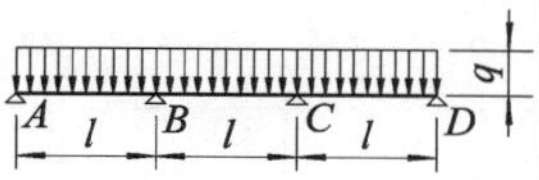 q; A l B l C l D	0.080	0.025	−0.100	−0.100	0.400	−0.600 0.500	−0.500 0.600	−0.400	0.677	0.052	0.677

续表

荷载图	跨内最大弯矩		支座弯矩		剪力				跨度中点挠度		
	M_1	M_2	M_B	M_C	V_A	$V_{B左}$ $V_{B右}$	$V_{C左}$ $V_{C右}$	V_D	f_1	f_2	f_3
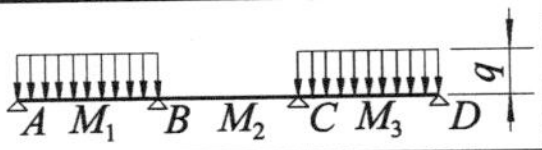 q; A M_1 B M_2 C M_3 D	0.101	—	−0.050	−0.050	0.450	−0.550 0	0 0.550	−0.450	0.990	−0.625	0.990
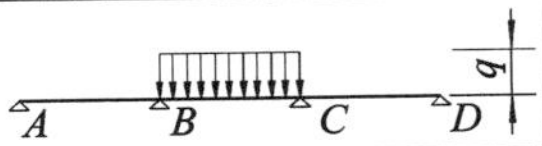 q; A B C D	—	0.075	−0.050	−0.050	−0.050	−0.050 0.500	−0.500 0.050	0.050	−0.313	0.677	−0.313
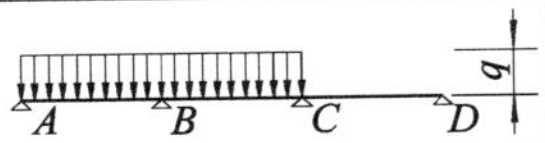 q; A B C D	0.073	0.054	−0.117	−0.033	0.383	−0.617 0.583	−0.417 0.033	0.033	0.573	0.365	−0.208
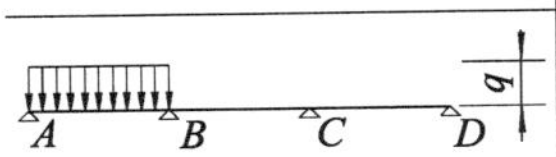 q; A B C D	0.094	—	−0.067	0.017	0.433	−0.567 0.083	0.083 −0.017	−0.017	0.885	−0.313	0.104
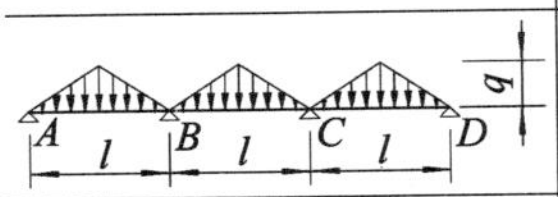 q; A l B l C l D	0.054	0.021	−0.063	−0.063	0.188	−0.313 0.250	−0.250 0.313	−0.188	0.443	0.052	0.443
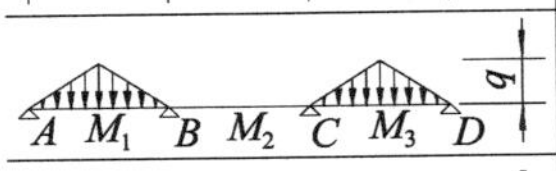 q; A M_1 B M_2 C M_3 D	0.068	—	−0.031	−0.031	0.219	−0.281 0	0 0.281	−0.219	0.638	−0.391	0.638
 q; A B C D	—	0.052	−0.031	−0.031	−0.031	−0.031 0.250	−0.250 0.031	0.031	−0.195	0.443	−0.195
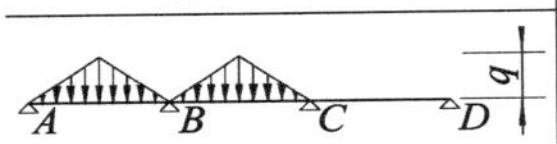 q; A B C D	0.050	0.038	−0.073	−0.021	0.177	−0.323 0.302	−0.198 0.021	0.021	0.378	0.248	−0.130
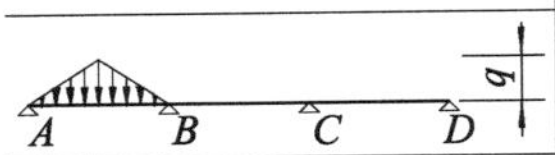 q; A B C D	0.063	—	−0.042	0.010	0.208	−0.292 0.052	0.052 −0.010	−0.010	0.573	−0.195	0.065
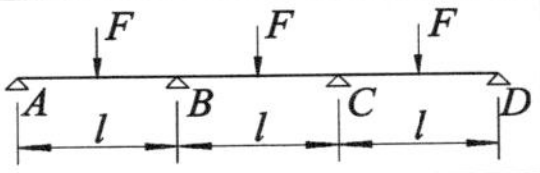 F F F; A l B l C l D	0.175	0.100	−0.150	−0.150	0.350	−0.650 0.500	−0.500 0.650	−0.350	1.146	0.208	1.146
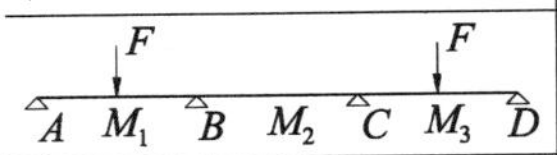 F F; A M_1 B M_2 C M_3 D	0.213	—	−0.075	−0.075	0.425	−0.575 0	0 0.575	−0.425	1.615	−0.937	1.615
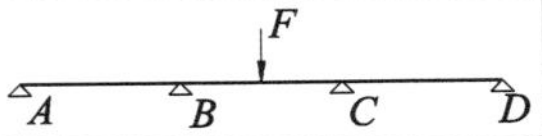 F; A B C D	—	0.175	−0.075	−0.075	−0.075	−0.075 0.500	−0.500 0.075	0.075	−0.469	1.146	−0.469
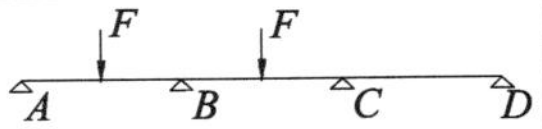 F F; A B C D	0.162	0.137	−0.175	−0.050	0.325	−0.675 0.625	−0.375 0.050	0.050	0.990	0.677	−0.312
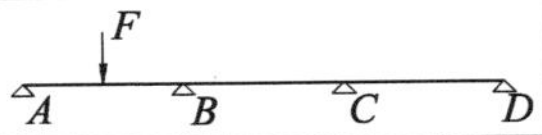 F; A B C D	0.200	—	−0.100	0.025	0.400	−0.600 0.125	0.125 −0.025	−0.025	1.458	−0.469	0.156
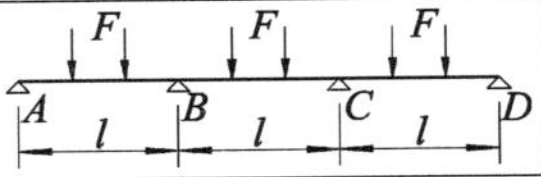 F F F; A l B l C l D	0.244	0.067	−0.267	−0.267	0.733	−1.267 1.000	−1.000 1.267	−0.733	1.883	0.216	1.883
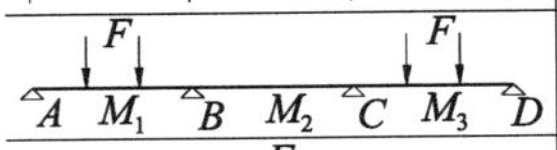 F F; A M_1 B M_2 C M_3 D	0.289	—	−0.133	−0.133	0.866	−1.134 0	0 1.134	−0.866	2.716	−1.667	2.716
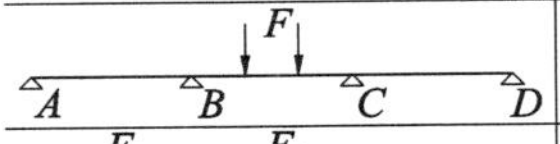 F; A B C D	—	0.200	−0.133	−0.133	−0.133	−0.133 1.000	−1.000 0.133	0.133	−0.833	1.883	−0.833
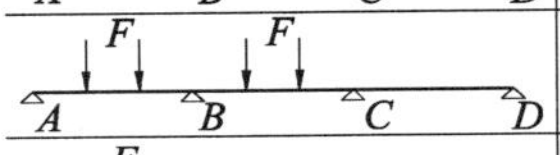 F F; A B C D	0.229	0.170	−0.311	−0.089	0.689	−1.311 1.222	−0.778 0.089	0.089	1.605	1.049	−0.556
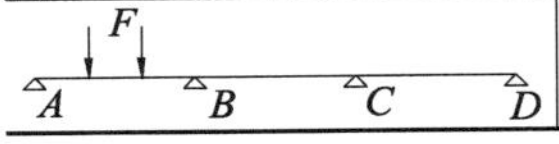 F; A B C D	0.274	—	−0.178	0.044	0.822	−1.178 0.222	0.222 −0.044	−0.044	2.438	−0.833	0.278

四跨梁

表 3.4-1c

荷载图	跨内最大弯矩				支座弯矩			剪力					跨度中点挠度			
	M_1	M_2	M_3	M_4	M_B	M_C	M_D	V_A	$V_{B左}$ $V_{B右}$	$V_{C左}$ $V_{C右}$	$V_{D左}$ $V_{D右}$	V_E	f_1	f_2	f_3	f_4
A l B l C l D l E; q	0.077	0.036	0.036	0.077	−0.107	−0.071	−0.107	0.393	−0.607 0.536	−0.464 0.464	−0.536 0.607	−0.393	0.632	0.186	0.186	0.632
A M₁ B M₂ C M₃ D M₄ E; q	0.100	—	0.081	—	−0.054	−0.036	−0.054	0.446	−0.554 0.018	0.018 0.482	−0.518 0.054	0.054	0.967	−0.558	0.744	−0.335
A B C D E; q	0.072	0.061	—	0.098	−0.121	−0.018	−0.058	0.380	−0.620 0.603	−0.397 −0.040	−0.040 0.558	−0.442	0.549	0.437	−0.474	0.939
A B C D E; q	—	0.056	0.056	—	−0.036	−0.107	−0.036	−0.036	−0.036 0.429	−0.571 0.571	−0.429 0.036	0.036	−0.223	0.409	0.409	−0.223
A B C D E; q	0.094	—	—	—	−0.067	0.018	−0.004	0.433	−0.567 0.085	0.085 −0.022	−0.022 0.004	0.004	0.884	−0.307	0.084	−0.028
A B C D E; q	—	0.074	—	—	−0.049	−0.054	0.013	−0.049	−0.049 0.496	−0.504 0.067	0.067 −0.013	−0.013	−0.307	0.660	−0.251	0.084
A l B l C l D l E; q	0.052	0.028	0.028	0.052	−0.067	−0.045	−0.067	0.183	−0.317 0.272	−0.228 0.228	−0.272 0.317	−0.183	0.415	0.136	0.136	0.415
A M₁ B M₂ C M₃ D M₄ E; q	0.067	—	0.055	—	−0.034	−0.022	−0.034	0.217	−0.284 0.011	0.011 0.239	−0.261 0.034	0.034	0.624	−0.349	0.485	−0.209

续表

荷载图	跨内最大弯矩				支座弯矩			剪力					跨度中点挠度			
	M_1	M_2	M_3	M_4	M_B	M_C	M_D	V_A	$V_{B左}$ $V_{B右}$	$V_{C左}$ $V_{C右}$	$V_{D左}$ $V_{D右}$	V_E	f_1	f_2	f_3	f_4
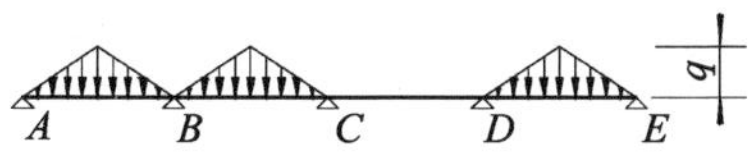	0.049	0.042	—	0.066	−0.075	−0.011	−0.036	0.175	−0.325 0.314	−0.186 −0.025	−0.025 0.286	−0.214	0.363	0.293	−0.296	0.607
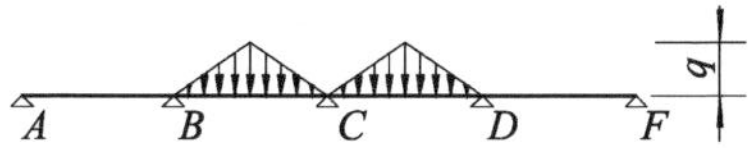	—	0.040	0.040	—	−0.022	−0.067	−0.022	−0.022	−0.022 0.205	−0.295 0.295	−0.205 0.022	0.022	−0.140	0.275	0.275	−0.140
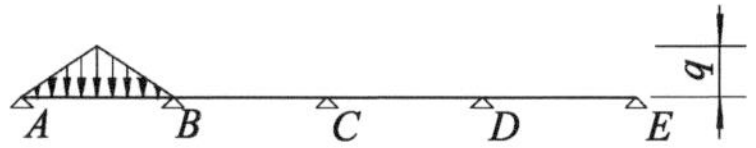	0.063	—	—	—	−0.042	0.011	−0.003	0.208	−0.292 0.053	0.053 −0.014	−0.014 0.003	0.003	0.572	−0.192	0.052	−0.017
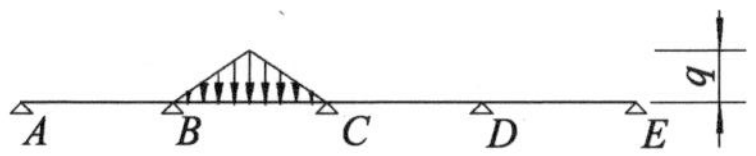	—	0.051	—	—	−0.031	−0.034	0.008	−0.031	−0.031 0.247	−0.253 0.042	0.042 −0.008	−0.008	−0.192	0.432	−0.157	0.052
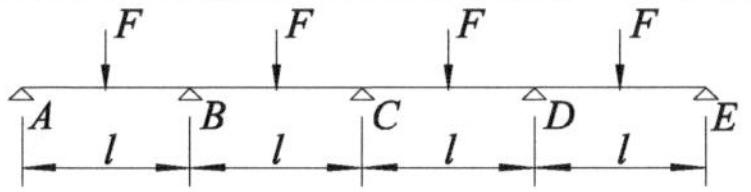	0.169	0.116	0.116	0.169	−0.161	−0.107	−0.161	0.339	−0.661 0.554	−0.446 0.446	−0.554 0.661	−0.339	1.079	0.409	0.409	1.079
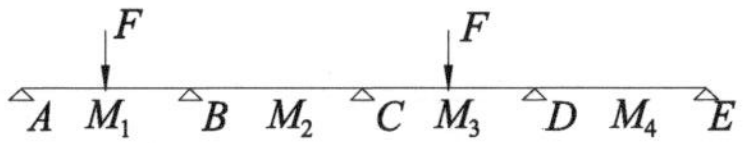	0.210	—	0.183	—	−0.080	−0.054	−0.080	0.420	−0.580 0.027	0.027 0.473	−0.527 0.080	0.080	1.581	−0.837	1.246	−0.502
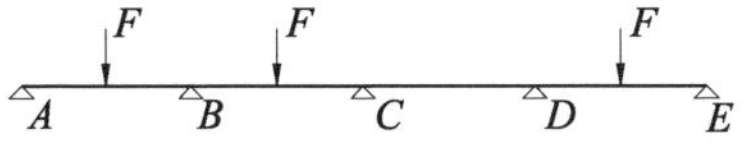	0.159	0.146	—	0.206	−0.181	−0.027	−0.087	0.319	−0.681 0.654	−0.346 −0.060	−0.060 0.587	−0.413	0.953	0.786	−0.711	1.539
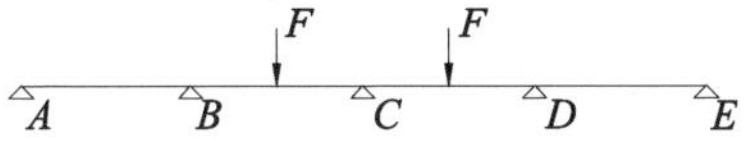	—	0.142	0.142	—	−0.054	−0.161	−0.054	−0.054	−0.054 0.393	−0.607 0.607	−0.393 0.054	0.054	−0.335	0.744	0.744	−0.335
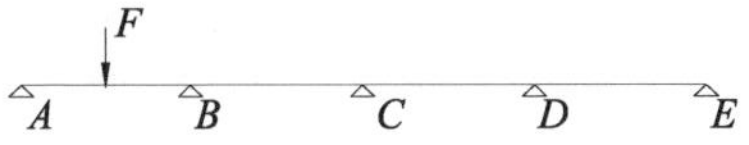	0.200	—	—	—	−0.100	0.027	−0.007	0.400	−0.600 0.127	0.127 −0.033	−0.033 0.007	0.007	1.456	−0.460	0.126	−0.042

续表

荷载图	跨内最大弯矩				支座弯矩			剪力					跨度中点挠度			
	M_1	M_2	M_3	M_4	M_B	M_C	M_D	V_A	$V_{B左}$ $V_{B右}$	$V_{C左}$ $V_{C右}$	$V_{D左}$ $V_{D右}$	V_E	f_1	f_2	f_3	f_4
	—	0.173	—	—	−0.074	−0.080	0.020	−0.074	−0.074 0.493	−0.507 0.100	0.100 −0.020	−0.020	−0.460	1.121	−0.377	0.126
	0.238	0.111	0.111	0.238	−0.286	−0.191	−0.286	0.714	−1.286 1.095	−0.905 0.905	−1.095 1.286	−0.714	1.764	0.573	0.573	1.764
	0.286	—	0.222	—	−0.143	−0.095	−0.143	0.857	−1.143 0.048	0.048 0.952	−1.048 0.143	0.143	2.657	−1.488	2.061	−0.892
	0.226	0.194	—	0.282	−0.321	−0.048	−0.155	0.679	−1.321 1.274	−0.726 −0.107	−0.107 1.155	−0.845	1.541	1.243	−1.265	2.582
	—	0.175	0.175	—	−0.095	−0.286	−0.095	−0.095	−0.095 0.810	−1.190 1.190	−0.810 0.095	0.095	−0.595	1.168	1.168	−0.595
	0.274	—	—	—	−0.178	0.048	−0.012	0.822	−1.178 0.226	0.226 −0.060	−0.060 0.012	0.012	2.433	−0.819	0.223	−0.074
	—	0.198	—	—	−0.131	−0.143	0.036	−0.131	−0.131 0.988	−1.012 0.178	0.178 −0.036	−0.036	−0.819	1.838	−0.670	0.223

五跨梁　　**表 3.4-1d**

荷载图	跨内最大弯矩			支座弯矩				剪力						跨度中点挠度				
	M_1	M_2	M_3	M_B	M_C	M_D	M_E	V_A	$V_{B左}$ $V_{B右}$	$V_{C左}$ $V_{C右}$	$V_{D左}$ $V_{D右}$	$V_{E左}$ $V_{E右}$	V_F	f_1	f_2	f_3	f_4	f_5
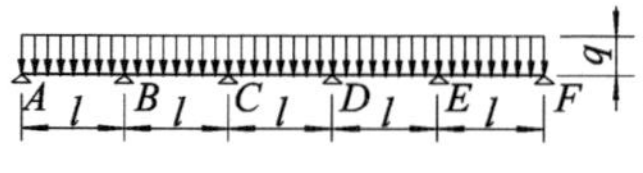	0.078	0.033	0.046	−0.105	−0.079	−0.079	−0.105	0.394	−0.606 0.526	−0.474 0.500	−0.500 0.474	−0.526 0.606	−0.394	0.644	0.151	0.315	0.151	0.644
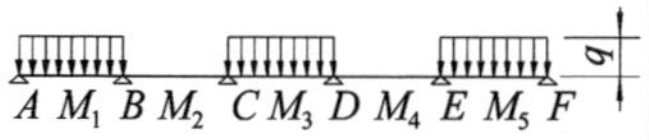	0.100	—	0.085	−0.053	−0.040	−0.040	−0.053	0.447	−0.553 0.013	0.013 0.500	−0.500 −0.013	−0.013 0.553	−0.447	0.973	−0.576	0.809	−0.576	0.973
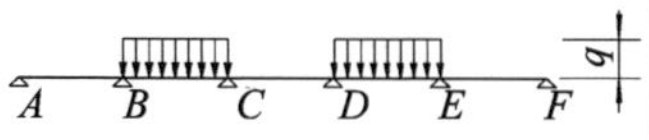	—	0.079	—	−0.053	−0.040	−0.040	−0.053	−0.053	−0.053 0.513	−0.487 0	0 0.487	−0.513 0.053	0.053	−0.329	0.727	−0.493	0.727	−0.329
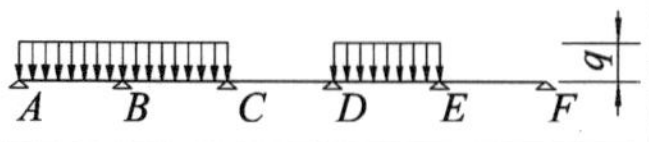	0.073	❷0.059 0.078	—	−0.119	−0.022	−0.044	−0.051	0.380	−0.620 0.598	−0.402 −0.023	−0.023 0.493	−0.507 0.052	0.052	0.555	0.420	−0.411	0.704	−0.321
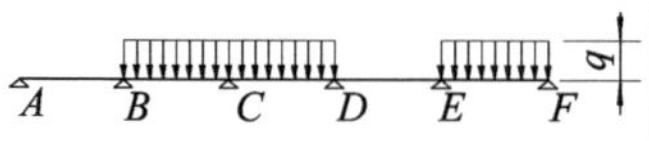	❶— 0.098	0.055	0.064	−0.035	−0.111	−0.020	−0.057	−0.035	−0.035 0.424	−0.576 0.591	−0.409 −0.037	−0.037 0.557	−0.443	−0.217	0.390	0.480	−0.486	0.943
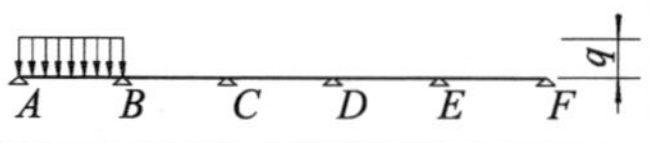	0.094	—	—	−0.067	0.018	−0.005	0.001	−0.433	−0.567 0.085	0.085 −0.023	−0.023 0.006	0.006 −0.001	−0.001	0.883	−0.307	0.082	−0.022	0.008
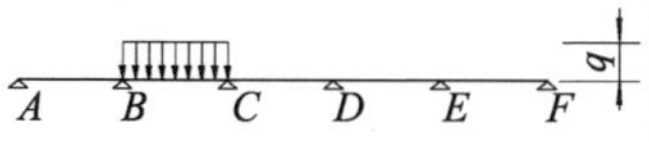	—	0.074	—	−0.049	−0.054	0.014	−0.004	−0.049	−0.049 0.495	−0.505 0.068	0.068 −0.018	−0.018 0.004	0.004	−0.307	0.659	−0.247	0.067	−0.022
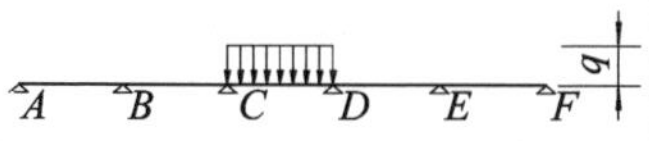	—	—	0.072	0.013	−0.053	−0.053	0.013	0.013	0.013 −0.066	−0.066 0.500	−0.500 0.066	0.066 −0.013	−0.013	0.082	−0.247	0.644	−0.247	0.082
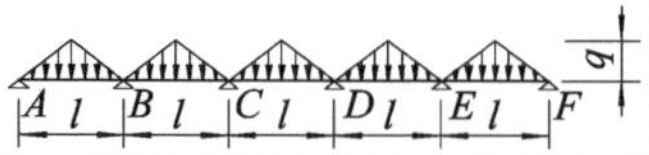	0.053	0.026	0.034	−0.066	−0.049	−0.049	−0.066	0.184	−0.316 0.266	−0.234 0.250	−0.250 0.234	−0.266 0.316	−0.184	0.422	0.114	0.217	0.114	0.422
	0.067	—	0.059	−0.033	−0.025	−0.025	−0.033	0.217	−0.283 0.008	0.008 0.250	−0.250 −0.008	−0.008 0.283	−0.217	0.628	−0.360	0.525	−0.360	0.628
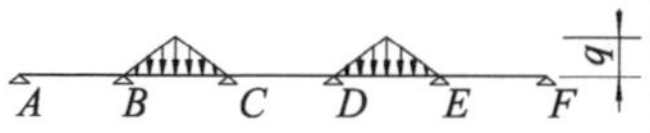	—	0.055	—	−0.033	−0.025	−0.025	−0.033	−0.033	−0.033 0.258	−0.242 0	0 0.242	−0.258 0.033	0.033	−0.205	0.474	−0.308	0.474	−0.205

续表

荷　载　图	跨内最大弯矩			支座弯矩				剪　力						跨度中点挠度				
	M_1	M_2	M_3	M_B	M_C	M_D	M_E	V_A	$V_{B左}$ $V_{B右}$	$V_{C左}$ $V_{C右}$	$V_{D左}$ $V_{D右}$	$V_{E左}$ $V_{E右}$	V_F	f_1	f_2	f_3	f_4	f_5
q；A B C D E F	0.049	❷ 0.041/0.053	—	−0.075	−0.014	−0.028	−0.032	0.175	−0.325 0.311	−0.189 −0.014	−0.014 0.246	−0.255 0.032	0.032	0.366	0.282	−0.257	0.460	−0.201
q；A B C D E F	❶ —/0.066	0.039	0.044	−0.022	−0.070	−0.013	−0.036	−0.022	−0.022 0.202	−0.298 0.307	−0.193 −0.023	−0.023 0.286	−0.214	−0.136	0.263	0.319	−0.304	0.609
q；A B C D E F	0.063	—	—	−0.042	0.011	−0.003	0.001	0.208	−0.292 0.053	0.053 −0.014	−0.014 0.004	0.004 −0.001	−0.001	0.572	−0.192	0.051	−0.014	0.005
q；A B C D E F	—	0.051	—	−0.031	−0.034	0.009	−0.002	−0.031	−0.031 0.247	−0.253 0.043	0.043 −0.011	−0.011 0.002	0.002	−0.192	0.432	−0.154	0.042	−0.014
q；A B C D E F	—	—	0.050	0.008	−0.033	−0.033	0.008	0.008	0.008 −0.041	−0.041 0.250	−0.250 0.041	0.041 −0.008	−0.008	0.051	−0.154	0.422	−0.154	0.051
F F F F F；A l B l C l D l E l F	0.171	0.112	0.132	−0.158	−0.118	−0.118	−0.158	0.342	−0.658 0.540	−0.460 0.500	−0.500 0.460	−0.540 0.658	−0.342	1.097	0.356	0.603	0.356	1.097
F F F；A M_1 B M_2 C M_3 D M_4 E M_5 F	0.211	—	0.191	−0.079	−0.059	−0.059	−0.079	0.421	−0.579 0.020	0.020 0.500	−0.500 −0.020	−0.020 0.579	−0.421	1.590	−0.863	1.343	−0.863	1.590
F F；A B C D E F	—	0.181	—	−0.079	−0.059	−0.059	−0.079	−0.079	−0.079 0.520	−0.480 0	0 0.480	−0.520 0.079	0.079	−0.493	1.220	−0.740	1.220	−0.493
F F F；A B C D E F	0.160	❷ 0.144/0.178	—	−0.179	−0.032	−0.066	−0.077	0.321	−0.679 0.647	−0.353 −0.034	−0.034 0.489	−0.511 0.077	0.077	0.962	0.760	−0.617	1.186	−0.482

续表

荷载图	跨内最大弯矩			支座弯矩				剪力						跨度中点挠度				
	M_1	M_2	M_3	M_B	M_C	M_D	M_E	V_A	$V_{B左}$ $V_{B右}$	$V_{C左}$ $V_{C右}$	$V_{D左}$ $V_{D右}$	$V_{E左}$ $V_{E右}$	V_F	f_1	f_2	f_3	f_4	f_5
F F F A B C D E F	❶— 0.207	0.140	0.151	−0.052	−0.167	−0.031	−0.086	−0.052	−0.052 0.385	−0.615 0.637	−0.363 −0.056	−0.056 0.586	−0.414	−0.325	0.715	0.850	−0.729	1.545
F A B C D E F	0.200	—	—	−0.100	0.027	−0.007	0.002	0.400	−0.600 0.127	0.127 −0.034	−0.034 0.009	0.009 −0.002	−0.002	1.455	−0.460	0.123	−0.034	0.011
F A B C D E F	—	0.173	—	−0.073	−0.081	0.022	−0.005	−0.073	−0.073 0.493	−0.507 0.102	0.102 −0.027	−0.027 0.005	0.005	−0.460	1.119	−0.370	0.101	−0.034
F A B C D E F	—	—	0.171	0.020	−0.079	−0.079	0.020	0.020	0.020 −0.099	−0.099 0.500	−0.500 0.099	0.099 −0.020	−0.020	0.123	−0.370	1.097	−0.370	0.123
F F F F F A l B l C l D l E l F	0.240	0.100	0.122	−0.281	−0.211	−0.211	−0.281	0.719	−1.281 1.070	−0.930 1.000	−1.000 0.930	−1.070 1.281	−0.719	1.795	0.479	0.918	0.479	1.795
F F F A M_1 B M_2 C M_3 D M_4 E M_5 F	0.287	—	0.228	−0.140	−0.105	−0.105	−0.140	0.860	−1.140 0.035	0.035 1.000	−1.000 −0.035	−0.035 1.140	−0.860	2.672	−1.535	2.234	−1.535	2.672
F F A B C D E F	—	0.216	—	−0.140	−0.105	−0.105	−0.140	−0.140	−0.140 1.035	−0.965 0	0.000 0.965	−1.035 0.140	0.140	−0.877	2.014	−1.316	2.014	−0.877
F F F A B C D E F	0.227	❷0.189 0.209	—	−0.319	−0.057	−0.118	−0.137	0.681	−1.319 1.262	−0.738 −0.061	−0.061 0.981	−1.019 0.137	0.137	1.556	1.197	−1.096	1.955	−0.857
F F F A B C D E F	❶— 0.282	0.172	0.198	−0.093	−0.297	−0.054	−0.153	−0.093	−0.093 0.796	−1.204 1.243	−0.757 −0.099	−0.099 1.153	−0.847	−0.578	1.117	1.356	−1.296	2.592
F A B C D E F	0.274	—	—	−0.179	0.048	−0.013	0.003	0.821	−1.179 0.227	0.227 −0.061	−0.061 0.016	0.016 −0.003	−0.003	2.433	−0.817	0.219	−0.060	0.020

续表

荷载图	跨内最大弯矩			支座弯矩				剪力						跨度中点挠度				
	M_1	M_2	M_3	M_B	M_C	M_D	M_E	V_A	$V_{B左}$ $V_{B右}$	$V_{C左}$ $V_{C右}$	$V_{D左}$ $V_{D右}$	$V_{E左}$ $V_{E右}$	V_F	f_1	f_2	f_3	f_4	f_5
F（作用于第2跨）A B C D E F	—	0.198	—	−0.131	−0.144	0.038	−0.010	−0.131	−0.131 0.987	−1.103 0.182	0.182 −0.048	−0.048 0.010	0.010	−0.817	1.835	−0.658	0.179	−0.060
F（作用于第3跨）A B C D E F	—	—	0.193	0.035	−0.140	−0.140	0.035	0.035	0.035 −0.175	−0.175 1.000	−1.000 0.175	0.175 −0.035	−0.035	0.219	−0.658	1.795	−0.658	0.219

表中：❶分子及分母分别为 M_1 及 M_5 的弯矩系数；❷分子及分母分别为 M_2 及 M_4 的弯矩系数。

无限跨梁

表 3.4-1e

荷载布置	荷载类别	均布 q（l，b）	跨中集中 F（$\frac{l}{2}$，$\frac{l}{2}$）	三分点 F、F（$\frac{l}{3}$，$\frac{l}{3}$，$\frac{l}{3}$）	三角形 q（$\frac{l}{2}$，$\frac{l}{2}$）
J K L M N（全跨布置）	支座弯矩	$-0.083ql^2$	$-0.125Fl$	$-0.222Fl$	$-0.052ql^2$
	跨中弯矩	$0.042ql^2$	$0.125Fl$	$0.111Fl$	$0.031ql^2$
	剪　力	$0.5ql$	$0.5F$	$1.0F$	$0.25ql$
	支座反力	$1.0ql$	$1.0F$	$2F$	$0.5ql$
J k K l L m M n N（隔跨布置）	支座弯矩	$-0.042ql^2$	$-0.063Fl$	$-0.111Fl$	$-0.026ql^2$
	跨中弯矩 $M_k=M_m$	$0.083ql^2$	$0.188Fl$	$0.222Fl$	$0.057ql^2$
	支座反力	$0.5ql$	$0.5F$	$1.0F$	$0.25ql$
J k K l L m M n N	支座弯矩 M_L	$-0.114ql^2$	$-0.171Fl$	$-0.304Fl$	$-0.071ql^2$
	支座弯矩 $M_K=M_M$	$-0.022ql^2$	$-0.034Fl$	$-0.060Fl$	$-0.014ql^2$
	L 支座反力	$1.183ql$	$1.274F$	$2.488F$	$0.614ql$
J k K l L m M n N	支座弯矩 $M_K=M_L$	$-0.053ql^2$	$-0.079Fl$	$-0.141Fl$	$-0.033ql^2$
	跨中弯矩 M_l	$0.072ql^2$	$0.171Fl$	$0.192Fl$	$0.050ql^2$
	支座弯矩 $M_J=M_M$	$0.014ql^2$	$0.021Fl$	$0.038Fl$	$0.009ql^2$

3.4.2 不等跨梁在均布荷载作用下的内力系数

表 3.4-2a

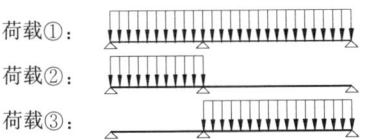

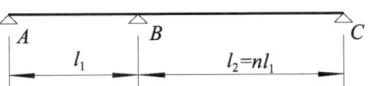

A　B　C　l_1　$l_2=nl_1$

弯矩 M=表中系数×ql_1^2；
剪力 V=表中系数×ql_1；

荷载①：
荷载②：
荷载③：

n	荷载①							荷载②		荷载③	
	M_B^*	M_{AB}	M_{BC}	V_A	$V_{B左}^*$	$V_{B右}^*$	V_C	M_{AB}^*	V_A^*	M_{BC}^*	V_C^*
1.0	−0.1250	0.0703	0.0703	0.3750	−0.6250	0.6250	−0.3750	0.0957	0.4375	0.0957	−0.4375
1.1	−0.1388	0.0653	0.0898	0.3613	−0.6387	0.6761	−0.4239	0.0970	0.4405	0.1142	−0.4780
1.2	−0.1550	0.0595	0.1108	0.3450	−0.6550	0.7292	−0.4708	0.0982	0.4432	0.1343	−0.5182
1.3	−0.1738	0.0532	0.1333	0.3263	−0.6737	0.7836	−0.5164	0.0993	0.4457	0.1558	−0.5582
1.4	−0.1950	0.0465	0.1572	0.3050	−0.6950	0.8393	−0.5607	0.1003	0.4479	0.1788	−0.5979
1.5	−0.2188	0.0396	0.1825	0.2813	−0.7187	0.8958	−0.6042	0.1013	0.4500	0.2032	−0.6375
1.6	−0.2450	0.0325	0.2092	0.2550	−0.7450	0.9531	−0.6469	0.1021	0.4519	0.2291	−0.6769
1.7	−0.2738	0.0256	0.2374	0.2263	−0.7737	1.0110	−0.6890	0.1029	0.4537	0.2564	−0.7162
1.8	−0.3050	0.0190	0.2669	0.1950	−0.8050	1.0694	−0.7306	0.1037	0.4554	0.2850	−0.7554
1.9	−0.3388	0.0130	0.2978	0.1613	−0.8387	1.1283	−0.7717	0.1044	0.4569	0.3155	−0.7944
2.0	−0.3750	0.0078	0.3301	0.1250	−0.8750	1.1875	−0.8125	0.1050	0.4583	0.3472	−0.8333
2.25	−0.4766	0.0003	0.4170	0.0234	−0.9766	1.3368	−0.9132	0.1065	0.4615	0.4327	−0.9303
2.5	−0.5938	负值	0.5126	−0.0938	−1.0938	1.4875	−1.0125	0.1078	0.4643	0.5272	−1.0268

注：1. M_{AB}（M_{AB}^*）、M_{BC}（M_{BC}^*）分别为相应荷载布置下 AB、BC 跨内的最大弯矩；
2. 带有 * 号者为荷载在最不利布置时的最大内力。

表 3.4-2b

弯矩 M=表中系数×ql_1^2；
剪力 V=表中系数×ql_1；

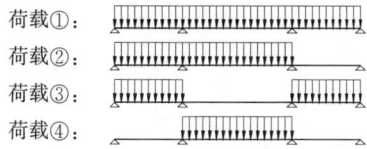

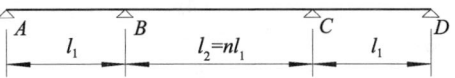

n	荷载①						荷载②			荷载③		荷载④
	M_B	M_{AB}	M_{BC}	V_A	$V_{B左}$	$V_{B右}$	M_B^*	$V_{B左}^*$	$V_{B右}^*$	M_{AB}^*	V_A^*	M_{BC}^*
0.4	−0.0831	0.0869	−0.0631	0.4169	−0.5831	0.2000	−0.0962	−0.5962	0.4608	0.0890	0.4219	0.0150
0.5	−0.0804	0.0880	−0.0491	0.4196	−0.5804	0.2500	−0.0947	−0.5947	0.4502	0.0918	0.4286	0.0223
0.6	−0.0800	0.882	−0.0350	0.4200	−0.5800	0.3000	−0.0952	−0.5952	0.4603	0.0943	0.4342	0.0308
0.7	−0.0819	0.0874	−0.0206	0.4181	−0.5819	0.3500	−0.0979	−0.5979	0.4825	0.0964	0.4390	0.0403
0.8	−0.0859	0.0857	−0.0059	0.4141	−0.5859	0.4000	−0.1021	−0.6021	0.5116	0.0982	0.4432	0.0509
0.9	−0.0918	0.0833	0.0095	0.4082	−0.5918	0.4500	−0.1083	−0.6083	0.5456	0.0998	0.4468	0.0625
1.0	−0.1000	0.0800	0.0250	0.4000	−0.6000	0.5000	−0.1167	−0.6167	0.5833	0.1013	0.4500	0.0750
1.1	−0.1100	0.0761	0.0413	0.3900	−0.6100	0.5500	−0.1267	−0.6267	0.6233	0.1025	0.4528	0.0885
1.2	−0.1218	0.0715	0.0582	0.3782	−0.6218	0.6000	−0.1385	−0.6385	0.6651	0.1037	0.4554	0.1029
1.3	−0.1355	0.0664	0.0758	0.3645	−0.6355	0.6500	−0.1522	−0.6522	0.7082	0.1047	0.4576	0.1182
1.4	−0.1510	0.0609	0.0940	0.3490	−0.6510	0.7000	−0.1676	−0.6676	0.7525	0.1057	0.4597	0.1344
1.5	−0.1683	0.0550	0.1130	0.3317	−0.6683	0.7500	−0.1848	−0.6848	0.7976	0.1065	0.4615	0.1514
1.6	−0.1874	0.0489	0.1327	0.3127	−0.6873	0.8000	−0.2037	−0.7037	0.8434	0.1073	0.4632	0.1694
1.7	−0.2082	0.0426	0.1531	0.2918	−0.7082	0.8500	−0.2244	−0.7244	0.8897	0.1080	0.4648	0.1883
1.8	−0.2308	0.0362	0.1742	0.2692	−0.7308	0.9000	−0.2468	−0.7468	0.9366	0.1087	0.4662	0.2080
1.9	−0.2552	0.0300	0.1961	0.2448	−0.7552	0.9500	−0.2710	−0.7710	0.9846	0.1093	0.4675	0.2286
2.0	−0.2813	0.0239	0.2188	0.2188	−0.7812	1.0000	−0.2969	−0.7969	1.0312	0.1099	0.4688	0.2500
2.25	−0.3540	0.0106	0.2788	0.1462	−0.8538	1.1250	−0.3691	−0.8691	1.1511	0.1111	0.4714	0.3074
2.5	−0.4375	0.0019	0.3437	0.0625	−0.9375	1.2500	−0.4521	−0.9521	1.2722	0.1122	0.4737	0.3701

注：1. M_{AB}（M_{AB}^*）、M_{BC}（M_{BC}^*）分别为相应荷载布置下 AB、BC 跨内的最大弯矩；
2. 带有 * 号者为荷载在最不利布置时的最大内力。

表 3.4-2c

半无限跨梁

弯矩 M=表中系数×ql_1^2

剪力 V=表中系数×ql_1；

荷载图式	弯矩、剪力	$l_1=0.8l$	$l_1=0.9l$	$l_1=l$
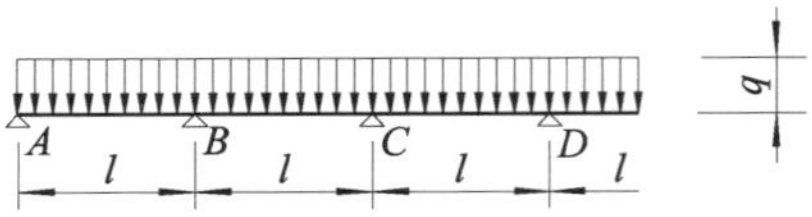 A、B、C、D 各跨（l）均布荷载 q	M_{AB} M_B M_C V_A $V_{B左}$	0.044 −0.082 −0.084 0.298 −0.502	0.060 −0.093 −0.081 0.347 −0.553	0.078 −0.106 −0.077 0.394 −0.606
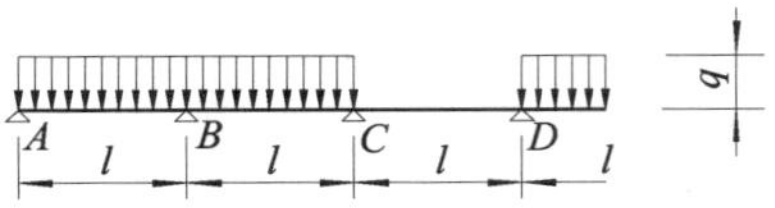 AB、BC 跨及 D 跨均布荷载 q	M_B^* M_C $V_{B左}$	−0.098 −0.027 −0.522	−0.107 −0.024 −0.569	−0.120 −0.021 −0.620
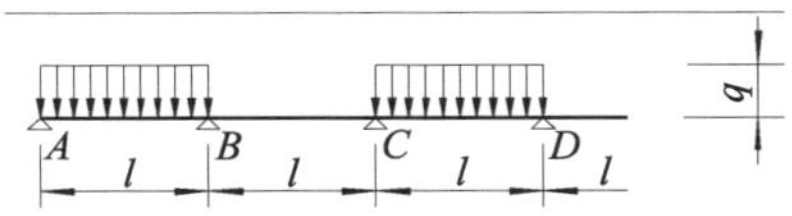 AB、CD 跨均布荷载 q	M_{AB}^* M_B M_C V_A	0.069 −0.023 −0.047 0.372	0.084 −0.037 −0.043 0.409	0.100 −0.053 −0.039 0.447
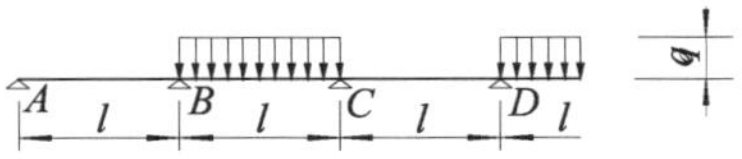 BC 跨及 D 跨均布荷载 q	M_B M_C	−0.059 −0.037	−0.056 −0.038	−0.053 −0.039

注：1. M_{AB}（M_{AB}^*）为相应荷载布置下 AB 跨内的弯矩；

2. 带有 * 号者为荷载在最不利布置时的最大内力。

3.4.3 等跨等截面连续梁支座弯矩计算公式

表 3.4-3

在表中 $R_i^\phi=\overline{R}_{B,i}+\overline{R}_{A,i+1}$；

$\overline{R}_{B,i}$、$\overline{R}_{A,i+1}$ 及 Ω 按实际荷载由表 1.2-3 的公式求得。

简图	支座弯矩计算公式	
	各跨承受不同的荷载	各跨都承受相同的荷载
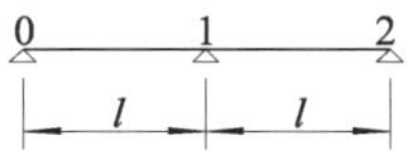 支座 0、1、2，两跨 l	$M_1=-\frac{3}{2l}R_1^\phi$	$M_1=-\frac{3}{2l}\Omega$
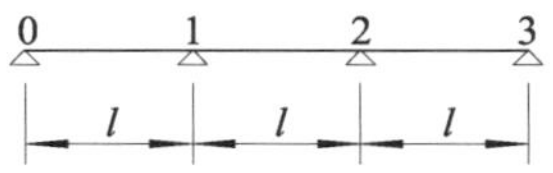 支座 0、1、2、3，三跨 l	$M_1=-\frac{2}{5l}(4R_1^\phi-R_2^\phi)$ $M_2=-\frac{2}{5l}(R_1^\phi-4R_2^\phi)$	$M_1=M_2=-\frac{6}{5l}\Omega$
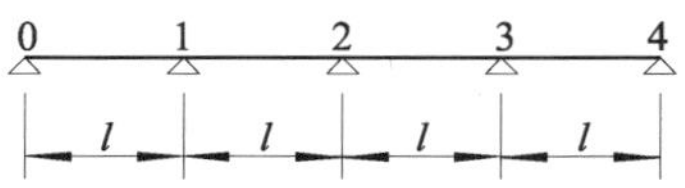 支座 0、1、2、3、4，四跨 l	$M_1=-\frac{3}{28l}(15R_1^\phi-4R_2^\phi+R_3^\phi)$ $M_2=\frac{3}{7l}(R_1^\phi-4R_2^\phi+R_3^\phi)$ $M_3=-\frac{3}{28l}(R_1^\phi-4R_2^\phi+15R_3^\phi)$	$M_1=M_3=-\frac{9}{7l}\Omega$ $M_2=-\frac{6}{7l}\Omega$

续表

简图	支座弯矩计算公式	
	各跨承受不同的荷载	各跨都承受相同的荷载
0 1 2 3 4 5 l l l l l	$M_1=-\frac{6}{209l}(56R_1^\phi-15R_2^\phi+4R_3^\phi-R_4^\phi)$ $M_2=\frac{6}{209l}(15R_1^\phi-60R_2^\phi+16R_3^\phi-4R_4^\phi)$ $M_3=-\frac{6}{209l}(4R_1^\phi-16R_2^\phi+60R_3^\phi-15R_4^\phi)$ $M_4=\frac{6}{209l}(R_1^\phi-4R_2^\phi+15R_3^\phi-56R_4^\phi)$	$M_1=M_4=-\frac{264}{209l}\Omega$ $M_2=M_3=-\frac{198}{209l}\Omega$

3.4.4 不等跨等截面连续梁支座弯矩计算公式

表 3.4-4

在表中 $N_i=6\ (\overline{R}_{B,i}+\overline{R}_{A,i+1})$；

$\overline{R}_{B,i}$及$\overline{R}_{A,i+1}$按实际荷载由表 1.2-3 的公式求得。

简图	计算用的系数		支座弯矩公式
0 1 2 l_1 l_2	$k_1=2(l_1+l_2)$		$M_1=-\frac{N_1}{k_1}$
0 1 2 3 l_1 l_2 l_3	$k_1=2(l_1+l_2)$ $k_2=2(l_2+l_3)$ $k_3=k_1k_2-l_2^2$	$a_1=\frac{k_2}{k_3}$ $a_2=\frac{l_2}{k_3}$ $a_3=\frac{k_1}{k_3}$	$M_1=-a_1N_1+a_2N_2$ $M_2=a_2N_1-a_3N_2$
0 1 2 3 4 l_1 l_2 l_3 l_4	$k_1=2(l_1+l_2)$ $k_2=2(l_2+l_3)$ $k_3=2(l_3+l_4)$ $k_4=k_1k_2-l_2^2$ $k_5=k_2k_3-l_3^2$ $k_6=k_3k_4-k_1l_3^2$	$a_1=\frac{k_5}{k_6}$ $a_2=\frac{k_3l_2}{k_6}$ $a_3=\frac{l_2l_3}{k_6}$ $a_4=\frac{k_3k_1}{k_6}$ $a_5=\frac{l_3k_1}{k_6}$ $a_6=\frac{k_4}{k_6}$	$M_1=-a_1N_1+a_2N_2-a_3N_3$ $M_2=a_2N_1-a_4N_2+a_5N_3$ $M_3=-a_3N_1+a_5N_2-a_6N_3$
0 1 2 3 4 5 l_1 l_2 l_3 l_4 l_5	$k_1=2(l_1+l_2)$ $k_2=2(l_2+l_3)$ $k_3=2(l_3+l_4)$ $k_4=2(l_4+l_5)$ $k_5=k_1k_2-l_2^2$ $k_6=k_3k_4-l_4^2$ $k_7=k_2k_6-l_3^2k_4$ $k_8=k_3k_5-l_3^2k_1$ $k_9=k_5k_6-k_1k_4l_3^2$	$a_1=\frac{k_7}{k_9}$ $a_2=\frac{k_6l_2}{k_9}$ $a_3=\frac{l_2l_3l_4}{k_9}$ $a_4=\frac{l_2l_3l_4}{k_9}$ $a_5=\frac{k_6k_1}{k_9}$ $a_6=\frac{k_1l_3k_4}{k_9}$ $a_7=\frac{k_1l_3l_4}{k_9}$ $a_8=\frac{k_5k_4}{k_9}$ $a_9=\frac{k_5l_4}{k_9}$ $a_{10}=\frac{k_8}{k_9}$	$M_1=-a_1N_1+a_2N_2-a_3N_3+a_4N_4$ $M_2=a_2N_1-a_5N_2+a_6N_3-a_7N_4$ $M_3=-a_3N_1+a_6N_2-a_8N_3+a_9N_4$ $M_4=a_4N_1-a_7N_2+a_9N_3-a_{10}N_4$

3.5 梁跨内弯矩与挠度的计算用表

3.5.1 梁跨内最大弯矩计算公式

表 3.5-1

荷 载 及 弯 矩 图	跨 内 最 大 弯 矩
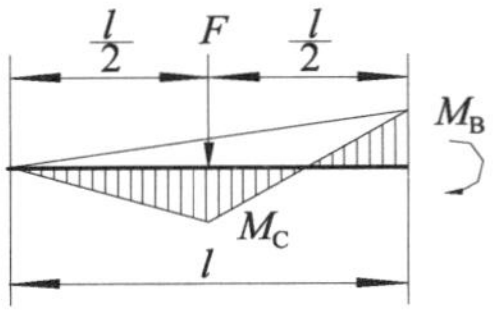 $\frac{l}{2}$ F $\frac{l}{2}$ M_B M_C l	当$\vert M_B\vert\leqslant\frac{Fl}{2}$时， $M_C=\frac{1}{2}\left(\frac{Fl}{2}-M_B\right)$
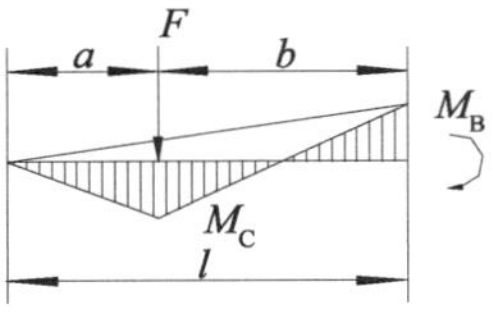 F a b M_B M_C l	当 $Fb\geqslant M_B\geqslant -Fa$ 时， $M_C=\frac{a}{l}(Fb-M_B)$
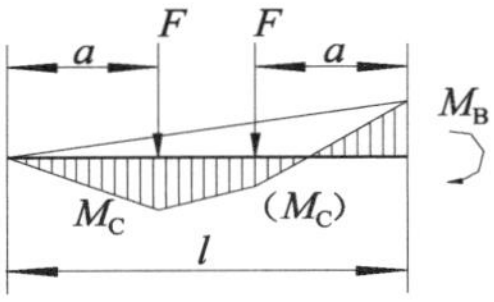 a F F a M_B M_C (M_C) l	当 $Fl\geqslant M_B\geqslant 0$ 时，$M_C=Fa-\frac{a}{l}M_B$ 当 $0\geqslant M_B\geqslant -Fl$ 时，$M_C=Fa-\left(1-\frac{a}{l}\right)M_B$
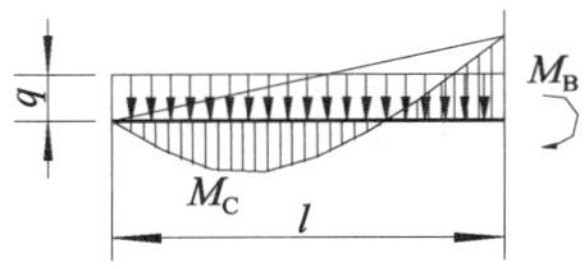 q M_B M_C l	当$\vert M_B\vert\leqslant\frac{ql^2}{2}$时， $M_C=\frac{ql^2}{2}\left(\frac{1}{2}-\frac{M_B}{ql^2}\right)^2$
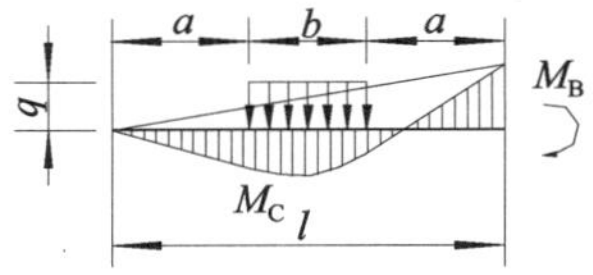 a b a q M_B M_C l	当$\vert M_B\vert\leqslant\frac{qbl}{2}$时， $M_C=\frac{q}{2}\left(\frac{b}{2}-\frac{M_B}{ql}\right)\times\left(\frac{l+2a}{2}-\frac{M_B}{ql}\right)$
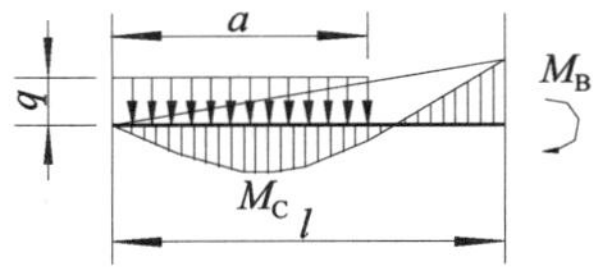 a q M_B M_C l	当$\frac{qa(2l-a)}{2}\geqslant M_B\geqslant-\frac{qa^2}{2}$时， $M_C=\frac{q}{2}\left[\frac{a}{l}\left(l-\frac{a}{2}\right)-\frac{M_B}{ql}\right]^2$
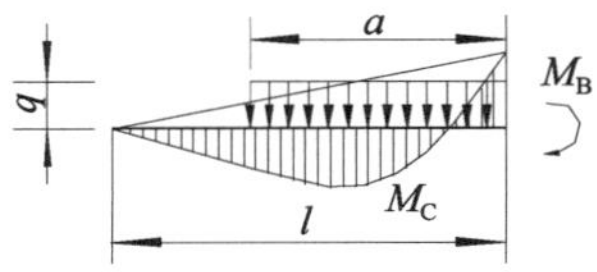 a q M_B l M_C	当$\frac{qa^2}{2}\geqslant M_B\geqslant-\frac{qa(2l-a)}{2}$时， $M_C=\frac{q}{2}\left(\frac{a^2}{2l}-\frac{M_B}{ql}\right)\times\left[\left(\frac{a^2}{2l}-\frac{M_B}{ql}\right)+2(l-a)\right]$

续表

荷载及弯矩图	跨内最大弯矩
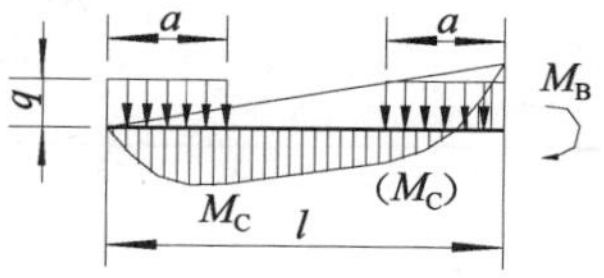 a a q M_B M_C (M_C) l	当 $qal\geqslant M_B\geqslant 0$ 时，$M_C=\frac{q}{2}(a-M_B/ql)^2$； 当 $0\geqslant M_B\geqslant -qal$ 时，$M_C=\frac{q}{2}(a+M_B/ql)^2-M_B$
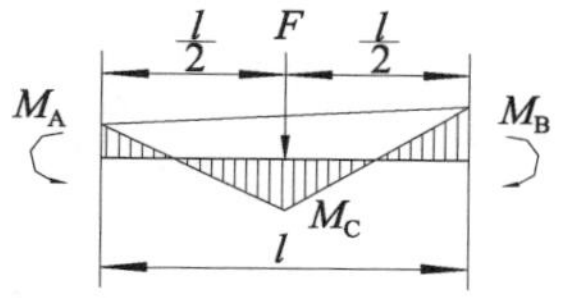 $\frac{l}{2}$ F $\frac{l}{2}$ M_A M_B M_C l	当$\lvert M_B-M_A\rvert\leqslant\frac{Fl}{2}$时， $M_C=\frac{Fl}{4}-\frac{M_A+M_B}{2}$
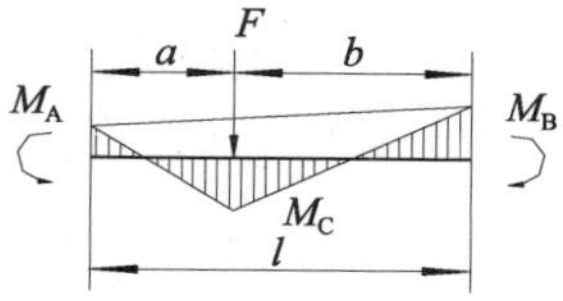 F a b M_A M_B M_C l	当 $Fb\geqslant M_B-M_A\geqslant -Fa$ 时， $M_C=\frac{1}{l}(Fab-M_Ba-M_Ab)$
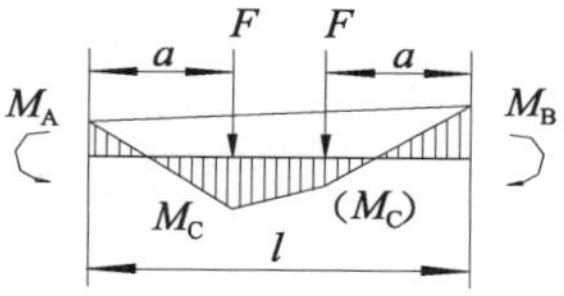 F F a a M_A M_B M_C (M_C) l	当 $Fl\geqslant M_B-M_A\geqslant 0$ 时， $M_C=Fa-\frac{1}{l}[M_Ba+(l-a)M_A]$
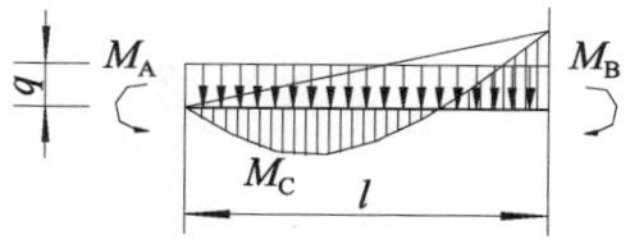 q M_A M_B M_C l	当$\lvert M_B-M_A\rvert\leqslant\frac{ql^2}{2}$时， $M_C=\frac{q}{2}\left(\frac{l}{2}-\frac{M_B-M_A}{ql}\right)^2-M_A$
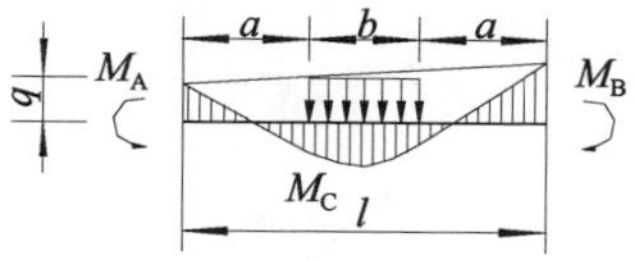 a b a q M_A M_B M_C l	当$\lvert M_B-M_A\rvert\leqslant\frac{qbl}{2}$时， $M_C=\frac{q}{2}\left(\frac{b}{2}-\frac{M_B-M_A}{ql}\right)\times\left(\frac{l+2a}{2}-\frac{M_B-M_A}{ql}\right)-M_A$
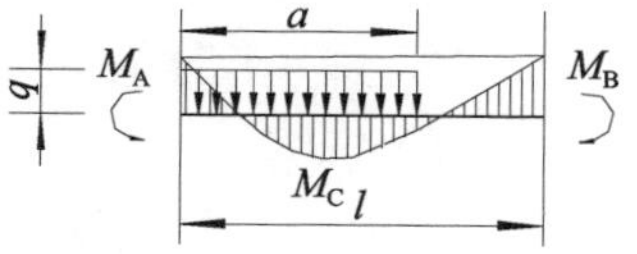 a q M_A M_B M_C l	当$\frac{qa(2l-a)}{2}\geqslant M_B-M_A\geqslant\frac{-qa^2}{2}$时， $M_C=\frac{q}{2}\left[\frac{a}{l}\left(l-\frac{a}{2}\right)-\frac{M_B-M_A}{ql}\right]^2-M_A$
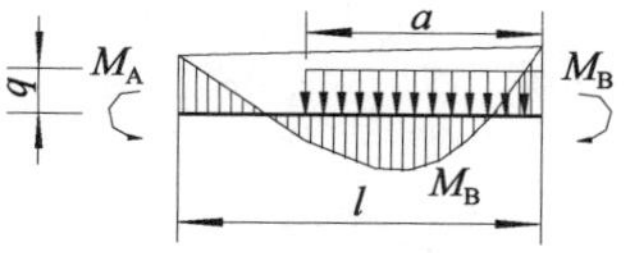 a q M_A M_B M_B l	当$\frac{qa^2}{2}\geqslant M_B-M_A\geqslant\frac{-qa(2l-a)}{2}$时， $M_C=\frac{q}{2}\left[\frac{a^2}{2l}-\frac{M_B-M_A}{ql}+2(l-a)\right]\times\left(\frac{a^2}{2l}-\frac{M_B-M_A}{ql}\right)-M_A$
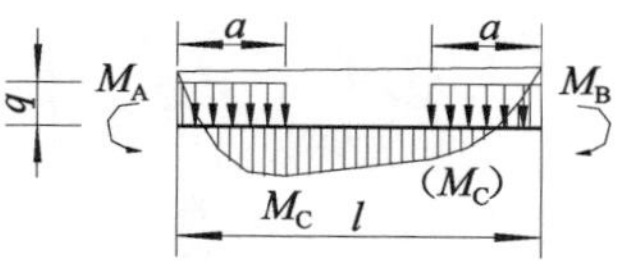 a a q M_A M_B M_C (M_C) l	当 $qal\geqslant M_B-M_A\geqslant 0$ 时， $M_C=\frac{q}{2}\left(a-\frac{M_B-M_A}{ql}\right)^2-M_A$

注：1. 公式中 M_A、M_B 以其实际方向同图示方向者取为正号；

2. 若求得的 M_C 为负值，则跨中无正弯矩，此时 M_C 为跨内最小负弯矩。

3.5.2 梁跨内最大弯矩处横坐标 x_0 的计算公式

表 3.5-2

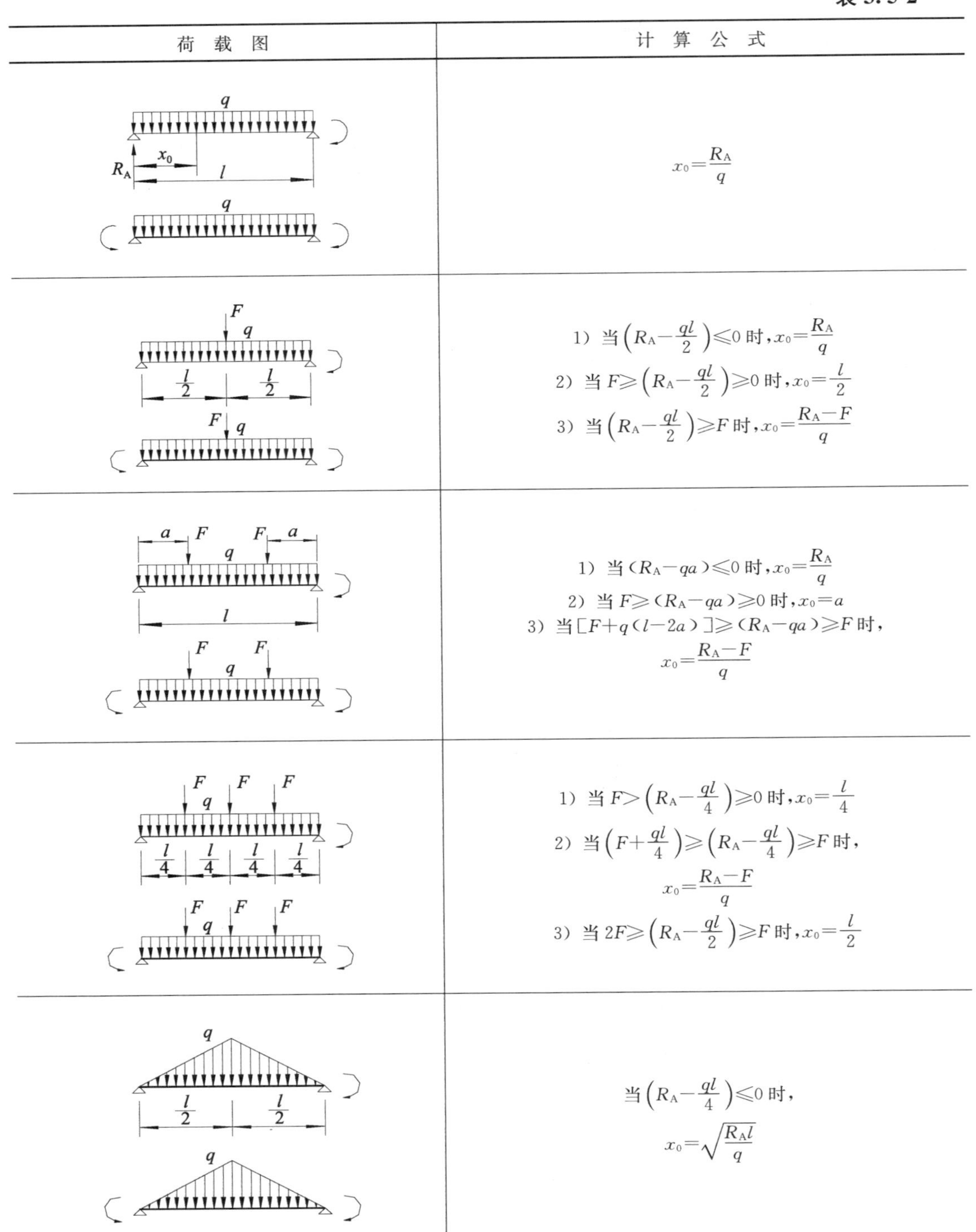

荷载图	计算公式
	$x_0=\dfrac{R_A}{q}$
	1) 当 $\left(R_A-\dfrac{ql}{2}\right)\leqslant 0$ 时，$x_0=\dfrac{R_A}{q}$ 2) 当 $F\geqslant\left(R_A-\dfrac{ql}{2}\right)\geqslant 0$ 时，$x_0=\dfrac{l}{2}$ 3) 当 $\left(R_A-\dfrac{ql}{2}\right)\geqslant F$ 时，$x_0=\dfrac{R_A-F}{q}$
	1) 当 $(R_A-qa)\leqslant 0$ 时，$x_0=\dfrac{R_A}{q}$ 2) 当 $F\geqslant(R_A-qa)\geqslant 0$ 时，$x_0=a$ 3) 当 $[F+q(l-2a)]\geqslant(R_A-qa)\geqslant F$ 时， $x_0=\dfrac{R_A-F}{q}$
	1) 当 $F>\left(R_A-\dfrac{ql}{4}\right)\geqslant 0$ 时，$x_0=\dfrac{l}{4}$ 2) 当 $\left(F+\dfrac{ql}{4}\right)\geqslant\left(R_A-\dfrac{ql}{4}\right)\geqslant F$ 时， $x_0=\dfrac{R_A-F}{q}$ 3) 当 $2F\geqslant\left(R_A-\dfrac{ql}{2}\right)\geqslant F$ 时，$x_0=\dfrac{l}{2}$
	当 $\left(R_A-\dfrac{ql}{4}\right)\leqslant 0$ 时， $x_0=\sqrt{\dfrac{R_A l}{q}}$

注：公式中 R_A 表示在外荷载及支座弯矩（一个或两个）共同作用下按简支梁计算的左支座反力。

3.5.3 梁在均布荷载作用下的跨内最大弯矩系数 n

表 3.5-3

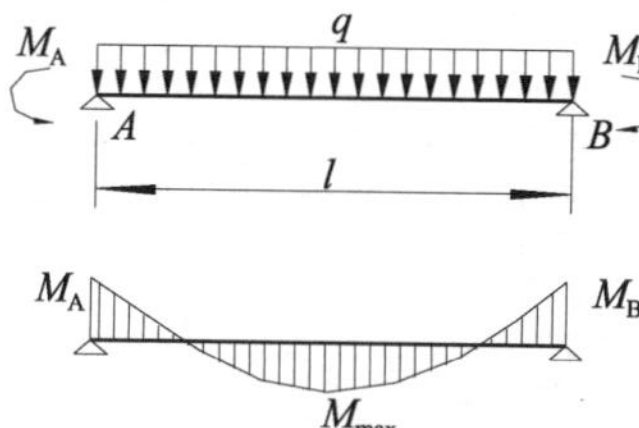

$$n_A = 1000 \times \frac{M_A}{ql^2}, \quad n_B = 1000 \times \frac{M_B}{ql^2}$$

由 n_A 和 n_B 查得系数 n，从而可得：$M_{max} = \frac{nql^2}{1000}$

n_B \ n_A	0	5	10	15	20	25	30	35	40	45	50	55	60	65	70	75	80	85	90	95	100	105	110	115	120	125
0	125.0	122.5	120.1	117.6	115.2	112.8	110.5	108.1	105.8	103.5	101.3	99.0	96.8	94.6	92.5	90.3	88.2	86.1	84.1	82.0	80.0	78.0	76.1	74.1	72.2	70.3
5	122.5	120.0	117.5	115.1	112.6	110.2	107.8	105.5	103.1	100.8	98.5	96.3	94.0	91.8	89.6	87.5	85.3	83.2	81.1	79.1	77.0	75.0	73.0	71.1	69.1	67.2
10	120.1	117.5	115.0	112.5	110.1	107.6	105.2	102.8	100.5	98.1	95.8	93.5	91.3	89.0	86.8	84.6	82.5	80.3	78.2	76.1	74.1	72.0	70.0	68.0	66.1	64.1
15	117.6	115.1	112.5	110.0	107.5	105.1	102.6	100.2	97.8	95.5	93.1	90.8	88.5	86.3	84.0	81.8	79.6	77.5	75.3	73.2	71.1	69.1	67.0	65.0	63.0	61.1
20	115.2	112.6	110.1	107.5	105.0	102.5	100.1	97.6	95.2	92.8	90.5	88.1	85.8	83.5	81.3	79.0	76.8	74.6	72.5	70.3	68.2	66.1	64.1	62.0	60.0	58.0
25	112.8	110.2	107.6	105.1	102.5	100.0	97.5	95.1	92.6	90.2	87.8	85.5	83.1	80.8	78.5	76.3	74.0	71.8	69.6	67.5	65.3	63.2	61.1	59.1	57.0	55.0
30	110.5	107.8	105.2	102.6	100.1	97.5	95.0	92.5	90.1	87.6	85.2	82.8	80.5	78.1	75.8	73.5	71.3	69.0	66.8	64.6	62.5	60.3	58.2	56.1	54.1	52.0
35	108.1	105.5	102.8	100.2	97.6	95.1	92.5	90.0	87.5	85.1	82.6	80.2	77.8	75.5	73.1	70.8	68.5	66.3	64.0	61.8	59.6	57.5	55.3	53.2	51.1	49.1
40	105.8	103.1	100.5	97.8	95.2	92.6	90.1	87.5	85.0	82.5	80.1	77.6	75.2	72.8	70.5	68.1	65.8	63.5	61.3	59.0	56.8	54.6	52.5	50.3	48.2	46.1
45	103.5	100.8	98.1	95.5	92.8	90.2	87.6	85.1	82.5	80.0	77.5	75.1	72.6	70.2	67.8	65.5	63.1	60.8	58.5	56.3	54.0	51.8	49.6	47.5	45.3	43.2
50	101.3	98.5	95.8	93.1	90.5	87.8	85.2	82.6	80.1	77.5	75.0	72.5	70.1	67.6	65.2	62.8	60.5	58.1	55.8	53.5	51.3	49.0	46.8	44.6	42.5	40.3
55	99.0	96.3	93.5	90.8	88.1	85.5	82.8	80.2	77.6	75.1	72.5	70.0	67.5	65.1	62.6	60.2	57.8	55.5	53.1	50.8	48.5	46.3	44.0	41.8	39.6	37.5
60	96.8	94.0	91.3	88.5	85.8	83.1	80.5	77.8	75.2	72.6	70.1	67.5	65.0	62.5	60.1	57.6	55.2	52.8	50.5	48.1	45.8	43.5	41.3	39.0	36.8	34.6
65	94.6	91.8	89.0	86.3	83.5	80.8	78.1	75.5	72.8	70.2	67.6	65.1	62.5	60.0	57.5	55.1	52.6	50.2	47.8	45.5	43.1	40.8	38.5	36.3	34.0	31.8
70	92.5	89.6	86.8	84.0	81.3	78.5	75.8	73.1	70.5	67.8	65.2	62.6	60.1	57.5	55.0	52.5	50.1	47.6	45.2	42.8	40.5	38.1	35.8	33.5	31.3	29.0
75	90.3	87.5	84.6	81.8	79.0	76.3	73.5	70.8	68.1	65.5	62.8	60.2	57.6	55.1	52.5	50.0	47.5	45.1	42.6	40.2	37.8	35.5	33.1	30.8	28.5	26.3
80	88.2	85.3	82.5	79.6	76.8	74.0	71.3	68.5	65.8	63.1	60.5	57.8	55.2	52.6	50.1	47.5	45.0	42.5	40.1	37.6	35.2	32.8	30.5	28.1	25.8	23.5
85	86.1	83.2	80.3	77.5	74.6	71.8	69.0	66.3	63.5	60.8	58.1	55.5	52.8	50.2	47.6	45.1	42.5	40.0	37.5	35.1	32.6	30.2	27.8	25.5	23.1	20.8
90	84.1	81.1	78.2	75.3	72.5	69.6	66.8	64.0	61.3	58.5	55.8	53.1	50.5	47.8	45.2	42.6	40.1	37.5	35.0	32.5	30.1	27.6	25.2	22.8	20.5	18.1
95	82.0	79.1	76.1	73.2	70.3	67.5	64.6	61.8	59.0	56.3	53.5	50.8	48.1	45.5	42.8	40.2	37.6	35.1	32.5	30.0	27.5	25.1	22.6	20.2	17.8	15.5
100	80.0	77.0	74.1	71.1	68.2	65.3	62.5	59.6	56.8	54.0	51.3	48.5	45.8	43.1	40.5	37.8	35.2	32.6	30.1	27.5	25.0	22.5	20.1	17.6	15.2	12.8
105	78.0	75.0	72.0	69.1	66.1	63.2	60.3	57.5	54.6	51.8	49.0	46.3	43.5	40.8	38.1	35.5	32.8	30.2	27.6	25.1	22.5	20.0	17.5	15.1	12.6	10.2
110	76.1	73.0	70.0	67.0	64.1	61.1	58.2	55.3	52.5	49.6	46.8	44.0	41.3	38.5	35.8	33.1	30.5	27.8	25.2	22.6	20.1	17.5	15.0	12.5	10.1	7.6
115	74.1	71.1	68.0	65.0	62.0	59.1	56.1	53.2	50.3	47.5	44.6	41.8	39.0	36.3	33.5	30.8	28.1	25.5	22.8	20.2	17.6	15.1	12.5	10.0	7.5	5.1
120	72.2	69.1	66.1	63.0	60.0	57.0	54.1	51.1	48.2	45.3	42.5	39.6	36.8	34.0	31.3	28.5	25.8	23.1	20.5	17.8	15.2	12.6	10.1	7.5	5.0	2.5
125	70.3	67.2	64.1	61.1	58.0	55.0	52.0	49.1	46.1	43.2	40.3	37.5	34.6	31.8	29.0	26.3	23.5	20.8	18.1	15.5	12.8	10.2	7.6	5.1	2.5	0

3.5.4 梁在均布荷载作用下的最大挠度值

1. 最大挠度的位置及数值表

表 3.5-4

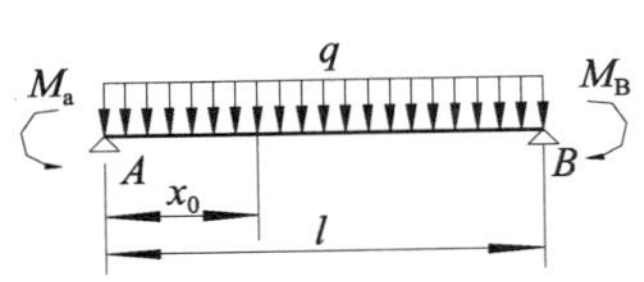

$K_1=\frac{4M_A}{ql^2}$；　$K_2=\frac{4M_B}{ql^2}$

（式中 M_A、M_B 的正负号以其实际方向和图中方向相符者取为正）

最大挠度处与支座 A 的距离 x_0＝表中上行值×l

最大挠度 f_{max}＝表中下行值×$\frac{ql^4}{24EI}$

K_2 \ K_1	0	0.05	0.10	0.15	0.20	0.25	0.30	0.35	0.40	0.45	0.50
0	0.5000	0.5044	0.5093	0.5147	0.5207	0.5276	0.5353	0.5440	0.5540	0.5654	0.5785
	0.3125	0.2938	0.2751	0.2565	0.2380	0.2196	0.2013	0.1832	0.1652	0.1475	0.1300
0.05	0.4956	0.5000	0.5049	0.5104	0.5166	0.5237	0.5317	0.5410	0.5517	0.5641	0.5786
	0.2938	0.2750	0.2563	0.2376	0.2191	0.2006	0.1822	0.1640	0.1460	0.1282	0.1107
0.10	0.4907	0.4951	0.5000	0.5056	0.5119	0.5192	0.5276	0.5374	0.5489	0.5625	0.5788
	0.2751	0.2563	0.2375	0.2188	0.2001	0.1816	0.1632	0.1449	0.1268	0.1090	0.0915
0.15	0.4853	0.4896	0.4944	0.5000	0.5064	0.5139	0.5226	0.5330	0.5454	0.5605	0.5790
	0.2565	0.2376	0.2188	0.2000	0.1813	0.1627	0.1442	0.1258	0.1077	0.0898	0.0723
0.20	0.4793	0.4834	0.4881	0.4936	0.5000	0.5076	0.5166	0.5276	0.5411	0.5579	0.5793
	0.2380	0.2191	0.2001	0.1813	0.1625	0.1438	0.1252	0.1068	0.0885	0.0706	0.0530
0.25	0.4724	0.4763	0.4808	0.4861	0.4924	0.5000	0.5093	0.5208	0.5353	0.5543	0.5797
	0.2196	0.2006	0.1816	0.1627	0.1438	0.1250	0.1063	0.0878	0.0694	0.0514	0.0338
0.30	0.4647	0.4683	0.4724	0.4774	0.4834	0.4907	0.5000	0.5119	0.5276	0.5492	0.5803
	0.2013	0.1822	0.1632	0.1442	0.1252	0.1063	0.0875	0.0688	0.0503	0.0322	0.0145
0.35	0.4560	0.4590	0.4626	0.4670	0.4724	0.4792	0.4881	0.5000	0.5116	0.5413	
	0.1832	0.1640	0.1449	0.1258	0.1068	0.0878	0.0688	0.0500	0.0314	0.0130	
0.40	0.4460	0.4483	0.4511	0.4546	0.4589	0.4647	0.4724	0.4834	0.5000		
	0.1652	0.1460	0.1268	0.1077	0.0885	0.0694	0.0503	0.0314	0.0125		
0.45	0.4346	0.4359	0.4375	0.4395	0.4421	0.4457	0.4508	0.4587			
	0.1475	0.1282	0.1090	0.0898	0.0706	0.0514	0.0322	0.0130			
0.50	0.4215	0.4214	0.4212	0.4210	0.4207	0.4203	0.4197				
	0.1300	0.1107	0.0915	0.0723	0.0530	0.0338	0.0145				

2. 最大挠度位置 x_0 的计算公式

（1）计算公式

公式的计算条件见表 3.5-4。

在按一般方法求出左右两个支座的支座弯矩 M_A 及 M_B 并按表 3.5-4 的规定计算 K_1 与 K_2 后，可按下式求得最大挠度处与左支座间的距离 x_0：

$$x_0=\frac{A}{4}+2\cdot\sqrt[3]{R}\cos(\theta+240°)$$

式中　$A=2+K_1-K_2$；$R=\sqrt{\left(\frac{A^2}{16}-\frac{K_1}{2}\right)^3}$；

$$\theta=\frac{1}{3}\arccos\left[\frac{A^3-12K_1A-8(1-2K_1-K_2)}{64R}\right]$$

求出最大挠度的位置后，即可按单跨简支梁求挠度的公式分别求出在均布荷载及端弯矩作用下该处的挠度，然后进行叠加即得最大挠度。

（2）计算公式的说明

最大挠度的位置在梁的转角等于零处。在均布荷载作用下，梁转角等于零的方程是距离 x 的三次方程。该方程有三个解，这里给出的是满足表 3.5-4 要求的一个解 x_0。方程的另两个解分别是

$$x_{01}=\frac{A}{4}+2\cdot\sqrt[3]{R}\cos(\theta+120°)；\qquad x_{02}=\frac{A}{4}+2\cdot\sqrt[3]{R}\cos\theta$$

这两个解对于表 3.5-4 所示的条件没有实际意义，所以不需要使用这两个公式。

3.6　连续梁其他计算用表

3.6.1　各种荷载化成具有相同支座弯矩的等效均布荷载

$\alpha=a/l$，$\beta=1-\alpha$，$\gamma=c/l$，l 是梁的跨度　　　　**表 3.6-1**

实际荷载	支座弯矩等效均布荷载 q_E	实际荷载	支座弯矩等效均布荷载 q_E
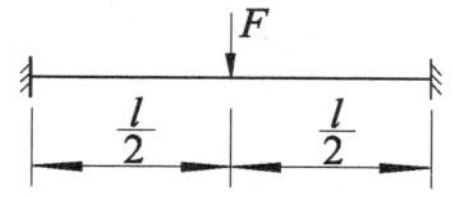 F；$\frac{l}{2}$，$\frac{l}{2}$	$\frac{3F}{2l}$	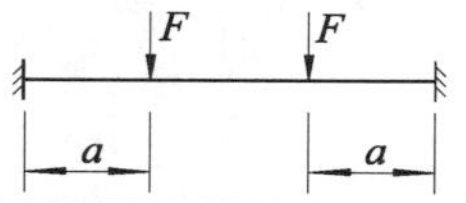 F，F；a，a	$12\alpha\beta\frac{F}{l}$
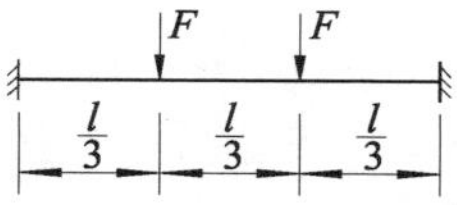 F，F；$\frac{l}{3}$，$\frac{l}{3}$，$\frac{l}{3}$	$\frac{8F}{3l}$	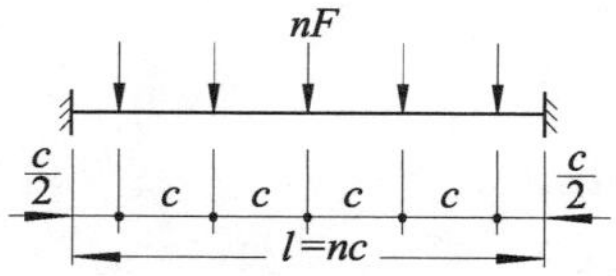 nF；$\frac{c}{2}$，c，c，c，c，$\frac{c}{2}$；$l=nc$	$\frac{2n^2+1}{2n}\times\frac{F}{l}$
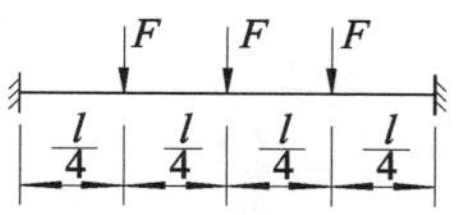 F，F，F；$\frac{l}{4}$，$\frac{l}{4}$，$\frac{l}{4}$，$\frac{l}{4}$	$\frac{15F}{4l}$	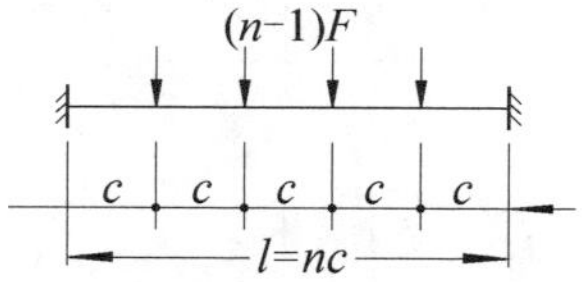 $(n-1)F$；c，c，c，c，c；$l=nc$	$\frac{n^2-1}{n}\times\frac{F}{l}$
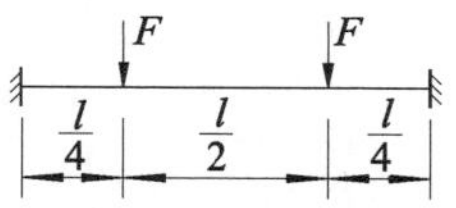 F，F；$\frac{l}{4}$，$\frac{l}{2}$，$\frac{l}{4}$	$\frac{9F}{4l}$	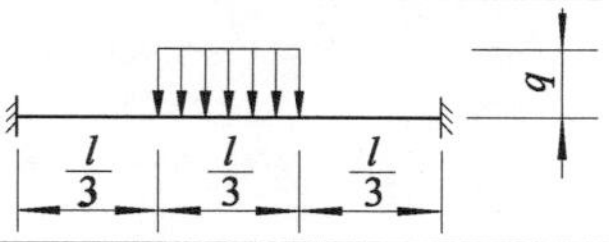 q；$\frac{l}{3}$，$\frac{l}{3}$，$\frac{l}{3}$	$\frac{13q}{27}$
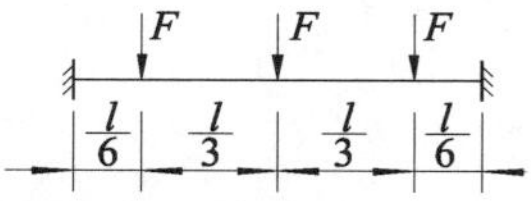 F，F，F；$\frac{l}{6}$，$\frac{l}{3}$，$\frac{l}{3}$，$\frac{l}{6}$	$\frac{19F}{6l}$	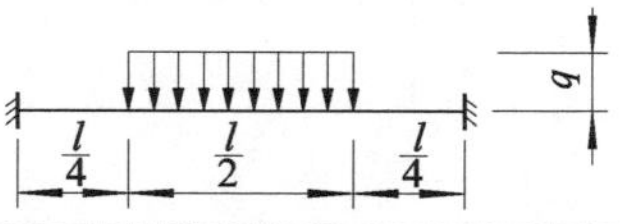 q；$\frac{l}{4}$，$\frac{l}{2}$，$\frac{l}{4}$	$\frac{11q}{16}$

续表

实际荷载	支座弯矩等效均布荷载 q_E	实际荷载	支座弯矩等效均布荷载 q_E
a c a q	$\frac{\gamma}{2}(3-\gamma^2)q$	a a c c q	$\frac{\gamma}{3}(18\alpha\beta-\gamma^2)q$
$\frac{l}{3}$ $\frac{l}{3}$ $\frac{l}{3}$ q	$\frac{14q}{27}$	a a q	$(1-2\alpha^2+\alpha^3)q$
a a q	$2\alpha^2(3-2\alpha)q$	$\frac{l}{2}$ $\frac{l}{2}$ q	$\frac{3q}{8}$
a a c c q	$\gamma(12\alpha\beta-\gamma^2)q$	$\frac{l}{4}$ $\frac{l}{4}$ $\frac{l}{4}$ $\frac{l}{4}$ q	$\frac{15q}{32}$
$\frac{l}{2}$ $\frac{l}{2}$ q	$\frac{5q}{8}$	a c c a q	$\frac{\gamma}{2}(3-2\gamma^2)q$
$\frac{l}{4}$ $\frac{l}{4}$ $\frac{l}{4}$ $\frac{l}{4}$ q	$\frac{17q}{32}$	a a q	$\alpha^2(2-\alpha)q$
$\frac{l}{6}$ $\frac{l}{6}$ $\frac{l}{6}$ $\frac{l}{6}$ $\frac{l}{6}$ $\frac{l}{6}$ q	$\frac{37q}{72}$	a a c c q	$\frac{\gamma}{3}(18\alpha\beta-\gamma^2)q$
a a q	$\alpha^2(4-3\alpha)q$	抛物线 l q	$\frac{4q}{5}$

3.6.2　等跨梁在支座沉陷时的支座弯矩系数

支座弯矩＝表中系数×$\frac{EI}{l^2}\Delta$（式中 Δ 是支座的沉陷值）　　表 3.6-2a

二、三、四、五跨梁

梁的简图	支座弯矩	发生沉陷的支座					
		A	B	C	D	E	F
A l B l C	M_B	−1.5000	3.0000	−1.5000	—	—	—
A l B l C l D	M_B	−1.6000	3.6000	−2.4000	0.4000	—	—
	M_C	0.4000	−2.4000	3.6000	−1.6000		
A l B l C l D l E	M_B	−1.6071	3.6428	−2.5714	0.6428	−0.1071	—
	M_C	0.4286	−2.5714	4.2857	−2.5714	0.4286	—
	M_D	−0.1071	0.6428	−2.5714	3.6428	−1.6071	—
A l B l C l D l E l F	M_B	−1.6076	3.6459	−2.5837	0.6890	−0.1722	0.0287
	M_C	0.4306	−2.5837	4.3349	−2.7558	0.6890	−0.1148
	M_D	−0.1148	0.6890	−2.7558	4.3349	−2.5837	0.4306
	M_E	0.0287	−0.1722	0.6890	−2.5837	3.6459	−1.6076

半无限跨梁　　表 3.6-2b

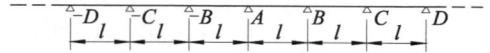

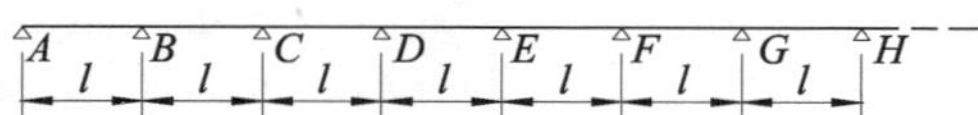

支座弯矩	发生沉陷的支座				
	A	B	C	D	E
M_B	−1.6077	3.6462	−2.5847	0.6926	−0.1856
M_C	0.4308	−2.5847	4.3387	−2.7703	0.7423
M_D	−0.1154	0.6926	−2.7703	4.3885	−2.7836
M_E	0.0309	−0.1856	0.7423	−2.7836	4.3920
M_F	−0.0083	0.0497	−0.1989	0.7459	−2.7845
M_G	0.0022	−0.0133	0.0533	−0.1999	0.7461
M_H	−0.0006	0.0036	−0.0143	0.0536	−0.1999
M_I	0.0002	−0.0010	0.0038	−0.0143	0.0536

无限跨梁　　表 3.6-2c

D l C l B l A l B l C l D

当支座 A 沉陷时
支座弯矩
$M_A=4.3923$
$M_{B(-B)}=-2.7846$
$M_{C(-C)}=0.7461$
$M_{D(-D)}=-0.1999$
$M_{E(-E)}=0.0536$
$M_{F(-F)}=-0.0144$
$M_{G(-G)}=0.0038$
$M_{H(-H)}=-0.0010$

3.6.3 等跨梁弯矩及剪力影响线的纵标值

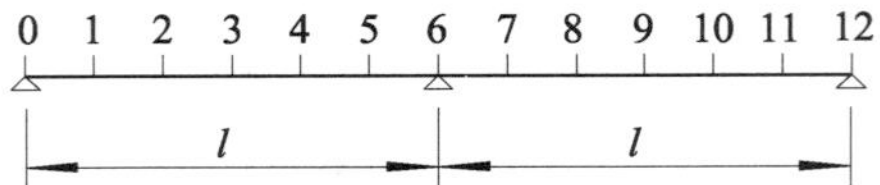

表 3.6-3a

荷载点	弯矩影响线在下列截面的纵标（表中系数×l）						V_0剪力影响线的纵标
	二 跨 梁						
	1	2	3	4	5	6	
0	0	0	0	0	0	0	1.0000
1	0.1323	0.0976	0.0632	0.0285	−0.0060	−0.0405	0.7928
2	0.0988	0.1976	0.1298	0.0619	−0.0061	−0.0740	0.5927
3	0.0677	0.1354	0.2031	0.1041	0.0051	−0.0938	0.4062
4	0.0402	0.0803	0.1205	0.1606	0.0340	−0.0926	0.2407
5	0.0172	0.0343	0.0516	0.0687	0.0860	−0.0636	0.1031
6	0	0	0	0	0	0	0
7	−0.0106	−0.0212	−0.0318	−0.0424	−0.0530	−0.0636	−0.0636
8	−0.0154	−0.0309	−0.0463	−0.0617	−0.0772	−0.0926	−0.0926
9	−0.0156	−0.0313	−0.0469	−0.0626	−0.0782	−0.0938	−0.0938
10	−0.0123	−0.0247	−0.0370	−0.0494	−0.0617	−0.0740	−0.0740
11	−0.0068	−0.0135	−0.0203	−0.0270	−0.0338	−0.0405	−0.0405
12	0	0	0	0	0	0	0

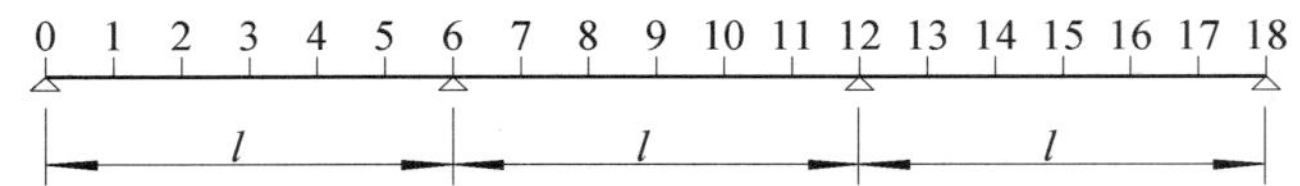

表 3.6-3b

荷载点	弯矩影响线在下列截面的纵标（表中系数×l）									剪力影响线的纵标	
	三 跨 梁										
	1	2	3	4	5	6	7	8	9	V_0	$V_{6右}$
0	0	0	0	0	0	0	0	0	0	1.0000	0
1	0.1318	0.0967	0.0618	0.0267	−0.0083	−0.0432	−0.0342	−0.0252	−0.0162	0.7901	0.0540
2	0.0980	0.1960	0.1273	0.0585	−0.0102	−0.0790	−0.0625	−0.0461	−0.0296	0.5877	0.0987
3	0.0667	0.1333	0.2000	0.1000	0	−0.1000	−0.0792	−0.0583	−0.0375	0.4000	0.1250
4	0.0391	0.0782	0.1174	0.1565	0.0289	−0.0987	−0.0782	−0.0576	−0.0370	0.2346	0.1234
5	0.0165	0.0329	0.0495	0.0659	0.0826	−0.0677	−0.0536	−0.0395	−0.0254	0.0990	0.0846
6	0	0	0	0	0	0	0	0	0	0	0/1.000
7	−0.0095	−0.0190	−0.0285	−0.0379	−0.0474	−0.0569	0.0872	0.0644	0.0418	−0.0569	0.8639
8	−0.0132	−0.0263	−0.0395	−0.0526	−0.0658	−0.0789	0.0364	0.1516	0.1002	−0.0789	0.6913
9	−0.0125	−0.0250	−0.0375	−0.0500	−0.0625	−0.0750	0.0083	0.0917	0.1750	−0.0750	0.5000
10	−0.0090	−0.0181	−0.0271	−0.0362	−0.0452	−0.0543	−0.0028	0.0487	0.1002	−0.0543	0.3087
11	−0.0044	−0.0088	−0.0131	−0.0175	−0.0219	−0.0263	−0.0036	0.0191	0.0418	−0.0263	0.1361
12	0	0	0	0	0	0	0	0	0	0	0
13	0.0028	0.0057	0.0085	0.0113	0.0141	0.0169	0.0028	−0.0113	−0.0254	0.0169	−0.0846
14	0.0041	0.0082	0.0123	0.0165	0.0206	0.0247	0.0041	−0.0165	−0.0370	0.0247	−0.1234
15	0.0042	0.0083	0.0125	0.0167	0.0208	0.0250	0.0042	−0.0167	−0.0375	0.0250	−0.1250
16	0.0033	0.0066	0.0099	0.0132	0.0165	0.0197	0.0033	−0.0132	−0.0296	0.0197	−0.0987
17	0.0018	0.0036	0.0054	0.0072	0.0090	0.0108	0.0018	−0.0072	−0.0162	0.0108	−0.0540
18	0	0	0	0	0	0	0	0	0	0	0

表 3.6-3c

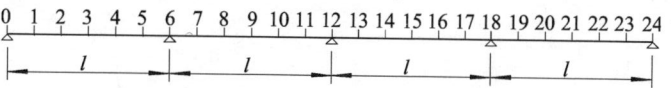

四　跨　梁

荷载点	弯矩影响线在下列截面的纵标（表中系数×l）												剪力影响线的纵标	
	1	2	3	4	5	6	7	8	9	10	11	12	V_0	$V_{6右}$
0	0	0	0	0	0	0	0	0	0	0	0	0	1.0000	0
1	0.1318	0.0966	0.0617	0.0266	−0.0084	−0.0434	−0.0343	−0.0251	−0.0159	−0.0068	0.0024	0.0116	0.7899	0.0550
2	0.0979	0.1958	0.1271	0.0582	−0.0106	−0.0793	−0.0626	−0.0459	−0.0291	−0.0124	0.0044	0.0212	0.5874	0.1005
3	0.0666	0.1332	0.1998	0.0997	−0.004	−0.1004	−0.0792	−0.0580	−0.0368	−0.0156	0.0056	0.0268	0.3996	0.1272
4	0.0391	0.0781	0.1172	0.1562	0.0285	−0.0992	−0.0782	−0.0573	−0.0364	−0.0154	0.0055	0.0265	0.2341	0.1257
5	0.0164	0.0328	0.0494	0.0657	0.0823	−0.0681	−0.0537	−0.0393	−0.0249	−0.0106	0.0038	0.0182	0.0986	0.0863
6	0	0	0	0	0	0	0	0	0	0	0	0	0	$\frac{0}{1.000}$
7	−0.0094	−0.0188	−0.0283	−0.0377	−0.0471	−0.0565	0.0872	0.0640	0.0411	0.0179	−0.0051	−0.0281	−0.0565	0.8617
8	−0.0130	−0.0260	−0.0390	−0.0520	−0.0650	−0.0780	0.0365	0.1509	0.0987	0.0464	−0.0059	−0.0582	−0.0780	0.6865
9	−0.0123	−0.0246	−0.0369	−0.0491	−0.0614	−0.0737	0.0085	0.0907	0.1730	0.0885	0.0041	−0.0804	−0.0737	0.4933
10	−0.0088	−0.0176	−0.0265	−0.0353	−0.0441	−0.0529	−0.0026	0.0477	0.0981	0.1483	0.0318	−0.0846	−0.0529	0.3016
11	−0.0042	−0.0084	−0.0127	−0.0169	−0.0211	−0.0253	−0.0035	0.0183	0.0403	0.0620	0.0840	−0.0610	−0.0253	0.1310
12	0	0	0	0	0	0	0	0	0	0	0	0	0	0
13	0.0026	0.0051	0.0077	0.0102	0.0128	0.0153	0.0026	−0.0101	−0.0229	−0.0356	−0.0483	−0.0610	0.0153	−0.0763
14	0.0035	0.0071	0.0106	0.0141	0.0177	0.0212	0.0036	−0.0141	−0.0317	−0.0493	−0.0670	−0.0846	0.0212	−0.1058
15	0.0034	0.0067	0.0101	0.0134	0.0168	0.0201	0.0034	−0.0134	−0.0302	−0.0460	−0.0637	−0.0804	0.0201	−0.1005
16	0.0024	0.0049	0.0073	0.0097	0.0121	0.0145	0.0024	−0.0097	−0.0218	−0.0339	−0.0461	−0.0582	0.0145	−0.0727
17	0.0012	0.0024	0.0035	0.0047	0.0059	0.0070	0.0012	−0.0047	−0.0106	−0.0164	−0.0223	−0.0281	0.0070	−0.0351
18	0	0	0	0	0	0	0	0	0	0	0	0	0	0
19	−0.0008	−0.0015	−0.0023	−0.0030	−0.0038	−0.0045	−0.0008	0.0030	0.0068	0.0106	0.0144	0.0182	−0.0045	0.0227
20	−0.0011	−0.0022	−0.0033	−0.0044	−0.0055	−0.0066	−0.0011	0.0044	0.0099	0.0154	0.0209	0.0265	−0.0066	0.0331
21	−0.0011	−0.0022	−0.0034	−0.0045	−0.0056	−0.0067	−0.0011	0.0045	0.0101	0.0156	0.0212	0.0268	−0.0067	0.0335
22	0.0009	−0.0018	−0.0026	−0.0035	−0.0044	−0.0053	−0.0009	0.0035	0.0079	0.0123	0.0168	0.0212	−0.0053	0.0265
23	−0.0005	−0.0010	−0.0015	−0.0019	−0.0024	−0.0029	−0.0005	0.0019	0.0043	0.0068	0.0092	0.0116	−0.0029	0.0145
24	0	0	0	0	0	0	0	0	0	0	0	0	0	0

表 3.6-3d

无限跨梁的中间跨[1]

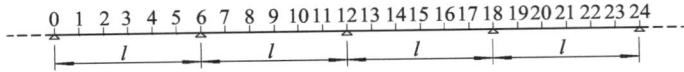

荷载点	弯矩影响线在下列截面纵标（表中系数×l）				$V_{6右}$剪力影响线的纵标	荷载点	弯矩影响线在下列截面纵标（表中系数×l）				$V_{6右}$剪力影响线的纵标
	6	7	8	9			6	7	8	9	
0	0	0	0	0	0	13	0.0163	0.0034	−0.0094	−0.0223	−0.0772
1	−0.0271	−0.0214	−0.0157	−0.0100	0.0343	14	0.0225	0.0047	−0.0130	−0.0308	−0.1065
2	−0.0568	−0.0448	−0.0328	−0.0208	0.0720	15	0.0212	0.0044	−0.0123	−0.0291	−0.1005
3	−0.0793	−0.0626	−0.0458	−0.0291	0.1005	16	0.0152	0.0032	−0.0088	−0.0208	−0.0720
4	−0.0840	−0.0663	−0.0485	−0.0308	0.1065	17	0.0072	0.0015	−0.0042	0.0100	0.0343
5	−0.0609	−0.0480	−0.0352	−0.0223	0.0772	18	0	0	0	0	0
6	0	0	0	0	0 1.000	19	−0.0044	−0.0010	0.0025	0.0060	0.0207
7	−0.0609	0.0837	0.0615	0.0393	0.8671	20	−0.0060	−0.0013	0.0035	0.083	0.0285
8	−0.0840	0.0317	0.1474	0.0963	0.6939	21	−0.0057	−0.0012	0.0033	0.0078	0.0269
9	−0.0793	0.0040	0.0874	0.1707	0.5000	22	−0.0041	0.0009	0.0023	0.0056	0.0193
10	−0.0568	−0.0057	0.0453	0.0964	0.3061	23	−0.0019	0.0004	0.0011	0.0027	0.0091
11	−0.0271	−0.0050	0.0172	0.0394	0.1329	24	0	0	0	0	0
12	0	0	0	0	0						

注：在半无限跨梁中，边跨和第二支座处的影响线纵标，可用四跨梁中截面1～6的数值；第二跨和第三支座同样可用截面7～12的数值（误差约为1.5%）。

3.6.4 不等两跨、对称不等三至四跨梁弯矩影响线纵标值

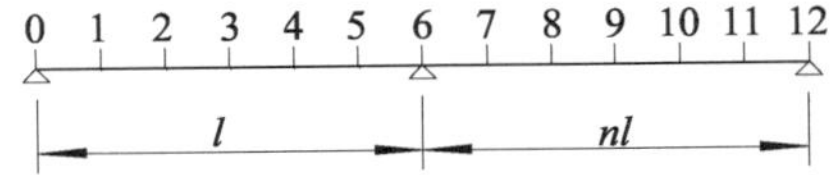

表 3.6-4a

荷载点	弯矩影响线在下列截面的纵标（表中系数×l）								
	短跨跨度中点③			中间支座处⑥			长跨跨度中点⑨		
	$n=1$	$n=1.5$	$n=2$	$n=1$	$n=1.5$	$n=2$	$n=1$	$n=1.5$	$n=2$
1	0.063	0.067	0.070	−0.041	−0.032	−0.027	−0.020	−0.016	−0.014
2	0.130	0.137	0.142	−0.074	−0.059	−0.049	−0.037	−0.030	−0.025
3	0.203	0.213	0.219	0.094	−0.075	−0.063	−0.047	−0.038	−0.031
4	0.121	0.130	0.136	−0.093	−0.074	−0.062	−0.046	−0.037	−0.031
5	0.052	0.058	0.062	−0.064	−0.051	−0.042	−0.032	−0.025	−0.021
7	−0.032	−0.058	−0.085	−0.064	−0.115	−0.170	0.052	0.067	0.082
8	−0.046	−0.083	−0.124	−0.093	−0.167	−0.247	0.121	0.167	0.210
9	−0.047	−0.084	−0.125	−0.094	−0.169	−0.250	0.203	0.291	0.375
10	−0.037	−0.067	−0.099	−0.074	−0.133	−0.193	0.130	0.183	0.235
11	−0.020	−0.037	−0.054	−0.041	−0.073	−0.108	0.063	0.088	0.113

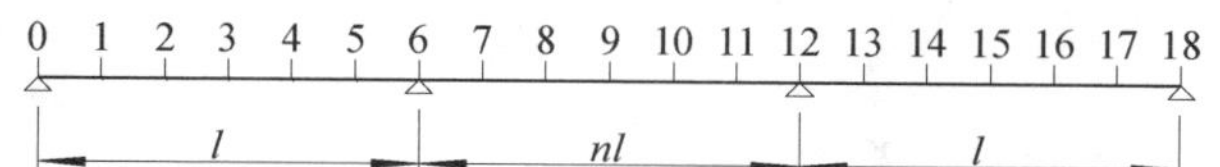

表 3.6-4*b*

荷载点	弯矩影响线在下列截面的纵标（表中系数×*l*）								
	端跨跨度中点③			中间支座处⑥			中跨跨度中点⑨		
	n=1	*n*=1.5	*n*=2	*n*=1	*n*=1.5	*n*=2	*n*=1	*n*=1.5	*n*=2
1	0.062	0.066	0.068	−0.043	−0.036	−0.030	−0.016	−0.013	−0.010
2	0.127	0.134	0.139	−0.079	−0.065	−0.056	−0.030	−0.023	−0.019
3	0.200	0.209	0.215	−0.100	−0.082	−0.070	−0.038	−0.029	−0.023
4	0.117	0.126	0.132	−0.099	−0.081	−0.069	−0.037	−0.028	−0.023
5	0.050	0.056	0.060	−0.068	−0.056	−0.048	−0.025	−0.020	−0.016
7	−0.029	−0.051	−0.075	−0.057	−0.102	−0.151	0.042	0.053	0.063
8	−0.040	−0.070	−0.102	−0.079	−0.139	−0.204	0.100	0.135	0.167
9	−0.038	−0.065	−0.094	−0.075	−0.130	−0.188	0.175	0.245	0.313
10	−0.027	−0.046	−0.065	−0.054	−0.092	−0.129	0.100	0.135	0.167
11	−0.013	−0.021	−0.029	−0.026	−0.042	−0.058	0.042	0.053	0.063
14	0.012	0.012	0.012	0.025	0.024	0.023	−0.037	−0.028	−0.023
15	0.013	0.012	0.012	0.025	0.025	0.023	−0.038	−0.029	−0.023
16	0.010	0.010	0.009	0.020	0.020	0.019	−0.030	−0.023	−0.019

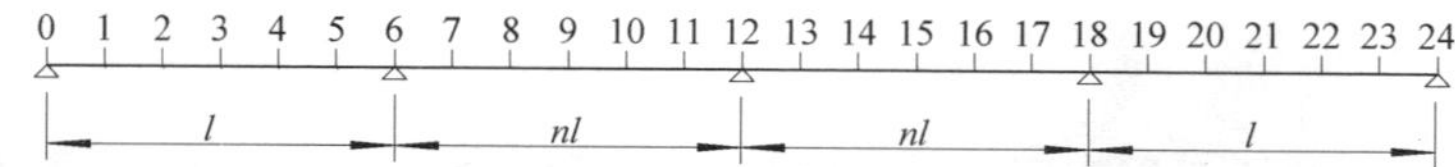

表 3.6-4*c*

荷载点	弯矩影响线在下列截面的纵标（表中系数×*l*）											
	端跨跨度中点③			第二支座处⑥			中跨跨度中点⑨			中间支座处⑫		
	n=1	*n*=1.5	*n*=2	*n*=1	*n*=1.5	*n*=2	*n*=1	*n*=1.5	*n*=2	*n*=1	*n*=1.5	*n*=2
1	0.062	0.066	0.069	−0.043	−0.035	−0.030	−0.016	−0.013	−0.011	0.012	0.010	0.008
2	0.127	0.135	0.140	−0.079	−0.065	−0.054	−0.029	−0.024	−0.020	0.021	0.017	0.015
3	0.200	0.209	0.216	−0.100	−0.082	−0.069	−0.037	−0.030	−0.025	0.027	0.022	0.019
4	0.117	0.126	0.133	−0.099	−0.081	−0.068	−0.036	−0.029	−0.025	0.027	0.022	0.019
5	0.049	0.056	0.060	−0.068	−0.055	−0.047	−0.025	−0.020	−0.017	0.018	0.015	0.013
7	−0.028	−0.052	−0.077	−0.057	−0.103	−0.155	0.041	0.054	0.066	−0.028	−0.038	−0.046
8	−0.039	−0.071	−0.106	−0.078	−0.142	−0.213	0.099	0.138	0.175	−0.058	−0.082	−0.104
9	−0.037	−0.067	−0.100	−0.074	−0.134	−0.200	0.173	0.250	0.325	−0.080	−0.116	−0.150
10	−0.027	−0.048	−0.072	−0.053	−0.096	−0.143	0.098	0.140	0.180	−0.085	−0.124	−0.163
11	−0.013	−0.023	−0.034	−0.025	−0.046	−0.068	0.040	0.057	0.073	−0.061	−0.091	−0.120
14	0.011	0.019	0.027	0.021	0.037	0.055	−0.032	−0.043	−0.054	−0.085	−0.124	−0.163
15	0.010	0.017	0.025	0.020	0.035	0.050	−0.030	−0.041	−0.050	−0.080	−0.116	−0.150
16	0.007	0.012	0.017	0.015	0.025	0.035	−0.022	−0.029	−0.035	−0.058	−0.082	−0.104
21	−0.003	−0.003	−0.003	−0.007	−0.007	−0.006	0.010	0.008	0.006	0.026	0.022	0.019

注：*n* 为中间值时，可用插入法确定其影响线纵标。

3.7　二层地下室侧墙板的弯矩简化计算用表

3.7.1　概述

地下室侧墙板在正常使用情况下，受到侧向土压力和水压力的作用，同时也可能受到地面堆载或人防水平等效静荷载的作用。这些荷载可以分别用三角形分布、矩形分布的荷载形式进行组合叠加。

结构设计中，地下室侧墙板的内力常简化为连续梁进行计算，本节给出二层地下室侧墙板分别在三角形分布荷载（图 3.7-1a）、矩形分布荷载（图 3.7-1b）及底层均布荷载（图 3.7-1c）作用下的弯矩简化计算用表（表 3.7-1～表 3.7-8）。这些表中：h_1、t_1 分别为地下一层侧墙板的层高和厚度；h_2、t_2 分别为地下二层侧墙板的层高和厚度；M_B、M_C 分别为地下一层支座 B、地下二层支座 C 处的最大弯矩，M_{AB}、M_{BC}分别为地下一层（AB 跨）、地下二层（BC 跨）的跨内最大弯矩，各弯矩的取值按下式计算

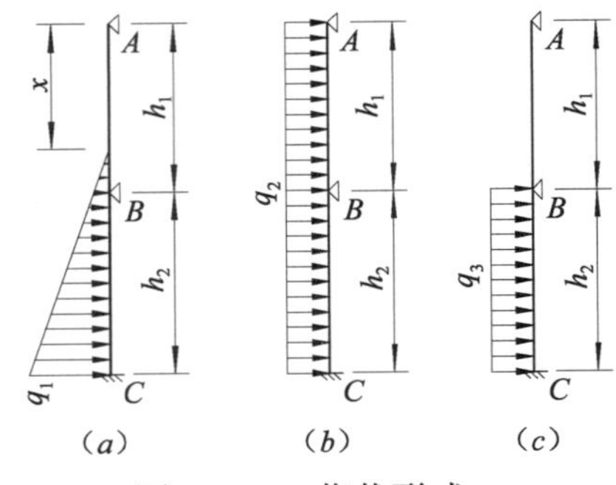

图 3.7-1 荷载形式

$$M_i = m_i \times \frac{q_i h_1^2}{100} \qquad (i=1,2,3) \qquad (3.7\text{-}1)$$

式中弯矩计算系数 m_i 由下列表 3.7-1～表 3.7-8 查取。

3.7.2 三角形分布荷载作用下的弯矩计算系数

1. $x/h_1 = 0.0$ 时

地下二层支座 C 处弯矩 M_C 的计算系数 m_1 **表 3.7-1a**

h_2/h_1 \ t_2/t_1	1.0	1.1	1.2	1.3	1.4	1.5	1.6	1.7	1.8	1.9	2.0
0.5	−0.795	−0.722	−0.664	−0.619	−0.584	−0.556	−0.533	−0.515	−0.501	−0.489	−0.479
0.6	−1.915	−1.862	−1.819	−1.786	−1.759	−1.738	−1.720	−1.706	−1.695	−1.686	−1.678
0.7	−3.133	−3.107	−3.086	−3.069	−3.055	−3.044	−3.035	−3.028	−3.022	−3.017	−3.013
0.8	−4.450	−4.457	−4.462	−4.467	−4.470	−4.473	−4.476	−4.478	−4.479	−4.481	−4.482
0.9	−5.866	−5.910	−5.947	−5.977	−6.002	−6.022	−6.039	−6.053	−6.064	−6.073	−6.081
1.0	−7.381	−7.466	−7.538	−7.599	−7.648	−7.689	−7.723	−7.751	−7.774	−7.793	−7.810
1.1	−8.995	−9.125	−9.236	−9.330	−9.408	−9.473	−9.527	−9.572	−9.609	−9.640	−9.666
1.2	−10.709	−10.886	−11.040	−11.170	−11.280	−11.372	−11.449	−11.513	−11.566	−11.611	−11.648
1.3	−12.522	−12.749	−12.948	−13.119	−13.264	−13.385	−13.488	−13.573	−13.645	−13.705	−13.756
1.4	−14.434	−14.713	−14.960	−15.174	−15.357	−15.512	−15.642	−15.752	−15.844	−15.921	−15.987
1.5	−16.446	−16.779	−17.076	−17.336	−17.560	−17.750	−17.911	−18.047	−18.162	−18.259	−18.341

地下一层支座 B 处弯矩 M_B 的计算系数 m_1 **表 3.7-1b**

h_2/h_1 \ t_2/t_1	1.0	1.1	1.2	1.3	1.4	1.5	1.6	1.7	1.8	1.9	2.0
0.5	−3.687	−3.834	−3.949	−4.039	−4.110	−4.167	−4.211	−4.247	−4.277	−4.300	−4.320
0.6	−3.595	−3.701	−3.786	−3.854	−3.907	−3.950	−3.984	−4.012	−4.035	−4.053	−4.069
0.7	−3.630	−3.682	−3.724	−3.758	−3.786	−3.808	−3.825	−3.840	−3.852	−3.861	−3.869
0.8	−3.781	−3.768	−3.757	−3.748	−3.741	−3.735	−3.730	−3.726	−3.723	−3.720	−3.718
0.9	−4.042	−3.954	−3.880	−3.820	−3.770	−3.729	−3.696	−3.669	−3.646	−3.627	−3.612
1.0	−4.405	−4.234	−4.090	−3.970	−3.870	−3.788	−3.720	−3.664	−3.618	−3.580	−3.548

续表

h_2/h_1 \ t_2/t_1	1.0	1.1	1.2	1.3	1.4	1.5	1.6	1.7	1.8	1.9	2.0
1.1	−4.865	−4.606	−4.383	−4.196	−4.039	−3.909	−3.802	−3.712	−3.638	−3.576	−3.524
1.2	−5.419	−5.064	−4.757	−4.496	−4.276	−4.092	−3.939	−3.811	−3.704	−3.615	−3.540
1.3	−6.062	−5.608	−5.210	−4.868	−4.579	−4.335	−4.131	−3.960	−3.816	−3.696	−3.595
1.4	−6.793	−6.235	−5.741	−5.313	−4.947	−4.638	−4.377	−4.158	−3.974	−3.818	−3.687
1.5	−7.608	−6.942	−6.347	−5.827	−5.381	−5.000	−4.678	−4.406	−4.176	−3.982	−3.817

地下二层跨内最大弯矩 M_{BC} 的弯矩系数 m_1　　表 3.7-1c

h_2/h_1 \ t_2/t_1	1.0	1.1	1.2	1.3	1.4	1.5	1.6	1.7	1.8	1.9	2.0
0.5	0.610	0.607	0.607	0.608	0.609	0.610	0.611	0.612	0.613	0.614	0.615
0.6	0.986	0.972	0.961	0.953	0.947	0.942	0.939	0.936	0.933	0.931	0.930
0.7	1.505	1.495	1.487	1.480	1.475	1.471	1.468	1.465	1.463	1.461	1.459
0.8	2.109	2.112	2.115	2.117	2.119	2.120	2.121	2.122	2.123	2.124	2.124
0.9	2.774	2.796	2.815	2.831	2.844	2.855	2.864	2.871	2.877	2.883	2.887
1.0	3.487	3.534	3.573	3.607	3.635	3.659	3.678	3.694	3.708	3.719	3.728
1.1	4.246	4.318	4.382	4.436	4.482	4.521	4.553	4.580	4.603	4.622	4.638
1.2	5.047	5.147	5.236	5.314	5.380	5.436	5.484	5.524	5.557	5.586	5.610
1.3	5.888	6.018	6.135	6.237	6.326	6.402	6.466	6.521	6.567	6.606	6.639
1.4	6.771	6.930	7.076	7.205	7.318	7.416	7.499	7.570	7.630	7.681	7.725
1.5	7.694	7.884	8.059	8.217	8.355	8.476	8.579	8.668	8.744	8.809	8.864

地下一层跨内最大弯矩 M_{AB} 的计算系数 m_1　　表 3.7-1d

h_2/h_1 \ t_2/t_1	1.0	1.1	1.2	1.3	1.4	1.5	1.6	1.7	1.8	1.9	2.0
0.5	2.336	2.267	2.213	2.171	2.139	2.113	2.093	2.076	2.063	2.052	2.043
0.6	2.125	2.075	2.036	2.005	1.981	1.961	1.946	1.933	1.923	1.914	1.907
0.7	1.886	1.862	1.843	1.827	1.815	1.805	1.797	1.790	1.785	1.781	1.777
0.8	1.622	1.628	1.632	1.636	1.640	1.642	1.645	1.646	1.648	1.649	1.650
0.9	1.337	1.374	1.406	1.432	1.454	1.472	1.486	1.498	1.508	1.516	1.523
1.0	1.038	1.107	1.165	1.215	1.257	1.292	1.321	1.345	1.365	1.382	1.396
1.1	0.735	0.831	0.915	0.989	1.051	1.104	1.149	1.186	1.218	1.244	1.266
1.2	0.443	0.557	0.662	0.756	0.838	0.909	0.970	1.022	1.065	1.102	1.134
1.3	0.184	0.300	0.415	0.524	0.623	0.710	0.786	0.852	0.908	0.956	0.998
1.4	0.009	0.087	0.193	0.304	0.412	0.512	0.601	0.679	0.748	0.807	0.859
1.5	负值	负值	0.027	0.115	0.217	0.321	0.418	0.507	0.586	0.656	0.717

2. $x/h_1=0.1$ 时

地下二层支座 C 处弯矩 M_C 的计算系数 m_1 **表 3.7-2a**

h_2/h_1 \ t_2/t_1	1.0	1.1	1.2	1.3	1.4	1.5	1.6	1.7	1.8	1.9	2.0
0.5	−0.972	−0.913	−0.866	−0.830	−0.801	−0.779	−0.761	−0.746	−0.734	−0.725	−0.717
0.6	−2.059	−2.021	−1.990	−1.965	−1.946	−1.930	−1.918	−1.908	−1.900	−1.893	−1.887
0.7	−3.244	−3.233	−3.223	−3.216	−3.210	−3.205	−3.201	−3.197	−3.195	−3.193	−3.191
0.8	−4.528	−4.549	−4.566	−4.579	−4.590	−4.600	−4.607	−4.613	−4.618	−4.622	−4.625
0.9	−5.911	−5.968	−6.015	−6.054	−6.087	−6.113	−6.135	−6.152	−6.167	−6.179	−6.189
1.0	−7.392	−7.489	−7.571	−7.640	−7.697	−7.743	−7.782	−7.814	−7.840	−7.862	−7.880
1.1	−8.973	−9.113	−9.233	−9.335	−9.419	−9.490	−9.548	−9.596	−9.636	−9.670	−9.698
1.2	−10.653	−10.839	−11.000	−11.138	−11.254	−11.350	−11.431	−11.498	−11.554	−11.601	−11.640
1.3	−12.432	−12.666	−12.872	−13.049	−13.198	−13.324	−13.430	−13.518	−13.592	−13.654	−13.707
1.4	−14.310	−14.595	−14.848	−15.066	−15.253	−15.411	−15.544	−15.656	−15.750	−15.830	−15.897
1.5	−16.288	−16.625	−16.927	−17.190	−17.417	−17.609	−17.773	−17.911	−18.027	−18.125	−18.209

地下一层支座 B 处弯矩 M_B 的计算系数 m_1 **表 3.7-2b**

h_2/h_1 \ t_2/t_1	1.0	1.1	1.2	1.3	1.4	1.5	1.6	1.7	1.8	1.9	2.0
0.5	−3.265	−3.383	−3.476	−3.549	−3.606	−3.651	−3.687	−3.716	−3.740	−3.759	−3.775
0.6	−3.202	−3.279	−3.340	−3.389	−3.428	−3.459	−3.484	−3.504	−3.521	−3.534	−3.545
0.7	−3.260	−3.283	−3.302	−3.317	−3.330	−3.340	−3.348	−3.354	−3.359	−3.364	−3.367
0.8	−3.430	−3.389	−3.355	−3.328	−3.305	−3.287	−3.272	−3.260	−3.251	−3.242	−3.236
0.9	−3.703	−3.590	−3.495	−3.416	−3.352	−3.299	−3.256	−3.221	−3.191	−3.167	−3.147
1.0	−4.075	−3.881	−3.717	−3.580	−3.466	−3.373	−3.296	−3.232	−3.180	−3.136	−3.099
1.1	−4.540	−4.260	−4.019	−3.816	−3.647	−3.507	−3.390	−3.294	−3.214	−3.147	−3.090
1.2	−5.095	−4.722	−4.399	−4.124	−3.893	−3.700	−3.539	−3.404	−3.292	−3.198	−3.120
1.3	−5.736	−5.267	−4.855	−4.502	−4.203	−3.951	−3.740	−3.563	−3.415	−3.290	−3.186
1.4	−6.461	−5.891	−5.386	−4.949	−4.575	−4.259	−3.993	−3.769	−3.581	−3.422	−3.288
1.5	−7.268	−6.593	−5.990	−5.463	−5.011	−4.625	−4.298	−4.023	−3.790	−3.593	−3.427

地下二层跨内最大弯矩 M_{BC} 的弯矩系数 m_1 **表 3.7-2c**

h_2/h_1 \ t_2/t_1	1.0	1.1	1.2	1.3	1.4	1.5	1.6	1.7	1.8	1.9	2.0
0.5	0.619	0.612	0.608	0.605	0.604	0.603	0.602	0.602	0.601	0.601	0.601
0.6	1.022	1.010	1.000	0.993	0.987	0.983	0.979	0.977	0.974	0.973	0.971
0.7	1.544	1.539	1.535	1.531	1.529	1.527	1.525	1.524	1.523	1.522	1.521
0.8	2.139	2.149	2.157	2.164	2.170	2.174	2.178	2.181	2.184	2.186	2.187
0.9	2.789	2.819	2.845	2.866	2.884	2.898	2.910	2.920	2.928	2.935	2.941
1.0	3.485	3.539	3.585	3.625	3.657	3.685	3.708	3.727	3.742	3.756	3.767

续表

h_2/h_1 \ t_2/t_1	1.0	1.1	1.2	1.3	1.4	1.5	1.6	1.7	1.8	1.9	2.0
1.1	4.225	4.304	4.374	4.433	4.484	4.527	4.563	4.592	4.618	4.639	4.656
1.2	5.006	5.112	5.207	5.289	5.360	5.420	5.471	5.513	5.549	5.579	5.605
1.3	5.827	5.961	6.083	6.190	6.282	6.362	6.429	6.486	6.534	6.575	6.610
1.4	6.688	6.852	7.001	7.134	7.250	7.350	7.436	7.509	7.571	7.624	7.669
1.5	7.591	7.784	7.962	8.122	8.263	8.385	8.491	8.581	8.658	8.724	8.780

地下一层跨内最大弯矩 M_{AB} 的计算系数 m_1　　表 3.7-2*d*

h_2/h_1 \ t_2/t_1	1.0	1.1	1.2	1.3	1.4	1.5	1.6	1.7	1.8	1.9	2.0
0.5	1.947	1.889	1.844	1.809	1.782	1.760	1.743	1.729	1.718	1.709	1.702
0.6	1.742	1.704	1.675	1.652	1.633	1.618	1.607	1.597	1.589	1.583	1.578
0.7	1.509	1.498	1.489	1.482	1.476	1.472	1.468	1.465	1.463	1.461	1.459
0.8	1.253	1.271	1.287	1.300	1.310	1.318	1.325	1.331	1.335	1.339	1.342
0.9	0.977	1.027	1.069	1.103	1.132	1.156	1.176	1.192	1.205	1.216	1.225
1.0	0.691	0.769	0.837	0.895	0.944	0.985	1.019	1.047	1.071	1.090	1.107
1.1	0.407	0.508	0.599	0.678	0.747	0.806	0.855	0.897	0.932	0.961	0.986
1.2	0.148	0.256	0.362	0.459	0.545	0.620	0.685	0.740	0.787	0.827	0.861
1.3	负值	0.044	0.143	0.246	0.344	0.433	0.511	0.580	0.639	0.690	0.733
1.4	负值	负值	负值	0.061	0.156	0.250	0.338	0.418	0.488	0.549	0.602
1.5	负值	负值	负值	负值	0.007	0.086	0.174	0.259	0.337	0.407	0.469

3. $x/h_1=0.2$ 时

地下二层支座 *C* 处弯矩 M_C 的计算系数 m_1　　表 3.7-3*a*

h_2/h_1 \ t_2/t_1	1.0	1.1	1.2	1.3	1.4	1.5	1.6	1.7	1.8	1.9	2.0
0.5	−1.162	−1.118	−1.084	−1.057	−1.036	−1.019	−1.006	−0.995	−0.986	−0.979	−0.973
0.6	−2.212	−2.189	−2.170	−2.156	−2.144	−2.135	−2.128	−2.122	−2.117	−2.113	−2.110
0.7	−3.360	−3.364	−3.366	−3.369	−3.371	−3.372	−3.374	−3.375	−3.375	−3.376	−3.377
0.8	−4.607	−4.642	−4.670	−4.694	−4.713	−4.729	−4.741	−4.751	−4.760	−4.767	−4.773
0.9	−5.952	−6.023	−6.081	−6.130	−6.170	−6.202	−6.229	−6.251	−6.269	−6.284	−6.296
1.0	−7.397	−7.506	−7.599	−7.676	−7.740	−7.792	−7.836	−7.871	−7.901	−7.926	−7.946
1.1	−8.941	−9.092	−9.221	−9.331	−9.422	−9.497	−9.560	−9.612	−9.655	−9.691	−9.721
1.2	−10.584	−10.780	−10.949	−11.093	−11.215	−11.316	−11.401	−11.471	−11.530	−11.579	−11.621
1.3	−12.327	−12.569	−12.781	−12.964	−13.118	−13.248	−13.357	−13.448	−13.525	−13.589	−13.643
1.4	−14.169	−14.460	−14.718	−14.941	−15.131	−15.293	−15.428	−15.543	−15.639	−15.720	−15.788
1.5	−16.111	−16.453	−16.758	−17.024	−17.253	−17.449	−17.614	−17.753	−17.871	−17.971	−18.055

地下一层支座 B 处弯矩 M_B 的计算系数 m_1　　表 3.7-3b

h_2/h_1 \ t_2/t_1	1.0	1.1	1.2	1.3	1.4	1.5	1.6	1.7	1.8	1.9	2.0
0.5	−2.805	−2.892	−2.961	−3.015	−3.057	−3.090	−3.117	−3.139	−3.156	−3.170	−3.182
0.6	−2.777	−2.822	−2.859	−2.888	−2.911	−2.930	−2.945	−2.957	−2.966	−2.974	−2.981
0.7	−2.862	−2.855	−2.849	−2.845	−2.841	−2.838	−2.835	−2.833	−2.831	−2.830	−2.829
0.8	−3.053	−2.983	−2.926	−2.879	−2.841	−2.810	−2.784	−2.764	−2.747	−2.733	−2.721
0.9	−3.343	−3.202	−3.084	−2.987	−2.908	−2.842	−2.789	−2.745	−2.709	−2.679	−2.654
1.0	−3.725	−3.506	−3.321	−3.167	−3.039	−2.934	−2.847	−2.776	−2.717	−2.667	−2.626
1.1	−4.195	−3.893	−3.634	−3.416	−3.234	−3.083	−2.957	−2.854	−2.767	−2.695	−2.635
1.2	−4.752	−4.361	−4.022	−3.733	−3.490	−3.288	−3.119	−2.978	−2.860	−2.762	−2.679
1.3	−5.391	−4.906	−4.482	−4.117	−3.808	−3.548	−3.330	−3.148	−2.995	−2.866	−2.758
1.4	−6.110	−5.528	−5.013	−4.567	−4.186	−3.863	−3.592	−3.363	−3.171	−3.009	−2.872
1.5	−6.908	−6.225	−5.615	−5.082	−4.624	−4.233	−3.903	−3.624	−3.388	−3.189	−3.020

地下二层跨内最大弯矩 M_{BC} 的弯矩系数 m_1　　表 3.7-3c

h_2/h_1 \ t_2/t_1	1.0	1.1	1.2	1.3	1.4	1.5	1.6	1.7	1.8	1.9	2.0
0.5	0.643	0.634	0.628	0.624	0.620	0.618	0.616	0.615	0.613	0.613	0.612
0.6	1.067	1.059	1.052	1.047	1.043	1.039	1.037	1.035	1.033	1.032	1.031
0.7	1.587	1.589	1.590	1.592	1.592	1.593	1.594	1.594	1.595	1.595	1.595
0.8	2.171	2.189	2.204	2.216	2.226	2.235	2.241	2.247	2.251	2.255	2.258
0.9	2.803	2.842	2.874	2.902	2.925	2.943	2.959	2.972	2.982	2.991	2.999
1.0	3.480	3.541	3.595	3.640	3.678	3.710	3.736	3.758	3.777	3.792	3.805
1.1	4.198	4.285	4.361	4.426	4.482	4.529	4.568	4.601	4.628	4.652	4.671
1.2	4.957	5.070	5.170	5.258	5.333	5.397	5.451	5.496	5.534	5.567	5.594
1.3	5.756	5.896	6.022	6.133	6.230	6.312	6.382	6.442	6.492	6.535	6.571
1.4	6.596	6.763	6.916	7.052	7.171	7.274	7.362	7.437	7.501	7.555	7.602
1.5	7.476	7.671	7.852	8.014	8.157	8.282	8.389	8.481	8.559	8.626	8.684

地下一层跨内最大弯矩 M_{AB} 的计算系数 m_1　　表 3.7-3d

h_2/h_1 \ t_2/t_1	1.0	1.1	1.2	1.3	1.4	1.5	1.6	1.7	1.8	1.9	2.0
0.5	1.535	1.491	1.456	1.429	1.407	1.391	1.377	1.367	1.358	1.351	1.345
0.6	1.338	1.315	1.297	1.282	1.271	1.261	1.254	1.248	1.243	1.239	1.236
0.7	1.114	1.118	1.120	1.123	1.125	1.126	1.127	1.128	1.129	1.130	1.130
0.8	0.867	0.900	0.927	0.950	0.968	0.983	0.995	1.005	1.013	1.020	1.026
0.9	0.602	0.665	0.718	0.763	0.800	0.830	0.856	0.876	0.894	0.908	0.920
1.0	0.333	0.420	0.498	0.565	0.621	0.669	0.708	0.741	0.769	0.792	0.812
1.1	0.080	0.180	0.274	0.360	0.435	0.499	0.554	0.600	0.639	0.672	0.700
1.2	负值	负值	0.065	0.159	0.246	0.325	0.394	0.453	0.504	0.547	0.584
1.3	负值	负值	负值	负值	0.069	0.154	0.233	0.303	0.365	0.418	0.465
1.4	负值	负值	负值	负值	负值	0.003	0.079	0.155	0.225	0.287	0.343
1.5	负值	负值	负值	负值	负值	负值	负值	0.021	0.090	0.158	0.220

4. $x/h_1=0.3$ 时

地下二层支座 C 处弯矩 M_C 的计算系数 m_1 表　　表 3.7-4a

h_2/h_1 \ t_2/t_1	1.0	1.1	1.2	1.3	1.4	1.5	1.6	1.7	1.8	1.9	2.0
0.5	-1.354	-1.326	-1.305	-1.287	-1.274	-1.263	-1.255	-1.248	-1.243	-1.238	-1.234
0.6	-2.362	-2.355	-2.350	-2.345	-2.342	-2.339	-2.337	-2.335	-2.333	-2.332	-2.331
0.7	-3.469	-3.488	-3.504	-3.516	-3.526	-3.534	-3.541	-3.546	-3.550	-3.554	-3.557
0.8	-4.676	-4.725	-4.766	-4.799	-4.826	-4.848	-4.866	-4.880	-4.892	-4.902	-4.910
0.9	-5.981	-6.065	-6.134	-6.192	-6.239	-6.278	-6.310	-6.336	-6.357	-6.375	-6.390
1.0	-7.386	-7.507	-7.610	-7.695	-7.766	-7.824	-7.872	-7.911	-7.944	-7.972	-7.994
1.1	-8.891	-9.052	-9.190	-9.307	-9.404	-9.484	-9.551	-9.607	-9.653	-9.691	-9.724
1.2	-10.495	-10.699	-10.876	-11.026	-11.153	-11.259	-11.347	-11.420	-11.482	-11.533	-11.576
1.3	-12.200	-12.448	-12.667	-12.854	-13.013	-13.146	-13.258	-13.352	-13.430	-13.496	-13.552
1.4	-14.004	-14.300	-14.561	-14.788	-14.982	-15.146	-15.284	-15.400	-15.498	-15.580	-15.649
1.5	-15.908	-16.252	-16.560	-16.829	-17.060	-17.257	-17.423	-17.564	-17.683	-17.783	-17.868

地下一层支座 B 处弯矩 M_B 的计算系数 m_1　　表 3.7-4b

h_2/h_1 \ t_2/t_1	1.0	1.1	1.2	1.3	1.4	1.5	1.6	1.7	1.8	1.9	2.0
0.5	-2.326	-2.382	-2.426	-2.460	-2.487	-2.508	-2.525	-2.538	-2.550	-2.559	-2.566
0.6	-2.337	-2.351	-2.362	-2.371	-2.378	-2.383	-2.388	-2.392	-2.395	-2.397	-2.399
0.7	-2.453	-2.415	-2.384	-2.359	-2.339	-2.323	-2.310	-2.299	-2.291	-2.284	-2.278
0.8	-2.666	-2.568	-2.486	-2.420	-2.366	-2.322	-2.287	-2.258	-2.234	-2.214	-2.198
0.9	-2.972	-2.805	-2.665	-2.550	-2.456	-2.378	-2.315	-2.263	-2.220	-2.185	-2.155
1.0	-3.365	-3.123	-2.918	-2.747	-2.606	-2.490	-2.394	-2.314	-2.249	-2.194	-2.149
1.1	-3.841	-3.519	-3.243	-3.010	-2.816	-2.654	-2.521	-2.410	-2.318	-2.241	-2.176
1.2	-4.399	-3.991	-3.637	-3.336	-3.083	-2.872	-2.696	-2.549	-2.426	-2.323	-2.237
1.3	-5.035	-4.537	-4.101	-3.727	-3.409	-3.142	-2.918	-2.731	-2.574	-2.442	-2.331
1.4	-5.748	-5.156	-4.633	-4.179	-3.792	-3.464	-3.188	-2.956	-2.761	-2.596	-2.457
1.5	-6.536	-5.848	-5.232	-4.695	-4.232	-3.839	-3.506	-3.224	-2.986	-2.786	-2.616

地下二层跨内最大弯矩 M_{BC} 的弯矩系数 m_1　　表 3.7-4c

h_2/h_1 \ t_2/t_1	1.0	1.1	1.2	1.3	1.4	1.5	1.6	1.7	1.8	1.9	2.0
0.5	0.683	0.675	0.669	0.665	0.661	0.658	0.656	0.655	0.653	0.652	0.651
0.6	1.120	1.117	1.115	1.113	1.111	1.110	1.109	1.108	1.108	1.107	1.107
0.7	1.633	1.642	1.650	1.656	1.661	1.666	1.669	1.672	1.674	1.676	1.677
0.8	2.199	2.226	2.248	2.267	2.282	2.295	2.305	2.313	2.320	2.326	2.331
0.9	2.811	2.858	2.899	2.933	2.961	2.984	3.003	3.019	3.032	3.043	3.052
1.0	3.466	3.535	3.596	3.647	3.690	3.726	3.757	3.782	3.803	3.820	3.835
1.1	4.161	4.254	4.336	4.407	4.468	4.519	4.562	4.598	4.628	4.653	4.674
1.2	4.896	5.014	5.120	5.212	5.292	5.359	5.416	5.464	5.505	5.539	5.568
1.3	5.672	5.816	5.946	6.061	6.161	6.246	6.319	6.381	6.433	6.478	6.515
1.4	6.488	6.658	6.814	6.953	7.075	7.180	7.270	7.346	7.412	7.467	7.515
1.5	7.345	7.542	7.724	7.888	8.033	8.158	8.267	8.360	8.439	8.507	8.565

地下一层跨内最大弯矩 M_{AB} 的计算系数 m_1　　表 3.7-4d

h_2/h_1 \ t_2/t_1	1.0	1.1	1.2	1.3	1.4	1.5	1.6	1.7	1.8	1.9	2.0
0.5	1.124	1.094	1.071	1.052	1.038	1.027	1.018	1.010	1.005	1.000	0.996
0.6	0.936	0.929	0.923	0.918	0.914	0.911	0.909	0.907	0.906	0.904	0.903
0.7	0.721	0.741	0.757	0.770	0.780	0.789	0.795	0.801	0.805	0.809	0.812
0.8	0.485	0.533	0.573	0.607	0.634	0.656	0.675	0.690	0.702	0.712	0.721
0.9	0.236	0.311	0.375	0.430	0.476	0.514	0.546	0.572	0.593	0.611	0.627
1.0	负值	0.086	0.170	0.244	0.308	0.362	0.408	0.446	0.479	0.506	0.529
1.1	负值	负值	负值	0.058	0.135	0.204	0.264	0.315	0.358	0.395	0.426
1.2	负值	负值	负值	负值	负值	0.048	0.117	0.179	0.233	0.279	0.320
1.3	负值	负值	负值	负值	负值	负值	负值	0.044	0.106	0.161	0.209
1.4	负值	负值	负值	负值	负值	负值	负值	负值	负值	0.044	0.098
1.5	负值	负值	负值	负值	负值	负值	负值	负值	负值	负值	负值

5. $x/h_1=0.4$ 时

地下二层支座 C 处弯矩 M_C 的计算系数 m_1　　表 3.7-5a

h_2/h_1 \ t_2/t_1	1.0	1.1	1.2	1.3	1.4	1.5	1.6	1.7	1.8	1.9	2.0
0.5	−1.537	−1.524	−1.515	−1.507	−1.502	−1.497	−1.493	−1.490	−1.488	−1.486	−1.484
0.6	−2.499	−2.508	−2.514	−2.520	−2.524	−2.527	−2.530	−2.532	−2.534	−2.535	−2.536
0.7	−3.562	−3.595	−3.622	−3.644	−3.662	−3.676	−3.688	−3.697	−3.705	−3.711	−3.716
0.8	−4.724	−4.787	−4.839	−4.881	−4.915	−4.943	−4.965	−4.984	−4.999	−5.012	−5.022
0.9	−5.987	−6.082	−6.162	−6.228	−6.282	−6.326	−6.362	−6.392	−6.416	−6.437	−6.454
1.0	−7.350	−7.481	−7.592	−7.685	−7.762	−7.825	−7.877	−7.920	−7.955	−7.985	−8.010
1.1	−8.813	−8.983	−9.128	−9.251	−9.353	−9.438	−9.508	−9.567	−9.615	−9.656	−9.690
1.2	−10.377	−10.587	−10.770	−10.925	−11.056	−11.165	−11.256	−11.332	−11.395	−11.448	−11.493
1.3	−12.041	−12.295	−12.517	−12.708	−12.869	−13.005	−13.120	−13.215	−13.295	−13.362	−13.419
1.4	−13.805	−14.104	−14.368	−14.597	−14.793	−14.958	−15.098	−15.215	−15.313	−15.396	−15.467
1.5	−15.670	−16.016	−16.324	−16.593	−16.825	−17.022	−17.190	−17.331	−17.450	−17.550	−17.636

地下一层支座 B 处弯矩 M_B 的计算系数 m_1　　表 3.7-5b

h_2/h_1 \ t_2/t_1	1.0	1.1	1.2	1.3	1.4	1.5	1.6	1.7	1.8	1.9	2.0
0.5	−1.851	−1.875	−1.894	−1.909	−1.921	−1.931	−1.938	−1.944	−1.949	−1.953	−1.956
0.6	−1.901	−1.885	−1.872	−1.861	−1.853	−1.846	−1.841	−1.836	−1.833	−1.830	−1.827
0.7	−2.048	−1.981	−1.927	−1.883	−1.848	−1.820	−1.797	−1.778	−1.763	−1.750	−1.740
0.8	−2.285	−2.160	−2.056	−1.972	−1.903	−1.848	−1.802	−1.766	−1.735	−1.710	−1.689
0.9	−2.606	−2.415	−2.256	−2.124	−2.016	−1.928	−1.856	−1.796	−1.747	−1.707	−1.673
1.0	−3.009	−2.746	−2.524	−2.339	−2.185	−2.059	−1.955	−1.869	−1.798	−1.738	−1.689
1.1	−3.489	−3.150	−2.859	−2.614	−2.409	−2.240	−2.099	−1.982	−1.885	−1.804	−1.736
1.2	−4.046	−3.625	−3.260	−2.949	−2.688	−2.469	−2.287	−2.136	−2.009	−1.903	−1.814
1.3	−4.678	−4.171	−3.726	−3.344	−3.021	−2.749	−2.521	−2.330	−2.170	−2.035	−1.922
1.4	−5.383	−4.785	−4.257	−3.799	−3.408	−3.077	−2.798	−2.564	−2.367	−2.201	−2.060
1.5	−6.160	−5.469	−4.852	−4.313	−3.850	−3.455	−3.121	−2.839	−2.601	−2.399	−2.229

地下二层跨内最大弯矩 M_{BC} 的弯矩系数 m_1　　　表 3.7-5c

t_2/t_1 \ h_2/h_1	1.0	1.1	1.2	1.3	1.4	1.5	1.6	1.7	1.8	1.9	2.0
0.5	0.737	0.732	0.729	0.726	0.724	0.722	0.721	0.720	0.719	0.718	0.718
0.6	1.175	1.179	1.182	1.185	1.187	1.189	1.190	1.191	1.192	1.193	1.193
0.7	1.673	1.691	1.706	1.718	1.728	1.736	1.743	1.748	1.752	1.756	1.759
0.8	2.219	2.254	2.284	2.309	2.330	2.346	2.360	2.371	2.381	2.388	2.395
0.9	2.807	2.863	2.910	2.950	2.983	3.011	3.034	3.052	3.068	3.081	3.092
1.0	3.437	3.513	3.580	3.637	3.685	3.726	3.759	3.787	3.811	3.830	3.847
1.1	4.107	4.206	4.294	4.370	4.434	4.489	4.535	4.573	4.606	4.633	4.656
1.2	4.817	4.940	5.050	5.146	5.229	5.299	5.359	5.409	5.452	5.488	5.518
1.3	5.568	5.715	5.848	5.966	6.069	6.156	6.231	6.295	6.348	6.394	6.433
1.4	6.360	6.532	6.689	6.830	6.953	7.059	7.150	7.228	7.295	7.351	7.399
1.5	7.193	7.390	7.572	7.736	7.881	8.008	8.117	8.210	8.290	8.358	8.417

地下一层跨内最大弯矩 M_{AB} 的计算系数 m_1　　　表 3.7-5d

t_2/t_1 \ h_2/h_1	1.0	1.1	1.2	1.3	1.4	1.5	1.6	1.7	1.8	1.9	2.0
0.5	0.736	0.722	0.711	0.703	0.696	0.691	0.686	0.683	0.680	0.678	0.676
0.6	0.558	0.568	0.575	0.581	0.586	0.590	0.593	0.595	0.597	0.599	0.600
0.7	0.354	0.390	0.420	0.444	0.464	0.479	0.492	0.503	0.511	0.518	0.524
0.8	0.132	0.194	0.247	0.292	0.328	0.358	0.383	0.403	0.420	0.434	0.445
0.9	负值	负值	0.064	0.127	0.181	0.226	0.264	0.296	0.322	0.344	0.362
1.0	负值	负值	负值	负值	0.028	0.086	0.137	0.181	0.217	0.248	0.275
1.1	负值	负值	负值	负值	负值	负值	0.008	0.060	0.107	0.147	0.182
1.2	负值	负值	负值	负值	负值	负值	负值	负值	负值	0.043	0.085
1.3	负值	负值	负值	负值	负值	负值	负值	负值	负值	负值	负值
1.4	负值	负值	负值	负值	负值	负值	负值	负值	负值	负值	负值
1.5	负值	负值	负值	负值	负值	负值	负值	负值	负值	负值	负值

6. $x/h_1=0.5$ 时

地下二层支座 C 处弯矩 M_C 的计算系数 m_1　　　表 3.7-6a

t_2/t_1 \ h_2/h_1	1.0	1.1	1.2	1.3	1.4	1.5	1.6	1.7	1.8	1.9	2.0
0.5	−1.695	−1.697	−1.699	−1.700	−1.701	−1.702	−1.702	−1.703	−1.703	−1.704	−1.704
0.6	−2.609	−2.631	−2.648	−2.662	−2.673	−2.682	−2.689	−2.695	−2.700	−2.704	−2.707
0.7	−3.624	−3.670	−3.707	−3.738	−3.762	−3.781	−3.797	−3.810	−3.820	−3.829	−3.836
0.8	−4.740	−4.814	−4.875	−4.925	−4.965	−4.998	−5.025	−5.046	−5.064	−5.079	−5.091
0.9	−5.958	−6.063	−6.151	−6.223	−6.283	−6.331	−6.371	−6.404	−6.431	−6.453	−6.472
1.0	−7.277	−7.416	−7.534	−7.632	−7.713	−7.780	−7.835	−7.881	−7.919	−7.950	−7.976
1.1	−8.697	−8.873	−9.023	−9.150	−9.256	−9.344	−9.417	−9.477	−9.527	−9.569	−9.605
1.2	−10.219	−10.433	−10.619	−10.777	−10.911	−11.022	−11.115	−11.192	−11.257	−11.311	−11.356
1.3	−11.841	−12.097	−12.321	−12.513	−12.676	−12.813	−12.928	−13.024	−13.105	−13.173	−13.230
1.4	−13.565	−13.863	−14.127	−14.356	−14.552	−14.717	−14.857	−14.974	−15.073	−15.156	−15.226
1.5	−15.389	−15.732	−16.039	−16.307	−16.537	−16.733	−16.900	−17.040	−17.158	−17.258	−17.343

地下一层支座 *B* 处弯矩 M_B 的计算系数 m_1　　表 3.7-6*b*

h_2/h_1 \ t_2/t_1	1.0	1.1	1.2	1.3	1.4	1.5	1.6	1.7	1.8	1.9	2.0
0.5	−1.402	−1.397	−1.394	−1.392	−1.390	−1.388	−1.387	−1.386	−1.385	−1.384	−1.384
0.6	−1.492	−1.448	−1.412	−1.385	−1.362	−1.345	−1.330	−1.319	−1.309	−1.302	−1.295
0.7	−1.668	−1.576	−1.501	−1.440	−1.392	−1.353	−1.321	−1.295	−1.274	−1.257	−1.243
0.8	−1.925	−1.777	−1.655	−1.556	−1.475	−1.409	−1.356	−1.312	−1.276	−1.247	−1.222
0.9	−2.260	−2.049	−1.874	−1.729	−1.610	−1.513	−1.433	−1.368	−1.314	−1.269	−1.232
1.0	−2.669	−2.391	−2.155	−1.958	−1.796	−1.662	−1.552	−1.460	−1.385	−1.322	−1.270
1.1	−3.151	−2.799	−2.498	−2.244	−2.033	−1.857	−1.711	−1.590	−1.490	−1.406	−1.336
1.2	−3.704	−3.275	−2.903	−2.586	−2.320	−2.097	−1.912	−1.757	−1.628	−1.520	−1.429
1.3	−4.328	−3.817	−3.369	−2.984	−2.658	−2.384	−2.154	−1.961	−1.800	−1.665	−1.550
1.4	−5.022	−4.425	−3.896	−3.438	−3.047	−2.716	−2.437	−2.203	−2.006	−1.840	−1.699
1.5	−5.784	−5.098	−4.484	−3.949	−3.488	−3.096	−2.763	−2.483	−2.246	−2.046	−1.876

地下二层跨内最大弯矩 M_{BC} 的弯矩系数 m_1　　表 3.7-6*c*

h_2/h_1 \ t_2/t_1	1.0	1.1	1.2	1.3	1.4	1.5	1.6	1.7	1.8	1.9	2.0
0.5	0.797	0.798	0.799	0.799	0.800	0.800	0.800	0.800	0.801	0.801	0.801
0.6	1.224	1.236	1.246	1.253	1.260	1.264	1.268	1.272	1.274	1.277	1.278
0.7	1.701	1.728	1.750	1.767	1.782	1.794	1.803	1.811	1.818	1.823	1.828
0.8	2.222	2.265	2.302	2.332	2.358	2.378	2.395	2.409	2.421	2.430	2.438
0.9	2.783	2.846	2.899	2.944	2.982	3.013	3.039	3.061	3.079	3.094	3.106
1.0	3.386	3.468	3.540	3.602	3.654	3.697	3.734	3.764	3.789	3.811	3.828
1.1	4.029	4.133	4.225	4.304	4.372	4.429	4.477	4.518	4.551	4.580	4.604
1.2	4.714	4.839	4.952	5.051	5.135	5.208	5.269	5.321	5.364	5.401	5.432
1.3	5.440	5.588	5.722	5.841	5.944	6.033	6.109	6.173	6.227	6.273	6.313
1.4	6.207	6.378	6.535	6.675	6.798	6.904	6.996	7.074	7.140	7.196	7.245
1.5	7.015	7.210	7.390	7.553	7.697	7.822	7.930	8.023	8.102	8.170	8.228

地下一层跨内最大弯矩 M_{AB} 的计算系数 m_1　　表 3.7-6*d*

h_2/h_1 \ t_2/t_1	1.0	1.1	1.2	1.3	1.4	1.5	1.6	1.7	1.8	1.9	2.0
0.5	0.394	0.397	0.399	0.400	0.401	0.402	0.403	0.404	0.404	0.405	0.405
0.6	0.226	0.253	0.274	0.291	0.304	0.315	0.324	0.331	0.336	0.341	0.345
0.7	0.036	0.087	0.130	0.165	0.193	0.216	0.235	0.251	0.263	0.274	0.282
0.8	负值	负值	负值	0.025	0.069	0.106	0.137	0.162	0.183	0.201	0.215
0.9	负值	负值	负值	负值	负值	负值	0.029	0.065	0.095	0.121	0.143
1.0	负值	负值	负值	负值	负值	负值	负值	负值	0.002	0.035	0.064
1.1	负值	负值	负值	负值	负值	负值	负值	负值	负值	负值	负值
1.2	负值	负值	负值	负值	负值	负值	负值	负值	负值	负值	负值
1.3	负值	负值	负值	负值	负值	负值	负值	负值	负值	负值	负值
1.4	负值	负值	负值	负值	负值	负值	负值	负值	负值	负值	负值
1.5	负值	负值	负值	负值	负值	负值	负值	负值	负值	负值	负值

3.7.3 矩形分布荷载作用下的弯矩计算系数

地下二层支座 *C* 处弯矩 M_C 的计算系数 m_2 **表 3.7-7a**

h_2/h_1 \ t_2/t_1	1.0	1.1	1.2	1.3	1.4	1.5	1.6	1.7	1.8	1.9	2.0
0.5	1.705	1.980	2.196	2.366	2.499	2.604	2.688	2.756	2.810	2.855	2.892
0.6	0.276	0.550	0.769	0.942	1.081	1.191	1.280	1.351	1.410	1.458	1.497
0.7	−1.324	−1.065	−0.856	−0.687	−0.551	−0.442	−0.353	−0.281	−0.223	−0.174	−0.134
0.8	−3.094	−2.863	−2.674	−2.519	−2.393	−2.291	−2.208	−2.140	−2.084	−2.038	−2.000
0.9	−5.034	−4.842	−4.683	−4.551	−4.443	−4.354	−4.282	−4.222	−4.173	−4.133	−4.099
1.0	−7.143	−7.001	−6.881	−6.780	−6.697	−6.629	−6.572	−6.526	−6.487	−6.455	−6.429
1.1	−9.421	−9.337	−9.265	−9.205	−9.154	−9.112	−9.078	−9.049	−9.025	−9.005	−8.988
1.2	−11.868	−11.851	−11.836	−11.823	−11.812	−11.803	−11.795	−11.789	−11.783	−11.779	−11.775
1.3	−14.484	−14.540	−14.589	−14.632	−14.667	−14.698	−14.723	−14.744	−14.762	−14.776	−14.789
1.4	−17.268	−17.405	−17.526	−17.630	−17.720	−17.795	−17.859	−17.913	−17.958	−17.996	−18.028
1.5	−20.221	−20.444	−20.643	−20.817	−20.966	−21.094	−21.202	−21.293	−21.370	−21.435	−21.490

地下一层支座 *B* 处弯矩 M_B 的计算系数 m_2 **表 3.7-7b**

h_2/h_1 \ t_2/t_1	1.0	1.1	1.2	1.3	1.4	1.5	1.6	1.7	1.8	1.9	2.0
0.5	−9.659	−10.210	−10.643	−10.981	−11.248	−11.458	−11.626	−11.761	−11.871	−11.960	−12.034
0.6	−9.552	−10.100	−10.537	−10.885	−11.162	−11.382	−11.560	−11.703	−11.819	−11.915	−11.994
0.7	−9.602	−10.119	−10.539	−10.877	−11.148	−11.367	−11.544	−11.687	−11.805	−11.902	−11.982
0.8	−9.813	−10.273	−10.653	−10.963	−11.214	−11.418	−11.584	−11.720	−11.831	−11.924	−12.000
0.9	−10.183	−10.565	−10.885	−11.149	−11.365	−11.542	−11.686	−11.805	−11.904	−11.985	−12.053
1.0	−10.714	−10.998	−11.239	−11.440	−11.606	−11.742	−11.855	−11.948	−12.025	−12.089	−12.143
1.1	−11.408	−11.575	−11.719	−11.840	−11.941	−12.025	−12.095	−12.153	−12.201	−12.241	−12.274
1.2	−12.263	−12.298	−12.329	−12.355	−12.377	−12.395	−12.410	−12.423	−12.433	−12.442	−12.449
1.3	−13.282	−13.169	−13.071	−12.987	−12.915	−12.855	−12.804	−12.762	−12.727	−12.697	−12.672
1.4	−14.463	−14.190	−13.949	−13.740	−13.561	−13.410	−13.282	−13.175	−13.085	−13.009	−12.945
1.5	−15.809	−15.363	−14.965	−14.617	−14.317	−14.063	−13.847	−13.664	−13.511	−13.381	−13.271

地下二层跨内最大弯矩 M_{BC} 的弯矩系数 m_2 **表 3.7-7c**

h_2/h_1 \ t_2/t_1	1.0	1.1	1.2	1.3	1.4	1.5	1.6	1.7	1.8	1.9	2.0
0.5	1.730	1.982	2.199	2.380	2.530	2.653	2.754	2.837	2.905	2.962	3.009
0.6	1.203	1.300	1.391	1.472	1.541	1.600	1.650	1.691	1.726	1.755	1.779
0.7	1.361	1.369	1.385	1.403	1.421	1.439	1.454	1.468	1.480	1.490	1.499
0.8	1.900	1.861	1.834	1.816	1.804	1.796	1.791	1.787	1.784	1.783	1.781
0.9	2.680	2.623	2.579	2.544	2.517	2.496	2.479	2.466	2.455	2.447	2.440
1.0	3.635	3.580	3.535	3.499	3.469	3.445	3.426	3.410	3.397	3.386	3.378
1.1	4.727	4.689	4.658	4.631	4.609	4.591	4.576	4.564	4.554	4.546	4.539
1.2	5.935	5.926	5.919	5.912	5.907	5.903	5.899	5.896	5.893	5.891	5.889
1.3	7.246	7.276	7.302	7.324	7.343	7.359	7.372	7.384	7.393	7.401	7.408
1.4	8.654	8.729	8.795	8.854	8.904	8.947	8.983	9.014	9.039	9.061	9.080
1.5	10.154	10.279	10.393	10.494	10.581	10.657	10.721	10.776	10.822	10.861	10.895

地下一层跨内最大弯矩 M_{AB} 的计算系数 m_2 表 3.7-7*d*

t_2/t_1 h_2/h_1	1.0	1.1	1.2	1.3	1.4	1.5	1.6	1.7	1.8	1.9	2.0
0.5	8.137	7.916	7.745	7.612	7.509	7.427	7.363	7.311	7.269	7.235	7.207
0.6	8.180	7.960	7.787	7.650	7.542	7.457	7.388	7.333	7.289	7.252	7.222
0.7	8.160	7.952	7.786	7.653	7.547	7.463	7.394	7.339	7.294	7.257	7.227
0.8	8.075	7.891	7.741	7.620	7.522	7.443	7.379	7.327	7.284	7.249	7.220
0.9	7.927	7.776	7.650	7.547	7.463	7.395	7.340	7.294	7.257	7.226	7.200
1.0	7.717	7.606	7.512	7.435	7.371	7.318	7.275	7.240	7.210	7.186	7.166
1.1	7.447	7.382	7.327	7.281	7.242	7.210	7.184	7.162	7.144	7.129	7.116
1.2	7.120	7.107	7.096	7.086	7.078	7.071	7.065	7.060	7.056	7.053	7.050
1.3	6.741	6.782	6.819	6.850	6.876	6.899	6.918	6.933	6.946	6.958	6.967
1.4	6.314	6.412	6.498	6.574	6.639	6.694	6.741	6.780	6.814	6.842	6.865
1.5	5.845	5.999	6.137	6.260	6.366	6.458	6.535	6.601	6.657	6.705	6.745

3.7.4 底层均布荷载作用下的弯矩计算系数

地下二层支座 *C* 处弯矩 M_C 的计算系数 m_3 表 3.7-8*a*

t_2/t_1 h_2/h_1	1.0	1.1	1.2	1.3	1.4	1.5	1.6	1.7	1.8	1.9	2.0
0.5	−2.841	−2.896	−2.939	−2.973	−3.000	−3.021	−3.038	−3.051	−3.062	−3.071	−3.078
0.6	−4.034	−4.121	−4.190	−4.245	−4.289	−4.324	−4.352	−4.374	−4.393	−4.408	−4.420
0.7	−5.422	−5.547	−5.649	−5.731	−5.797	−5.850	−5.893	−5.928	−5.956	−5.980	−5.999
0.8	−7.000	−7.171	−7.313	−7.428	−7.522	−7.597	−7.659	−7.710	−7.751	−7.785	−7.814
0.9	−8.765	−8.989	−9.177	−9.332	−9.459	−9.563	−9.648	−9.717	−9.775	−9.823	−9.862
1.0	−10.714	−10.998	−11.239	−11.440	−11.606	−11.742	−11.855	−11.948	−12.025	−12.089	−12.143
1.1	−12.846	−13.196	−13.496	−13.749	−13.960	−14.135	−14.280	−14.400	−14.500	−14.584	−14.654
1.2	−15.158	−15.580	−15.945	−16.256	−16.518	−16.737	−16.919	−17.071	−17.198	−17.304	−17.393
1.3	−17.649	−18.148	−18.585	−18.961	−19.279	−19.547	−19.771	−19.959	−20.116	−20.249	−20.360
1.4	−20.317	−20.899	−21.413	−21.859	−22.240	−22.562	−22.834	−23.062	−23.254	−23.416	−23.552
1.5	−23.162	−23.831	−24.428	−24.950	−25.399	−25.781	−26.105	−26.378	−26.609	−26.804	−26.969

地下一层支座 *B* 处弯矩 M_B 的计算系数 m_3 表 3.7-8*b*

t_2/t_1 h_2/h_1	1.0	1.1	1.2	1.3	1.4	1.5	1.6	1.7	1.8	1.9	2.0
0.5	−0.568	−0.458	−0.371	−0.304	−0.250	−0.208	−0.175	−0.148	−0.126	−0.108	−0.093
0.6	−0.931	−0.758	−0.620	−0.510	−0.423	−0.353	−0.297	−0.252	−0.215	−0.185	−0.160
0.7	−1.406	−1.155	−0.952	−0.788	−0.656	−0.550	−0.464	−0.394	−0.337	−0.290	−0.251
0.8	−2.000	−1.657	−1.375	−1.144	−0.957	−0.805	−0.681	−0.580	−0.498	−0.429	−0.372
0.9	−2.720	−2.271	−1.896	−1.586	−1.333	−1.125	−0.955	−0.815	−0.700	−0.605	−0.525
1.0	−3.571	−3.003	−2.522	−2.121	−1.789	−1.515	−1.290	−1.104	−0.950	−0.821	−0.714
1.1	−4.558	−3.858	−3.258	−2.753	−2.331	−1.981	−1.690	−1.450	−1.250	−1.083	−0.943
1.2	−5.684	−4.841	−4.110	−3.487	−2.964	−2.526	−2.162	−1.858	−1.604	−1.392	−1.213
1.3	−6.953	−5.955	−5.080	−4.329	−3.692	−3.157	−2.708	−2.332	−2.017	−1.753	−1.530
1.4	−8.366	−7.203	−6.174	−5.282	−4.520	−3.876	−3.333	−2.876	−2.492	−2.168	−1.895
1.5	−9.926	−8.589	−7.394	−6.350	−5.452	−4.688	−4.040	−3.493	−3.032	−2.642	−2.312

地下二层跨内最大弯矩 M_{BC} 的弯矩系数 m_3　　**表 3.7-8c**

h_2/h_1 \ t_2/t_1	1.0	1.1	1.2	1.3	1.4	1.5	1.6	1.7	1.8	1.9	2.0
0.5	1.524	1.567	1.601	1.629	1.651	1.669	1.683	1.694	1.703	1.711	1.717
0.6	2.151	2.218	2.272	2.316	2.352	2.381	2.404	2.423	2.439	2.452	2.462
0.7	2.876	2.971	3.050	3.115	3.168	3.212	3.247	3.276	3.300	3.320	3.337
0.8	3.695	3.823	3.932	4.022	4.097	4.159	4.210	4.252	4.287	4.316	4.340
0.9	4.608	4.773	4.916	5.036	5.137	5.221	5.290	5.348	5.396	5.436	5.469
1.0	5.612	5.819	5.999	6.154	6.285	6.394	6.486	6.562	6.626	6.679	6.724
1.1	6.707	6.958	7.181	7.374	7.539	7.678	7.795	7.893	7.976	8.045	8.104
1.2	7.891	8.190	8.459	8.694	8.897	9.070	9.216	9.339	9.443	9.531	9.606
1.3	9.163	9.514	9.832	10.114	10.358	10.568	10.747	10.899	11.027	11.136	11.229
1.4	10.523	10.928	11.299	11.631	11.921	12.172	12.387	12.570	12.727	12.860	12.973
1.5	11.970	12.432	12.859	13.244	13.584	13.879	14.134	14.353	14.540	14.699	14.836

3.7.5　算例

【例题 3-8】　某两层地下室可简化为底部固支的两跨连续梁计算。地下一层的层高 $h_1=3.6$m、侧墙板厚度 $t_1=300$mm，地下二层的层高 $h_2=4.5$m、侧墙板厚度 $t_2=390$mm。受梯形分布荷载作用，地面堆载作用下顶部压力为 5.0kN/m²，水、土作用下底部压力为 130.0kN/m²（图 3.7-2a）。求算支座 B 与 C 处的弯矩和 AB 跨与 BC 跨的最大弯矩。

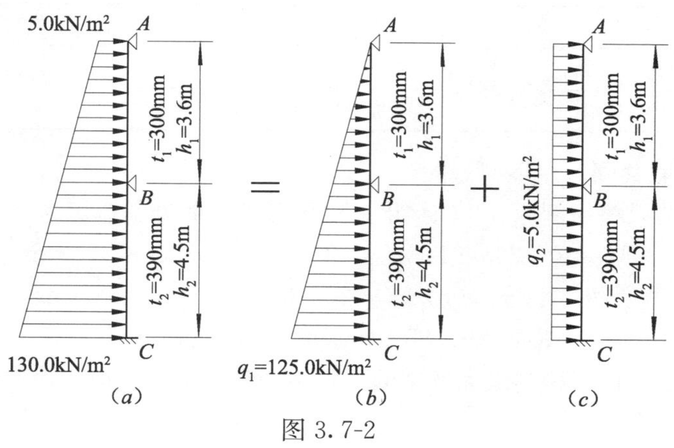

图 3.7-2

【解】　$x=0$，$x/h_1=0$，$h_2/h_1=4.5/3.6=1.25$，$t_2/t_1=390/300=1.3$。

把梯形分布荷载看成是由三角形分布荷载与均布荷载叠加而成，其中：三角形分布荷载的最大值为（图 3.7-2b）$q_1=125$kN/m²，均布荷载为（图 3.7-2c）$q_2=5$kN/m²。分别查表 3.7-1 和表 3.7-7 求取相应的弯矩计算系数 m_1、m_2，然后按公式（3.7.1）计算，结果见表 3.7-9。

单一荷载作用下的弯矩计算系数 m_i 和弯矩值 M_i　　表 3.7-9

项　目	三角形分布荷载 q_1=125kN/m² 作用下		均布分布荷载 q_2=5kN/m² 作用下	
	m_1	M_1（kN·m）	m_2	M_2（kN·m）
支座 C 处弯矩	−12.1445（表 3.7-1a）	−196.74	−13.2275（表 3.7-7a）	−8.57
支座 B 处弯矩	−4.682（表 3.7-1b）	−75.85	−12.671（表 3.7-7b）	−8.21
BC 跨最大弯矩	5.7755（表 3.7-1c）	93.56	6.618（表 3.7-7c）	4.29
AB 跨最大弯矩	0.640（表 3.7-1d）	10.37	6.968（表 3.7-7d）	4.52

由表 3.7-9，得各所求截面处的弯矩为

$$M_C=(-196.74)+(-8.57)=-205.31\text{kN}\cdot\text{m}$$

$$M_B=(-75.85)+(-8.21)=-84.06\text{kN}\cdot\text{m}$$

$$M_{BC}=93.56+4.29=97.85\text{kN}\cdot\text{m}$$

$$M_{AB}=10.37+4.52=14.89\text{kN}\cdot\text{m}$$

【例题 3-9】在例题 3-8 的条件下，增加底层（地下二层）人防荷载作用为 q_3 = 55.0kN/m²。求算支座 C 与 B 处的弯矩和 BC 跨的最大弯矩。

【解】按叠加原理，将人防均布荷载叠加到例题 3-8 的计算结果中。

1. 人防荷载作用下的弯矩计算

在底层均布荷载作用下的弯矩计算系数应按表 3.7-8 求取，然后按公式（3.7-1）计算，结果见表 3.7-10。

底层均布荷载 q_3=55.0kN/m² 作用下的弯矩计算系数 m_3 和弯矩值 M_3　　表 3.7-10

项　目	m_3	M_3（kN·m）
支座 C 处弯矩	−17.609（表 3.7-8a）	−125.51
支座 B 处弯矩	−3.908（表 3.7-8b）	−27.86
BC 跨最大弯矩	9.404（表 3.7-8c）	67.03

2. 在各种荷载共同作用下

由上述计算结果叠加例题 3-8 的结果，得各所求截面处的弯矩为：

$$M_C=(-205.31)+(-125.51)=-330.82\text{kN}\cdot\text{m}$$

$$M_B=(-84.06)+(-27.86)=-111.92\text{kN}\cdot\text{m}$$

$$M_{BC}=97.85+67.03=164.88\text{kN}\cdot\text{m}$$

需要指出的是，由于跨内最大弯矩的位置不一致，上述叠加所得的弯矩较实际最大弯矩略大，但偏于安全。

参 考 文 献

[3.1]《建筑结构静力计算手册》编写组．建筑结构静力计算手册（第二版）．北京：中国建筑工业出版社．1998

[3.2] 龙驭球、包世华主编．结构力学教程（第二版）．北京：高等教育出版社．2000

第 4 章 薄壁杆件扭转时的内力计算公式

4.1 符 号 说 明

$\tau_s=\frac{M_s}{I_t}\delta$——纯扭剪应力（$N/mm^2$）；

M_s——纯扭矩（N·mm）；

I_t——抗扭惯性矩（mm^4）；

δ——所求点的截面厚度（mm）；

$\tau_{max}=\frac{M_s}{W_t}$——最大纯扭剪应力（$N/mm^2$）；

W_t——抗扭截面模量（mm^3）；

$\varphi=\int_0^l \frac{M_s}{GI_t}dx$——杆件的扭转角（弧度 rad）；

G——剪变模量（N/mm^2）；

$\tau_\omega=\frac{M_\omega S_\omega}{I_\omega \delta}$——翘曲剪应力，又称扇性剪应力（$N/mm^2$）；

$M_\omega=\frac{dB}{dx}$——翘曲扭矩（N·mm）；

S_ω——翘曲静矩，又称扇性静矩（mm^4）；

I_ω——翘曲惯性矩，又称主扇性惯性矩（mm^6）；

$B=\int_A \sigma_\omega \omega dA$——弯扭双力矩（$N\cdot mm^2$），对于工字形截面 $B=MH$（见图 4.1-2c）；

$\sigma_\omega=\frac{B\omega}{I_\omega}$——翘曲正应力，又称扇性正应力（$N/mm^2$）；

ω——扇形面积，即扇性坐标（mm^2）；

A_0——主扇性零点；

S——剪切中心，又称弯曲中心；

a_y——剪切中心 S 至主扇性零点 A_0 的距离（mm）；

$K=\sqrt{\frac{GI_t}{EI_\omega}}$——翘曲扭转特性（1/mm）；

E——弹性模量（N/mm^2）；

e——荷载对剪切中心 S 的偏心距（mm）。

正负号的规定：

ω——从 x 轴的正方向朝原点 O 看，若向量半径从被选择的原始半径 SA_0 移到 SA_1 位置是顺时针旋转时，则点 A_1 的扇性坐标为正；如图 4.1-1

中点 A_1 的扇性坐标 ω 为正，反之为负；

B——例如图 4.1-2（c）中，B 为负；

M_s，M_ω——从 x 轴的正方向朝原点 O 看，顺时针旋转者为正；如图 4.1-2（a）、（b）中 M_s 及 M_ω 为正；

σ_ω——受拉为正；

e——表 4.3-1 简图中所示者均为正。

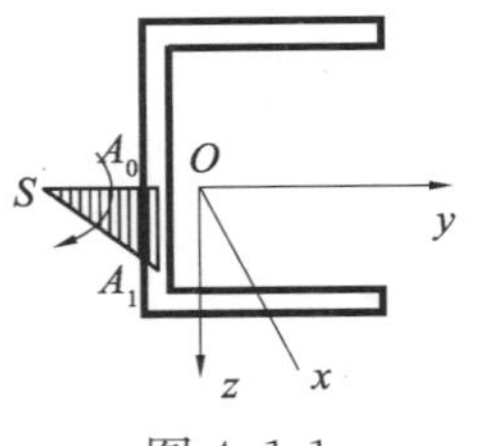

图 4.1-1

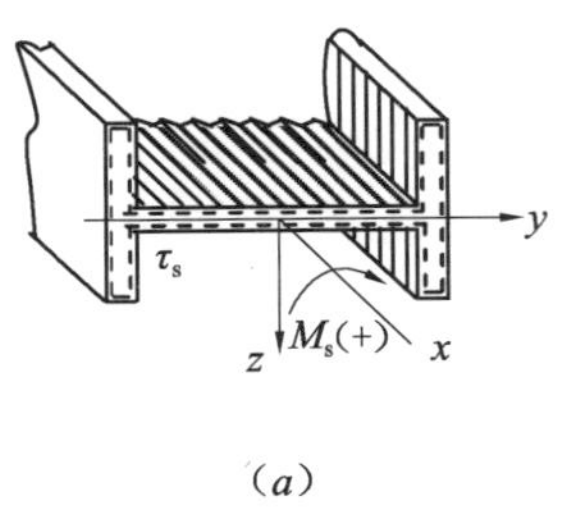

（a）

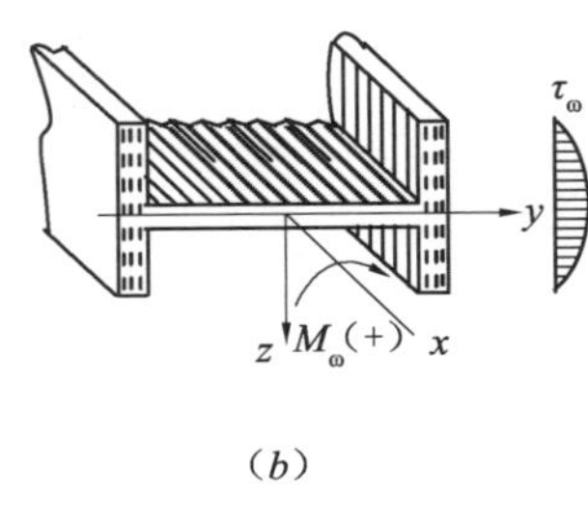

（b）

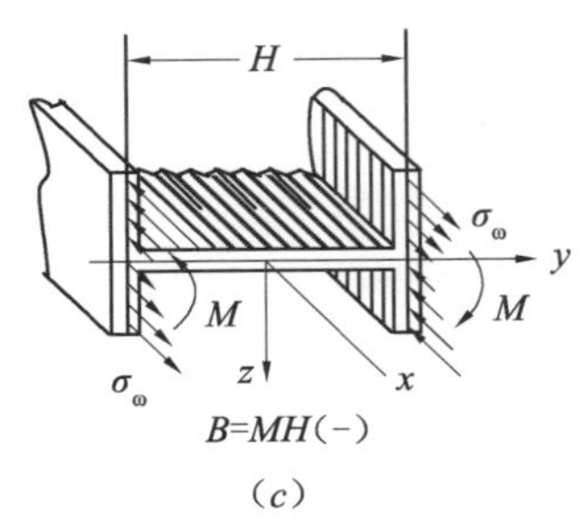

（c）

图 4.1-2

4.2 自 由 扭 转

4.2.1 纯扭转的内力

表 4.2-1

项次	荷载情况	纯扭矩 M_s
1	A、B，M、M，x，l	$M_s(x)=M$
2	A、C、B，M_1、M、M_2，a、b，x，l	$M=M_1+M_2$ AC 段：$M_s(x)=M_1$ CB 段：$M_s(x)=-M_2$
3	m，M，A、B，x，l	$M=ml$ $M_s(x)=m(l-x)$
4	m，M，A、C、B，a、b，x，l	$M=mb$ AC 段：$M_s(x)=M$ CB 段：$M_s(x)=m(l-x)$

续表

项　次	荷　载　情　况	纯　扭　矩　M_s
5	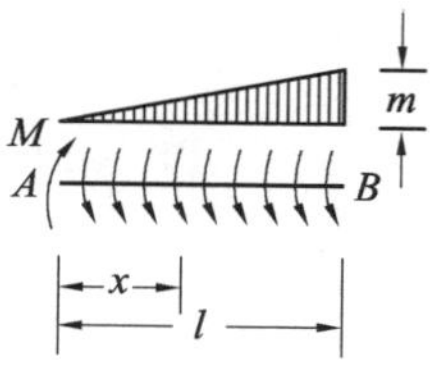	$M=\frac{1}{2}ml$ $M_s(x)=\frac{m}{2l}(l^2-x^2)$
6	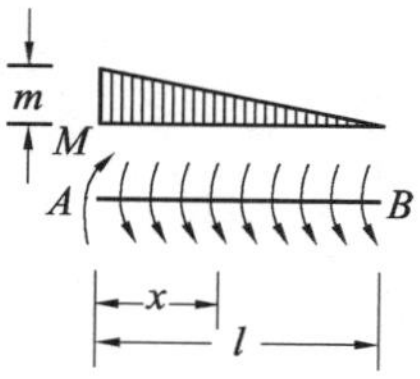	$M=\frac{1}{2}ml$ $M_s(x)=\frac{m}{2l}(l-x)^2$
7	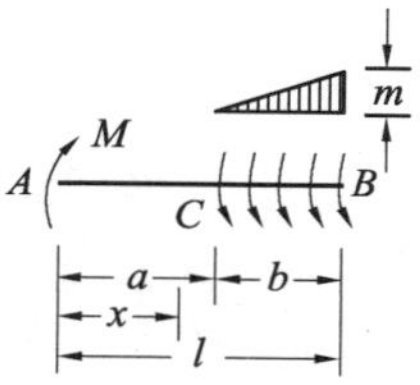	$M=\frac{1}{2}mb$ AC 段:$M_s(x)=M$ CB 段:$M_s(x)=\frac{m}{2b}(x-a+b)(l-x)$
8	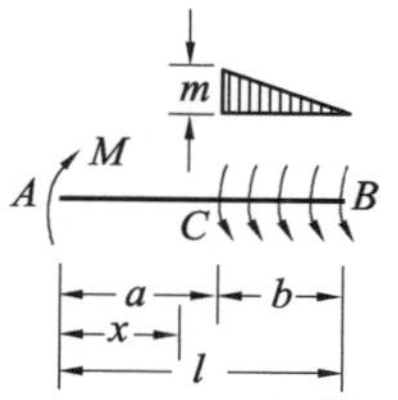	$M=\frac{1}{2}mb$ AC 段:$M_s(x)=M$ CB 段:$M_s(x)=\frac{m}{2b}(l-x)^2$

4.2.2　荷载偏离截面剪心时的扭转内力

表 4.2-2

项　次	荷　载　情　况	纯　扭　转　内　力
1	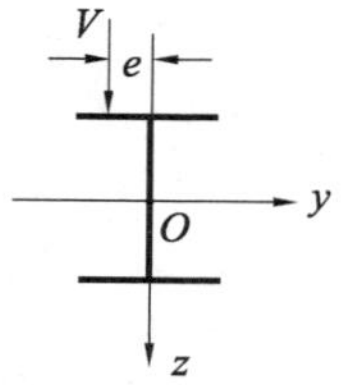	$M_s=Ve$ 扭转剪应力: 矩形边中部　$\tau_{max}=\frac{M_s\delta_{max}}{I_t}$ 弯曲剪应力: $\tau=\frac{VS_y^*}{I_y\delta}$ S_y^* 是计算点以下截面的静矩
2	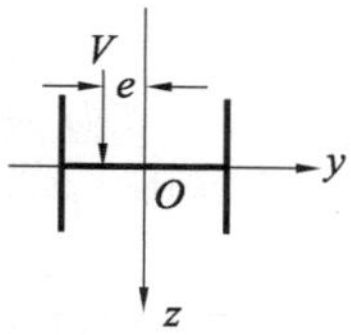	

续表

<table>
<tr><th>项　次</th><th>荷　载　情　况</th><th colspan="2">纯　扭　转　内　力</th></tr>
<tr><td>3</td><td></td><td colspan="2">$M_s=Ve$
扭转剪应力：
矩形边中部　$\tau_{max}=\dfrac{M_s\delta_{max}}{I_t}$
弯曲剪应力：
$\tau=\dfrac{VS_y^*}{I_y\delta}$
S_y^* 是计算点以下截面的静矩</td></tr>
<tr><td>4</td><td></td><td>$M_s=-Ve=-F_1h$
$F_1=\dfrac{Vb^2h\delta_1}{4I_y}$
δ_1 是翼缘的厚度</td><td rowspan="2">扭转剪应力：
矩形边中部　$\tau_{max}=\dfrac{M_s\delta_{max}}{I_t}$
弯曲剪应力：
$\tau=\dfrac{VS_y^*}{I_y\delta}$
S_y^* 是计算点以下截面的静矩</td></tr>
<tr><td>5</td><td></td><td>$M_s=-Ve=-\sqrt{2}F_1e$
$F_1=\dfrac{\sqrt{2}Vb^3\delta}{6I_y}$</td></tr>
</table>

4.2.3　截面的抗扭特性

表 4.2-3

<table>
<tr><th>截　面</th><th>I_t</th><th>W_t 及截面上产生最大剪应力的各点位置</th></tr>
<tr><td></td><td>$I_t=\dfrac{\pi D^4}{32}\approx 0.1D^4$</td><td>$W_t=\dfrac{\pi D^3}{16}\approx 0.2D^3$
τ_{max}在截面边界各点</td></tr>
<tr><td></td><td>$I_t=\dfrac{2\delta\delta_1(a-\delta)^2(b-\delta_1)^2}{a\delta+b\delta_1-\delta^2-\delta_1^2}$</td><td>$\tau_1=\dfrac{M_s}{2\delta_1(a-\delta)(b-\delta_1)}$（在长边的中间一段）；
$\tau_2=\dfrac{M_s}{2\delta(a-\delta)(b-\delta_1)}$（在短边的中间一段）。
当没有足够大的圆角时，在里面各角点上的应力可能更大，其应力集中系数
$\alpha_t=1.74\sqrt[3]{\dfrac{\delta_{max}}{r}}$
式中，r——内凹角内圆角半径。
内凹角处的最大剪应力$=\alpha_t\tau_{max}$</td></tr>
</table>

续表

<table>
<tr><th>截　面</th><th>I_t</th><th>W_t 及截面上产生最大剪应力的各点位置</th></tr>
<tr><td>$\alpha=d/D$</td><td>$I_t=\frac{\pi D^4}{32}(1-\alpha^4)\approx 0.1D^4(1-\alpha^4)$</td><td>$W_t=\frac{\pi D^3}{16}(1-\alpha^4)\approx 0.2D^3(1-\alpha^4)$
τ_{max}在截面外边各点；
$\tau_1=\tau_{max}\frac{d}{D}$，在截面内边各点</td></tr>
<tr><td rowspan="2">等厚度任意形状薄壁环（图中虚线表示中线）</td><td>$I_t=\frac{4A^2\delta}{S}$</td><td>$\tau_{平均}=\frac{M_s}{2\delta A}$（当 δ 很小时，应力几乎是平均分布的）</td></tr>
<tr><td colspan="2">式中　A——环的中线围成之面积；S——环的中线长度</td></tr>
<tr><td>$\frac{a}{b}=n>4$</td><td>$I_t=\frac{1}{3}(n-0.63)b^4$</td><td>$W_t=\frac{1}{3}(n-0.63)b^3$
τ_{max}在沿长边的各点，靠近角点上的除外；
$\tau_1=0.74\tau_{max}$在短边的中点处</td></tr>
<tr><td></td><td>$I_t=\frac{ab^3}{16}\left[\frac{16}{3}-3.36\frac{b}{a}\left(1-\frac{b^4}{12a^4}\right)\right]$
（近似公式）
或 $I_t=K'ab^3$（按照圣维南的准确解法），K'取自圣维南表，它与 a/b 之值有关</td><td>$W_t=\frac{a^2b^2}{3a+1.8b}$　（近似公式）
或 $W_t=Kab^2$（较准确），K 取自圣维南表，它与 a/b 之值有关。
τ_{max}在长边的中点处；
$\tau_1=K_1\tau_{max}$在短边的中点处，K_1 取自圣维南表，它与 a/b 之值有关。
在各个角点上剪应力等于零</td></tr>
<tr><td>$\frac{a}{b}\geqslant 1$</td><td colspan="2">圣　维　南　表
<table>
<tr><td>a/b</td><td>1.00</td><td>1.20</td><td>1.50</td><td>1.75</td><td>2.00</td><td>2.50</td><td>3.00</td><td>4.00</td><td>5.00</td><td>6.00</td><td>8.00</td><td>10.00</td><td>∞</td></tr>
<tr><td>K</td><td>0.208</td><td>0.219</td><td>0.231</td><td>0.239</td><td>0.246</td><td>0.258</td><td>0.267</td><td>0.282</td><td>0.291</td><td>0.298</td><td>0.307</td><td>0.312</td><td>0.333</td></tr>
<tr><td>K_1</td><td>1.000</td><td>0.930</td><td>0.859</td><td>0.821</td><td>0.795</td><td>0.766</td><td>0.753</td><td>0.745</td><td>0.743</td><td>0.743</td><td>0.742</td><td>0.742</td><td>—</td></tr>
<tr><td>K'</td><td>0.141</td><td>0.166</td><td>0.196</td><td>0.214</td><td>0.229</td><td>0.249</td><td>0.263</td><td>0.281</td><td>0.291</td><td>0.298</td><td>0.307</td><td>0.312</td><td>0.333</td></tr>
</table></td></tr>
<tr><td>辗钢截面考虑由矩形所组成的截面（槽钢及工字钢的翼缘可取其平均厚度）矩形尺寸是 $b_i\times\delta_i$，且 $b_i>4\delta_i$</td><td>$I_t\approx\frac{1}{3}\sum_{i=1}^{n}b_i\delta_i^3$</td><td>最大剪应力在最大厚度 δ_{max}的矩形中间部分
$\tau_{max}=\frac{M_s}{\frac{1}{3}\sum_{i=1}^{n}b_i\delta_i^3}\delta_{max}$
在截面内凹角处产生应力集中，理论集中系数
$\alpha_t=1.74\sqrt[3]{\frac{\delta_{max}}{r}}$
式中，r——凹角内圆角半径。
内凹角处的最大剪应力$=\alpha_t\tau_{max}$</td></tr>
</table>

4.3 约束扭转

4.3.1 单跨薄壁梁受约束扭转时的内力计算公式

表 4.3-1

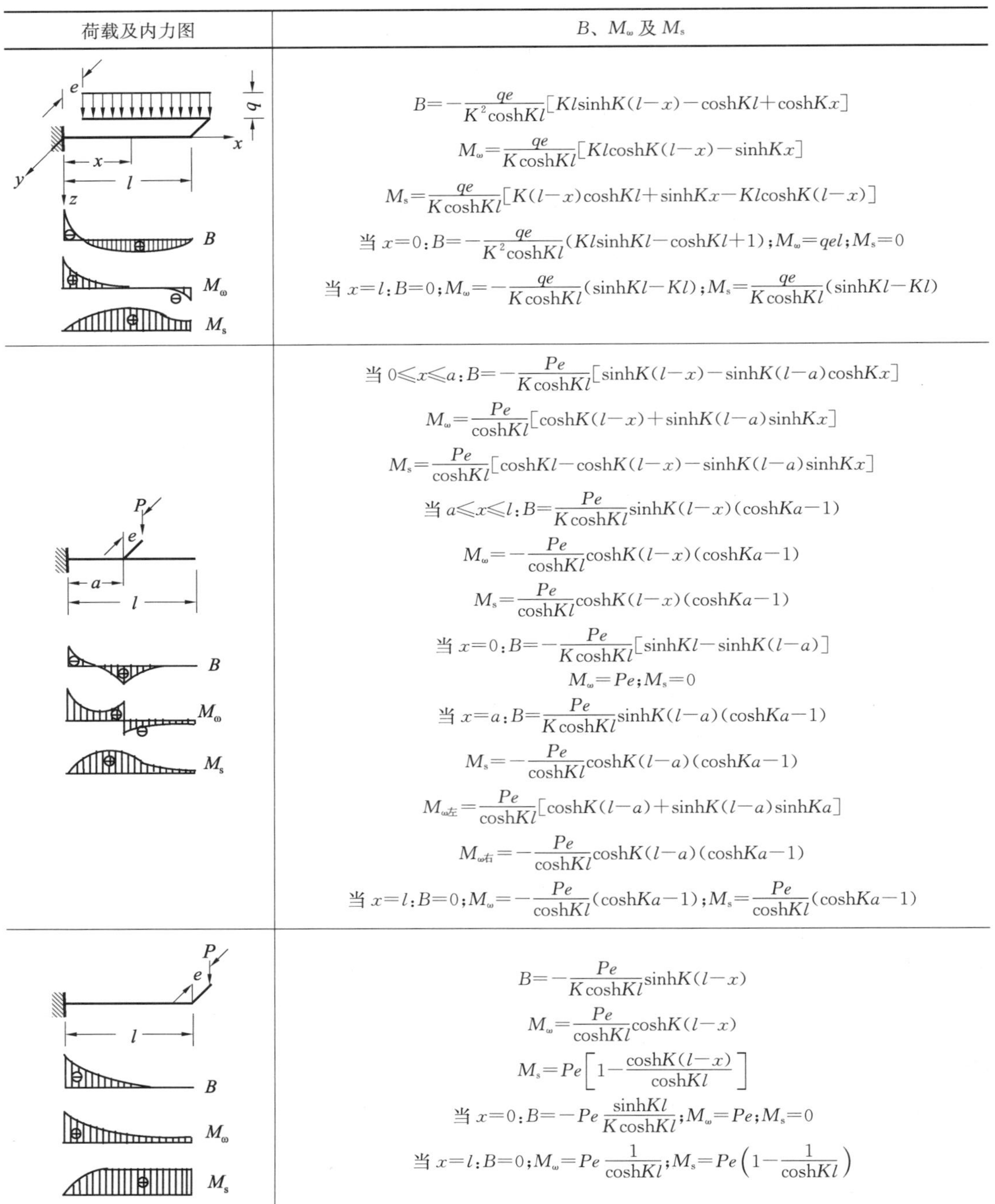

荷载及内力图	B、M_{ω} 及 M_s
	$B=-\frac{qe}{K^2\cosh Kl}[Kl\sinh K(l-x)-\cosh Kl+\cosh Kx]$ $M_{\omega}=\frac{qe}{K\cosh Kl}[Kl\cosh K(l-x)-\sinh Kx]$ $M_s=\frac{qe}{K\cosh Kl}[K(l-x)\cosh Kl+\sinh Kx-Kl\cosh K(l-x)]$ 当 $x=0$：$B=-\frac{qe}{K^2\cosh Kl}(Kl\sinh Kl-\cosh Kl+1)$；$M_{\omega}=qel$；$M_s=0$ 当 $x=l$：$B=0$；$M_{\omega}=-\frac{qe}{K\cosh Kl}(\sinh Kl-Kl)$；$M_s=\frac{qe}{K\cosh Kl}(\sinh Kl-Kl)$
	当 $0\leqslant x\leqslant a$：$B=-\frac{Pe}{K\cosh Kl}[\sinh K(l-x)-\sinh K(l-a)\cosh Kx]$ $M_{\omega}=\frac{Pe}{\cosh Kl}[\cosh K(l-x)+\sinh K(l-a)\sinh Kx]$ $M_s=\frac{Pe}{\cosh Kl}[\cosh Kl-\cosh K(l-x)-\sinh K(l-a)\sinh Kx]$ 当 $a\leqslant x\leqslant l$：$B=\frac{Pe}{K\cosh Kl}\sinh K(l-x)(\cosh Ka-1)$ $M_{\omega}=-\frac{Pe}{\cosh Kl}\cosh K(l-x)(\cosh Ka-1)$ $M_s=\frac{Pe}{\cosh Kl}\cosh K(l-x)(\cosh Ka-1)$ 当 $x=0$：$B=-\frac{Pe}{K\cosh Kl}[\sinh Kl-\sinh K(l-a)]$ $M_{\omega}=Pe$；$M_s=0$ 当 $x=a$：$B=\frac{Pe}{K\cosh Kl}\sinh K(l-a)(\cosh Ka-1)$ $M_s=-\frac{Pe}{\cosh Kl}\cosh K(l-a)(\cosh Ka-1)$ $M_{\omega左}=\frac{Pe}{\cosh Kl}[\cosh K(l-a)+\sinh K(l-a)\sinh Ka]$ $M_{\omega右}=-\frac{Pe}{\cosh Kl}\cosh K(l-a)(\cosh Ka-1)$ 当 $x=l$：$B=0$；$M_{\omega}=-\frac{Pe}{\cosh Kl}(\cosh Ka-1)$；$M_s=\frac{Pe}{\cosh Kl}(\cosh Ka-1)$
	$B=-\frac{Pe}{K\cosh Kl}\sinh K(l-x)$ $M_{\omega}=\frac{Pe}{\cosh Kl}\cosh K(l-x)$ $M_s=Pe\left[1-\frac{\cosh K(l-x)}{\cosh Kl}\right]$ 当 $x=0$：$B=-Pe\frac{\sinh Kl}{K\cosh Kl}$；$M_{\omega}=Pe$；$M_s=0$ 当 $x=l$：$B=0$；$M_{\omega}=Pe\frac{1}{\cosh Kl}$；$M_s=Pe\left(1-\frac{1}{\cosh Kl}\right)$

续表

荷载及内力图	B、M_ω 及 M_s
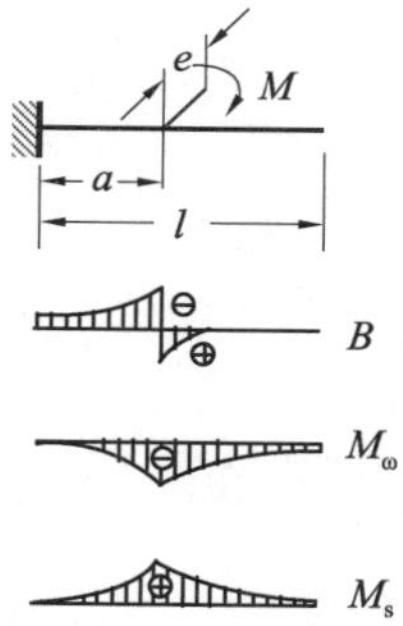	当 $0\leqslant x\leqslant a$：$B=-Me\dfrac{\cosh K(l-a)\cosh Kx}{\cosh Kl}$ $M_\omega=-Me\dfrac{K\cosh K(l-a)\sinh Kx}{\cosh Kl}$ $M_s=Me\dfrac{K\cosh K(l-a)\sinh Kx}{\cosh Kl}$ 当 $a\leqslant x\leqslant l$：$B=Me\dfrac{\sinh Ka\sinh K(l-x)}{\cosh Kl}$ $M_\omega=-Me\dfrac{K\sinh Ka\cosh K(l-x)}{\cosh Kl}$ $M_s=Me\dfrac{K\sinh Ka\cosh K(l-x)}{\cosh Kl}$ 当 $x=0$：$B=-Me\dfrac{\cosh K(l-a)}{\cosh Kl}$；$M_\omega=0$；$M_s=0$ 当 $x=a$：$B_{左}=-Me\dfrac{\cosh K(l-a)\cosh Ka}{\cosh Kl}$；$B_{右}=Me\dfrac{\sinh K(l-a)\sinh Ka}{\cosh Kl}$ $M_\omega=-Me\dfrac{K\cosh K(l-a)\sinh Ka}{\cosh Kl}$ $M_s=Me\dfrac{K\cosh K(l-a)\sinh Ka}{\cosh Kl}$ 当 $x=l$：$B=0$；$M_\omega=-Me\dfrac{K\sinh Ka}{\cosh Kl}$；$M_s=Me\dfrac{K\sinh Ka}{\cosh Kl}$
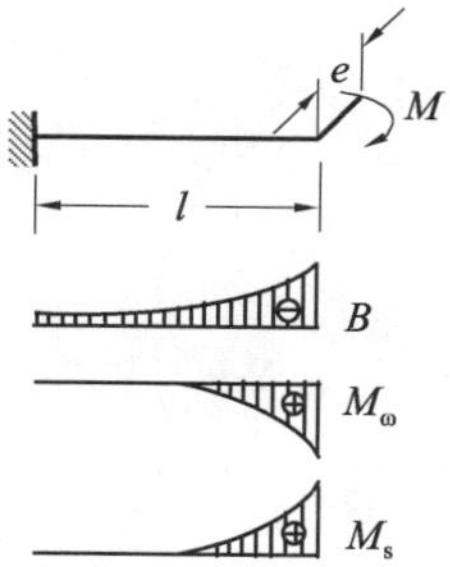	$B=-Me\dfrac{\cosh Kx}{\cosh Kl}$ $M_\omega=-Me\dfrac{K\sinh Kx}{\cosh Kl}$ $M_s=Me\dfrac{K\sinh Kx}{\cosh Kl}$ 当 $x=0$：$B=-Me\dfrac{1}{\cosh Kl}$；$M_\omega=0$；$M_s=0$ 当 $x=l$：$B=-Me$；$M_\omega=-Me\dfrac{K\sinh Kl}{\cosh Kl}$；$M_s=Me\dfrac{K\sinh Kl}{\cosh Kl}$
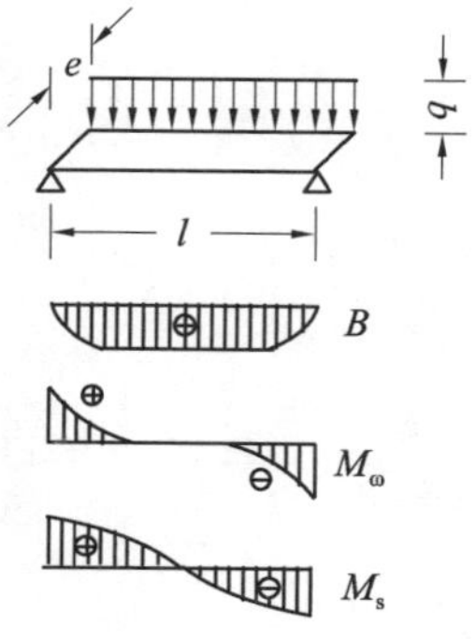	$B=\dfrac{qe}{K^2}\left[1-\dfrac{\cosh K\left(\frac{l}{2}-x\right)}{\cosh\frac{Kl}{2}}\right]$；$M_\omega=\dfrac{qe}{K}\dfrac{\sinh K\left(\frac{l}{2}-x\right)}{\cosh\frac{Kl}{2}}$ $M_s=\dfrac{qe}{K}\left[K\left(\dfrac{l}{2}-x\right)-\dfrac{\sinh K\left(\frac{l}{2}-x\right)}{\cosh\frac{Kl}{2}}\right]$ 当 $x=0$ 及 $x=l$：$B=0$；$M_\omega=\pm qe\dfrac{\sinh\frac{Kl}{2}}{K\cosh\frac{Kl}{2}}$；$M_s=\pm qe\left(\dfrac{l}{2}-\dfrac{\sinh\frac{Kl}{2}}{K\cosh\frac{Kl}{2}}\right)$ 当 $x=\dfrac{l}{2}$：$B=\dfrac{qe}{K^2}\left(1-\dfrac{1}{\cosh\frac{Kl}{2}}\right)$；$M_\omega=0$；$M_s=0$

续表

荷载及内力图	B、M_ω 及 M_s
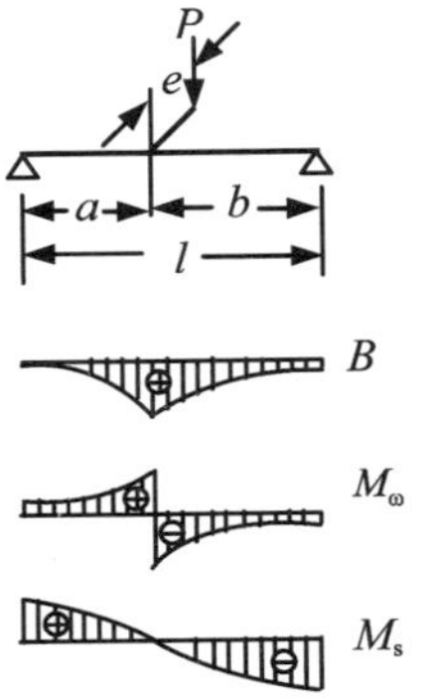	当 $0\leqslant x\leqslant a$：$B=\dfrac{Pe}{K}\dfrac{\sinh Kb}{\sinh Kl}\sinh Kx$；$M_\omega=Pe\dfrac{\sinh Kb}{\sinh Kl}\cosh Kx$ $M_s=Pe\left(\dfrac{b}{l}-\dfrac{\sinh Kb}{\sinh Kl}\cosh Kx\right)$ 当 $a\leqslant x\leqslant l$：$B=\dfrac{Pe}{K}\dfrac{\sinh Ka}{\sinh Kl}\sinh K(l-x)$；$M_\omega=-Pe\dfrac{\sinh Ka}{\sinh Kl}\cosh K(l-x)$ $M_s=-Pe\left[\dfrac{a}{l}-\dfrac{\sinh Ka}{\sinh Kl}\cosh K(l-x)\right]$ 当 $x=0$：$B=0$；$M_\omega=Pe\dfrac{\sinh Kb}{\sinh Kl}$；$M_s=Pe\left(\dfrac{b}{l}-\dfrac{\sinh Kb}{\sinh Kl}\right)$ 当 $x=a$：$B=Pe\dfrac{\sinh Ka\sinh Kb}{K\sinh Kl}$；$M_s=Pe\left(\dfrac{b}{l}-\dfrac{\sinh Kb\cosh Ka}{\sinh Kl}\right)$ $M_{\omega左}=Pe\dfrac{\sinh Kb\cosh Ka}{\sinh Kl}$；$M_{\omega右}=-Pe\dfrac{\sinh Ka\cosh Kb}{\sinh Kl}$ 当 $x=l$：$B=0$；$M_\omega=-Pe\dfrac{\sinh Ka}{\sinh Kl}$；$M_s=-Pe\left(\dfrac{a}{l}-\dfrac{\sinh Ka}{\sinh Kl}\right)$
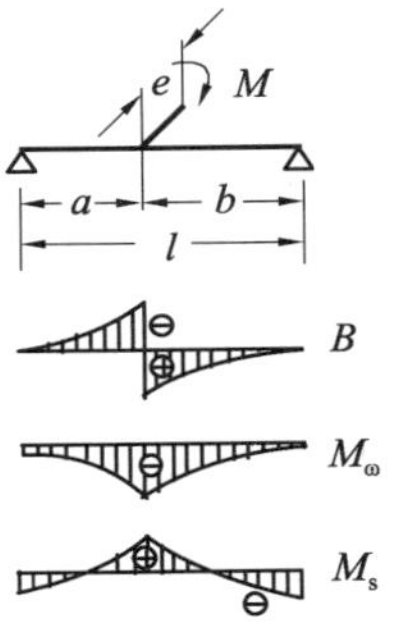	当 $0\leqslant x\leqslant a$：$B=-Me\dfrac{\cosh Kb}{\sinh Kl}\sinh Kx$；$M_\omega=-Me\dfrac{K\cosh Kb}{\sinh Kl}\cosh Kx$ $M_s=-Me\left(\dfrac{1}{l}-\dfrac{K\cosh Kb}{\sinh Kl}\cosh Kx\right)$ 当 $a\leqslant x\leqslant l$：$B=Me\dfrac{\cosh Ka}{\sinh Kl}\sinh K(l-x)$；$M_\omega=-Me\dfrac{K\cosh Ka}{\sinh Kl}\cosh K(l-x)$ $M_s=-Me\left[\dfrac{1}{l}-\dfrac{K\cosh Ka}{\sinh Kl}\cosh K(l-x)\right]$ 当 $x=0$：$B=0$；$M_\omega=-Me\dfrac{K\cosh Kb}{\sinh Kl}$；$M_s=-Me\left(\dfrac{1}{l}-K\dfrac{\cosh Kb}{\sinh Kl}\right)$ 当 $x=a$：$B_{左}=-Me\dfrac{\cosh Kb\sinh Ka}{\sinh Kl}$；$B_{右}=Me\dfrac{\cosh Ka\sinh Kb}{\sinh Kl}$ $M_\omega=-Me\dfrac{K\cosh Ka\cosh Kb}{\sinh Kl}$；$M_s=Me\left(\dfrac{K\cosh Ka\cosh Kb}{\sinh Kl}-\dfrac{1}{l}\right)$ 当 $x=l$：$B=0$；$M_\omega=-Me\dfrac{K\cosh Ka}{\sinh Kl}$；$M_s=-Me\left(\dfrac{1}{l}-K\dfrac{\cosh Ka}{\sinh Kl}\right)$
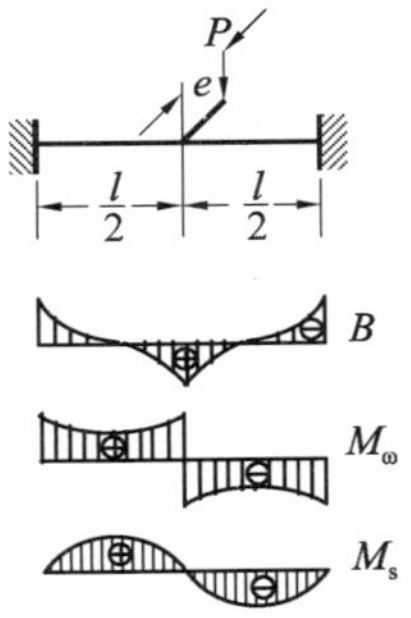	当 $0\leqslant x\leqslant\dfrac{l}{2}$：$B=0.5Pe\left[\dfrac{\cosh Kx-\cosh K\left(\dfrac{l}{2}-x\right)}{K\sinh\dfrac{Kl}{2}}\right]$ $M_\omega=0.5Pe\left[\dfrac{\sinh Kx+\sinh K\left(\dfrac{l}{2}-x\right)}{\sinh\dfrac{Kl}{2}}\right]$ $M_s=0.5Pe\left[1-\dfrac{\sinh Kx+\sinh K\left(\dfrac{l}{2}-x\right)}{\sinh\dfrac{Kl}{2}}\right]$ 当 $\dfrac{l}{2}\leqslant x\leqslant l$：$B=0.5Pe\left[\dfrac{\cosh K(l-x)-\cosh K\left(\dfrac{l}{2}-x\right)}{K\sinh\dfrac{Kl}{2}}\right]$ $M_\omega=-0.5Pe\left[\dfrac{\sinh K(l-x)-\sinh K\left(\dfrac{l}{2}-x\right)}{\sinh\dfrac{Kl}{2}}\right]$

续表

荷载及内力图	B、M_ω 及 M_s
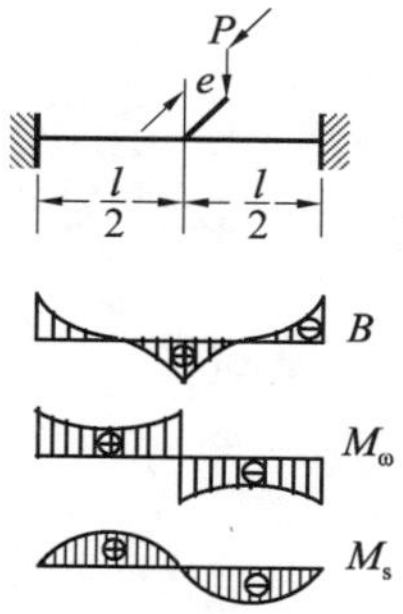	$M_s=-0.5Pe\left[1-\dfrac{\sinh K(l-x)-\sinh K\left(\dfrac{l}{2}-x\right)}{\sinh\dfrac{Kl}{2}}\right]$ 当 $x=0$ 及 $x=l$：$B=-0.5Pe\dfrac{\cosh\dfrac{Kl}{2}-1}{K\sinh\dfrac{Kl}{2}}$ $M_\omega=\pm0.5Pe$；$M_s=0$ 当 $x=\dfrac{l}{4}$ 及 $x=\dfrac{3l}{4}$：$B=0$；$M_\omega=\pm0.5Pe\dfrac{1}{\cosh\dfrac{Kl}{4}}$ $M_s=\pm0.5Pe\left(1-\dfrac{1}{\cosh\dfrac{Kl}{4}}\right)$ 当 $x=\dfrac{l}{2}$：$B=0.5Pe\dfrac{\cosh\dfrac{Kl}{2}-1}{K\sinh\dfrac{Kl}{2}}$ $M_{\omega左}=0.5Pe$；$M_{\omega右}=-0.5Pe$；$M_s=0$
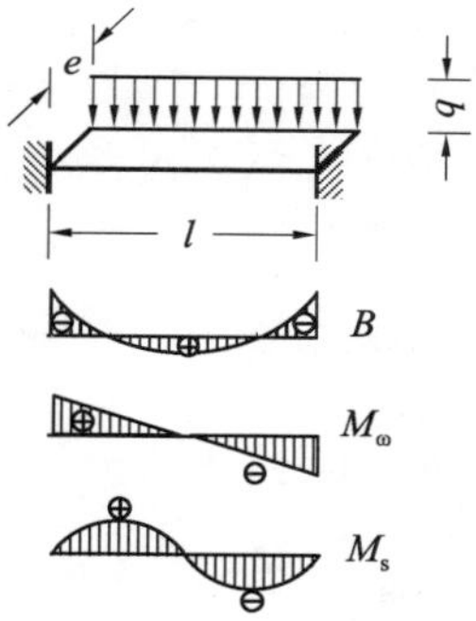	$B=\dfrac{ql}{K^2}\left[1-\dfrac{Kl\cosh K\left(\dfrac{l}{2}-x\right)}{2\sinh\dfrac{Kl}{2}}\right]$；$M_\omega=qel\dfrac{\sinh K\left(\dfrac{l}{2}-x\right)}{2\sinh\dfrac{Kl}{2}}$ $M_s=qe\left[\left(\dfrac{l}{2}-x\right)-\dfrac{l\sinh K\left(\dfrac{l}{2}-x\right)}{2\sinh\dfrac{Kl}{2}}\right]$ 当 $x=0$ 及 $x=l$：$B=-\dfrac{qe}{K^2}\left(\dfrac{Kl\cosh\dfrac{Kl}{2}}{2\sinh\dfrac{Kl}{2}}-1\right)$；$M_\omega=\pm0.5qel$；$M_s=0$ 当 $x=\dfrac{l}{2}$：$B=\dfrac{ql}{K^2}\left(1-\dfrac{Kl}{2\sinh\dfrac{Kl}{2}}\right)$；$M_\omega=0$；$M_s=0$
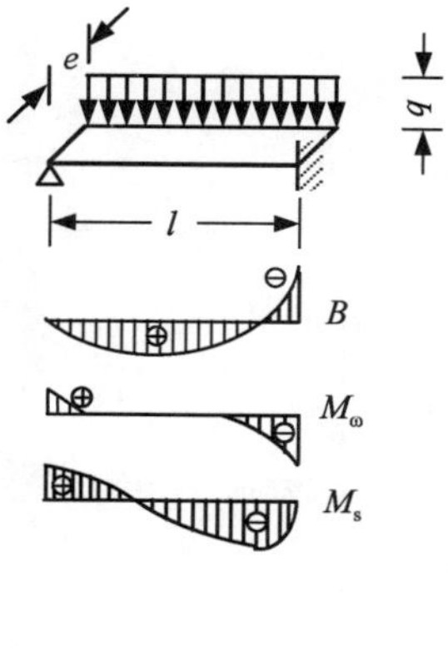	$B=\dfrac{qe}{K^2}\left(1-\cosh Kx+\dfrac{1+Kl\sinh Kl-\cosh Kl-\dfrac{K^2l^2}{2}}{Kl\cosh Kl-\sinh Kl}\sinh Kx\right)$ $M_\omega=\dfrac{qe}{K}\left(-\sinh Kx+\dfrac{1+Kl\sinh Kl-\cosh Kl-\dfrac{K^2l^2}{2}}{Kl\cosh Kl-\sinh Kl}\cosh Kx\right)$ $M_s=\dfrac{qe}{K}\left[K(l-x)+\sinh Kx-\dfrac{1+Kl\sinh Kl-\cosh Kl-\dfrac{K^2l^2}{2}}{Kl\cosh Kl-\sinh Kl}\cosh Kx+\dfrac{\cosh Kl-1-\dfrac{K^2l^2}{2}\cosh Kl}{Kl\cosh Kl-\sinh Kl}\right]$ 当 $x=0$：$B=0$；$M_\omega=\dfrac{qe}{K}\left(\dfrac{1+Kl\sinh Kl-\cosh Kl-\dfrac{K^2l^2}{2}}{Kl\cosh Kl-\sinh Kl}\right)$ $M_s=\dfrac{qe}{K}\left[\dfrac{2(\cosh Kl-1)-2Kl\sinh Kl+\dfrac{K^2l^2}{2}(\cosh Kl+1)}{Kl\cosh Kl-\sinh Kl}\right]$ 当 $x=l$：$B=-\dfrac{qel}{K}\left(\dfrac{1+\dfrac{Kl}{2}\sinh Kl-\cosh Kl}{Kl\cosh Kl-\sinh Kl}\right)$ $M_\omega=-\dfrac{qe}{K}\left(\dfrac{1+\dfrac{K^2l^2}{2}\cosh Kl-\cosh Kl}{Kl\cosh Kl-\sinh Kl}\right)$；$M_s=0$

续表

荷载及内力图	B、M_ω 及 M_s
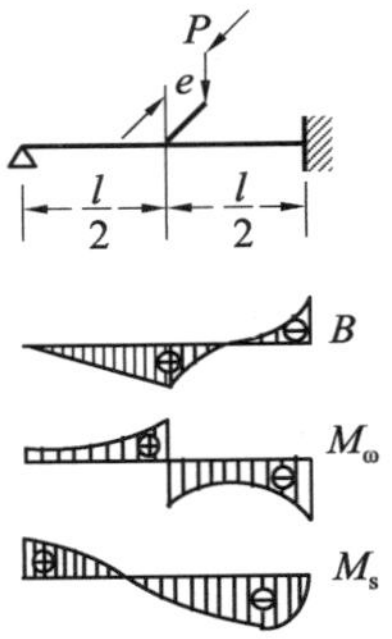 P e $\frac{l}{2}$ $\frac{l}{2}$ B M_ω M_s	当 $0\leqslant x\leqslant \frac{l}{2}$：$B=\frac{Pe}{K}\frac{Kl\cosh\frac{Kl}{2}-\sinh\frac{Kl}{2}-\frac{Kl}{2}}{Kl\cosh Kl-\sinh Kl}\sinh Kx$ $M_\omega=Pe\frac{Kl\cosh\frac{Kl}{2}-\sinh\frac{Kl}{2}-\frac{Kl}{2}}{Kl\cosh Kl-\sinh Kl}\cosh Kx$ $M_s=Pe\left(1-\frac{\frac{Kl}{2}\cosh Kl-\sinh\frac{Kl}{2}}{Kl\cosh Kl-\sinh Kl}-\frac{Kl\cosh\frac{Kl}{2}-\sinh\frac{Kl}{2}-\frac{Kl}{2}}{Kl\cosh Kl-\sinh Kl}\cosh Kx\right)$ 当 $\frac{l}{2}\leqslant x\leqslant l$：$B=\frac{Pe}{K}\left[\frac{Kl\cosh\frac{Kl}{2}-\sinh\frac{Kl}{2}-\frac{Kl}{2}}{Kl\cosh Kl-\sinh Kl}\sinh Kx-\sinh K\left(x-\frac{l}{2}\right)\right]$ $M_\omega=Pe\left[\frac{Kl\cosh\frac{Kl}{2}-\sinh\frac{Kl}{2}-\frac{Kl}{2}}{Kl\cosh Kl-\sinh Kl}\cosh Kx-\cosh K\left(x-\frac{l}{2}\right)\right]$ $M_s=Pe\left[\cosh K\left(x-\frac{l}{2}\right)-\frac{\frac{Kl}{2}\cosh Kl-\sinh\frac{Kl}{2}}{Kl\cosh Kl-\sinh Kl}-\frac{Kl\cosh\frac{Kl}{2}-\sinh\frac{Kl}{2}-\frac{Kl}{2}}{Kl\cosh Kl-\sinh Kl}\cosh Kx\right]$ 当 $x=0$：$B=0$；$M_\omega=Pe\frac{Kl\cosh\frac{Kl}{2}-\sinh\frac{Kl}{2}-\frac{Kl}{2}}{Kl\cosh Kl-\sinh Kl}$ $M_s=Pe\frac{\frac{Kl}{2}(\cosh Kl+1)-2\sinh\frac{Kl}{2}\left(\cosh\frac{Kl}{2}-1\right)-Kl\cosh\frac{Kl}{2}}{Kl\cosh Kl-\sinh Kl}$ 当 $x=\frac{l}{2}$：$B=\frac{Pe}{K}\left(\frac{Kl\cosh\frac{Kl}{2}-\sinh\frac{Kl}{2}-\frac{Kl}{2}}{Kl\cosh Kl-\sinh Kl}\sinh\frac{Kl}{2}\right)$ $M_{\omega左}=Pe\left(\frac{Kl\cosh\frac{Kl}{2}-\sinh\frac{Kl}{2}-\frac{Kl}{2}}{Kl\cosh Kl-\sinh Kl}\cosh\frac{Kl}{2}\right)$ $M_{\omega右}=-Pe\frac{\left(Kl\cosh\frac{Kl}{2}-\sinh\frac{Kl}{2}+\frac{Kl}{2}\right)\cosh\frac{Kl}{2}-Kl}{Kl\cosh Kl-\sinh Kl}$ $M_s=-Pe\frac{\left(\sinh\frac{Kl}{2}-\frac{Kl}{2}\right)\left(\cosh\frac{Kl}{2}-1\right)}{Kl\cosh Kl-\sinh Kl}$ 当 $x=l$：$M_s=0$；$B=-\frac{Pel}{2}\left(\frac{\sinh Kl-2\sinh\frac{Kl}{2}}{Kl\cosh Kl-\sinh Kl}\right)$；$M_\omega=-Pe\frac{\frac{Kl}{2}\cosh Kl-\sinh\frac{Kl}{2}}{Kl\cosh Kl-\sinh Kl}$

4.3.2 截面的扇性几何特性

表 4.3-2

截　　面	$a_y(a_z)$	ω	S_ω	I_ω
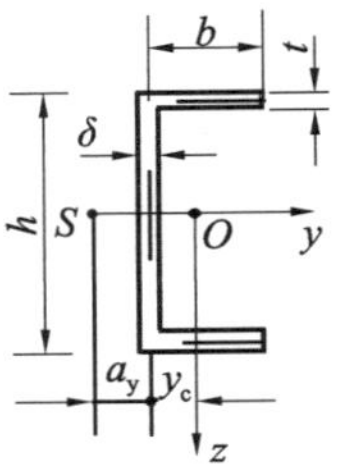 b t δ h S O y a_y y_c z	$\frac{3b^2t}{6bt+h\delta}$	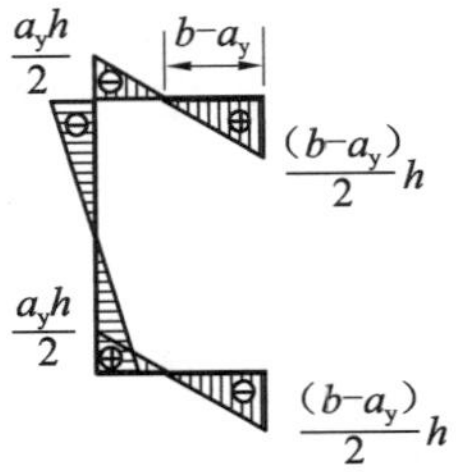 $\frac{a_yh}{2}$ $b-a_y$ $\frac{(b-a_y)}{2}h$ $\frac{a_yh}{2}$ $\frac{(b-a_y)}{2}h$	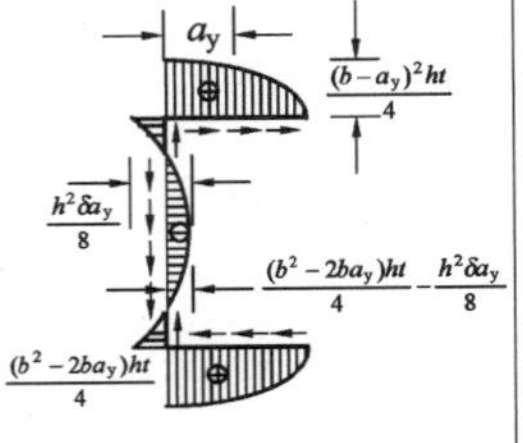 a_y $\frac{(b-a_y)^2ht}{4}$ $\frac{h^2\delta a_y}{8}$ $\frac{(b^2-2ba_y)ht}{4}-\frac{h^2\delta a_y}{8}$ $\frac{(b^2-2ba_y)ht}{4}$	$\frac{b^3h^2t}{12}\left(\frac{2h\delta+3bt}{6bt+h\delta}\right)$

续表

截　面	$a_y(a_z)$	ω	S_ω	I_ω
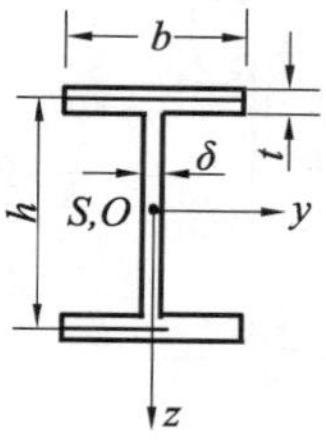	由于对称，截面的剪切中心 S 在重心 O 点上；同理，主扇性零点在翼缘中央	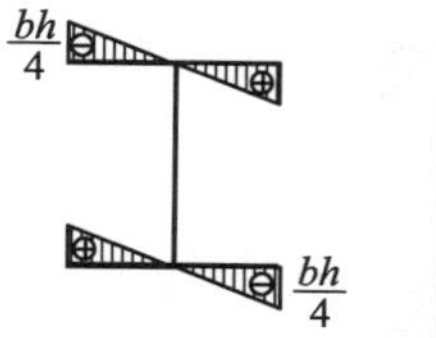 $\frac{bh}{4}$	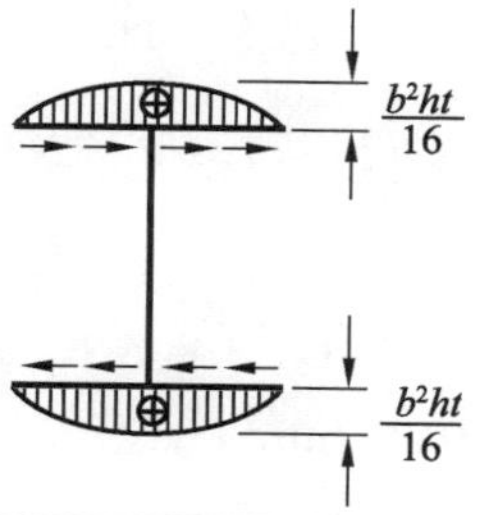 $\frac{b^2ht}{16}$	$\frac{b^3h^2t}{24}$
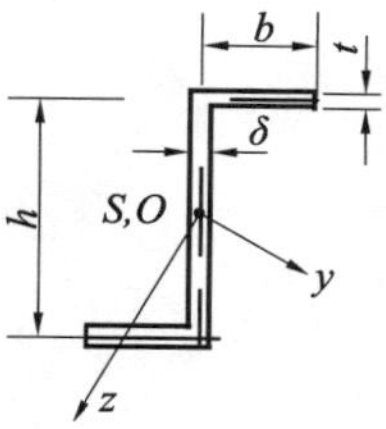	剪切中心 S 与重心 O 重合；主扇性零点在上下翼缘距腹板 c 处	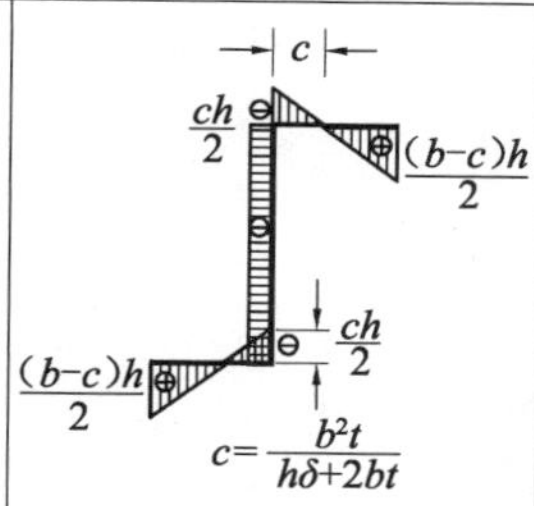 $\frac{ch}{2}$，$\frac{(b-c)h}{2}$，$c=\frac{b^2t}{h\delta+2bt}$	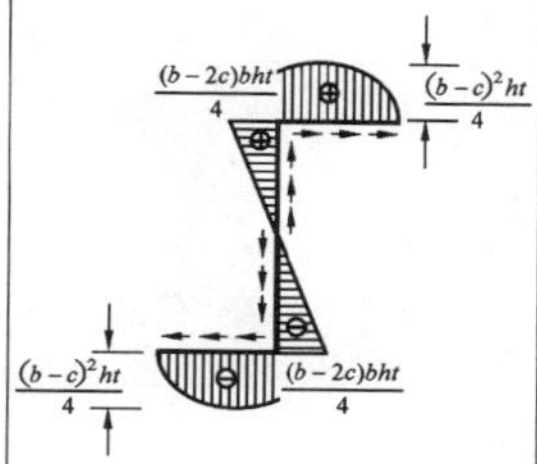 $\frac{(b-2c)bht}{4}$，$\frac{(b-c)^2ht}{4}$	$\frac{h^2bt}{6}(b^2-3bc+3c^2)+\frac{h^3c^2\delta}{4}=\frac{b^3th^2}{12}\left(\frac{bt+2h\delta}{2bt+h\delta}\right)$
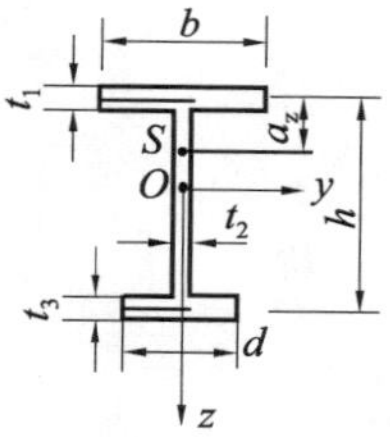	$\frac{I_{3Z}h}{I_{1Z}+I_{3Z}}=\frac{d^3t_3h}{b^3t_1+d^3t_3}$	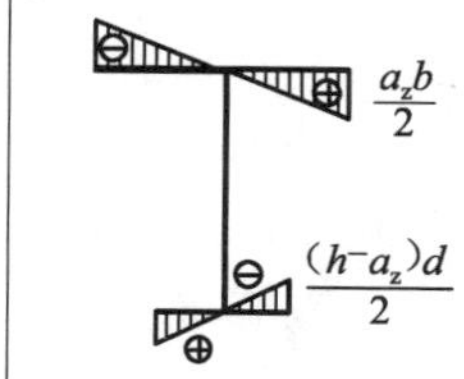 $\frac{a_zb}{2}$，$\frac{(h-a_z)d}{2}$	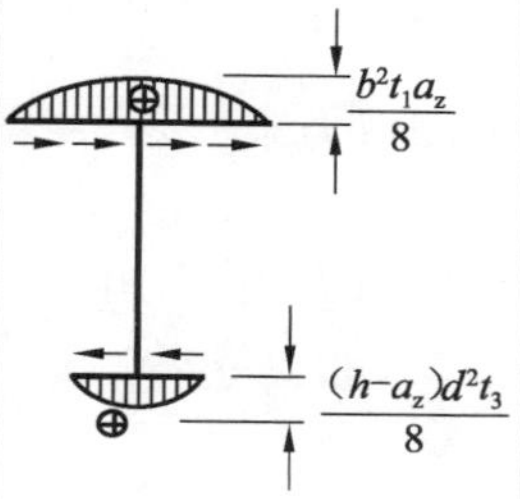 $\frac{b^2t_1a_z}{8}$，$\frac{(h-a_z)d^2t_3}{8}$	$\frac{I_{1Z}I_{3Z}h^2}{I_{1Z}+I_{3Z}}=\frac{b^3t_1d^3t_3h^2}{12(b^3t_1+d^3t_3)}$

【例题 4-1】屋盖的檩条由槽钢组成（图 4.3-1），求算檩条在危险截面上的翘曲正应力。

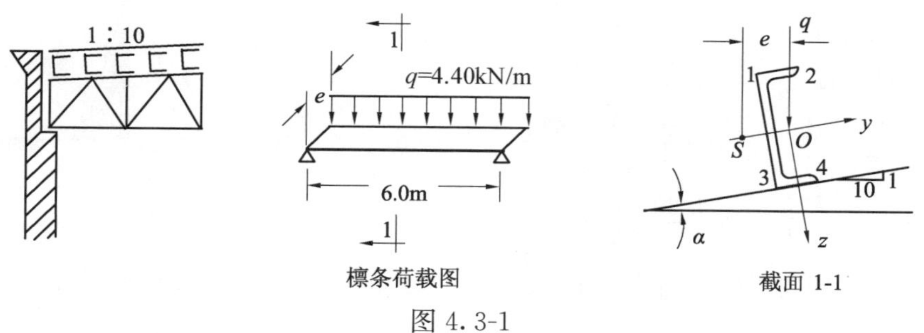

图 4.3-1

【解】（1）槽钢截面的几何特性（图 4.3-2）

计算时取截面中线尺寸

$h=220-11.5=208.5\text{mm}$

$b=77-\frac{7}{2}=73.5\text{mm}$

$y_c=21-\frac{7}{2}=17.5\text{mm}$

$$a_y=\frac{3b^2t}{6bt+h\delta}=\frac{3\times73.5^2\times11.5}{6\times73.5\times11.5+208.5\times7}=28.5\text{mm}$$

$$I_t\approx\frac{1}{3}\sum_{i=1}^{3}b_i\delta_i^3=\frac{1}{3}(73.5\times11.5^3\times2+208.5\times7^3)=98000\text{mm}^4$$

$$I_\omega=\frac{b^3h^2t}{12}\left(\frac{2h\delta+3bt}{6bt+h\delta}\right)=\frac{73.5^3\times208.5^2\times11.5}{12}$$

$$\times\frac{2\times208.5\times7+3\times73.5\times11.5}{6\times73.5\times11.5+208.5\times7}\approx1.38\times10^{10}\text{mm}^6$$

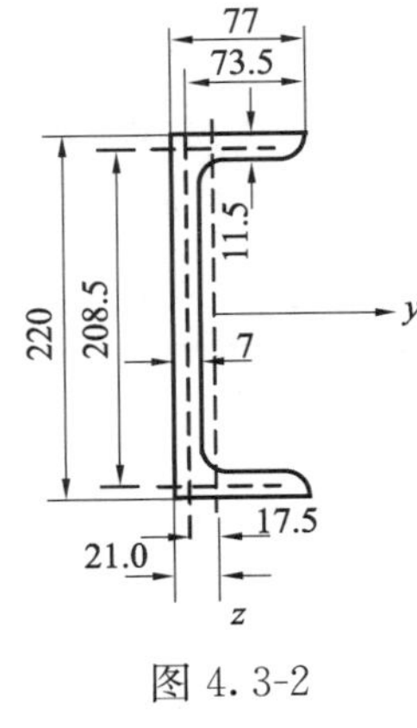

图 4.3-2

设 $G=0.81\times10^5\text{N/mm}^2$；$E=2.1\times10^5\text{N/mm}^2$

$$K=\sqrt{\frac{GI_t}{EI_\omega}}=\sqrt{\frac{0.81\times10^5\times9.8\times10^4}{2.1\times10^5\times1.38\times10^{10}}}=0.0017\,1/\text{mm}$$

$$Kl=0.0017\times6000=10.2$$

$$\cosh\frac{Kl}{2}=\cosh5.1=82.0$$

$$\omega_1=-\omega_3=-\frac{a_yh}{2}=-\frac{28.5\times208.5}{2}=-2970\text{mm}^2$$

$$\omega_2=-\omega_4=\frac{h}{2}\ (b-a_y)\ =\frac{208.5}{2}\ (73.5-28.5)\ =4690\text{mm}^2$$

（2）危险截面上的双力矩

$$q=4.4\text{kN/m}=4.4\text{N/mm}$$

本例题的荷载情况与表 4.3-1 中第六栏情况一致，故 e 取正值（图 4.3-1）

$$e=OS\cdot\cos\alpha=(17.5+28.5)\times0.995=45.8\text{mm}$$

在 $x=\frac{l}{2}$ 处：

$$B_{\max}=\frac{qe}{K^2}\left[1-\frac{1}{\cosh\frac{Kl}{2}}\right]=\frac{4.4\times45.8}{0.0017^2}\left(1-\frac{1}{82.0}\right)$$

$$\approx6.89\times10^7\text{N}\cdot\text{mm}^2$$

（3）翘曲正应力（图 4.3-3）

$$\sigma_{\omega1}=-\sigma_{\omega3}=\frac{B_{\max}\omega_1}{I_\omega}=\frac{6.89\times10^7\times(-2970)}{1.38\times10^{10}}=-14.8\text{N/mm}^2$$

$$\sigma_{\omega2}=-\sigma_{\omega4}=\frac{B_{\max}\omega_2}{I_\omega}=\frac{6.89\times10^7\times4690}{1.38\times10^{10}}=23.4\text{N/mm}^2$$

图 4.3-3

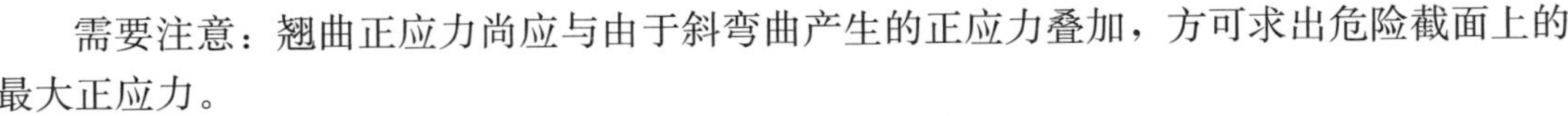

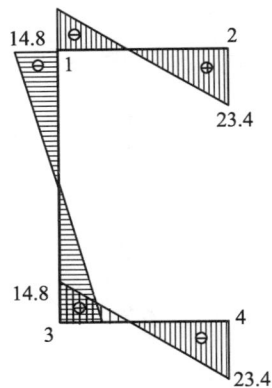

需要注意：翘曲正应力尚应与由于斜弯曲产生的正应力叠加，方可求出危险截面上的最大正应力。

参 考 文 献

[4.1] 夏志斌，潘有昌编．结构稳定理论．北京：高等教育出版社，1988

[4.2] 孙训方，方孝淑，关来泰编．材料力学（第三版）．北京：高等教育出版社，1994

第5章　板

5.1　轴对称荷载作用下的圆形板和环形板

5.1.1　概述

本节基于弹性薄板小挠度理论的假定，给出了在轴对称荷载作用下圆形板及环形板内力和变形计算的图表和计算公式。

表5.1-1～表5.1-15列出了泊松比$\nu=1/6$（用于钢筋混凝土板）时计算板的弯矩（本节所指弯矩均为单位宽度的弯矩）和挠度的计算系数，以下分别简称弯矩系数和挠度系数。当$\nu\neq1/6$时可利用本节给出的计算公式计算。

表5.1-4～表5.1-7以及表5.1-9，给出了周边简支条件下的各项计算系数，并在表末给出了周边固定板的径向及切向弯矩系数（M_r^0、M_t^0）。若需求周边固定板其他各点的弯矩及挠度，则可利用两个计算简图叠加而得。例如图5.1-1，图5.1-1（a）各点的弯矩，可通过图5.1-1（b）和图5.1-1（c）叠加而得。图5.1-1（b）可采用表5.1-7的弯矩系数；并在此表中查出当支座固定时的支座径向弯矩系数M_r^0。将所查得的M_r^0代替M_0作用于图5.1-1（c）上，即可按表5.1-8查得M_r及M_t的弯矩系数。然后，进行叠加，叠加时应注意表5.1-7中M_r^0为负值，应以负值代入表5.1-8中。

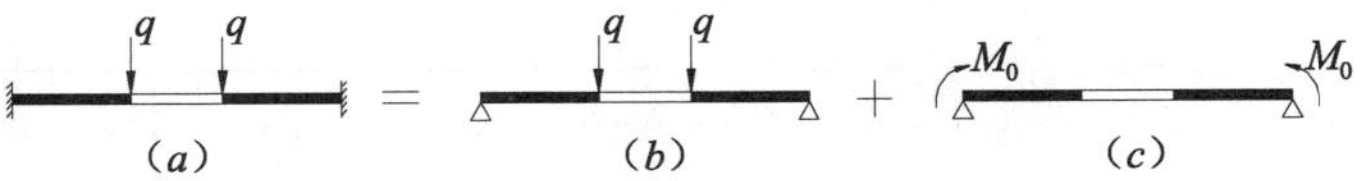

图5.1-1　叠加法计算示意

5.1.2　符号说明

q——轴对称均布荷载或轴对称环形均布荷载；

M_0——轴对称环形均布弯矩；

M_r——径向弯矩；

M_t——切向弯矩；

M_r^0——当周边支座固定时的支座径向弯矩；

M_t^0——当周边支座固定时的支座切向弯矩；

V_r——剪力；

f、f_{max}——分别为挠度和最大挠度；

$D=\dfrac{Et^3}{12(1-\nu^2)}$——刚度；

E——弹性模量；

t——板厚；

ν——泊松比；

$\rho=\dfrac{x}{R}$；$\beta=\dfrac{r}{R}$。

x、r、R 见计算简图。

正负号的规定：

弯矩——使板的上部（或受荷面）受压、下部受拉为正；

挠度——向下（或与荷载方向相同）的变形为正；

剪力——图 5.1-2 所示为正。

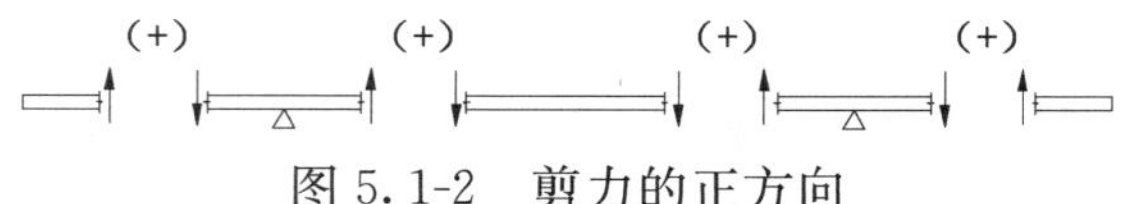

图 5.1-2 剪力的正方向

5.1.3 计算用表

1. 圆形板

(1) 均布荷载作用下的周边简支圆形板

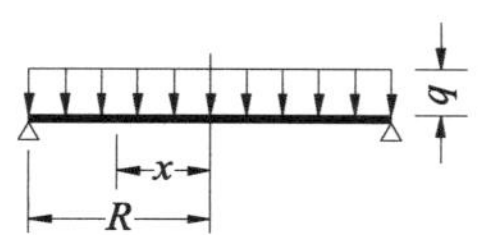

$\rho=\dfrac{x}{R}$，$\nu=\dfrac{1}{6}$

挠度＝表中系数×$\dfrac{qR^4}{D}$

弯矩＝表中系数×qR^2

弯矩和挠度系数 **表 5.1-1**

ρ	0.0	0.1	0.2	0.3	0.4	0.5	0.6	0.7	0.8	0.9	1.0
f	0.0692	0.0683	0.0658	0.0617	0.0560	0.0490	0.0407	0.0314	0.0213	0.0107	0
M_r	0.1979	0.1959	0.1900	0.1801	0.1663	0.1484	0.1267	0.1009	0.0712	0.0376	0
M_t	0.1979	0.1970	0.1942	0.1895	0.1829	0.1745	0.1642	0.1520	0.1379	0.1220	0.1042

(2) 均布荷载作用下的周边固支圆形板

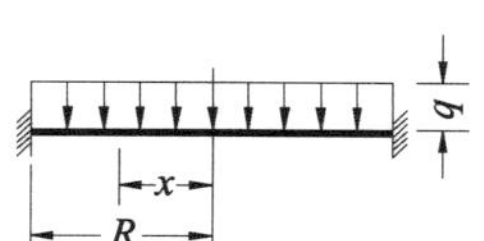

$\rho=\dfrac{x}{R}$，$\nu=\dfrac{1}{6}$

挠度＝表中系数×$\dfrac{qR^4}{D}$

弯矩＝表中系数×qR^2

弯矩和挠度系数 **表 5.1-2**

ρ	0.0	0.1	0.2	0.3	0.4	0.5	0.6	0.7	0.8	0.9	1.0
f	0.0156	0.0153	0.0144	0.0129	0.0110	0.0088	0.0064	0.0041	0.0020	0.0006	0
M_r	0.0729	0.0709	0.0650	0.0551	0.0412	0.0234	0.0017	−0.0241	−0.0538	−0.0874	−0.1250
M_t	0.0729	0.0720	0.0692	0.0645	0.0579	0.0495	0.0392	0.0270	0.0129	−0.0030	−0.0208

（3）周边弯矩作用下的周边简支圆形板

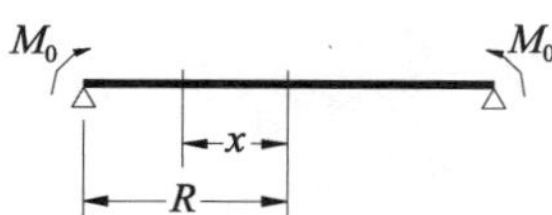

$\rho=\frac{x}{R}$，$\nu=\frac{1}{6}$

挠度＝表中系数$\times\frac{M_0R^2}{D}$；弯矩：$M_r=M_t=M_0$

挠度系数　　**表 5.1-3**

ρ	0.0	0.1	0.2	0.3	0.4	0.5	0.6	0.7	0.8	0.9	1.0
f	0.4286	0.4243	0.4114	0.3900	0.3600	0.3214	0.2743	0.2186	0.1543	0.0814	0

（4）局部圆形均布荷载作用下的周边简支圆形板

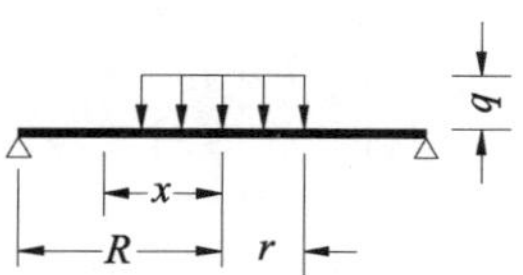

$\rho=\frac{x}{R}$，$\beta=\frac{r}{R}$，$\nu=\frac{1}{6}$

挠度＝表中系数$\times\frac{qr^2R^2}{D}$

弯矩＝表中系数$\times qr^2$

弯矩和挠度系数　　**表 5.1-4**

	ρ	β										
		0.0	0.1	0.2	0.3	0.4	0.5	0.6	0.7	0.8	0.9	1.0
M_r	0.0	∞	0.9211	0.7173	0.5965	0.5089	0.4391	0.3802	0.3285	0.2818	0.2385	0.1979
	0.1	0.6716	0.7231	0.6679	0.5745	0.4965	0.4312	0.3747	0.3245	0.2787	0.2361	0.1959
	0.2	0.4694	0.4819	0.5194	0.5085	0.4594	0.4075	0.3583	0.3124	0.2694	0.2288	0.1900
	0.3	0.3512	0.3564	0.3722	0.3986	0.3976	0.3679	0.3308	0.2922	0.2539	0.2166	0.1801
	0.4	0.2673	0.2700	0.2782	0.2919	0.3110	0.3125	0.2923	0.2639	0.2323	0.1994	0.1663
	0.5	0.2022	0.2037	0.2084	0.2162	0.2272	0.2412	0.2428	0.2275	0.2044	0.1775	0.1484
	0.6	0.1490	0.1499	0.1527	0.1573	0.1638	0.1721	0.1823	0.1831	0.1704	0.1506	0.1267
	0.7	0.1040	0.1046	0.1062	0.1089	0.1127	0.1176	0.1235	0.1306	0.1302	0.1188	0.1009
	0.8	0.0651	0.0654	0.0663	0.0677	0.0698	0.0724	0.0756	0.0794	0.0838	0.0822	0.0712
	0.9	0.0307	0.0309	0.0312	0.0318	0.0327	0.0338	0.0351	0.0367	0.0385	0.0406	0.0376
	1.0	0	0	0	0	0	0	0	0	0	0	0
M_t	0.0	∞	0.9211	0.7173	0.5965	0.5089	0.4391	0.3802	0.3285	0.2818	0.2385	0.1979
	0.1	0.8799	0.8273	0.6939	0.5861	0.5031	0.4354	0.3776	0.3266	0.2803	0.2374	0.1970
	0.2	0.6778	0.6642	0.6236	0.5548	0.4855	0.4241	0.3698	0.3209	0.2759	0.2339	0.1942
	0.3	0.5595	0.5532	0.5343	0.5027	0.4562	0.4054	0.3568	0.3113	0.2686	0.2281	0.1895
	0.4	0.4756	0.4718	0.4605	0.4416	0.4152	0.3791	0.3386	0.2979	0.2583	0.2200	0.1829
	0.5	0.4105	0.4079	0.4001	0.3871	0.3688	0.3454	0.3151	0.2807	0.2451	0.2096	0.1745
	0.6	0.3573	0.3554	0.3495	0.3396	0.3258	0.3081	0.2865	0.2596	0.2290	0.1969	0.1642
	0.7	0.3124	0.3108	0.3060	0.2981	0.2870	0.2728	0.2553	0.2348	0.2100	0.1818	0.1520
	0.8	0.2734	0.2721	0.2681	0.2614	0.2521	0.2401	0.2254	0.2080	0.1880	0.1645	0.1379
	0.9	0.2391	0.2379	0.2344	0.2286	0.2204	0.2100	0.1972	0.1820	0.1646	0.1448	0.1220
	1.0	0.2083	0.2073	0.2042	0.1990	0.1917	0.1823	0.1708	0.1573	0.1417	0.1240	0.1042
f_{max}	0.0	0.1696	0.1672	0.1616	0.1538	0.1444	0.1337	0.1220	0.1095	0.0964	0.0829	0.0692
M_r^0	1.0	−0.2500	−0.2488	−0.2450	−0.2387	−0.2300	−0.2188	−0.2050	−0.1887	−0.1700	−0.1488	−0.1250
M_t^0	1.0	−0.0417	−0.0415	−0.0408	−0.0398	−0.0383	−0.0365	−0.0342	−0.0315	−0.0283	−0.0248	−0.0208

(5) 环形均布线荷载作用下的周边简支圆形板

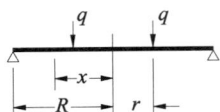

$\rho=\frac{x}{R}$，$\beta=\frac{r}{R}$，$\nu=\frac{1}{6}$

挠度=表中系数$\times\frac{qrR^2}{D}$

弯矩=表中系数$\times qr$；q 为环形均布线荷载

弯矩和挠度系数　　　　表 5.1-5

	ρ	β										
		0.0	0.1	0.2	0.3	0.4	0.5	0.6	0.7	0.8	0.9	1.0
M_r	0.0	∞	1.5494	1.1388	0.8919	0.7095	0.5606	0.4313	0.3143	0.2052	0.1010	0
	0.1	1.3432	1.5494	1.1388	0.8919	0.7095	0.5606	0.4313	0.3143	0.2052	0.1010	0
	0.2	0.9388	0.9888	1.1388	0.8919	0.7095	0.5606	0.4313	0.3143	0.2052	0.1010	0
	0.3	0.7023	0.7234	0.7866	0.8919	0.7095	0.5606	0.4313	0.3143	0.2052	0.1010	0
	0.4	0.5345	0.5454	0.5783	0.6329	0.7095	0.5606	0.4313	0.3143	0.2052	0.1010	0
	0.5	0.4043	0.4106	0.4293	0.4606	0.5043	0.5606	0.4313	0.3143	0.2052	0.1010	0
	0.6	0.2980	0.3017	0.3128	0.3313	0.3572	0.3906	0.4313	0.3143	0.2052	0.1010	0
	0.7	0.2081	0.2102	0.2167	0.2276	0.2428	0.2623	0.2861	0.3143	0.2052	0.1010	0
	0.8	0.1302	0.1313	0.1349	0.1407	0.1489	0.1595	0.1724	0.1876	0.2052	0.1010	0
	0.9	0.0615	0.0619	0.0634	0.0659	0.0693	0.0737	0.0791	0.0854	0.0927	0.1010	0
	1.0	0	0	0	0	0	0	0	0	0	0	0
M_t	0.0	∞	1.5494	1.1388	0.8919	0.7095	0.5606	0.4313	0.3143	0.2052	0.1010	0
	0.1	1.7598	1.5494	1.1388	0.8919	0.7095	0.5606	0.4313	0.3143	0.2052	0.1010	0
	0.2	1.3555	1.3013	1.1388	0.8919	0.7095	0.5606	0.4313	0.3143	0.2052	0.1010	0
	0.3	1.1190	1.0938	1.0181	0.8919	0.7095	0.5606	0.4313	0.3143	0.2052	0.1010	0
	0.4	0.9512	0.9361	0.8908	0.8152	0.7095	0.5606	0.4313	0.3143	0.2052	0.1010	0
	0.5	0.8210	0.8106	0.7783	0.7273	0.6543	0.5606	0.4313	0.3143	0.2052	0.1010	0
	0.6	0.7146	0.7068	0.6832	0.6438	0.5887	0.5179	0.4313	0.3143	0.2052	0.1010	0
	0.7	0.6247	0.6184	0.5984	0.5677	0.5234	0.4664	0.3967	0.3143	0.2052	0.1010	0
	0.8	0.5468	0.5415	0.5255	0.4988	0.4614	0.4134	0.3546	0.2852	0.2052	0.1010	0
	0.9	0.4781	0.4735	0.4585	0.4362	0.4036	0.3617	0.3105	0.2500	0.1802	0.1010	0
	1.0	0.4167	0.4125	0.4000	0.3792	0.3500	0.3125	0.2667	0.2125	0.1500	0.0792	0
f_{max}	0.0	0.3393	0.3301	0.3096	0.2817	0.2483	0.2111	0.1712	0.1293	0.0864	0.0431	0
M_r^0	1.0	−0.5000	−0.4950	−0.4800	−0.4550	−0.4200	−0.3750	−0.3200	−0.2550	−0.1800	−0.0950	0
M_t^0	1.0	−0.0833	−0.0825	−0.0800	−0.0758	−0.0700	−0.0625	−0.0533	−0.0425	−0.0300	−0.0158	0

2. 环形板

(1) 均布荷载作用下的周边简支环形板

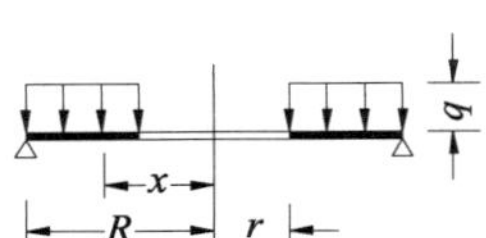

$\rho=\frac{x}{R}$，$\beta=\frac{r}{R}$，$\nu=\frac{1}{6}$

挠度=表中系数$\times\frac{qR^4}{D}$

弯矩=表中系数$\times qR^2$

弯矩和挠度系数　　表 5.1-6

	ρ	β										
		0.0	0.1	0.2	0.3	0.4	0.5	0.6	0.7	0.8	0.9	1.0
	0.0	—										
	0.1	0.1959	0									
	0.2	0.1900	0.1394	0								
	0.3	0.1801	0.1573	0.0939	0							
	0.4	0.1663	0.1535	0.1181	0.651	0						
M_r	0.5	0.1484	0.1407	0.1189	0.0862	0.0455	0					
	0.6	0.1267	0.1218	0.1080	0.0871	0.0610	0.0314	0				
	0.7	0.1009	0.0979	0.0894	0.0763	0.0598	0.0410	0.0207	0			
	0.8	0.0712	0.0695	0.0646	0.0571	0.0476	0.0366	0.0247	0.0124	0		
	0.9	0.0376	0.0368	0.0347	0.0314	0.0272	0.0223	0.0169	0.0113	0.0056	0	
	1.0	0	0	0	0	0	0	0	0	0	0	0
	0.0	—										
	0.1	0.1970	0.3812									
	0.2	0.1942	0.2371	0.3525								
	0.3	0.1895	0.2070	0.2535	0.3170							
	0.4	0.1829	0.1920	0.2156	0.2466	0.2774						
M_t	0.5	0.1745	0.1799	0.1937	0.2110	0.2264	0.2350					
	0.6	0.1642	0.1678	0.1768	0.1875	0.1959	0.1981	0.1907				
	0.7	0.1520	0.1547	0.1612	0.1685	0.1735	0.1731	0.1644	0.1449			
	0.8	0.1379	0.1401	0.1453	0.1509	0.1544	0.1532	0.1448	0.1270	0.0978		
	0.9	0.1220	0.1239	0.1284	0.1333	0.1363	0.1351	0.1277	0.1121	0.0866	0.0494	
	1.0	0.1042	0.1059	0.1101	0.1148	0.1179	0.1173	0.1113	0.0981	0.0761	0.0438	0
f_{max}	$\rho=\beta$	0.0692	0.0728	0.0764	0.0760	0.0705	0.0602	0.0463	0.0307	0.0159	0.0045	0
M_r^0	1.0	−0.1250	−0.1241	−0.1201	−0.1113	−0.0971	−0.0782	−0.0568	−0.0356	−0.0173	−0.0047	0
M_t^0	1.0	−0.0208	−0.0207	−0.0200	−0.0186	−0.0162	−0.0130	−0.0095	−0.0059	−0.0029	−0.0008	0

（2）环形均布线荷载作用下的周边简支环形板

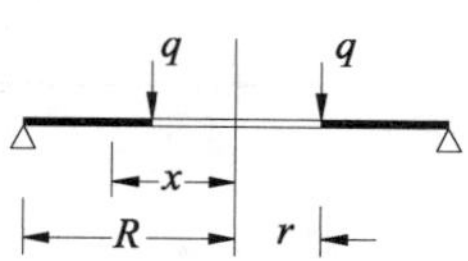

$\rho=\dfrac{x}{R}$，$\beta=\dfrac{r}{R}$，$\nu=\dfrac{1}{6}$

挠度＝表中系数×$\dfrac{qrR^2}{D}$；弯矩＝表中系数×qr

q 为环形均布线荷载

弯矩和挠度系数　　表 5.1-7

	ρ	β										
		0.0	0.1	0.2	0.3	0.4	0.5	0.6	0.7	0.8	0.9	1.0
	0.0	—										
	0.1	1.3432	0									
	0.2	0.9388	0.6132	0								
M_r	0.3	0.7023	0.5651	0.3068	0							
	0.4	0.5345	0.4633	0.3291	0.1698	0						
	0.5	0.4043	0.3636	0.2870	0.1960	0.0989	0					

续表

	ρ	β										
		0.0	0.1	0.2	0.3	0.4	0.5	0.6	0.7	0.8	0.9	1.0
M_r	0.6	0.2980	0.2739	0.2284	0.1745	0.1170	0.0584	0				
	0.7	0.2081	0.1939	0.1673	0.1358	0.1021	0.0678	0.0336	0			
	0.8	0.1302	0.1225	0.1082	0.0911	0.0729	0.0544	0.0359	0.0177	0		
	0.9	0.0615	0.0583	0.0523	0.0452	0.0376	0.0298	0.0221	0.0146	0.0072	0	
	1.0	0	0	0	0	0	0	0	0	0	0	0
M_t	0.0	∞										
	0.1	1.7598	3.1302									
	0.2	1.3555	1.7083	2.3726								
	0.3	1.1190	1.2833	1.5928	1.9602							
	0.4	0.9512	1.0495	1.2348	1.4548	1.6893						
	0.5	0.8210	0.8888	1.0166	1.1683	1.3301	1.4949					
	0.6	0.7146	0.7659	0.8624	0.9771	1.0993	1.2238	1.3479				
	0.7	0.6247	0.6660	0.7437	0.8359	0.9343	1.0346	1.1344	1.2326			
	0.8	0.5468	0.5816	0.6471	0.7248	0.8077	0.8922	0.9763	1.0591	1.1398		
	0.9	0.4781	0.5084	0.5655	0.6333	0.7056	0.7793	0.8527	0.9248	0.9952	1.0636	
	1.0	0.4167	0.4438	0.4949	0.5556	0.6203	0.6862	0.7519	0.8165	0.8795	0.9407	1.0000
f_{max}	$\rho=\beta$	0.3393	0.3734	0.4013	0.4091	0.3969	0.3666	0.3199	0.2586	0.1841	0.0976	0
M_r^0	1.0	−0.5000	−0.5200	−0.5399	−0.5388	−0.5108	−0.4575	−0.3839	−0.2964	−0.2004	−0.1005	0
M_t^0	1.0	−0.0833	−0.0867	−0.0900	−0.0898	−0.0851	−0.0762	−0.0640	−0.0494	−0.0334	−0.0168	0

(3) 环形均布弯矩（外环）作用下的周边简支环形板

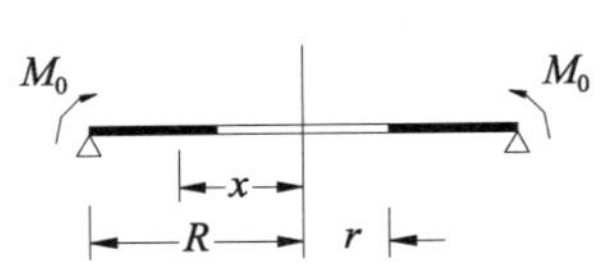

$\rho=\dfrac{x}{R}$，$\beta=\dfrac{r}{R}$，$\nu=\dfrac{1}{6}$

挠度＝表中系数$\times\dfrac{M_0R^2}{D}$；弯矩＝表中系数$\times M_0$

M_0 为环形均布弯矩

弯矩和挠度系数 **表 5.1-8**

	ρ	β										
		0.0	0.1	0.2	0.3	0.4	0.5	0.6	0.7	0.8	0.9	1.0
M_r	0.0	—										
	0.1	1.0000	0									
	0.2	1.0000	0.7576	0								
	0.3	1.0000	0.8979	0.5787	0							
	0.4	1.0000	0.9470	0.7813	0.4808	0						
	0.5	1.0000	0.9697	0.8750	0.7033	0.4286	0					
	0.6	1.0000	0.9820	0.9259	0.8242	0.6614	0.4074	0				
	0.7	1.0000	0.9895	0.9566	0.8971	0.8017	0.6531	0.4145	0			
	0.8	1.0000	0.9943	0.9766	0.9444	0.8929	0.8125	0.6836	0.4596	0		
	0.9	1.0000	0.9976	0.9902	0.9768	0.9553	0.9218	0.8681	0.7746	0.5830	0	
	1.0	1.0000	1.0000	1.0000	1.0000	1.0000	1.0000	1.0000	1.0000	1.0000	1.0000	1.0000

续表

	ρ	β										
		0.0	0.1	0.2	0.3	0.4	0.5	0.6	0.7	0.8	0.9	1.0
M_t	0.0	—										
	0.1	1.0000	2.0202									
	0.2	1.0000	1.2626	2.0833								
	0.3	1.0000	1.1223	1.5046	2.1978							
	0.4	1.0000	1.0732	1.3021	1.7170	2.3810						
	0.5	1.0000	1.0505	1.2083	1.4945	1.9524	2.6667					
	0.6	1.0000	1.0382	1.1574	1.3736	1.7196	2.2593	3.1250				
	0.7	1.0000	1.0307	1.1267	1.3007	1.5792	2.0136	2.7105	3.9216			
	0.8	1.0000	1.0259	1.1068	1.2534	1.4881	1.8542	2.4414	3.4620	5.5556		
	0.9	1.0000	1.0226	1.0931	1.2210	1.4256	1.7449	2.2569	3.1469	4.9726	10.5263	
	1.0	1.0000	1.0202	1.0833	1.1978	1.3810	1.6667	2.1250	2.9216	4.5556	9.5263	∞
f_{max}	ρ=β	0.4286	0.4565	0.5090	0.5715	0.6380	0.7058	0.7734	0.8398	0.9046	0.9676	—

（4）环形均布弯矩（内环）作用下的周边简支环形板

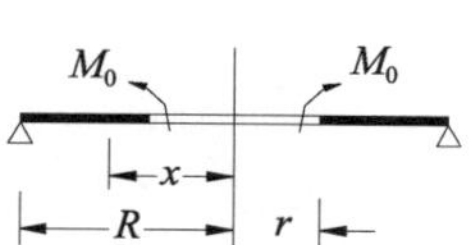

$\rho=\dfrac{x}{R}$，$\beta=\dfrac{r}{R}$，$\nu=\dfrac{1}{6}$

挠度=表中系数×$\dfrac{M_0R^2}{D}$；弯矩=表中系数×M_0

M_0 为环形均布弯矩

弯矩和挠度系数　　　　表 5.1-9

	ρ	β										
		0.0	0.1	0.2	0.3	0.4	0.5	0.6	0.7	0.8	0.9	1.0
M_r	0.0	—										
	0.1	0	1.0000									
	0.2	0	0.2424	1.0000								
	0.3	0	0.1021	0.4213	1.0000							
	0.4	0	0.0530	0.2188	0.5192	1.0000						
	0.5	0	0.0303	0.1250	0.2967	0.5714	1.0000					
	0.6	0	0.0180	0.0741	0.1758	0.3386	0.5926	1.0000				
	0.7	0	0.0105	0.0434	0.1029	0.1983	0.3469	0.5855	1.0000			
	0.8	0	0.0057	0.0234	0.0556	0.1071	0.1875	0.3164	0.5404	1.0000		
	0.9	0	0.0024	0.0098	0.0232	0.0447	0.0782	0.1319	0.2254	0.4170	1.0000	
	1.0	0	0	0	0	0	0	0	0	0	0	—
M_t	0.0	—										
	0.1	0	−1.0202									
	0.2	0	−0.2626	−1.0833								
	0.3	0	−0.1223	−0.5046	−1.1978							
	0.4	0	−0.0732	−0.3021	−0.7170	−1.3810						
	0.5	0	−0.0505	−0.2083	−0.4945	−0.9524	−1.6667					
	0.6	0	−0.0382	−0.1574	−0.3736	−0.7196	−1.2593	−2.1250				
	0.7	0	−0.0307	−0.1267	−0.3007	−0.5792	−1.0136	−1.7105	−2.9216			
	0.8	0	−0.0259	−0.1068	−0.2534	−0.4881	−0.8542	−1.4414	−2.4620	−4.5556		
	0.9	0	−0.0226	−0.0931	−0.2210	−0.4256	−0.7449	−1.2569	−2.1469	−3.9726	−9.5263	
	1.0	0	−0.0202	−0.0833	−0.1978	−0.3810	−0.6667	−1.1250	−1.9216	−3.5556	−8.5263	−∞
f_{max}	ρ=β	0	−0.0322	−0.0976	−0.1815	−0.2780	−0.3844	−0.4991	−0.6212	−0.7503	−0.8861	—
M_r^0	1.0	0	0.0237	0.0909	0.1918	0.3137	0.4444	0.5745	0.6975	0.8101	0.9110	1.0000
M_t^0	1.0	0	0.0039	0.0152	0.0320	0.0523	0.0741	0.0957	0.1163	0.1350	0.1518	0.1667

3. 悬挑圆形板

(1) 均布荷载（外侧）作用下的周边简支悬挑圆形板

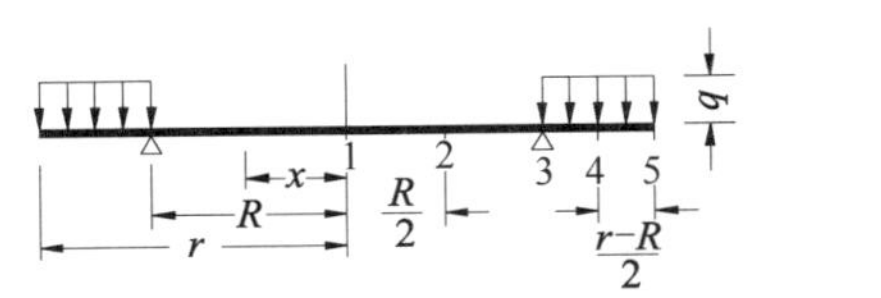

$\rho=\frac{x}{R}$，$\beta=\frac{r}{R}$，$\nu=\frac{1}{6}$

挠度=表中系数$\times\frac{qR^4}{D}$

弯矩=表中系数$\times qR^2$

弯矩和挠度系数 **表 5.1-10**

β	截面位置					
	1点～3点（$\rho\leqslant1$）	4点$\left(\rho=\frac{\beta+1}{2}\right)$		5点（$\rho=\beta$）		
	$M_r=M_t$	M_r	M_t	M_r	M_t	f
1.0	0	0	0	0	0	0
1.1	−0.0049	−0.0011	−0.0042	0	−0.0038	0.0004
1.2	−0.0194	−0.0039	−0.0161	0	−0.0140	0.0035
1.3	−0.0434	−0.0081	−0.0349	0	−0.0293	0.0118
1.4	−0.0768	−0.0132	−0.0603	0	−0.0490	0.0282
1.5	−0.1200	−0.0192	−0.0919	0	−0.0723	0.0559
1.6	−0.1729	−0.0260	−0.1293	0	−0.0990	0.0981
1.7	−0.2360	−0.0335	−0.1725	0	−0.1288	0.1582
1.8	−0.3095	−0.0417	−0.2213	0	−0.1613	0.2401
1.9	−0.3935	−0.0506	−0.2755	0	−0.1966	0.3477
2.0	−0.4884	−0.0602	−0.3351	0	−0.2344	0.4852
2.1	−0.5944	−0.0705	−0.3999	0	−0.2747	0.6572
2.2	−0.7117	−0.0815	−0.4700	0	−0.3174	0.8684

(2) 均布荷载（内侧）作用下的周边简支悬挑圆形板

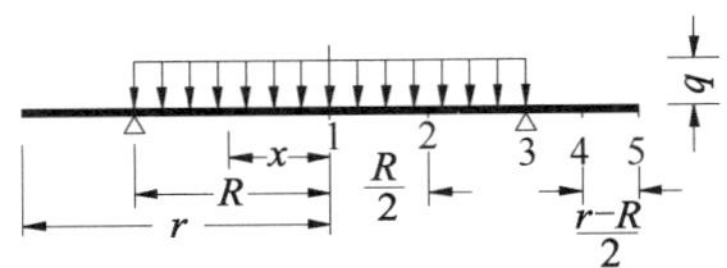

$\rho=\frac{x}{R}$，$\beta=\frac{r}{R}$，$\nu=\frac{1}{6}$

挠度=表中系数$\times\frac{qR^4}{D}$

弯矩=表中系数$\times qR^2$

弯矩和挠度系数 **表 5.1-11**

β	截面位置										
	1点（$\rho=0$）		2点（$\rho=0.5$）		3点（$\rho=1$）		4点$\left(\rho=\frac{\beta+1}{2}\right)$		5点（$\rho=\beta$）		1点（$\rho=0$）
	M_r	M_t	M_r	M_t	M_r	M_t	M_r	M_t	M_r	M_t	f
1.0	0.1979	0.1979	0.1484	0.1745	0	0.1042	0	0.1042	0	0.1042	0.0692
1.1	0.1889	0.1889	0.1394	0.1654	−0.0090	0.0951	−0.0042	0.0903	0	0.0861	0.0653
1.2	0.1820	0.1820	0.1325	0.1586	−0.0159	0.0883	−0.0069	0.0792	0	0.0723	0.0624
1.3	0.1767	0.1767	0.1272	0.1532	−0.0213	0.0829	−0.0086	0.0702	0	0.0616	0.0601
1.4	0.1724	0.1724	0.1229	0.1490	−0.0255	0.0787	−0.0096	0.0627	0	0.0531	0.0583
1.5	0.1690	0.1690	0.1195	0.1455	−0.0289	0.0752	−0.0102	0.0565	0	0.0463	0.0568
1.6	0.1662	0.1662	0.1167	0.1427	−0.0317	0.0724	−0.0105	0.0512	0	0.0407	0.0556
1.7	0.1639	0.1639	0.1144	0.1404	−0.0341	0.0701	−0.0106	0.0466	0	0.0360	0.0546
1.8	0.1619	0.1619	0.1124	0.1385	−0.0360	0.0682	−0.0105	0.0426	0	0.0322	0.0538
1.9	0.1603	0.1603	0.1108	0.1368	−0.0377	0.0665	−0.0103	0.0392	0	0.0289	0.0531
2.0	0.1589	0.1589	0.1094	0.1354	−0.0391	0.0651	−0.0101	0.0362	0	0.0260	0.0525
2.1	0.1576	0.1576	0.1082	0.1342	−0.0403	0.0639	−0.0099	0.0335	0	0.0236	0.0519
2.2	0.1566	0.1566	0.1071	0.1332	−0.0413	0.0628	−0.0096	0.0311	0	0.0215	0.0515

（3）环形均布线荷载作用下的周边简支悬挑圆形板

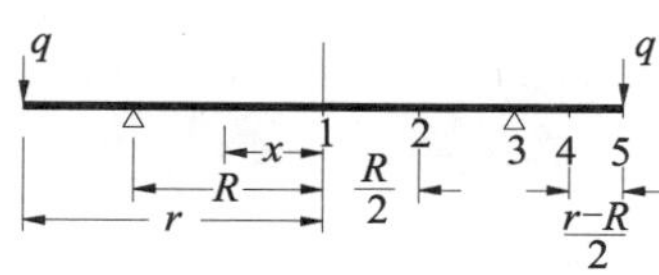

$\rho=\frac{x}{R}$，$\beta=\frac{r}{R}$，$\nu=\frac{1}{6}$

挠度＝表中系数$\times\frac{qR^3}{D}$；弯矩＝表中系数$\times qR$

q 为环形均布荷载

弯矩和挠度系数　　表 5.1-12

β	截面位置					
	1 点～3 点 ($\rho\leqslant1$)	4 点 $\left(\rho=\frac{\beta+1}{2}\right)$		5 点（$\rho=\beta$）		
	$M_r=M_t$	M_r	M_t	M_r	M_t	f
1.0	0	0	0	0	0	0
1.1	−0.1009	−0.0483	−0.0909	0	−0.0795	0.0089
1.2	−0.2040	−0.0939	−0.1807	0	−0.1528	0.0370
1.3	−0.3095	−0.1375	−0.2696	0	−0.2212	0.0864
1.4	−0.4176	−0.1796	−0.3579	0	−0.2857	0.1592
1.5	−0.5284	−0.2206	−0.4456	0	−0.3472	0.2577
1.6	−0.6418	−0.2608	−0.5330	0	−0.4063	0.3838
1.7	−0.7578	−0.3004	−0.6201	0	−0.4632	0.5398
1.8	−0.8764	−0.3395	−0.7068	0	−0.5185	0.7279
1.9	−0.9976	−0.3782	−0.7933	0	−0.5724	0.9501
2.0	−1.1212	−0.4166	−0.8796	0	−0.6250	1.2086
2.1	−1.2472	−0.4549	−0.9657	0	−0.6766	1.5056
2.2	−1.3755	−0.4930	−1.0516	0	−0.7273	1.8431

4. 圆心加柱的圆形板

（1）均布荷载作用下的周边固支圆心加柱的圆形板

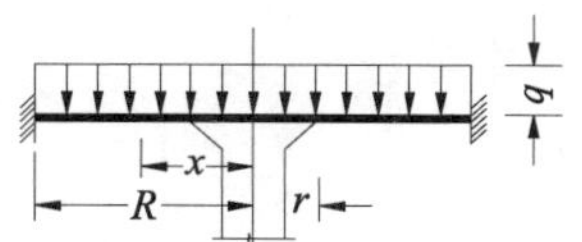

$\rho=\frac{x}{R}$，$\beta=\frac{r}{R}$，$\nu=\frac{1}{6}$

弯矩＝表中系数$\times qR^2$

弯矩系数　　表 5.1-13

	M_r					M_t				
ρ \ β	0.05	0.10	0.15	0.20	0.25	0.05	0.10	0.15	0.20	0.25
0.05	−0.2098					−0.0350				
0.10	−0.0709	−0.1433				−0.0680	−0.0239			
0.15	−0.0258	−0.0614	−0.1088			−0.0535	−0.0403	−0.0181		
0.20	−0.0012	−0.0229	−0.0514	−0.0862		−0.0383	−0.0348	−0.0268	−0.0144	
0.25	0.0143	−0.0002	−0.0193	−0.0425	−0.0698	−0.0257	−0.0259	−0.0238	−0.0190	−0.0116
0.30	0.0245	0.0143	0.0008	−0.0156	−0.0349	−0.0154	−0.0174	−0.0178	−0.0167	−0.0139
0.40	0.0344	0.0293	0.0224	0.0137	0.0033	−0.0010	−0.0037	−0.0060	−0.0075	−0.0084
0.50	0.0347	0.0326	0.0294	0.0250	0.0196	0.0073	0.0049	0.0026	0.0005	−0.0012
0.60	0.0275	0.0275	0.0268	0.0253	0.0231	0.0109	0.0090	0.0072	0.0054	0.0038
0.70	0.0140	0.0156	0.0167	0.0174	0.0176	0.0105	0.0093	0.0081	0.0069	0.0058
0.80	−0.0052	−0.0023	0.0004	0.0027	0.0047	0.0067	0.0062	0.0057	0.0052	0.0046
0.90	−0.0296	−0.0256	−0.0217	−0.0179	−0.0144	−0.0001	0.0000	0.0002	0.0003	0.0005
1.00	−0.0589	−0.0540	−0.0490	−0.0441	−0.0393	−0.0098	−0.0090	−0.0082	−0.0074	−0.066

(2) 环形均布弯矩作用下的周边简支圆心加柱的圆形板

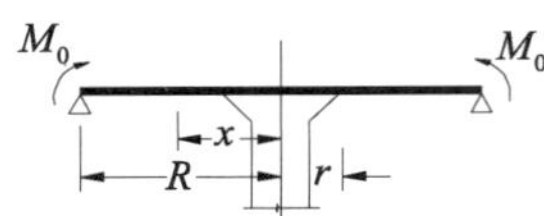

$\rho=\dfrac{x}{R}$，$\beta=\dfrac{r}{R}$，$\nu=\dfrac{1}{6}$

弯矩=表中系数×M_0

M_0 为环形均布弯矩

弯矩系数 **表 5.1-14**

	M_r					M_t				
ρ \ β	0.05	0.10	0.15	0.20	0.25	0.05	0.10	0.15	0.20	0.25
0.05	−2.6777					−0.4463				
0.10	−1.1056	−1.9702				−0.9576	−0.3284			
0.15	−0.6024	−1.0236	−1.6076			−0.8403	−0.6163	−0.2679		
0.20	−0.3148	−0.5739	−0.9286	−1.3771		−0.6877	−0.5986	−0.4467	−0.2295	
0.25	−0.1128	−0.2977	−0.5361	−0.8415	−1.2142	−0.5482	−0.5173	−0.4512	−0.3476	−0.2024
0.30	0.0437	−0.0903	−0.2697	−0.4934	−0.7650	−0.4257	−0.4236	−0.4006	−0.3546	−0.2830
0.40	0.2807	0.1974	0.0876	−0.0478	−0.2108	−0.2225	−0.2439	−0.2577	−0.2620	−0.2555
0.50	0.4592	0.4037	0.3312	0.2427	0.1367	−0.0595	−0.0877	−0.1133	−0.1350	−0.1519
0.60	0.6030	0.5653	0.5167	0.4576	0.3873	0.0757	0.0469	0.0182	−0.0088	−0.0338
0.70	0.7235	0.6987	0.6670	0.6286	0.5830	0.1911	0.1639	0.1360	0.1086	0.0821
0.80	0.8273	0.8125	0.7936	0.7708	0.7439	0.2916	0.2670	0.2415	0.2162	0.1912
0.90	0.9186	0.9118	0.9032	0.8929	0.8808	0.3806	0.3591	0.3367	0.3144	0.2925
1.00	1.0000	1.0000	1.0000	1.0000	1.0000	0.4604	0.4420	0.4231	0.4045	0.3863

(3) 均布荷载作用下的周边简支圆心加柱的圆形板

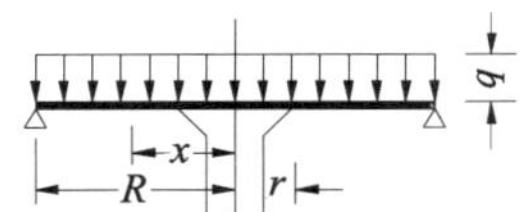

$\rho=\dfrac{x}{R}$，$\beta=\dfrac{r}{R}$，$\nu=\dfrac{1}{6}$

弯矩=表中系数×qR^2

弯矩系数 **表 5.1-15**

	M_r					M_t				
ρ \ β	0.05	0.10	0.15	0.20	0.25	0.05	0.10	0.15	0.20	0.25
0.05	−0.3674					−0.0612				
0.10	−0.1360	−0.2497				−0.1244	−0.0416			
0.15	−0.0613	−0.1167	−0.1876			−0.1030	−0.0736	−0.0313		
0.20	−0.0198	−0.0539	−0.0970	−0.1470		−0.0788	−0.0671	−0.0487	−0.0245	
0.25	0.0077	−0.0160	−0.0456	−0.0797	−0.1175	−0.0579	−0.0539	−0.0459	−0.0343	−0.0196
0.30	0.0270	0.0094	−0.0124	−0.0373	−0.0649	−0.0405	−0.0402	−0.0375	−0.0323	−0.0251
0.40	0.0510	0.0400	0.0267	0.0116	−0.0050	−0.0141	−0.0169	0.0186	−0.0191	−0.0184
0.50	0.0617	0.0544	0.0456	0.0357	0.0249	0.0038	0.0001	0.0030	−0.0054	−0.0072
0.60	0.0630	0.0580	0.0521	0.0455	0.0384	0.0153	0.0115	0.0081	0.0050	0.0025
0.70	0.0566	0.0533	0.0494	0.0452	0.0405	0.0218	0.0182	0.0148	0.0117	0.0090
0.80	0.0435	0.0416	0.0393	0.0367	0.0340	0.0239	0.0206	0.0175	0.0147	0.0122
0.90	0.0245	0.0236	0.0226	0.0214	0.0202	0.0223	0.0194	0.0167	0.0142	0.0120
1.00	0	0	0	0	0	0.0173	0.0149	0.0126	0.0105	0.0086

5.1.4　计算公式

1. 均布荷载作用下的周边简支圆形板（图 5.1-3）

$$f=\frac{qR^4}{64D}(1-\rho^2)\left(\frac{5+\nu}{1+\nu}-\rho^2\right)$$

$$M_{\mathrm{r}}=\frac{qR^2}{16}(3+\nu)(1-\rho^2)$$

$$M_{\mathrm{t}}=\frac{qR^2}{16}\left[3+\nu-(1+3\nu)\rho^2\right]$$

$$V_{\mathrm{r}}=-\frac{qR}{2}\rho$$

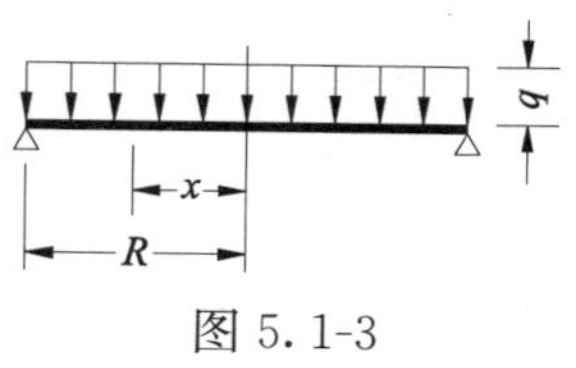

图 5.1-3

2. 均布荷载作用下的周边固支圆形板（图 5.1-4）

$$f=\frac{qR^4}{64D}(\rho^2-1)^2$$

$$M_{\mathrm{r}}=\frac{qR^2}{16}\left[1+\nu-(3+\nu)\rho^2\right]$$

$$M_{\mathrm{t}}=\frac{qR^2}{16}\left[1+\nu-(1+3\nu)\rho^2\right]$$

$$V_{\mathrm{r}}=-\frac{qR}{2}\rho$$

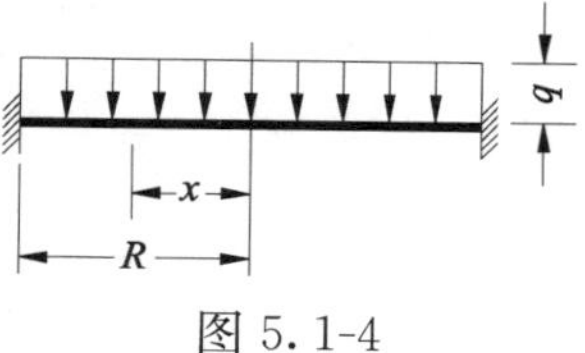

图 5.1-4

3. 局部圆形均布荷载作用下的周边简支圆形板（图 5.1-5）

$\rho\leqslant\beta$：

$$f=\frac{qr^2R^2}{64(1+\nu)D}\left\{4(3+\nu)-(7+3\nu)\beta^2+4(1+\nu)\beta^2\ln\beta-2\left[4-(1-\nu)\beta^2-4(1+\nu)\ln\beta\right]\rho^2+\frac{1+\nu}{\beta^2}\rho^4\right\}$$

$$M_{\mathrm{r}}=\frac{qr^2}{16}\left[4-(1-\nu)\beta^2-4(1+\nu)\ln\beta-\frac{3+\nu}{\beta^2}\rho^2\right]$$

$$M_{\mathrm{t}}=\frac{qr^2}{16}\left[4-(1-\nu)\beta^2-4(1+\nu)\ln\beta-\frac{1+3\nu}{\beta^2}\rho^2\right]$$

$$V_{\mathrm{r}}=-\frac{qR}{2}\rho$$

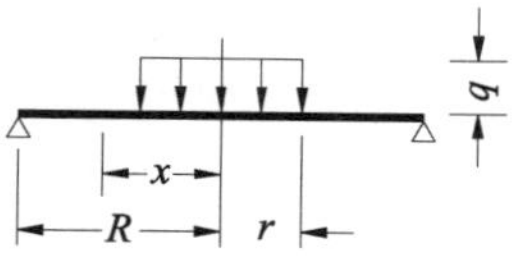

图 5.1-5

$\rho\geqslant\beta$：

$$f=\frac{qr^2R^2}{32(1+\nu)D}\left\{\left[2(3+\nu)-(1-\nu)\beta^2\right](1-\rho^2)+2(1+\nu)\beta^2\ln\rho+4(1+\nu)\rho^2\ln\rho\right\}$$

$$M_{\mathrm{r}}=\frac{qr^2}{16}\left[(1-\nu)\beta^2\left(\frac{1}{\rho^2}-1\right)-4(1+\nu)\ln\rho\right]$$

$$M_{\mathrm{t}}=\frac{qr^2}{16}\left\{(1-\nu)\left[4-\beta^2\left(\frac{1}{\rho^2}+1\right)\right]-4(1+\nu)\ln\rho\right\}$$

$$V_{\mathrm{r}}=-\frac{qr}{2}\frac{\beta}{\rho}$$

4. 局部圆形均布荷载作用下的周边固支圆形板（图 5.1-6）

$\rho\leqslant\beta$：

$$f=\frac{qr^2R^2}{64D}\left[4-3\beta^2-2\beta^2\rho^2+\frac{\rho^4}{\beta^2}+4(\beta^2+2\rho^2)\ln\beta\right]$$

$$M_r=\frac{qr^2}{16}\left[(1+\nu)\beta^2-(3+\nu)\frac{\rho^2}{\beta^2}-4(1+\nu)\ln\beta\right]$$

$$M_t=\frac{qr^2}{16}\left[(1+\nu)\beta^2-(1+3\nu)\frac{\rho^2}{\beta^2}-4(1+\nu)\ln\beta\right]$$

$$V_r=-\frac{qR}{2}\rho$$

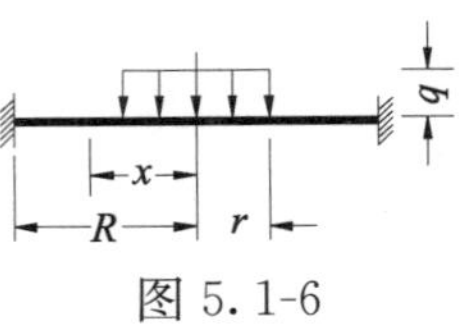

图 5.1-6

$\rho\geqslant\beta$： $$f=\frac{qr^2R^2}{32D}[(2+\beta^2)(1-\rho^2)+2(\beta^2+2\rho^2)\ln\rho]$$

$$M_r=\frac{qr^2}{16}\left[(1+\nu)\beta^2-4+(1-\nu)\frac{\beta^2}{\rho^2}-4(1+\nu)\ln\rho\right]$$

$$M_t=\frac{qr^2}{16}\left[(1+\nu)\beta^2-4\nu-(1-\nu)\frac{\beta^2}{\rho^2}-4(1+\nu)\ln\rho\right]$$

$$V_r=-\frac{qr}{2}\frac{\beta}{\rho}$$

5. 环形均布线荷载作用下的周边简支圆形板（图 5.1-7）

$\rho\leqslant\beta$： $$f=\frac{qrR^2}{8(1+\nu)D}\{(1-\beta^2)[(3+\nu)-(1-\nu)\rho^2]+2(1+\nu)(\beta^2+\rho^2)\ln\beta\}$$

$$M_r=M_t=\frac{qr}{4}[(1-\nu)(1-\beta^2)-2(1+\nu)\ln\beta]$$

$$V_r=0$$

图 5.1-7

$\rho\geqslant\beta$： $$f=\frac{qrR^2}{8(1+\nu)D}\{[(3+\nu)-(1-\nu)\beta^2](1-\rho^2)+2(1+\nu)(\beta^2+\rho^2)\ln\beta\}$$

$$M_r=\frac{qr}{4}\left[(1-\nu)\beta^2\left(\frac{1}{\rho^2}-1\right)-2(1+\nu)\ln\rho\right]$$

$$M_t=\frac{qr}{4}\left\{(1-\nu)\left[2-\beta^2\left(\frac{1}{\rho^2}+1\right)\right]-2(1+\nu)\ln\rho\right\}$$

$$V_r=-q\frac{\beta}{\rho}$$

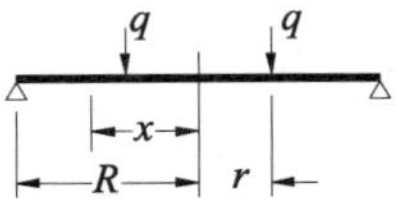

6. 环形均布线荷载作用下的周边固支圆形板（图 5.1-8）

$\rho\leqslant\beta$： $$f=\frac{qrR^2}{8D}[(1-\beta^2)(1+\rho^2)+2(\beta^2+\rho^2)\ln\beta]$$

$$M_r=M_t=\frac{qr}{4}(1+\nu)(\beta^2-1-2\ln\beta)$$

$$V_r=0$$

$\rho\geqslant\beta$： $$f=\frac{qrR^2}{8D}[(1+\beta^2)(1-\rho^2)+2(\beta^2+\rho^2)\ln\rho]$$

图 5.1-8

$$M_r=\frac{qr}{4}\left[(1+\nu)\beta^2+(1-\nu)\frac{\beta^2}{\rho^2}-2(1+\nu)\ln\rho-2\right]$$

$$M_t=\frac{qr}{4}\left[(1+\nu)\beta^2-(1-\nu)\frac{\beta^2}{\rho^2}-2(1+\nu)\ln\rho-2\nu\right]$$

$$V_r=-q\frac{\beta}{\rho}$$

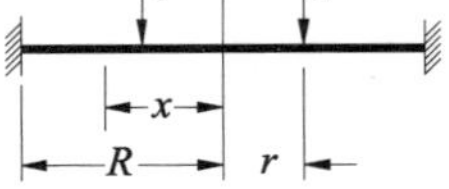

7. 均布荷载作用下的周边简支悬挑圆形板（图 5.1-9）

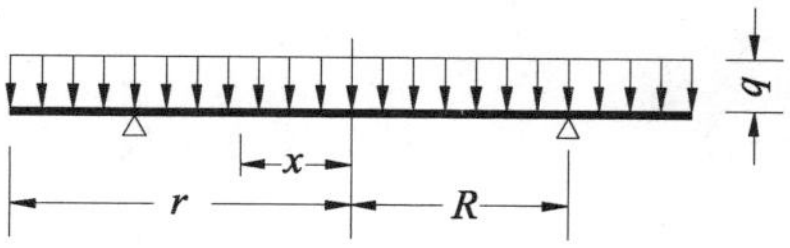

图 5.1-9

$\rho \leqslant 1$：$$f=\frac{qR^4}{64(1+\nu)D}\Big\{(1+\nu)\rho^4-2[(1+3\nu)\beta^2+2(1-\nu)-4(1+\nu)\beta^2\ln\beta]\rho^2+2(1+3\nu)\beta^2-8(1+\nu)\beta^2\ln\beta+(3-5\nu)\Big\}$$

$$M_r=\frac{qR^2}{16}[(1+3\nu)\beta^2+2(1-\nu)-(3+\nu)\rho^2-4(1+\rho)\beta^2\ln\beta]$$

$$M_t=\frac{qR^2}{16}[(1+3\nu)(\beta^2-\rho^2)+2(1-\nu)-4(1+\nu)\beta^2\ln\beta]$$

$$V_r=-\frac{qR}{2}\rho$$

$\rho \geqslant 1$：$$f=\frac{qR^4}{64(1+\nu)D}\Big\{(3-5\nu)-2(3+\nu)\beta^2-8(1+\nu)\beta^2\ln\beta+2[(3+\nu)\beta^2-2(1-\nu)+4(1+\nu)\beta^2\ln\beta]\rho^2+(1+\nu)\rho^4-8(1+\nu)(1+\rho^2)\beta^2\ln\rho\Big\}$$

$$M_r=\frac{qR^2}{16}\left[(3+\nu)\beta^2+2(1-\nu)-4(1+\nu)\beta^2\ln\beta-(3+\nu)\rho^2-2(1-\nu)\frac{\beta^2}{\rho^2}+4(1+\nu)\beta^2\ln\rho\right]$$

$$M_t=\frac{qR^2}{16}\left[2(1-\nu)-(1-5\nu)\beta^2-4(1+\nu)\beta^2\ln\beta-(1+3\nu)\rho^2+2(1-\nu)\frac{\beta^2}{\rho^2}+4(1+\nu)\beta^2\ln\rho\right]$$

$$V_r=\frac{qR}{2}\left(\frac{\beta^2}{\rho}-\rho\right)$$

8. 均布荷载（外侧）作用下的周边简支悬挑圆形板（图 5.1-10）

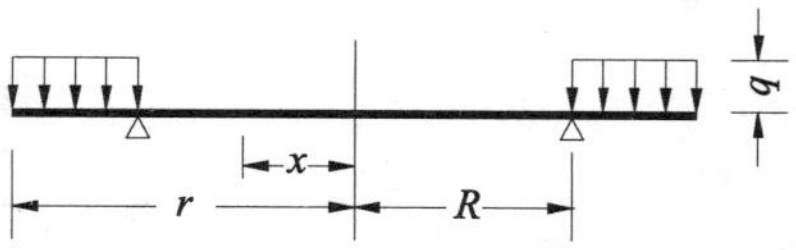

图 5.1-10

$\rho \leqslant 1$：$$f=-\frac{qR^4}{32(1+\nu)\beta^2D}[(1-\nu)+4\nu\beta^2-(1+3\nu)\beta^4+4(1+\nu)\beta^4\ln\beta](1-\rho^2)$$

$$M_r=M_t=-\frac{qR^2}{16\beta^2}[(1-\nu)+4\nu\beta^2-(1+3\nu)\beta^4+4(1+\nu)\beta^4\ln\beta]$$

$$V_r=0$$

$\rho \geqslant 1$：$$f=\frac{qR^4}{64(1+\nu)\beta^2D}\{(1+\nu)\beta^2\rho^4+2[(3+\nu)\beta^4+(1-\nu)(1-2\beta^2)+4(1+\nu)\beta^4\ln\beta]\rho^2-2(3+\nu)\beta^4+(3-5\nu)\beta^2-2(1-\nu)-8(1+\nu)\beta^4\ln\beta-8(1+\nu)\beta^4\rho^2\ln\rho+4(1+\nu)(1-2\beta^2)\beta^2\ln\rho\}$$

$$M_r=-\frac{qR^2}{16\beta^2}\Big[(1-\nu)(1-2\beta^2)-(3+\nu)\beta^4+4(1+\nu)\beta^4\ln\beta+(3+\nu)\rho^2\beta^2 -(1-\nu)(1-2\beta^2)\frac{\beta^2}{\rho^2}-4(1+\nu)\beta^4\ln\rho\Big]$$

$$M_t=-\frac{qR^2}{16\beta^2}\Big[(1-\nu)(1-2\beta^2)+(1-5\nu)\beta^4 +4(1+\nu)\beta^4\ln\beta+(1+3\nu)\rho^2\beta^2+(1-\nu)(1-2\beta^2)\frac{\beta^2}{\rho^2}-4(1+\nu)\beta^4\ln\rho\Big]$$

$$V_r=\frac{qR}{2}\left(\frac{\beta^2}{\rho}-\rho\right)$$

9. 均布荷载（内侧）作用下的周边简支悬挑圆形板（图 5.1-11）

$\rho\leqslant1$： $f=\frac{qR^4}{64(1+\nu)\beta^2D}\{2(1-\nu)+3(1+\nu)\beta^2-2[(1-\nu)+2(1+\nu)\beta^2]\rho^2+(1+\nu)\beta^2\rho^4\}$

$$M_r=\frac{qR^2}{16\beta^2}[(1-\nu)+2(1+\nu)\beta^2-(3+\nu)\beta^2\rho^2]$$

$$M_t=\frac{qR^2}{16\beta^2}[(1-\nu)+2(1+\nu)\beta^2-(1+3\nu)\beta^2\rho^2]$$

$$V_r=-\frac{qR}{2}\rho$$

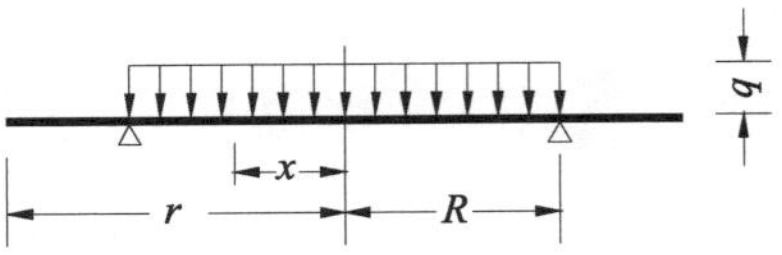

图 5.1-11

$\rho\geqslant1$： $f=\frac{qR^4}{32(1+\nu)\beta^2D}[(1-\nu)(1-\rho^2)-2(1+\nu)\beta^2\ln\rho]$

$$M_r=\frac{qR^2}{16\beta^2}(1-\nu)\left(1-\frac{\beta^2}{\rho^2}\right)$$

$$M_t=\frac{qR^2}{16\beta^2}(1-\nu)\left(1+\frac{\beta^2}{\rho^2}\right)$$

$$V_r=0$$

10. 环形均布线荷载作用下的周边简支悬挑圆形板（图 5.1-12）

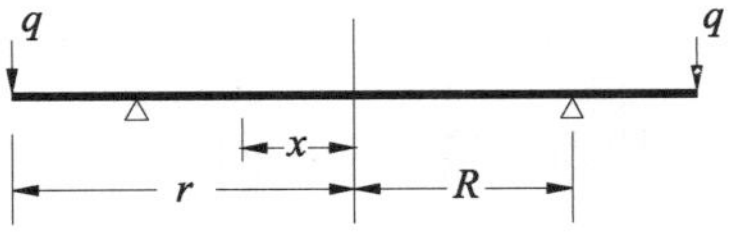

图 5.1-12

$\rho\leqslant1$： $f=-\frac{qR^3}{8(1+\nu)\beta D}[(1-\nu)(\beta^2-1)+2(1+\nu)\beta^2\ln\beta](1-\rho^2)$

$$M_r=M_t=-\frac{qR}{4\beta}[(1-\nu)(\beta^2-1)+2(1+\nu)\beta^2\ln\beta]$$

$$V_r=0$$

$\rho\geqslant1$： $f=\frac{qR^3}{8(1+\nu)\beta D}\{[(3+\nu)\beta^2-(1-\nu)+2(1+\nu)\beta^2\ln\beta](\rho^2-1) -2(1+\nu)(1+\rho^2)\beta^2\ln\rho\}$

$$M_r=\frac{qR}{4\beta}\Big[(1-\nu)-2(1+\nu)\beta^2\ln\beta-(1-\nu)\frac{\beta^2}{\rho^2}+2(1+\nu)\beta^2\ln\rho\Big]$$

$$M_t=\frac{qR}{4\beta}\Big[(1-\nu)-2(1-\nu)\beta^2-2(1+\nu)\beta^2\ln\beta+(1-\nu)\frac{\beta^2}{\rho^2}+2(1+\nu)\beta^2\ln\rho\Big]$$

$$V_r=q\frac{\beta}{\rho}$$

11. 周边弯矩作用下的简支（悬挑）圆形板（图 5.1-13）

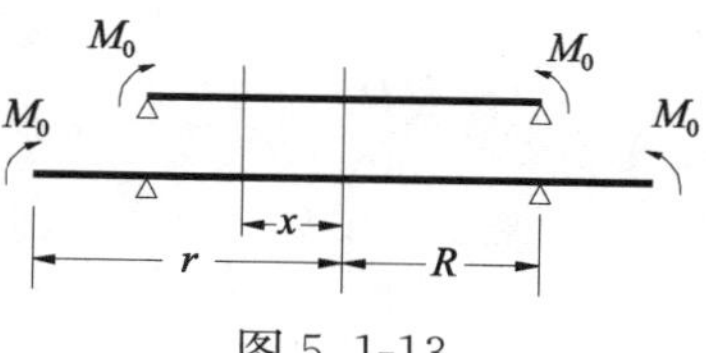

图 5.1-13

$$f=\frac{M_0R^2(1-\rho^2)}{2(1+\nu)D}$$

$$M_r=M_t=M_0$$

$$V_r=0$$

12. 支座处环形均布弯矩作用下的简支悬挑圆形板（图 5.1-14）

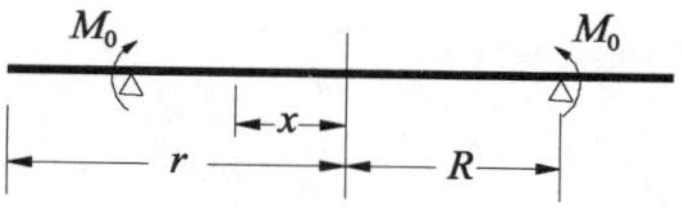

$\rho\leqslant1$：

$$f=\frac{M_0R^2}{4(1+\nu)\beta^2D}[(1+\nu)\beta^2+1-\nu](1-\rho^2)$$

$$M_r=M_t=\frac{M_0}{2}\left(1+\nu+\frac{1-\nu}{\beta^2}\right)$$

$$V_r=0$$

图 5.1-14

$\rho\geqslant1$：

$$f=\frac{M_0R^2}{4(1+\nu)\beta^2D}[(1-\nu)(1-\rho^2)-2(1+\nu)\beta^2\ln\rho]$$

$$M_r=\frac{M_0}{2}(1-\nu)\left(\frac{1}{\beta^2}-\frac{1}{\rho^2}\right)$$

$$M_t=\frac{M_0}{2}(1-\nu)\left(\frac{1}{\beta^2}+\frac{1}{\rho^2}\right)$$

$$V_r=0$$

13. 均布荷载作用下的周边简支环形板（图 5.1-15）

$$f=\frac{qR^4}{64D}\left\{\frac{2}{1+\nu}\left[(3+\nu)(1-\beta^2)+4(1+\nu)\frac{\beta^4}{1-\beta^2}\ln\beta\right](1-\rho^2)-(1-\rho^4)\right.$$
$$\left.-\frac{4\beta^2}{1-\nu}\left[(3+\nu)+4(1+\nu)\frac{\beta^2}{1-\beta^2}\ln\beta\right]\ln\rho-8\beta^2\rho^2\ln\rho\right\}$$

$$M_r=\frac{qR^2}{16}\left\{(3+\nu)(1-\rho^2)+\beta^2\left[3+\nu+4(1+\nu)\frac{\beta^2}{1-\beta^2}\ln\beta\right]\left(1-\frac{1}{\rho^2}\right)4(1+\nu)\beta^2\ln\rho\right\}$$

$$M_t=\frac{qR^2}{16}\{2(1-\nu)(1-2\beta^2)+(1+3\nu)(1-\rho^2)+\beta^2\left[3+\nu+4(1+\nu)\frac{\beta^2}{1-\beta^2}\ln\beta\right]$$
$$\times\left(1+\frac{1}{\rho^2}\right)+4(1+\nu)\beta^2\ln\rho\}$$

$$V_r=-\frac{qR}{2}\left(\rho-\frac{\beta^2}{\rho}\right)$$

14. 均布荷载作用下的周边固支环形板（图 5.1-16）

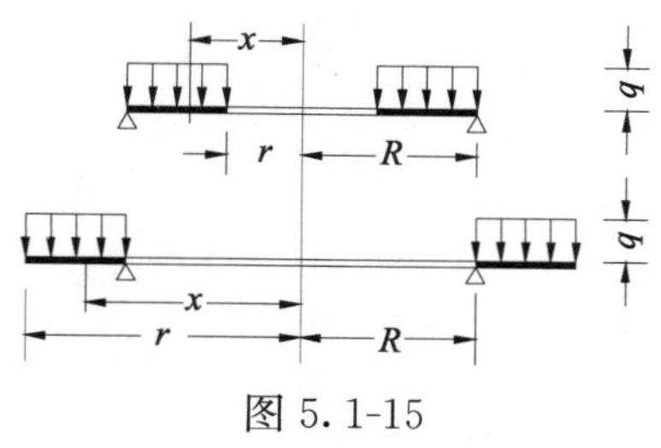

图 5.1-15

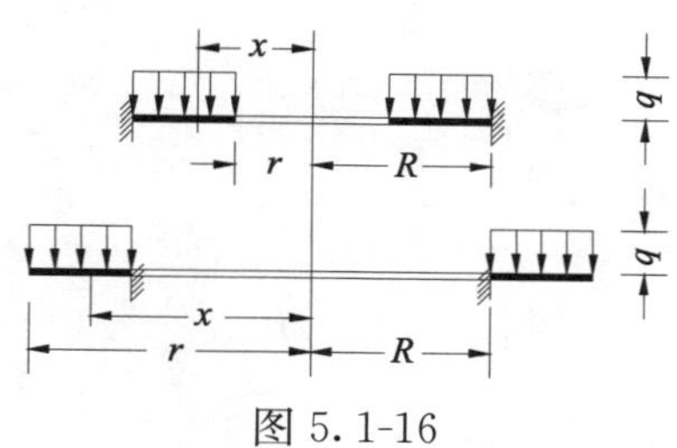

图 5.1-16

$$f=\frac{qR^4}{64D}\left\{-1+2\left[1-2\beta^2-\frac{(1-\nu)\beta^2+(1+\nu)(1+4\beta^2\ln\beta)}{1-\nu+(1+\nu)\beta^2}\beta^2\right](1-\rho^2)\right.$$
$$\left.+\rho^4-4\frac{(1-\nu)\beta^2+(1+\nu)(1+4\beta^2\ln\beta)}{1-\nu+(1+\nu)\beta^2}\beta^2\ln\rho-8\beta^2\rho^2\ln\rho\right\}$$

$$M_r=\frac{qR^2}{16}\left\{4\beta^2+(1+\nu)\left[1-\frac{(1-\nu)\beta^2+(1+\nu)(1+4\beta^2\ln\beta)}{1-\nu+(1+\nu)\beta^2}\beta^2\right]-(3+\nu)\rho^2\right.$$
$$\left.-\frac{1-\nu}{\rho^2}\cdot\frac{(1-\nu)\beta^2+(1+\nu)(1+4\beta^2\ln\beta)}{1-\nu+(1+\nu)\beta^2}\beta^2+4(1+\nu)\beta^2\ln\rho\right\}$$

$$M_t=\frac{qR^2}{16}\left\{4\nu\beta^2+(1+\nu)\left[1-\frac{(1-\nu)\beta^2+(1+\nu)(1+4\beta^2\ln\beta)}{1-\nu+(1+\nu)\beta^2}\beta^2\right]-(1+3\nu)\rho^2\right.$$
$$\left.+\frac{1-\nu}{\rho^2}\cdot\frac{(1-\nu)\beta^2+(1+\nu)(1+4\beta^2\ln\beta)}{1-\nu+(1+\nu)\beta^2}\beta^2+4(1+\nu)\beta^2\ln\rho\right\}$$

$$V_r=-\frac{qR}{2}\left(\rho-\frac{\beta^2}{\rho}\right)$$

15. 环形均布线荷载作用下的周边简支环形板（图 5.1-17）

$$f=\frac{qrR^2}{8D}\left[\left(\frac{3+\nu}{1+\nu}-\frac{2\beta^2}{1-\beta^2}\ln\beta\right)(1-\rho^2)+2\rho^2\ln\rho+\frac{4(1+\nu)\beta^2}{(1-\nu)(1-\beta^2)}\ln\beta\ln\rho\right]$$

$$M_r=\frac{qr}{2}(1+\nu)\left[\frac{(1-\rho^2)\beta^2}{(1-\beta^2)\rho^2}\ln\beta-\ln\rho\right]$$

$$M_t=\frac{qr}{2}(1+\nu)\left[\frac{1-\nu}{1+\nu}-\frac{(1+\rho^2)\beta^2}{(1-\beta^2)\rho^2}\ln\beta-\ln\rho\right]$$

$$V_r=-q\,\frac{\beta}{\rho}$$

16. 环形均布线荷载作用下的周边固支环形板（图 5.1-18）

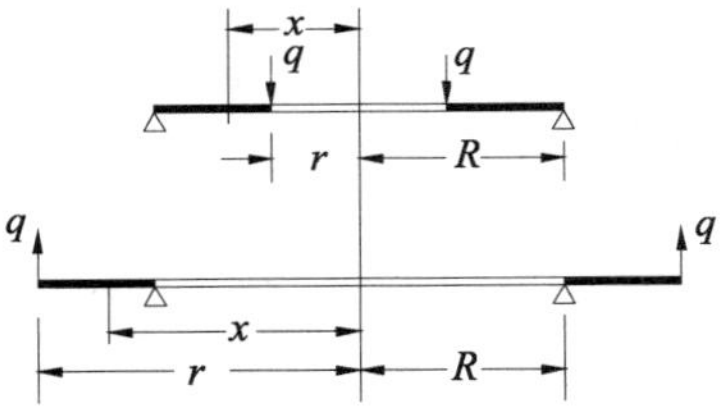

图 5.1-17

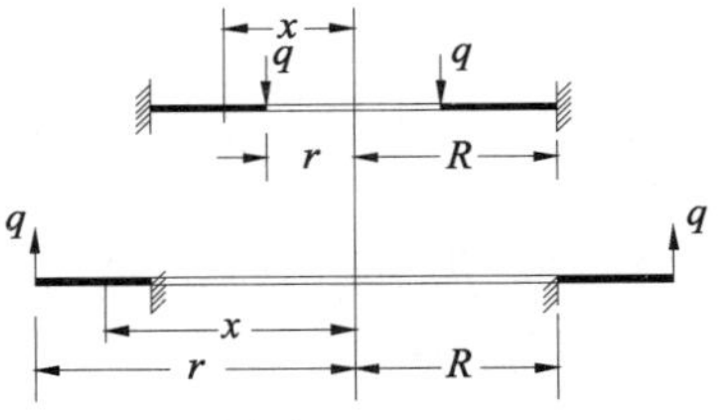

图 5.1-18

$$f=\frac{qrR^2}{8[1-\nu+(1+\nu)\beta^2]D}\left\{[1-\nu+(3+\nu)\beta^2+2(1+\nu)\beta^2\ln\beta](1-\rho^2)\right.$$
$$\left.+4\beta^2[1+(1+\nu)\ln\beta]\ln\rho+2[1-\nu+(1+\nu)\beta^2]\rho^2\ln\rho\right\}$$

$$M_r=-\frac{qr}{2[1-\nu+(1+\nu)\beta^2]}\left\{1-\nu-(1+\nu)^2\beta^2\ln\beta-(1-\nu)[1+(1+\nu)\ln\beta]\right.$$
$$\left.\times\frac{\beta^2}{\rho^2}+(1+\nu)[1-\nu+(1+\nu)\beta^2]\ln\rho\right\}$$

$$M_t=-\frac{qr}{2[1-\nu+(1+\nu)\beta^2]}\left\{\nu(1-\nu)-(1-\nu^2)\beta^2-(1+\nu)^2\beta^2\ln\beta+(1-\nu)\right.$$
$$\left.\times[1+(1+\nu)\ln\beta]\frac{\beta^2}{\rho^2}+(1+\nu)[1-\nu+(1+\nu)\beta^2]\ln\rho\right\}$$

$$V_r=-q\,\frac{\beta}{\rho}$$

17. 环形均布弯矩作用下的周边简支环形板（情况一）(图 5.1-19)

$$f=\frac{M_0R^2}{2(1+\nu)(1-\beta^2)D}\left[1-\rho^2-\frac{2(1+\nu)}{1-\nu}\beta^2\ln\rho\right]$$

$$M_r=\frac{M_0}{1-\beta^2}\left(1-\frac{\beta^2}{\rho^2}\right)$$

$$M_t=\frac{M_0}{1-\beta^2}\left(1+\frac{\beta^2}{\rho^2}\right)$$

$$V_r=0$$

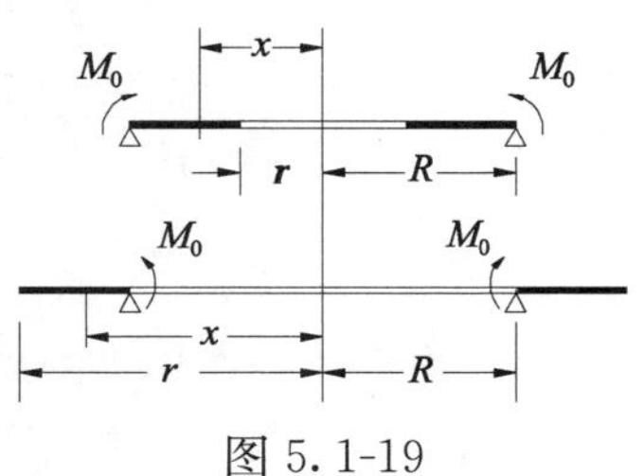

图 5.1-19

18. 环形均布弯矩作用下的周边简支环形板（情况二）(图 5.1-20)

$$f=-\frac{M_0R^2\beta^2}{2(1+\nu)(1-\beta^2)D}\left[1-\rho^2-\frac{2(1+\nu)}{1-\nu}\ln\rho\right]$$

$$M_r=\frac{M_0\beta^2}{1-\beta^2}\left(\frac{1}{\rho^2}-1\right)$$

$$M_t=-\frac{M_0\beta^2}{1-\beta^2}\left(\frac{1}{\rho^2}+1\right)$$

$$V_r=0$$

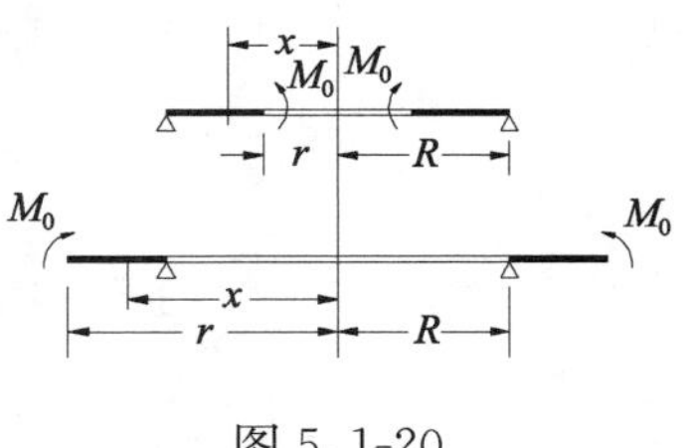

图 5.1-20

19. 环形均布弯矩作用下的周边固支环形板（图 5.1-21）

$$f=\frac{M_0R^2\beta^2}{2[1-\nu+(1+\nu)\beta^2]D}(1-\rho^2+2\ln\rho)$$

$$M_r=\frac{M_0\beta^2}{1-\nu+(1+\nu)\beta^2}\left(1+\nu+\frac{1-\nu}{\rho^2}\right)$$

$$M_t=\frac{M_0\beta^2}{1-\nu+(1+\nu)\beta^2}\left(1+\nu-\frac{1-\nu}{\rho^2}\right)$$

$$V_r=0$$

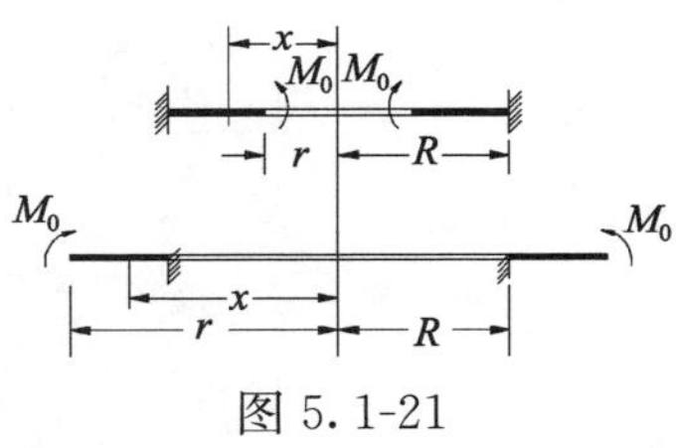

图 5.1-21

20. 环形均布弯矩作用下的周边简支圆心加柱圆形板（图 5.1-22）

$$M_r=\frac{M_0}{\phi}\left\{(1+\nu)\left[2(\ln\beta)^2-2\ln\rho\ln\beta+\ln\rho-\frac{1}{\beta^2}\ln\rho\right]\right.$$

$$\left.+\left(\frac{1-\nu}{2\rho^2}\right)(\beta^2-2\ln\beta-1)+(3+\nu)\left(\frac{1}{2}-\frac{1}{2\beta^2}-\ln\beta\right)\right\}$$

$$M_t=\frac{M_0}{\phi}\left\{(1+\nu)\left[2(\ln\beta)^2-2\ln\rho\ln\beta+\ln\rho-\frac{1}{\beta^2}\ln\rho\right]\right.$$

$$\left.+\left(\frac{1-\nu}{2\rho^2}\right)(2\ln\beta-\beta^2+1)+(1+3\nu)\left(\frac{1}{2}-\frac{1}{2\beta^2}-\ln\beta\right)\right\}$$

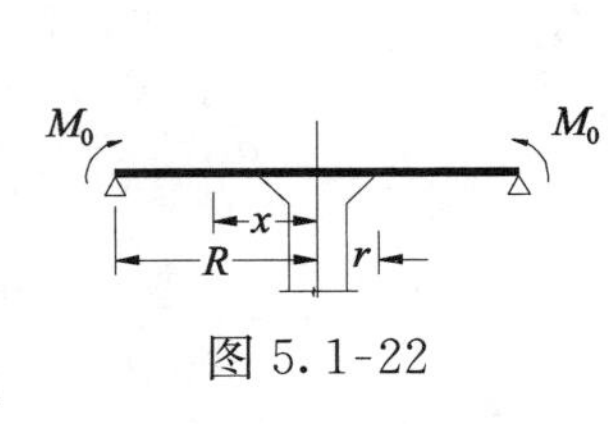

图 5.1-22

式中 $\phi=(1+\nu)[1+2(\ln\beta)^2]-4\ln\beta+\frac{1-\nu}{2}\beta^2-\frac{3+\nu}{2}\frac{1}{\beta^2}$

21. 均布荷载作用下的周边固支圆心加柱圆形板（图 5.1-23）

$$M_r=-\frac{qR^2}{16}\left\{(3+\nu)\rho^2-(1+\nu)(1+\beta^2)-(1-\nu)\frac{\beta^2}{\rho^2}\right.$$

$$\times\frac{(1-\beta^2)^2+(1-\beta^4)\ln\beta}{(1-\beta^2)^2-4\beta^2(\ln\beta)^2}-\frac{1-\beta^4+4\beta^2\ln\beta}{(1-\beta^2)^2-4\beta^2(\ln\beta)^2}$$

$$\left.\times[(1-\beta^2)(1+\ln\rho+\nu\ln\rho)+(1+\nu)\beta^2\ln\beta]\right\}$$

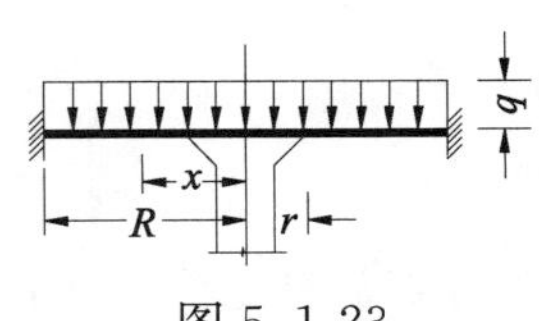

图 5.1-23

$$M_t=-\frac{qR^2}{16}\left\{(1+3\nu)\rho^2-(1+\nu)(1+\beta^2)+(1-\nu)\frac{\beta^2}{\rho^2}\right.$$

$$\times\frac{(1-\beta^2)^2+(1-\beta^4)\ln\beta}{(1-\beta^2)^2-4\beta^2(\ln\beta)^2}-\frac{1-\beta^4+4\beta^2\ln\beta}{(1-\beta^2)^2-4\beta^2(\ln\beta)^2}$$

$$\left.\times[(1-\beta^2)(\nu+\ln\rho+\nu\ln\rho)+(1+\nu)\beta^2\ln\beta]\right\}$$

22. 均布荷载作用下的周边简支圆心加柱圆形板（图 5.1-24）

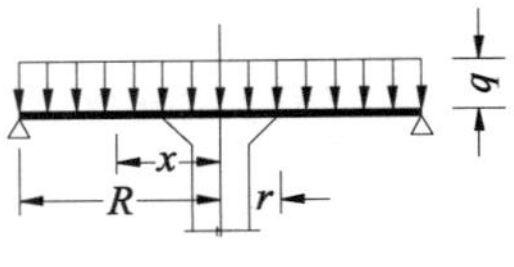

$$M_r=-\frac{qR^2}{16}\left\{(3+\nu)\rho^2-(1+\nu)(1+\beta^2)-(1-\nu)\frac{\beta^2}{\rho^2}\right.$$

$$\times\frac{(1-\beta^2)^2+(1-\beta^4)\ln\beta}{(1-\beta^2)^2-4\beta^2(\ln\beta)^2}-\frac{1-\beta^4+4\beta^2\ln\beta}{(1-\beta^2)^2-4\beta^2(\ln\beta)^2}$$

$$\left.\times[(1-\beta^2)(1+\ln\rho+\nu\ln\rho)+(1+\nu)\beta^2\ln\beta]\right\}$$

$$-\frac{M_t^0}{\phi}\left\{(1+\nu)\left[2(\ln\beta)^2-2\ln\rho\ln\beta+\ln\rho-\frac{1}{\beta^2}\ln\rho\right]\right.$$

$$\left.+\left(\frac{1-\nu}{2\rho^2}\right)(\beta^2-2\ln\beta-1)+(3+\nu)\left(\frac{1}{2}-\frac{1}{2\beta^2}-\ln\beta\right)\right\}$$

图 5.1-24

$$M_t=-\frac{qR^2}{16}\left\{(1+3\nu)\rho^2-(1+\nu)(1+\beta^2)+(1-\nu)\frac{\beta^2}{\rho^2}\right.$$

$$\times\frac{(1-\beta^2)^2+(1-\beta^4)\ln\beta}{(1-\beta^2)^2-4\beta^2(\ln\beta)^2}-\frac{1-\beta^4+4\beta^2\ln\beta}{(1-\beta^2)^2-4\beta^2(\ln\beta)^2}$$

$$\left.\times[(1-\beta^2)(\nu+\ln\rho+\nu\ln\rho)+(1+\nu)\beta^2\ln\beta]\right\}$$

$$-\frac{M_r^0}{\phi}\left\{(1+\nu)\left[2(\ln\beta)^2-2\ln\rho\ln\beta+\ln\rho-\frac{1}{\beta^2}\ln\rho\right]\right.$$

$$\left.+\left(\frac{1-\nu}{2\rho^2}\right)(2\ln\beta-\beta^2+1)+(1+3\nu)\left(\frac{1}{2}-\frac{1}{2\beta^2}-\ln\beta\right)\right\}$$

式中 $\phi=(1+\nu)[1+2(\ln\beta)^2]-4\ln\beta+\frac{1-\nu}{2}\beta^2-\frac{3+\nu}{2}\frac{1}{\beta^2}$

$$M_r^0=-\frac{qR^2}{16}\left\{(3+\nu)-(1+\nu)(1+\beta^2)-(1-\nu)\beta^2\frac{(1-\beta^2)^2+(1-\beta^4)\ln\beta}{(1-\beta^2)^2-4\beta^2(\ln\beta)^2}\right.$$

$$\left.-\frac{1-\beta^4+4\beta^2\ln\beta}{(1-\beta^2)^2-4\beta^2(\ln\beta)^2}[1-\beta^2+(1+\nu)\beta^2\ln\beta]\right\}$$

【例题 5-1】如图 5.1-25（*a*）所示承受均布荷载 q 作用的周边固支环形板，求图中 A 点处的弯矩系数，其中 R=2.5m，r=1.0m，x=2.0m，ν=1/6。

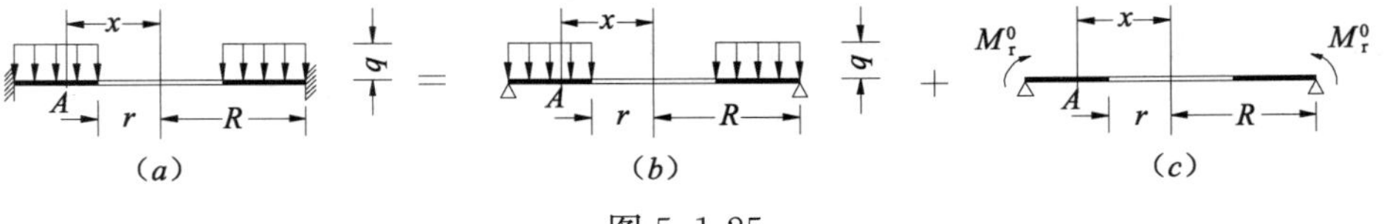

（*a*）（*b*）（*c*）

图 5.1-25

【解】采用叠加法，该问题转化为均布荷载作用下周边简支环形板（图 5.1-25*b*）和环形均布弯矩作用下周边简支环形板的内力计算问题（图 5.1-25*c*）。

$$\beta=\frac{r}{R}=\frac{1.0}{2.5}=0.4$$

$$A\text{ 点 }\rho=\frac{x}{R}=\frac{2.0}{2.5}=0.8$$

对图 5.1-25b 查表 5.1-6 得 A 点弯矩为

$$M_{\mathrm{r}}^{(1)}=0.0476qR^2$$

$$M_{\mathrm{t}}^{(1)}=0.1544qR^2$$

同时得到均布荷载作用下周边简支环形板支座的径向弯矩为

$$M_{\mathrm{r}}^{0}=-0.0971qR^2$$

对图 5.1-25（c）查表 5.1-8 得 A 点弯矩为

$$M_{\mathrm{r}}^{(2)}=0.8929M_{\mathrm{r}}^{0}=-0.0867qR^2$$

$$M_{\mathrm{t}}^{(2)}=1.4881M_{\mathrm{r}}^{0}=-0.1445qR^2$$

故对图 5.1-25（a）所示 A 点的弯矩为

$$M_{\mathrm{r}}=M_{\mathrm{r}}^{(1)}+M_{\mathrm{r}}^{(2)}=-0.0391qR^2$$

$$M_{\mathrm{t}}=M_{\mathrm{t}}^{(1)}+M_{\mathrm{t}}^{(2)}=-0.0099qR^2$$

事实上，按 5.1.4 计算公式第 14 项，将 $\beta=0.4$、$\rho=0.8$ 代入，计算得到 A 点弯矩为：

$$M_{\mathrm{r}}=-0.0391qR^2$$

$$M_{\mathrm{t}}=-0.0099qR^2$$

两种方法计算结果完全相同。

5.2　均匀分布和三角形分布荷载作用下的矩形板

5.2.1　概述

本节基于弹性薄板小挠度理论的假定，对双调和偏微分方程采用单重、正弦三角级数展开式的解答形式（这种形式与双重的三角级数展开式比较，有很好的收敛性）进行求解。对于板角点处的特殊边界条件，另外附加了代数多项式的解答形式。

计算表中系数时，对于对称的三角级数展开式保留了前 21 项，对于非对称的三角级数展开式保留了前 41 项。所得的解与理论解的误差控制在容许范围之内，可满足工程需要。

对于本节表中所列全部矩形板，要准确地找到最大弯矩与最大挠度的所在点，计算工作量很大。在满足工程需要的前提下，为方便表格的编制，适当加以简化。本节表中列出的一些最大弯矩与最大挠度的系数，是按下述方法计算的：对于每一种板，按一定间距选择一些点，依次计算各点的弯矩与挠度系数，将其中最大的一个作为理论的最大系数值的近似值。

表 5.2-8～表 5.2-14、表 5.2-24～表 5.2-27 列出了泊松比 ν 为 0、1/6 及 0.3 时计算板的弯矩（本节所指弯矩均为单位宽度的弯矩）和挠度的计算系数，以下分别简称弯矩系数和挠度系数。$\nu=0$ 代表一种实际上并不存在的假想材料；$\nu=1/6$ 时各项系数可用于钢筋混凝土板；$\nu=0.3$ 时各项系数可用于钢板。

表 5.2-7 列出了泊松比 ν 为 1/6 和 0.3 时计算板的弯矩的计算系数，该系数采用有限元分析得到。

表 5.2-1～表 5.2-6、表 5.2-15～表 5.2-23 仅列出了 $\nu=0$ 的弯矩系数与挠度系数。当 ν 值不等于零时，其挠度及支座中点弯矩仍可按这些表求得。当求其跨内弯矩时，可按下式求得（当求跨内最大弯矩时，按下述公式计算会得到偏大的结果，因为两个方向的跨内最大弯矩一般并不在同一点出现）

$$M_x^{(\nu)}=M_x+\nu M_y$$
$$M_y^{(\nu)}=M_y+\nu M_x$$

式中　M_x 及 M_y 为 $\nu=0$ 时的跨内弯矩。必须注意，有自由边的板不能应用上述这两个公式。

5.2.2　符号说明

$D=\dfrac{Et^3}{12(1-\nu^2)}$——刚度，其中：$E$ 为弹性模量，t 为板厚，ν 为泊松比；

f，f_{max}——分别为板中心点的挠度和最大挠度；

f_{0x}，f_{0y}——分别为平行于 l_x 和 l_y 方向自由边的中点挠度；

M_x，M_{xmax}——分别为平行于 l_x 方向板中心点的弯矩和板跨内最大弯矩；

M_y，M_{ymax}——分别为平行于 l_y 方向板中心点的弯矩和板跨内最大弯矩；

M_{0x}，M_{0y}——分别为平行于 l_x 和 l_y 方向自由边的中点弯矩；

M_x^0——固定边中点沿 l_x 方向的弯矩；

M_y^0——固定边中点沿 l_y 方向的弯矩；

M_{xz}^0——平行于 l_x 方向自由边上固定端的支座弯矩。

———— 代表自由边　　- - - - - - 代表简支边

⊔⊔⊔⊔⊔⊔ 代表固定边　　————○ 代表角点支承

正负号的规定：

弯矩——使板的受荷面受压为正；

挠度——变形方向与荷载方向相同为正。

5.2.3　计算用表

1. 均布荷载作用下的矩形板

（1）均布荷载作用下的四边简支矩形板

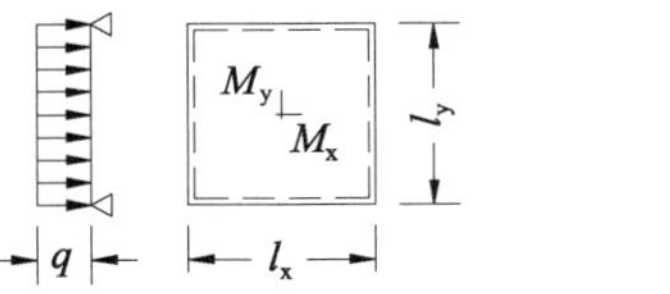

$\nu=0$

挠度＝表中系数×$\dfrac{ql^4}{D}$

弯矩＝表中系数×ql^2

式中 l 取 l_x 和 l_y 中较小者

弯矩和挠度系数　　**表 5.2-1**

l_x/l_y	f	M_x	M_y	l_x/l_y	f	M_x	M_y	l_x/l_y	f	M_x	M_y
0.50	0.01013	0.0965	0.0174	0.70	0.00727	0.0683	0.0296	0.90	0.00496	0.0456	0.0358
0.55	0.00940	0.0892	0.0210	0.75	0.00663	0.0620	0.0317	0.95	0.00449	0.0410	0.0364
0.60	0.99867	0.0820	0.0242	0.80	0.00603	0.0561	0.0334	1.00	0.00406	0.0368	0.0368
0.65	0.00796	0.0750	0.0271	0.85	0.00547	0.0506	0.0348				

（2）均布荷载作用下的一边固支三边简支矩形板

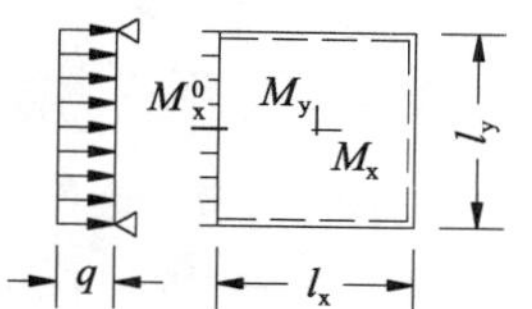

$\nu=0$

挠度=表中系数$\times\frac{ql^4}{D}$

弯矩=表中系数$\times ql^2$

式中 l 取 l_x 和 l_y 中较小者

弯矩和挠度系数　　表 5.2-2

l_x/l_y	l_y/l_x	f	f_{max}	M_x	M_{xmax}	M_y	M_{ymax}	M_x^0
0.50		0.00488	0.00504	0.0583	0.0646	0.0060	0.0063	−0.1212
0.55		0.00471	0.00492	0.0563	0.0618	0.0081	0.0087	−0.1187
0.60		0.00453	0.00472	0.0539	0.0589	0.0104	0.0111	−0.1158
0.65		0.00432	0.00448	0.0513	0.0559	0.0126	0.0133	−0.1124
0.70		0.00410	0.00422	0.0485	0.0529	0.0148	0.0154	−0.1087
0.75		0.00388	0.00399	0.0457	0.0496	0.0168	0.0174	−0.1048
0.80		0.00365	0.00376	0.0428	0.0463	0.0187	0.0193	−0.1007
0.85		0.00343	0.00352	0.0400	0.0431	0.0204	0.0211	−0.0965
0.90		0.00321	0.00329	0.0372	0.0400	0.0219	0.0226	−0.0922
0.95		0.00299	0.00306	0.0345	0.0369	0.0232	0.0239	−0.0880
1.00	1.00	0.00279	0.00285	0.0319	0.0340	0.0243	0.0249	−0.0839
	0.95	0.00316	0.00324	0.0324	0.0345	0.0280	0.0287	−0.0882
	0.90	0.00360	0.00368	0.0328	0.0347	0.0322	0.0330	−0.0926
	0.85	0.00409	0.00417	0.0329	0.0347	0.0370	0.0378	−0.0970
	0.80	0.00464	0.00473	0.0326	0.0343	0.0424	0.0433	−0.1014
	0.75	0.00526	0.00536	0.0319	0.0335	0.0485	0.0494	−0.1056
	0.70	0.00595	0.00605	0.0308	0.0323	0.0553	0.0562	−0.1096
	0.65	0.00670	0.00680	0.0291	0.0306	0.0627	0.0637	−0.1133
	0.60	0.00752	0.00762	0.0268	0.0289	0.0707	0.0717	−0.1166
	0.55	0.00838	0.00848	0.0239	0.0271	0.0792	0.0801	−0.1193
	0.50	0.00927	0.00935	0.0205	0.0249	0.0880	0.0888	−0.1215

（3）均布荷载作用下两对边固定两对边简支矩形板

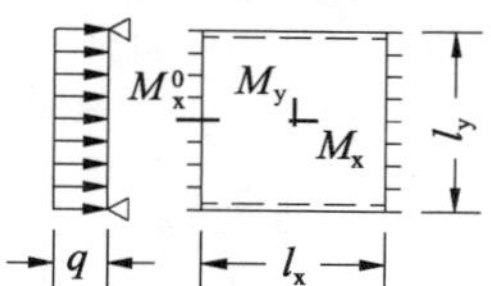

$\nu=0$

挠度=表中系数$\times\frac{ql^4}{D}$

弯矩=表中系数$\times ql^2$

式中 l 取 l_x 和 l_y 中较小者

弯矩和挠度系数　　表 5.2-3

l_x/l_y	f	M_x	M_y	M_x^0	l_y/l_x	f	M_x	M_y	M_x^0
0.50	0.00261	0.0416	0.0017	−0.0843	1.00	0.00192	0.0285	0.0158	−0.0698
0.55	0.00259	0.0410	0.0028	−0.0840	0.95	0.00223	0.0296	0.0189	−0.0746
0.60	0.00255	0.0402	0.0042	−0.0834	0.90	0.00260	0.0306	0.0224	−0.0797
0.65	0.00250	0.0392	0.0057	−0.0826	0.85	0.00303	0.0314	0.0266	−0.0850
0.70	0.00243	0.0379	0.0072	−0.0814	0.80	0.00354	0.0319	0.0316	−0.0904
0.75	0.00236	0.0366	0.0088	−0.0799	0.75	0.00413	0.0321	0.0374	−0.0959
0.80	0.00228	0.0351	0.0103	−0.0782	0.70	0.00482	0.0318	0.0441	−0.1013
0.85	0.00220	0.0335	0.0118	−0.0763	0.65	0.00560	0.0308	0.0518	−0.1066
0.90	0.00211	0.0319	0.0133	−0.0743	0.60	0.00647	0.0292	0.0604	−0.1114
0.95	0.00201	0.0302	0.0146	−0.0721	0.55	0.00743	0.0267	0.0698	−0.1156
1.00	0.00192	0.0285	0.0158	−0.0698	0.50	0.00844	0.0234	0.0798	−0.1191

(4) 均布荷载作用下四边固定支矩形板

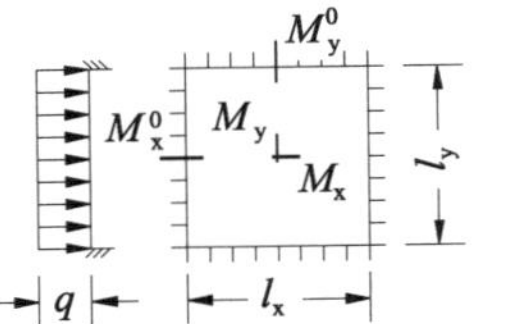

$\nu=0$

挠度=表中系数×$\frac{ql^4}{D}$

弯矩=表中系数×ql^2

式中 l 取 l_x 和 l_y 中较小者

弯矩和挠度系数　　表 5.2-4

l_x/l_y	f	M_x	M_y	M_x^0	M_y^0
0.50	0.00253	0.0400	0.0038	−0.0829	−0.0570
0.55	0.00246	0.0385	0.0056	−0.0814	−0.0571
0.60	0.00236	0.0367	0.0076	−0.0793	−0.0571
0.65	0.00224	0.0345	0.0095	−0.0766	−0.0571
0.70	0.00211	0.0321	0.0113	−0.0735	−0.0569
0.75	0.00197	0.0296	0.0130	−0.0701	−0.0565
0.80	0.00182	0.0271	0.0144	−0.0664	−0.0559
0.85	0.00168	0.0246	0.0156	−0.0626	−0.0551
0.90	0.00153	0.0221	0.0165	−0.0588	−0.0541
0.95	0.00140	0.0198	0.0172	−0.0550	−0.0528
1.00	0.00127	0.0176	0.0176	−0.0513	−0.0513

(5) 均布荷载作用下两邻边固定两邻边简支矩形板

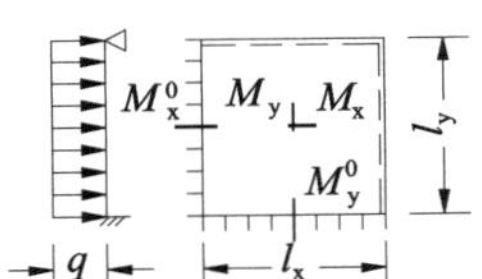

$\nu=0$

挠度=表中系数×$\frac{ql^4}{D}$

弯矩=表中系数×ql^2

式中 l 取 l_x 和 l_y 中较小者

弯矩和挠度系数　　表 5.2-5

l_x/l_y	f	f_{max}	M_x	M_{xmax}	M_y	M_{ymax}	M_x^0	M_y^0
0.50	0.00468	0.00471	0.0559	0.0562	0.0079	0.0135	−0.1179	−0.0786
0.55	0.00445	0.00454	0.0529	0.0530	0.0104	0.0153	−0.1140	−0.0785
0.60	0.00419	0.00429	0.0496	0.0498	0.0129	0.0169	−0.1095	−0.0782
0.65	0.00391	0.00399	0.0461	0.0465	0.0151	0.0183	−0.1045	−0.0777
0.70	0.00363	0.00368	0.0426	0.0432	0.0172	0.0195	−0.0992	−0.0770
0.75	0.00335	0.00340	0.0390	0.0396	0.0189	0.0206	−0.0938	−0.0760
0.80	0.00308	0.00313	0.0356	0.0361	0.0204	0.0218	−0.0883	−0.0748
0.85	0.00281	0.00286	0.0322	0.0328	0.0215	0.0229	−0.0829	−0.0733
0.90	0.00256	0.00261	0.0291	0.0297	0.0224	0.0238	−0.0776	−0.0716
0.95	0.00232	0.00237	0.0261	0.0267	0.0230	0.0244	−0.0726	−0.0698
1.00	0.00210	0.00215	0.0234	0.0240	0.0234	0.0249	−0.0677	−0.0677

(6) 均布荷载作用下的三边固支一边简支矩形板

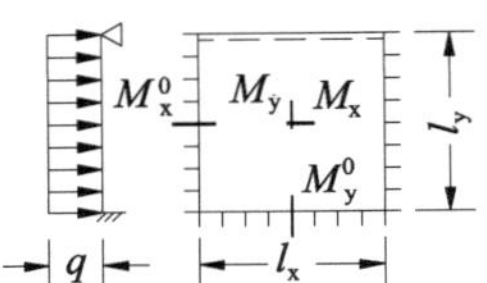

$\nu=0$

挠度=表中系数×$\frac{ql^4}{D}$

弯矩=表中系数×ql^2

式中 l 取 l_x 和 l_y 中较小者

弯矩和挠度系数　　表 5.2-6

l_x/l_y	l_y/l_x	f	f_{max}	M_x	M_{xmax}	M_y	M_{ymax}	M_x^0	M_y^0
0.50		0.00257	0.00258	0.0408	0.0409	0.0028	0.0089	−0.0836	−0.0569
0.55		0.00252	0.00255	0.0398	0.0399	0.0042	0.0093	−0.0827	−0.0570
0.60		0.00245	0.00249	0.0384	0.0386	0.0059	0.0105	−0.0814	−0.0571
0.65		0.00237	0.00240	0.0368	0.0371	0.0076	0.0116	−0.0796	−0.0572
0.70		0.00227	0.00229	0.0350	0.0354	0.0093	0.0127	−0.0774	−0.0572
0.75		0.00216	0.00219	0.0331	0.0335	0.0109	0.0137	−0.0750	−0.0572
0.80		0.00205	0.00208	0.0310	0.0314	0.0124	0.0147	−0.0722	−0.0570
0.85		0.00193	0.00196	0.0289	0.0293	0.0138	0.0155	−0.0693	−0.0567
0.90		0.00181	0.00184	0.0268	0.0273	0.0159	0.0163	−0.0663	−0.0563
0.95		0.00169	0.00172	0.0247	0.0252	0.0160	0.0172	−0.0631	−0.0558
1.00	1.00	0.00157	0.00160	0.0227	0.0231	0.0168	0.0180	−0.0600	−0.0550
	0.95	0.00178	0.00182	0.0229	0.0234	0.0194	0.0207	−0.0629	−0.0599
	0.90	0.00201	0.00206	0.0228	0.0234	0.0223	0.0238	−0.0656	−0.0653
	0.85	0.00227	0.00233	0.0225	0.0231	0.0255	0.0273	−0.0683	−0.0711
	0.80	0.00256	0.00262	0.0219	0.0224	0.0290	0.0311	−0.0707	−0.0772
	0.75	0.00286	0.00294	0.0208	0.0214	0.0329	0.0354	−0.0729	−0.0837
	0.70	0.00319	0.00327	0.0194	0.0200	0.0370	0.0400	−0.0748	−0.0903
	0.65	0.00352	0.00365	0.0175	0.0182	0.0412	0.0446	−0.0762	−0.0970
	0.60	0.00386	0.00403	0.0153	0.0160	0.0454	0.0493	−0.0773	−0.1033
	0.55	0.00419	0.00437	0.0127	0.0133	0.0496	0.0541	−0.0780	−0.1093
	0.50	0.00449	0.00463	0.0099	0.0103	0.0534	0.0588	−0.0784	−0.1146

（7）均布荷载作用下两邻边固定两邻边自由矩形板

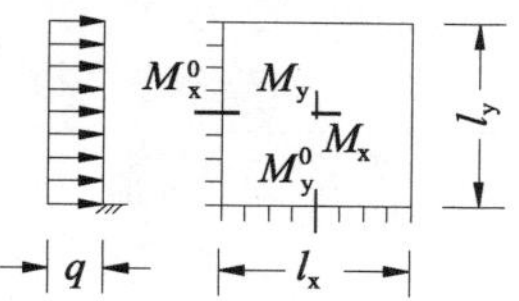

弯矩＝表中系数×ql_x^2

弯矩系数　　表 5.2-7

l_x/l_y	$\nu=1/6$				$\nu=0.3$			
	M_x	M_y	M_x^0	M_y^0	M_x	M_y	M_x^0	M_y^0
0.35	−0.0696	0.0071	−0.4103	−0.1519	−0.0737	−0.0039	−0.4200	−0.1552
0.40	−0.0577	0.0124	−0.3792	−0.1516	−0.0614	0.0029	−0.3890	−0.1551
0.45	−0.0474	0.0161	−0.3476	−0.1511	−0.0506	0.0079	−0.3574	−0.1548
0.50	−0.0385	0.0183	−0.3167	−0.1501	−0.0413	0.0111	−0.3262	−0.1540
0.55	−0.0309	0.0190	−0.2876	−0.1486	−0.0334	0.0128	−0.2967	−0.1527
0.60	−0.0243	0.0187	−0.2607	−0.1468	−0.0266	0.0133	−0.2692	−0.1510
0.65	−0.0187	0.0175	−0.2362	−0.1446	−0.0207	0.0128	−0.2441	−0.1489
0.70	−0.0139	0.0158	−0.2143	−0.1421	−0.0158	0.0117	−0.2215	−0.1465
0.75	−0.0097	0.0137	−0.1947	−0.1395	−0.0116	0.0102	−0.2014	−0.1439
0.80	−0.0062	0.0115	−0.1774	−0.1368	−0.0081	0.0084	−0.1835	−0.1412
0.85	−0.0032	0.0093	−0.1622	−0.1341	−0.0051	0.0065	−0.1677	−0.1385
0.90	−0.0007	0.0071	−0.1486	−0.1314	−0.0026	0.0046	−0.1537	−0.1357
0.95	0.0014	0.0050	−0.1367	−0.1287	−0.0005	0.0028	−0.1413	−0.1330
1.00	0.0031	0.0031	−0.1261	−0.1261	0.0011	0.0011	−0.1303	−0.1303

(8) 均布荷载作用下三边简支一边自由矩形板

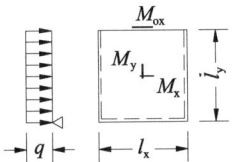

挠度=表中系数$\times \frac{ql_x^4}{D}$

弯矩=表中系数$\times ql_x^2$

弯矩和挠度系数　　表 5.2-8

l_y/l_x	f			f_{0x}			M_x			M_y			M_{0x}		
	$\nu=0$	$\nu=1/6$	$\nu=0.3$	$\nu=0$	$\nu=1/6$	$\nu=0.3$	$\nu=0$	$\nu=1/6$	$\nu=0.3$	$\nu=0$	$\nu=1/6$	$\nu=0.3$	$\nu=0$	$\nu=1/6$	$\nu=0.3$
0.30	0.00133	0.00152	0.00173	0.00248	0.00289	0.00336	0.0114	0.0145	0.0170	0.0101	0.0103	0.0104	0.0219	0.0250	0.0273
0.35	0.00177	0.00199	0.00223	0.00322	0.00372	0.00431	0.0155	0.0192	0.0222	0.0127	0.0131	0.0134	0.0289	0.0327	0.0355
0.40	0.00225	0.00248	0.00276	0.00399	0.00458	0.00526	0.0199	0.0242	0.0276	0.0152	0.0159	0.0165	0.0363	0.0407	0.0439
0.45	0.00275	0.00299	0.00329	0.00476	0.00542	0.00620	0.0247	0.0294	0.0331	0.0174	0.0186	0.0195	0.0438	0.0487	0.0522
0.50	0.00327	0.00351	0.00381	0.00552	0.00624	0.00709	0.0296	0.0346	0.0385	0.0192	0.0210	0.0223	0.0512	0.0564	0.0602
0.55	0.00379	0.00402	0.00432	0.00625	0.00703	0.00794	0.0346	0.0397	0.0437	0.0207	0.0231	0.0250	0.0583	0.0639	0.0677
0.60	0.00430	0.00452	0.00481	0.00694	0.00776	0.00873	0.0395	0.0447	0.0488	0.0218	0.0250	0.0274	0.0651	0.0709	0.0747
0.65	0.00481	0.00501	0.00528	0.00759	0.00843	0.00945	0.0444	0.0495	0.0536	0.0226	0.0266	0.0296	0.0714	0.0773	0.0812
0.70	0.00529	0.00547	0.00573	0.00818	0.00905	0.01011	0.0491	0.0542	0.0581	0.0230	0.0279	0.0315	0.0773	0.0833	0.0871
0.75	0.00576	0.00592	0.00615	0.00872	0.00962	0.01071	0.0537	0.0585	0.0624	0.0232	0.0289	0.0332	0.0826	0.0886	0.0924
0.80	0.00621	0.00634	0.00655	0.00922	0.01013	0.01124	0.0580	0.0626	0.0663	0.0232	0.0298	0.0347	0.0875	0.0935	0.0972
0.85	0.00663	0.00674	0.00693	0.00966	0.01058	0.01172	0.0622	0.0665	0.0701	0.0230	0.0304	0.0360	0.0918	0.0979	0.1015
0.90	0.00703	0.00711	0.00728	0.01006	0.01099	0.01214	0.0660	0.0702	0.0736	0.0227	0.0309	0.0372	0.0957	0.1018	0.1053
0.95	0.00740	0.00747	0.00762	0.01041	0.01135	0.01252	0.0697	0.0736	0.0768	0.0222	0.0313	0.0382	0.0992	0.1052	0.1087
1.00	0.00775	0.00780	0.00793	0.01073	0.01167	0.01285	0.0732	0.0768	0.0799	0.0217	0.0315	0.0390	0.1024	0.1083	0.1117
1.10	0.00839	0.00841	0.00850	0.01125	0.01221	0.01341	0.0794	0.0826	0.0853	0.0204	0.0317	0.0403	0.1076	0.1135	0.1167
1.20	0.00895	0.00894	0.00901	0.01166	0.01262	0.01383	0.0849	0.0877	0.0901	0.0190	0.0315	0.0411	0.1116	0.1175	0.1205
1.30	0.00944	0.00941	0.00946	0.01198	0.01294	0.01416	0.0897	0.0922	0.0943	0.0175	0.0312	0.0417	0.1148	0.1205	0.1235
1.40	0.00987	0.00983	0.00986	0.01223	0.01319	0.01442	0.0940	0.0961	0.0980	0.0161	0.0307	0.0420	0.1172	0.1229	0.1258
1.50	0.01025	0.01020	0.01022	0.01242	0.01338	0.01461	0.0977	0.0995	0.1012	0.0147	0.0301	0.0421	0.1190	0.1247	0.1275
1.75	0.01101	0.01095	0.01095	0.01272	0.01368	0.01492	0.1051	0.1065	0.1077	0.0115	0.0286	0.0420	0.1220	0.1276	0.1302
2.00	0.01156	0.01151	0.01150	0.01287	0.01383	0.01507	0.1106	0.1115	0.1125	0.0088	0.0271	0.0414	0.1235	0.1291	0.1316

（9）均布荷载作用下两对边简支、上边自由、下边固定矩形板

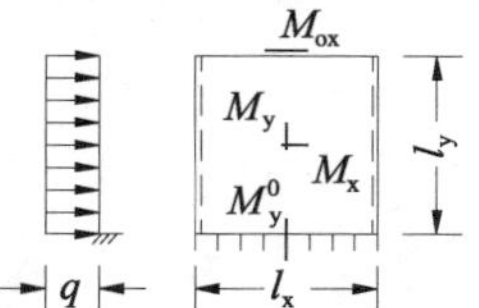

挠度＝表中系数×$\frac{ql_x^4}{D}$

弯矩＝表中系数×ql_x^2

弯矩和挠度系数　　**表 5.2-9**

l_y/l_x	f			f_{0x}			M_y^0		
	$\nu=0$	$\nu=1/6$	$\nu=0.3$	$\nu=0$	$\nu=1/6$	$\nu=0.3$	$\nu=0$	$\nu=1/6$	$\nu=0.3$
0.30	0.00027	0.00029	0.00030	0.00071	0.00077	0.00082	−0.0371	−0.0388	−0.0403
0.35	0.00045	0.00048	0.00051	0.00114	0.00125	0.00135	−0.0468	−0.0489	−0.0511
0.40	0.00068	0.00072	0.00077	0.00166	0.00184	0.00202	−0.0562	−0.0588	−0.0615
0.45	0.00096	0.00102	0.00109	0.00227	0.00252	0.00279	−0.0651	−0.0680	−0.0711
0.50	0.00128	0.00136	0.00145	0.00293	0.00327	0.00364	−0.0735	−0.0764	−0.0797
0.55	0.00164	0.00174	0.00185	0.00363	0.00406	0.00453	−0.0811	−0.0839	−0.0873
0.60	0.00203	0.00214	0.00227	0.00435	0.00486	0.00544	−0.0879	−0.0905	−0.0938
0.65	0.00245	0.00256	0.00271	0.00507	0.00566	0.00633	−0.0939	−0.0962	−0.0992
0.70	0.00288	0.00300	0.00315	0.00578	0.00644	0.00720	−0.0992	−0.1011	−0.1038
0.75	0.00332	0.00344	0.00359	0.00646	0.00718	0.00801	−0.1037	−0.1052	−0.1076
0.80	0.00377	0.00388	0.00403	0.00711	0.00787	0.00878	−0.1076	−0.1087	−0.1107
0.85	0.00421	0.00431	0.00446	0.00772	0.00852	0.00948	−0.1108	−0.1116	−0.1133
0.90	0.00465	0.00474	0.00488	0.00828	0.00912	0.01013	−0.1135	−0.1140	−0.1153
0.95	0.00507	0.00515	0.00528	0.00879	0.00966	0.01071	−0.1158	−0.1160	−0.1170
1.00	0.00549	0.00555	0.00567	0.00927	0.01015	0.01124	−0.1176	−0.1176	−0.1184
1.10	0.00627	0.00630	0.00640	0.01008	0.01099	0.01213	−0.1203	−0.1200	−0.1204
1.20	0.00698	0.00699	0.00707	0.01073	0.01167	0.01283	−0.1221	−0.1216	−0.1218
1.30	0.00763	0.00762	0.00768	0.01125	0.01220	0.01339	−0.1232	−0.1227	−0.1227
1.40	0.00822	0.00820	0.00823	0.01166	0.01261	0.01382	−0.1239	−0.1234	−0.1233
1.50	0.00875	0.00871	0.00873	0.01198	0.01293	0.01415	−0.1243	−0.1239	−0.1237
1.75	0.00984	0.00979	0.00979	0.01249	0.01345	0.01468	−0.1248	−0.1245	−0.1244
2.00	0.01066	0.01062	0.01061	0.01275	0.01371	0.01495	−0.1250	−0.1248	−0.1247

l_y/l_x	M_x			M_y			M_{0x}		
	$\nu=0$	$\nu=1/6$	$\nu=0.3$	$\nu=0$	$\nu=1/6$	$\nu=0.3$	$\nu=0$	$\nu=1/6$	$\nu=0.3$
0.30	0.0016	0.0007	−0.0004	−0.0052	−0.0060	−0.0068	0.0050	0.0052	0.0051
0.35	0.0030	0.0022	0.0012	−0.0048	−0.0058	−0.0069	0.0088	0.0093	0.0094
0.40	0.0050	0.0045	0.0035	−0.0037	−0.0048	−0.0060	0.0136	0.0147	0.0151
0.45	0.0075	0.0073	0.0067	−0.0020	−0.0031	−0.0043	0.0193	0.0210	0.0218
0.50	0.0104	0.0108	0.0105	−0.0001	−0.0008	−0.0019	0.0257	0.0280	0.0293
0.55	0.0138	0.0146	0.0147	0.0021	0.0018	0.0010	0.0326	0.0355	0.0372
0.60	0.0175	0.0188	0.0193	0.0044	0.0045	0.0042	0.0396	0.0431	0.0453
0.65	0.0214	0.0232	0.0241	0.0066	0.0074	0.0076	0.0467	0.0508	0.0532
0.70	0.0256	0.0277	0.0290	0.0087	0.0102	0.0110	0.0536	0.0582	0.0610
0.75	0.0299	0.0323	0.0339	0.0107	0.0129	0.0143	0.0603	0.0652	0.0683
0.80	0.0342	0.0368	0.0387	0.0124	0.0154	0.0175	0.0667	0.0719	0.0751
0.85	0.0384	0.0413	0.0433	0.0138	0.0177	0.0204	0.0727	0.0781	0.0815
0.90	0.0427	0.0456	0.0478	0.0151	0.0198	0.0232	0.0782	0.0838	0.0872
0.95	0.0468	0.0499	0.0522	0.0161	0.0217	0.0257	0.0833	0.0890	0.0925
1.00	0.0509	0.0539	0.0563	0.0169	0.0233	0.0280	0.0879	0.0938	0.0972
1.10	0.0585	0.0615	0.0640	0.0179	0.0259	0.0318	0.0959	0.1018	0.1052
1.20	0.0655	0.0684	0.0708	0.0183	0.0277	0.0349	0.1024	0.1083	0.1115
1.30	0.0719	0.0746	0.0770	0.0182	0.0289	0.0372	0.1075	0.1134	0.1165
1.40	0.0777	0.0802	0.0824	0.0177	0.0297	0.0389	0.1115	0.1173	0.1204
1.50	0.0828	0.0852	0.0873	0.0170	0.0300	0.0401	0.1147	0.1204	0.1233
1.75	0.0936	0.0955	0.0972	0.0146	0.0298	0.0417	0.1197	0.1254	0.1281
2.00	0.1017	0.1033	0.1047	0.0120	0.0288	0.0420	0.1223	0.1279	0.1305

(10) 均布荷载作用下两对边固定、上边自由、下边简支矩形板

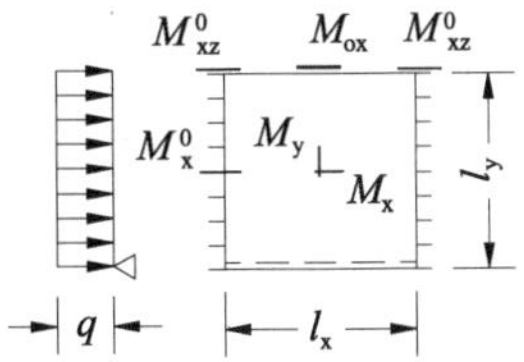

挠度=表中系数$\times \frac{ql_x^4}{D}$

弯矩=表中系数$\times ql_x^2$

弯矩和挠度系数 表 5.2-10

l_y/l_x	f			f_{0x}			M_{xz}^0			M_x		
	$\nu=0$	$\nu=1/6$	$\nu=0.3$	$\nu=0$	$\nu=1/6$	$\nu=0.3$	$\nu=0$	$\nu=1/6$	$\nu=0.3$	$\nu=0$	$\nu=1/6$	$\nu=0.3$
0.30	0.00080	0.00087	0.00094	0.00146	0.00162	0.00180	−0.0821	−0.0643	−0.0447	0.0106	0.0127	0.0143
0.35	0.00098	0.00104	0.00111	0.00172	0.00189	0.00208	−0.0879	−0.0673	−0.0450	0.0135	0.0157	0.0174
0.40	0.00114	0.00120	0.00126	0.00194	0.00212	0.00232	−0.0917	−0.0688	−0.0446	0.0162	0.0185	0.0201
0.45	0.00130	0.00134	0.00139	0.00212	0.00230	0.00250	−0.0938	−0.0694	−0.0437	0.0188	0.0210	0.0226
0.50	0.00144	0.00147	0.00151	0.00227	0.00244	0.00264	−0.0948	−0.0692	−0.0426	0.0211	0.0232	0.0248
0.55	0.00156	0.00158	0.00162	0.00238	0.00255	0.00275	−0.0949	−0.0686	−0.0413	0.0232	0.0252	0.0267
0.60	0.00168	0.00169	0.00171	0.00247	0.00264	0.00283	−0.0944	−0.0677	−0.0401	0.0251	0.0270	0.0284
0.65	0.00178	0.00178	0.00180	0.00253	0.00270	0.00289	−0.0936	−0.0667	−0.0389	0.0268	0.0286	0.0299
0.70	0.00187	0.00187	0.00188	0.00257	0.00274	0.00293	−0.0926	−0.0656	−0.0379	0.0284	0.0301	0.0313
0.75	0.00196	0.00195	0.00196	0.00260	0.00276	0.00295	−0.0915	−0.0646	−0.0370	0.0298	0.0314	0.0325
0.80	0.00203	0.00202	0.00203	0.00262	0.00278	0.00297	−0.0904	−0.0637	−0.0363	0.0311	0.0326	0.0336
0.85	0.00210	0.00209	0.00209	0.00264	0.00279	0.00298	−0.0893	−0.0629	−0.0358	0.0323	0.0336	0.0346
0.90	0.00216	0.00215	0.00215	0.00264	0.00280	0.00298	−0.0883	−0.0622	−0.0354	0.0333	0.0346	0.0355
0.95	0.00222	0.00220	0.00220	0.00265	0.00280	0.00298	−0.0875	−0.0616	−0.0351	0.0343	0.0354	0.0363
1.00	0.00227	0.00225	0.00225	0.00265	0.00280	0.00298	−0.0867	−0.0612	−0.0350	0.0352	0.0362	0.0370
1.10	0.00235	0.00234	0.00233	0.00264	0.00279	0.00297	−0.0855	−0.0607	−0.0351	0.0367	0.0375	0.0382
1.20	0.00242	0.00240	0.00239	0.00263	0.00278	0.00295	−0.0846	−0.0605	−0.0356	0.0379	0.0386	0.0392
1.30	0.00247	0.00246	0.00245	0.00262	0.00277	0.00294	−0.0841	−0.0606	−0.0363	0.0389	0.0394	0.0399
1.40	0.00251	0.00250	0.00249	0.00262	0.00276	0.00294	−0.0837	−0.0608	−0.0371	0.0396	0.0401	0.0405
1.50	0.00254	0.00253	0.00252	0.00261	0.00276	0.00293	−0.0835	−0.0612	−0.0380	0.0402	0.0406	0.0409
1.75	0.00259	0.00258	0.00258	0.00261	0.00275	0.00292	−0.0833	−0.0624	−0.0405	0.0412	0.0414	0.0415
2.00	0.00261	0.00260	0.00260	0.00260	0.00275	0.00292	−0.0833	−0.0637	−0.0430	0.0416	0.0417	0.0418

续表

l_y/l_x	M_y			M_{0x}			M_x^0		
	$\nu=0$	$\nu=1/6$	$\nu=0.3$	$\nu=0$	$\nu=1/6$	$\nu=0.3$	$\nu=0$	$\nu=1/6$	$\nu=0.3$
0.30	0.0080	0.0084	0.0087	0.0193	0.0211	0.0223	−0.0349	−0.0372	−0.0396
0.35	0.0093	0.0100	0.0106	0.0237	0.0256	0.0267	−0.0402	−0.0421	−0.0443
0.40	0.0103	0.0114	0.0122	0.0276	0.0295	0.0306	−0.0451	−0.0467	−0.0485
0.45	0.0109	0.0125	0.0136	0.0309	0.0328	0.0338	−0.0496	−0.0508	−0.0522
0.50	0.0113	0.0133	0.0148	0.0337	0.0355	0.0363	−0.0537	−0.0546	−0.0556
0.55	0.0115	0.0139	0.0157	0.0359	0.0376	0.0383	−0.0575	−0.0579	−0.0587
0.60	0.0114	0.0143	0.0165	0.0376	0.0393	0.0399	−0.0608	−0.0610	−0.0615
0.65	0.0112	0.0146	0.0170	0.0389	0.0406	0.0411	−0.0637	−0.0637	−0.0640
0.70	0.0109	0.0146	0.0174	0.0399	0.0415	0.0420	−0.0663	−0.0662	−0.0663
0.75	0.0105	0.0146	0.0177	0.0407	0.0422	0.0426	−0.0687	−0.0684	−0.0684
0.80	0.0100	0.0145	0.0178	0.0412	0.0427	0.0431	−0.0707	−0.0704	−0.0703
0.85	0.0095	0.0142	0.0178	0.0416	0.0431	0.0434	−0.0725	−0.0721	−0.0720
0.90	0.0089	0.0140	0.0178	0.0418	0.0433	0.0436	−0.0741	−0.0737	−0.0735
0.95	0.0084	0.0136	0.0177	0.0420	0.0434	0.0437	−0.0755	−0.0751	−0.0748
1.00	0.0078	0.0133	0.0175	0.0421	0.0435	0.0437	−0.0767	−0.0763	−0.0760
1.10	0.0067	0.0125	0.0171	0.0421	0.0435	0.0437	−0.0787	−0.0783	−0.0781
1.20	0.0056	0.0118	0.0166	0.0421	0.0434	0.0436	−0.0802	−0.0799	−0.0797
1.30	0.0047	0.0110	0.0160	0.0420	0.0433	0.0436	−0.0813	−0.0811	−0.0809
1.40	0.0038	0.0104	0.0155	0.0419	0.0433	0.0435	−0.0822	−0.0820	−0.0819
1.50	0.0031	0.0098	0.0150	0.0418	0.0432	0.0434	−0.0828	−0.0826	−0.0825
1.75	0.0017	0.0086	0.0141	0.0417	0.0431	0.0433	−0.0836	−0.0836	−0.0835
2.00	0.0009	0.0078	0.0134	0.0417	0.0431	0.0433	−0.0838	−0.0839	−0.0839

(11) 均布荷载作用下三边固定、一边自由矩形板

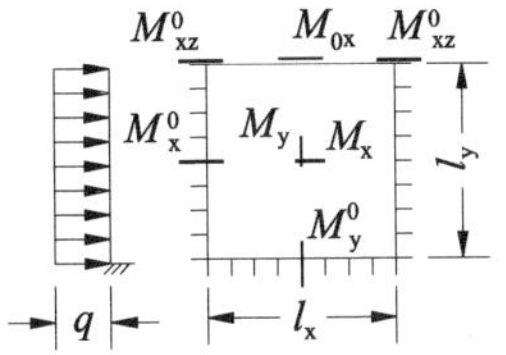

挠度=表中系数×$\frac{ql_x^4}{D}$

弯矩=表中系数×ql_x^2

弯矩和挠度系数 表 5.2-11

l_y/l_x	f			f_{0x}			M_{xz}^0			M_{0x}		
	$\nu=0$	$\nu=1/6$	$\nu=0.3$	$\nu=0$	$\nu=1/6$	$\nu=0.3$	$\nu=0$	$\nu=1/6$	$\nu=0.3$	$\nu=0$	$\nu=1/6$	$\nu=0.3$
0.30	0.00023	0.00024	0.00026	0.00059	0.00064	0.00068	−0.0436	−0.0345	−0.0250	0.0065	0.0068	0.0069
0.35	0.00036	0.00037	0.00039	0.00087	0.00094	0.00102	−0.0552	−0.0432	−0.0304	0.0106	0.0112	0.0115
0.40	0.00050	0.00052	0.00054	0.00115	0.00125	0.00136	−0.0655	−0.0506	−0.0347	0.0150	0.0160	0.0164
0.45	0.00064	0.00067	0.00069	0.00143	0.00155	0.00168	−0.0739	−0.0564	−0.0378	0.0194	0.0207	0.0213
0.50	0.00079	0.00081	0.00084	0.00167	0.00181	0.00197	−0.0804	−0.0607	−0.0398	0.0236	0.0250	0.0257
0.55	0.00093	0.00095	0.00098	0.00189	0.00204	0.00221	−0.0851	−0.0635	−0.0408	0.0272	0.0288	0.0295
0.60	0.00107	0.00109	0.00111	0.00207	0.00222	0.00240	−0.0883	−0.0652	−0.0411	0.0304	0.0320	0.0327
0.65	0.00120	0.00121	0.00123	0.00221	0.00237	0.00256	−0.0902	−0.0661	−0.0409	0.0330	0.0347	0.0353
0.70	0.00133	0.00133	0.00135	0.00233	0.00249	0.00268	−0.0911	−0.0663	−0.0404	0.0352	0.0368	0.0374
0.75	0.00144	0.00144	0.00145	0.00241	0.00258	0.00277	−0.0914	−0.0661	−0.0398	0.0369	0.0385	0.0391
0.80	0.00155	0.00155	0.00155	0.00248	0.00264	0.00283	−0.0912	−0.0656	−0.0391	0.0383	0.0399	0.0404
0.85	0.00165	0.00164	0.00165	0.00253	0.00269	0.00288	−0.0907	−0.0651	−0.0385	0.0394	0.0409	0.0414
0.90	0.00174	0.00173	0.00173	0.00257	0.00273	0.00291	−0.0901	−0.0644	−0.0379	0.0402	0.0417	0.0421
0.95	0.00183	0.00182	0.00181	0.00260	0.00275	0.00294	−0.0893	−0.0638	−0.0374	0.0408	0.0422	0.0426
1.00	0.00191	0.00189	0.00189	0.00261	0.00277	0.00295	−0.0886	−0.0632	−0.0371	0.0412	0.0427	0.0430
1.10	0.00204	0.00203	0.00203	0.00263	0.00278	0.00296	−0.0871	−0.0623	−0.0366	0.0417	0.0431	0.0434
1.20	0.00216	0.00215	0.00214	0.00263	0.00278	0.00296	−0.0859	−0.0617	−0.0366	0.0419	0.0433	0.0436
1.30	0.00226	0.00225	0.00224	0.00263	0.00278	0.00295	−0.0850	−0.0614	−0.0370	0.0420	0.0434	0.0436
1.40	0.00224	0.00233	0.00232	0.00263	0.00277	0.00295	−0.0844	−0.0614	−0.0376	0.0420	0.0433	0.0436
1.50	0.00240	0.00239	0.00238	0.00262	0.00276	0.00294	−0.0839	−0.0616	−0.0383	0.0419	0.0433	0.0435
1.75	0.00251	0.00250	0.00250	0.00261	0.00275	0.00293	−0.0834	−0.0625	−0.0406	0.0418	0.0431	0.0434
2.00	0.00257	0.00256	0.00256	0.00261	0.00275	0.00292	−0.0833	−0.0637	−0.0430	0.0417	0.0431	0.0433

续表

l_y/l_x	M_x			M_y			M_x^0			M_y^0		
	$\nu=0$	$\nu=1/6$	$\nu=0.3$	$\nu=0$	$\nu=1/6$	$\nu=0.3$	$\nu=0$	$\nu=1/6$	$\nu=0.3$	$\nu=0$	$\nu=1/6$	$\nu=0.3$
0.30	0.0024	0.0018	0.0012	−0.0034	−0.0039	−0.0045	−0.0131	−0.0135	−0.0139	−0.0332	−0.0344	−0.0356
0.35	0.0042	0.0039	0.0034	−0.0022	−0.0026	−0.0031	−0.0174	−0.0179	−0.0185	−0.0394	−0.0406	−0.0420
0.40	0.0063	0.0063	0.0061	−0.0006	−0.0008	−0.0012	−0.0220	−0.0227	−0.0233	−0.0443	−0.0454	−0.0468
0.45	0.0086	0.0090	0.0090	0.0011	0.0014	0.0012	−0.0269	−0.0275	−0.0282	−0.0480	−0.0489	−0.0500
0.50	0.0110	0.0116	0.0119	0.0028	0.0034	0.0037	−0.0317	−0.0322	−0.0329	−0.0507	−0.0513	−0.0522
0.55	0.0133	0.0142	0.0147	0.0044	0.0054	0.0060	−0.0364	−0.0368	−0.0374	−0.0526	−0.0530	−0.0535
0.60	0.0155	0.0166	0.0172	0.0057	0.0072	0.0082	−0.0409	−0.0412	−0.0416	−0.0540	−0.0541	−0.0544
0.65	0.0177	0.0188	0.0196	0.0068	0.0087	0.0101	−0.0451	−0.0453	−0.0456	−0.0549	−0.0548	−0.0549
0.70	0.0197	0.0209	0.0218	0.0077	0.0100	0.0117	−0.0490	−0.0490	−0.0493	−0.0556	−0.0553	−0.0553
0.75	0.0215	0.0228	0.0238	0.0083	0.0111	0.0131	−0.0526	−0.0526	−0.0527	−0.0560	−0.0557	−0.0556
0.80	0.0233	0.0246	0.0256	0.0087	0.0119	0.0142	−0.0560	−0.0558	−0.0558	−0.0563	−0.0560	−0.0558
0.85	0.0249	0.0262	0.0272	0.0090	0.0125	0.0151	−0.0590	−0.0588	−0.0587	−0.0565	−0.0562	−0.0559
0.90	0.0264	0.0277	0.0287	0.0090	0.0129	0.0158	−0.0617	−0.0615	−0.0613	−0.0566	−0.0563	−0.0561
0.95	0.0278	0.0291	0.0301	0.0090	0.0132	0.0164	−0.0642	−0.0639	−0.0638	−0.0567	−0.0564	−0.0562
1.00	0.0292	0.0304	0.0314	0.0089	0.0133	0.0167	−0.0665	−0.0662	−0.0660	−0.0568	−0.0565	−0.0563
1.10	0.0315	0.0327	0.0336	0.0083	0.0133	0.0172	−0.0704	−0.0701	−0.0699	−0.0568	−0.0566	−0.0565
1.20	0.0335	0.0345	0.0354	0.0076	0.0130	0.0172	−0.0735	−0.0732	−0.0730	−0.0569	−0.0567	−0.0566
1.30	0.0352	0.0361	0.0368	0.0067	0.0125	0.0170	−0.0760	−0.0758	−0.0756	−0.0569	−0.0568	−0.0567
1.40	0.0366	0.0374	0.0380	0.0059	0.0119	0.0167	−0.0780	−0.0778	−0.0777	−0.0569	−0.0568	−0.0568
1.50	0.0377	0.0384	0.0390	0.0051	0.0113	0.0163	−0.0795	−0.0794	−0.0793	−0.0569	−0.0569	−0.0568
1.75	0.0397	0.0402	0.0405	0.0032	0.0099	0.0152	−0.0820	−0.0819	−0.0819	−0.0569	−0.0569	−0.0569
2.00	0.0408	0.0411	0.0413	0.0019	0.0087	0.0142	−0.0831	−0.0832	−0.0832	−0.0569	−0.0569	−0.0569

（12）均布荷载作用下四角点支承矩形板

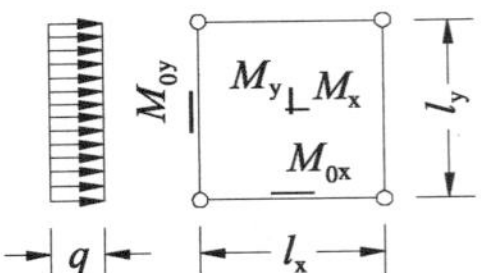

挠度＝表中系数×$\frac{ql_y^4}{D}$

弯矩＝表中系数×ql_y^2

弯矩和挠度系数 **表 5.2-12**

l_x/l_y	ν	f	f_{0x}	f_{0y}	M_x	M_y	M_{0x}	M_{0y}
0.50	0	0.01433	0.00180	0.01394	0.0153	0.1221	0.0654	0.1302
	1/6	0.01408	0.00166	0.01425	0.0189	0.1221	0.0592	0.1304
	0.3	0.01445	0.00162	0.01512	0.0214	0.1223	0.0544	0.1301
0.55	0	0.01483	0.00243	0.01418	0.0209	0.1210	0.0728	0.1321
	1/6	0.01444	0.00226	0.01446	0.0245	0.1212	0.0666	0.1319
	0.3	0.01470	0.00222	0.01530	0.0271	0.1216	0.0618	0.1314
0.60	0	0.01545	0.00319	0.01445	0.0272	0.1198	0.0805	0.1342
	1/6	0.01492	0.00300	0.01469	0.0310	0.1203	0.0744	0.1337
	0.3	0.01506	0.00298	0.01551	0.0337	0.1208	0.0695	0.1330
0.65	0	0.01623	0.00412	0.01475	0.0344	0.1184	0.0887	0.1366
	1/6	0.01554	0.00391	0.01494	0.0382	0.1191	0.0826	0.1358
	0.3	0.01556	0.00391	0.01574	0.0410	0.1199	0.0778	0.1347
0.70	0	0.01718	0.00524	0.01507	0.0424	0.1169	0.0973	0.1393
	1/6	0.01632	0.00501	0.01521	0.0462	0.1179	0.0913	0.1380
	0.3	0.01623	0.00503	0.01598	0.0490	0.1189	0.0865	0.1365
0.75	0	0.01834	0.00657	0.01541	0.0512	0.1153	0.1063	0.1421
	1/6	0.01730	0.00633	0.01550	0.0549	0.1166	0.1006	0.1403
	0.3	0.01710	0.00639	0.01624	0.0577	0.1178	0.0958	0.1385
0.80	0	0.01973	0.00814	0.01577	0.0607	0.1136	0.1159	0.1452
	1/6	0.01850	0.00788	0.01581	0.0643	0.1153	0.1103	0.1429
	0.3	0.01819	0.00801	0.01651	0.0671	0.1167	0.1056	0.1407
0.85	0	0.02137	0.00998	0.01616	0.0709	0.1118	0.1260	0.1485
	1/6	0.01996	0.00972	0.01613	0.0745	0.1138	0.1206	0.1456
	0.3	0.01953	0.00991	0.01680	0.0772	0.1155	0.1160	0.1429
0.90	0	0.02331	0.01212	0.01656	0.0818	0.1099	0.1366	0.1520
	1/6	0.02170	0.01186	0.01647	0.0854	0.1123	0.1314	0.1485
	0.3	0.02118	0.01215	0.01710	0.0881	0.1143	0.1269	0.1453
0.95	0	0.02558	0.01459	0.01699	0.0935	0.1079	0.1478	0.1557
	1/6	0.02377	0.01434	0.01683	0.0969	0.1107	0.1427	0.1515
	0.3	0.02316	0.01475	0.01742	0.0996	0.1130	0.1384	0.1479
1.00	0	0.02820	0.01743	0.01743	0.1058	0.1058	0.1595	0.1595
	1/6	0.02620	0.01720	0.01720	0.1091	0.1091	0.1547	0.1547
	0.3	0.02551	0.01775	0.01775	0.1117	0.1117	0.1505	0.1505

（13）均布荷载作用下两邻边简支、两邻边自由，但有一角点支承矩形板

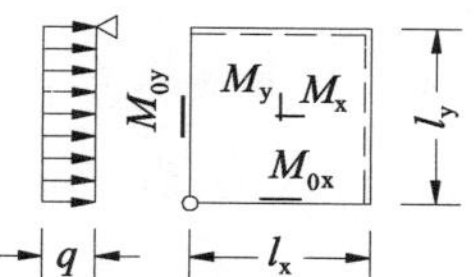

挠度＝表中系数×$\frac{ql_y^4}{D}$

弯矩＝表中系数×ql_y^2

弯矩和挠度系数 **表 5.2-13**

l_x/l_y	ν	f	f_{0x}	f_{0y}	M_x	M_y	M_{0x}	M_{0y}
0.50	0	0.00343	0.00101	0.00562	0.0237	0.0271	0.0379	0.0511
	1/6	0.00366	0.00105	0.00633	0.0247	0.0328	0.0383	0.0564
	0.3	0.00394	0.00111	0.00717	0.0255	0.0372	0.0380	0.0602
0.55	0	0.00407	0.00145	0.00641	0.0273	0.0312	0.0450	0.0586
	1/6	0.00427	0.00150	0.00716	0.0287	0.0373	0.0455	0.0641
	0.3	0.00455	0.00159	0.00805	0.0298	0.0420	0.0452	0.0679
0.60	0	0.00475	0.00201	0.00717	0.0310	0.0351	0.0524	0.0658
	1/6	0.00493	0.00209	0.00795	0.0327	0.0416	0.0530	0.0715
	0.3	0.00519	0.00221	0.00889	0.0342	0.0465	0.0528	0.0753
0.65	0	0.00549	0.00270	0.00791	0.0347	0.0389	0.0599	0.0728
	1/6	0.00563	0.00281	0.00870	0.0369	0.0456	0.0608	0.0784
	0.3	0.00587	0.00298	0.00968	0.0387	0.0507	0.0606	0.0821
0.70	0	0.00627	0.00354	0.00861	0.0384	0.0425	0.0675	0.0794
	1/6	0.00637	0.00368	0.00941	0.0412	0.0494	0.0686	0.0850
	0.3	0.00659	0.00392	0.01041	0.0434	0.0546	0.0687	0.0885
0.75	0	0.00712	0.00452	0.00927	0.0421	0.0460	0.0751	0.0857
	1/6	0.00717	0.00472	0.01007	0.0455	0.0530	0.0766	0.0912
	0.3	0.00736	0.00504	0.01109	0.0482	0.0582	0.0768	0.0945
0.80	0	0.00802	0.00567	0.00989	0.0459	0.0492	0.0826	0.0916
	1/6	0.00803	0.00593	0.01068	0.0499	0.0563	0.0846	0.0969
	0.3	0.00819	0.00635	0.01172	0.0530	0.0615	0.0850	0.1000
0.85	0	0.00899	0.00698	0.01047	0.0496	0.0523	0.0901	0.0971
	1/6	0.00896	0.00733	0.01125	0.0543	0.0593	0.0925	0.1022
	0.3	0.00911	0.00786	0.01230	0.0579	0.0646	0.0933	0.1050
0.90	0	0.01004	0.00847	0.01102	0.0533	0.0552	0.0974	0.1023
	1/6	0.00997	0.00892	0.01178	0.0587	0.0622	0.1004	0.1071
	0.3	0.01010	0.00960	0.01283	0.0628	0.0675	0.1015	0.1097
0.95	0	0.01115	0.01013	0.01152	0.0570	0.0579	0.1046	0.1071
	1/6	0.01106	0.01072	0.01227	0.0631	0.0649	0.1082	0.1116
	0.3	0.01118	0.01156	0.01332	0.0677	0.0701	0.1097	0.1139
1.00	0	0.01235	0.01199	0.01199	0.0605	0.0605	0.1115	0.1115
	1/6	0.01223	0.01272	0.01272	0.0674	0.0674	0.1158	0.1158
	0.3	0.01237	0.01377	0.01377	0.0726	0.0726	0.1178	0.1178

（14）均布荷载作用下一边简支、三边自由，但有两角点支承矩形板

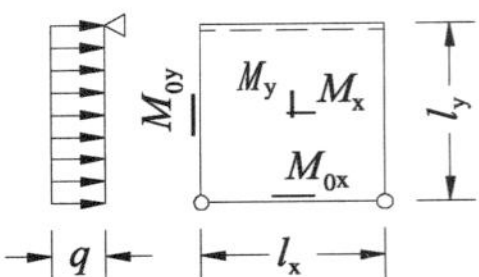

挠度＝表中系数×$\frac{ql^4}{D}$

弯矩＝表中系数×ql^2

式中 l 取 l_x 和 l_y 中的较大者

弯矩和挠度系数 **表 5.2-14**

l_x/l_y	ν	f	f_{0x}	f_{0y}	M_x	M_y	M_{0x}	M_{0y}
0.50	0	0.01366	0.00177	0.01347	0.0075	0.1236	0.0639	0.1276
	1/6	0.01361	0.00164	0.01393	0.0130	0.1231	0.0583	0.1287
	0.3	0.01408	0.00160	0.01488	0.0167	0.1230	0.0537	0.1289
0.55	0	0.01390	0.00235	0.01358	0.0101	0.1231	0.0703	0.1284
	1/6	0.01376	0.00221	0.01404	0.0163	0.1226	0.0649	0.1296
	0.3	0.01415	0.00218	0.01499	0.0204	0.1225	0.0605	0.1298
0.60	0	0.01418	0.00305	0.01370	0.0130	0.1225	0.0766	0.1294
	1/6	0.01397	0.00290	0.01417	0.0198	0.1221	0.0717	0.1306
	0.3	0.01429	0.00289	0.01511	0.0245	0.1221	0.0675	0.1307
0.65	0	0.01453	0.00387	0.01383	0.0162	0.1219	0.0829	0.1305
	1/6	0.01424	0.00373	0.01429	0.0237	0.1215	0.0785	0.1316
	0.3	0.01448	0.00375	0.01524	0.0288	0.1216	0.0746	0.1317
0.70	0	0.01494	0.00483	0.01396	0.0196	0.1213	0.0892	0.1316
	1/6	0.01458	0.00470	0.01443	0.0277	0.1209	0.0854	0.1327
	0.3	0.01475	0.00477	0.01537	0.0333	0.1210	0.0818	0.1328
0.75	0	0.01542	0.00593	0.01410	0.0231	0.1206	0.0954	0.1327
	1/6	0.01499	0.00583	0.01456	0.0319	0.1203	0.0923	0.1339
	0.3	0.01510	0.00597	0.01550	0.0380	0.1205	0.0891	0.1338
0.80	0	0.01598	0.00718	0.01424	0.0268	0.1200	0.1016	0.1339
	1/6	0.01548	0.00713	0.01470	0.0363	0.1197	0.0992	0.1351
	0.3	0.01553	0.00735	0.01564	0.0428	0.1200	0.0965	0.1349
0.85	0	0.01662	0.00859	0.01437	0.0305	0.1193	0.1076	0.1351
	1/6	0.01607	0.00860	0.01484	0.0407	0.1192	0.1060	0.1362
	0.3	0.01607	0.00893	0.01577	0.0478	0.1195	0.1040	0.1360
0.90	0	0.01734	0.01016	0.01451	0.0343	0.1187	0.1135	0.1363
	1/6	0.01675	0.01027	0.01497	0.0452	0.1186	0.1129	0.1374
	0.3	0.01671	0.01073	0.01591	0.0528	0.1190	0.1114	0.1371
0.95	0	0.01815	0.01191	0.01464	0.0382	0.1181	0.1193	0.1375
	1/6	0.01752	0.01212	0.01511	0.0497	0.1180	0.1196	0.1386
	0.3	0.01747	0.01274	0.01604	0.0578	0.1185	0.1188	0.1382
1.00	0	0.01905	0.01382	0.01477	0.0420	0.1174	0.1250	0.1387
	1/6	0.01841	0.01418	0.01524	0.0542	0.1175	0.1263	0.1398
	0.3	0.01834	0.01499	0.01617	0.0628	0.1180	0.1261	0.1393

续表

l_x/l_y	ν	f	f_{0x}	f_{0y}	M_x	M_y	M_{0x}	M_{0y}
0.95	0	0.01637	0.01306	0.01214	0.0415	0.1055	0.1181	0.1263
	1/6	0.01584	0.01350	0.01252	0.0532	0.1055	0.1202	0.1272
	0.3	0.01580	0.01435	0.01328	0.0615	0.1061	0.1207	0.1267
0.90	0	0.01404	0.01229	0.00988	0.0407	0.0941	0.1110	0.1144
	1/6	0.01362	0.01280	0.01018	0.0520	0.0943	0.1139	0.1152
	0.3	0.01361	0.01369	0.01079	0.0599	0.0948	0.1151	0.1147
0.85	0	0.01200	0.01151	0.00794	0.0397	0.0835	0.1039	0.1030
	1/6	0.01170	0.01208	0.00818	0.0505	0.0837	0.1075	0.1038
	0.3	0.01172	0.01300	0.00867	0.0581	0.0842	0.1092	0.1032
0.80	0	0.01024	0.01071	0.00629	0.0385	0.0736	0.0967	0.0922
	1/6	0.01004	0.01135	0.00649	0.0487	0.0738	0.1009	0.0929
	0.3	0.01011	0.01228	0.00687	0.0559	0.0743	0.1031	0.0923
0.75	0	0.00871	0.00991	0.00492	0.0369	0.0643	0.0893	0.0819
	1/6	0.00860	0.01058	0.00507	0.0466	0.0646	0.0940	0.0825
	0.3	0.00872	0.01153	0.00536	0.0535	0.0650	0.0968	0.0820
0.70	0	0.00738	0.00909	0.00377	0.0351	0.0558	0.0819	0.0722
	1/6	0.00737	0.00980	0.00389	0.0442	0.0560	0.0870	0.0727
	0.3	0.00753	0.01075	0.00411	0.0507	0.0565	0.0901	0.0721
0.65	0	0.00623	0.00826	0.00284	0.0329	0.0479	0.0743	0.0629
	1/6	0.00629	0.00899	0.00292	0.0414	0.0481	0.0797	0.0633
	0.3	0.00649	0.00992	0.00309	0.0476	0.0486	0.0831	0.0629
0.60	0	0.00523	0.00742	0.00208	0.0304	0.0407	0.0666	0.0542
	1/6	0.00536	0.00815	0.00215	0.0383	0.0409	0.0721	0.0546
	0.3	0.00559	0.00907	0.00227	0.0440	0.0413	0.0758	0.0541
0.55	0	0.00436	0.00657	0.00149	0.0276	0.0342	0.0589	0.0460
	1/6	0.00454	0.00729	0.00153	0.0348	0.0344	0.0644	0.0464
	0.3	0.00480	0.00817	0.00162	0.0401	0.0347	0.0681	0.0460
0.50	0	0.00360	0.00572	0.00102	0.0245	0.0284	0.0511	0.0384
	1/6	0.00381	0.00641	0.00106	0.0311	0.0285	0.0564	0.0387
	0.3	0.00408	0.00724	0.00112	0.0359	0.0288	0.0602	0.0384

2. 局部均布荷载作用下四边简支矩形板的弯矩系数

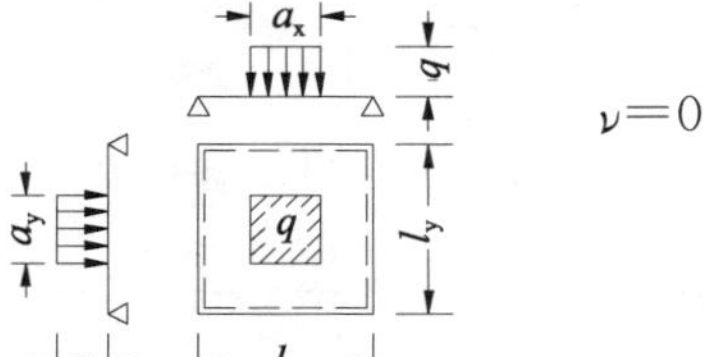

$\nu=0$

当 q 为面作用时，弯矩＝表中系数×qa_xa_y

当 q 为线作用时，弯矩＝表中系数×qa_x 或 qa_y

弯矩系数 **表 5.2-15**

l_y/l_x	a_y/l_x \ a_x/l_x	M_x 0.1	M_x 0.2	M_x 0.4	M_x 0.6	M_x 0.8	M_x 1.0	M_y 0.0	M_y 0.2	M_y 0.4	M_y 0.6	M_y 0.8	M_y 1.0
1.0	0.0	∞	0.1746	0.1213	0.0920	0.0728	0.0592	∞	0.2528	0.1957	0.1602	0.1329	0.1097
	0.2	0.2528	0.1634	0.1176	0.0900	0.0714	0.0581	0.1746	0.1634	0.1434	0.1236	0.1049	0.0872
	0.4	0.1957	0.1434	0.1083	0.0843	0.0674	0.0549	0.1213	0.1176	0.1083	0.0962	0.0831	0.0693
	0.6	0.1602	0.1236	0.0962	0.0762	0.0613	0.0500	0.0920	0.0900	0.0843	0.0762	0.0664	0.0556
	0.8	0.1329	0.1049	0.0831	0.0664	0.0537	0.0439	0.0728	0.0714	0.0674	0.0613	0.0537	0.0451
	1.0	0.1097	0.0872	0.0693	0.0556	0.0451	0.0368	0.0592	0.0581	0.0549	0.0500	0.0439	0.0368
1.2	0.0	∞	0.1936	0.1394	0.1086	0.0874	0.0714	∞	0.2456	0.1889	0.1540	0.1274	0.1051
	0.2	0.2723	0.1826	0.1358	0.1066	0.0861	0.0704	0.1673	0.1563	0.1367	0.1174	0.0995	0.0826
	0.4	0.2156	0.1630	0.1268	0.1013	0.0824	0.0675	0.1143	0.1107	0.1017	0.0903	0.0778	0.0650
	0.6	0.1807	0.1438	0.1154	0.0936	0.0767	0.0629	0.0854	0.0835	0.0782	0.0706	0.0615	0.0515
	0.8	0.1543	0.1259	0.1029	0.0845	0.0696	0.0572	0.0670	0.0657	0.0620	0.0565	0.0495	0.0415
	1.0	0.1322	0.1093	0.0902	0.0745	0.0616	0.0507	0.0544	0.0534	0.0506	0.0463	0.0406	0.0341
	1.2	0.1126	0.0934	0.0773	0.0640	0.0530	0.0436	0.0455	0.0447	0.0424	0.0388	0.0341	0.0286
1.4	0.0	∞	0.2063	0.1515	0.1197	0.0972	0.0796	∞	0.2394	0.1829	0.1485	0.1226	0.1010
	0.2	0.2854	0.1954	0.1480	0.1178	0.0960	0.0787	0.1610	0.1500	0.1306	0.1120	0.0947	0.0786
	0.4	0.2289	0.1761	0.1393	0.1128	0.0925	0.0760	0.1080	0.1045	0.0958	0.0849	0.0731	0.0609
	0.6	0.1946	0.1574	0.1283	0.1055	0.0872	0.0718	0.0792	0.0774	0.0724	0.0653	0.0568	0.0476
	0.8	0.1690	0.1403	0.1166	0.0970	0.0806	0.0665	0.0608	0.0597	0.0563	0.0512	0.0449	0.0377
	1.0	0.1478	0.1246	0.1047	0.0878	0.0733	0.0606	0.0485	0.0476	0.0452	0.0413	0.0362	0.0305
	1.2	0.1294	0.1099	0.0929	0.0783	0.0655	0.0542	0.0400	0.0394	0.0374	0.0342	0.0301	0.0253
	1.4	0.1126	0.0959	0.0813	0.0685	0.0574	0.0475	0.0342	0.0336	0.0319	0.0292	0.0257	0.0216

续表

l_y/l_x	a_x/l_x \ a_y/l_x	M_x						M_y					
		0.1	0.2	0.4	0.6	0.8	1.0	0.0	0.2	0.4	0.6	0.8	1.0
1.6	0.0	∞	0.2144	0.1592	0.1267	0.1034	0.0849	∞	0.2348	0.1786	0.1445	0.1191	0.0981
	0.2	0.2937	0.2036	0.1558	0.1250	0.1023	0.0840	0.1563	0.1455	0.1264	0.1080	0.0912	0.0756
	0.4	0.2375	0.1845	0.1473	0.1201	0.0989	0.0814	0.1033	0.0998	0.0914	0.0808	0.0695	0.0579
	0.6	0.2035	0.1662	0.1367	0.1132	0.0939	0.0774	0.0744	0.0726	0.0679	0.0612	0.0532	0.0445
	0.8	0.1784	0.1497	0.1255	0.1052	0.0878	0.0725	0.0560	0.0549	0.0518	0.0470	0.0412	0.0346
	1.0	0.1580	0.1346	0.1143	0.0966	0.0810	0.0670	0.0436	0.0428	0.0405	0.0370	0.0325	0.0273
	1.2	0.1405	0.1208	0.1033	0.0878	0.0739	0.0612	0.0351	0.0345	0.0327	0.0299	0.0264	0.0222
	1.4	0.1248	0.1079	0.0926	0.0790	0.0666	0.0552	0.0292	0.0288	0.0273	0.0250	0.0221	0.0188
	1.6	0.1105	0.0956	0.0822	0.0702	0.0592	0.0491	0.0253	0.0249	0.0237	0.0217	0.0191	0.0161
1.8	0.0	∞	0.2194	0.1639	0.1311	0.1073	0.0881	∞	0.2317	0.1756	0.1418	0.1168	0.0961
	0.2	0.2988	0.2086	0.1605	0.1294	0.1061	0.0872	0.1531	0.1423	0.1234	0.1053	0.0888	0.0736
	0.4	0.2427	0.1897	0.1522	0.1246	0.1029	0.0847	0.1000	0.0967	0.0884	0.0781	0.0671	0.0559
	0.6	0.2091	0.1717	0.1419	0.1180	0.0981	0.0810	0.0711	0.0694	0.0648	0.0583	0.0507	0.0424
	0.8	0.1844	0.1555	0.1310	0.1103	0.0923	0.0763	0.0525	0.0515	0.0485	0.0441	0.0386	0.0324
	1.0	0.1645	0.1410	0.1203	0.1021	0.0859	0.0711	0.0400	0.0392	0.0372	0.0339	0.0298	0.0250
	1.2	0.1475	0.1277	0.1099	0.0938	0.0792	0.0657	0.0313	0.0308	0.0292	0.0267	0.0235	0.0198
	1.4	0.1327	0.1156	0.1000	0.0857	0.0725	0.0601	0.0253	0.0249	0.0237	0.0217	0.0191	0.0161
	1.6	0.1193	0.1043	0.0904	0.0777	0.0658	0.0546	0.0213	0.0209	0.0199	0.0183	0.0161	0.0135
	1.8	0.1070	0.0936	0.0812	0.0698	0.0592	0.0491	0.0187	0.0183	0.0174	0.0160	0.0141	0.0119
2.0	0.0	∞	0.2224	0.1668	0.1337	0.1096	0.0901	∞	0.2297	0.1738	0.1401	0.1152	0.0948
	0.2	0.3019	0.2116	0.1634	0.1320	0.1085	0.0892	0.1511	0.1403	0.1215	0.1035	0.0873	0.0723
	0.4	0.2459	0.1928	0.1552	0.1274	0.1053	0.0868	0.0980	0.0946	0.0865	0.0763	0.0655	0.0546
	0.6	0.2124	0.1750	0.1450	0.1209	0.1007	0.0831	0.0689	0.0673	0.0628	0.0565	0.0490	0.0410
	0.8	0.1880	0.1590	0.1344	0.1134	0.0950	0.0786	0.0502	0.0492	0.0464	0.0421	0.0369	0.0309
	1.0	0.1684	0.1448	0.1240	0.1055	0.0889	0.0736	0.0375	0.0369	0.0349	0.0319	0.0280	0.0235
	1.2	0.1519	0.1320	0.1140	0.0976	0.0825	0.0685	0.0287	0.0282	0.0268	0.0245	0.0216	0.0181
	1.4	0.1375	0.1204	0.1045	0.0899	0.0762	0.0632	0.0226	0.0222	0.0211	0.0193	0.0170	0.0143
	1.6	0.1248	0.1097	0.0956	0.0824	0.0700	0.0581	0.0183	0.0180	0.0171	0.0157	0.0138	0.0116
	1.8	0.1132	0.0997	0.0871	0.0752	0.0639	0.0531	0.0155	0.0152	0.0145	0.0133	0.0117	0.0098
	2.0	0.1026	0.0904	0.0790	0.0683	0.0580	0.0482	0.0127	0.0135	0.0128	0.0117	0.0104	0.0087

3. 三角形荷载作用下的矩形板

（1）三角形荷载作用下四边简支矩形板

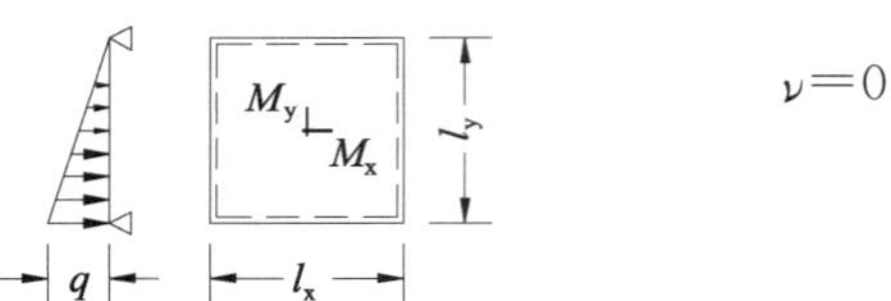

$\nu=0$

挠度=表中系数$\times\frac{ql^4}{D}$

弯矩=表中系数$\times ql^2$

式中 l 取 l_x 和 l_y 中的较小者

弯矩和挠度系数 **表 5.2-16**

l_x/l_y	l_y/l_x	f	f_{max}	M_x	M_{xmax}	M_y	M_{ymax}
	0.50	0.00506	0.00506	0.0087	0.0117	0.0482	0.0504
	0.55	0.00470	0.00472	0.0105	0.0126	0.0446	0.0467
	0.60	0.00433	0.00436	0.0121	0.0135	0.0410	0.0432
	0.65	0.00398	0.00400	0.0136	0.0142	0.0375	0.0399
	0.70	0.00364	0.00365	0.0148	0.0149	0.0342	0.0368
	0.75	0.00331	0.00333	0.0159	0.0159	0.0310	0.0338
	0.80	0.00301	0.00303	0.0167	0.0167	0.0280	0.0310
	0.85	0.00273	0.00275	0.0174	0.0174	0.0253	0.0284
	0.90	0.00248	0.00250	0.0179	0.0179	0.0228	0.0260
	0.95	0.00224	0.00227	0.0182	0.0183	0.0205	0.0239
1.00	1.00	0.00203	0.00205	0.0184	0.0186	0.0184	0.0220
0.95		0.00224	0.00227	0.0205	0.0207	0.0182	0.0223
0.90		0.00248	0.00252	0.0228	0.0230	0.0179	0.0225
0.85		0.00273	0.00278	0.0253	0.0256	0.0174	0.0228
0.80		0.00301	0.00307	0.0280	0.0285	0.0167	0.0230
0.75		0.00331	0.00339	0.0310	0.0316	0.0159	0.0231
0.70		0.00364	0.00374	0.0342	0.0349	0.0148	0.0231
0.65		0.00398	0.00412	0.0375	0.0386	0.0136	0.0230
0.60		0.00433	0.00453	0.0410	0.0427	0.0121	0.0226
0.55		0.00470	0.00497	0.0446	0.0470	0.0105	0.0219
0.50		0.00506	0.00543	0.0482	0.0515	0.0087	0.0210

（2）三角形荷载作用下三边简支、上边固定矩形板

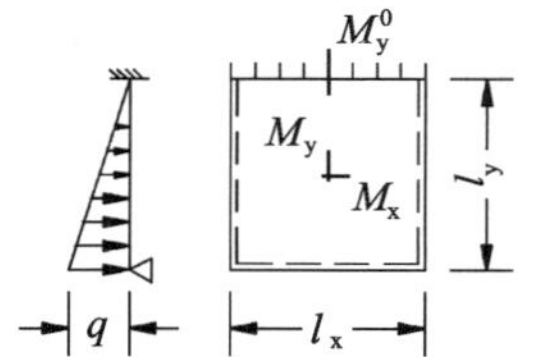

$\nu=0$

挠度=表中系数$\times\frac{ql^4}{D}$

弯矩=表中系数$\times ql^2$

式中 l 取 l_x 和 l_y 中的较小者

弯矩和挠度系数 **表 5.2-17**

l_x/l_y	l_y/l_x	f	f_{max}	M_x	M_{xmax}	M_y	M_{ymax}	M_y^0
	0.50	0.00267	0.00284	0.0034	0.0070	0.0309	0.0389	−0.0561
	0.55	0.00258	0.00277	0.0046	0.0076	0.0298	0.0373	−0.0547
	0.60	0.00247	0.00265	0.0058	0.0082	0.0284	0.0357	−0.0530
	0.65	0.00236	0.00252	0.0070	0.0090	0.0270	0.0340	−0.0511
	0.70	0.00224	0.00237	0.0082	0.0098	0.0255	0.0323	−0.0490
	0.75	0.00211	0.00224	0.0093	0.0106	0.0239	0.0305	−0.0469
	0.80	0.00198	0.00211	0.0103	0.0113	0.0223	0.0286	−0.0446
	0.85	0.00186	0.00197	0.0112	0.0120	0.0208	0.0268	−0.0423
	0.90	0.00174	0.00184	0.0120	0.0126	0.0192	0.0251	−0.0400
	0.95	0.00162	0.00172	0.0126	0.0133	0.0178	0.0234	−0.0378
1.00	1.00	0.00150	0.00159	0.0132	0.0139	0.0164	0.0218	−0.0356

续表

l_x/l_y	l_y/l_x	f	f_{max}	M_x	M_{xmax}	M_y	M_{ymax}	M_y^0
0.95		0.00170	0.00181	0.0152	0.0160	0.0166	0.0223	−0.0369
0.90		0.00193	0.00205	0.0174	0.0184	0.0167	0.0228	−0.0381
0.85		0.00219	0.00233	0.0199	0.0210	0.0166	0.0232	−0.0392
0.80		0.00248	0.00264	0.0227	0.0241	0.0164	0.0236	−0.0401
0.75		0.00280	0.00299	0.0259	0.0275	0.0159	0.0238	−0.0407
0.70		0.00315	0.00338	0.0294	0.0313	0.0152	0.0238	−0.0410
0.65		0.00354	0.00380	0.0332	0.0355	0.0143	0.0237	−0.0409
0.60		0.00395	0.00426	0.0372	0.0400	0.0130	0.0232	−0.0402
0.55		0.00437	0.00476	0.0414	0.0448	0.0114	0.0225	−0.0390
0.50		0.00481	0.00530	0.0457	0.0500	0.0096	0.0214	−0.0371

（3）三角形荷载作用下三边简支、下边固定的矩形板

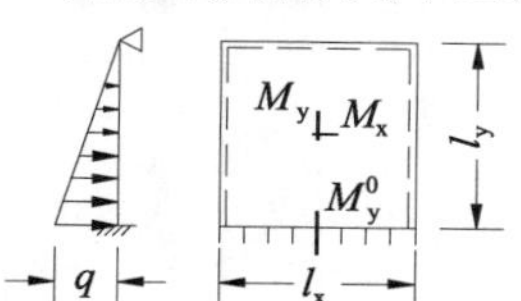

$\nu=0$

挠度＝表中系数$\times\frac{ql^4}{D}$

弯矩＝表中系数$\times ql^2$

式中 l 取 l_x 和 l_y 中的较小者

弯矩和挠度系数　　**表 5.2-18**

l_x/l_y	l_y/l_x	f	f_{max}	M_x	M_{xmax}	M_y	M_{ymax}	M_y^0
	0.50	0.00220	0.00224	0.0026	0.0051	0.0274	0.0277	−0.0657
	0.55	0.00213	0.00219	0.0036	0.0059	0.0265	0.0265	−0.0641
	0.60	0.00205	0.00211	0.0046	0.0067	0.0254	0.0254	−0.0628
	0.65	0.00196	0.00200	0.0056	0.0076	0.0243	0.0243	−0.0613
	0.70	0.00187	0.00188	0.0066	0.0084	0.0231	0.0231	−0.0597
	0.75	0.00177	0.00178	0.0076	0.0089	0.0218	0.0218	−0.0579
	0.80	0.00167	0.00168	0.0084	0.0093	0.0205	0.0205	−0.0561
	0.85	0.00157	0.00158	0.0092	0.0097	0.0192	0.0192	−0.0542
	0.90	0.00147	0.00148	0.0100	0.0102	0.0179	0.0179	−0.0522
	0.95	0.00138	0.00138	0.0106	0.0107	0.0167	0.0167	−0.0503
1.00	1.00	0.00128	0.00128	0.0111	0.0112	0.0155	0.0156	−0.0483
0.95		0.00146	0.00146	0.0128	0.0129	0.0158	0.0161	−0.0513
0.90		0.00167	0.00167	0.0148	0.0148	0.0161	0.0165	−0.0545
0.85		0.00190	0.00190	0.0171	0.0171	0.0162	0.0168	−0.0578
0.80		0.00216	0.00216	0.0197	0.0197	0.0162	0.0171	−0.0613
0.75		0.00246	0.00246	0.0226	0.0226	0.0160	0.0174	−0.0649
0.70		0.00280	0.00280	0.0259	0.0259	0.0155	0.0175	−0.0686
0.65		0.00317	0.00317	0.0295	0.0295	0.0148	0.0173	−0.0725
0.60		0.00357	0.00359	0.0335	0.0335	0.0138	0.0169	−0.0764
0.55		0.00401	0.00406	0.0378	0.0381	0.0125	0.0161	−0.0804
0.50		0.00446	0.00456	0.0423	0.0430	0.0108	0.0149	−0.0844

（4）三角形荷载作用下上下边固定、左右边简支矩形板

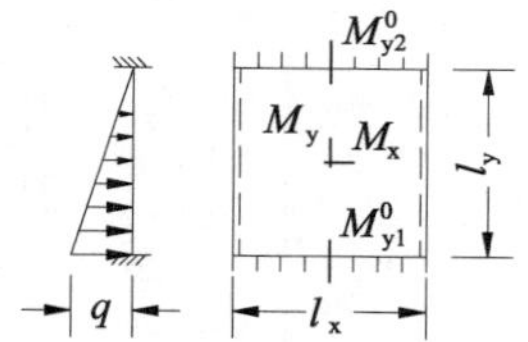

$\nu=0$

挠度＝表中系数$\times\frac{ql^4}{D}$

弯矩＝表中系数$\times ql^2$

式中 l 取 l_x 和 l_y 中的较小者

弯矩和挠度系数 **表 5.2-19**

l_x/l_y	l_y/l_x	f	f_{max}	M_x	M_{xmax}	M_y	M_{ymax}	M_{y1}^0	M_{y2}^0
	0.50	0.00131	0.00131	0.0009	0.0037	0.0208	0.0214	−0.0505	−0.0338
	0.55	0.00129	0.00129	0.0014	0.0042	0.0205	0.0209	−0.0503	−0.0337
	0.60	0.00127	0.00127	0.0021	0.0048	0.0201	0.0205	−0.0501	−0.0334
	0.65	0.00125	0.00125	0.0028	0.0054	0.0196	0.0201	−0.0496	−0.0329
	0.70	0.00122	0.00122	0.0036	0.0060	0.0190	0.0197	−0.0490	−0.0324
	0.75	0.00118	0.00118	0.0044	0.0065	0.0183	0.0189	−0.0483	−0.0316
	0.80	0.00114	0.00114	0.0052	0.0069	0.0175	0.0182	−0.0474	−0.0308
	0.85	0.00110	0.00110	0.0059	0.0072	0.0168	0.0175	−0.0464	−0.0299
	0.90	0.00105	0.00106	0.0066	0.0075	0.0159	0.0167	−0.0454	−0.0289
	0.95	0.00101	0.00101	0.0073	0.0077	0.0151	0.0159	−0.0443	−0.0279
1.00	1.00	0.00096	0.00096	0.0079	0.0079	0.0142	0.0150	−0.0431	−0.0268
0.95		0.00112	0.00112	0.0094	0.0094	0.0148	0.0157	−0.0463	−0.0284
0.90		0.00130	0.00131	0.0112	0.0112	0.0153	0.0164	−0.0497	−0.0300
0.85		0.00152	0.00153	0.0133	0.0133	0.0157	0.0171	−0.0534	−0.0316
0.80		0.00177	0.00179	0.0158	0.0159	0.0160	0.0176	−0.0573	−0.0331
0.75		0.00207	0.00209	0.0187	0.0188	0.0160	0.0180	−0.0615	−0.0344
0.70		0.00241	0.00245	0.0221	0.0223	0.0159	0.0182	−0.0658	−0.0356
0.65		0.00280	0.00285	0.0259	0.0263	0.0154	0.0184	−0.0702	−0.0364
0.60		0.00324	0.00331	0.0302	0.0308	0.0146	0.0184	−0.0747	−0.0367
0.55		0.00371	0.00382	0.0349	0.0358	0.0134	0.0182	−0.0792	−0.0364
0.50		0.00422	0.00437	0.0399	0.0412	0.0117	0.0181	−0.0837	−0.0354

(5) 三角形荷载作用下上下边简支、左右边固定矩形板

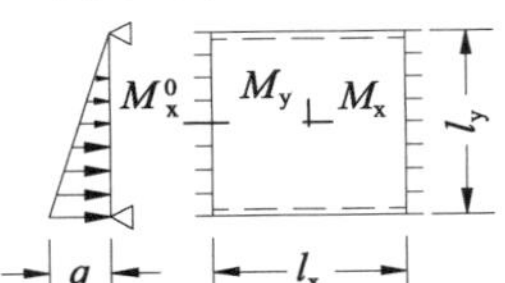

$\nu=0$

挠度=表中系数×$\frac{ql^4}{D}$

弯矩=表中系数×ql^2

式中 l 取 l_x 和 l_y 中的较小者

弯矩和挠度系数 **表 5.2-20**

l_x/l_y	l_y/l_x	f	f_{max}	M_x	M_{xmax}	M_y	M_{ymax}	M_x^0
	0.50	0.00422	0.00423	0.0117	0.0117	0.0399	0.0424	−0.0595
	0.55	0.00371	0.00375	0.0134	0.0134	0.0349	0.0376	−0.0578
	0.60	0.00323	0.00327	0.0146	0.0146	0.0302	0.0332	−0.0557
	0.65	0.00280	0.00283	0.0154	0.0154	0.0259	0.0292	−0.0533
	0.70	0.00241	0.00243	0.0159	0.0159	0.0221	0.0258	−0.0507
	0.75	0.00207	0.00209	0.0160	0.0161	0.0187	0.0228	−0.0480
	0.80	0.00177	0.00180	0.0160	0.0161	0.0158	0.0201	−0.0452
	0.85	0.00152	0.00154	0.0157	0.0158	0.0133	0.0179	−0.0425
	0.90	0.00130	0.00133	0.0153	0.0155	0.0112	0.0160	−0.0399
	0.95	0.00112	0.00114	0.0148	0.0150	0.0094	0.0144	−0.0373
1.00	1.00	0.00096	0.00099	0.0142	0.0145	0.0079	0.0129	−0.0349
0.95		0.00101	0.00105	0.0151	0.0154	0.0073	0.0128	−0.0361
0.90		0.00105	0.00111	0.0159	0.0164	0.0066	0.0127	−0.0371
0.85		0.00110	0.00117	0.0168	0.0174	0.0059	0.0125	−0.0382
0.80		0.00114	0.00122	0.0175	0.0185	0.0052	0.0122	−0.0391
0.75		0.00118	0.00129	0.0183	0.0195	0.0044	0.0118	−0.0400
0.70		0.00122	0.00135	0.0190	0.0206	0.0036	0.0113	−0.0407
0.65		0.00125	0.00143	0.0196	0.0217	0.0028	0.0107	−0.0413
0.60		0.00127	0.00149	0.0201	0.0229	0.0021	0.0100	−0.0417
0.55		0.00129	0.00157	0.0205	0.0240	0.0014	0.0090	−0.0420
0.50		0.00131	0.00163	0.0208	0.0254	0.0009	0.0079	−0.0421

（6）三角形荷载作用下三边固定、下边简支矩形板

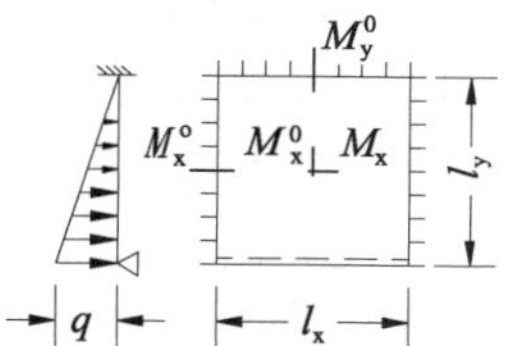

$\nu=0$

挠度＝表中系数×$\frac{ql^4}{D}$

弯矩＝表中系数×ql^2

式中 l 取 l_x 和 l_y 中的较小者

弯矩和挠度系数　　**表 5.2-21**

l_x/l_y	l_y/l_x	f	f_{max}	M_x	M_{xmax}	M_y	M_{ymax}	M_x^0	M_y^0
	0.50	0.00246	0.00261	0.0055	0.0058	0.0282	0.0257	−0.0418	−0.0524
	0.55	0.00229	0.00246	0.0071	0.0075	0.0261	0.0332	−0.0415	−0.0494
	0.60	0.00210	0.00226	0.0085	0.0089	0.0238	0.0306	−0.0411	−0.0461
	0.65	0.00192	0.00205	0.0097	0.0102	0.0214	0.0280	−0.0405	−0.0426
	0.70	0.00173	0.00184	0.0107	0.0111	0.0191	0.0255	−0.0397	−0.0390
	0.75	0.00155	0.00165	0.0114	0.0119	0.0169	0.0229	−0.0386	−0.0354
	0.80	0.00138	0.00147	0.0119	0.0125	0.0148	0.0206	−0.0374	−0.0319
	0.85	0.00122	0.00131	0.0122	0.0129	0.0129	0.0185	−0.0360	−0.0286
	0.90	0.00108	0.00116	0.0124	0.0130	0.0112	0.0167	−0.0346	−0.0256
	0.95	0.00095	0.00102	0.0123	0.0130	0.0096	0.0150	−0.0330	−0.0229
1.00	1.00	0.00084	0.00090	0.0122	0.0129	0.0083	0.0135	−0.0314	−0.0204
0.95		0.00090	0.00097	0.0132	0.0141	0.0078	0.0134	−0.0330	−0.0199
0.90		0.00096	0.00104	0.0143	0.0153	0.0072	0.0132	−0.0345	−0.0194
0.85		0.00101	0.00112	0.0153	0.0165	0.0065	0.0129	−0.0360	−0.0187
0.80		0.00107	0.00119	0.0163	0.0177	0.0058	0.0126	−0.0373	−0.0178
0.75		0.00112	0.00127	0.0173	0.0190	0.0050	0.0121	−0.0386	−0.0169
0.70		0.00117	0.00134	0.0182	0.0203	0.0041	0.0115	−0.0397	−0.0158
0.65		0.00122	0.00142	0.0190	0.0215	0.0033	0.0109	−0.0406	−0.0147
0.60		0.00125	0.00149	0.0197	0.0228	0.0025	0.0100	−0.0413	−0.0135
0.55		0.00128	0.00157	0.0202	0.0240	0.0017	0.0091	−0.0417	−0.0123
0.50		0.00130	0.00163	0.0206	0.0254	0.0010	0.0079	−0.0420	−0.0111

（7）三角形荷载作用下三边固定、上边简支矩形板

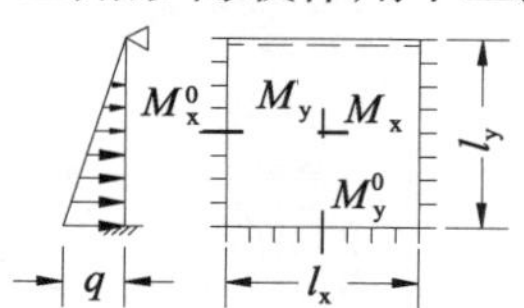

$\nu=0$

挠度＝表中系数×$\frac{ql^4}{D}$

弯矩＝表中系数×ql^2

式中 l 取 l_x 和 l_y 中的较小者

弯矩和挠度系数　　**表 5.2-22**

l_x/l_y	l_y/l_x	f	f_{max}	M_x	M_{xmax}	M_y	M_{ymax}	M_x^0	M_y^0
	0.50	0.00203	0.00206	0.0044	0.0045	0.0252	0.0253	−0.0367	−0.0622
	0.55	0.00190	0.00195	0.0056	0.0059	0.0235	0.0235	−0.0365	−0.0599
	0.60	0.00176	0.00180	0.0068	0.0071	0.0217	0.0217	−0.0362	−0.0572
	0.65	0.00161	0.00163	0.0079	0.0081	0.0198	0.0198	−0.0357	−0.0543
	0.70	0.00146	0.00146	0.0087	0.0089	0.0178	0.0178	−0.0351	−0.0513
	0.75	0.00132	0.00132	0.0094	0.0096	0.0160	0.0160	−0.0343	−0.0483
	0.80	0.00118	0.00118	0.0099	0.0100	0.0142	0.0144	−0.0333	−0.0453
	0.85	0.00105	0.00105	0.0103	0.0103	0.0126	0.0129	−0.0322	−0.0424
	0.90	0.00094	0.00094	0.0105	0.0105	0.0111	0.0116	−0.0311	−0.0397
	0.95	0.00083	0.00083	0.0106	0.0106	0.0097	0.0105	−0.0298	−0.0371
1.00	1.00	0.00073	0.00073	0.0105	0.0105	0.0085	0.0095	−0.0286	−0.0347
0.95		0.00079	0.00079	0.0115	0.0115	0.0082	0.0094	−0.0301	−0.0358
0.90		0.00085	0.00085	0.0125	0.0125	0.0078	0.0094	−0.0318	−0.0369

续表

l_x/l_y	l_y/l_x	f	f_{max}	M_x	M_{xmax}	M_y	M_{ymax}	M_x^0	M_y^0
0.85		0.00092	0.00092	0.0136	0.0136	0.0072	0.0094	−0.0333	−0.0381
0.80		0.00098	0.00099	0.0147	0.0147	0.0066	0.0093	−0.0349	−0.0392
0.75		0.00104	0.00106	0.0158	0.0159	0.0059	0.0094	−0.0364	−0.0403
0.70		0.00110	0.00113	0.0168	0.0171	0.0051	0.0093	−0.0378	−0.0414
0.65		0.00115	0.00121	0.0178	0.0183	0.0043	0.0092	−0.0390	−0.0425
0.60		0.00120	0.00130	0.0187	0.0197	0.0034	0.0093	−0.0401	−0.0436
0.55		0.00124	0.00138	0.0195	0.0211	0.0025	0.0092	−0.0410	−0.0447
0.50		0.00127	0.00146	0.0202	0.0225	0.0017	0.0088	−0.0416	−0.0458

（8）三角形荷载作用下的四边固定矩形板

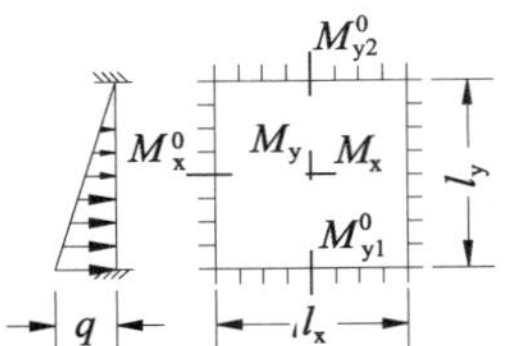

$\nu=0$

挠度＝表中系数×$\frac{ql^4}{D}$

弯矩＝表中系数×ql^2

式中 l 取 l_x 和 l_y 中的较小者

弯矩和挠度系数 **表 5.2-23**

l_x/l_y	l_y/l_x	f	f_{max}	M_x	M_{xmax}	M_y	M_{ymax}	M_x^0	M_{y1}^0	M_{y2}^0
	0.50	0.00127	0.00127	0.0019	0.0050	0.0200	0.0207	−0.0285	−0.0498	−0.0331
	0.55	0.00123	0.00126	0.0028	0.0051	0.0193	0.0198	−0.0285	−0.0490	−0.0324
	0.60	0.00118	0.00121	0.0038	0.0052	0.0183	0.0188	−0.0286	−0.0480	−0.0313
	0.65	0.00112	0.00114	0.0048	0.0055	0.0172	0.0179	−0.0285	−0.0466	−0.0300
	0.70	0.00105	0.00106	0.0057	0.0058	0.0161	0.0168	−0.0284	−0.0451	−0.0285
	0.75	0.00098	0.00099	0.0065	0.0066	0.0148	0.0156	−0.0283	−0.0433	−0.0268
	0.80	0.00091	0.00092	0.0072	0.0072	0.0135	0.0144	−0.0280	−0.0414	−0.0250
	0.85	0.00084	0.00085	0.0078	0.0078	0.0123	0.0133	−0.0276	−0.0394	−0.0232
	0.90	0.00077	0.00078	0.0082	0.0082	0.0111	0.0122	−0.0270	−0.0374	−0.0214
	0.95	0.00070	0.00071	0.0086	0.0086	0.0099	0.0111	−0.0264	−0.0354	−0.0196
1.00	1.00	0.00063	0.00064	0.0088	0.0088	0.0088	0.0100	−0.0257	−0.0334	−0.0179
0.95		0.00070	0.00071	0.0099	0.0100	0.0086	0.0100	−0.0275	−0.0348	−0.0179
0.90		0.00077	0.00078	0.0111	0.0112	0.0082	0.0100	−0.0294	−0.0362	−0.0178
0.85		0.00084	0.00086	0.0123	0.0125	0.0078	0.0100	−0.0313	−0.0376	−0.0175
0.80		0.00091	0.00094	0.0135	0.0138	0.0072	0.0098	−0.0332	−0.0389	−0.0171
0.75		0.00098	0.00102	0.0148	0.0152	0.0065	0.0097	−0.0350	−0.0401	−0.0164
0.70		0.00105	0.00111	0.0161	0.0166	0.0057	0.0096	−0.0368	−0.0413	−0.0156
0.65		0.00112	0.00120	0.0172	0.0181	0.0048	0.0094	−0.0383	−0.0425	−0.0146
0.60		0.00118	0.00129	0.0183	0.0195	0.0038	0.0094	−0.0396	−0.0436	−0.0135
0.55		0.00123	0.00137	0.0193	0.0210	0.0028	0.0092	−0.0407	−0.0447	−0.0123
0.50		0.00127	0.00146	0.0200	0.0225	0.0019	0.0088	−0.0414	−0.0458	−0.0112

（9）三角形荷载作用下三边简支、一边自由矩形板

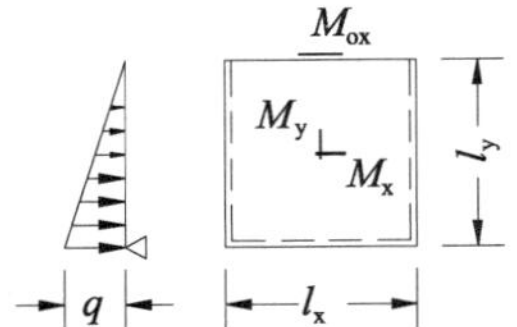

挠度＝表中系数×$\frac{ql_x^4}{D}$

弯矩＝表中系数×ql_x^2

弯矩和挠度系数　　表 5.2-24

l_y/l_x	f			f_{0x}			M_x		
	ν=0	ν=1/6	ν=0.3	ν=0	ν=1/6	ν=0.3	ν=0	ν=1/6	ν=0.3
0.30	0.00046	0.00052	0.00059	0.00082	0.00096	0.00111	0.0039	0.0052	0.0062
0.35	0.00062	0.00069	0.00077	0.00107	0.00123	0.00142	0.0053	0.0069	0.0082
0.40	0.00079	0.00087	0.00095	0.00132	0.00151	0.00172	0.0069	0.0088	0.0103
0.45	0.00098	0.00106	0.00115	0.00157	0.00178	0.00202	0.0087	0.0108	0.0124
0.50	0.00118	0.00125	0.00134	0.00181	0.00203	0.00229	0.0105	0.0128	0.0145
0.55	0.00139	0.00145	0.00154	0.00204	0.00227	0.00255	0.0124	0.0148	0.0167
0.60	0.00159	0.00165	0.00173	0.00225	0.00249	0.00278	0.0144	0.0168	0.0187
0.65	0.00180	0.00185	0.00192	0.00244	0.00268	0.00298	0.0164	0.0188	0.0208
0.70	0.00200	0.00205	0.00211	0.00261	0.00285	0.00315	0.0183	0.0208	0.0227
0.75	0.00221	0.00224	0.00229	0.00276	0.00300	0.00329	0.0203	0.0227	0.0246
0.80	0.00240	0.00242	0.00247	0.00288	0.00312	0.00341	0.0222	0.0246	0.0265
0.85	0.00259	0.00261	0.00265	0.00298	0.00322	0.00351	0.0240	0.0264	0.0282
0.90	0.00278	0.00278	0.00281	0.00307	0.00330	0.00359	0.0258	0.0281	0.0299
0.95	0.00295	0.00295	0.00298	0.00313	0.00335	0.00364	0.0275	0.0297	0.0315
1.00	0.00312	0.00312	0.00314	0.00318	0.00340	0.00368	0.0292	0.0313	0.0331
1.10	0.00345	0.00343	0.00344	0.00324	0.00344	0.00371	0.0323	0.0343	0.0360
1.20	0.00374	0.00372	0.00372	0.00324	0.00343	0.00369	0.0352	0.0371	0.0387
1.30	0.00401	0.00399	0.00398	0.00321	0.00339	0.00364	0.0379	0.0396	0.0411
1.40	0.00426	0.00423	0.00423	0.00316	0.00333	0.00356	0.0403	0.0419	0.0433
1.50	0.00449	0.00446	0.00445	0.00309	0.00325	0.00347	0.0426	0.0441	0.0453
1.75	0.00497	0.00495	0.00494	0.00286	0.00300	0.00319	0.0473	0.0486	0.0496
2.00	0.00535	0.00534	0.00533	0.00262	0.00274	0.00291	0.0511	0.0521	0.0529

l_y/l_x	M_y			M_{0x}		
	ν=0	ν=1/6	ν=0.3	ν=0	ν=1/6	ν=0.3
0.30	0.0052	0.0052	0.0053	0.0073	0.0083	0.0091
0.35	0.0066	0.0067	0.0069	0.0097	0.0109	0.0118
0.40	0.0080	0.0083	0.0085	0.0121	0.0135	0.0145
0.45	0.0093	0.0098	0.0101	0.0146	0.0161	0.0172
0.50	0.0104	0.0111	0.0117	0.0170	0.0186	0.0197
0.55	0.0114	0.0124	0.0132	0.0193	0.0210	0.0220
0.60	0.0122	0.0135	0.0145	0.0214	0.0231	0.0241
0.65	0.0129	0.0145	0.0158	0.0234	0.0250	0.0260
0.70	0.0134	0.0154	0.0169	0.0251	0.0266	0.0275
0.75	0.0137	0.0161	0.0179	0.0265	0.0281	0.0289
0.80	0.0140	0.0167	0.0188	0.0278	0.0293	0.0300
0.85	0.0141	0.0172	0.0196	0.0288	0.0302	0.0309
0.90	0.0141	0.0176	0.0203	0.0297	0.0310	0.0316
0.95	0.0140	0.0179	0.0209	0.0304	0.0316	0.0321
1.00	0.0139	0.0181	0.0214	0.0309	0.0321	0.0325
1.10	0.0135	0.0184	0.0222	0.0315	0.0325	0.0328
1.20	0.0129	0.0184	0.0227	0.0316	0.0325	0.0327
1.30	0.0122	0.0183	0.0229	0.0313	0.0322	0.0323
1.40	0.0115	0.0180	0.0231	0.0308	0.0316	0.0316
1.50	0.0107	0.0177	0.0231	0.0301	0.0308	0.0308
1.75	0.0087	0.0166	0.0228	0.0279	0.0285	0.0284
2.00	0.0070	0.0155	0.0222	0.0256	0.0260	0.0258

(10) 三角形荷载作用下左右边简支、上边自由、下边固定矩形板

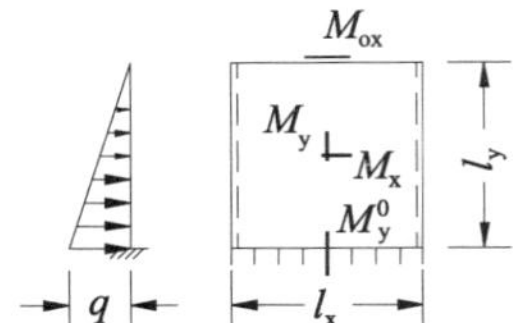

挠度=表中系数$\times\frac{ql_x^4}{D}$

弯矩=表中系数$\times ql_x^2$

弯矩和挠度系数 表 5.2-25

l_y/l_x	f			f_{0x}			M_x		
	ν=0	ν=1/6	ν=0.3	ν=0	ν=1/6	ν=0.3	ν=0	ν=1/6	ν=0.3
0.30	0.00008	0.00008	0.00009	0.00019	0.00021	0.00022	0.0004	0.0004	0.0002
0.35	0.00014	0.00014	0.00015	0.00031	0.00034	0.00036	0.0008	0.0009	0.0008
0.40	0.00021	0.00022	0.00023	0.00045	0.00050	0.00054	0.0014	0.0016	0.0016
0.45	0.00030	0.00031	0.00033	0.00062	0.00068	0.00075	0.0022	0.0025	0.0027
0.50	0.00040	0.00042	0.00045	0.00080	0.00089	0.00098	0.0031	0.0037	0.0040
0.55	0.00053	0.00055	0.00058	0.00099	0.00110	0.00122	0.0042	0.0050	0.0054
0.60	0.00066	0.00069	0.00072	0.00119	0.00132	0.00146	0.0054	0.0064	0.0070
0.65	0.00081	0.00083	0.00087	0.00139	0.00153	0.00170	0.0068	0.0080	0.0088
0.70	0.00097	0.00099	0.00102	0.00158	0.00174	0.00192	0.0083	0.0096	0.0105
0.75	0.00113	0.00115	0.00119	0.00176	0.00193	0.00213	0.0098	0.0113	0.0124
0.80	0.00130	0.00132	0.00135	0.00193	0.00211	0.00232	0.0114	0.0130	0.0142
0.85	0.00147	0.00149	0.00152	0.00209	0.00227	0.00249	0.0131	0.0148	0.0161
0.90	0.00165	0.00166	0.00169	0.00223	0.00241	0.00264	0.0148	0.0165	0.0179
0.95	0.00182	0.00183	0.00186	0.00235	0.00254	0.00277	0.0165	0.0183	0.0197
1.00	0.00200	0.00200	0.00202	0.00246	0.00265	0.00288	0.0182	0.0200	0.0215
1.10	0.00234	0.00234	0.00235	0.00263	0.00281	0.00305	0.0215	0.0234	0.0250
1.20	0.00268	0.00267	0.00267	0.00274	0.00292	0.00315	0.0247	0.0267	0.0282
1.30	0.00300	0.00298	0.00298	0.00280	0.00297	0.00320	0.0279	0.0298	0.0313
1.40	0.00330	0.00328	0.00327	0.00283	0.00299	0.00321	0.0308	0.0327	0.0342
1.50	0.00358	0.00356	0.00355	0.00282	0.00297	0.00319	0.0336	0.0354	0.0369
1.75	0.00421	0.00419	0.00419	0.00271	0.00285	0.00304	0.0399	0.0415	0.0428
2.00	0.00474	0.00472	0.00471	0.00254	0.00266	0.00283	0.0450	0.0464	0.0475

l_y/l_x	M_y			M_{0x}			M_y^0		
	ν=0	ν=1/6	ν=0.3	ν=0	ν=1/6	ν=0.3	ν=0	ν=1/6	ν=0.3
0.30	−0.0003	−0.0005	−0.0007	0.0013	0.0014	0.0014	−0.0130	−0.0134	−0.0138
0.35	0.0002	−0.0001	−0.0003	0.0024	0.0025	0.0025	−0.0167	−0.0172	−0.0178
0.40	0.0009	0.0007	0.0004	0.0037	0.0040	0.0041	−0.0205	−0.0211	−0.0218
0.45	0.0018	0.0016	0.0013	0.0053	0.0057	0.0059	−0.0243	−0.0250	−0.0258
0.50	0.0028	0.0027	0.0025	0.0071	0.0077	0.0080	−0.0281	−0.0288	−0.0296
0.55	0.0039	0.0039	0.0038	0.0090	0.0098	0.0101	−0.0317	−0.0324	−0.0332
0.60	0.0050	0.0052	0.0053	0.0110	0.0119	0.0123	−0.0352	−0.0358	−0.0366
0.65	0.0061	0.0066	0.0068	0.0130	0.0139	0.0145	−0.0386	−0.0390	−0.0397
0.70	0.0072	0.0079	0.0083	0.0149	0.0159	0.0165	−0.0418	−0.0421	−0.0427
0.75	0.0081	0.0091	0.0097	0.0167	0.0178	0.0185	−0.0448	−0.0450	−0.0455
0.80	0.0090	0.0103	0.0112	0.0184	0.0196	0.0202	−0.0476	−0.0477	−0.0481
0.85	0.0098	0.0114	0.0125	0.0200	0.0212	0.0218	−0.0502	−0.0503	−0.0506
0.90	0.0105	0.0124	0.0138	0.0214	0.0226	0.0232	−0.0527	−0.0527	−0.0529
0.95	0.0111	0.0133	0.0149	0.0226	0.0238	0.0243	−0.0550	−0.0549	−0.0551
1.00	0.0115	0.0141	0.0160	0.0237	0.0248	0.0254	−0.0572	−0.0571	−0.0572
1.10	0.0122	0.0154	0.0178	0.0254	0.0265	0.0269	−0.0613	−0.0611	−0.0611
1.20	0.0125	0.0163	0.0193	0.0266	0.0275	0.0279	−0.0649	−0.0647	−0.0646
1.30	0.0126	0.0170	0.0204	0.0272	0.0281	0.0283	−0.0682	−0.0680	−0.0679
1.40	0.0124	0.0174	0.0212	0.0275	0.0283	0.0284	−0.0713	−0.0711	−0.0710
1.50	0.0121	0.0176	0.0219	0.0275	0.0282	0.0283	−0.0740	−0.0739	−0.0738
1.75	0.0108	0.0174	0.0226	0.0265	0.0270	0.0270	−0.0801	−0.0800	−0.0799
2.00	0.0092	0.0167	0.0226	0.0248	0.0252	0.0251	−0.0851	−0.0850	−0.0850

（11）三角形荷载作用下左右边固定、上边自由、下边简支矩形板

挠度=表中系数×$\frac{ql_x^4}{D}$

弯矩=表中系数×ql_x^2

弯矩和挠度系数 **表 5.2-26**

l_y/l_x	f			f_{0x}			M^0_{xz}		
	ν=0	ν=1/6	ν=0.3	ν=0	ν=1/6	ν=0.3	ν=0	ν=1/6	ν=0.3
0.30	0.00028	0.00030	0.00032	0.00048	0.00053	0.00059	−0.0247	−0.0189	−0.0126
0.35	0.00035	0.00037	0.00039	0.00056	0.00061	0.00067	−0.0255	−0.0190	−0.0120
0.40	0.00042	0.00043	0.00045	0.00062	0.00068	0.00074	−0.0256	−0.0185	−0.0110
0.45	0.00048	0.00049	0.00051	0.00067	0.00072	0.00078	−0.0250	−0.0175	−0.0098
0.50	0.00054	0.00055	0.00056	0.00070	0.00075	0.00080	−0.0239	−0.0163	−0.0086
0.55	0.00061	0.00061	0.00062	0.00072	0.00076	0.00081	−0.0224	−0.0148	−0.0073
0.60	0.00066	0.00066	0.00067	0.00072	0.00076	0.00081	−0.0208	−0.0133	−0.0060
0.65	0.00072	0.00072	0.00072	0.00072	0.00075	0.00080	−0.0190	−0.0118	−0.0047
0.70	0.00077	0.00077	0.00077	0.00070	0.00073	0.00078	−0.0173	−0.0104	−0.0036
0.75	0.00082	0.00082	0.00082	0.00068	0.00071	0.00075	−0.0156	−0.0090	−0.0026
0.80	0.00087	0.00087	0.00086	0.00066	0.00069	0.00072	−0.0140	−0.0078	−0.0017
0.85	0.00092	0.00091	0.00091	0.00063	0.00066	0.00069	−0.0125	−0.0066	−0.0010
0.90	0.00096	0.00095	0.00095	0.00061	0.00063	0.00065	−0.0112	−0.0056	−0.0004
0.95	0.00100	0.00099	0.00099	0.00058	0.00060	0.00062	−0.0100	−0.0048	−0.0001
1.00	0.00103	0.00103	0.00102	0.00055	0.00057	0.00059	−0.0090	−0.0041	0.0006
1.10	0.00109	0.00109	0.00109	0.00050	0.00051	0.00053	−0.0073	−0.0029	0.0011
1.20	0.00115	0.00114	0.00114	0.00045	0.00046	0.00048	−0.0060	−0.0022	0.0014
1.30	0.00119	0.00119	0.00118	0.00041	0.00042	0.00043	−0.0051	−0.0017	0.0015
1.40	0.00122	0.00122	0.00122	0.00038	0.00039	0.00040	−0.0045	−0.0014	0.0015
1.50	0.00125	0.00125	0.00124	0.00035	0.00036	0.00037	−0.0040	−0.0012	0.0014
1.75	0.00129	0.00129	0.00129	0.00029	0.00030	0.00031	−0.0033	−0.0011	0.0010
2.00	0.00131	0.00130	0.00130	0.00026	0.00026	0.00027	−0.0029	−0.0011	0.0007

续表

l_y/l_x	M_x			M_y			M_{0x}			M_x^0		
	$\nu=0$	$\nu=1/6$	$\nu=0.3$	$\nu=0$	$\nu=1/6$	$\nu=0.3$	$\nu=0$	$\nu=1/6$	$\nu=0.3$	$\nu=0$	$\nu=1/6$	$\nu=0.3$
0.30	0.0036	0.0046	0.0053	0.0044	0.0046	0.0047	0.0064	0.0070	0.0074	−0.0133	−0.0140	−0.0147
0.35	0.0047	0.0058	0.0066	0.0054	0.0056	0.0058	0.0079	0.0085	0.0088	−0.0156	−0.0162	−0.0168
0.40	0.0057	0.0069	0.0078	0.0061	0.0066	0.0069	0.0091	0.0097	0.0100	−0.0179	−0.0183	−0.0188
0.45	0.0067	0.0079	0.0089	0.0068	0.0074	0.0079	0.0101	0.0107	0.0109	−0.0201	−0.0204	−0.0208
0.50	0.0077	0.0090	0.0099	0.0073	0.0081	0.0088	0.0109	0.0114	0.0115	−0.0222	−0.0224	−0.0226
0.55	0.0087	0.0099	0.0109	0.0076	0.0087	0.0095	0.0114	0.0118	0.0119	−0.0242	−0.0242	−0.0244
0.60	0.0096	0.0108	0.0118	0.0079	0.0091	0.0101	0.0117	0.0120	0.0121	−0.0260	−0.0260	−0.0261
0.65	0.0105	0.0117	0.0127	0.0079	0.0094	0.0105	0.0118	0.0121	0.0121	−0.0278	−0.0277	−0.0277
0.70	0.0113	0.0126	0.0135	0.0079	0.0096	0.0108	0.0117	0.0120	0.0120	−0.0294	−0.0292	−0.0292
0.75	0.0122	0.0133	0.0143	0.0078	0.0096	0.0110	0.0115	0.0118	0.0117	−0.0308	−0.0307	−0.0306
0.80	0.0129	0.0141	0.0150	0.0076	0.0096	0.0112	0.0113	0.0115	0.0114	−0.0322	−0.0320	−0.0319
0.85	0.0137	0.0148	0.0157	0.0073	0.0095	0.0112	0.0109	0.0111	0.0110	−0.0334	−0.0332	−0.0331
0.90	0.0144	0.0155	0.0163	0.0070	0.0093	0.0111	0.0106	0.0107	0.0106	−0.0345	−0.0344	−0.0343
0.95	0.0150	0.0161	0.0169	0.0066	0.0091	0.0110	0.0102	0.0103	0.0101	−0.0355	−0.0354	−0.0353
1.00	0.0157	0.0166	0.0174	0.0063	0.0088	0.0109	0.0098	0.0098	0.0097	−0.0364	−0.0363	−0.0362
1.10	0.0168	0.0176	0.0183	0.0055	0.0083	0.0105	0.0090	0.0090	0.0088	−0.0379	−0.0378	−0.0377
1.20	0.0177	0.0184	0.0190	0.0047	0.0077	0.0100	0.0082	0.0082	0.0081	−0.0391	−0.0390	−0.0390
1.30	0.0185	0.0191	0.0196	0.0040	0.0070	0.0095	0.0075	0.0075	0.0074	−0.0400	−0.0400	−0.0399
1.40	0.0191	0.0196	0.0200	0.0033	0.0065	0.0090	0.0069	0.0069	0.0068	−0.0407	−0.0407	−0.0406
1.50	0.0196	0.0200	0.0204	0.0027	0.0060	0.0086	0.0064	0.0064	0.0062	−0.0412	−0.0412	−0.0412
1.75	0.0204	0.0206	0.0208	0.0015	0.0049	0.0076	0.0054	0.0054	0.0053	−0.0419	−0.0419	−0.0419
2.00	0.0208	0.0209	0.0210	0.0008	0.0042	0.0070	0.0047	0.0047	0.0046	−0.0421	−0.0421	−0.0421

（12）三角形荷载作用下的三边固定、上边自由矩形板

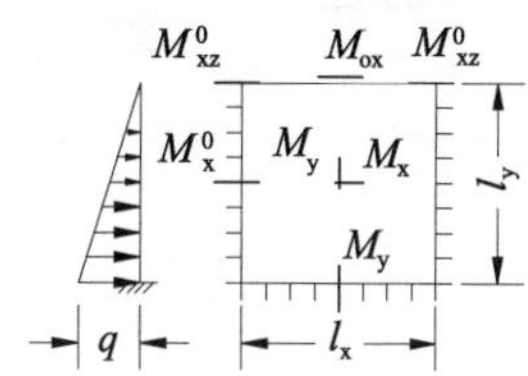

挠度＝表中系数×$\frac{ql_x^4}{D}$

弯矩＝表中系数×ql_x^2

弯矩和挠度系数 **表 5.2-27**

l_y/l_x	f			f_{0x}			M^0_{xz}			M_{0x}		
	ν=0	ν=1/6	ν=0.3	ν=0	ν=1/6	ν=0.3	ν=0	ν=1/6	ν=0.3	ν=0	ν=1/6	ν=0.3
0.30	0.00007	0.00007	0.00008	0.00016	0.00017	0.00018	−0.0103	−0.0079	−0.0055	0.0018	0.0019	0.0019
0.35	0.00011	0.00011	0.00012	0.00023	0.00025	0.00027	−0.0129	−0.0098	−0.0065	0.0029	0.0031	0.0031
0.40	0.00016	0.00016	0.00017	0.00031	0.00033	0.00036	−0.0151	−0.0112	−0.0072	0.0041	0.0044	0.0045
0.45	0.00021	0.00021	0.00022	0.00038	0.00041	0.00044	−0.0166	−0.0121	−0.0075	0.0053	0.0056	0.0058
0.50	0.00026	0.00027	0.00027	0.00044	0.00047	0.00051	−0.0176	−0.0126	−0.0074	0.0064	0.0068	0.0069
0.55	0.00032	0.00032	0.00033	0.00049	0.00053	0.00056	−0.0179	−0.0126	−0.0070	0.0074	0.0078	0.0079
0.60	0.00037	0.00038	0.00038	0.00053	0.00056	0.00060	−0.0178	−0.0122	−0.0064	0.0082	0.0085	0.0087
0.65	0.00043	0.00043	0.00044	0.00056	0.00059	0.00063	−0.0173	−0.0116	−0.0057	0.0088	0.0091	0.0092
0.70	0.00049	0.00049	0.00049	0.00057	0.00060	0.00064	−0.0166	−0.0107	−0.0049	0.0092	0.0095	0.0096
0.75	0.00055	0.00054	0.00054	0.00058	0.00061	0.00065	−0.0156	−0.0098	−0.0041	0.0095	0.0098	0.0098
0.80	0.00060	0.00060	0.00060	0.00058	0.00061	0.00064	−0.0145	−0.0089	−0.0033	0.0096	0.0099	0.0099
0.85	0.00065	0.00065	0.00065	0.00057	0.00060	0.00063	−0.0134	−0.0079	−0.0026	0.0096	0.0099	0.0098
0.90	0.00071	0.00070	0.00070	0.00056	0.00058	0.00061	−0.0123	−0.0070	−0.0019	0.0096	0.0097	0.0097
0.95	0.00076	0.00075	0.00075	0.00055	0.00057	0.00059	−0.0112	−0.0061	−0.0013	0.0094	0.0096	0.0095
1.00	0.00080	0.00080	0.00080	0.00053	0.00055	0.00057	−0.0102	−0.0053	−0.0007	0.0092	0.0093	0.0092
1.10	0.00089	0.00089	0.00089	0.00049	0.00051	0.00053	−0.0083	−0.0040	0.0001	0.0087	0.0088	0.0086
1.20	0.00097	0.00097	0.00096	0.00045	0.00047	0.00048	−0.0069	−0.0030	0.0006	0.0081	0.0082	0.0080
1.30	0.00104	0.00103	0.00103	0.00042	0.00043	0.00044	−0.0058	−0.0023	0.0010	0.0075	0.0075	0.0074
1.40	0.00109	0.00109	0.00109	0.00038	0.00039	0.00040	−0.0049	−0.0018	0.0011	0.0070	0.0070	0.0068
1.50	0.00114	0.00114	0.00114	0.00035	0.00036	0.00037	−0.0043	−0.0015	0.0011	0.0065	0.0065	0.0063
1.75	0.00123	0.00123	0.00123	0.00030	0.00030	0.00031	−0.0034	−0.0011	0.0010	0.0054	0.0054	0.0053
2.00	0.00127	0.00127	0.00127	0.00026	0.00026	0.00027	−0.0029	−0.0011	0.0007	0.0047	0.0047	0.0046

续表

l_y/l_x	M_x			M_y			M_x^0			M_y^0		
	$\nu=0$	$\nu=1/6$	$\nu=0.3$	$\nu=0$	$\nu=1/6$	$\nu=0.3$	$\nu=0$	$\nu=1/6$	$\nu=0.3$	$\nu=0$	$\nu=1/6$	$\nu=0.3$
0.30	0.0007	0.0007	0.0007	0.0002	0.0001	0.0001	−0.0049	−0.0050	−0.0051	−0.0119	−0.0122	−0.0125
0.35	0.0012	0.0014	0.0014	0.0009	0.0008	0.0007	−0.0065	−0.0067	−0.0068	−0.0146	−0.0149	−0.0152
0.40	0.0018	0.0022	0.0023	0.0018	0.0017	0.0017	−0.0083	−0.0085	−0.0086	−0.0171	−0.0173	−0.0177
0.45	0.0026	0.0031	0.0034	0.0026	0.0028	0.0028	−0.0103	−0.0104	−0.0106	−0.0193	−0.0195	−0.0198
0.50	0.0034	0.0040	0.0044	0.0035	0.0038	0.0039	−0.0123	−0.0124	−0.0125	−0.0214	−0.0215	−0.0216
0.55	0.0042	0.0050	0.0055	0.0044	0.0048	0.0050	−0.0143	−0.0144	−0.0145	−0.0232	−0.0232	−0.0233
0.60	0.0051	0.0059	0.0066	0.0051	0.0057	0.0061	−0.0163	−0.0164	−0.0164	−0.0249	−0.0249	−0.0249
0.65	0.0059	0.0069	0.0076	0.0057	0.0065	0.0070	−0.0183	−0.0183	−0.0183	−0.0265	−0.0264	−0.0264
0.70	0.0068	0.0078	0.0086	0.0062	0.0071	0.0078	−0.0202	−0.0202	−0.0202	−0.0280	−0.0279	−0.0278
0.75	0.0077	0.0087	0.0096	0.0066	0.0077	0.0085	−0.0221	−0.0220	−0.0220	−0.0293	−0.0292	−0.0292
0.80	0.0086	0.0096	0.0105	0.0068	0.0081	0.0091	−0.0238	−0.0237	−0.0237	−0.0306	−0.0305	−0.0305
0.85	0.0094	0.0105	0.0114	0.0070	0.0085	0.0096	−0.0255	−0.0254	−0.0253	−0.0318	−0.0317	−0.0317
0.90	0.0103	0.0114	0.0122	0.0071	0.0087	0.0099	−0.0271	−0.0270	−0.0269	−0.0330	−0.0329	−0.0328
0.95	0.0111	0.0122	0.0130	0.0070	0.0088	0.0102	−0.0285	−0.0284	−0.0284	−0.0341	−0.0340	−0.0339
1.00	0.0118	0.0129	0.0138	0.0069	0.0089	0.0104	−0.0299	−0.0298	−0.0297	−0.0351	−0.0350	−0.0349
1.10	0.0133	0.0144	0.0152	0.0066	0.0088	0.0105	−0.0324	−0.0323	−0.0322	−0.0369	−0.0368	−0.0368
1.20	0.0147	0.0156	0.0164	0.0061	0.0085	0.0104	−0.0345	−0.0344	−0.0343	−0.0384	−0.0384	−0.0384
1.30	0.0158	0.0167	0.0174	0.0055	0.0081	0.0102	−0.0362	−0.0361	−0.0361	−0.0398	−0.0398	−0.0398
1.40	0.0168	0.0176	0.0182	0.0048	0.0076	0.0099	−0.0376	−0.0376	−0.0375	−0.0410	−0.0410	−0.0410
1.50	0.0177	0.0184	0.0189	0.0042	0.0071	0.0095	−0.0387	−0.0387	−0.0387	−0.0421	−0.0421	−0.0421
1.75	0.0193	0.0197	0.0201	0.0027	0.0059	0.0085	−0.0406	−0.0406	−0.0406	−0.0442	−0.0442	−0.0442
2.00	0.0202	0.0204	0.0206	0.0016	0.0050	0.0077	−0.0415	−0.0415	−0.0415	−0.0458	−0.0458	−0.0458

5.2.4　连续板的实用计算方法

在计算等区格的矩形四边支承连续板时（当同一方向板的跨度相差不大时可近似采用），仍可利用表 5.2-1～表 5.2-6 的数值，但需按下述方法进行。

1. 求跨内最大弯矩

当按间隔交叉形式排列的可变荷载和永久荷载叠加时（图 5.2-1a），可得跨内最大弯矩。

将总荷载 $q=g+p$ 分为两部分：

$$q'=g+\frac{1}{2}p$$

$$q''=\pm\frac{1}{2}p$$

式中，g 是均布永久荷载；p 是均布可变荷载。

当板的各区格均承受 q' 时（图 5.2-1b），可近似地认为板都嵌固在中间支座上，亦即内部区格的板可按四边固定的单块板计算。当 q'' 在一区格中向上作用而在相邻的区格中向下作用时（图 5.2-1c），近似符合反对称关系，可认为中间支座的弯矩等于零，亦即内部区格的板可按四边简支的单块板计算。将上述两种情况叠加可得跨内最大弯矩。

2. 求支座中点最大弯矩

当可变荷载和永久荷载全部满布在各区格上时，可近似求得支座中点最大弯矩。

此时，可先将内部区格的板按四边固定的单块板求得支座中点固端弯矩，然后与相邻板的支座中点固端弯矩平均，即得该支座的中点最大弯矩。

必须注意，在求跨内最大弯矩或支座中点最大弯矩时，边界区格的板在外边界处的支座按实际的支座情况决定。

【例题 5-2】 已知一连续钢筋混凝土板，周边简支（图 5.2-2），永久荷载标准值 4.0kN/m^2，可变荷载标准值 2.5kN/m^2。永久荷载分项系数取 1.2，可变荷载分项系数取 1.4，求板 A、B、D、E 区格的跨内最大弯矩和支座中点最大弯矩。

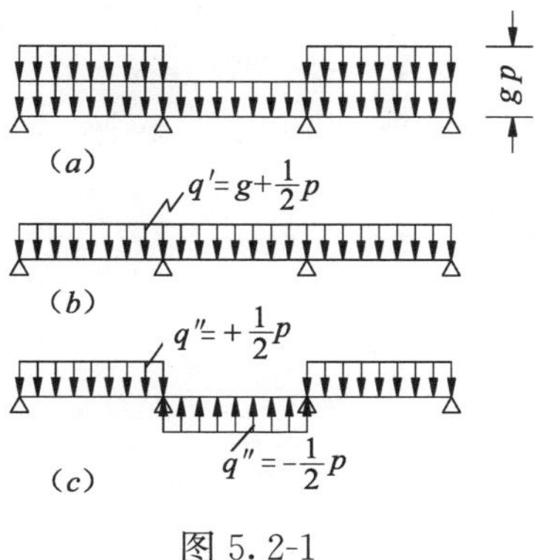

图 5.2-1

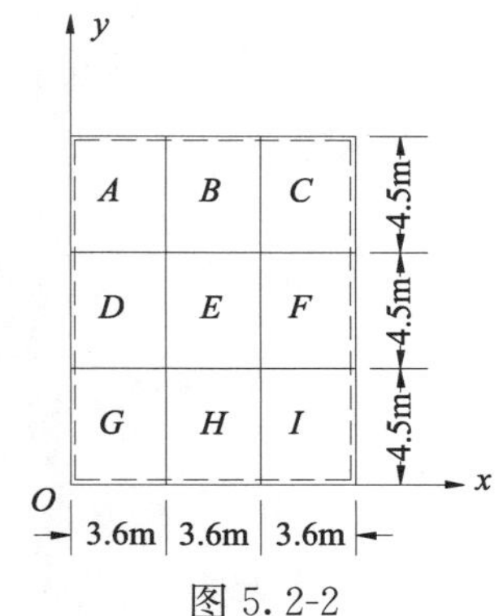

图 5.2-2

【解】 荷载计算 $q=1.2\times4.0+1.4\times2.5=8.3\text{kN/m}^2$

$$q'=1.2\times4.0+\frac{1}{2}\times1.4\times2.5=6.55\text{kN/m}^2$$

$$q''=\pm\frac{1}{2}\times1.4\times2.5=\pm1.75\text{kN/m}^2$$

钢筋混凝土的泊松比 ν 取 1/6。

(1) A 区格：
$$\frac{l_x}{l_y}=\frac{3.6}{4.5}=0.80$$

1) 求跨内最大弯矩 $M_{x(A)}M_{y(A)}$

在 q' 作用下，查表 5.2-5 得 $\nu=0$ 时的

$$M_{xmax}=0.0361\times q'\times l_x^2=0.0361\times6.55\times3.6^2=3.06\text{kN}\cdot\text{m}$$
$$M_{ymax}=0.0218\times q'\times l_x^2=0.0218\times6.55\times3.6^2=1.85\text{kN}\cdot\text{m}$$

换算成 $\nu=1/6$ 时可利用公式

$$M_x^{(v)}=M_x+\nu M_y$$
$$M_y^{(v)}=M_y+\nu M_x$$
$$M_x^{(v)}=3.06+\frac{1}{6}\times1.85=3.37\text{kN}\cdot\text{m}$$
$$M_x^{(v)}=1.85+\frac{1}{6}\times3.06=2.36\text{kN}\cdot\text{m}$$

q'' 作用下查表 5.2-1 得 $\nu=0$ 时的

$$M_x=0.0561\times q''\times l_x^2=0.0561\times1.75\times3.6^2=1.27\text{kN}\cdot\text{m}$$
$$M_y=0.0334\times q''\times l_x^2=0.0334\times1.75\times3.6^2=0.76\text{kN}\cdot\text{m}$$

换算成 $\nu=1/6$ 后得：

$$M_x^{(v)}=1.27+\frac{1}{6}\times0.76=1.40\text{kN}\cdot\text{m}$$
$$M_y^{(v)}=0.76+\frac{1}{6}\times1.27=0.97\text{kN}\cdot\text{m}$$

叠加得：
$$M_{x(A)}=3.37+1.40=4.77\text{kN}\cdot\text{m}$$
$$M_{y(A)}=2.36+0.97=3.33\text{kN}\cdot\text{m}$$

2) 求支座中点固端弯矩 $M^0_{x(A)}\ M^0_{y(A)}$

q 作用下查表 5.2-5 得 $\nu=0$ 时的

$$M_x^0=-0.0883\times q\times l_x^2=-0.0883\times8.3\times3.6^2=-9.50\text{kN}\cdot\text{m}$$
$$M_y^0=-0.0748\times q\times l_x^2=-0.0748\times8.3\times3.6^2=-8.05\text{kN}\cdot\text{m}$$

在四边支承矩形板中，当 $\nu\neq0$ 时的支座弯矩系数与 $\nu=0$ 时的支座弯矩系数相同，所以，

$$M^0_{x(A)}=M^0_x=-9.50\text{kN}\cdot\text{m}$$
$$M^0_{y(A)}=M^0_y=-8.05\text{kN}\cdot\text{m}$$

(2) B 区格

$$\frac{l_x}{l_y}=\frac{3.6}{4.5}=0.80$$

1) 求跨内最大弯矩 $M_{x(B)}\ M_{y(B)}$

q' 作用下查表 5.2-6 得 $\nu=0$ 时的

$$M_{xmax}=0.0314\times6.55\times3.6^2=2.67\text{kN}\cdot\text{m}$$
$$M_{ymax}=0.0147\times6.55\times3.6^2=1.25\text{kN}\cdot\text{m}$$

换算后得

$$M_x^{(\nu)}=2.67+\frac{1}{6}\times1.25=2.88\text{kN}\cdot\text{m}$$

$$M_y^{(\nu)}=1.25+\frac{1}{6}\times2.67=1.70\text{kN}\cdot\text{m}$$

q'' 作用下查表 5.2-1 得 $\nu=0$ 时的

$$M_x=0.0561\times1.75\times3.6^2=1.27\text{kN}\cdot\text{m}$$
$$M_y=0.0334\times1.75\times3.6^2=0.76\text{kN}\cdot\text{m}$$

换算后得

$$M_x^{(\nu)}=1.27+\frac{1}{6}\times0.76=1.40\text{kN}\cdot\text{m}$$

$$M_y^{(\nu)}=0.76+\frac{1}{6}\times1.27=0.97\text{kN}\cdot\text{m}$$

叠加得
$$M_{x(B)}=2.88+1.40=4.28\text{kN}\cdot\text{m}$$
$$M_{y(B)}=1.70+0.97=2.67\text{kN}\cdot\text{m}$$

2）求支座中点固端弯矩 $M^0_{x(B)}$ $M^0_{y(B)}$

q 作用下查表 5.2-6 得

$$M^0_{x(B)}=-0.0722\times8.3\times3.6^2=-7.77\text{kN}\cdot\text{m}$$
$$M^0_{y(B)}=-0.0570\times8.3\times3.6^2=-6.13\text{kN}\cdot\text{m}$$

（3）D 区格：
$$\frac{l_x}{l_y}=\frac{3.6}{4.5}=0.80$$

1）求跨内最大弯矩 $M_{x(D)}$ $M_{y(D)}$

在 q' 作用下需查表 5.2-6。由于图 5.2-2 中 D 区格坐标 x 的方向相当于表 5.2-6 中坐标 y 的方向，故查表时应查 $\frac{l_y}{l_x}=0.80$ 之项，并将 M_{xmax} 与 M_{ymax} 互换，即得：

$$M_{xmax}=0.0311\times6.55\times3.6^2=2.64\text{kN}\cdot\text{m}$$
$$M_{ymax}=0.0224\times6.55\times3.6^2=1.90\text{kN}\cdot\text{m}$$

换算后得

$$M_x^{(\nu)}=2.64+\frac{1}{6}\times1.90=2.96\text{kN}\cdot\text{m}$$

$$M_y^{(\nu)}=1.90+\frac{1}{6}\times2.64=2.34\text{kN}\cdot\text{m}$$

q'' 作用下查表 5.2-1 得 $\nu=0$ 时的

$$M_x=0.0561\times1.75\times3.6^2=1.27\text{kN}\cdot\text{m}$$
$$M_y=0.0334\times1.75\times3.6^2=0.76\text{kN}\cdot\text{m}$$

换算后得

$$M_x^{(\nu)}=1.27+\frac{1}{6}\times0.76=1.40\text{kN}\cdot\text{m}$$

$$M_y^{(\nu)}=0.76+\frac{1}{6}\times 1.27=0.97\text{kN}\cdot\text{m}$$

叠加得：

$$M_{x(D)}=2.96+1.40=4.36\text{kN}\cdot\text{m}$$

$$M_{y(D)}=2.34+0.97=3.31\text{kN}\cdot\text{m}$$

2）求支座中点固端弯矩 $M_{x(D)}^0$ $M_{y(D)}^0$

q 作用下查表 5.2-6 得（注意应查 $l_y/l_x=0.8$ 之项，并将 M_x^0 与 M_y^0 互换）

$$M_{x(D)}^0=-0.0772\times 8.3\times 3.6^2=-8.30\text{kN}\cdot\text{m}$$

$$M_{y(D)}^0=-0.0707\times 8.3\times 3.6^2=-7.61\text{kN}\cdot\text{m}$$

（4）E 区格：

$$\frac{l_x}{l_y}=\frac{3.6}{4.5}=0.80$$

1）求跨内最大弯矩 $M_{x(E)}$ $M_{y(E)}$

q' 作用下查表 5.2-4 得 $\nu=0$ 时的

$$M_x=0.0271\times 6.55\times 3.6^2=2.30\text{kN}\cdot\text{m}$$

$$M_y=0.0144\times 6.55\times 3.6^2=1.22\text{kN}\cdot\text{m}$$

换算后得

$$M_x^{(\nu)}=2.30+\frac{1}{6}\times 1.22=2.50\text{kN}\cdot\text{m}$$

$$M_y^{(\mu)}=1.22+\frac{1}{6}\times 2.30=1.60\text{kN}\cdot\text{m}$$

q'' 作用下查表 5.2-1 得 $\nu=0$ 时的

$$M_x=0.0561\times 1.75\times 3.6^2=1.27\text{kN}\cdot\text{m}$$

$$M_y=0.0334\times 1.27\times 3.6^2=0.76\text{kN}\cdot\text{m}$$

换算后得

$$M_x^{(\nu)}=1.27+\frac{1}{6}\times 0.76=1.40\text{kN}\cdot\text{m}$$

$$M_y^{(\nu)}=0.76+\frac{1}{6}\times 1.27=0.97\text{kN}\cdot\text{m}$$

叠加得：

$$M_{x(E)}=2.50+1.40=3.90\text{kN}\cdot\text{m}$$

$$M_{y(E)}=1.60+0.97=2.57\text{kN}\cdot\text{m}$$

2）求支座中点固端弯矩 $M_{x(E)}^0$ $M_{y(E)}^0$

q 作用下查表 5.2-4 得：

$$M_{x(E)}^0=-0.0664\times 8.3\times 3.6^2=-7.14\text{kN}\cdot\text{m}$$

$$M_{y(E)}^0=-0.0559\times 8.3\times 3.6^2=-6.01\text{kN}\cdot\text{m}$$

（5）求支座中点最大弯矩 $M_{x(AB)}^0$、$M_{x(DE)}^0$、$M_{y(AD)}^0$、$M_{y(BE)}^0$

$$M_{x(AB)}^0=\frac{1}{2}[M_{x(A)}^0+M_{x(B)}^0]=-\frac{1}{2}(9.50+7.77)=-8.64\text{kN}\cdot\text{m}$$

$$M_{x(DE)}^0=\frac{1}{2}[M_{x(D)}^0+M_{x(E)}^0]=-\frac{1}{2}(8.30+7.14)=-7.72\text{kN}\cdot\text{m}$$

$$M_{y(AD)}^0=\frac{1}{2}[M_{y(A)}^0+M_{y(D)}^0]=-\frac{1}{2}(8.05+7.61)=-7.83\text{kN}\cdot\text{m}$$

$$M_{y(BE)}^0=\frac{1}{2}[M_{y(B)}^0+M_{y(E)}^0]=-\frac{1}{2}(6.13+6.01)=-6.07\text{kN}\cdot\text{m}$$

5.3 按极限平衡法计算四边支承弹塑性板

5.3.1 计算假定

(1) 本节假定钢筋混凝土板为四边支承的正交异性板，考虑其弹塑性变形，采用极限平衡法进行板的内力分析。

(2) 假定板在极限荷载作用下发生破坏时，在板底或板面的裂缝处形成塑性绞线体系，塑性绞线体系的图形如图 5.3-1 所示。

(3) 在极限平衡条件下，同整个板的塑性变形相比，由于被塑性绞线切割成的若干块小节板的弹性变形很小，可以忽略不计，因而假定各小节板均为不变形的刚片，板的塑性变形主要集中在塑性绞线附近很小的区域内。

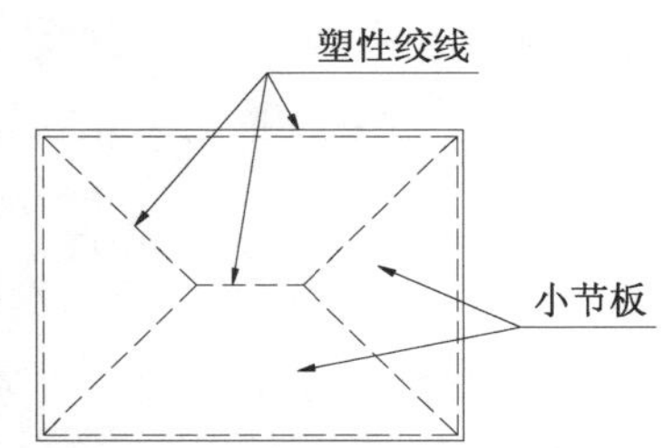

图 5.3-1 板塑性绞线示意

(4) 对于板在极限荷载作用下所形成的塑性铰体系，根据虚功原理求其极限承载力，即在任一微小虚位移下，外力所做的功之和恒等于内力所做的功之和：

$$U_e = U_i$$

亦即

$$\int q\delta \mathrm{d}A = \sum M\theta \tag{5.3-1}$$

式中 q——均布荷载；

δ——板的虚位移；

M、θ——分别为各塑性绞线上的总内力矩及该塑性绞线所联结的一对小节板之间的虚角变位。

5.3.2 计算公式

(1) 在极限平衡状态下，板的塑性绞线位置，除与荷载、板的边比以及板跨中两个方向的极限内力矩的比值等有关外，还随板的支座情况不同而变动，本节的计算公式，是按板在极限平衡条件下的塑性绞线位置进行推导的。

(2) 四边支承的正交异性板在任意支座情况下的计算图形如图 5.3-2 所示。图 5.3-2 中，

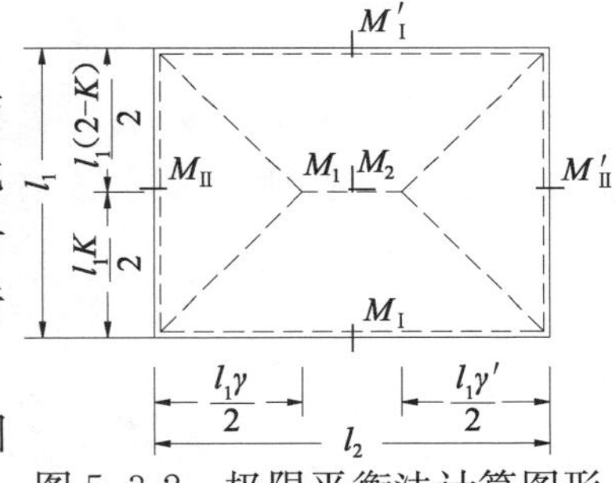

图 5.3-2 极限平衡法计算图形

M_1、M_2、M_{I}、M_{II}、M_{I}'、M_{II}'——分别为各塑性绞线上单位长度的极限内力矩；

γ、γ'、K——分别为各塑性绞线位置的参变数；

l_1、l_2——分别为板在短跨方向及长跨方向的计算跨度。

令：

$$\frac{l_2}{l_1}=\lambda;\quad \frac{M_2}{M_1}=\alpha;\quad \frac{M_{\mathrm{I}}}{M_1}=\beta_1;\quad \frac{M_{\mathrm{I}}'}{M_1}=\beta_1';\quad \frac{M_{\mathrm{II}}}{M_2}=\beta_2;\quad \frac{M_{\mathrm{II}}'}{M_2}=\beta_2'$$

$$\sqrt{\frac{1+\beta_1}{1+\beta_1'}}=S;\quad \sqrt{\frac{1+\beta_2}{1+\beta_2'}}=W;\quad \frac{1+\beta_2}{1+\beta_1}=\rho;\quad \frac{\alpha\rho S^2(1+W)^2}{\lambda^2W^2(1+S)^2}=\eta$$

(3) 假设板中部塑性绞线的虚位移为 1，按公式（5.3-1）进行计算，可得

外力所做的功 $U_e=\frac{ql_1^2}{12}[6\lambda-(\gamma+\gamma')]$

内力所做的功 $U_i=\frac{2\alpha}{\gamma\gamma'}M_1[(1+\beta_2)\gamma'+(1+\beta_2')\gamma]+\frac{2\lambda M_1}{K(2-K)}(2+2\beta_1-K\beta_1+K\beta_1')$

由 $U_e=U_i$ 得

$$q=\frac{24M_1}{l_1^2[6\lambda-(\gamma+\gamma')]}\left[\alpha\left(\frac{1+\beta_2}{\gamma}+\frac{1+\beta_2'}{\gamma'}\right)+\lambda\left(\frac{1+\beta_1}{K}+\frac{1+\beta_1'}{2-K}\right)\right]\tag{5.3-2}$$

(4) 塑性绞线位置的参变数 γ、γ'、K 可根据 q 极小值的条件确定。

参变数 K 的极值条件为 $\frac{\partial q}{\partial K}=0$，可得

$$K=\frac{2S}{1+S}\tag{5.3-3}$$

参变数 γ、γ' 的极值条件为 $\frac{\partial q}{\partial \gamma}=0$ 及 $\frac{\partial q}{\partial \gamma'}=0$，可得：

$$\gamma'=\frac{\gamma}{W}\tag{5.3-4}$$

$$\gamma=\frac{2\lambda W\eta}{1+W}\left(\sqrt{1+\frac{3}{\eta}}-1\right)\tag{5.3-5}$$

(5) 将公式（5.3-3）、公式（5.3-4）、公式（5.3-5）代入公式（5.3-2），经化简，便得

$$M_1=\frac{\gamma^2}{24\alpha(1+\beta_2)}ql_1^2\tag{5.3-6}$$

(6) 当 $(l_1\gamma/2+l_1\gamma'/2)>l_2$，亦即计算图形由图 5.3-2，变成图 5.3-3 时，则上列公式演变成下列公式：

$$T=\frac{2}{1+W}\tag{5.3-7}$$

$$Z'=\frac{Z}{S}\tag{5.3-8}$$

$$Z=\frac{2S}{\lambda(1+S)\eta}(\sqrt{1+3\eta}-1)\tag{5.3-9}$$

$$M_1=\frac{\lambda^2Z^2}{24\ (1+\beta_1)}ql_1^2\tag{5.3-10}$$

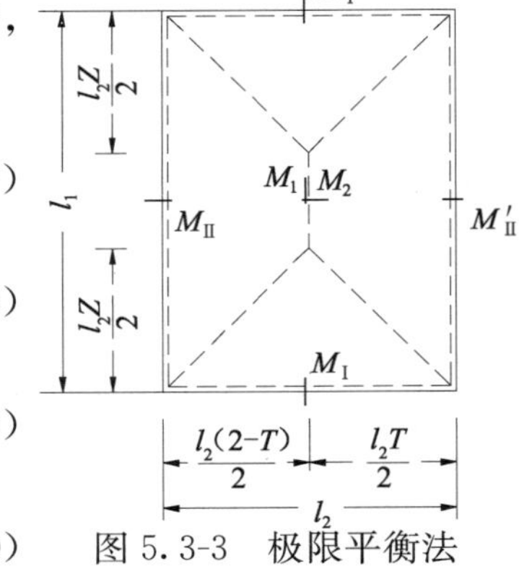

图 5.3-3 极限平衡法计算图形

5.3.3　计算用表

(1) 表 5.3-1～表 5.3-9 适用于钢筋混凝土四边支承板。

(2) 在表 5.3-1～表 5.3-9 中，对于每个 λ 值按给定的 α 与 β 列出了对应的系数。当取用其他的 α 与 β 值时，可用插入法求系数或用本节所给公式计算系数。

(3) 当跨中钢筋在支座处不减少时，弯矩 M_1 按下式计算

$$M_1=\zeta q l_1^2$$

当跨中钢筋的有效面积在距支座 $l_1/4$ 范围内减少 50%时，弯矩 M_1 可按下式计算

$$M_1=C\zeta q l_1^2$$

上述两式中，系数 ζ、C 可由表 5.3-1～5.3-9 查得。

(4) 系数 ζ 的求法

当 $\left(\frac{l_1\gamma}{2}+\frac{l_1\gamma'}{2}\right)\leqslant l_2$ 时，　　$\zeta=\frac{\gamma^2}{24\alpha(1+\beta_2)}$

当 $\left(\frac{l_1\gamma}{2}+\frac{l_1\gamma'}{2}\right)>l_2$ 时，　　$\zeta=\frac{\lambda^2 Z^2}{24(1+\beta_1)}$

(5) 系数 C 为跨中钢筋在支座处减少时与不减少时极限内力距的比值。由于考虑塑性绞线位置变动时 C 值的求解相当复杂，故近似地按斜塑性绞线与板边的交角恒为 45°计算。假定跨中钢筋的有效面积在距支座 $l_1/4$ 处减少 50%，并近似地认为其相应的极限内力矩也减少 50%。由钢筋减少时的极限内力矩与不减少时的极限内力矩相比，得系数 C 如下

$$C=1+\frac{1+\alpha}{2\lambda(2+\beta_1+\beta_1')+2\alpha(2+\beta_2+\beta_2')-(1+\alpha)}$$

(6) 当板的四周与梁整体连接，计算弯矩时可按钢筋混凝土结构设计规范的有关规定予以折减。

(7) 按应考虑塑性变形的方法设计四边支承的钢筋混凝土板时，应注意其配筋率及钢筋的选择等问题，使塑性绞线有足够的延性，以免使结构发生突然的脆性破坏。

【例题 5-3】 如图 5.3-4 所示，三边固支、一边简支的钢筋混凝土矩形板，承受均布荷载 $g=3.0\text{kN/m}^2$，可变荷载 $q=9.0\text{kN/m}^2$。求各塑性绞线单位长度的弯矩。

【解】 一边简支有 $\beta=0.0$，取 $\beta_1=\beta_1'=1.6$、$\beta_2'=1.2$、$\alpha=M_2/M_1=0.7$

$$\lambda=\frac{l_2}{l_1}=\frac{5.46}{3.9}=1.4$$

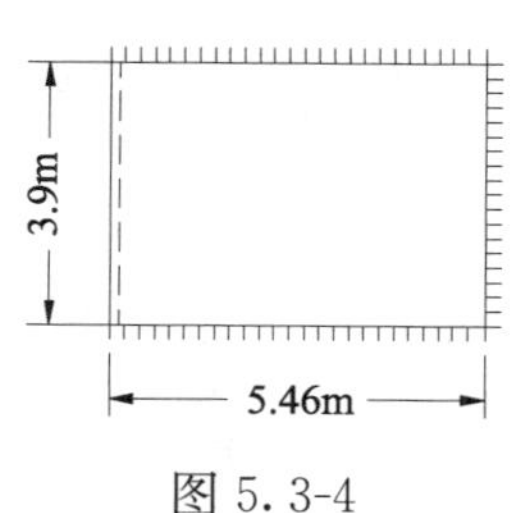

图 5.3-4

查表 5.3-3 有 $\zeta=0.0284$

则 $M_1=\zeta q l_1^2=0.0284\times9.0\times3.9^2=3.89\text{kN}\cdot\text{m/m}$

$M_2=\alpha M_1=0.7\times3.89=2.72\text{kN}\cdot\text{m/m}$

$M_{\text{I}}=\beta_1 M_1=1.6\times3.89=6.22\text{kN}\cdot\text{m/m}$

$M_{\text{I}}'=\beta_1' M_1=1.6\times3.89=6.22\text{kN}\cdot\text{m/m}$

$M_{\text{II}}=\beta_2 M_2=0.0$

$M_{\text{II}}'=\beta_2' M_2=1.2\times2.72=3.26\text{kN}\cdot\text{m/m}$

四边固定矩形板的计算系数

表 5.3-1

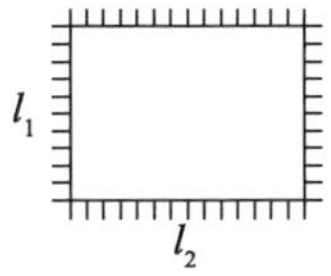

当跨中钢筋在支座处不减少时，$M_1=\zeta q l_1^2$

当跨中钢筋的有效面积在支座 $l_1/4$ 范围内减少 50%时，$M_1=C\zeta q l_1^2$

$M_2=\alpha M_1$；$M_{\mathrm{I}}=\beta_1 M_1$；$M_{\mathrm{I}}'=\beta_1' M_1$

$M_{\mathrm{II}}=\beta_2 M_2$；$M_{\mathrm{II}}'=\beta_2' M_2$ （所有符号均见本节文字说明）

$\lambda=\frac{l_2}{l_1}$	$\beta_1=\beta_1'=\beta_2=\beta_2'=2.0$						$\beta_1=\beta_1'=2.0,\beta_2=\beta_2'=1.6$						$\beta_1=\beta_1'=2.0,\beta_2=\beta_2'=1.2$					
	α	ζ	C	α	ζ	C	α	ζ	C	α	ζ	C	α	ζ	C	α	ζ	C
1.00	1.00	0.0139	1.09	1.20	0.0126	1.09	1.10	0.0142	1.10	1.30	0.0131	1.10	1.20	0.0148	1.11	1.40	0.0137	1.11
1.05	0.90	0.0153	1.09	1.10	0.0139	1.09	1.00	0.0156	1.10	1.20	0.0143	1.10	1.10	0.0161	1.10	1.30	0.0149	1.11
1.10	0.85	0.0164	1.09	1.05	0.0149	1.09	0.95	0.0166	1.09	1.15	0.0152	1.09	1.05	0.0171	1.10	1.25	0.0158	1.10
1.15	0.75	0.0179	1.08	0.95	0.0162	1.08	0.85	0.0180	1.09	1.05	0.0165	1.09	0.95	0.0184	1.10	1.15	0.0171	1.10
1.20	0.70	0.0190	1.08	0.90	0.0172	1.08	0.80	0.0191	1.09	1.00	0.0175	1.09	0.90	0.0194	1.09	1.10	0.0180	1.10
1.25	0.65	0.0201	1.08	0.85	0.0182	1.08	0.75	0.0201	1.08	0.95	0.0184	1.09	0.85	0.0204	1.09	1.05	0.0189	1.09
1.30	0.60	0.0212	1.08	0.80	0.0192	1.08	0.70	0.0211	1.08	0.90	0.0194	1.08	0.80	0.0214	1.09	1.00	0.0198	1.09
1.35	0.55	0.0223	1.07	0.75	0.0202	1.07	0.65	0.0222	1.08	0.85	0.0203	1.08	0.75	0.0223	1.08	0.95	0.0207	1.09
1.40	0.50	0.0234	1.07	0.70	0.0212	1.07	0.60	0.0232	1.07	0.80	0.0212	1.08	0.70	0.0233	1.08	0.90	0.0216	1.08
1.45	0.50	0.0239	1.07	0.70	0.0217	1.07	0.60	0.0236	1.07	0.80	0.0217	1.08	0.70	0.0237	1.08	0.90	0.0221	1.08
1.50	0.45	0.0250	1.07	0.65	0.0226	1.07	0.55	0.0246	1.07	0.75	0.0226	1.07	0.65	0.0246	1.07	0.85	0.0229	1.08
1.55	0.40	0.0261	1.06	0.60	0.0236	1.07	0.50	0.0256	1.07	0.70	0.0235	1.07	0.60	0.0255	1.07	0.80	0.0237	1.08
1.60	0.40	0.0265	1.06	0.60	0.0240	1.06	0.50	0.0260	1.07	0.70	0.0239	1.07	0.60	0.0259	1.07	0.80	0.0241	1.07
1.65	0.35	0.0276	1.06	0.55	0.0249	1.06	0.45	0.0270	1.06	0.65	0.0248	1.07	0.55	0.0268	1.07	0.75	0.0249	1.07
1.70	0.35	0.0280	1.06	0.55	0.0253	1.06	0.45	0.0273	1.06	0.65	0.0252	1.06	0.55	0.0272	1.07	0.75	0.0253	1.07
1.75	0.35	0.0283	1.06	0.55	0.0257	1.06	0.45	0.0277	1.06	0.65	0.0255	1.06	0.55	0.0275	1.06	0.75	0.0257	1.07
1.80	0.35	0.0286	1.06	0.55	0.0260	1.06	0.45	0.0280	1.06	0.65	0.0259	1.06	0.55	0.0278	1.06	0.75	0.0260	1.07
1.85	0.30	0.0297	1.05	0.50	0.0269	1.06	0.40	0.0289	1.06	0.60	0.0267	1.06	0.50	0.0286	1.06	0.70	0.0267	1.06
1.90	0.30	0.0299	1.05	0.50	0.0272	1.05	0.40	0.0292	1.05	0.60	0.0270	1.06	0.50	0.0289	1.06	0.70	0.0270	1.06
1.95	0.25	0.0310	1.05	0.45	0.0281	1.05	0.35	0.0301	1.05	0.55	0.0278	1.06	0.45	0.0297	1.06	0.65	0.0278	1.06
2.00	0.25	0.0313	1.05	0.45	0.0284	1.05	0.35	0.0304	1.05	0.55	0.0280	1.06	0.45	0.0300	1.05	0.65	0.0280	1.06

续表

$\lambda=\frac{l_2}{l_1}$	$\beta_1=\beta_1'=\beta_2=\beta_2'=1.6$						$\beta_1=\beta_1'=1.6,\beta_2=\beta_2'=1.2$						$\beta_1=\beta_1'=\beta_2=\beta_2'=1.2$					
	α	ζ	C	α	ζ	C	α	ζ	C	α	ζ	C	α	ζ	C	α	ζ	C
1.00	1.00	0.0160	1.11	1.20	0.0146	1.11	1.10	0.0166	1.12	1.30	0.0153	1.12	1.00	0.0189	1.13	1.20	0.0172	1.13
1.05	0.90	0.0177	1.10	1.10	0.0160	1.10	1.00	0.0182	1.11	1.20	0.0167	1.11	0.90	0.0209	1.12	1.10	0.0190	1.12
1.10	0.85	0.0189	1.10	1.05	0.0172	1.10	0.95	0.0194	1.11	1.15	0.0178	1.11	0.85	0.0223	1.12	1.05	0.0203	1.12
1.15	0.75	0.0207	1.10	0.95	0.0187	1.10	0.85	0.0210	1.11	1.05	0.0193	1.11	0.75	0.0244	1.12	0.95	0.0221	1.12
1.20	0.70	0.0219	1.09	0.90	0.0199	1.10	0.80	0.0222	1.10	1.00	0.0204	1.10	0.70	0.0259	1.11	0.90	0.0235	1.11
1.25	0.65	0.0232	1.09	0.85	0.0210	1.09	0.75	0.0234	1.10	0.95	0.0215	1.10	0.65	0.0274	1.11	0.85	0.0248	1.11
1.30	0.60	0.0245	1.09	0.80	0.0222	1.09	0.70	0.0246	1.09	0.90	0.0226	1.10	0.60	0.0289	1.11	0.80	0.0262	1.11
1.35	0.55	0.0258	1.09	0.75	0.0233	1.09	0.65	0.0258	1.09	0.85	0.0236	1.09	0.55	0.0304	1.10	0.75	0.0275	1.10
1.40	0.50	0.0270	1.08	0.70	0.0244	1.08	0.60	0.0269	1.09	0.80	0.0247	1.09	0.50	0.0320	1.10	0.70	0.0289	1.10
1.45	0.50	0.0276	1.08	0.70	0.0250	1.08	0.60	0.0275	1.09	0.80	0.0252	1.09	0.50	0.0326	1.10	0.70	0.0295	1.10
1.50	0.45	0.0288	1.08	0.65	0.0261	1.08	0.55	0.0286	1.08	0.75	0.0263	1.09	0.45	0.0341	1.09	0.65	0.0308	1.10
1.55	0.40	0.0301	1.07	0.60	0.0272	1.08	0.50	0.0298	1.08	0.70	0.0273	1.08	0.40	0.0356	1.09	0.60	0.0322	1.09
1.60	0.40	0.0306	1.07	0.60	0.0277	1.08	0.50	0.0302	1.08	0.70	0.0278	1.08	0.40	0.0361	1.09	0.60	0.0327	1.09
1.65	0.35	0.0319	1.07	0.55	0.0288	1.07	0.45	0.0313	1.07	0.65	0.0288	1.08	0.35	0.0377	1.08	0.55	0.0340	1.09
1.70	0.35	0.0323	1.07	0.55	0.0292	1.07	0.45	0.0317	1.07	0.65	0.0292	1.08	0.35	0.0381	1.08	0.55	0.0345	1.08
1.75	0.35	0.0326	1.07	0.55	0.0296	1.07	0.45	0.0321	1.07	0.65	0.0296	1.07	0.35	0.0385	1.08	0.55	0.0350	1.08
1.80	0.35	0.0330	1.06	0.55	0.0300	1.07	0.45	0.0324	1.07	0.65	0.0300	1.07	0.35	0.0390	1.08	0.55	0.0355	1.08
1.85	0.30	0.0342	1.06	0.50	0.0310	1.07	0.40	0.0335	1.07	0.60	0.0309	1.07	0.30	0.0404	1.07	0.50	0.0367	1.08
1.90	0.30	0.0345	1.06	0.50	0.0314	1.06	0.40	0.0338	1.06	0.60	0.0313	1.07	0.30	0.0408	1.07	0.50	0.0371	1.08
1.95	0.25	0.0358	1.06	0.45	0.0324	1.06	0.35	0.0349	1.06	0.55	0.0322	1.07	0.25	0.0423	1.07	0.45	0.0383	1.07
2.00	0.25	0.0361	1.06	0.45	0.0327	1.06	0.35	0.0352	1.06	0.55	0.0325	1.06	0.25	0.0426	1.07	0.45	0.0387	1.07

三边固定一长边简支（矩形）板的计算系数

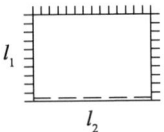

表 5.3-2

当跨中钢筋在支座处不减少时，$M_1=\zeta q l_1^2$

当跨中钢筋的有效面积在支座 $l_1/4$ 范围内减少 50%时，$M_1=C\zeta q l_1^2$

$M_2=\alpha M_1$；$M_{\mathrm{I}}=\beta_1 M_1$；$M_{\mathrm{I}}'=\beta_1' M_1$

$M_{\mathrm{II}}=\beta_2 M_2$；$M_{\mathrm{II}}'=\beta_2' M_2$ （所有符号均见本节文字说明）

$\lambda=\frac{l_2}{l_1}$	$\beta_1=0.0,\beta_1'=\beta_2=\beta_2'=2.0$						$\beta_1=0.0,\beta_1'=2.0,\beta_2=\beta_2'=1.6$						$\beta_1=0.0,\beta_1'=2.0,\beta_2=\beta_2'=1.2$					
	α	ζ	C	α	ζ	C	α	ζ	C	α	ζ	C	α	ζ	C	α	ζ	C
1.00	0.90	0.0183	1.11	1.10	0.0163	1.11	1.00	0.0187	1.12	1.20	0.0169	1.12	1.20	0.0186	1.13	1.40	0.0170	1.13
1.05	0.80	0.0206	1.11	1.00	0.0183	1.11	0.90	0.0209	1.12	1.10	0.0187	1.12	1.10	0.0205	1.13	1.30	0.0187	1.13
1.10	0.75	0.0224	1.11	0.95	0.0198	1.11	0.85	0.0226	1.12	1.05	0.0202	1.12	1.05	0.0221	1.13	1.25	0.0202	1.13
1.15	0.70	0.0241	1.11	0.90	0.0213	1.10	0.80	0.0243	1.11	1.00	0.0217	1.11	0.95	0.0242	1.12	1.15	0.0221	1.13
1.20	0.65	0.0260	1.10	0.85	0.0229	1.10	0.75	0.0260	1.11	0.95	0.0233	1.11	0.90	0.0258	1.12	1.10	0.0235	1.12
1.25	0.60	0.0278	1.10	0.80	0.0245	1.10	0.70	0.0277	1.11	0.90	0.0248	1.11	0.85	0.0274	1.12	1.05	0.0250	1.12
1.30	0.55	0.0297	1.10	0.75	0.0262	1.10	0.65	0.0294	1.11	0.85	0.0264	1.11	0.80	0.0290	1.12	1.00	0.0264	1.12
1.35	0.50	0.0317	1.10	0.70	0.0278	1.10	0.60	0.0312	1.10	0.80	0.0279	1.10	0.75	0.0306	1.11	0.95	0.0279	1.11
1.40	0.45	0.0337	1.10	0.65	0.0295	1.10	0.55	0.0330	1.10	0.75	0.0295	1.10	0.70	0.0322	1.11	0.90	0.0293	1.11
1.45	0.45	0.0344	1.09	0.65	0.0303	1.09	0.55	0.0338	1.10	0.75	0.0303	1.10	0.70	0.0330	1.11	0.90	0.0301	1.11
1.50	0.40	0.0365	1.09	0.60	0.0320	1.09	0.50	0.0356	1.10	0.70	0.0319	1.10	0.65	0.0346	1.10	0.85	0.0316	1.10
1.55	0.40	0.0372	1.09	0.60	0.0327	1.09	0.50	0.0363	1.09	0.70	0.0326	1.09	0.60	0.0362	1.10	0.80	0.0330	1.10
1.60	0.35	0.0392	1.09	0.55	0.0344	1.09	0.45	0.0381	1.09	0.65	0.0341	1.09	0.60	0.0368	1.10	0.80	0.0337	1.10
1.65	0.35	0.0399	1.08	0.55	0.0351	1.08	0.45	0.0388	1.09	0.65	0.0348	1.09	0.55	0.0384	1.09	0.75	0.0351	1.10
1.70	0.35	0.0405	1.08	0.55	0.0357	1.08	0.45	0.0394	1.09	0.65	0.0355	1.09	0.55	0.0390	1.09	0.75	0.0357	1.09
1.75	0.30	0.0425	1.08	0.50	0.0374	1.08	0.40	0.0411	1.08	0.60	0.0370	1.09	0.55	0.0396	1.09	0.75	0.0364	1.09
1.80	0.30	0.0431	1.08	0.50	0.0380	1.08	0.40	0.0417	1.08	0.60	0.0376	1.08	0.55	0.0402	1.09	0.75	0.0370	1.09
1.85	0.30	0.0436	1.08	0.50	0.0385	1.08	0.40	0.0422	1.08	0.60	0.0381	1.08	0.50	0.0417	1.08	0.70	0.0383	1.09
1.90	0.25	0.0457	1.07	0.45	0.0402	1.08	0.35	0.0440	1.08	0.55	0.0396	1.08	0.50	0.0422	1.08	0.70	0.0388	1.09
1.95	0.25	0.0461	1.07	0.45	0.0407	1.07	0.35	0.0444	1.08	0.55	0.0401	1.08	0.45	0.0437	1.08	0.65	0.0401	1.08
2.00	0.25	0.0465	1.07	0.45	0.0412	1.07	0.35	0.0449	1.07	0.55	0.0406	1.08	0.45	0.0441	1.08	0.65	0.0406	1.08

续表

$\lambda=\frac{l_2}{l_1}$	$\beta_1=0.0,\beta_1'=\beta_2=\beta_2'=1.6$						$\beta_1=0.0,\beta_1'=1.6,\beta_2=\beta_2'=1.2$						$\beta_1=0.0,\beta_1'=\beta_2=\beta_2'=1.2$					
	α	ζ	C	α	ζ	C	α	ζ	C	α	ζ	C	α	ζ	C	α	ζ	C
1.00	0.90	0.0207	1.13	1.10	0.0184	1.13	1.00	0.0214	1.14	1.20	0.0193	1.14	0.90	0.0237	1.15	1.10	0.0212	1.15
1.05	0.80	0.0232	1.13	1.00	0.0206	1.13	0.90	0.0238	1.14	1.10	0.0214	1.14	0.80	0.0266	1.15	1.00	0.0236	1.15
1.10	0.75	0.0251	1.13	0.95	0.0223	1.12	0.85	0.0256	1.14	1.05	0.0231	1.14	0.75	0.0287	1.15	0.95	0.0255	1.14
1.15	0.70	0.0271	1.12	0.90	0.0240	1.12	0.80	0.0275	1.13	1.00	0.0247	1.13	0.70	0.0309	1.14	0.90	0.0274	1.14
1.20	0.65	0.0291	1.12	0.85	0.0257	1.12	0.75	0.0294	1.13	0.95	0.0264	1.13	0.65	0.0331	1.14	0.85	0.0294	1.14
1.25	0.60	0.0311	1.12	0.80	0.0275	1.12	0.70	0.0313	1.13	0.90	0.0281	1.13	0.60	0.0353	1.14	0.80	0.0313	1.14
1.30	0.55	0.0332	1.11	0.75	0.0293	1.11	0.65	0.0332	1.12	0.85	0.0298	1.12	0.55	0.0376	1.13	0.75	0.0333	1.13
1.35	0.50	0.0353	1.11	0.70	0.0311	1.11	0.60	0.0351	1.12	0.80	0.0315	1.12	0.50	0.0400	1.13	0.70	0.0353	1.13
1.40	0.45	0.0375	1.11	0.65	0.0329	1.11	0.55	0.0371	1.12	0.75	0.0332	1.12	0.45	0.0424	1.13	0.65	0.0374	1.13
1.45	0.45	0.0383	1.11	0.65	0.0338	1.11	0.55	0.0379	1.11	0.75	0.0341	1.11	0.45	0.0433	1.12	0.65	0.0383	1.12
1.50	0.40	0.0405	1.10	0.60	0.0356	1.10	0.50	0.0399	1.11	0.70	0.0358	1.11	0.40	0.0457	1.12	0.60	0.0403	1.12
1.55	0.40	0.0413	1.10	0.60	0.0365	1.10	0.50	0.0406	1.11	0.70	0.0366	1.11	0.40	0.0465	1.12	0.60	0.0412	1.12
1.60	0.35	0.0435	1.10	0.55	0.0383	1.10	0.45	0.0426	1.10	0.65	0.0383	1.11	0.35	0.0490	1.11	0.55	0.0432	1.11
1.65	0.35	0.0442	1.10	0.55	0.0390	1.10	0.45	0.0433	1.10	0.65	0.0390	1.10	0.35	0.0497	1.11	0.55	0.0440	1.11
1.70	0.35	0.0448	1.09	0.55	0.0397	1.09	0.45	0.0439	1.10	0.65	0.0397	1.10	0.35	0.0504	1.11	0.55	0.0448	1.11
1.75	0.30	0.0471	1.09	0.50	0.0415	1.09	0.40	0.0458	1.10	0.60	0.0413	1.10	0.30	0.0528	1.10	0.50	0.0468	1.11
1.80	0.30	0.0476	1.09	0.50	0.0421	1.09	0.40	0.0464	1.09	0.60	0.0420	1.10	0.30	0.0535	1.10	0.50	0.0475	1.10
1.85	0.30	0.0482	1.09	0.50	0.0428	1.09	0.40	0.0470	1.09	0.60	0.0426	1.09	0.30	0.0540	1.10	0.50	0.0481	1.10
1.90	0.25	0.0505	1.08	0.45	0.0445	1.09	0.35	0.0488	1.09	0.55	0.0442	1.09	0.25	0.0565	1.10	0.45	0.0501	1.10
1.95	0.25	0.0509	1.08	0.45	0.0451	1.08	0.35	0.0493	1.09	0.55	0.0447	1.09	0.25	0.0570	1.09	0.45	0.0507	1.10
2.00	0.25	0.0514	1.08	0.45	0.0456	1.08	0.35	0.0498	1.08	0.55	0.0453	1.09	0.25	0.0575	1.09	0.45	0.0513	1.09

三边固定一短边简支（矩形）板的计算系数

表 5.3-3

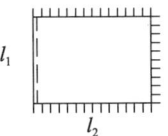

当跨中钢筋在支座处不减少时，$M_1=\zeta q l_1^2$

当跨中钢筋的有效面积在支座 $l_1/4$ 范围内减少 50%时，$M_1=C\zeta q l_1^2$

$M_2=\alpha M_1$；$M_Ⅰ=\beta_1 M_1$；$M_Ⅰ'=\beta_1' M_1$

$M_Ⅱ=\beta_2 M_2$；$M_Ⅱ'=\beta_2' M_2$。（所有符号均见本节文字说明）

$\lambda=\frac{l_2}{l_1}$	$\beta_1=\beta_1'=2.0,\beta_2=0.0,\beta_2'=2.0$						$\beta_1=\beta_1'=2.0,\beta_2=0.0,\beta_2'=1.6$						$\beta_1=\beta_1'=2.0,\beta_2=0.0,\beta_2'=1.2$					
	α	ζ	C	α	ζ	C	α	ζ	C	α	ζ	C	α	ζ	C	α	ζ	C
1.00	1.10	0.0166	1.11	1.30	0.0154	1.11	1.20	0.0166	1.12	1.40	0.0155	1.12	1.30	0.0167	1.13	1.50	0.0157	1.13
1.05	1.00	0.0179	1.11	1.20	0.0166	1.11	1.10	0.0179	1.11	1.30	0.0167	1.12	1.20	0.0180	1.12	1.40	0.0169	1.13
1.10	0.95	0.0190	1.10	1.15	0.0176	1.11	1.05	0.0189	1.11	1.25	0.0177	1.11	1.15	0.0190	1.12	1.35	0.0178	1.12
1.15	0.85	0.0204	1.10	1.05	0.0189	1.10	0.95	0.0202	1.10	1.15	0.0189	1.11	1.05	0.0202	1.11	1.25	0.0190	1.12
1.20	0.80	0.0214	1.09	1.00	0.0198	1.10	0.90	0.0212	1.10	1.10	0.0198	1.10	1.00	0.0212	1.11	1.20	0.0199	1.11
1.25	0.75	0.0224	1.09	0.95	0.0208	1.09	0.85	0.0222	1.10	1.05	0.0207	1.10	0.95	0.0221	1.10	1.15	0.0208	1.11
1.30	0.70	0.0234	1.09	0.90	0.0217	1.09	0.80	0.0231	1.09	1.00	0.0216	1.10	0.90	0.0230	1.10	1.10	0.0216	1.10
1.35	0.65	0.0243	1.08	0.85	0.0226	1.09	0.75	0.0240	1.09	0.95	0.0224	1.09	0.85	0.0238	1.09	1.05	0.0225	1.10
1.40	0.60	0.0253	1.08	0.80	0.0235	1.08	0.70	0.0249	1.08	0.90	0.0233	1.09	0.80	0.0247	1.09	1.00	0.0233	1.09
1.45	0.60	0.0257	1.08	0.80	0.0239	1.08	0.70	0.0253	1.08	0.90	0.0237	1.09	0.80	0.0251	1.09	1.00	0.0237	1.09
1.50	0.55	0.0267	1.07	0.75	0.0248	1.08	0.65	0.0262	1.08	0.85	0.0245	1.08	0.75	0.0260	1.08	0.95	0.0245	1.09
1.55	0.50	0.0276	1.07	0.70	0.0256	1.08	0.60	0.0271	1.08	0.80	0.0253	1.08	0.70	0.0268	1.08	0.90	0.0252	1.08
1.60	0.50	0.0279	1.07	0.70	0.0260	1.07	0.60	0.0274	1.07	0.80	0.0257	1.08	0.70	0.0271	1.08	0.90	0.0256	1.08
1.65	0.45	0.0288	1.07	0.65	0.0268	1.07	0.55	0.0282	1.07	0.75	0.0265	1.07	0.65	0.0279	1.07	0.85	0.0263	1.08
1.70	0.45	0.0291	1.06	0.65	0.0271	1.07	0.55	0.0286	1.07	0.75	0.0268	1.07	0.65	0.0282	1.07	0.85	0.0267	1.08
1.75	0.45	0.0294	1.06	0.65	0.0275	1.07	0.55	0.0289	1.07	0.75	0.0272	1.07	0.65	0.0285	1.07	0.85	0.0270	1.08
1.80	0.45	0.0297	1.06	0.65	0.0278	1.07	0.55	0.0292	1.06	0.75	0.0275	1.07	0.65	0.0288	1.07	0.85	0.0274	1.07
1.85	0.40	0.0306	1.06	0.60	0.0285	1.06	0.50	0.0299	1.06	0.70	0.0282	1.07	0.60	0.0295	1.07	0.80	0.0280	1.07
1.90	0.40	0.0308	1.06	0.60	0.0288	1.06	0.50	0.0302	1.06	0.70	0.0285	1.07	0.60	0.0298	1.06	0.80	0.0283	1.07
1.95	0.35	0.0316	1.05	0.55	0.0295	1.06	0.45	0.0309	1.06	0.65	0.0291	1.06	0.55	0.0305	1.06	0.75	0.0289	1.07
2.00	0.35	0.0319	1.05	0.55	0.0298	1.06	0.45	0.0311	1.06	0.65	0.0294	1.06	0.55	0.0307	1.06	0.75	0.0292	1.06

续表

$\lambda=\frac{l_2}{l_1}$	$\beta_1=\beta_1'=1.6,\beta_2=0.0,\beta_2'=1.6$						$\beta_1=\beta_1'=1.6,\beta_2=0.0,\beta_2'=1.2$						$\beta_1=\beta_1'=1.2,\beta_2=0.0,\beta_2'=1.2$					
	α	ζ	C	α	ζ	C	α	ζ	C	α	ζ	C	α	ζ	C	α	ζ	C
1.00	1.10	0.0187	1.13	1.30	0.0173	1.13	1.20	0.0188	1.14	1.40	0.0175	1.14	1.10	0.0214	1.15	1.30	0.0198	1.16
1.05	1.00	0.0203	1.12	1.20	0.0188	1.13	1.10	0.0203	1.13	1.30	0.0189	1.14	1.00	0.0233	1.15	1.20	0.0215	1.15
1.10	0.95	0.0215	1.12	1.15	0.0199	1.12	1.05	0.0215	1.13	1.25	0.0200	1.13	0.95	0.0247	1.14	1.15	0.0229	1.14
1.15	0.85	0.0231	1.11	1.05	0.0214	1.12	0.95	0.0230	1.12	1.15	0.0215	1.13	0.85	0.0267	1.13	1.05	0.0246	1.14
1.20	0.80	0.0243	1.11	1.00	0.0225	1.11	0.90	0.0241	1.12	1.10	0.0225	1.12	0.80	0.0281	1.13	1.00	0.0259	1.13
1.25	0.75	0.0254	1.11	0.95	0.0235	1.11	0.85	0.0252	1.11	1.05	0.0236	1.12	0.75	0.0294	1.12	0.95	0.0272	1.13
1.30	0.70	0.0266	1.10	0.90	0.0246	1.10	0.80	0.0263	1.11	1.00	0.0246	1.11	0.70	0.0308	1.12	0.90	0.0285	1.12
1.35	0.65	0.0277	1.10	0.85	0.0256	1.10	0.75	0.0274	1.10	0.95	0.0256	1.11	0.65	0.0321	1.11	0.85	0.0297	1.12
1.40	0.60	0.0288	1.09	0.80	0.0267	1.10	0.70	0.0284	1.10	0.90	0.0266	1.10	0.60	0.0335	1.11	0.80	0.0309	1.12
1.45	0.60	0.0293	1.09	0.80	0.0272	1.09	0.70	0.0289	1.10	0.90	0.0271	1.10	0.60	0.0341	1.11	0.80	0.0316	1.11
1.50	0.55	0.0304	1.09	0.75	0.0282	1.09	0.65	0.0299	1.09	0.85	0.0280	1.10	0.55	0.0354	1.10	0.75	0.0327	1.11
1.55	0.50	0.0315	1.08	0.70	0.0292	1.09	0.60	0.0309	1.09	0.80	0.0289	1.09	0.50	0.0367	1.10	0.70	0.0339	1.10
1.60	0.50	0.0319	1.08	0.70	0.0296	1.09	0.60	0.0314	1.08	0.80	0.0294	1.09	0.50	0.0372	1.10	0.70	0.0345	1.10
1.65	0.45	0.0329	1.08	0.65	0.0306	1.08	0.55	0.0323	1.08	0.75	0.0303	1.09	0.45	0.0385	1.09	0.65	0.0356	1.10
1.70	0.45	0.0333	1.07	0.65	0.0310	1.08	0.55	0.0327	1.08	0.75	0.0307	1.08	0.45	0.0389	1.09	0.65	0.0361	1.09
1.75	0.45	0.0337	1.07	0.65	0.0313	1.08	0.55	0.0331	1.08	0.75	0.0311	1.08	0.45	0.0393	1.09	0.65	0.0365	1.09
1.80	0.45	0.0340	1.07	0.65	0.0317	1.08	0.55	0.0334	1.07	0.75	0.0314	1.08	0.45	0.0397	1.08	0.65	0.0370	1.09
1.85	0.40	0.0350	1.07	0.60	0.0326	1.07	0.50	0.0343	1.07	0.70	0.0322	1.08	0.40	0.0409	1.08	0.60	0.0380	1.09
1.90	0.40	0.0353	1.07	0.60	0.0329	1.07	0.50	0.0346	1.07	0.70	0.0326	1.08	0.40	0.0412	1.08	0.60	0.0384	1.08
1.95	0.35	0.0362	1.06	0.55	0.0337	1.07	0.45	0.0354	1.07	0.65	0.0334	1.07	0.35	0.0424	1.07	0.55	0.0394	1.08
2.00	0.35	0.0365	1.06	0.55	0.0340	1.07	0.45	0.0357	1.07	0.65	0.0337	1.07	0.35	0.0427	1.07	0.55	0.0398	1.08

两邻边固定、两邻边简支矩形板的计算系数

表 5.3-4

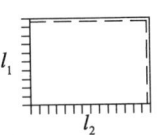

当跨中钢筋在支座处不减少时，$M_1=\zeta q l_1^2$

当跨中钢筋的有效面积在支座 $l_1/4$ 范围内减少 50%时，$M_1=C\zeta q l_1^2$

$M_2=\alpha M_1$；$M_{\rm I}=\beta_1 M_1$；$M_{\rm I}'=\beta_1' M_1$

$M_{\rm II}=\beta_2 M_2$；$M_{\rm II}'=\beta_2' M_2$ （所有符号均见本节文字说明）

$\lambda=\frac{l_2}{l_1}$	$\beta_1=2.0,\beta_1'=0.0,\beta_2=2.0,\beta_2'=0.0$						$\beta_1=2.0,\beta_1'=0.0,\beta_2=1.6,\beta_2'=0.0$						$\beta_1=2.0,\beta_1'=0.0,\beta_2=1.2,\beta_2'=0.0$					
	α	ζ	C	α	ζ	C	α	ζ	C	α	ζ	C	α	ζ	C	α	ζ	C
1.00	1.00	0.0223	1.14	1.20	0.0203	1.14	1.10	0.0223	1.15	1.30	0.0204	1.15	1.20	0.0224	1.16	1.40	0.0207	1.16
1.05	0.90	0.0246	1.14	1.10	0.0224	1.14	1.00	0.0244	1.15	1.20	0.0224	1.15	1.10	0.0245	1.16	1.30	0.0226	1.16
1.10	0.85	0.0263	1.13	1.05	0.0239	1.14	0.95	0.0261	1.14	1.15	0.0239	1.14	1.05	0.0261	1.15	1.25	0.0241	1.15
1.15	0.75	0.0288	1.13	0.95	0.061	1.13	0.85	0.0284	1.14	1.05	0.0260	1.14	0.95	0.0283	1.15	1.15	0.0261	1.15
1.20	0.70	0.0306	1.13	0.90	0.0277	1.13	0.80	0.0301	1.13	1.00	0.0275	1.14	0.90	0.0299	1.14	1.10	0.0276	1.14
1.25	0.65	0.0323	1.12	0.85	0.0293	1.12	0.75	0.0317	1.13	0.95	0.0290	1.13	0.85	0.0315	1.14	1.05	0.0290	1.14
1.30	0.60	0.0341	1.12	0.80	0.0309	1.12	0.70	0.0334	1.12	0.90	0.0305	1.13	0.80	0.0330	1.13	1.00	0.0305	1.14
1.35	0.55	0.0359	1.11	0.75	0.0325	1.12	0.65	0.0350	1.12	0.85	0.0320	1.12	0.75	0.0346	1.13	0.95	0.0319	1.13
1.40	0.50	0.0377	1.11	0.70	0.0340	1.11	0.60	0.0367	1.11	0.80	0.0335	1.12	0.70	0.0361	1.12	0.90	0.0334	1.13
1.45	0.50	0.0384	1.11	0.70	0.0348	1.11	0.60	0.0374	1.11	0.80	0.0343	1.12	0.70	0.0369	1.12	0.90	0.0341	1.12
1.50	0.45	0.0402	1.10	0.65	0.0364	1.11	0.55	0.0391	1.11	0.75	0.0358	1.11	0.65	0.0384	1.11	0.85	0.0355	1.12
1.55	0.40	0.0420	1.10	0.60	0.0379	1.10	0.50	0.0407	1.10	0.70	0.0372	1.11	0.60	0.0399	1.11	0.80	0.0369	1.11
1.60	0.40	0.0426	1.10	0.60	0.0386	1.10	0.50	0.0413	1.10	0.70	0.0379	1.11	0.60	0.0405	1.11	0.80	0.0376	1.11
1.65	0.35	0.0444	1.09	0.55	0.0401	1.10	0.45	0.0429	1.10	0.65	0.0393	1.10	0.55	0.0420	1.10	0.75	0.0389	1.11
1.70	0.35	0.0449	1.09	0.55	0.0407	1.09	0.45	0.0435	1.09	0.65	0.0399	1.10	0.55	0.0425	1.10	0.75	0.0395	1.11
1.75	0.35	0.0454	1.09	0.55	0.0413	1.09	0.45	0.0440	1.09	0.65	0.0405	1.10	0.55	0.0431	1.10	0.75	0.0401	1.10
1.80	0.35	0.0459	1.09	0.55	0.0418	1.09	0.45	0.0445	1.09	0.65	0.0411	1.09	0.55	0.0436	1.09	0.75	0.0406	1.10
1.85	0.30	0.0477	1.08	0.50	0.0432	1.09	0.40	0.0460	1.09	0.60	0.0424	1.09	0.50	0.0450	1.09	0.70	0.0419	1.10
1.90	0.30	0.0481	1.08	0.50	0.0437	1.08	0.40	0.0465	1.08	0.60	0.0429	1.09	0.50	0.0454	1.09	0.70	0.0424	1.09
1.95	0.25	0.0499	1.08	0.45	0.0451	1.08	0.35	0.0480	1.08	0.55	0.0442	1.09	0.45	0.0468	1.09	0.65	0.0435	1.09
2.00	0.25	0.0502	1.07	0.45	0.0456	1.08	0.35	0.0484	1.08	0.55	0.0446	1.08	0.45	0.0472	1.08	0.65	0.0440	1.09

续表

$\lambda=\frac{l_2}{l_1}$	$\beta_1=1.6,\beta_1'=0.0,\beta_2=1.6,\beta_2'=0.0$						$\beta_1=1.6,\beta_1'=0.0,\beta_2=1.2,\beta_2'=0.0$						$\beta_1=1.2,\beta_1'=0.0,\beta_2=1.2,\beta_2'=0.0$					
	α	ζ	C	α	ζ	C	α	ζ	C	α	ζ	C	α	ζ	C	α	ζ	C
1.00	1.00	0.0244	1.16	1.20	0.0222	1.16	1.10	0.0245	1.17	1.30	0.0225	1.17	1.00	0.0270	1.19	1.20	0.0246	1.19
1.05	0.90	0.0269	1.16	1.10	0.0244	1.16	1.00	0.0269	1.17	1.20	0.0246	1.17	0.90	0.0298	1.18	1.10	0.0271	1.18
1.10	0.85	0.0288	1.15	1.05	0.0262	1.15	0.95	0.0287	1.16	1.15	0.0263	1.16	0.85	0.0319	1.17	1.05	0.0290	1.18
1.15	0.75	0.0315	1.15	0.95	0.0285	1.15	0.85	0.0312	1.16	1.05	0.0285	1.16	0.75	0.0349	1.17	0.95	0.0316	1.17
1.20	0.70	0.0334	1.14	0.90	0.0303	1.14	0.80	0.0330	1.15	1.00	0.0302	1.15	0.70	0.0370	1.16	0.90	0.0335	1.16
1.25	0.65	0.0354	1.14	0.85	0.0320	1.14	0.75	0.0348	1.15	0.95	0.0319	1.15	0.65	0.0391	1.16	0.85	0.0354	1.16
1.30	0.60	0.0373	1.13	0.80	0.0338	1.14	0.70	0.0367	1.14	0.90	0.0336	1.14	0.60	0.0413	1.15	0.80	0.0374	1.15
1.35	0.55	0.0392	1.13	0.75	0.0355	1.13	0.65	0.0385	1.13	0.85	0.0352	1.14	0.55	0.0434	1.15	0.75	0.0393	1.15
1.40	0.50	0.0412	1.12	0.70	0.0372	1.13	0.60	0.0403	1.13	0.80	0.0368	1.13	0.50	0.0456	1.14	0.70	0.0412	1.14
1.45	0.50	0.0420	1.12	0.70	0.0381	1.12	0.60	0.0411	1.13	0.80	0.0377	1.13	0.50	0.0465	1.14	0.70	0.0421	1.14
1.50	0.45	0.0440	1.12	0.65	0.0398	1.12	0.55	0.0429	1.12	0.75	0.0393	1.13	0.45	0.0487	1.13	0.65	0.0440	1.14
1.55	0.40	0.0459	1.11	0.60	0.0415	1.12	0.50	0.0446	1.12	0.70	0.0409	1.12	0.40	0.0508	1.13	0.60	0.0459	1.13
1.60	0.40	0.0466	1.11	0.60	0.0422	1.11	0.50	0.0453	1.11	0.70	0.0416	1.12	0.40	0.0516	1.12	0.60	0.0467	1.13
1.65	0.35	0.0486	1.10	0.55	0.0438	1.11	0.45	0.0471	1.11	0.65	0.0431	1.11	0.35	0.0538	1.12	0.55	0.0485	1.12
1.70	0.35	0.0491	1.10	0.55	0.0445	1.11	0.45	0.0477	1.11	0.65	0.0438	1.11	0.35	0.0544	1.11	0.55	0.0493	1.12
1.75	0.35	0.0497	1.10	0.55	0.0451	1.10	0.45	0.0482	1.10	0.65	0.0444	1.11	0.35	0.0550	1.11	0.55	0.0499	1.12
1.80	0.35	0.0502	1.10	0.55	0.0457	1.10	0.45	0.0488	1.10	0.65	0.0450	1.11	0.35	0.0556	1.11	0.55	0.0506	1.11
1.85	0.30	0.0521	1.09	0.50	0.0473	1.10	0.40	0.0504	1.10	0.60	0.0465	1.10	0.30	0.0577	1.10	0.50	0.0523	1.11
1.90	0.30	0.0526	1.09	0.50	0.0478	1.10	0.40	0.0509	1.09	0.60	0.0470	1.10	0.30	0.0582	1.10	0.50	0.0529	1.11
1.95	0.25	0.0545	1.09	0.45	0.0494	1.09	0.35	0.0526	1.09	0.55	0.0484	1.10	0.25	0.0604	1.10	0.45	0.0546	1.10
2.00	0.25	0.0549	1.08	0.45	0.0499	1.09	0.35	0.0530	1.09	0.55	0.0489	1.09	0.25	0.0608	1.10	0.45	0.0552	1.10

两对边固定、两对短边简支（矩形）板的计算系数

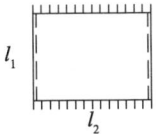

表 5.3-5

当跨中钢筋在支座处不减少时，$M_1=\zeta q l_1^2$

当跨中钢筋的有效面积在支座 $l_1/4$ 范围内减少 50%时，$M_1=C\zeta q l_1^2$

$M_2=\alpha M_1$；$M_Ⅰ=\beta_1 M_1$；$M_Ⅰ'=\beta_1' M_1$

$M_Ⅱ=\beta_2 M_2$；$M_Ⅱ'=\beta_2' M_2$　（所有符号均见本节文字说明）

$\lambda=\frac{l_2}{l_1}$	$\beta_1=\beta_1'=2.0, \beta_2=\beta_2'=0.0$						$\beta_1=\beta_1'=1.6, \beta_2=\beta_2'=0.0$						$\beta_1=\beta_1'=1.2, \beta_2=\beta_2'=0.0$					
	α	ζ	C	α	ζ	C	α	ζ	C	α	ζ	C	α	ζ	C	α	ζ	C
1.00	1.30	0.0198	1.15	1.50	0.0188	1.16	1.20	0.0224	1.17	1.40	0.0211	1.18	1.10	0.0256	1.19	1.30	0.0240	1.20
1.05	1.20	0.0211	1.14	1.40	0.0200	1.15	1.10	0.0239	1.16	1.30	0.0225	1.17	1.00	0.0275	1.18	1.20	0.0258	1.19
1.10	1.15	0.0220	1.14	1.35	0.0209	1.14	1.05	0.0250	1.15	1.25	0.0236	1.16	0.95	0.0289	1.17	1.15	0.0271	1.18
1.15	1.05	0.0232	1.13	1.25	0.0220	1.14	0.95	0.0264	1.14	1.15	0.0249	1.15	0.85	0.0307	1.16	1.05	0.0288	1.17
1.20	1.00	0.0241	1.12	1.20	0.0229	1.13	0.90	0.0275	1.13	1.10	0.0260	1.14	0.80	0.0321	1.15	1.00	0.0300	1.16
1.25	0.95	0.0249	1.12	1.15	0.0237	1.12	0.85	0.0285	1.13	1.05	0.0269	1.14	0.75	0.0333	1.14	0.95	0.0312	1.15
1.30	0.90	0.0257	1.11	1.10	0.0245	1.12	0.80	0.0295	1.12	1.00	0.0279	1.13	0.70	0.0346	1.14	0.90	0.0324	1.14
1.35	0.85	0.0265	1.10	1.05	0.0253	1.11	0.75	0.0305	1.11	0.95	0.0288	1.12	0.65	0.0358	1.13	0.85	0.0336	1.14
1.40	0.80	0.0273	1.10	1.00	0.0260	1.11	0.70	0.0314	1.11	0.90	0.0297	1.12	0.60	0.0371	1.12	0.80	0.0347	1.13
1.45	0.80	0.0277	1.10	1.00	0.0264	1.10	0.70	0.0319	1.11	0.90	0.0302	1.11	0.60	0.0376	1.12	0.80	0.0353	1.13
1.50	0.75	0.0284	1.09	0.95	0.0271	1.10	0.65	0.0328	1.10	0.85	0.0311	1.11	0.55	0.0388	1.11	0.75	0.0364	1.12
1.55	0.70	0.0291	1.09	0.90	0.0278	1.09	0.60	0.0337	1.09	0.80	0.0319	1.10	0.50	0.0399	1.11	0.70	0.0374	1.12
1.60	0.70	0.0295	1.08	0.90	0.0281	1.09	0.60	0.0340	1.09	0.80	0.0323	1.10	0.50	0.0403	1.10	0.70	0.0379	1.11
1.65	0.65	0.0301	1.08	0.85	0.0288	1.09	0.55	0.0349	1.09	0.75	0.0331	1.10	0.45	0.0415	1.10	0.65	0.0389	1.11
1.70	0.65	0.0304	1.08	0.85	0.0291	1.08	0.55	0.0352	1.08	0.75	0.0334	1.09	0.45	0.0418	1.09	0.65	0.0394	1.10
1.75	0.65	0.0307	1.08	0.85	0.0294	1.08	0.55	0.0355	1.08	0.75	0.0338	1.09	0.45	0.0422	1.09	0.65	0.0398	1.10
1.80	0.65	0.0309	1.07	0.85	0.0297	1.08	0.55	0.0358	1.08	0.75	0.0341	1.09	0.45	0.0426	1.09	0.65	0.0402	1.10
1.85	0.60	0.0315	1.07	0.80	0.0302	1.08	0.50	0.0366	1.08	0.70	0.0348	1.08	0.40	0.0436	1.08	0.60	0.0411	1.09
1.90	0.60	0.0318	1.07	0.80	0.0305	1.07	0.50	0.0369	1.07	0.70	0.0351	1.08	0.40	0.0439	1.08	0.60	0.0414	1.09
1.95	0.55	0.0324	1.06	0.75	0.0310	1.07	0.45	0.0376	1.07	0.65	0.0358	1.08	0.35	0.0449	1.08	0.55	0.0423	1.09
2.00	0.55	0.0326	1.06	0.75	0.0313	1.07	0.45	0.0378	1.07	0.65	0.0361	1.08	0.35	0.0452	1.08	0.55	0.0426	1.08

两对边固定、两对边简支（长边）矩形板的计算系数　表 5.3-6

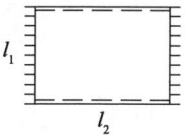

当跨中钢筋在支座处不减少时，$M_1=\zeta q l_1^2$

当跨中钢筋的有效面积在支座 $l_1/4$ 范围内减少 50%时，$M_1=C\zeta q l_1^2$

$M_2=\alpha M_1$；$M_{\mathrm{I}}=\beta_1 M_1$；$M_{\mathrm{I}}'=\beta_1' M_1$

$M_{\mathrm{II}}=\beta_2 M_2$；$M_{\mathrm{II}}'=\beta_2' M_2$　（所有符号均见本节文字说明）

$\lambda=\frac{l_2}{l_1}$	$\beta_1=\beta_1'=0.0,\beta_2=\beta_2'=2.0$						$\beta_1=\beta_1'=0.0,\beta_2=\beta_2'=1.6$						$\beta_1=\beta_1'=0.0,\beta_2=\beta_2'=1.2$					
	α	ζ	C	α	ζ	C	α	ζ	C	α	ζ	C	α	ζ	C	α	ζ	C
1.00	0.65	0.0287	1.16	0.75	0.0262	1.16	0.70	0.0299	1.18	0.85	0.0265	1.17	0.75	0.0317	1.20	0.90	0.0284	1.19
1.05	0.60	0.0319	1.16	0.70	0.0291	1.16	0.65	0.0331	1.18	0.75	0.0304	1.17	0.70	0.0349	1.20	0.85	0.0312	1.19
1.10	0.60	0.0337	1.16	0.70	0.0308	1.15	0.60	0.0365	1.18	0.75	0.0321	1.17	0.65	0.0382	1.19	0.80	0.0341	1.19
1.15	0.55	0.0371	1.16	0.65	0.0338	1.15	0.55	0.0400	1.18	0.70	0.0352	1.17	0.60	0.0417	1.19	0.75	0.0371	1.19
1.20	0.50	0.0408	1.16	0.60	0.0371	1.15	0.55	0.0418	1.17	0.65	0.0384	1.17	0.55	0.0453	1.19	0.70	0.0403	1.18
1.25	0.50	0.0425	1.16	0.60	0.0387	1.15	0.50	0.0455	1.17	0.60	0.0417	1.17	0.50	0.0491	1.19	0.65	0.0435	1.18
1.30	0.45	0.0464	1.16	0.55	0.0422	1.15	0.45	0.0495	1.17	0.60	0.0433	1.16	0.50	0.0508	1.19	0.65	0.0452	1.18
1.35	0.45	0.0480	1.16	0.55	0.0438	1.15	0.45	0.0511	1.17	0.55	0.0468	1.16	0.45	0.0547	1.18	0.60	0.0485	1.18
1.40	0.40	0.0521	1.16	0.50	0.0473	1.15	0.40	0.0552	1.17	0.55	0.0483	1.16	0.40	0.0587	1.18	0.55	0.0519	1.17
1.45	0.40	0.0536	1.15	0.50	0.0488	1.15	0.40	0.0567	1.16	0.50	0.0519	1.16	0.40	0.0602	1.18	0.55	0.0534	1.17
1.50	0.40	0.0550	1.15	0.50	0.0503	1.14	0.40	0.0581	1.16	0.50	0.0533	1.15	0.40	0.0616	1.17	0.50	0.0569	1.17
1.55	0.35	0.0593	1.15	0.45	0.0539	1.14	0.35	0.0623	1.16	0.45	0.0570	1.15	0.35	0.0657	1.17	0.50	0.0583	1.16
1.60	0.35	0.0606	1.15	0.45	0.0553	1.14	0.35	0.0636	1.16	0.45	0.0583	1.15	0.35	0.0670	1.17	0.45	0.0619	1.16
1.65	0.35	0.0619	1.14	0.45	0.0566	1.14	0.35	0.0649	1.15	0.45	0.0596	1.15	0.30	0.0713	1.16	0.45	0.0631	1.16
1.70	0.35	0.0632	1.14	0.45	0.0579	1.13	0.35	0.0661	1.15	0.45	0.0609	1.14	0.30	0.0725	1.16	0.45	0.0644	1.16
1.75	0.30	0.0675	1.14	0.40	0.0616	1.13	0.30	0.0704	1.15	0.40	0.0646	1.14	0.30	0.0736	1.16	0.45	0.0656	1.15
1.80	0.30	0.0686	1.14	0.40	0.0628	1.13	0.30	0.0715	1.14	0.40	0.0657	1.14	0.30	0.0747	1.15	0.45	0.0667	1.15
1.85	0.30	0.0697	1.13	0.40	0.0639	1.13	0.30	0.0725	1.14	0.40	0.0668	1.14	0.30	0.0757	1.15	0.40	0.0702	1.15
1.90	0.30	0.0708	1.13	0.40	0.0650	1.13	0.30	0.0735	1.14	0.40	0.0679	1.14	0.25	0.0799	1.15	0.40	0.0712	1.14
1.95	0.25	0.0753	1.13	0.35	0.0688	1.13	0.25	0.0779	1.14	0.35	0.0716	1.13	0.25	0.0809	1.14	0.35	0.0748	1.14
2.00	0.25	0.0762	1.13	0.35	0.0698	1.12	0.25	0.0788	1.13	0.35	0.0726	1.13	0.25	0.0817	1.14	0.35	0.0757	1.14

三边简定、一边固定（长边）矩形板的计算系数 表 5.3-7

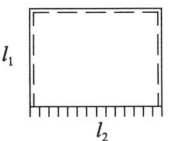

当跨中钢筋在支座处不减少时，$M_1=\zeta q l_1^2$

当跨中钢筋的有效面积在支座 $l_1/4$ 范围内减少 50%时，$M_1=C\zeta q l_1^2$

$M_2=\alpha M_1$；$M_{\rm I}=\beta_1 M_1$；$M_{\rm I}'=\beta_1' M_1$

$M_{\rm II}=\beta_2 M_2$；$M_{\rm II}'=\beta_2' M_2$ （所有符号均见本节文字说明）

$\lambda=\frac{l_2}{l_1}$	$\beta_1=2.0, \beta_1'=\beta_2=\beta_2'=0.0$						$\beta_1=1.6\ \beta_1'=\beta_2=\beta_2'=2.0$						$\beta_1=1.2, \beta_1'=\beta_2=\beta_2'=0.0$					
	α	ζ	C	α	ζ	C	α	ζ	C	α	ζ	C	α	ζ	C	α	ζ	C
1.00	1.20	0.0274	1.21	1.40	0.0256	1.21	1.10	0.0299	1.22	1.30	0.0278	1.23	1.00	0.0330	1.24	1.20	0.0305	1.24
1.05	1.10	0.0295	1.20	1.30	0.0276	1.20	1.00	0.0323	1.21	1.20	0.0300	1.22	0.90	0.0358	1.23	1.10	0.0330	1.23
1.10	1.05	0.0311	1.19	1.25	0.0291	1.19	0.95	0.0341	1.20	1.15	0.0317	1.21	0.85	0.0379	1.22	1.05	0.0350	1.22
1.15	0.95	0.0332	1.18	1.15	0.0310	1.18	0.85	0.0366	1.19	1.05	0.0340	1.20	0.75	0.0408	1.20	0.95	0.0376	1.21
1.20	0.90	0.0347	1.17	1.10	0.0325	1.18	0.80	0.0383	1.18	1.00	0.0356	1.19	0.70	0.0429	1.19	0.90	0.0395	1.20
1.25	0.85	0.0363	1.16	1.05	0.0339	1.17	0.75	0.0401	1.17	0.95	0.0373	1.18	0.65	0.0449	1.18	0.85	0.0414	1.19
1.30	0.80	0.0377	1.15	1.00	0.0353	1.16	0.70	0.0418	1.16	0.90	0.0388	1.17	0.60	0.0469	1.18	0.80	0.0432	1.19
1.35	0.75	0.0392	1.15	0.95	0.0367	1.15	0.65	0.0435	1.15	0.85	0.0404	1.16	0.55	0.0489	1.17	0.75	0.0450	1.18
1.40	0.70	0.0406	1.14	0.90	0.0381	1.15	0.60	0.0451	1.15	0.80	0.0420	1.16	0.50	0.0509	1.16	0.70	0.0468	1.17
1.45	0.70	0.0413	1.13	0.90	0.0388	1.14	0.60	0.0459	1.14	0.80	0.0427	1.15	0.50	0.0517	1.15	0.70	0.0477	1.16
1.50	0.65	0.0427	1.13	0.85	0.0401	1.14	0.55	0.0475	1.14	0.75	0.0442	1.15	0.45	0.0537	1.15	0.65	0.0494	1.16
1.55	0.60	0.0440	1.12	0.80	0.0413	1.13	0.50	0.0491	1.13	0.70	0.0457	1.14	0.40	0.0556	1.14	0.60	0.0512	1.15
1.60	0.60	0.0446	1.12	0.80	0.0419	1.13	0.50	0.0497	1.12	0.70	0.0463	1.13	0.40	0.0563	1.13	0.60	0.0519	1.14
1.65	0.55	0.0459	1.11	0.75	0.0431	1.12	0.45	0.0512	1.12	0.65	0.0477	1.13	0.35	0.0582	1.13	0.55	0.0535	1.14
1.70	0.55	0.0464	1.11	0.75	0.0437	1.12	0.45	0.0518	1.12	0.65	0.0483	1.13	0.35	0.0587	1.12	0.55	0.0542	1.13
1.75	0.55	0.0469	1.11	0.75	0.0442	1.11	0.45	0.0523	1.11	0.65	0.0489	1.12	0.35	0.0593	1.12	0.55	0.0548	1.13
1.80	0.55	0.0474	1.10	0.75	0.0447	1.11	0.45	0.0528	1.11	0.65	0.0494	1.12	0.35	0.0598	1.12	0.55	0.0554	1.13
1.85	0.50	0.0486	1.10	0.70	0.0458	1.11	0.40	0.0542	1.10	0.60	0.0507	1.11	0.30	0.0616	1.11	0.50	0.0569	1.12
1.90	0.50	0.0490	1.10	0.70	0.0463	1.10	0.40	0.0546	1.10	0.60	0.0512	1.11	0.30	0.0621	1.11	0.50	0.0575	1.12
1.95	0.45	0.0501	1.09	0.65	0.0473	1.10	0.35	0.0561	1.10	0.55	0.0524	1.11	0.25	0.0639	1.10	0.45	0.0590	1.11
2.00	0.45	0.0505	1.09	0.65	0.0477	1.10	0.35	0.0564	1.09	0.55	0.0529	1.10	0.25	0.0643	1.10	0.45	0.0594	1.11

三边简定、一边固定（短边）矩形板的计算系数 **表 5.3-8**

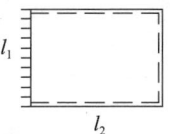

当跨中钢筋在支座处不减少时，$M_1=\zeta q l_1^2$

当跨中钢筋的有效面积在支座 $l_1/4$ 范围内减少 50%时，$M_1=C\zeta q l_1^2$

$M_2=\alpha M_1$；$M_Ⅰ=\beta_1 M_1$；$M_Ⅰ'=\beta_1' M_1$

$M_Ⅱ=\beta_2 M_2$；$M_Ⅱ'=\beta_2' M_2$ （所有符号均见本节文字说明）

$\lambda=\frac{l_2}{l_1}$	$\beta_1=\beta_1'=0.0$，$\beta_2=2.0$，$\beta_2'=0.0$						$\beta_1=\beta_1'=0.0$ $\beta_2=1.6$ $\beta_2'=0.0$						$\beta_1=\beta_1'=0.0$，$\beta_2=1.2$，$\beta_2'=0.0$					
	α	ζ	C	α	ζ	C	α	ζ	C	α	ζ	C	α	ζ	C	α	ζ	C
1.00	0.70	0.0362	1.22	0.85	0.0324	1.21	0.75	0.0366	1.23	0.90	0.0331	1.22	0.85	0.0362	1.24	1.00	0.0330	1.24
1.05	0.65	0.0397	1.21	0.75	0.0368	1.21	0.70	0.0400	1.23	0.85	0.0361	1.22	0.75	0.0407	1.24	0.90	0.0370	1.24
1.10	0.60	0.0433	1.21	0.75	0.0387	1.20	0.65	0.0435	1.22	0.80	0.0392	1.22	0.70	0.0441	1.24	0.85	0.0400	1.23
1.15	0.55	0.0470	1.21	0.70	0.0419	1.20	0.60	0.0471	1.22	0.75	0.0424	1.21	0.60	0.0492	1.23	0.80	0.0431	1.23
1.20	0.55	0.0488	1.20	0.65	0.0453	1.20	0.55	0.0508	1.21	0.70	0.0456	1.21	0.55	0.0529	1.23	0.75	0.0463	1.22
1.25	0.50	0.0526	1.20	0.60	0.0487	1.20	0.50	0.0545	1.21	0.65	0.0489	1.21	0.55	0.0547	1.22	0.70	0.0495	1.22
1.30	0.45	0.0566	1.20	0.60	0.0504	1.19	0.50	0.0562	1.21	0.65	0.0506	1.20	0.50	0.0584	1.22	0.65	0.0528	1.21
1.35	0.45	0.0582	1.19	0.55	0.0539	1.19	0.45	0.0601	1.20	0.60	0.0539	1.20	0.45	0.0622	1.21	0.60	0.0561	1.21
1.40	0.40	0.0622	1.19	0.55	0.0554	1.18	0.40	0.0640	1.20	0.55	0.0574	1.19	0.40	0.0661	1.21	0.55	0.0595	1.20
1.45	0.40	0.0636	1.18	0.50	0.0590	1.18	0.40	0.0655	1.19	0.55	0.0588	1.19	0.40	0.0675	1.20	0.55	0.0610	1.20
1.50	0.40	0.0650	1.18	0.50	0.0604	1.18	0.40	0.0669	1.19	0.50	0.0623	1.19	0.35	0.0715	1.20	0.50	0.0644	1.19
1.55	0.35	0.0691	1.18	0.45	0.0640	1.17	0.35	0.0708	1.18	0.50	0.0636	1.18	0.35	0.0728	1.19	0.50	0.0657	1.19
1.60	0.35	0.0703	1.17	0.45	0.0653	1.17	0.35	0.0721	1.18	0.45	0.0671	1.18	0.30	0.0769	1.19	0.45	0.0691	1.19
1.65	0.35	0.0715	1.17	0.45	0.0665	1.17	0.30	0.0762	1.17	0.45	0.0683	1.17	0.30	0.0780	1.18	0.45	0.0703	1.18
1.70	0.35	0.0727	1.16	0.45	0.0677	1.16	0.30	0.0772	1.17	0.45	0.0695	1.17	0.30	0.0791	1.18	0.45	0.0715	1.18
1.75	0.30	0.0767	1.16	0.40	0.0712	1.16	0.30	0.0783	1.17	0.45	0.0707	1.16	0.25	0.0832	1.17	0.40	0.0749	1.17
1.80	0.30	0.0777	1.16	0.40	0.0723	1.16	0.30	0.0793	1.16	0.45	0.0718	1.16	0.25	0.0842	1.17	0.40	0.0759	1.17
1.85	0.30	0.0787	1.15	0.40	0.0734	1.15	0.30	0.0803	1.16	0.40	0.0751	1.16	0.25	0.0850	1.16	0.40	0.0769	1.16
1.90	0.30	0.0796	1.15	0.40	0.0744	1.15	0.25	0.0843	1.15	0.40	0.0760	1.15	0.25	0.0859	1.16	0.35	0.0803	1.16
1.95	0.25	0.0836	1.15	0.35	0.0778	1.15	0.25	0.0851	1.15	0.35	0.0794	1.15	0.25	0.0867	1.15	0.35	0.0812	1.16
2.00	0.25	0.0845	1.14	0.35	0.0787	1.14	0.25	0.0859	1.15	0.35	0.0803	1.15	0.25	0.0875	1.15	0.35	0.0821	1.15

四边简支矩形板的计算系数 **表 5.3-9**

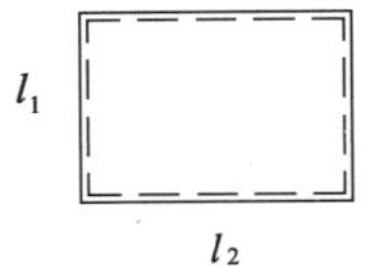

当跨中钢筋在支座处不减少时，$M_1=\zeta q l_1^2$
当跨中钢筋的有效面积在支座 $l_1/4$ 范围内减少 50%时，$M_1=C\zeta q l_1^2$
$M_2=\alpha M_1$；$M_{\text{I}}=\beta_1 M_1$；$M_{\text{I}}'=\beta_1' M_1$
$M_{\text{II}}=\beta_2 M_2$；$M_{\text{II}}'=\beta_2' M_2$ （所有符号均见本节文字说明）

$\lambda=\frac{l_2}{l_1}$	$\beta_1=\beta_1'=\beta_2=\beta_2'=0.0$					
	α	ζ	C	α	ζ	C
1.00	1.00	0.0417	1.33	1.20	0.0379	1.33
1.05	0.90	0.0459	1.32	1.10	0.0417	1.32
1.10	0.85	0.0491	1.31	1.05	0.0446	1.31
1.15	0.75	0.0537	1.30	0.95	0.0487	1.30
1.20	0.70	0.0570	1.29	0.90	0.0517	1.29
1.25	0.65	0.0603	1.28	0.85	0.0546	1.28
1.30	0.60	0.0636	1.27	0.80	0.0576	1.27
1.35	0.55	0.0670	1.26	0.75	0.0606	1.26
1.40	0.50	0.0703	1.25	0.70	0.0635	1.25
1.45	0.50	0.0717	1.24	0.70	0.0650	1.25
1.50	0.45	0.0750	1.23	0.65	0.0678	1.24
1.55	0.40	0.0784	1.22	0.60	0.0707	1.23
1.60	0.40	0.0795	1.21	0.60	0.0720	1.22
1.65	0.35	0.0829	1.20	0.55	0.0748	1.21
1.70	0.35	0.0839	1.20	0.55	0.0759	1.21
1.75	0.35	0.0848	1.19	0.55	0.0770	1.20
1.80	0.35	0.0857	1.19	0.55	0.0780	1.20
1.85	0.30	0.0890	1.18	0.50	0.0807	1.19
1.90	0.30	0.0897	1.17	0.50	0.0816	1.19
1.95	0.25	0.0931	1.17	0.45	0.0842	1.18
2.00	0.25	0.0938	1.16	0.45	0.0851	1.17

参 考 文 献

[5.1]《建筑结构静力计算手册》编写组. 建筑结构静力计算手册（第二版）. 北京：中国建筑工业出版社. 1998

[5.2] S. 铁摩辛柯，S. 沃诺斯基著.《板壳理论》翻译组译. 板壳理论. 北京：科学出版社，1977

[5.3] 张福范. 弹性薄板（第二版）. 北京：科学出版社，1984

[5.4] 杨耀乾. 平板理论. 北京：中国铁道出版社，1980

[5.5] 刘鸿文主编. 板壳理论. 浙江：浙江大学出版社，1987

第 6 章 普通桁架与空腹桁架

6.1 概 述

桁架是指若干直杆在其两端用铰连接而成的结构，常用于大跨度的厂房、展览馆、体育馆和桥梁等建筑中。桁架的内力计算常采用如下假定：

1）桁架的节点为光滑的铰节点。

2）各杆的轴线为直线并通过铰的中心。

3）荷载和支座反力都作用在节点上。

常用的桁架有三角形桁架、梯形桁架、多边形桁架、平行弦桁架，及空腹桁架。它们的特点如下：

三角形桁架：弦杆内力分布不均匀，如采用同样的截面易造成材料的浪费。多用于跨度较小，坡度较大的瓦屋面屋架中。

梯形桁架：和三角形桁架相比，杆件受力情况有所改善，且用于屋架中可以更容易满足某些工业厂房的工艺要求。如梯形桁架的上、下弦平行就是平行弦桁架，杆件受力情况较梯形略差，但腹杆类型大为减少，多用于桥梁和栈桥中。

多边形桁架：也称折线形桁架。上弦节点位于二次抛物线上，如上弦呈拱形可减少节间荷载产生的弯矩，但制造较为复杂。在均布荷载作用下，桁架外形和简支梁的弯矩图形相似，因而上下弦轴力分布均匀，腹杆轴力较小，用料最省，是工程中常用的一种桁架形式。

空腹桁架：基本取用多边形桁架的外形，上弦节点之间为直线，无斜腹杆，仅以竖腹杆和上下弦相连接。杆件的轴力分布和多边形桁架相似，但在不对称荷载作用下杆端弯矩值变化较大。优点是在节点相交会的杆件较少，施工制造方便。

6.2 普 通 桁 架

6.2.1 桁架变位的计算

桁架的变位按下式计算

$$\Delta_{kp}=\sum\frac{\overline{N}_k N_p}{EA}l \tag{6.2-1}$$

式中 $\overline{N}_k$——单位节点虚荷载 $S_k=1$ 所产生的桁架各杆件的内力，拉力为正，压力为负（S_k 应作用于桁架变位所求点，其方向应与所求的桁架变位的方向相同）；

N_p——节点外荷载 S_p 所产生的桁架各杆件的内力，拉力为正，压力为负；

E——桁架杆件材料的弹性模量；

A——桁架各杆件的截面面积；

l——桁架各杆件的轴线长度；

Δ_{kp}——桁架的变位。

在计算时，采用列表的方式较为方便。

求非竖直方向的变位时，单位节点虚荷载的作用方向为：

1）当求任意节点沿任意方向的线变位，则沿该方向上作用 $S_k=1$（图 6.2-1a）。

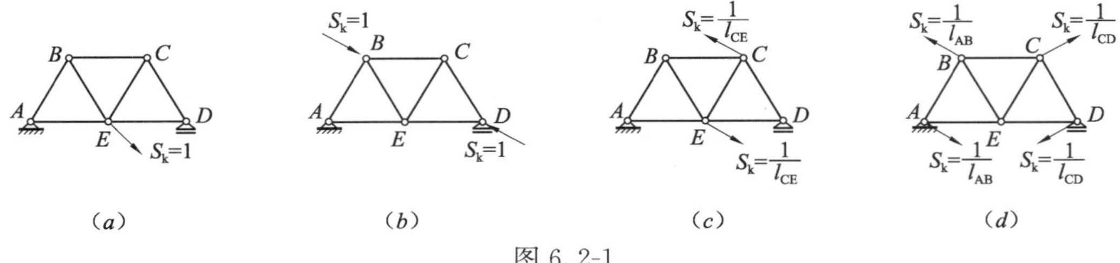

图 6.2-1

2）当求两节点间的距离改变（如节点 B 及 D），则于该两节点的连线上作用两个方向相反的 $S_k=1$（图 6.2-1b）。

3）当求任一杆件（如杆件 CE）的转角（以弧度 rad 计），则于该杆件的两端点处垂直杆件作用两个大小相等而方向相反的力，这一对力形成一个单位力偶（即力矩 $M=1$），其每一个力的大小等于$\frac{1}{l_{CE}}$（图 6.2-1c）。

4）当求两杆件间（如杆件 AB 与 CD 间）的角度改变，则于该两杆件的端点分别作用两个方向相反的单位力偶（即力矩 $M=1$）（图 6.2-1d）。

6.2.2 桁架次应力的计算

1. 计算桁架杆件内力时，通常假定桁架中的节点为理想铰，因此桁架受力变形时，各杆可绕节点自由转动。但实际上，理想铰并不存在。首先，为了增加桁架的刚度，节点总是刚性连接，各杆之间的角度不能自由改变，而使杆件在桁架变形时产生弯矩。其次，因节点处各杆内力不同，各杆截面大小亦不尽相同，可能使各杆的轴线不能完全交于一点，而在节点上产生偏心弯矩。再有，桁架上往往作用有非节点荷载，而使桁架中某些杆件直接受弯。

按理想铰接桁架进行计算，在桁架上没有非节点荷载时，各杆只承受轴力。考虑桁架节点的刚性连接，则将在杆件内产生弯矩。杆件内由于轴力而产生的应力通常叫**主应力**，而由于弯曲产生的应力则叫**次应力**。

在有些情况下，次应力的影响不能忽视。例如，钢筋混凝土桁架的上弦往往具有较大的刚度，当桁架受力变形时，在上弦将产生较大的附加弯矩。所以有必要对桁架的次应力进行计算。

2. 用弯矩分配法计算桁架的次应力：桁架节点成为刚性联结后，桁架为超静定结构。无论用力法或位移法求解，都比较烦琐。若进一步考虑轴向力变形的影响，问题将更加复杂。为简化计算，在计算桁架次应力时忽略主应力与次应力之间的相互影响。用力矩分配法进行次应力计算的具体步骤如下：

1）假定桁架节点为理想铰接，计算各杆件的内力。

2）根据公式（6.2-1），求出各杆件两端在垂直于杆件轴线方向的相对位移。

3）根据表 2.2-3、表 2.2-4 中有关公式，求出杆件两端的固端弯矩。

4）对各节点上的不平衡弯矩进行分配，得出各杆两端的弯矩值。

5）对钢桁架，应用公式 $\sigma=M/W$ 算出各杆端的次应力，与各杆内的主应力叠加后校核各杆件强度。对钢筋混凝土桁架，按 N、M 值校核其中各杆件截面的承载能力及抗裂性。

当节点有偏心或桁架上作用有非节点荷载时，只要在相应杆件的固端弯矩中计入这些影响，其余的计算完全相同。

在计算桁架的次应力时，还常常对计算图形作一些简化。例如，有些钢筋混凝土桁架上弦的刚度往往较下弦及腹杆为大，对这类桁架计算次应力时就可以只考虑上弦，而将下弦及腹杆予以忽略，把上弦看成为弹性支承于上弦各节点的多跨连续梁（图 6.2-2）。

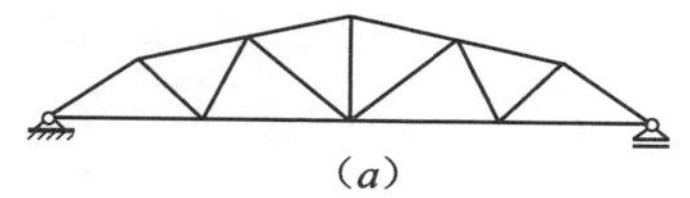
(a)

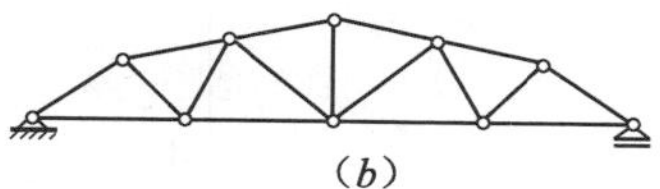
(b)

图 6.2-2

(a) 计算图形；(b) 简化计算图形

在上述计算中，对钢筋混凝土桁架中的受压杆件，可采用混凝土弹性模量 E_c 及杆件截面面积 A 计算位移。对在使用荷载作用下将出现裂缝的受拉杆件，计算位移时杆件的弹性模量及截面面积应参照钢筋混凝土结构有关资料考虑裂缝的影响。

在普通情况下用手工计算桁架的次应力时，计算工作量很大。因为求位移时必须知道单位节点虚荷载所产生的桁架各杆件内力，在多数情况下这些杆件的内力系数不能通过本章给出的内力系数表直接算出。另外，对于一榀较复杂的桁架，单位节点虚荷载的数量也较多，更加大了计算工作量。

3. 用计算机程序计算桁架次应力：在平面杆件系统的通用计算机程序中，如果能够处理铰接节点及带刚性区域的杆件，就可以用来计算桁架的次应力。

计算机程序中处理铰接节点及带刚性区域杆件的概念，见附录 B 中的介绍。

在这类计算机程序中，桁架的主应力与次应力是综合计算，一次完成的。除考虑节点的刚性连接、杆件轴线对节点的偏心外，还考虑了杆件轴向力变形的影响。

当桁架节点上各杆的轴线不能完全交于一点时，应以其中的一个交点为基准点。交于基准点的桁架杆件视为普通杆，不交于基准点的桁架杆件视为带刚性区域杆。

桁架的节点可以为全部刚接、全部铰接，或在某些节点为部分杆刚接而部分杆铰接。因此，可以处理为图 6.2-2 的简化计算图形。

在这类计算机程序中，一般均可处理非节点荷载。

求得桁架各杆件主应力与次应力的综合结果后，即可以手算校核各杆的强度。

6.2.3　桁架杆件的长度及内力系数

1. 说明

（1）各表中全跨屋面荷载的内力系数为屋面上弦节点满布竖向荷载 P 时的内力系数，即除第一及最终节点为 1/2 外，其他各节点均为单位荷载 1 时的内力值。内力正负号，以受拉为正，受压为负。

（2）各表中半跨屋面荷载的内力系数有两种情况：一为半跨上弦节点满布竖向荷载 P，另一为半跨上弦节点满布风荷载 W（垂直于屋面），即除第一及中间节点为 1/2 外，其他各节点均为单位荷载 1 时的内力值。

（3）风荷载都按风压力考虑，并垂直作用于左半跨的屋面，在风荷载作用下，对于芬克式屋架考虑有四种情况：

第Ⅰ种情况：左端为固定铰支座，右端为可动铰支座（图 6.2-3*a*）；

第Ⅱ种情况：左端为可动铰支座，右端为固定铰支座（图 6.2-3*b*）；

第Ⅲ种情况：两端均为固定铰支座，为简化计算，假定 $H_A = H_B$（图 6.2-3*c*）；

第Ⅳ种情况：两端均为固定铰支座，为简化计算，假定 R'_A、R'_B 的方向与 W 一致，此时，$R_A = R'_A\cos\theta$，$R_B = R'_B\cos\theta$，$H_A = R'_A\sin\theta$，$H_B = R'_B\sin\theta$（图 6.2-3*c*）；

对于较大跨度的芬克式屋架，当两端均为固定铰支座，可按第Ⅲ、Ⅳ两种支座情况分别计算桁架杆件的内力，取最不利情况选择截面。

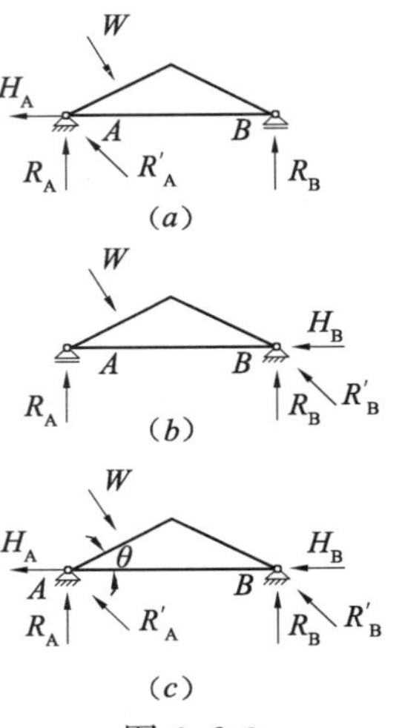

图 6.2-3

对于豪式屋架，仅考虑支座为第Ⅳ种情况。

（4）为便于计算，对于屋架中常用的几种跨高比 n 值及以 n 为参数的几种函数（n^2、N、N^2、N^3、G、M、E、F、S、Q 及 T 等各值）列于表 6.2-1。

表 6.2-1

$$n=\frac{l}{h};\quad M=\sqrt{n^2+36};\quad S=3n^2-4$$

$$N=\sqrt{n^2+4};\quad E=\sqrt{n^2+64};\quad Q=7n^2-4$$

$$G=\sqrt{n^2+16};\quad F=\sqrt{n^2+100};\quad T=9n^2-4$$

n	n^2	N	N^2	N^3	G	M	E	F	S	Q	T
2.0	4.00	2.8284	8.00	22.627	4.4721	6.3246	8.2462	10.1980	8.00	24.00	32.00
2.5	6.25	3.2016	10.25	32.816	4.7170	6.5000	8.3815	10.3078	14.75	39.75	52.25
3.0	9.00	3.6056	13.00	46.873	5.0000	6.7082	8.5440	10.4403	23.00	59.00	77.00
$2\sqrt{3}$	12.00	4.0000	16.00	64.000	5.2915	6.9282	8.7178	10.5830	32.00	80.00	104.00
3.5	12.25	4.0311	16.25	65.506	5.3151	6.9462	8.7321	10.5948	32.75	81.75	106.25
4.0	16.00	4.4721	20.00	89.443	5.6569	7.2111	8.9443	10.7703	44.00	108.00	140.00
4.5	20.25	4.9244	24.25	119.417	6.0208	7.5000	9.1788	10.9659	56.75	137.75	178.25
5.0	25.00	5.3852	29.00	156.171	6.4031	7.8102	9.4340	11.1803	71.00	171.00	221.00
5.5	30.25	5.8524	34.25	200.443	6.8007	8.1394	9.7082	11.4127	86.75	207.75	268.25
6.0	36.00	6.3246	40.00	252.982	7.2111	8.4853	10.0000	11.6619	104.00	248.00	320.00
6.5	42.25	6.8007	46.25	314.534	7.6322	8.8459	10.3078	11.9269	122.75	291.75	376.25
7.0	49.00	7.2801	53.00	385.845	8.0623	9.2195	10.6301	12.2066	143.00	339.00	437.00
7.5	56.25	7.7621	60.25	467.666	8.5000	9.6047	10.9659	12.5000	164.75	389.75	502.25
8.0	64.00	8.2462	68.00	560.742	8.9443	10.0000	11.3137	12.8062	188.00	444.00	572.00

2. 六节间折线形屋架

表 6.2-2

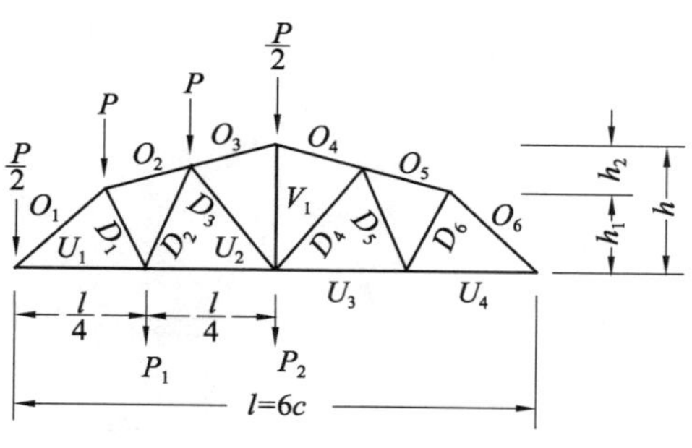

$m=\frac{l}{h}$；　$n=\frac{l}{h_2}$；　$N=\sqrt{n^2+9}$

$K_1=\sqrt{m^2n^2+36(n-m)^2}$

$K_2=\sqrt{m^2n^2+144(n-m)^2}$

$K_3=\sqrt{m^2n^2+36(2n-m)^2}$

$K_4=\sqrt{m^2n^2+9(2n-m)^2}$

杆件长度＝表中系数×h

杆件内力＝表中系数×P_i

杆件	长度系数	内力系数			
		上弦荷载		下弦荷载	
		全跨屋面	半跨屋面	P_1	P_2
O_1	$\frac{K_1}{6n}$	$-\frac{5K_1}{12(n-m)}$	$-\frac{7K_1}{24(n-m)}$	$-\frac{K_1}{8(n-m)}$	$-\frac{K_1}{12(n-m)}$
O_2	$\frac{mN}{6n}$	$-\frac{13mN}{6(4n-3m)}$	$-\frac{17mN}{12(4n-3m)}$	$-\frac{3mN}{4(4n-3m)}$	$-\frac{mN}{2(4n-3m)}$
O_3,O_4	$\frac{mN}{6n}$	$-\frac{3mN}{4n}$	$-\frac{3mN}{8n}$	$-\frac{mN}{8n}$	$-\frac{mN}{4n}$
O_5	$\frac{mN}{6n}$	$-\frac{13mN}{6(4n-3m)}$	$-\frac{3mN}{4(4n-3m)}$	$-\frac{mN}{4(4n-3m)}$	$-\frac{mN}{2(4n-3m)}$
O_6	$\frac{K_1}{6n}$	$-\frac{5K_1}{12(n-m)}$	$-\frac{K_1}{8(n-m)}$	$-\frac{K_1}{24(n-m)}$	$-\frac{K_1}{12(n-m)}$
U_1	$\frac{m}{4}$	$\frac{5mn}{12(n-m)}$	$\frac{7mn}{24(n-m)}$	$\frac{mn}{8(n-m)}$	$\frac{mn}{12(n-m)}$
U_2	$\frac{m}{4}$	$\frac{4mn}{3(2n-m)}$	$\frac{5mn}{6(2n-m)}$	$\frac{mn}{3(2n-m)}$	$\frac{mn}{3(2n-m)}$
U_3	$\frac{m}{4}$	$\frac{4mn}{3(2n-m)}$	$\frac{mn}{2(2n-m)}$	$\frac{mn}{6(2n-m)}$	$\frac{mn}{3(2n-m)}$
U_4	$\frac{m}{4}$	$\frac{5mn}{12(n-m)}$	$\frac{mn}{8(n-m)}$	$\frac{mn}{24(n-m)}$	$\frac{mn}{12(n-m)}$
D_1	$\frac{K_2}{12n}$	$\frac{(6n-11m)K_2}{12(n-m)(4n-3m)}$	$\frac{(6n-13m)K_2}{24(n-m)(4n-3m)}$	$\frac{(2n-3m)K_2}{8(n-m)(4n-3m)}$	$\frac{(2n-3m)K_2}{12(n-m)(4n-3m)}$
D_2	$\frac{K_3}{12n}$	$-\frac{(6n-11m)K_3}{6(2n-m)(4n-3m)}$	$-\frac{(6n-13m)K_3}{12(2n-m)(4n-3m)}$	$\frac{(2n+3m)K_3}{12(2n-m)(4n-3m)}$	$-\frac{(2n-3m)K_3}{6(2n-m)(4n-3m)}$
D_3	$\frac{K_4}{6n}$	$\frac{(2n-9m)K_4}{12n(2n-m)}$	$-\frac{(2n+9m)K_4}{24n(2n-m)}$	$-\frac{(2n+3m)K_4}{24n(2n-m)}$	$\frac{(2n-3m)K_4}{12n(2n-m)}$
D_4	$\frac{K_4}{6n}$	$\frac{(2n-9m)K_4}{12n(2n-m)}$	$\frac{(2n-3m)K_4}{8n(2n-m)}$	$\frac{(2n-3m)K_4}{24n(2n-m)}$	$\frac{(2n-3m)K_4}{12n(2n-m)}$
D_5	$\frac{K_3}{12n}$	$-\frac{(6n-11m)K_3}{6(2n-m)(4n-3m)}$	$-\frac{(2n-3m)K_3}{4(2n-m)(4n-3m)}$	$-\frac{(2n-3m)K_3}{12(2n-m)(4n-3m)}$	$-\frac{(2n-3m)K_3}{6(2n-m)(4n-3m)}$
D_6	$\frac{K_2}{12n}$	$\frac{(6n-11m)K_2}{12(n-m)(4n-3m)}$	$\frac{(2n-3m)K_2}{8(n-m)(4n-3m)}$	$\frac{(2n-3m)K_2}{24(n-m)(4n-3m)}$	$\frac{(2n-3m)K_2}{12(n-m)(4n-3m)}$
V_1	1	$\frac{9m}{2n}-1$	$\frac{9m}{4n}-\frac{1}{2}$	$\frac{3m}{4n}$	$\frac{3m}{2n}$

3. 梯形屋架

（1）端斜杆为上升式的八节间梯形屋架

表 6.2-3

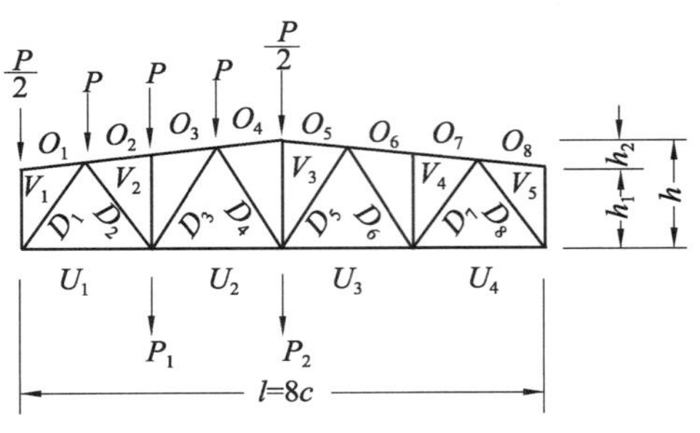

$m=\frac{l}{h}$；$n=\frac{l}{h_2}$；$N=\sqrt{n^2+4}$

$K_1=\sqrt{m^2n^2+(8n-6m)^2}$

$K_2=\sqrt{m^2n^2+(8n-2m)^2}$

杆件长度＝表中系数×h

杆件内力＝表中系数×P_i

<table>
<tr><th rowspan="3">杆件</th><th rowspan="3">长度系数</th><th colspan="4">内　　力　　系　　数</th></tr>
<tr><th colspan="2">上　弦　荷　载</th><th colspan="2">下　弦　荷　载</th></tr>
<tr><th>全 跨 屋 面</th><th>半 跨 屋 面</th><th>P_1</th><th>P_2</th></tr>
<tr><td>O_1，O_8</td><td>$\frac{Nm}{8n}$</td><td>0</td><td>0</td><td>0</td><td>0</td></tr>
<tr><td>O_2，O_3</td><td>$\frac{Nm}{8n}$</td><td>$-\frac{3mN}{2(2n-m)}$</td><td>$-\frac{mN}{2n-m}$</td><td>$-\frac{3mN}{8(2n-m)}$</td><td>$-\frac{mN}{4(2n-m)}$</td></tr>
<tr><td>O_4，O_5</td><td>$\frac{Nm}{8n}$</td><td>$-\frac{mN}{n}$</td><td>$-\frac{mN}{2n}$</td><td>$-\frac{mN}{8n}$</td><td>$-\frac{mN}{4n}$</td></tr>
<tr><td>O_6，O_7</td><td>$\frac{Nm}{8n}$</td><td>$-\frac{3mN}{2(2n-m)}$</td><td>$-\frac{mN}{2(2n-m)}$</td><td>$-\frac{mN}{8(2n-m)}$</td><td>$-\frac{mN}{4(2n-m)}$</td></tr>
<tr><td>U_1</td><td>$\frac{m}{4}$</td><td>$\frac{7mn}{4(4n-3m)}$</td><td>$\frac{5mn}{4(4n-3m)}$</td><td>$\frac{3mn}{8(4n-3m)}$</td><td>$\frac{mn}{4(4n-3m)}$</td></tr>
<tr><td>U_2</td><td>$\frac{m}{4}$</td><td>$\frac{15mn}{4(4n-m)}$</td><td>$\frac{9mn}{4(4n-m)}$</td><td>$\frac{5mn}{8(4n-m)}$</td><td>$\frac{3mn}{4(4n-m)}$</td></tr>
<tr><td>U_3</td><td>$\frac{m}{4}$</td><td>$\frac{15mn}{4(4n-m)}$</td><td>$\frac{3mn}{2(4n-m)}$</td><td>$\frac{3mn}{8(4n-m)}$</td><td>$\frac{3mn}{4(4n-m)}$</td></tr>
<tr><td>U_4</td><td>$\frac{m}{4}$</td><td>$\frac{7mn}{4(4n-3m)}$</td><td>$\frac{mn}{2(4n-3m)}$</td><td>$\frac{mn}{8(4n-3m)}$</td><td>$\frac{mn}{4(4n-3m)}$</td></tr>
<tr><td>D_1</td><td>$\frac{K_1}{8n}$</td><td>$-\frac{7K_1}{4(4n-3m)}$</td><td>$-\frac{5K_1}{4(4n-3m)}$</td><td>$-\frac{3K_1}{8(4n-3m)}$</td><td>$-\frac{K_1}{4(4n-3m)}$</td></tr>
<tr><td>D_2</td><td>$\frac{K_1}{8n}$</td><td>$\frac{(10n-11m)K_1}{4(2n-m)(4n-3m)}$</td><td>$\frac{(6n-7m)K_1}{4(2n-m)(4n-3m)}$</td><td>$\frac{3(n-m)K_1}{4(2n-m)(4n-3m)}$</td><td>$\frac{(n-m)K_1}{2(2n-m)(4n-3m)}$</td></tr>
<tr><td>D_3</td><td>$\frac{K_2}{8n}$</td><td>$-\frac{3(2n-3m)K_2}{4(2n-m)(4n-m)}$</td><td>$-\frac{(2n-5m)K_2}{4(2n-m)(4n-m)}$</td><td>$\frac{(m+n)K_2}{4(2n-m)(4n-m)}$</td><td>$-\frac{(n-m)K_2}{2(2n-m)(4n-m)}$</td></tr>
<tr><td>D_4</td><td>$\frac{K_2}{8n}$</td><td rowspan="2">$\left.\right\}\frac{(n-4m)K_2}{4n(4n-m)}$</td><td>$-\frac{(2m+n)K_2}{4n(4n-m)}$</td><td>$\frac{-(m+n)K_2}{8n(4n-m)}$</td><td rowspan="2">$\left\}\right.\frac{(n-m)K_2}{4n(4n-m)}$</td></tr>
<tr><td>D_5</td><td>$\frac{K_2}{8n}$</td><td>$\frac{(n-m)K_2}{2n(4n-m)}$</td><td>$\frac{(n-m)K_2}{8n(4n-m)}$</td></tr>
<tr><td>D_6</td><td>$\frac{K_2}{8n}$</td><td>$-\frac{3(2n-3m)K_2}{4(2n-m)(4n-m)}$</td><td>$-\frac{(n-m)K_2}{(2n-m)(4n-m)}$</td><td>$-\frac{(n-m)K_2}{4(2n-m)(4n-m)}$</td><td>$-\frac{(n-m)K_2}{2(2n-m)(4n-m)}$</td></tr>
</table>

续表

杆件	长度系数	内力系数			
		上弦荷载		下弦荷载	
		全跨屋面	半跨屋面	P_1	P_2
D_7	$\frac{K_1}{8n}$	$\frac{(10n-11m)K_1}{4(2n-m)(4n-3m)}$	$\frac{(n-m)K_1}{(2n-m)(4n-3m)}$	$\frac{(n-m)K_1}{4(2n-m)(4n-3m)}$	$\frac{(n-m)K_1}{2(2n-m)(4n-3m)}$
D_8	$\frac{K_1}{8n}$	$-\frac{7K_1}{4(4n-3m)}$	$-\frac{K_1}{2(4n-3m)}$	$-\frac{K_1}{8(4n-3m)}$	$-\frac{K_1}{4(4n-3m)}$
V_1	$\frac{n-m}{n}$	$-\frac{1}{2}$	$-\frac{1}{2}$	0	0
V_2	$\frac{2n-m}{2n}$	-1	-1	0	0
V_3	1	$\frac{4m-n}{n}$	$\frac{4m-n}{2n}$	$\frac{m}{2n}$	$\frac{m}{n}$
V_4	$\frac{2n-m}{2n}$	-1	0	0	0
V_5	$\frac{n-m}{n}$	$-\frac{1}{2}$	0	0	0

（2）端斜杆为下降式的八节间梯形屋架

表 6.2-4

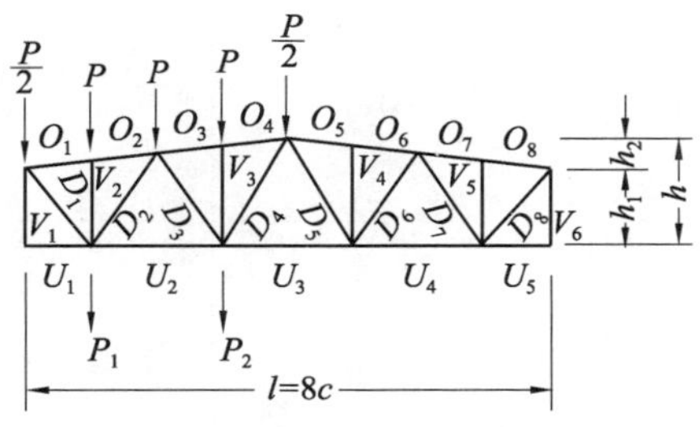

$m=\frac{l}{h}$；$n=\frac{l}{h_2}$；$N=\sqrt{n^2+4}$

$K_1=\sqrt{m^2n^2+(8n-6m)^2}$

$K_2=\sqrt{m^2n^2+(8n-2m)^2}$

$K_3=\sqrt{m^2+64}$

杆件长度＝表中系数×h

杆件内力＝表中系数×P_i

杆件	长度系数	内力系数			
		上弦荷载		下弦荷载	
		全跨屋面	半跨屋面	P_1	P_2
O_1,O_2	$\frac{Nm}{8n}$	$-\frac{7mN}{4(4n-3m)}$	$-\frac{5mN}{4(4n-3m)}$	$-\frac{7mN}{16(4n-3m)}$	$-\frac{5mN}{16(4n-3m)}$
O_3,O_4	$\frac{Nm}{8n}$	$-\frac{15mN}{4(4n-m)}$（$O_3 \sim O_6$）	$-\frac{9mN}{4(4n-m)}$	$-\frac{5mN}{16(4n-m)}$	$-\frac{15mN}{16(4n-m)}$
O_5,O_6	$\frac{Nm}{8n}$		$-\frac{3mN}{2(4n-m)}$	$-\frac{3mN}{16(4n-m)}$	$-\frac{9mN}{16(4n-m)}$
O_7,O_8	$\frac{Nm}{8n}$	$-\frac{7mN}{4(4n-3m)}$	$-\frac{mN}{2(4n-3m)}$	$-\frac{mN}{16(4n-3m)}$	$-\frac{3mN}{16(4n-3m)}$

续表

杆件	长度系数	内力系数			
		上弦荷载		下弦荷载	
		全跨屋面	半跨屋面	P_1	P_2
U_1,U_5	$\frac{m}{8}$	0	0	0	0
U_2	$\frac{m}{4}$	$\frac{3mn}{2(2n-m)}$	$\frac{mn}{2n-m}$	$\frac{3mn}{16(2n-m)}$	$\frac{5mn}{16(2n-m)}$
U_3	$\frac{m}{4}$	m	$\frac{m}{2}$	$\frac{m}{16}$	$\frac{3m}{16}$
U_4	$\frac{m}{4}$	$\frac{3mn}{2(2n-m)}$	$\frac{mn}{2(2n-m)}$	$\frac{mn}{16(2n-m)}$	$\frac{3mn}{16(2n-m)}$
D_1	$\frac{K_1}{8n}$	$\frac{7K_1}{4(4n-3m)}$	$\frac{5K_1}{4(4n-3m)}$	$\frac{7K_1}{16(4n-3m)}$	$\frac{5K_1}{16(4n-3m)}$
D_2	$\frac{K_2}{8n}$	$-\frac{(10n-11m)K_2}{4(4n-3m)(2n-m)}$	$-\frac{(6n-7m)K_2}{4(4n-3m)(2n-m)}$	$\frac{(n+m)K_2}{8(4n-3m)(2n-m)}$	$-\frac{5(n-m)K_2}{8(2n-m)(4n-3m)}$
D_3	$\frac{K_2}{8n}$	$\frac{3(2n-3m)K_2}{4(2n-m)(4n-m)}$	$\frac{(2n-5m)K_2}{4(2n-m)(4n-m)}$	$-\frac{(n+m)K_2}{8(4n-m)(2n-m)}$	$\frac{5(n-m)K_2}{8(4n-m)(4n-3m)}$
D_4	$\frac{K_3}{8}$	$\frac{(4m-n)K_3}{4(4n-m)}$	$\frac{(n+2m)K_3}{4(4n-m)}$	$\frac{(n+m)K_3}{16(4n-m)}$	$\frac{3(n+m)K_3}{16(4n-m)}$
D_5	$\frac{K_3}{8}$	$\frac{(4m-n)K_3}{4(4n-m)}$	$-\frac{(n-m)K_3}{2(4n-m)}$	$-\frac{(n-m)K_3}{16(4n-m)}$	$-\frac{3(n-m)K_3}{16(4n-m)}$
D_6	$\frac{K_2}{8n}$	$\frac{3(2n-3m)K_2}{4(2n-m)(4n-m)}$	$\frac{(n-m)K_2}{(4n-m)(2n-m)}$	$-\frac{(n-m)K_2}{8(2n-m)(4n-m)}$	$\frac{3(n-m)K_2}{8(4n-m)(2n-m)}$
D_7	$\frac{K_2}{8n}$	$-\frac{(10n-11m)K_2}{4(4n-3m)(2n-m)}$	$-\frac{(n-m)K_2}{(4n-3m)(2n-m)}$	$-\frac{(n-m)K_2}{8(4n-3m)(2n-m)}$	$-\frac{3(n-m)K_2}{8(4n-3m)(2n-m)}$
D_8	$\frac{K_1}{8n}$	$\frac{7K_1}{4(4n-3m)}$	$\frac{K_1}{2(4n-3m)}$	$\frac{K_1}{16(4n-3m)}$	$\frac{3K_1}{16(4n-3m)}$
V_1	$\frac{n-m}{n}$	-4	-3	$-\frac{7}{8}$	$-\frac{5}{8}$
V_2	$\frac{4n-3m}{4n}$	-1	-1	0	0
V_3	$\frac{4n-m}{4n}$	-1	-1	0	0
V_4	$\frac{4n-m}{4n}$	-1	0	0	0
V_5	$\frac{4n-3m}{4n}$	-1	0	0	0
V_6	$\frac{n-m}{n}$	-4	-1	$-\frac{1}{8}$	$-\frac{3}{8}$

（3）端斜杆为上升式的十节间梯形屋架

表 6.2-5

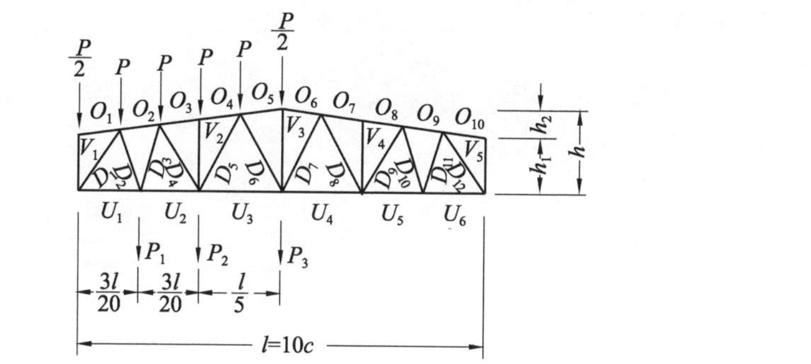

$m=\frac{l}{h}$；$n=\frac{l}{h_2}$；$N=\sqrt{n^2+4}$

$K_1=\sqrt{m^2n^2+(10n-8m)^2}$

$K_2=\sqrt{m^2n^2+(20n-16m)^2}$

$K_3=\sqrt{m^2n^2+(20n-12m)^2}$

$K_4=\sqrt{m^2n^2+(10n-6m)^2}$

$K_5=\sqrt{m^2n^2+(10n-2m)^2}$

杆件长度＝表中系数×h
杆件内力＝表中系数×P_i

杆件	长度系数	内力系数				
		上弦荷载		下弦荷载		
		全跨屋面	半跨屋面	P_1	P_2	P_3
O_1,O_{10}	$\frac{Nm}{10n}$	0	0	0	0	0
O_2	$\frac{Nm}{10n}$	$-\frac{12.5mN}{2(10n-7m)}$	$-\frac{8.75mN}{2(10n-7m)}$	$-\frac{2.55mN}{2(10n-7m)}$	$-\frac{2.1mN}{2(10n-7m)}$	$-\frac{3mN}{4(10n-7m)}$
O_3,O_4	$\frac{Nm}{10n}$	$-\frac{10.5mN}{2(5n-2m)}$	$-\frac{6.75mN}{2(5n-2m)}$	$-\frac{2.1mN}{4(5n-2m)}$	$-\frac{2.1mN}{2(5n-2m)}$	$-\frac{3mN}{4(5n-2m)}$
O_5,O_6	$\frac{Nm}{10n}$	$-\frac{12.5mN}{10n}$	$-\frac{6.25mN}{10n}$	$-\frac{1.5mN}{20n}$	$-\frac{3mN}{20n}$	$-\frac{mN}{4n}$
O_7,O_8	$\frac{Nm}{10n}$	$-\frac{10.5mN}{2(5n-2m)}$	$-\frac{3.75mN}{2(5n-2m)}$	$-\frac{4.5mN}{20(5n-2m)}$	$-\frac{9mN}{20(5n-2m)}$	$-\frac{3mN}{4(5n-2m)}$

续表

杆件	长度系数	内力系数				
		上弦荷载		下弦荷载		
		全跨屋面	半跨屋面	P_1	P_2	P_3
O_9	$\frac{Nm}{10n}$	$-\frac{12.5mN}{2(10n-7m)}$	$-\frac{3.75mN}{2(10n-7m)}$	$-\frac{4.5mN}{20(10n-7m)}$	$-\frac{9mN}{20(10n-7m)}$	$-\frac{3mN}{4(10n-7m)}$
U_1	$\frac{3m}{20}$	$\frac{4.5mn}{2(5n-4m)}$	$\frac{3.25mn}{2(5n-4m)}$	$\frac{8.5mn}{20(5n-4m)}$	$\frac{7mn}{20(5n-4m)}$	$\frac{mn}{4(5n-4m)}$
U_2	$\frac{3m}{20}$	$\frac{4mn}{5n-3m}$	$\frac{5.5mn}{2(5n-3m)}$	$\frac{3mn}{5(5n-3m)}$	$\frac{7mn}{10(5n-3m)}$	$\frac{mn}{2(5n-3m)}$
U_3	$\frac{m}{5}$	$\frac{6mn}{5n-m}$	$\frac{7mn}{2(5n-m)}$	$\frac{9mn}{20(5n-m)}$	$\frac{9mn}{10(5n-m)}$	$\frac{mn}{5n-m}$
U_4	$\frac{m}{5}$	$\frac{6mn}{5n-m}$	$\frac{5mn}{2(5n-m)}$	$\frac{3mn}{10(5n-m)}$	$\frac{3mn}{5(5n-m)}$	$\frac{mn}{5n-m}$
U_5	$\frac{3m}{20}$	$\frac{4mn}{5n-3m}$	$\frac{1.25mn}{5n-3m}$	$\frac{1.5mn}{10(5n-3m)}$	$\frac{3mn}{10(5n-3m)}$	$\frac{mn}{2(5n-3m)}$
U_6	$\frac{3m}{20}$	$\frac{4.5mn}{2(5n-4m)}$	$\frac{1.25mn}{2(5n-4m)}$	$\frac{1.5mn}{20(5n-4m)}$	$\frac{3mn}{20(5n-4m)}$	$\frac{mn}{4(5n-4m)}$
D_1	$\frac{K_1}{10n}$	$-\frac{4.5K_1}{2(5n-4m)}$	$-\frac{3.25K_1}{2(5n-4m)}$	$-\frac{8.5K_1}{20(5n-4m)}$	$-\frac{7K_1}{20(5n-4m)}$	$-\frac{K_1}{4(5n-4m)}$
D_2	$\frac{K_2}{20n}$	$\frac{(17.5n-18.5m)K_2}{2(5n-4m)(10n-7m)}$	$\frac{(11.25n-12.25m)K_2}{2(5n-4m)(10n-7m)}$	$\frac{4.25(n-m)K_2}{2(5n-4m)(10n-7m)}$	$\frac{7(n-m)K_2}{4(5n-4m)(10n-7m)}$	$\frac{5(n-m)K_2}{4(5n-4m)(10n-7m)}$
D_3	$\frac{K_3}{20n}$	$-\frac{(17.5n-18.5m)K_3}{2(5n-3m)(10n-7m)}$	$-\frac{(11.25n-12.25m)K_3}{2(5n-3m)(10n-7m)}$	$\frac{1.5(n+m)K_3}{4(5n-3m)(10n-7m)}$	$-\frac{7(n-m)K_3}{4(5n-3m)(10n-7m)}$	$-\frac{5(n-m)K_3}{4(5n-3m)(10n-7m)}$
D_4	$\frac{K_4}{10n}$	$\frac{(12.5n-15.5m)K_4}{2(5n-3m)(5n-2m)}$	$\frac{(6.25n-9.25m)K_4}{2(5n-3m)(5n-2m)}$	$-\frac{1.5(n+m)K_4}{4(5n-3m)(5n-2m)}$	$\frac{7(n-m)K_4}{4(5n-3m)(5n-2m)}$	$\frac{5(n-m)K_4}{4(5n-3m)(5n-2m)}$

续表

杆件	长度系数	内力系数				
		上弦荷载		下弦荷载		
		全跨屋面	半跨屋面	P_1	P_2	P_3
D_5	$\frac{K_5}{10n}$	$-\frac{(7.5n-13.5m)K_5}{2(5n-2m)(5n-m)}$	$\frac{(-1.25n+7.25m)K_5}{2(5n-2m)(5n-m)}$	$\frac{1.5(n+m)K_5}{4(5n-2m)(5n-m)}$	$\frac{3(n+m)K_5}{4(5n-2m)(5n-m)}$	$-\frac{5(n-m)K_5}{4(5n-2m)(5n-m)}$
D_6	$\frac{K_5}{10n}$	$\frac{(2.5n-12.5m)K_5}{10n(5n-m)}$	$-\frac{(3.75n+6.25m)K_5}{10n(5n-m)}$	$-\frac{1.5(n+m)K_5}{20n(5n-m)}$	$-\frac{3(n+m)K_5}{20n(5n-m)}$	$\frac{(n-m)K_5}{4n(5n-m)}$
D_7	$\frac{K_5}{10n}$	$\frac{(2.5n-12.5m)K_5}{10n(5n-m)}$	$\frac{1.25(n-m)K_5}{2n(5n-m)}$	$\frac{1.5(n-m)K_5}{20n(5n-m)}$	$\frac{3(n-m)K_5}{20n(5n-m)}$	$\frac{(n-m)K_5}{4n(5n-m)}$
D_8	$\frac{K_5}{10n}$	$-\frac{(7.5n-13.5m)K_5}{2(5n-2m)(5n-m)}$	$-\frac{6.25(n-m)K_5}{2(5n-2m)(5n-m)}$	$-\frac{7.5(n-m)K_5}{20(5n-2m)(5n-m)}$	$-\frac{3(n-m)K_5}{4(5n-2m)(5n-m)}$	$-\frac{5(n-m)K_5}{4(5n-2m)(5n-m)}$
D_9	$\frac{K_4}{10n}$	$\frac{(12.5n-15.5m)K_4}{2(5n-3m)(5n-2m)}$	$\frac{6.25(n-m)K_4}{2(5n-3m)(5n-2m)}$	$\frac{7.5(n-m)K_4}{20(5n-3m)(5n-2m)}$	$\frac{3(n-m)K_4}{4(5n-3m)(5n-2m)}$	$\frac{5(n-m)K_4}{4(5n-3m)(5n-2m)}$
D_{10}	$\frac{K_3}{20n}$	$-\frac{(17.5n-18.5m)K_3}{2(5n-3m)(10n-7m)}$	$-\frac{6.25(n-m)K_3}{2(5n-3m)(10n-7m)}$	$-\frac{7.5(n-m)K_3}{20(5n-3m)(10n-7m)}$	$-\frac{3(n-m)K_3}{4(5n-3m)(10n-7m)}$	$-\frac{5(n-m)K_3}{4(5n-3m)(10n-7m)}$
D_{11}	$\frac{K_2}{20n}$	$\frac{(17.5n-18.5m)K_2}{2(5n-4m)(10n-7m)}$	$\frac{6.25(n-m)K_2}{2(5n-4m)(10n-7m)}$	$\frac{7.5(n-m)K_2}{20(5n-4m)(10n-7m)}$	$\frac{3(n-m)K_2}{4(5n-4m)(10n-7m)}$	$\frac{5(5n-m)K_2}{4(5n-4m)(10n-7m)}$
D_{12}	$\frac{K_1}{10n}$	$-\frac{4.5K_1}{2(5n-4m)}$	$-\frac{1.25K_1}{2(5n-4m)}$	$-\frac{1.5K_1}{20(5n-4m)}$	$-\frac{3K_1}{20(5n-4m)}$	$-\frac{K_1}{4(5n-4m)}$
V_1	$\frac{n-m}{n}$	$-\frac{1}{2}$	$-\frac{1}{2}$	0	0	0
V_2	$\frac{5n-2m}{5n}$	-1	-1	0	0	0
V_3	1	$\frac{5m-n}{n}$	$\frac{5m-n}{2n}$	$\frac{3m}{10n}$	$\frac{3m}{5n}$	$\frac{m}{n}$
V_4	$\frac{5n-2m}{5n}$	-1	0	0	0	0
V_5	$\frac{n-m}{n}$	$-\frac{1}{2}$	0	0	0	0

4. 平行弦杆桁架

(1) 斜杆为上升式的平行弦杆桁架

表 6.2-6

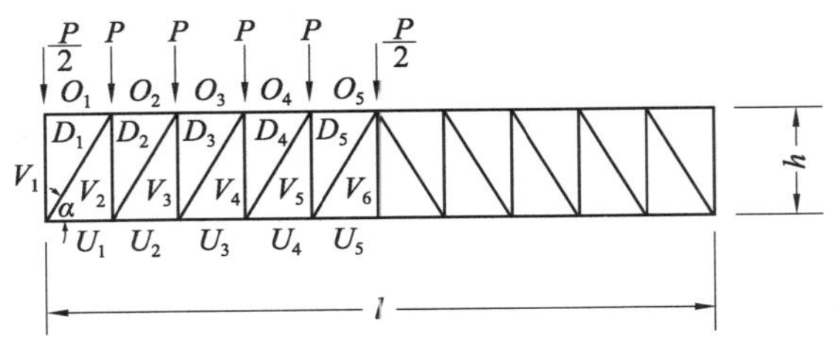

杆件	四节间			六节间			八节间			十节间			乘数
	左半跨 P	右半跨 P	满载	左半跨 P	右半跨 P	满载	左半跨 P	右半跨 P	满载	左半跨 P	右半跨 P	满载	
O_1	0	0	0	0	0	0	0	0	0	0	0	0	$P\cot\alpha$
O_2	−1.0	−0.5	−1.5	−1.75	−0.75	−2.5	−2.5	−1.0	−3.5	−3.25	−1.25	−4.5	
O_3	—	—	—	−2.50	−1.50	−4.0	−4.0	−2.0	−6.0	−5.50	−2.50	−8.0	
O_4	—	—	—	—	—	—	−4.5	−3.0	−7.5	−6.75	−3.75	−10.5	
O_5	—	—	—	—	—	—	—	—	—	−7.00	−5.00	−12.0	
U_1	1.0	0.5	1.5	1.75	0.75	2.5	2.5	1.0	3.5	3.25	1.25	4.5	$P\cot\alpha$
U_2	1.0	1.0	2.0	2.50	1.50	4.0	4.0	2.0	6.0	5.50	2.50	8.0	
U_3	—	—	—	2.25	2.25	4.5	4.5	3.0	7.5	6.75	3.75	10.5	
U_4	—	—	—	—	—	—	4.0	4.0	8.0	7.00	5.00	12.0	
U_5	—	—	—	—	—	—	—	—	—	6.25	6.25	12.5	
D_1	−1.0	−0.5	−1.5	−1.75	−0.75	−2.5	−2.5	−1.0	−3.5	−3.25	−1.25	−4.5	$\frac{P}{\sin\alpha}$
D_2	0	−0.5	−0.5	−0.75	−0.75	−1.5	−1.5	−1.0	−2.5	−2.25	−1.25	−3.5	
D_3	—	—	—	0.25	−0.75	−0.5	−0.5	−1.0	−1.5	−1.25	−1.25	−2.5	
D_4	—	—	—	—	—	—	0.5	−1.0	−0.5	−0.25	−1.25	−1.5	
D_5	—	—	—	—	—	—	—	—	—	0.75	−1.25	−0.5	
V_1	−0.5	0	−0.5	−0.50	0	−0.5	−0.5	0	−0.5	−0.50	0	−0.5	P
V_2	0	0.5	0.5	0.75	0.75	1.5	1.5	1.0	2.5	2.25	1.25	3.5	
V_3	0	0	0	−0.25	0.75	0.5	0.5	1.0	1.5	1.25	1.25	2.5	
V_4	—	—	—	0	0	0	−0.5	1.0	0.5	0.25	1.25	1.5	
V_5	—	—	—	—	—	—	0	0	0	−0.75	1.25	0.5	
V_6	—	—	—	—	—	—	—	—	—	0	0	0	

注：当荷载在下弦节点满载时，表中“满载”栏：V 杆的系数除 V_1 杆加 0.5 外，其余均应加 1.0；其他各杆的系数不变。

（2）斜杆为下降式的平行弦杆桁架

表 6.2-7

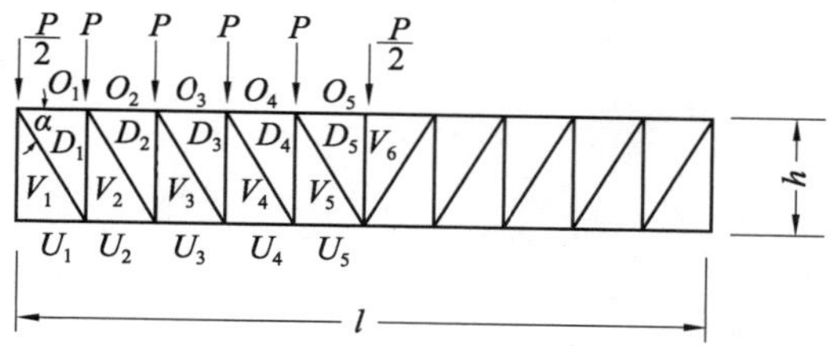

杆件	四节间			六节间			八节间			十节间			乘数
	左半跨 P	右半跨 P	满载	左半跨 P	右半跨 P	满载	左半跨 P	右半跨 P	满载	左半跨 P	右半跨 P	满载	
O_1	−1.0	−0.5	−1.5	−1.75	−0.75	−2.5	−2.5	−1.0	−3.5	−3.25	−1.25	−4.5	$P\cot\alpha$
O_2	−1.0	−1.0	−2.0	−2.50	−1.50	−4.0	−4.0	−2.0	−6.0	−5.50	−2.50	−8.0	
O_3	—	—	—	−2.25	−2.25	−4.5	−4.5	−3.0	−7.5	−6.75	−3.75	−10.5	
O_4	—	—	—	—	—	—	−4.0	−4.0	−8.0	−7.00	−5.00	−12.0	
O_5	—	—	—	—	—	—	—	—	—	−6.25	−6.25	−12.5	
U_1	0	0	0	0	0	0	0	0	0	0	0	0	$P\cot\alpha$
U_2	1.0	0.5	1.5	1.75	0.75	2.5	2.5	1.0	3.5	3.25	1.25	4.5	
U_3	—	—	—	2.50	1.50	4.0	4.0	2.0	6.0	5.50	2.50	8.0	
U_4	—	—	—	—	—	—	4.5	3.0	7.5	6.75	3.75	10.5	
U_5	—	—	—	—	—	—	—	—	—	7.00	5.00	12.0	
D_1	1.0	0.5	1.5	1.75	0.75	2.5	2.5	1.0	3.5	3.25	1.25	4.5	$\frac{P}{\sin\alpha}$
D_2	0	0.5	0.5	0.75	0.75	1.5	1.5	1.0	2.5	2.25	1.25	3.5	
D_3	—	—	—	−0.25	0.75	0.5	0.5	1.0	1.5	1.25	1.25	2.5	
D_4	—	—	—	—	—	—	−0.5	1.0	0.5	0.25	1.25	1.5	
D_5	—	—	—	—	—	—	—	—	—	−0.75	1.25	0.5	
V_1	−1.5	−0.5	−2.0	−2.25	−0.75	−3.0	−3.0	−1.0	−4.0	−3.75	−1.25	−5.0	P
V_2	−1.0	−0.5	−1.5	−1.75	−0.75	−2.5	−2.5	−1.0	−3.5	−3.25	−1.25	−4.5	
V_3	−0.5	−0.5	−1.0	−0.75	−0.75	−1.5	−1.5	−1.0	−2.5	−2.25	−1.25	−3.5	
V_4	—	—	—	−0.50	−0.50	−1.0	−0.5	−1.0	−1.5	−1.25	−1.25	−2.5	
V_5	—	—	—	—	—	—	−0.5	−0.5	−1.0	−0.25	−1.25	−1.5	
V_6	—	—	—	—	—	—	—	—	—	−0.50	−0.50	−1.0	

注：当荷载在下弦节点满载时，表中“满载”栏：V 杆的系数除 V_1 杆加 0.5 外，其余均应加 1.0；其他各杆的系数不变。

5. 豪式屋架（节间等长）

（1）四节间豪式屋架

表 6.2-8

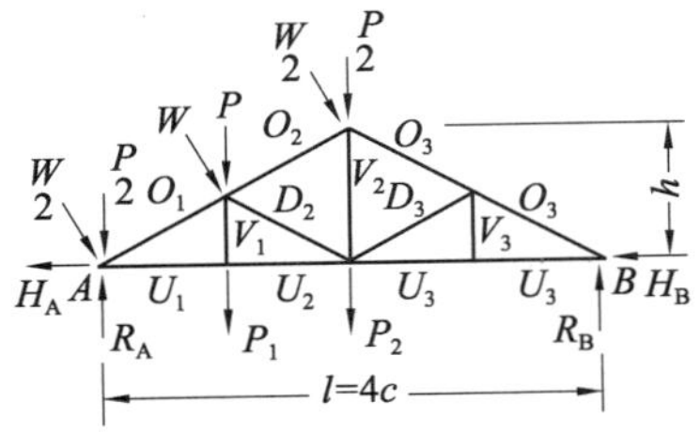

$n=\frac{l}{h}$；$N=\sqrt{n^2+4}$；$S=3n^2-4$

杆件长度＝表中系数×h

杆件内力＝表中系数×P_i（或 W）

N 及 S 值见表 6.2-1。

杆件	通式	n 值				
		3	$2\sqrt{3}$	4	5	6
长度系数						
O	$\frac{N}{4}$	0.901	1.000	1.118	1.346	1.581
U	$\frac{n}{4}$	0.750	0.866	1.000	1.250	1.500
D_2	$\frac{N}{4}$	0.901	1.000	1.118	1.346	1.581
V_1	$\frac{1}{2}$	0.5	0.5	0.5	0.5	0.5
V_2	1	1	1	1	1	1
全跨屋面荷载 P 的内力系数						
O_1	$-\frac{3N}{4}$	−2.70	−3.00	−3.35	−4.04	−4.74
O_2	$-\frac{N}{2}$	−1.80	−2.00	−2.24	−2.69	−3.16
U_1U_2	$\frac{3n}{4}$	2.25	2.60	3.00	3.75	4.50
D_2	$-\frac{N}{4}$	−0.90	−1.00	−1.12	−1.35	−1.58
V_1	0	0	0	0	0	0
V_2	1	1	1	1	1	1

杆件	荷载形式			
	半跨屋面		下弦节点	
	P	W	P_1	P_2
图示局部荷载的内力系数				
O_1	$-\frac{N}{2}$	$-\frac{n^2-2}{2n}$	$-\frac{3N}{8}$	$-\frac{N}{4}$
O_2	$-\frac{N}{4}$	$-\frac{n}{4}$	$-\frac{N}{8}$	$-\frac{N}{4}$
O_3	$-\frac{N}{4}$	$-\frac{N^2}{4n}$	$-\frac{N}{8}$	$-\frac{N}{4}$
U_1,U_2	$\frac{n}{2}$	$\frac{N(n^2-2)}{2n^2}$	$\frac{3n}{8}$	$\frac{n}{4}$
U_3	$\frac{n}{4}$	$\frac{N(n^2-4)}{4n^2}$	$\frac{n}{8}$	$\frac{n}{4}$
D_2	$-\frac{N}{4}$	$-\frac{N^2}{4n}$	$-\frac{N}{4}$	0
V_1	0	0	1	0
V_2	$\frac{1}{2}$	$\frac{N}{2n}$	$\frac{1}{2}$	1
其他杆件	0	0	0	0
R_A	$\frac{3}{2}$	$\frac{S}{2Nn}$	$\frac{3}{4}$	$\frac{1}{2}$
R_B	$\frac{1}{2}$	$\frac{N}{2n}$	$\frac{1}{4}$	$\frac{1}{2}$
H_A	—	$\frac{S}{Nn^2}$	—	—
H_B	—	$\frac{N}{n^2}$	—	—

（2）六节间豪式屋架

表 6.2-9

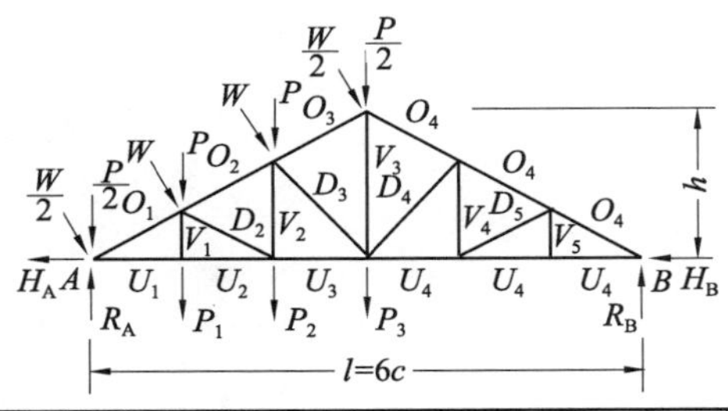

$n=\frac{l}{h}$；$N=\sqrt{n^2+4}$；$G=\sqrt{n^2+16}$

$S=3n^2-4$

杆件长度＝表中系数×h

杆件内力＝表中系数×P_i（或 W）

N、G 及 S 值见表 6.2-1

杆件	通式	n 值				
		3	$2\sqrt{3}$	4	5	6
长度系数						
O	$\frac{N}{6}$	0.601	0.667	0.745	0.898	1.054
U	$\frac{n}{6}$	0.500	0.577	0.667	0.833	1.000
D_2	$\frac{N}{6}$	0.601	0.667	0.745	0.898	1.054
D_3	$\frac{G}{6}$	0.833	0.882	0.943	1.067	1.202
V_1	$\frac{1}{3}$	0.333	0.333	0.333	0.333	0.333
V_2	$\frac{2}{3}$	0.667	0.667	0.667	0.667	0.667
V_3	1	1	1	1	1	1
全跨屋面荷载 P 的内力系数						
O_1	$-\frac{5N}{4}$	−4.51	−5.00	−5.59	−6.73	−7.91
O_2	$-N$	−3.61	−4.00	−4.47	−5.39	−6.32
O_3	$-\frac{3N}{4}$	−2.70	−3.00	−3.35	−4.04	−4.74
U_1,U_2	$\frac{5n}{4}$	3.75	4.33	5.00	6.25	7.50
U_3	n	3.00	3.46	4.00	5.00	6.00
D_2	$-\frac{N}{4}$	−0.90	−1.00	−1.12	−1.35	−1.58
D_3	$-\frac{G}{4}$	−1.25	−1.32	−1.41	−1.60	−1.80
V_1	0	0	0	0	0	0
V_2	$\frac{1}{2}$	0.50	0.50	0.50	0.50	0.50
V_3	2	2.00	2.00	2.00	2.00	2.00

杆件	荷载形式				
	半跨屋面		下弦节点		
	P	W	P_1	P_2	P_3
图示局部荷载的内力系数					
O_1	$-\frac{7N}{8}$	$-\frac{7n^2-12}{8n}$	$-\frac{5N}{12}$	$-\frac{N}{3}$	$-\frac{N}{4}$
O_2	$-\frac{5N}{8}$	$-\frac{5n^2-4}{8n}$	$-\frac{N}{6}$	$-\frac{N}{3}$	$-\frac{N}{4}$
O_3	$-\frac{3N}{8}$	$-\frac{3n^2+4}{8n}$	$-\frac{N}{12}$	$-\frac{N}{6}$	$-\frac{N}{4}$
O_4	$-\frac{3N}{8}$	$-\frac{3N^2}{8n}$	$-\frac{N}{12}$	$-\frac{N}{6}$	$-\frac{N}{4}$
U_1,U_2	$\frac{7n}{8}$	$\frac{N(7n^2-12)}{8n^2}$	$\frac{5n}{12}$	$\frac{n}{3}$	$\frac{n}{4}$
U_3	$\frac{5n}{8}$	$\frac{N(5n^2-12)}{8n^2}$	$\frac{n}{6}$	$\frac{n}{3}$	$\frac{n}{4}$
U_4	$\frac{3n}{8}$	$\frac{3N(n^2-4)}{8n^2}$	$\frac{n}{12}$	$\frac{n}{6}$	$\frac{n}{4}$
D_2	$-\frac{N}{4}$	$-\frac{N^2}{4n}$	$-\frac{N}{4}$	0	0
D_3	$-\frac{G}{4}$	$-\frac{NG}{4n}$	$-\frac{G}{12}$	$-\frac{G}{6}$	0
V_1	0	0	1	0	0
V_2	$\frac{1}{2}$	$\frac{N}{2n}$	$\frac{1}{2}$	1	0
V_3	1	$\frac{N}{n}$	$\frac{1}{3}$	$\frac{2}{3}$	1
其他杆件	0	0	0	0	0
R_A	$\frac{9}{4}$	$\frac{3S}{4Nn}$	$\frac{5}{6}$	$\frac{2}{3}$	$\frac{1}{2}$
R_B	$\frac{3}{4}$	$\frac{3N}{4n}$	$\frac{1}{6}$	$\frac{1}{3}$	$\frac{1}{2}$
H_A	—	$\frac{3S}{2Nn^2}$	—	—	—
H_B	—	$\frac{3N}{2n^2}$	—	—	—

(3) 八节间豪式屋架

表 6.2-10

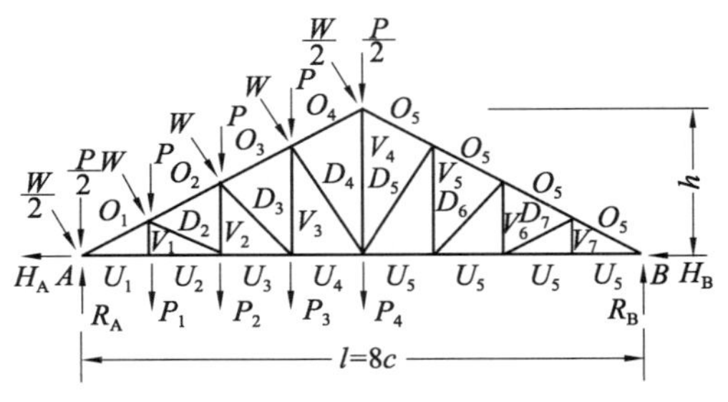

$n=\frac{l}{h}$;$N=\sqrt{n^2+4}$;$G=\sqrt{n^2+16}$

$M=\sqrt{n^2+36}$;$S=3n^2-4$

杆件长度=表中系数×h

杆件内力=表中系数×P_i(或 W)

N、G、M 及 S 值见表 6.2-1

杆件	通式	n值 3	$2\sqrt{3}$	4	5	6
长度系数						
O	$\frac{N}{8}$	0.451	0.500	0.559	0.673	0.791
U	$\frac{n}{8}$	0.375	0.433	0.500	0.625	0.750
D_2	$\frac{N}{8}$	0.451	0.500	0.559	0.673	0.791
D_3	$\frac{G}{8}$	0.625	0.661	0.707	0.800	0.901
D_4	$\frac{M}{8}$	0.839	0.866	0.901	0.976	1.061
V_1	$\frac{1}{4}$	0.250	0.250	0.250	0.250	0.250
V_2	$\frac{1}{2}$	0.500	0.500	0.500	0.500	0.500
V_3	$\frac{3}{4}$	0.750	0.750	0.750	0.750	0.750
V_4	1	1	1	1	1	1
全跨屋面荷载 P 的内力系数						
O_1	$-\frac{7N}{4}$	−6.31	−7.00	−7.83	−9.42	−11.07
O_2	$-\frac{3N}{2}$	−5.41	−6.00	−6.71	−8.08	−9.49
O_3	$-\frac{5N}{4}$	−4.51	−5.00	−5.59	−6.73	−7.91
O_4	$-N$	−3.61	−4.00	−4.47	−5.39	−6.32
U_1,U_2	$\frac{7n}{4}$	5.25	6.06	7.00	8.75	10.50
U_3	$\frac{3n}{2}$	4.50	5.20	6.00	7.50	9.00
U_4	$\frac{5n}{4}$	3.75	4.33	5.00	6.25	7.50

杆件	荷载形式 半跨屋面 P	半跨屋面 W	下弦节点 P_1	P_2	P_3	P_4
图示局部荷载的内力系数						
O_1	$-\frac{5N}{4}$	$-\frac{5n^2-8}{4n}$	$-\frac{7N}{16}$	$-\frac{3N}{8}$	$-\frac{5N}{16}$	$-\frac{N}{4}$
O_2	$-N$	$-\frac{n^2-1}{n}$	$-\frac{3N}{16}$	$-\frac{3N}{8}$	$-\frac{5N}{16}$	$-\frac{N}{4}$
O_3	$-\frac{3N}{4}$	$-\frac{3n}{4}$	$-\frac{5N}{48}$	$-\frac{5N}{24}$	$-\frac{5N}{16}$	$-\frac{N}{4}$
O_4	$-\frac{N}{2}$	$-\frac{n^2+2}{2n}$	$-\frac{N}{16}$	$-\frac{N}{8}$	$-\frac{3N}{16}$	$-\frac{N}{4}$
O_5	$-\frac{N}{2}$	$-\frac{N^2}{2n}$	$-\frac{N}{16}$	$-\frac{N}{8}$	$-\frac{3N}{16}$	$-\frac{N}{4}$
U_1,U_2	$\frac{5n}{4}$	$\frac{N(5n^2-8)}{4n^2}$	$\frac{7n}{16}$	$\frac{3n}{8}$	$\frac{5n}{16}$	$\frac{n}{4}$
U_3	n	$\frac{N(n^2-2)}{n^2}$	$\frac{3n}{16}$	$\frac{3n}{8}$	$\frac{5n}{16}$	$\frac{n}{4}$
U_4	$\frac{3n}{4}$	$\frac{N(3n^2-8)}{4n^2}$	$\frac{5n}{48}$	$\frac{5n}{24}$	$\frac{5n}{16}$	$\frac{n}{4}$
U_5	$\frac{n}{2}$	$\frac{N(n^2-4)}{2n^2}$	$\frac{n}{16}$	$\frac{n}{8}$	$\frac{3n}{16}$	$\frac{n}{4}$
D_2	$-\frac{N}{4}$	$-\frac{N^2}{4n}$	$-\frac{N}{4}$	0	0	0
D_3	$-\frac{G}{4}$	$-\frac{NG}{4n}$	$-\frac{G}{12}$	$-\frac{G}{6}$	0	0
D_4	$-\frac{M}{4}$	$-\frac{NM}{4n}$	$-\frac{M}{24}$	$-\frac{M}{12}$	$-\frac{M}{8}$	0
V_1	0	0	1	0	0	0
V_2	$\frac{1}{2}$	$\frac{N}{2n}$	$\frac{1}{2}$	1	0	0
V_3	1	$\frac{N}{n}$	$\frac{1}{3}$	$\frac{2}{3}$	1	0
V_4	$\frac{3}{2}$	$\frac{3N}{2n}$	$\frac{1}{4}$	$\frac{1}{2}$	$\frac{3}{4}$	1

续表

杆件	通式	n值				
		3	$2\sqrt{3}$	4	5	6
全跨屋面荷载 P 的内力系数						
D_2	$-\frac{N}{4}$	−0.90	−1.00	−1.12	−1.35	−1.58
D_3	$-\frac{G}{4}$	−1.25	−1.32	−1.41	−1.60	−1.80
D_4	$-\frac{M}{4}$	−1.68	−1.73	−1.80	−1.95	−2.12
V_1	0	0	0	0	0	0
V_2	1/2	0.50	0.50	0.50	0.50	0.50
V_3	1	1.00	1.00	1.00	1.00	1.00
V_4	3	3.00	3.00	3.00	3.00	3.00

杆件	荷载形式					
	半跨屋面		下弦节点			
	P	W	P_1	P_2	P_3	P_4
图示局部荷载的内力系数						
其他杆件	0	0	0	0	0	0
R_A	3	$-\frac{S}{Nn}$	$\frac{7}{8}$	$\frac{3}{4}$	$\frac{5}{8}$	$\frac{1}{2}$
R_B	1	$\frac{N}{n}$	$\frac{1}{8}$	$\frac{1}{4}$	$\frac{3}{8}$	$\frac{1}{2}$
H_A	—	$\frac{2S}{Nn^2}$	—	—	—	—
H_B	—	$\frac{2N}{n^2}$	—	—	—	—

（4）十节间豪式屋架

表 6.2-11

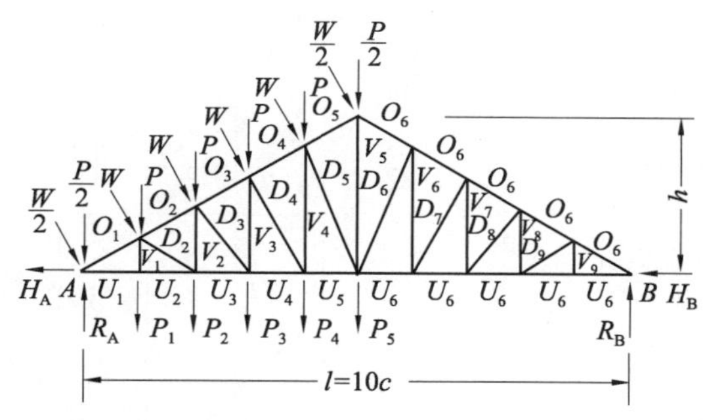

$n=\frac{l}{h}$；$N=\sqrt{n^2+4}$；$G=\sqrt{n^2+16}$

$M=\sqrt{n^2+36}$

$E=\sqrt{n^2+64}$；$S=3n^2-4$

杆件长度＝表中系数×h

杆件内力＝表中系数×P_i(或 W)

N、G、M、E 及 S 值见表 6.2-1

杆件	通式	n值				
		3	$2\sqrt{3}$	4	5	6
长度系数						
O	$\frac{N}{10}$	0.361	0.400	0.447	0.539	0.632
U	$\frac{n}{10}$	0.300	0.346	0.400	0.500	0.600
D_2	$\frac{N}{10}$	0.361	0.400	0.447	0.539	0.632
D_3	$\frac{G}{10}$	0.500	0.529	0.566	0.640	0.721
D_4	$\frac{M}{10}$	0.671	0.693	0.721	0.781	0.849
D_5	$\frac{E}{10}$	0.854	0.872	0.894	0.943	1.000

杆件	荷载形式						
	半跨屋面		下弦节点				
	P	W	P_1	P_2	P_3	P_4	P_5
图示局部荷载的内力系数							
O_1	$-\frac{13N}{8}$	$-\frac{13n^2-20}{8n}$	$-\frac{9N}{20}$	$-\frac{2N}{5}$	$-\frac{7N}{20}$	$-\frac{3N}{10}$	$-\frac{N}{4}$
O_2	$-\frac{11N}{8}$	$-\frac{11n^2-12}{8n}$	$-\frac{N}{5}$	$-\frac{2N}{5}$	$-\frac{7N}{20}$	$-\frac{3N}{10}$	$-\frac{N}{4}$
O_3	$-\frac{9N}{8}$	$-\frac{9n^2-4}{8n}$	$-\frac{7N}{60}$	$-\frac{7N}{30}$	$-\frac{7N}{20}$	$-\frac{3N}{10}$	$-\frac{N}{4}$
O_4	$-\frac{7N}{8}$	$-\frac{7n^2+4}{8n}$	$-\frac{3N}{40}$	$-\frac{3N}{20}$	$-\frac{9N}{40}$	$-\frac{3N}{10}$	$-\frac{N}{4}$
O_5	$-\frac{5N}{8}$	$-\frac{5n^2+12}{8n}$	$-\frac{N}{20}$	$-\frac{N}{10}$	$-\frac{3N}{20}$	$-\frac{N}{5}$	$-\frac{N}{4}$
O_6	$-\frac{5N}{8}$	$-\frac{5N^2}{8n}$	$-\frac{N}{20}$	$-\frac{N}{10}$	$-\frac{3N}{20}$	$-\frac{N}{5}$	$-\frac{N}{4}$

续表

杆件	通式	n值				
		3	$2\sqrt{3}$	4	5	6
长度系数						
V_1	$\frac{1}{5}$	0.200	0.200	0.200	0.200	0.200
V_2	$\frac{2}{5}$	0.400	0.400	0.400	0.400	0.400
V_3	$\frac{3}{5}$	0.600	0.600	0.600	0.600	0.600
V_4	$\frac{4}{5}$	0.800	0.800	0.800	0.800	0.800
V_5	1	1	1	1	1	1
全跨屋面荷载 P 的内力系数						
O_1	$-\frac{9N}{4}$	−8.11	−9.00	−10.06	−12.12	−14.23
O_2	$-2N$	−7.21	−8.00	−8.94	−10.77	−12.65
O_3	$-\frac{7N}{4}$	−6.31	−7.00	−7.83	−9.42	−11.07
O_4	$-\frac{3N}{2}$	−5.41	−6.00	−6.71	−8.08	−9.49
O_5	$-\frac{5N}{4}$	−4.51	−5.00	−5.59	−6.73	−7.91
U_1，U_2	$\frac{9n}{4}$	6.75	7.79	9.00	11.25	13.50
U_3	$2n$	6.00	6.93	8.00	10.00	12.00
U_4	$\frac{7n}{4}$	5.25	6.06	7.00	8.75	10.50
U_5	$\frac{3n}{2}$	4.50	5.20	6.00	7.50	9.00
D_2	$-\frac{N}{4}$	−0.90	−1.00	−1.12	−1.35	−1.58
D_3	$-\frac{G}{4}$	−1.25	−1.32	−1.41	−1.60	−1.80
D_4	$-\frac{M}{4}$	−1.68	−1.73	−1.80	−1.95	−2.12
D_5	$-\frac{E}{4}$	−2.14	−2.18	−2.24	−2.36	−2.50
V_1	0	0	0	0	0	0
V_2	$\frac{1}{2}$	0.5	0.5	0.5	0.5	0.5
V_3	1	1	1	1	1	1
V_4	$\frac{3}{2}$	1.5	1.5	1.5	1.5	1.5
V_5	4	4	4	4	4	4

杆件	荷载形式						
	半跨屋面		下弦节点				
	P	W	P_1	P_2	P_3	P_4	P_5
图示局部荷载的内力系数							
U_1，U_2	$\frac{13n}{8}$	$\frac{N(13n^2-20)}{8n^2}$	$\frac{9n}{20}$	$\frac{2n}{5}$	$\frac{7n}{20}$	$\frac{3n}{10}$	$\frac{n}{4}$
U_3	$\frac{11n}{8}$	$\frac{N(11n^2-20)}{8n^2}$	$\frac{n}{5}$	$\frac{2n}{5}$	$\frac{7n}{20}$	$\frac{3n}{10}$	$\frac{n}{4}$
U_4	$\frac{9n}{8}$	$\frac{N(9n^2-20)}{8n^2}$	$\frac{7n}{60}$	$\frac{7n}{30}$	$\frac{7n}{20}$	$\frac{3n}{10}$	$\frac{n}{4}$
U_5	$\frac{7n}{8}$	$\frac{N(7n^2-20)}{8n^2}$	$\frac{3n}{40}$	$\frac{3n}{20}$	$\frac{9n}{40}$	$\frac{3n}{10}$	$\frac{n}{4}$
U_6	$\frac{5n}{8}$	$\frac{5N(n^2-4)}{8n^2}$	$\frac{n}{20}$	$\frac{n}{10}$	$\frac{3n}{20}$	$\frac{n}{5}$	$\frac{n}{4}$
D_2	$-\frac{N}{4}$	$-\frac{N^2}{4n}$	$-\frac{N}{4}$	0	0	0	0
D_3	$-\frac{G}{4}$	$-\frac{NG}{4n}$	$-\frac{G}{12}$	$-\frac{G}{6}$	0	0	0
D_4	$-\frac{M}{4}$	$-\frac{NM}{4n}$	$-\frac{M}{24}$	$-\frac{M}{12}$	$-\frac{M}{8}$	0	0
D_5	$-\frac{E}{4}$	$-\frac{NE}{4n}$	$-\frac{E}{40}$	$-\frac{E}{20}$	$-\frac{3E}{40}$	$-\frac{E}{10}$	0
V_1	0	0	1	0	0	0	0
V_2	$\frac{1}{2}$	$\frac{N}{2n}$	$\frac{1}{2}$	1	0	0	0
V_3	1	$\frac{N}{n}$	$\frac{1}{3}$	$\frac{2}{3}$	1	0	0
V_4	$\frac{3}{2}$	$\frac{3N}{2n}$	$\frac{1}{4}$	$\frac{1}{2}$	$\frac{3}{4}$	1	0
V_5	2	$\frac{2N}{n}$	$\frac{1}{5}$	$\frac{2}{5}$	$\frac{3}{5}$	$\frac{4}{5}$	1
其他杆件	0	0	0	0	0	0	0
R_A	$\frac{15}{4}$	$\frac{5S}{4Nn}$	$\frac{9}{10}$	$\frac{4}{5}$	$\frac{7}{10}$	$\frac{3}{5}$	$\frac{1}{2}$
R_B	$\frac{5}{4}$	$\frac{5N}{4n}$	$\frac{1}{10}$	$\frac{1}{5}$	$\frac{3}{10}$	$\frac{2}{5}$	$\frac{1}{2}$
H_A	—	$\frac{5S}{2Nn^2}$	—	—	—	—	—
H_B	—	$\frac{5N}{2n^2}$	—	—	—	—	—

6. 芬克式屋架

（1）四节间芬克式屋架

屋架外形特征：1）上弦节间等长；

2）杆件①～⑤间的夹角等于②～④间的夹角。

表 6.2-12

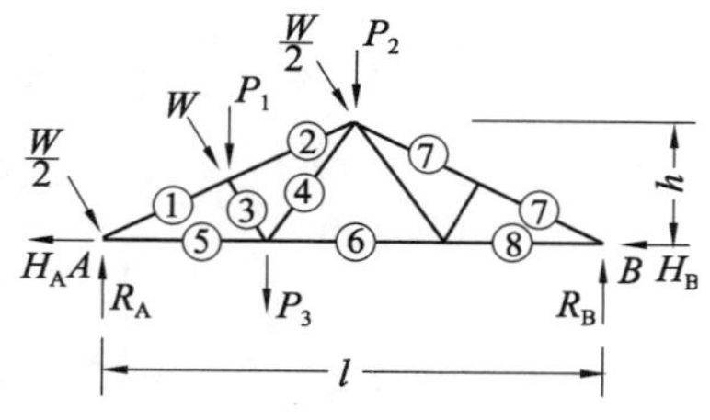

$n=\frac{l}{h}$；$N=\sqrt{n^2+4}$；$S=3n-4$

杆件长度＝表中系数×h

杆件内力＝表中系数×P_i（或 W）

N 及 S 值见表 6.2-1

	杆件	通式	n 值				
			3	$2\sqrt{3}$	4	5	6
长度系数	1,2	$\frac{N}{4}$	0.901	1.000	1.118	1.346	1.581
	3	$\frac{N}{2n}$	0.601	0.577	0.559	0.539	0.527
	4,5	$\frac{N^2}{4n}$	1.083	1.155	1.250	1.450	1.667
	6	$\frac{n^2-4}{2n}$	0.834	1.155	1.500	2.100	2.667
全跨屋面荷载 P 的内力系数	1	$-\frac{3N}{4}$	−2.70	−3.00	−3.35	−4.04	−4.74
	2	$-\frac{3n^2+4}{4N}$	−2.15	−2.50	−2.91	−3.67	−4.43
	3	$-\frac{n}{N}$	−0.83	−0.87	−0.89	−0.93	−0.95
	4	$\frac{n}{4}$	0.75	0.87	1.00	1.25	1.50
	5	$\frac{3n}{4}$	2.25	2.60	3.00	3.75	4.50
	6	$\frac{n}{2}$	1.50	1.73	2.00	2.50	3.00

		荷载形式			
		$P_1+\frac{1}{2}P_2$ ($P_1=P_2$)	P_1	P_2	P_3
图示局部荷载 P 的内力系数	1	$-\frac{N}{2}$	$-\frac{3N}{8}$	$-\frac{N}{4}$	$-\frac{NS}{8n^2}$
	2	$-\frac{n^2}{2N}$	$-\frac{S}{8N}$	$-\frac{N}{4}$	$-\frac{NS}{8n^2}$
	3	$-\frac{n}{N}$	$-\frac{n}{N}$	0	0
	7	$-\frac{N}{4}$	$-\frac{N}{8}$	$-\frac{N}{4}$	$-\frac{N^3}{8n^2}$

图示风荷载 W 的内力系数		
支座情况	杆件	通式
Ⅰ，Ⅱ，Ⅲ及Ⅳ均同	1,2	$-\frac{n^2-2}{2n}$
	3	−1
	7	$-\frac{N^2}{4n}$
	4	$\frac{N}{4}$
	R_A	$\frac{S}{2Nn}$
	R_B	$\frac{N}{2n}$
Ⅰ	5	$\frac{N}{2}$
	6,8	$\frac{N}{4}$
	H_A	$\frac{4}{N}$
	H_B	0
Ⅱ	5	$\frac{n^2-4}{2N}$
	6,8	$\frac{n^2-12}{4N}$
	H_A	0
	H_B	$\frac{4}{N}$
Ⅲ	5	$\frac{n^2}{2N}$
	6,8	$\frac{n^2-4}{4N}$
	H_A	$\frac{2}{N}$
	H_B	$\frac{2}{N}$

续表

	杆件	荷载形式 $P_1+\frac{1}{2}P_2$ $(P_1=P_2)$	P_1	P_2	P_3	图示风荷载W的内力系数 支座情况	杆件	通式
图示局部荷载P的内力系数	4	$\frac{n}{4}$	$\frac{n}{4}$	0	$\frac{N^2}{4n}$	Ⅳ	5	$\frac{N(n^2-2)}{2n^2}$
	5	$\frac{n}{2}$	$\frac{3n}{8}$	$\frac{n}{4}$	$\frac{S}{8n}$		6,8	$\frac{N(n^2-4)}{4n^2}$
	6,8	$\frac{n}{4}$	$\frac{n}{8}$	$\frac{n}{4}$	$\frac{N^2}{8n}$		H_A	$\frac{S}{Nn^2}$
	其他杆件均为0杆						H_B	$\frac{N}{n^2}$

（2）六节间芬克式屋架

1）型式Ⅰ

屋架外形特征：① 上弦节间等长；

② 杆件①—⑦间夹角等于③—⑥间夹角。

表 6.2-13

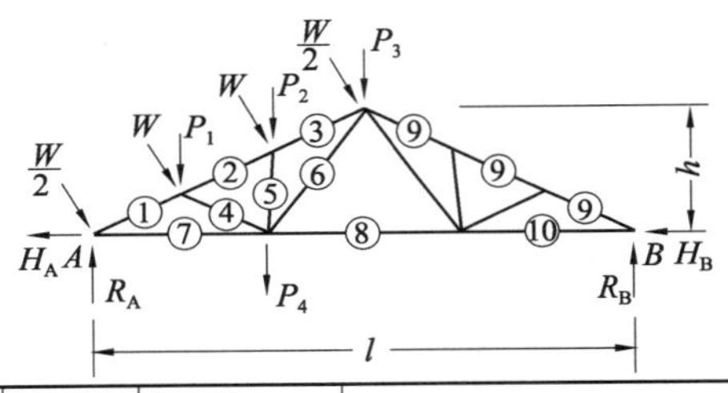

$n\frac{1}{h}$；$N=\sqrt{n^2+4}$；$M=\sqrt{n^2+36}$

$S=3n^2-4$

杆件长度＝表中系数×h

杆件内力＝表中系数×P_i（或 W）

N、M 及 S 值见表 6.2-1

	杆件	通式	n值 3	$2\sqrt{3}$	4	5	6	图示风荷载W的内力系数 支座情况	杆件	通式
长度系数	1～3	$\frac{N}{6}$	0.601	0.667	0.745	0.898	1.054	Ⅰ，Ⅱ，Ⅲ及Ⅳ均同	1	$-\frac{7n^2-12}{8n}$
	4,5	$\frac{NM}{12n}$	0.672	0.667	0.672	0.701	0.745		2	$-\frac{17n^2-36}{24n}$
	6,7	$\frac{N^2}{4n}$	1.083	1.155	1.250	1.450	1.667		3	$-\frac{7n^2-12}{8n}$
	8	$\frac{n^2-4}{2n}$	0.834	1.155	1.500	2.100	2.667		4,5	$-\frac{M}{6}$
全跨屋面荷载P的内力系数	1	$-\frac{5N}{4}$	−4.51	−5.00	−5.59	−6.73	−7.91		9	$-\frac{3N^2}{8n}$
	2	$-\frac{13n^2+36}{12N}$	−3.54	−4.00	−4.55	−5.59	−6.64		6	$\frac{N}{2}$
	3	$-\frac{5n^2+4}{4N}$	−3.40	−4.00	−4.70	−5.99	−7.27		R_A	$\frac{3S}{4Nn}$
	4	$-\frac{nM}{6N}$	−0.93	−1.00	−1.08	−1.21	−1.34		R_B	$\frac{3N}{4n}$
	5	$-\frac{nM}{6N}$	−0.93	−1.00	−1.08	−1.21	−1.34	Ⅰ	7	$\frac{7n^2+28}{8N}$
	6	$\frac{n}{2}$	1.50	1.73	2.00	2.50	3.00		8,10	$\frac{3N}{8}$
	7	$\frac{5n}{4}$	3.75	4.33	5.00	6.25	7.50		H_A	$\frac{6}{N}$
	8	$\frac{3n}{4}$	2.25	2.60	3.00	3.75	4.50		H_B	0

续表

	杆件	半跨屋面荷载	P_1	P_2	P_3	P_4
图示局部荷载 P 的内力系数	1	$-\frac{7N}{8}$	$-\frac{5N}{12}$	$-\frac{N}{3}$	$-\frac{N}{4}$	$-\frac{NS}{8n^2}$
	2	$-\frac{17n^2+36}{24N}$	$-\frac{S}{12N}$	$-\frac{N}{3}$	$-\frac{N}{4}$	$-\frac{NS}{8n^2}$
	3	$-\frac{7n^2-4}{8N}$	$-\frac{S}{12N}$	$-\frac{S}{6N}$	$-\frac{N}{4}$	$-\frac{NS}{8n^2}$
	4	$-\frac{nM}{6N}$	$-\frac{nM}{6N}$	0	0	0
	5	$-\frac{nM}{6N}$	0	$-\frac{nM}{6N}$	0	0
	9	$-\frac{3N}{8}$	$-\frac{N}{12}$	$-\frac{N}{6}$	$-\frac{N}{4}$	$-\frac{N^3}{8n^2}$
	6	$\frac{n}{2}$	$\frac{n}{6}$	$\frac{n}{3}$	0	$\frac{N^2}{4n}$
	7	$\frac{7n}{8}$	$\frac{5n}{12}$	$\frac{n}{3}$	$\frac{n}{4}$	$\frac{S}{8n}$
	8,10	$\frac{3n}{8}$	$\frac{n}{12}$	$\frac{n}{6}$	$\frac{n}{4}$	$\frac{N^2}{8n}$
	其他杆件均为 0 杆					

图示风荷载 W 的内力系数：支座情况	杆件	通　式
Ⅱ	7	$\frac{7n^2-20}{8N}$
	8,10	$\frac{3(n^2-12)}{8N}$
	H_A	0
	H_B	$\frac{6}{N}$
Ⅲ	7	$\frac{7n^2+4}{8N}$
	8,10	$\frac{3(n^2-4)}{8N}$
	H_A	$\frac{3}{N}$
	H_B	$\frac{3}{N}$
Ⅳ	7	$\frac{N(7n^2-12)}{8n^2}$
	8,10	$\frac{3N(n^2-4)}{8n^2}$
	H_A	$\frac{3S}{2Nn^2}$
	H_B	$\frac{3N}{2n^2}$

2）型式Ⅱ

屋架外形特征：① 上弦节间等长；

② 下弦节间等长。

表 6.2-14

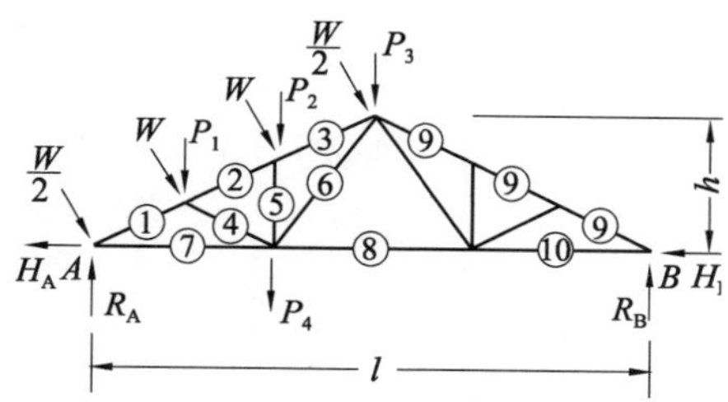

$n=\frac{l}{h}$；$N=\sqrt{n^2+4}$；$M=\sqrt{n^2+36}$

$S=3n^2-4$

杆件长度＝表中系数×h

杆件内力＝表中系数×P_i(或 W)

N、M 及 S 值见表 6.2-1

	杆件	通　式	n 值：3	$2\sqrt{3}$	4	5	6	图示风荷载 W 的内力系数：支座情况	杆件	通　式
长度系数	1～4	$\frac{N}{6}$	0.601	0.667	0.745	0.898	1.054	Ⅰ，Ⅱ，Ⅲ及Ⅳ均同	1	$-\frac{7n^2-12}{8n}$
	5	$\frac{2}{3}$	0.667	0.667	0.667	0.667	0.667		2	$-\frac{5n^2-4}{8n}$
	6	$\frac{M}{6}$	1.118	1.155	1.202	1.302	1.414		3	$-\frac{5n^2+12}{8n}$
	7,8	$\frac{n}{3}$	1.000	1.155	1.333	1.667	2.000		4	$-\frac{N^2}{4n}$

续表

	杆件	通　式	n 值				
			3	$2\sqrt{3}$	4	5	6
全跨屋面荷载 P 的内力系数	1	$-\frac{5N}{4}$	−4.51	−5.00	−5.59	−6.73	−7.91
	2	$-N$	−3.61	−4.00	−4.47	−5.39	−6.32
	3	$-N$	−3.61	−4.00	−4.47	−5.39	−6.32
	4	$-\frac{N}{4}$	−0.90	−1.00	−1.12	−1.35	−1.58
	5	-1	−1.00	−1.00	−1.00	−1.00	−1.00
	6	$\frac{M}{4}$	1.68	1.73	1.80	1.95	2.12
	7	$\frac{5n}{4}$	3.75	4.33	5.00	6.25	7.50
	8	$\frac{3n}{4}$	2.25	2.60	3.00	3.75	4.50

		荷　载　形　式				
		半跨屋面荷载	P_1	P_2	P_3	P_4
图示局部荷载 P 的内力系数	1	$-\frac{7N}{8}$	$-\frac{5N}{12}$	$-\frac{N}{3}$	$-\frac{N}{4}$	$-\frac{N}{3}$
	2	$-\frac{5N}{8}$	$-\frac{N}{6}$	$-\frac{N}{3}$	$-\frac{N}{4}$	$-\frac{N}{3}$
	3	$-\frac{5N}{8}$	$-\frac{N}{6}$	$-\frac{N}{3}$	$-\frac{N}{4}$	$-\frac{N}{3}$
	9	$-\frac{3N}{8}$	$-\frac{N}{12}$	$-\frac{N}{6}$	$-\frac{N}{4}$	$-\frac{N}{6}$
	4	$-\frac{N}{4}$	$-\frac{N}{4}$	0	0	0
	5	-1	0	-1	0	0
	6	$\frac{M}{4}$	$\frac{M}{12}$	$\frac{M}{6}$	0	$\frac{M}{6}$
	7	$\frac{7n}{8}$	$\frac{5n}{12}$	$\frac{n}{3}$	$\frac{n}{4}$	$\frac{n}{3}$
	8,10	$\frac{3n}{8}$	$\frac{n}{12}$	$\frac{n}{6}$	$\frac{n}{4}$	$\frac{n}{6}$
	其他杆件均为 0 杆					

图示风荷载 W 的内力系数		
支座情况	杆件	通　　式
Ⅰ，Ⅱ，Ⅲ及Ⅳ均同	5	$-\frac{N}{n}$
	9	$-\frac{3N^2}{8n}$
	6	$\frac{NM}{4n}$
	R_A	$\frac{3S}{4Nn}$
	R_B	$\frac{3N}{4n}$
Ⅰ	7	$\frac{7n^2+28}{8N}$
	8,10	$\frac{3N}{8}$
	H_A	$\frac{6}{N}$
	H_B	0
Ⅱ	7	$\frac{7n^2-20}{8N}$
	8,10	$\frac{3(n^2-12)}{8N}$
	H_A	0
	H_B	$\frac{6}{N}$
Ⅲ	7	$\frac{7n^2+4}{8N}$
	8,10	$\frac{3(n^2-4)}{8N}$
	H_A	$\frac{3}{N}$
	H_B	$\frac{3}{N}$
Ⅳ	7	$\frac{N(7n^2-12)}{8n^2}$
	8,10	$\frac{3N(n^2-4)}{8n^2}$
	H_A	$\frac{3S}{2Nn^2}$
	H_B	$\frac{3N}{2n^2}$

(3) 八节间芬克式屋架

屋架外形特征：1) 上弦节间等长；

2) 下列杆件间夹角相等：①～⑫、②～⑧、③～⑨、④～⑪。

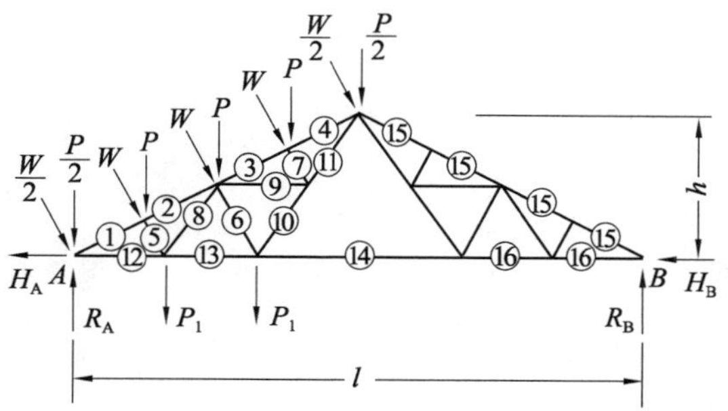

表 6.2-15

$n=\frac{l}{h}$；$Q=7n^2-4$

$N=\sqrt{n^2+4}$；$S=3n^2-4$

杆件长度＝表中系数×h

杆件内力＝表中系数×P_i(或 W)

N、Q 及 S 值见表 6.2-1

	杆件	通式	n 值 3	$2\sqrt{3}$	4	5	6
长度系数	1～4	$\frac{N}{8}$	0.451	0.500	0.559	0.673	0.791
	5,7	$\frac{N}{4n}$	0.301	0.289	0.280	0.269	0.264
	6	$\frac{N}{2n}$	0.601	0.577	0.559	0.539	0.527
	8～13	$\frac{N^2}{8n}$	0.542	0.577	0.625	0.725	0.833
	14	$\frac{n^2-4}{2n}$	0.834	1.155	1.500	2.100	2.667
全跨屋面荷载 P 的内力系数	1	$-\frac{7N}{4}$	−6.31	−7.00	−7.83	−9.42	−11.07
	2	$-\frac{7n^2+20}{4N}$	−5.76	−6.50	−7.38	−9.05	−10.75
	3	$-\frac{7n^2+12}{4N}$	−5.20	−6.00	−6.93	−8.68	−10.44
	4	$-\frac{7n^2+4}{4N}$	−4.65	−5.50	−6.48	−8.31	−10.12
	5,7	$-\frac{n}{N}$	−0.83	−0.87	−0.89	−0.93	−0.95
	6	$-\frac{2n}{N}$	−1.66	−1.73	−1.79	−1.86	−1.90
	8,9	$\frac{n}{4}$	0.75	0.87	1.00	1.25	1.50
	10	$\frac{n}{2}$	1.50	1.73	2.00	2.50	3.00
	11	$\frac{3n}{4}$	2.25	2.60	3.00	3.75	4.50
	12	$\frac{7n}{4}$	5.25	6.06	7.00	8.75	10.50
	13	$\frac{3n}{2}$	4.50	5.20	6.00	7.50	9.00
	14	n	3.00	3.46	4.00	5.00	6.00

图示风荷载 W 的内力系数 支座情况	杆件	通式
Ⅰ，Ⅱ，Ⅲ及Ⅳ均同	1～4	$-\frac{5n^2-8}{4n}$
	15	$-\frac{N^2}{2n}$
	5,7	−1
	6	−2
	8,9	$\frac{N}{4}$
	10	$\frac{N}{2}$
	11	$\frac{3N}{4}$
	R_A	$\frac{S}{Nn}$
	R_B	$\frac{N}{n}$
Ⅰ	12	$\frac{5N}{4}$
	13	N
	14,16	$\frac{N}{2}$
	H_A	$\frac{8}{N}$
	H_B	0

续表

	杆件	荷载形式：半跨屋面荷载	荷载形式：P_1	荷载形式：P_2
图示局部荷载P的内力系数	1	$-\frac{5N}{4}$	$-\frac{NQ}{16n^2}$	$-\frac{NS}{8n^2}$
	2	$-\frac{5n^2+12}{4N}$	$-\frac{NQ}{16n^2}$	$-\frac{NS}{8n^2}$
	3	$-\frac{5n^2+4}{4N}$	$-\frac{NS}{16n^2}$	$-\frac{NS}{8n^2}$
	4	$-\frac{5n^2-4}{4N}$	$-\frac{NS}{16n^2}$	$-\frac{NS}{8n^2}$
	15	$-\frac{N}{2}$	$-\frac{N^3}{16n^2}$	$-\frac{N^3}{8n^2}$
	5	$-\frac{n}{N}$	0	0
	6	$-\frac{2n}{N}$	$-\frac{N}{2n}$	0
	7	$-\frac{n}{N}$	0	0
	8	$\frac{n}{4}$	$\frac{N^2}{4n}$	0
	9	$\frac{n}{4}$	0	0
	10	$\frac{n}{2}$	$\frac{N^2}{8n}$	$\frac{N^2}{4n}$
	11	$\frac{3n}{4}$	$\frac{N^2}{8n}$	$\frac{N^2}{4n}$
	12	$\frac{5n}{4}$	$\frac{Q}{16n}$	$\frac{S}{8n}$
	13	n	$\frac{3N^2}{16n}$	$\frac{S}{8n}$
	14,16	$\frac{n}{2}$	$\frac{N^2}{16n}$	$\frac{N^2}{8n}$
	其他杆件均为 0			

图示风荷载 W 的内力系数：支座情况	杆件	通式
Ⅱ	12	$\frac{5n^2-12}{4N}$
	13	$\frac{n^2-4}{N}$
	14,16	$\frac{n^2-12}{2N}$
	H_A	0
	H_B	$\frac{8}{N}$
Ⅲ	12	$\frac{5n^2+4}{4N}$
	13	$\frac{n^2}{N}$
	14,16	$\frac{n^2-4}{2N}$
	H_A	$\frac{4}{N}$
	H_B	$\frac{4}{N}$
Ⅳ	12	$\frac{N(5n^2-8)}{4n^2}$
	13	$\frac{N(n^2-2)}{n^2}$
	14,16	$\frac{N(n^2-4)}{2n^2}$
	H_A	$\frac{2S}{Nn^2}$
	H_B	$\frac{2N}{n^2}$

（4）十节间芬克式屋架

屋架外形特征：1）上弦节间等长；

2）下列杆件间夹角相等：①～⑭、②～⑩、④～⑪、⑤～⑬。

表 6.2-16

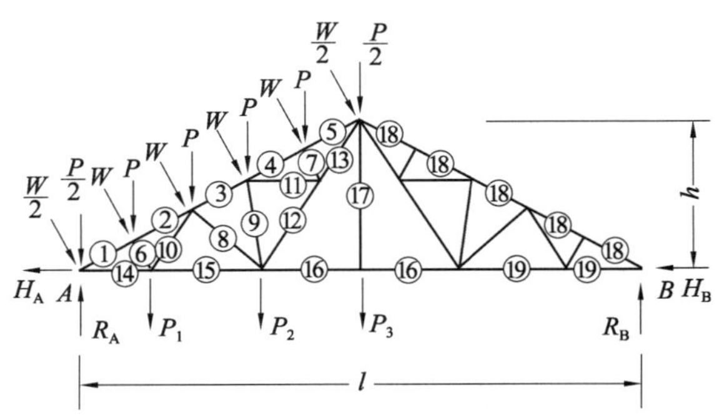

$n=\frac{1}{h}$；$N=\sqrt{n^2+4}$；$F=\sqrt{n^2+100}$

$S=3n^2-4$；$T=9n^2-4$

杆件长度＝表中系数×h

杆件内力＝表中系数×P_i（或 W）

N、F、S 及 T 值见表 6.2-1

续表

	杆件	通　式	n 值 3	$2\sqrt{3}$	4	5	6
长度系数	1～5	$\frac{N}{10}$	0.361	0.400	0.447	0.539	0.632
	6,7	$\frac{N}{5n}$	0.240	0.231	0.224	0.215	0.211
	8,9	$\frac{NF}{20n}$	0.627	0.611	0.602	0.602	0.615
	10,11 13,14	$\frac{N^2}{10n}$	0.433	0.462	0.500	0.580	0.667
	12,15	$\frac{3N^2}{20n}$	0.650	0.693	0.750	0.870	1.000
	16	$\frac{n^2-4}{4n}$	0.417	0.577	0.750	1.050	1.333
	17	1	1.000	1.000	1.000	1.000	1.000
全跨屋面荷载 P 的内力系数	1	$-\frac{9N}{4}$	−8.11	−9.00	−10.06	−12.12	−14.23
	2	$-\frac{9n^2+28}{4N}$	−7.56	−8.50	−9.62	−11.75	−13.91
	3	$-\frac{37n^2+100}{20N}$	−6.00	−6.80	−7.74	−9.52	−11.32
	4	$-\frac{9n^2+12}{4N}$	−6.45	−7.50	−8.72	−11.00	−13.28
	5	$-\frac{9n^2+4}{4N}$	−5.89	−7.00	−8.27	−10.63	−12.97
	6,7	$-\frac{n}{N}$	−0.83	−0.87	−0.89	−0.93	−0.95
	8,9	$-\frac{3nF}{20N}$	−1.30	−1.38	−1.45	−1.56	−1.66
	10,11	$\frac{n}{4}$	0.75	0.87	1.00	1.25	1.50
	12	$\frac{3n}{4}$	2.25	2.60	3.00	3.75	4.50
	13	n	3.00	3.46	4.00	5.00	6.00
	14	$\frac{9n}{4}$	6.75	7.79	9.00	11.25	13.50
	15	$2n$	6.00	6.92	8.00	10.00	12.00
	16	$\frac{5n}{4}$	3.75	4.33	5.00	6.25	7.50
	17	0	0	0	0	0	0

图示风荷载 W 的内力系数 支座情况	杆件	通　式
Ⅰ、Ⅱ、Ⅲ及Ⅳ均同	1	$-\frac{13n^2-20}{8n}$
	2	$-\frac{13n^2-20}{8n}$
	3	$-\frac{49n^2-100}{40n}$
	4	$-\frac{13n^2-20}{8n}$
	5	$-\frac{13n^2-20}{8n}$
	6,7	−1
	8,9	$-\frac{3F}{20}$
	18	$-\frac{5N^2}{8n}$
	10,11	$\frac{N}{4}$
	12	$\frac{3N}{4}$
	13	N
	R_A	$\frac{5S}{4Nn}$
	R_B	$\frac{5N}{4n}$
Ⅰ	14	$\frac{13n^2+52}{8N}$
	15	$\frac{11N}{8}$
	16,19	$\frac{5N}{8}$

续表

	杆件	荷载形式：半跨屋面荷载	荷载形式：P_1	荷载形式：P_2	荷载形式：P_3
图示局部荷载 P 的内力系数	1	$-\frac{13N}{8}$	$-\frac{NT}{20n^2}$	$-\frac{NS}{8n^2}$	$-\frac{N}{4}$
	2	$-\frac{13n^2+36}{8N}$	$-\frac{NT}{20n^2}$	$-\frac{NS}{8n^2}$	$-\frac{N}{4}$
	3	$-\frac{49n^2+100}{40N}$	$-\frac{NS}{20n^2}$	$-\frac{NS}{8n^2}$	$-\frac{N}{4}$
	4	$-\frac{13n^2+4}{8N}$	$-\frac{NS}{20n^2}$	$-\frac{NS}{8n^2}$	$-\frac{N}{4}$
	5	$-\frac{13n^2-12}{3N}$	$-\frac{NS}{20n^2}$	$-\frac{NS}{8n^2}$	$-\frac{N}{4}$
	6,7	$-\frac{n}{N}$	0	0	0
	8	$-\frac{3nF}{20N}$	$-\frac{NF}{20n}$	0	0
	9	$-\frac{3nF}{20N}$	0	0	0
	18	$-\frac{5N}{8}$	$-\frac{N^3}{20n^2}$	$-\frac{N^3}{8n^2}$	$-\frac{N}{4}$
	10	$\frac{n}{4}$	$\frac{N^2}{4n}$	0	0
	11	$\frac{n}{4}$	0	0	0
	12	$\frac{3n}{4}$	$\frac{N^2}{10n}$	$\frac{N^2}{4n}$	0
	13	n	$\frac{N^2}{10n}$	$\frac{N^2}{4n}$	0
	14	$\frac{13n}{8}$	$\frac{T}{20n}$	$\frac{S}{8n}$	$\frac{n}{4}$
	15	$\frac{11n}{8}$	$\frac{N^2}{5n}$	$\frac{S}{8n}$	$\frac{n}{4}$
	16,19	$\frac{5n}{8}$	$\frac{N^2}{20n}$	$\frac{N^2}{8n}$	$\frac{n}{4}$
	17	0	0	0	1
	其他杆件均为 0 杆				

图示风荷载 W 的内力系数：支座情况	杆件	通式
Ⅰ	H_A	$\frac{10}{N}$
	H_B	0
Ⅱ	14	$\frac{13n^2-28}{8N}$
	15	$\frac{11n^2-36}{8N}$
	16,19	$\frac{5(n^2-12)}{8N}$
	H_A	0
	H_B	$\frac{10}{N}$
Ⅲ	14	$\frac{13n^2+12}{8N}$
	15	$\frac{11n^2+4}{8N}$
	16,19	$\frac{5(n^2-4)}{8N}$
	H_A	$\frac{5}{N}$
	H_B	$\frac{5}{N}$
Ⅳ	14	$\frac{N(13n^2-20)}{8n^2}$
	15	$\frac{N(11n^2-20)}{8n^2}$
	16,19	$\frac{5N(n^2-4)}{8n^2}$
	H_A	$\frac{5S}{2Nn^2}$
	H_B	$\frac{5N}{2n^2}$

(5) 十二节间芬克式屋架

屋架外形特征：1）上弦节间等长；

2）下列杆件间夹角相等：①～⑯、③～⑫、④～⑬、⑥～⑮。

表 6.2-17

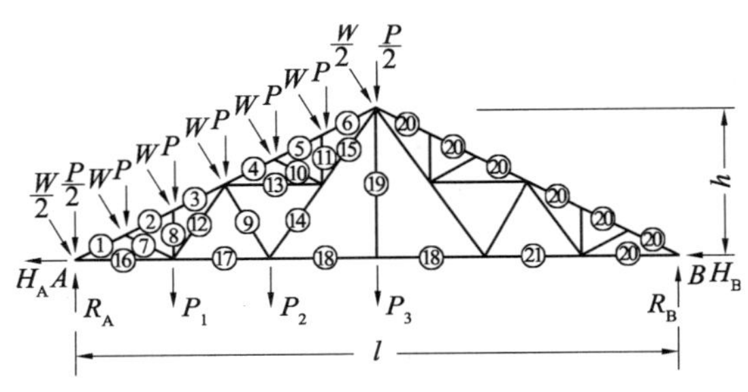

$n=\frac{l}{h}$；$N=\sqrt{n^2+4}$

$Q=7n^2-4$；$M=\sqrt{n^2+36}$

$S=3n^2-4$

杆件长度＝表中系数×h

杆件内力＝表中系数×P_i（或 W）

N、Q、M 及 S 值见表 6.2-1

续表

	杆件	通式	n 值				
			3	$2\sqrt{3}$	4	5	6
长度系数	1～6	$\frac{N}{12}$	0.301	0.333	0.373	0.449	0.527
	7,8,10,11	$\frac{NM}{24n}$	0.336	0.333	0.336	0.351	0.373
	9	$\frac{N}{2n}$	0.601	0.577	0.559	0.539	0.527
	12～17	$\frac{N^2}{8n}$	0.542	0.577	0.625	0.725	0.833
	18	$\frac{n^2-4}{4n}$	0.417	0.577	0.750	1.050	1.333
	19	1	1.000	1.000	1.000	1.000	1.000
全跨屋面荷载P的内力系数	1	$-\frac{11N}{4}$	−9.92	−11.00	−12.30	−14.81	−17.39
	2	$-\frac{31n^2+108}{12N}$	−8.95	−10.00	−11.25	−13.66	−16.13
	3	$-\frac{33n^2+84}{12N}$	−8.81	−10.00	−11.40	−14.07	−16.76
	4	$-\frac{33n^2+60}{12N}$	−8.25	−9.50	−10.96	−13.70	−16.44
	5	$-\frac{31n^2+36}{12N}$	−7.28	−8.50	−9.91	−12.55	−15.18
	6	$-\frac{33n^2+12}{12N}$	−7.14	−8.50	−10.06	−12.95	−15.81
	7,8,10,11	$-\frac{nM}{6N}$	−0.93	−1.00	−1.08	−1.21	−1.34
	9	$-\frac{3n}{N}$	−2.50	−2.60	−2.68	−2.79	−2.85
	12,13	$\frac{n}{2}$	1.50	1.73	2.00	2.50	3.00
	14	$\frac{3n}{4}$	2.25	2.60	3.00	3.75	4.50
	15	$\frac{5n}{4}$	3.75	4.33	5.00	6.25	7.50
	16	$\frac{11n}{4}$	8.25	9.53	11.00	13.75	16.50
	17	$\frac{9n}{4}$	6.75	7.79	9.00	11.25	13.50
	18	$\frac{3n}{2}$	4.50	5.20	6.00	7.50	9.00
	19	0	0	0	0	0	0

图示风荷载 W 的内力系数		
支座情况	杆件	通式
Ⅰ，Ⅱ，Ⅲ及Ⅳ均同	1	$-\frac{2n^2-3}{n}$
	2	$-\frac{11n^2-18}{6n}$
	3	$-\frac{2n^2-3}{n}$
	4	$-\frac{2n^2-3}{n}$
	5	$-\frac{11n^2-18}{6n}$
	6	$-\frac{2n^2-3}{n}$
	7,8,10,11	$-\frac{M}{6}$
	9	−3
	20	$-\frac{3N^2}{4n}$
	12,13	$\frac{N}{2}$
	14	$\frac{3N}{4}$
	15	$\frac{5N}{4}$
	R_A	$\frac{3S}{2Nn}$
	R_B	$\frac{3N}{2n}$

续表

	杆件	荷载形式：半跨屋面荷载	P_1	P_2	P_3
图示局部荷载P的内力系数	1	$-2N$	$-\frac{NQ}{16n^2}$	$-\frac{NS}{8n^2}$	$-\frac{N}{4}$
	2	$-\frac{11n^2+36}{6N}$	$-\frac{NQ}{16n^2}$	$-\frac{NS}{8n^2}$	$-\frac{N}{4}$
	3	$-\frac{2(n^2+2)}{N}$	$-\frac{NQ}{16n^2}$	$-\frac{NS}{8n^2}$	$-\frac{N}{4}$
	4	$-\frac{2(n^2+1)}{N}$	$-\frac{NS}{16n^2}$	$-\frac{NS}{8n^2}$	$-\frac{N}{4}$
	5	$-\frac{11n^2}{6N}$	$-\frac{NS}{16n^2}$	$-\frac{NS}{8n^2}$	$-\frac{N}{4}$
	6	$-\frac{2(n^2-1)}{N}$	$-\frac{NS}{16n^2}$	$-\frac{NS}{8n^2}$	$-\frac{N}{4}$
	20	$-\frac{3N}{4}$	$-\frac{N^3}{16n^2}$	$-\frac{N^3}{8n^2}$	$-\frac{N}{4}$
	7,8,10,11	$-\frac{nM}{6N}$	0	0	0
	9	$-\frac{3n}{N}$	$-\frac{N}{2n}$	0	0
	12	$\frac{n}{2}$	$\frac{N^2}{4n}$	0	0
	13	$\frac{n}{2}$	0	0	0
	14	$\frac{3n}{4}$	$\frac{N^2}{8n}$	$\frac{N^2}{4n}$	0
	15	$\frac{5n}{4}$	$\frac{N^2}{8n}$	$\frac{N^2}{4n}$	0
	16	$2n$	$\frac{Q}{16n}$	$\frac{S}{8n}$	$\frac{n}{4}$
	17	$\frac{3n}{2}$	$\frac{3N^2}{16n}$	$\frac{S}{8n}$	$\frac{n}{4}$
	18,21	$\frac{3n}{4}$	$\frac{N^2}{16n}$	$\frac{N^2}{8n}$	$\frac{n}{4}$
	19	0	0	0	1
	其他杆件均为0杆				

图示风荷载W的内力系数：支座情况	杆件	通式
Ⅰ	16	$2N$
	17	$\frac{3N}{2}$
	18,21	$\frac{3N}{4}$
	H_A	$\frac{12}{N}$
	H_B	0
Ⅱ	16	$\frac{2(n^2-2)}{N}$
	17	$\frac{3(n^2-4)}{2N}$
	18,21	$\frac{3(n^2-12)}{4N}$
	H_A	0
	H_B	$\frac{12}{N}$
Ⅲ	16	$\frac{2(n^2+1)}{N}$
	17	$\frac{3n^2}{2N}$
	18,21	$\frac{3(n^2-4)}{4N}$
	H_A	$\frac{6}{N}$
	H_B	$\frac{6}{N}$
Ⅳ	16	$\frac{N(2n^2-3)}{n^2}$
	17	$\frac{3N(n^2-2)}{2n^2}$
	18,21	$\frac{3N(n^2-4)}{4n^2}$
	H_A	$\frac{3S}{Nn^2}$
	H_B	$\frac{3N}{n^2}$

7. 下撑式桁架

表 6.2-18

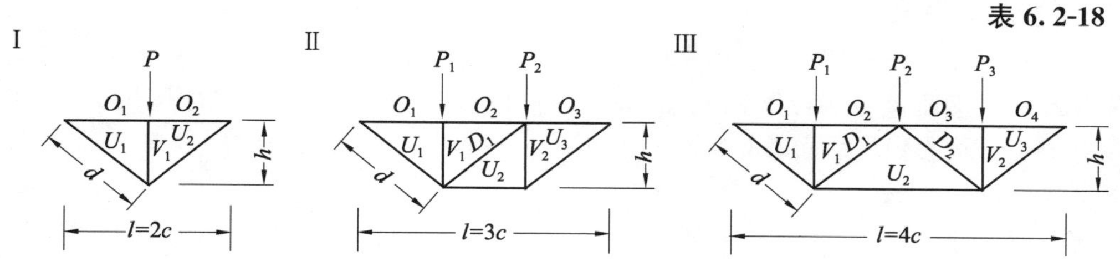

杆件内力＝表中系数×P_i

杆　件	桁架Ⅰ	桁架Ⅱ			桁架Ⅲ			
		P_1	P_2	满载 ($P_1=P_2$)	P_1	P_2	P_3	满载 ($P_1=P_2=P_3$)
O_1	$-\frac{c}{2h}$	$-\frac{2c}{3h}$	$-\frac{c}{3h}$	$-\frac{c}{h}$	$-\frac{3c}{4h}$	$-\frac{c}{2h}$	$-\frac{c}{4h}$	$-\frac{3c}{2h}$
O_2	$-\frac{c}{2h}$	$-\frac{2c}{3h}$	$-\frac{c}{3h}$	$-\frac{c}{h}$	$-\frac{3c}{4h}$	$-\frac{c}{2h}$	$-\frac{c}{4h}$	$-\frac{3c}{2h}$
O_3	—	$-\frac{c}{3h}$	$-\frac{2c}{3h}$	$-\frac{c}{h}$	$-\frac{c}{4h}$	$-\frac{c}{2h}$	$-\frac{3c}{4h}$	$-\frac{3c}{2h}$
O_4	—	—	—	—	$-\frac{c}{4h}$	$-\frac{c}{2h}$	$-\frac{3c}{4h}$	$-\frac{3c}{2h}$
U_1	$\frac{d}{2h}$	$\frac{2d}{3h}$	$\frac{d}{3h}$	$\frac{d}{h}$	$\frac{3d}{4h}$	$\frac{d}{2h}$	$\frac{d}{4h}$	$\frac{3d}{2h}$
U_2	$\frac{d}{2h}$	$\frac{c}{3h}$	$\frac{2c}{3h}$	$\frac{c}{h}$	$\frac{c}{2h}$	$\frac{c}{h}$	$\frac{c}{2h}$	$\frac{2c}{h}$
U_3	—	$\frac{d}{3h}$	$\frac{2d}{3h}$	$\frac{d}{h}$	$\frac{d}{4h}$	$\frac{d}{2h}$	$\frac{3d}{4h}$	$\frac{3d}{2h}$
D_1	—	$\frac{d}{3h}$	$-\frac{d}{3h}$	0	$\frac{d}{4h}$	$-\frac{d}{2h}$	$-\frac{d}{4h}$	$-\frac{d}{2h}$
D_2	—	—	—	—	$-\frac{d}{4h}$	$-\frac{d}{2h}$	$\frac{d}{4h}$	$-\frac{d}{2h}$
V_1	-1	-1	0	-1	-1	0	0	-1
V_2	—	$-\frac{1}{3}$	$-\frac{2}{3}$	-1	0	0	-1	-1

注：当荷载在下弦杆时，桁架Ⅰ，$V_1=0$；

桁架Ⅱ，

杆件	P_1	P_2	满载
V_1	0	0	0
V_2	$-\frac{1}{3}$	$-\frac{1}{3}$	0

桁架Ⅲ，$V_1=0$，$V_2=0$；

其他各杆的系数不变。

6.2.4 桁架算例

图 6.2-4 所示为一跨度 $l=24\text{m}$、高 $h=4\text{m}$ 的十二节间芬克式屋架；支座为第一种情况，即左端固定铰支座，右端可动铰支座。屋架各杆件均为型钢，材料弹性模量 $E=2.06\times10^8\text{kN/m}^2$，截面参数见后面表 6.2-20。

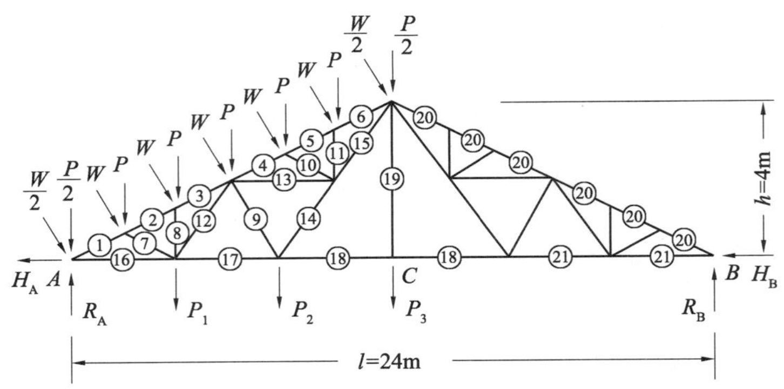

图 6.2-4　24m 跨十二节间芬克式屋架

屋架所受的荷载包括：

屋面荷载　$P=30\text{kN}$（包括全跨和半跨屋面荷载）

局部荷载　$P_2=20\text{kN}$；$P_1=P_3=0$

迎风面风荷载　$W=-12\text{kN}$（背风面的计算类同，本例中略）

试分别计算：

(1) 各类荷载作用下的屋架各杆件内力；

(2) 全跨屋面荷载 P 作用下屋架跨中节点 C 的竖向位移。

【解】(1) $n=\dfrac{l}{h}=\dfrac{24}{4}=6$，按表 6.2-1 计算以下各参数：

$$N=\sqrt{n^2+4}=6.3246 \qquad Q=7n^2-4=248.00$$

$$M=\sqrt{n^2+36}=8.4853 \qquad S=3n^2-4=104.00$$

查表 6.2-17，可得各杆的长度系数及各类荷载作用下的内力系数，进而可得各杆的长度及内力，列于表 6.2-19 中。下面以杆①为例，具体说明其计算过程。

查表 6.2-17 中长度系数区第一行，$n=6$ 列，得杆①的长度系数为 0.527，则杆①长度为

$$0.527\times h=0.527\times4=2.108\text{m}$$

查表 6.2-17 中全跨屋面荷载 P 的内力系数区第一行、$n=6$ 列，得杆①在全跨屋面荷载 P 作用下的内力系数为 -17.39，则杆①的内力为：$-17.39\times P=-17.39\times30=-521.70\text{kN}$。

查表 6.2-17 中局部荷载 P 的内力系数区半跨屋面荷载列第一行，得杆①在半跨屋面荷载 P 作用下的内力系数为 $-2N$，则杆①的内力为 $-2N\times P=-2\times6.3246\times30=-379.48\text{kN}$。

各杆的内力计算 **表 6.2-19**

杆　　件	杆件长度(m)＝长度系数×h	全跨屋面荷载P作用下杆件内力(kN)＝内力系数×P	半跨屋面荷载P作用下杆件内力(kN)＝内力系数×P	局部荷载P_2作用下杆件内力(kN)＝内力系数×P_2	迎风面风荷载W作用下杆件内力(kN)＝内力系数×W
1	0.527×4＝2.108	－17.39×30＝－521.70	－12.65×30＝－379.48	－2.28×20＝－45.60	－11.50×(－12)＝138.00
2	0.527×4＝2.108	－16.13×30＝－483.90	－11.38×30＝－341.52	－2.28×20＝－45.60	－10.50×(－12)＝126.00
3	0.527×4＝2.108	－16.76×30＝－502.80	－12.02×30＝－360.50	－2.28×20＝－45.60	－11.50×(－12)＝138.00
4	0.527×4＝2.108	－16.44×30＝－493.20	－11.70×30＝－351.01	－2.28×20＝－45.60	－11.50×(－12)＝138.00
5	0.527×4＝2.108	－15.18×30＝－455.40	－10.44×30＝－313.06	－2.28×20＝－45.60	－10.50×(－12)＝126.00
6	0.527×4＝2.108	－15.81×30＝－474.30	－11.07×30＝－332.04	－2.28×20＝－45.60	－11.50×(－12)＝138.00
7、8、10、11	0.373×4＝1.492	－1.34×30＝－40.20	－1.34×30＝－40.25	0	－1.41×(－12)＝16.97
9	0.527×4＝2.108	－2.85×30＝－85.50	－2.85×30＝－85.38	0	－3.00×(－12)＝36.00
12	0.833×4＝3.332	3.00×30＝90.00	3.00×30＝90.00	0	3.16×(－12)＝－37.95
13	0.833×4＝3.332	3.00×30＝90.00	3.00×30＝90.00	0	3.16×(－12)＝－37.95
14	0.833×4＝3.332	4.50×30＝135.00	4.50×30＝135.00	1.67×20＝33.40	4.74×(－12)＝－56.92
15	0.833×4＝3.332	7.50×30＝225.00	7.50×30＝225.00	1.67×20＝33.40	7.91×(－12)＝－94.87
16	0.833×4＝3.332	16.50×30＝495.00	12.00×30＝360.00	2.17×20＝43.40	12.65×(－12)＝－151.79
17	0.833×4＝3.332	13.50×30＝405.00	9.00×30＝270.00	2.17×20＝43.40	9.49×(－12)＝－113.84
18	1.333×4＝5.332	9.00×30＝207.00	4.50×30＝135.00	0.83×20＝16.60	4.74×(－12)＝－56.92
19	1.000×4＝4.000	0	0	0	0
20	0.527×4＝2.108	—	－4.74×30＝－142.30	－0.88×20＝－17.60	－5.00×(－12)＝60.00
21	0.833×4＝3.332	—	4.50×30＝135.00	0.83×20＝16.60	4.74×(－12)＝－56.92

注：在全跨屋面荷载作用下，结构杆件内力左右对称，因此右半侧杆件内力未列出。在其他荷载作用下，未列出的杆件内力均为0。

查表 6.2-17 中局部荷载 P 的内力系数区 P_2 列第一行，得杆①在 P_2 作用下的内力系数为$-\frac{NS}{8n^2}$，则杆①的内力为

$$-\frac{NS}{8n^2}\times P=-\frac{6.3246\times104.00}{8\times6^2}\times20=-2.28\times20=-45.68\text{kN}$$

查表 6.2-17 中图示风荷载 W 的内力系数区第一行，得杆①在风荷载 W 作用下的内力系数为$-\frac{2n^2-3}{n}$，则杆①的内力为

$$-\frac{2n^2-3}{n}\times W=-\frac{2\times6^2-3}{6}\times(-12)=138.00\text{kN}$$

（2）全跨屋面荷载 P 作用下屋架跨中节点 C 的竖向位移可由公式（6.2-1）求得，即

$$\Delta_{\text{kp}}=\sum\frac{\overline{N}_{\text{k}}N_{\text{P}}}{EA}l$$

式中　$\overline{N}_{\text{k}}$ 为在节点 C 处施加竖直向下的虚荷载 $S_{\text{k}}=1$ 所产生的屋架各杆件内力，数值同表 6.2-17 中 P_3 列的内力系数，即 $P_3=1$ 时的内力。N_{p} 为全跨屋面荷载 P 作用下屋架各杆件内力。求解过程中的相关数据见表 6.2-20。

Δ_{kp}求解过程　　　　**表 6.2-20**

杆　　件	杆件长度 l（m）	全跨屋面荷载 P 作用下杆件内力 N_{P}（kN）	截面积 A（cm^2）	虚荷载 $S_{\text{k}}=1$ 作用下杆件内力 $\overline{N}_{\text{k}}$（—）	$\frac{\overline{N}_{\text{k}}N_{\text{P}}}{EA}l$（mm）
1	2.108	−521.70	46.702	−1.58	1.81
2	2.108	−483.90	46.702	−1.58	1.68
3	2.108	−502.80	46.702	−1.58	1.74
4	2.108	−493.20	46.702	−1.58	1.71
5	2.108	−455.40	46.702	−1.58	1.58
6	2.108	−474.30	46.702	−1.58	1.64
7、8、10、11	1.492	−40.20	16.734	0	0
9	2.108	−85.50	16.734	0	0
12	3.332	90.00	16.734	0	0
13	3.332	90.00	16.734	0	0
14	3.332	135.00	16.734	0	0
15	3.332	225.00	16.734	0	0
16	3.332	495.00	34.334	1.50	3.50
17	3.332	405.00	34.334	1.50	2.86
18	5.332	207.00	34.334	1.50	3.05
19	4.000	0	16.734	1	0

注：所有杆件材料弹性模量均为 $E=2.06\times10^8\text{kN/m}^2$。

考虑到全跨荷载作用下左右侧杆件内力对称，则屋架跨中节点 C 的竖向位移为

$$\Delta_C = \sum \frac{\overline{N}_k N_p}{EA} l = 2 \times (1.81 + 1.68 + 1.74 + 1.71 + 1.58 + 1.64 + 3.50 + 2.86 + 3.05)$$
$$= 2 \times 19.57 = 39.14\text{mm}(方向向下)$$

6.3　空腹桁架的内力及变形计算

6.3.1　说明

（1）空腹桁架是普通桁架中保留竖腹杆，取消斜腹杆以后，由上、下弦杆和竖腹杆构成的刚架结构，如图 6.3-1 所示。空腹桁架因其几何构成的特殊性，在工业与民用建筑中得到了广泛的应用。

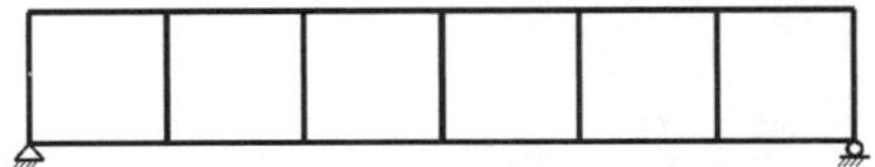

图 6.3-1　空腹桁架结构

（2）空腹桁架在力学计算模型上属于刚架结构，即杆件之间的连接为刚性连接，杆件为平面或空间梁单元，但是其受力特性有别于常见的框架结构。通常的框架结构在竖向荷载作用下，横梁为弯剪受力构件，没有轴向内力，柱子为压弯受力构件，而空腹桁架的上、下弦杆（横向杆件）为压弯或拉弯受力构件，存在轴向内力，竖腹杆为压弯受力构件。

（3）通常意义的“桁架”结构，其结构构成中含有斜（竖）腹杆，杆件之间为铰接连接，力学计算模型为平面或空间杆单元，其受力特点是整体弯矩和整体剪力均转化为上、下弦杆及斜（竖）腹杆的轴向内力。空腹桁架的力学计算模型属于刚架结构，之所以称之为“桁架”，是因为其结构的构成仅将整体弯矩转化为上、下弦杆的轴向内力，而整体剪力并没有进行这样的转化。

（4）为了快速计算空腹桁架在竖向荷载作用下的变形、杆件内力和确定空腹桁架的合理高度，本节将空腹桁架等代为实腹梁，通过刚度等代，给出了变形计算公式、刚度最大时的结构高度计算公式，以及上、下弦杆轴向内力的计算方法。

（5）本节提供的空腹桁架内力及变形计算适用条件为

1）网格等间距，且网格数不小于 5；

2）所有竖腹杆截面特性相同；

3）所有上弦杆的截面特性相同；

4）所有下弦杆的截面特性相同。

6.3.2　刚度等代计算公式[6.5][6.6]

（1）将空腹桁架等代为高度相等的实腹梁，如图 6.3-2 所示。

图中，

A_1 表示上弦杆的截面面积；

A_2 表示下弦杆的截面面积；

a 表示空腹桁架节间的间距；

h 表示空腹桁架的高度，为上、下弦杆截面形心的间距；

A_{v1}表示空腹桁架节间一边竖腹杆的截面面积；

A_{v2}表示空腹桁架节间另一边竖腹杆的截面面积。

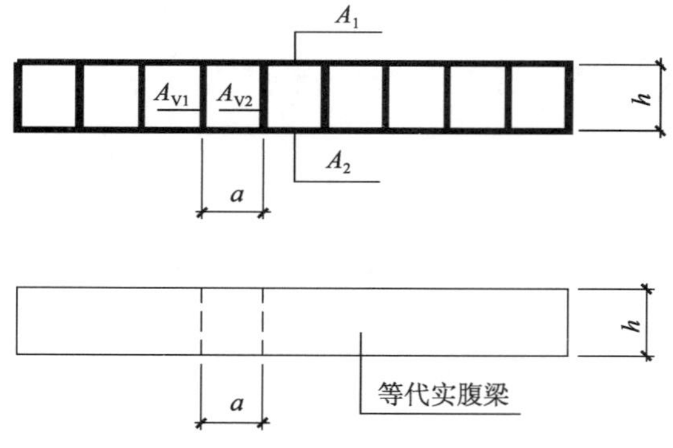

图 6.3-2　空腹桁架等代为实腹梁结构

(2) 取空腹桁架间距为 a 的一段为一个单元，等代实腹梁长度为 a 的一段为另一个单元，该两单元的两端作用有一对单位力矩时，转角相等，即可求得等代实腹梁的抗弯惯性矩为

$$I=\frac{b_1h_1^3}{12}+\frac{b_2h_2^3}{12}+\frac{A_1A_2}{A_1+A_2}\times h^2 \tag{6.3-1}$$

式中：b_1 表示上弦杆的截面宽度；

h_1 表示上弦杆的截面高度；

b_2 表示下弦杆的截面宽度；

h_2 表示下弦杆的截面高度；

A_1、A_2分别表示上、下弦杆的截面面积；

h 表示空腹桁架的高度，为上弦截面形心到下弦截面形心的距离。

式 (6.3-1) 中因空腹桁架高度较高，一般 h_1、h_2 远小于 h，且是高阶次幂，故前两项可以忽略不计，则等代实腹梁的截面惯性矩为

$$I=\frac{A_1A_2}{A_1+A_2}\times h^2 \tag{6.3-2}$$

当上下弦杆截面 $A_2=A_1=A$ 时，有

$$I=\frac{1}{2}Ah^2 \tag{6.3-3}$$

(3) 取空腹桁架间距为 a 的一段为一个单元，等代实腹梁长度为 a 的一段为另一个单元，该两单元的两端作用有一对单位剪力时，剪切角相等，即可求得等代实腹梁的抗剪刚度 C：

$$C=\frac{48i_{v1}i_{v2}i_1}{a(i_{v1}i_1+i_{v2}i_1+i_{v1}i_{v2})} \tag{6.3-4}$$

式中：i_1 表示上、下弦杆相同的抗弯线刚度；

i_{v1}、i_{v2}表示左、右竖腹杆的抗弯线刚度。

如果左、右竖腹杆的抗弯线刚度相等 $i_{v1}=i_{v2}=i_v$，则实腹梁的等代抗剪刚度

$$C=\frac{24i_vi_1}{a(i_v+i_1)} \tag{6.3-5}$$

6.3.3　变形计算公式

空腹桁架在横向荷载的作用下，变形主要由弯曲变形和剪切变形两部分组成。空腹桁架通过刚度等代为实腹梁以后，实腹梁在横向荷载的作用下变形为

$$f=\int\frac{\overline{M}\cdot M_{\mathrm{P}}}{EI}\mathrm{d}s+\int k\,\frac{\overline{V}\cdot V_{\mathrm{P}}}{C}\mathrm{d}s \tag{6.3-6}$$

式中：$\overline{M}$表示虚设单位荷载引起的弯矩；

M_{P} 表示实际荷载引起的弯矩；

E 表示材料的弹性模量；

I 表示根据式（6.3-3）求算的等代实腹梁的截面惯性矩；

k 表示截面剪应力分布不均匀系数，对矩形截面 $k=1.2$，其他截面的 k 值见附录 C；

$\overline{V}$表示虚设单位荷载引起的剪力；

V_{P} 表示实际荷载引起的剪力；

C 表示根据式（6.3-5）求算的等代实腹梁截面抗剪刚度。

令

$$m=\int\overline{M}\cdot M_{\mathrm{P}}\mathrm{d}s;\quad n=\int\overline{V}\cdot V_{\mathrm{P}}\mathrm{d}s$$

m、n 可以通过第 1 章中介绍的图形相乘法方便地求得。

若空腹桁架沿跨度方向节间尺寸及杆件截面没有变化，即沿跨度方向刚度不变，则式（6.3-6）可化为

$$f=\frac{m}{EI}+\frac{kn}{C} \tag{6.3-7}$$

6.3.4　最大刚度时的桁架高度计算公式

从式（6.3-7）可知，空腹桁架的竖向变形由弯曲变形和剪切变形两部分组成，其中弯曲变形随着空腹桁架高度的增加而减小，而剪切变形随着高度的增加而增加。因此一定存在一个合理高度。

将公式（6.3-3）、公式（6.3-5）代入式（6.3-7）有

$$f=\frac{2m}{EA}\times\frac{1}{h^2}+\left(\frac{kn}{24EI_{\mathrm{v}}}\times a\times h+\frac{a^2kn}{24EI_1}\right) \tag{6.3-8}$$

式（6.3-8）对 h 求导有

$$\frac{\mathrm{d}f}{\mathrm{d}h}=-\frac{4m}{EA}\times\frac{1}{h^3}+\frac{akn}{24EI_{\mathrm{v}}} \tag{6.3-9}$$

由$\frac{\mathrm{d}f}{\mathrm{d}h}=0$，求得驻点

$$h=h_0=\sqrt[3]{\frac{96I_{\mathrm{v}}}{akA}\times\frac{m}{n}}>0 \tag{6.3-10}$$

当 $h=h_0$ 时，$\frac{\mathrm{d}^2f}{\mathrm{d}h^2}=\frac{12m}{EA}\times\frac{1}{h_0^4}>0$。因此，$h=h_0$ 时空腹桁架的刚度最大。

6.3.5 上、下弦杆及竖腹杆弯矩、剪力和轴力计算

空腹桁架属于框架结构，其弯矩和剪力分布可以根据力矩分配法求得（参阅第 8 章第 8.2 节中例题 8-3），但是杆件的轴向力却不能获得。因此，本小节提供上、下弦杆的轴力计算方法。

将空腹桁架通过刚度等代为实腹梁后，可以方便地求得实腹梁的弯矩 M，从而可得上下弦杆的轴力

$$N=\pm\frac{M}{h} \tag{6.3-11}$$

其中，上弦杆受压，下弦杆受拉。

【例题 6-1】 如图 6.3-3 所示的钢筋混凝土平面空腹桁架，跨度 $l=6a=6\times3000\text{mm}=18000\text{mm}$，高度 $h=1200\text{mm}$，材料的弹性模量 $E=2.80\times10^4\text{N/mm}^2$。上、下弦杆截面为 250mm×360mm，竖腹杆截面为 250mm×250mm，上弦节点作用有荷载 P。试求：（1）桁架结构的最大挠度（不考虑自重）；（2）该空腹桁架刚度最大时的高度；（3）上、下弦杆的轴力图。

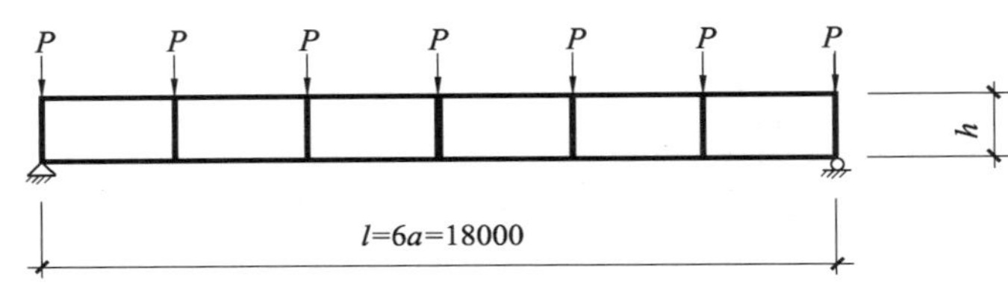

图 6.3-3 钢筋混凝土平面空腹桁架

【解】（1）求解结构的最大挠度

1）等代实腹梁的截面惯性矩 I 和抗弯刚度 EI

由式（6.3-3），得

$$I=\frac{1}{2}Ah^2=\frac{1}{2}\times250\times360\times1200^2=6.48\times10^{10}\text{mm}^4$$

$$EI=(2.80\times10^4)\times(6.48\times10^{10})=1.81\times10^{15}\text{N}\cdot\text{mm}^2$$

2）等代实腹梁的抗剪刚度 C

上、下弦杆的截面惯性矩 I_1 和竖腹杆的截面惯性矩 I_v 分别为

$$I_1=\frac{1}{12}\times250\times360^3=9.72\times10^8\text{mm}^4$$

$$I_v=\frac{1}{12}\times250\times250^3=3.255\times10^8\text{mm}^4$$

由式（6.3-5），得

$$C=\frac{24i_vi_1}{a(i_v+i_1)}=\frac{24\times\frac{EI_v}{h}\times\frac{EI_1}{a}}{a\left(\frac{EI_v}{h}+\frac{EI_1}{a}\right)}=\frac{24EI_vI_1}{a(aI_v+hI_1)}=\frac{24\times(2.80\times10^4)\times(3.255\times10^8)\times(9.72\times10^8)}{3000\times(3000\times3.255\times10^8+1200\times9.72\times10^8)}$$

$$=3.31\times10^7\text{N}$$

3）公式（6.3-7）中的参数 m 和 n

按第 1 章第 1.2.1 节中介绍的图形相乘法求取 m 和 n。

等代实腹梁在实际荷载及虚设单位荷载作用下的弯矩图和剪力图，如图 6.3-4 和图 6.3-5 所示。

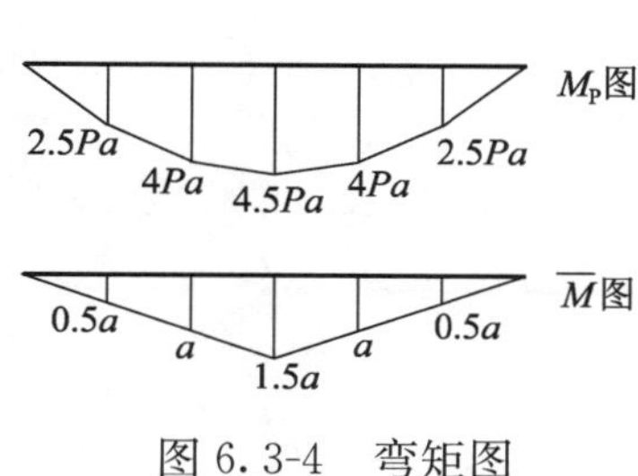

图 6.3-4　弯矩图

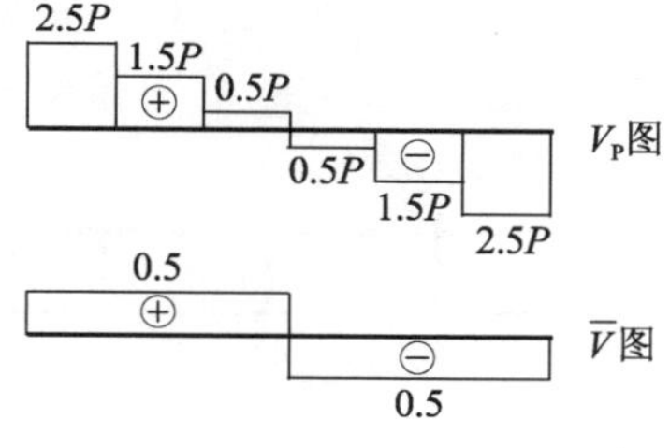

图 6.3-5　剪力图

按表 1.2-1a 项次 1 所列公式，得

$$m=\int \overline{M}\cdot M_P \mathrm{d}s=2\times\frac{a}{6}\{[2\times 0.5a\times 2.5Pa]+[2(0.5a\times 2.5Pa+a\times 4Pa)+0.5a\times 4Pa+a\times 2.5Pa]+[2(a\times 4Pa+1.5a\times 4.5Pa)+a\times 4.5Pa+1.5a\times 4Pa]\}=\frac{a}{3}\{2.5Pa^2+15Pa^2+32Pa^2\}=16.5Pa^3$$

$$n=\int \overline{V}\cdot V_P \mathrm{d}s=2\times(2.5Pa+1.5Pa+0.5Pa)\times 0.5=4.5Pa$$

将以上数据代入式（6.3-7），得空腹桁架结构的最大挠度为

$$f=\frac{m}{EI}+\frac{kn}{C}=\frac{16.5Pa^3}{1.81\times 10^{15}}+\frac{1.2\times 4.5Pa}{3.31\times 10^7}=\frac{16.5P\times 3000^3}{1.81\times 10^{15}}+\frac{1.2\times 4.5P\times 3000}{3.31\times 10^7}=7.356\times 10^{-4}P\mathrm{mm}$$

式中 P 的单位为 N。

（2）计算空腹桁架刚度最大时的高度

由式（6.3-10）

$$h=h_0=\sqrt[3]{\frac{96I_v}{akA}\times\frac{m}{n}}=\sqrt[3]{\frac{96\times 3.255\times 10^8}{3000\times 1.2\times(250\times 360)}\times\frac{16.5P\times 3000^3}{4.5P\times 3000}}=1470.95\mathrm{mm}$$

（3）求上、下弦杆的轴力图

等代实腹梁的弯矩图如图 6.3-4 所示 M_P 图，按式（6.3-11）可求得上、下弦杆的轴力图如图 6.3-6 所示。

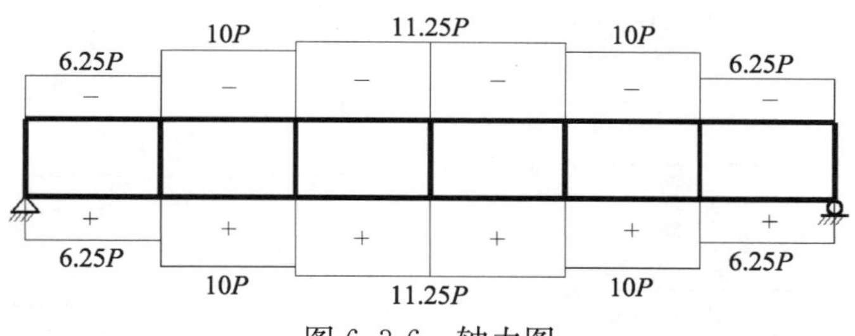

图 6.3-6　轴力图

【例题 6-2】 如图 6.3-7 所示的钢结构平面空腹桁架，跨度为 $l=8a=8\times3000\text{mm}=24000\text{mm}$，桁架高度为 $h=1600\text{mm}$，材料的弹性模量 $E=206\times10^3\text{N/mm}^2$。上、下弦杆截面为 HW250×250×9×14（截面高度×翼缘宽度×腹板厚度×翼缘厚度）[6.7]，竖腹杆截面为 HM250×175×7×11（截面高度×翼缘宽度×腹板厚度×翼缘厚度）[6.7]，上弦节点作用荷载如图所示。试求：(1) 桁架结构的最大挠度（不考虑自重）；(2) 该空腹桁架刚度最大时的高度；(3) 上、下弦杆的轴力图。

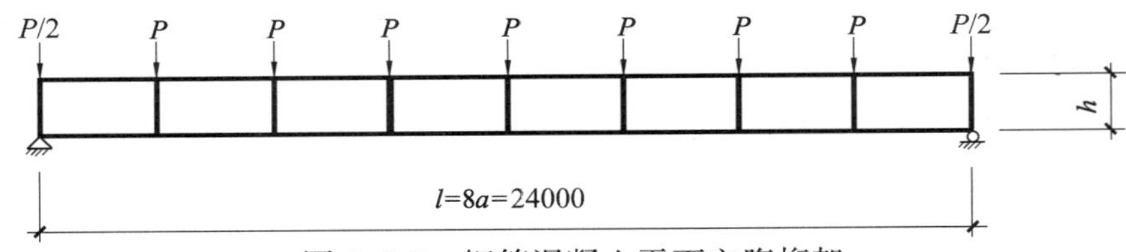

图 6.3-7　钢筋混凝土平面空腹桁架

【解】(1) 求解结构的最大挠度

1) 等代实腹梁的截面惯性矩 I 和抗弯刚度 EI

查 [6.7]，上、下弦截面 HW250×250×9×14 的截面面积 $A=92.18\times10^2\ \text{mm}^2$

由式 (6.3-3)，得

$$I=\frac{1}{2}Ah^2=\frac{1}{2}\times92.18\times10^2\times1600^2=1.18\times10^{10}\text{mm}^4$$

$$EI=(2.06\times10^5)\times(1.18\times10^{10})=2.43\times10^{15}\text{N}\cdot\text{mm}^2$$

2) 等代实腹梁的抗剪刚度 C

查 [6.7]，上、下弦截面 HW250×250×9×14 的截面惯性矩 I_1 和竖腹杆截面 HM250×175×7×11 的截面惯性矩 I_v 分别为

$$I_1=1.08\times10^8\ \text{mm}^4$$

$$I_v=0.612\times10^8\ \text{mm}^4$$

由式 (6.3-5)，得

$$C=\frac{24i_vi_1}{a(i_v+i_1)}=\frac{24\times\dfrac{EI_v}{h}\times\dfrac{EI_1}{a}}{a\left(\dfrac{EI_v}{h}+\dfrac{EI_1}{a}\right)}=\frac{24EI_vI_1}{a(aI_v+hI_1)}=\frac{24\times(2.06\times10^5)\times(1.08\times10^8)\times(0.612\times10^8)}{3000\times(3000\times0.612\times10^8+1600\times1.08\times10^8)}$$

$$=3.06\times10^7\text{N}$$

3) 公式 (6.3-7) 中的参数 m 和 n

按第 1 章第 1.2.1 节中介绍的图形相乘法求取 m 和 n。

等代实腹梁在实际荷载及虚设单位荷载作用下的弯矩图和剪力图如图 6.3-8 和图 6.3-9所示。

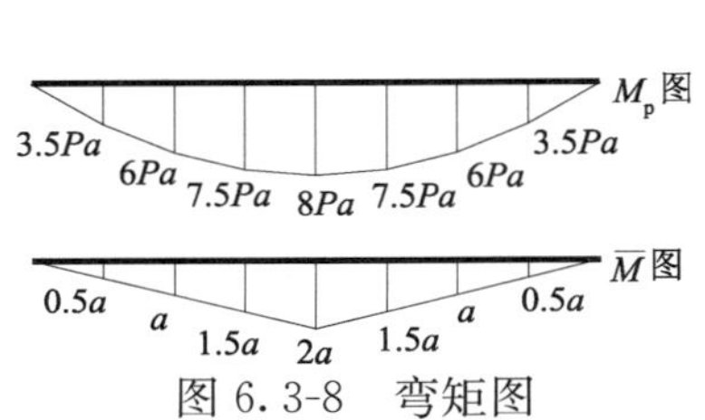

图 6.3-8　弯矩图

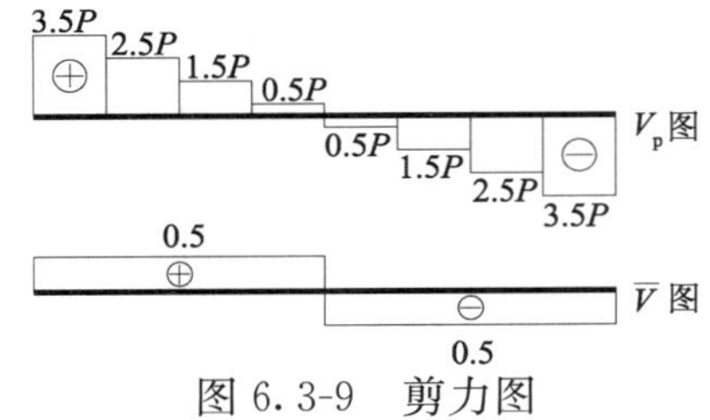

图 6.3-9　剪力图

按表 1.2-1a 项次 1 所列公式，得

$$m=\int\overline{M}\cdot M_{\mathrm{P}}\mathrm{d}s$$

$$=2\times\left\{\left(\frac{a}{2}\times3.5Pa\times\frac{2}{3}\times0.5a\right)+\left[3.5Pa\times a\times\frac{1.5a}{2}+\frac{a}{2}\times2.5Pa\times\left(0.5a+\frac{a}{3}\right)\right]+\left[6Pa\times a\times\frac{2.5a}{2}+\frac{a}{2}\times1.5Pa\times\left(a+\frac{a}{3}\right)\right]+\left[7.5Pa\times a\times\frac{3.5a}{2}+\frac{a}{2}\times0.5Pa\times\left(1.5a+\frac{a}{3}\right)\right]\right\}$$

$$=52.67Pa^3$$

$$n=\int\overline{V}\cdot V_{\mathrm{P}}\mathrm{d}s=2\times(3.5Pa+2.5Pa+1.5Pa+0.5Pa)\times0.5=8Pa$$

将以上数据代入式（6.3-7），得桁架结构的最大挠度为

$$f=\frac{m}{EI}+\frac{kn}{C}=\frac{52.67Pa^3}{2.43\times10^{15}}+\frac{1.2\times8Pa}{3.06\times10^7}=\frac{52.67P\times3000^3}{2.43\times10^{15}}+\frac{1.2\times8P\times3000}{3.06\times10^7}$$

$$=1.526\times10^{-3}P\mathrm{mm}$$

式中 P 的单位为 N。

（2）计算空腹桁架刚度最大时的高度

由式（6.3-10）

$$h=h_0=\sqrt[3]{\frac{96I_{\mathrm{v}}}{akA}\times\frac{m}{n}}$$

$$=\sqrt[3]{\frac{96\times0.612\times10^8}{3000\times1.2\times92.18\times10^2}\times\frac{52.67P\times3000^3}{8P\times3000}}=2189.1\mathrm{mm}$$

（3）求上、下弦杆的轴力图

等代实腹梁的弯矩图如图 6.3-8 所示 M_{p} 图，按式（6.3-11）可求得上、下弦杆的轴力图如图 6.3-10 所示。

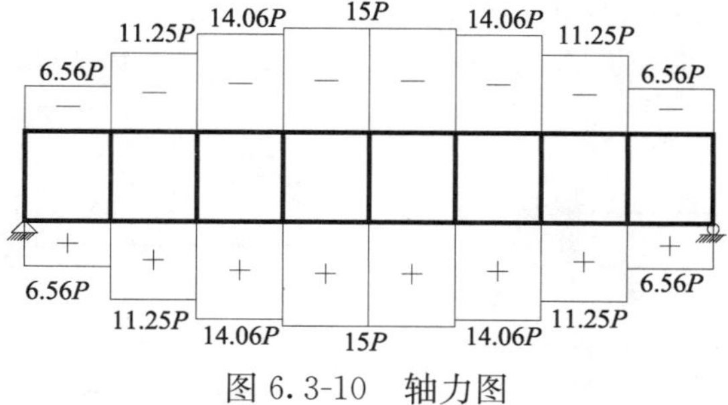

图 6.3-10　轴力图

【例题 6-3】 如图 6.3-11 所示的钢结构平面空腹桁架，跨度为 $l=10a=10\times3600\mathrm{mm}=36000\mathrm{mm}$，桁架高度为 $h=2000\mathrm{mm}$，材料的弹性模量 $E=206\times10^3\mathrm{N/mm^2}$。上、下弦杆截面为 HW250×250×9×14（截面高度×翼缘宽度×腹板厚度×翼缘厚度）[6.7]，竖腹杆截面为 HM350×250×9×14（截面高度×翼缘宽度×腹板厚度×翼缘厚度）[6.7]，上弦节点作用荷载如图所示。试求：（1）桁架结构的最大挠度（不考虑自重）；（2）该空腹桁架刚度最大时的高度；（3）上、下弦杆的轴力图。

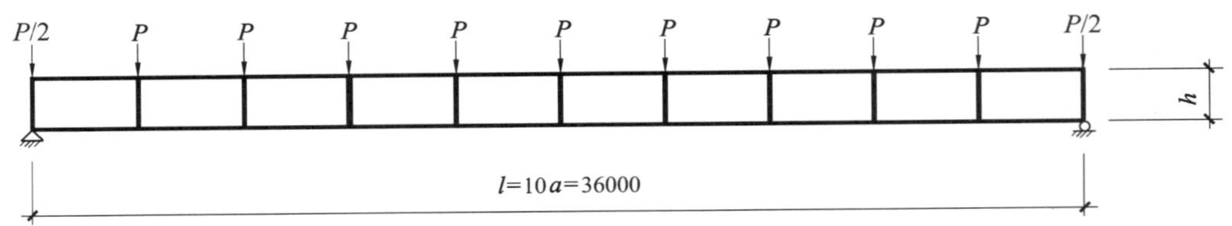

图 6.3-11　钢筋混凝土平面空腹桁架

【解】(1) 求解结构的最大挠度

1) 等代实腹梁的截面惯性矩 I 和抗弯刚度 EI

查 [6.7]，上、下弦截面 HW250×250×9×14 的截面面积 $A=92.18\times10^2\text{mm}^2$

由式 (6.3-3)，得

$$I=\frac{1}{2}Ah^2=\frac{1}{2}\times92.18\times10^2\times2000^2=1.84\times10^{10}\text{mm}^4$$

$$EI=(2.06\times10^5)\times(1.84\times10^{10})=3.79\times10^{15}\text{N}\cdot\text{mm}^2$$

2) 等代实腹梁的抗剪刚度 C

查 [6.7]，上、下弦截面 HW250×250×9×14 的截面惯性矩 I_1 和竖腹杆截面 HM350×250×9×14 的截面惯性矩 I_v 分别为

$$I_1=1.08\times10^8\ \text{mm}^4 \qquad I_v=2.17\times10^8\ \text{mm}^4$$

由式 (6.3-5)，得

$$C=\frac{24i_vi_1}{a(i_v+i_1)}=\frac{24\times\dfrac{EI_v}{h}\times\dfrac{EI_1}{a}}{a\left(\dfrac{EI_v}{h}+\dfrac{EI_1}{a}\right)}=\frac{24EI_vI_1}{a(aI_v+hI_1)}$$

$$=\frac{24\times(2.06\times10^5)\times(2.17\times10^8)\times(1.08\times10^8)}{3600\times(3600\times2.17\times10^8+2000\times1.08\times10^8)}=3.23\times10^7\text{N}$$

3) 公式 (6.3-7) 中的参数 m 和 n

按第 1 章第 1.2.1 节中介绍的图形相乘法求取 m 和 n。

等代实腹梁在实际荷载及虚设单位荷载作用下的弯矩图和剪力图如图 6.3-12 和图 6.3-13所示。

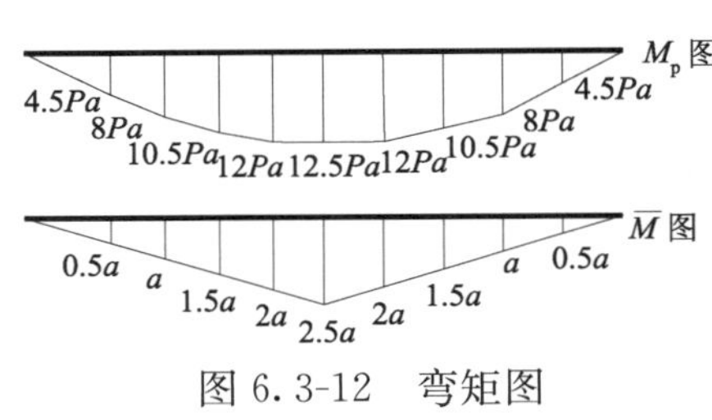

图 6.3-12　弯矩图

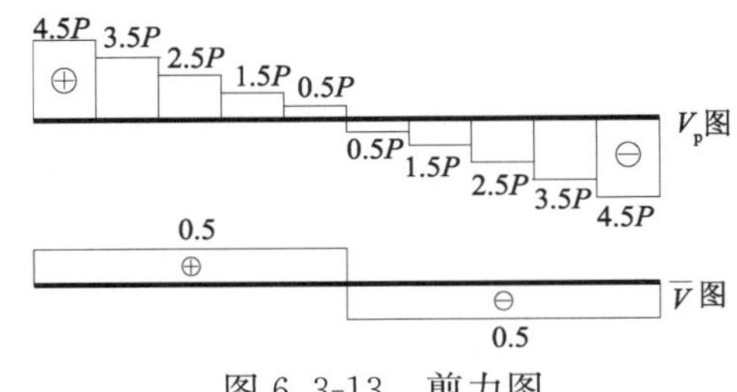

图 6.3-13　剪力图

按表 1.2-1a 项次 1 所列公式，得

$$m=\int\overline{M}\cdot M_P\text{d}s=2\times\left\{\left[\frac{a}{2}\times4.5Pa\times\frac{a}{3}\right]\right.$$

$$+\left[4.5Pa\times a\times\frac{1.5a}{2}+\frac{a}{2}\times3.5Pa\times\left(0.5a+\frac{a}{3}\right)\right]$$

$$
\begin{aligned}
&+\left[8Pa\times a\times\frac{2.5a}{2}+\frac{a}{2}\times 2.5Pa\times\left(a+\frac{a}{3}\right)\right]\\
&+\left[10.5Pa\times a\times\frac{3.5a}{2}+\frac{a}{2}\times 1.5Pa\times\left(1.5a+\frac{a}{3}\right)\right]\\
&+\left[12Pa\times a\times\frac{4.5a}{2}+\frac{a}{2}\times 0.5Pa\times\left(2a+\frac{a}{3}\right)\right]\Big\}\\
=\ &129.17Pa^3
\end{aligned}
$$

$$n=\int\overline{V}\cdot V_{\mathrm{P}}\mathrm{d}s=2\times(4.5Pa+3.5Pa+2.5Pa+1.5Pa+0.5Pa)\times 0.5=12.5Pa$$

将以上数据代入式（6.3-7），得桁架结构的最大挠度为

$$
\begin{aligned}
f&=\frac{m}{EI}+\frac{kn}{C}=\frac{129.17Pa^3}{3.79\times 10^{15}}+\frac{1.2\times 12.5Pa}{3.23\times 10^7}\\
&=\frac{129.17P\times 3600^3}{3.79\times 10^{15}}+\frac{1.2\times 12.5P\times 3600}{3.23\times 10^7}\\
&=3.262\times 10^{-3}P\mathrm{mm}
\end{aligned}
$$

式中 P 的单位为 N。

（2）计算空腹桁架刚度最大时的高度

由式（6.3-10）

$$h=h_0=\sqrt[3]{\frac{96I_{\mathrm{v}}}{akA}\times\frac{m}{n}}=\sqrt[3]{\frac{96\times 2.17\times 10^8}{3600\times 1.2\times 92.18\times 10^2}\times\frac{129.17P\times 3600^3}{12.5P\times 3600}}=4122.45\mathrm{mm}$$

（3）求上、下弦杆的轴力图

等代实腹梁的弯矩图如图 6.3-12 所示 M_{p} 图，按式（6.3-11）可求得上、下弦杆的轴力图如图 6.3-14 所示。

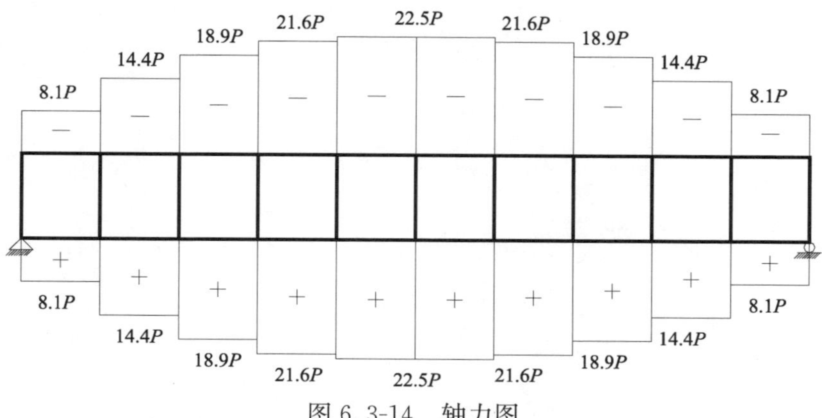

图 6.3-14　轴力图

参 考 文 献

［6.1］建筑结构静力计算手册编写组编．建筑结构静力计算手册（第二版）．北京：中国建筑工业出版社．1998

[6.2] 龙驭球，包世华等合编．结构力学教程（Ⅰ）．北京：高等教育出版社．2000

[6.3] 龙驭球，包世华等合编．结构力学教程（Ⅱ）．北京：高等教育出版社．2000

[6.4] 杜宽编著．静定平面桁架内力计算——数列公式法．北京：冶金工业出版社．1989

[6.5] 董石麟，马克俭等．组合网架结构与空腹网架结构．杭州：浙江大学出版社，1992．10

[6.6] 肖南，董石麟．大跨度跳层空腹网架结构的简化分析方法．建筑结构学报，2002，23（2）：P．61～69．

[6.7] 中华人民共和国国家标准．热轧H型钢和剖分T型钢 GB/T 11263—1998

第7章 拱

7.1 概　　述

拱是以受压为主的结构，在土木工程中的应用十分广泛。例如，桥梁工程中的石拱桥、钢筋混凝土或钢管混凝土拱桥，建筑工程中的落地式拱顶、带拉杆的拱式屋架等均是拱结构的具体应用。考虑到实际应用情况，本章主要针对拱轴线对称的且不考虑弹性支座的拱，给出了较为简明的计算方法及计算公式。超静定拱计算中忽略剪切变形影响，且考虑温度作用的计算中只考虑了均匀升温或降温情况。

7.1.1 拱的类型

(1) 按拱的支撑情况划分，可以分为三铰拱、两铰拱、无铰拱，如图7.1-1所示。

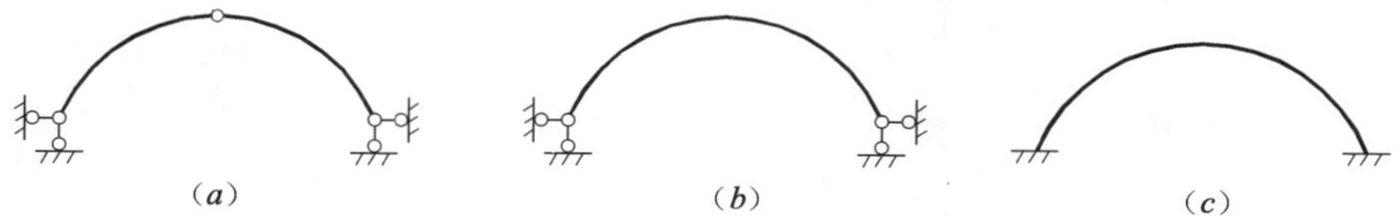

图7.1-1　三类对称的拱结构形式
(*a*) 三铰拱；(*b*) 两铰拱；(*c*) 无铰拱

(2) 按结构的静力特性，可分为静定拱、超静定拱。三铰拱属于静定拱，两铰拱、无铰拱属于超静定拱。

(3) 按有无拉杆，可划分为有拉杆拱和无拉杆拱。三铰拱及两铰拱可以设计为带拉杆的拱，如图7.1-2所示。

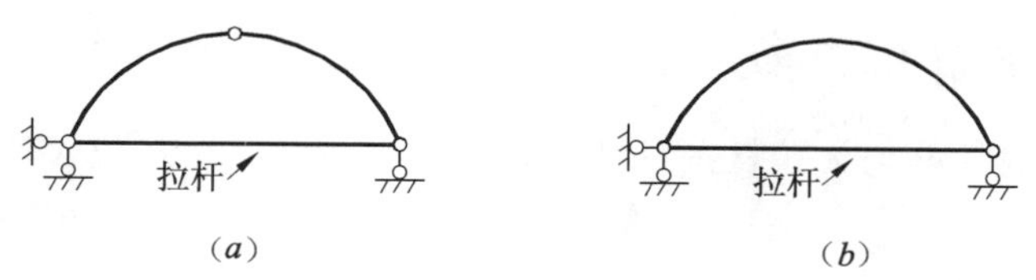

图7.1-2　带拉杆拱
(*a*) 有拉杆三铰拱；(*b*) 有拉杆两铰拱

(4) 根据拱截面的变化情况，可以分为等截面拱和变截面拱。

(5) 根据拱轴线的曲线形式，可以分为二次抛物线拱、圆弧拱、悬链线拱等。

7.1.2 符号规定

本章采用的符号规定如下（参见图7.1-3）：

R_A、R_B——分别为支座 A、B 的竖向反力，以竖直向上为正；

H_A、H_B、H——支座 A、B 的水平反力或水平推力，方向以向内为正；当 $H_A=H_B$ 时，可统一用 H 表示；

Z——两铰拱或三铰拱拉杆的内力，拉杆以受拉为正；

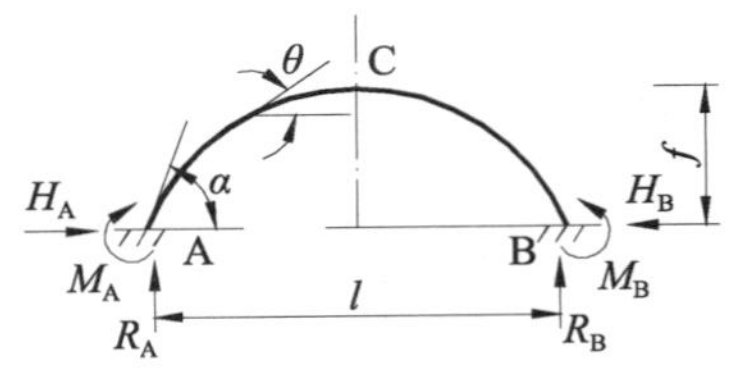

图 7.1-3　拱尺寸及受力的基本描述

M_A、M_B、M_C——分别代表拱脚 A、B 及拱顶 C 点的弯矩，以使拱圈内侧受拉为正；

M_x——拱圈任意截面（横坐标为 x）的弯矩，以使拱圈内侧受拉为正；

N_x——拱圈任意截面（横坐标为 x）的轴力，以受压为正；

V_x——拱圈任意截面（横坐标为 x）的剪力，对邻近截面所产生的力矩沿顺时针方向为正；

l——拱的跨度；

f——矢高；

ρ——矢跨比，$\rho=\frac{f}{l}$；

x、y——根据各拱相应建立的坐标体系，拱轴任意点的横坐标及纵坐标；

α——左侧拱脚切线的倾角（计算公式中的 α 值均以弧度 rad 计算）；

θ——拱轴任意点切线的倾角（计算公式中的 θ 值均以弧度 rad 计算），左半拱为正，右半拱为负，且 $0\leqslant|\theta|\leqslant\alpha$；

E、E_1——分别为拱圈及拉杆材料的弹性模量；

I、I_C——分别为拱圈任一截面及变截面拱的拱顶截面惯性矩；

A、A_C、A_1——分别为拱圈任一截面、变截面拱拱顶及拉杆的截面积；

K——考虑轴向力对形变位影响的修正系数。

7.2　拱的计算方法

7.2.1　求解静定三铰拱的解析方法及内力计算

静定三铰拱在有拉杆与无拉杆两种情况下的内力计算方法及公式均相同，这是由于带拉杆时的拉杆内力 Z 与无拉杆时的水平推力 H 是相等的，因此这里只考虑无拉杆三铰拱的计算方法。三铰拱的坐标体系如图 7.2-1 所示。

1. 竖向荷载作用下

在竖向荷载作用下的拱截面内力，可以利用一个辅助的简支梁进行计算，如图 7.2-2 所示。该简支梁为与拱具有相同跨长且作用相同荷载的梁，其支座反力和内力符号与拱相应的反力和内力符号上加上标 0，以示区别。

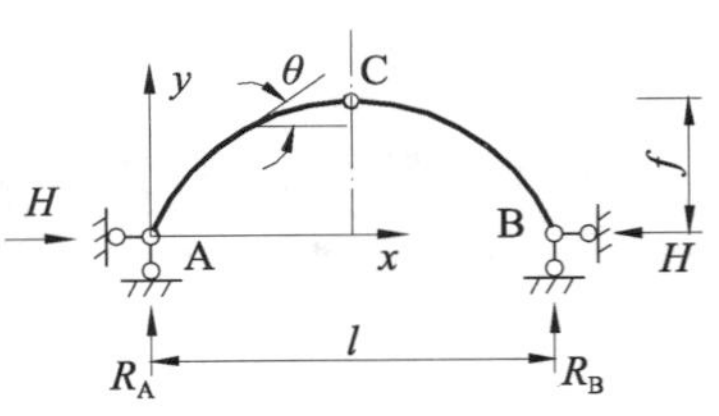

图 7.2-1　三铰拱的坐标体系

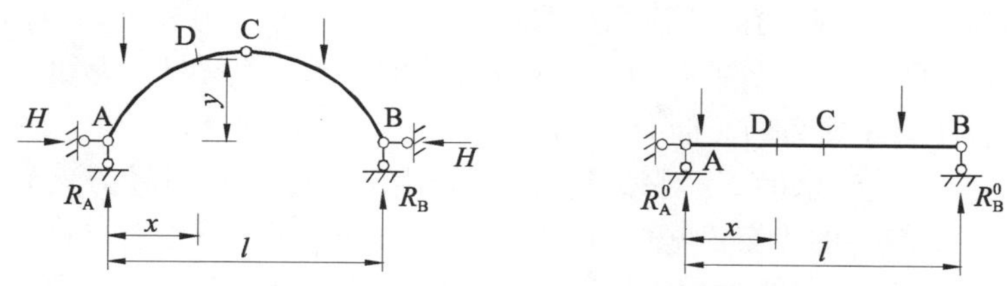

图7.2-2　竖向荷载作用下的三铰拱及辅助简支梁

（1）支座竖向反力 R_A、R_B

$$\left.\begin{aligned}R_A=R_A^0=\frac{M_B^{(P)}}{l}\\R_B=R_B^0=\frac{M_A^{(P)}}{l}\end{aligned}\right\}\tag{7.2-1}$$

式中　R_A 及 R_B——拱支座A及B的支座反力；

R_A^0 及 R_B^0——辅助简支梁的支座反力；

$M_A^{(P)}$ 及 $M_B^{(P)}$——荷载对支座A及B的力矩。

（2）支座水平推力 H

$$H=\frac{M_C^0}{f}\tag{7.2-2}$$

式中　H——拱支座A及B的水平推力；

M_C^0——辅助简支梁的C点弯矩；

f——拱的矢高。

（3）任意截面的弯矩

$$M_x=M_x^0-Hy\tag{7.2-3}$$

式中　M_x——拱轴上离左支座水平距离为 x 截面的弯矩；

M_x^0——辅助简支梁相应截面上的弯矩；

y——拱轴上离左支座水平距离为 x 截面的纵坐标。

2. 水平荷载的计算

（1）支座竖向反力 R

取整个拱进行受力平衡分析，分别对拱支座A、B取矩，可以获得相应的弯矩平衡方程，从而可以计算支座竖向反力 R_A 及 R_B。

（2）支座水平推力 H

在计算得到支座竖向反力 R_A 及 R_B 后，沿拱顶C处切开，分成左、右两个脱离体。取左边脱离体，对C点取矩得到弯矩平衡方程，从而可以计算支座推力 H_A。取右边脱离体，对C点取矩得到弯矩平衡方程，从而可以计算支座推力 H_B。

（3）任意截面的弯矩

得到支座反力后，沿任意截面切开取脱离体，由该点的弯矩平衡条件可以计算其弯矩。

3. 任意荷载作用下截面轴向力 N 与剪力 V 的计算

得到支座反力后，在需计算的截面处，例如离左侧支座水平距离为 x 的截面D处，将其切开即得到左右两个脱离体。任意选取一个脱离体进行受力分析，根据脱离体上水平力的平衡条件计算 F_x，并根据竖向力的平衡条件计算 F_y，其中 F_x 为切开截面处力的水平分量，F_y 为切开截面处力的竖向分量。

正负号规定为：左半拱的 F_x 对邻近截面所产生的力矩沿逆时针方向转为正，右半拱的 F_x 对邻近截面所产生的力矩沿顺时针方向转为正；F_y 不区分左右半拱，当对邻近截面所产生的力矩沿顺时针方向转时为正。图 7.2-3 给出了截面切开后的受力正方向示意图。

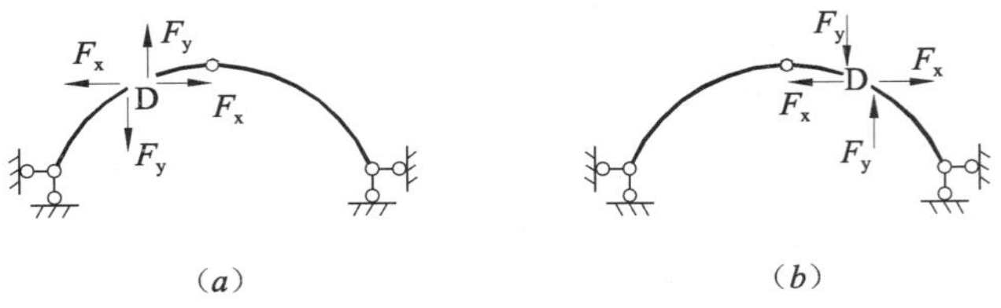

图 7.2-3　左、右半拱截面切开后 F_x 和 F_y 的正方向

(*a*) 左半拱；(*b*) 右半拱

(1) 任意截面的轴向力

$$N_x = F_y \sin\theta + F_x \cos\theta \tag{7.2-4}$$

式中　N_x——拱圈离支座水平距离为 x 处截面的轴力，轴力方向与切开截面处拱轴线的切线方向平行，受压为正；

θ——拱轴任意点切线的倾角（计算公式中的 θ 值均以弧度计算），左半拱为正，右半拱为负。

(2) 任意截面的剪力

$$V_x = F_y \cos\theta - F_x \sin\theta \tag{7.2-5}$$

式中　V_x——拱圈离支座水平距离为 x 处截面的剪力，剪力方向与切开截面处拱轴线的切线方向垂直，对邻近截面所产生的力矩沿顺时针方向转为正。

7.2.2　求解超静定两铰拱的解析方法

1. 无拉杆两铰拱

对于不带拉杆的两铰拱（图 7.2-4*a*），可采用力法进行计算。两铰拱属于一次超静定结构，故去掉任意一个支座的水平约束，即去掉一根水平支座链杆，获得一个静定的基本结构（图 7.2-4*b*），而将该支座的水平约束即推力 H 作为基本未知力，即赘余力。

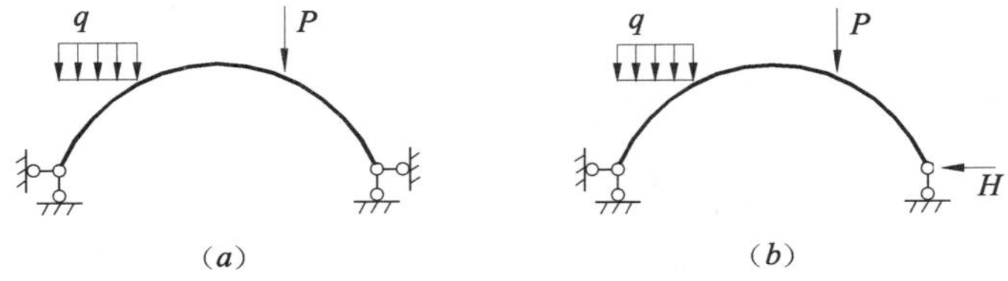

图 7.2-4　力法计算无拉杆两铰拱示意图

(*a*) 两铰拱；(*b*) 力法基本体系

然后利用在撤去水平链杆方向上的位移协调条件，建立力法的基本方程，即

$$\delta_{11} H + \Delta_{1P} + \Delta_{1t} = \Delta_1 \tag{7.2-6}$$

式中　δ_{11}——在撤去水平链杆的方向上作用单位力于基本结构上得到的该方向上的位移；

Δ_{1P}——基本结构在与原结构相同的荷载作用下，撤去水平链杆的方向上的位移；

Δ_{1t}——基本结构在与原结构相同的温度作用下，撤去水平链杆的方向上的位移；

Δ_{1}——原结构在撤去水平链杆的方向上的位移，没有支座移动时为零，当有支座水平移动 Δ（两支座相对距离缩小时为正）时其值为 Δ。

于是赘余力 H 为

$$H=\frac{\Delta_{1}-\Delta_{1P}-\Delta_{1t}}{\delta_{11}} \tag{7.2-7}$$

考虑到超静定拱忽略剪切变形影响，形变位只考虑弯曲及轴向变形影响，普通荷载作用下的载变位则忽略轴向变形的影响而只考虑弯曲变形影响，则力法方程式（7.2-6）左边的各个系数采用下列各式计算得到

$$\delta_{11}=\int_{l_s}\frac{1}{EI}M_{1}M_{1}\,\mathrm{d}s+\int_{l_s}\frac{1}{EA}N_{1}N_{1}\,\mathrm{d}s \tag{7.2-8}$$

$$\Delta_{1P}=\int_{l_s}\frac{1}{EI}M_{1}M_{P}\,\mathrm{d}s \tag{7.2-9}$$

$$\Delta_{1t}=\frac{\alpha\Delta t}{h}\int_{l_s}M_{1}\,\mathrm{d}s+\alpha t_{0}\int_{l_s}N_{1}\,\mathrm{d}s \tag{7.2-10}$$

式中　M_1——基本结构在撤去链杆方向上添加单位力后得到的拱轴弯矩；

N_1——基本结构在撤去链杆方向上添加单位力后得到的拱轴轴力；

M_P——基本结构在荷载作用下的拱轴弯矩；

Δ_{1t}——基本结构在温度作用下内外拱侧温度改变之差，本章只考虑均匀升温或降温，故其值取零；

t_0——基本结构在均匀升温或降温作用下的拱轴线温度改变；

α——拱的材料在温度作用下的线膨胀系数；

l_s——拱轴线。

2. 有拉杆两铰拱

对于带拉杆的两铰拱（图 7.2-5*a*），不考虑支座水平移动，则可以切开拉杆得到一个静定的基本结构（图 7.2-5*b*），采用拉杆的拉力 Z 作为赘余力，于是其力法方程为

$$\delta_{11}Z+\Delta_{1P}+\Delta_{1t}=0 \tag{7.2-11}$$

则拉杆的内力 Z 为

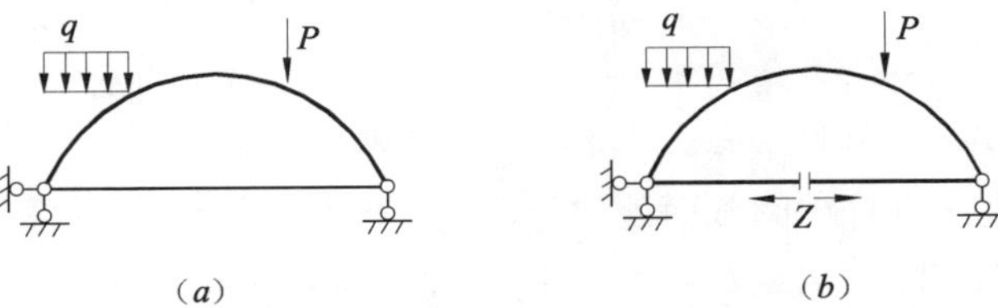

图 7.2-5　力法计算带拉杆两铰拱示意图

（*a*）两铰拱；（*b*）力法基本体系

$$Z=\frac{-\Delta_{1P}-\Delta_{1t}}{\delta_{11}} \tag{7.2-12}$$

从受力分析可以发现带拉杆的两铰拱与无拉杆时比较，基本结构中只多出一个断开轴向约束的拉杆。此时基本结构在原结构温度及荷载作用下的内力（拉杆中没有作用力）与无拉杆两铰拱情况相同，故 Δ_{1P}、Δ_{1t} 的计算与无拉杆两铰拱相同。拉杆的存在则反映在 δ_{11} 的计算有所不同，即带拉杆两铰拱的 δ_{11} 为

$$\delta_{11}=\int_{l_s}\frac{1}{EI}M_1M_1\mathrm{d}s+\int_{l_s}\frac{1}{EA}N_1N_1\mathrm{d}s+\int_{l}\frac{1}{E_1A_1}N'_1N'_1\mathrm{d}x \tag{7.2-13}$$

式中　l——有拉杆两铰拱的跨度；

E_1——拉杆材料的弹性模量；

A_1——拉杆的截面面积；

N'_1——拉杆的轴力。

7.2.3　求解超静定无铰拱的解析方法

无铰拱为三次超静定结构，其求解原理与两铰拱相同，即采用力法来进行计算。对于对称的无铰拱，可选取对称的基本结构，如图 7.2-6 所示。

图 7.2-6 中 M_0、H_0、V_0 分别代表拱顶弯矩、轴力、剪力三个方向（即 1 方向、2 方向、3 方向）的赘余力，则力法基本方程为

$$\delta_{11}M_0+\delta_{12}H_0+\Delta_{1P}+\Delta_{1t}=0 \tag{7.2-14}$$

$$\delta_{21}M_0+\delta_{22}H_0+\Delta_{2P}+\Delta_{2t}=0 \tag{7.2-15}$$

$$\delta_{33}V_0+\Delta_{3P}+\Delta_{3t}=0 \tag{7.2-16}$$

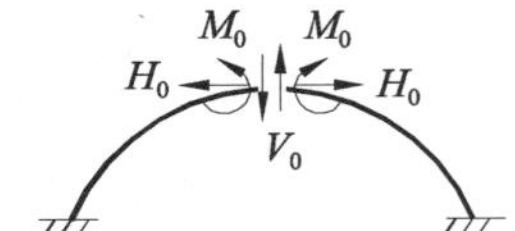

图 7.2-6　对称无铰拱力法的基本结构及赘余力正方向

由于超静定次数较多，力法方程中仍需求解较多的系数，可采用弹性中心法进行简化，使副系数 $\delta_{12}=\delta_{21}=0$。

如图 7.2-7 所示，首先根据位移内力等效的原则，将原结构进行一定的变换，具体步骤为：1）在中间截面即拱顶 C 切开，使无铰拱变为两根悬臂曲梁；2）然后用两根竖向刚度为无限大的刚性杆连在两根曲梁的端点；3）将两个刚性杆进行刚结。变换后得到的新结构与原结构等效，即拱顶左右截面在水平、竖向和转角方向均无相对位移，因此新结构的拱截面内力与原结构相同。

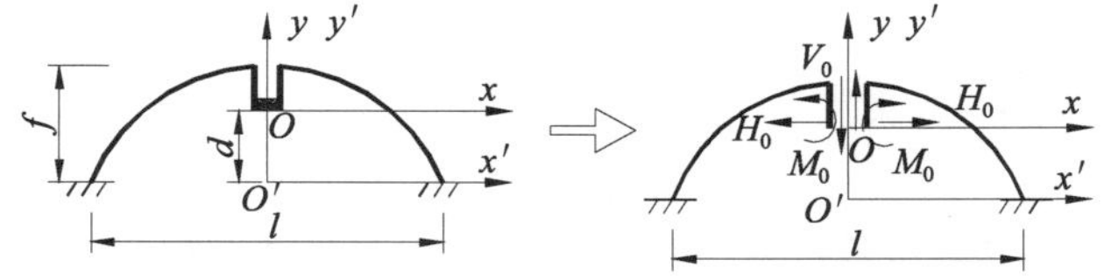

图 7.2-7　弹性中心法计算示意图、基本结构和赘余力正方向

采用新结构，在刚性杆中间截面处切开得到的新基本结构，如图 7.2-7 所示。适当选取刚性杆长度，即确定刚臂端点 O 的位置，可使新基本结构的副系数 $\delta_{12}=\delta_{21}=0$。以刚臂端点 O 为原点，如图 7.2-7 建立坐标系则可得

$$\delta_{12}=-\int_{l_s}\frac{y}{EI}\mathrm{d}s \tag{7.2-17}$$

另取一个参考坐标轴 $x'y'$，y' 与 y 轴重合，原点为拱支座连线的中点，则 x' 轴与 x 轴间的距离为 d。坐标变换后代入上式并使 δ_{12} 为零，则

$$d=\frac{\int\limits_{l_s}\frac{y'}{EI}\mathrm{d}s}{\int\limits_{l_s}\frac{1}{EI}\mathrm{d}s} \tag{7.2-18}$$

由上式可见，若以拱的轴线为中心线、拱截面抗弯刚度的倒数（即 $1/EI$）作为垂直宽度，并将由此围成的虚拟图形面积称为弹性面积，则式（7.2-18）给出的 d 就是该弹性面积的形心到 x' 轴的距离，刚臂的端点 O 就是弹性面积的形心，称为弹性中心。采用弹性中心为原点的坐标系，并采用新基本结构，则力法方程有

$$\delta_{11}M_0+\Delta_{1P}+\Delta_{1t}+\Delta_{1c}=0 \tag{7.2-19}$$

$$\delta_{22}H_0+\Delta_{2P}+\Delta_{2t}+\Delta_{2c}=0 \tag{7.2-20}$$

$$\delta_{33}V_0+\Delta_{3P}+\Delta_{3t}+\Delta_{3c}=0 \tag{7.2-21}$$

式中　δ_{11}——新基本结构在刚臂两端点上作用单位弯矩后拱顶两截面相对转角；

δ_{22}——新基本结构在刚臂两端点上作用单位轴力后拱顶两截面相对轴向位移；

δ_{33}——新基本结构在刚臂两端点上作用单位剪力后拱顶两截面相对剪切方向位移；

Δ_{1P}、Δ_{2P}、Δ_{3P}——新基本结构在与原结构相同的荷载作用下，刚臂两端点相对转角、相对轴向位移、相对剪切方向位移；

Δ_{1t}、Δ_{2t}、Δ_{3t}——新基本结构在与原结构相同的温度作用下，刚臂两端点相对转角、相对轴向位移、相对剪切方向位移；

Δ_{1c}、Δ_{2c}、Δ_{3c}——新基本结构在支座移动作用下，刚臂两端点相对转角、相对轴向位移、相对剪切方向位移。

由式（7.2-19）～式（7.2-21）可求得三个基本未知力（赘余力）。考虑均匀升温并考虑某些情况下可以忽略轴向及剪切变形，则各个系数的计算方法为

$$\delta_{11}=\int\limits_{l_s}\frac{1}{EI}\mathrm{d}s\,,\quad \delta_{22}=\int\limits_{l_s}\frac{y^2}{EI}\mathrm{d}s\,,\quad \delta_{33}=\int\limits_{l_s}\frac{x^2}{EI}\mathrm{d}s \tag{7.2-22}$$

$$\Delta_{1P}=\int\limits_{l_s}\frac{M_P}{EI}\mathrm{d}s\,,\quad \Delta_{2P}=-\int\limits_{l_s}\frac{yM_P}{EI}\mathrm{d}s\,,\quad \Delta_{3P}=\int\limits_{l_s}\frac{xM_P}{EI}\mathrm{d}s \tag{7.2-23}$$

$$\Delta_{1t}=\Delta_{3t}=0\,,\qquad \Delta_{2t}=-\alpha_t t_0\int\limits_{l_s}\cos\theta\mathrm{d}s=-\alpha_t t_0 l \tag{7.2-24}$$

$$\Delta_{ic}=-\sum_k\overline{R}_k^iC_k \tag{7.2-25}$$

式中　M_P——新基本结构在荷载作用下的拱轴弯矩；

t_0——新基本结构在均匀升温或降温作用下的拱轴线温度改变，升温为正；

α_t——拱的材料在温度作用下的线膨胀系数；

l_s——拱轴线；

i——$i=1$，2，3，分别代表弯矩、轴力、剪力三个方向（即 1 方向、2 方向、3 方向）；

$\overline{R}_k^i$——新基本结构在 i 方向作用单位力后第 k 个支座的反力；

C_k——新基本结构第 k 个支座的支座位移。

7.2.4 超静定拱的反力及内力计算方法

1. 两铰拱支座反力

对于无拉杆两铰拱水平推力，根据第 7.2.2 节的计算方法查相应计算表格得到。对于有拉杆两铰拱的水平推力，除了查相应计算表格得到拉杆拉力后，还可根据整个拱的受力平衡条件进一步计算支座水平反力 H 。

对于两铰拱支座竖直方向反力可按下式计算

$$\left.\begin{aligned} R_{\mathrm{A}} &= \frac{M_{\mathrm{B}}^{(\mathrm{P})}}{l} \\ R_{\mathrm{B}} &= \frac{M_{\mathrm{A}}^{(\mathrm{P})}}{l} \end{aligned}\right\} \tag{7.2-26}$$

式中 $M_{\mathrm{A}}^{(\mathrm{P})}$ 及 $M_{\mathrm{B}}^{(\mathrm{P})}$ ——荷载对支座 A 及 B 的力矩。

2. 无铰拱支座反力

无铰拱的三个方向支座反力可根据基本结构的脱离体平衡和计算表格给出的赘余力计算公式，通过分析受力平衡条件得到。

3. 两铰拱及无铰拱任意截面的弯矩 *M*、轴向力 *N* 与剪力 *V*

在求得三个方向支座反力及赘余力后，两铰拱及无铰拱任一截面的内力（弯矩、剪力和轴力）的计算方法与三铰拱内力的计算方法完全相同，参见 7.2.1 节。

7.2.5 轴向变形的影响

1. 概述

三铰拱属于静定结构，其内力求解过程仅需要静力平衡条件，不存在轴向变形影响的问题。

两铰拱与无铰拱属于超静定结构，在采用力法方程计算时，由于引入了位移变形协调条件，因此是否考虑轴向变形的影响，会导致不同的计算结果。即在位移计算中不仅仅需要考虑弯曲变形产生的位移，理论上还应计入轴向变形产生的位移。

轴向变形的影响可分为两部分：一是拉杆轴向变形引起的位移；二是拱圈轴向变形引起的位移。

拉杆的轴向变形影响较大，计算公式相对简单，应予考虑。拱圈轴向变形影响的大小，主要取决于拱圈截面的高度 h 与拱的矢高 f 及跨度 l 之间的相对比值，h/l 的值越小则拱圈轴向变形的影响越小。

2. 两铰拱轴向变形影响示例

在两铰拱中，对于形变位 δ_{11}，其计算公式较为单一，因此给出了形变位考虑轴向变形的修正计算方法，并引入了仅考虑形变位轴向力影响的轴向力变形影响修正系数 K 来进行修正。

对于载变位 $\Delta_{1\mathrm{P}}$，其轴向变形影响随着荷载的变化而变化，较难整理出较为简洁的计算公式。从定性上说，形变位的影响会使水平推力（或拉杆拉力）减小，而载变位同样会减小水平推力（或拉杆拉力）。下面通过一个无拉杆两铰拱跨中作用集中力的例子，定量说明载变位的影响。

【例题 7-1】 图 7.2-8 示一跨度为 l、矢高为 f 的无拉杆等截面抛物线两铰拱，在跨中作用一个单位集中力。拱截面为高 h、宽 b 的矩形截面，弹性模量为 E。试讨论轴向变形的影响。

【解】 该拱矢跨比 $\rho=\frac{f}{l}$，惯性矩 $I=\frac{1}{12}bh^3$，截面积 $A=bh$；两铰拱推力 H 可表示为

$$H = \overline{H}KK' \tag{7.2-27}$$

式中　$\overline{H}$ ——仅考虑弯曲变形得到的结果；

K ——考虑轴向变形对形变位影响的修正系数；

K' ——考虑轴向变形对载变位影响的修正系数。

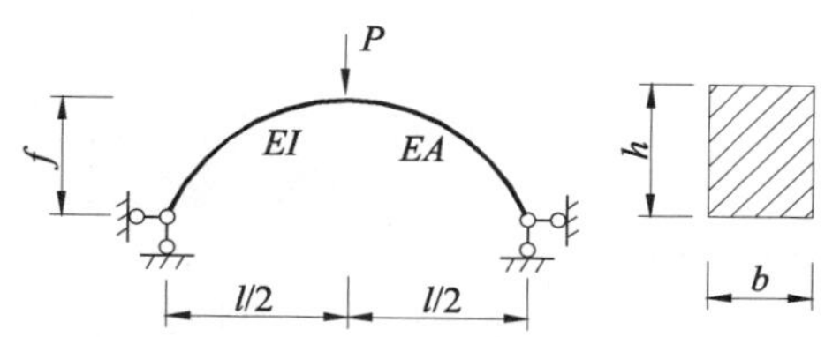

图 7.2-8　跨中受竖向集中荷载作用的两铰拱

对本例，考虑载变位的修正系数 K' 为

$$K' = 1+\frac{Im'_1}{Al^2} \tag{7.2-28}$$

式中 m'_1 即反映了轴向变形对载变位的影响，见表 7.2-1。

两铰拱跨中集中力作用下的 m'_1 值　　**表 7.2-1**

ρ	0.20	0.25	0.30	0.35	0.40	0.45	0.50	0.55	0.60
m'_1	−8.1206	−7.5302	−6.9461	−6.3894	−5.8707	−5.3941	−4.9599	−4.5662	−4.2101

根据下文给出的计算公式，形变位的轴向变形影响修正系数 K 为

$$K = \frac{1}{1+\frac{Im_1}{Al^2}} \tag{7.2-29}$$

式中 m_1 反映了轴向变形对形变位的影响。

图 7.2-9 给出了 m'_1 及 m'_1/m_1 随矢跨比 ρ 变化的关系，可以发现载变位的影响随着矢跨比的增加而减少，当矢跨比为 0.2 时，两个系数的比值为 1/5 左右，而当矢跨比为 0.5 时，轴向变形对载变位的影响与对形变位的影响接近。从图中还可发现，随着矢跨比的增加，载变位影响减小的速度慢于形变位减小的速度。

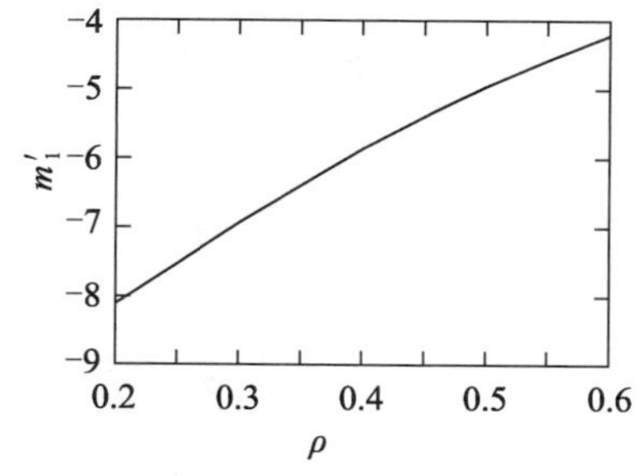

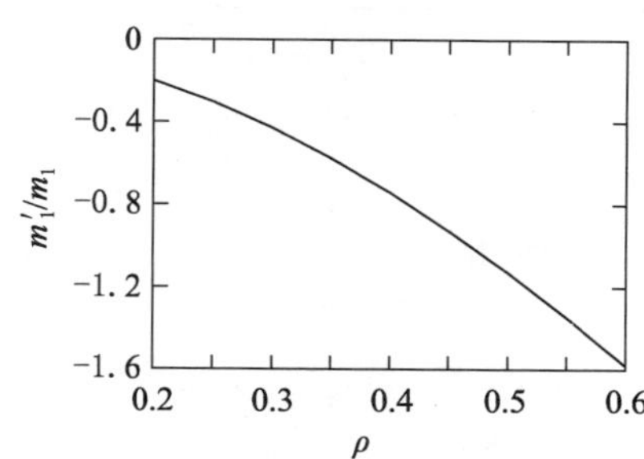

图 7.2-9　m'_1 及 m'_1/m_1 随矢跨比 ρ 变化的关系

对于矩形截面，式（7.2-28）及式（7.2-29）可改写为

$$K' = 1 + \frac{Im'_1}{Al^2} = 1 + \frac{h^2}{12l^2}m'_1 \tag{7.2-30}$$

$$K = \frac{1}{1 + \frac{Im_1}{Al^2}} = \frac{1}{1 + \frac{h^2}{12l^2}m_1} \tag{7.2-31}$$

从上式可以发现，若取 $h/l=0.1$，矢跨比 $\rho=0.2$，此时 $K'=0.9932$，$K=0.9669$；可以发现载变位影响十分小，可以忽略。

7.3 任意外形对称三铰拱

如图 7.3-1 所示，设无量纲参数

$$\xi=\frac{x}{l}\text{；}\eta=\frac{y}{l} \tag{7.3-1}$$

根据 7.2 节三铰拱的计算方法，可以得到如表 7.3-1 所示的无拉杆三铰拱计算公式，式中 x 或 ξ 均从左侧支座中心点计。当将计算公式应用于有拉杆三铰拱计算时，可作如下考虑：

1. 竖向荷载作用下

此时荷载简图中两支座间以虚线相连，表示对无拉杆拱及带拉杆拱两种情况均适用。对于带拉杆的三铰拱，只要将公式中的水平推力 H 换成拉杆的拉力 Z（表中已指明者除外），则经过替换之后的公式与系数都适用。

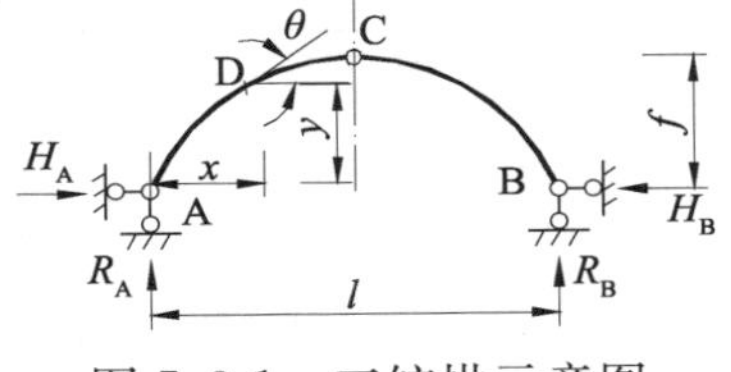

图 7.3-1　三铰拱示意图

2. 水平荷载作用下

若左边支座为可动铰支座，则将拉杆中间断开后，左拉杆的拉力 Z 与表 7.3-1 公式中左支座的水平推力大小相等方向相同。

若右边支座为可动铰支座，则将拉杆中间断开后，右拉杆的拉力 Z 与表 7.3-1 公式中右支座的水平推力大小相等方向相同。

各种荷载作用下三铰拱计算公式　　表 7.3-1

荷载简图	计算公式
q；C；A；B	$R_{A,B}=\frac{ql}{2}$；$H_{A,B}=\frac{ql^2}{8f}$ AC 段　$M_x=\frac{ql^2}{8}(4\xi-4\xi^2-\eta)$
P；a；b；D；C；A；B	$R_A=P\frac{b}{l}$；$R_B=P\frac{a}{l}$；$H_{A,B}=\frac{Pa}{2f}$ AD 段　$M_x=\frac{Pa}{2}\left(\frac{2b\xi}{a}-\eta\right)$；　CB 段：$M_x=\frac{Pa}{2}(2-2\xi-\eta)$ 当 $a=\frac{1}{2}$；$R_{A,B}=\frac{P}{2}$；$H_{A,B}=\frac{Pl}{4f}$；　AC 段：$M_x=\frac{Pl}{4}(2\xi-\eta)$

续表

荷载简图	计算公式
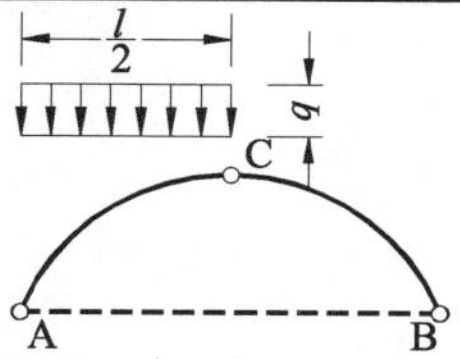	$R_A=\frac{3ql}{8}$；$R_B=\frac{ql}{8}$；$H_{A,B}=\frac{ql^2}{16f}$ AC 段：$M_x=\frac{ql^2}{16}(6\xi-8\xi^2-\eta)$；　CB 段：$M_x=\frac{ql^2}{16}(2-2\xi-\eta)$
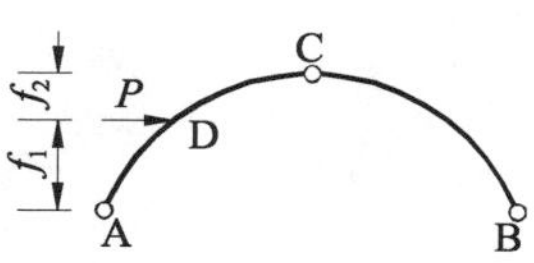	$R_A=-R_B=-\frac{Pf_1}{l}$；$H_A=-\frac{P}{2}\left(1+\frac{f_2}{f}\right)$；$H_B=\frac{Pf_1}{2f}$ AD 段：$M_x=-\frac{Pf_1}{2}\left[2\xi-\frac{\eta(f_1+f_2)}{f_1}\right]$；　DC 段：$M_x=-\frac{Pf_1}{2}[2\xi+\eta-2]$； CB 段：$M_x=\frac{Pf_1}{2}(2-2\xi-\eta)$ 当 $f_1=f$：$R_A=-R_B=-\frac{Pf}{l}$；　$H_A=-H_B=-\frac{P}{2}$； AC 段：$M_x=-\frac{Pf}{2}(2\xi-\eta)$
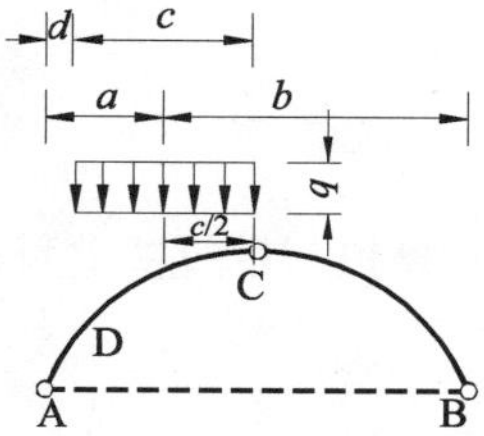	$R_A=qb\frac{c}{l}$；$R_B=qa\frac{c}{l}$；$H_{A,B}=\frac{qca}{2f}$ AD 段：$M_x=\frac{qca}{2}(\frac{2b\xi}{a}-\eta)$ DC 段：$M_x=\frac{qca}{2}\left[\frac{2b\xi}{a}-\frac{(x-d)^2}{ac}-\eta\right]$；　CB 段：$M_x=\frac{qca}{2}(2-2\xi-2\eta)$
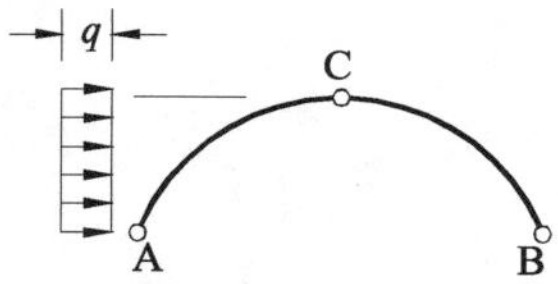	$R_A=-R_B=-\frac{qf^2}{2l}$；$H_A=-\frac{3qf}{4}$；$H_B=\frac{qf}{4}$ AC 段：$M_x=-\frac{qf^2}{4}(2\xi+2\eta^2-3\eta)$；　CB 段：$M_x=\frac{qf^2}{4}(2-2\xi-\eta)$
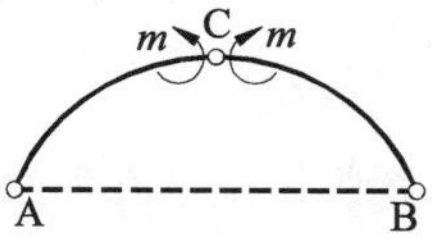	$V_{A,B}=0$；$H_{A,B}=-\frac{m}{f}$ AC 段：$M_x=m\eta$
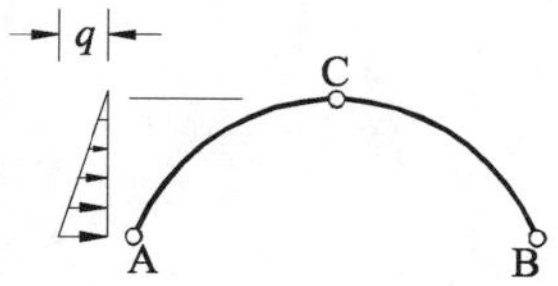	$R_A=-R_B=-\frac{qf^2}{6l}$；$H_A=-\frac{5qf}{12}$；$H_B=\frac{qf}{12}$ AC 段：$M_x=\frac{qf^2}{12}(5\eta-6\eta^2+2\eta^3-2\xi)$；　CB 段：$M_x=\frac{qf^2}{12}(2-2\xi-\eta)$
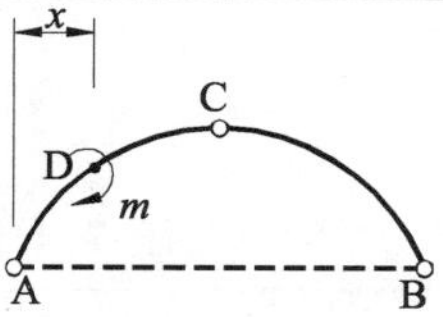	$R_A=-R_B=-\frac{m}{l}$；$H_{A,B}=\frac{m}{2f}$ AD 段：$M_x=-\frac{m}{2}(2\xi+\eta)$；　DC 段与 CB 段：$M_x=\frac{m}{2}(2-2\xi-\eta)$
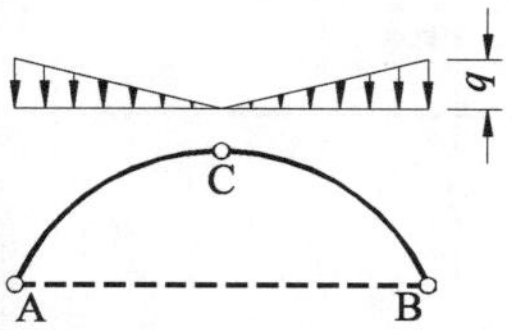	$R_{A,B}=\frac{ql}{4}$；$H_{A,B}=\frac{ql^2}{24f}$ AC 段：$M_x=\frac{ql^2}{24}(6\xi-12\xi^2+8\xi^3-\eta)$

续表

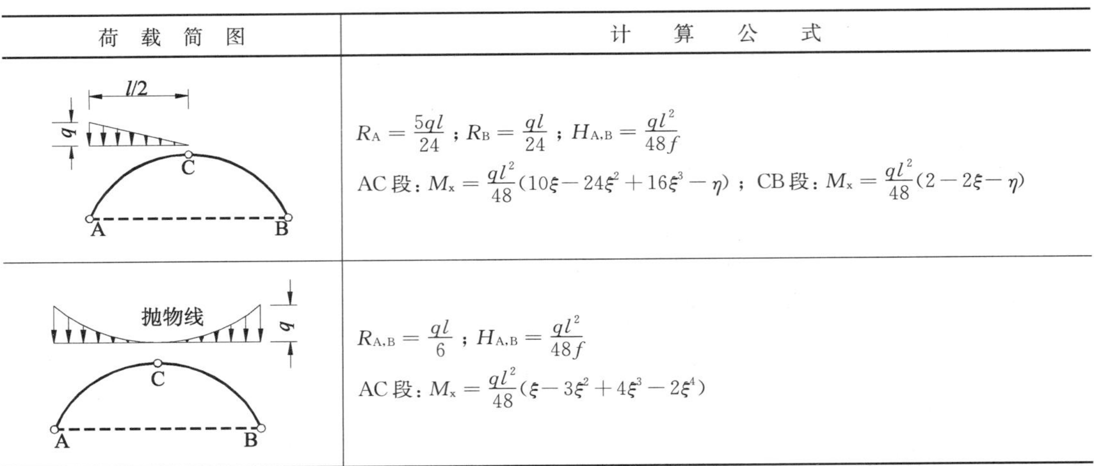

荷载简图	计算公式
$l/2$；q；C；A；B	$R_A=\frac{5ql}{24}$；$R_B=\frac{ql}{24}$；$H_{A,B}=\frac{ql^2}{48f}$ AC 段：$M_x=\frac{ql^2}{48}(10\xi-24\xi^2+16\xi^3-\eta)$；CB 段：$M_x=\frac{ql^2}{48}(2-2\xi-\eta)$
抛物线；q；C；A；B	$R_{A,B}=\frac{ql}{6}$；$H_{A,B}=\frac{ql^2}{48f}$ AC 段：$M_x=\frac{ql^2}{48}(\xi-3\xi^2+4\xi^3-2\xi^4)$

7.4 超静定圆弧拱

本节内容包括等截面的两铰圆弧拱、无铰圆弧拱。两铰拱包括无拉杆拱与带拉杆拱两种。

7.4.1 圆弧拱拱轴几何数据

如图 7.4-1 所示，其中各变量符号的意义为：

r——圆弧半径；

s——弧长；

α——半弧心角，等于拱脚拱轴切线的倾角绝对值。

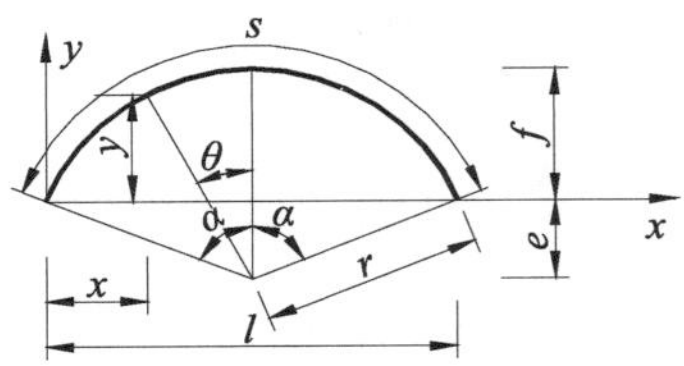

图 7.4-1 圆弧拱拱轴几何数据

其他符号的意义见图示及本章第 7.1 节的符号说明。根据图示可得以下拱轴几何数据及相互关系式：

$$\xi=\frac{x}{l},\quad \eta=\frac{y}{l},\quad \frac{r}{l}=\frac{1+4\rho^2}{8\rho},\quad \frac{e}{l}=\frac{1-4\rho^2}{8\rho},\quad \frac{s}{l}=\frac{\alpha}{\sin\alpha}$$

$$\sin\alpha=\frac{4\rho}{1+4\rho^2},\quad \cos\alpha=\frac{1-4\rho^2}{1+4\rho^2},\quad \alpha=\arcsin\frac{4\rho}{1+4\rho^2}$$

$$\sin\theta=(1-2\xi)\sin\alpha,\quad \cos\theta=\sqrt{1-(1-2\xi)^2\sin^2\alpha}$$

$$x=r(\sin\alpha-\sin\theta),\quad y=r(\cos\theta-\cos\alpha)$$

圆弧拱拱轴的几何数据 **表 7.4-1**

ρ	项目	ξ										$\sin\alpha$	$\cos\alpha$	$\frac{s}{l}$	$\frac{r}{l}$	$\frac{e}{l}$
		0.05	0.10	0.15	0.20	0.25	0.30	0.35	0.40	0.45	0.50					
0.10	η	0.196	0.369	0.520	0.649	0.757	0.845	0.913	0.961	0.990	1.000	0.385	0.923	1.0265	1.3000	1.2000
	$\sin\theta$	0.346	0.308	0.269	0.231	0.192	0.154	0.115	0.077	0.038	0.000					
	$\cos\theta$	0.938	0.951	0.963	0.973	0.981	0.988	0.993	0.997	0.999	1.000					

续表

ρ	项目	ξ 0.05	0.10	0.15	0.20	0.25	0.30	0.35	0.40	0.45	0.50	sinα	cosα	$\frac{s}{l}$	$\frac{r}{l}$	$\frac{e}{l}$
	η	0.205	0.381	0.532	0.660	0.766	0.851	0.917	0.963	0.991	1.000					
0.15	sin θ	0.495	0.440	0.385	0.330	0.275	0.220	0.165	0.110	0.055	0.000	0.550	0.835	1.0590	0.9083	0.7583
	cos θ	0.869	0.898	0.923	0.944	0.961	0.975	0.986	0.994	0.998	1.000					
	η	0.217	0.398	0.550	0.675	0.778	0.859	0.922	0.965	0.991	1.000					
0.20	sin θ	0.621	0.552	0.483	0.414	0.345	0.276	0.207	0.138	0.069	0.000	0.690	0.724	1.1035	0.7250	0.5250
	cos θ	0.784	0.834	0.876	0.910	0.939	0.961	0.978	0.990	0.998	1.000					
	η	0.235	0.421	0.571	0.693	0.791	0.869	0.927	0.968	0.992	1.000					
0.25	sin θ	0.720	0.640	0.560	0.480	0.400	0.320	0.240	0.160	0.080	0.000	0.800	0.600	1.1591	0.6250	0.3750
	cos θ	0.694	0.768	0.828	0.877	0.917	0.947	0.971	0.987	0.997	1.000					
	η	0.259	0.449	0.597	0.714	0.806	0.878	0.933	0.970	0.993	1.000					
0.30	sin θ	0.794	0.706	0.618	0.529	0.441	0.353	0.265	0.176	0.088	0.000	0.882	0.471	1.2250	0.5667	0.2667
	cos θ	0.608	0.708	0.786	0.848	0.897	0.936	0.964	0.984	0.996	1.000					
	η	0.291	0.482	0.625	0.735	0.822	0.889	0.938	0.973	0.993	1.000					
0.35	sin θ	0.846	0.752	0.658	0.564	0.470	0.376	0.282	0.188	0.094	0.000	0.940	0.342	1.3000	0.5321	0.1821
	cos θ	0.534	0.660	0.753	0.826	0.883	0.927	0.959	0.982	0.996	1.000					
	η	0.332	0.520	0.655	0.758	0.837	0.898	0.944	0.975	0.994	1.000					
0.40	sin θ	0.878	0.780	0.683	0.585	0.488	0.390	0.293	0.195	0.098	0.000	0.976	0.220	1.3832	0.5125	0.1125
	cos θ	0.479	0.625	0.730	0.811	0.873	0.921	0.956	0.981	0.995	1.000					
	η	0.381	0.560	0.685	0.779	0.852	0.908	0.949	0.978	0.994	1.000					
0.45	sin θ	0.895	0.796	0.696	0.597	0.497	0.398	0.298	0.199	0.099	0.000	0.994	0.105	1.4738	0.5028	0.0528
	cos θ	0.446	0.606	0.718	0.802	0.868	0.917	0.954	0.980	0.995	1.000					
	η	0.436	0.600	0.714	0.800	0.866	0.917	0.954	0.980	0.995	1.000					
0.50	sin θ	0.900	0.800	0.700	0.600	0.500	0.400	0.300	0.200	0.100	0.000	1.000	0.000	1.5708	0.5000	0.0000
	cos θ	0.436	0.600	0.714	0.800	0.866	0.917	0.954	0.980	0.995	1.000					

7.4.2　相关计算理论与系数

1. 圆弧拱在集中力作用下的推力或拉杆拉力的表达式见表7.4-2，该表所列公式可视为圆弧拱赘余力的基本公式，其他各种荷载形式的赘余力可以通过推导得到。

集中力作用下的两铰及无铰圆弧拱的赘余力　　表7.4-2

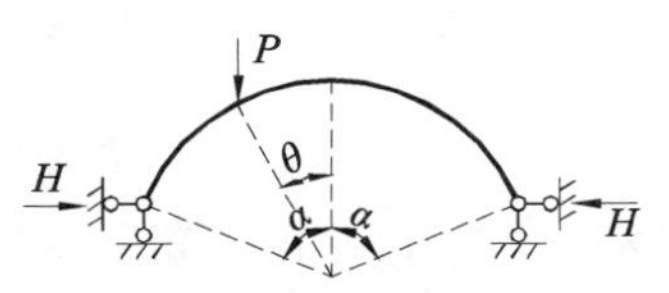	$H=\dfrac{-\alpha\sin\alpha\cos\alpha+\dfrac{1}{2}\sin^2\alpha-\cos^2\alpha+\cos\alpha(\theta\sin\theta+\cos\theta)-\dfrac{1}{2}\sin^2\theta}{\alpha(1+2\cos^2\alpha)-3\sin\alpha\cos\alpha}PK$

续表

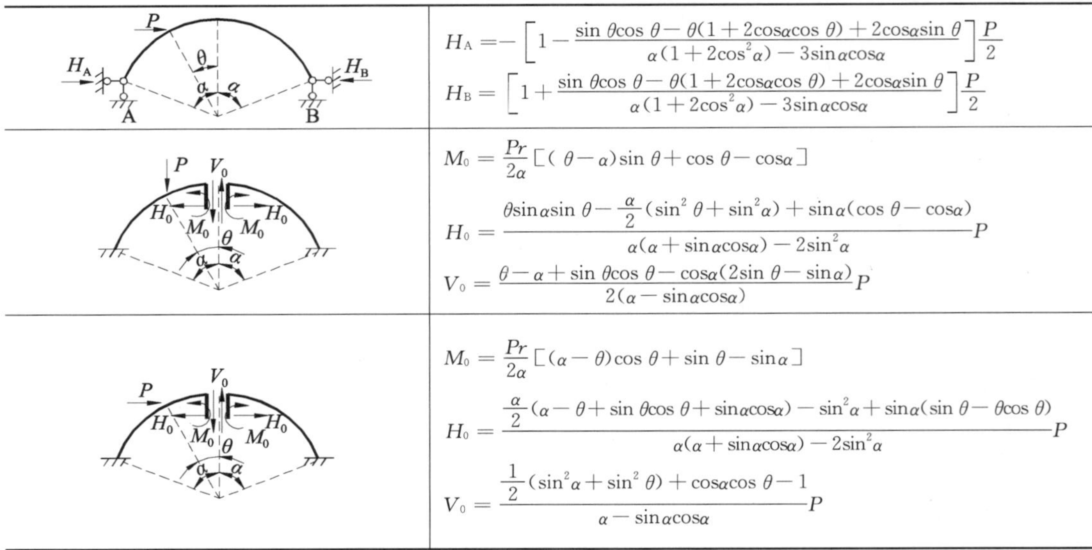

简图	公式
	$H_A=-\left[1-\frac{\sin\theta\cos\theta-\theta(1+2\cos\alpha\cos\theta)+2\cos\alpha\sin\theta}{\alpha(1+2\cos^2\alpha)-3\sin\alpha\cos\alpha}\right]\frac{P}{2}$ $H_B=\left[1+\frac{\sin\theta\cos\theta-\theta(1+2\cos\alpha\cos\theta)+2\cos\alpha\sin\theta}{\alpha(1+2\cos^2\alpha)-3\sin\alpha\cos\alpha}\right]\frac{P}{2}$
	$M_0=\frac{Pr}{2\alpha}[(\theta-\alpha)\sin\theta+\cos\theta-\cos\alpha]$ $H_0=\frac{\theta\sin\alpha\sin\theta-\frac{\alpha}{2}(\sin^2\theta+\sin^2\alpha)+\sin\alpha(\cos\theta-\cos\alpha)}{\alpha(\alpha+\sin\alpha\cos\alpha)-2\sin^2\alpha}P$ $V_0=\frac{\theta-\alpha+\sin\theta\cos\theta-\cos\alpha(2\sin\theta-\sin\alpha)}{2(\alpha-\sin\alpha\cos\alpha)}P$
	$M_0=\frac{Pr}{2\alpha}[(\alpha-\theta)\cos\theta+\sin\theta-\sin\alpha]$ $H_0=\frac{\frac{\alpha}{2}(\alpha-\theta+\sin\theta\cos\theta+\sin\alpha\cos\alpha)-\sin^2\alpha+\sin\alpha(\sin\theta-\theta\cos\theta)}{\alpha(\alpha+\sin\alpha\cos\alpha)-2\sin^2\alpha}P$ $V_0=\frac{\frac{1}{2}(\sin^2\alpha+\sin^2\theta)+\cos\alpha\cos\theta-1}{\alpha-\sin\alpha\cos\alpha}P$

2. 两铰拱轴向变形影响的修正系数 *K*

这里仅考虑两铰拱在无拉杆与有拉杆情况下的轴向变形影响，并且轴向变形仅考虑对形变位的影响。无铰拱不考虑轴向变形影响。

轴向变形影响系数 K 应按表 7.4-3 计算，其中的参数 n_1 和 n_2 分别给出了拱轴向变形和拉杆轴向变形的影响，为

$$n_1=\frac{64\rho^4}{(1+4\rho^2)^2}\frac{\alpha(1+4\rho^2)^2+4\rho(1-4\rho^2)}{\alpha(3-8\rho^2+48\rho^4)-12\rho(1-4\rho^2)};$$

$$n_2=\frac{512\rho^5}{(1+4\rho^2)[\alpha(3-8\rho^2+48\rho^4)-12\rho(1-4\rho^2)]}$$

两铰圆弧拱轴向变形影响系数 *K* 的计算　　表 7.4-3

荷载类别	两铰拱类别	
	无拉杆	有拉杆
竖向荷载作用	$K=\frac{1}{1+\frac{In_1}{Af^2}}$	$K=\frac{1}{1+\frac{In_1}{Af^2}+\frac{EIn_2}{E_1A_1f^2}}$
水平荷载作用	$K=1$	$K=\frac{1}{1+\frac{EIn_2}{E_1A_1f^2}}$

3. 无铰拱弹性中心的位置

无铰拱弹性中心的位置可根据下式计算

$$d=\left(\frac{1}{2\alpha}-\frac{1-4\rho^2}{8\rho}\right)l \qquad (7.4\text{-}1)$$

4. 附属系数的计算

为了简化起见，圆弧拱计算表格（表 7.4-5）的计算公式采用了以下两个附属系数 Φ_1 与 Φ_2：

$$\Phi_1 = (3 - 8\rho^2 + 48\rho^4)\alpha - 12\rho(1 - 4\rho^2) \quad (7.4\text{-}2)$$

$$\Phi_2 = (1 + 4\rho^2)^2\alpha^2 + 4\rho(1 - 4\rho^2)\alpha - 32\rho^2 \quad (7.4\text{-}3)$$

表 7.4-4 给出了各个计算系数及弹性中心位置。

计算系数及弹性中心位置参数值　　表 7.4-4

ρ	0.2	0.25	0.3	0.35	0.4	0.45	0.5
α	43°36′10″	53°07′48″	61°55′39″	69°59′03″	77°19′11″	83°58′28″	90°
α（弧度）	0.761013	0.927295	1.08084	1.22145	1.34948	1.46563	1.5708
Φ_1	0.081960	0.242106	0.580543	1.20514	2.25135	3.88137	6.28319
Φ_2	0.0106919	0.0390283	0.110811	0.264383	0.555336	1.05854	1.86960
d	$0.1320l$	$0.1642l$	$0.1959l$	$0.2272l$	$0.2580l$	$0.2884l$	$0.3183l$
n_1	1.575	1.453	1.336	1.230	1.138	1.062	1
n_2	1.723	1.652	1.576	1.498	1.420	1.345	1.273

7.4.3 各种荷载作用下的赘余力计算公式

表 7.4-5～表 7.4-8 给出了在各种荷载作用下，无拉杆两铰拱、无铰圆弧拱赘余力的计算公式，并将 ρ=0.2、0.25、0.3、0.35、0.4、0.45、0.5 的赘余力系数一并列出。表中，

各种荷载作用下两铰圆弧拱赘余力公式　　表 7.4-5

荷载简图	计算公式	ρ							乘数
		0.2	0.25	0.3	0.35	0.4	0.45	0.5	
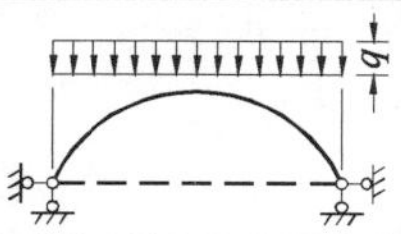	$H = A_1 \frac{ql^2}{f}K$	0.1221	0.1204	0.1184	0.1159	0.1131	0.1098	0.1061	$\frac{ql^2}{f}K$
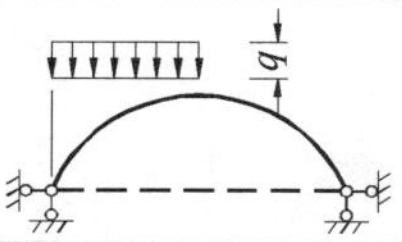	$H = \frac{A_1}{2}\frac{ql^2}{f}K$	0.06105	0.06022	0.05920	0.05797	0.05654	0.05490	0.05305	$\frac{ql^2}{f}K$
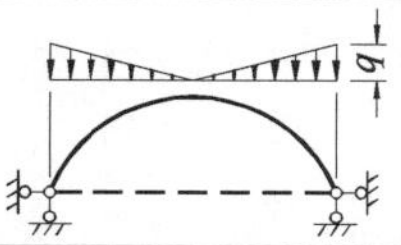	$H = A_2 \frac{ql^2}{f}K$	0.04481	0.04434	0.04375	0.04301	0.04212	0.04105	0.03979	$\frac{ql^2}{f}K$
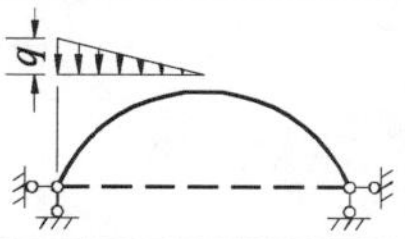	$H = \frac{A_2}{2}\frac{ql^2}{f}K$	0.02240	0.02217	0.02187	0.02151	0.02106	0.02052	0.01989	$\frac{ql^2}{f}K$
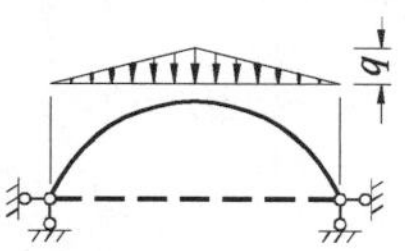	$H = (A_1 - A_2)\frac{ql^2}{f}K$	0.07730	0.07610	0.07464	0.07293	0.07096	0.06875	0.06631	$\frac{ql^2}{f}K$
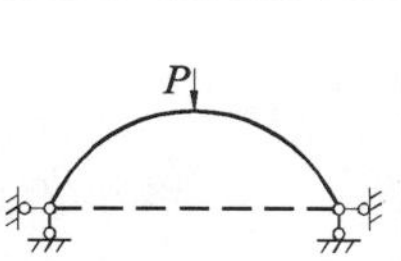	$H = \frac{4\rho^2}{\Phi_1}[2\rho(2 - 4\rho^2) - \alpha(1 - 4\rho^2)]\frac{Pl}{f}K$	0.1889	0.1854	0.1812	0.1765	0.1712	0.1654	0.1592	$\frac{Pl}{f}K$

续表

荷载简图	计算公式	ρ							乘数
		0.2	0.25	0.3	0.35	0.4	0.45	0.5	
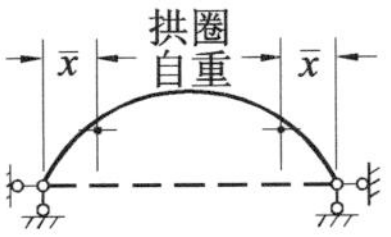 拱圈自重 W——半跨拱的自重； $\bar{x}$——W 的重心离支座的水平距离； q——沿拱圈单位长度的自重。	$W=\frac{\alpha(1+4\rho^2)}{8\rho}ql$	0.5517	0.5796	0.6125	0.6500	0.6916	0.7369	0.7854	ql
	$\bar{x}=(0.5-\rho/\alpha)l$	0.2372	0.2304	0.2224	0.2135	0.2036	0.1930	0.1817	l
	$H=\frac{\rho}{2\Phi_1}\left[4\rho(1-4\rho^2)\left(\frac{9}{\alpha}-4\alpha\right)-9+88\rho^2-144\rho^4\right]\frac{Wl}{f}K$	0.2334	0.2245	0.2140	0.2021	0.1889	0.1745	0.1592	$\frac{Wl}{f}K$
W_1——半跨拱的充填重量； $\bar{x}$——W_1 的重心离支座的水平距离。	$W_1=\left\{\frac{1}{2}-\frac{1}{128\rho^3}\left[\alpha(1+4\rho^2)^2-4\rho\times(1-4\rho^2)\right]\right\}ql$	0.1562	0.1506	0.1438	0.1360	0.1273	0.1177	0.1073	ql
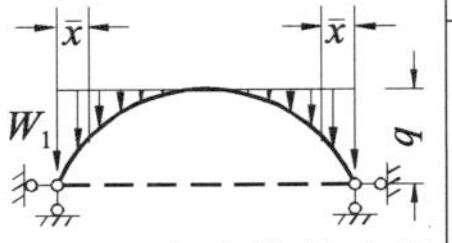	$\bar{x}=\left(\frac{1}{2}-\frac{3-4\rho^2}{48}\times\frac{ql}{W_1}\right)l$	0.1213	0.1195	0.1175	0.1154	0.1136	0.1122	0.1117	l
	$H=\frac{1}{16\rho^2\Phi_1}\left\{\alpha\left[\alpha\rho(1-4\rho^2)(1+4\rho^2)^2+\frac{55}{96}-\frac{19}{6}\rho^2-37\rho^4+\frac{136}{3}\rho^6+\frac{248}{3}\rho^8\right]-\frac{55}{24}\rho-\frac{5}{18}\rho^3+\frac{922}{9}\rho^5+\frac{248}{3}\rho^7\right\}\frac{ql^2}{f}K$	0.02144	0.02022	0.01881	0.01727	0.01565	0.01400	0.01235	$\frac{ql^2}{f}K$
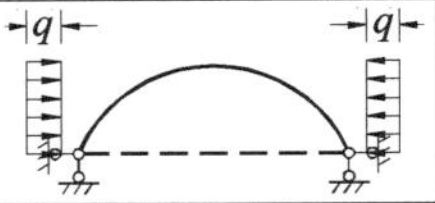	$H=A_3qfK$	−0.4276	−0.4271	−0.4266	−0.4260	−0.4255	−0.4249	−0.4244	qfK
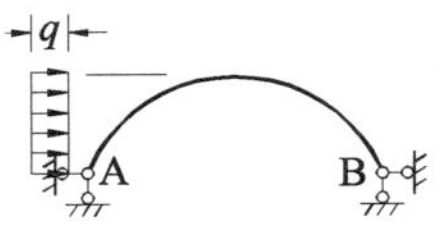	$H_A=-\frac{1}{2}(1-A_3)qfK$	−0.7138	−0.7136	−0.7133	−0.7130	−0.7127	−0.7125	−0.7122	qfK
	$H_B=\frac{1}{2}(1+A_3)qfK$	0.2862	0.2864	0.2867	0.2870	0.2873	0.2875	0.2878	qfK
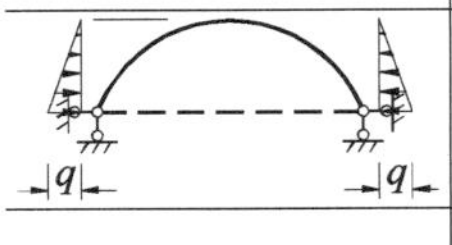	$H=A_4qfK$	−0.3011	−0.3008	−0.3006	−0.3003	−0.3000	−0.2997	−0.2994	qfK
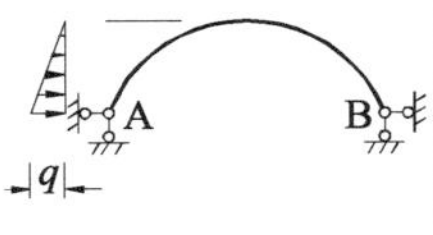	$H_A=-\frac{1}{2}\left(\frac{1}{2}-A_4\right)qfK$	−0.4005	−0.4004	−0.4003	−0.4001	−0.40000	−0.3998	−0.3997	qfK
	$H_B=\frac{1}{2}\left(\frac{1}{2}+A_4\right)qfK$	0.0995	0.0996	0.0997	0.0999	0.1000	0.1002	0.1003	qfK
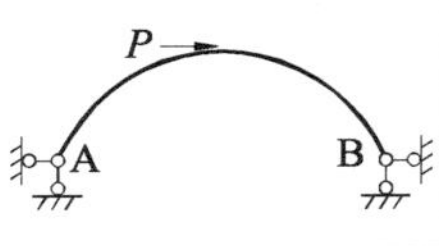	$H_A=-H_B=-\frac{P}{2}K$	−0.5000	−0.5000	−0.5000	−0.5000	−0.5000	−0.5000	−0.5000	PK

温度及支座移动作用下无拉杆两铰圆弧拱赘余力公式　　表 7.4-6

荷载简图	计算公式	荷载简图	计算公式
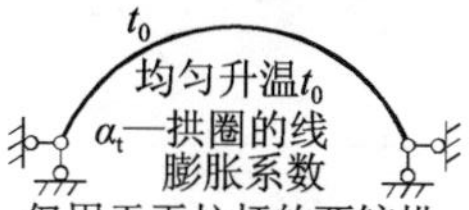t_0 均匀升温t_0 α_t—拱圈的线膨胀系数 仅用于无拉杆的两铰拱	$H=\frac{512\rho^5}{(1+4\rho^2)\Phi_1}\frac{EI\alpha_t t_0}{f^2}K$	A B Δ 支座相对水平位移，仅用于无拉杆的两铰拱	$H=\frac{512\rho^5}{(1+4\rho^2)\Phi_1}\frac{EI\Delta}{f^2 l}K$

各种荷载作用下无铰圆弧拱赘余力公式　　表 7.4-7

荷载简图	计算公式	ρ=0.2	0.25	0.3	0.35	0.4	0.45	0.5	乘数
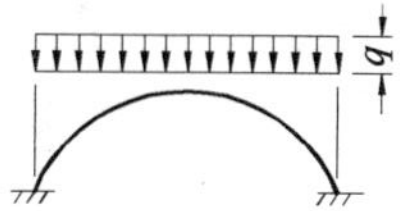b	$M_0=B_1 ql^2$	0.04517	0.04711	0.04944	0.05215	0.05524	0.05870	0.06250	ql^2
	$H_0=C_1\frac{ql^2}{f}$	0.1278	0.1292	0.1310	0.1330	0.1351	0.1375	0.1440	$\frac{ql^2}{f}$
	$V_0=0$	0	0	0	0	0	0	0	—
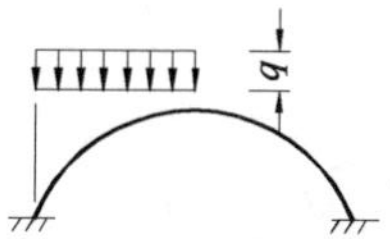b	$M_0=\frac{B_1}{2}ql^2$	0.02259	0.02355	0.02472	0.02608	0.02762	0.02935	0.03125	ql^2
	$H_0=\frac{C_1}{2}\frac{ql^2}{f}$	0.06388	0.06462	0.06549	0.06648	0.06757	0.06875	0.07001	$\frac{ql^2}{f}$
	$V_0=-\frac{4\rho^3(3+4\rho^2)}{3[\alpha(1+4\rho^2)^2-4\rho(1-4\rho^2)]}ql$	−0.0958	−0.0969	−0.0983	−0.0999	−0.1017	−0.1038	−0.1061	ql
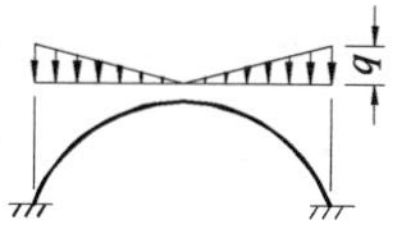b	$M_0=B_2 ql^2$	0.01153	0.01217	0.01295	0.01389	0.01499	0.01625	0.01768	ql^2
	$H_0=C_2\frac{ql^2}{f}$	0.04073	0.04165	0.04275	0.04403	0.04547	0.04708	0.04885	$\frac{ql^2}{f}$
	$V_0=0$	0	0	0	0	0	0	0	—
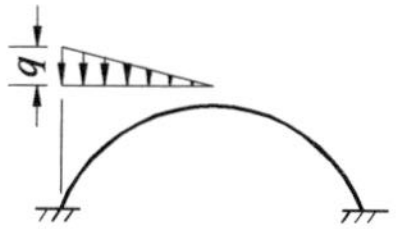b	$M_0=\frac{B_2}{2}ql^2$	0.00577	0.00608	0.00648	0.00694	0.00749	0.00812	0.00884	ql^2
	$H_0=\frac{C_2}{2}\frac{ql^2}{f}$	0.02037	0.02082	0.02137	0.02201	0.02274	0.02354	0.02442	$\frac{ql^2}{f}$
	$V_0=\frac{1}{48}\times\left[\frac{4\rho(1-4\rho^2)}{\alpha(1+4\rho^2)^2-4\rho(1-4\rho^2)}-\frac{3}{32}\frac{(1+4\rho^2)^2}{\rho^2}\right]ql$	−0.02593	−0.02647	−0.02714	−0.02795	−0.02890	−0.03000	−0.03125	ql

续表

荷载简图	计算公式	ρ 0.2	0.25	0.3	0.35	0.4	0.45	0.5	乘数
	$M_0=(B_1-B_2)ql^2$	0.03364	0.03494	0.03648	0.03826	0.04026	0.04245	0.04482	ql^2
	$H_0=(C_1-C_2)\frac{ql^2}{f}$	0.08703	0.08759	0.08823	0.08893	0.08966	0.09042	0.09118	$\frac{ql^2}{f}$
	$V_0=0$	0	0	0	0	0	0	0	—
	$M_0=\frac{\rho}{2\alpha}Pl$	0.1314	0.1348	0.1388	0.1433	0.1482	0.1535	0.1592	Pl
	$H_0=\frac{8\rho^3}{\Phi_2}(4\rho-\alpha)\frac{Pl}{f}$	0.2334	0.2329	0.2323	0.2316	0.2310	0.2303	0.2296	$\frac{Pl}{f}$
	$V_0=0$ 说明：计算任意截面内力时，应取 $P/2$ 作用在其中任意一个基本结构上进行计算	0	0	0	0	0	0	0	—
	$M_0=B_3qf^2$	0.1028	0.1043	0.1059	0.1077	0.1095	0.1114	0.1134	qf^2
	$H_0=C_3qf$	0.4310	0.4322	0.4336	0.4351	0.4367	0.4383	0.4399	qf
	$V_0=0$	0	0	0	0	0	0	0	—
	$M_0=\frac{B_3}{2}qf^2$	0.05142	0.05214	0.05295	0.05384	0.05477	0.05572	0.05669	qf^2
	$H_0=\frac{C_3}{2}qf$	0.2155	0.2161	0.2168	0.2175	0.2183	0.2191	0.2199	qf
	$V_0=-\frac{32\rho^3}{3\alpha(1+4\rho^2)^2-12\rho(1-4\rho^2)}\frac{qf^2}{l}$	−0.2424	−0.2385	−0.2339	−0.2289	−0.2236	−0.2180	−0.2122	$\frac{qf^2}{l}$
	$M_0=B_4qf^2$	0.02460	0.02501	0.02547	0.02597	0.02651	0.02706	0.02762	qf^2
	$H_0=C_4qf$	0.1202	0.1207	0.1214	0.1221	0.1228	0.1235	0.1243	qf
	$V_0=0$	0	0	0	0	0	0	0	—

续表

荷载简图	计算公式	ρ=0.2	0.25	0.3	0.35	0.4	0.45	0.5	乘数
	$M_0=(B_4/2)qf^2$	0.01230	0.01250	0.01273	0.01299	0.01325	0.01353	0.01381	qf^2
	$H_0=(C_4/2)qf$	0.06008	0.06036	0.06068	0.06103	0.06139	0.06177	0.06216	qf
	$V_0=-\frac{8\rho^3}{3\{\alpha(1+4\rho^2)^2-4\rho(1-4\rho^2)\}}\frac{qf^2}{l}$	−0.06060	−0.05962	−0.05848	−0.05723	−0.05589	−0.05449	−0.05305	$\frac{l}{qf^2}$
	$M_0=0$	0	0	0	0	0	0	0	—
	$H_0=0$	0	0	0	0	0	0	0	—
	$V_0=-\frac{32\rho^3\frac{Pf}{l}}{\alpha(1+4\rho^2)^2-4\rho(1-4\rho^2)}$ 说明：计算任意截面内力时，应取 $P/2$ 作用在其中任意一个基本结构上进行计算	−0.7272	−0.7254	−0.7018	−0.6868	−0.6707	−0.6539	−0.6366	$\frac{Pf}{l}$
	$W=\frac{\alpha(1+4\rho^2)}{8\rho}ql$	0.5517	0.5796	0.6125	0.6500	0.6916	0.7369	0.7854	ql
拱圈自重 W_1——半跨拱的充填重量； $\bar{x}$——W 的重心离支座的水平距离； q——沿拱圈单位长度的自重。	$\bar{x}=\left(\frac{1}{2}-\frac{\rho}{\alpha}\right)l$	0.2372	0.2304	0.2224	0.2135	0.2036	0.1930	0.1817	
	$M_0=\frac{1}{\alpha}\left(\frac{1}{\alpha}-\frac{1}{4\rho}\right)Wl$	0.08415	0.08455	0.08500	0.08548	0.08598	0.08648	0.08697	Wl
	$H_0=\frac{\rho}{2\Phi_2}\left[\frac{128}{\alpha}\rho^2-\alpha(1+40\rho^2+16\rho^4)-28\rho(1-4\rho^2)\right]\frac{Wl}{f}$	0.2409	0.2362	0.2307	0.2246	0.2180	0.2109	0.2036	$\frac{Wl}{f}$
	$V_0=0$	0	0	0	0	0	0	0	—

续表

荷载简图	计算公式	ρ 0.2	0.25	0.3	0.35	0.4	0.45	0.5	乘数
W——半跨拱的充填重量；$\bar{x}$——W_1的重心离支座的水平距离。	$W_1=\left\{\frac{1}{2}-\frac{1}{128\rho^3}[\alpha(1+4\rho^2)^2-4\rho(1-4\rho^2)]\right\}ql$	0.1562	0.1506	0.1438	0.1360	0.1273	0.1177	0.1073	ql
	$\bar{x}=\left(\frac{1}{2}-\frac{3-4\rho^2}{48}\frac{ql}{W_1}\right)l$	0.1213	0.1195	0.1175	0.1154	0.1136	0.1122	0.1117	l
	$M_0=\frac{1}{1536\rho^3}\left[\frac{1}{4\rho}(1+4\rho^2)^2(13+4\rho^2)-\frac{1}{\alpha}\left(13+\frac{272}{3}\rho^2+112\rho^4\right)\right]ql^2$	0.004196	0.004212	0.004231	0.004255	0.004283	0.004318	0.004362	ql^2
	$H_0=\left\{\frac{\alpha}{4\rho^2}\left[\alpha(1+4\rho^2)^2\left(\frac{1}{16}+\frac{9}{2}\rho^2+\rho^4\right)+\frac{49}{12}\rho+\frac{49}{3}\rho^3-\frac{164}{3}\rho^5-\frac{400}{3}\rho^7\right]-\frac{13}{3}-\frac{272}{9}\rho^2-\frac{112}{3}\rho^4\right\}\frac{ql^2}{f}$	0.01706	0.01664	0.01617	0.01565	0.01510	0.01454	0.01399	$\frac{ql^2}{f}$
	$V_0=0$	0	0	0	0	0	0	0	—

温度及支座移动作用下无铰圆弧拱赘余力公式 表 7.4-8

荷载简图	计算公式	荷载简图	计算公式
均匀升温t_0；α_t—拱圈的线膨胀系数	$M_0=0$，$V_0=0$，$H_0=\frac{512\rho^5\alpha}{(1+4\rho^2)\Phi_2}\frac{EI\alpha_t t_0}{f^2}$	支座相对水平位移	$M_0=0, V_0=0$，$H_0=\frac{512\rho^5\alpha}{(1+4\rho^2)\Phi_2}\frac{EI\Delta}{f^2 l}$
支座相对水平位移	$M_0=0, H_0=0$，$V_0=-\frac{512\rho^3}{(1+4\rho^2)[\alpha(1+4\rho^2)^2-4\rho(1-4\rho^2)]}\frac{EI\Delta}{l^3}$	支座角变	$M_0=\frac{4\rho}{1-16\rho^4}\frac{EI\varphi}{l}$，$H_0=\frac{16\rho^2[16\rho^2-4\alpha\rho(1-4\rho^2)]}{(1+4\rho^2)\Phi_2}\frac{EI\varphi}{fl}$，$V_0=-\frac{256\rho^3}{(1+4\rho^2)[\alpha(1+4\rho^2)^2-4\rho(1-4\rho^2)]}\frac{EI\varphi}{l^2}$

1. 对于带拉杆的两铰拱，有

(1) 竖向荷载作用下或对称水平荷载作用下，只要将表 7.4-5 公式中的水平推力 H 换成拉杆的拉力 Z，则经过替换之后的公式与系数都适用，但 K 的取值不同。

(2) 非对称水平荷载作用下，若左边支座为可动铰支座，则拉杆中间断开后左拉杆拉力 Z 与表 7.4-5 公式中左支座的水平推力大小相等方向相同；若右边支座为可动铰支座，则拉杆中间断开后右拉杆拉力 Z 与表 7.4-5 公式右支座的水平推力大小相等方向相同。非可动铰支座的水平推力根据拱整体平衡条件计算。K 的取值采用带拉杆两铰拱的计算公式计算。

(3) 表 7.4-6 公式中温度及支座移动作用下的计算公式仅适用于无拉杆两铰拱。

2. 为了简化，引用了 A_1、B_1、C_1……参数，这些参数的表达式如下

$$A_1=\frac{1}{16\Phi_1}\left[(1-4\rho^2)(1-24\rho^2+16\rho^4)\alpha-\frac{4}{3}\rho(3-88\rho^2+48\rho^4)\right] \tag{7.4-4}$$

$$A_2=\frac{2\rho^2}{9\Phi_1}[12\rho-8\rho^3(1+2\rho^2)-3\alpha(1-4\rho^2)] \tag{7.4-5}$$

$$A_3=\frac{1}{16\rho^2\Phi_1}\left\{[\alpha(1-4\rho^2)-4\rho](5+8\rho^2+80\rho^4)+\frac{320\rho^3}{3}\right\} \tag{7.4-6}$$

$$A_4=\frac{5}{192\rho^3\Phi_1}\left\{\frac{\alpha}{4\rho}\left[\frac{7}{2}+40\rho^2-\frac{432}{5}\rho^4+\frac{1664}{5}\rho^6-2176\rho^8\right]-\frac{7}{2}-\frac{106}{3}\rho^2+\frac{1928}{15}\rho^4-544\rho^6\right\} \tag{7.4-7}$$

$$B_1=\frac{1}{256\rho^2}\left[(1+4\rho^2)^2-\frac{4\rho}{\alpha}(1-4\rho^2)\right] \tag{7.4-8}$$

$$B_2=\frac{\rho}{72\alpha}(3+4\rho^2) \tag{7.4-9}$$

$$B_3=\frac{1}{256\alpha\rho^4}\{3[\alpha(1+4\rho^2)^2-4\rho(1-4\rho^2)]-128\rho^3\} \tag{7.4-10}$$

$$B_4=\frac{1}{384\rho^4}\left[\frac{5(1+4\rho^2)^3}{16\rho^2}-\frac{1}{12\alpha\rho}(15+160\rho^2+528\rho^4)\right] \tag{7.4-11}$$

$$C_1=\frac{\rho}{12\Phi_2}[\alpha(3-8\rho^2+48\rho^4)-12\rho(1-4\rho^2)] \tag{7.4-12}$$

$$C_2=\frac{2\rho^3}{9\Phi_2}(12\rho+16\rho^3-3\alpha) \tag{7.4-13}$$

$$C_3=\frac{1+4\rho^2}{8\rho^2}-\frac{1}{12\rho\Phi_2}[\alpha(3-8\rho^2+48\rho^4)-12\rho+48\rho^3] \tag{7.4-14}$$

$$C_4=\frac{5(1+4\rho^2)^2}{512\rho^4}-\frac{1}{64\rho^3\Phi_2}\left[\frac{\alpha}{3}(5+20\rho^2-16\rho^4+448\rho^6)-\frac{20}{3}\rho-\frac{160}{9}\rho^3+\frac{448}{3}\rho^5\right] \tag{7.4-15}$$

7.5 超静定变截面抛物线拱

本节的超静定变截面抛物线拱为对称二次抛物线拱，分为两铰拱及无铰拱，两铰拱包括无拉杆与带拉杆两种。

7.5.1 抛物线拱拱轴几何数据及截面变化规律

1. 拱轴几何数据

拱轴几何数据如图 7.5-1 所示，拱轴线方程式为

$$y=\frac{4f}{l^2}x(l-x) \tag{7.5-1}$$

则

$$\tan\theta=\frac{\mathrm{d}y}{\mathrm{d}x}=\frac{4f}{l}\left(1-2\frac{x}{l}\right) \tag{7.5-2}$$

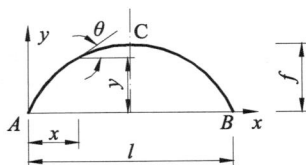

图 7.5-1 变截面抛物线拱的坐标系

抛物线上各点坐标及 $\tan\theta$ 值见表 7.5-1。

抛物线拱的几何数据　　表 7.5-1

点　位	x	y	$\tan\theta$
0	0	0	4.00
1	0.05	0.19	3.60
2	0.10	0.36	3.20
3	0.15	0.51	2.80
4	0.20	0.64	2.40
5	0.25	0.75	2.00
6	0.30	0.84	1.60
7	0.35	0.91	1.20
8	0.40	0.96	0.80
9	0.45	0.99	0.40
10	0.50	1.00	0
乘数	l	f	f/l

通过积分运算可得拱轴线的长度为

$$l_s=\left\{\sqrt{1+\left(\frac{4f}{l}\right)^2}+\frac{l}{4f}\ln\left[\frac{4f}{l}+\sqrt{1+\left(\frac{4f}{l}\right)^2}\right]\right\}\frac{l}{2} \tag{7.5-3}$$

2. 截面变化规律

$$I=\frac{I_c}{\cos\theta} \tag{7.5-4}$$

式中　I_c——拱顶截面惯性矩；

I——拱轴任意点截面惯性矩；

θ——拱轴任意点拱轴切线的水平倾角

当为等宽度矩形实腹式变截面拱时，截面惯性矩变化规律可简化为下列截面面积变化公式：

$$A=\frac{A_c}{\sqrt[3]{\cos\theta}} \tag{7.5-5}$$

式中　A_c——拱顶截面积；

A——拱上任意点截面面积。

3. 矩形实腹式变截面拱相对厚度

矩形实腹式变截面拱如图 7.5-2 所示，拱轴各个点的相对厚度为

$$\frac{h}{h_c}=\sqrt[6]{1+16\left(\frac{f}{l}\right)^2\left(1-2\frac{x}{l}\right)^2} \tag{7.5-6}$$

式中　h——任意点的截面厚度；

h_c——拱顶的截面厚度。

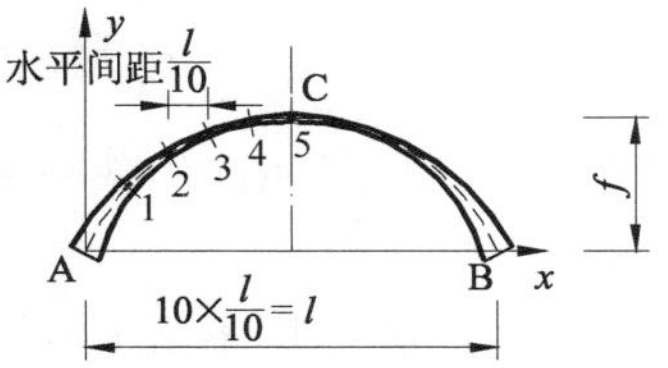

图 7.5-2　变截面抛物线拱的各控制点位置示意图

矩形实腹式变截面抛物线拱的相对厚度 h/h_c　　表 7.5-2

$\frac{f}{l}$	点次					
	0	1	2	3	4	5
0.2	1.086	1.059	1.035	1.016	1.004	1.0
0.3	1.160	1.115	1.072	1.035	1.009	1.0
0.4	1.236	1.176	1.115	1.059	1.016	1.0
0.5	1.308	1.236	1.160	1.086	1.025	1.0
0.6	1.375	1.294	1.206	1.115	1.035	1.0

7.5.2　相关计算理论与系数

如前面第 7.2 节所述，本章对两铰拱（无拉杆与有拉杆情况）的计算考虑了轴向变形对形变位的影响。无铰拱的计算未考虑轴向变形影响。

抛物线两铰拱的轴向变形影响系数 K 可按表 7.5-3 计算。表中 $n=\frac{15}{8}\frac{1}{l}\int\frac{A_c}{A}\cos^2\theta \mathrm{d}s$，对于等宽度矩形实腹式变截面拱(截面高度符合式 7.5-6 的变化规律)

两铰抛物线拱轴向变形影响系数 K 的计算　　表 7.5-3

荷载类别	两铰拱类别	
	无拉杆	有拉杆
竖向荷载作用	$K=\dfrac{1}{1+\dfrac{I_c n}{A_c f^2}}$	$K=\dfrac{1}{1+\dfrac{I_c n}{A_c f^2}+\dfrac{15}{8f^2}\dfrac{EI_c}{E_1A_1}}$
水平荷载作用	$K=1$	$K=\dfrac{1}{1+\dfrac{15}{8f^2}\dfrac{EI_c}{E_1A_1}}$

$$n=\frac{15}{8l}\int\sqrt[3]{\frac{1}{\left[1+\frac{16f^2}{l^2}\left(1-2\frac{x}{l}\right)^2\right]^2}}\,\mathrm{d}x$$

常见矢跨比情况下的 n 值见表 7.5-4。

矩形等宽度实腹式变截面拱的 n 值　　表 7.5-4

$\frac{f}{l}$	0.2	0.25	0.3	0.35	0.4	0.45	0.5	0.55	0.6
n	1.67	1.59	1.51	1.43	1.36	1.29	1.23	1.17	1.12

7.5.3 两铰变截面抛物线拱在各种荷载作用下的计算公式

表 7.5-5 给出了两铰变截面抛物线拱在各种荷载作用下的计算公式。对于带拉杆的两铰拱，有

(1) 竖向荷载作用下或对称水平荷载作用下，在荷载简图中两支座间以虚线相连时，表示对无拉杆拱及带拉杆拱两种情况均适用。对于带拉杆的双铰拱只需将表 7.5-5 中公式的水平推力 H 换成拉杆的拉力 Z，经过替换之后的公式与系数都适用，但 K 的取值不同。

(2) 非对称水平荷载作用下：若左边支座为可动铰支座，则拉杆中间断开后左拉杆拉力 Z 与表 7.5-5 公式中左支座的水平推力大小相等、方向相同；若右边支座为可动铰支座，则拉杆中间断开后右拉杆拉力 Z 与表 7.5-5 中公式右支座的水平推力大小相等、方向相同。非可动铰支座的水平推力根据拱整体平衡条件计算。K 的取值采用带拉杆两铰拱水平荷载作用下的计算公式。

(3) 表 7.5-5 公式中温度及支座移动作用下的计算公式仅适用于无拉杆两铰拱。

各种荷载作用下两铰变截面抛物线拱计算公式　　表 7.5-5

荷载简图	计算公式
q, C, A, B	$H=\frac{ql^2}{8f}K$，$R_A=R_B=\frac{ql}{2}$，$M_C=\frac{1-K}{8}ql^2$
$\frac{l}{2}$, q, C, A, B	$H=\frac{ql^2}{16f}K$，$R_A=\frac{3ql}{8}$，$R_B=\frac{ql}{8}$，$M_C=\frac{1-K}{16}ql^2$
αl, αl, q, C, $\alpha\leqslant\frac{1}{2}$, A, B	$H=\frac{5-5\alpha^2+2\alpha^3}{8}\frac{q(\alpha l)^2}{f}K$，$R_A=R_B=q\alpha l$，$M_C=\frac{q(\alpha l)^2}{2}-Hf$
αl, q, C, $\alpha\leqslant\frac{1}{2}$, A, B	$H=\frac{5-5\alpha^2+2\alpha^3}{16}\frac{q(\alpha l)^2}{f}K$ $R_A=\left(1-\frac{\alpha}{2}\right)q\alpha l$，$R_B=\frac{1}{2}q\alpha^2 l$，$M_C=\frac{q(\alpha l)^2}{4}-Hf$
q, C, A, B	$H=\frac{35}{768}\frac{ql^2}{f}K$，$R_A=R_B=\frac{ql}{4}$，$M_C=\frac{32-35K}{768}ql^2$

续表

荷载简图	计算公式
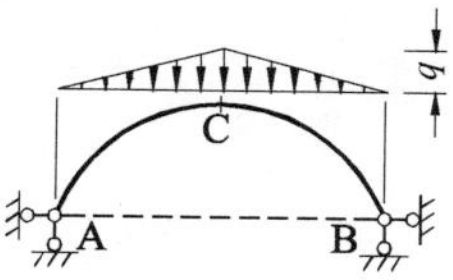 q, C, A, B	$H=\frac{61}{768}\frac{ql^2}{f}K$，$R_A=R_B=\frac{ql}{4}$ $M_C=\frac{64-61K}{768}ql^2$
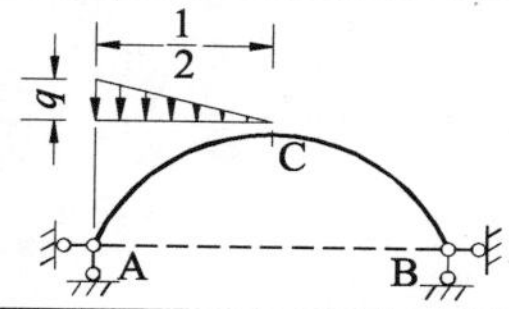 $\frac{1}{2}$, q, C, A, B	$H=\frac{35}{1536}\frac{ql^2}{f}K$，$R_A=\frac{5}{24}ql$，$R_B=\frac{ql}{24}$，$M_C=\frac{32-35K}{1536}ql^2$
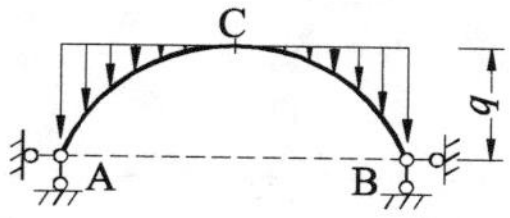 C, q, A, B	$H=\frac{ql^2}{42f}K$，$R_A=R_B=\frac{ql}{6}$，$M_C=\frac{7-8K}{336}ql^2$
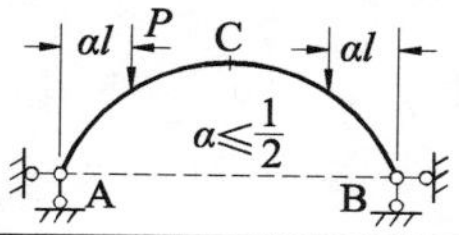 αl, P, C, αl, $\alpha\leqslant\frac{1}{2}$, A, B	$H=\frac{5}{4}(\alpha-2\alpha^3+\alpha^4)\frac{Pl}{f}K$，$R_A=R_B=P$ $M_C=\left[\alpha-\frac{5}{4}(\alpha-2\alpha^3+\alpha^4)K\right]Pl$
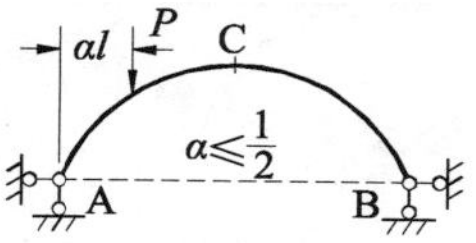 αl, P, C, $\alpha\leqslant\frac{1}{2}$, A, B	$H=\frac{5}{8}(\alpha-2\alpha^3+\alpha^4)\frac{Pl}{f}K$，$R_A=(1-\alpha)P$，$R_B=\alpha P$ $M_C=\left[\frac{\alpha}{2}-\frac{5}{8}(\alpha-2\alpha^3+\alpha^4)K\right]Pl$
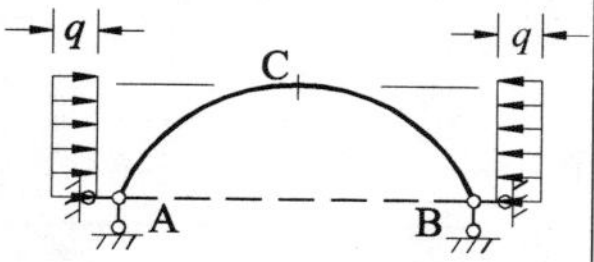 q, q, C, A, B	$H=-\frac{3}{7}qfK$，$R_A=R_B=0$，$M_C=\frac{6K-7}{14}qf^2$
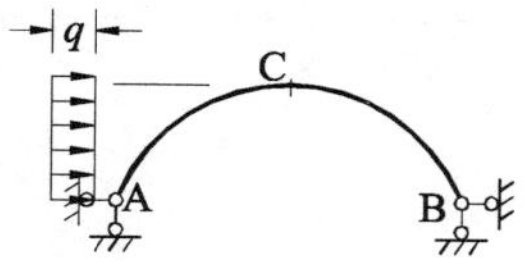 q, C, A, B	$H_A=-\frac{5}{7}qfK$，$H_B=\frac{2}{7}qfK$，$R_A=-R_B=-\frac{qf^2}{2l}$
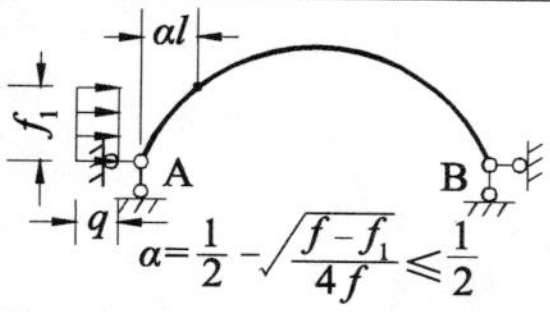 αl, f_1, q, A, B, $\alpha=\frac{1}{2}-\sqrt{\frac{f-f_1}{4f}}\leqslant\frac{1}{2}$	$H_A=\left[\alpha^2(5-10\alpha+16\alpha^3-16\alpha^4+\frac{32}{7}\alpha^5)-\frac{f_1}{f}\right]qfK$ $H_B=\alpha^2(5-10\alpha+16\alpha^3-16\alpha^4+\frac{32}{7}\alpha^5)qfK$ $R_A=-R_B=-\frac{qf_1^2}{2l}$
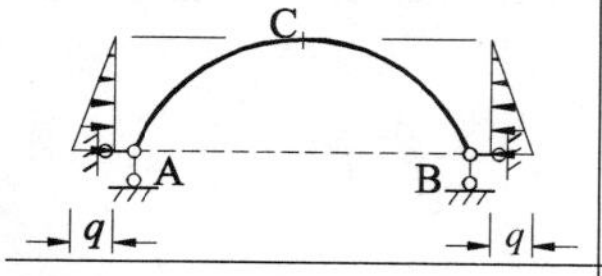 C, A, B, q, q	$H=-\frac{19}{63}qfK$，$R_A=R_B=0$，$M_C=\frac{19K-21}{63}qf^2$
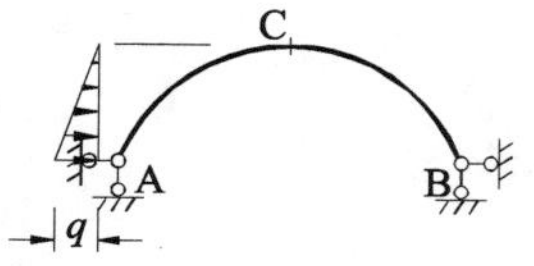 C, A, B, q	$H_A=-\frac{101}{252}qfK$，$H_B=\frac{25}{252}qfK$，$R_A=-R_B=-\frac{qf^2}{6l}$

续表

荷载简图	计算公式
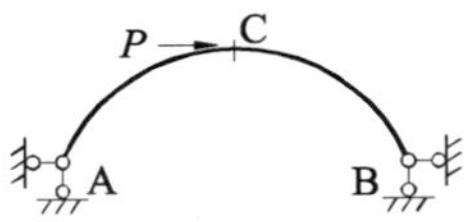P C A B	$H_A=-\frac{P}{2}K$，$H_B=\frac{P}{2}K$，$R_A=-R_B=-\frac{Pf}{l}$
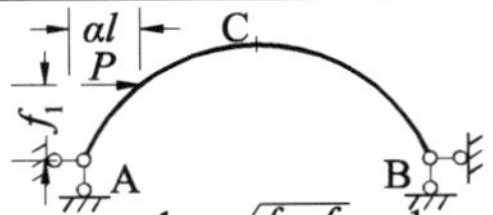αl C P f₁ A B $\alpha=\frac{1}{2}-\sqrt{\frac{f-f_1}{4f}}\leqslant\frac{1}{2}$	$H_A=\left[\frac{5}{2}\alpha\left(1-\alpha-2\alpha^2+4\alpha^3-\frac{8}{5}\alpha^4\right)-1\right]PK$ $H_B=\frac{5}{2}\alpha\left(1-\alpha-2\alpha^2+4\alpha^3-\frac{8}{5}\alpha^4\right)PK$，$R_A=-R_B=-\frac{Pf_1}{l}$
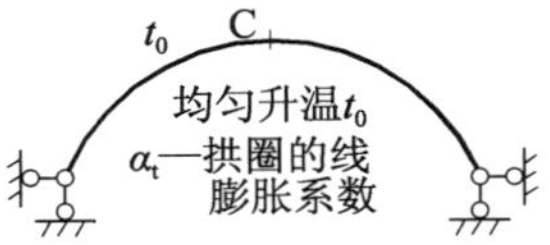t₀ C 均匀升温t₀ αₜ—拱圈的线 膨胀系数	$H=\frac{15}{8f^2}EI_C\alpha_t t_0K$，$M_C=-\frac{15}{8f}EI_C\alpha_t t_0K$
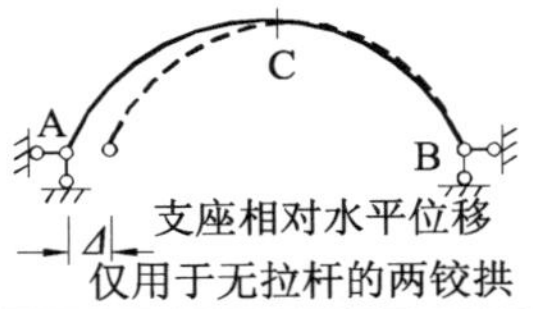C A B Δ 支座相对水平位移 仅用于无拉杆的两铰拱	$H=\frac{15}{8f^2}\frac{EI_C\Delta}{l}K$，$M_C=-\frac{15}{8f}\frac{EI_C\Delta}{l}K$

7.5.4 无铰抛物线拱在各种荷载作用下的计算公式

表7.5-6给出了无铰变截面抛物线拱在各种荷载作用下的计算公式（忽略轴向变形的影响）。

各种荷载作用下无铰变截面抛物线拱计算公式　　　表7.5-6

荷载简图	计算公式
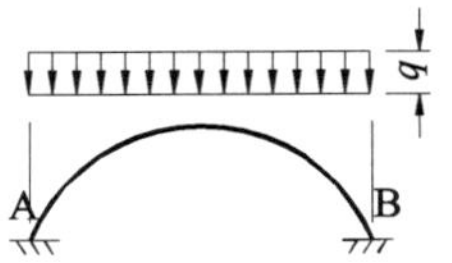q A B	$H=\frac{ql^2}{8f}$，$R_A=R_B=\frac{ql}{2}$，$M_A=M_B=0$
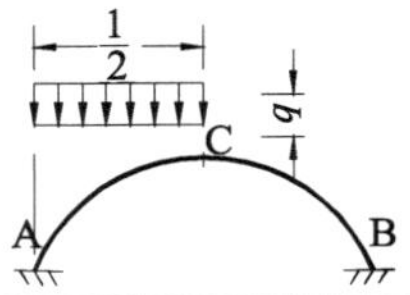1/2 q C A B	$H=\frac{ql^2}{16f}$，$R_A=\frac{13}{32}ql$，$R_B=\frac{3}{32}ql$ $M_A=-\frac{3}{192}ql^2$，$M_B=\frac{3}{192}ql^2$
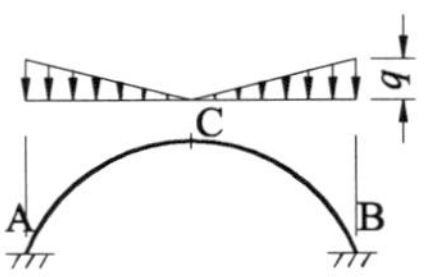q C A B	$H=\frac{5}{128}\frac{ql^2}{f}$，$R_A=R_B=\frac{ql}{4}$，$M_A=M_B=-\frac{1}{192}ql^2$
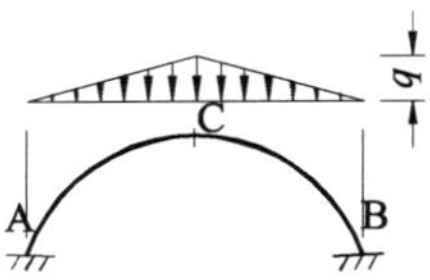q C A B	$H=\frac{11}{128}\frac{ql^2}{f}$，$R_A=R_B=\frac{ql}{4}$，$M_A=M_B=\frac{1}{192}ql^2$

续表

荷载简图	计算公式
q, C, A, B	$H=\frac{5}{256}\frac{ql^2}{f}$，$R_A=\frac{9}{40}ql$，$R_B=\frac{1}{40}ql$， $M_A=\frac{7}{640}ql^2$，$M_B=\frac{11}{1920}ql^2$
αl, αl, q, C, $\alpha\leqslant\frac{1}{2}$, A, B	$H=\frac{\alpha^3}{4}(10-15\alpha+6\alpha^2)\frac{ql^2}{f}$，$R_A=R_B=q\alpha l$ $M_A=M_B=\frac{2}{3}Hf-\frac{3-2\alpha}{6}q(\alpha l)^2$
αl, q, C, $\alpha\leqslant\frac{1}{2}$, A, B	$H=\frac{\alpha^3}{8}(10-15\alpha+6\alpha^2)\frac{ql^2}{f}$ $R_A=\left(1-\alpha^2+\frac{\alpha^3}{2}\right)q\alpha l$，$R_B=\alpha^2\left(1-\frac{\alpha}{2}\right)q\alpha l$ $M_A=\frac{2}{3}Hf-\frac{6-8\alpha+3\alpha^2}{12}q(\alpha l)^2$ $M_B=\frac{2}{3}Hf-\frac{\alpha(4-3\alpha)}{12}q(\alpha l)^2$
C, q, A, B	$H=\frac{1}{56}\frac{ql^2}{f}$，$R_A=R_B=\frac{ql}{6}$，$M_A=M_B=-\frac{1}{210}ql^2$
αl, P, C, P, αl, $\alpha\leqslant\frac{1}{2}$, A, B	$H=\frac{15}{2}\alpha^2(1-\alpha)^2\frac{Pl}{f}$，$R_A=R_B=P$ $M_A=M_B=[5\alpha^2(1-\alpha)^2-\alpha+\alpha^2]Pl$
αl, P, l-αl=βl, C, $\alpha\leqslant\frac{1}{2}$, A, B	$H=\frac{15}{4}\alpha^2\beta^2\frac{Pl}{f}$，$R_A=(1-3\alpha^2+2\alpha^3)P$，$R_B=\alpha^2(3-2\alpha)P$ $M_A=\left(\frac{5}{2}\alpha^2\beta^2-\alpha+2\alpha^2-\alpha^3\right)Pl$，$M_B=\left(\frac{5}{2}\alpha^2\beta^2-\alpha^2+\alpha^3\right)Pl$
q, q, C, A, B	$H=-\frac{4}{7}qf$，$R_A=R_B=0$，$M_A=M_B=-\frac{4}{35}qf^2$
q, C, A, B	$H_A=-\frac{11}{14}qf$，$H_B=\frac{3}{14}qf$，$R_A=-R_B=-\frac{1}{4}\frac{qf^2}{l}$ $M_A=-\frac{51}{280}qf^2$，$M_B=\frac{19}{280}qf^2$
αl, C, f_1, A, B, q, $\alpha=\frac{1}{2}-\sqrt{\frac{f-f_1}{4f}}\leqslant\frac{1}{2}$	$H_B=\alpha^3\left(20-80\alpha+128\alpha^2-96\alpha^3+\frac{192}{7}\alpha^4\right)qf$，$H_A=-(qf_1-H_B)$ $R_A=-R_B=-\left[\frac{f_1^2}{2f^2}-\alpha^2(8-32\alpha+56\alpha^2-48\alpha^3+16\alpha^4)\right]\frac{qf^2}{l}$ $M_A=\frac{2}{3}H_Bf-\frac{\alpha^2}{15}(120-400\alpha+580\alpha^2-424\alpha^3+120\alpha^4)qf^2$ $M_B=\frac{2}{3}H_Bf-\frac{\alpha^3}{15}(80-260\alpha+296\alpha^2-120\alpha^3)qf^2$

续表

荷载简图	计算公式
C, A, B, q, q	$H=-\frac{8}{21}qf$，$R_A=R_B=0$，$M_A=M_B=-\frac{4}{63}qf^2$
C, A, B, q	$H_A=-\frac{37}{84}qf$，$H_B=\frac{5}{84}qf$，$R_A=-R_B=-\frac{qf^2}{16l}$ $M_A=-\frac{169}{2016}qf^2, M_B=\frac{41}{2016}qf^2$
P, C, A, B	$H_A=-\frac{P}{2}, H_B=\frac{P}{2}$，$R_A=-\frac{3}{4}\frac{Pf}{l}, R_B=\frac{3}{4}\frac{Pf}{l}$ $M_A=-\frac{pf}{8}, M_B=\frac{pf}{8}$
αl, P, C, f_1, A, B $\alpha=\frac{1}{2}-\sqrt{\frac{f-f_1}{4f}}\leqslant\frac{1}{2}$	$H_B=\alpha^2(15-50\alpha+60\alpha^2-24\alpha^3)P, H_A=-(P-H_B)$ $R_A=-R_B=-\left[\frac{f_1}{f}-4\alpha(1-4\alpha+6\alpha^2-3\alpha^3)\right]\frac{Pf}{l}$ $M_A=\frac{2}{3}H_Bf-2\alpha\left(2-6\alpha+\frac{22}{3}\alpha^2-3\alpha^3\right)Pf$ $M_B=\frac{2}{3}H_Bf-2\alpha^2\left(2-\frac{14}{3}\alpha+3\alpha^2\right)Pf$
t_0 均匀升温t_0 α_t—拱圈的线膨胀系数	$H=\frac{45}{4}\frac{EI_C\alpha_t t_0}{f^2}$，$R_A=R_B=0$，$M_A=M_B=\frac{15}{2}\frac{EI_C\alpha_t t_0}{f}$
A, B Δ 支座相对水平位移	$H=\frac{45}{4}\frac{EI_C\Delta}{f^2l}$，$R_A=R_B=0$ $M_A=M_B=\frac{15}{2}\frac{EI_C\Delta}{fl}$
A, B Δ 支座相对沉陷	$H=0$，$R_A=-R_B=-12\frac{EI_C\Delta}{l^3}$ $M_A=-M_B=6\frac{EI_C\Delta}{l^2}$
φ, A, B 支座角变	$H=\frac{15}{2}\frac{EI_C\varphi}{fl}$，$R_A=-R_B=-6\frac{EI_C\varphi}{l^2}$ $M_A=9\frac{EI_C\varphi}{l}, M_B=3\frac{EI_C\varphi}{l}$

7.6 超静定等截面抛物线拱

等截面抛物线拱的计算相对较为复杂，这是由积分计算中曲线积分本身的复杂性导致的，即采用 $\mathrm{d}s=\mathrm{d}x/\cos\theta$ 后再进行积分，而 $\cos\theta=\dfrac{1}{\sqrt{1+\tan^2\theta}}=\dfrac{1}{\sqrt{1+(y')^2}}$，因此积分计算结果相对复杂。对于较平坦的拱近似有 $\mathrm{d}s=\mathrm{d}x$，则积分运算结果与变截面拱的计算结果相同。

研究表明，近似采用 $\mathrm{d}s=\mathrm{d}x$，误差较大。因此，本节将采用 $\mathrm{d}s=\mathrm{d}x/\cos\theta$ 进行相关积分运算。

对于两铰拱，本节只考虑竖向荷载作用的情况，此时带拉杆与无拉杆的计算公式的表达式相同，只是反映轴向变形的修正系数 K 需根据有无拉杆取不同的值。

7.6.1　两铰等截面抛物线拱相关计算理论及系数

为了方便积分运算，两铰等截面对称抛物线拱采用图 7.6-1 所示的坐标系，拱轴线方程式为

$$y(x)=-\frac{4f}{l^2}x^2+f \tag{7.6-1}$$

且

$$\tan\theta=y'(x)=-\frac{8f}{l^2}x \tag{7.6-2}$$

两铰抛物线拱为一次超静定结构，采用如图 7.6-2 所示的基本结构及赘余力 H，则在单位赘余力作用下有 $M_1=-y$。根据式（7.2-8）可得形变位系数为

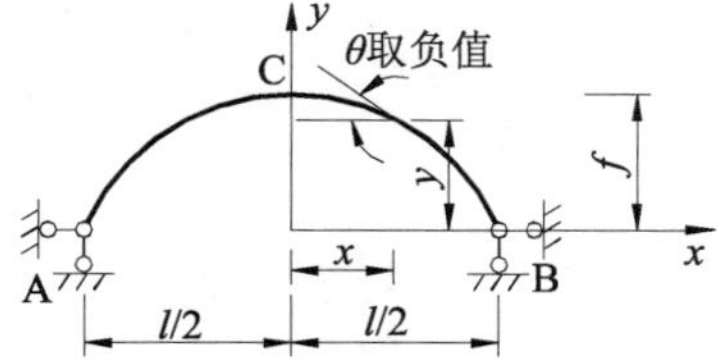

图 7.6-1　等截面抛物线拱所采用的坐标体系

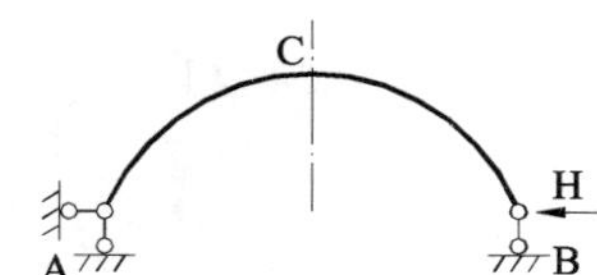

图 7.6-2　等截面抛物线拱所采用的基本结构及赘余力 H

$$\begin{aligned}EI\delta_{11}&=\int_{l_s}M_1M_1\,\mathrm{d}s\\&=\int_{-\frac{l}{2}}^{\frac{l}{2}}y^2\sqrt{1+(y')^2}\,\mathrm{d}x\\&=\int_{-\frac{l}{2}}^{\frac{l}{2}}\left(-\frac{4f}{l^2}x^2+f\right)^2\sqrt{1+\left(-\frac{8f}{l^2}x\right)^2}\,\mathrm{d}x\\&=l^3(1+16\rho^2)^{\frac{3}{2}}\left(-\frac{1}{2048}\frac{1}{\rho^2}-\frac{1}{48}\right)+l^3(1+16\rho^2)^{\frac{1}{2}}\left(\frac{1}{4096}\frac{1}{\rho^2}+\frac{1}{64}+\frac{1}{2}\rho\right)^2\\&\quad+l^3\ln[4\rho+(1+16\rho^2)^{\frac{1}{2}}]\left(\frac{1}{16384}\frac{1}{\rho^3}+\frac{1}{256}\frac{1}{\rho}+\frac{1}{8}\rho\right)\end{aligned} \tag{7.6-3}$$

下面给出两种典型情况下的载变位计算公式

1. 单位集中荷载的载变位系数

如图 7.6-3 所示为单位集中荷载作用下的等截面抛物线拱，集中荷载离 y 轴的距离为

αl 且 $\alpha \in [-0.5, 0.5]$。

图 7.6-4 所示为相应辅助简支梁的弯矩图，图中 M_P 的表达式可分为两部分：

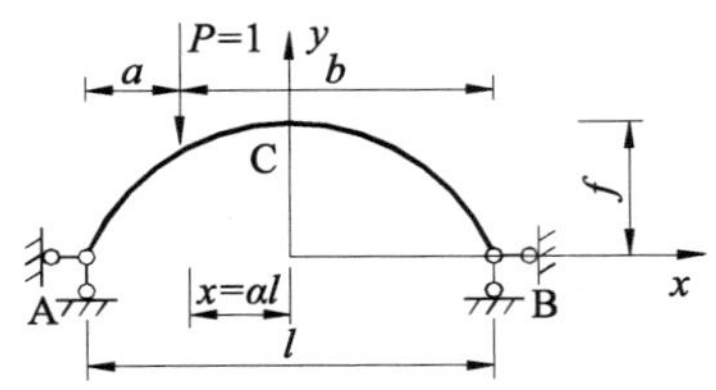

图 7.6-3　在单位集中荷载作用下

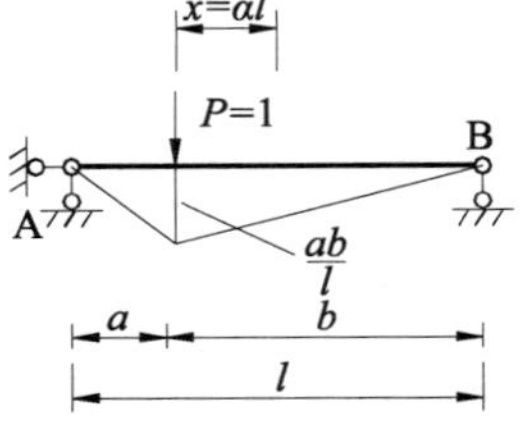

图 7.6-4　在单位集中荷载作用下基本结构的弯矩图

对集中力以左的部分，有

$$M_P(x) = \frac{b}{l}x + \frac{b}{2} \tag{7.6-4}$$

对集中力以右的部分，有

$$M_P(x) = -\frac{a}{l}x + \frac{a}{2} \tag{7.6-5}$$

式中的 a、b 与 α 的关系为

$$a = (1+2\alpha)\frac{l}{2}\text{ , } b = (1-2\alpha)\frac{l}{2} \tag{7.6-6}$$

由式（7.2-9）可得载变位系数

$$\begin{aligned}
-EI\Delta_{1P} &= -\int_s M_1 M_P \mathrm{d}s \\
&= \int_{-\frac{l}{2}}^{\alpha l} yM_P \sqrt{1+(y')^2}\mathrm{d}x + \int_{\alpha l}^{-\frac{l}{2}} yM_P \sqrt{1+(y')^2}\mathrm{d}x \\
&= \int_{-\frac{l}{2}}^{\alpha l}\left(-\frac{4f}{l^2}x^2+f\right)\left(\frac{b}{l}x+\frac{b}{2}\right)+\sqrt{1+(y')^2}\mathrm{d}x + \int_{\alpha l}^{\frac{l}{2}}\left(-\frac{4f}{l^2}x^2+f\right) \\
&\quad \times\left(-\frac{a}{l}x+\frac{a}{2}\right)\sqrt{1+(y')^2}\mathrm{d}x
\end{aligned}$$

则上式中第一项积分得

$$\begin{aligned}
&\int_{-\frac{l}{2}}^{\alpha l}\left(-\frac{4f}{l^2}x^2+f\right)\left(\frac{b}{l}x+\frac{b}{2}\right)M_P \sqrt{1+(y')^2}\mathrm{d}x \\
&= l^3\left\{(1+64\rho^2\alpha^2)^{\frac{3}{2}}\left[-\frac{1}{160}\frac{1}{\rho}(1-2\alpha)\alpha^2+\frac{1}{15360}\frac{1}{\rho^3}(1-2a)-\frac{1}{256}\frac{1}{\rho}(1-2\alpha)\alpha+\frac{1}{384}\right.\right. \\
&\quad \left.\times\frac{1}{\rho}(1-2\alpha)\right]+(1+64\rho^2\alpha^2)^{\frac{1}{2}}\left[\frac{1}{512}\frac{1}{\rho}(1-2\alpha)\alpha+\frac{1}{8}\rho(1-2\alpha)\alpha\right]+\ln[8\rho\alpha \\
&\quad \left.+(1+64\rho^2a^2)^{\frac{1}{2}}]\times\left[\frac{1}{4096}\frac{1}{\rho^2}(1-2a)+\frac{1}{64}(1-2a)\right]\right\}-l^3\left\{(1+16\rho^2)^{\frac{3}{2}}\left[-\frac{1}{640}\frac{1}{\rho}\right.\right. \\
&\quad \left.\times(1-2a)+\frac{1}{15360}\frac{1}{\rho^3}(1-2\alpha)+\frac{1}{512}\frac{1}{\rho}(1-2\alpha)+\frac{1}{384}\frac{1}{\rho}(1-2\alpha)\right] \\
&\quad +(1+16\rho^2)^{\frac{1}{2}}\left[-\frac{1}{1024}\frac{1}{\rho}(1-2\alpha)-\frac{1}{16}\rho(1-2\alpha)\right]+\ln[-4p \\
&\quad \left.+(1+16\rho^2)^{\frac{1}{2}}]\times\left[\frac{1}{4096}\frac{1}{\rho^2}(1-2a)+\frac{1}{64}(1-2a)\right]\right\}
\end{aligned}$$

而第二项积分为

$$\int_{\alpha l}^{\frac{l}{2}}\left(-\frac{4f}{l^2}x^2+f\right)\left(-\frac{a}{l}x+\frac{a}{2}\right)M_{\mathrm{P}}\sqrt{1+(y')^2}\mathrm{d}x$$

$$=l^3\left\{(1+16\rho^2)^{\frac{3}{2}}\left[\frac{1}{640}\frac{1}{\rho}(1+2\alpha)+\frac{1}{15360}\frac{1}{\rho^3}(1+2\alpha)-\frac{1}{512}\frac{1}{\rho}(1+2\alpha)-\frac{1}{384}\right.\right.$$

$$\left.\times\frac{1}{\rho}(1+2\alpha)\right]+(1+16\rho^2)^{\frac{1}{2}}\left[\frac{1}{1024}\frac{1}{\rho}(1+2\alpha)+\frac{1}{16}\rho(1+2\alpha)\right]$$

$$\left.+\ln[4\rho+(1+16\rho^2)^{\frac{1}{2}}]\times\left[\frac{1}{4096}\frac{1}{\rho^2}(1+2\alpha)+\frac{1}{64}(1+2\alpha)\right]\right\}-$$

$$l^3\left\{(1+64\rho^2\alpha^2)^{\frac{3}{2}}\left[\frac{1}{160}\frac{1}{\rho}(1+2\alpha)\alpha^2-\frac{1}{15360}\frac{1}{\rho^3}(1+2\alpha)-\frac{1}{256}\frac{1}{\rho}(1+2\alpha)\alpha-\frac{1}{384}\frac{1}{\rho}\right.\right.$$

$$\left.\times(1+2\alpha)\right]+(1+64\rho^2\alpha^2)^{\frac{1}{2}}\left[\frac{1}{512}\frac{1}{\rho}(1+2\alpha)\alpha+\frac{1}{8}\rho(1-2\alpha)\alpha\right]$$

$$\left.+\ln[8\rho\alpha+(1+64\rho^2\alpha^2)^{\frac{1}{2}}]\times\left[\frac{1}{4096}\frac{1}{\rho^2}(1+2\alpha)+\frac{1}{64}(1+2\alpha)\right]\right\}$$

2. 单位均布荷载的载变位系数

如图 7.6-5 所示，均布荷载 $q=1$ 的起始位置为拱的左侧支座，结束于离 y 轴的距离为 αl 且 $\alpha\in$ [0.5，0.5]。此时，其 M_{P} 图可拆分为两个部分，即在折线的部分叠加一个抛物线图，如图 7.6-6 所示。

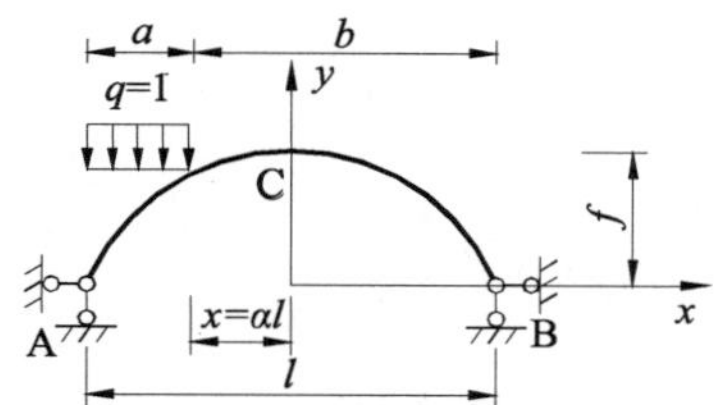

图 7.6-5　在单位均布荷载作用下

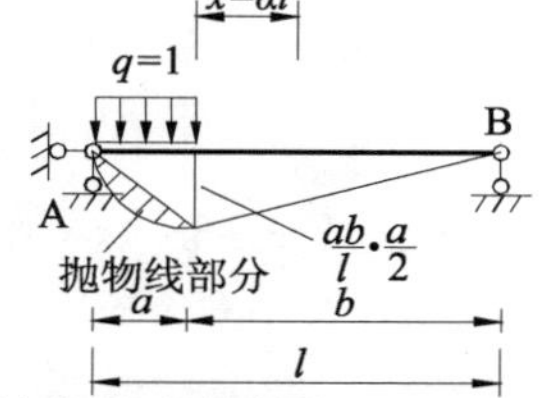

图 7.6-6　在单位均布荷载作用下基本结构的弯矩图

M_{P} 图折线部分的表达式可分为两部分：

(1) 在均布荷载作用部分，有

$$M_{\mathrm{P}}(x)=\frac{qa}{2}\left(\frac{b}{l}x+\frac{b}{2}\right)=\frac{a}{2}\left(\frac{b}{l}x+\frac{b}{2}\right) \tag{7.6-7}$$

(2) 在无均布荷载作用部分，有

$$M_{\mathrm{P}}(x)=\frac{qa}{2}\left(-\frac{a}{l}x+\frac{a}{2}\right)=\frac{a}{2}\left(-\frac{a}{l}x+\frac{a}{2}\right) \tag{7.6-8}$$

M_{P} 图抛物线部分，有

$$M_{\mathrm{p}}(x)=-\frac{q}{2}\left(x+\frac{l}{2}-\frac{a}{2}\right)^2+\frac{qa^2}{8}=-\frac{1}{2}\left(x+\frac{l}{2}-\frac{a}{2}\right)^2+\frac{a^2}{8} \tag{7.6-9}$$

式（7.6-7）～式（7.6-9）中的 a、b 与 α 符合式（7.6-6）的关系式。

于是，根据式（7.2-9）有载变位系数

$$-EI\Delta_{1\mathrm{P}}=-\int_s M_1 Mp\,\mathrm{d}s=\int_{-\frac{l}{2}}^{\alpha l}yM_{\mathrm{P}}\sqrt{1+(y')^2}\mathrm{d}x+\int_{\alpha l}^{\frac{l}{2}}yM_{\mathrm{P}}\sqrt{1+(y')^2}\mathrm{d}x$$

$$= \frac{(1+2\alpha)l}{4}\int_{-\frac{l}{2}}^{\alpha l}\left(-\frac{4f}{l^2}x^2+f\right)\left(\frac{b}{l}x+\frac{b}{2}\right)\sqrt{1+(y')^2}\mathrm{d}x$$

$$+\frac{(1+2\alpha)l}{4}\int_{-\frac{l}{2}}^{\alpha l}\left(-\frac{4f}{l^2}x^2+f\right)\left(-\frac{a}{l}x+\frac{a}{2}\right)\sqrt{1+(y')^2}\mathrm{d}x$$

$$+\int_{-\frac{l}{2}}^{\alpha l}\left(-\frac{4f}{l^2}x^2+f\right)\left[-\frac{1}{2}\left(x+\frac{l}{2}-\frac{a}{2}\right)^2+\frac{a^2}{8}\right]\sqrt{1+(y')^2}\mathrm{d}x$$

则上式中第一项积分得

$$\frac{(1+2\alpha)l}{4}\int_{-\frac{l}{2}}^{\alpha l}\left(-\frac{4f}{l^2}x^2+f\right)\left(\frac{b}{l}x+\frac{b}{2}\right)M_{\mathrm{P}}\sqrt{1+(y')^2}\mathrm{d}x$$

$$=\frac{(1+2\alpha)}{4}l^4\left\{(1+16\rho^2\alpha^2)^{\frac{3}{2}}\left[-\frac{1}{160}\frac{1}{\rho}(1-2\alpha)\alpha^2+\frac{1}{15360}\frac{1}{\rho^3}(1-2\alpha)-\frac{1}{256}\right.\right.$$

$$\left.\times\frac{1}{\rho}(1-2\alpha)\alpha+\frac{1}{384}\frac{1}{\rho}(1-2\alpha)\right]+(1+64\rho^2\alpha^2)^{\frac{1}{2}}\left[\frac{1}{512}\frac{1}{\rho}(1-2\alpha)\alpha+\frac{1}{8}\rho(1-2\alpha)\alpha\right]$$

$$\left.+\ln[8\rho\alpha+(1+64\rho^2\alpha^2)^{\frac{1}{2}}]\times\left[\frac{1}{4096}\frac{1}{\rho^2}(1-2\alpha)+\frac{1}{64}(1-2\alpha)\right]\right\}-\frac{(1+2\alpha)}{4}l^4$$

$$\times\left\{(1+16\rho^2)^{\frac{3}{2}}\left[-\frac{1}{640}\frac{1}{\rho}(1-2\alpha)+\frac{1}{15360}\frac{1}{\rho^3}(1-2\alpha)+\frac{1}{512}\frac{1}{\rho}(1-2\alpha)+\frac{1}{384}\frac{1}{\rho}(1-2\alpha)\right]\right.$$

$$+(1+16\rho^2)^{\frac{1}{2}}\left[-\frac{1}{1024}\frac{1}{\rho}(1-2\alpha)-\frac{1}{16}\rho(1-2\alpha)\right]$$

$$\left.+\ln[-4\rho+(1+16\rho^2)^{\frac{1}{2}}]\times\left[\frac{1}{4096}\frac{1}{\rho^2}(1-2\alpha)+\frac{1}{64}(1-2\alpha)\right]\right\}$$

第二项积分为

$$\frac{(1+2\alpha)l}{4}\int_{\alpha l}^{\frac{l}{2}}\left(-\frac{4f}{l^2}x^2+f\right)\left(-\frac{a}{l}x+\frac{a}{2}\right)M_{\mathrm{P}}\sqrt{1+(y')^2}\mathrm{d}x=\frac{(1+2\alpha)}{4}l^4\{(1+16\rho^2)^{\frac{3}{2}}$$

$$\times\left[\frac{1}{640}\frac{1}{\rho}(1+2\alpha)-\frac{1}{15360}\frac{1}{\rho^3}(1+2\alpha)-\frac{1}{512}\frac{1}{\rho}(1+2\alpha)-\frac{1}{384}\frac{1}{\rho}(1+2\alpha)\right]$$

$$+(1+16\rho^2)^{\frac{1}{2}}\left[\frac{1}{1024}\frac{1}{\rho}(1+2\alpha)+\frac{1}{16}\rho(1+2\alpha)\right]+\ln[4\rho+(1+16\rho^2)^{\frac{1}{2}}]$$

$$\times\left[\frac{1}{4096}\frac{1}{\rho^2}(1+2\alpha)+\frac{1}{64}(1+2\alpha)\right]\}-\frac{(1+2\alpha)}{4}l^4\left\{(1+64\rho^2\alpha^2)^{\frac{3}{2}}\left[\frac{1}{160}\frac{1}{\rho}(1\right.\right.$$

$$\left.+2\alpha)\alpha^2-\frac{1}{15360}\frac{1}{\rho^3}(1+2\alpha)-\frac{1}{256}\frac{1}{\rho}(1+2\alpha)\alpha-\frac{1}{384}\frac{1}{\rho}(1+2\alpha)\right]$$

$$+(1+64\rho^2\alpha^2)^{\frac{1}{2}}\left[\frac{1}{512}\frac{1}{\rho}(1+2\alpha)\alpha+\frac{1}{8}\rho(1+2\alpha)\alpha\right]$$

$$\left.+\ln[8\rho\alpha+(1+64\rho^2\alpha^2)^{\frac{1}{2}}]\times\left[\frac{1}{4096}\frac{1}{\rho^2}(1+2\alpha)+\frac{1}{64}(1+2\alpha)\right]\right\}$$

第三项积分为

$$\int_{-\frac{l}{2}}^{\alpha l}\left(-\frac{4f}{l^2}x^2+f\right)\left[-\frac{1}{2}\left(x+\frac{l}{2}-\frac{a}{2}\right)^2+\frac{a^2}{8}\right]\sqrt{1+(y')^2}\mathrm{d}x$$

$$
\begin{aligned}
&= l^4\left\{(1+64\rho^2\alpha^2)^{\frac{3}{2}}\left[\frac{1}{192}\frac{1}{\rho}\alpha^3-\frac{1}{16384}\frac{1}{\rho^3}\alpha+\frac{1}{160}\frac{1}{\rho}\alpha^2-\frac{1}{15360}\frac{1}{\rho^3}-\frac{1}{320}\frac{1}{\rho}\right.\right.\\
&\quad\left.+(1+2\alpha)\alpha^2+\frac{1}{30720}\frac{1}{\rho^3}(1+2\alpha)-\frac{1}{512}\frac{1}{\rho}(1+2\alpha)\alpha-\frac{1}{384}\frac{1}{\rho}+\frac{1}{768}\frac{1}{\rho}(1+2\alpha)\right]\\
&\quad+(1+64\rho^2\alpha^2)^{\frac{1}{2}}\left[\frac{1}{32768}\frac{1}{\rho^3}\alpha+\frac{1}{1024}\frac{1}{\rho}(1+2\alpha)\alpha+\frac{1}{16}\rho(1+2\alpha)\alpha-\frac{1}{16}\rho\alpha\right]\\
&\quad\left.+\ln[8\rho\alpha+(1+64\rho^2\alpha^2)^{\frac{1}{2}}]\times\left[\frac{1}{262144}\frac{1}{\rho^4}+\frac{1}{8192}\frac{1}{\rho^2}(1+2\alpha)+\frac{1}{128}(1+2\alpha)-\frac{1}{128}\right]\right\}\\
&\quad-l^4\left\{(1+16\rho^2)^{\frac{3}{2}}\left[-\frac{13}{7680}\frac{1}{\rho}-\frac{17}{491520}\frac{1}{\rho^3}+\frac{23}{15360}\frac{1}{\rho}(1+2\alpha)+\frac{1}{30720}\frac{1}{\rho^3}(1+2\alpha)\right]\right.\\
&\quad+(1+16\rho^2)^{\frac{1}{2}}\left[-\frac{1}{65536}\frac{1}{\rho^3}-\frac{1}{2048}\frac{1}{\rho}(1+2\alpha)-\frac{1}{32}\rho(1+2\alpha)+\frac{1}{32}\rho\right]\\
&\quad+\ln[-4\rho+(1+16\rho^2)^{\frac{1}{2}}]\times\left[\frac{1}{262144}\frac{1}{\rho^4}+\frac{1}{8192}\frac{1}{\rho^2}(1+2\alpha)+\frac{1}{128}(1+2\alpha)-\frac{1}{128}\right]
\end{aligned}
$$

3. 轴向力变形影响的修正系数

这里仅考虑两铰拱在无拉杆与有拉杆两种情况下的轴向变形影响，并且仅考虑形变位的影响。荷载均为竖向荷载。

(1) 无拉杆两铰拱

拱的轴向变形修正系数

$$K=\frac{1}{1+\dfrac{Im_1}{Al^2}} \tag{7.6-10}$$

式中 I——拱截面惯性矩；

A——拱截面面积；

l——拱的跨度；

m_1——给出了拱轴向变形的影响，不同矢跨比下的 m_1 值见表 7.6-1。

不同矢跨比下的 m_1 值 **表 7.6-1**

ρ	0.20	0.25	0.30	0.35	0.40	0.45	0.50	0.55	0.60
m_1	41.1374	24.7924	16.1331	11.0738	7.9085	5.8253	4.3992	3.3915	2.6609

(2) 有拉杆两铰拱

拱的轴向变形修正系数

$$K=\frac{1}{1+\dfrac{I}{Al^2}m_1+\dfrac{EI}{E_1A_1l^2}m_2} \tag{7.6-11}$$

式中 E_1——拉杆弹性模量；

A_1——拉杆截面积；

m_2——给出了拉杆轴向变形的影响，不同矢跨比下的 m_2 值见表 7.6-2。

不同矢跨比下的 m_2 值 **表 7.6-2**

ρ	0.20	0.25	0.30	0.35	0.40	0.45	0.50	0.55	0.60
m_2	44.9179	28.1293	19.0553	13.6235	10.1312	7.7645	6.0946	4.8778	3.9679

4. 几种典型荷载作用下等截面两铰抛物线拱的计算

为了便于应用，采用计算表格来进行拱水平推力的计算，则有：

(1) 对于集中荷载 P 作用下，赘余力（水平推力）H 可以表示为

$$H = \Psi_1 PK \tag{7.6-12}$$

而在均布荷载 q 作用下，有

$$H = \Psi_2 qlK \tag{7.6-13}$$

典型荷载下 Ψ_1、Ψ_2 的具体数值可查表 7.6-3～表 7.6-6 获得。

(2) 对于拱轴线均匀升温 t_0，赘余力（水平推力）H 可以表示为

$$H = \Psi_t \frac{EI}{l^2}\alpha_t t_0 K \tag{7.6-14}$$

式中，α_t 为拱材料的线膨胀系数；Ψ_t 的具体数值可查表 7.6-7 获得。

(3) 对于具有支座相对水平位移 Δ（两支座距离减小为正）的情况，赘余力（水平推力）H 可表示为

$$H = \Psi_\Delta \frac{EI\Delta}{l^3}K \tag{7.6-15}$$

式中，Ψ_Δ 的具体数值可查表 7.6-8 获得。

在表 7.6-3～表 7.6-8 中，两铰拱的两支座点连有虚线，这表示表中的计算结果同样适用于有拉杆的两铰拱，此时只需将式（7.6-12）～式（7.6-15）中的 H 换成 Z 即可，并取与有拉杆两铰拱相应的 K 值。表中其他 α、ρ 值的系数可通过线性插值获得。

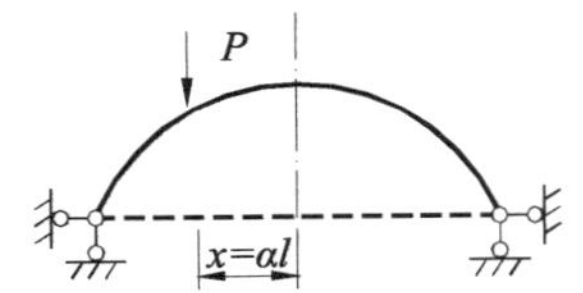

单边集中荷载作用下的 Ψ_1 值　　表 7.6-3

α	ρ								
	0.2	0.25	0.3	0.35	0.4	0.45	0.5	0.55	0.6
−0.50	0	0	0	0	0	0	0	0	0
−0.45	0.1578	0.1271	0.1067	0.0922	0.0813	0.0728	0.0659	0.0604	0.0557
−0.40	0.3105	0.2499	0.2095	0.1808	0.1592	0.1424	0.129	0.1179	0.1087
−0.35	0.4536	0.3645	0.3053	0.263	0.2313	0.2066	0.1869	0.1707	0.1572
−0.30	0.5836	0.4683	0.3915	0.3368	0.2957	0.2637	0.2382	0.2172	0.1997
−0.25	0.6978	0.559	0.4666	0.4006	0.3511	0.3126	0.2819	0.2567	0.2357
−0.20	0.7938	0.635	0.5292	0.4535	0.3969	0.3528	0.3175	0.2887	0.2646
−0.15	0.8701	0.6952	0.5784	0.4951	0.4325	0.3839	0.345	0.3132	0.2867
−0.10	0.9254	0.7386	0.6139	0.5248	0.4579	0.4059	0.3644	0.3304	0.3021
−0.05	0.9589	0.7649	0.6353	0.5427	0.4732	0.4191	0.3759	0.3406	0.3112
0.00	0.9702	0.7737	0.6425	0.5486	0.4782	0.4235	0.3797	0.3439	0.3142

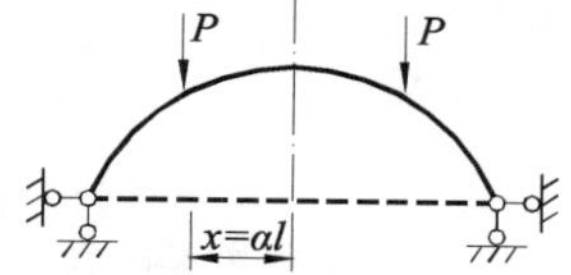

两边集中荷载作用下的 Ψ_1 值　　表 7.6-4

α	ρ								
	0.2	0.25	0.3	0.35	0.4	0.45	0.5	0.55	0.6
−0.50	0	0	0	0	0	0	0	0	0
−0.45	0.3157	0.2543	0.2135	0.1843	0.1625	0.1455	0.1319	0.1207	0.1113
−0.40	0.621	0.4997	0.4191	0.3616	0.3184	0.2849	0.258	0.2359	0.2174
−0.35	0.9072	0.7291	0.6105	0.526	0.4626	0.4133	0.3738	0.3414	0.3143
−0.30	1.1673	0.9366	0.7831	0.6735	0.5914	0.5275	0.4763	0.4344	0.3995
−0.25	1.3956	1.118	0.9332	0.8012	0.7022	0.6253	0.5637	0.5133	0.4713
−0.20	1.5877	1.2701	1.0583	0.9071	0.7937	0.7055	0.635	0.5773	0.5293
−0.15	1.7403	1.3903	1.1569	0.9901	0.865	0.7677	0.69	0.6264	0.5734
−0.10	1.8509	1.4772	1.2278	1.0496	0.9159	0.8119	0.7288	0.6608	0.6042
−0.05	1.9179	1.5297	1.2706	1.0854	0.9463	0.8382	0.7518	0.6811	0.6223
0.00	1.9403	1.5473	1.2849	1.0973	0.9565	0.847	0.7594	0.6879	0.6283

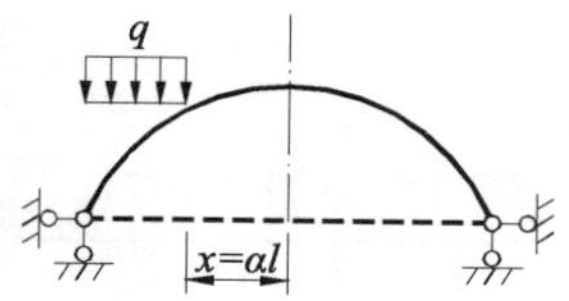

单边均布荷载作用下的 Ψ_2 值　　表 7.6-5

α	ρ								
	0.2	0.25	0.3	0.35	0.4	0.45	0.5	0.55	0.6
−0.50	0	0	0	0	0	0	0	0	0
−0.45	0.004	0.0032	0.0027	0.0023	0.002	0.0018	0.0017	0.0015	0.0014
−0.40	0.0157	0.0126	0.0106	0.0092	0.0081	0.0072	0.0065	0.006	0.0055
−0.35	0.0348	0.028	0.0235	0.0203	0.0179	0.016	0.0145	0.0132	0.0122
−0.30	0.0608	0.0489	0.041	0.0353	0.0311	0.0278	0.0251	0.023	0.0211
−0.25	0.0929	0.0747	0.0625	0.0538	0.0473	0.0422	0.0382	0.0348	0.0321
−0.20	0.1303	0.1046	0.0874	0.0752	0.066	0.0589	0.0532	0.0485	0.0446
−0.15	0.172	0.1379	0.1152	0.099	0.0868	0.0773	0.0698	0.0636	0.0584
−0.10	0.217	0.1738	0.145	0.1245	0.1091	0.0971	0.0875	0.0797	0.0732
−0.05	0.2642	0.2115	0.1763	0.1512	0.1324	0.1178	0.1061	0.0965	0.0885
0.00	0.3125	0.25	0.2083	0.1786	0.1563	0.1389	0.125	0.1136	0.1042

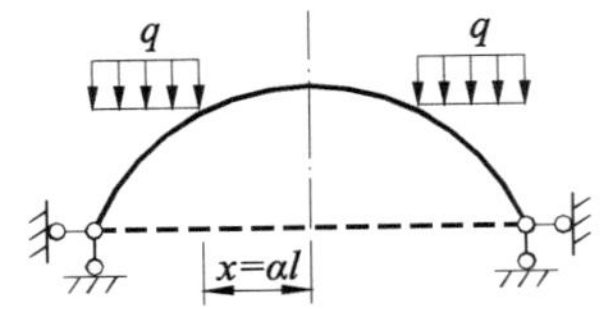

两边均布荷载作用下的 Ψ_2 值　　表 7.6-6

α	ρ								
	0.2	0.25	0.3	0.35	0.4	0.45	0.5	0.55	0.6
−0.50	0	0	0	0	0	0	0	0	0
−0.45	0.0079	0.0064	0.0054	0.0046	0.0041	0.0037	0.0033	0.003	0.0028
−0.40	0.0314	0.0253	0.0212	0.0183	0.0161	0.0144	0.0131	0.012	0.011
−0.35	0.0697	0.0561	0.047	0.0406	0.0357	0.032	0.0289	0.0265	0.0244
−0.30	0.1217	0.0978	0.082	0.0706	0.0621	0.0555	0.0502	0.0459	0.0423
−0.25	0.1859	0.1493	0.125	0.1076	0.0946	0.0844	0.0763	0.0697	0.0641
−0.20	0.2606	0.2091	0.1749	0.1504	0.132	0.1178	0.1064	0.097	0.0892
−0.15	0.344	0.2758	0.2303	0.1979	0.1736	0.1547	0.1395	0.1271	0.1168
−0.10	0.434	0.3476	0.2901	0.249	0.2182	0.1942	0.1751	0.1594	0.1463
−0.05	0.5284	0.4229	0.3527	0.3025	0.2648	0.2356	0.2122	0.193	0.177
0.00	0.625	0.5	0.4167	0.3571	0.3125	0.2778	0.25	0.2273	0.2083

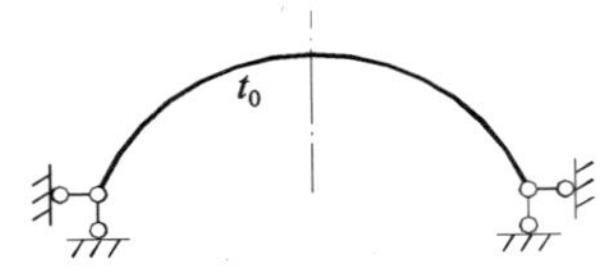

两铰拱均匀升温 t_0 后不同矢跨比下的 Ψ_t 值　　表 7.6-7

ρ	0.2	0.25	0.3	0.35	0.4	0.45	0.5	0.55	0.6
Ψ_t	44.9179	28.1293	19.0553	13.6235	10.1312	7.7645	6.0946	4.8778	3.9679

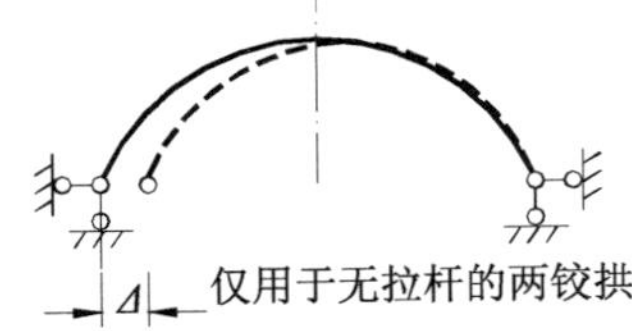

两铰拱存在水平相对位移 Δ 时的 ψ_Δ 值　　表 7.6-8

ρ	0.20	0.25	0.30	0.35	0.40	0.45	0.50	0.55	0.60
Ψ_Δ	44.9179	28.1293	19.0553	13.6235	10.1312	7.7645	6.0946	4.8778	3.9679

7.6.2　对称无铰抛物线拱

无铰抛物线拱为三次超静定结构，为了有效利用对称性，采用如图 7.6-7 所示的基本结构。

由前所述，对于无铰等截面抛物线拱可采用弹性中心法进行计算，在适当选取刚性杆长度后，确定弹性中心即刚臂端点 O 的位置，以刚臂端点 O 为原点，建立坐标系可使副系数 $\delta_{12}=\delta_{21}=0$。对于上图中的基本结构，拱的各个截面抗弯刚度均为 EI，则弹性中心位置 d 经计算为

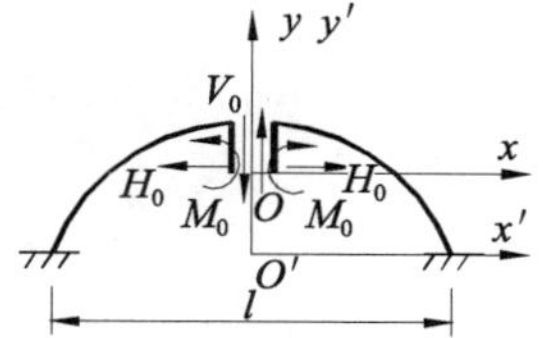

图 7.6-7　对称无铰拱的基本结构

$$d=\frac{\int_{l_s} y'\mathrm{d}s}{\int_{l_s} 1\cdot \mathrm{d}s}=\frac{1}{l_s}\int_{-\frac{l}{2}}^{\frac{l}{2}} y'\sqrt{1+(y')^2}\mathrm{d}x \quad (7.6\text{-}16)$$

式中　l_s 为拱轴线长度，积分项可表示为

$$\int_{-\frac{l}{2}}^{\frac{l}{2}} y'\sqrt{1+(y')^2}\mathrm{d}x$$

$$=l^2\left\{-\frac{1}{64}\frac{1}{\rho}(1+16\rho^2)^{\frac{3}{2}}+(1+16\rho^2)^{\frac{1}{2}}\left[\frac{1}{128}\frac{1}{\rho}+\frac{1}{2}\rho\right]+\ln[4\rho+(1+16\rho^2)^{\frac{1}{2}}]\times\left[\frac{1}{512}\frac{1}{\rho^2}+\frac{1}{8}\right]\right\}$$

令 $d=\beta l$，则有

$$\beta=\frac{-\frac{1}{64}\frac{1}{\rho}(1+16\rho^2)^{\frac{3}{2}}+(1+16\rho^2)^{\frac{1}{2}}\left[\frac{1}{128}\frac{1}{\rho}+\frac{1}{2}\rho\right]+\ln[4\rho+(1+16\rho^2)^{\frac{1}{2}}]\times\left[\frac{1}{512}\frac{1}{\rho^2}+\frac{1}{8}\right]}{\frac{1}{2}(1+16\rho^2)^{\frac{1}{2}}+\frac{1}{8}\frac{1}{\rho}\ln[4\rho+(1+16\rho^2)^{\frac{1}{2}}]} \quad (7.6\text{-}17)$$

表 7.6-9 给出了不同矢跨比下的 β 值。

描述弹性中心位置的系数 β 值　　表 7.6-9

ρ	0.20	0.25	0.30	0.35	0.40	0.45	0.50	0.55	0.60
β	0.1287	0.1585	0.1873	0.2152	0.2423	0.2689	0.295	0.3207	0.3461

此时无铰抛物线拱的拱轴线方程为

$$y(x)=-\frac{4f}{l^2}x^2+f-d \quad (7.6\text{-}18)$$

且

$$\tan\theta=y'(x)=-\frac{8f}{l^2}x \quad (7.6\text{-}19)$$

1. 无铰等截面抛物线拱的形变位系数

根据式（7.2-22）～式（7.2-24），则等截面抛物线拱的形变位系数为

$$EI\delta_{11}=\int_{l_s}1\cdot\mathrm{d}s=l\left\{\frac{1}{2}(1+16\rho^2)^{\frac{1}{2}}+\frac{1}{8}\frac{1}{\rho}\ln[4\rho+(1+16\rho^2)^{\frac{1}{2}}]\right\}$$

$$EI\delta_{22}=\int_{l_s}y^2\mathrm{d}s=l^3\left\{(1+16\rho^2)^{\frac{3}{2}}\left[-\frac{1}{48}-\frac{1}{2048}\frac{1}{\rho^2}+\frac{1}{32}\beta\frac{1}{\rho}\right]+(1+16\rho^2)^{\frac{1}{2}}\times\left[\frac{1}{4096}\frac{1}{\rho^2}+\frac{1}{64}-\frac{1}{64}\beta\frac{1}{\rho}+\frac{1}{2}\rho^2-\rho\beta+\frac{1}{2}\beta^2\right]+\ln[4\rho+(1+16\rho^2)^{\frac{1}{2}}]\times\left[\frac{1}{16384}\frac{1}{\rho^3}+\frac{1}{256}\frac{1}{\rho}-\frac{1}{256}\beta\frac{1}{\rho^2}+\frac{1}{8}\rho-\frac{1}{4}\beta+\frac{1}{8}\beta^2\frac{1}{\rho}\right]\right\}$$

$$EI\delta_{33}=\int_{l_s}x^2\mathrm{d}s=l^3\left\{\frac{1}{256}\frac{1}{\rho^2}(1+16\rho^2)^{\frac{3}{2}}-\frac{1}{512}\frac{1}{\rho^2}(1+16\rho^2)^{\frac{1}{2}}-\frac{1}{2048}\frac{1}{\rho^3}\ln[4\rho+(1+16\rho^2)^{\frac{1}{2}}]\right\}$$

2. 单位集中荷载的载变位系数

图 7.6-8 所示为单位集中荷载作用下的等截面抛物线拱，集中荷载离 y 轴的距离为 αl

且$\alpha\in[-0.5,0]$。

图 7.6-9 所示的基本结构在单位集中荷载作用下的弯矩方程为

$$M_P = x - \alpha l \tag{7.6-20}$$

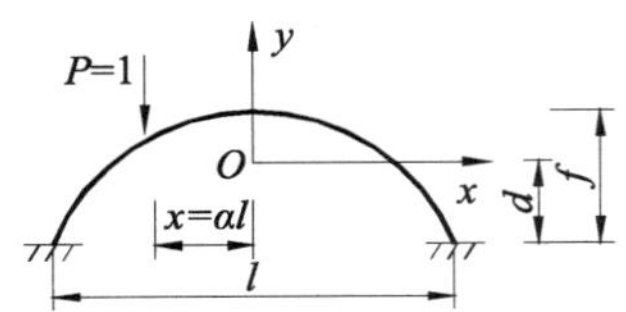

图 7.6-8　单位集中荷载作用下无铰拱

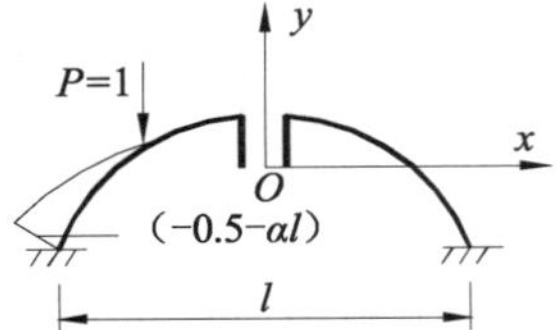

图 7.6-9　单位集中荷载作用下基本结构的弯矩图

则各个载变位系数为

$$\begin{aligned}-EI\Delta_{1P} &= -\int_{l_s} M_P \mathrm{d}s = -\int_{l_s}(x-\alpha l)\mathrm{d}s \\ &= l^2\left\{-\frac{1}{192}\frac{1}{\rho^2}(1+64\rho^2\alpha^2)^{\frac{3}{2}}+\frac{1}{2}\alpha^2(1+64\rho^2\alpha^2)^{\frac{1}{2}}+\frac{1}{16}\alpha\frac{1}{\rho}\ln[8\rho\alpha\right. \\ &\left.\quad+(1+64\rho^2\alpha^2)^{\frac{1}{2}}]\right\}-l^2\left\{-\frac{1}{192}\frac{1}{\rho^2}(1+16\rho^2)^{\frac{3}{2}}-\frac{1}{4}\alpha(1+16\rho^2)^{\frac{1}{2}}\right. \\ &\left.\quad+\frac{1}{16}\alpha\frac{1}{\rho}\ln[-4\rho+(1+16\rho^2)^{\frac{1}{2}}]\right\}\end{aligned}$$

$$\begin{aligned}-EI\Delta_{2P} &= \int_{l_s} yM_P\mathrm{d}s = \int_{l_s}\left(-\frac{4f}{l^2}x^2+f-d\right)(x-\alpha l)\mathrm{d}s \\ &= l^3\left\{(1+64\rho^2\alpha^2)^{\frac{3}{2}}\left[-\frac{1}{80}\frac{1}{\rho}\alpha^2+\frac{1}{7680}\frac{1}{\rho^3}+\frac{1}{64}\frac{1}{\rho}\alpha^2+\frac{1}{192}\frac{1}{\rho}-\frac{1}{192}\frac{1}{\rho^2}\beta\right]\right. \\ &\quad+(1+64\rho^2\alpha^2)^{\frac{1}{2}}\left[-\frac{1}{128}\frac{1}{\rho}\alpha^2-\frac{1}{2}\rho\alpha^2+\frac{1}{2}\beta\alpha^2\right]+\ln[8\rho\alpha+(1+64\rho^2\alpha^2)^{\frac{1}{2}}] \\ &\left.\quad\times\left[-\frac{1}{1024}\frac{1}{\rho^2}\alpha-\frac{1}{16}\alpha+\frac{1}{16}\alpha\beta\frac{1}{\rho}\right]\right\}-l^3\left\{(1+16\rho^2)^{\frac{3}{2}}\left[\frac{1}{480}\frac{1}{\rho}+\frac{1}{7680}\frac{1}{\rho^3}\right.\right. \\ &\left.\quad-\frac{1}{128}\frac{1}{\rho}\alpha-\frac{1}{192}\frac{1}{\rho^2}\beta\right]+(1+16\rho^2)^{\frac{1}{2}}\left[\frac{1}{256}\frac{1}{\rho}\alpha+\frac{1}{4}\rho\alpha-\frac{1}{4}\alpha\beta\right]+\ln[-4\rho \\ &\left.\quad+(1+16\rho^2)^{\frac{1}{2}}]\times\left[-\frac{1}{1024}\alpha\frac{1}{\rho^2}-\frac{1}{16}\alpha+\frac{1}{16}\alpha\beta\frac{1}{\rho}\right]\right\}\end{aligned}$$

$$\begin{aligned}-EI\Delta_{3P} &= -\int_{l_s} xM_P\mathrm{d}s = -\int_{l_s} x(x-\alpha l)\mathrm{d}s \\ &= l^3\left\{\frac{1}{768}\frac{1}{\rho^2}\alpha(1+64\rho^2\alpha^2)^{\frac{3}{2}}+\frac{1}{512}\frac{1}{\rho^2}\alpha(1+64\rho^2\alpha^2)^{\frac{1}{2}}+\frac{1}{4096}\frac{1}{\rho^3}\ln[8\rho\alpha\right. \\ &\left.\quad+(1+64\rho^2\alpha^2)^{\frac{1}{2}}]\right\}-l^3\left\{(1+16\rho^2)^{\frac{3}{2}}\left[\frac{1}{512}\frac{1}{\rho^2}+\frac{1}{192}\frac{1}{\rho^2}\alpha\right]-\frac{1}{1024}\frac{1}{\rho^2}(1+16\rho^2)^{\frac{3}{2}}\right. \\ &\left.\quad+\frac{1}{4096}\frac{1}{\rho^3}\ln[-4\rho+(1+16\rho^2)^{\frac{1}{2}}]\right\}\end{aligned}$$

3. 单位均布荷载的载变位系数

如图 7.6-10 所示，均布荷载 $q=1$ 的起始位置为拱的左侧支座，结束于离 y 轴的距离为 αl 且 $\alpha\in[-0.5,0]$。

基本结构在单位均布荷载作用下的弯矩方程为

$$M_{\mathrm{P}}=-\frac{1}{2}(x-\alpha l)^2 \qquad (7.6\text{-}21)$$

图 7.6-10　在单位均布荷载作用下基本结构的弯矩图

则各个载变位系数为

$$-EI\Delta_{1\mathrm{P}}=-\int_{l_s}M_{\mathrm{P}}\mathrm{d}s=\int_{l_s}\frac{1}{2}(x-\alpha l)^2\mathrm{d}s$$

$$=l^3\left\{-\frac{5}{1536}\frac{1}{\rho^2}\alpha(1+64\rho^2\alpha^2)^{\frac{3}{2}}+(1+64\rho^2\alpha^2)^{\frac{3}{2}}\times\left[-\frac{1}{1024}\frac{1}{\rho^2}\alpha+\frac{1}{4}\alpha^3\right]+\ln[8\rho\alpha+(1+64\rho^2\alpha^2)^{\frac{1}{2}}]\times\left[-\frac{1}{8192}\frac{1}{\rho^3}+\frac{1}{32}\frac{1}{\rho}\alpha^2\right]\right\}-l^3\left\{(1+16\rho^2)^{\frac{3}{2}}\left[-\frac{1}{1024}\frac{1}{\rho^2}-\frac{1}{192}\frac{1}{\rho^2}\alpha\right]+(1+16\rho^2)^{\frac{1}{2}}\left[\frac{1}{2048}\frac{1}{\rho^2}-\frac{1}{8}\alpha^2\right]+\ln[-4\rho+(1+16\rho^2)^{\frac{1}{2}}]\times\left[-\frac{1}{8192}\frac{1}{\rho^3}+\frac{1}{32}\frac{1}{\rho}\alpha^2\right]\right\}$$

$$-EI\Delta_{2\mathrm{P}}=\int_{l_s}yM_{\mathrm{P}}\mathrm{d}s=-\frac{1}{2}\int_{l_s}\left(-\frac{4f}{l^2}x^2+f-d\right)(x-\alpha l)^2\mathrm{d}s$$

$$=l^4\left\{(1+64\rho^2\alpha^2)^{\frac{3}{2}}\left[\frac{1}{1920}\frac{1}{\rho}\alpha^3+\frac{17}{245760}\frac{1}{\rho^3}\alpha+\frac{5}{1536}\frac{1}{\rho}\alpha-\frac{5}{1536}\frac{1}{\rho^2}\alpha\beta\right]+(1+64\rho^2\alpha^2)^{\frac{1}{2}}\times\left[\frac{1}{32768}\frac{1}{\rho^3}\alpha+\frac{1}{1024}\frac{1}{\rho}\alpha-\frac{1}{1024}\frac{1}{\rho^2}\alpha\beta-\frac{1}{256}\frac{1}{\rho}\alpha^3-\frac{1}{4}\rho\alpha^3+\frac{1}{4}\alpha^3\beta\right]+\ln[8\rho\alpha+(1+64\rho^2\alpha^2)^{\frac{1}{2}}]\times\left[\frac{1}{262144}\frac{1}{\rho^4}+\frac{1}{8192}\frac{1}{\rho^2}-\frac{1}{8192}\frac{1}{\rho^3}\beta-\frac{1}{2048}\frac{1}{\rho^2}\alpha^2-\frac{1}{32}\alpha^2+\frac{1}{32}\frac{1}{\rho}\alpha^2\beta\right]\right\}-l^4\left\{(1+16\rho^2)^{\frac{3}{2}}\left[\frac{1}{3072}\frac{1}{\rho}+\frac{1}{32768}\frac{1}{\rho^3}+\frac{1}{480}\frac{1}{\rho}\alpha+\frac{1}{7680}\frac{1}{\rho^3}\alpha-\frac{1}{1024}\frac{1}{\rho^2}\beta-\frac{1}{256}\times\frac{1}{\rho}\alpha^2-\frac{1}{192}\frac{1}{\rho^2}\alpha\beta\right]+(1+16\rho^2)^{\frac{1}{2}}\left[-\frac{1}{65536}\frac{1}{\rho^3}-\frac{1}{2048}\frac{1}{\rho}+\frac{1}{2048}\frac{1}{\rho^2}\beta+\frac{1}{512}\frac{1}{\rho}\alpha^2+\frac{1}{8}\rho\alpha^2-\frac{1}{8}\alpha^2\beta\right]+\ln[-4\rho+(1+16\rho^2)^{\frac{1}{2}}]\times\left[\frac{1}{262144}\frac{1}{\rho^4}+\frac{1}{8192}\frac{1}{\rho^2}-\frac{1}{8192}\frac{1}{\rho^3}\beta-\frac{1}{2048}\frac{1}{\rho^2}\alpha^2-\frac{1}{32}\alpha^2+\frac{1}{32}\frac{1}{\rho}\alpha^2\beta\right]\right\}$$

$$-EI\Delta_{3\mathrm{P}}=-\int_{l_s}xM_{\mathrm{P}}\mathrm{d}s=\frac{1}{2}\int_{l_s}x(x-\alpha l)^2\mathrm{d}s$$

$$=l^4\left\{(1+64\rho^2\alpha^2)^{\frac{3}{2}}\left[\frac{1}{3840}\frac{1}{\rho^2}\alpha^2-\frac{1}{61440}\frac{1}{\rho^4}\right]+\frac{1}{512}\frac{1}{\rho^2}\alpha^2(1+64\rho^2\alpha^2)^{\frac{1}{2}}+\frac{1}{4096}\times\frac{1}{\rho^3}\alpha\ln[8\rho\alpha+(1+64\rho^2\alpha^2)^{\frac{1}{2}}]\right\}-l^4\left\{(1+16\rho^2)^{\frac{3}{2}}\left[\frac{1}{2560}\frac{1}{\rho^2}-\frac{1}{61440}\frac{1}{\rho^4}+\frac{1}{512}\frac{1}{\rho^2}\alpha+\frac{1}{384}\frac{1}{\rho^2}\alpha^2\right]-\frac{1}{1024}\frac{1}{\rho^2}\alpha(1+16\rho^2)^{\frac{1}{2}}+\frac{1}{4096}\frac{1}{\rho^3}\alpha\ln[-4\rho+(1+16\rho^2)^{\frac{1}{2}}]\right\}$$

4. 轴向变形影响的修正系数

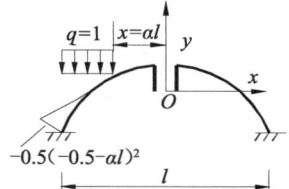

这里仅考虑无铰拱轴向变形影响对涉及 H_0 计算的形变位的影响。荷载均为竖向荷载。拱的轴向变形修正系数为

$$K=\frac{1}{1+\frac{Im_3}{Al^2}} \tag{7.6-22}$$

式中 m_3 给出了无铰拱拱轴向变形对 H_0 的影响，不同矢跨比下的 m_3 值见表 7.6-10。

不同矢跨比下的 m_3 值　　表 7.6-10

ρ	0.20	0.25	0.30	0.35	0.40	0.45	0.50	0.55	0.60
m_3	225.23	131.15	82.61	55.05	38.29	27.57	20.41	15.47	11.96

5. 几种典型荷载作用下等截面无铰拱的计算公式

为了便于应用，采用计算表格来进行拱水平推力的计算。

（1）集中荷载 P 作用下，其赘余力可以表示为

$$M_0=\Psi_{11}Pl, H_0=\Psi_{12}PK, V_0=\Psi_{13}P \tag{7.6-23}$$

而对于均布荷载 q，赘余力为

$$M_0=\Psi_{21}ql^2, H_0=\Psi_{22}qlK, V_0=\Psi_{23}ql \tag{7.6-24}$$

式中 Ψ_{11}、Ψ_{12}、Ψ_{13}、Ψ_{21}、Ψ_{22}、Ψ_{23}的具体数值可查表 7.6-11～表 7.6-22 确定。

（2）拱轴线均匀升温 t_0，则 $\Delta_{1t}=0$，$\Delta_{2t}\neq0$，$\Delta_{3t}=0$，赘余力为

$$M_0=0, H_0=\Psi_{t2}\frac{EI}{l^2}\alpha_t t_0 K, V_0=0 \tag{7.6-25}$$

式中　α_t 为拱材料的线膨胀系数；Ψ_{t2}具体数值可查表 7.6-23 确定。

（3）支座有水平位移 Δ_H，则 $\Delta_{1C}=0$，$\Delta_{2C}=-\Delta_H$，$\Delta_{3C}=0$，赘余力为

$$M_0=0, H_0=\Psi_{\Delta H}\frac{EI\Delta_H}{l^3}K, V_0=0 \tag{7.6-26}$$

式中水平位移引起内力计算系数 $\Psi_{\Delta H}$具体数值可查表 7.6-24 确定。

（4）支座有竖向沉陷 Δ_V（左端沉陷为正），则 $\Delta_{1C}=0$，$\Delta_{2C}=0$，$\Delta_{3C}=\Delta_V$，赘余力为

$$M_0=0, H_0=0, V_0=\Psi_{\Delta V}\frac{EI\Delta_V}{l^3} \tag{7.6-27}$$

式中竖向沉陷引起内力计算系数 $\Psi_{\Delta V}$具体数值可查表 7.6-25 确定。

（5）左支座发生角变 Δ_θ（顺时针为正），赘余力为

$$\begin{cases} M_0=\Psi_{\Delta\theta}\dfrac{EI\Delta_\theta}{l} \\ H_0=\Psi_{\Delta H}\dfrac{EI\beta\Delta_\theta}{l^2}K \\ V_0=\Psi_{\Delta V}\dfrac{1}{2}\dfrac{EI\Delta_\theta}{l^2} \end{cases} \tag{7.6-28}$$

式中参数 $\Psi_{\Delta H}$、$\Psi_{\Delta V}$、$\Psi_{\Delta\theta}$的具体数值可分别查表 7.6-24、表 7.6-25、表 7.6-26 获得，β 见表 7.6-9。

表 7.6-11～表 7.6-26 中其他 α、ρ 值的系数可通过线性差值获得。

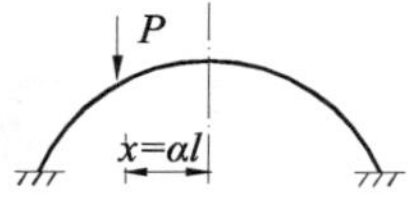

单边集中荷载作用下的 Ψ_{11} 值　　**表 7.6-11**

α	ρ								
	0.2	0.25	0.3	0.35	0.4	0.45	0.5	0.55	0.6
−0.50	0	0	0	0	0	0	0	0	0
−0.45	0.0014	0.0015	0.0016	0.0017	0.0017	0.0018	0.0018	0.0019	0.0019
−0.40	0.0057	0.006	0.0062	0.0065	0.0067	0.007	0.0072	0.0073	0.0075
−0.35	0.0126	0.0132	0.0138	0.0143	0.0148	0.0153	0.0157	0.016	0.0164
−0.30	0.0222	0.0231	0.024	0.0249	0.0257	0.0264	0.0271	0.0277	0.0283
−0.25	0.0343	0.0355	0.0368	0.038	0.0391	0.0402	0.0412	0.042	0.0428
−0.20	0.0488	0.0504	0.052	0.0536	0.055	0.0564	0.0576	0.0587	0.0597
−0.15	0.0657	0.0676	0.0695	0.0714	0.0731	0.0747	0.0762	0.0776	0.0788
−0.10	0.085	0.0871	0.0893	0.0913	0.0933	0.0951	0.0968	0.0984	0.0998
−0.05	0.1066	0.1088	0.1111	0.1134	0.1155	0.1174	0.1193	0.1209	0.1224
0.00	0.1304	0.1327	0.1351	0.1374	0.1395	0.1416	0.1434	0.1451	0.1466

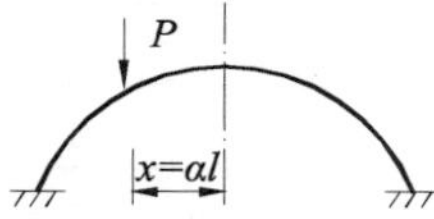

单边集中荷载作用下的 Ψ_{12} 值　　**表 7.6-12**

α	ρ								
	0.2	0.25	0.3	0.35	0.4	0.45	0.5	0.55	0.6
−0.50	0	0	0	0	0	0	0	0	0
−0.45	0.045	0.0368	0.0314	0.0274	0.0245	0.0221	0.0202	0.0187	0.0173
−0.40	0.1592	0.1296	0.1099	0.0957	0.085	0.0767	0.0699	0.0643	0.0596
−0.35	0.3152	0.2554	0.2156	0.187	0.1655	0.1487	0.1352	0.124	0.1146
−0.30	0.4903	0.3956	0.3324	0.2873	0.2533	0.2268	0.2055	0.188	0.1734
−0.25	0.6663	0.5354	0.4481	0.3858	0.339	0.3025	0.2733	0.2494	0.2294
−0.20	0.8284	0.6633	0.5533	0.4747	0.4158	0.37	0.3333	0.3033	0.2783
−0.15	0.9655	0.7708	0.6411	0.5485	0.4791	0.4252	0.3821	0.3469	0.3176
−0.10	1.069	0.8517	0.7069	0.6034	0.526	0.4658	0.4178	0.3785	0.3459
−0.05	1.1334	0.9018	0.7474	0.6372	0.5546	0.4906	0.4394	0.3976	0.3629
0.00	1.1552	0.9188	0.7611	0.6486	0.5643	0.4989	0.4466	0.404	0.3686

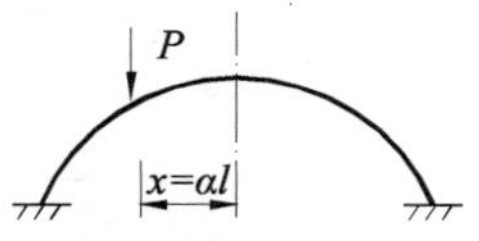

单边集中荷载作用下的 Ψ_{13} 值　　**表 7.6-13**

α	ρ								
	0.2	0.25	0.3	0.35	0.4	0.45	0.5	0.55	0.6
−0.50	0	0	0	0	0	0	0	0	0
−0.45	−0.0078	−0.008	−0.0082	−0.0083	−0.0085	−0.0086	−0.0087	−0.0088	−0.0088

续表

α	ρ								
	0.2	0.25	0.3	0.35	0.4	0.45	0.5	0.55	0.6
−0.40	−0.0298	−0.0304	−0.031	−0.0315	−0.032	−0.0323	−0.0327	−0.0329	−0.0332
−0.35	−0.0639	−0.0651	−0.0661	−0.0671	−0.0679	−0.0685	−0.0691	−0.0696	−0.0701
−0.30	−0.1083	−0.1099	−0.1113	−0.1126	−0.1138	−0.1147	−0.1156	−0.1163	−0.1169
−0.25	−0.1612	−0.163	−0.1647	−0.1663	−0.1676	−0.1687	−0.1697	−0.1706	−0.1713
−0.20	−0.221	−0.2229	−0.2246	−0.2262	−0.2275	−0.2287	−0.2298	−0.2306	−0.2314
−0.15	−0.2862	−0.2878	−0.2894	−0.2908	−0.292	−0.2931	−0.294	−0.2948	−0.2955
−0.10	−0.3553	−0.3565	−0.3577	−0.3588	−0.3597	−0.3605	−0.3612	−0.3618	−0.3623
−0.05	−0.427	−0.4277	−0.4283	−0.4289	−0.4294	−0.4298	−0.4302	−0.4305	−0.4308
0.00	−0.5	−0.5	−0.5	−0.5	−0.5	−0.5	−0.5	−0.5	−0.5

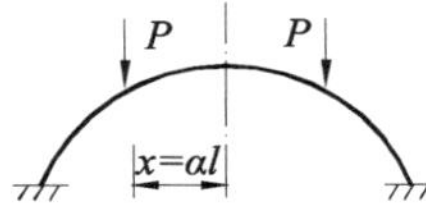

双边集中荷载作用下的 Ψ_{11} 值　　表 7.6-14

α	ρ								
	0.2	0.25	0.3	0.35	0.4	0.45	0.5	0.55	0.6
−0.50	0	0	0	0	0	0	0	0	0
−0.45	0.0029	0.003	0.0032	0.0033	0.0035	0.0036	0.0037	0.0038	0.0039
−0.40	0.0114	0.0119	0.0125	0.013	0.0135	0.0139	0.0143	0.0147	0.015
−0.35	0.0253	0.0264	0.0275	0.0286	0.0296	0.0305	0.0313	0.0321	0.0328
−0.30	0.0444	0.0462	0.048	0.0497	0.0513	0.0528	0.0542	0.0554	0.0565
−0.25	0.0685	0.0711	0.0736	0.076	0.0783	0.0804	0.0823	0.084	0.0856
−0.20	0.0976	0.1008	0.104	0.1071	0.11	0.1128	0.1152	0.1175	0.1195
−0.15	0.1315	0.1352	0.1391	0.1428	0.1463	0.1495	0.1525	0.1552	0.1576
−0.10	0.17	0.1742	0.1785	0.1827	0.1866	0.1903	0.1937	0.1967	0.1995
−0.05	0.2132	0.2177	0.2223	0.2267	0.231	0.2349	0.2385	0.2418	0.2448
0.00	0.2609	0.2655	0.2702	0.2747	0.2791	0.2831	0.2868	0.2902	0.2933

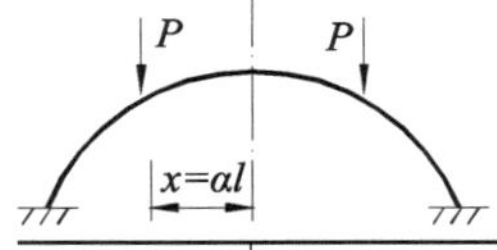

双边集中荷载作用下的 Ψ_{12} 值　　表 7.6-15

α	ρ								
	0.2	0.25	0.3	0.35	0.4	0.45	0.5	0.55	0.6
−0.50	0	0	0	0	0	0	0	0	0
−0.45	0.09	0.0737	0.0627	0.0549	0.0489	0.0443	0.0405	0.0373	0.0347
−0.40	0.3184	0.2593	0.2198	0.1915	0.1701	0.1533	0.1398	0.1286	0.1191
−0.35	0.6303	0.5108	0.4311	0.374	0.331	0.2974	0.2703	0.248	0.2292
−0.30	0.9806	0.7912	0.6649	0.5745	0.5066	0.4536	0.411	0.3761	0.3468

续表

α	ρ								
	0.2	0.25	0.3	0.35	0.4	0.45	0.5	0.55	0.6
−0.25	1.3326	1.0707	0.8962	0.7716	0.678	0.6051	0.5467	0.4988	0.4588
−0.20	1.6569	1.3267	1.1066	0.9494	0.8316	0.7399	0.6666	0.6066	0.5566
−0.15	1.931	1.5417	1.2822	1.097	0.9582	0.8504	0.7642	0.6937	0.6351
−0.10	2.1381	1.7035	1.4137	1.2069	1.0519	0.9316	0.8355	0.7571	0.6918
−0.05	2.2668	1.8037	1.4948	1.2744	1.1093	0.9811	0.8788	0.7953	0.7259
0.00	2.3105	1.8376	1.5223	1.2972	1.1286	0.9977	0.8933	0.808	0.7372

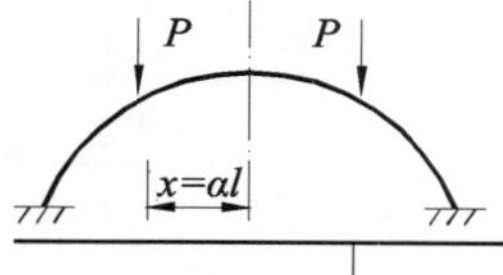

双边集中荷载作用下的 Ψ_{13} 值　　表 7.6-16

α	ρ
	任意可能值
任意可能值	0

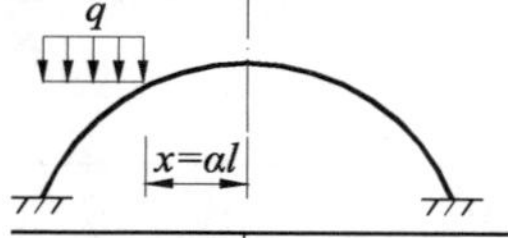

单边均布荷载作用下的 Ψ_{21} 值　　表 7.6-17

α	ρ								
	0.2	0.25	0.3	0.35	0.4	0.45	0.5	0.55	0.6
−0.50	0	0	0	0	0	0	0	0	0
−0.45	0	0	0	0	0	0	0	0	0
−0.40	0.0002	0.0002	0.0002	0.0002	0.0002	0.0002	0.0002	0.0002	0.0003
−0.35	0.0006	0.0007	0.0007	0.0007	0.0008	0.0008	0.0008	0.0008	0.0008
−0.30	0.0015	0.0016	0.0016	0.0017	0.0018	0.0018	0.0019	0.0019	0.0019
−0.25	0.0029	0.003	0.0031	0.0033	0.0034	0.0035	0.0036	0.0036	0.0037
−0.20	0.005	0.0052	0.0054	0.0055	0.0057	0.0059	0.006	0.0061	0.0063
−0.15	0.0078	0.0081	0.0084	0.0087	0.0089	0.0091	0.0094	0.0095	0.0097
−0.10	0.0116	0.012	0.0123	0.0127	0.0131	0.0134	0.0137	0.0139	0.0142
−0.05	0.0164	0.0168	0.0173	0.0178	0.0183	0.0187	0.0191	0.0194	0.0197
0.00	0.0223	0.0229	0.0235	0.0241	0.0246	0.0252	0.0256	0.0261	0.0264

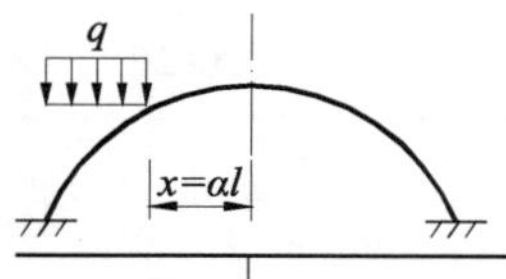

单边均布荷载作用下的 Ψ_{22} 值　　表 7.6-18

α	ρ								
	0.2	0.25	0.3	0.35	0.4	0.45	0.5	0.55	0.6
−0.50	0	0	0	0	0	0	0	0	0
−0.45	0.0008	0.0006	0.0005	0.0005	0.0004	0.0004	0.0003	0.0003	0.0003

续表

α	ρ								
	0.2	0.25	0.3	0.35	0.4	0.45	0.5	0.55	0.6
−0.40	0.0057	0.0046	0.0039	0.0034	0.003	0.0028	0.0025	0.0023	0.0021
−0.35	0.0174	0.0141	0.012	0.0104	0.0093	0.0083	0.0076	0.007	0.0065
−0.30	0.0375	0.0304	0.0257	0.0223	0.0197	0.0177	0.0161	0.0148	0.0137
−0.25	0.0664	0.0537	0.0452	0.0391	0.0345	0.031	0.0281	0.0257	0.0238
−0.20	0.1039	0.0837	0.0703	0.0607	0.0535	0.0478	0.0433	0.0396	0.0365
−0.15	0.1489	0.1197	0.1002	0.0863	0.0759	0.0678	0.0612	0.0559	0.0514
−0.10	0.1999	0.1604	0.134	0.1152	0.1011	0.0901	0.0813	0.0741	0.0681
−0.05	0.2551	0.2043	0.1705	0.1463	0.1282	0.1141	0.1028	0.0935	0.0858
0.00	0.3125	0.25	0.2083	0.1786	0.1563	0.1389	0.125	0.1136	0.1042

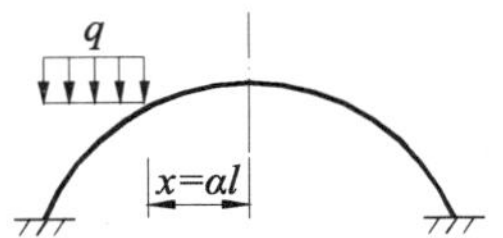

单边均布荷载作用下的 Ψ_{23} 值　　表 7.6-19

α	ρ								
	0.2	0.25	0.3	0.35	0.4	0.45	0.5	0.55	0.6
−0.50	0	0	0	0	0	0	0	0	0
−0.45	−0.0001	−0.0001	−0.0001	−0.0001	−0.0001	−0.0001	−0.0001	−0.0001	−0.0001
−0.40	−0.001	−0.001	−0.0011	−0.0011	−0.0011	−0.0011	−0.0011	−0.0011	−0.0011
−0.35	−0.0033	−0.0034	−0.0034	−0.0035	−0.0035	−0.0036	−0.0036	−0.0037	−0.0037
−0.30	−0.0076	−0.0077	−0.0078	−0.008	−0.008	−0.0081	−0.0082	−0.0083	−0.0083
−0.25	−0.0143	−0.0145	−0.0147	−0.0149	−0.0151	−0.0152	−0.0153	−0.0154	−0.0155
−0.20	−0.0238	−0.0241	−0.0244	−0.0247	−0.0249	−0.0251	−0.0253	−0.0254	−0.0255
−0.15	−0.0365	−0.0369	−0.0373	−0.0376	−0.0379	−0.0381	−0.0384	−0.0385	−0.0387
−0.10	−0.0525	−0.053	−0.0534	−0.0538	−0.0542	−0.0545	−0.0547	−0.0549	−0.0551
−0.05	−0.0721	−0.0726	−0.0731	−0.0735	−0.0739	−0.0742	−0.0745	−0.0747	−0.075
0.00	−0.0952	−0.0958	−0.0963	−0.0967	−0.0971	−0.0975	−0.0978	−0.098	−0.0982

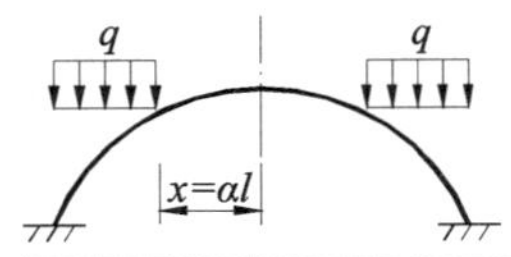

两边均布荷载作用下的 Ψ_{21} 值　　表 7.6-20

α	ρ								
	0.2	0.25	0.3	0.35	0.4	0.45	0.5	0.55	0.6
−0.50	0	0	0	0	0	0	0	0	0
−0.45	0	0.0001	0.0001	0.0001	0.0001	0.0001	0.0001	0.0001	0.0001
−0.40	0.0004	0.0004	0.0004	0.0004	0.0005	0.0005	0.0005	0.0005	0.0005
−0.35	0.0013	0.0013	0.0014	0.0015	0.0015	0.0016	0.0016	0.0016	0.0017

续表

α	ρ								
	0.2	0.25	0.3	0.35	0.4	0.45	0.5	0.55	0.6
−0.30	0.003	0.0031	0.0033	0.0034	0.0035	0.0036	0.0037	0.0038	0.0039
−0.25	0.0058	0.006	0.0063	0.0065	0.0067	0.0069	0.0071	0.0073	0.0074
−0.20	0.0099	0.0103	0.0107	0.0111	0.0114	0.0117	0.012	0.0123	0.0125
−0.15	0.0156	0.0162	0.0168	0.0173	0.0178	0.0183	0.0187	0.0191	0.0194
−0.10	0.0232	0.0239	0.0247	0.0254	0.0261	0.0268	0.0273	0.0279	0.0283
−0.05	0.0327	0.0337	0.0347	0.0356	0.0365	0.0374	0.0381	0.0388	0.0394
0.00	0.0445	0.0458	0.047	0.0482	0.0493	0.0503	0.0512	0.0521	0.0529

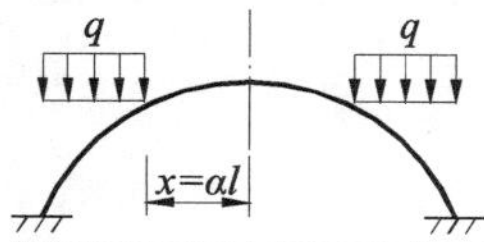

两边均布荷载作用下的 Ψ_{22} 值　　表 7.6-21

α	ρ								
	0.2	0.25	0.3	0.35	0.4	0.45	0.5	0.55	0.6
−0.50	0	0	0	0	0	0	0	0	0
−0.45	0.0015	0.0013	0.0011	0.0009	0.0008	0.0008	0.0007	0.0006	0.0006
−0.40	0.0113	0.0092	0.0078	0.0068	0.0061	0.0055	0.005	0.0046	0.0043
−0.35	0.0348	0.0283	0.024	0.0209	0.0185	0.0167	0.0152	0.014	0.0129
−0.30	0.075	0.0608	0.0513	0.0445	0.0394	0.0354	0.0322	0.0296	0.0273
−0.25	0.1329	0.1074	0.0904	0.0782	0.0691	0.062	0.0562	0.0515	0.0475
−0.20	0.2078	0.1675	0.1406	0.1214	0.1069	0.0957	0.0866	0.0792	0.073
−0.15	0.2977	0.2394	0.2005	0.1727	0.1518	0.1355	0.1225	0.1118	0.1029
−0.10	0.3997	0.3207	0.2681	0.2304	0.2022	0.1802	0.1626	0.1482	0.1361
−0.05	0.5102	0.4087	0.341	0.2927	0.2564	0.2282	0.2056	0.1871	0.1717
0.00	0.625	0.5	0.4167	0.3571	0.3125	0.2778	0.25	0.2273	0.2083

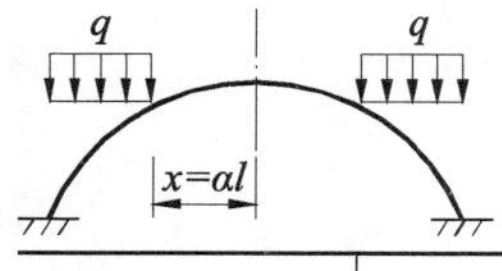

双边均布荷载作用下的 Ψ_{23} 值　　表 7.6-22

α	ρ
	任意可能值
任意可能值	0

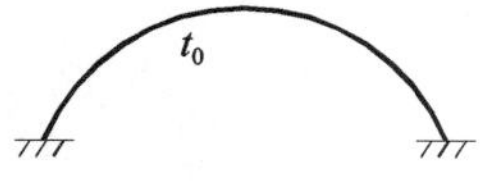

无铰拱均匀升温 t_0 后不同矢跨比下的 Ψ_{t2} 值　　表 7.6-23

ρ	0.20	0.25	0.30	0.35	0.40	0.45	0.50	0.55	0.60
Ψ_{t2}	245.9314	148.8051	97.571	67.7213	49.0564	36.7447	28.2747	22.2455	17.8307

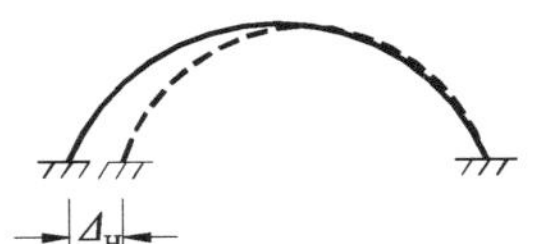

两铰拱存在水平相对位移 Δ_H 时的 $\Psi_{\Delta H}$ 值　　表 7.6-24

ρ	0.20	0.25	0.30	0.35	0.40	0.45	0.50	0.55	0.60
$\Psi_{\Delta H}$	245.9314	148.8051	97.571	67.7213	49.0564	36.7447	28.2747	22.2455	17.8307

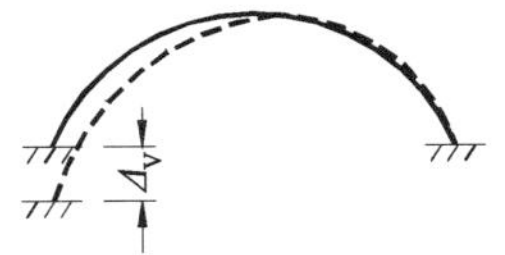

两铰拱存在竖向相对位移 Δ_V 时的 $\Psi_{\Delta V}$ 值　　表 7.6-25

ρ	0.20	0.25	0.30	0.35	0.40	0.45	0.50	0.55	0.60
$\Psi_{\Delta V}$	−10.2196	−9.5202	−8.8376	−8.1967	−7.6087	−7.0762	−6.597	−6.1671	−5.7814

无铰拱左支座角变 Δ_θ 时的 $\Psi_{\Delta\theta}$ 值　　表 7.6-26

ρ	0.20	0.25	0.30	0.35	0.40	0.45	0.50	0.55	0.60
$\Psi_{\Delta\theta}$	0.9106	0.8712	0.8303	0.7895	0.7498	0.7119	0.6762	0.6427	0.6115

参　考　文　献

[7.1]《建筑结构静力计算手册》编写组．建筑结构静力计算手册（第二版）．北京：中国建筑工业出版社．1998

第 8 章　等截面刚架内力分析

8.1　概　　述

8.1.1　刚架内力分析方法

根据结构形式及荷载作用方式，超静定等截面刚架的内力计算通常采用以下几种方法：

（1）对于无侧移刚架，采用力矩分配法较为简便；一般经过两到三轮的循环计算就可获得较满意的结果，计算步骤见 8.2.1 节。

（2）对于水平节点荷载作用下的单跨对称矩形刚架，可采用无剪力分配法计算，其计算步骤与力矩分配法相同，详见 8.2.2 节。

（3）对于竖向荷载作用下的多跨多层刚架，若节点侧移很小，则可采用分层法近似计算；分层后的刚架内力可利用力矩分配法求得，计算步骤见 8.3.1 节。

（4）在水平节点荷载作用下，当梁的线刚度比柱的线刚度大得多时，可采用反弯点法近似计算，计算步骤见 8.3.2 节。

8.1.2　符号说明

F——外荷载；

M——弯矩，对杆端弯矩相对杆端而言以顺时针方向为正；

S——转动刚度，以顺时针方向为正；

V——剪力，以绕截面顺时针方向为正；

i——线刚度，$i=EI/l$，为杆件单位长度的抗弯刚度；

m——固端弯矩，以相对杆端顺时针转动为正；

μ——分配系数。

8.2　用力矩分配法计算刚架

8.2.1　无侧移刚架的计算

力矩分配法计算无侧移刚架的计算步骤如下：

（1）计算分配系数

按每个刚节点上各杆转动刚度的相对大小计算该杆近端的分配系数 μ_{jk}，即

$$\mu_{jk}=\frac{S_{jk}}{\sum\limits_{(k)}S_{jk}} \tag{8.2-1}$$

不同远端支承情况的杆件近端转动刚度 S_{jk} 取值，如表 8.2-1 所示。

杆件近端转动刚度及传递系数 **表 8.2-1**

简图	近端转动刚度 C_{AB}	传递系数 C_{AB}
远端固定：S_{AB} A EI B 1 l 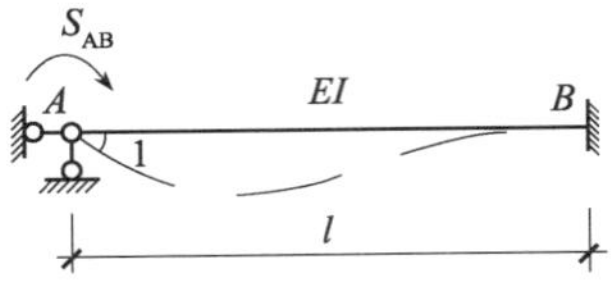	$4i$	0.5
远端铰支：S_{AB} A EI B 1 l 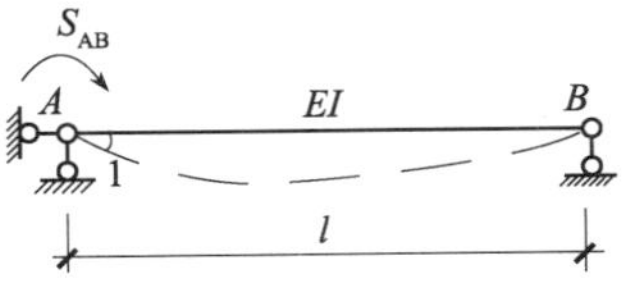	$3i$	0
远端滑动：S_{AB} A EI B 1 l 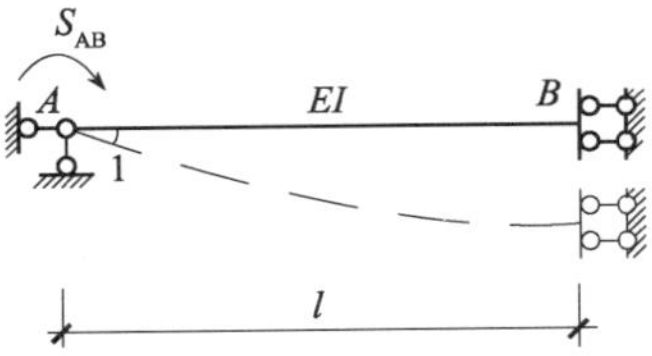	i	−1

（2）计算固端弯矩和不平衡力矩

锁定各个刚节点，计算外荷载作用下各杆的固端弯矩，固端弯矩可换第 2 章表 2.2-3 和表 2.2-4 求得，求得的变矩需统一转换为绕杆端顺时针为正；一端固定一端滑动梁的固端变矩则可直接按表 8.2-2 计算。同一节点各固端弯矩的代数和即为该节点的不平衡力矩（顺时针方向为正）。

（3）计算分配弯矩和传递弯矩

按不平衡力矩绝对值由大到小的顺序依次放松各个节点以使力矩平衡。例如要放松第 j 个节点，先将该节点的不平衡力矩反号，再乘以各杆的分配系数，即得各杆近端的分配弯矩，然后将近端分配弯矩乘以传递系数（参见表 8.2-1）即可得该杆远端的传递弯矩。重复该步骤至各节点的不平衡力矩小到可以忽略为止。

（4）计算最后弯矩

将每个杆端的固端弯矩和历次的分配弯矩或传递弯矩相加，即为该杆端的最后弯矩。

一端固定一端滑动梁的固端弯矩 **表 8.2-2**

编号	简图	固端弯矩
1	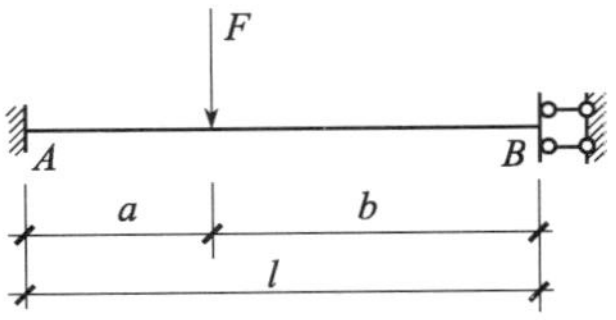 F A B a b l	$m_{AB}=-\dfrac{Fa\ (l+b)}{2l}$，$m_{BA}=-\dfrac{Fa^2}{2l}$
2	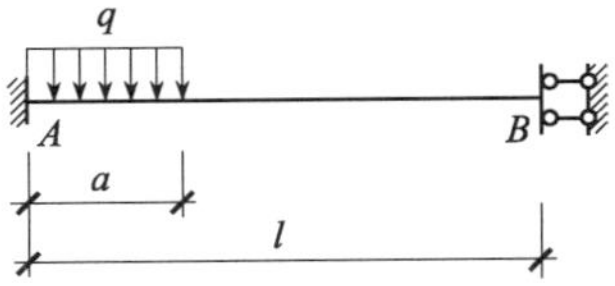 q A B a l	$m_{AB}=-\dfrac{qa^2}{6l}\ (3l-a)$，$m_{BA}=-\dfrac{qa^2}{6l}$

续表

编　号	简　　图	固端弯矩
3		$m_{AB}=-\dfrac{ql^2}{8}$，$m_{BA}=-\dfrac{ql^2}{24}$
4		$m_{AB}=-\dfrac{5ql^2}{24}$，$m_{BA}=-\dfrac{ql^2}{8}$
5		$m_{AB}=-\dfrac{Mb}{l}$，$m_{BA}=-\dfrac{Ma}{l}$

【例题 8-1】 图 8.2-1 所示多跨超静定刚架，各杆线刚度 i 的相对值标于杆旁的小圆圈内。求作图示荷载作用下刚架的弯矩图。

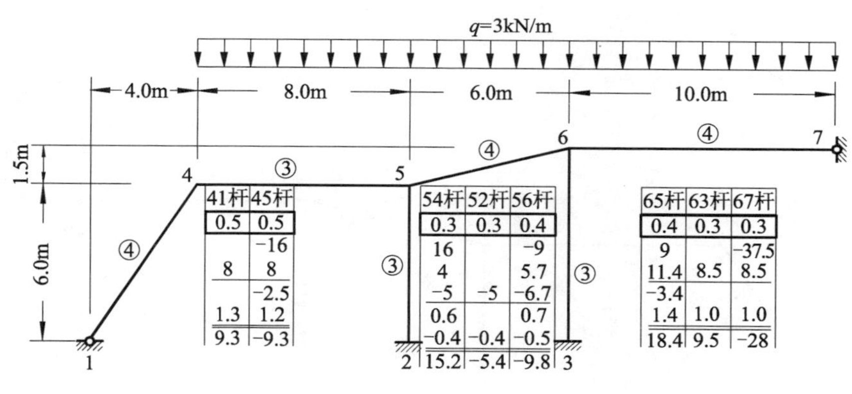

图 8.2-1

【解】

（1）计算分配系数

节点 4 两个杆端的转动刚度分别为：$S_{41}=3i_{41}=3\times4=12$，$S_{45}=4i_{45}=4\times3=12$，故该节点两个杆端的分配系数各为：

$$\mu_{41}=\frac{12}{12+12}=0.5$$

$$\mu_{45}=\frac{12}{12+12}=0.5$$

其余两个节点的分配系数可同样算出。各节点的分配系数列于图 8.2-1 分配和传递过程图表框的第二行中；并围以粗线显示出。

（2）计算固端弯矩和不平衡力矩

图示荷载作用下 45 杆、56 杆和 67 杆的固端弯矩分别为

$$m_{45}=-m_{54}=-\frac{3\times8.0^2}{12}=-16\text{kNm}$$

$$m_{56}=-m_{65}=-\frac{3\times6.0^2}{12}=-9\text{kNm}$$

$$m_{67}=-\frac{3\times10.0^2}{8}=-37.5\text{kNm}$$

固端弯矩列于图 8.2-1 分配与传递过程图表的第三行中，由此求得节点 4、5、6 的不平衡力矩为：

$$M_4=-16\text{kNm}, M_5=16-9=7\text{kNm}, M_6=9-37.5=-28.5\text{kNm}。$$

（3）计算分配弯矩和传递弯矩

同时放松节点 6 和 4，再放松节点 5，这样便完成了一个循环的分配和传递，第二个循环的计算顺序与第一个循环相同。具体计算过程列于图 8.2-1 的分配与传递运算过程图表内（第四行开始），其中数字下方画一横线表示该节点已暂时平衡。

（4）计算最后弯矩

将固端弯矩和历次的分配或传递弯矩叠加，可得到各杆端的最后弯矩，在最后弯矩数值下画双横线表示各节点已最终平衡。

（5）作刚架的弯矩图，如图 8.2-2。

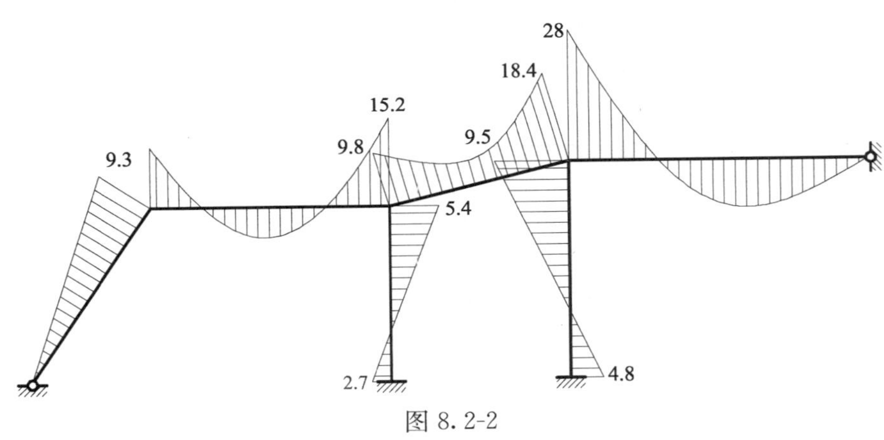

图 8.2-2

8.2.2 单跨对称矩形刚架在水平节点荷载作用下的计算

单跨对称矩形刚架（图 8.2-3*a*）在水平节点荷载作用下，刚架的内力（或变形）可分解为一组对称荷载（图 8.2-3*b*）和一组反对称荷载（图 8.2-3*c*）情况的叠加。若忽略刚架的轴向变形，则图 8.2-3（*b*）的结构不产生弯矩，故原结构的弯矩图与图 8.2-3（*c*）结构相同。

图 8.2-3（*c*）结构的弯矩及弯曲变形是反对称的，故可取对称中心轴一侧的半边刚架（图 8.2-3*d*）进行计算。该半边刚架的计算可采用无剪力分配法，具体步骤与力矩分配法相同。因竖杆是剪力静定杆，故计算固端弯矩时将竖杆看作上端滑动，下端固定的杆件直接按表 8.2-2 求得，而转动刚度和传递系数则按表 8.2-1 远端滑动的情况取值。

上下弦杆刚度对称的空腹桁架也可采用上述取半边结构的方法计算。

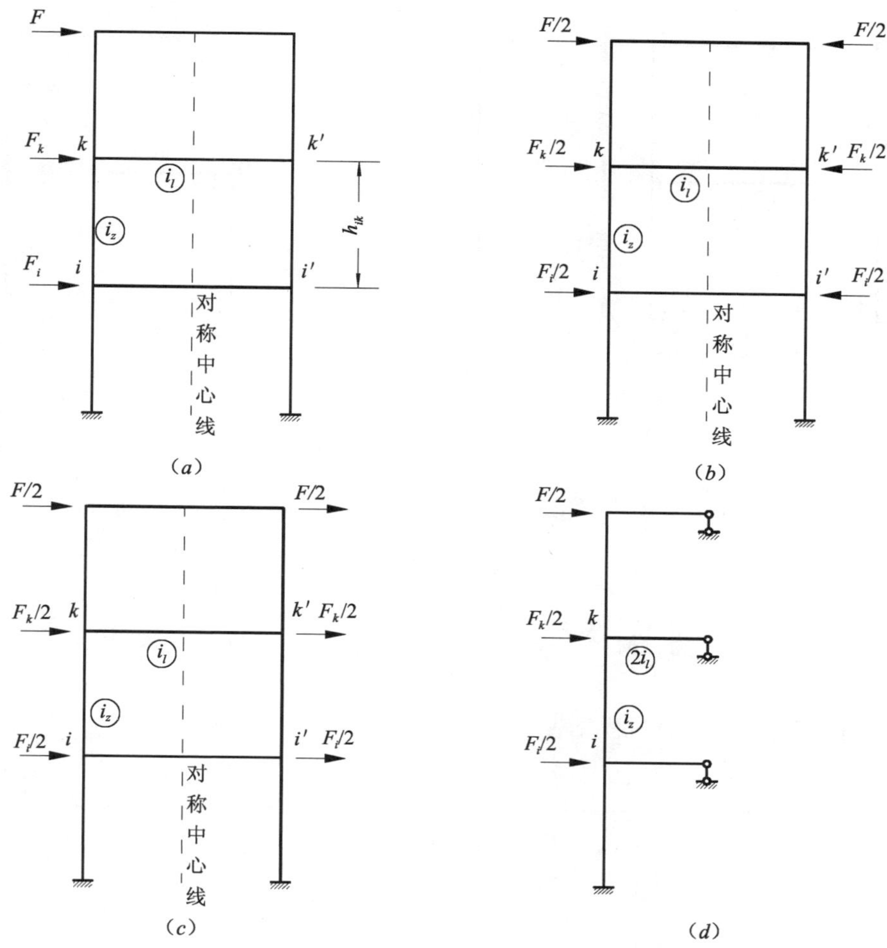

图 8.2-3

【例题 8-2】 一单跨对称两层刚架如图 8.2-4（*a*）所示，杆件的线刚度相对值标于杆旁的小圆圈内。求作刚架的弯矩图。

【解】

取半边结构如图 8.2-4（*b*）所示，其中外荷载为原来的一半，横梁的长度因减小了一半，故其线刚度为原来的两倍。以下针对图 8.2-4（*b*）的半边结构进行计算。

（1）计算分配系数

节点 2 三个杆端的转动刚度分别为：$S_{21}=i_{21}=3$，$S_{23}=i_{23}=1$，$S_{24}=3i_{24}=3\times8=24$，故该节点各杆端的分配系数各为：

$$\mu_{21}=\frac{3}{3+1+24}=\frac{3}{28},\mu_{23}=\frac{1}{3+1+24}=\frac{1}{28},\mu_{24}=\frac{24}{3+1+24}=\frac{24}{28}$$

利用同样方法可求得节点 3 两个杆端的分配系数为：$\mu_{32}=1/13$，$\mu_{35}=12/13$。

（2）计算固端弯矩和不平衡力矩

计算柱子固端弯矩时，首先求出柱子上端的剪力，然后将该剪力看作杆端荷载，按该端滑动，而另一端为固定的杆件计算。据此求得两柱的固端弯矩为

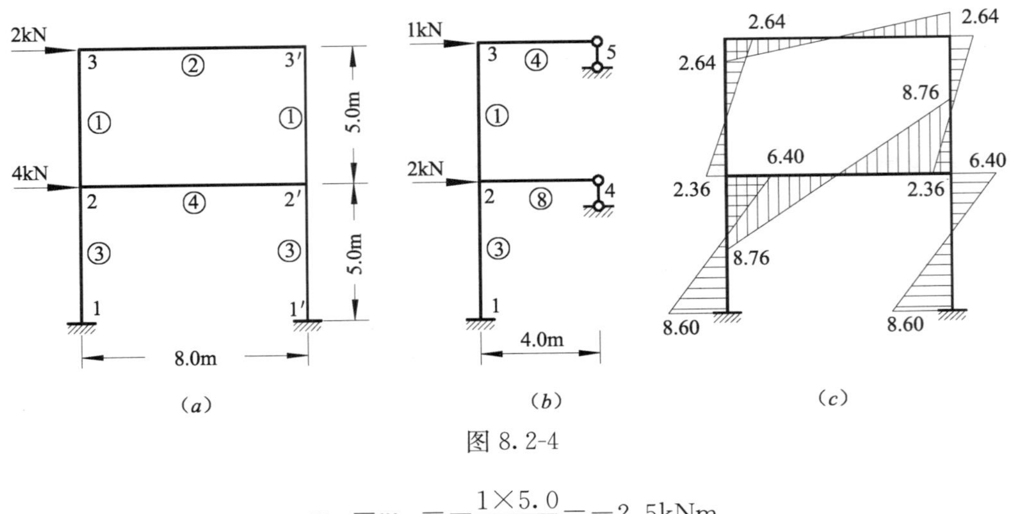

图 8.2-4

$$m_{23}=m_{32}=-\frac{1\times5.0}{2}=-2.5\text{kNm}$$

$$m_{21}=m_{12}=-\frac{(1+2)\times5.0}{2}=-7.5\text{kNm}$$

节点 2、3 的不平衡力矩为：$M_2=-7.5-2.5=-10.0\text{kNm}$，$M_3=-2.5\text{kNm}$。

（3）弯矩分配和传递

弯矩分配和传递的运算过程见表 8.2-3。

表 8.2-3

杆　　件	12	21	24	23	32	35
分配系数		3/28	24/28	1/28	1/13	12/13
固端弯矩	−7.50	−7.50		−2.50	−2.50	
分配传递	−1.07	←1.07	8.57	0.36→	−0.36	
				−0.22	←0.22	2.64
	−0.03	←0.03	0.19	0.00		
最后弯矩	−8.60	6.40	8.76	2.36	−2.64	2.64

（4）刚架各杆端的最后弯矩及弯矩图见图 8.2-4（c）。

【例题 8-3】图 8.2-5（a）为一上下弦杆刚度相同的矩形空腹桁架，各杆件的线刚度相对值标于杆旁的小圆圈内。计算各杆端的弯矩值并作弯矩图。

【解】

该空腹桁架及所受荷载均关于 44′杆所在的竖向中心轴对称（图 8.2-5a），因此可取图 8.2-5（b）所示的半边结构计算，其中 44′杆只有轴力和轴向变形。该半边结构的受力及变形与图 8.2-5（c）所示的结构完全等效（两者只相差一刚体位移）。

由于空腹桁架上下弦杆刚度相同，故图 8.2-5（c）所示的结构可视为一多层矩形刚架作用侧向节点荷载的情形，其弯矩可进一步取图 8.2-5（d）所示的 1/4 结构利用无剪力分配法计算，此时腹杆的线刚度为原来的两倍。以下针对 8.2-5（d）所示结构的弦杆进行计算，腹杆的杆端弯矩可利用节点力矩平衡得到。

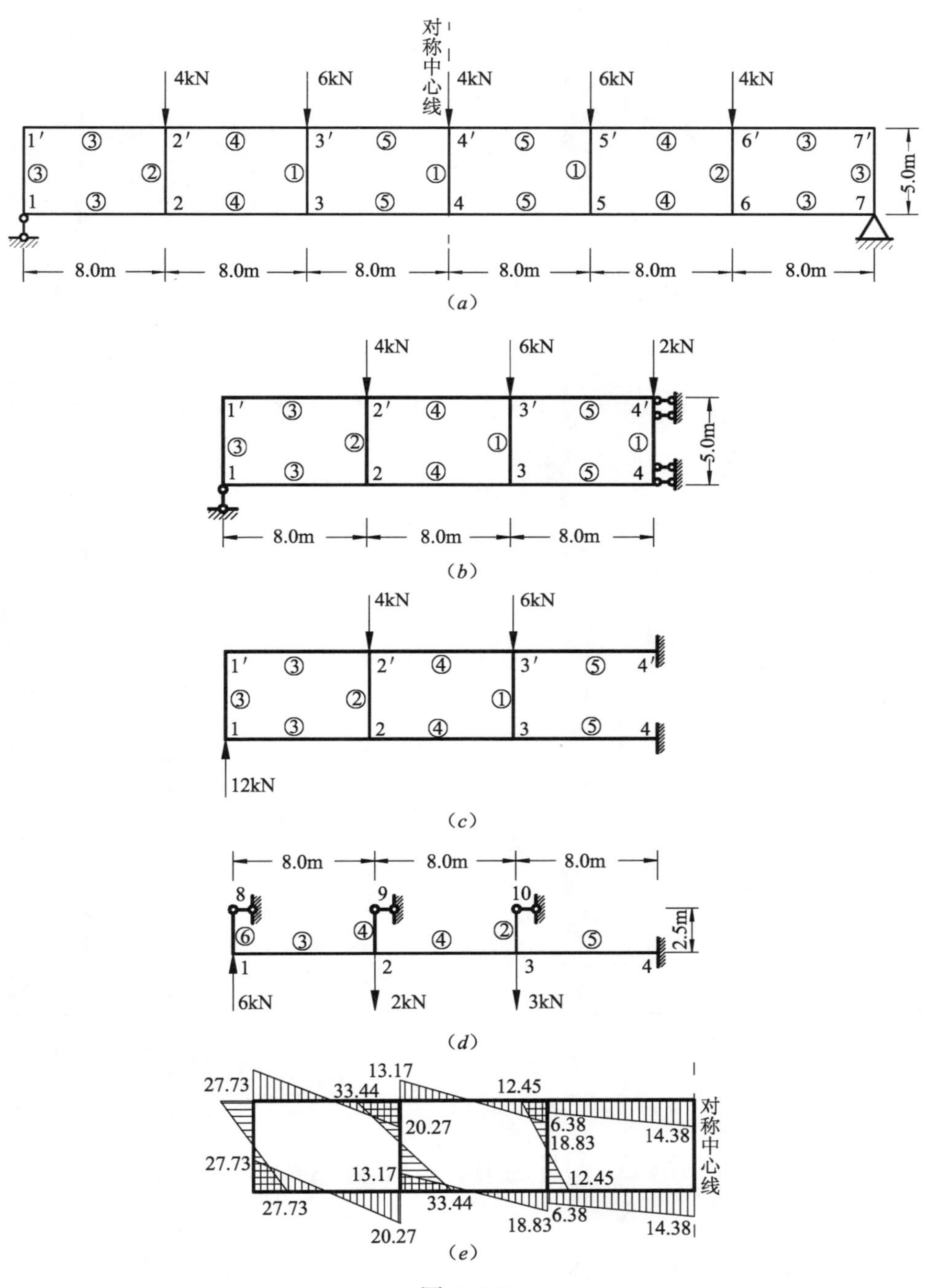

图 8.2-5

（1）弦杆的分配系数

计算得到的节点 1、2、3 各弦杆的分配系数见表 8.2-4。以节点 2 为例，其三个杆端的转动刚度分别为：$S_{21}=i_{21}=3$，$S_{23}=i_{23}=4$，$S_{29}=3i_{29}=3\times4=12$，故可求得两弦杆的分配系数为：$\mu_{21}=3/19$，$\mu_{23}=4/19$。

（2）固端弯矩和不平衡力矩

三弦杆的固端弯矩为：

$$m_{12}=m_{21}=-\frac{6\times8.0}{2}=-24\text{kNm}$$

$$m_{23}=m_{32}=-\frac{(6-2)\times8.0}{2}=-16\text{kNm}$$

$$m_{34}=m_{43}=-\frac{(6-2-3)\times8.0}{2}=-4\text{kNm}$$

节点 1、2、3 的不平衡力矩为：$M_1=-24\text{kNm}$，$M_2=-24-16=-40\text{kNm}$，$M_3=-16-4=-20\text{kNm}$。

（3）弯矩分配和传递

弯矩分配和传递的运算过程见表 8.2-4，共进行了三个循环的计算，每一循环均先放松节点 2，再同时放松节点 1 和 3。

表 8.2-4

杆件	12	21	23	32	34	43
分配系数	1/7	3/19	4/19	4/15	5/15	
固端弯矩	−24	−24	−16	−16	−4	−4
分配传递	−6.32	←6.32	8.42→	−8.42		
	4.33→	−4.33	−7.58	←7.58	9.47→	−9.47
	−1.88	←1.88	2.51→	−2.51		
	0.27→	−0.27	−0.67	←0.67	0.84→	−0.84
	−0.15	←0.15	0.20→	−0.20		
	0.02→	−0.02	−0.05	←0.05	0.07→	−0.07
最后弯矩	−27.73	−20.27	−13.17	18.83	6.38	−14.38

（4）空腹桁架的最后弯矩图如图 8.2-5（*e*）所示，其中腹杆的杆端弯矩可利用节点力矩平衡求得。

8.3 用近似法计算刚架

8.3.1 竖向荷载作用下多跨多层刚架的分层计算

一般情况下，如果刚架的跨数较多，或接近于对称，或横梁的相对刚度较大，则在竖向荷载作用下刚架的侧移较小，常可以忽略，这样刚架的内力就可以采用力矩分配法近似计算。另一方面，对多层刚架（如图 8.3-1*a*），每层横梁上的竖向荷载对其他各层的影响较小，也可以忽略，这样就可以对刚架进行分层计算（如图 8.3-1*b*）。

分层计算法的基本假定和计算要点如下：

（1）忽略刚架的侧移，故可利用力矩分配法计算；

（2）忽略每层梁的荷载对其他各层的影响，从而将多层刚架分解为一层一层计算；

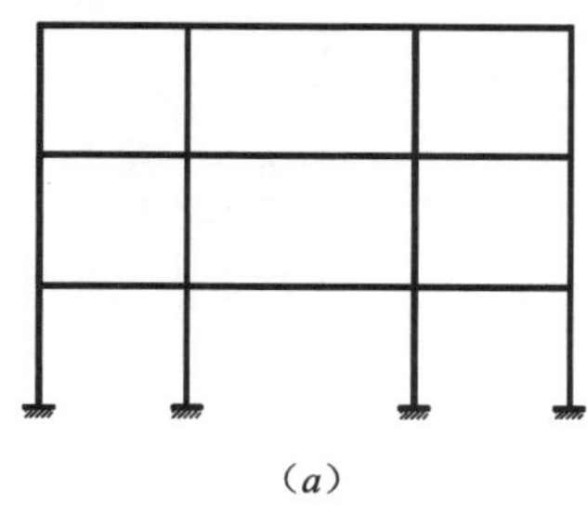

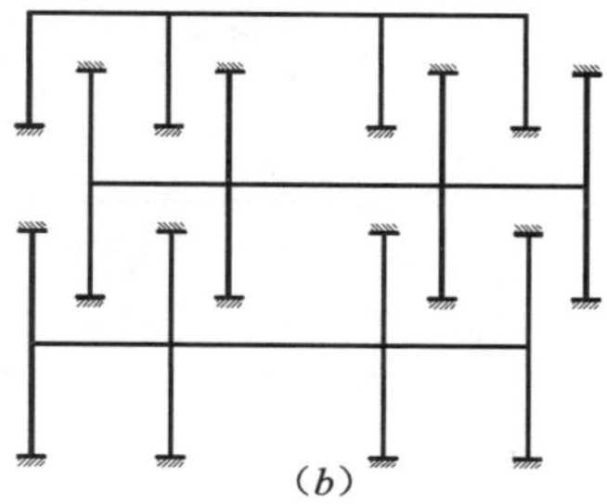

图 8.3-1

（3）分层计算时，刚架柱的远端都假设为固定，这一般与实际不符（实际为弹性约束），故将除底层外的上层各柱的线刚度乘以折减系数 0.9，相应的传递系数由 1/2 改为1/3；

（4）柱同属上下两个分层刚架，故柱的最后弯矩应由上下两部分叠加而成。

分层计算得到的弯矩，在各节点上通常不能完全平衡，但一般误差不大；如有必要，可对各节点的不平衡弯矩再作一次分配，但不再传递。

【例题 8-4】用分层计算法求作图 8.3-2 所示两跨两层刚架的弯矩图。各杆件的线刚度相对值标在杆旁的小圆圈内。

【解】

首先将结构（图 8.3-2）分解为图 8.3-4（*a*）、（*b*）所示的两个独立刚架，再分别用力矩分配法计算。在求算节点弯矩分配系数时，上层各柱的线刚度需乘以 0.9 的折减系数，计算得到的各节点分配系数示于各节点旁边的小方格内（图 8.3-4）。

弯矩分配和传递过程见图 8.3-4（*a*）、（*b*），将两图中同一杆端的弯矩相叠加，即得结构的最后弯矩，见图 8.3-3。该图各节点的弯矩没有平衡，可将不平衡力矩再分配一次。

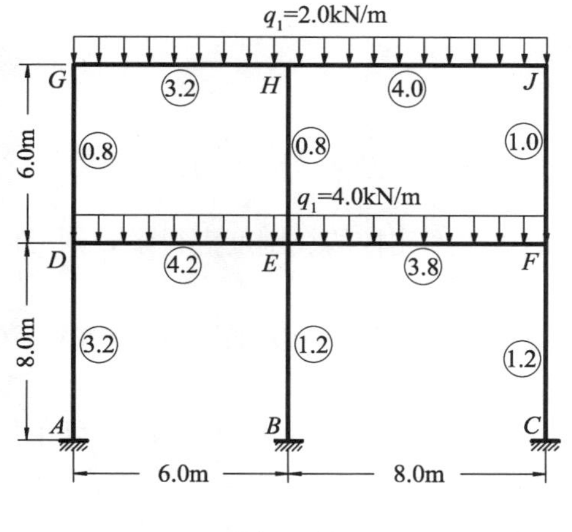

图 8.3-2

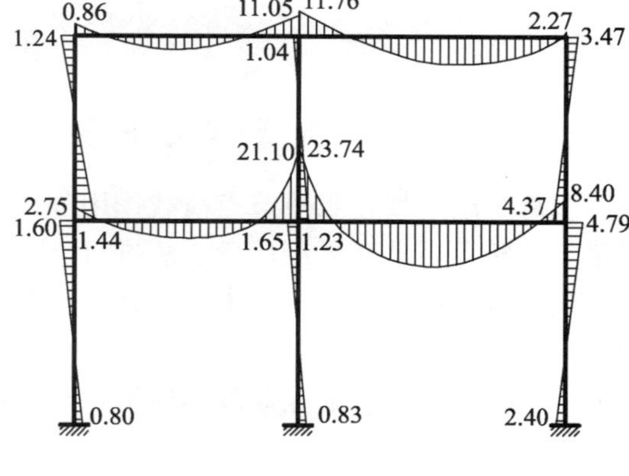

图 8.3-3

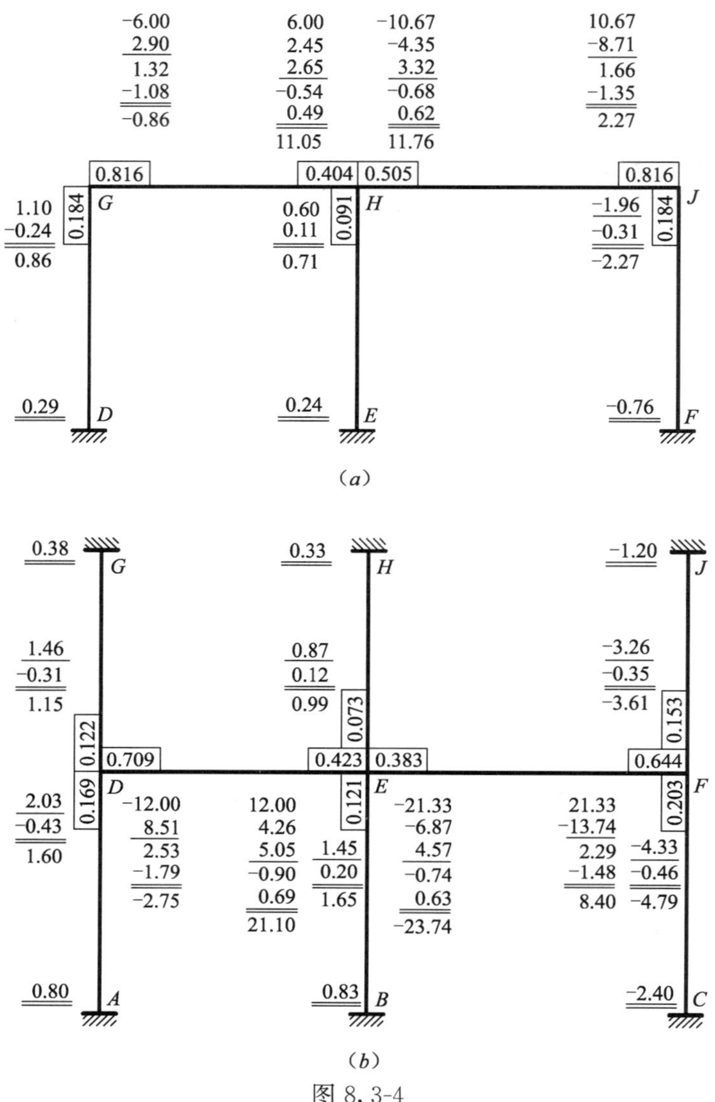

图 8.3-4

8.3.2 水平荷载作用下多跨多层刚架的反弯点法计算

多跨多层刚架在水平节点荷载作用下，如果梁的线刚度比柱的线刚度大得多，则可以忽略节点转角，从而采用反弯点法进行近似计算。

反弯点法计算刚架的基本假定是：将刚架横梁假设为刚度为无穷大的刚性梁。该方法的计算要点如下：

(1) 刚架在水平节点荷载作用下，当梁柱的线刚度之比较大（一般≥3）时，可采用该方法。

(2) 底层柱的反弯点设在柱的 2/3 高度处，上层柱的反弯点在柱的中点（图 8.3-5）。

(3) 同层柱的剪力与柱的侧移刚度系数 $12i/h^2$ 成正比，这里 i 为柱的线刚度，h 为柱的高度；这样每层柱的总剪力（该层以上水平荷载之和）将按各柱侧移刚度系数

的相对大小分配给各柱，故反弯点法又称为剪力分配法。例如，图 8.3-5 中的第二层柱的剪力为

$$V_i=\frac{12i_i/h^2}{\sum 12i_i/h^2}\times\sum F_i=\frac{i_i/h^2}{\sum i_i/h^2}\times\sum F\quad(i=1,2,3,4)\tag{8.3-1}$$

式中　$\sum F$ 表示该层的总剪力，等于该层以上水平荷载之和。

（4）柱端弯矩等于柱端剪力乘以该端至反弯点的距离；边跨外侧节点的梁端弯矩可根据节点力矩平衡求得（图 8.3-6a），即

$$M=M_n+M_{n+1}\tag{8.3-2}$$

中间节点的两侧梁端弯矩可按梁的转动刚度分配不平衡力矩（即柱端弯矩之和）求得（图 8.3-6b），即

$$M_{左}=\frac{i_{左}}{i_{左}+i_{右}}(M_n+M_{n+1})$$

$$M_{右}=\frac{i_{右}}{i_{左}+i_{右}}(M_n+M_{n+1})\tag{8.3-3}$$

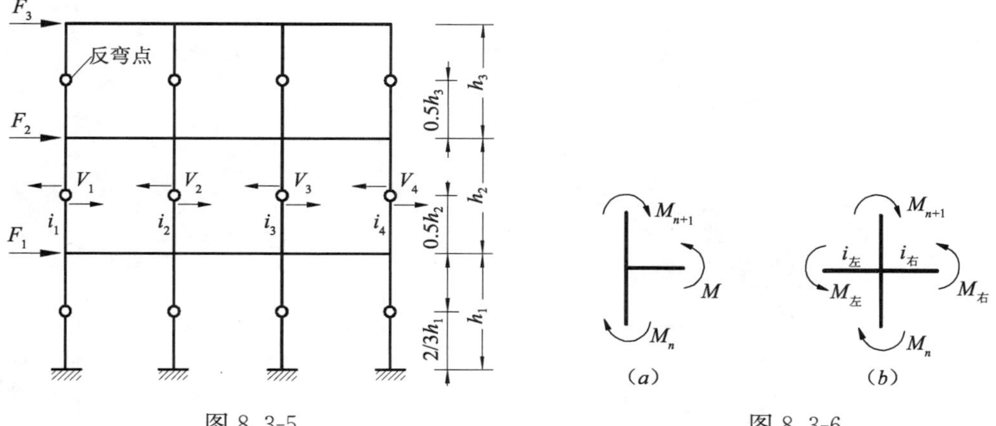

图 8.3-5　　　　图 8.3-6

【例题 8-5】 图 8.3-7 所示刚架，各杆的线刚度相对值标于杆旁的小圆圈内。计算该刚架的内力，并作弯矩图。

【解】 该刚架作用水平节点荷载，横梁的线刚度明显大于柱的线刚度，故可用反弯点法近似计算。

（1）柱剪力计算

以顶层柱为例，该层总剪力为：$\sum F=5\text{ kN}$，则各柱剪力为

$$V_{GK}=\frac{\frac{2}{5^2}}{\frac{2}{5^2}+\frac{2}{6^2}+\frac{1}{5^2}}\times 5=\frac{0.08}{0.1756}\times 5=2.28\text{kN}$$

$$V_{HL}=\frac{0.0556}{0.1756}\times 5=1.58\text{kN}$$

$$V_{JM}=\frac{0.04}{0.1756}\times 5=1.14\text{kN}$$

其他两层柱的剪力可同样算出：

二层柱：$V_{DG}=V_{EH}=6\text{kN}, V_{FJ}=4\text{kN}$

底层柱：$V_{AD}=V_{BE}=10\text{kN}, V_{CF}=8\text{kN}$

(2) 柱端弯矩计算

以顶层柱 GK 为例，其杆端弯矩为

$$M_{GK}=M_{KG}=2.28\times5/2=5.7\text{kNm}$$

对底层柱，其反弯点取在 2/3 高度处，例如柱 AD 的杆端弯矩为

$$M_{AD}=10\times6\times2/3=40\text{kNm}, M_{DA}=10\times6\times1/3=20\text{kNm}$$

其他各层柱的柱端弯矩可同样算出。

(3) 梁端弯矩计算

刚架两侧节点的梁端弯矩可由节点力矩平衡求得，例如，节点 D 的梁端弯矩为

$$M_{DE}=M_{DA}+M_{DG}=20+18=38.0\text{kNm}$$

中间节点的梁端弯矩可由力矩分配求得，例如节点 E 的两侧梁端弯矩为

$$M_{ED}=(M_{EB}+M_{EH})\times\frac{15}{15+24}=(18+20)\times\frac{5}{13}=14.6\text{kNm}$$

$$M_{EH}=(M_{EB}+M_{EH})\times\frac{24}{15+24}=(18+20)\times\frac{8}{13}=23.4\text{kNm}$$

(4) 刚架的最后弯矩图如图 8.3-8 所示。

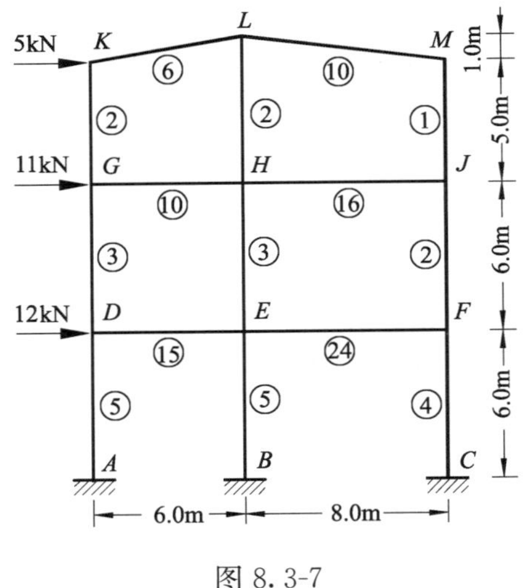

图 8.3-7

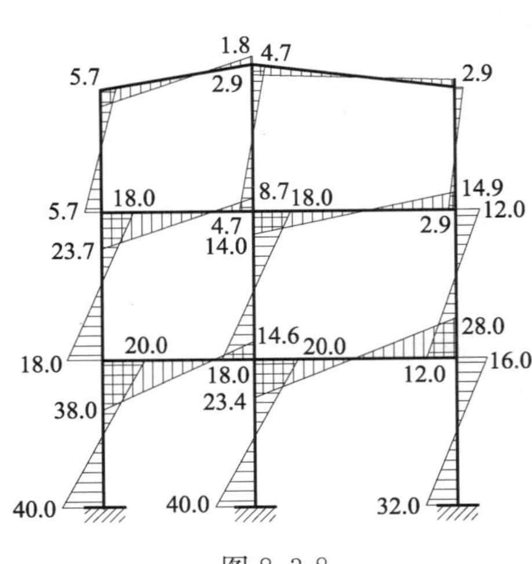

图 8.3-8

8.4 刚架内力的二阶分析

8.4.1 基本概念

刚架在外荷载作用下将产生变形（如侧移、杆件挠曲等）。变形在多数情况下是比较小的，因此内力分析时通常不考虑变形对内力的影响，这种内力分析方法称为一

阶内力分析方法。若刚架的变形较大，则变形对内力的影响将比较显著，例如，刚架在水平和竖向荷载共同作用下，如果侧移和杆件轴力都比较大，则轴力在侧移上产生的附加弯矩将比较显著，计算时需计入附加弯矩对内力的贡献。这种考虑变形（主要是侧移）对刚架内力的影响，即在变形后的结构上进行内力分析的方法，称为二阶分析方法。

8.4.2　分析方法

1. 考虑二阶效应的等截面直杆转角-位移方程

图 8.4-1 所示等截面直杆，两端承受轴压力 P。当杆端发生角位移 θ_A、θ_B 以及相对线位移 Δ 时，其杆端弯矩 M_{AB}、M_{BA} 及杆端剪力 V_{AB}、V_{BA} 与杆端位移之间的关系，即转角-位移方程为：

$$\begin{aligned} M_{AB} &= si\theta_A + Csi\theta_B - (1+C)si\frac{\Delta}{l} \\ M_{BA} &= si\theta_B + Csi\theta_A - (1+C)si\frac{\Delta}{l} \\ V_{AB} &= V_{BA} = -\frac{M_{AB}+M_{BA}+P\Delta}{l} \end{aligned} \tag{8.4-1}$$

式中 s 为考虑 P-Δ 效应的等截面直杆转动刚度系数，C 为相应的传递系数；两者乘积 Cs 则为传递弯矩系数，$-(1+C)s$ 为抗侧移弯矩系数；$i=EI/l$。

如果 B 端铰支，则 $M_{BA}=0$，由式（8.4-1）可解得

$$M_{AB}=(1-C^2)si\theta_A-(1-C^2)si\frac{\Delta}{l} \tag{8.4-2}$$

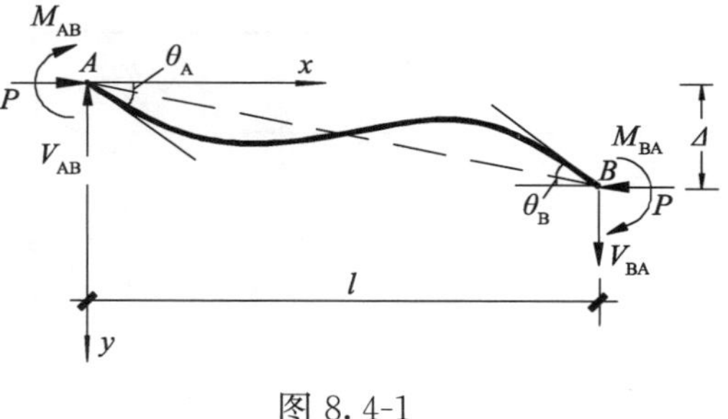

图 8.4-1

两种支承情况的杆件近端转动刚度系数、传递系数及抗侧移弯矩系数，如表 8.4-1 所示。

表 8.4-1

远端支承情况	远　端　固　定	远　端　铰　支
近端转动刚度系数	$s=\frac{u}{\tan u}\frac{\tan u-u}{2\tan\frac{u}{2}-u}$	$(1-C^2)s=\frac{u^2\tan u}{\tan u-u}$
传递系数	$C=\frac{u-\sin u}{\sin u-u\cos u}$	0
传递弯矩系数	$Cs=\frac{u}{\sin u}\frac{u-\sin u}{2\tan\frac{u}{2}-u}$	0
近端抗侧移弯矩系数	$-(1+C)s=-\frac{u^2\tan\frac{u}{2}}{2\tan\frac{u}{2}-u}$	$-(1-C^2)s=-\frac{u^2\tan u}{\tan u-u}$

注：表中 $u=l\sqrt{P/EI}$。

如果杆件同时承受横向荷载作用，则在转角-位移方程中还需叠加由横向荷载引起的固端弯矩。以两端固定杆件为例，此时完整的转角-位移方程为：

$$M_{AB}=si\theta_A+Csi\theta_B-(1+C)si\frac{\Delta}{l}+m_{AB}$$
$$M_{BA}=si\theta_B+Csi\theta_A-(1+C)si\frac{\Delta}{l}+m_{BA} \quad (8.4\text{-}3)$$

两种支承形式的杆件在常见荷载作用下的固端弯矩，如表 8.4-2 所示。

考虑二阶效应的固端弯矩 **表 8.4-2**

编　号	简　　图	固端弯矩计算公式（EI=常数）
1	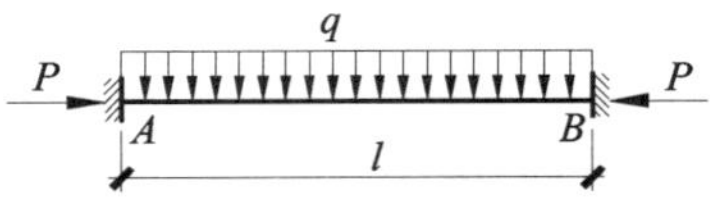	$m_{AB}=-\frac{ql^2}{u^2}\left[1-\frac{1}{2}(s-sC)\right]$ $m_{BA}=-m_{AB}$
2	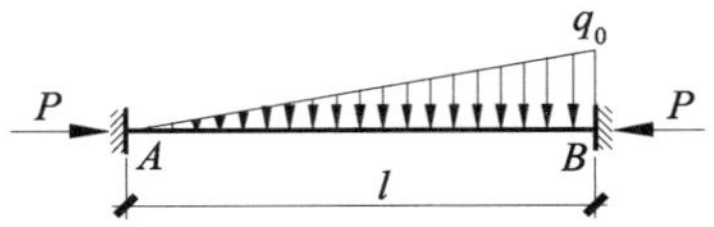	$m_{AB}=\frac{q_0l^2}{6u^2}(s-2sC)$ $m_{BA}=\frac{q_0l^2}{6u^2}(sC-2s)+q_0\frac{l^2}{u^2}$
3	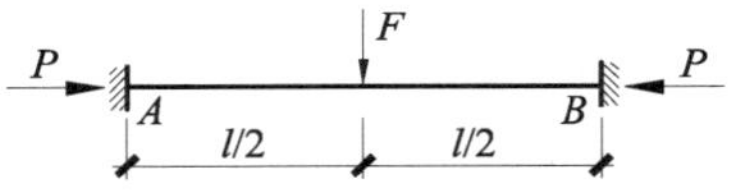	$m_{AB}=-\frac{Fl}{u^2}\left\{\left[\frac{\sin\left(\frac{u}{2}\right)}{\sin u}-0.5\right]\times(s-sC)\right\}$ $m_{BA}=-m_{AB}$
4	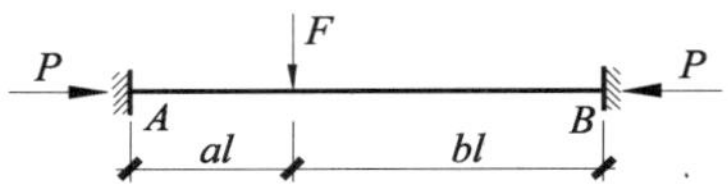	$m_{AB}=-\frac{Fl}{u^2}\left\{\left[\frac{\sin(bu)}{\sin u}-b\right]s-\left[\frac{\sin(au)}{\sin u}-a\right]sC\right\}$ $m_{BA}=\frac{Fl}{u^2}\left\{\left[\frac{\sin(au)}{\sin u}-a\right]s-\left[\frac{\sin(bu)}{\sin u}-b\right]sC\right\}$
5	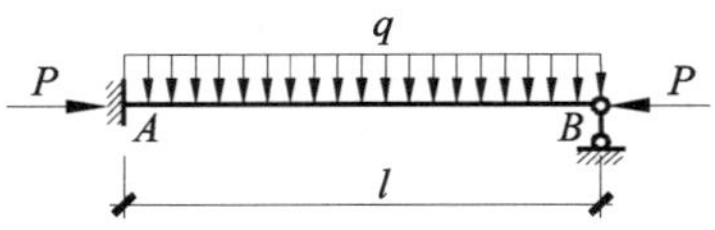	$m_{AB}=-\frac{ql^2}{u^2}\left(1+C-\frac{1}{2}s+\frac{1}{2}sC^2\right)$
6	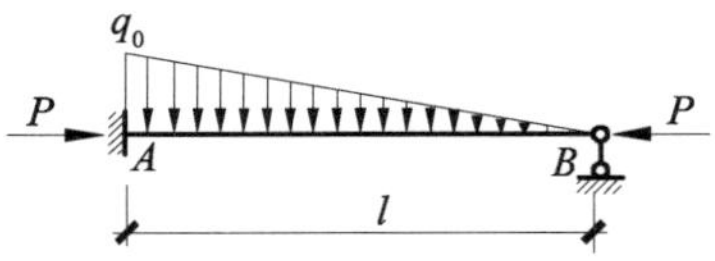	$m_{AB}=-\frac{q_0l^2}{u^2}\left(1-\frac{1}{3}s+\frac{1}{3}sC^2\right)$
7	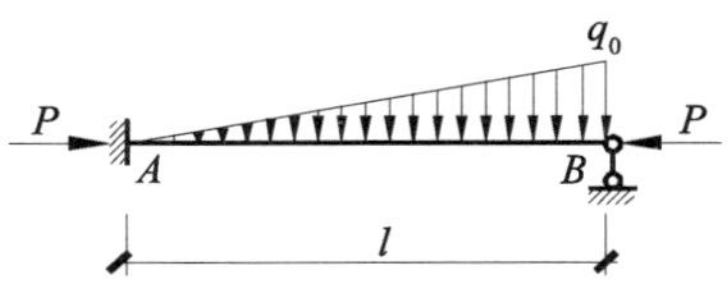	$m_{AB}=-\frac{q_0l^2}{u^2}\left(C-\frac{1}{6}s+\frac{1}{6}sC^2\right)$
8	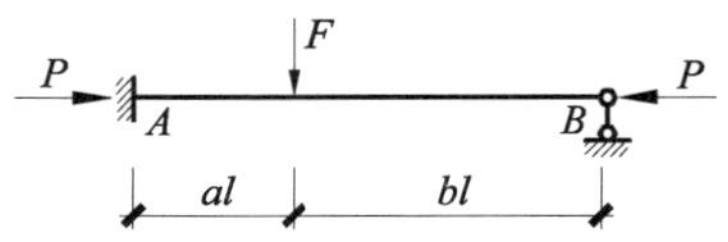	$m_{AB}=-\frac{Fl}{u^2}\left[\frac{\sin(bu)}{\sin u}-b\right](s-sC^2)$

表 8.4-3 列出了不同 u 值对应的转动刚度系数 s 值和传递系数 C 值。

转动刚度系数 s 及传递系数 C　　　　表 8.4-3

$u=\alpha l$	s	sC	C	$u=\alpha l$	s	sC	C
0.00	4.0000	2.0000	0.5000	2.80	2.8255	2.4325	0.8290
0.20	3.9946	2.0024	0.5013	2.84	2.7870	2.3555	0.8452
0.40	3.9786	2.0057	0.5039	2.88	2.7476	2.3688	0.8621
0.60	3.9524	2.0119	0.5090	2.92	2.7073	2.3825	0.8800
0.80	3.9136	2.0201	0.5162	2.96	2.6662	2.3967	0.8989
1.00	3.8650	2.0345	0.5264	3.00	2.6243	2.4115	0.9189
1.20	3.8042	2.0502	0.5389	3.10	2.5144	2.4499	0.9743
1.40	3.7317	2.0696	0.5546	3.15	2.4549	2.4681	1.0054
1.60	3.6466	2.0927	0.5739	3.20	2.3987	2.4922	1.0390
1.80	3.5483	2.1199	0.5974	3.25	2.3385	2.5148	1.0800
2.00	3.4364	2.1523	0.6263	3.30	2.2763	2.5382	1.1151
2.04	3.4119	2.1589	0.6328	3.40	2.1463	2.5881	1.2058
2.08	3.3872	2.1662	0.6395	3.50	2.0084	2.6424	1.3157
2.12	3.3617	2.1737	0.6466	3.60	1.8619	2.7017	1.4510
2.16	3.3358	2.1814	0.6539	3.70	1.7060	2.7668	1.6218
2.20	3.3090	2.1893	0.6616	3.80	1.5400	2.8382	1.8430
2.24	3.2814	2.1975	0.6697	3.90	1.3627	2.9168	2.1405
2.28	3.2538	2.2059	0.6779	4.00	1.1731	3.0037	2.5605
2.32	3.2252	2.2146	0.6867	4.20	0.7510	3.2074	4.2708
2.36	3.1959	2.2236	0.6958	4.40	0.2592	3.4619	13.3560
2.40	3.1659	2.2328	0.7053	4.60	−0.3234	3.7866	−11.7087
2.44	3.1352	2.2424	0.7152	4.80	−1.0289	4.2111	−4.0928
2.48	3.1039	2.2522	0.7256	5.00	−1.9087	4.7875	−2.5067
2.52	3.0717	2.2623	0.7365	5.25	−3.3951	5.8469	−1.7222
2.56	3.0389	2.2728	0.7479	5.50	−5.6726	7.6472	−1.3481
2.60	3.0052	2.2834	0.7598	5.75	−9.8097	11.2438	−1.1462
2.64	2.9710	2.2946	0.7723	6.00	−20.6370	21.4534	−1.0396
2.68	2.9357	2.3060	0.7855	6.25	−188.3751	188.4783	−1.0005
2.72	2.8997	2.3177	0.7993	2π	∞		
2.76	2.8631	2.3300	0.8138	6.50	29.4999	−30.2318	−1.0248

2. 刚架内力二阶分析步骤

（1）确定刚架的位移法基本未知量。一般可忽略杆件的轴向变形，此时独立的节点位移即为位移法基本未知量。

（2）根据所承受的荷载，假设各杆的初始轴力，例如可将一阶计算的轴力作为初始轴力。

（3）计算各杆的 u 值，并查表 8.4-3（或直接利用表 8.4-1 的计算公式）得到相应的 s 值、C 值，再查表 8.4-2 得到各杆的固端弯矩，由式（8.4-3）列出各杆杆端弯矩的表达式。

（4）对各刚节点取力矩平衡，对有侧移未知量的杆件沿侧移方向取力的投影平衡，得到位移法的基本方程；解方程得到节点位移。

（5）将求得的节点位移代回到第（3）步得到的杆端弯矩表达式中，求出杆端弯矩，并进一步求出各杆新的轴力。

（6）将各杆新的轴力与前一轮（或初始假设）的轴力相比较，如果两者差值已足够小，则此轮的内力就是最终的二阶内力，否则返回第（3）步进行下一轮的计算。

【例题 8-6】 利用二阶分析方法计算图 8.4-2 所示刚架的内力，并作弯矩图。已知各杆 EI＝常数，$ql=\frac{\pi^2 EI}{l^2}$，$F=0.5ql$。

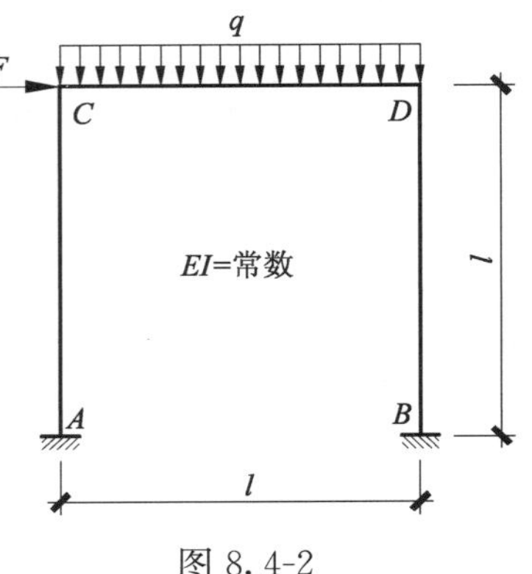

图 8.4-2

【解】

（1）确定位移法基本未知量

忽略杆件轴向变形，该刚架有 3 个独立的节点位移：节点 C、D 的角位移 θ_C 与 θ_D、横梁 CD 的线位移 Δ。

（2）假设初始轴力

将一阶内力计算的轴力作为初始轴力，由一阶计算可得（以压力为正）：

$$N_{AC}=\left(\frac{1}{2}-\frac{3}{7}\right)ql=\frac{2}{7}ql$$

$$N_{BD}=\left(\frac{1}{2}+\frac{3}{7}\right)ql=\frac{5}{7}ql$$

$$N_{CD}=\frac{1}{12}ql+\frac{1}{2}F=\frac{1}{3}ql$$

（3）列杆端弯矩表达式

由初始轴力计算得到各杆的 u 值为

$$u_{AC}=l\sqrt{\frac{N_{AC}}{EI}}=\pi\sqrt{\frac{2}{7}}\approx 1.6793，\ u_{BD}=\pi\sqrt{\frac{5}{7}}\approx 2.6551，\ u_{CD}=\pi\sqrt{\frac{1}{3}}\approx 1.8138$$

查表 8.4-3 得到相应的 s 值、C 值为：

$s_{CA}=3.6092$，$C_{CA}=0.5826$；$s_{DB}=2.9577$，$C_{DB}=0.7772$；$s_{CD}=3.5410$，$C_{CD}=0.5993$

查表 8.4-2 得到 CD 杆的固端弯矩为

$$m_{CD}=-m_{DC}=-\frac{ql^2}{u_{CD}^2}[1-0.5s_{CD}(1-C_{CD})]\approx -0.0883ql^2$$

据此写出三杆的杆端弯矩表达式如下：

$$M_{CA}=s_{CA}i\theta_C-(1+C_{CA})s_{CA}i\frac{\Delta}{l}=3.6092i\theta_C-5.7119i\frac{\Delta}{l}$$

$$M_{AC}=C_{CA}s_{CA}i\theta_C-(1+C_{CA})s_{CA}i\frac{\Delta}{l}=2.1027i\theta_C-5.7119i\frac{\Delta}{l}$$

$$M_{BD}=C_{DB}s_{DB}i\theta_D-(1+C_{DB})s_{DB}i\frac{\Delta}{l}=2.2987i\theta_D-5.2564i\frac{\Delta}{l}$$

$$M_{DB}=s_{DB}i\theta_D-(1+C_{DB})s_{DB}i\frac{\Delta}{l}=2.9577i\theta_D-5.2564i\frac{\Delta}{l}$$

$$M_{CD}=s_{CD}i\theta_C+C_{CD}s_{CD}i\theta_D+m_{CD}=3.5410i\theta_C+2.1221i\theta_D-0.0883ql^2$$

$$M_{DC}=C_{CD}s_{CD}i\theta_C+s_{CD}i\theta_D+m_{DC}=2.1221i\theta_C+3.5410i\theta_D+0.0883ql^2$$

$$V_{CA}=-\frac{M_{AC}+M_{CA}+N_{AC}\Delta}{l}=-\frac{1}{l}\left(5.7119i\theta_C-11.4238i\frac{\Delta}{l}+\frac{2}{7}ql\Delta\right)$$

$$V_{DB}=-\frac{M_{BD}+M_{DB}+N_{BD}\Delta}{l}=-\frac{1}{l}\left(5.2564i\theta_D-10.5128i\frac{\Delta}{l}+\frac{5}{7}ql\Delta\right)$$

（4）列平衡方程

根据节点 C、D 的力矩平衡以及 CD 杆的水平力投影平衡，有

$$M_{CA}+M_{CD}=0：\quad 7.1502i\theta_C+2.1221i\theta_D-5.7119i\frac{\Delta}{l}-0.0883ql^2=0$$

$$M_{DB}+M_{DC}=0：\quad 2.1221i\theta_C+6.4987i\theta_D-5.2564i\frac{\Delta}{l}+0.0883ql^2=0$$

$$V_{CA}+V_{DB}=F：\quad 5.7119i\theta_C+5.2564i\theta_D-12.0670i\frac{\Delta}{l}=-0.5\mathrm{ql}^2$$

解方程可得到节点位移为

$$\theta_C=0.7517,\theta_D=0.3691,\Delta=0.9255l$$

（5）梁端弯矩计算

将求得的节点位移代入到各杆端弯矩表达式中，可得

$$M_{AC}=-0.3755ql^2，M_{CA}=-M_{CD}=-0.2607ql^2$$

$$M_{DB}=-M_{DC}=-0.3823ql^2，M_{BD}=-0.4070ql^2$$

利用平衡条件得到各杆新的轴力为

$$N_{DB}=-\frac{M_{CD}+M_{DC}}{l}=1.1431ql$$

$$N_{AC}=ql-N_{DB}=-0.1431ql$$

$$N_{CD}=V_{DB}=-0.2686ql$$

（6）作弯矩图

经比较，新的轴力与初始轴力差别较大，需进行下一轮计算。经 3 次迭代得到收敛解：

$$\theta_C=0.8611,\theta_D=0.4089,\Delta=1.0617l$$

$$M_{AC}=-0.4447ql^2,M_{CA}=-M_{CD}=-0.2984ql^2$$

$$M_{DB}=-M_{DC}=-0.4195ql^2,M_{BD}=-0.3991ql^2$$

$$N_{AC}=-0.2179ql,N_{DB}=1.2179ql,N_{CD}=-0.4745ql$$

二阶计算得到的刚架弯矩图如图 8.4-3（*a*）所示，刚架的一阶弯矩图如图 8.4-3（*b*）所示。

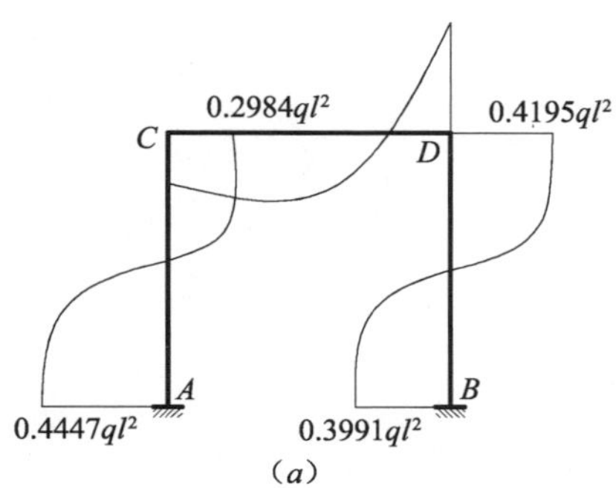

（*a*）

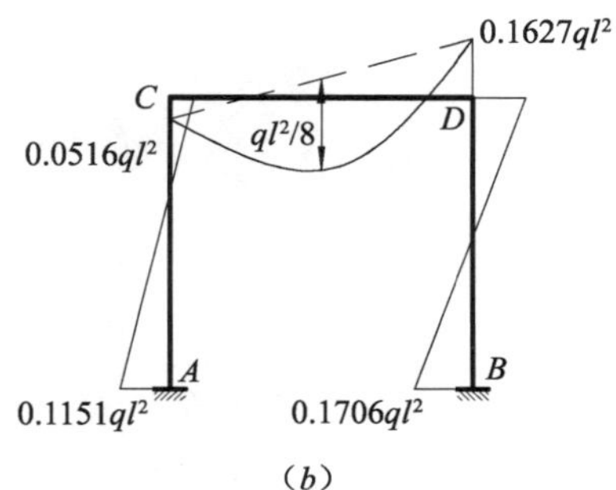

（*b*）

图 8.4-3

参 考 文 献

[8.1]《建筑结构静力计算手册》编写组．建筑结构静力计算手册（第二版）．北京：中国建筑工业出版社．1998

[8.2] 龙驭球，包世华．结构力学教程（I、II)．北京：高等教育出版社．2001

[8.3] 杨茀康，李家宝．结构力学（上、下册）．北京：高等教育出版社．1998

[8.4] 李廉锟．结构力学（上、下册）．北京：高等教育出版社．1996

[8.5] Coates R C，Coutie M G and Kong F K. Structural Analysis，3rd Edition. Chapman and Hall Ltd，1988

[8.6] 夏志斌，潘有昌．结构稳定理论．北京：高等教育出版社．1988

[8.7] 李存权．结构稳定和稳定内力．北京：人民交通出版社．2000

[8.8] 许凯，蒋沧如．框架结构二阶内力分析．武汉大学学报．37（2)：17-20，2004

第9章　单层刚架内力计算公式

9.1　等截面刚架的内力计算公式

本节给出了9种类型的单层刚架在不同形式荷载作用下的内力计算公式。刚架各杆均为等截面，但不同杆件的材料和截面（即抗弯刚度EI）可相互不同。计算公式中反力和内力的正负号规定，以及其他主要符号的物理意义如下：

V——竖向反力，向上为正；

H——水平反力，向内为正；

M——截面弯矩（带下标），内侧受拉为正；对两跨刚架的中柱，以左侧受拉为正。

M——外力偶（不带下标）；

F——集中荷载；

q——均布荷载集度，或三角形分布荷载最大集度；

λ、ψ——结构尺寸（高、跨）系数；

α、β、γ——荷载位置系数；

κ——杆件线刚度比；

μ——内力分配参数；

Φ——内力（反力）效应系数。

E、I——弹性模量、截面惯性矩；

α_t——材料线膨胀系数；

9.1.1　“╭”形刚架

表 9.1-1

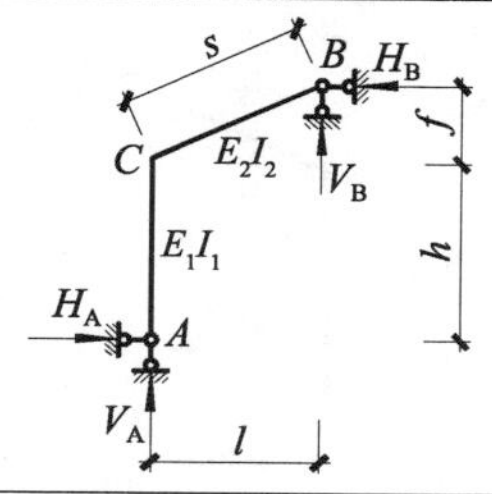	$\lambda_1=\frac{f}{h+f}$；$\lambda_2=\frac{h}{h+f}$；$\lambda_3=\frac{l}{h+f}$； $\psi=\frac{f}{h}$；$\kappa=\frac{h}{s}\frac{E_2I_2}{E_1I_1}$；$\mu=1+\kappa$ 注：$f\geqslant0$； 当$f=0$时为水平横梁情况，此时$s=l$。
F　a　b $\beta=\frac{b}{l}$，$\Phi=\frac{1}{\mu}(\beta-\beta^3)$ $\left.\begin{matrix}V_A\\V_B\end{matrix}\right\}=\frac{F}{2}\left[1\mp\left(1-2\beta-\frac{1}{\lambda_2}\Phi\right)\right]$； $H_A=H_B=\frac{Fl}{2h}\Phi$； $M_C=-\frac{Fl}{2}\Phi$	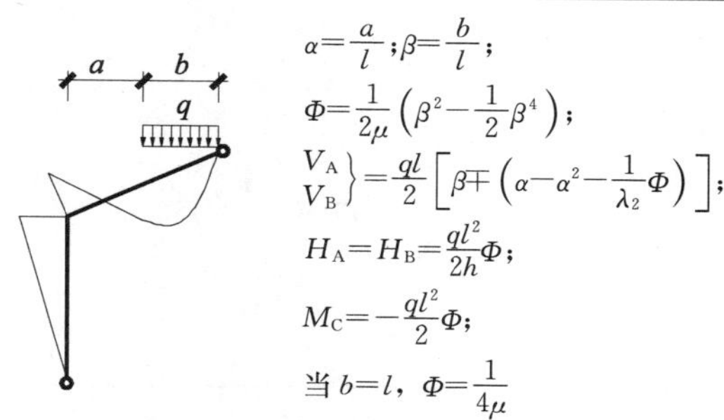$\alpha=\frac{a}{l}$；$\beta=\frac{b}{l}$； $\Phi=\frac{1}{2\mu}\left(\beta^2-\frac{1}{2}\beta^4\right)$； $\left.\begin{matrix}V_A\\V_B\end{matrix}\right\}=\frac{ql}{2}\left[\beta\mp\left(\alpha-\alpha^2-\frac{1}{\lambda_2}\Phi\right)\right]$； $H_A=H_B=\frac{ql^2}{2h}\Phi$； $M_C=-\frac{ql^2}{2}\Phi$； 当$b=l$，$\Phi=\frac{1}{4\mu}$

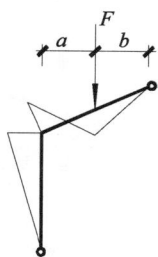

续表

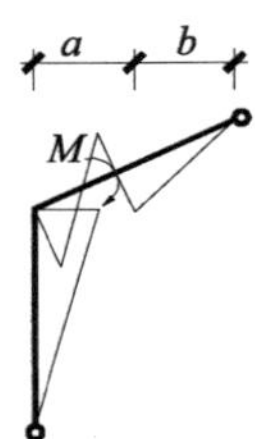

$\alpha=\frac{a}{l}$；$\beta=\frac{b}{l}$；$\Phi=\frac{1}{2\mu}(3\beta^2-1)$

$V_A=-V_B=-\frac{M}{l}\left(1-\frac{1}{\lambda_2}\Phi\right)$

$H_A=H_B=\frac{M}{h}\Phi$；$M_C=-M\Phi$

当 $a=l$，$\Phi=-\frac{1}{2\mu}$；

当 $a=0$：M_C为柱端弯矩。

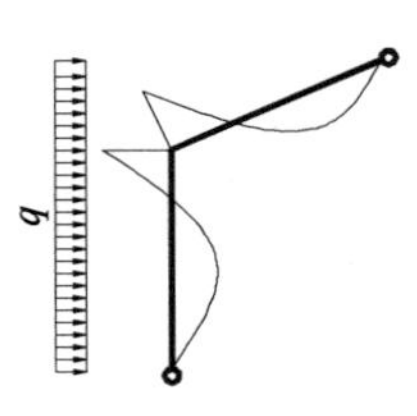

$\Phi=\frac{1}{4\mu}(\kappa+\psi^2)$；

$V_A=-V_B=\frac{qh}{2\lambda_3}(\psi+\Phi)$

$\left.\begin{matrix}H_A\\H_B\end{matrix}\right\}=\frac{qh}{2}\left(\mp\frac{1}{\lambda_2}+\psi+\Phi\right)$；

$M_C=-\frac{qh^2}{2}\Phi$

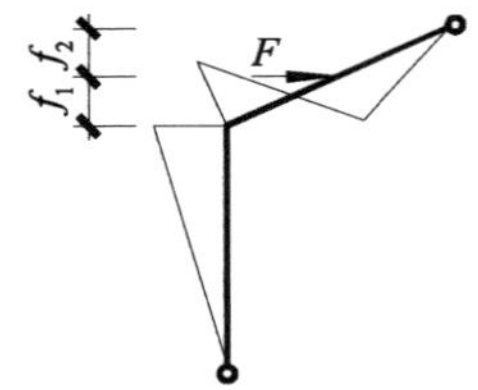

$\beta=\frac{f_2}{f}$；$\Phi=\frac{1}{2\mu}(\beta-\beta^3)$；

$V_A=-V_B=\frac{Ff}{l}\left(\beta+\frac{1}{\lambda_2}\Phi\right)$；

$\left.\begin{matrix}H_A\\H_B\end{matrix}\right\}=\frac{F}{2}(1\mp1+2\psi\Phi)$；$M_C=-Ff\Phi$

当 $f_2=f$：$\Phi=0$

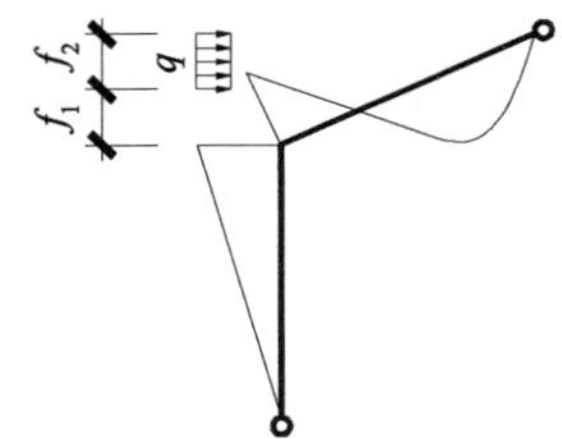

$\alpha=\frac{f_1}{f}$；$\beta=\frac{f_2}{f}$；$\Phi=\frac{1}{2\mu}\left(\beta^2-\frac{1}{2}\beta^4\right)$

$V_A=-V_B=\frac{qf^2}{2l}\left(\beta^2+\frac{1}{\lambda_2}\Phi\right)$；

$\left.\begin{matrix}H_A\\H_B\end{matrix}\right\}=\frac{qf}{2}(\beta\mp\beta+\psi\Phi)$；$M_C=-\frac{qf^2}{2}\Phi$

当 $f_2=f$：$\Phi=\frac{1}{4\mu}$

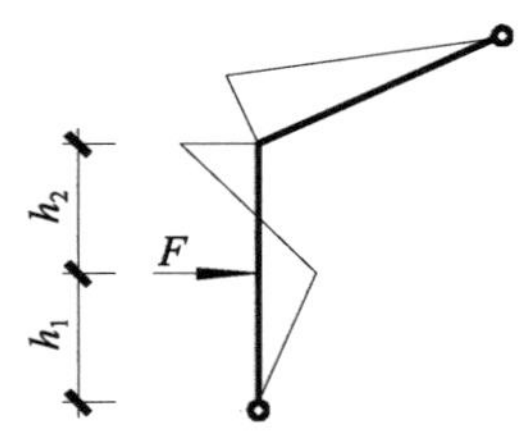

$\alpha=\frac{h_1}{h}$；$\Phi=\frac{k}{2\mu}(\alpha-\alpha^3)$

$V_A=-V_B=\frac{Ff}{l}\left(\alpha+\frac{1}{\lambda_1}\Phi\right)$；

$\left.\begin{matrix}H_A\\H_B\end{matrix}\right\}=\frac{F}{2}[2(\alpha+\Phi)-1\mp1]$；

$M_C=-Fh\Phi$

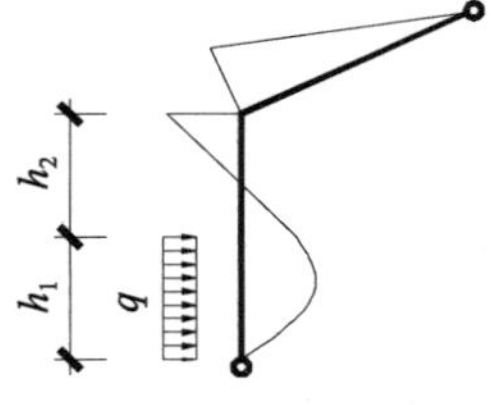

$\alpha=\frac{h_1}{h}$；$\Phi=\frac{k}{2\mu}\left(\alpha^2-\frac{1}{2}\alpha^4\right)$

$V_A=-V_B=\frac{qhf}{2l}\left(\alpha^2+\frac{1}{\lambda_1}\Phi\right)$

$\left.\begin{matrix}H_A\\H_B\end{matrix}\right\}=\frac{qh}{2}(\mp\alpha-\alpha+\alpha^2+\Phi)$；$M_C=-\frac{qh^2}{2}\Phi$

当 $h_1=h$：$\Phi=\frac{k}{4\mu}$

续表

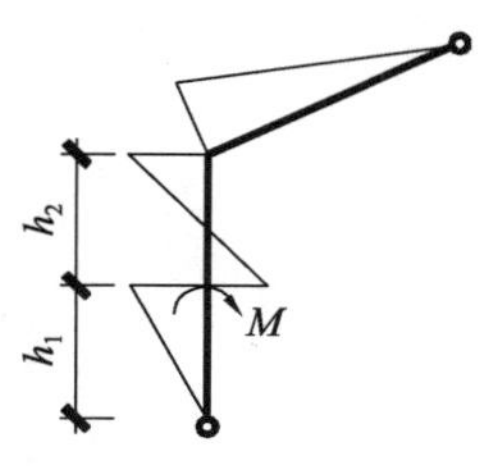

$\alpha=\frac{h_1}{h}$；

$\Phi=\frac{\kappa}{2\mu}(3\alpha^2-1)$；$V_A=-V_B=\frac{M\psi}{l}\left(1-\frac{1}{\lambda_1}\Phi\right)$

$H_A=H_B=\frac{M}{h}(1-\Phi)$，$M_C=M\Phi$

当 $h_1=h$，$\Phi=\frac{\kappa}{\mu}$，M_C为梁端弯矩；

当 $h_1=0$，$\Phi=-\frac{\kappa}{2\mu}$

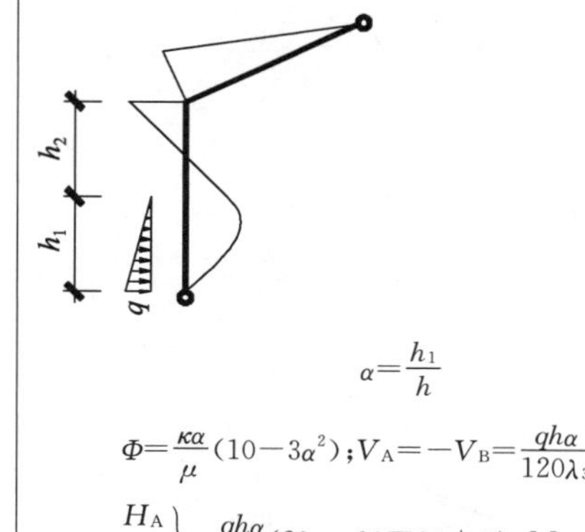

$\alpha=\frac{h_1}{h}$

$\Phi=\frac{\kappa\alpha}{\mu}(10-3\alpha^2)$；$V_A=-V_B=\frac{qh\alpha}{120\lambda_3}(20\lambda_1\alpha+\Phi)$

$\left.\begin{matrix}H_A\\H_B\end{matrix}\right\}=\frac{qh\alpha}{120}(20\alpha-30\mp30+\Phi)$，$M_C=-\frac{qh^2\alpha}{120}\Phi$

当 $h_1=h$：$\Phi=\frac{7\kappa}{\mu}$

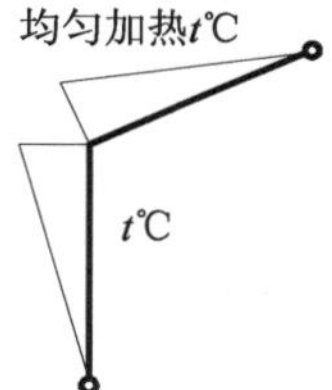

设 $E_1=E_2=E=$常数，$\alpha_t=$常数：

$\Phi=\frac{3EI_2l}{sh^2\mu}\left(1+\frac{1}{\varphi_3^2}\right)\alpha_t t$

$V_A=-V_B=\frac{1}{\varphi_3}\Phi$

$H_A=H_B=\Phi$

$M_C=-h\Phi$

表 9.1-2

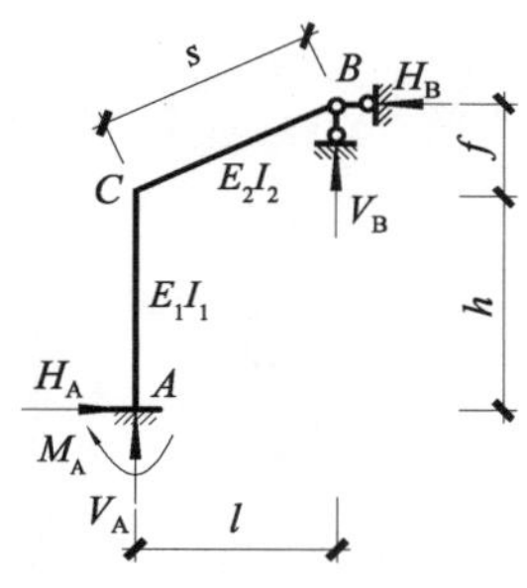

$\kappa=\frac{h}{s}\frac{E_2I_2}{E_1I_1}$；

$\mu_1=\frac{1}{1+0.75\kappa}$；$\mu_2=\frac{\kappa}{1+0.75\kappa}$

注：$f\geqslant0$；

当 $f=0$ 时为水平横梁情况，此时 $s=l$。

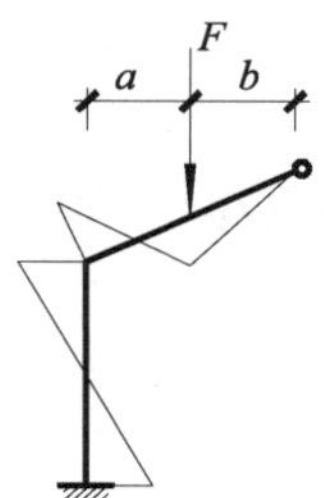

$V_A=\frac{Fb\mu_1}{4l^3}\left[\frac{4l^2}{\mu_1}+a(l+b)\left(2+\frac{3f}{h}\right)\right]$；

$V_B=\frac{Fa\mu_1}{4l^3}\left[\frac{4l^2}{\mu_1}-b(l+b)\left(2+\frac{3f}{h}\right)\right]$；

$H_A=H_B=\frac{3Fab\mu_1}{4hl^2}(l+b)$；

$M_A=\frac{Fab\mu_1}{4l^2}(l+b)$；$M_C=-\frac{Fab\mu_1}{2l^2}(l+b)$

续表

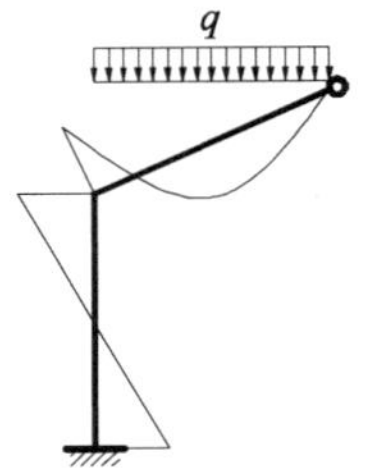

$$V_A=\frac{ql}{8}\left[3\mu_2+5\mu_1\left(1+\frac{3f}{10h}\right)\right];$$

$$V_B=\frac{3ql}{8}\left[\mu_2+\mu_1\left(1-\frac{f}{2h}\right)\right];$$

$$H_A=H_B=\frac{3ql^2\mu_1}{16h}$$

$$M_A=\frac{ql^2\mu_1}{16};M_C=-\frac{ql^2\mu_1}{8}$$

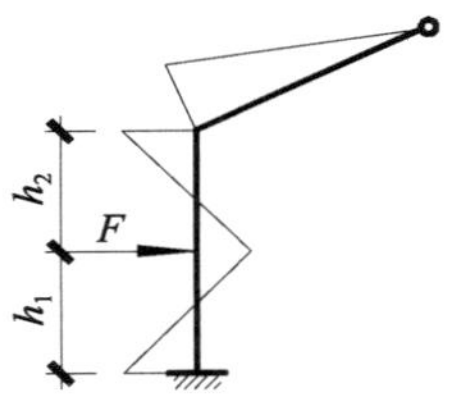

$$V_A=-V_B=\frac{3Fh_1^2h_2\mu_2}{4h^2l}\left\{1+\frac{f}{h_2h}\left[3h_2+h_1+\frac{2}{3\kappa}(3h_2+2h_1)\right]\right\}$$

$$H_A=-(F-H_B);$$

$$H_B=\frac{Fh_1^2\mu_1}{4h^3}[3\kappa(3h_2+h_1)+2(3h_2+2h_1)];$$

$$M_A=-\frac{Fh_1h_2}{h_2}(0.5h_1\mu_1+h_2);M_C=-\frac{3Fh_1^2h_2\mu_2}{4h^2}$$

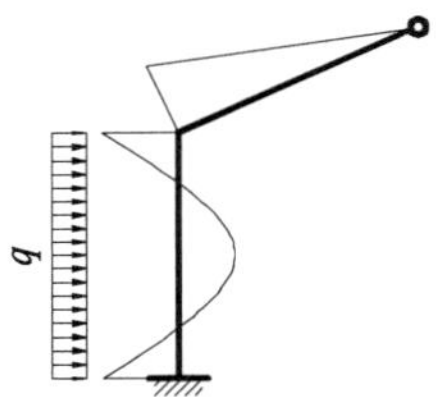

$$V_A=-V_B=\frac{qh^2\mu_2}{16l}\left[1+\frac{6f}{h}(1+\frac{1}{\kappa})\right];$$

$$H_A=-\frac{qh}{8}(3\mu_2+5\mu_1);H_B=\frac{3qh}{8}(\mu_2+\mu_1);$$

$$M_A=-\frac{qh^2}{16}(\mu_2+2\mu_1);\quad M_C=-\frac{qh^2\mu_2}{16}$$

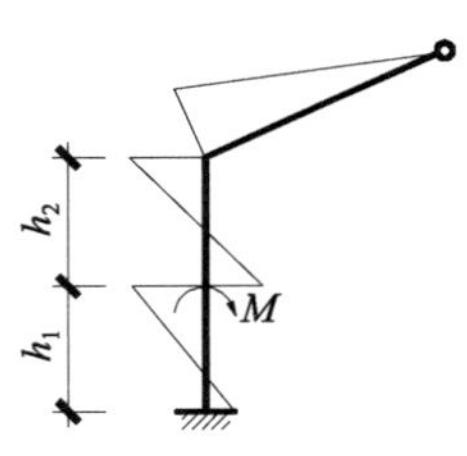

$$V_A=-V_B=\frac{3Mh_1\mu_2}{4h^2l}\left\{2h_2-h_1+\frac{2f}{h}\left[3h_2+\frac{1}{\kappa}(h_1+2h_2)\right]\right\};$$

$$H_A=H_B=\frac{3Mh_1\mu_1}{2h^3}[h+h_2(3\kappa+1)];$$

$$M_A=\frac{3M\mu_1}{4h^2}\left[\frac{2}{3}h^2-2h_2^2+h_2(2h-3h_2)\kappa\right];$$

$$M_C=-\frac{3Mh_1\mu_2}{4h^2}(2h_2-h_1)。$$

当 $h_2=0$：$h_1=h$，M_C为梁端弯矩

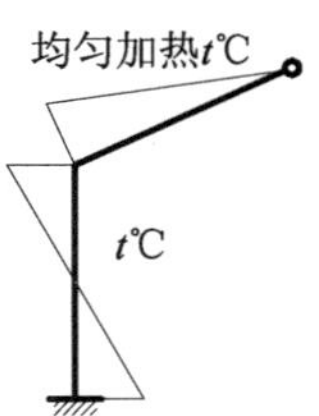

设 $E_1=E_2=E=$常数，$\alpha_t=$常数：

$$V_A=-V_B=\frac{3EI_1\mu_2}{2h^2l^2}\left\{\left[3+\frac{2f}{h}\left(3+\frac{1}{\kappa}\right)\right]s^2+2\left(1+\frac{4f}{h}\right)h^2+\left(9+\frac{2}{\kappa}\right)f^2\right\}\alpha_t t$$

$$H_A=H_B=\frac{3EI_1}{2h^3l}[2\mu_1(s^2+fh)+3\mu_2(2s^2+h^2+3fh)]\alpha_t t;$$

$$M_A=\frac{3EI_1}{2h^2l}[2\mu_1(s^2+fh)+\mu_2(3s^2+h^2+4fh)]\alpha_t t;$$

$$M_C=-\frac{3EI_1\mu_2}{2h^2l}(3s^2+2h^2+5fh)\alpha_t t$$

9.1.2　"⊓"形刚架

表 9.1-3

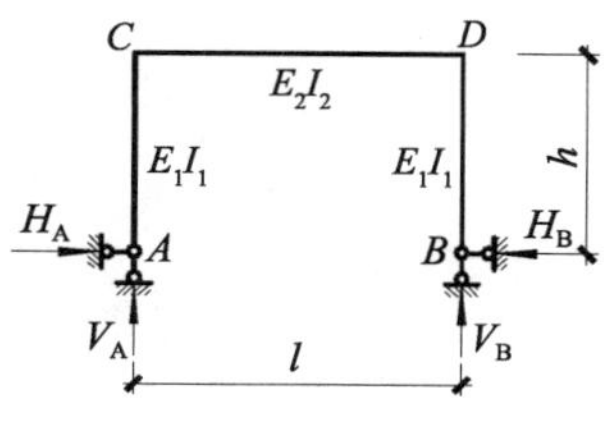

$\lambda=\frac{l}{h}$

$\kappa=\frac{h}{l}\frac{E_2I_2}{E_1I_1}$

$\mu=3+2\kappa$

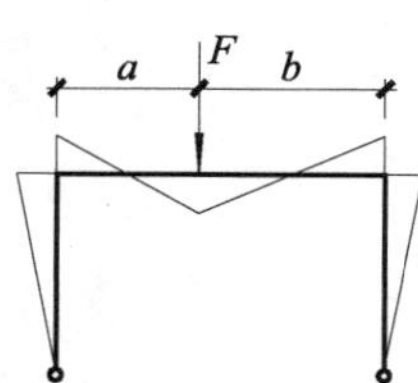

$\alpha=\frac{a}{l}$；$\beta=\frac{b}{l}$

$V_A=F\beta$；$V_B=F\alpha$

$H_A=H_B=\frac{3F}{2\mu}\lambda(\alpha-\alpha^2)$

$M_C=M_D=-\frac{3Fl}{2\mu}(\alpha-\alpha^2)$

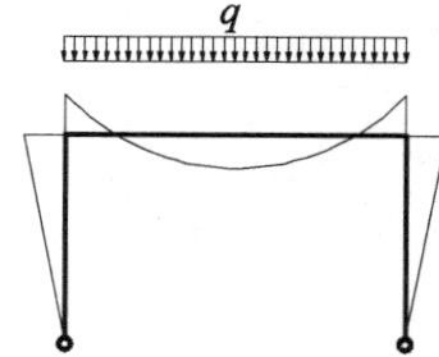

$V_A=V_B=\frac{ql}{2}$

$H_A=H_B=\frac{ql}{4\mu}\lambda$

$M_C=M_D=-\frac{ql^2}{4\mu}$

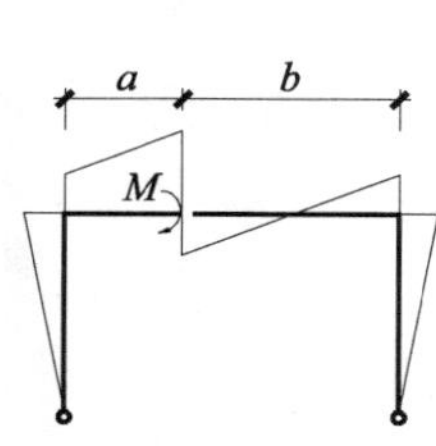

$\alpha=\frac{a}{l}$；$\beta=\frac{b}{l}$

$\Phi=\frac{3}{2\mu}(\beta-\alpha)$；

$V_A=-V_B=-\frac{M}{l}$；

$H_A=H_B=\frac{M}{h}\Phi$；

$M_C=M_D=-M\Phi$

当 $a=0$：M_C为柱端弯矩

$\alpha=\frac{a}{l}$；$\beta=\frac{b}{l}$；$\gamma=\frac{c}{l}$

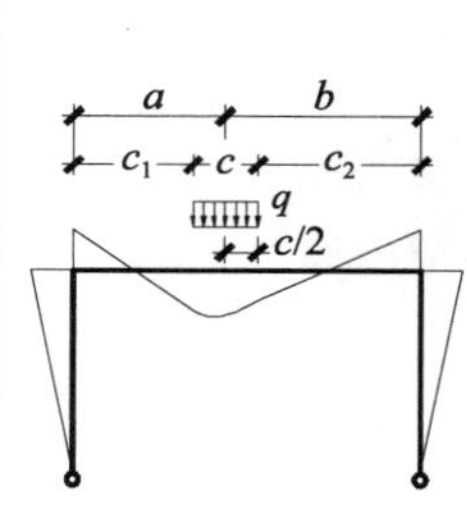

$\Phi=\frac{\lambda}{2\mu}\left[3(\alpha-\alpha^2)-\left(\frac{\gamma}{2}\right)^2\right]$

$V_A=qc\beta$；$V_B=qc\alpha$；

$H_A=H_B=qc\Phi$；

$M_C=M_D=-qch\Phi$；

当 c_1或 $c_2=0$：

$\Phi=\frac{\lambda\gamma}{4\mu}(3-2\gamma)$

当 $c_1=c_2$：$\Phi=\frac{\lambda}{8\mu}(3-\gamma^2)$

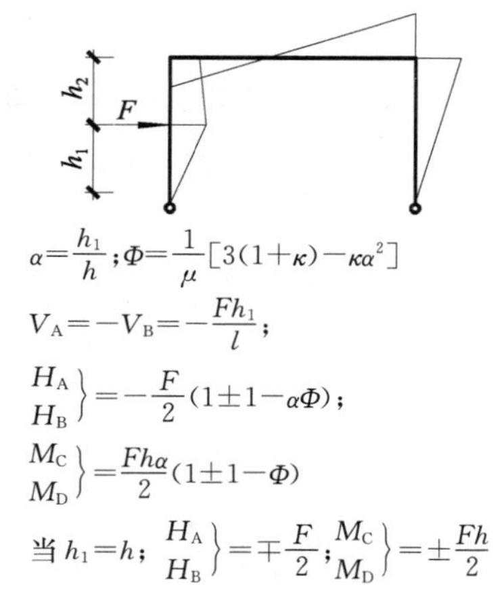

$\alpha=\frac{h_1}{h}$；$\Phi=\frac{1}{\mu}[3(1+\kappa)-\kappa\alpha^2]$

$V_A=-V_B=-\frac{Fh_1}{l}$；

$\left.\begin{matrix}H_A\\H_B\end{matrix}\right\}=-\frac{F}{2}(1\pm1-\alpha\Phi)$；

$\left.\begin{matrix}M_C\\M_D\end{matrix}\right\}=\frac{Fh\alpha}{2}(1\pm1-\Phi)$

当 $h_1=h$；$\left.\begin{matrix}H_A\\H_B\end{matrix}\right\}=\mp\frac{F}{2}$；$\left.\begin{matrix}M_C\\M_D\end{matrix}\right\}=\pm\frac{Fh}{2}$

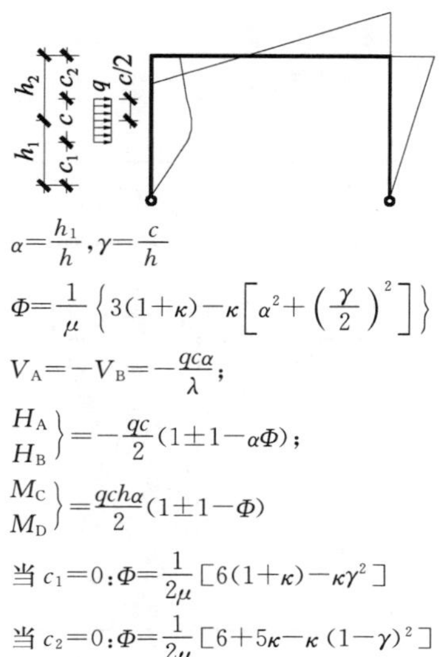

$\alpha=\frac{h_1}{h}$，$\gamma=\frac{c}{h}$

$\Phi=\frac{1}{\mu}\left\{3(1+\kappa)-\kappa\left[\alpha^2+\left(\frac{\gamma}{2}\right)^2\right]\right\}$

$V_A=-V_B=-\frac{qc\alpha}{\lambda}$；

$\left.\begin{matrix}H_A\\H_B\end{matrix}\right\}=-\frac{qc}{2}(1\pm1-\alpha\Phi)$；

$\left.\begin{matrix}M_C\\M_D\end{matrix}\right\}=\frac{qch\alpha}{2}(1\pm1-\Phi)$

当 $c_1=0$：$\Phi=\frac{1}{2\mu}[6(1+\kappa)-\kappa\gamma^2]$

当 $c_2=0$：$\Phi=\frac{1}{2\mu}[6+5\kappa-\kappa(1-\gamma)^2]$

续表

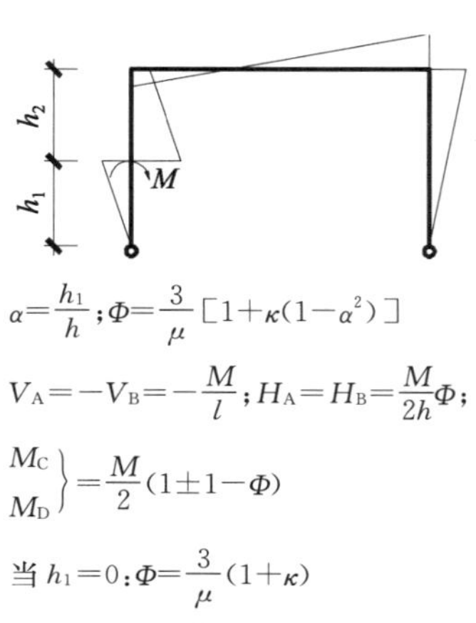

$\alpha=\dfrac{h_1}{h}$；$\Phi=\dfrac{3}{\mu}[1+\kappa(1-\alpha^2)]$

$V_A=-V_B=-\dfrac{M}{l}$；$H_A=H_B=\dfrac{M}{2h}\Phi$；

$\left.\begin{matrix}M_C\\M_D\end{matrix}\right\}=\dfrac{M}{2}(1\pm1-\Phi)$

当 $h_1=0$：$\Phi=\dfrac{3}{\mu}(1+\kappa)$

当 $h_2=0$：$\Phi=\dfrac{3}{\mu}$，M_C为梁端弯矩

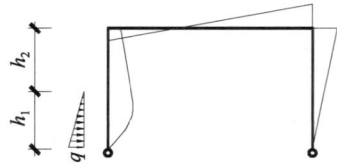

h_2

h_1

q

$\alpha=\dfrac{h_1}{h}$；$\Phi=\dfrac{\kappa}{10\mu}(10-3\alpha^2)$

$V_A=-V_B=-\dfrac{qh_1^{\ 2}}{6l}$；

$\left.\begin{matrix}H_A\\H_B\end{matrix}\right\}=-\dfrac{qh\alpha}{12}[3\pm3-\alpha(1+\Phi)]$；

$\left.\begin{matrix}M_C\\M_D\end{matrix}\right\}=\dfrac{qh^2\alpha^2}{12}(\pm1-\Phi)$

当 $h_1=h$：$\Phi=\dfrac{7\kappa}{10\mu}$

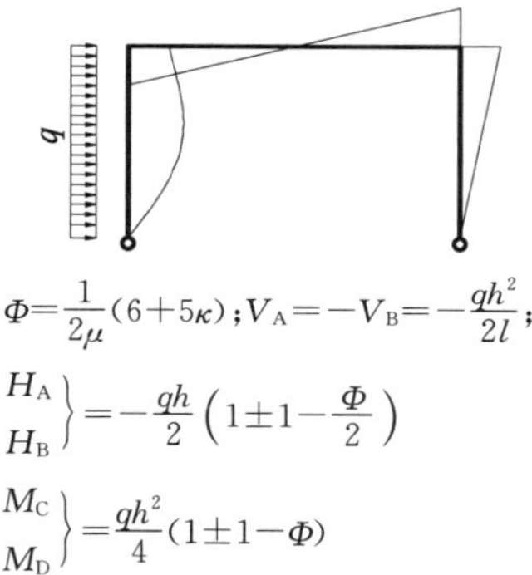

$\Phi=\dfrac{1}{2\mu}(6+5\kappa)$；$V_A=-V_B=-\dfrac{qh^2}{2l}$；

$\left.\begin{matrix}H_A\\H_B\end{matrix}\right\}=-\dfrac{qh}{2}\left(1\pm1-\dfrac{\Phi}{2}\right)$

$\left.\begin{matrix}M_C\\M_D\end{matrix}\right\}=\dfrac{qh^2}{4}(1\pm1-\Phi)$

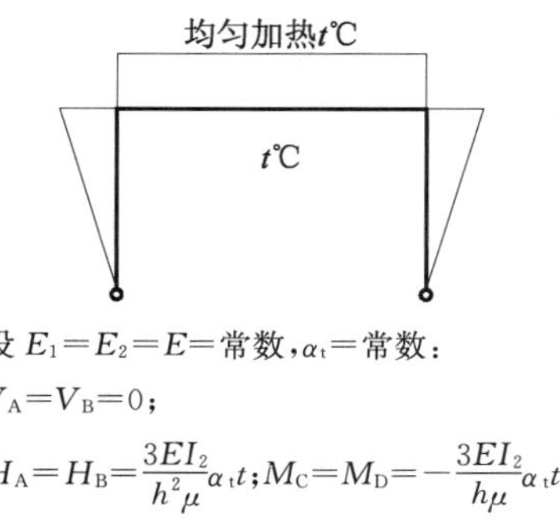

设 $E_1=E_2=E=$常数，$\alpha_t=$常数：

$V_A=V_B=0$；

$H_A=H_B=\dfrac{3EI_2}{h^2\mu}\alpha_t t$；$M_C=M_D=-\dfrac{3EI_2}{h\mu}\alpha_t t$

表 9.1-4

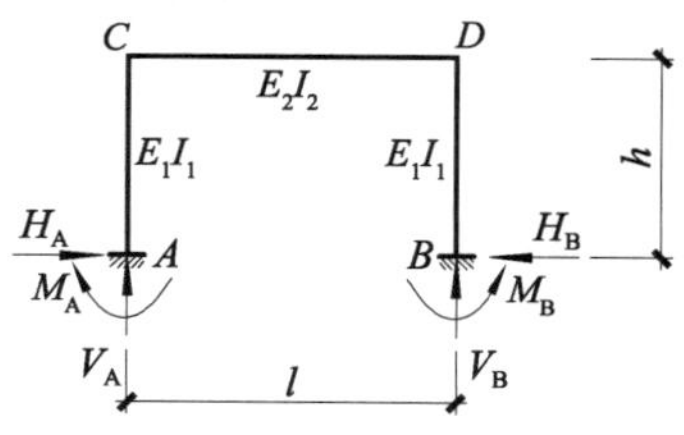

$\kappa=\dfrac{h}{l}\dfrac{E_2I_2}{E_1I_1}$

$\mu_1=2+\kappa$

$\mu_2=1+6\kappa$

续表

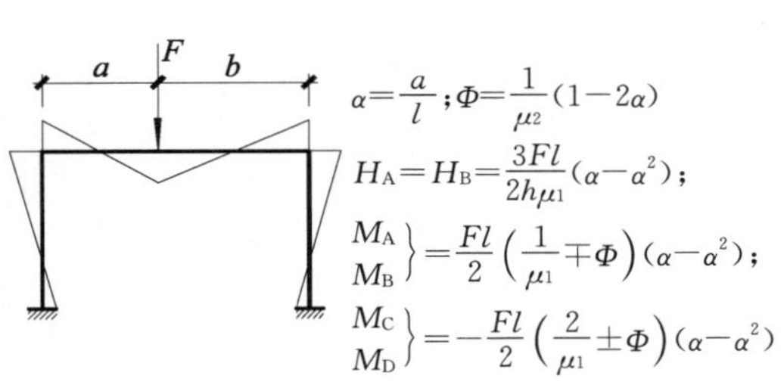

$\alpha=\frac{a}{l}$；$\Phi=\frac{1}{\mu_2}(1-2\alpha)$

$H_A=H_B=\frac{3Fl}{2h\mu_1}(\alpha-\alpha^2)$；

$\left.\begin{matrix}M_A\\M_B\end{matrix}\right\}=\frac{Fl}{2}\left(\frac{1}{\mu_1}\mp\Phi\right)(\alpha-\alpha^2)$；

$\left.\begin{matrix}M_C\\M_D\end{matrix}\right\}=-\frac{Fl}{2}\left(\frac{2}{\mu_1}\pm\Phi\right)(\alpha-\alpha^2)$

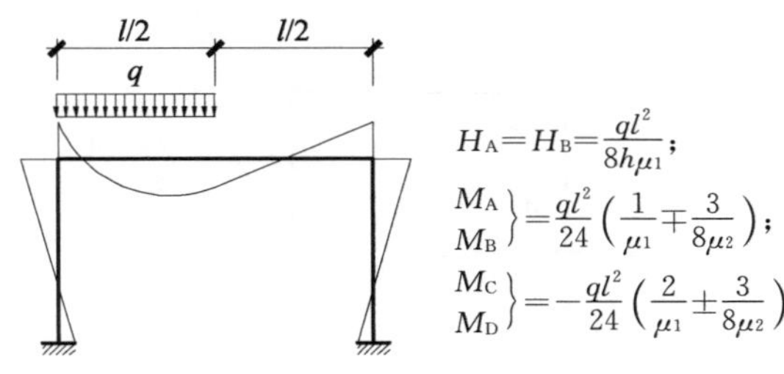

$H_A=H_B=\frac{ql^2}{8h\mu_1}$；

$\left.\begin{matrix}M_A\\M_B\end{matrix}\right\}=\frac{ql^2}{24}\left(\frac{1}{\mu_1}\mp\frac{3}{8\mu_2}\right)$；

$\left.\begin{matrix}M_C\\M_D\end{matrix}\right\}=-\frac{ql^2}{24}\left(\frac{2}{\mu_1}\pm\frac{3}{8\mu_2}\right)$

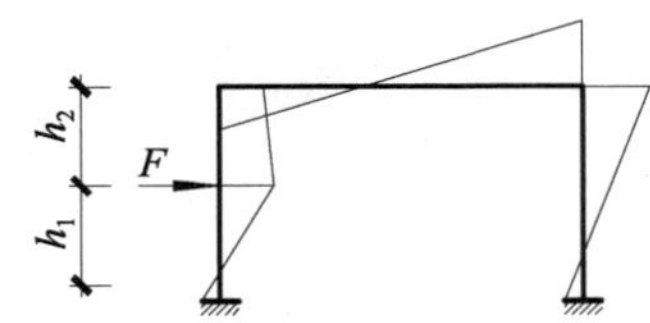

$\alpha=\frac{h_1}{h}$；$\beta=\frac{h_2}{h}$

$\left.\begin{matrix}H_A\\H_B\end{matrix}\right\}=-\frac{F}{2}\{1\pm1-\alpha-\frac{1}{\mu_1}\kappa(\alpha-\alpha^3)$
$-(1+\kappa)(\beta-\beta^3)\}$

$\left.\begin{matrix}M_A\\M_B\end{matrix}\right\}=-\frac{Fh}{2}\left\{\frac{1}{\mu_1}[(1+\kappa)(\beta-\beta^3)-\kappa(\alpha-\alpha^2)]\right.$
$\left.\pm\alpha\left(1-\frac{3\kappa\alpha}{\mu_2}\right)\right\}$

$\left.\begin{matrix}M_C\\M_D\end{matrix}\right\}=-\frac{Fh}{2}\kappa\alpha^2\left[\frac{1}{\mu_1}(1-\alpha)\mp\frac{3}{\mu_2}\right]$

当 $h_1=h$：$H_A=-H_B=-\frac{F}{2}$；

$M_A=-M_B=-\frac{3Fh}{2}\left(\frac{1}{3}-\frac{\kappa}{\mu_2}\right)$；

$M_C=-M_D=\frac{3Fh\kappa}{2\mu_2}$

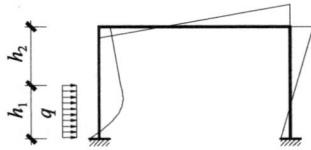

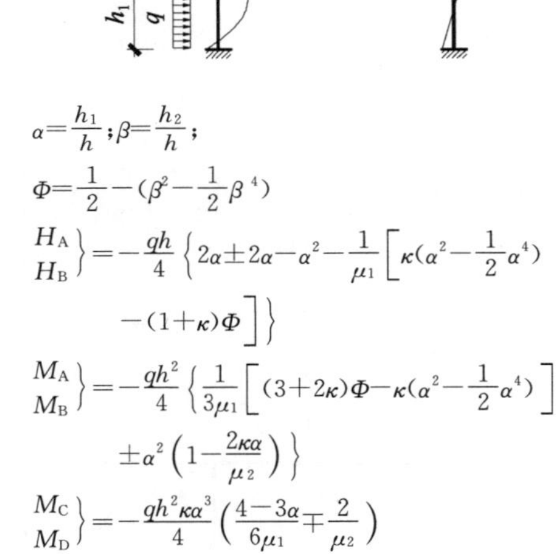

$\alpha=\frac{h_1}{h}$；$\beta=\frac{h_2}{h}$；

$\Phi=\frac{1}{2}-(\beta^2-\frac{1}{2}\beta^4)$

$\left.\begin{matrix}H_A\\H_B\end{matrix}\right\}=-\frac{qh}{4}\left\{2\alpha\pm2\alpha-\alpha^2-\frac{1}{\mu_1}\left[\kappa(\alpha^2-\frac{1}{2}\alpha^4)\right.\right.$
$\left.\left.-(1+\kappa)\Phi\right]\right\}$

$\left.\begin{matrix}M_A\\M_B\end{matrix}\right\}=-\frac{qh^2}{4}\left\{\frac{1}{3\mu_1}\left[(3+2\kappa)\Phi-\kappa(\alpha^2-\frac{1}{2}\alpha^4)\right]\right.$
$\left.\pm\alpha^2\left(1-\frac{2\kappa\alpha}{\mu_2}\right)\right\}$

$\left.\begin{matrix}M_C\\M_D\end{matrix}\right\}=-\frac{qh^2\kappa\alpha^3}{4}\left(\frac{4-3\alpha}{6\mu_1}\mp\frac{2}{\mu_2}\right)$

当 $h_1=h$：$\Phi=\frac{1}{2}$

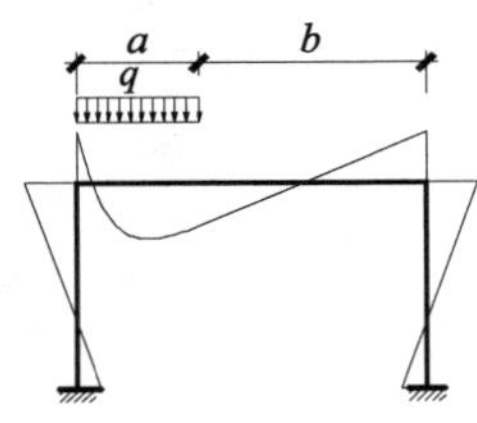

$\alpha=\frac{a}{l}$； $\Phi=\frac{1}{\mu_1}$ $(3\alpha^2-2\alpha^3)$

$H_A=H_B=\frac{ql^2}{4h}\Phi$

$\left.\begin{matrix}M_A\\M_B\end{matrix}\right\}=\frac{ql^2}{12}\left(\Phi\mp\frac{3}{\mu_2}(\alpha-\alpha^2)^2\right)$；

$\left.\begin{matrix}M_C\\M_D\end{matrix}\right\}=-\frac{ql^2}{12}\left(2\Phi\pm\frac{3}{\mu_2}(\alpha-\alpha^2)^2\right)$

当 $a=l$：$\Phi=\frac{1}{\mu_1}$

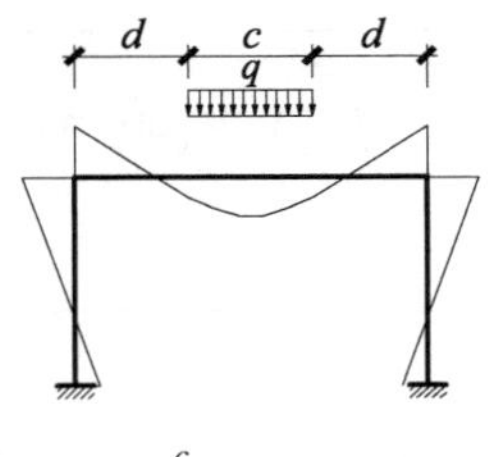

$\gamma=\frac{c}{l}$

$\Phi=\frac{1}{2\mu_1}(3\gamma-\gamma^3)$

$H_A=H_B=\frac{ql^2}{4h}\Phi$；

$M_A=M_B=\frac{ql^2}{12}\Phi$；

$M_C=M_D=-\frac{ql^2}{6}\Phi$

续表

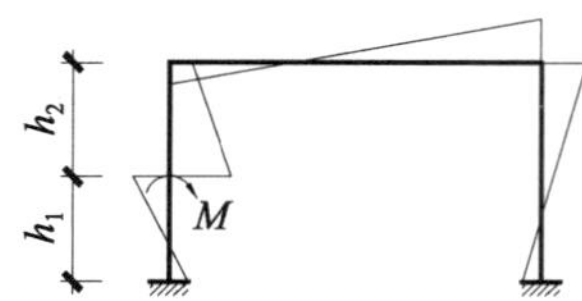 $\alpha=\frac{h_1}{h}$；$\beta=\frac{h_2}{h}$ $H_A=H_B=\frac{M}{2h}\left\{1-\frac{1}{\mu_1}[\kappa(3\alpha^2-1)+(1+\kappa)(3\beta^2-1)]\right\}$ $\left.\begin{matrix}M_A\\M_B\end{matrix}\right\}=-\frac{M}{2}\left\{\frac{1}{3\mu_1}[\kappa(3\alpha^2-1)+(3+2\kappa)(3\beta^2-1)]\pm\left(1-\frac{6\kappa\alpha}{\mu_2}\right)\right\}$ $\left.\begin{matrix}M_C\\M_D\end{matrix}\right\}=\frac{M\kappa}{2}\left[\frac{1}{3\mu_1}(6\alpha^2+3\beta^2-3)\pm\frac{6\alpha}{\mu_2}\right]$ 当 $h_1=h$：$H_A=H_B=\frac{3M}{2h\mu_1}$； $\left.\begin{matrix}M_A\\M_B\end{matrix}\right\}=\frac{M}{2}\left(\frac{1}{\mu_1}\mp\frac{1}{\mu_2}\right)$； $\left.\begin{matrix}M_C\\M_D\end{matrix}\right\}=\frac{M\kappa}{2}\left[\frac{1}{\mu_1}\pm\frac{6}{\mu_2}\right]$，$M_C$为梁端弯矩	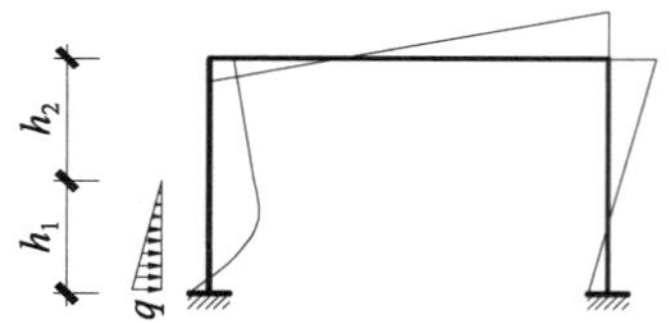 $\alpha=\frac{h_1}{h}$ $\left.\begin{matrix}H_A\\H_B\end{matrix}\right\}=-\frac{qh\alpha}{40}\left\{10\pm10-\frac{\alpha^2}{\mu_1}[5(1+\kappa)-\alpha(1+2\kappa)]\right\}$ $\left.\begin{matrix}M_A\\M_B\end{matrix}\right\}=\frac{qh^2\alpha^2}{40}\left[\frac{\alpha}{3\mu_1}(1+\kappa)(5-3\alpha)+\frac{5\alpha}{3}-\frac{10}{3}\mp\left(\frac{10}{3}-\frac{5\kappa\alpha}{\mu_2}\right)\right]$ $\left.\begin{matrix}M_C\\M_D\end{matrix}\right\}=-\frac{qh^2\kappa\alpha^3}{40}\left[\frac{1}{3\mu_1}(5-3\alpha)\mp\frac{5}{\mu_2}\right]$ 当 $h_1=h$：$\left.\begin{matrix}H_A\\H_B\end{matrix}\right\}=-\frac{qh}{40}\left(7\pm10+\frac{2}{\mu_1}\right)$； $\left.\begin{matrix}M_A\\M_B\end{matrix}\right\}=-\frac{qh^2}{40}\left[\frac{8+3\kappa}{3\mu_1}\pm5\left(\frac{2}{3}-\frac{\kappa}{\mu_2}\right)\right]$； $\left.\begin{matrix}M_C\\M_D\end{matrix}\right\}=-\frac{qh^2\kappa}{40}\left(\frac{2}{3\mu_1}\mp\frac{5}{\mu_2}\right)$
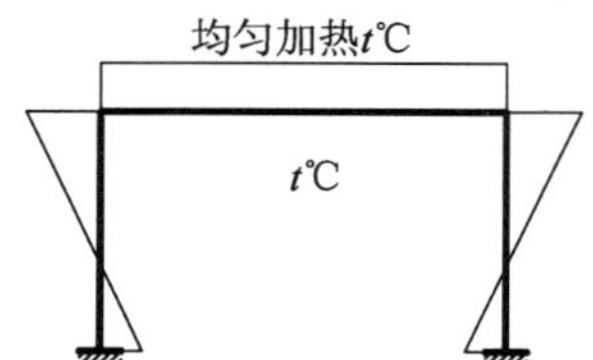	设 $E_1=E_2=E=$常数，$\alpha_t=$常数： $\Phi=\frac{3EI_2}{h\mu_1}\alpha_t t$； $H_A=H_B=\frac{2\kappa+1}{h\kappa}\Phi$；$M_A=M_B=\frac{\kappa+1}{\kappa}\Phi$； $M_C=M_D=-\Phi$

9.1.3 “⌈⌉”形刚架

表 9.1-5

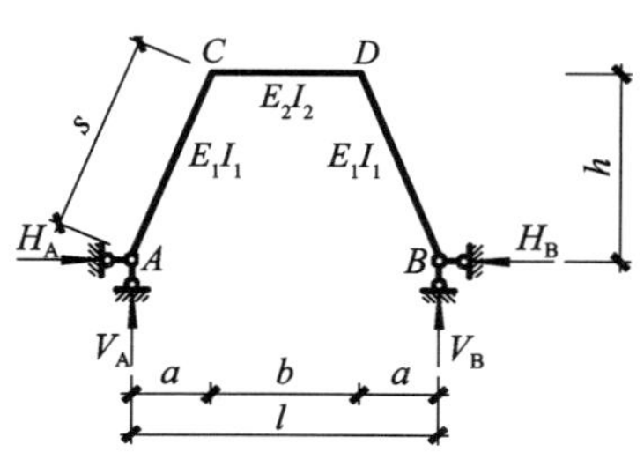	$\lambda_1=\frac{a}{l}$；$\lambda_2=\frac{b}{l}$；$\lambda=\frac{l}{h}$； $\kappa=\frac{b}{s}\frac{E_1I_1}{E_2I_2}$；$\mu=1+\frac{3\kappa}{2}$

续表

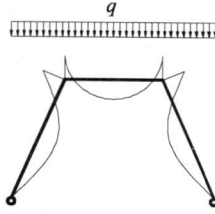

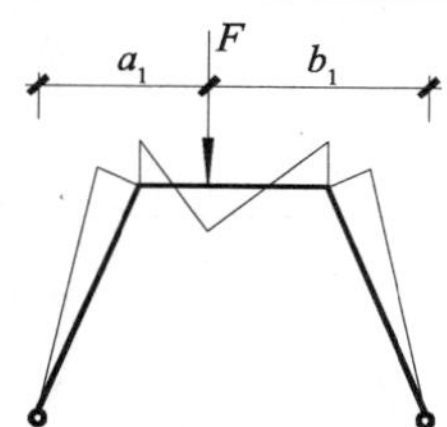 $a\leqslant a_1\leqslant a+b;\alpha=\frac{a_1}{l};\beta=\frac{b_1}{l}$ $\Phi=\frac{1}{2\mu}\left[2\lambda_1+\frac{3\kappa}{\lambda_2}(\alpha-\alpha^2-\lambda_1^2)\right]$ $V_A=F\beta;V_B=F\alpha;H_A=H_B=\frac{F}{2}\lambda\Phi;$ $\left.\begin{matrix}M_C\\M_D\end{matrix}\right\}=\frac{Fl}{2}\{[1\pm(1-2\alpha)]\lambda_1-\Phi\}$	$\Phi=\frac{1}{4\mu}[2\lambda_1(2+\kappa)-\lambda_1^2(3+2\kappa)+\kappa]$ $V_A=V_B=\frac{ql}{2};$ $H_A=H_B=\frac{ql}{2}\lambda\Phi;$ $M_C=M_D=-\frac{ql^2}{8\mu}(\lambda_1^2+\kappa\lambda_2^2)$
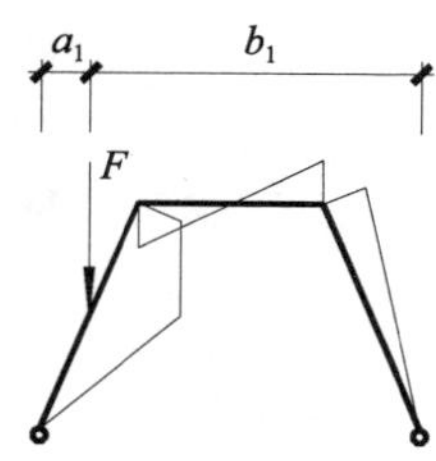 $0\leqslant a_1\leqslant a;\alpha=\frac{a_1}{l};\beta=\frac{b_1}{l}$ $\Phi=\frac{1}{2\mu}\left[3(1+\kappa)-\left(\frac{\alpha}{\lambda_1}\right)^2\right]$ $V_A=F\beta;V_B=F\alpha;$ $H_A=H_B=\frac{F\alpha}{2}\lambda\Phi;$ $\left.\begin{matrix}M_C\\M_D\end{matrix}\right\}=\frac{Fl\alpha}{2}(1\pm\lambda_2-\Phi)$	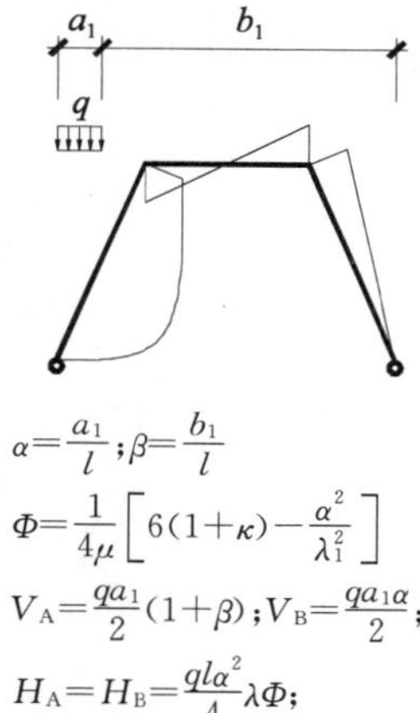 $\alpha=\frac{a_1}{l};\beta=\frac{b_1}{l}$ $\Phi=\frac{1}{4\mu}\left[6(1+\kappa)-\frac{\alpha^2}{\lambda_1^2}\right]$ $V_A=\frac{qa_1}{2}(1+\beta);V_B=\frac{qa_1\alpha}{2};$ $H_A=H_B=\frac{ql\alpha^2}{4}\lambda\Phi;$ $\left.\begin{matrix}M_C\\M_D\end{matrix}\right\}=\frac{ql^2\alpha^2}{4}(1\pm\lambda_2-\Phi)$ 当 $a_1=a$：$\Phi=\frac{1}{4\mu}(5+6\kappa)$
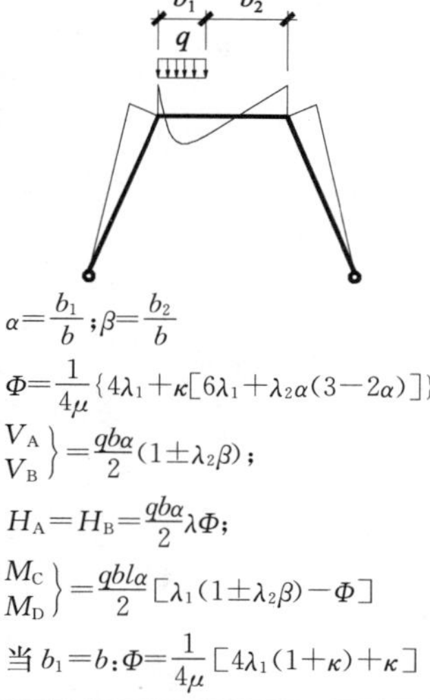 $\alpha=\frac{b_1}{b};\beta=\frac{b_2}{b}$ $\Phi=\frac{1}{4\mu}\{4\lambda_1+\kappa[6\lambda_1+\lambda_2\alpha(3-2\alpha)]\}$ $\left.\begin{matrix}V_A\\V_B\end{matrix}\right\}=\frac{qb\alpha}{2}(1\pm\lambda_2\beta);$ $H_A=H_B=\frac{qb\alpha}{2}\lambda\Phi;$ $\left.\begin{matrix}M_C\\M_D\end{matrix}\right\}=\frac{qbl\alpha}{2}[\lambda_1(1\pm\lambda_2\beta)-\Phi]$ 当 $b_1=b$：$\Phi=\frac{1}{4\mu}[4\lambda_1(1+\kappa)+\kappa]$	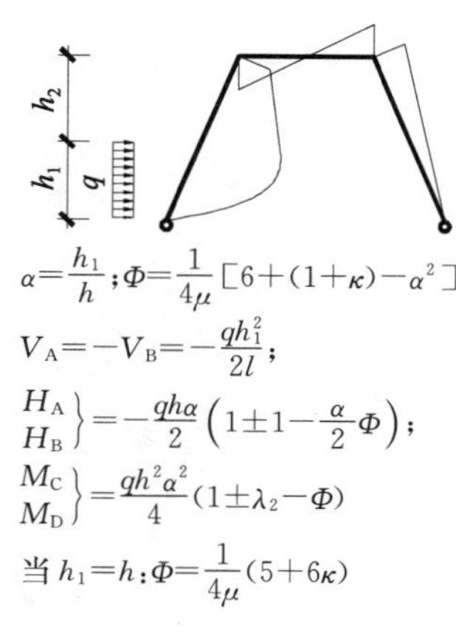 $\alpha=\frac{h_1}{h};\Phi=\frac{1}{4\mu}[6+(1+\kappa)-\alpha^2]$ $V_A=-V_B=-\frac{qh_1^2}{2l};$ $\left.\begin{matrix}H_A\\H_B\end{matrix}\right\}=-\frac{qh\alpha}{2}\left(1\pm1-\frac{\alpha}{2}\Phi\right);$ $\left.\begin{matrix}M_C\\M_D\end{matrix}\right\}=\frac{qh^2\alpha^2}{4}(1\pm\lambda_2-\Phi)$ 当 $h_1=h$：$\Phi=\frac{1}{4\mu}(5+6\kappa)$

续表

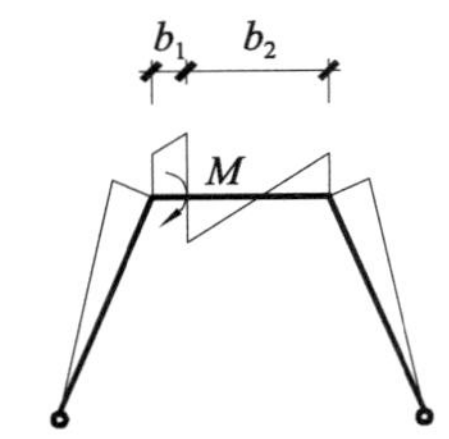

$\alpha=\dfrac{b_1}{b}$；$\Phi=\dfrac{3\kappa}{4\mu}(1-2\alpha)$

$V_A=-V_B=-\dfrac{M}{l}$；$H_A=H_B=\dfrac{M}{h}\Phi$

$\left.\begin{matrix}M_C\\M_D\end{matrix}\right\}=-M(\pm\lambda_1+\Phi)$

当 $b_1=0$：M_C为柱端弯矩

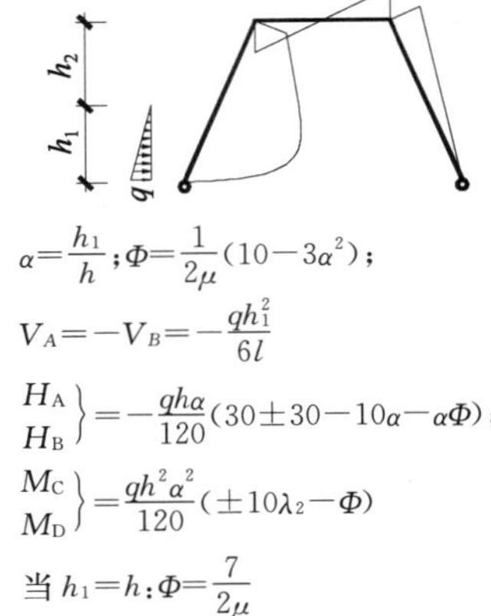

$\alpha=\dfrac{h_1}{h}$；$\Phi=\dfrac{1}{2\mu}(10-3\alpha^2)$；

$V_A=-V_B=-\dfrac{qh_1^2}{6l}$

$\left.\begin{matrix}H_A\\H_B\end{matrix}\right\}=-\dfrac{qh\alpha}{120}(30\pm30-10\alpha-\alpha\Phi)$；

$\left.\begin{matrix}M_C\\M_D\end{matrix}\right\}=\dfrac{qh^2\alpha^2}{120}(\pm10\lambda_2-\Phi)$

当 $h_1=h$：$\Phi=\dfrac{7}{2\mu}$

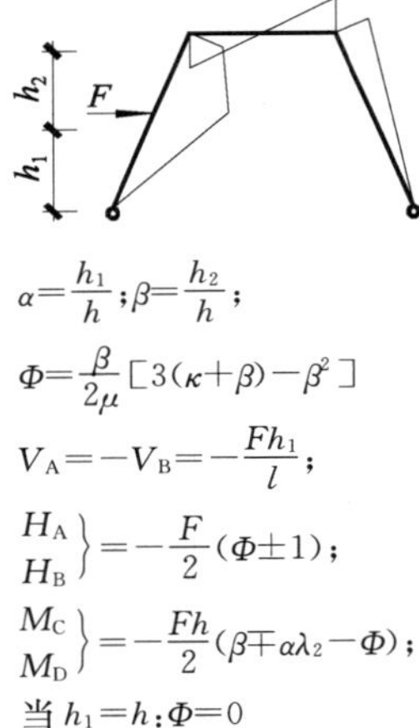

$\alpha=\dfrac{h_1}{h}$；$\beta=\dfrac{h_2}{h}$；

$\Phi=\dfrac{\beta}{2\mu}[3(\kappa+\beta)-\beta^2]$

$V_A=-V_B=-\dfrac{Fh_1}{l}$；

$\left.\begin{matrix}H_A\\H_B\end{matrix}\right\}=-\dfrac{F}{2}(\Phi\pm1)$；

$\left.\begin{matrix}M_C\\M_D\end{matrix}\right\}=-\dfrac{Fh}{2}(\beta\mp\alpha\lambda_2-\Phi)$；

当 $h_1=h$：$\Phi=0$

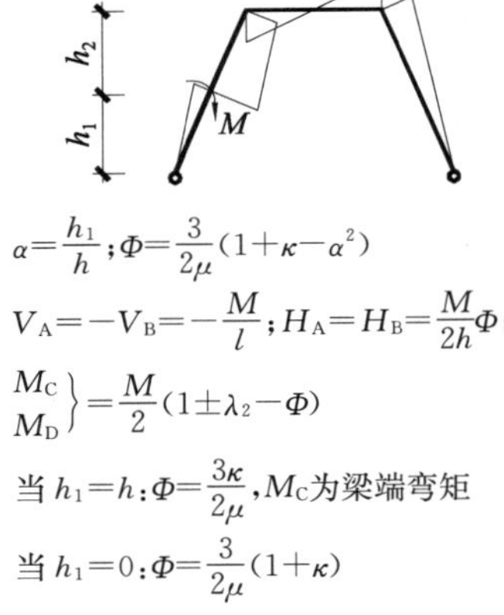

$\alpha=\dfrac{h_1}{h}$；$\Phi=\dfrac{3}{2\mu}(1+\kappa-\alpha^2)$

$V_A=-V_B=-\dfrac{M}{l}$；$H_A=H_B=\dfrac{M}{2h}\Phi$；

$\left.\begin{matrix}M_C\\M_D\end{matrix}\right\}=\dfrac{M}{2}(1\pm\lambda_2-\Phi)$

当 $h_1=h$：$\Phi=\dfrac{3\kappa}{2\mu}$，$M_C$为梁端弯矩

当 $h_1=0$：$\Phi=\dfrac{3}{2\mu}(1+\kappa)$

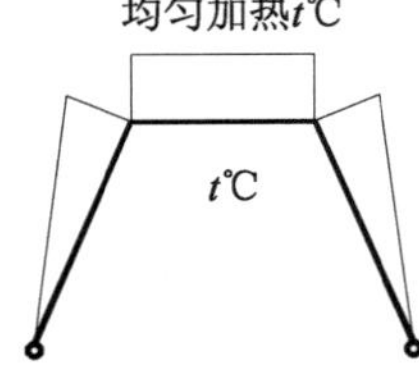

设 $E_1=E_2=E$=常数，α_t=常数：

$V_A=V_B=0$；

$H_A=H_B=\dfrac{3EI_1l}{2sh^2\mu}\alpha_t t$；

$M_C=M_D=-\dfrac{3EI_1l}{2sh\mu}\alpha_t t$

表 9.1-6

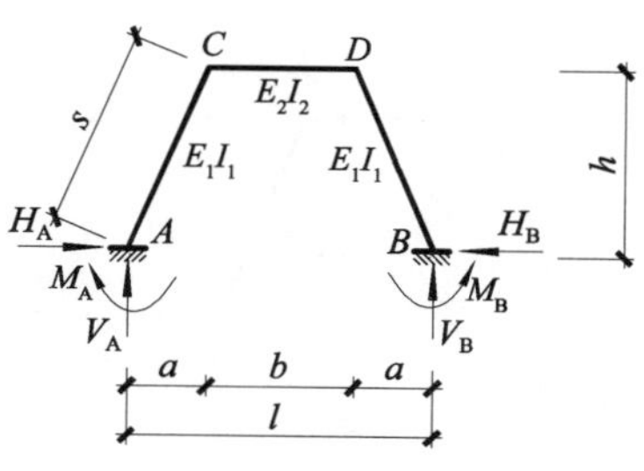

$\lambda_1=\frac{a}{l}$；$\lambda_2=\frac{b}{l}$；$\lambda_3=\frac{a}{b}$；$\lambda_4=\frac{l}{b}$；

$\kappa=\frac{b}{s}\frac{E_1I_1}{E_2I_2}$；$\mu_1=1+2\kappa$；

$\mu_2=\kappa\lambda_2^{\ 2}+2(1+\lambda_2+\lambda_2^{\ 2})$

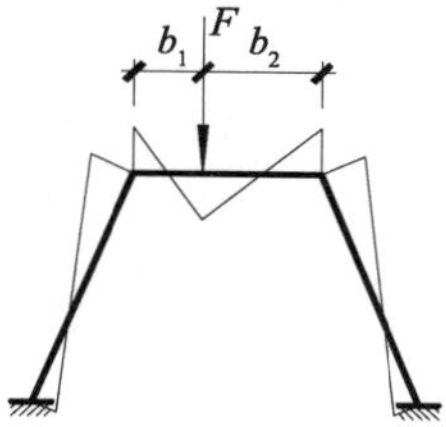

$\alpha=\frac{b_1}{b}$

$\Phi=\frac{1-2\alpha}{\mu_2}[\kappa\lambda_2^2\ (\alpha-\alpha^2)\ -\lambda_1\ (2+\lambda_2)]$

$H_A=H_B=\frac{Fb}{2h}\left(\frac{3K\ (\alpha-\alpha^2)}{\mu_1}+\lambda_3\right)$

$\left.\begin{matrix}M_A\\M_B\end{matrix}\right\}=\frac{Fb}{2}\left\{\frac{\kappa\ (\alpha-\alpha^2)}{\mu_1}\mp[\lambda_3\ (1-2\alpha)\ +\lambda_4\Phi]\right\}$

$\left.\begin{matrix}M_C\\M_D\end{matrix}\right\}=-\frac{Fb}{2}\left[\frac{2\kappa\ (\alpha-\alpha^2)}{\mu_1}\pm\Phi\right]$

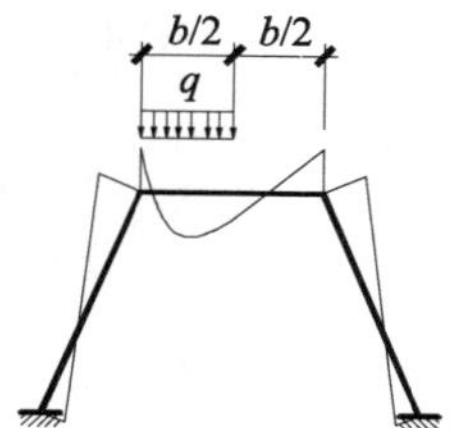

$\Phi=\frac{1}{8\mu_2}[\kappa\lambda_2^2-8\lambda_1(2+\lambda_2)]$

$H_A=H_B=\frac{qb^2}{8h}\left(\frac{\kappa}{\mu_1}+2\lambda_3\right)$；

$\left.\begin{matrix}M_A\\M_B\end{matrix}\right\}=\frac{qb^2}{8}\left[\frac{\kappa}{3\mu_1}\mp(\lambda_3+\lambda_4\Phi)\right]$；

$\left.\begin{matrix}M_C\\M_D\end{matrix}\right\}=-\frac{qb^2}{8}\left(\frac{2\kappa}{3\mu_1}\pm\Phi\right)$

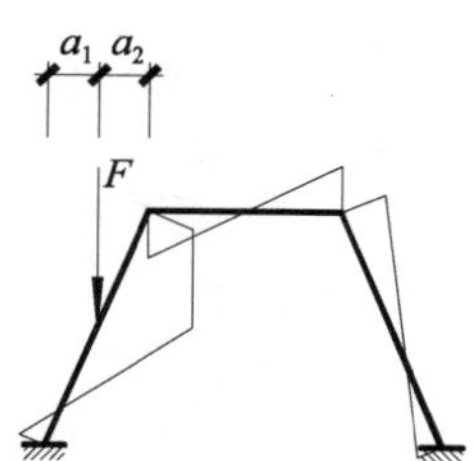

$\alpha=\frac{a_1}{a}$；$\beta=\frac{a_2}{a}$；$\Phi=\frac{\alpha^2}{\mu_2}(3-2\lambda_1\alpha)$

$H_A=H_B=\frac{Fa}{2h}\left\{\frac{1}{\mu_1}[\alpha-\alpha^3-(1+\kappa)(\beta-\beta^3)]+\alpha\right\}$

$\left.\begin{matrix}M_A\\M_B\end{matrix}\right\}=-\frac{Fa}{2}\left\{\frac{1}{\mu_1}[(1+\kappa)(\beta-\beta^3)-\alpha+\alpha^2]\pm(\alpha-\Phi)\right\}$

$\left.\begin{matrix}M_C\\M_D\end{matrix}\right\}=-\frac{Fa}{2}\left[\frac{1}{\mu_1}(\alpha^2-\alpha^3)\mp\lambda_2\Phi\right]$

当 $a_1=a$：$\alpha=1,\beta=0,\Phi=\frac{1}{\mu_2}(3-2\lambda_1)$

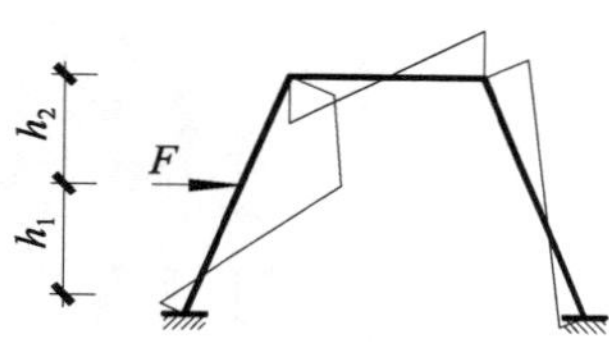

$\alpha=\frac{h_1}{h}$；$\beta=\frac{h_2}{h}$；$\Phi=\frac{\alpha^2}{\mu_2}(3-2\lambda_1\alpha)$

$\left.\begin{matrix}H_A\\H_B\end{matrix}\right\}=\frac{F}{2}\left\{\frac{1}{\mu_1}[\alpha-\alpha^3-(1+\kappa)(\beta-\beta^3)]-\beta\mp1\right\}$

$\left.\begin{matrix}M_A\\M_B\end{matrix}\right\}=-\frac{Fh}{2}\left\{\frac{1}{\mu_1}[(1+\kappa)\ (\beta-\beta^3)\ -\alpha+\alpha^2]\pm\ (\alpha-\Phi)\right\}$

$\left.\begin{matrix}M_C\\M_D\end{matrix}\right\}=-\frac{Fh}{2}\left[\frac{1}{\mu_1}\ (\alpha^2-\alpha^3)\ \mp\lambda_2\Phi\right]$

当 $h_1=h$：$\alpha=1$，$\beta=0$，$\Phi=\frac{1}{\mu_2}\ (3-2\lambda_1)$

续表

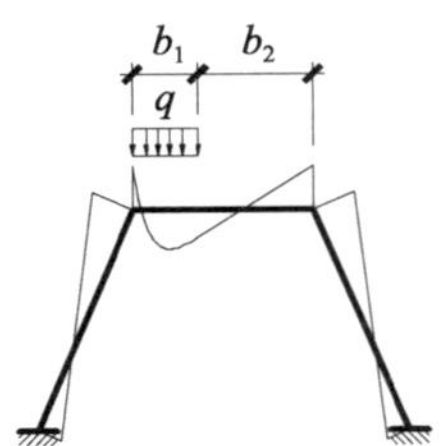

$$\alpha=\frac{b_1}{b}$$

$$\Phi=\frac{\alpha-\alpha^2}{\mu_2}\left[\kappa\lambda_2^2(\alpha-\alpha^2)-2\lambda_1(2+\lambda_2)\right]$$

$$H_A=H_B=\frac{qb^2}{4h}\left[\frac{\kappa}{\mu_1}(3\alpha^2-2\alpha^3)+2\lambda_3\alpha\right]$$

$$\left.\begin{matrix}M_A\\M_B\end{matrix}\right\}=\frac{qb^2}{4}\left\{\frac{\kappa}{3\mu_1}(3\alpha^2-2\alpha^3)\mp\left[2\lambda_3(\alpha-\alpha^2)+\lambda_4\Phi\right]\right\}$$

$$\left.\begin{matrix}M_C\\M_D\end{matrix}\right\}=-\frac{qb^2}{4}\left[\frac{2\kappa}{3\mu_1}(3\alpha^2-2\alpha^3)\mp\Phi\right]$$

当 $b_1=b$：$\Phi=0$

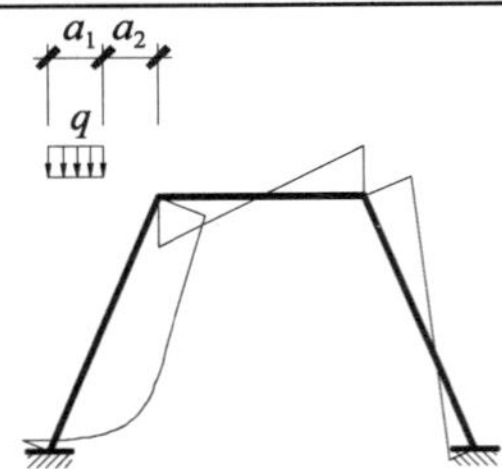

$$\alpha=\frac{a_1}{a};\beta=\frac{a_2}{a};$$

$$\Phi_1=\frac{\alpha^3}{\mu_2}(2-\lambda_1\alpha);\ \Phi_2=\frac{1}{2}(\beta^4+1)-\beta^2$$

$$H_A=H_B=\frac{qa^2}{4h}\left\{\frac{1}{\mu_1}\left[\alpha^2-\frac{1}{2}\alpha^4-(1+\kappa)\Phi_2\right]+\alpha^2\right\}$$

$$\left.\begin{matrix}M_A\\M_B\end{matrix}\right\}=-\frac{qa^2}{4}\left\{\frac{1}{3\mu_1}\left[(2+3\kappa)\Phi_2-\alpha^2+\frac{1}{2}\alpha^4\right]\pm(\alpha^2-\Phi_1)\right\}$$

$$\left.\begin{matrix}M_C\\M_D\end{matrix}\right\}=-\frac{qa^2}{4}\left[\frac{1}{3\mu_1}(2\alpha^2-\alpha^4-\Phi_2)\mp\lambda_2\Phi_1\right]$$

当 $a_1=a$：$\alpha=1,\beta=0,\Phi_1=\frac{1}{\mu_2}(2-\lambda_1);\Phi_2=\frac{1}{2}$

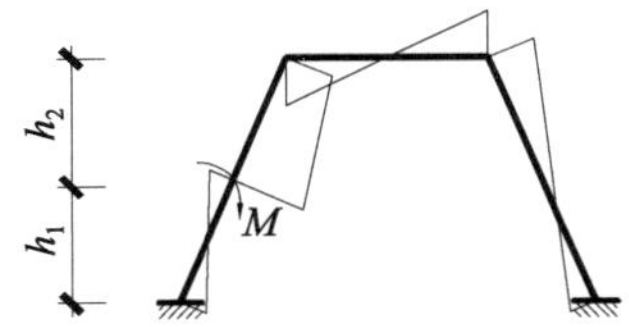

$$\alpha=\frac{h_1}{h};\beta=\frac{h_2}{h};\Phi=\frac{6\alpha}{\mu_2}(1-\lambda_1\alpha)$$

$$H_A=H_B=-\frac{M}{2h}\left\{\frac{1}{\mu_1}\left[(1+\kappa)(3\beta^2-1)+3\alpha^2-1\right]-1\right\}$$

$$\left.\begin{matrix}M_A\\M_B\end{matrix}\right\}=-\frac{M}{2}\left\{\frac{1}{3\mu_1}\left[(2+3\kappa)(3\beta^2-1)+3\alpha^2-1\right]\pm(1-\Phi)\right\}$$

$$\left.\begin{matrix}M_C\\M_D\end{matrix}\right\}=\frac{M}{2}\left[\frac{1}{3\mu_1}(6\alpha^2+3\beta^2-3)\pm\lambda_2\Phi\right]$$

当 $h_1=h$：$\alpha=1,\beta=0;\Phi=\frac{6}{\mu_2}(1-\lambda_1)$；$M_C$为梁端弯矩

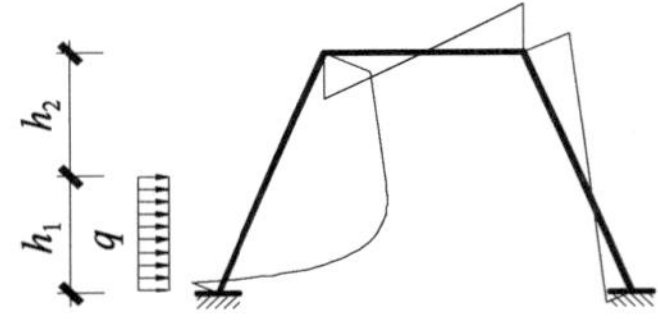

$$\alpha=\frac{h_1}{h};\beta=\frac{h_2}{h}$$

$$\Phi_1=\frac{\alpha^3}{\mu_2}(2-\lambda_1\alpha);\Phi_2=\frac{1}{2}(\beta^4+1)-\beta^2$$

$$\left.\begin{matrix}H_A\\H_B\end{matrix}\right\}=\frac{qh}{4}\left\{\frac{1}{\mu_1}\left[\alpha^2-\frac{1}{2}\alpha^4-(1+\kappa)\Phi_2\right]-2\alpha\mp2\alpha+\alpha^2\right\}$$

$$\left.\begin{matrix}M_A\\M_B\end{matrix}\right\}=-\frac{qh^2}{4}\left\{\frac{1}{3\mu_1}\left[(2+3\kappa)\Phi_2-\alpha^2+\frac{1}{2}\alpha^4\right]\pm(\alpha^2-\Phi_1)\right\}$$

$$\left.\begin{matrix}M_C\\M_D\end{matrix}\right\}=-\frac{qh^2}{4}\left[\frac{1}{3\mu_1}(2\alpha^2-\alpha^4-\Phi_2)\mp\lambda_2\Phi_1\right]$$

当 $h_1=h$：$\alpha=1,\beta=0,\Phi_1=\frac{1}{\mu_2}(2-\lambda_1);\Phi_2=\frac{1}{2}$

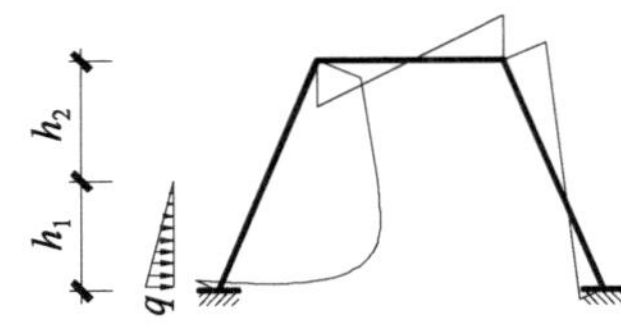

$$\alpha=\frac{h_1}{h},\Phi=\frac{\alpha}{\mu_2}(5-2\lambda_1\alpha)$$

$$\left.\begin{matrix}H_A\\H_B\end{matrix}\right\}=\frac{qh\alpha}{40}\left\{\frac{\alpha^2}{\mu_1}\left[5(1+\kappa)-\alpha(2+\kappa)\right]-10\mp10\right\};$$

$$\left.\begin{matrix}M_A\\M_B\end{matrix}\right\}=\frac{qh^2\alpha^2}{40}\left[\frac{\alpha}{3\mu_1}(1+\kappa)(5-3\alpha)+\frac{5\alpha}{3}-\frac{10}{3}\mp\left(\frac{10}{3}-\Phi\right)\right];$$

$$\left.\begin{matrix}M_C\\M_D\end{matrix}\right\}=-\frac{qh^2\alpha^2}{40}\left[\frac{\alpha}{3\mu_1}(5-3\alpha)\mp\lambda_2\Phi\right];$$

当 $h_1=h$：$\Phi=\frac{1}{\mu_2}(5-2\lambda_1)$

续表

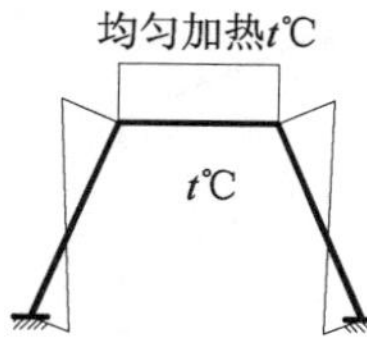

设 $E_1=E_2=E=$常数，$\alpha_t=$常数：

$\Phi=\frac{3EI_1 l}{sh\mu_1}\alpha_t t$，$H_A=H_B=\frac{2+\kappa}{h}\Phi$；

$M_A=M_B=(1+\kappa)\Phi$；$M_C=M_D=-\Phi$

9.1.4 "⌂"形刚架

表 9.1-7

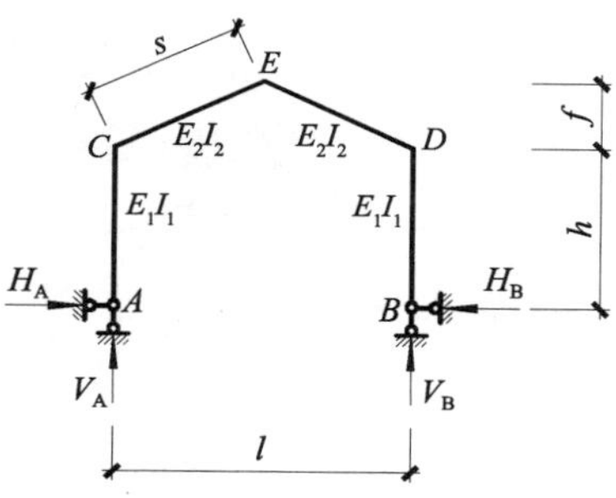

$\lambda=\frac{l}{h}$；$\psi=\frac{f}{h}$；

$\kappa=\frac{h}{s}\frac{E_2I_2}{E_1I_1}$；

$\mu=3+\kappa+\psi(3+\psi)$

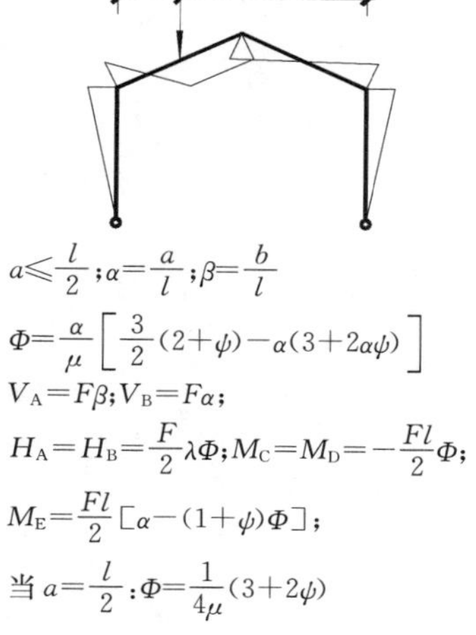

$a\leqslant\frac{l}{2}$；$\alpha=\frac{a}{l}$；$\beta=\frac{b}{l}$

$\Phi=\frac{\alpha}{\mu}\left[\frac{3}{2}(2+\psi)-\alpha(3+2\alpha\psi)\right]$

$V_A=F\beta$；$V_B=F\alpha$；

$H_A=H_B=\frac{F}{2}\lambda\Phi$；$M_C=M_D=-\frac{Fl}{2}\Phi$；

$M_E=\frac{Fl}{2}[\alpha-(1+\psi)\Phi]$；

当 $a=\frac{l}{2}$：$\Phi=\frac{1}{4\mu}(3+2\psi)$

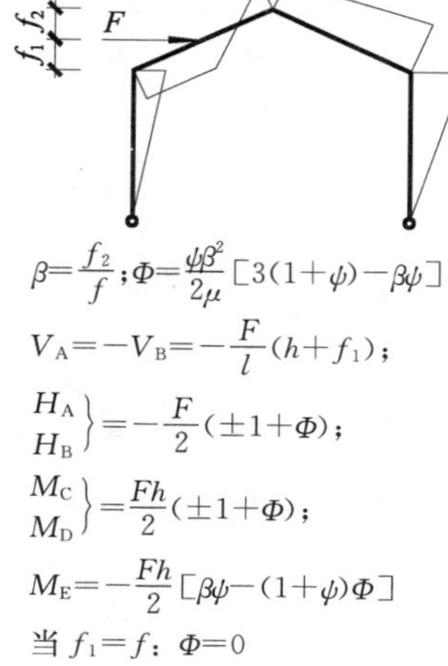

$\beta=\frac{f_2}{f}$；$\Phi=\frac{\psi\beta^2}{2\mu}[3(1+\psi)-\beta\psi]$

$V_A=-V_B=-\frac{F}{l}(h+f_1)$；

$\left.\begin{matrix}H_A\\H_B\end{matrix}\right\}=-\frac{F}{2}(\pm1+\Phi)$；

$\left.\begin{matrix}M_C\\M_D\end{matrix}\right\}=\frac{Fh}{2}(\pm1+\Phi)$；

$M_E=-\frac{Fh}{2}[\beta\psi-(1+\psi)\Phi]$

当 $f_1=f$：$\Phi=0$

续表

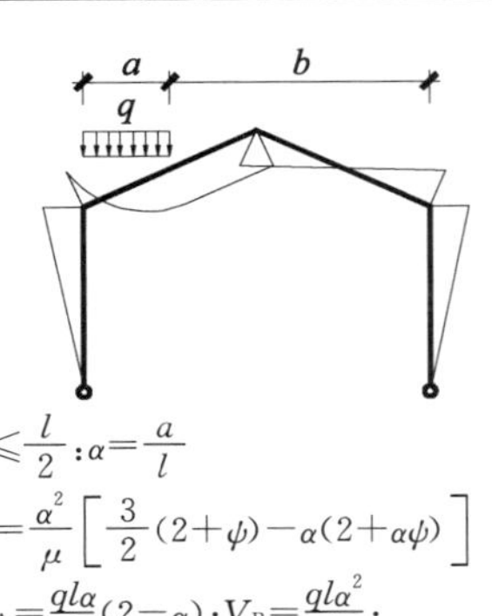

$a \leqslant \frac{l}{2}: \alpha=\frac{a}{l}$

$\Phi=\frac{\alpha^2}{\mu}\left[\frac{3}{2}(2+\psi)-\alpha(2+\alpha\psi)\right]$

$V_A=\frac{ql\alpha}{2}(2-\alpha); V_B=\frac{ql\alpha^2}{2};$

$H_A=H_B=\frac{ql}{4}\lambda\Phi; M_C=M_D=-\frac{ql^2}{4}\Phi;$

$M_E=\frac{ql^2}{4}[\alpha^2-(1+\psi)\Phi]$

当 $a=\frac{l}{2}$：$\Phi=\frac{1}{16\mu}(8+5\psi)$

$\alpha=\frac{h_1}{h}; \Phi=\frac{1}{2\mu}[3(2+\psi+\kappa)-\alpha^2\kappa]$

$V_A=-V_B=-\frac{Fh_1}{l};$

$\left.\begin{matrix}H_A\\H_B\end{matrix}\right\}=-\frac{F}{2}(1\pm1-\alpha\Phi)$

$\left.\begin{matrix}M_C\\M_D\end{matrix}\right\}=\frac{Fh\alpha}{2}(1\pm1-\Phi)$

$M_E=\frac{Fh\alpha}{2}[1-(1+\psi)\Phi]$

当 $h_1=h$：$\Phi=\frac{1}{2\mu}[3(2+\psi)+2\kappa]$

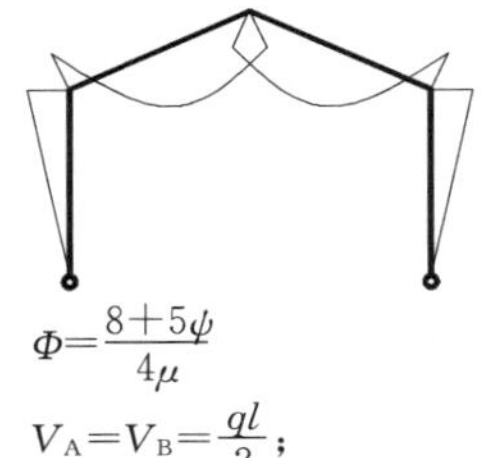

$\Phi=\frac{8+5\psi}{4\mu}$

$V_A=V_B=\frac{ql}{2};$

$H_A=H_B=\frac{ql}{8}\lambda\Phi;$

$M_C=M_D=-\frac{ql^2}{8}\Phi;$

$M_E=\frac{ql^2}{8}[1-(1+\psi)\Phi]$

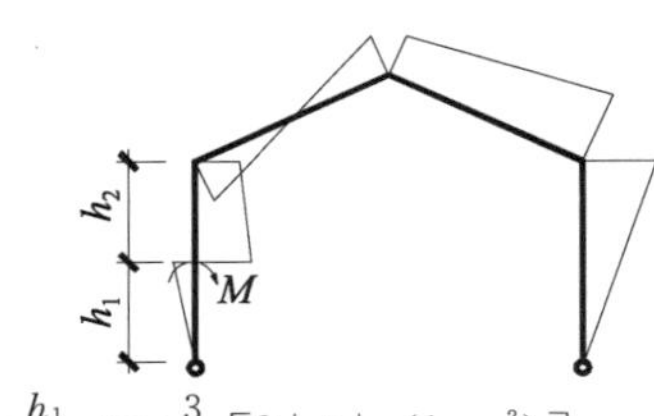

$\alpha=\frac{h_1}{h}; \Phi=\frac{3}{2\mu}[2+\psi+\kappa(1-\alpha^2)]$

$V_A=-V_B=-\frac{M}{l}; H_A=H_B=\frac{M}{2h}\Phi;$

$\left.\begin{matrix}M_C\\M_D\end{matrix}\right\}=\frac{M}{2}(1\pm1-\Phi); M_E=\frac{M}{2}[1-(1+\psi)\Phi]$

当 $h_1=h$：$\Phi=\frac{3}{2\mu}(2+\psi)$，$M_C$为梁端弯矩

当 $h_1=0$：$\Phi=\frac{3}{2\mu}(2+\psi+\kappa)$

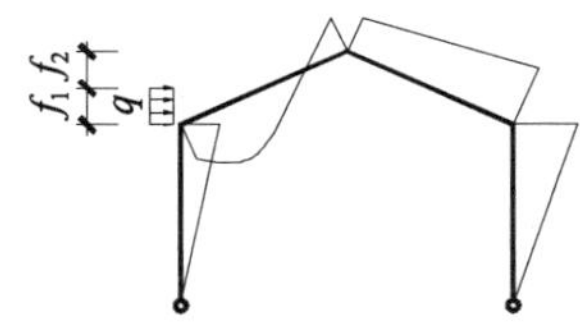

$\alpha=\frac{f_1}{f}; \beta=\frac{f_2}{f}$

$\Phi=\frac{\psi}{8\mu}\{\alpha^2(4+3\alpha\psi)+2\beta[2(3+2\psi)+\alpha\psi(1+\alpha)]\}$

$V_A=-V_B=-\frac{qf_1}{2l}(2h+f_1);$

$\left.\begin{matrix}H_A\\H_B\end{matrix}\right\}==-\frac{qf\alpha}{2}(\pm1+\Phi);$

$\left.\begin{matrix}M_C\\M_D\end{matrix}\right\}=\frac{qfh\alpha}{2}(\pm1+\Phi);$

$M_E=-\frac{qfh\alpha}{2}\left[\psi\left(1-\frac{\alpha}{2}\right)-(1+\psi)\Phi\right]$

当 $f_1=f$：$\Phi=\frac{\psi}{8\mu}(4+3\psi)$

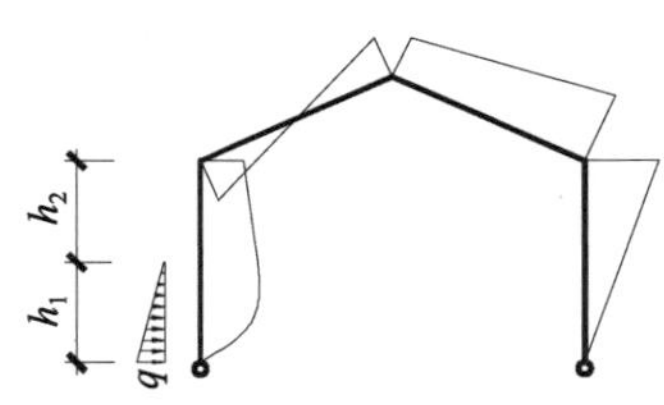

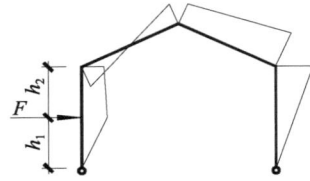

$\alpha=\frac{h_1}{h}; \Phi=\frac{1}{2\mu}\left[\psi(3+2\psi)-\kappa+\frac{3\kappa\alpha^2}{10}\right];$

$V_A=-V_B=-\frac{qh_1^2}{6l};$

$\left.\begin{matrix}H_A\\H_B\end{matrix}\right\}=-\frac{qh\alpha}{12}[3\pm3-\alpha(1-\Phi)];$

$\left.\begin{matrix}M_C\\M_D\end{matrix}\right\}=\frac{qh^2\alpha^2}{12}(\pm1+\Phi);$

$M_E=-\frac{qh^2\alpha^2}{12}[\psi-(1+\psi)\Phi];$

当 $h_1=h$：$\Phi=\frac{1}{2\mu}\left[\psi(3+2\psi)-\frac{7\kappa}{10}\right]$

续表

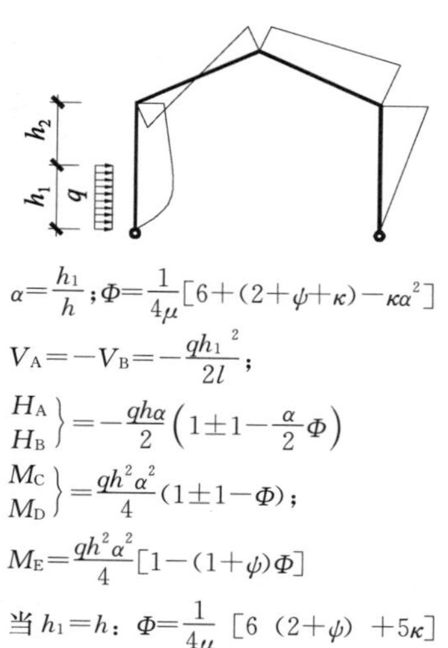

$$\alpha=\frac{h_1}{h};\Phi=\frac{1}{4\mu}[6+(2+\psi+\kappa)-\kappa\alpha^2]$$

$$V_A=-V_B=-\frac{qh_1^{\ 2}}{2l};$$

$$\left.\begin{matrix}H_A\\H_B\end{matrix}\right\}=-\frac{qh\alpha}{2}\left(1\pm1-\frac{\alpha}{2}\Phi\right)$$

$$\left.\begin{matrix}M_C\\M_D\end{matrix}\right\}=\frac{qh^2\alpha^2}{4}(1\pm1-\Phi);$$

$$M_E=\frac{qh^2\alpha^2}{4}[1-(1+\psi)\Phi]$$

当 $h_1=h$：$\Phi=\frac{1}{4\mu}$ [6 (2+ψ) +5κ]

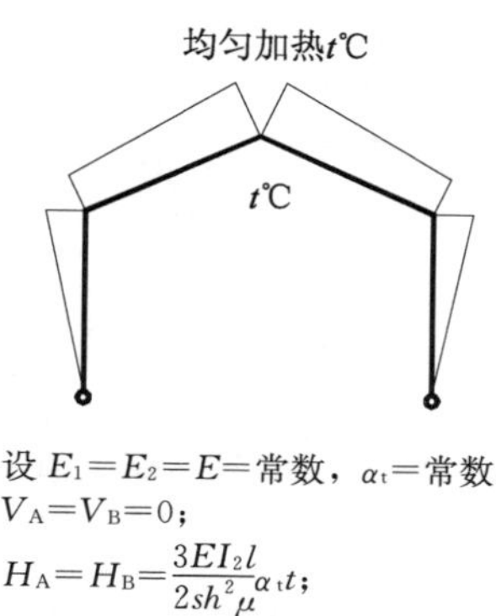

设 $E_1=E_2=E=$常数，$\alpha_t=$常数：

$$V_A=V_B=0;$$

$$H_A=H_B=\frac{3EI_2l}{2sh^2\mu}\alpha_t t;$$

$$M_C=M_D=-\frac{3EI_2l}{2sh\mu}\alpha_t t;$$

$$M_E=M_C(1+\psi)=M_D(1+\psi)$$

表 9.1-8

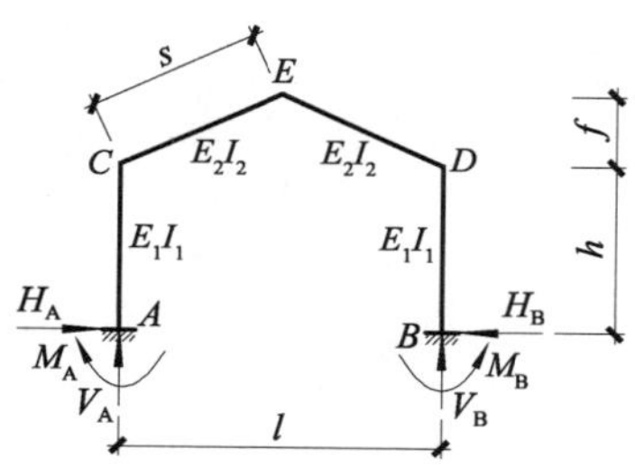

$$\lambda=\frac{l}{h};\psi=\frac{f}{h};\kappa=\frac{h}{s}\frac{E_2I_2}{E_1I_1}$$

$$\mu_1=4(1+\kappa)-2\mu_2(\kappa-\psi);\mu_2=\frac{3(\kappa-\psi)}{2(\kappa+\psi^2)};\mu_3=2+6\kappa;$$

$$C_1=\frac{2(1+\kappa)}{\kappa-\psi};C_2=\frac{3(2+\kappa+\psi)}{2(\kappa+\psi^2)}=(C_1-1)\mu_2$$

V_A、V_B及 M_E可在算出 H_A、H_B、M_A及 M_B之后，按静力平衡条件计算。

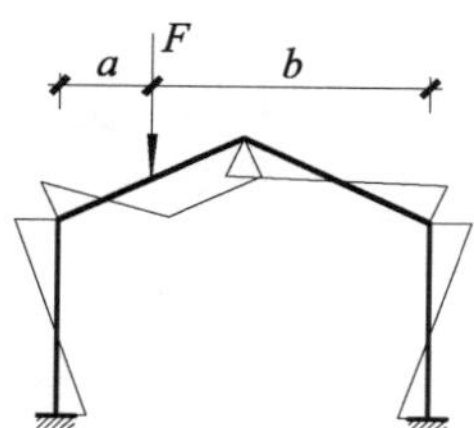

$$a\leqslant\frac{l}{2};\alpha=\frac{a}{l};\beta=\frac{b}{l};$$

$$H_A=H_B=\frac{F\alpha\lambda\mu_2}{3\mu_1}[\psi C_1(3-4\alpha^2)+6\beta]$$

$$\left.\begin{matrix}M_A\\M_B\end{matrix}\right\}=Fl\alpha\left\{\frac{1}{3\mu_1}[\psi C_2(3-4\alpha^2)+6(\mu_2-1)\beta]\mp\frac{\beta}{\mu_3}(\beta-\alpha)\right\}$$

$$\left.\begin{matrix}M_C\\M_D\end{matrix}\right\}=-Fl\alpha\left\{\frac{1}{3\mu_1}[\psi\mu_2(3-4\alpha^2)+6\beta]\pm\frac{\beta}{\mu_3}(\beta-\alpha)\right\}$$

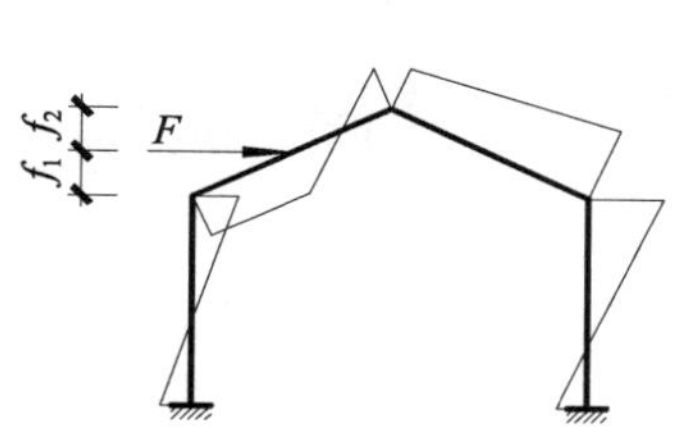

$$\alpha=\frac{f_1}{f};\beta=\frac{f_2}{f}$$

$$\left.\begin{matrix}H_A\\H_B\end{matrix}\right\}=-\frac{F}{2}\left\{\frac{2\psi\beta^2\mu_2}{3\mu_1}[\psi C_1(3-\beta)+3]\pm1\right\};$$

$$\left.\begin{matrix}M_A\\M_B\end{matrix}\right\}=-\frac{Fh}{2}\left\{\frac{2\psi\beta^2}{3\mu_1}[\psi C_2(3-\beta)+3(\mu_2-1)]\right.$$

$$\left.\pm\left[1-\frac{3\kappa}{\mu_3}+\frac{\psi}{\mu_3}(\alpha^3-2\alpha^2+\alpha)\right]\right\};$$

$$\left.\begin{matrix}M_C\\M_D\end{matrix}\right\}=\frac{Fh}{2}\left\{\frac{2\psi\beta^2}{3\mu_1}[\psi\mu_2(3-\beta)+3]\pm\frac{1}{\mu_3}[3\kappa+\psi(3\alpha^2-2\alpha-\alpha^3)]\right\}$$

续表

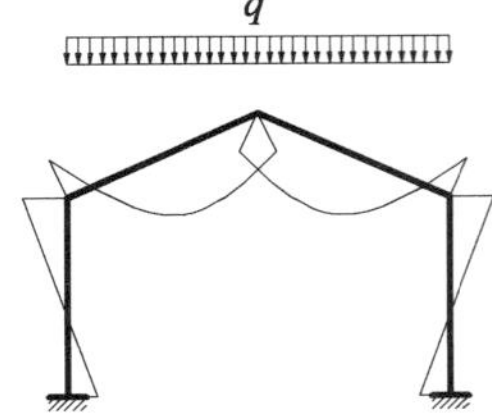

$H_A=H_B=\frac{ql\lambda\mu_2}{24\mu_1}(5\psi C_1+8)$；

$M_A=M_B=\frac{ql^2}{24\mu_1}[5\psi C_2+8(\mu_2-1)]$；

$M_C=M_D=-\frac{ql^2}{24\mu_1}(5\psi\mu_2+8)$

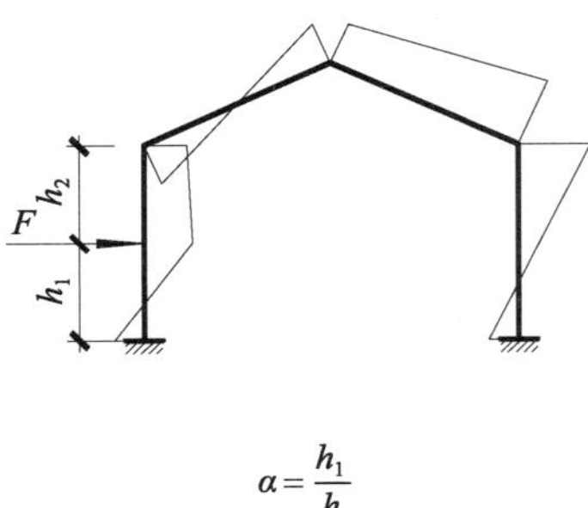

$\alpha=\frac{h_1}{h}$

$\left.\begin{matrix}H_A\\H_B\end{matrix}\right\}=-\frac{F}{2}\left\{1\pm1-\frac{2\kappa\alpha^2\mu_2}{3\mu_1}[C_1(3-\alpha)-3]\right\}$；

$\left.\begin{matrix}M_A\\M_B\end{matrix}\right\}=\frac{Fh\alpha}{2}\left\{\frac{2\kappa\alpha}{3\mu_1}[C_2(3-\alpha)-3(\mu_2-1)]\pm\left(\frac{3\kappa\alpha}{\mu_3}-1\right)-1\right\}$；

$\left.\begin{matrix}M_C\\M_D\end{matrix}\right\}=-\frac{Fh\kappa\alpha^2}{6}\left\{\frac{2}{\mu_1}[\mu_2(3-\alpha)-3]\mp\frac{9}{\mu_3}\right\}$；

当 $h_1=h$：$\left.\begin{matrix}H_A\\H_B\end{matrix}\right\}=-\frac{F}{2}\left\{1\pm1-\frac{2\kappa\mu_2}{3\mu_1}[2C_1-3]\right\}$；

$\left.\begin{matrix}M_A\\M_B\end{matrix}\right\}=\frac{Fh}{2}\left\{\frac{2\kappa}{3\mu_1}[2C_2-3(\mu_2-1)]\pm\left(\frac{3\kappa}{\mu_3}-1\right)-1\right\}$；

$\left.\begin{matrix}M_C\\M_D\end{matrix}\right\}=-\frac{Fh\kappa}{6}\left\{\frac{2}{\mu_1}[2\mu_2-3]\mp\frac{9}{\mu_3}\right\}$

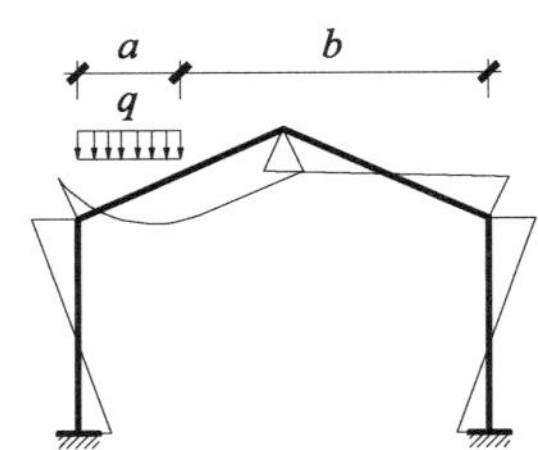

$a\leqslant\frac{l}{2}$：

$\alpha=\frac{a}{l}$；$\beta=\frac{b}{l}$

$H_A=H_B=\frac{ql\alpha^2\lambda\mu_2}{6\mu_1}[\psi C_1(3-2\alpha^2)+2(3-2\alpha)]$

$\left.\begin{matrix}M_A\\M_B\end{matrix}\right\}=\frac{ql^2\alpha^2}{6}\left\{\frac{1}{\mu_1}[\psi C_2(3-2\alpha^2)+2(3-2\alpha)(\mu_2-1)]\mp\frac{3\beta^2}{\mu_3}\right\}$；

$\left.\begin{matrix}M_C\\M_D\end{matrix}\right\}=-\frac{ql^2\alpha^2}{6}\left\{\frac{1}{\mu_1}[\psi\mu_2(3-2\alpha^2)+2(3-2\alpha)]\pm\frac{3\beta^2}{\mu_3}\right\}$

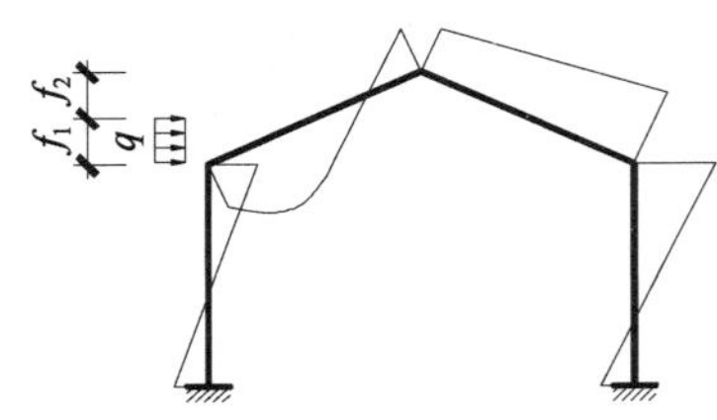

$\alpha=\frac{f_1}{f}$；$\beta=\frac{f_2}{f}$；

$\Phi_1=1+\beta+\beta^2$；$\Phi_2=(1+\beta)(1-\beta^2)$

$\left.\begin{matrix}H_A\\H_B\end{matrix}\right\}=-\frac{qf\alpha}{2}\left\{\frac{\psi\mu_2}{6\mu_1}[(3\psi C_1+4)\Phi_1-\psi C_1\beta^3]\pm1\right\}$；

$\left.\begin{matrix}M_A\\M_B\end{matrix}\right\}=-\frac{qf^2\alpha}{24}\left\{\frac{2}{\mu_1}[3\psi C_2\Phi_1+4(\mu_2-1)\Phi_1-\psi C_2\beta^3]\pm\left[\frac{12}{\psi}-\frac{3}{\mu_3}\left(\frac{12\kappa}{\psi}-\Phi_2\right)\right]\right\}$；

$\left.\begin{matrix}M_C\\M_D\end{matrix}\right\}=\frac{qf^2\alpha}{24}\left\{\frac{2}{\mu_1}[(3\psi\mu_2+4)\Phi_1-\psi\mu_2\beta^3]\pm\frac{3}{\mu_3}\left(\frac{12\kappa}{\psi}-\Phi_2\right)\right\}$

当 $f_1=f$：$\Phi_1=1$；$\Phi_2=1$

续表

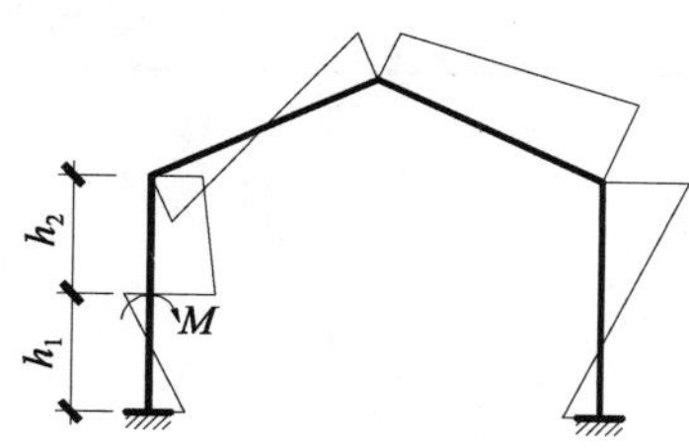

$\alpha=\dfrac{h_1}{h}$

$H_A=H_B=\dfrac{M\kappa\alpha\mu_2}{h\mu_1}[C_1(2-\alpha)-2]$；

$\left.\begin{matrix}M_A\\M_B\end{matrix}\right\}=\dfrac{M}{2}\left\{\dfrac{2\kappa\alpha}{\mu_1}[C_2(2-\alpha)-2(\mu_2-1)]-1\mp\left(1-\dfrac{6\kappa\alpha}{\mu_3}\right)\right\}$

$\left.\begin{matrix}M_C\\M_D\end{matrix}\right\}=-M\kappa\alpha\left\{\dfrac{1}{\mu_1}[\mu_2(2-\alpha)-2]\mp\dfrac{3}{\mu_3}\right\}$

当$h_1=h$：$H_A=H_B=\dfrac{M\kappa\mu_2}{h\mu_1}(C_1-2)$；

$\left.\begin{matrix}M_A\\M_B\end{matrix}\right\}=\dfrac{M}{2}\left\{\dfrac{2\kappa}{\mu_1}[C_2-2(\mu_2-1)]-1\pm\left(1-\dfrac{6\kappa}{\mu_3}\right)\right\}$；

$\left.\begin{matrix}M_C\\M_D\end{matrix}\right\}=-M\kappa\left[\dfrac{1}{\mu_1}(\mu_2-2)\mp\dfrac{3}{\mu_3}\right]$，$M_C$为梁端弯矩

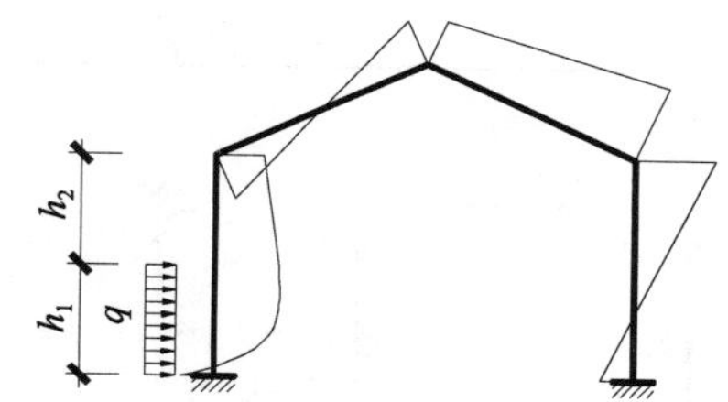

$\alpha=\dfrac{h_1}{h}$

$\left.\begin{matrix}H_A\\H_B\end{matrix}\right\}=-\dfrac{qh\alpha}{2}\left\{1\pm1-\dfrac{\kappa\alpha^2\mu_2}{6\mu_1}[C_1(4-\alpha)-4]\right\}$

$\left.\begin{matrix}M_A\\M_B\end{matrix}\right\}=\dfrac{qh^2\alpha^2}{12}\left\{\dfrac{\kappa\alpha}{\mu_1}[C_2(4-\alpha)-4(\mu_2-1)]-3\mp\left(3-\dfrac{6\kappa\alpha}{\mu_3}\right)\right\}$

$\left.\begin{matrix}M_C\\M_D\end{matrix}\right\}=-\dfrac{qh^2\kappa\alpha^3}{12}\left\{\dfrac{1}{\mu_1}[\mu_2(4-\alpha)-4]\mp\dfrac{6}{\mu_3}\right\}$

当$h_1=h$：$\left.\begin{matrix}H_A\\H_B\end{matrix}\right\}=-\dfrac{qh}{2}\left[1\pm1-\dfrac{\kappa\mu_2}{6\mu_1}(3C_1-4)\right]$

$\left.\begin{matrix}M_A\\M_B\end{matrix}\right\}=\dfrac{qh^2}{12}\left\{\dfrac{\kappa}{\mu_1}[3C_2-4(\mu_2-1)]-3\mp\left(3-\dfrac{6\kappa}{\mu_3}\right)\right\}$

$\left.\begin{matrix}M_C\\M_D\end{matrix}\right\}=-\dfrac{qh^2\kappa}{12}\left[\dfrac{1}{\mu_1}(3\mu_2-4)\mp\dfrac{6}{\mu_3}\right]$

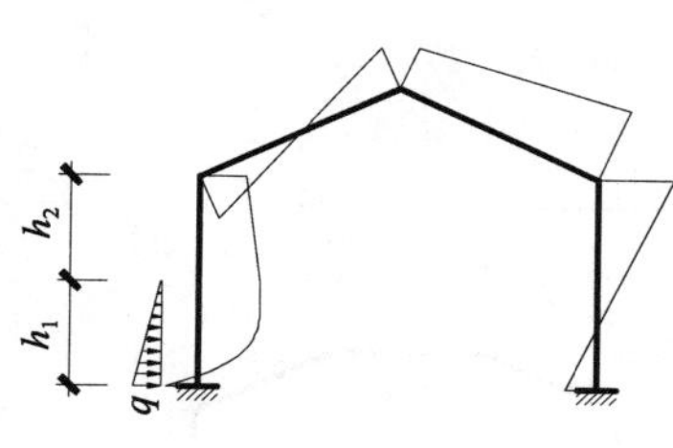

$\alpha=\dfrac{h_1}{h}$；$\left.\begin{matrix}H_A\\H_B\end{matrix}\right\}=-\dfrac{qh\alpha}{4}\left\{1\pm1-\dfrac{\kappa\alpha^2\mu_2}{15\mu_1}[C_1(5-\alpha)-5]\right\}$；

$\left.\begin{matrix}M_A\\M_B\end{matrix}\right\}=\dfrac{qh^2\alpha^2}{120}\left\{\dfrac{2\kappa\alpha}{\mu_1}[C_2(5-\alpha)-5(\mu_2-1)]-10\mp\left(10-\dfrac{15\kappa\alpha}{\mu_3}\right)\right\}$

$\left.\begin{matrix}M_C\\M_D\end{matrix}\right\}=-\dfrac{qh^2\kappa\alpha^3}{120}\left\{\dfrac{2}{\mu_1}[\mu_2(5-\alpha)-5]\mp\dfrac{15}{\mu_3}\right\}$

当 $h_1=h$：$\left.\begin{matrix}H_A\\H_B\end{matrix}\right\}=-\dfrac{qh}{4}\left[1\pm1-\dfrac{\kappa\mu_2}{15\mu_1}(4C_1-5)\right]$；

$\left.\begin{matrix}M_A\\M_B\end{matrix}\right\}=\dfrac{qh^2}{120}\left\{\dfrac{2\kappa}{\mu_1}[4C_2-5(\mu_2-1)]-10\mp\left(10-\dfrac{15\kappa}{\mu_3}\right)\right\}$

$\left.\begin{matrix}M_C\\M_D\end{matrix}\right\}=-\dfrac{qh^2\kappa}{120}\left[\dfrac{2}{\mu_1}(4\mu_2-5)\mp\dfrac{15}{\mu_3}\right]$

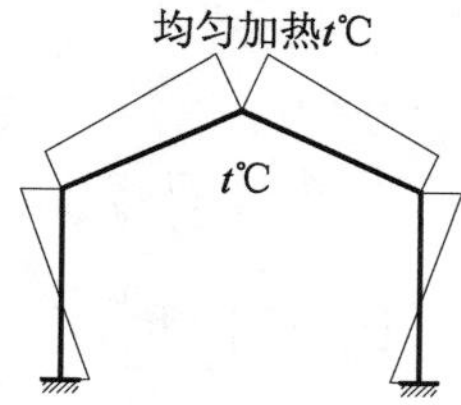

设 $E_1=E_2=E=$常数，$\alpha_t=$常数：

$H_A=H_B=\dfrac{2EI_2lC_1\mu_2}{sh^2\mu_1}\alpha_t t$；

$M_A=M_B=\dfrac{2EI_2lC_2}{sh\mu_1}\alpha_t t$；

$M_C=M_D=-\dfrac{2EI_2l\mu_2}{sh\mu_1}\alpha_t t$

9.1.5 "∩"形刚架

表 9.1-9

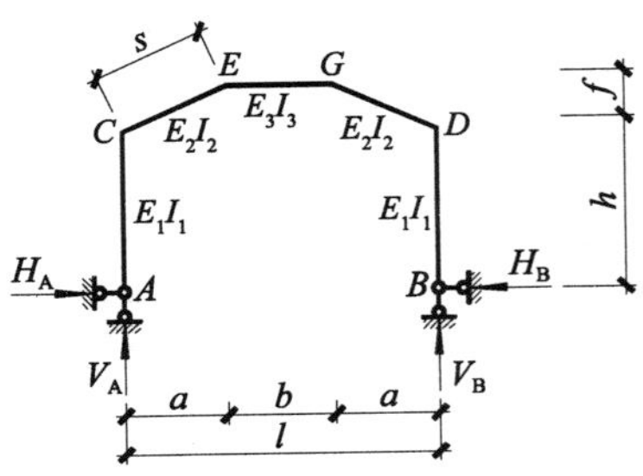

$\lambda_1=\frac{a}{l}$；$\lambda_2=\frac{b}{l}$；$\psi=\frac{f}{h}$；

$\psi_1=\frac{f}{h+f}$；$\psi_2=\frac{h}{h+f}$；$\psi_3=\frac{l}{h+f}$；

$\kappa_1=\frac{b}{s}\times\frac{E_2I_2}{E_3I_3}$；$\kappa_2=\frac{h}{s}\times\frac{E_2I_2}{E_1I_1}$；

$\mu=\psi_2{}^2(1+\kappa_2)+1+\psi_2+\frac{3\kappa_1}{2}$

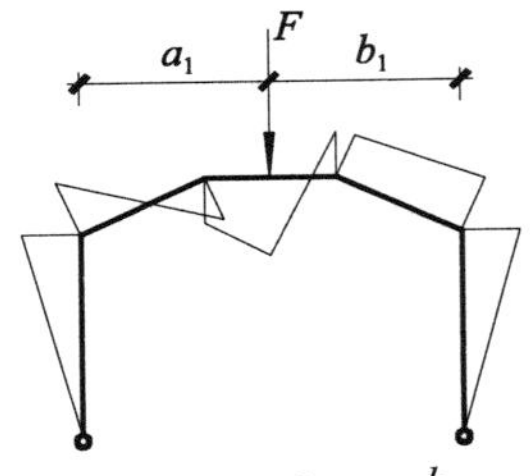

$a\leqslant a_1\leqslant(a+b)$；$\alpha=\frac{a_1}{l}$；$\beta=\frac{b_1}{l}$

$\Phi=\frac{1}{2\mu}\left[\lambda_1(2+\psi_2)+\frac{3\kappa_1}{\lambda_2}(\alpha-\alpha^2-\lambda_1^2)\right]$

$V_A=F\beta$；$V_B=F\alpha$；

$H_A=H_B=\frac{Fl}{2h}\psi_2\Phi$；

$M_C=M_D=-\frac{Fl}{2}\psi_2\Phi$；

$\left.\begin{matrix}M_E\\M_G\end{matrix}\right\}=\frac{Fl}{2}\{[1\pm(1-2\alpha)]\lambda_1-\Phi\}$

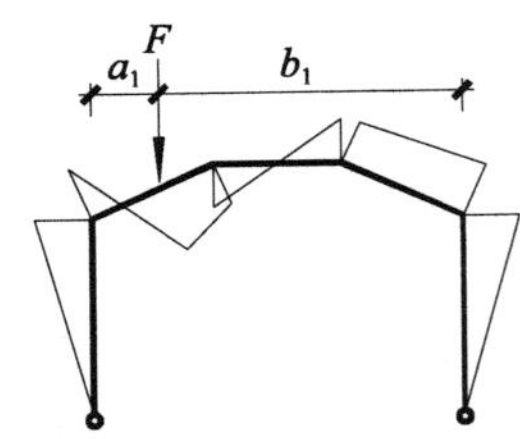

$a_1\leqslant a$；$\alpha=\frac{a_1}{l}$；$\beta=\frac{b_1}{l}$

$\Phi=\frac{1}{2\mu}\left[3(1+\psi_2+\kappa_1)-\frac{\alpha}{\lambda_1}(3\psi_2+\frac{\alpha\psi_1}{\lambda_1})\right]$

$V_A=F\beta$；$V_B=F\alpha$；

$H_A=H_B=\frac{Fl\alpha}{2h}\psi_2\Phi$

$M_C=M_D=-\frac{Fl\alpha}{2}\psi_2\Phi$

$\left.\begin{matrix}M_E\\M_G\end{matrix}\right\}=\frac{Fl\alpha}{2}(1\pm\lambda_2-\Phi)$

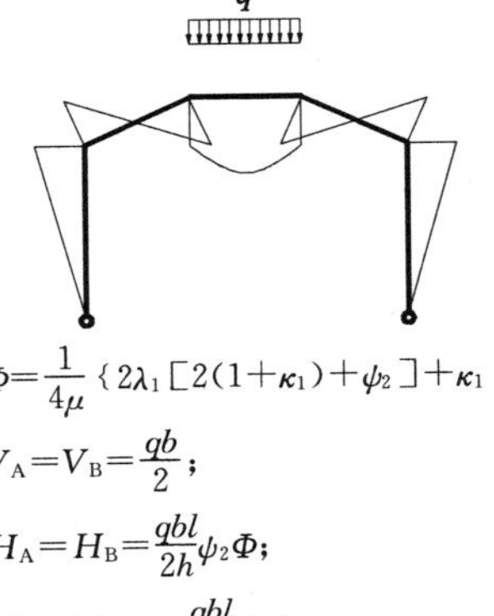

$\Phi=\frac{1}{4\mu}\{2\lambda_1[2(1+\kappa_1)+\psi_2]+\kappa_1\}$

$V_A=V_B=\frac{qb}{2}$；

$H_A=H_B=\frac{qbl}{2h}\psi_2\Phi$；

$M_C=M_D=-\frac{qbl}{2}\psi_2\Phi$；

$M_E=M_G=\frac{qbl}{2}(\lambda_1-\Phi)$

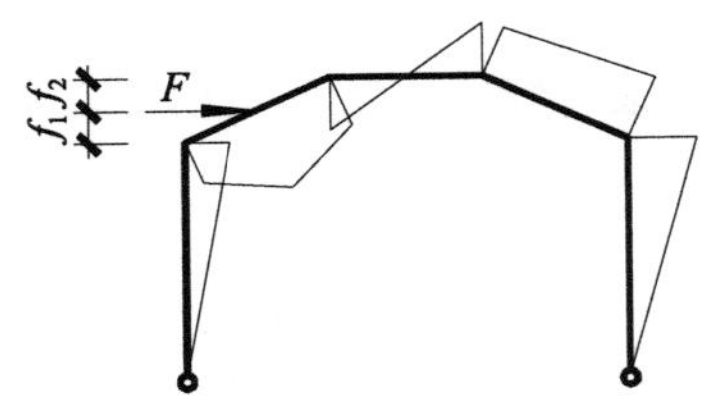

$\beta=\frac{f_2}{f}$；$\Phi=\frac{\beta}{2\mu}(3\kappa_1+3\beta-\psi_1\beta^2)$

$V_A=-V_B=-\frac{F}{l}(h+f_1)$；

$\left.\begin{matrix}H_A\\H_B\end{matrix}\right\}=-\frac{F}{2}(\psi_1\Phi\pm1)$；$\left.\begin{matrix}M_C\\M_D\end{matrix}\right\}=\frac{Fh}{2}(\psi_1\Phi\pm1)$；

$\left.\begin{matrix}M_E\\M_G\end{matrix}\right\}=-\frac{Ff}{2}\left[\beta\mp\lambda_2\left(\frac{1}{\psi_1}-\beta\right)-\Phi\right]$

当 $f_2=0$：$\Phi=0$

续表

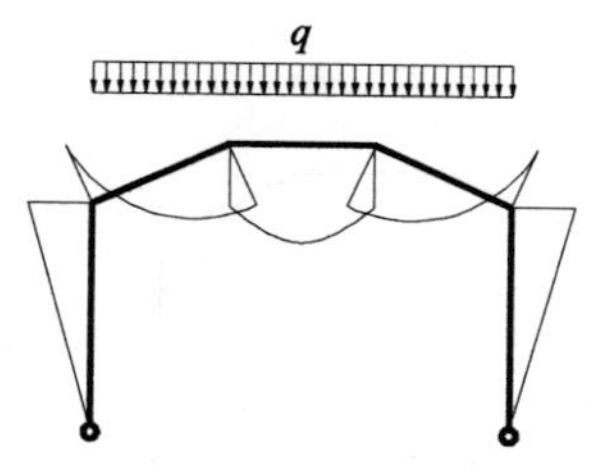

$$\Phi=\frac{1}{4\mu}[2\lambda_1(2+\psi_2+\kappa_1)-\lambda_1^2(3+\psi_2+2\kappa_1)+\kappa_1]$$

$$V_A=V_B=\frac{ql}{2};$$

$$H_A=H_B=\frac{ql^2}{2h}\psi_2\Phi;$$

$$M_C=M_D=-\frac{ql^2}{2}\psi_2\Phi;$$

$$M_E=M_G=\frac{ql^2}{2}[\lambda_1(1-\lambda_1)-\Phi]$$

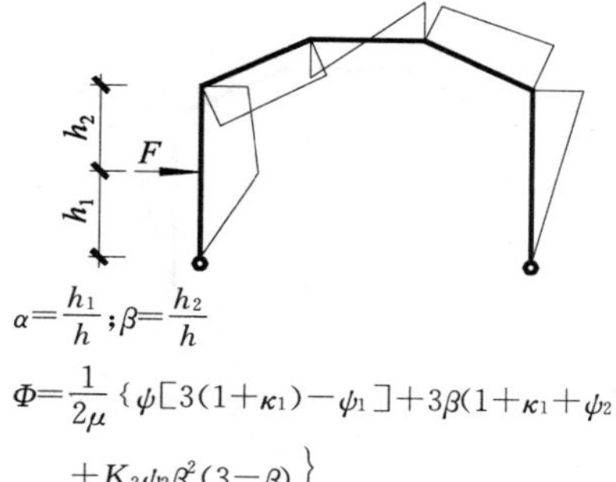

$$\alpha=\frac{h_1}{h};\beta=\frac{h_2}{h}$$

$$\Phi=\frac{1}{2\mu}\{\psi[3(1+\kappa_1)-\psi_1]+3\beta(1+\kappa_1+\psi_2)+K_2\psi_2\beta^2(3-\beta)\}$$

$$V_A=-V_B=-\frac{Fh_1}{l};\left.\begin{matrix}H_A\\H_B\end{matrix}\right\}=-\frac{F}{2}(\psi_2\Phi\pm1);$$

$$\left.\begin{matrix}M_C\\M_D\end{matrix}\right\}=-\frac{Fh}{2}(1-\alpha\mp\alpha-\psi_2\Phi);$$

$$\left.\begin{matrix}M_E\\M_G\end{matrix}\right\}=-\frac{Fh}{2}(1+\psi-\alpha\mp\lambda_2\alpha-\Phi);$$

当 $h_1=h$：$\Phi=\frac{\psi}{2\mu}[3(1+\kappa_1)-\psi_1]$

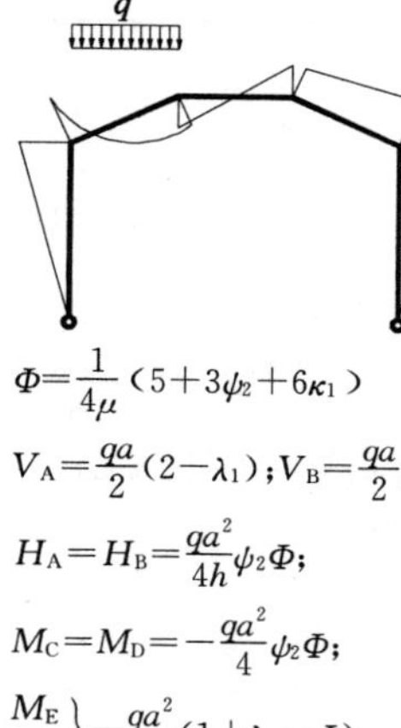

$$\Phi=\frac{1}{4\mu}(5+3\psi_2+6\kappa_1)$$

$$V_A=\frac{qa}{2}(2-\lambda_1);V_B=\frac{qa}{2}\lambda_1;$$

$$H_A=H_B=\frac{qa^2}{4h}\psi_2\Phi;$$

$$M_C=M_D=-\frac{qa^2}{4}\psi_2\Phi;$$

$$\left.\begin{matrix}M_E\\M_G\end{matrix}\right\}=\frac{qa^2}{4}(1\pm\lambda_2-\Phi)$$

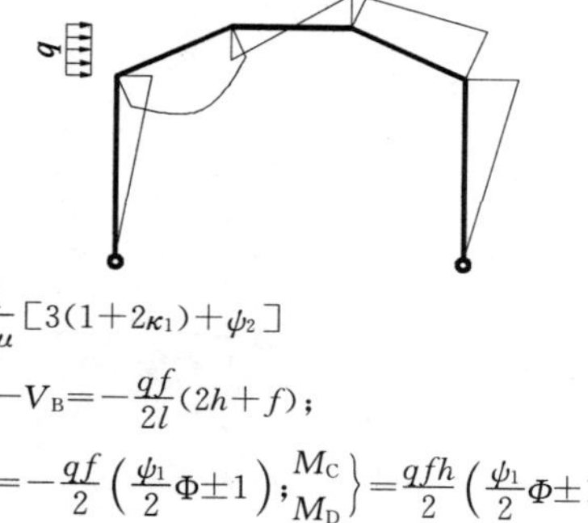

$$\Phi=\frac{1}{4\mu}[3(1+2\kappa_1)+\psi_2]$$

$$V_A=-V_B=-\frac{qf}{2l}(2h+f);$$

$$\left.\begin{matrix}H_A\\H_B\end{matrix}\right\}=-\frac{qf}{2}\left(\frac{\psi_1}{2}\Phi\pm1\right);\left.\begin{matrix}M_C\\M_D\end{matrix}\right\}=\frac{qfh}{2}\left(\frac{\psi_1}{2}\Phi\pm1\right)$$

$$\left.\begin{matrix}M_E\\M_G\end{matrix}\right\}=-\frac{qf^2}{4}\left[1\mp\lambda_2\left(1+\frac{2}{\psi}\right)-\Phi\right]$$

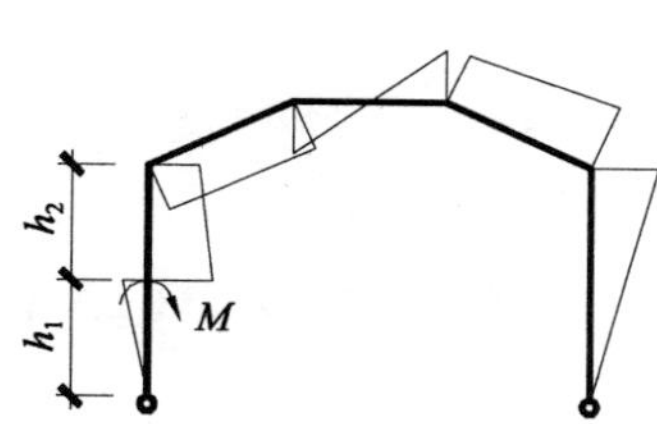

$$\alpha=\frac{h_1}{h};$$

$$\Phi=\frac{3}{2\mu}[1+\kappa_1+\psi_2+\kappa_2\psi_2\ (1-\alpha^2)]$$

$$V_A=-V_B=-\frac{M}{l};$$

$$H_A=H_B=\frac{M}{2\ (h+f)}\Phi;$$

$$\left.\begin{matrix}M_C\\M_D\end{matrix}\right\}=\frac{M}{2}\ (1\pm1-\psi_2\Phi);\ \left.\begin{matrix}M_E\\M_G\end{matrix}\right\}=\frac{M}{2}\ (1\pm\lambda_2-\Phi)$$

当 $h_1=h$：$\Phi=\frac{3}{2\mu}\ (1+\kappa_1+\psi_2)$；$M_C=-\frac{M}{2}\psi_2\Phi$（柱端弯矩）

当 $h_1=0$：$\Phi=\frac{3}{2\mu}[1+\kappa_1+\psi_2\ (1+\kappa_2)]$

续表

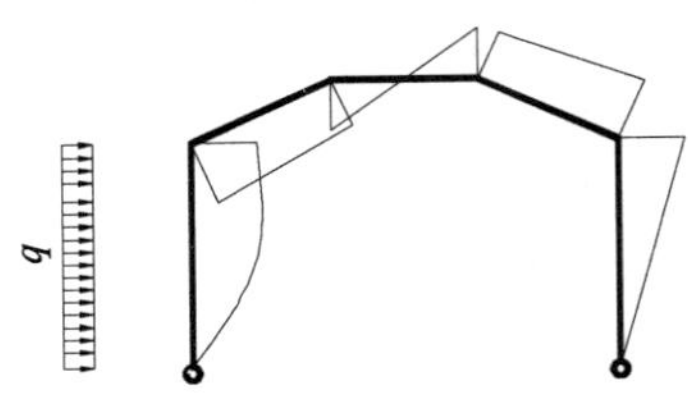

$$\Phi=\frac{1}{4\mu}\{4\psi[3(1+\kappa_1)-\psi_1]+6(1+\kappa_1+\psi_2)+3\kappa_2\psi_2\}$$

$V_A=-V_B=-\frac{qh^2}{2l}$;

$\left.\begin{matrix}H_A\\H_B\end{matrix}\right\}=-\frac{qh}{2}\left(\frac{\psi_2}{2}\Phi\pm1\right)$

$\left.\begin{matrix}M_C\\M_D\end{matrix}\right\}=-\frac{qh^2}{4}(1\mp1-\psi_2\Phi)$;

$\left.\begin{matrix}M_E\\M_G\end{matrix}\right\}=-\frac{qh^2}{4}(1+2\psi\mp\lambda_2-\Phi)$

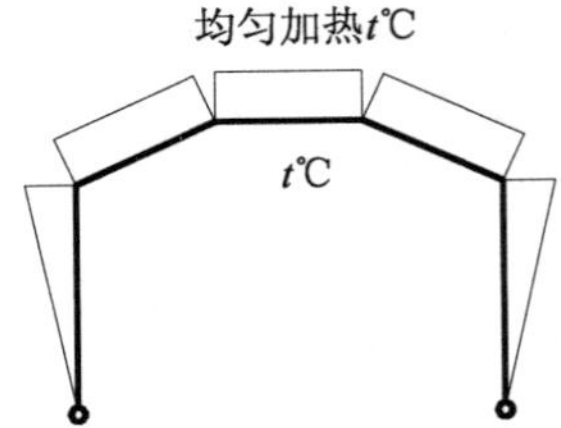

设 $E_1=E_2=E=$常数，$\alpha_t=$常数：

$V_A=V_B=0$;

$H_A=H_B=\frac{3EI_2l}{2s(h+f)^2\mu}\alpha_t t$;

$M_C=M_D=-H_Ah=-H_Bh$;

$M_E=M_G=-H_A(h+f)=-H_B(h+f)$

表 9.1-10

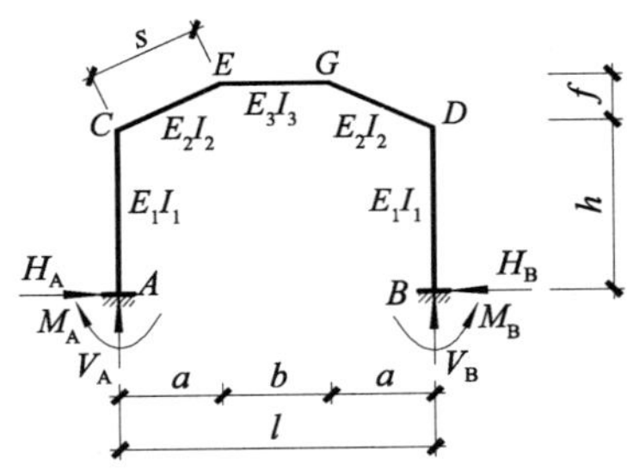

$\psi=\frac{f}{h}$；$\lambda_1=\frac{a}{l}$；$\lambda_2=\frac{b}{l}$；$\lambda_3=1+\psi$；$2\lambda_1+\lambda_2=1$；

$\kappa_1=\frac{b}{s}\times\frac{E_2I_2}{E_3I_3}$；$\kappa_2=\frac{h}{s}\times\frac{E_2I_2}{E_1I_1}$；

$\mu_1=\psi(2+3\kappa_1)$；$\mu_2=1+\lambda_3(2+3\kappa_1)$

$\mu_3=1+\lambda_2(2+\kappa_1)$；$\mu_4=2(\kappa_2+1)+\lambda_3(1+\mu_2)$；

$\mu_5=2\kappa_2+\psi\mu_1$；$\mu_6=\psi\mu_2-\kappa_2$；$\mu_7=3\kappa_2+2+\lambda_2$；

$\mu_8=\mu_4\mu_5-\mu_6^2$；$\mu_9=3\kappa_2+\mu_7+\lambda_2\mu_3$

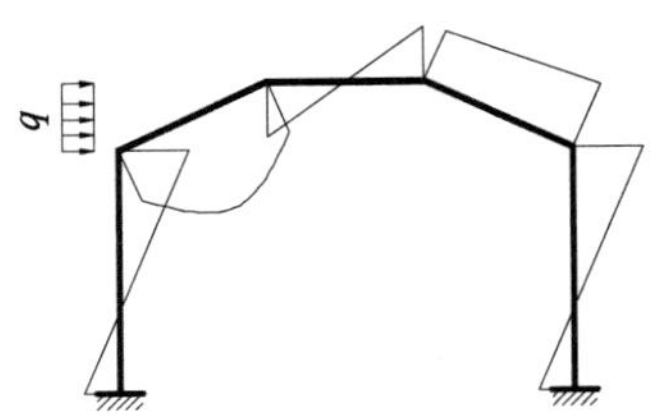

$\Phi_1=2\mu_1-\psi$；$\Phi_2=2\mu_2-\lambda_3-1$；

$\Phi_3=\frac{\Phi_1\mu_4-\Phi_2\mu_6}{2\mu_8}$；$\Phi_4=\frac{\Phi_2\mu_5-\Phi_1\mu_6}{2\mu_8}$；

$\Phi_5=\frac{4}{\psi}(\mu_7+\lambda_2\mu_3)+2\lambda_2\mu_3+\lambda_2+1$；

$\Phi_6=\frac{\Phi_5}{2\mu_9}$；$V_A=-V_B=\frac{qf^2}{8l}\left(\frac{8}{\psi}-4\Phi_6+4\right)$；

$H_B=\frac{qf^2}{4}\left(\frac{2}{f}-\frac{\Phi_3+\Phi_4}{h}\right)$；$H_A=H_B-qf$；

$\left.\begin{matrix}M_A\\M_B\end{matrix}\right\}=\frac{qf^2}{4}(-\Phi_3\mp\Phi_6)$；$\left.\begin{matrix}M_C\\M_D\end{matrix}\right\}=\frac{qf^2}{4}\left(\Phi_4\pm\frac{2}{\psi}\mp\Phi_6\right)$

$\left.\begin{matrix}M_E\\M_G\end{matrix}\right\}=-\frac{qf^2}{4}\left[1-\psi\Phi_3-\lambda_3\Phi_4\mp\lambda_2\left(\frac{2}{\psi}-\Phi_6+1\right)\right]$

续表

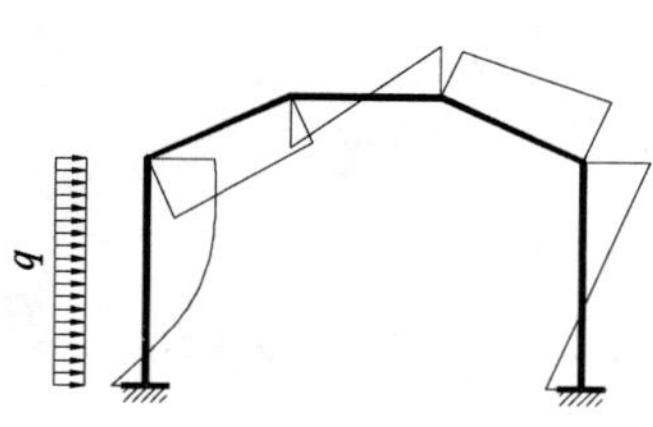

$\Phi_1=2\psi\mu_1+\kappa_2$；$\Phi_2=2\psi\mu_2-\kappa_2$；

$\Phi_3=\dfrac{\Phi_1\mu_4-\Phi_2\mu_6}{2\mu_8}$；$\Phi_4=\dfrac{\Phi_2\mu_5-\Phi_1\mu_6}{2\mu_8}$；

$\Phi_5=2(\mu_7+\lambda_2\mu_3+\kappa_2)$；$\Phi_6=\dfrac{\Phi_5}{2\mu_9}$

$V_A=-V_B=-\dfrac{qh^2}{2l}(1-\Phi_6)$；

$H_B=\dfrac{qh}{4}(1-\Phi_3-\Phi_4)$；$H_A=H_B-qh$

$\left.\begin{matrix}M_A\\M_B\end{matrix}\right\}=-\dfrac{qh^2}{4}(\Phi_3\pm\Phi_6)$；$\left.\begin{matrix}M_C\\M_D\end{matrix}\right\}=\dfrac{qh^2}{4}[\Phi_4\pm(1-\Phi_6)]$

$\left.\begin{matrix}M_E\\M_G\end{matrix}\right\}=\dfrac{qh^2}{4}[\psi\Phi_3-\psi+\lambda_3\Phi_4\pm\lambda_2(1-\Phi_6)]$

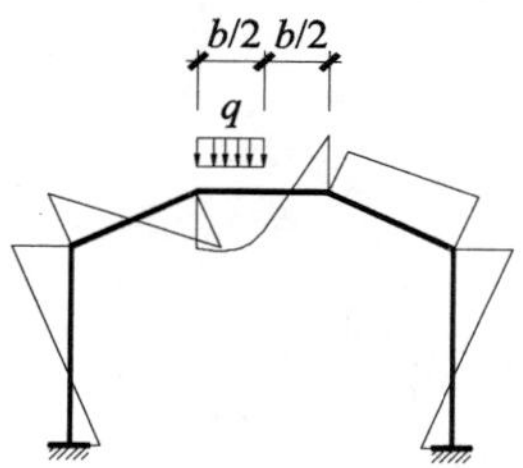

$\Phi_1=2a\mu_1+b\psi\kappa_1$；$\Phi_2=2a\mu_2+b\lambda_3\kappa_1$；

$\Phi_3=\dfrac{\Phi_1\mu_4-\Phi_2\mu_6}{2\mu_8}$；$\Phi_4=\dfrac{\Phi_2\mu_5-\Phi_1\mu_6}{2\mu_8}$；

$\Phi_5=\dfrac{b}{8}(8\lambda_1\mu_3+\lambda_2\kappa_1)$；$\Phi_6=\dfrac{\Phi_5}{2\mu_9}$；

$V_A=\dfrac{qb}{8l}(4a+3b+4\Phi_6)$；$V_B=\dfrac{qb}{8l}(4a+b-4\Phi_6)$；

$H_A=H_B=\dfrac{qb}{4h}(\Phi_3+\Phi_4)$；

$\left.\begin{matrix}M_A\\M_B\end{matrix}\right\}=\dfrac{qb}{4}(\Phi_3\mp\Phi_6)$；$\left.\begin{matrix}M_C\\M_D\end{matrix}\right\}=-\dfrac{qb}{4}(\Phi_4\pm\Phi_6)$；

$\left.\begin{matrix}M_E\\M_G\end{matrix}\right\}=\dfrac{qb}{4}\left[a-\psi\Phi_3-\lambda_3\Phi_4\pm\left(\dfrac{\lambda_1 b}{2}-\lambda_2\Phi_6\right)\right]$

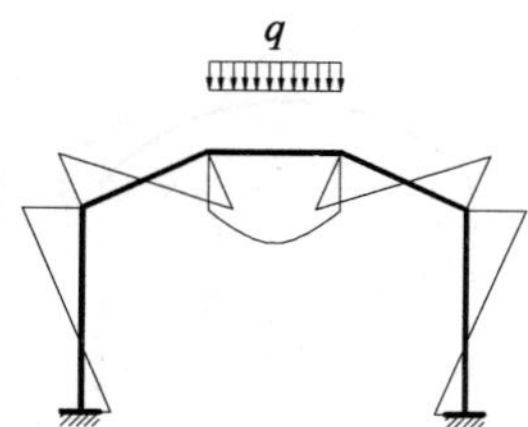

$\Phi_1=a\mu_1+\dfrac{b\psi\kappa_1}{2}$；$\Phi_2=a\mu_2+\dfrac{b\lambda_3\kappa_1}{2}$；

$\Phi_3=\dfrac{\Phi_1\mu_4-\Phi_2\mu_6}{2\mu_8}$；$\Phi_4=\dfrac{\Phi_2\mu_5-\Phi_1\mu_6}{2\mu_8}$；

$V_A=V_B=\dfrac{qb}{2}$；$H_A=H_B=\dfrac{qb}{h}(\Phi_3+\Phi_4)$；

$M_A=M_B=qb\Phi_3$；$M_C=M_D=-qb\Phi_4$；

$\left.\begin{matrix}M_E\\M_G\end{matrix}\right\}=qb\left(\dfrac{a}{2}-\psi\Phi_3-\lambda_3\Phi_4\right)$

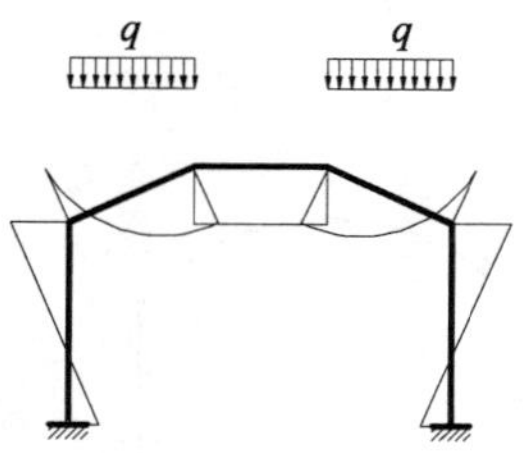

$\Phi_1=2\mu_1+\psi$；$\Phi_2=2\mu_2+\lambda_3+1$；

$V_A=V_B=qa$；

$M_A=M_B=\dfrac{qa^2}{4\mu_8}(\Phi_1\mu_4-\Phi_2\mu_6)$；

$M_C=M_D=-\dfrac{qa^2}{4\mu_8}(\Phi_2\mu_5-\Phi_1\mu_6)$；

$M_E=M_G=\dfrac{qa^2}{2}-\psi M_A+\lambda_3 M_C$；

$H_A=H_B=\dfrac{M_A-M_C}{h}$

续表

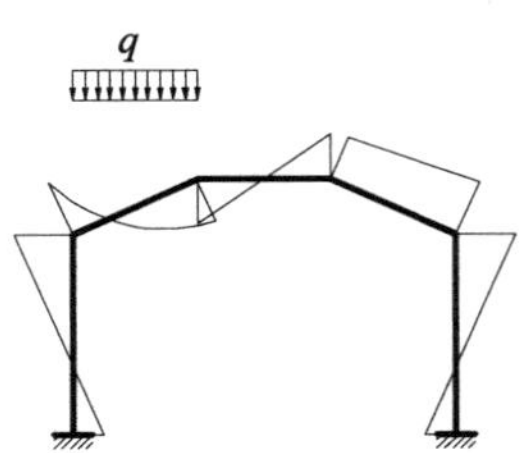

$\Phi_1=2\mu_1+\psi$；$\Phi_2=2\mu_2+\lambda_3+1$；

$\Phi_3=\dfrac{\Phi_1\mu_4-\Phi_2\mu_6}{2\mu_8}$；$\Phi_4=\dfrac{\Phi_2\mu_5-\Phi_1\mu_6}{2\mu_8}$；

$\Phi_5=2\lambda_2\mu_3+\lambda_2+1$；$\Phi_6=\dfrac{\Phi_5}{2\mu_9}$；

$V_A=qa-V_B$；$V_B=\dfrac{qa^2}{2l}(1-\Phi_6)$；

$H_A=H_B=\dfrac{qa^2}{4h}(\Phi_3+\Phi_4)$；

$\left.\begin{matrix}M_A\\M_B\end{matrix}\right\}=\dfrac{qa^2}{4}(\Phi_3\mp\Phi_6)$；$\left.\begin{matrix}M_C\\M_D\end{matrix}\right\}=\dfrac{qa^2}{4}(-\Phi_4\mp\Phi_6)$；

$\left.\begin{matrix}M_E\\M_G\end{matrix}\right\}=\dfrac{qa^2}{4}[1-\psi\Phi_3-\lambda_3\Phi_4\pm\lambda_2(1-\Phi_6)]$

9.1.6 “∩”形刚架（横梁为二次抛物线形）

表 9.1-11

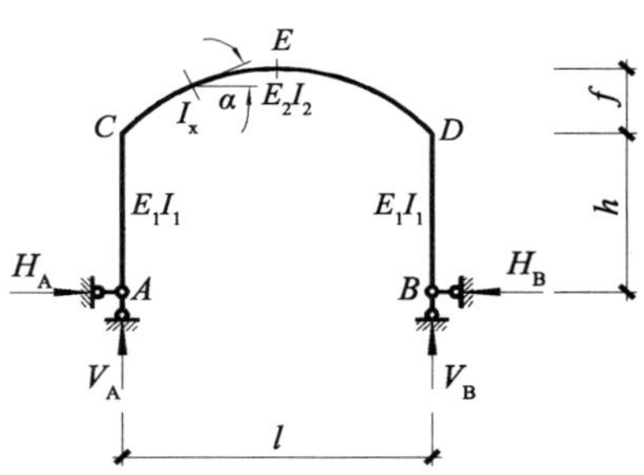

$\dfrac{I_2}{I_x\cos\alpha}=1$

$\psi=\dfrac{f}{h}$；$\lambda=\dfrac{l}{h}$；$\kappa=\dfrac{h}{l}\dfrac{E_2I_2}{E_1I_1}$；

$\mu=5(3+2\kappa)+4\psi(5+2\psi)$

注：I_x为倾角 α 截面处的惯性矩，I_2为拱顶处惯性矩。

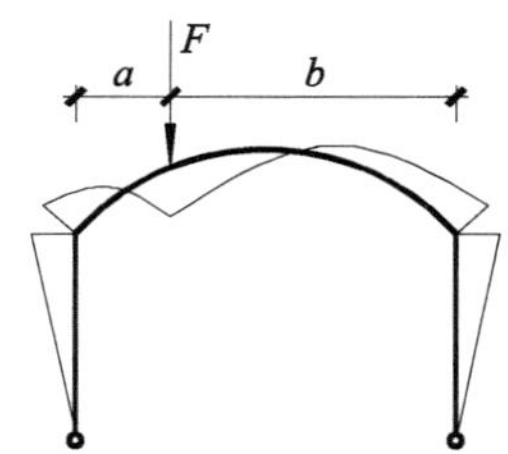

$\alpha=\dfrac{a}{l}$；$\beta=\dfrac{b}{l}$

$\Phi=\dfrac{5}{\mu}[3(\alpha-\alpha^2)+2\psi(\alpha-2\alpha^3+\alpha^4)]$

$V_A=F\beta$；$V_B=F\alpha$；

$H_A=H_B=\dfrac{F}{2}\lambda\Phi$；$M_C=M_D=-\dfrac{Fl}{2}\Phi$

当 $a\leqslant\dfrac{l}{2}$：$M_E=\dfrac{Fl}{2}[\alpha-(1+\psi)\Phi]$

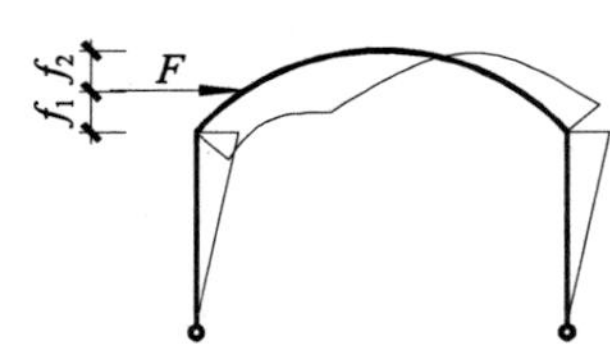

$\beta=\dfrac{f_2}{f}$；$\Phi=\dfrac{2\psi\beta^{3/2}}{\mu}[5(1+\psi)-\psi\beta]$；

$V_A=-V_B=-\dfrac{F}{l}(h+f_1)$；

$\left.\begin{matrix}H_A\\H_B\end{matrix}\right\}=-\dfrac{F}{2}(\Phi\pm1)$；$\left.\begin{matrix}M_C\\M_D\end{matrix}\right\}=\dfrac{Fh}{2}(\Phi\pm1)$；

$M_E=-\dfrac{Fh}{2}[\psi\beta-(1+\psi)\Phi]$

当 $f_2=f$：$\Phi=\dfrac{2\psi}{\mu}(5+4\psi)$

续表

<table>
<tr>
<td>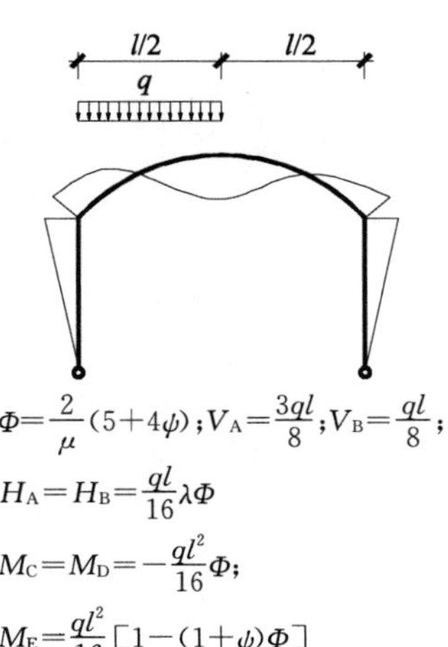

$\Phi=\frac{2}{\mu}(5+4\psi)$；$V_A=\frac{3ql}{8}$；$V_B=\frac{ql}{8}$；
$H_A=H_B=\frac{ql}{16}\lambda\Phi$
$M_C=M_D=-\frac{ql^2}{16}\Phi$；
$M_E=\frac{ql^2}{16}[1-(1+\psi)\Phi]$</td>
<td>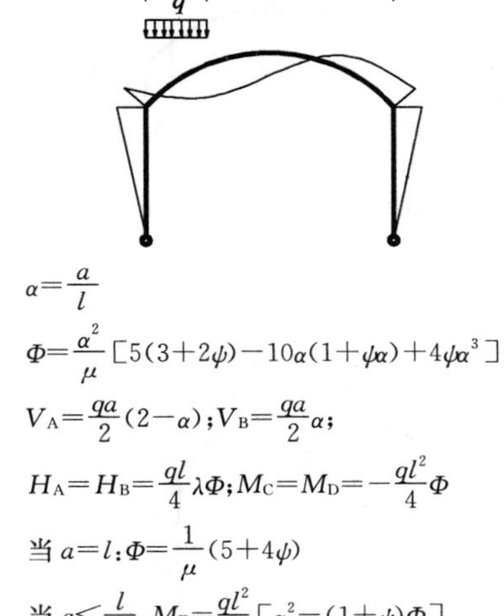

$\alpha=\frac{a}{l}$
$\Phi=\frac{\alpha^2}{\mu}[5(3+2\psi)-10\alpha(1+\psi\alpha)+4\psi\alpha^3]$；
$V_A=\frac{qa}{2}(2-\alpha)$；$V_B=\frac{qa}{2}\alpha$；
$H_A=H_B=\frac{ql}{4}\lambda\Phi$；$M_C=M_D=-\frac{ql^2}{4}\Phi$
当 $a=l$：$\Phi=\frac{1}{\mu}(5+4\psi)$
当 $a\leqslant\frac{l}{2}$：$M_E=\frac{ql^2}{4}[\alpha^2-(1+\psi)\Phi]$</td>
</tr>
<tr>
<td>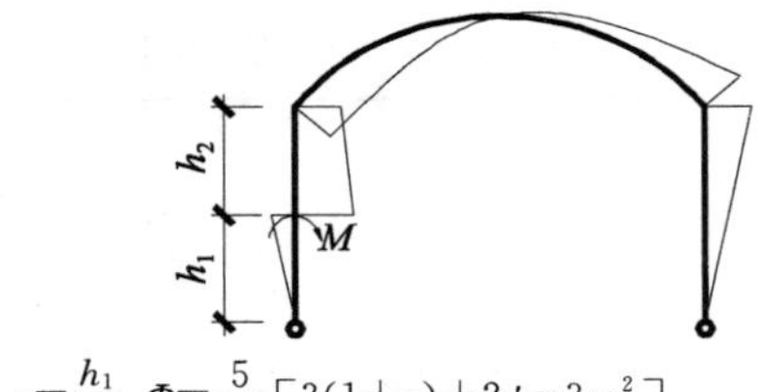

$\alpha=\frac{h_1}{h}$，$\Phi=\frac{5}{\mu}[3(1+\kappa)+2\psi-3\kappa\alpha^2]$
$V_A=-V_B=-\frac{M}{l}$；$H_A=H_B=\frac{M}{2h}\Phi$；
$\left.\begin{matrix}M_C\\M_D\end{matrix}\right\}=\frac{M}{2}(1\pm1-\Phi)$；$M_E=\frac{M}{2}[1-(1+\psi)\Phi]$；
当 $h_1=h$：$\Phi=\frac{5}{\mu}(3+2\psi)$；$M_C=-\frac{M}{2}\Phi$(柱端弯矩)；
当 $h_1=0$：$\Phi=\frac{5}{\mu}(3+3K+2\psi)$；</td>
<td>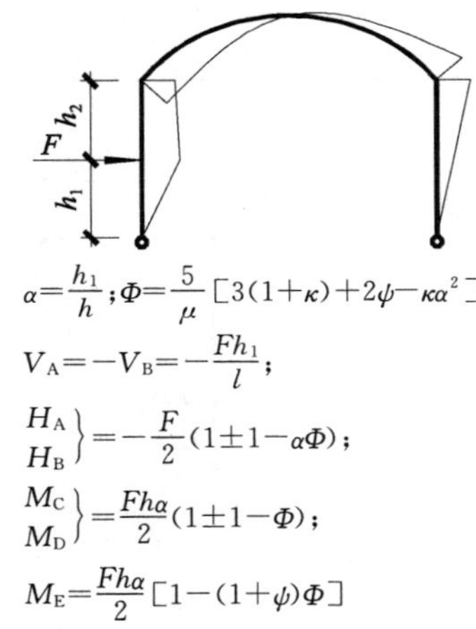

$\alpha=\frac{h_1}{h}$；$\Phi=\frac{5}{\mu}[3(1+\kappa)+2\psi-\kappa\alpha^2]$
$V_A=-V_B=-\frac{Fh_1}{l}$；
$\left.\begin{matrix}H_A\\H_B\end{matrix}\right\}=-\frac{F}{2}(1\pm1-\alpha\Phi)$；
$\left.\begin{matrix}M_C\\M_D\end{matrix}\right\}=\frac{Fh\alpha}{2}(1\pm1-\Phi)$；
$M_E=\frac{Fh\alpha}{2}[1-(1+\psi)\Phi]$</td>
</tr>
<tr>
<td>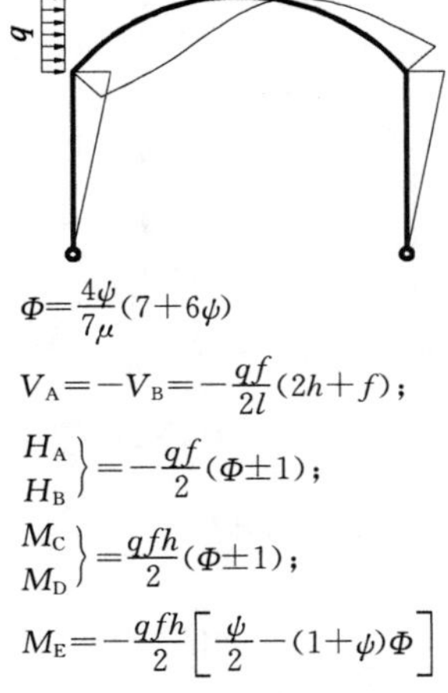

$\Phi=\frac{4\psi}{7\mu}(7+6\psi)$
$V_A=-V_B=-\frac{qf}{2l}(2h+f)$；
$\left.\begin{matrix}H_A\\H_B\end{matrix}\right\}=-\frac{qf}{2}(\Phi\pm1)$；
$\left.\begin{matrix}M_C\\M_D\end{matrix}\right\}=\frac{qfh}{2}(\Phi\pm1)$；
$M_E=-\frac{qfh}{2}\left[\frac{\psi}{2}-(1+\psi)\Phi\right]$</td>
<td>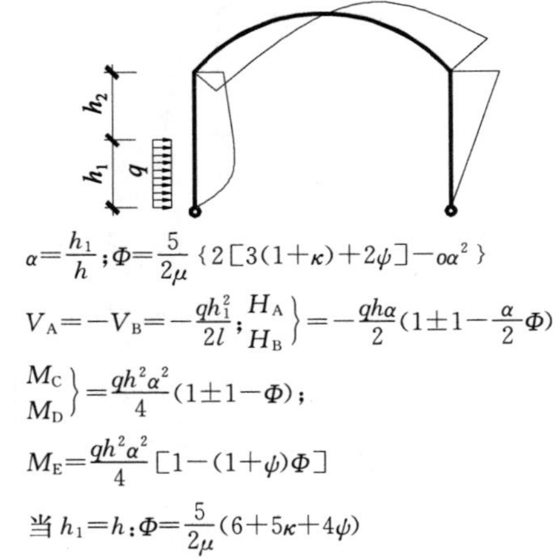

$\alpha=\frac{h_1}{h}$；$\Phi=\frac{5}{2\mu}\{2[3(1+\kappa)+2\psi]-o\alpha^2\}$
$V_A=-V_B=-\frac{qh_1^2}{2l}$；$\left.\begin{matrix}H_A\\H_B\end{matrix}\right\}=-\frac{qh\alpha}{2}(1\pm1-\frac{\alpha}{2}\Phi)$
$\left.\begin{matrix}M_C\\M_D\end{matrix}\right\}=\frac{qh^2\alpha^2}{4}(1\pm1-\Phi)$；
$M_E=\frac{qh^2\alpha^2}{4}[1-(1+\psi)\Phi]$
当 $h_1=h$：$\Phi=\frac{5}{2\mu}(6+5\kappa+4\psi)$</td>
</tr>
</table>

续表

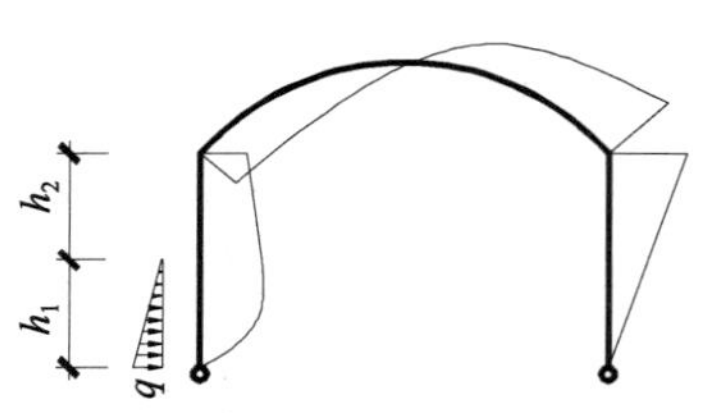

$\alpha=\frac{h_1}{h}$；$\Phi=\frac{1}{2\mu}\{10[3(1+\kappa)+2\psi]-3\kappa\alpha^2\}$

$V_A=-V_B=-\frac{qh_1^2}{6l}$；

$\left.\begin{matrix}H_A\\H_B\end{matrix}\right\}=-\frac{qh\alpha}{4}(1\pm1-\frac{\alpha}{3}\Phi)$；$\left.\begin{matrix}M_C\\M_D\end{matrix}\right\}=\frac{qh^2\alpha^2}{12}(1\pm1-\Phi)$；

$M_E=\frac{qh^2\alpha^2}{12}[1-(1+\psi)\Phi]$；

当 $h_1=h$：$\Phi=\frac{1}{2\mu}(30+20\psi+27\kappa)$

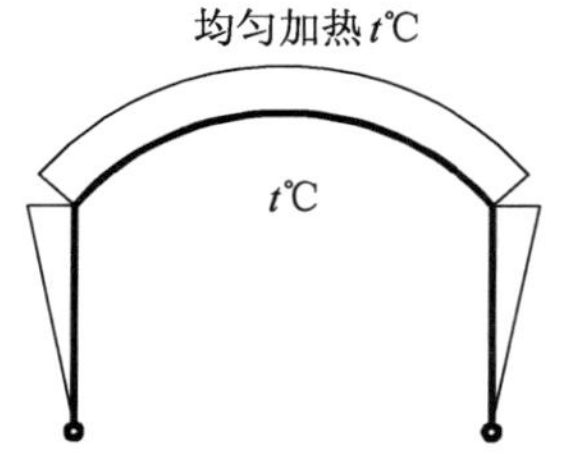

设 $E_1=E_2=E=$常数，$\alpha_t=$常数：

$V_A=V_B=0$；$H_A=H_B=\frac{15EI_2}{h^2\mu}\alpha_t t$；

$M_C=M_D=-\frac{15EI_2}{h\mu}\alpha_t t$；

$M_E=M_C(1+\psi)$

表 9.1-12

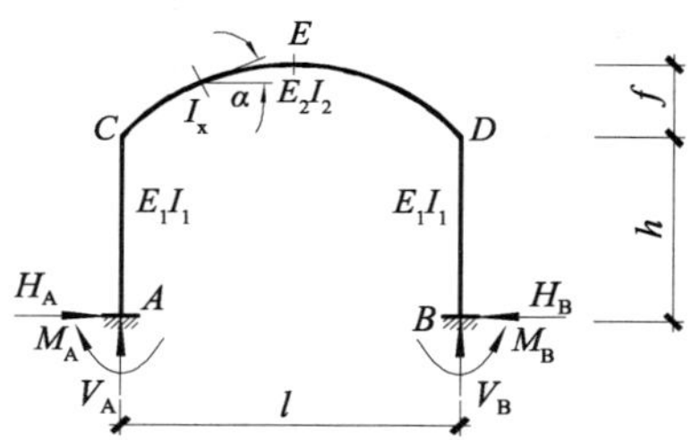

$\frac{I_2}{I_x\cos\alpha}=1$；$\psi=\frac{f}{h}$；$\kappa=\frac{h}{l}\frac{E_2I_2}{E_1I_1}$；

$\mu_1=\frac{5(3\kappa-2\psi)}{2(5\kappa+4\psi^2)}$；$\mu_2=3(1+2\kappa)-\mu_1(3\kappa-2\psi)$；

$\mu_3=\frac{3(1+2\kappa)}{3\kappa-2\psi}$；$\mu_4=1+6\kappa$；$\mu_5=(\mu_3-1)\mu_1$

注：I_x为倾角 α 截面处的惯性矩，I_2为拱顶处惯性矩。

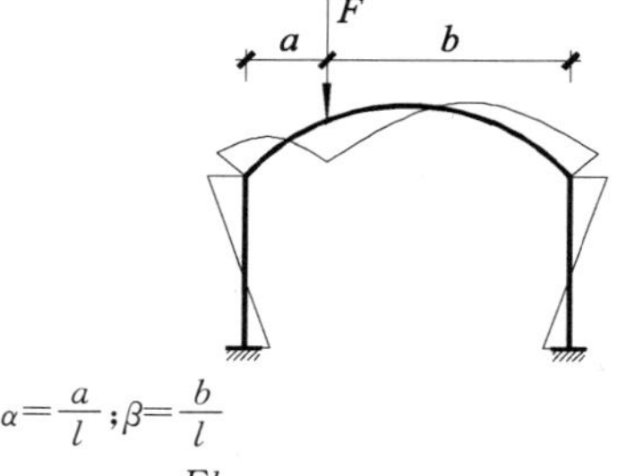

$\alpha=\frac{a}{l}$；$\beta=\frac{b}{l}$

$H_A=H_B=\frac{Fl\mu_1}{2h\mu_2}[2\psi\mu_3(\alpha-2\alpha^3+\alpha^4)+3(\alpha-\alpha^2)]$；

$$\left.\begin{matrix}M_A\\M_B\end{matrix}\right\}=\frac{Fl}{2}\left\{\frac{1}{\mu_2}(\alpha-2\alpha^3+\alpha^4)[2\psi\mu_5+3(\mu_1-1)]\mp\frac{1}{\mu_4}(\alpha-3\alpha^2+2\alpha^3)\right\}$$

$$\left.\begin{matrix}M_C\\M_D\end{matrix}\right\}=-\frac{Fl}{2}\left\{\frac{1}{\mu_2}[2\psi\mu_1(\alpha-2\alpha^3+\alpha^4)+3(\alpha-\alpha^2)]\pm\frac{1}{\mu_4}(\alpha-3\alpha^2+2\alpha^3)\right\}$$

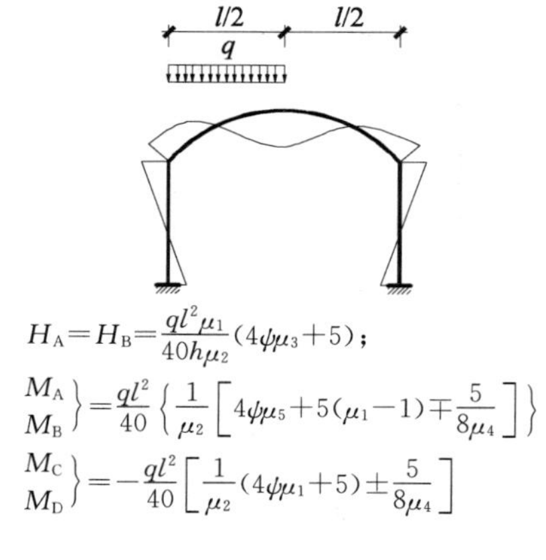

$H_A=H_B=\frac{ql^2\mu_1}{40h\mu_2}(4\psi\mu_3+5)$；

$$\left.\begin{matrix}M_A\\M_B\end{matrix}\right\}=\frac{ql^2}{40}\left\{\frac{1}{\mu_2}\left[4\psi\mu_5+5(\mu_1-1)\mp\frac{5}{8\mu_4}\right]\right\}$$

$$\left.\begin{matrix}M_C\\M_D\end{matrix}\right\}=-\frac{ql^2}{40}\left[\frac{1}{\mu_2}(4\psi\mu_1+5)\pm\frac{5}{8\mu_4}\right]$$

续表

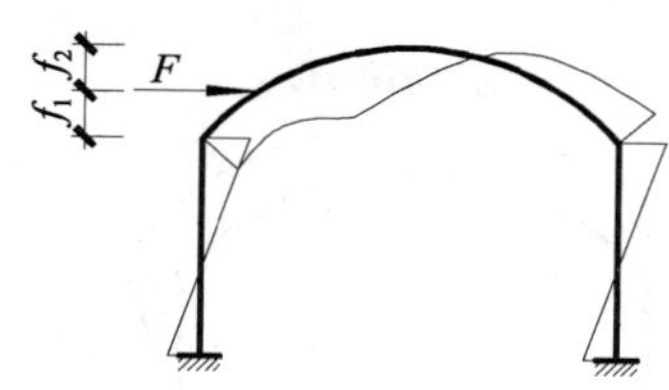

$$\beta=\frac{f_2}{f};\left.\begin{matrix}H_A\\H_B\end{matrix}\right\}=-\frac{F}{2}\left\{\frac{2\psi\mu_1\beta^{3/2}}{5\mu_2}[\psi\mu_3(5-\beta)+5]\pm1\right\};$$

$$\left.\begin{matrix}M_A\\M_B\end{matrix}\right\}=-Ff\left\{\frac{\beta^{3/2}}{5\mu_2}[\psi\mu_5(5-\beta)+5(\mu_1-1)]\pm\left[\frac{1}{2\psi}-\frac{1}{8\mu_4}\left(\frac{12\kappa}{\psi}-1-2\beta+3\beta^2\right)\right]\right\}$$

$$\left.\begin{matrix}M_C\\M_D\end{matrix}\right\}=Ff\left\{\frac{\beta^{3/2}}{5\mu_2}[\psi\mu_1(5-\beta)+5]\pm\frac{1}{8\mu_4}\left(\frac{12\kappa}{\psi}-1-2\beta+3\beta^2\right)\right\};$$

当 $f_2=f$：$\beta=1$

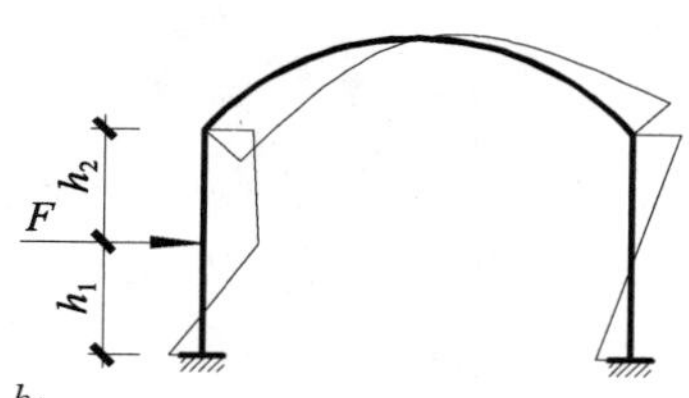

$$\alpha=\frac{h_1}{h}$$

$$\left.\begin{matrix}H_A\\H_B\end{matrix}\right\}=-\frac{F}{2}\left\{1\pm1-\frac{\kappa\alpha^2\mu_1}{\mu_2}[\mu_3(3-\alpha)-3]\right\}$$

$$\left.\begin{matrix}M_A\\M_B\end{matrix}\right\}=\frac{Fh\alpha}{2}\left\{\frac{\kappa\alpha}{\mu_2}[\mu_5(3-\alpha)-3(\mu_1-1)]-1\mp\left(1-\frac{3\kappa\alpha}{\mu_4}\right)\right\}$$

$$\left.\begin{matrix}M_C\\M_D\end{matrix}\right\}=-\frac{Fh\kappa\alpha^2}{2}\left\{\frac{1}{\mu_2}[\mu_1(3-\alpha)-3]\mp\frac{3}{\mu_4}\right\}$$

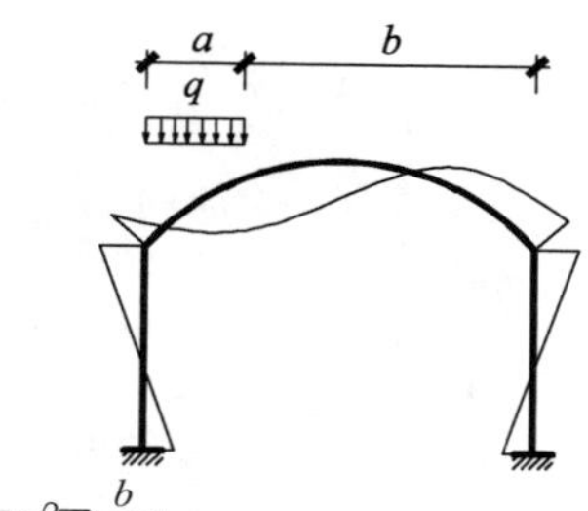

$$\alpha=\frac{a}{l};\beta=\frac{b}{l};$$

$$\Phi_1=5-5\alpha^2+2\alpha^3;\Phi_2=3-2\alpha;$$

$$\left.\begin{matrix}H_A\\H_B\end{matrix}\right\}=\frac{ql^2\alpha^2\mu_1}{20h\mu_2}(2\psi\mu_3\Phi_1+5\Phi_2);$$

$$\left.\begin{matrix}M_A\\M_B\end{matrix}\right\}=\frac{ql^2\alpha^2}{20}\left\{\frac{1}{\mu_2}[2\psi\mu_5\Phi_1+5(\mu_1-1)\Phi_2]\mp\frac{5\beta^2}{\mu_4}\right\}$$

$$\left.\begin{matrix}M_C\\M_D\end{matrix}\right\}=-\frac{ql^2\alpha^2}{20}\left[\frac{1}{\mu_2}(2\psi\mu_1\Phi_1+5\Phi_2)\pm\frac{5\beta^2}{\mu_4}\right]$$

当 $a=l$:$\Phi_1=2$;$\Phi_2=1$

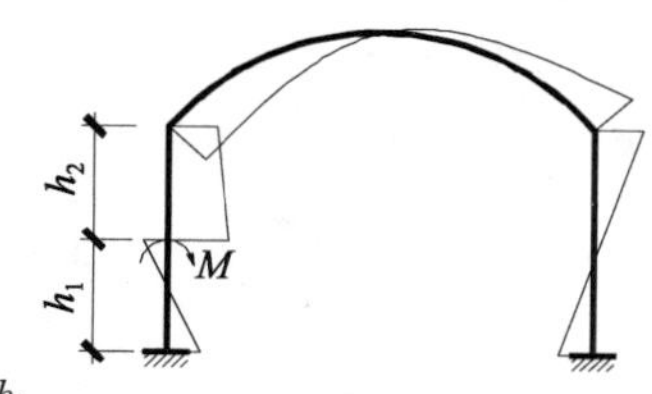

$$\alpha=\frac{h_1}{h}$$

$$H_A=H_B=\frac{3M\kappa\alpha\mu_1}{2h\mu_2}[\mu_3(2-\alpha)-2];$$

$$\left.\begin{matrix}M_A\\M_B\end{matrix}\right\}=\frac{M}{2}\left\{\frac{3\kappa\alpha}{\mu_2}[\mu_5(2-\alpha)-2(\mu_1-1)]-1\mp\left(1-\frac{6\kappa\alpha}{\mu_4}\right)\right\}$$

$$\left.\begin{matrix}M_C\\M_D\end{matrix}\right\}=-\frac{3M\kappa\alpha}{2}\left\{\frac{1}{\mu_2}[\mu_1(2-\alpha)-2]\mp\frac{2}{\mu_4}\right\}$$

当 $h_1=h$：$\alpha=1$，M_C为梁端弯矩。

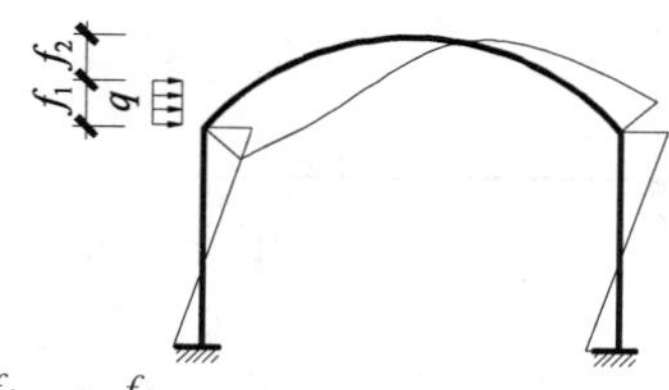

$$\alpha=\frac{f_1}{f};\beta=\frac{f_2}{f}$$

$$\Phi_1=1-\beta^{5/2};\Phi_2=1-\beta^{7/2}$$

$$\left.\begin{matrix}H_A\\H_B\end{matrix}\right\}=-\frac{qf}{2}\left\{\frac{4\psi\mu_1}{5\mu_2}\left[(\psi\mu_3+1)\Phi_1-\frac{\psi\mu_3}{7}\Phi_2\right]\pm\alpha\right\}$$

$$\left.\begin{matrix}M_A\\M_B\end{matrix}\right\}=-qf^2\left\{\frac{2}{5\mu_2}\left[(\psi\mu_5+\mu_1-1)\Phi_1-\frac{\psi\mu_5}{7}\Phi_2\right]\pm\alpha\left[\frac{1}{2\psi}-\frac{1}{8\mu_4}\left(\frac{12\kappa}{\psi}-1+\beta^2\right)\right]\right\}$$

$$\left.\begin{matrix}M_C\\M_D\end{matrix}\right\}=qf^2\left\{\frac{2}{5\mu_2}\left[(\psi\mu_1+1)\Phi_1-\frac{\psi\mu_1}{7}\Phi_2\right]\pm\frac{\alpha}{8\mu_4}\left(\frac{12\kappa}{\psi}-1+\beta^2\right)\right\}$$

当 $f_1=f$：$\Phi_1=1$；$\Phi_2=1$

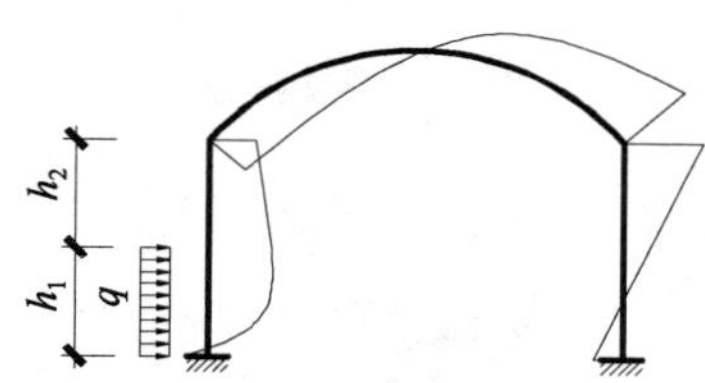

$$\alpha=\frac{h_1}{h}$$

$$\left.\begin{matrix}H_A\\H_B\end{matrix}\right\}=-\frac{qh\alpha}{2}\left\{1\pm1-\frac{\kappa\alpha^2\mu_1}{4\mu_2}[\mu_3(4-\alpha)-4]\right\};$$

$$\left.\begin{matrix}M_A\\M_B\end{matrix}\right\}=\frac{qh^2\alpha^2}{4}\left\{\frac{\kappa\alpha}{2\mu_2}[\mu_5(4-\alpha)-4(\mu_1-1)]-1\mp\left(1-\frac{2\kappa\alpha}{\mu_4}\right)\right\};$$

$$\left.\begin{matrix}M_C\\M_D\end{matrix}\right\}=-\frac{qh^2\alpha^3\kappa}{4}\left\{\frac{1}{2\mu_2}[\mu_1(4-\alpha)-4]\mp\frac{2}{\mu_4}\right\}$$

续表

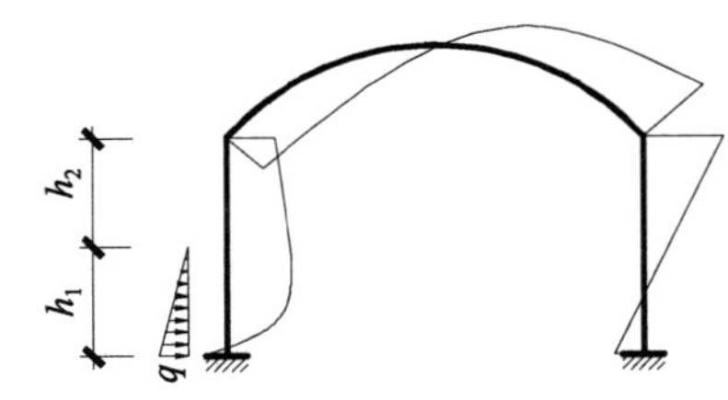 $\alpha=\frac{h_1}{h}$ $\left.\begin{matrix}H_A\\H_B\end{matrix}\right\}=-\frac{qh\alpha}{4}\left\{1\pm1-\frac{\kappa\alpha^2\mu_1}{10\mu_2}[\mu_3(5-\alpha)-5]\right\}$; $\left.\begin{matrix}M_A\\M_B\end{matrix}\right\}=\frac{qh^2\alpha^2}{40}\left\{\frac{\kappa\alpha}{\mu_2}[\mu_5(5-\alpha)-5(\mu_1-1)]-\frac{10}{3}\mp\left(\frac{10}{3}-\frac{5\kappa\alpha}{\mu_4}\right)\right.$ $\left.\begin{matrix}M_C\\M_D\end{matrix}\right\}=-\frac{qh^2\kappa\alpha^3}{40}\left\{\frac{1}{\mu_2}[\mu_1(5-\alpha)-5]\mp\frac{5}{\mu_4}\right\}$ 当 $h_1=h$：$\alpha=1$	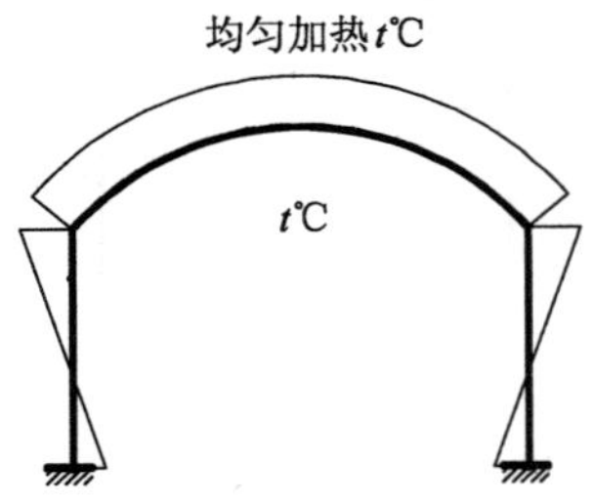 设 $E_1=E_2=E=$常数，$\alpha_t=$常数： $H_A=H_B=\frac{3EI_2\mu_1\mu_3}{h^2\mu_2}\alpha_t t$; $M_A=M_B=\frac{3EI_2\mu_5}{h\mu_2}\alpha_t t$; $M_C=M_D=-\frac{3EI_2\mu_1}{h\mu_2}\alpha_t t$

9.1.7 "□"形刚架

表 9.1-13

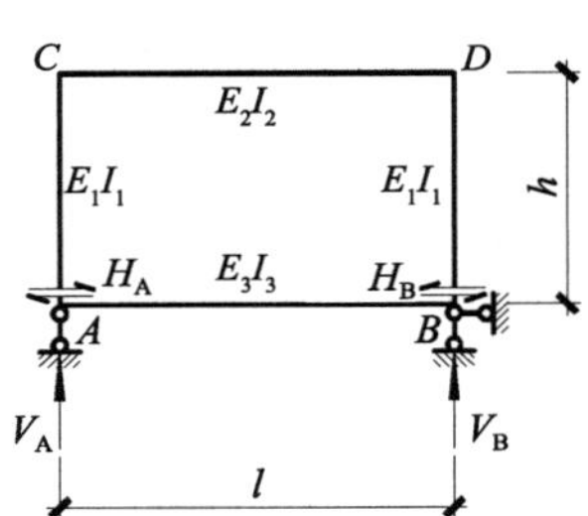	$\kappa_1=\frac{h}{l}\frac{E_2I_2}{E_1I_1}$；$\kappa_2=\frac{h}{l}\frac{E_3I_3}{E_1I_1}$； $\mu_1=\frac{3+2\kappa_1}{\kappa_2}+2+\kappa_1$；$\mu_2=\frac{\kappa_1}{\kappa_2}+1+6\kappa_1$
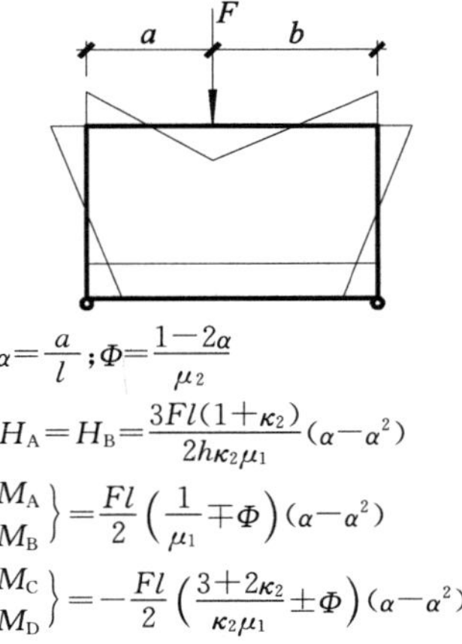 $\alpha=\frac{a}{l}$；$\Phi=\frac{1-2\alpha}{\mu_2}$ $H_A=H_B=\frac{3Fl(1+\kappa_2)}{2h\kappa_2\mu_1}(\alpha-\alpha^2)$ $\left.\begin{matrix}M_A\\M_B\end{matrix}\right\}=\frac{Fl}{2}\left(\frac{1}{\mu_1}\mp\Phi\right)(\alpha-\alpha^2)$ $\left.\begin{matrix}M_C\\M_D\end{matrix}\right\}=-\frac{Fl}{2}\left(\frac{3+2\kappa_2}{\kappa_2\mu_1}\pm\Phi\right)(\alpha-\alpha^2)$	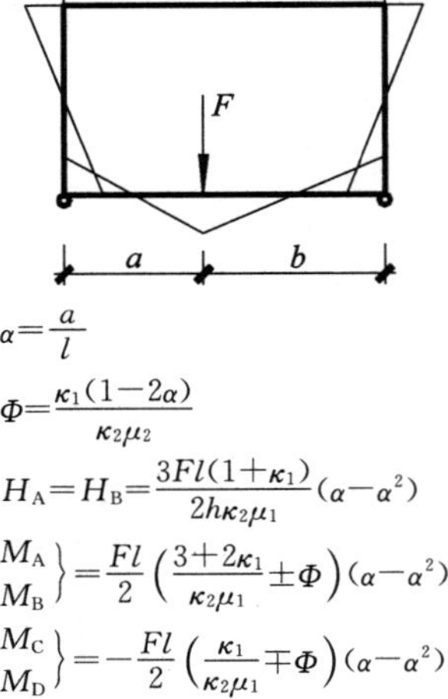 $\alpha=\frac{a}{l}$ $\Phi=\frac{\kappa_1(1-2\alpha)}{\kappa_2\mu_2}$ $H_A=H_B=\frac{3Fl(1+\kappa_1)}{2h\kappa_2\mu_1}(\alpha-\alpha^2)$ $\left.\begin{matrix}M_A\\M_B\end{matrix}\right\}=\frac{Fl}{2}\left(\frac{3+2\kappa_1}{\kappa_2\mu_1}\pm\Phi\right)(\alpha-\alpha^2)$ $\left.\begin{matrix}M_C\\M_D\end{matrix}\right\}=-\frac{Fl}{2}\left(\frac{\kappa_1}{\kappa_2\mu_1}\mp\Phi\right)(\alpha-\alpha^2)$

续表

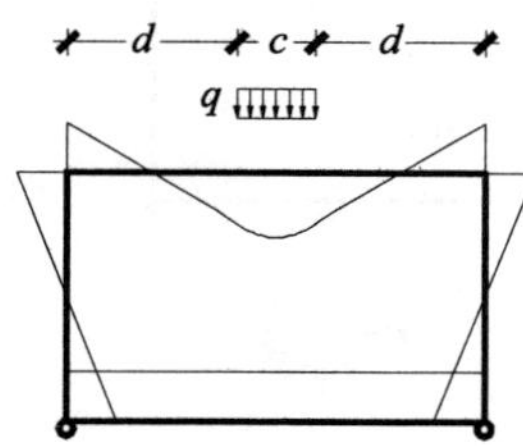

$$\gamma=\frac{c}{l}$$

$$\Phi=\frac{1}{2}(3\gamma-\gamma^3)$$

$$H_A=H_B=\frac{ql^2(1+\kappa_2)}{4h\kappa_2\mu_1}\Phi;$$

$$M_A=M_B=\frac{ql^2}{12\mu_1}\Phi;$$

$$M_C=M_D=-\frac{ql^2(3+2\kappa_2)}{12\kappa_2\mu_1}\Phi$$

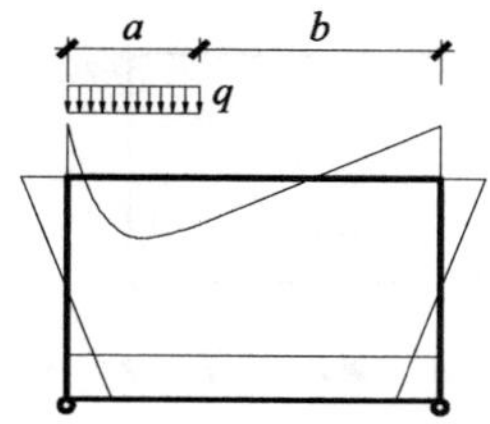

$$\alpha=\frac{a}{l};\Phi=3\alpha^2-2\alpha^3$$

$$H_A=H_B=\frac{ql^2(1+\kappa_2)}{4h\kappa_2\mu_1}\Phi;$$

$$\left.\begin{matrix}M_A\\M_B\end{matrix}\right\}=\frac{ql^2}{4}\left[\frac{1}{3\mu_1}\Phi\mp\frac{(\alpha-\alpha^2)^2}{\mu_2}\right];$$

$$\left.\begin{matrix}M_C\\M_D\end{matrix}\right\}=-\frac{ql^2}{4}\left[\frac{3+2\kappa_2}{3\kappa_2\mu_1}\Phi\pm\frac{(\alpha-\alpha^2)^2}{\mu_2}\right];$$

当 $a=\frac{l}{2}$：$\Phi=\frac{1}{2}$；当 $a=l$：$\Phi=1$

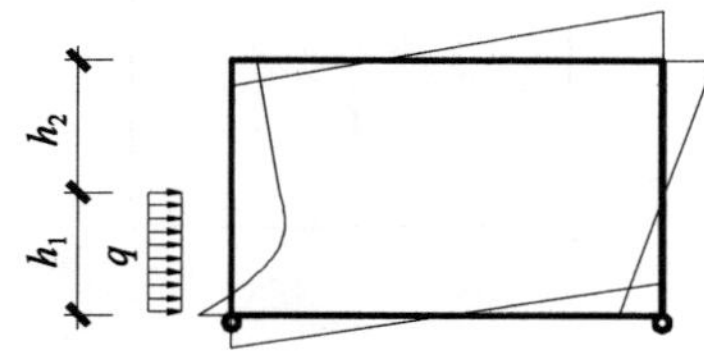

$$\alpha=\frac{h_1}{h};\beta=\frac{h_2}{h}$$

$$\Phi_1=\frac{(1+2\kappa_2\alpha)\kappa_1\alpha^2}{\kappa_2\mu_2};\Phi_2=\frac{1}{2}(\beta^4+1)-\beta^2;$$

$$\left.\begin{matrix}H_A\\H_B\end{matrix}\right\}=\frac{qh}{4}\left\{\frac{1}{\mu_1}\left[\frac{\kappa_1}{\kappa_2}(\alpha^2-\frac{1}{2}\alpha^4)(1+\kappa_2)-(1+\kappa_1)\Phi_2\right]+\alpha^2-2\alpha(1\pm1)\right\};$$

$$\left.\begin{matrix}M_A\\M_B\end{matrix}\right\}=-\frac{qh^2}{4}\left\{\frac{1}{3\mu_1}\left[(3+2\kappa_1)\Phi_2-\kappa_1(\alpha^2-\frac{1}{2}\alpha^4)\right]\pm(\alpha^2-\Phi_1)\right\}$$

$$\left.\begin{matrix}M_C\\M_D\end{matrix}\right\}=-\frac{qh^2}{4}\left\{\frac{1}{3\mu_1}\left[\frac{\kappa_1}{\kappa_2}(\alpha^2-\frac{1}{2}\alpha^4)(3+2\kappa_2)-\kappa_1\Phi_2\right]\mp\Phi_1\right\}$$

当 $h_1=h$：$\Phi_1=\frac{(1+2\kappa_2)\ \kappa_1}{\kappa_2\mu_2}$；$\Phi_2=\frac{1}{2}$

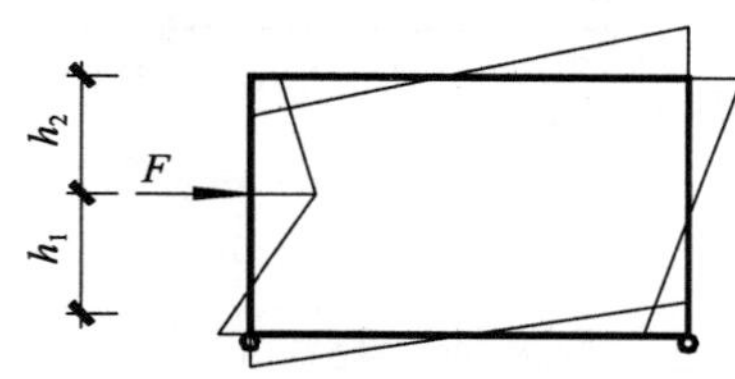

$$\alpha=\frac{h_1}{h};\beta=\frac{h_2}{h}$$

$$\Phi=\frac{\kappa_1\alpha}{\kappa_2\mu_2}(1+3\kappa_2\alpha)$$

$$\left.\begin{matrix}H_A\\H_B\end{matrix}\right\}=\frac{F}{2}\left\{\frac{1}{\mu_1}\left[\frac{\kappa_1}{\kappa_2}(\alpha-\alpha^3)(1+\kappa_2)-(1+\kappa_1)(\beta-\beta^3)\right]+\alpha-1\mp1\right\}$$

$$\left.\begin{matrix}M_A\\M_B\end{matrix}\right\}=-\frac{Fh}{2}\left\{\frac{1}{\mu_1}[(1+\kappa_1)(\beta-\beta^3)-\kappa_1(\alpha-\alpha^2)]\pm(\alpha-\Phi)\right\}$$

$$\left.\begin{matrix}M_C\\M_D\end{matrix}\right\}=-\frac{Fh}{2}\left\{\frac{\kappa_1}{\kappa_2\mu_1}[(1+\kappa_2)(\alpha-\alpha^3)-\kappa_2(\alpha-\alpha^2)]\mp\Phi\right\}$$

当 $h_1=h$：$\Phi=\frac{\kappa_1}{\kappa_2\mu_2}\ (1+3\kappa_2)$

续表

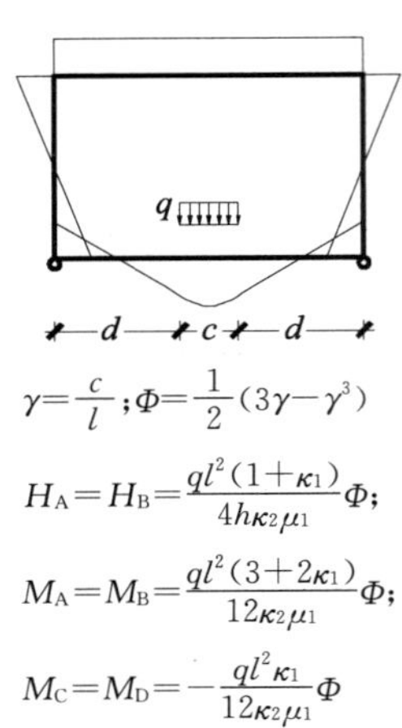

$\gamma=\frac{c}{l}$；$\Phi=\frac{1}{2}(3\gamma-\gamma^3)$

$H_A=H_B=\frac{ql^2(1+\kappa_1)}{4h\kappa_2\mu_1}\Phi$；

$M_A=M_B=\frac{ql^2(3+2\kappa_1)}{12\kappa_2\mu_1}\Phi$；

$M_C=M_D=-\frac{ql^2\kappa_1}{12\kappa_2\mu_1}\Phi$

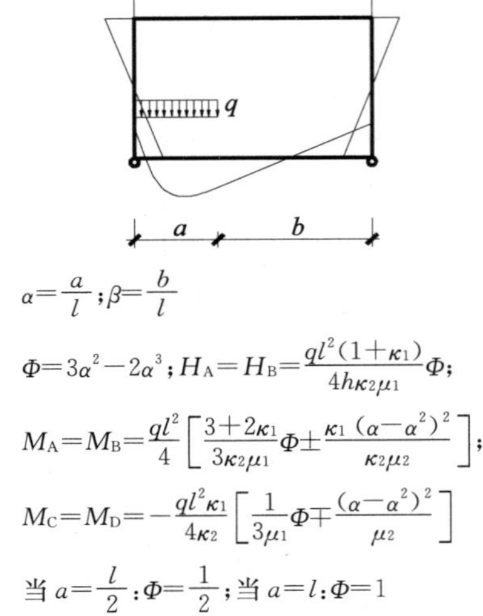

$\alpha=\frac{a}{l}$；$\beta=\frac{b}{l}$

$\Phi=3\alpha^2-2\alpha^3$；$H_A=H_B=\frac{ql^2(1+\kappa_1)}{4h\kappa_2\mu_1}\Phi$；

$M_A=M_B=\frac{ql^2}{4}\left[\frac{3+2\kappa_1}{3\kappa_2\mu_1}\Phi\pm\frac{\kappa_1(\alpha-\alpha^2)^2}{\kappa_2\mu_2}\right]$；

$M_C=M_D=-\frac{ql^2\kappa_1}{4\kappa_2}\left[\frac{1}{3\mu_1}\Phi\mp\frac{(\alpha-\alpha^2)^2}{\mu_2}\right]$

当 $a=\frac{l}{2}$：$\Phi=\frac{1}{2}$；当 $a=l$：$\Phi=1$

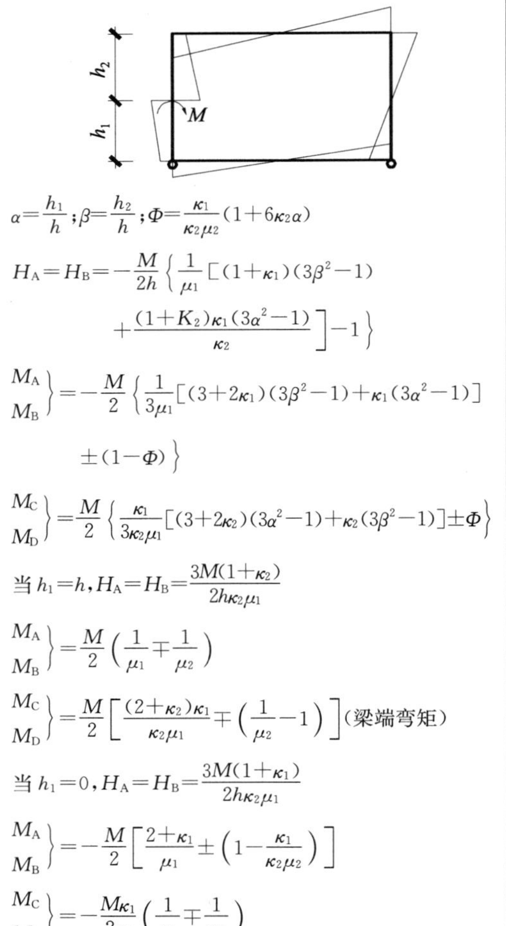

$\alpha=\frac{h_1}{h}$；$\beta=\frac{h_2}{h}$；$\Phi=\frac{\kappa_1}{\kappa_2\mu_2}(1+6\kappa_2\alpha)$

$$H_A=H_B=-\frac{M}{2h}\left\{\frac{1}{\mu_1}\left[(1+\kappa_1)(3\beta^2-1)+\frac{(1+K_2)\kappa_1(3\alpha^2-1)}{\kappa_2}\right]-1\right\}$$

$$\left.\begin{matrix}M_A\\M_B\end{matrix}\right\}=-\frac{M}{2}\left\{\frac{1}{3\mu_1}[(3+2\kappa_1)(3\beta^2-1)+\kappa_1(3\alpha^2-1)]\pm(1-\Phi)\right\}$$

$$\left.\begin{matrix}M_C\\M_D\end{matrix}\right\}=\frac{M}{2}\left\{\frac{\kappa_1}{3\kappa_2\mu_1}[(3+2\kappa_2)(3\alpha^2-1)+\kappa_2(3\beta^2-1)]\pm\Phi\right\}$$

当 $h_1=h$，$H_A=H_B=\frac{3M(1+\kappa_2)}{2h\kappa_2\mu_1}$

$$\left.\begin{matrix}M_A\\M_B\end{matrix}\right\}=\frac{M}{2}\left(\frac{1}{\mu_1}\mp\frac{1}{\mu_2}\right)$$

$$\left.\begin{matrix}M_C\\M_D\end{matrix}\right\}=\frac{M}{2}\left[\frac{(2+\kappa_2)\kappa_1}{\kappa_2\mu_1}\mp\left(\frac{1}{\mu_2}-1\right)\right]$$（梁端弯矩）

当 $h_1=0$，$H_A=H_B=\frac{3M(1+\kappa_1)}{2h\kappa_2\mu_1}$

$$\left.\begin{matrix}M_A\\M_B\end{matrix}\right\}=-\frac{M}{2}\left[\frac{2+\kappa_1}{\mu_1}\pm\left(1-\frac{\kappa_1}{\kappa_2\mu_2}\right)\right]$$

$$\left.\begin{matrix}M_C\\M_D\end{matrix}\right\}=-\frac{M\kappa_1}{2\kappa_2}\left(\frac{1}{\mu_1}\mp\frac{1}{\mu_2}\right)$$

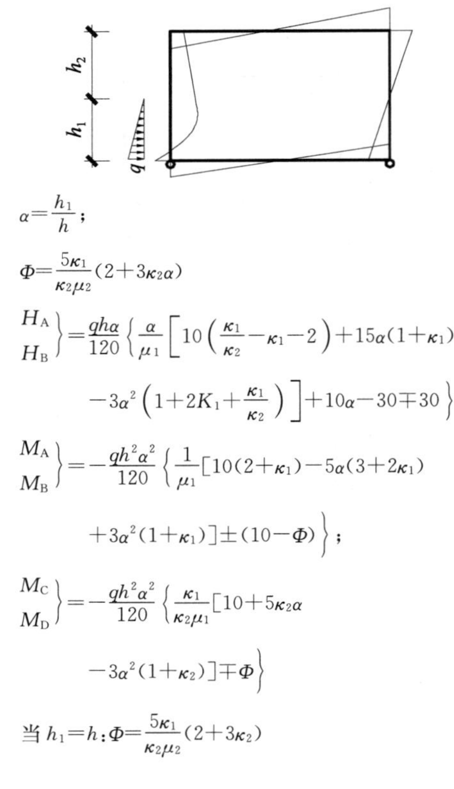

$\alpha=\frac{h_1}{h}$；

$\Phi=\frac{5\kappa_1}{\kappa_2\mu_2}(2+3\kappa_2\alpha)$

$$\left.\begin{matrix}H_A\\H_B\end{matrix}\right\}=\frac{qh\alpha}{120}\left\{\frac{\alpha}{\mu_1}\left[10\left(\frac{\kappa_1}{\kappa_2}-\kappa_1-2\right)+15\alpha(1+\kappa_1)-3\alpha^2\left(1+2K_1+\frac{\kappa_1}{\kappa_2}\right)\right]+10\alpha-30\mp30\right\}$$

$$\left.\begin{matrix}M_A\\M_B\end{matrix}\right\}=-\frac{qh^2\alpha^2}{120}\left\{\frac{1}{\mu_1}[10(2+\kappa_1)-5\alpha(3+2\kappa_1)+3\alpha^2(1+\kappa_1)]\pm(10-\Phi)\right\}$$；

$$\left.\begin{matrix}M_C\\M_D\end{matrix}\right\}=-\frac{qh^2\alpha^2}{120}\left\{\frac{\kappa_1}{\kappa_2\mu_1}[10+5\kappa_2\alpha-3\alpha^2(1+\kappa_2)]\mp\Phi\right\}$$

当 $h_1=h$：$\Phi=\frac{5\kappa_1}{\kappa_2\mu_2}(2+3\kappa_2)$

表 9.1-14

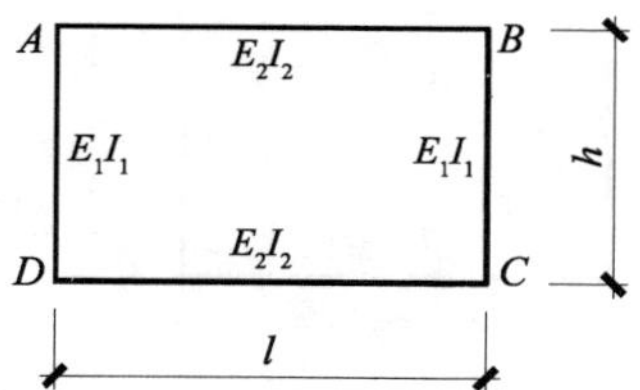

$\kappa=\frac{h}{l}\frac{E_2I_2}{E_1I_1}$;
$\mu=\kappa^2+4\kappa+3$

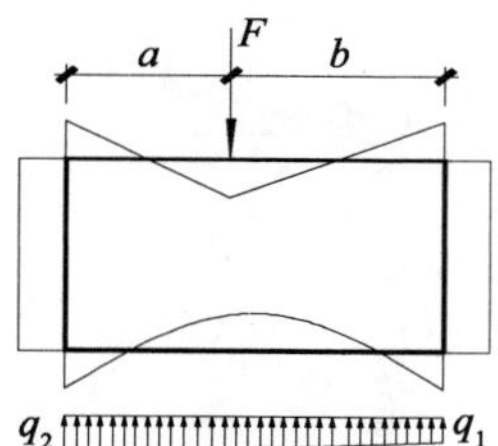

$\alpha=\frac{a}{l}$；$q_1=\frac{F}{l}(6\alpha-2)$；$q_2=\frac{F}{l}(-6\alpha+4)$；

$\Phi=\frac{3(1+8\alpha-30\alpha^2+20\alpha^3)}{10(1+3\kappa)}$；

$$\left.\begin{array}{l}M_A\\M_B\end{array}\right\}=-\frac{Fl}{12}\left\{\frac{1}{\mu}[6(\alpha-\alpha^2)(3+2\kappa)-\kappa]\pm\Phi\right\};$$

$$\left.\begin{array}{l}M_C\\M_D\end{array}\right\}=-\frac{Fl}{12}\left\{\frac{1}{\mu}[3+2\kappa-6\kappa(\alpha-\alpha^2)]\mp\Phi\right\}$$

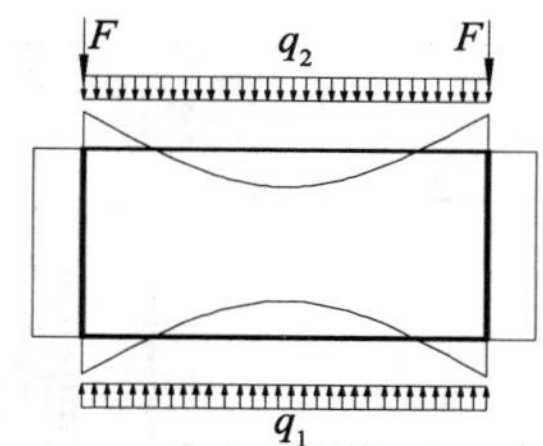

当$q_1=q_2$，$F=0$：

$$M_A=M_B=M_C=M_D=-\frac{q_2l^2}{12(\kappa+1)};$$

当$q_1\neq q_2$，$F=\frac{(q_1-q_2)l}{2}$：

$$M_A=M_B=-\frac{l^2[q_2(2\kappa+3)-q_1\kappa]}{12(\kappa^2+4\kappa+3)};$$

$$M_C=M_D=-\frac{l^2[q_1(2\kappa+3)-q_2\kappa]}{12(\kappa^2+4\kappa+3)}$$

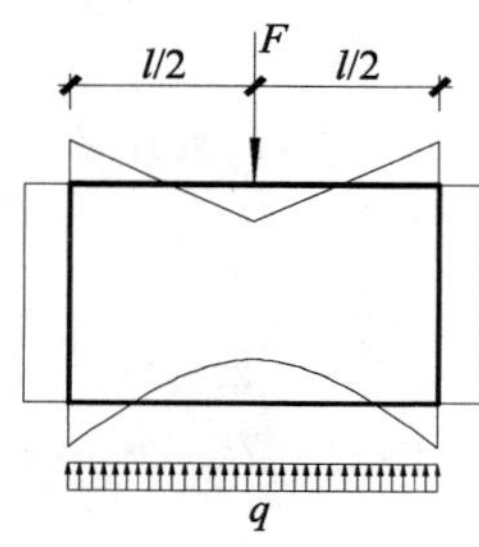

$q=\frac{F}{l}$

$$M_A=M_B=-\frac{Fl(4\kappa+9)}{24(\kappa^2+4\kappa+3)}$$

$$M_C=M_D=-\frac{Fl(\kappa+6)}{24(\kappa^2+4\kappa+3)}$$

当 $\kappa=1$：$M_A=M_B=-\frac{13Fl}{192}$；

$$M_C=M_D=-\frac{7Fl}{192}$$

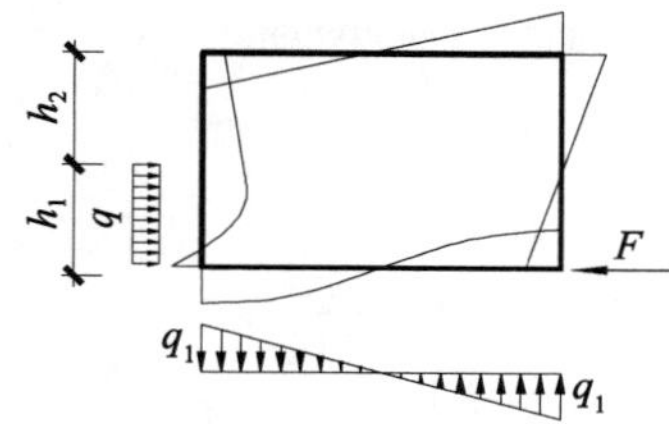

$\alpha=\frac{h_1}{h}$；$q_1=\frac{3qh_1^2}{l^2}$；$F=qh_1$

$\Phi=\frac{6\alpha^2(5\kappa\alpha+3)}{1+3\kappa}$

$$\left.\begin{array}{l}M_A\\M_B\end{array}\right\}=\frac{qh^2}{120}\left\{\frac{5}{\mu}[\kappa^2(3\alpha^4-4\alpha^3)+3\kappa(\alpha^4-2\alpha^2)]\pm\Phi\right\};$$

$$\left.\begin{array}{l}M_C\\M_D\end{array}\right\}=-\frac{qh^2}{120}\left\{\frac{5}{\mu}[\kappa^2(3\alpha^4-8\alpha^3+6\alpha^2)+3\kappa(\alpha^4-4\alpha^3+4\alpha^2)]\mp(30\alpha^2-\Phi)\right\}$$

续表

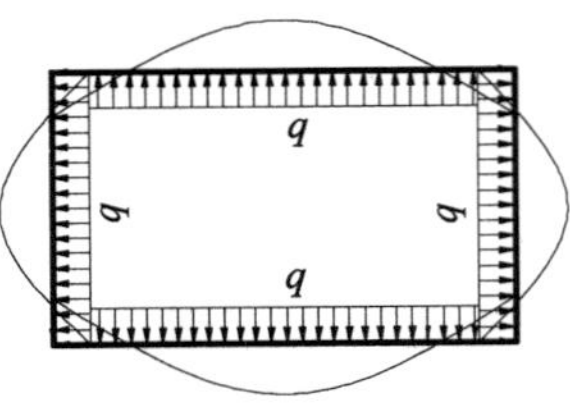

$M_A=M_B=M_C=M_D=\frac{q(h^2\kappa+l^2)}{12(\kappa+1)}$

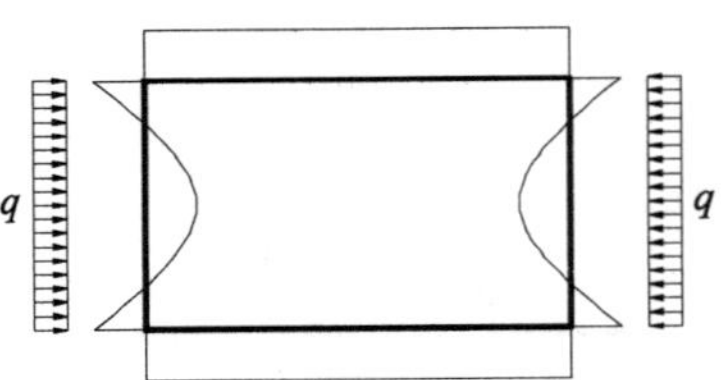

$M_A=-\frac{qh^2\kappa}{12(\kappa+1)}$

当 $\kappa=1$：$M_A=M_B=M_C=M_D=-\frac{qh^2}{24}$

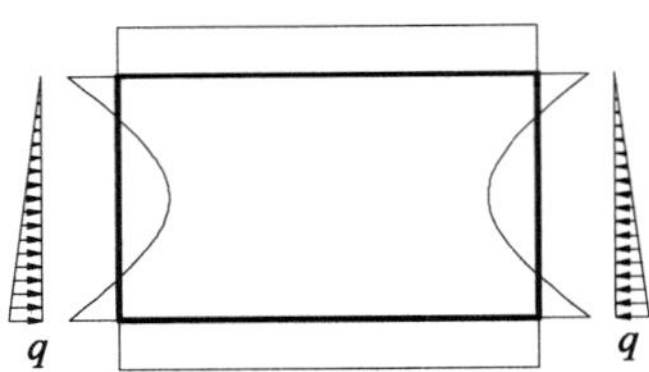

$M_A=M_B=-\frac{qh^2\kappa(2\kappa+7)}{60(\kappa^2+4\kappa+3)}$

$M_C=M_D=-\frac{qh^2\kappa(3\kappa+8)}{60(\kappa^2+4\kappa+3)}$

当 $\kappa=1$：$M_A=M_B=-\frac{3qh^2}{160}$；

$M_C=M_D=-\frac{11qh^2}{480}$

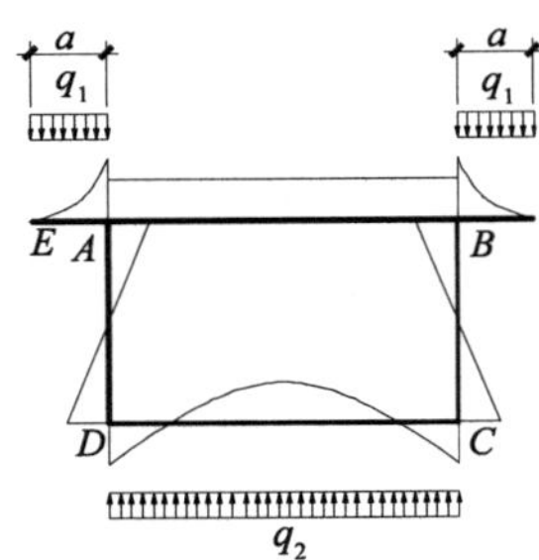

$q_2=\frac{2q_1a}{l}$

$M_{AE}=-\frac{q_1a^2}{2}$；$M_{AD}=M_{AB}+\frac{q_1a^2}{2}$；

$M_{AB}=M_{BA}=-\frac{q_1a}{6}\left\{\frac{1}{\mu}[3\kappa^2a+\kappa(6a-l)]\right\}$

$M_C=M_D=-\frac{q_1a}{6}\left\{\frac{1}{\mu}[\kappa(3a+2l)+3l]\right\}$

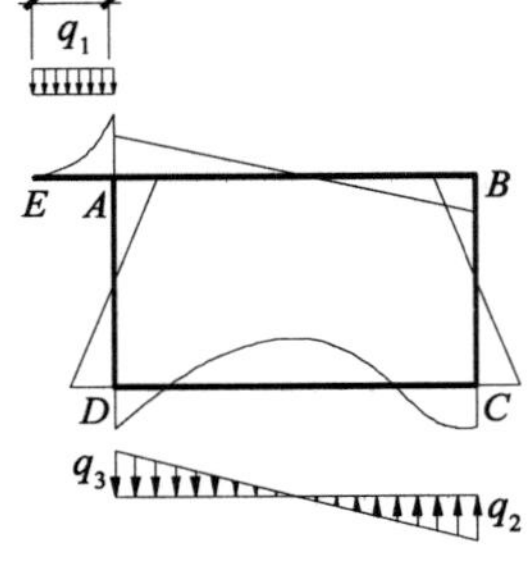

$q_2=\frac{q_1a}{l^2}(2l+3a)$；$q_3=\frac{q_1a}{l^2}(4l+3a)$；

$\Phi=\frac{18a(1+5\kappa)+3l}{10(1+3\kappa)}$

$M_{AE}=-\frac{q_1a^2}{2}$；$M_{AD}=M_{AB}+\frac{q_1a^2}{2}$

$\left.\begin{matrix}M_{AB}\\M_{BA}\end{matrix}\right\}=-\frac{q_1a}{12}\left\{\frac{1}{\mu}[3\kappa^2a+\kappa(6a-l)]\pm\Phi\right\}$

$\left.\begin{matrix}M_C\\M_D\end{matrix}\right\}=-\frac{q_1a}{12}\left\{\frac{1}{\mu}[\kappa(3a+2l)+3l]\pm(3a-\Phi)\right\}$

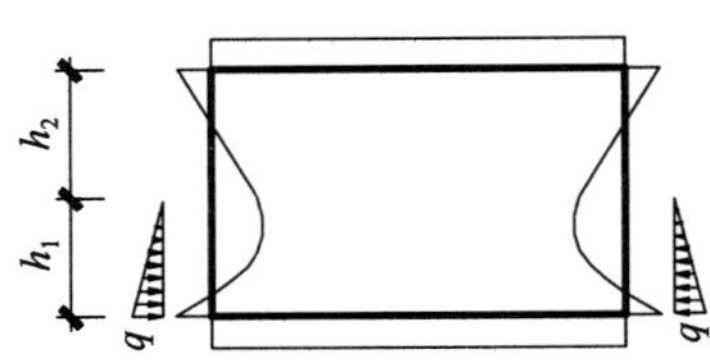

$\alpha=\frac{h_1}{h}$

$M_A=M_B=-\frac{qh^2}{60}\left\{\frac{1}{\mu}[\kappa^2(5\alpha^3-3\alpha^4)+\kappa(10\alpha^2-3\alpha^4)]\right\}$

$M_C=M_D=-\frac{qh^2}{60}\left\{\frac{1}{\mu}[\kappa^2(10\alpha^2-10\alpha^3+3\alpha^4)\right.$

$\left.+\kappa(20\alpha^2-15\alpha^3+3\alpha^4)]\right\}$

续表

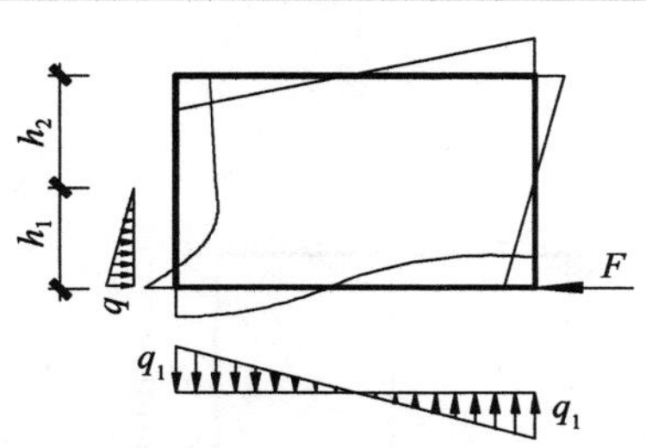

$\alpha=\dfrac{h_1}{h}$；$q_1=\dfrac{qh_1^2}{l^2}$；$F=\dfrac{qh_1}{2}$

$\Phi=\dfrac{15\kappa\alpha^3+12\alpha^2}{2(1+3\kappa)}$

$$\left.\begin{matrix}M_A\\M_B\end{matrix}\right\}=-\frac{qh^2}{120}\left\{\frac{1}{\mu}[\kappa^2(5\alpha^3-3\alpha^4)+\kappa(10\alpha^2-3\alpha^4)]\mp\Phi\right\};$$

$$\left.\begin{matrix}M_C\\M_D\end{matrix}\right\}=-\frac{qh^2}{120}\left\{\frac{1}{\mu}[\kappa^2(10\alpha^2-10\alpha^3+3\alpha^4)+\kappa(20\alpha^2-15\alpha^3+3\alpha^4)]\mp(10\alpha^2-\Phi)\right\}$$

9.1.8 "□□"形刚架

表 9.1-15

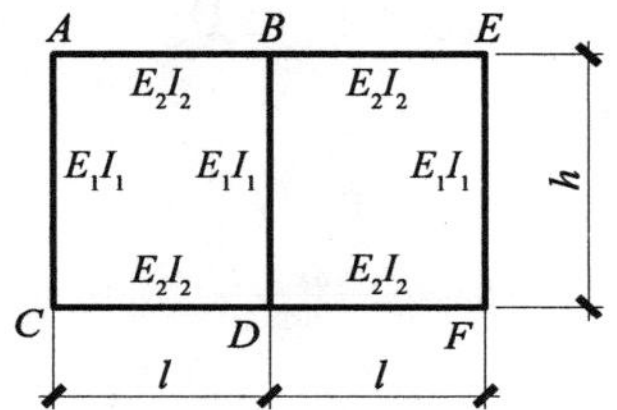

$\kappa=\dfrac{h}{l}\dfrac{E_2I_2}{E_1I_1}$；

$\mu=2\kappa+1$

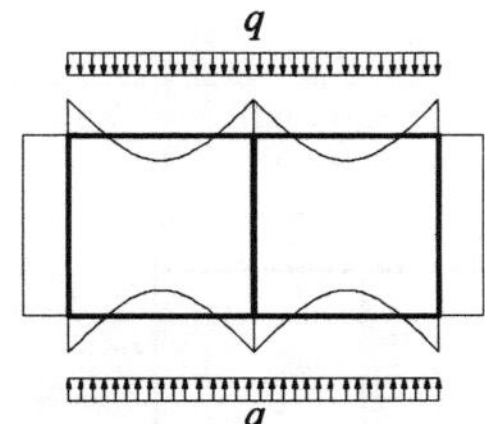

$M_A=M_C=M_E=M_F=-\dfrac{ql^2}{12\mu}$；

$M_{BA}=M_{BE}=M_{DC}=M_{DF}=-\dfrac{ql^2(3\kappa+1)}{12\mu}$

$M_{BD}=M_{DB}=0$

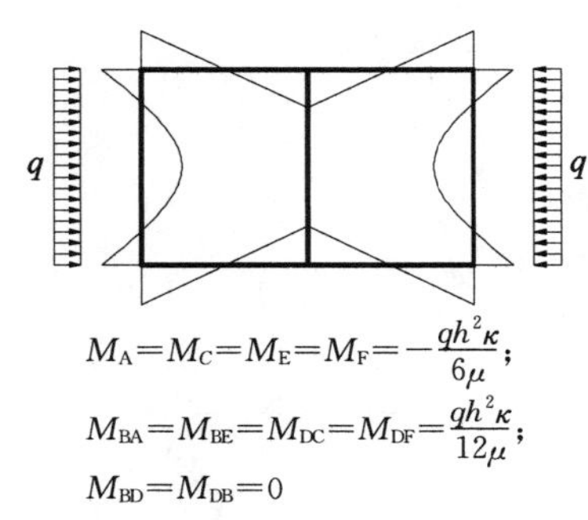

$M_A=M_C=M_E=M_F=-\dfrac{qh^2\kappa}{6\mu}$；

$M_{BA}=M_{BE}=M_{DC}=M_{DF}=\dfrac{qh^2\kappa}{12\mu}$；

$M_{BD}=M_{DB}=0$

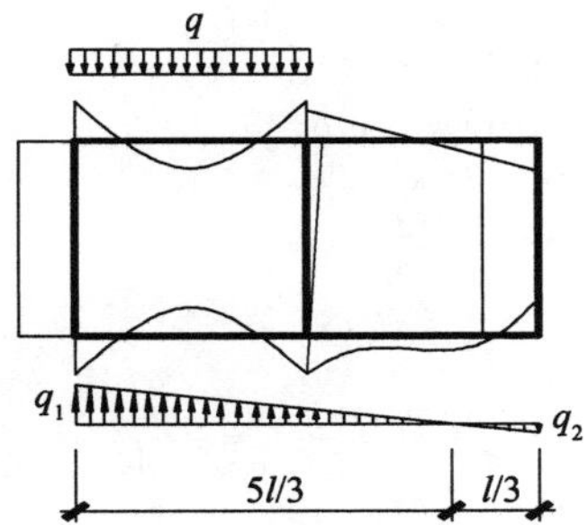

$q_1=\dfrac{5q}{4}$；$q_2=\dfrac{q}{4}$；

$\Phi_1=20(\kappa+2)(6\kappa^2+6\kappa+1)$；$\Phi_2=138\kappa^2+256\kappa+43$；

$\Phi_3=81\kappa^2+148\kappa+37$；　$\Phi_4=78\kappa^2+205\kappa+33$；

$\Phi_5=21\kappa^2+88\kappa+27$；

$$\left.\begin{matrix}M_A\\M_E\end{matrix}\right\}=-\frac{ql^2}{24}\left(\frac{1}{\mu}\pm\frac{\Phi_2}{\Phi_1}\right);\quad\left.\begin{matrix}M_{BA}\\M_{BE}\end{matrix}\right\}=-\frac{ql^2}{24}\left(\frac{3\kappa+1}{\mu}\pm\frac{\Phi_3}{\Phi_1}\right);$$

$M_{BD}=-\dfrac{ql^2\Phi_3}{12\Phi_1}$；$M_{DB}=-\dfrac{ql^2\Phi_5}{12\Phi_1}$；

$$\left.\begin{matrix}M_C\\M_F\end{matrix}\right\}=-\frac{ql^2}{24}\left(\frac{1}{\mu}\pm\frac{\Phi_4}{\Phi_1}\right);$$

$$\left.\begin{matrix}M_{DC}\\M_{DF}\end{matrix}\right\}=-\frac{ql^2}{24}\left(\frac{3\kappa+1}{\mu}\pm\frac{\Phi_5}{\Phi_1}\right)$$

续表

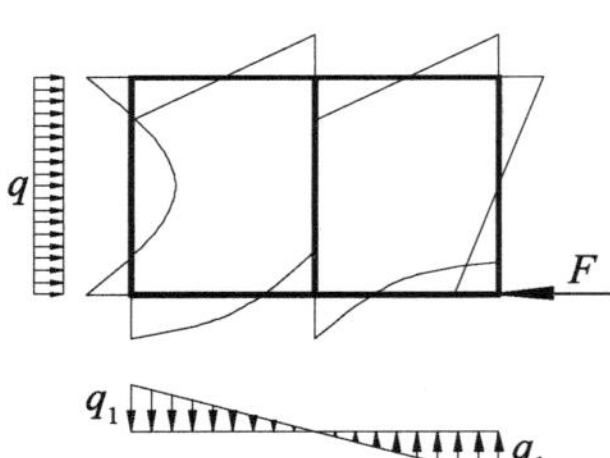

$q_1=\frac{3qh^2}{4l^2}$； $F=qh$；

$\Phi_1=20\ (\kappa+2)\ (6\kappa^2+6\kappa+1)$；

$\Phi_2=\frac{\mu}{\kappa}$；

$\Phi_3=120\kappa^3+278\kappa^2+335\kappa+63$；

$\Phi_4=120\kappa^3+529\kappa^2+382\kappa+63$；

$\Phi_5=360\kappa^3+742\kappa^2+285\kappa+27$；

$\Phi_6=120\kappa^3+611\kappa^2+558\kappa+87$；

$\left.\begin{matrix}M_A\\M_E\end{matrix}\right\}=\frac{qh^2}{24}\left(-\frac{2}{\Phi_2}\pm\frac{\Phi_3}{\Phi_1}\right)$；

$\left.\begin{matrix}M_{BA}\\M_{BE}\end{matrix}\right\}=-\frac{qh^2}{24}\left(-\frac{1}{\Phi_2}\pm\frac{\Phi_4}{\Phi_1}\right)$；

$M_{BD}=-\frac{qh^2\Phi_4}{12\Phi_1}$；

$\left.\begin{matrix}M_C\\M_F\end{matrix}\right\}=-\frac{qh^2}{24}\left(\frac{2}{\Phi_2}\pm\frac{\Phi_5}{\Phi_1}\right)$；

$M_{DB}=\frac{qh^2\Phi_6}{12\Phi_1}$；

$\left.\begin{matrix}M_{DC}\\M_{DF}\end{matrix}\right\}=\frac{qh^2}{24}\left(\frac{1}{\Phi_2}\pm\frac{\Phi_6}{\Phi_1}\right)$

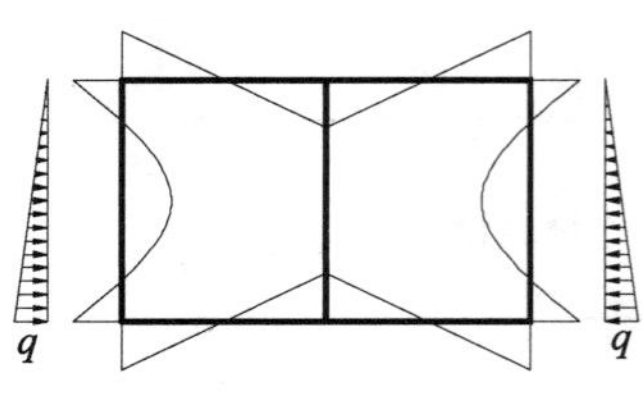

$\Phi=\frac{20\mu(\kappa+6)}{\kappa}$；

$M_A=M_E=-\frac{qh^2(8\kappa+59)}{6\Phi}$；

$M_{BA}=M_{BE}=\frac{qh^2(7\kappa+31)}{6\Phi}$；

$M_{BD}=M_{DB}=0$；

$M_C=M_F=-\frac{qh^2(12\kappa+61)}{6\Phi}$；

$M_{DC}=M_{DF}=\frac{qh^2(3\kappa+29)}{6\Phi}$

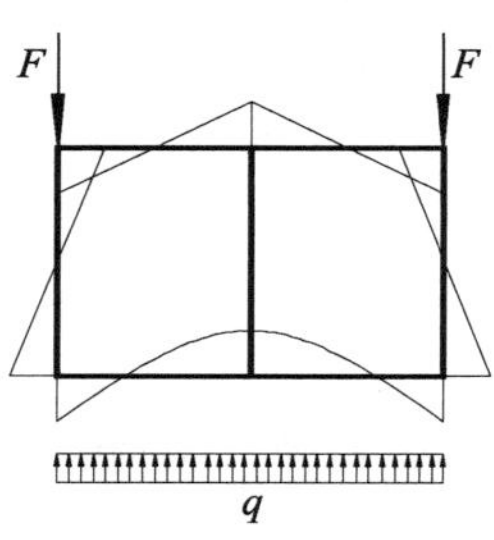

$F=ql$

$\Phi=24\mu(\kappa+6)$；$M_A=M_E=\frac{Fl(47\kappa+18)}{\Phi}$

$M_{BA}=M_{BE}=-\frac{Fl(15\kappa^2+49\kappa+18)}{\Phi}$

$M_{BD}=M_{DB}=0$；

$M_C=M_F=-\frac{Fl(49\kappa+30)}{\Phi}$；

$M_{DC}=M_{DF}=\frac{Fl(9\kappa^2+11\kappa+6)}{\Phi}$

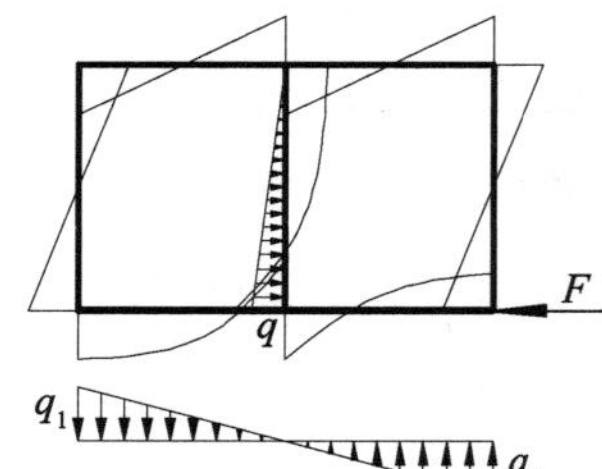

$q_1=\frac{qh^2}{4l^2}$；$F=\frac{qh}{2}$

$\Phi_1=20(\kappa+2)(6\kappa^2+6\kappa+1)$；

$\Phi_2=72\kappa^3+158\kappa^2+97\kappa+21$；

$\Phi_3=-12\kappa^3+31\kappa^2+62\kappa+21$；

$\Phi_4=72\kappa^3+166\kappa^2+107\kappa+9$；

$\Phi_5=108\kappa^3+365\kappa^2+254\kappa+29$；

$M_A=-M_E=\frac{qh^2\Phi_2}{24\Phi_1}$；

$M_{BA}=-M_{BE}=-\frac{qh^2\Phi_3}{24\Phi_1}$；

$M_{BD}=-\frac{qh^2\Phi_3}{12\Phi_1}$；$M_C=-M_F=-\frac{qh^2\Phi_4}{24\Phi_1}$；

$M_{DB}=\frac{qh^2\Phi_5}{12\Phi_1}$；$M_{DC}=-M_{DF}=\frac{qh^2\Phi_5}{24\Phi_1}$

续表

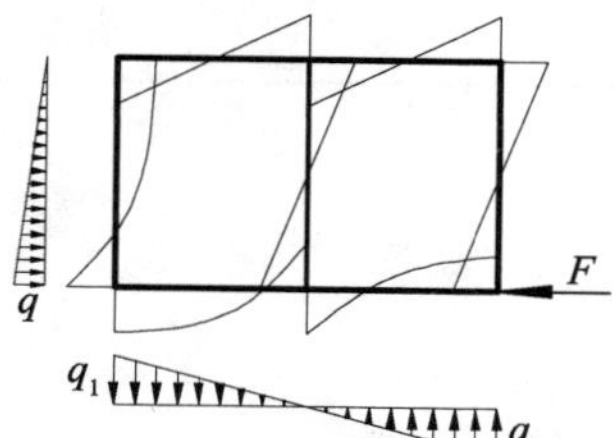

$q_1=\dfrac{qh^2}{4l^2}$；$F=\dfrac{qh}{2}$

$\Phi_1=20(\kappa+2)(6\kappa^2+6\kappa+1)$；

$\Phi_2=\dfrac{10\mu(\kappa+6)}{\kappa}$；

$\Phi_3=24\kappa^3+50\kappa^2+99\kappa+21$；

$\Phi_4=36\kappa^3+169\kappa^2+120\kappa+21$；

$\Phi_5=144\kappa^3+298\kappa^2+109\kappa+9$；

$\Phi_6=36\kappa^3+203\kappa^2+192\kappa+29$；

$\left.\begin{matrix}M_A\\M_E\end{matrix}\right\}=\dfrac{qh^2}{24}\left(-\dfrac{8\kappa+59}{\Phi_2}\pm\dfrac{\Phi_3}{\Phi_1}\right)$；

$\left.\begin{matrix}M_{BA}\\M_{BE}\end{matrix}\right\}=-\dfrac{qh^2}{24}\left(-\dfrac{7\kappa+31}{\Phi_2}\pm\dfrac{\Phi_4}{\Phi_1}\right)$；

$M_{BD}=-\dfrac{qh^2\Phi_4}{12\Phi_1}$；$M_{DB}=\dfrac{qh^2\Phi_6}{12\Phi_1}$；

$\left.\begin{matrix}M_C\\M_F\end{matrix}\right\}=-\dfrac{qh^2}{24}\left(\dfrac{12\kappa+61}{\Phi_2}\pm\dfrac{\Phi_5}{\Phi_1}\right)$；

$\left.\begin{matrix}M_{DC}\\M_{DF}\end{matrix}\right\}=\dfrac{qh^2}{24}\left(\dfrac{3\kappa+29}{\Phi_2}\pm\dfrac{\Phi_6}{\Phi_1}\right)$

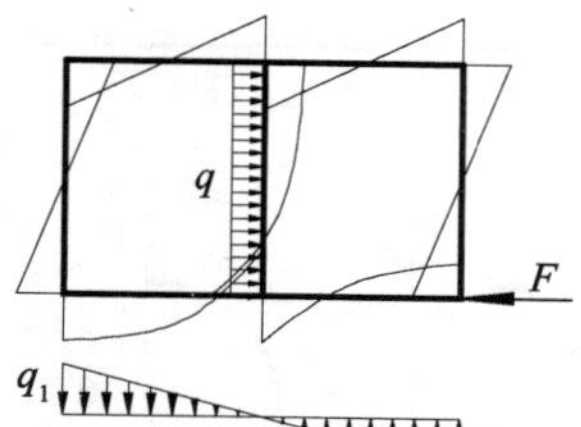

$q_1=\dfrac{3qh^2}{4l^2}$；$F=qh$

$\Phi_1=20(\kappa+2)(6\kappa^2+6\kappa+1)$；

$\Phi_2=240\kappa^3+518\kappa^2+335\kappa+63$；

$\Phi_3=229\kappa^2+262\kappa+63$；

$\Phi_4=240\kappa^3+502\kappa^2+285\kappa+27$；

$\Phi_5=240\kappa^3+911\kappa^2+678\kappa+87$；

$M_A=-M_E=\dfrac{qh^2\Phi_2}{24\Phi_1}$；

$M_{BA}=-M_{BE}=-\dfrac{qh^2\Phi_3}{24\Phi_1}$；

$M_{BD}=-\dfrac{qh^2\Phi_3}{12\Phi_1}$；

$M_C=-M_F=-\dfrac{qh^2\Phi_4}{24\Phi_1}$；

$M_{DB}=\dfrac{qh^2\Phi_5}{12\Phi_1}$；

$M_{DC}=-M_{DF}=\dfrac{qh^2\Phi_5}{24\Phi_1}$

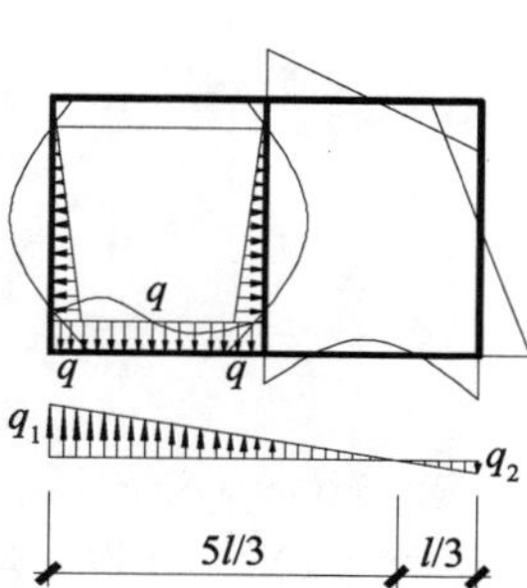

$\lambda=\dfrac{l}{h}$；$q_1=\dfrac{5q}{4}$；$q_2=\dfrac{q}{4}$

$\Phi_1=20(\kappa+2)(6\kappa^2+6\kappa+1)$；

$\Phi_2=\dfrac{10\mu(\kappa+6)}{\kappa}$；

$\Phi_3=2\kappa(24\kappa^2+54\kappa-1)-\lambda^2(18\kappa^2+5\kappa+3)$；

$\Phi_4=2K(36\kappa^2+66\kappa+1)+\lambda^2(42\kappa^2+55\kappa+7)$；

$\Phi_5=2K(24\kappa^2+69\kappa+29)-\lambda^2(21\kappa^2+8\kappa-3)$；

$\Phi_6=2K(36\kappa^2+81\kappa+31)+\lambda^2(39\kappa^2+52\kappa+13)$；

$\left.\begin{matrix}M_A\\M_E\end{matrix}\right\}=\dfrac{qh^2}{24}\left(\dfrac{8\kappa+59}{\Phi_2}\pm\dfrac{\Phi_3}{\Phi_1}\right)$；

$\left.\begin{matrix}M_{BA}\\M_{BE}\end{matrix}\right\}=\dfrac{qh^2}{24}\left(-\dfrac{7\kappa+31}{\Phi_2}\pm\dfrac{\Phi_5}{\Phi_1}\right)$；

$M_{BD}=\dfrac{qh^2\Phi_5}{12\Phi_1}$；$\left.\begin{matrix}M_C\\M_F\end{matrix}\right\}=\dfrac{qh^2}{24}\left(\dfrac{12\kappa+61}{\Phi_2}\pm\dfrac{\Phi_4}{\Phi_1}\right)$；

$M_{DB}=\dfrac{qh^2\Phi_6}{12\Phi_1}$；$\left.\begin{matrix}M_{DC}\\M_{DF}\end{matrix}\right\}=\dfrac{qh^2}{24}\left(-\dfrac{3\kappa+29}{\Phi_2}\pm\dfrac{\Phi_6}{\Phi_1}\right)$

9.1.9 “○”形刚架

表 9.1-16

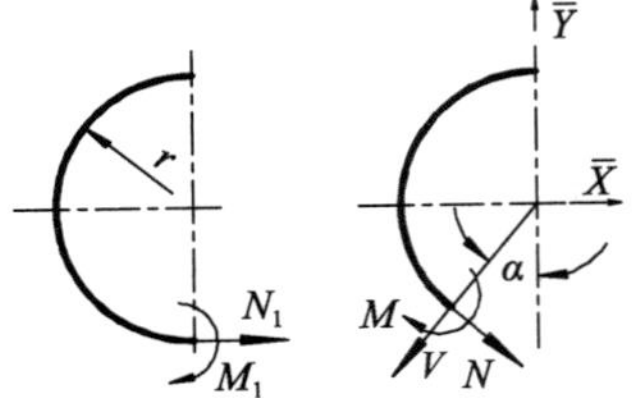

$z=\sin\alpha$；$u=\cos\alpha$；$s=\sin\theta$；

$e=\cos\theta$；$b=\sin\beta$；$a=\cos\beta$；

δ_X、δ_Y——变形后圆的直径在 $\bar{X}$、$\bar{Y}$ 方向的增减值。

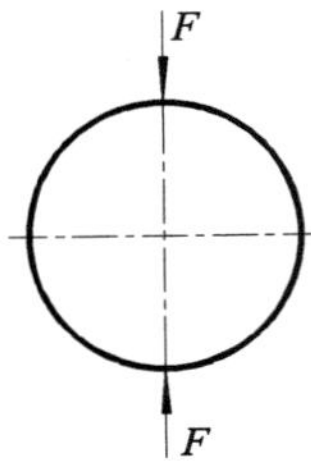

$M=Fr\left(\frac{1}{\pi}-0.5z\right)$；$N=-0.5Fz$；$q=-0.5Fu$；

当 $\alpha=0$：$M_{max}=0.3183Fr$

当 $\alpha=\frac{\pi}{2}$：$M_{min}=-0.1817Fr$

$\delta_X=\frac{0.137Fr^3}{EI}$；　$\delta_Y=-\frac{0.149Fr^3}{EI}$

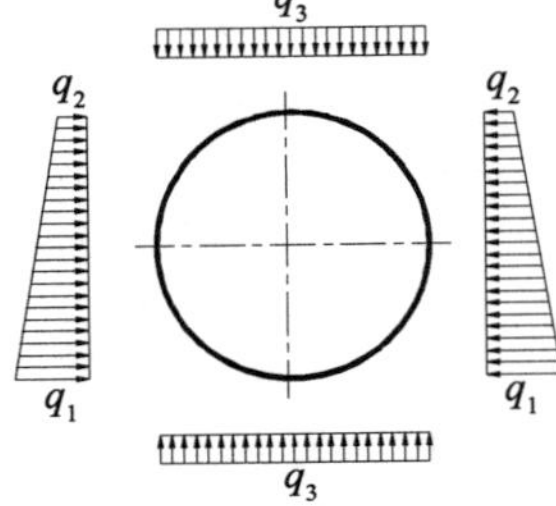

$M_1=\frac{q_3r^2}{4}-\frac{r^2(7q_1+5q_2)}{48}$；$N_1=\frac{-r(11q_1+5q_2)}{16}$；

当 $\alpha=\frac{\pi}{2}$：$M=-\frac{q_3r^2}{4}+\frac{r^2(q_1+q_2)}{8}$

当 $q_1=q_2=q$：$M_1=\frac{r^2(q_3-q)}{4}$；$N_1=-qr$；

当 $\alpha=\frac{\pi}{2}$：　$M=-\frac{r^2(q_3-q)}{4}$

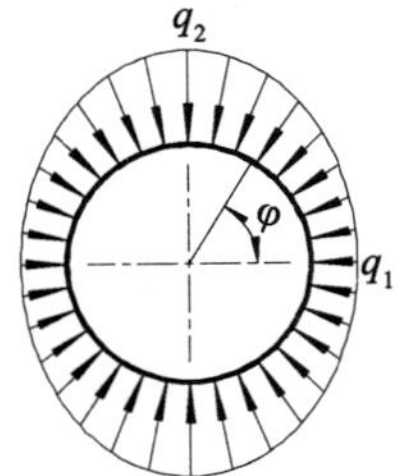

$m=\frac{q_2}{q_1}$；$0\leqslant\varphi\leqslant\frac{\pi}{2}$

荷载对称变化规律：$q=q_1[1+(m-1)\sin\varphi]$

当 $\alpha=0$，$M=0.1366q_1r^2(m-1)$；$N=-q_1r[1+0.5(m-1)]$

当 $\alpha=\frac{\pi}{2}$：$M=-0.1488q_1r^2(m-1)$；$N=-q_1r\left[1+\frac{\pi}{4}(m-1)\right]$

续表

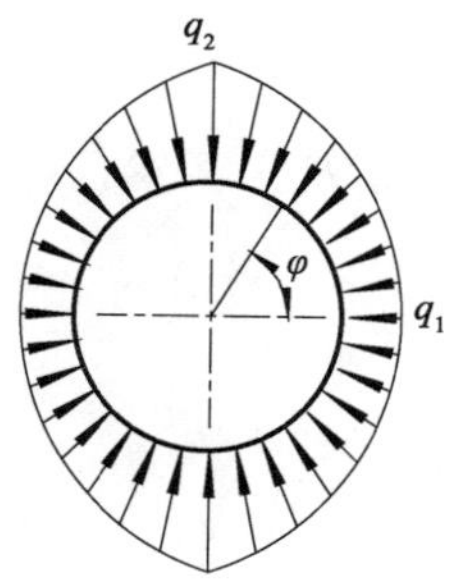

$n=\frac{q_1}{q_2}$；$0\leqslant\varphi\leqslant\frac{\pi}{2}$

荷载变化规律：$q=q_1+(q_2-q_1)\frac{2\varphi}{\pi}$

当 $\alpha=0$：$M=0.1366q_2r^2(1-n)$；

$N=-q_2r\left[1-\frac{2(1-n)}{\pi}\right]$

当 $\alpha=\frac{\pi}{2}$：$M=-0.1366q_2r^2(1-n)$；

$N=-q_2r\left[n+\frac{2(1-n)}{\pi}\right]$

$\delta_X=-\delta_Y=\frac{0.09q_2r^4}{EI}(1-n)$

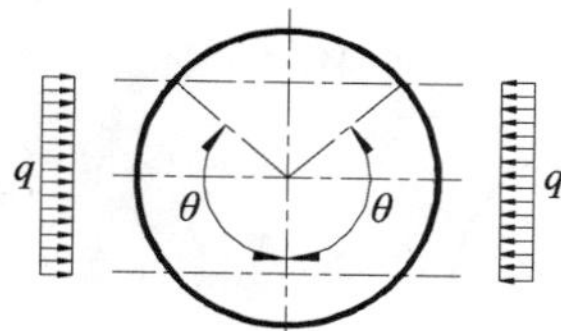

$M_1=qr^2\left[\frac{1}{\pi}\left(\frac{2s}{3}-\theta e+\frac{se^2}{3}+\frac{\theta e^2}{2}-\frac{3se}{4}+\frac{\theta}{4}\right)-\frac{1}{2}+e-\frac{e^2}{2}\right]$；

$N_1=-qr\left[\frac{1}{\pi}\left(\frac{2s}{3}+\frac{se^2}{3}-\theta e\right)+e-1\right]$

当 $0\leqslant\alpha\leqslant\theta$；

$M=M_1-N_1r(1-u)-\frac{qr^2}{2}(1-u)^2$；

$N=N_1u+qru(1-u)$；$V=-N_1z-qrz(1-u)$

当 $\theta\leqslant\alpha\leqslant\pi$；

$M=M_1-N_1r(1-u)-\frac{qr^2}{2}(1-e)(1+e-2u)$；

$N=N_1u+qru(1-e)$；$V=-N_1z-qrz(1-e)$

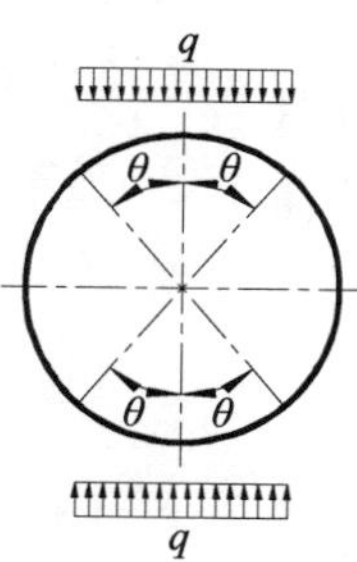

$M_1=qr^2\left[\frac{1}{\pi}\left(\frac{\theta}{2}+\theta s^2+\frac{3se}{2}\right)-\frac{s^2}{2}\right]$；$N_1=0$；

当 $0\leqslant\alpha\leqslant\theta$：$M=M_1-qr^2\frac{z^2}{2}$；

$N=-qrz^2$；$V=-qrzu$；

当 $\theta\leqslant\alpha\leqslant\pi-\theta$：$M=M_1-qr^2\left(sz-\frac{s^2}{2}\right)$；

$N=-qrsz$；$V=-qrsu$

当 $\theta=\frac{\pi}{2}$：$M_{\max}=\frac{qr^2}{4}$；$M_{\min}=-\frac{qr^2}{4}$；

$\delta_X=\frac{qr^4}{EI}\left[\frac{1}{\pi}(\theta+3se+2\theta s^2)-s-\frac{s^3}{3}\right]$；

$\delta_Y=-\frac{qr^4}{EI}\left[s^2-\frac{s^2e}{3}-\theta s-\frac{2e}{3}+\frac{2}{3}+\frac{\pi s}{2}-\frac{1}{\pi}(2\theta s^2+3se+\theta)\right]$

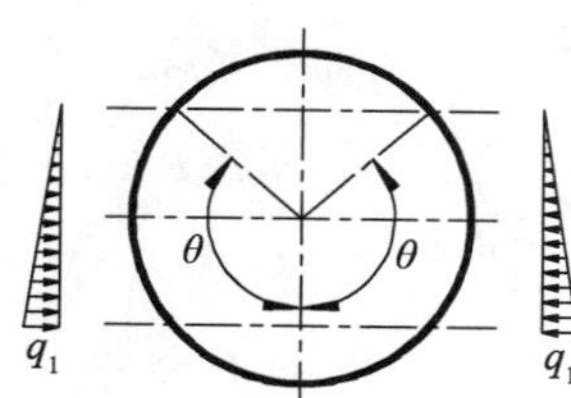

$q_1=qr(1-\cos\theta)$

$M_1=qr^3\left[\frac{1}{\pi}\left(\frac{\theta}{8}+\frac{s}{9}-\frac{\theta e}{4}-\frac{13se}{24}+\frac{11se^2}{36}+\frac{\theta e^2}{2}-\frac{se^3}{12}-\frac{\theta e^3}{6}\right)-\frac{(1-e)^3}{6}\right]$；

$N_1=qr^2\left[\frac{1}{\pi}\left(\frac{\theta}{8}+\frac{\theta e^2}{2}-\frac{13se}{24}-\frac{se^3}{12}\right)-\frac{(1-e)^2}{2}\right]$；

当 $0\leqslant\alpha\leqslant\theta$：$M=M_1-N_1r(1-u)+qr^3\times\left[\frac{(1-u)^3}{6}-\frac{(1-e)(1-u)^2}{2}\right]$；

$N=N_1u+qr^2\left[\frac{u}{2}(1-2e+u)(1-u)\right]$；

$V=-N_1z-qr^2\left[\frac{z}{2}(1-2e+u)(1-u)\right]$；

当 $\theta\leqslant\alpha\leqslant\pi$：$M=M_1-N_1r(1-u)-qr^3\times\left[\frac{(1-e)^2}{2}\left(\frac{2}{3}+\frac{e}{3}-u\right)\right]$；

$N=N_1u+qr^2\left[\frac{u(1-e)^2}{2}\right]$；

$V=-N_1z-qr^2\left[\frac{z(1-e)^2}{2}\right]$

续表

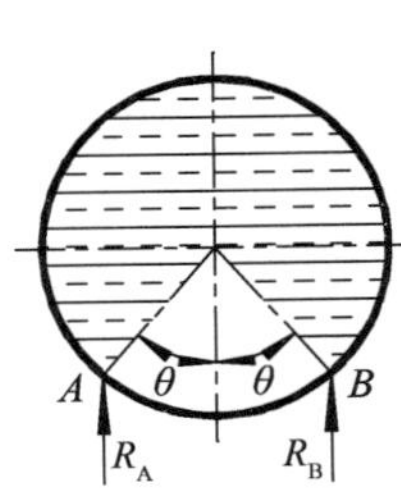

$R_A=R_B=\frac{\gamma\pi r^2}{2}$，$\gamma$ 为液体容重；

$M_1=\gamma r^3\left(\frac{1}{4}-\frac{\pi s}{2}+\frac{\theta s}{2}+\frac{e}{2}+\frac{s^2}{2}\right)$；$N_1=\gamma r^2\left(\frac{s^2}{2}+\frac{5}{4}\right)$；

当 $0\leqslant\alpha\leqslant\theta$：$M=\frac{\gamma r^3}{2}\left(\frac{u}{2}+\alpha z-\pi s+\theta s+e+us^2\right)$；

$N=\frac{\gamma r^2}{2}\left(2+\frac{u}{2}+\alpha z+us^2\right)$；$V=\frac{\gamma r^2}{2}\left(\alpha u+\frac{z}{2}-zs^2\right)$；

当 $\theta\leqslant\alpha\leqslant\pi$：$M=\frac{\gamma r^3}{2}\left(\frac{u}{2}+\alpha z-\pi z+\theta s+e+us^2\right)$

$N=\gamma r^2\left(1+\frac{u}{4}-\frac{\pi z}{2}+\frac{\alpha z}{2}+\frac{us^2}{2}\right)$；$V=\frac{\gamma r^2}{2}\left(\alpha u+\frac{z}{2}-\pi u-zs^2\right)$

$\delta_X=\frac{\gamma r^5}{EI}\left[\theta s+e-\frac{\pi}{4}(1+s^2)\right]$；

$\delta_Y=-\frac{\gamma r^5}{EI}\left[\frac{\pi}{4}(2s-se-\theta)-e-\theta s+\frac{\pi^2}{8}\right]$

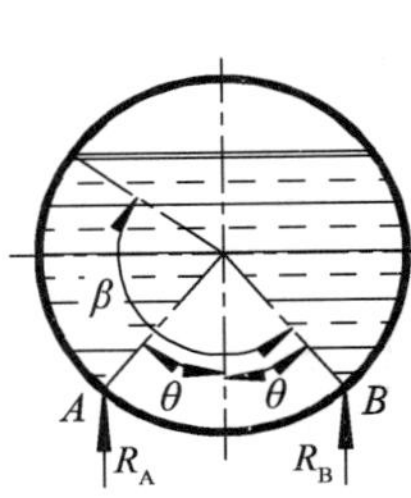

$R_A=R_B=\frac{\gamma r^2}{4}(2\beta-\sin2\beta)$，$\gamma$ 为液体容重；

$M_1=\gamma r^3\left[\frac{1}{\pi}\left(a\beta-\frac{3\beta}{4}-b+\frac{5ab}{4}-\frac{a^2\beta}{2}\right)+a^2-a+\frac{b^2}{2}\right]+\frac{R_Ar}{\pi}(1+e+\theta s-\pi s+s^2)$；

$N_1=\gamma r^2\left[\frac{b^2}{2}-a+a^2+0.3183\left(\frac{3ab}{4}-\frac{a^2\beta}{2}-\frac{\beta}{4}\right)\right]+\frac{R_As^2}{\pi}$；

当 $0\leqslant\alpha\leqslant\theta$：$M=M_1-N_1r(1-u)+\gamma r^3\left(\frac{\alpha z}{2}-a+au\right)$；

$N=N_1u+\gamma r^2\left(\frac{\alpha z}{2}-a+au\right)$；$V=-N_1z+\gamma r^2\left(\frac{\alpha u}{2}+\frac{z}{2}-az\right)$；

当 $\theta\leqslant\alpha\leqslant\beta$：$M=M_1-N_1r(1-u)+\gamma r^3\left(\frac{\alpha z}{2}-a+au\right)-R_Ar(z-s)$；

$N=N_1u-R_Az+\gamma r^2\left(\frac{\alpha z}{2}-a+au\right)$；$V=-N_1z-R_Au+\gamma r^2\left(\frac{\alpha u}{2}+\frac{z}{2}-az\right)$；

当 $\beta\leqslant\alpha\leqslant\pi$：$M=M_1-N_1r(1-u)+\gamma r^3\left[z\left(\frac{\beta}{2}-\frac{ab}{2}\right)+u\left(a-a^2-\frac{b^2}{2}\right)\right]-R_Ar(z-s)$；

$N=N_1u-R_Az+\gamma r^2\left(\frac{z\beta}{2}-\frac{abz}{2}-\frac{b^2u}{2}-a^2u+au\right)$；

$V=-N_1z-R_Au+\gamma r^2\left(\frac{u\beta}{2}-\frac{abu}{2}+\frac{b^2z}{2}+a^2z-az\right)$；

当 $\beta\leqslant\frac{\pi}{2}$：$\delta_X=\frac{\gamma r^5}{EI}\left\{\frac{1}{\pi}\left[2\beta a-2b+(\beta-ab)\left(\theta s+e-\frac{\pi s^2}{4}\right)\right]+\frac{3\beta}{8}-\frac{b}{4}\left(\beta b+\frac{3a}{2}\right)\right\}$；

当 $\beta>\frac{\pi}{2}$：$\delta_X=\frac{\gamma r^5}{EI}\left\{\frac{1}{\pi}\left[2\beta a-2b+(\beta-ab)\left(\theta s+e-\frac{7\pi}{8}-\frac{\pi s^2}{4}\right)\right]-2a+\frac{\beta b^2}{4}+\frac{\pi a^2}{4}+\frac{3\pi}{8}\right\}$；

$\delta_Y=\frac{\gamma r^5}{EI}\left\{\frac{1}{\pi}[2\beta a-2b+(\beta-ab)(\theta s+e)]+1-\frac{5b^2}{8}-a+\frac{ab\beta}{4}-\frac{\beta^2}{8}+\frac{1}{4}(\beta-ab)(\theta+se-2s)\right\}$

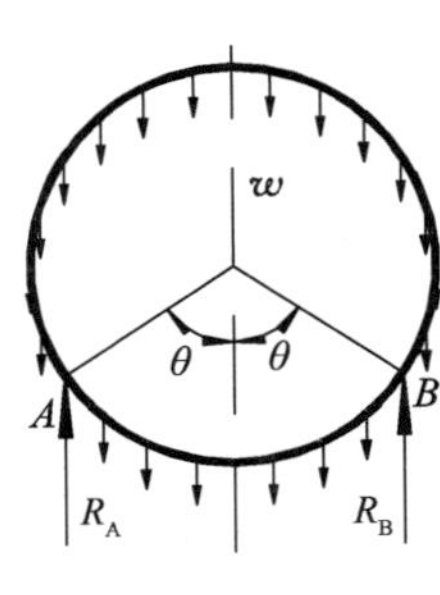

$R_A=R_B=\pi wr$，w——沿圆周分布的自重；

$M_1=wr^2\left(\frac{1}{2}+e-\pi s+\theta s+s^2\right)$；$N_1=wr\left(s^2-\frac{1}{2}\right)$

当 $0\leqslant\alpha\leqslant\theta$：

$M=M_1-N_1r(1-u)+wr^2(\alpha z+u-1)$；

$N=N_1u+wr\alpha z$；$V=-N_1z+wr\alpha u$；

当 $\theta\leqslant\alpha\leqslant\pi$：

$M=M_1-N_1r(1-u)+wr^2(\alpha z+u-1-\pi z+\pi s)$；

$N=N_1u+wrz(\alpha-\pi)$；$V=-N_1z+wru(\alpha-\pi)$；

$\delta_X=\frac{2wr^4}{EI}\left[e+\theta s-\frac{\pi}{4}(1+s^2)\right]$；

$\delta_Y=\frac{wr^4}{EI}\left[-\frac{\pi^2}{4}+\frac{\pi}{2}(se+\theta-2s)+2(\theta s+e)\right]$

9.2　变截面门式刚架的内力计算公式

本节列出了铰支和固定两种支座形式的单跨矩形变截面加腋杆门式刚架在不同荷载作用下的内力计算公式。设刚架采用单一材料（即弹性模量 E、线膨胀系数 α_t 均为常数），各杆件截面宽度保持不变，加腋杆的端部加腋部分的截面高度呈直线变化。计算中，近似假定杆轴为平行于直边的直线，且通过杆件最小截面的形心。截面的惯性矩仍按该截面对自己的形心轴取矩计算。

本节计算公式中，反力和内力的正负号规定，以及其他主要符号的物理意义如下：

V——竖向反力，向上为正；

H——水平反力，向内为正；

M——截面弯矩（带下标），使杆件内侧受拉为正；外力偶（不带下标）；

F——集中荷载；

q——均布荷载；

ψ——结构尺寸系数；

γ——荷载位置系数；

ϕ——杆件最小线刚度之比。

E、I——弹性模量、截面惯性矩；

α_t——材料线膨胀系数。

9.2.1　对称两铰门式刚架

表 9.2-1

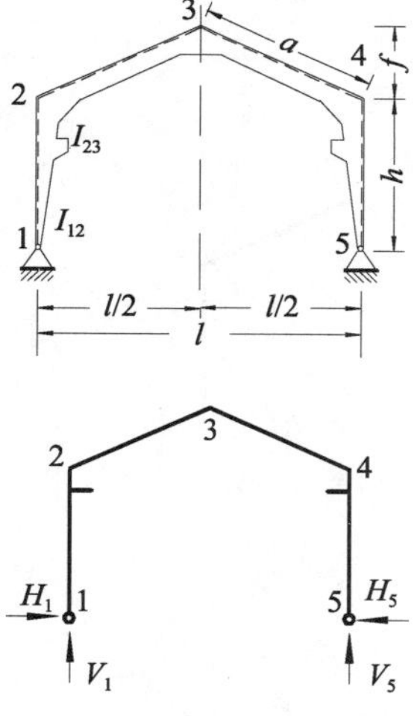

$\phi=\frac{I_{12}^{0}}{I_{23}^{0}}\times\frac{a}{h}$；　$\psi=\frac{f}{h}$

$\theta_{23}=\alpha_{23}+\alpha_{32}+2\beta_{23}$；

$A=\theta_{23}+\psi^{2}\alpha_{32}+2\psi(\alpha_{23}+\beta_{32})+\frac{\alpha_{21}}{\phi}$；

$B=\alpha_{32}(1+\psi)+\beta_{23}$；　$C=\alpha_{23}+\beta_{23}(1+\psi)+\frac{\alpha_{21}}{\phi}$；

$K^{F}=R_{23}^{F}+R_{32}^{F}(1+\psi)$；　$K^{M}=R_{23}^{M}+R_{32}^{M}(1+\psi)$；

$K^{W}=R_{23}^{W}+R_{32}^{W}(1+\psi)$；

式中：

I_{12}^{0}及 I_{23}^{0}——杆件 12 及杆件 23 的最小截面惯性矩；

α 及 β——杆件的形常数，可由表 9.2-3 查得；

R^{F}，R^{W}，R^{M}——杆件的载常数，可由表 9.2-4 至表 9.2-6 查得。

续表

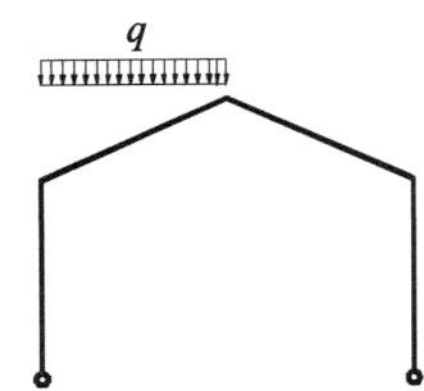 $V_1=\frac{3ql}{8}$； $V_5=\frac{ql}{8}$； $H_1=H_5=\frac{ql^2}{16Ah}(B+2K^W)$； $M_2=M_4=-H_5h$； $M_3=\frac{ql^2}{16}-H_5h(1+\psi)$	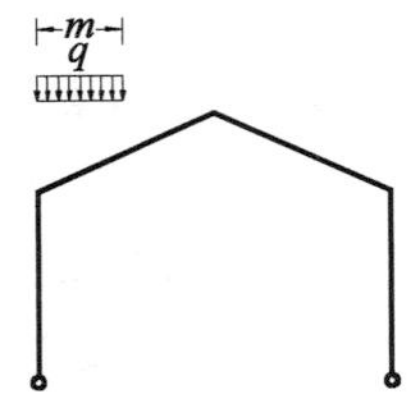 $W=mq$ $V_1=\frac{W}{l}\left(l-\frac{m}{2}\right)$； $V_5=\frac{Wm}{2l}$； $H_1=H_5=\frac{W}{4Ah}(mB+lK^W)$； $M_2=M_4=-H_5h$； $M_3=\frac{Wm}{4}-H_5h(1+\psi)$
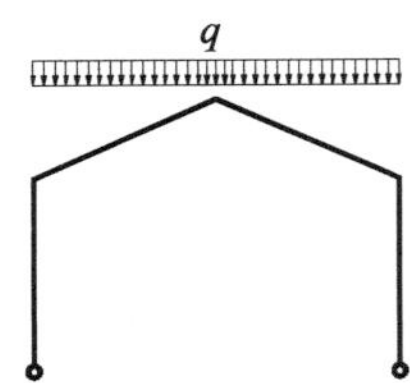 $V_1=V_5=\frac{ql}{2}$； $H_1=H_5=\frac{ql^2}{8Ah}(B+2K^W)$； $M_2=M_4=-H_5h$； $M_3=\frac{ql^2}{8}-H_5h(1+\psi)$	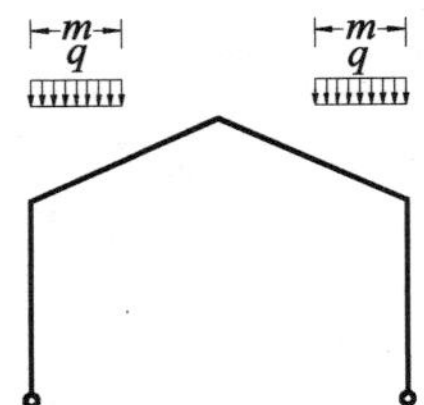 $W=mq$； $V_1=V_5=W$； $H_1=H_5=\frac{W}{2Ah}(mB+lK^W)$； $M_2=M_4=-H_5h$； $M_3=\frac{Wm}{2}-H_5h(1+\psi)$
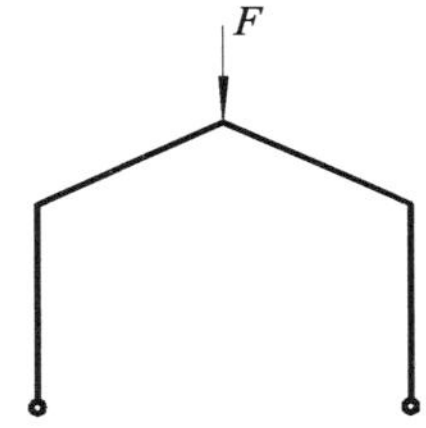 $V_1=V_5=\frac{F}{2}$； $H_1=H_5=\frac{FlB}{4Ah}$； $M_2=M_4=-H_5h$； $M_3=\frac{Fl}{4}-H_5h(1+\psi)$	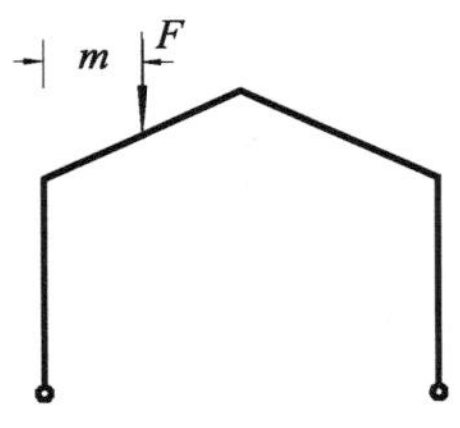 $V_1=F\left(1-\frac{m}{l}\right)$； $V_5=\frac{Fm}{l}$； $H_1=H_5=\frac{F}{4Ah}(2mB+lK^F)$； $M_2=M_4=-H_5h$； $M_3=\frac{Fm}{2}-H_5h(1+\psi)$

续表

<table>
<tr>
<td>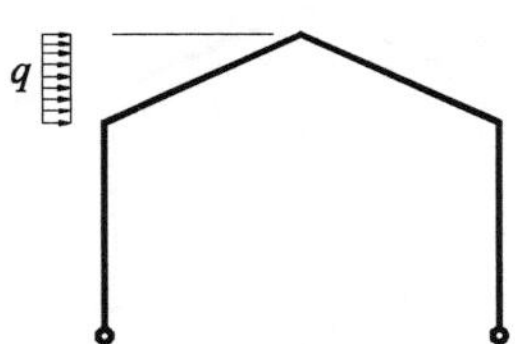

$N=A+B+C+2K^{W}\psi$
$V_1=-V_5=-\frac{qfh}{2l}(2+\psi)$；
$H_5=\frac{qfN}{4A}$；　$H_1=-(qf-H_5)$；
$M_2=h(qf-H_5)$；　$M_4=-H_5h$；
$M_3=\frac{qfh}{4}(2+\psi)-H_5h(1+\psi)$</td>
<td>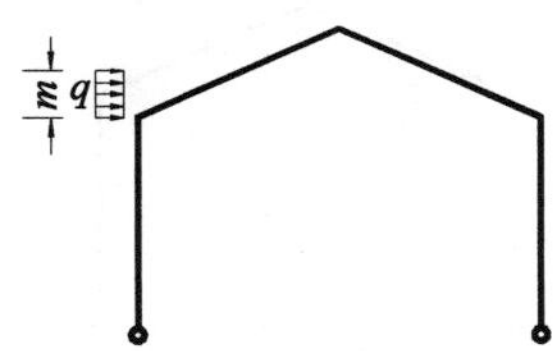

$W=mq$；　$N^{W}=B\left(1+\frac{m}{2h}\right)+C+\psi K^{W}$；
$V_1=-V_5=-\frac{W}{l}\left(\frac{m}{2}+h\right)$；
$H_5=\frac{WN^{W}}{2A}$；　$H_1=H_5-W$；
$M_2=(W-H_5)h$；　$M_4=-H_5h$；
$M_3=-H_5h(1+\psi)+\frac{W}{2}\left(\frac{m}{2}+h\right)$</td>
</tr>
<tr>
<td>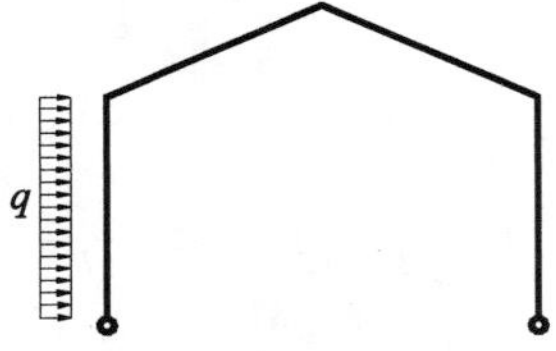

$N=B+C+\frac{2R_{21}^{W}}{\phi}$；　$V_1=-V_5=-\frac{qh^2}{2l}$；
$H_1=-(qh-H_5)$；　$H_5=\frac{qhN}{4A}$；
$M_2=h\left(\frac{qh}{2}-H_5\right)$；　$M_3=h\left[\frac{qh}{4}-H_5(1+\psi)\right]$；
$M_4=-H_5h$</td>
<td>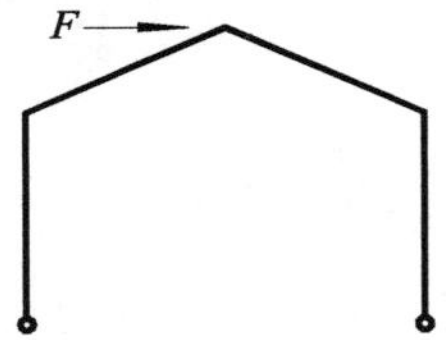

$V_1=-V_5=-\frac{Fh}{l}(1+\psi)$；
$H_1=-H_5=-\frac{F}{2}$；
$M_2=-M_4=\frac{Fh}{2}$；
$M_3=0$</td>
</tr>
<tr>
<td>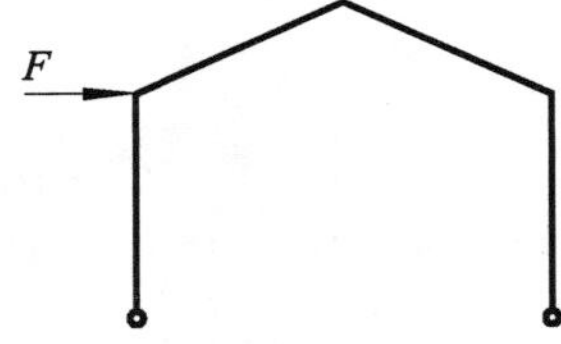

$V_1=-V_5=-\frac{Fh}{l}$；
$H_1=-(F-H_5)$；　$H_5=\frac{F}{2A}(B+C)$；
$M_2=h(F-H_5)$；　$M_3=h\left[\frac{F}{2}-H_5(1+\psi)\right]$；
$M_4=-H_5h$</td>
<td>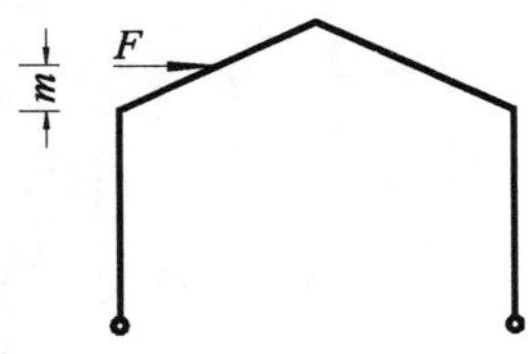

$\gamma=\frac{m}{f}$；$N=B(1+\gamma\psi)+C+\psi K^{F}$；
$V_1=-V_5=-\frac{F}{l}(h+m)$；
$H_1=-(F-H_5)$；$M_2=h(F-H_5)$；
$M_3=\frac{F}{2}(h+m)-H_5h(1+\psi)$；$M_4=-H_5h$；
$H_5=\frac{FN}{2A}$</td>
</tr>
</table>

续表

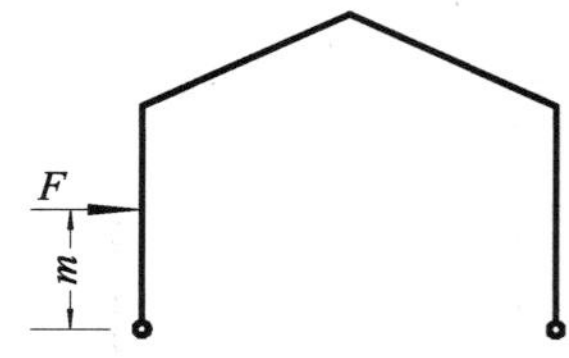 $\gamma=\frac{m}{h}$； $N=\gamma(B+C)+\frac{R_{21}^{F}}{\phi}$ $V_1=-V_5=-\frac{Fm}{l}$； $H_5=\frac{FN}{2A}$； $H_1=-(F-H_5)$； $M_2=Fm-H_5h$； $M_3=\frac{Fm}{2}-H_5h(1+\psi)$； $M_4=-H_5h$	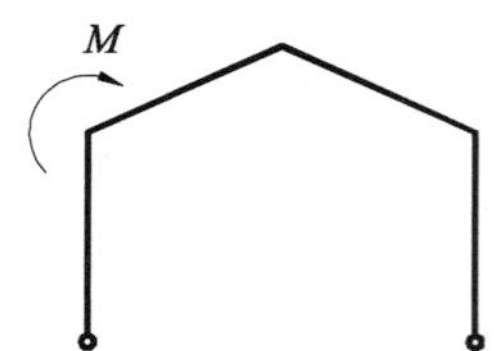 $N=B+\alpha_{23}+\beta_{23}(1+\psi)$ $V_1=-V_5=-\frac{M}{l}$； $H_1=H_5=\frac{MN}{2hA}$； $M_{23}=\frac{M}{2}\left(2-\frac{N}{A}\right)$； $M_3=\frac{M}{2}\left[1-\frac{N}{A}(1+\psi)\right]$； $M_4=M_{21}=-\frac{MN}{2A}$
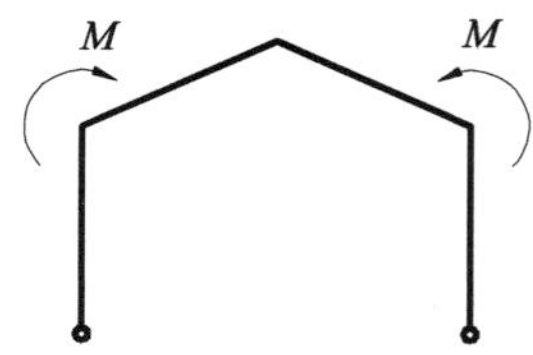 $N=B+\alpha_{23}+\beta_{23}(1+\psi)$ $V_1=V_5=0$； $H_1=H_5=\frac{MN}{hA}$； $M_{23}=M_{43}=-\frac{MN}{A}+M$； $M_3=M\left[1-\frac{N}{A}(1+\psi)\right]$； $M_{45}=M_{21}=-\frac{MN}{A}$	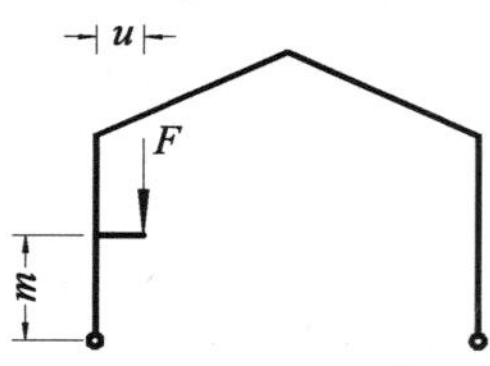 $N=B+C+\frac{R_{21}^{M}}{\phi}$； $M=Fu$ $V_1=F-\frac{M}{l}$； $V_5=\frac{M}{l}$； $H_1=H_5=\frac{MN}{2hA}$； $M_2=\frac{M}{2}\left(2-\frac{N}{A}\right)$； $M_3=\frac{M}{2}\left[1-\frac{N}{A}(1+\psi)\right]$； $M_4=-\frac{MN}{2A}$
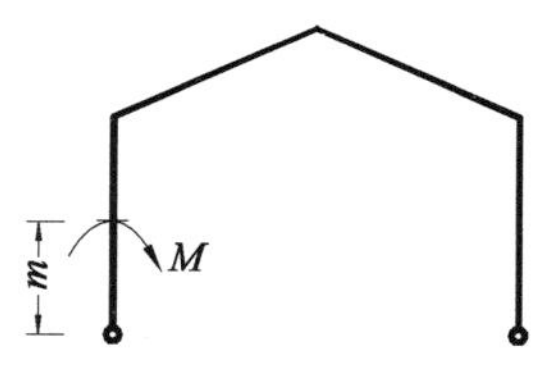 $V_1=-\frac{M}{l}$； $V_5=\frac{M}{l}$； $H_1=H_5=\frac{MN}{2hA}$； $N=B+C+\frac{R_{21}^{M}}{\phi}$； $M_2=\frac{M}{2}\left(2-\frac{N}{A}\right)$； $M_3=\frac{M}{2}\left[1-\frac{N}{A}(1+\psi)\right]$； $M_4=-\frac{MN}{2A}$	支座位移Δ 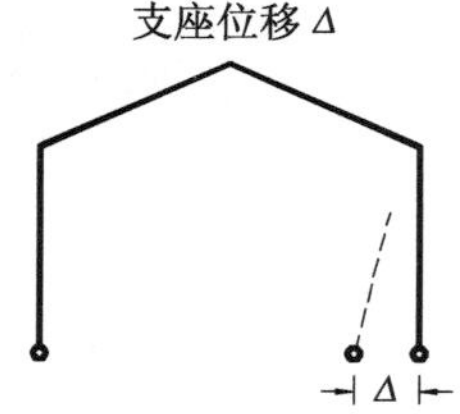 $V_1=V_5=0$； $H_1=H_5=\frac{6\Delta EI_{12}^{0}}{h^3A\phi}$； $M_2=M_4=-H_5h$； $M_3=-H_5h(1+\psi)$
均匀加热t℃ 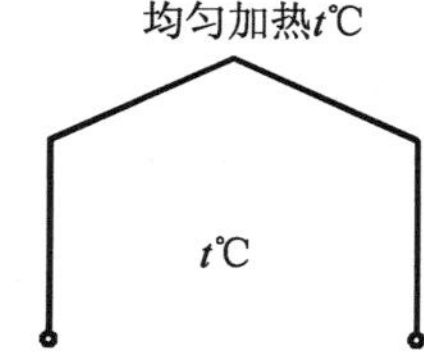	$V_1=V_5=0$； $H_1=H_5=\frac{6l\alpha_t tEI_{12}^{0}}{h^3A\phi}$； $M_2=M_4=-H_5h$； $M_3=-H_5h(1+\psi)$

9.2.2　对称无铰门式刚架

表 9.2-2

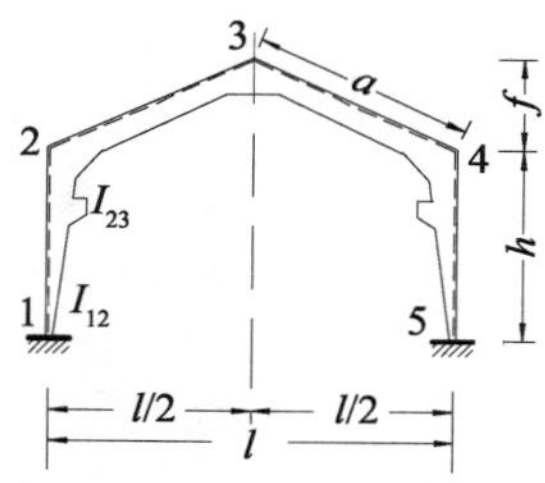

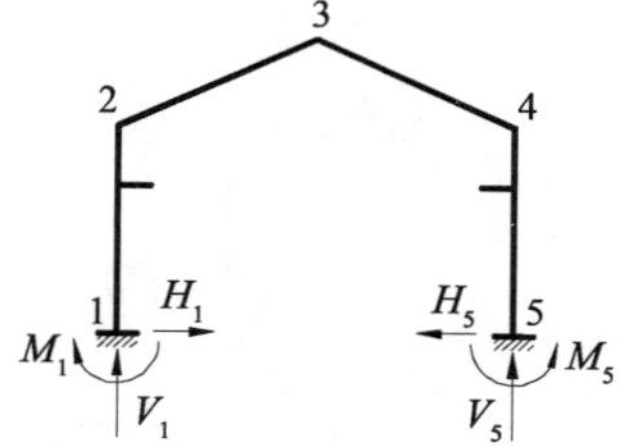

$\phi=\dfrac{aI_{12}^0}{hI_{23}^0}$；$\psi=\dfrac{f}{h}$；$\theta_{12}=\alpha_{12}+\alpha_{21}+2\beta_{12}$；$\theta_{23}=\alpha_{23}+\alpha_{32}+2\beta_{23}$；

$A=\alpha_{12}+\beta_{12}-\phi\psi(\beta_{23}+\alpha_{32})$；$B=2(\theta_{12}+\phi\theta_{23})$；

$C=\alpha_{12}+\phi\psi^2\alpha_{32}$；$D=4(\theta_{12}+\phi\alpha_{23})$；$Q=B-2AS$；

$S=\dfrac{A}{C}$；$G=\beta_{23}+(1+S\psi)\alpha_{32}$；$N_{23}=S(\beta_{23}+\alpha_{32})+\dfrac{B\psi\alpha_{32}}{2C}$

式中　I_{12}^0及 I_{23}^0——杆件 12 及 23 的最小截面惯性矩；

α 及 β——杆件的形常数，可由表 9.2-3 查得；

R^F、R^W、R^M——杆件的载常数，可由表 9.2-4 至表 9.2-6 查得。

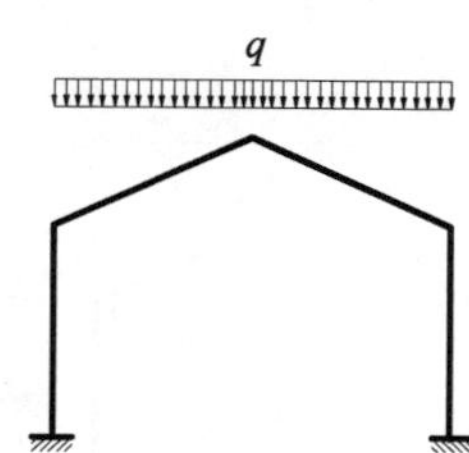

$J^W=R_{23}^W+R_{32}^W(1+S\psi)$；

$K^W=S(R_{23}^W+R_{32}^W)+\dfrac{B\psi R_{32}^W}{2C}$

$H_1=H_5=\dfrac{ql^2\phi(2K^W+N_{23})}{4hQ}$；　$V_1=V_5=\dfrac{ql}{2}$；

$M_2=M_4=\dfrac{-ql^2\phi}{4Q}(2J^W+G)$；

$M_1=M_5=M_2+H_5h$

$M_3=M_2+\dfrac{ql^2}{8}-H_5f$

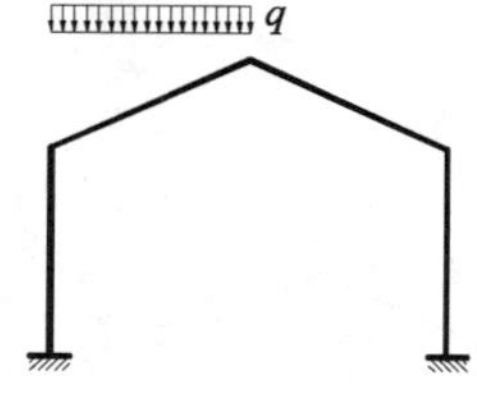

$J^W=R_{23}^W+R_{32}^W(1+S\psi)$；

$K^W=S(R_{23}^W+R_{32}^W)+\dfrac{B\psi R_{32}^W}{2C}$

$H_1=H_5=\dfrac{ql^2\phi(2K^W+N_{23})}{8hQ}$；

$V_1=\dfrac{3ql}{8}+\dfrac{ql\phi R_{23}^W}{D}$；　$V_5=\dfrac{ql}{8}-\dfrac{ql\phi R_{23}^W}{D}$；

$M_1=M_2+H_1h$；　$M_5=M_4+H_5h$；

$M_2=\dfrac{-ql^2\phi}{2}\left(\dfrac{2J^W+G}{4Q}+\dfrac{R_{23}^W}{D}\right)$；

$M_4=\dfrac{-ql^2\phi}{2}\left(\dfrac{2J^W+G}{4Q}-\dfrac{R_{23}^W}{D}\right)$；

$M_3=\dfrac{M_2+M_4}{2}-H_1f+\dfrac{ql^2}{16}$

续表

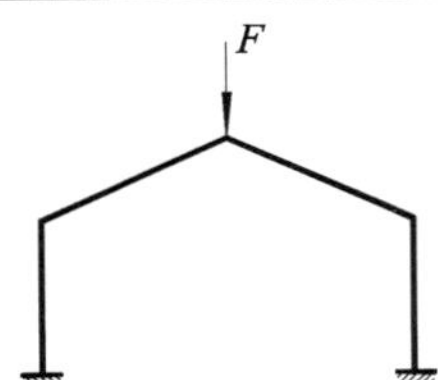

$H_1=H_5=\frac{Fl\phi N_{23}}{2hQ}$；

$V_1=V_5=\frac{F}{2}$

$M_2=M_4=\frac{-Fl\phi G}{2Q}$；

$M_1=M_5=\frac{Fl\phi}{2Q}(N_{23}-G)$；

$M_3=\frac{-Fl\phi}{2Q}(N_{23}\psi+G)+\frac{Fl}{4}$

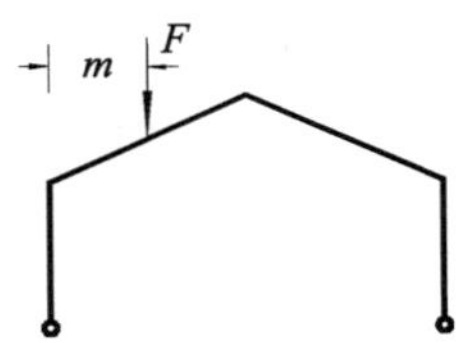

$J^F=R_{23}^F+R_{32}^F(1+S\psi)$

$K^F=S(R_{23}^F+R_{32}^F)+\frac{B\psi R_{32}^F}{2C}$

$H_1=H_5=\frac{F\phi(2mN_{23}+lK^F)}{2hQ}$

$V_1=F\left(1-\frac{m}{l}+\frac{2\phi R_{23}^F}{D}\right)$；$V_5=F\left(\frac{m}{l}-\frac{2\phi R_{23}^F}{D}\right)$

$M_2=\frac{-\phi F}{2Q}(lJ^F+2mG)-\frac{Fl\phi R_{23}^F}{D}$

$M_1=M_2+H_1h$；　$M_5=M_4+H_5h$

$M_3=\frac{M_2+M_4}{2}+\frac{Fm}{2}-H_5f$

$M_4=\frac{-\phi F}{2Q}(lJ^F+2mG)+\frac{Fl\phi R_{23}^F}{D}$

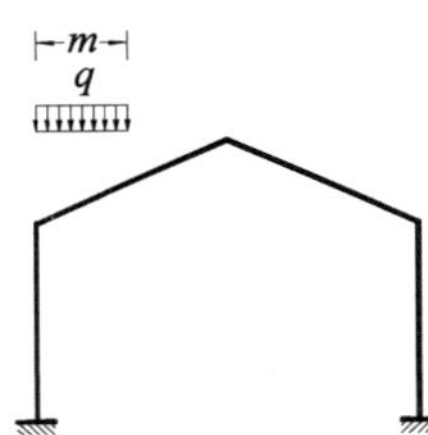

$W=mq$；

$J^W=R_{23}^M+R_{32}^W(1+S\psi)$；　$K^W=S(R_{23}^W+R_{32}^W)+\frac{B\psi R_{32}^W}{2C}$

$H_1=H_5=\frac{W\phi}{2hQ}(mN_{23}+lK^W)$；

$M_2=\frac{-W\phi}{2Q}(lJ^W+mG)-\frac{W\phi lR_{23}^W}{D}$；　$M_1=M_2+H_5h$；

$M_4=\frac{-W\phi}{2Q}(lJ^W+mG)+\frac{W\phi lR_{23}^W}{D}$；　$M_5=M_4+H_5h$；

$V_1=W\left(1-\frac{m}{2l}+\frac{2\phi R_{23}^W}{D}\right)$；　$V_5=W\left(\frac{m}{2l}-\frac{2\phi R_{23}^W}{D}\right)$；

$M_3=\frac{M_2+M_4}{2}+\frac{Wm}{4}-H_5f$

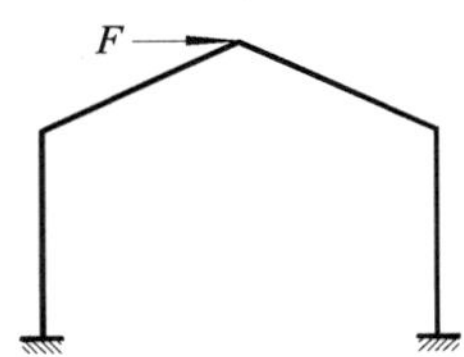

$T=\alpha_{12}+\beta_{12}$

$H_1=-H_5=-\frac{F}{2}$

$M_2=-M_4=\frac{2FhT}{D}$；　$M_3=0$

$M_1=M_2-\frac{Fh}{2}$；　$M_5=M_4+\frac{Fh}{2}$

$V_1=-V_5=-\frac{Fh}{l}\left(\psi+\frac{4T}{D}\right)$

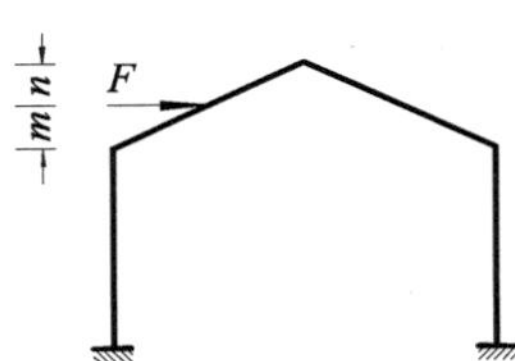

$J^F=R_{23}^F+R_{32}^F(1+S\psi)$；

$K^F=S(R_{23}^F+R_{32}^F)+\frac{B\psi R_{32}^F}{2C}$；

$T^F=\alpha_{12}+\beta_{12}-\phi\psi R_{23}^F$；

$H_1=\frac{-F}{2}-\frac{F\phi}{Qh}(nN_{23}-fK^F)$；

$H_5=\frac{F}{2}-\frac{F\phi}{Qh}(nN_{23}-fK^F)$；

$M_2=\frac{-\phi F}{Q}(fJ^F-nG)+\frac{2FhT^F}{D}$；

$M_1=M_2-h(F-H_5)$；

$M_4=\frac{-\phi F}{Q}(fJ^F-nG)-\frac{2FhT^F}{D}$；

$M_5=M_4+H_5h$；　$M_3=\frac{M_2+M_4}{2}+\frac{Fm}{2}-H_5f$；

$V_1=-V_5=\frac{-4FhT^F}{Dl}-\frac{Fm}{l}$

续表

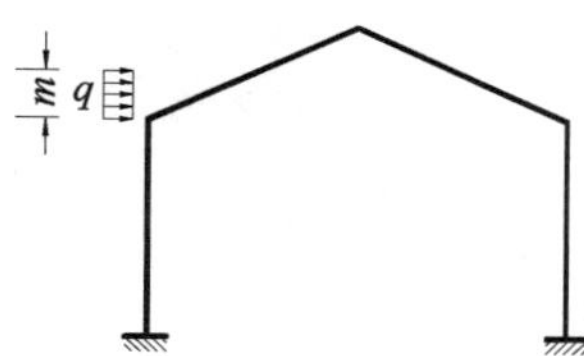 $W=mq$ $J^{W}=R_{23}^{W}+R_{32}^{W}(1+S\psi)$； $K^{W}=S(R_{23}^{W}+R_{32}^{W})+\frac{B\psi R_{32}^{W}}{2C}$； $T^{W}=\alpha_{12}+\beta_{12}-\phi\psi R_{23}^{W}$； $H_1=\frac{-W}{2}-\frac{W\phi}{Qh}\left[N_{23}\left(f-\frac{m}{2}\right)-fK^{W}\right]$； $H_5=\frac{W}{2}-\frac{W\phi}{Qh}\left[N_{23}\left(f-\frac{m}{2}\right)-fK^{W}\right]$； $M_2=\frac{-\phi W}{Q}\left[fJ^{W}-\frac{G}{2}(2f-m)\right]+\frac{2WhT^{W}}{D}$； $M_4=\frac{-\phi W}{Q}\left[fJ^{W}-\frac{G}{2}(2f-m)\right]-\frac{2WhT^{W}}{D}$； $M_3=\frac{M_2+M_4}{2}+\frac{Wm}{4}-H_5f$； $M_1=M_2+H_1h$；　$M_5=M_4+H_5h$； $V_1=-V_5=\frac{-4hT^{W}W}{Dl}-\frac{Wm}{2l}$	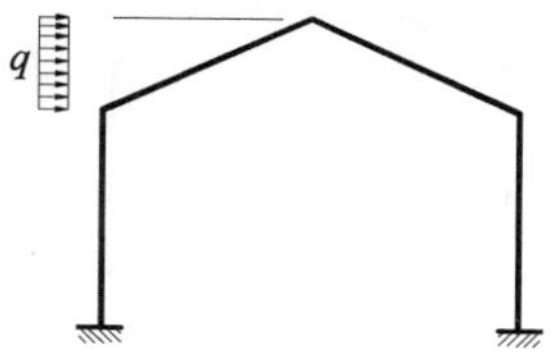 $W=qf$ $J^{W}=R_{23}^{W}+R_{32}^{W}(1+S\psi)$ $K^{W}=S(R_{23}^{W}+R_{32}^{W})+\frac{B\psi R_{32}^{W}}{2C}$ $T^{W}=\alpha_{12}+\beta_{12}-\phi\psi R_{23}^{W}$ $H_5=\frac{W}{2}-\frac{W\phi\psi}{2Q}(N_{23}-2K^{W})$ $H_1=H_5-W$ $M_2=\frac{-Wf\phi}{2Q}(2J^{W}-G)+\frac{2WhT^{W}}{D}$ $M_4=\frac{-Wf\phi}{2Q}(2J^{W}-G)-\frac{2WhT^{W}}{D}$ $M_3=\frac{M_2+M_4}{2}+\frac{Wf}{4}-H_5f$； $M_1=M_2+h(H_5-W)$； $M_5=M_4+H_5h$ $V_1=-V_5=\frac{-Wh}{2l}\left(\psi+\frac{8T^{W}}{D}\right)$
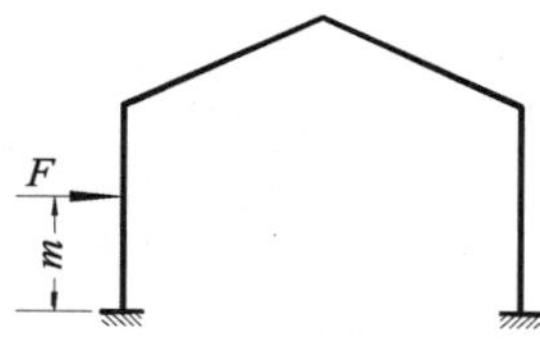 $J=\frac{BR_{12}^{F}}{2C}-S(R_{12}^{F}+R_{21}^{F})$ $K_{12}^{F}=R_{21}^{F}-R_{12}^{F}(S-1)$ $T=m(\alpha_{12}+\beta_{12})-h(R_{12}^{F}+R_{21}^{F})$ $H_5=\frac{F}{h}\left(\frac{m}{2}-\frac{Jh+\phi\psi mN_{23}}{Q}\right)$；　$H_1=H_5-F$ $M_2=\frac{P}{Q}(m\phi\psi G-hK_{12}^{F})+\frac{2FT}{D}$ $M_4=\frac{F}{Q}(m\phi\psi G-hK_{12}^{F})-\frac{2FT}{D}$ $M_3=\frac{M_2+M_4}{2}-H_5f$；$M_1=M_2+H_5h-Fm$ $M_5=M_4+H_5h$；$V_1=-V_5=\frac{-4FT}{lD}$	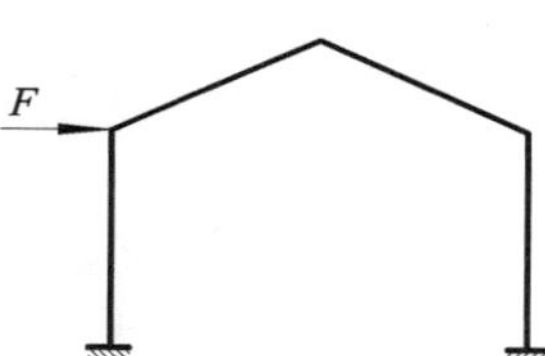 $T=2(\alpha_{12}+\beta_{12})$ $M_2=Fh\left(\frac{G\phi\psi}{Q}+\frac{T}{D}\right)$；$M_4=Fh\left(\frac{G\phi\psi}{Q}-\frac{T}{D}\right)$ $H_5=\frac{F}{2}-\frac{F\phi\psi N_{23}}{Q}$；　$H_1=-(F-H_5)$ $M_3=\frac{M_2+M_4}{2}-H_5f$；$M_1=M_2+(H_5-F)h$ $M_5=M_4+H_5h$ $V_1=-V_5=\frac{-2FhT}{lD}$

续表

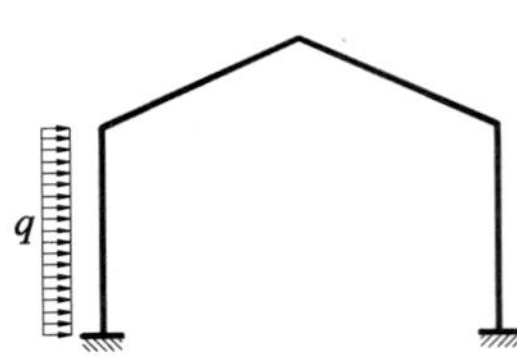

$W=hq$

$J=\dfrac{BR_{12}^{W}}{2C}-S(R_{12}^{W}+R_{21}^{W})$；$K=R_{21}^{W}-R_{12}^{W}(S-1)$

$T=\alpha_{12}+\beta_{12}-2(R_{12}^{W}+R_{21}^{W})$

$M_2=\dfrac{Wh}{2Q}(G\phi\psi-2K)+\dfrac{WTh}{D}$

$M_4=\dfrac{Wh}{2Q}(G\phi\psi-2K)-\dfrac{WTh}{D}$

$H_5=\dfrac{W}{4}\left[1-\dfrac{2}{Q}(N_{23}\phi\psi+2J)\right]$； $H_1=-(W-H_5)$

$M_1=M_2+H_5h-\dfrac{Wh}{2}$； $M_5=M_4+H_5h$

$M_3=\dfrac{M_2+M_4}{2}-H_5f$； $V_1=-V_5=\dfrac{-2WTh}{Dl}$

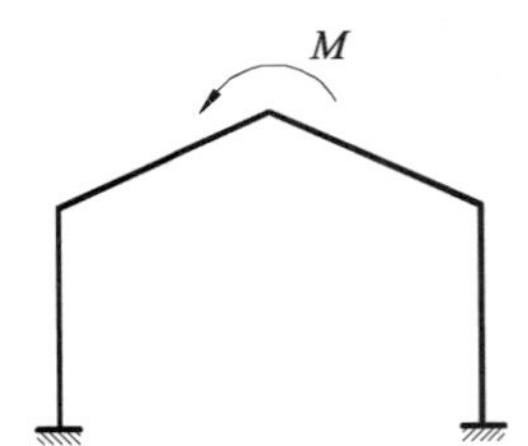

$H_1=H_5=0$

$M_2=-M_4=M_1=-M_5=\dfrac{-2\phi\beta_{23}M}{D}$

$V_1=-V_5=\dfrac{M}{l}\left(1+\dfrac{4\phi\beta_{23}}{D}\right)$

$M_{32}=-M_{34}=\dfrac{M}{2}$

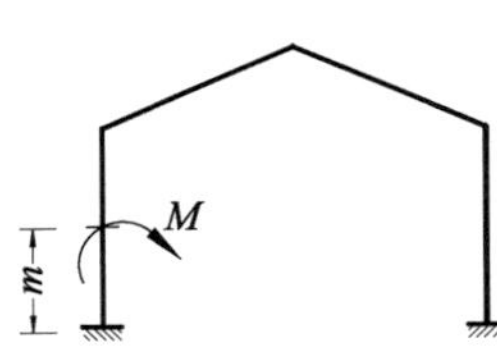

$T=R_{12}^{M}+R_{21}^{M}+\alpha_{12}+\beta_{12}$

$H_1=H_5=\dfrac{-M}{Qh}\left[ST-\dfrac{B}{2C}(R_{12}^{M}+\alpha_{12})\right]$

$V_1=-V_5=\dfrac{-4MT}{lD}$

$M_2=\dfrac{-M}{Q}[S(R_{12}^{M}+\alpha_{12})-T]+\dfrac{2MT}{D}$

$M_4=\dfrac{-M}{Q}[S(R_{12}^{M}+\alpha_{12})-T]-\dfrac{2MT}{D}$

$M_3=\dfrac{M_2+M_4}{2}-H_1f$

$M_1=M_2-M+H_1h$； $M_5=M_4+H_5h$

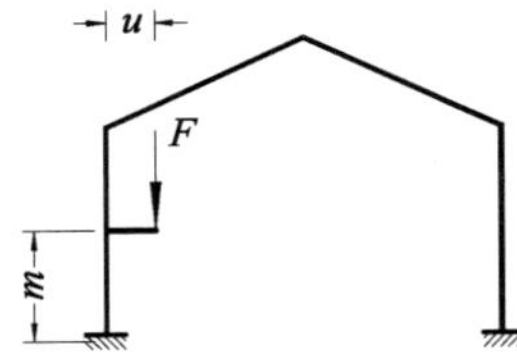

$M=Fu$；$T=R_{12}^{M}+R_{21}^{M}+\alpha_{12}+\beta_{12}$

$V_1=F-\dfrac{4MT}{lD}$；$V_5=\dfrac{4MT}{lD}$

$H_1=H_5=\dfrac{-M}{Qh}\left[ST-\dfrac{B}{2C}(R_{12}^{M}+\alpha_{12})\right]$；

$M_2=\dfrac{-M}{Q}[S(R_{12}^{M}+\alpha_{12})-T]+\dfrac{2MT}{D}$；

$M_4=\dfrac{-M}{Q}[S(R_{12}^{M}+\alpha_{12})-T]-\dfrac{2MT}{D}$；

$M_3=\dfrac{M_2+M_4}{2}-H_1f$；

$M_1=M_2-M+H_1h$； $M_5=M_4+H_5h$

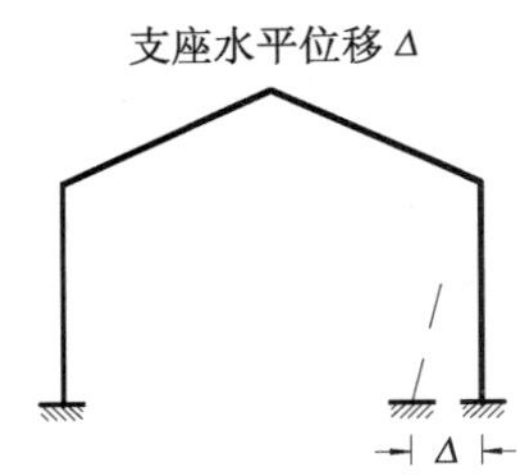

$K=\dfrac{12\Delta EI_{12}^{0}}{CQh^{2}}$

$H_1=H_5=\dfrac{BK}{2h}$； $V_1=V_5=0$

$M_2=M_4=-AK$； $M_3=M_2-H_5f$

$M_1=M_5=\dfrac{K}{2}(B-2A)$

续表

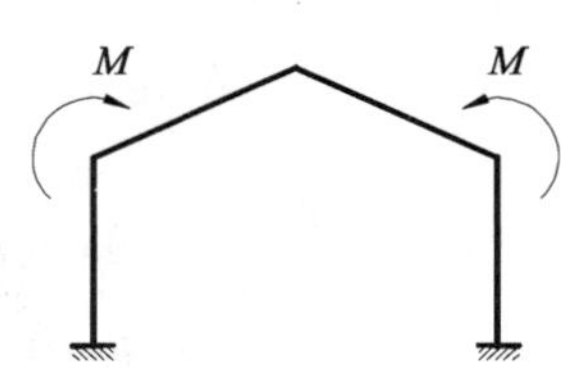

$$T=\theta_{23}+S\psi(\alpha_{32}+\beta_{23})$$
$$U=S\theta_{23}+\frac{B\psi(\alpha_{32}+\beta_{23})}{2C}$$
$$H_1=H_5=\frac{2MU\phi}{Qh};\quad V_1=V_5=0$$
$$M_{21}=M_{45}=\frac{-2MT\phi}{Q};M_1=M_5=M_{21}+H_1h$$
$$M_3=\frac{-2M\phi T}{Q}-H_5f+M$$
$$M_{23}=M_{43}=M_{21}+M$$

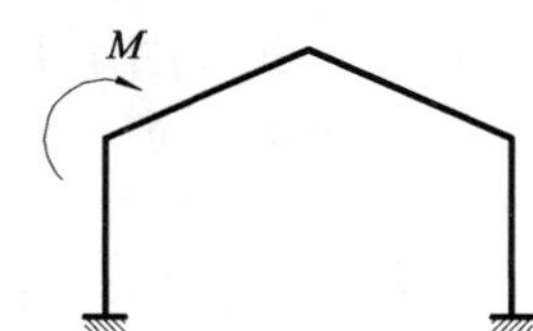

$$T=\theta_{23}+S\psi(\alpha_{32}+\beta_{23})$$
$$U=S\theta_{23}+\frac{B\psi(\alpha_{32}+\beta_{23})}{2C}$$
$$M_{21}=\frac{-MT\phi}{Q}-\frac{2M\phi\alpha_{23}}{D}$$
$$M_4=\frac{-MT\phi}{Q}+\frac{2M\phi\alpha_{23}}{D}$$
$$H_1=H_5=\frac{MU\phi}{Qh};\quad M_1=M_{21}+H_5h$$
$$M_{23}=M+M_{21};\quad M_3=\frac{-MT\phi}{Q}+\frac{M}{2}-H_5f$$
$$M_5=M_4+H_5h;\quad V_1=-V_5=\frac{-M}{l}\left(1-\frac{4\phi\alpha_{23}}{D}\right)$$

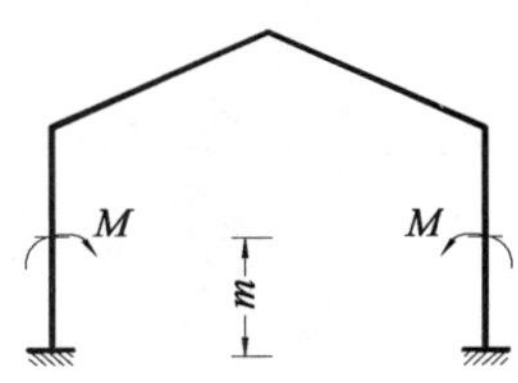

$$T=R_{12}^{M}+R_{21}^{M}+\alpha_{12}+\beta_{12}$$
$$H_1=H_5=\frac{-2M}{Qh}\left[ST-\frac{B}{2C}(R_{12}^{M}+\alpha_{12})\right]$$
$$M_2=M_4=\frac{-2M}{Q}[S(R_{12}^{M}+\alpha_{12})-T]$$
$$M_3=\frac{2MT}{B}+\frac{MB}{CQ}\left[\frac{2AT}{B}-(R_{12}^{M}+\alpha_{12})\right]\left(\frac{2A}{B}+\psi\right)$$
$$M_1=M_5=\frac{2MT}{B}+\left[\frac{2AT}{B}-(R_{12}^{M}+\alpha_{12})\right]\frac{M(2A-B)}{CQ}-M$$
$$V_1=V_5=0$$

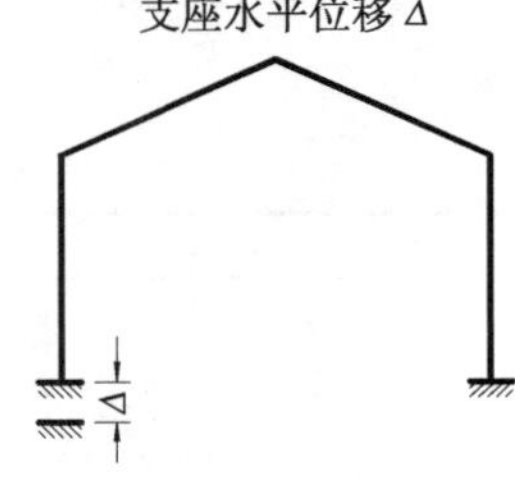

$$K=\frac{48\Delta EI_{12}^{0}}{lhD}$$
$$H_1=H_5=0;\quad V_1=-V_5=-\frac{2K}{l}$$
$$M_1=M_2=K;\quad M_3=0$$
$$M_4=M_5=-K$$

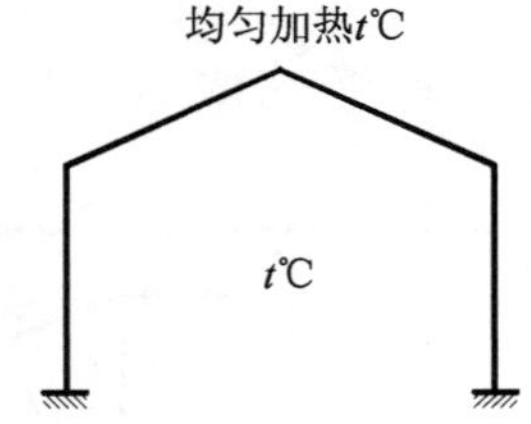

$$K=\frac{12l\alpha_t tEI_{12}^{0}}{CQh^2}$$
$$H_1=H_5=\frac{BK}{2h};\quad V_1=V_5=0$$
$$M_2=M_4=-AK;\quad M_3=M_2-H_5f$$
$$M_1=M_5=\frac{K}{2}(B-2A)$$

9.2.3　一端加腋梁的形常数及载常数

1. 使用说明

（1）表 9.2-3 至表 9.2-6 中所列的形常数和载常数，是以简支梁作为基本体系计算的。

(2) 表 9.2-3 中的形常数乘以$\frac{l}{12EI_{AB}^{0}}$后，为单位力偶作用在简支梁一端时梁端的角变位（转角），其中 α_{AB}表示 A 端作用单位力偶时 A 端的转角，α_{BA}表示 B 端作用单位力偶时 B 端的转角，β_{AB}表示 A 端（或 B 端）作用单位力偶时 B 端（或 A 端）的转角。单位力偶使梁下侧受拉为正，角变位以使梁下侧伸长为正。

(3) 载常数共列出三种荷载形式：集中力、分布力和集中力偶。表中的载常数分别乘以$\frac{Fl^2}{12EI_{AB}^{0}}$、$\frac{Wl^2}{12EI_{AB}^{0}}$（$W$ 为分布荷载合力值）与$\frac{Ml}{12EI_{AB}^{0}}$后，为相应荷载作用下简支梁梁端的角变位，其中 R_{AB}和 R_{BA}分别表示 A 端和 B 端的角变位。角变位以使梁的下侧伸长为正。

(4) 表 9.2-4 和表 9.2-6 中的荷载位置 m 值均自小端起算，而表 9.2-5 的 m 值自大端起算。表 9.2-1 和表 9.2-2 中各图给出的 m 的起始点并不一定与上述三表中的 m 一致，计算内力时须按照实际情况取用 m 值。

(5) 表 9.2-4 至表 9.2-6 所示各图中的杆件上侧对应于刚架的外侧，本节各表的图示中仅给出了刚架内侧加腋的情况。如果所计算的刚架是外侧加腋，则只需将表 9.2-4 至表 9.2-6 相应图中的梁改为上侧加腋，而表中的数据仍可直接用于内力计算。

(6) 使用表 9.2-6 时，如果表 9.2-1 和表 9.2-2 中实际外荷载 M 的正方向与表中图示的方向相反，则表 9.2-6 中所查的数值需乘以−1。

(7) 两端加腋梁的形常数，以及集中荷载和分布荷载作用的载常数，可由表 9.2-3 至表 9.2-5 所列常数按下式求得（见图 9.2-1）：

$$\alpha_{AB}^{\mathrm{I}}=\alpha_{AB}^{\mathrm{II}}+\alpha_{AB}^{\mathrm{III}}-\alpha_{AB}^{\mathrm{IV}}$$
$$\alpha_{BA}^{\mathrm{I}}=\alpha_{BA}^{\mathrm{II}}+\alpha_{BA}^{\mathrm{III}}-\alpha_{BA}^{\mathrm{IV}}$$
$$\beta_{AB}^{\mathrm{I}}=\beta_{AB}^{\mathrm{II}}+\beta_{AB}^{\mathrm{III}}-\beta_{AB}^{\mathrm{IV}}$$

其余系数依次类推。但必须注意，在求两端加腋梁的载常数时，II 梁和 III 梁的荷载作用位置的起算点应符合表 9.2-4 和 9.2-5 表头图示的条件。

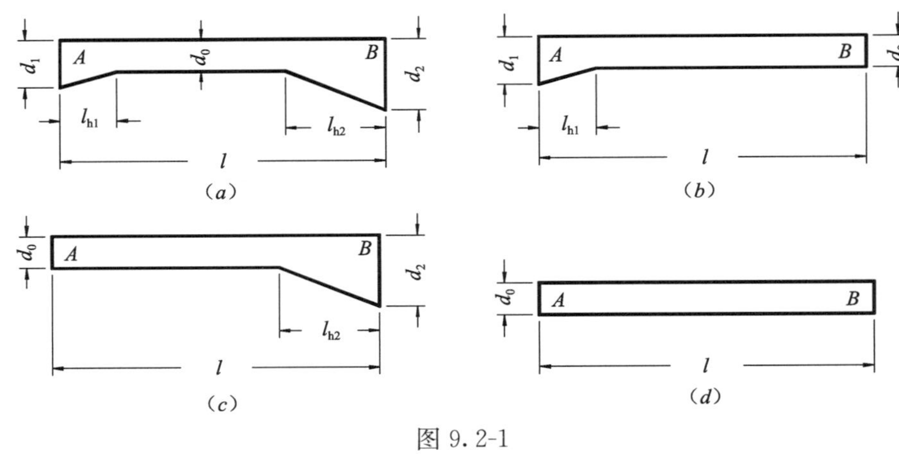

图 9.2-1

(a) Ⅰ梁（α_{AB}^{I}，α_{BA}^{I}，β_{AB}^{I}）；(b) Ⅱ梁（$\alpha_{AB}^{\mathrm{II}}$，$\alpha_{BA}^{\mathrm{II}}$，$\beta_{AB}^{\mathrm{II}}$）

(c) Ⅲ梁（$\alpha_{AB}^{\mathrm{III}}$，$\alpha_{BA}^{\mathrm{III}}$，$\beta_{AB}^{\mathrm{III}}$）；(d) Ⅳ梁（$\alpha_{AB}^{\mathrm{IV}}$，$\alpha_{BA}^{\mathrm{IV}}$，$\beta_{AB}^{\mathrm{IV}}$）

2. 形常数 α、β

形常数 α、β 计算用表　　表 9.2-3

$\alpha_{AB}=\frac{12}{l^3}\int\frac{I_{AB}^0}{I_{AB}}(l-x)^2dx$；（表中上行值）

$\alpha_{BA}=\frac{12}{l^3}\int\frac{I_{AB}^0}{I_{AB}}x^2dx$；（表中中行值）

$\beta_{AB}=\frac{12}{l^3}\int\frac{I_{AB}^0}{I_{AB}}x(l-x)dx$。（表中下行值）

$v=\frac{l_h}{l}$；$t=\left(\frac{d_{min}}{d_{max}}\right)^3$。

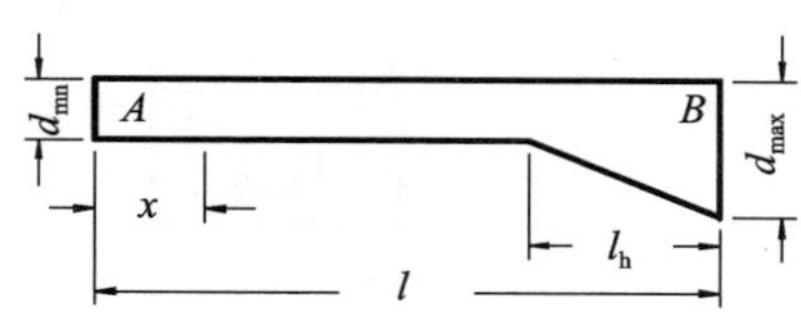

v	t											
	0.010	0.020	0.030	0.040	0.050	0.060	0.080	0.100	0.125	0.150	0.300	0.500
0.10	3.997	3.997	3.998	3.998	3.998	3.998	3.998	3.998	3.998	3.998	3.999	3.999
	3.048	3.092	3.125	3.152	3.176	3.198	3.236	3.270	3.308	3.343	3.509	3.678
	1.956	1.959	1.961	1.963	1.964	1.966	1.968	1.970	1.972	1.973	1.981	1.988
0.15	3.990	3.991	3.992	3.992	3.993	3.993	3.993	3.994	3.994	3.995	3.996	3.998
	2.638	2.698	2.744	2.783	2.817	2.847	2.902	2.950	3.004	3.054	3.291	3.535
	1.904	1.910	1.915	1.919	1.922	1.925	1.930	1.934	1.938	1.942	1.959	1.974
0.20	3.977	3.979	3.980	3.981	3.982	3.983	3.984	3.985	3.987	3.987	3.991	3.995
	2.268	2.343	2.400	2.448	2.490	2.529	2.597	2.658	2.727	2.789	3.091	3.402
	1.835	1.846	1.854	1.861	1.866	1.871	1.879	1.886	1.893	1.900	1.929	1.956
0.25	3.955	3.959	3.962	3.964	3.966	3.967	3.970	3.972	3.974	3.976	3.983	3.990
	1.936	2.023	2.090	2.146	2.195	2.241	2.321	2.393	2.474	2.548	2.908	3.280
	1.751	1.768	1.780	1.789	1.798	1.805	1.817	1.828	1.839	1.849	1.893	1.933
0.30	3.922	3.929	3.934	3.937	3.940	3.943	3.947	3.951	3.955	3.958	3.971	3.983
	1.641	1.737	1.811	1.874	1.930	1.981	2.072	2.153	2.245	2.328	2.740	3.168
	1.654	1.677	1.694	1.707	1.718	1.728	1.745	1.760	1.775	1.789	1.850	1.906
0.35	3.877	3.888	3.895	3.901	3.905	3.910	3.916	3.922	3.928	3.933	3.954	3.972
	1.380	1.483	1.564	1.632	1.693	1.748	1.848	1.937	2.038	2.131	2.587	3.065
	1.547	1.577	1.598	1.616	1.630	1.643	1.665	1.684	1.705	1.723	1.803	1.876
0.40	3.816	3.832	3.843	3.852	3.859	3.865	3.875	3.883	3.892	3.900	3.932	3.959
	1.151	1.259	1.344	1.417	1.481	1.541	1.648	1.743	1.852	1.953	2.449	2.972
	1.431	1.468	1.495	1.517	1.535	1.551	1.579	1.602	1.628	1.650	1.751	1.843
0.45	3.738	3.761	3.777	3.789	3.799	3.808	3.822	3.834	3.847	3.857	3.903	3.941
	0.951	1.063	1.151	1.227	1.295	1.357	1.470	1.571	1.687	1.793	2.324	2.886
	1.309	1.354	1.386	1.412	1.434	1.453	1.486	1.515	1.546	1.573	1.695	1.808
0.50	3.641	3.672	3.694	3.711	3.724	3.736	3.756	3.772	3.790	3.805	3.867	3.919
	0.780	0.893	0.984	1.061	1.132	1.196	1.313	1.419	1.540	1.651	2.211	2.809
	1.183	1.235	1.272	1.302	1.328	1.351	1.390	1.424	1.460	1.492	1.637	1.771

续表

v	t											
	0.010	0.020	0.030	0.040	0.050	0.060	0.080	0.100	0.125	0.150	0.300	0.500
1.00	1.124 0.110 0.168	1.379 0.192 0.250	1.551 0.266 0.313	1.685 0.334 0.367	1.795 0.399 0.415	1.890 0.461 0.459	2.049 0.577 0.537	2.180 0.687 0.605	2.318 0.818 0.682	2.436 0.942 0.752	2.934 1.607 1.082	3.354 2.371 1.409

注：当 $t=1$ 时（等截面），$\alpha_{AB}=\alpha_{BA}=4.00$，$\beta_{AB}=2.00$；

当 $0.5<t<1.0$ 时，α、β 值可用 $t=0.5$ 和 $t=1$ 的数值内插求得。

3. 集中荷载作用下的载常数 R^F

集中荷载作用下载常数 R^F 计算用表　　表 9.2-4

$R^F_{AB}=\frac{12}{Fl^3}\int\frac{I^0_{AB}}{I_{AB}}M_x(l-x)\mathrm{d}x$；（表中上行值）

$R^F_{BA}=\frac{12}{Fl^3}\int\frac{I^0_{AB}}{I_{AB}}M_x x\mathrm{d}x$。（表中下行值）

M_x——荷载作用下简支梁 x 截面处弯矩。

$v=\frac{l_h}{l}$；$t=\left(\frac{d_{min}}{d_{max}}\right)^3$

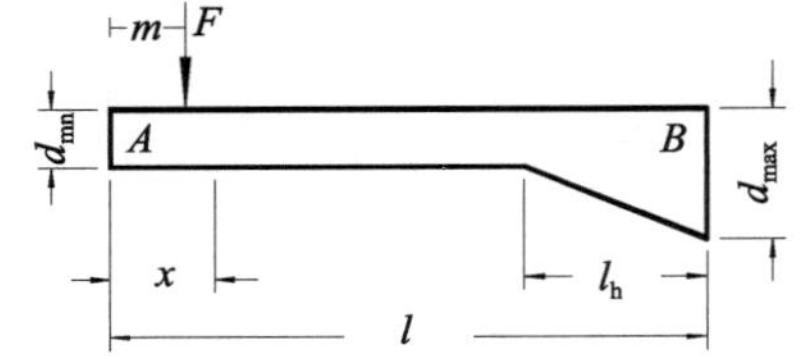

v	t	荷载作用点 $\left(\frac{m}{l}\right)$								
		0.1	0.2	0.3	0.4	0.5	0.6	0.7	0.8	0.9
1.00	0.03	0.107 0.030	0.153 0.054	0.166 0.069	0.160 0.077	0.143 0.078	0.119 0.073	0.092 0.062	0.062 0.045	0.031 0.025
	0.06	0.139 0.044	0.206 0.081	0.229 0.108	0.225 0.123	0.204 0.127	0.172 0.120	0.133 0.103	0.091 0.077	0.046 0.042
	0.10	0.166 0.059	0.253 0.109	0.287 0.147	0.287 0.170	0.263 0.178	0.224 0.171	0.175 0.149	0.119 0.112	0.060 0.063
	0.15	0.190 0.073	0.296 0.138	0.342 0.188	0.346 0.220	0.320 0.233	0.275 0.226	0.215 0.199	0.148 0.151	0.075 0.085
	0.20	0.209 0.086	0.330 0.162	0.385 0.222	0.393 0.263	0.367 0.280	0.317 0.274	0.249 0.243	0.171 0.187	0.087 0.106
	0.30	0.238 0.106	0.382 0.203	0.454 0.281	0.469 0.335	0.443 0.362	0.385 0.358	0.306 0.321	0.211 0.250	0.108 0.143
	0.40	0.260 0.124	0.423 0.237	0.508 0.331	0.531 0.398	0.505 0.433	0.442 0.432	0.352 0.390	0.244 0.306	0.125 0.176
	0.50	0.279 0.139	0.457 0.267	0.553 0.374	0.582 0.453	0.557 0.496	0.491 0.498	0.393 0.453	0.273 0.358	0.140 0.208
	0.60	0.295 0.153	0.487 0.294	0.593 0.414	0.627 0.503	0.603 0.554	0.534 0.559	0.429 0.512	0.299 0.406	0.153 0.237
	0.80	0.321 0.177	0.536 0.342	0.659 0.484	0.704 0.593	0.688 0.658	0.608 0.669	0.492 0.618	0.345 0.495	0.177 0.292

续表

v	t	荷载作用点 $\left(\frac{m}{l}\right)$								
		0.1	0.2	0.3	0.4	0.5	0.6	0.7	0.8	0.9
0.50	0.01	0.306 0.116	0.504 0.221	0.606 0.301	0.624 0.345	0.570 0.341	0.468 0.291	0.353 0.225	0.236 0.153	0.118 0.077
	0.03	0.311 0.125	0.515 0.238	0.622 0.328	0.646 0.381	0.597 0.386	0.497 0.341	0.378 0.271	0.254 0.188	0.127 0.096
	0.06	0.316 0.133	0.523 0.254	0.635 0.351	0.662 0.412	0.618 0.425	0.520 0.386	0.399 0.314	0.269 0.222	0.135 0.116
	0.10	0.319 0.140	0.530 0.269	0.646 0.373	0.677 0.442	0.636 0.462	0.541 0.428	0.418 0.356	0.282 0.255	0.142 0.135
	0.15	0.322 0.147	0.537 0.282	0.655 0.394	0.690 0.469	0.652 0.496	0.559 0.468	0.435 0.396	0.295 0.289	0.149 0.156
	0.20	0.325 0.153	0.542 0.294	0.663 0.410	0.700 0.491	0.665 0.524	0.573 0.501	0.448 0.429	0.305 0.318	0.154 0.173
	0.30	0.329 0.162	0.549 0.311	0.674 0.437	0.715 0.527	0.683 0.569	0.595 0.553	0.469 0.484	0.322 0.365	0.163 0.203
	0.40	0.332 0.169	0.555 0.326	0.683 0.459	0.726 0.556	0.698 0.605	0.611 0.596	0.485 0.529	0.334 0.405	0.170 0.228
	0.50	0.334 0.175	0.560 0.338	0.690 0.477	0.736 0.581	0.710 0.636	0.625 0.632	0.499 0.567	0.345 0.440	0.176 0.251
	0.60	0.336 0.181	0.564 0.349	0.696 0.494	0.744 0.602	0.720 0.663	0.637 0.665	0.510 0.602	0.355 0.472	0.181 0.271
	0.80	0.339 0.190	0.571 0.368	0.706 0.522	0.757 0.640	0.736 0.710	0.656 0.720	0.530 0.662	0.371 0.527	0.190 0.309
0.40	0.01	0.324 0.141	0.539 0.270	0.659 0.375	0.694 0.444	0.658 0.465	0.562 0.427	0.427 0.334	0.286 0.227	0.143 0.114
	0.03	0.326 0.148	0.545 0.283	0.667 0.395	0.705 0.470	0.672 0.498	0.578 0.465	0.444 0.374	0.298 0.259	0.149 0.132
	0.06	0.328 0.153	0.549 0.294	0.673 0.411	0.714 0.492	0.682 0.525	0.591 0.499	0.457 0.410	0.309 0.289	0.155 0.150
	0.10	0.330 0.158	0.553 0.304	0.679 0.427	0.721 0.513	0.692 0.551	0.602 0.529	0.469 0.444	0.318 0.318	0.160 0.168
	0.15	0.332 0.163	0.556 0.314	0.684 0.441	0.728 0.532	0.700 0.575	0.612 0.558	0.480 0.476	0.326 0.347	0.165 0.185
	0.20	0.333 0.167	0.559 0.322	0.688 0.453	0.733 0.548	0.706 0.594	0.620 0.581	0.488 0.502	0.333 0.371	0.168 0.200

续表

v	t	荷载作用点 $\left(\frac{m}{l}\right)$								
		0.1	0.2	0.3	0.4	0.5	0.6	0.7	0.8	0.9
0.40	0.30	0.335 0.173	0.562 0.334	0.694 0.471	0.741 0.572	0.716 0.625	0.631 0.619	0.501 0.544	0.344 0.410	0.174 0.226
	0.40	0.337 0.178	0.565 0.344	0.698 0.486	0.747 0.592	0.723 0.650	0.640 0.648	0.510 0.578	0.352 0.442	0.179 0.248
	0.50	0.338 0.182	0.568 0.353	0.702 0.499	0.751 0.609	0.729 0.672	0.647 0.674	0.518 0.607	0.359 0.470	0.183 0.267
	0.60	0.339 0.186	0.570 0.360	0.705 0.510	0.756 0.624	0.734 0.690	0.653 0.696	0.525 0.632	0.365 0.495	0.187 0.284
	0.80	0.341 0.193	0.573 0.373	0.710 0.530	0.762 0.650	0.743 0.723	0.664 0.735	0.537 0.676	0.376 0.538	0.193 0.315
0.35	0.01	0.330 0.153	0.551 0.293	0.677 0.410	0.719 0.491	0.688 0.523	0.589 0.496	0.461 0.400	0.309 0.272	0.155 0.137
	0.03	0.332 0.158	0.555 0.304	0.683 0.426	0.726 0.511	0.698 0.549	0.609 0.527	0.474 0.435	0.319 0.302	0.160 0.154
	0.05	0.333 0.161	0.557 0.310	0.686 0.435	0.730 0.524	0.703 0.565	0.615 0.546	0.481 0.457	0.325 0.321	0.163 0.166
	0.10	0.334 0.166	0.560 0.321	0.691 0.451	0.737 0.546	0.711 0.592	0.625 0.579	0.492 0.494	0.334 0.356	0.168 0.187
	0.20	0.336 0.173	0.564 0.335	0.696 0.472	0.745 0.573	0.721 0.627	0.637 0.620	0.505 0.542	0.346 0.401	0.175 0.217
	0.30	0.337 0.178	0.567 0.345	0.700 0.487	0.750 0.593	0.727 0.651	0.645 0.650	0.514 0.577	0.354 0.435	0.180 0.240
	0.50	0.339 0.186	0.570 0.359	0.706 0.509	0.757 0.622	0.736 0.688	0.655 0.694	0.527 0.628	0.366 0.487	0.187 0.276
0.30	0.01	0.334 0.163	0.560 0.315	0.691 0.442	0.737 0.534	0.711 0.577	0.625 0.560	0.492 0.472	0.330 0.324	0.165 0.163
	0.03	0.335 0.167	0.563 0.323	0.694 0.454	0.742 0.550	0.717 0.597	0.632 0.584	0.500 0.500	0.338 0.350	0.169 0.179
	0.10	0.337 0.174	0.566 0.336	0.699 0.474	0.748 0.576	0.725 0.630	0.643 0.624	0.512 0.546	0.349 0.396	0.176 0.208
	0.20	0.338 0.179	0.569 0.347	0.703 0.490	0.753 0.597	0.732 0.656	0.650 0.656	0.520 0.583	0.357 0.435	0.181 0.235
	0.30	0.339 0.183	0.570 0.354	0.705 0.501	0.756 0.612	0.736 0.675	0.655 0.678	0.526 0.609	0.363 0.463	0.184 0.254

续表

v	t	荷载作用点 $\left(\frac{m}{l}\right)$								
		0.1	0.2	0.3	0.4	0.5	0.6	0.7	0.8	0.9
0.30	0.50	0.340 0.189	0.573 0.365	0.709 0.518	0.761 0.634	0.741 0.703	0.662 0.712	0.534 0.648	0.371 0.504	0.189 0.286
0.25	0.01	0.338 0.173	0.567 0.334	0.701 0.471	0.750 0.572	0.728 0.625	0.645 0.618	0.515 0.540	0.349 0.381	0.175 0.193
	0.03	0.338 0.176	0.568 0.340	0.703 0.480	0.753 0.584	0.731 0.640	0.649 0.636	0.519 0.560	0.354 0.403	0.178 0.207
	0.10	0.339 0.181	0.570 0.350	0.705 0.494	0.757 0.603	0.736 0.664	0.655 0.665	0.526 0.593	0.362 0.440	0.182 0.232
	0.20	0.340 0.185	0.572 0.357	0.708 0.506	0.759 0.618	0.739 0.683	0.659 0.687	0.531 0.620	0.367 0.470	0.186 0.254
	0.50	0.341 0.191	0.574 0.371	0.711 0.526	0.764 0.645	0.745 0.716	0.666 0.728	0.539 0.667	0.376 0.523	0.192 0.296
0.20	0.01	0.340 0.181	0.571 0.351	0.707 0.496	0.759 0.606	0.738 0.667	0.658 0.669	0.530 0.598	0.366 0.444	0.183 0.226
	0.03	0.340 0.183	0.572 0.355	0.708 0.502	0.760 0.614	0.740 0.677	0.660 0.680	0.532 0.612	0.368 0.459	0.185 0.237
	0.20	0.341 0.189	0.574 0.366	0.711 0.519	0.764 0.637	0.745 0.706	0.665 0.715	0.538 0.652	0.375 0.505	0.191 0.275
	0.50	0.341 0.194	0.575 0.375	0.712 0.533	0.766 0.654	0.747 0.728	0.669 0.741	0.542 0.683	0.380 0.541	0.194 0.308
0.10	0.01	0.342 0.194	0.575 0.375	0.713 0.533	0.767 0.654	0.749 0.728	0.670 0.741	0.544 0.683	0.382 0.541	0.195 0.302
	0.50	0.342 0.197	0.576 0.382	0.714 0.542	0.768 0.667	0.750 0.744	0.672 0.761	0.546 0.706	0.383 0.567	0.197 0.331

当 $\begin{matrix}0.80<t<1\ (v=1.00,\ 0.50,\ 0.40)\\0.50<t<1\ (v=0.35-0.10)\end{matrix}$ 时，可用 $\begin{matrix}t=0.80\\t=0.50\end{matrix}$ 的 R^{F} 与下面一行的 R^{F} 内插求得。

0.0～1.0	1.00	0.342 0.198	0.576 0.384	0.714 0.546	0.768 0.672	0.750 0.750	0.672 0.768	0.546 0.714	0.384 0.576	0.198 0.342

4. 分布荷载作用下的载常数 R^W

分布荷载作用下载常数 R^W 计算用表　　表 9.2-5

$R_{AB}^{W}=\frac{12}{Wl^{3}}\int\frac{I_{AB}^{0}}{I_{AB}}M_{x}(l-x)\mathrm{d}x$；（表中上行值）

$R_{BA}^{W}=\frac{12}{Wl^{3}}\int\frac{I_{AB}^{0}}{I_{AB}}M_{x}x\mathrm{d}x$ 。（表中下行值）

$W=mq$；

M_x——荷载作用下简支梁 x 截面处弯矩。

$v=\frac{l_h}{l}$；$t=\left(\frac{d_{min}}{d_{max}}\right)^3$

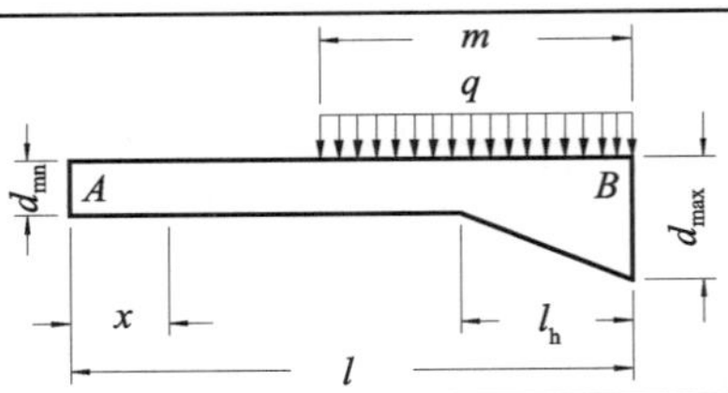

v	T	荷载分布长度 $\left(\frac{m}{l}\right)$									
		0.1	0.2	0.3	0.4	0.5	0.6	0.7	0.8	0.9	1.0
1.00	0.03	0.016 0.013	0.031 0.024	0.046 0.034	0.061 0.042	0.075 0.049	0.088 0.054	0.099 0.057	0.107 0.058	0.110 0.056	0.105 0.052
	0.06	0.023 0.022	0.046 0.041	0.068 0.058	0.089 0.071	0.109 0.082	0.127 0.089	0.141 0.093	0.151 0.093	0.154 0.090	0.146 0.083
	0.10	0.030 0.032	0.060 0.060	0.089 0.084	0.117 0.103	0.142 0.118	0.165 0.128	0.183 0.132	0.194 0.132	0.196 0.127	0.186 0.117
	0.15	0.038 0.044	0.075 0.082	0.110 0.114	0.144 0.139	0.175 0.157	0.202 0.169	0.222 0.174	0.235 0.173	0.237 0.165	0.223 0.153
	0.20	0.044 0.055	0.087 0.101	0.128 0.140	0.167 0.170	0.202 0.192	0.232 0.205	0.255 0.211	0.269 0.209	0.269 0.200	0.254 0.184
	0.30	0.054 0.074	0.107 0.137	0.158 0.187	0.205 0.226	0.247 0.253	0.283 0.270	0.309 0.276	0.323 0.272	0.322 0.259	0.303 0.238
	0.40	0.063 0.092	0.124 0.169	0.182 0.230	0.237 0.276	0.284 0.308	0.324 0.326	0.352 0.332	0.367 0.326	0.365 0.310	0.343 0.285
	0.50	0.070 0.109	0.139 0.198	0.204 0.269	0.264 0.321	0.317 0.357	0.359 0.377	0.390 0.383	0.405 0.375	0.402 0.356	0.377 0.328
	0.60	0.077 0.124	0.152 0.226	0.223 0.305	0.288 0.364	0.345 0.403	0.391 0.425	0.423 0.430	0.438 0.421	0.434 0.399	0.406 0.367
	0.80	0.089 0.153	0.176 0.277	0.257 0.372	0.331 0.441	0.394 0.487	0.445 0.511	0.480 0.515	0.495 0.503	0.489 0.476	0.457 0.437
0.50	0.01	0.059 0.039	0.118 0.077	0.177 0.114	0.236 0.151	0.293 0.184	0.344 0.211	0.384 0.228	0.406 0.232	0.407 0.225	0.383 0.209
	0.03	0.064 0.049	0.127 0.095	0.190 0.140	0.252 0.182	0.312 0.219	0.364 0.247	0.404 0.263	0.425 0.266	0.425 0.257	0.399 0.237
	0.06	0.068 0.059	0.135 0.114	0.201 0.166	0.266 0.212	0.327 0.252	0.380 0.280	0.420 0.295	0.441 0.297	0.439 0.285	0.412 0.264
	0.10	0.071 0.069	0.142 0.133	0.211 0.191	0.279 0.242	0.341 0.283	0.395 0.312	0.434 0.326	0.454 0.326	0.452 0.313	0.423 0.288

续表

v	t	荷载分布长度 $\left(\frac{m}{l}\right)$									
		0.1	0.2	0.3	0.4	0.5	0.6	0.7	0.8	0.9	1.0
0.50	0.15	0.075 0.079	0.148 0.152	0.221 0.216	0.290 0.271	0.354 0.314	0.408 0.343	0.447 0.356	0.466 0.354	0.463 0.339	0.434 0.312
	0.20	0.077 0.089	0.154 0.168	0.228 0.238	0.299 0.295	0.364 0.340	0.418 0.368	0.456 0.381	0.476 0.377	0.472 0.360	0.442 0.332
	0.30	0.082 0.104	0.162 0.196	0.240 0.273	0.314 0.336	0.380 0.382	0.434 0.410	0.472 0.421	0.490 0.415	0.486 0.396	0.454 0.364
	0.40	0.085 0.118	0.169 0.219	0.250 0.303	0.325 0.369	0.392 0.417	0.446 0.445	0.484 0.454	0.502 0.447	0.496 0.425	0.464 0.391
	0.50	0.088 0.130	0.175 0.240	0.258 0.330	0.334 0.399	0.402 0.447	0.456 0.474	0.494 0.483	0.511 0.474	0.505 0.450	0.472 0.414
	0.60	0.091 0.142	0.180 0.260	0.265 0.354	0.343 0.425	0.411 0.474	0.465 0.501	0.502 0.508	0.519 0.498	0.512 0.472	0.479 0.434
	0.80	0.096 0.162	0.189 0.294	0.277 0.396	0.356 0.472	0.425 0.521	0.480 0.548	0.517 0.553	0.533 0.540	0.525 0.511	0.490 0.469
0.40	0.01	0.072 0.057	0.143 0.114	0.214 0.170	0.285 0.223	0.351 0.269	0.406 0.300	0.445 0.317	0.466 0.318	0.463 0.305	0.434 0.282
	0.03	0.075 0.067	0.149 0.131	0.223 0.193	0.296 0.251	0.362 0.298	0.418 0.330	0.457 0.345	0.476 0.344	0.473 0.330	0.443 0.305
	0.06	0.078 0.076	0.155 0.148	0.231 0.216	0.305 0.277	0.372 0.325	0.427 0.356	0.466 0.370	0.485 0.368	0.481 0.353	0.450 0.325
	0.10	0.080 0.085	0.160 0.165	0.238 0.238	0.313 0.301	0.381 0.350	0.436 0.381	0.475 0.394	0.493 0.391	0.488 0.373	0.457 0.344
	0.15	0.082 0.094	0.164 0.181	0.244 0.259	0.320 0.325	0.388 0.374	0.443 0.405	0.482 0.417	0.500 0.412	0.495 0.393	0.463 0.362
	0.20	0.084 0.102	0.168 0.195	0.249 0.277	0.326 0.344	0.394 0.394	0.449 0.424	0.488 0.436	0.506 0.430	0.500 0.410	0.467 0.377
	0.30	0.087 0.116	0.174 0.219	0.257 0.306	0.335 0.376	0.404 0.427	0.459 0.456	0.496 0.466	0.514 0.458	0.508 0.436	0.474 0.401
	0.40	0.090 0.128	0.178 0.239	0.263 0.331	0.342 0.403	0.411 0.453	0.466 0.482	0.503 0.491	0.520 0.482	0.514 0.457	0.480 0.420
	0.50	0.092 0.138	0.182 0.256	0.268 0.352	0.348 0.426	0.417 0.476	0.472 0.504	0.509 0.512	0.526 0.501	0.518 0.476	0.484 0.437
	0.60	0.094 0.148	0.185 0.272	0.273 0.371	0.353 0.446	0.422 0.496	0.477 0.524	0.514 0.531	0.530 0.519	0.523 0.492	0.488 0.452

续表

v	t	荷载分布长度 $\left(\frac{m}{l}\right)$									
		0.1	0.2	0.3	0.4	0.5	0.6	0.7	0.8	0.9	1.0
0.40	0.80	0.097 0.165	0.191 0.300	0.280 0.404	0.361 0.481	0.430 0.532	0.485 0.558	0.522 0.563	0.538 0.550	0.530 0.520	0.495 0.478
0.35	0.01	0.077 0.069	0.155 0.137	0.232 0.204	0.307 0.266	0.375 0.316	0.431 0.348	0.470 0.364	0.489 0.362	0.484 0.347	0.453 0.320
	0.03	0.080 0.077	0.160 0.153	0.239 0.226	0.315 0.291	0.384 0.341	0.439 0.374	0.478 0.388	0.497 0.385	0.492 0.368	0.460 0.339
	0.06	0.082 0.086	0.164 0.169	0.245 0.246	0.322 0.313	0.391 0.364	0.446 0.396	0.485 0.409	0.503 0.405	0.497 0.387	0.465 0.356
	0.10	0.084 0.095	0.168 0.184	0.250 0.265	0.328 0.335	0.397 0.386	0.452 0.417	0.491 0.429	0.508 0.424	0.503 0.404	0.470 0.372
	0.20	0.088 0.111	0.174 0.211	0.259 0.299	0.338 0.372	0.407 0.423	0.462 0.453	0.500 0.464	0.517 0.456	0.511 0.434	0.477 0.399
	0.30	0.090 0.123	0.179 0.232	0.264 0.325	0.344 0.399	0.413 0.450	0.468 0.480	0.506 0.489	0.523 0.480	0.516 0.456	0.482 0.419
	0.50	0.094 0.143	0.185 0.265	0.273 0.364	0.353 0.440	0.423 0.491	0.478 0.519	0.515 0.526	0.531 0.515	0.524 0.488	0.489 0.449
0.30	0.01	0.083 0.082	0.165 0.163	0.247 0.242	0.326 0.312	0.395 0.364	0.451 0.397	0.490 0.411	0.508 0.407	0.502 0.388	0.469 0.358
	0.03	0.085 0.090	0.169 0.178	0.253 0.261	0.332 0.333	0.401 0.386	0.457 0.418	0.495 0.430	0.513 0.425	0.507 0.405	0.474 0.373
	0.10	0.088 0.105	0.175 0.205	0.261 0.295	0.341 0.369	0.410 0.422	0.466 0.453	0.503 0.464	0.521 0.457	0.514 0.434	0.480 0.400
	0.20	0.091 0.120	0.180 0.229	0.267 0.324	0.347 0.399	0.417 0.452	0.472 0.482	0.510 0.491	0.526 0.482	0.519 0.458	0.485 0.421
	0.30	0.092 0.131	0.183 0.247	0.271 0.345	0.352 0.421	0.421 0.474	0.476 0.503	0.514 0.511	0.530 0.501	0.523 0.475	0.488 0.437
	0.50	0.095 0.148	0.188 0.275	0.277 0.377	0.358 0.455	0.428 0.506	0.482 0.534	0.519 0.541	0.536 0.529	0.528 0.501	0.493 0.460
0.25	0.01	0.088 0.097	0.175 0.192	0.261 0.284	0.342 0.359	0.412 0.413	0.467 0.444	0.505 0.456	0.522 0.450	0.515 0.428	0.481 0.394
	0.03	0.089 0.104	0.178 0.205	0.265 0.299	0.345 0.376	0.415 0.429	0.471 0.460	0.508 0.471	0.525 0.464	0.518 0.441	0.484 0.406
	0.10	0.091 0.117	0.182 0.228	0.270 0.327	0.351 0.404	0.421 0.457	0.476 0.487	0.513 0.496	0.530 0.487	0.522 0.463	0.488 0.426

续表

v	t	荷载分布长度 $\left(\frac{m}{l}\right)$									
		0.1	0.2	0.3	0.4	0.5	0.6	0.7	0.8	0.9	1.0
0.25	0.20	0.093 0.130	0.185 0.248	0.274 0.349	0.355 0.427	0.425 0.480	0.480 0.509	0.517 0.517	0.533 0.507	0.526 0.481	0.491 0.442
	0.50	0.096 0.154	0.191 0.285	0.281 0.391	0.362 0.469	0.431 0.521	0.486 0.548	0.523 0.554	0.539 0.541	0.531 0.512	0.496 0.471
0.20	0.01	0.092 0.113	0.183 0.225	0.272 0.326	0.354 0.405	0.423 0.458	0.479 0.489	0.516 0.498	0.532 0.489	0.525 0.465	0.490 0.427
	0.03	0.093 0.119	0.185 0.235	0.274 0.338	0.356 0.417	0.425 0.470	0.480 0.500	0.518 0.509	0.534 0.499	0.526 0.474	0.492 0.436
	0.20	0.095 0.140	0.190 0.268	0.280 0.374	0.361 0.453	0.431 0.505	0.486 0.534	0.522 0.541	0.538 0.529	0.530 0.501	0.495 0.460
	0.50	0.098 0.160	0.193 0.295	0.283 0.403	0.365 0.482	0.434 0.534	0.489 0.561	0.526 0.566	0.541 0.552	0.533 0.523	0.498 0.480
0.10	0.01	0.098 0.152	0.194 0.291	0.284 0.400	0.366 0.480	0.436 0.532	0.490 0.559	0.527 0.565	0.542 0.551	0.534 0.522	0.499 0.479
	0.50	0.099 0.172	0.196 0.315	0.286 0.425	0.368 0.503	0.437 0.554	0.492 0.580	0.528 0.584	0.544 0.569	0.535 0.538	0.500 0.494
当 0.80<t<1 (v=1.00, 0.50, 0.40) 0.50<t<1 (v=0.35−0.10) 时，可用：t=0.80 t=0.50 的 R^W 与下面一行的 R^W 内插求得。											
0.0～1.0	1.00	0.100 0.181	0.196 0.324	0.287 0.434	0.368 0.512	0.438 0.563	0.492 0.588	0.529 0.592	0.544 0.576	0.536 0.545	0.500 0.500

5. 集中力偶作用下楔形构件的载常数 R^M

集中力偶作用下楔形构件载常数 R^M 计算用表　　表 9.2-6

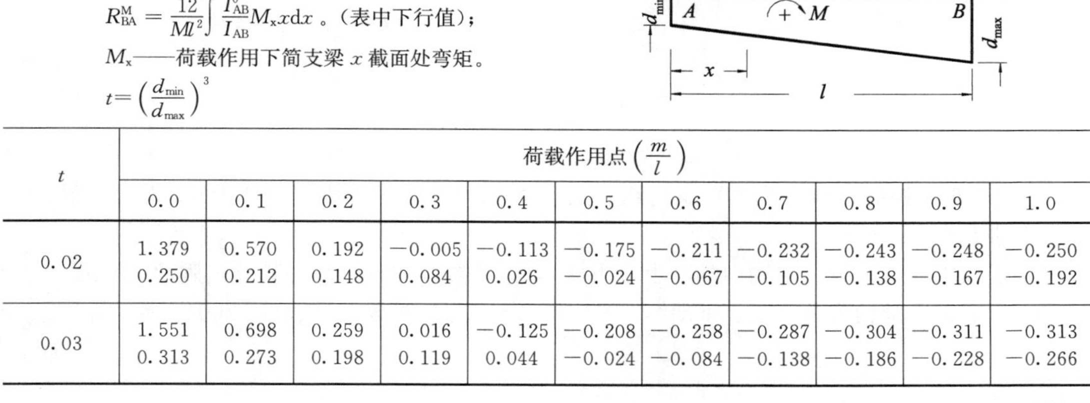

$R^M_{AB}=\frac{12}{Ml^2}\int\frac{I^0_{AB}}{I_{AB}}M_x(l-x)dx$；（表中上行值）

$R^M_{BA}=\frac{12}{Ml^2}\int\frac{I^0_{AB}}{I_{AB}}M_x x dx$。（表中下行值）；

M_x——荷载作用下简支梁 x 截面处弯矩。

$t=\left(\frac{d_{min}}{d_{max}}\right)^3$

t	荷载作用点 $\left(\frac{m}{l}\right)$										
	0.0	0.1	0.2	0.3	0.4	0.5	0.6	0.7	0.8	0.9	1.0
0.02	1.379 0.250	0.570 0.212	0.192 0.148	−0.005 0.084	−0.113 0.026	−0.175 −0.024	−0.211 −0.067	−0.232 −0.105	−0.243 −0.138	−0.248 −0.167	−0.250 −0.192
0.03	1.551 0.313	0.698 0.273	0.259 0.198	0.016 0.119	−0.125 0.044	−0.208 −0.024	−0.258 −0.084	−0.287 −0.138	−0.304 −0.186	−0.311 −0.228	−0.313 −0.266

续表

t	荷载作用点 $\left(\frac{m}{l}\right)$										
	0.0	0.1	0.2	0.3	0.4	0.5	0.6	0.7	0.8	0.9	1.0
0.04	1.685 0.367	0.802 0.325	0.317 0.242	0.037 0.150	−0.131 0.061	−0.234 −0.022	−0.297 −0.098	−0.334 −0.166	−0.355 −0.228	−0.365 −0.284	−0.367 −0.334
0.05	1.795 0.415	0.889 0.372	0.369 0.282	0.057 0.180	−0.135 0.078	−0.255 −0.019	−0.329 −0.109	−0.374 −0.192	−0.400 −0.267	−0.412 −0.336	−0.415 −0.399
0.06	1.890 0.459	0.966 0.414	0.416 0.319	0.076 0.208	−0.137 0.094	−0.273 −0.016	−0.358 −0.119	−0.410 −0.215	−0.440 −0.304	−0.455 −0.386	−0.459 −0.461
0.08	2.049 0.537	1.097 0.490	0.499 0.386	0.113 0.260	−0.138 0.126	−0.302 −0.007	−0.408 −0.136	−0.474 −0.257	−0.512 −0.371	−0.531 −0.478	−0.537 −0.577
0.10	2.180 0.605	1.208 0.557	0.571 0.447	0.148 0.307	−0.136 0.156	−0.325 0.002	−0.450 −0.149	−0.529 −0.294	−0.575 −0.433	−0.599 −0.564	−0.605 −0.687
0.12	2.292 0.668	1.304 0.618	0.636 0.502	0.180 0.352	−0.132 0.185	−0.345 0.013	−0.486 −0.159	−0.577 −0.327	−0.632 −0.489	−0.660 −0.644	−0.668 −0.792
0.15	2.436 0.752	1.429 0.701	0.722 0.578	0.225 0.414	−0.125 0.227	−0.368 0.029	−0.534 −0.172	−0.642 −0.372	−0.708 −0.568	−0.742 −0.758	−0.752 −0.942
0.20	2.633 0.875	1.602 0.823	0.847 0.691	0.293 0.508	−0.109 0.293	−0.398 0.058	−0.599 −0.187	−0.734 −0.437	−0.818 −0.686	−0.862 −0.934	−0.875 −1.177
0.30	2.934 1.082	1.872 1.028	1.047 0.884	0.411 0.673	−0.074 0.413	−0.436 0.118	−0.700 −0.203	−0.883 −0.541	−1.000 −0.891	−1.063 −1.247	−1.082 −1.607
0.40	3.165 1.256	2.082 1.200	1.209 1.047	0.511 0.816	−0.038 0.521	−0.460 0.176	−0.776 −0.209	−1.001 −0.625	−1.149 −1.067	−1.231 −1.527	−1.256 −2.001
0.50	3.354 1.409	2.256 1.352	1.345 1.192	0.600 0.944	−0.002 0.621	−0.476 0.234	−0.838 −0.208	−1.102 −0.696	−1.278 −1.223	−1.377 −1.783	−1.409 −2.371
0.60	3.515 1.546	2.405 1.488	1.465 1.323	0.679 1.061	0.033 0.714	−0.486 0.290	−0.890 −0.203	−1.189 −0.757	−1.392 −1.365	−1.509 −2.022	−1.546 −2.722
0.80	3.782 1.788	2.655 1.729	1.669 1.555	0.819 1.272	0.099 0.885	−0.497 0.398	−0.974 −0.185	−1.337 −0.858	−1.590 −1.618	−1.739 −2.461	−1.788 −3.383
1.00	4.000 2.000	2.860 1.940	1.840 1.760	0.940 1.460	0.160 1.040	−0.500 0.500	−1.040 −0.160	−1.460 −0.940	−1.760 −1.840	−1.940 −2.860	−2.000 −4.000

参 考 文 献

[9.1]《建筑结构静力计算手册》编写组：建筑结构静力计算手册（第 2 版）．北京．建筑工业出版社．1998

[9.2] 杨弗康、李家宝：结构力学（上、下册），第 4 版．北京．高等教育出版社．1998

[9.3] 李廉锟：结构力学（上、下册），第 4 版．北京．高等教育出版社．2004

第10章　井　式　梁

10.1　概　　述

井式梁是一种空间杆件体系，在钢筋混凝土结构中有着较广泛的应用。当有现浇板与井式梁相连时，梁的扭转变形实际上已经被约束。此时井式梁可以用两种方法计算。第一种方法是，按扭转位移为零的条件用空间杆系程序计算。第二种方法是，用没有扭转的普通交叉梁组成井式梁，假定仅在垂直于井式梁平面上有线位移，协调条件为在每一交点处交叉梁的线位移相等。

已经用计算机程序作了几个算例对比，计算表明按两种方法算得的内力相同。本章表格中提供的全部系数是按第一种方法计算得到的。

10.2　说　　明

1. 各表中所有梁在其自身的受力平面内弯曲刚度 EI 均相等。

2. 所有井式梁均为周边支承，分三种情况：

(1) 周边简支。

(2) 周边固定。

(3) 周边半固定。

3. 周边半固定的作法如下（参见图 10.2-1）：

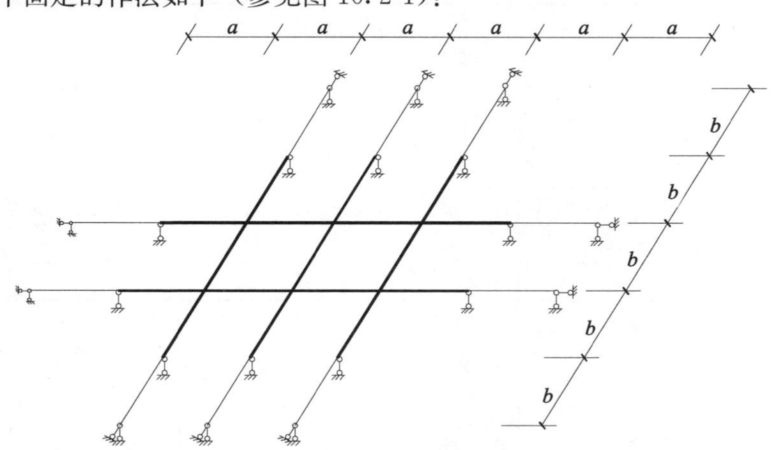

图 10.2-1　周边半固定井式梁示意图

(1) 每根梁两端各向周边外延伸长度 a（或 b）；

(2) 梁周边处的支承方式与连续梁的中间支座相同；

(3) 延伸梁的端点处支承方式为简支；

（4）表中只包含周边范围内梁段的内力；

（5）表中简图不绘出周边外的延伸部分。

4. 各表中井式梁的荷载形式为在井式梁平面内承受满布均布荷载，单位面积上的荷载记为q。在计算中近似假定q集中在梁交点处，即$P=qab$或$P=qa^2$。为减小剪力误差，计算最大剪力时对梁端剪力一律增加一项梁端节点荷载（$0.25qab$或$0.25qa^2$）。

5. 各表中弯矩（M）栏内上行为该梁的最大负弯矩，下行为该梁的最大正弯矩，当仅有下行数字时表示该梁无负弯矩。

6. 正交正放井式梁内力计算公式

（1）梁的最大弯矩

A方向梁（表中简称A梁、A_1梁、A_2梁…）

$$M_{\mathrm{A,max}}=\text{表中}M\text{栏系数}\times qab^2 \tag{10.2-1}$$

B方向梁（表中简称B梁、B_1梁、B_2梁…）

$$M_{\mathrm{B,max}}=\text{表中}M\text{栏系数}\times qa^2b \tag{10.2-2}$$

（2）梁端剪力

$$V_{\mathrm{A}}、V_{\mathrm{B}}=\text{表中}V\text{栏系数}\times qab \tag{10.2-3}$$

7. 正交斜放井式梁内力计算公式

（1）梁的最大弯矩

$$M_{\max}=\text{表中系数}\times qal^2 \tag{10.2-4}$$

（2）梁端剪力

$$V=\text{表中系数}\times qa^2 \tag{10.2-5}$$

10.3 正交正放井式梁的最大弯矩及剪力系数

两向梁格数相等的井式梁 **表 10.3-1**

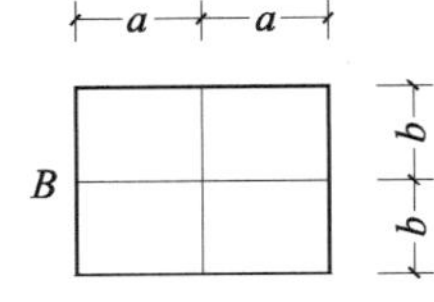

b/a	周边简支				周边固定				周边半固定			
	A梁		B梁		A梁		B梁		A梁		B梁	
	M	V	M	V	M	V	M	V	M	V	M	V
0.6	0.4112	0.6612	0.0888	0.3388	−0.2056 0.2056	0.6612	−0.0444 0.0444	0.3388	−0.1542 0.2570	0.6612	−0.0333 0.0555	0.3388
0.8	0.3307	0.5807	0.1693	0.4193	−0.1653 0.1653	0.5807	−0.0847 0.0847	0.4193	−0.1240 0.2067	0.5807	−0.0635 0.1058	0.4193
1.0	0.2500	0.5000	0.2500	0.5000	−0.1250 0.1250	0.5000	−0.1250 0.1250	0.5000	−0.0937 0.1563	0.5000	−0.0937 0.1563	0.5000
1.2	0.1833	0.4333	0.3167	0.5667	−0.0916 0.0916	0.4333	−0.1584 0.1584	0.5667	−0.0687 0.1146	0.4333	−0.1188 0.1979	0.5667
1.4	0.1335	0.3835	0.3665	0.6165	−0.0668 0.0668	0.3835	−0.1832 0.1832	0.6165	−0.0501 0.0835	0.3835	−0.1374 0.2290	0.6165
1.6	0.0981	0.3481	0.4019	0.6519	−0.0491 0.0491	0.3481	−0.2009 0.2009	0.6519	−0.0368 0.0613	0.3481	−0.1507 0.2512	0.6519

续表

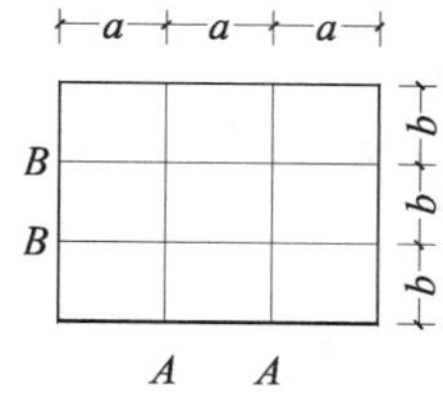

b/a	周边简支				周边固定				周边半固定			
	A梁		B梁		A梁		B梁		A梁		B梁	
	M	V	M	V	M	V	M	V	M	V	M	V
0.6	0.8224	1.0724	0.1776	0.4276	−0.5482 0.2741	1.0724	−0.1184 0.0592	0.4276	−0.4486 0.3738	1.0724	−0.0969 0.0807	0.4276
0.8	0.6614	0.9114	0.3386	0.5886	−0.4409 0.2205	0.9114	−0.2257 0.1129	0.5886	−0.3608 0.3006	0.9114	−0.1847 0.1539	0.5886
1.0	0.5000	0.7500	0.5000	0.7500	−0.3333 0.1667	0.7500	−0.3333 0.1667	0.7500	−0.2727 0.2273	0.7500	−0.2727 0.2273	0.7500
1.2	0.3666	0.6166	0.6334	0.8834	−0.2444 0.1222	0.6166	−0.4223 0.2111	0.8834	−0.1999 0.1666	0.6166	−0.3455 0.2879	0.8834
1.4	0.2671	0.5171	0.7329	0.9829	−0.1781 0.0890	0.5171	−0.4886 0.2443	0.9829	−0.1457 0.1214	0.5171	−0.3998 0.3331	0.9829
1.6	0.1962	0.4462	0.8038	1.0538	−0.1308 0.0654	0.4462	−0.5358 0.2679	1.0538	−0.1070 0.0892	0.4462	−0.4384 0.3653	1.0538

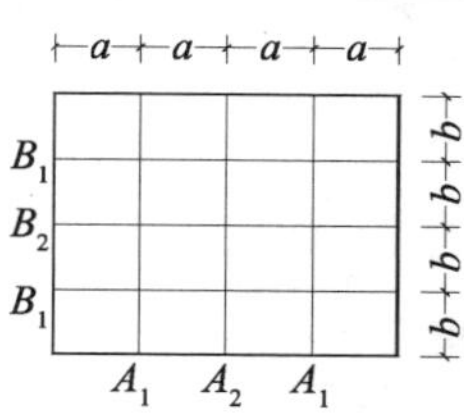

b/a	周边简支								周边固定			
	A_1梁		A_2梁		B_1梁		B_2梁		A_1梁		A_2梁	
	M	V	M	V	M	V	M	V	M	V	M	V
0.6	1.4060	1.3275	1.9568	1.7223	0.2632	0.5071	0.3740	0.6086	−0.8211 0.4570	1.2531	−1.2736 0.7614	1.7797
0.8	1.1141	1.1188	1.5693	1.4507	0.5444	0.7104	0.7722	0.8908	−0.6460 0.3414	1.0482	−1.0619 0.6093	1.5382
1.0	0.8281	0.9141	1.1719	1.1719	0.8281	0.9141	1.1719	1.1719	−0.4904 0.2404	0.8654	−0.8269 0.4423	1.2692
1.2	0.5934	0.7457	0.8415	0.9396	1.0643	1.0832	1.5008	1.4027	−0.3664 0.1613	0.7189	−0.6259 0.3018	1.0380
1.4	0.4191	0.6202	0.5951	0.7657	1.2423	1.2105	1.7436	1.5729	−0.2747 0.1045	0.6098	−0.4730 0.1978	0.8606
1.6	0.2955	0.5306	0.4199	0.6413	1.3714	1.3028	1.9132	1.6918	−0.2091 0.0717	0.5308	−0.3619 0.1256	0.7301

续表

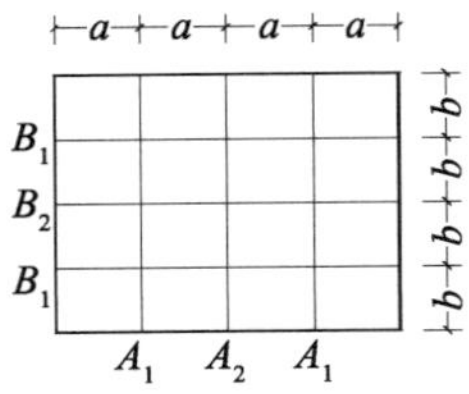

b/a	周边固定				周边半固定							
	B_1 梁		B_2 梁		A_1 梁		A_2 梁		B_1 梁		B_2 梁	
	M	V	M	V	M	V	M	V	M	V	M	V
0.6	−0.1917 0.0679	0.5096	−0.3323 0.1126	0.6949	−0.7315 0.6068	1.2877	−1.0749 0.9282	1.7566	−0.1648 0.0932	0.5080	−0.2593 0.1463	0.6521
0.8	−0.3406 0.1451	0.6884	−0.5832 0.2724	0.9887	−0.5800 0.4658	1.0804	−0.8850 0.7430	1.5010	−0.3015 0.2095	0.6980	−0.4714 0.3439	0.9423
1.0	−0.4904 0.2404	0.8654	−0.8269 0.4423	1.2692	−0.4391 0.3355	0.8873	−0.6806 0.5448	1.2254	−0.4391 0.3355	0.8873	−0.6806 0.5448	1.2254
1.2	−0.6182 0.3233	1.0157	−1.0221 0.5809	1.4928	−0.3252 0.2311	0.7307	−0.5079 0.3786	0.9917	−0.5552 0.4428	1.0464	−0.8501 0.7091	1.4540
1.4	−0.7195 0.3897	1.1344	−1.1607 0.6801	1.6510	−0.2408 0.1549	0.6141	−0.3776 0.2552	0.8147	−0.6449 0.5261	1.1692	−0.9724 0.8281	1.6186
1.6	−0.7986 0.4420	1.2269	−1.2516 0.7455	1.7547	−0.1806 0.1018	0.5302	−0.2840 0.1687	0.6864	−0.7127 0.5893	1.2620	−1.0546 0.9083	1.7292

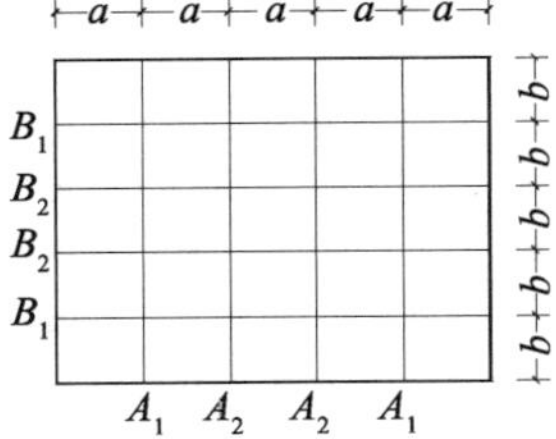

b/a	周边简支								周边固定			
	A_1 梁		A_2 梁		B_1 梁		B_2 梁		A_1 梁		A_2 梁	
	M	V	M	V	M	V	M	V	M	V	M	V
0.6	1.8096	1.5068	2.8550	2.1644	0.3486	0.5722	0.5659	0.7566	−1.0519 0.4688	1.3591	−1.9310 0.9564	2.1902
0.8	1.4288	1.2646	2.2923	1.8199	0.7044	0.8020	1.1411	1.1135	−0.8120 0.3435	1.1245	−1.6041 0.7656	1.8906
1.0	1.0641	1.0321	1.7179	1.4679	1.0641	1.0321	1.7179	1.4679	−0.6154 0.2436	0.9295	−1.2564 0.5641	1.5705
1.2	0.7665	0.8418	1.2411	1.1750	1.3650	1.2240	2.1932	1.7592	−0.4629 0.1676	0.7768	−0.9624 0.3957	1.2980
1.4	0.5459	0.7002	0.8853	0.9555	1.5942	1.3699	2.5446	1.9744	−0.3514 0.1133	0.6637	−0.7395 0.2706	1.0887
1.6	0.3895	0.5989	0.6322	0.7981	1.7635	1.4775	2.7913	2.1254	−0.2717 0.0758	0.5817	−0.5773 0.1826	0.9334

续表

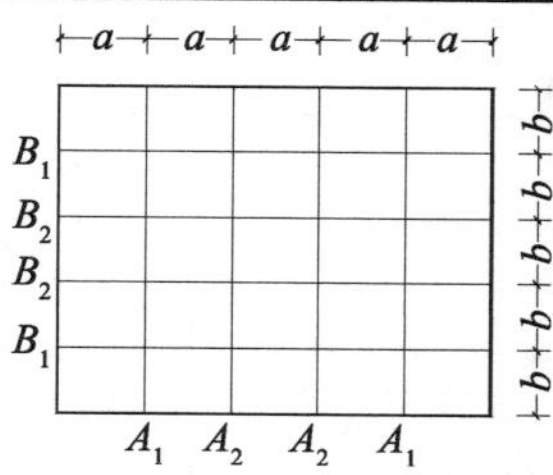

b/a	周边固定				周边半固定							
	B_1梁		B_2梁		A_1梁		A_2梁		B_1梁		B_2梁	
	M	V	M	V	M	V	M	V	M	V	M	V
0.6	−0.2506 0.0662	0.5597	−0.5339 0.1598	0.8911	−0.9947 0.6513	1.4223	−1.6980 1.1805	2.1824	−0.2272 0.1015	0.5650	−0.4286 0.2055	0.8302
0.8	−0.4315 0.1522	0.7451	−0.9002 0.3605	1.2399	−0.7759 0.4914	1.1811	−1.3969 0.9460	1.8650	−0.4055 0.2254	0.7681	−0.7566 0.4513	1.1858
1.0	−0.6154 0.2436	0.9295	−1.2564 0.5641	1.5705	−0.5864 0.3546	0.9705	−1.0796 0.6998	1.5295	−0.5864 0.3546	0.9705	−1.0796 0.6998	1.5295
1.2	−0.7763 0.3252	1.0892	−1.5448 0.7311	1.8360	−0.4366 0.2474	0.8029	−0.8129 0.4943	1.2459	−0.7420 0.4668	1.1435	−1.3426 0.9038	1.8077
1.4	−0.9090 0.3936	1.2199	−1.7536 0.8527	2.0277	−0.3264 0.1697	0.6787	−0.6118 0.3414	1.0303	−0.8666 0.5574	1.2814	−1.5340 1.0527	2.0097
1.6	−1.0191 0.4514	1.3273	−1.8955 0.9356	2.1576	−0.2479 0.1155	0.5890	−0.4670 0.2335	0.8726	−0.9659 0.6301	1.3907	−1.6650 1.1548	2.1477

两向梁格数不等的井式梁　　**表 10.3-2**

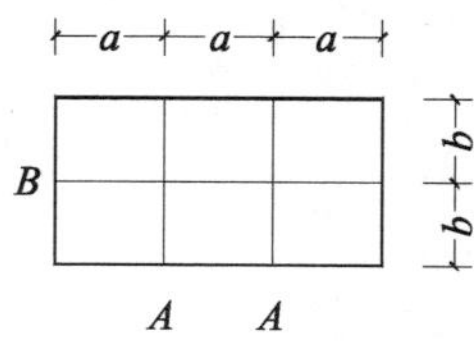

b/a	周边简支				周边固定				周边半固定			
	A梁		B梁		A梁		B梁		A梁		B梁	
	M	V	M	V	M	V	M	V	M	V	M	V
0.6	0.4793	0.7293	0.0414	0.2914	−0.2372 0.2372	0.7244	−0.0342 0.0171	0.3012	−0.1778 0.2963	0.7241	−0.0283 0.0236	0.3019
0.8	0.4536	0.7036	0.0929	0.3429	−0.2216 0.2216	0.6933	−0.0757 0.0378	0.3635	−0.1660 0.2766	0.6926	−0.0626 0.0522	0.3648
1.0	0.4167	0.6667	0.1667	0.4167	−0.2000 0.2000	0.6500	−0.1333 0.0667	0.4500	−0.1496 0.2493	0.6490	−0.1102 0.0919	0.4521
1.2	0.3716	0.6216	0.2568	0.5068	−0.1746 0.1746	0.5992	−0.2011 0.1006	0.5517	−0.1304 0.2174	0.5978	−0.1661 0.1384	0.5544
1.4	0.3228	0.5728	0.3543	0.6043	−0.1483 0.1483	0.5466	−0.2713 0.1356	0.6569	−0.1106 0.1844	0.5450	−0.2237 0.1864	0.6600
1.6	0.2748	0.5248	0.4503	0.7003	−0.1235 0.1235	0.4970	−0.3373 0.1686	0.7559	−0.0920 0.1534	0.4954	−0.2777 0.2315	0.7592

续表

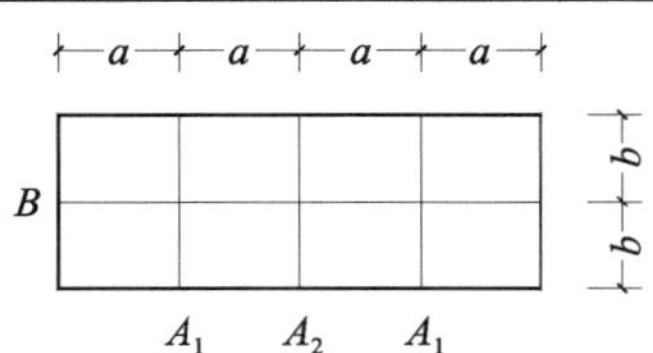

b/a	周边简支						周边固定		
	A_1梁		A_2梁		B梁		A_1梁		A_2梁
	M	V	M	V	M	V	M	V	M
0.6	0.4581	0.7081	0.5429	0.7929	−0.0021 0.0408	0.2908	−0.2290 0.2290	0.7081	−0.2638 0.2638
0.8	0.4355	0.6855	0.5533	0.8033	0.0757	0.3257	−0.2113 0.2113	0.6726	−0.2713 0.2713
1.0	0.4146	0.6646	0.5488	0.7988	0.1220	0.3720	−0.1932 0.1932	0.6364	−0.2727 0.2727
1.2	0.3930	0.6430	0.5322	0.7822	0.1818	0.4318	−0.1760 0.1760	0.6020	−0.2664 0.2664
1.4	0.3690	0.6190	0.5064	0.7564	0.2556	0.5056	−0.1596 0.1596	0.5693	−0.2534 0.2534
1.6	0.3426	0.5926	0.4738	0.7238	0.3672	0.5910	−0.1437 0.1437	0.5375	−0.2356 0.2356

b/a	周边固定			周边半固定					
	A_2梁	B梁		A_1梁		A_2梁		B梁	
	V	M	V	M	V	M	V	M	V
0.6	0.7777	−0.0352 0.0210	0.3062	−0.1711 0.2852	0.7064	−0.1997 0.3329	−0.7826	−0.0282 0.0265	0.3047
0.8	0.7927	−0.0734 0.0387	0.3622	−0.1589 0.2649	0.6378	−0.2043 0.3406	0.7949	−0.0595 0.0480	0.3575
1.0	0.7955	−0.1250 0.0568	0.4318	−0.1469 0.2449	0.6418	−0.2031 0.3385	0.7915	−0.1035 0.0714	0.4249
1.2	0.7829	−0.1891 0.0740	0.5130	−0.1351 0.2252	0.6104	−0.1959 0.3265	0.7724	−0.1604 0.0965	0.5069
1.4	0.7569	−0.2642 0.0904	0.6046	−0.1232 0.2054	0.5786	−0.1841 0.3068	0.7408	−0.2282 0.1329	0.6019
1.6	0.7212	−0.3475 0.1350	0.7038	−0.1111 0.1852	0.5464	−0.1692 0.2820	0.7012	−0.3037 0.2012	0.7061

B

A_1 A_2 A_2 A_1

b/a	周边简支						周边固定		
	A_1梁		A_2梁		B梁		A_1梁		A_2梁
	M	V	M	V	M	V	M	V	M
0.6	0.4559	0.7059	0.5227	0.7727	−0.0028 0.0427	0.2927	−0.2302 0.2302	0.7103	−0.2559 0.2559

续表

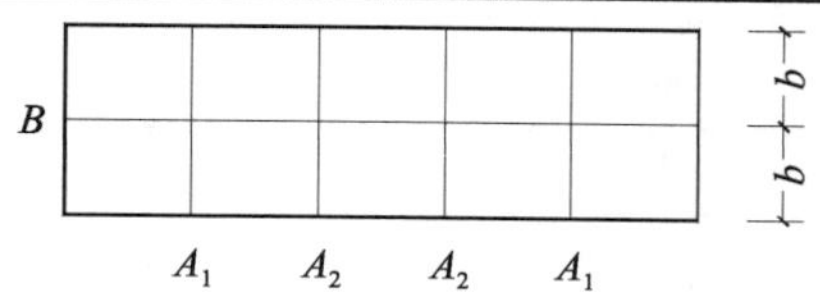

b/a	周边简支						周边固定		
	A_1梁		A_2梁		B梁		A_1梁		A_2梁
	M	V	M	V	M	V	M	V	M
0.8	0.4249	0.6749	0.5358	0.7858	0.0786	0.3286	−0.2109 0.2109	0.6718	−0.2607 0.2607
1.0	0.3983	0.6483	0.5424	0.7924	0.1186	0.3686	−0.1899 0.1899	0.6298	−0.2641 0.2641
1.2	0.3770	0.6270	0.5413	0.7913	0.1635	0.4135	−0.1706 0.1706	0.5912	−0.2644 0.2644
1.4	0.3588	0.6088	0.5335	0.7835	0.2155	0.4655	−0.1541 0.1541	0.5582	−0.2610 0.2610
1.6	0.3419	0.5919	0.5199	0.7699	0.2764	0.5264	−0.1401 0.1401	0.5302	−0.2540 0.2540

b/a	周边固定			周边半固定					
	A_2梁	B梁		A_1梁		A_2梁		B梁	
	V	M	V	M	V	M	V	M	V
0.6	−0.7618	−0.0351 0.0206	0.3057	−0.1716 0.2859	0.7075	−0.1931 0.3219	0.7650	−0.0283 0.0268	0.3051
0.8	0.7713	−0.0739 0.0398	0.3637	−0.1574 0.2623	0.6697	−0.1970 0.3284	0.7754	−0.0596 0.0502	0.3598
1.0	0.7782	−0.1246 0.0593	0.4340	−0.1431 0.2384	0.6315	−0.1991 0.3318	0.7809	−0.1018 0.0733	0.4251
1.2	0.7788	−0.1849 0.0750	0.5100	−0.1304 0.2174	0.5978	−0.1982 0.3303	0.7784	−0.1547 0.0929	0.4976
1.4	0.7720	−0.2542 0.0855	0.5897	−0.1196 0.1994	0.5690	−0.1941 0.3234	0.7675	−0.2186 0.1085	0.5771
1.6	0.7580	−0.3325 0.0911	0.6736	−0.1101 0.1835	0.5435	−0.1872 0.3120	0.7491	−0.2933 0.1231	0.6647

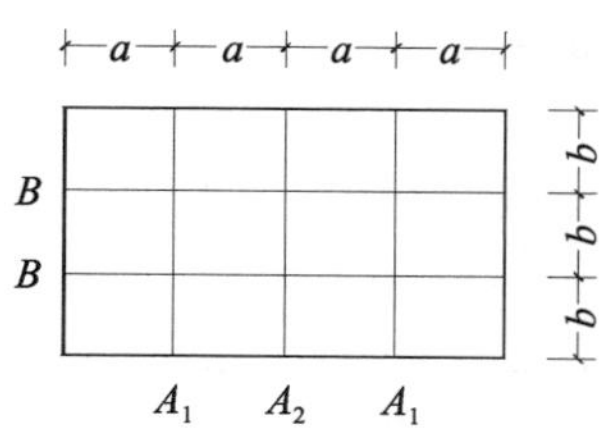

b/a	周边简支						周边固定		
	A_1梁		A_2梁		B梁		A_1梁		A_2梁
	M	V	M	V	M	V	M	V	M
0.6	0.8238	1.0738	1.0945	1.3445	0.1289	0.3789	−0.5264 0.2632	1.0396	−0.7282 0.3641

续表

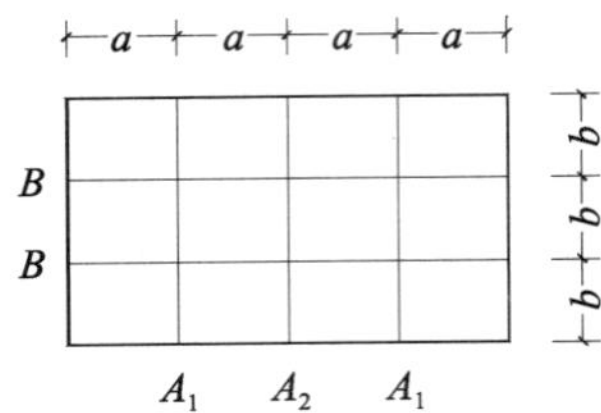

<table>
<tr><th rowspan="3">b/a</th><th colspan="6">周边简支</th><th colspan="3">周边固定</th></tr>
<tr><th colspan="2">A1 梁</th><th colspan="2">A2 梁</th><th colspan="2">B 梁</th><th colspan="2">A1 梁</th><th>A2 梁</th></tr>
<tr><th>M</th><th>V</th><th>M</th><th>V</th><th>M</th><th>V</th><th>M</th><th>V</th><th>M</th></tr>
<tr><td>0.8</td><td>0.7461</td><td>0.9961</td><td>1.0221</td><td>1.2721</td><td>0.2429</td><td>0.4929</td><td>−0.4539
0.2270</td><td>0.9309</td><td>−0.7002
0.3501</td></tr>
<tr><td>1.0</td><td>0.6544</td><td>0.9044</td><td>0.9078</td><td>1.1578</td><td>0.4378</td><td>0.6417</td><td>−0.3860
0.1930</td><td>0.8289</td><td>−0.6316
0.3158</td></tr>
<tr><td>1.2</td><td>0.5552</td><td>0.8052</td><td>0.7748</td><td>1.0248</td><td>0.6700</td><td>0.8074</td><td>−0.3214
0.1607</td><td>0.7321</td><td>−0.5429
0.2714</td></tr>
<tr><td>1.4</td><td>0.4589</td><td>0.7089</td><td>0.6424</td><td>0.8924</td><td>0.8987</td><td>0.9699</td><td>−0.2625
0.1313</td><td>0.6438</td><td>−0.4514
0.2257</td></tr>
<tr><td>1.6</td><td>0.3730</td><td>0.6230</td><td>0.5231</td><td>0.7731</td><td>1.1039</td><td>1.1155</td><td>−0.2118
0.1059</td><td>0.5676</td><td>−0.3680
0.1840</td></tr>
</table>

<table>
<tr><th rowspan="3">b/a</th><th colspan="3">周边固定</th><th colspan="6">周边半固定</th></tr>
<tr><th>A2 梁</th><th colspan="2">B 梁</th><th colspan="2">A1 梁</th><th colspan="2">A2 梁</th><th colspan="2">B 梁</th></tr>
<tr><th>V</th><th>M</th><th>V</th><th>M</th><th>V</th><th>M</th><th>V</th><th>M</th><th>V</th></tr>
<tr><td>0.6</td><td>1.3424</td><td>−0.1116
0.0526</td><td>0.4142</td><td>−0.4363
0.3636</td><td>1.0499</td><td>−0.5935
0.4946</td><td>1.3380</td><td>−0.0909
0.0652</td><td>0.4061</td></tr>
<tr><td>0.8</td><td>1.3002</td><td>−0.2142
0.0798</td><td>0.5440</td><td>−0.3821
0.3184</td><td>0.9504</td><td>−0.5600
0.4667</td><td>1.2767</td><td>−0.1811
0.1051</td><td>0.5362</td></tr>
<tr><td>1.0</td><td>1.1974</td><td>−0.3421
0.1316</td><td>0.6974</td><td>−0.3267
0.2723</td><td>0.8490</td><td>−0.4967
0.4139</td><td>1.1606</td><td>−0.2961
0.1943</td><td>0.6957</td></tr>
<tr><td>1.2</td><td>1.0643</td><td>−0.4813
0.2223</td><td>0.8607</td><td>−0.2717
0.2264</td><td>0.7482</td><td>−0.4207
0.3506</td><td>1.0213</td><td>−0.4206
0.3099</td><td>0.8662</td></tr>
<tr><td>1.4</td><td>0.9271</td><td>−0.6161
0.3130</td><td>1.0176</td><td>−0.2209
0.1841</td><td>0.6550</td><td>−0.3455
0.2879</td><td>0.8834</td><td>−0.5396
0.4220</td><td>1.0283</td></tr>
<tr><td>1.6</td><td>0.8020</td><td>−0.7358
0.3946</td><td>1.1564</td><td>−0.1772
0.1477</td><td>0.5749</td><td>−0.2787
0.2323</td><td>0.7610</td><td>−0.6436
0.5205</td><td>1.1696</td></tr>
</table>

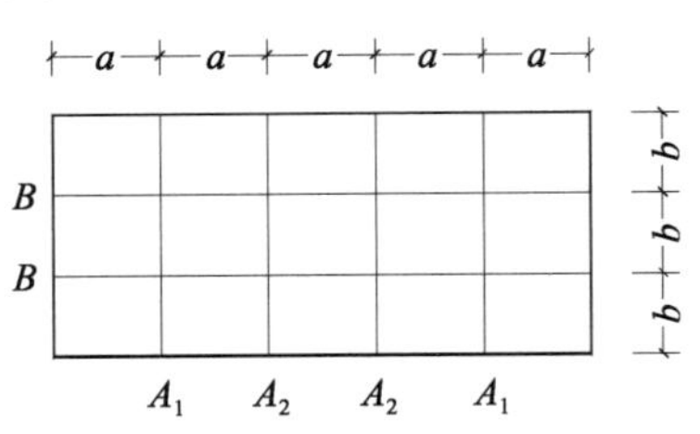

<table>
<tr><th rowspan="3">b/a</th><th colspan="6">周边简支</th><th colspan="3">周边固定</th></tr>
<tr><th colspan="2">A1 梁</th><th colspan="2">A2 梁</th><th colspan="2">B 梁</th><th colspan="2">A1 梁</th><th>A2 梁</th></tr>
<tr><th>M</th><th>V</th><th>M</th><th>V</th><th>M</th><th>V</th><th>M</th><th>V</th><th>M</th></tr>
<tr><td>0.6</td><td>0.7905</td><td>1.0405</td><td>1.0853</td><td>1.3353</td><td>0.1241</td><td>0.3741</td><td>−0.5196
0.2598</td><td>1.0294</td><td>−0.7027
0.3514</td></tr>
</table>

续表

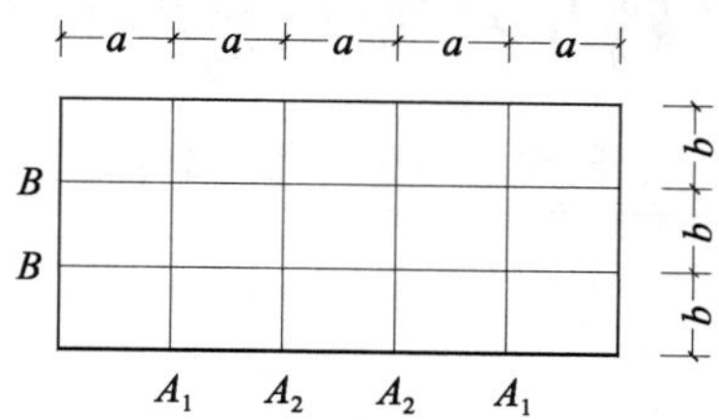

b/a	周边简支						周边固定		
	A₁梁		A₂梁		B梁		A₁梁		A₂梁
	M	V	M	V	M	V	M	V	M
0.8	0.7232	0.9732	1.0702	1.3202	0.2066	0.4566	−0.4387 0.2193	0.9080	−0.7030 0.3515
1.0	0.6653	0.9153	1.0209	1.2709	0.3138	0.5638	−0.3758 0.1879	0.8136	−0.6788 0.3394
1.2	0.6059	0.8559	0.9470	1.1970	0.5000	0.6970	−0.3255 0.1627	0.7382	−0.6341 0.3170
1.4	0.5431	0.7931	0.8573	1.1073	0.7423	0.8496	−0.2821 0.1411	0.6732	−0.5759 0.2880
1.6	0.4789	0.7289	0.7603	1.0103	1.0005	1.0108	−0.2433 0.1216	0.6149	−0.5114 0.2557

b/a	周边固定			周边半固定					
	A₂梁	B梁		A₁梁		A₂梁		B梁	
	V	M	V	M	V	M	V	M	V
0.6	1.3041	−0.1116 0.0549	0.4166	−0.4266 0.3555	1.0321		1.3104	−0.0899 0.0676	0.4075
0.8	1.3046	−0.2081 0.0793	0.5374	−0.3688 0.3073	0.9261	−0.5736 0.4780	1.3016	−0.1741 0.0983	0.5224
1.0	1.2682	−0.3273 0.0909	0.6682	−0.3228 0.2690	0.8418	−0.5468 0.4556	1.2524	−0.2856 0.1202	0.6558
1.2	1.2011	−0.4681 0.1415	0.8107	−0.2829 0.2357	0.7686	−0.5035 0.4196	1.1730	−0.4213 0.2140	0.8083
1.4	1.1139	−0.6247 0.2242	0.9629	−0.2459 0.2049	0.7008	−0.4505 0.3754	1.0759	−0.5720 0.3254	0.9733
1.6	1.0171	−0.7876 0.3134	1.1180	−0.2113 0.1761	0.6374	−0.3941 0.3284	0.9725	−0.7262 0.4413	1.1401

10.4 正交斜放井式梁的最大弯矩及剪力系数

周边长度相等的井式梁 **表 10.4-1**

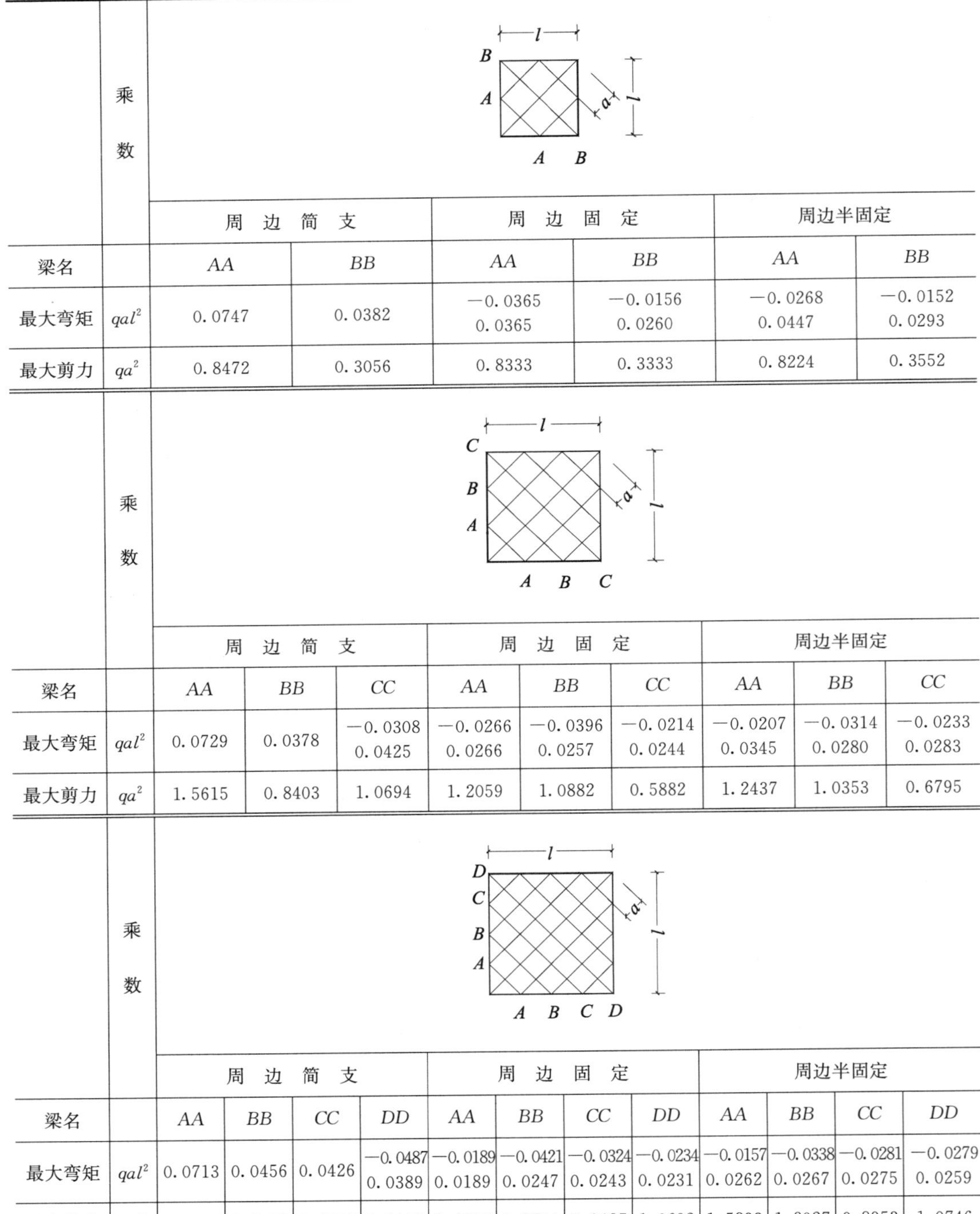

梁名	乘数	周边简支 AA	周边简支 BB	周边固定 AA	周边固定 BB	周边半固定 AA	周边半固定 BB
最大弯矩	qal^2	0.0747	0.0382	−0.0365 0.0365	−0.0156 0.0260	−0.0268 0.0447	−0.0152 0.0293
最大剪力	qa^2	0.8472	0.3056	0.8333	0.3333	0.8224	0.3552

梁名	乘数	周边简支 AA	周边简支 BB	周边简支 CC	周边固定 AA	周边固定 BB	周边固定 CC	周边半固定 AA	周边半固定 BB	周边半固定 CC
最大弯矩	qal^2	0.0729	0.0378	−0.0308 0.0425	−0.0266 0.0266	−0.0396 0.0257	−0.0214 0.0244	−0.0207 0.0345	−0.0314 0.0280	−0.0233 0.0283
最大剪力	qa^2	1.5615	0.8403	1.0694	1.2059	1.0882	0.5882	1.2437	1.0353	0.6795

梁名	乘数	周边简支 AA	周边简支 BB	周边简支 CC	周边简支 DD	周边固定 AA	周边固定 BB	周边固定 CC	周边固定 DD	周边半固定 AA	周边半固定 BB	周边半固定 CC	周边半固定 DD
最大弯矩	qal^2	0.0713	0.0456	0.0426	−0.0487 0.0389	−0.0189 0.0189	−0.0421 0.0247	−0.0324 0.0243	−0.0234 0.0231	−0.0157 0.0262	−0.0338 0.0267	−0.0281 0.0275	−0.0279 0.0259
最大剪力	qa^2	2.5315	1.7095	0.8503	2.0037	1.4615	1.8744	0.9487	1.0692	1.5893	1.8027	0.8953	1.0746

周边长度不等的井式梁 **表 10.4-2**

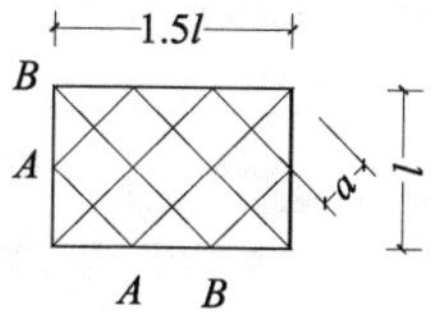

梁名	乘数	周边简支 AA	周边简支 BB	周边固定 AA	周边固定 BB	周边半固定 AA	周边半固定 BB
(1.5l × l，a)							
最大弯矩	qal^2	0.1023	−0.0128 0.0582	−0.0442 0.0442	−0.0567 0.0326	−0.0333 0.0555	−0.0444 0.0375
最大剪力	qa^2	1.0682	0.7159	0.9571	0.8571	0.9603	0.8274

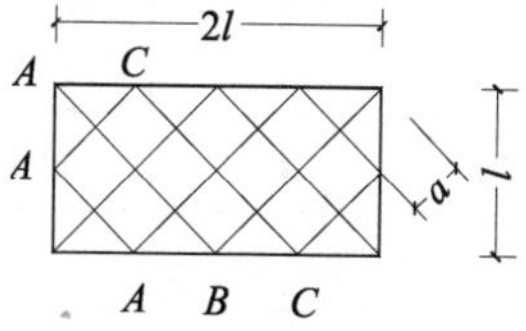

梁名	乘数	周边简支 AA	周边简支 BB	周边简支 CC	周边固定 AA	周边固定 BB	周边固定 CC	周边半固定 AA	周边半固定 BB	周边半固定 CC
(2l × l，a)										
最大弯矩	qal^2	0.1177	−0.0238 0.0868	0.0766	−0.0464 0.0464	−0.0685 0.0345	−0.0602 0.0409	−0.0355 0.0592	−0.0544 0.0403	−0.0491 0.0481
最大剪力	qa^2	1.1914	0.9447	0.6128	0.9926	1.0074	0.8088	1.0079	0.9900	0.7779

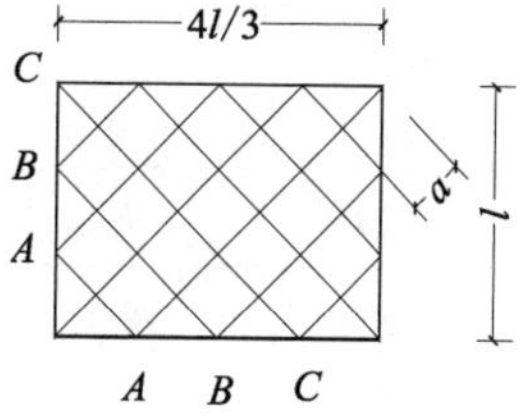

梁名	乘数	周边简支 AA	周边简支 BB	周边简支 CC	周边固定 AA	周边固定 BB	周边固定 CC	周边半固定 AA	周边半固定 BB	周边半固定 CC
(4l/3 × l，a)										
最大弯矩	qal^2	0.0929	0.0610	−0.0503 0.0526	−0.0294 0.0294	−0.0559 0.0320	−0.0453 0.0290	−0.0235 0.0392	−0.0446 0.0349	0.0382 0.0335
最大剪力	qa^2	1.9221	1.3485	1.4390	1.3098	1.4965	0.9224	1.3800	1.4469	0.8715

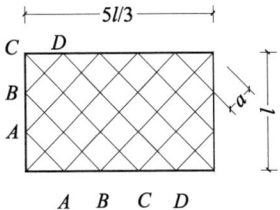

续表

乘数													
		周边简支				周边固定				周边半固定			
梁名		AA	BB	CC	DD	AA	BB	CC	DD	AA	BB	CC	DD
最大弯矩	qal^2	0.1068	0.0801	−0.0642 0.0627	0.0654	−0.0306 0.0306	−0.0624 0.0351	−0.0640 0.0312	−0.0473 0.0348	−0.0248 0.0414	−0.0506 0.0384	−0.0537 0.0365	−0.0412 0.0400
最大剪力	qa^2	2.1729	1.6911	1.6910	0.8893	1.3516	1.6552	1.3573	0.8364	1.4419	1.6277	1.3122	0.7787

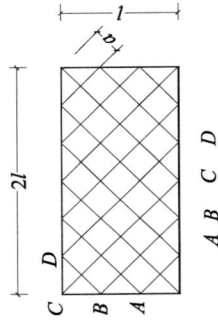

乘数													
		周边简支				周边固定				周边半固定			
梁名		AA	BB	CC	DD	AA	BB	CC	DD	AA	BB	CC	DD
最大弯矩	qal^2	0.1162	0.0927	−0.0736 0.0734	−0.0067 0.0747	−0.0311 0.0311	−0.0651 0.0364	−0.0712 0.0343	−0.0669 0.0374	−0.0254 0.0424	−0.0532 0.0402	−0.0604 0.0404	−0.0575 0.0431
最大剪力	qa^2	2.3419	1.9182	1.8595	1.0811	1.3685	1.7173	1.5171	1.2856	1.4697	1.7065	1.4954	1.2360

续表

梁名	乘数	周边简支				周边固定				周边半固定			
		1.25*l*；*l*；*a*；A B C D；A B C D											
梁名		*AA*	*BB*	*CC*	*DD*	*AA*	*BB*	*CC*	*DD*	*AA*	*BB*	*CC*	*DD*
最大弯矩	qal^2	0.0864	0.0642	0.0533	−0.0654 0.0469	−0.0200 0.0200	−0.0501 0.0288	−0.0523 0.0294	−0.0348 0.0269	−0.0170 0.0283	−0.0407 0.0312	−0.0441 0.0331	−0.0338 0.0301
最大剪力	qa^2	3.0146	2.3032	1.2306	2.4349	1.5297	2.2008	1.6858	1.2501	1.6996	2.1525	1.6135	1.2831

梁名	乘数	周边简支					周边固定					周边半固定				
		1.5*l*；*l*；*a*；A B C D E；A B D E														
梁名		*AA*	*BB*	*CC*	*DD*	*EE*	*AA*	*BB*	*CC*	*DD*	*EE*	*AA*	*BB*	*CC*	*DD*	*EE*
最大弯矩	qal^2	0.0981	0.0783	−0.0003 0.0619	−0.0785 0.0587	−0.0209 0.0572	−0.0205 0.0205	−0.0540 0.0310	−0.0620 0.0325	−0.0567 0.0307	−0.0359 0.0317	0.0177 0.0294	−0.0444 0.0339	−0.0527 0.0366	−0.0494 0.0347	−0.0333 0.0354
最大剪力	qa^2	3.3886	2.7546	1.8292	2.7637	1.5769	1.5613	2.3568	2.0280	1.5191	0.8631	1.7575	2.3348	1.9799	1.4429	0.9645

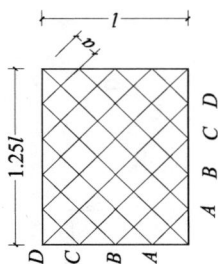

续表

梁名	乘数	周边简支 AA	周边简支 BB	周边简支 CC	周边简支 DD	周边简支 EE	周边固定 AA	周边固定 BB	周边固定 CC	周边固定 DD	周边固定 EE	周边半固定 AA	周边半固定 BB	周边半固定 CC	周边半固定 DD	周边半固定 EE
最大弯矩	qal^2	0.1070	0.0889	−0.0022 0.0685	−0.0885 0.0682	−0.0297 0.0650	−0.0207 0.0207	−0.0560 0.0321	−0.0668 0.0342	−0.0672 0.0339	−0.0589 0.0342	−0.0180 0.0300	−0.0464 0.0354	−0.0573 0.0387	−0.0587 0.0384	−0.0521 0.0383
最大剪力	qa^2	3.6725	3.0943	2.2703	3.0833	1.7957	1.5766	2.4329	2.1850	1.8692	1.4268	1.7883	2.4304	2.1637	1.8185	1.3419

梁名	乘数	周边简支 AA	周边简支 BB	周边简支 CC	周边简支 DD	周边简支 EE	周边简支 FF	周边固定 AA	周边固定 BB	周边固定 CC	周边固定 DD	周边固定 EE	周边固定 FF	周边半固定 AA	周边半固定 BB	周边半固定 CC	周边半固定 DD	周边半固定 EE	周边半固定 FF
最大弯矩	qal^2	0.1136	0.0968	−0.0036 0.0736	−0.0960 0.0755	−0.0362 0.0733	0.0738	−0.0208 0.0208	−0.0570 0.0328	−0.0691 0.0351	−0.0721 0.0357	−0.0696 0.0356	−0.0599 0.0369	−0.0182 0.0304	−0.0475 0.0362	−0.0597 0.0398	−0.0635 0.0406	−0.0618 0.0400	−0.0536 0.0414
最大剪力	qa^2	3.8846	3.3469	2.5951	3.3227	1.9561	1.3913	1.5841	2.4707	2.2597	2.0262	1.7825	1.3797	1.8048	2.4810	2.2579	2.0030	1.7242	1.2867

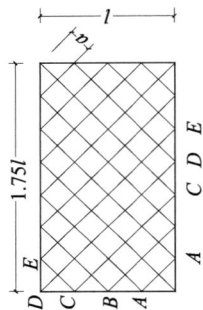

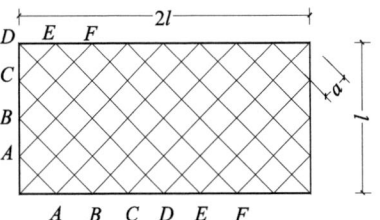

10.5 算 例

【例题 10-1】 4×3 格正交正放井式梁（见图 10.5-1），区格长度 $a=3.0\text{m}$、$b=2.4\text{m}$，均布荷载设计值 $q=10\text{kN/m}^2$。要求分别计算周边为简支、固支和半固支时各梁的内力。

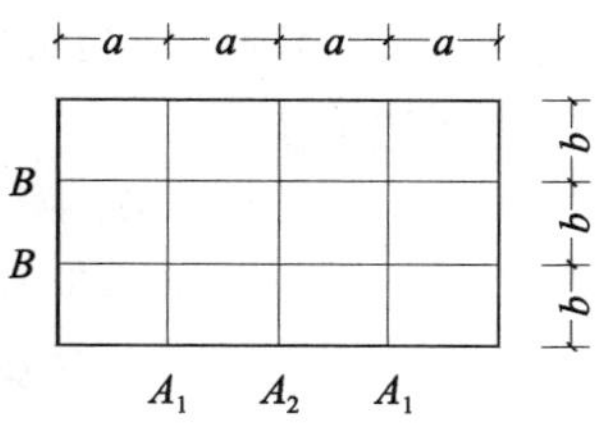

图 10.5-1 正交正放井式梁

【解】 $b/a=0.8$，按周边支承情况查表 10.3-1 中各梁的内力系数，利用公式（10.2-1）～式（10.2-3），计算各梁的内力如下：

（1）周边简支

A_1 梁 $M=0.7461\times ab^2q=128.9\text{kN}\cdot\text{m}$

$V=0.9961\times abq=71.7\text{kN}$

A_2 梁 $M=1.0221\times ab^2q=176.6\text{kN}\cdot\text{m}$

$V=1.2721\times abq=91.6\text{kN}$

B 梁 $M=0.2429\times a^2bq=52.5\text{kN}\cdot\text{m}$

$V=0.4929\times abq=35.5\text{kN}$

（2）周边固支：

A_1 梁 支座处 $M=-0.4539\times ab^2q=-78.4\text{kN}\cdot\text{m}$

跨 中 $M_{max}=0.2270\times ab^2q=39.2\text{kN}\cdot\text{m}$

$V=0.9309\times abq=67.0\text{kN}$

A_2 梁 支座处 $M=-0.7002\times ab^2q=-121.0\text{kN}\cdot\text{m}$

跨 中 $M_{max}=0.3501\times ab^2q=60.5\text{kN}\cdot\text{m}$

$V=1.3002\times abq=93.6\text{kN}$

B 梁 支座处 $M=-0.2142\times a^2bq=-46.3\text{kN}\cdot\text{m}$

跨 中 $M_{max}=0.0798\times a^2bq=17.2\text{kN}\cdot\text{m}$

$V=0.5440\times abq=39.2\text{kN}$

（3）周边半固支

A_1 梁 支座处 $M=-0.3821\times ab^2q=-66.0\text{kN}\cdot\text{m}$

跨 中 $M_{max}=0.3184\times ab^2q=55.0\text{kN}\cdot\text{m}$

$V=0.9504\times abq=68.4\text{kN}$

A_2 梁 支座处 $M=-0.5600\times ab^2q=-96.8\text{kN}\cdot\text{m}$

跨 中 $M_{max}=0.4667\times ab^2q=80.6\text{kN}\cdot\text{m}$

$V=1.2767\times abq=91.9\text{kN}$

B 梁 支座处 $M_{fix}=-0.1811\times a^2bq=-39.1\text{kN}\cdot\text{m}$

跨 中 $M_{max}=0.1051\times a^2bq=22.7\text{kN}\cdot\text{m}$

$V=0.5362\times abq=38.6\text{kN}$

【例题 10-2】 3×3 格正交斜放井式梁（见图 10.5-2），区格长度 $a=2.5\text{m}$，均布荷载设计值 $q=10\text{kN/m}^2$。要求分别计算周边为简支、固支和半固支时各梁的内力。

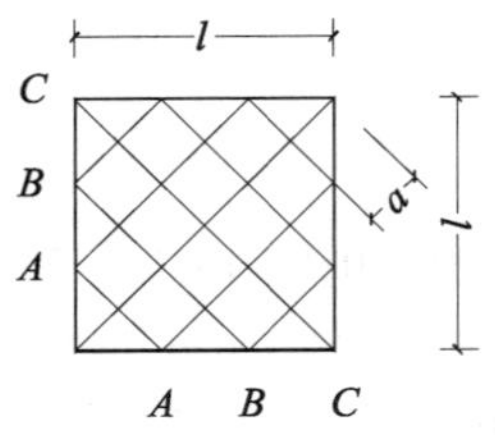

图 10.5-2　正交斜放井式梁

【解】　周边长度　$l=3\times\sqrt{2}a=3\times\sqrt{2}\times2.5=10.607\text{m}$

按周边支承情况查表 10.4-1 中各梁的内力系数，利用公式（10.2-4）～式（10.2-5），计算各梁的内力如下：

（1）周边简支

A 梁　$M=0.0729\times qal^2=205.0\text{kN}\cdot\text{m}$

$V=1.5615\times a^2q=97.6\text{kN}$

B 梁　$M=0.0378\times qal^2=106.3\text{kN}\cdot\text{m}$

$V=0.8403\times a^2q=52.5\text{kN}$

C 梁　$M_{负}=-0.0308\times qal^2=-86.6\text{kN}\cdot\text{m}$

$M_{正}=-0.0425\times qal^2=119.5\text{kN}\cdot\text{m}$

$V=1.0694\times a^2q=66.8\text{kN}$

（2）周边固支

A 梁　$M_{负}=-0.0266\times qal^2=-74.8\text{kN}\cdot\text{m}$

$M_{正}=0.0266\times qal^2=74.8\text{kN}\cdot\text{m}$

$V=1.2059\times a^2q=75.4\text{kN}$

B 梁　$M_{负}=-0.0396\times qal^2=-111.4\text{kN}\cdot\text{m}$

$M_{正}=0.0257\times qal^2=72.3\text{kN}\cdot\text{m}$

$V=1.0882\times a^2q=68.0\text{kN}$

C 梁　$M_{负}=-0.0214\times qal^2=-60.2\text{kN}\cdot\text{m}$

$M_{正}=0.0244\times qal^2=68.6\text{kN}\cdot\text{m}$

$V=0.5882\times a^2q=36.8\text{kN}$

（3）周边半固支

A 梁　$M_{负}=-0.0207\times qal^2=-58.2\text{kN}\cdot\text{m}$

$M_{正}=0.0345\times qal^2=97.0\text{kN}\cdot\text{m}$

$V=1.2437\times a^2q=77.7\text{kN}$

B 梁　$M_{负}=-0.0314\times qal^2=-88.3\text{kN}\cdot\text{m}$

$M_{正}=0.0280\times qal^2=78.8\text{kN}\cdot\text{m}$

$V=1.0353\times a^2q=64.7\text{kN}$

C 梁　$M_{负}=-0.0233\times qal^2=-65.5\text{kN}\cdot\text{m}$

$M_{正}=0.0283\times qal^2=79.6\text{kN}\cdot\text{m}$

$V=0.6795\times a^2q=42.5\text{kN}$

参 考 文 献

[10.1]《建筑结构静力计算手册》编写组：建筑结构静力计算手册（第二版）．北京．中国建筑工业出版社．1998

第 11 章　排　　架

11.1 概　　述

由同一平面内的固支立柱和柱顶横杆铰接而成的超静定结构称作**排架**。本章所讨论的排架主要是用于单层工业厂房中横杆在同一高度的等高排架与横杆不在同一高度的不等高排架。排架的柱底标高可以不在同一标高，横杆是水平的也可以有不大的坡度（图 11.1-1）。

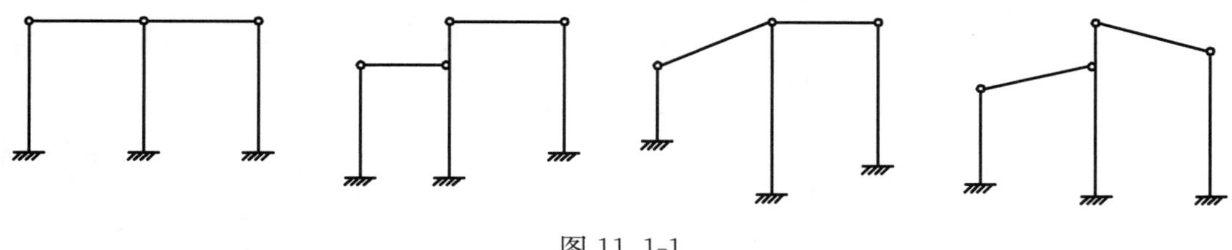

图 11.1-1

排架中的立柱分为等截面柱（图 11.1-2*a*）与阶形柱，本章所讨论的阶形柱又分为单阶形柱（即两截面柱，见图 11.1-2*b*）和两阶形柱（即三截面柱，见图 11.1-2*c*）。阶形柱各段内截面保持不变。

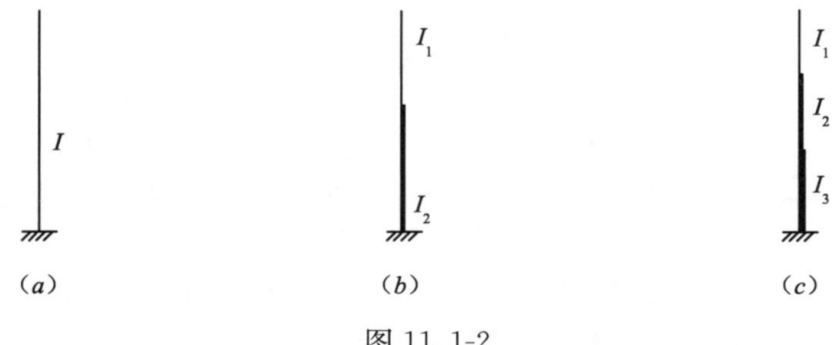

（*a*）　（*b*）　（*c*）

图 11.1-2

计算中假定横杆的轴向刚度为无穷大，同时还进一步假定横杆两端的水平位移相等。这样，当横杆为水平时，这进一步假定并不产生新的误差，但当横杆有坡度时，会产生新的误差，不过，若坡度不大时，这种误差会在容许的范围之内，可以忽略不计。

本章的主要内容由 11.3 节～11.5 节中各列表给出。其中，11.3 节所列各表是排架分析计算中所涉及的立柱构件位移参数计算公式汇编，用于后续两节中排架计算公式相关参数的确定。11.4 节和 11.5 节中的列表分别为常见等高排架和不等高排架分析计算公式汇编。为了帮助读者更好地运用本章所列的计算公式解决实际结构的问题，11.4 节中编入了单跨和两跨等高排架厂房的计算实例，11.5 节中编入了两跨不等高排架的计算实例，以供参考。

11.2 计算要点

排架为超静定结构，一般情况下其超静定次数与横杆的数量或排架的跨数相同。由于排架结构的超静定次数较低，故采用力法计算比较合适。计算要点如下：

(1) 将排架的每一根横杆作为赘余联系，去掉之后代以相应的赘余力（X_1、X_2、…），原超静定排架（图 11.2-1*a*）变为由几个静定立柱构成的基本体系（图 11.2-1*b*）。这里每根柱都是一个基本结构，柱底为固定端，柱顶为自由端。为作图及表示的简便起见，本章各排架的基本体系均用图 11.2-1（*c*）的形式表示，其中 X_1、X_2 的箭头对应于它所在的横杆，分为拉力（箭头向内）、压力（箭头向外）。

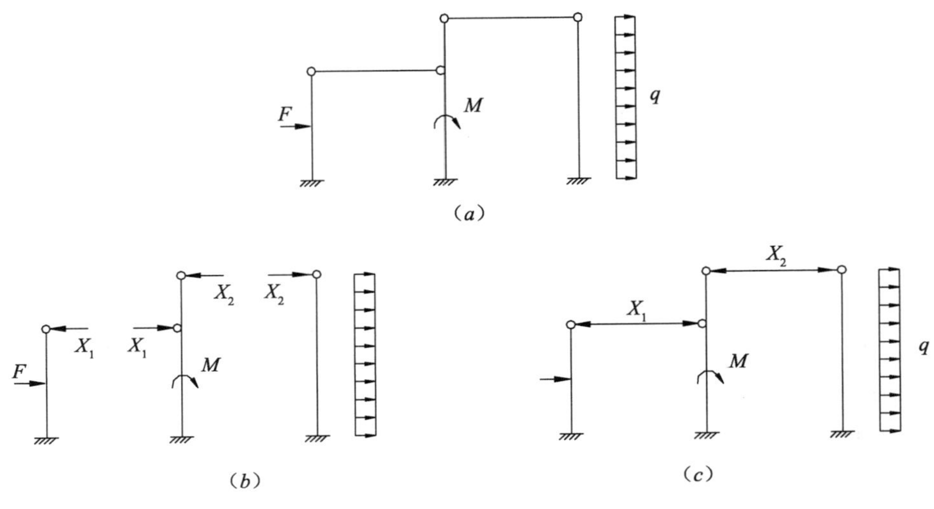

图 11.2-1

(2) 根据基本结构在荷载及赘余力共同作用下具有与原结构相同变位的变形协调条件，即每一横杆两端水平位移相等（横杆的轴向变形不计），可以列出力法方程组，从而求得赘余力 X_1、X_2、…。

由于变形协调条件涉及位移计算，所以本章 11.3 节中列出了三种立柱（等截面柱、单阶形柱及两阶形柱）在各种基本外力作用下的水平位移计算公式。

为了简化计算，在 11.4 节的等高排架计算公式中用柱顶剪力（*V*）来代替赘余力（*X*）与柱顶集中水平荷载（*F*）的共同作用。而 11.5 节的不等高排架计算公式中，则直接列出各种荷载作用下的赘余力（*X*）计算公式。应用时请注意其中的差别。

(3) 对每一根立柱（基本结构）可按悬臂杆计算内力的方法，求出立柱指定截面在荷载及赘余力共同作用下的内力，从而获得原结构在实际荷载作用下指定截面上的内力。

当采用柱顶剪力（*V*）计算截面内力时，基本结构上的柱顶集中水平力（*F*）不能再计入共同作用的力中。否则计算会出错，因为柱顶剪力（*V*）实际上代表了赘余力（*X*）与柱顶集中水平荷载（*F*）的共同作用。

11.3 柱位移计算公式

11.3.1 概述

本节对排架结构中常见的立柱构件列出了单位力作用下的位移计算公式，作为本章11.4节、11.5节中所列排架分析计算公式中相关参数计算的工具。本节所涉及的立柱构件的形式为：等截面柱、单阶形柱（两截面柱）和两阶形柱（三截面柱）。单位力的形式为：单位集中水平力、单位力偶、单位均布力。表11.3-1、表11.3-2和表11.3-3分别为等截面柱、单阶形柱和二阶形柱在各种单位力作用下的位移计算公式列表。

11.3.2 公式应用说明

1. 符号说明

I——等截面柱的截面惯性矩；

I_1——单阶柱、两阶柱上柱的截面惯性矩；

I_2——单阶柱下柱的截面惯性矩或两阶柱中柱的截面惯性矩；

I_3——两阶柱下柱的截面惯性矩；

E——弹性模量；

δ——单位集中水平力引起的立柱位移值；

Δ——单位集中力偶引起的立柱位移值；

Δ'——单位均布力引起的立柱位移值。

相关的尺寸符号见各公式所对应的简图，表11.3-1～11.3-3中编号11.3-01、11.3-11、11.3-42表格栏内示出了三种立柱的主要尺寸和截面形式。

2. 量纲说明

本节计算简图中所有的力均代表单位力1，其量纲与读者选择的量纲体系相关，下面列出的两组量纲可供选择，建议读者选用常用的第一组量纲，计算时会比较方便。另外应注意本节中各符号选用的量纲必须与11.4节、11.5节中相应符号的量纲完全一致，否则计算结果可能会相差几个数量级。

（1）第一组量纲（力，kN；长度，m）

惯性矩I的量纲取m^4，弹性模量E的量纲取kN/m^2，高度H的量纲取m，单位集中水平力及荷载F的量纲取kN，单位力偶及荷载M的量纲取kN·m，单位均布力及荷载q的量纲取kN/m，位移δ（或Δ）的量纲为m。

（2）第二组量纲（力，N；长度，mm）

惯性矩I的量纲取mm^4，弹性模量E的量纲取N/mm^2，高度H的量纲取mm，单位集中水平力及荷载F的量纲取N，单位力偶及荷载M的量纲取N·mm，单位均布力及荷载q的量纲取N/mm，位移δ（或Δ）的量纲为mm。

采用第二组量纲时，往往数值很大，如H^3，可能有很多位数，使用时应特别注意数量级，以免出错。

11.3.3 计算公式

等截面柱位移计算公式 **表 11.3-1**

编号	计算简图	公式
11.3-01		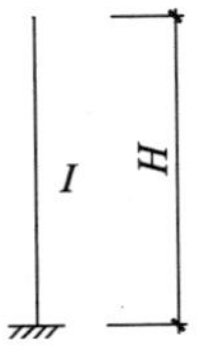
11.3-02	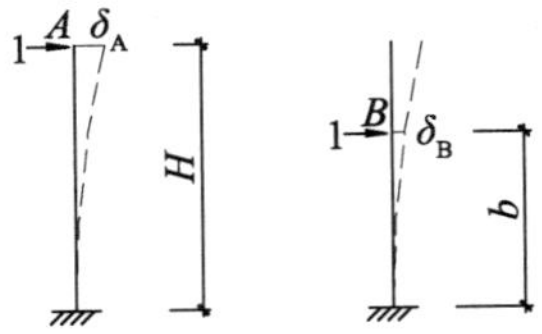	$\delta_A=\frac{H^3}{3EI}$ $\delta_B=\frac{b^3}{3EI}$
11.3-03	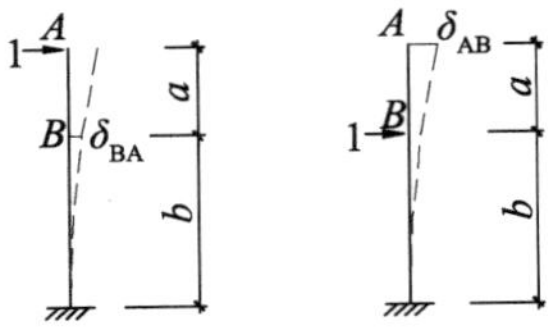	$\delta_{AB}=\delta_{BA}=\frac{b^2(2b+3a)}{6EI}$
11.3-04	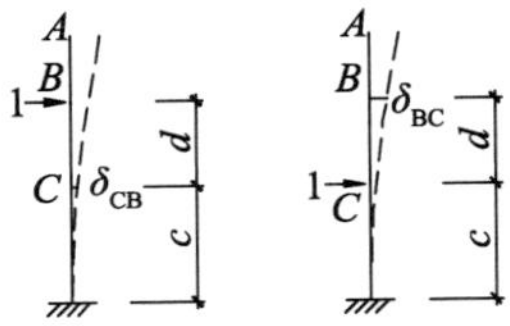	$\delta_{BC}=\delta_{CB}=\frac{c^2(2c+3d)}{6EI}$
11.3-05		$\Delta_A=\frac{H^2}{2EI}$
11.3-06	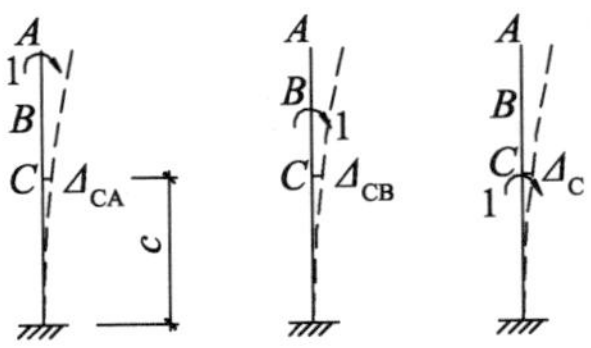	$\Delta_{CA}=\Delta_{CB}=\Delta_C=\frac{c^2}{2EI}$
11.3-07	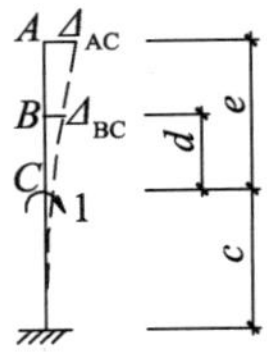	$\Delta_{AC}=\frac{c(2e+c)}{2EI}$ $\Delta_{BC}=\frac{c(2d+c)}{2EI}$

续表

编号	计算简图	公式
11.3-08	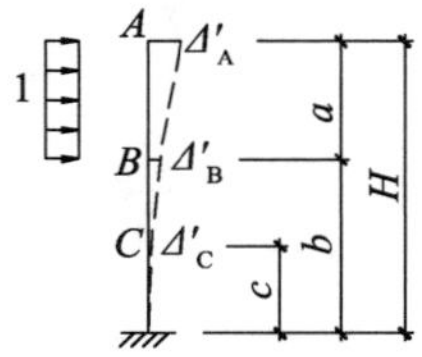	$\Delta'_A=\frac{a^4+8aH^3-6a^2H^2}{24EI}$；$\Delta'_B=\frac{ab^2(3a+4b)}{12EI}$ $\Delta'_C=\frac{c^2(3a^2-2ac+6ab)}{12EI}$
11.3-09	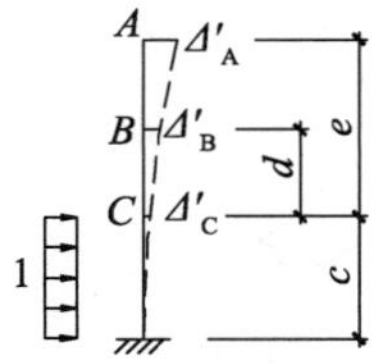	$\Delta'_A=\frac{c^3(3c+4e)}{24EI}$；$\Delta'_B=\frac{c^3(3c+4d)}{24EI}$ $\Delta'_C=\frac{c^4}{8EI}$
11.3-10	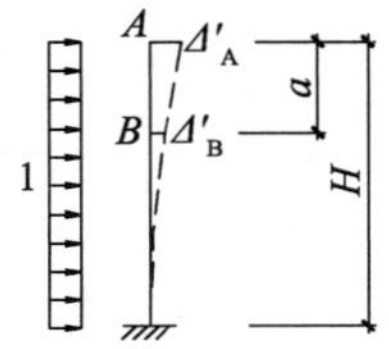	$\Delta'_A=\frac{H^4}{8EI}$ $\Delta'_B=\frac{3H^4-4aH^3+a^4}{24EI}$

单阶柱位移计算公式　　表 11.3-2

编号	计算简图	公式
11.3-11	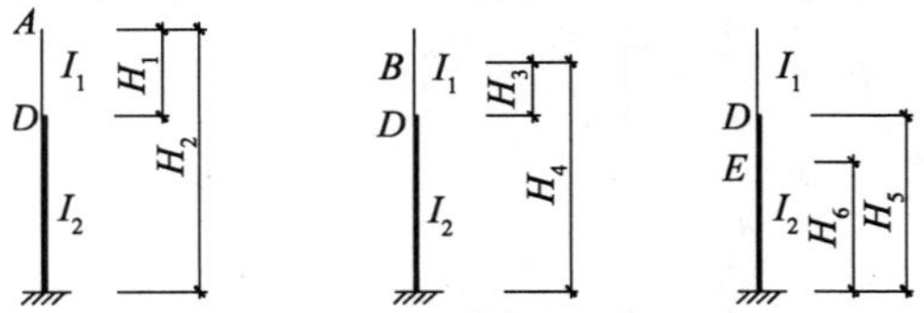	
	说明：以下计算简图中未标出的尺寸/符号，以本栏图中示出的为准。	
11.3-12	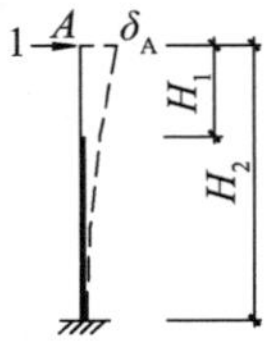	$\delta_A=\frac{1}{E}\left(\frac{H_1^3}{3I_1}+\frac{H_2^3-H_1^3}{3I_2}\right)$
11.3-13	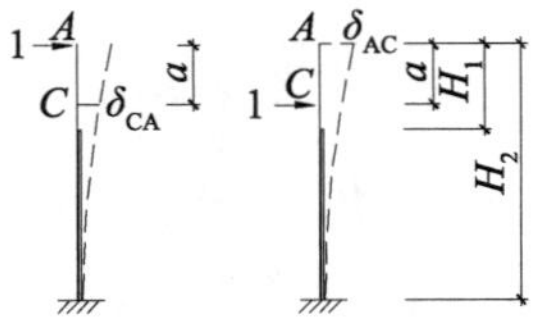	$a<H_1$ $\delta_{AC}=\delta_{CA}=\frac{1}{E}\left[\frac{H_1^3-a^3}{3I_1}-\frac{a(H_1^2-a^2)}{2I_1}+\frac{H_2^3-H_1^3}{3I_2}-\frac{a(H_2^2-H_1^2)}{2I_2}\right]$
11.3-14	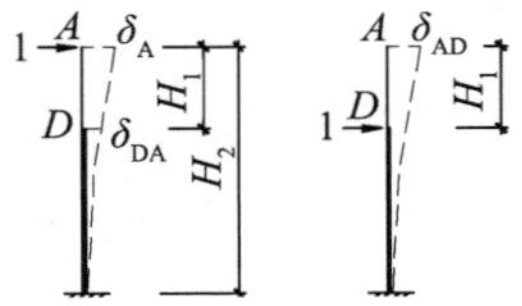	$\delta_{AD}=\delta_{DA}=\frac{1}{E}\left[\frac{H_2^3-H_1^3}{3I_2}-\frac{H_1(H_2^2-H_1^2)}{2I_2}\right]$

续表

编号	计算简图	公式
11.3-15	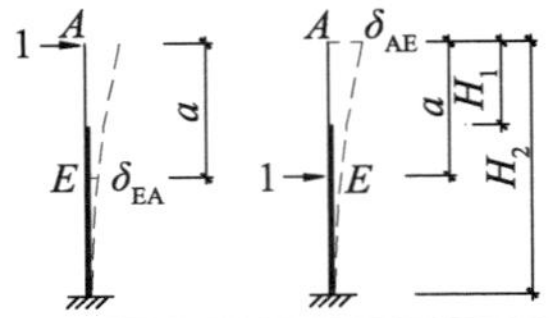 1 A δEA E a; A δAE 1 E a H1 H2	$a>H_1$ $\delta_{AE}=\delta_{EA}=\frac{1}{E}\left[\frac{H_2^3-a^3}{3I_2}-\frac{a(H_2^2-a^2)}{2I_2}\right]$
11.3-16	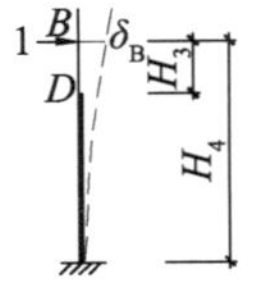 1 B δB D H3 H4	$\delta_B=\frac{1}{E}\left(\frac{H_3^3}{3I_1}+\frac{H_4^3-H_3^3}{3I_2}\right)$
11.3-17	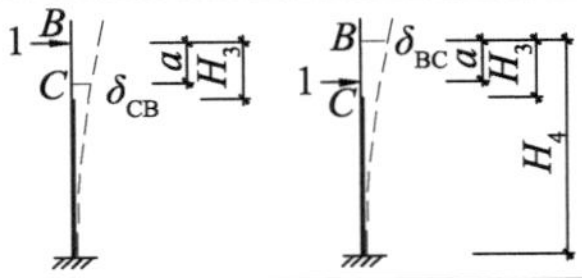 1 B C δCB a H3; B δBC 1 C a H3 H4	$a<H_3$ $\delta_{BC}=\delta_{CB}=\frac{1}{E}\left[\frac{H_3^3-a^3}{3I_1}-\frac{a(H_3^2-a^2)}{2I_1}+\frac{H_4^3-H_3^3}{3I_2}-\frac{a(H_4^2-H_3^2)}{2I_2}\right]$
11.3-18	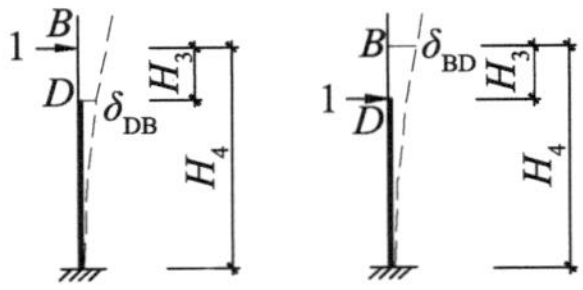 1 B D δDB H3 H4; B δBD 1 D H3 H4	$\delta_{BD}=\delta_{DB}=\frac{1}{E}\left[\frac{H_4^3-H_3^3}{3I_2}-\frac{H_3(H_4^2-H_3^2)}{2I_2}\right]$
11.3-19	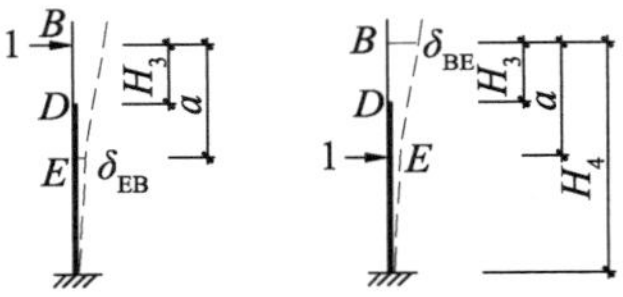 1 B D E δEB H3 a; B δBE D 1 E H3 a H4	$a>H_3$ $\delta_{BE}=\delta_{EB}=\frac{1}{E}\left[\frac{H_4^3-a^3}{3I_2}-\frac{a(H_4^2-a^2)}{2I_2}\right]$
11.3-20	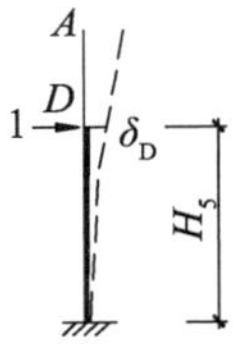 A 1 D δD H5	$\delta_D=\frac{1}{E}\times\frac{H_5^3}{3I_2}$
11.3-21	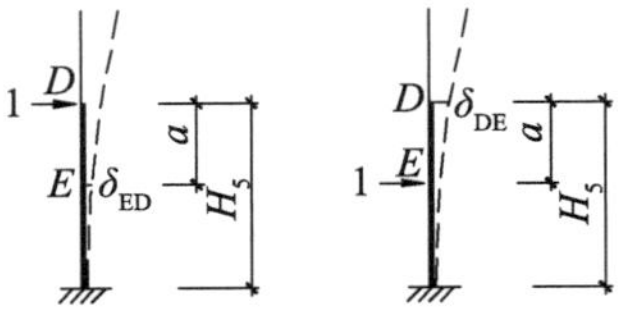 1 D E δED a H5; D δDE 1 E a H5	$\delta_{DE}=\delta_{ED}=\frac{1}{E}\left[\frac{H_5^3-a^3}{3I_2}-\frac{a(H_5^2-a^2)}{2I_2}\right]$
11.3-22	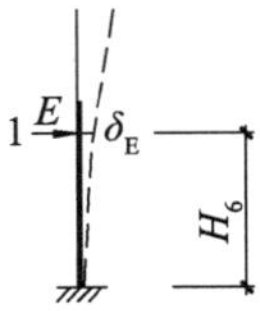 1 E δE H6	$\delta_E=\frac{1}{E}\times\frac{H_6^3}{3I_2}$
11.3-23	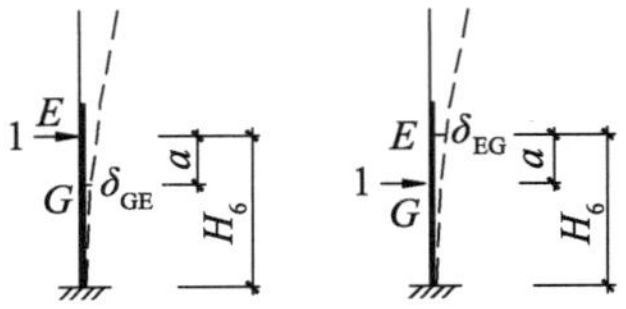 1 E G δGE a H6; E δEG 1 G a H6	$\delta_{EG}=\delta_{GE}=\frac{1}{E}\left[\frac{H_6^3-a^3}{3I_2}-\frac{a(H_6^2-a^2)}{2I_2}\right]$

续表

编号	计算简图	公式
11.3-24	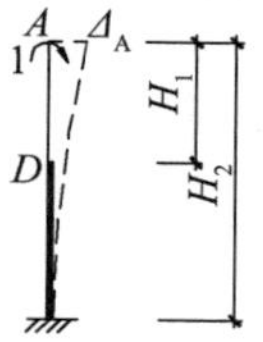	$\Delta_A=\frac{1}{E}\left(\frac{H_1^2}{2I_1}+\frac{H_2^2-H_1^2}{2I_2}\right)$
11.3-25	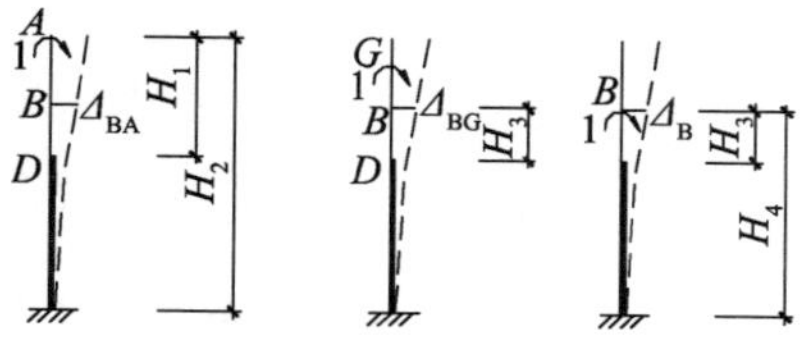	$\Delta_{BA}=\Delta_{BG}=\Delta_B=\frac{1}{E}\left(\frac{H_3^2}{2I_1}+\frac{H_4^2-H_3^2}{2I_2}\right)$
11.3-26	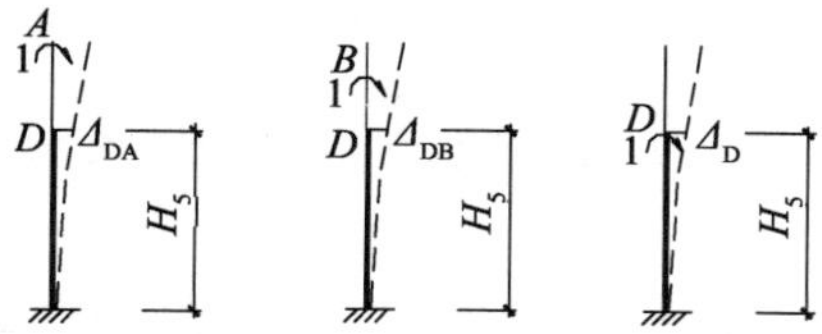	$\Delta_{DA}=\Delta_{DB}=\Delta_D=\frac{1}{E}\times\frac{H_5^2}{2I_2}$
11.3-27	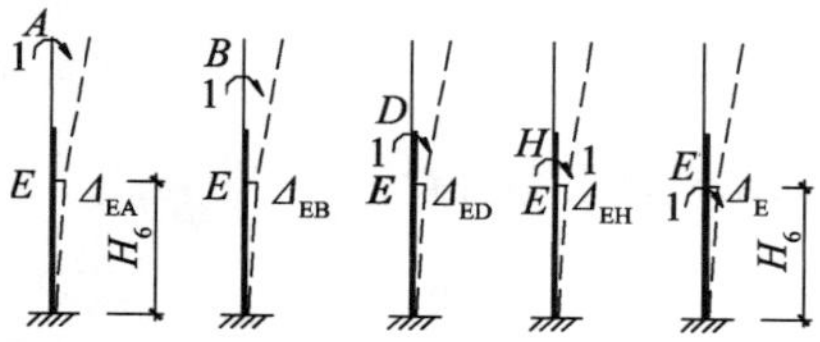	$\Delta_{EA}=\Delta_{EB}=\Delta_{ED}=\Delta_{EH}=\Delta_E=\frac{1}{E}\times\frac{H_6^2}{2I_2}$
11.3-28	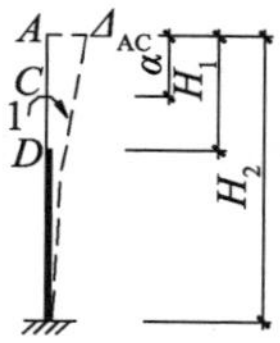	$\Delta_{AC}=\frac{1}{E}\left(\frac{H_1^2-a^2}{2I_1}+\frac{H_2^2-H_1^2}{2I_2}\right)$
11.3-29	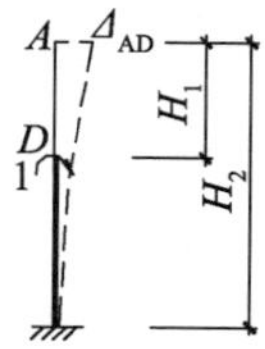	$\Delta_{AD}=\frac{1}{E}\times\frac{H_2^2-H_1^2}{2I_2}$
11.3-30	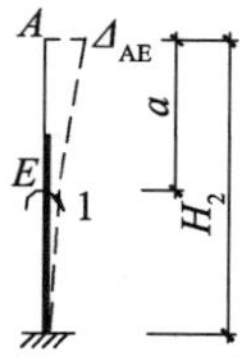	$\Delta_{AE}=\frac{1}{E}\times\frac{H_2^2-a^2}{2I_2}$
11.3-31	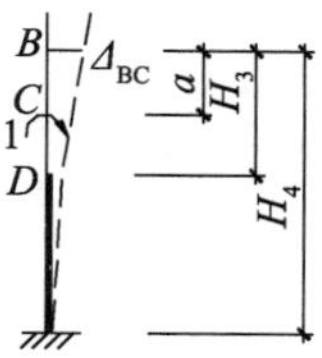	$\Delta_{BC}=\frac{1}{E}\left(\frac{H_3^2-a^2}{2I_1}+\frac{H_4^2-H_3^2}{2I_2}\right)$

续表

编　号	计　算　简　图	公　　式
11.3-32	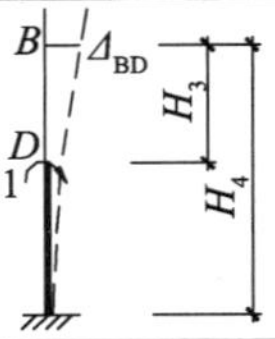	$\Delta_{BD}=\frac{1}{E}\times\frac{H_4^2-H_3^2}{2I_2}$
11.3-33	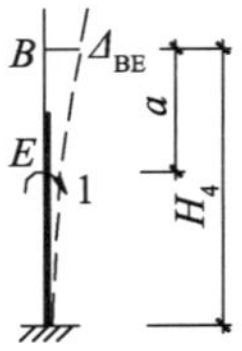	$\Delta_{BE}=\frac{1}{E}\times\frac{H_4^2-a^2}{2I_2}$
11.3-34	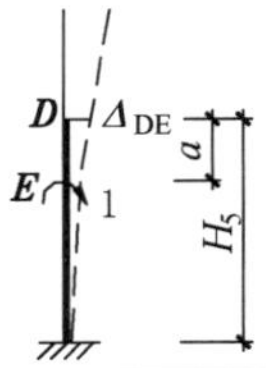	$\Delta_{DE}=\frac{1}{E}\times\frac{H_5^2-a^2}{2I_2}$
11.3-35	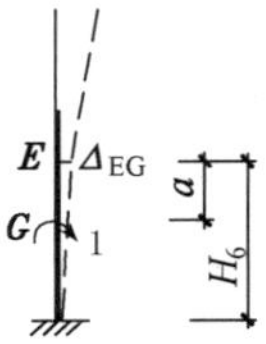	$\Delta_{EG}=\frac{1}{E}\times\frac{H_6^2-a^2}{2I_2}$
11.3-36	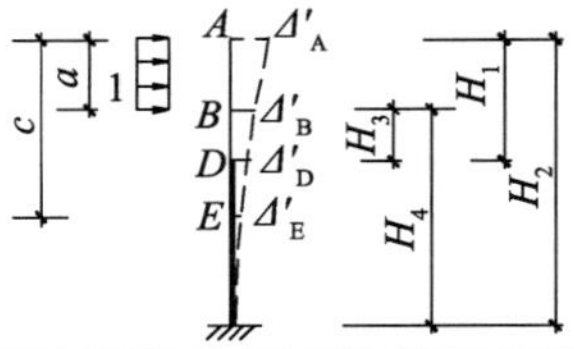	
	$\Delta'_A=\frac{1}{E}\left[\frac{a^4+2aH_1^2(4H_1-3a)}{24I_1}+\frac{4a(H_2^3-H_1^3)-3a^2(H_2^2-H_1^2)}{12I_2}\right]$ $\Delta'_B=\frac{1}{E}\left[\frac{aH_3^2(4H_3+3a)}{12I_1}+\frac{aH_4^2(4H_4+3a)-aH_3^2(4H_3+3a)}{12I_2}\right]$ $\Delta'_D=\frac{1}{E}\times\frac{2a(H_2^3-H_1^3)-3\left(\frac{a^2}{2}+aH_1\right)(H_2^2-H_1^2)+3a^2H_1(H_2-H_1)}{6I_2}$ $\Delta'_E=\frac{1}{E}\times\frac{2a(H_2^3-c^3)-3\left(\frac{a^2}{2}+ac\right)(H_2^2-c^2)+3a^2c(H_2-c)}{6I_2}$	
11.3-37	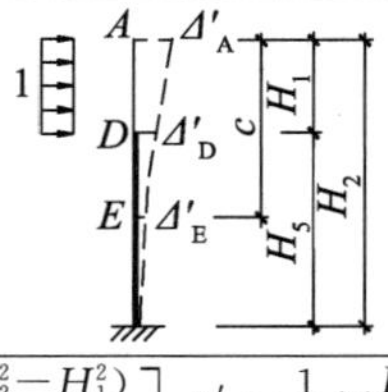	
	$\Delta'_A=\frac{1}{E}\left[\frac{H_1^4}{8I_1}+\frac{4H_1(H_2^3-H_1^3)-3H_1^2(H_2^2-H_1^2)}{12I_2}\right]$；$\Delta'_D=\frac{1}{E}\times\frac{H_1H_5^2(4H_5+3H_1)}{12I_2}$ $\Delta'_E=\frac{1}{E}\times\frac{2H_1(H_2^3-c^3)-3\left(\frac{H_1^2}{2}+H_1c\right)(H_2^2-c^2)+3H_1^2c(H_2-c)}{6I_2}$	

续表

编　号	计　算　简　图	公　　　式
11.3-38	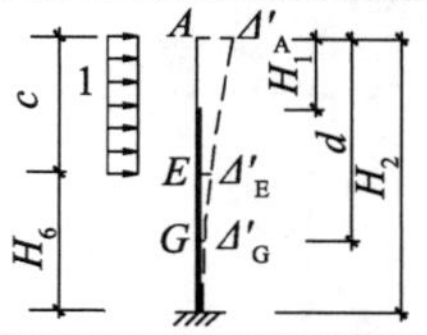	
	$\Delta'_A=\frac{1}{E}\left[\frac{H_1^4}{8I_1}+\frac{c^4-3H_1^4+2cH_2^2(4H_2-3c)}{24I_2}\right]$; $\Delta'_E=\frac{1}{E}\times\frac{cH_6^2(4H_6+3c)}{12I_2}$ $\Delta'_G=\frac{1}{E}\times\frac{2c(H_2^3-d^3)-3\left(\frac{c^2}{2}+cd\right)(H_2^2-d^2)+3c^2d(H_2-d)}{6I_2}$	
11.3-39	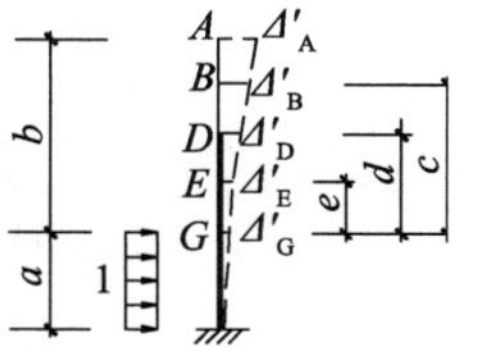	$\Delta'_A=\frac{1}{E}\times\frac{a^3(4b+3a)}{24I_2}$; $\Delta'_B=\frac{1}{E}\times\frac{a^3(4c+3a)}{24I_2}$ $\Delta'_D=\frac{1}{E}\times\frac{a^3(4d+3a)}{24I_2}$; $\Delta'_E=\frac{1}{E}\times\frac{a^3(4e+3a)}{24I_2}$ $\Delta'_G=\frac{1}{E}\times\frac{a^4}{8I_2}$
11.3-40	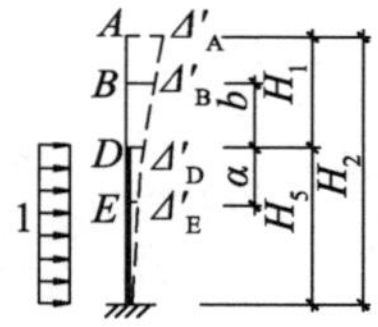	$\Delta'_A=\frac{1}{E}\times\frac{H_5^3(4H_1+3H_5)}{24I_2}$; $\Delta'_B=\frac{1}{E}\times\frac{H_5^3(4b+3H_5)}{24I_2}$ $\Delta'_D=\frac{1}{E}\times\frac{H_5^4}{8I_2}$; $\Delta'_E=\frac{1}{E}\times\frac{a^4+H_5^3(3H_5-4a)}{24I_2}$
11.3-41	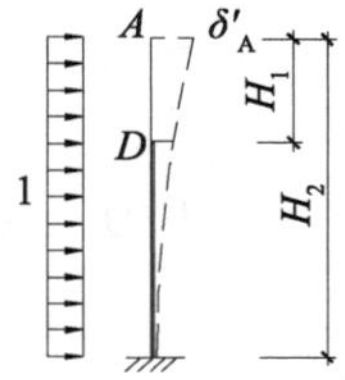	$\Delta'_A=\frac{1}{E}\times\left(\frac{H_1^4}{8I_1}+\frac{H_2^4-H_1^4}{8I_2}\right)$

二阶柱位移计算公式　　　　表 11.3-3

编　号	计　算　简　图	公　　　式
11.3-42	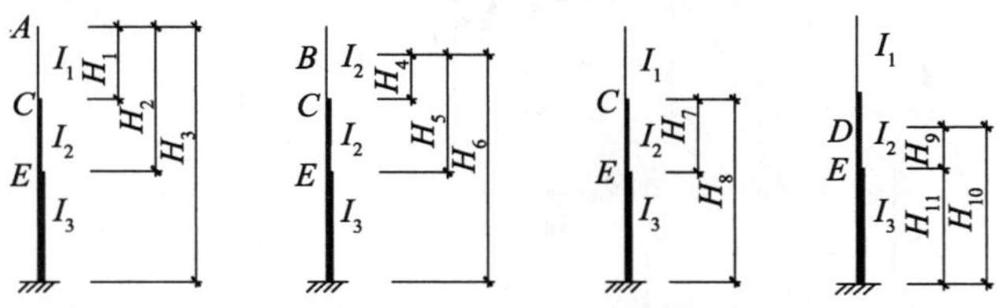	
	说明：以下计算简图中未标出的尺寸/符号，以本栏图中示出的为准。	
11.3-43	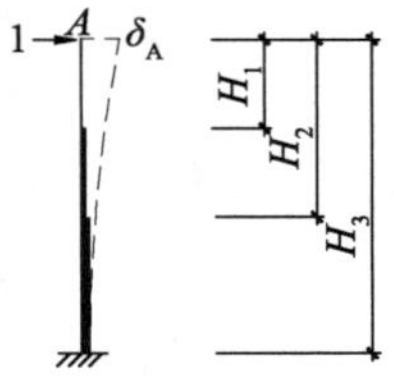	$\delta_A=\frac{1}{E}\left(\frac{H_1^3}{3I_1}+\frac{H_2^3-H_1^3}{3I_2}+\frac{H_3^3-H_2^3}{3I_3}\right)$

续表

编号	计算简图	公式
11.3-44	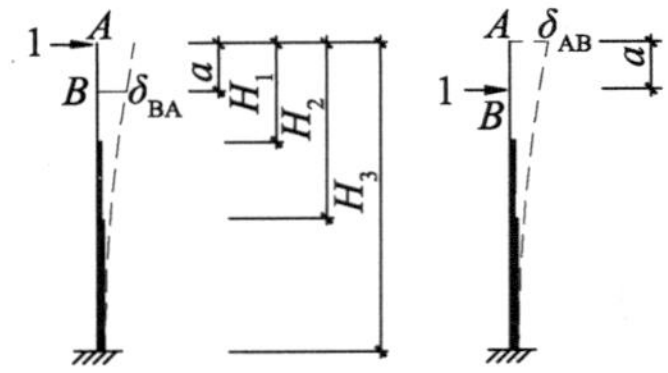	$a<H_1$ $\delta_{AB}=\delta_{BA}=\frac{1}{E}\left[\frac{H_1^3-a^3}{3I_1}-\frac{a(H_1^2-a^2)}{2I_1}+\frac{H_2^3-H_1^3}{3I_2}-\frac{a(H_2^2-H_1^2)}{2I_2}+\frac{H_3^3-H_2^3}{3I_3}-\frac{a(H_3^2-H_2^2)}{2I_3}\right]$
11.3-45	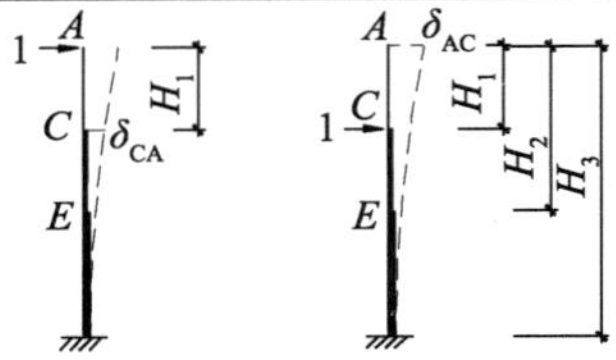	$\delta_{AC}=\delta_{CA}=\frac{1}{E}\left[\frac{H_2^3-H_1^3}{3I_2}-\frac{H_1(H_2^2-H_1^2)}{2I_2}+\frac{H_3^3-H_2^3}{3I_3}-\frac{H_1(H_3^2-H_2^2)}{2I_3}\right]$
11.3-46	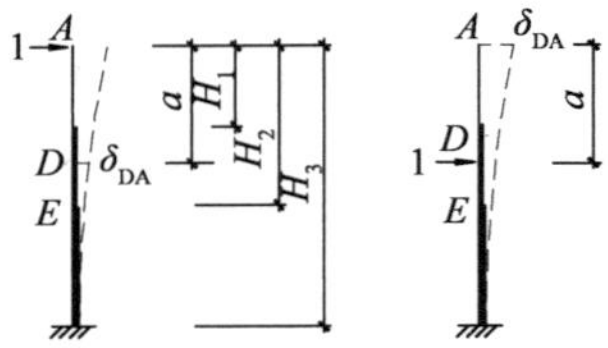	$H_2>a>H_1$ $\delta_{AD}=\delta_{DA}=\frac{1}{E}\left[\frac{H_2^3-a^3}{3I_2}-\frac{a(H_2^2-a^2)}{2I_2}+\frac{H_3^3-H_2^3}{3I_3}-\frac{a(H_3^2-H_2^2)}{2I_3}\right]$
11.3-47	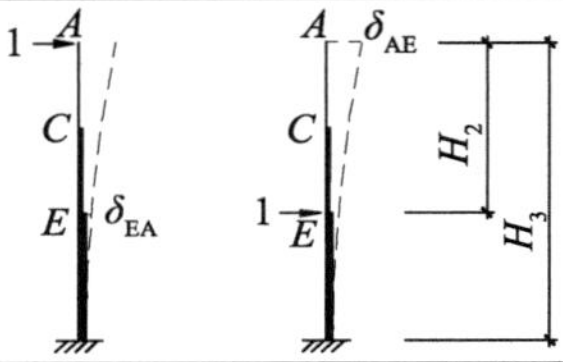	$\delta_{AE}=\delta_{EA}=\frac{1}{E}\left[\frac{H_3^3-H_2^3}{3I_3}-\frac{H_2(H_3^2-H_2^2)}{2I_3}\right]$
11.3-48	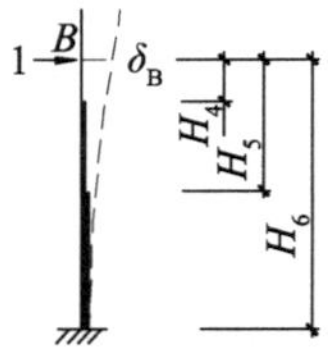	$\delta_B=\frac{1}{E}\left(\frac{H_4^3}{3I_1}+\frac{H_5^3-H_4^3}{3I_2}+\frac{H_6^3-H_5^3}{3I_3}\right)$
11.3-49	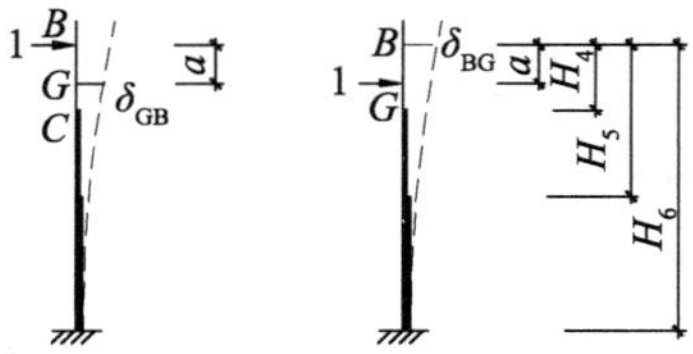	$a<H_4$ $\delta_{BG}=\delta_{GB}=\frac{1}{E}\left[\frac{H_4^3-a^3}{3I_1}-\frac{a(H_4^2-a^2)}{2I_1}+\frac{H_5^3-H_4^3}{3I_2}-\frac{a(H_5^2-H_4^2)}{2I_2}+\frac{H_6^3-H_5^3}{3I_3}-\frac{a(H_6^2-H_5^2)}{2I_3}\right]$
11.3-50	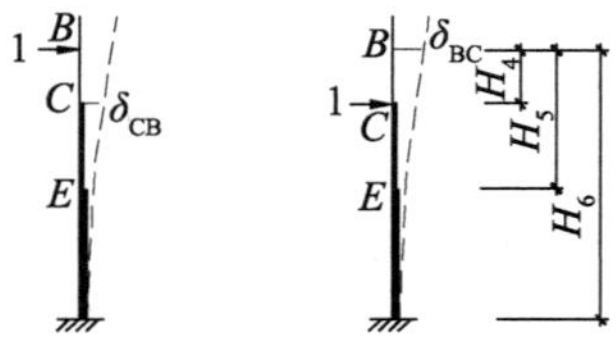	$\delta_{BC}=\delta_{CB}=\frac{1}{E}\left[\frac{H_5^3-H_4^3}{3I_2}-\frac{H_4(H_5^2-H_4^2)}{2I_2}+\frac{H_6^3-H_5^3}{3I_3}-\frac{H_4(H_6^2-H_5^2)}{2I_3}\right]$
11.3-51	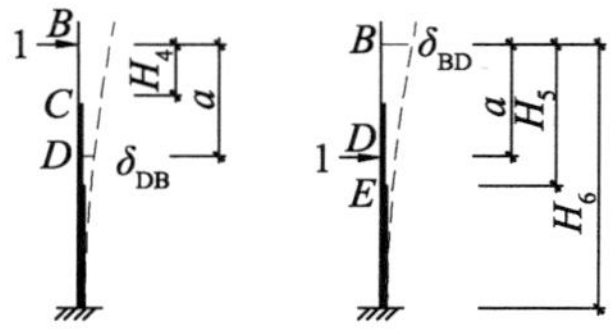	$H_5>a>H_4$ $\delta_{BD}=\delta_{DB}=\frac{1}{E}\left[\frac{H_5^3-a^3}{3I_2}-\frac{a(H_5^2-a^2)}{2I_2}+\frac{H_6^3-H_5^3}{3I_3}-\frac{a(H_6^2-H_5^2)}{2I_3}\right]$

续表

编 号	计 算 简 图	公 式
11.3-52	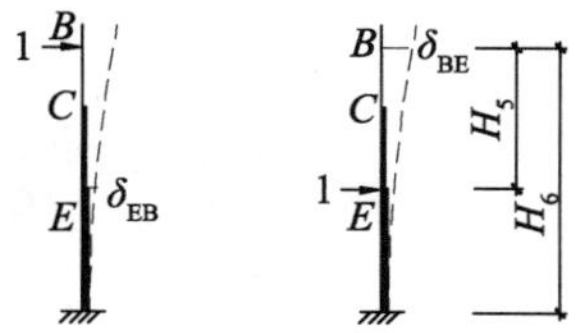	$\delta_{BE}=\delta_{EB}=\frac{1}{E}\left[\frac{H_6^3-H_5^3}{3I_3}-\frac{H_5(H_6^2-H_5^2)}{2I_3}\right]$
11.3-53	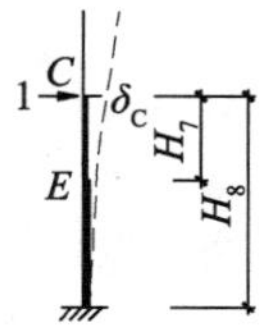	$\delta_C=\frac{1}{E}\left(\frac{H_7^3}{3I_2}+\frac{H_8^3-H_7^3}{3I_3}\right)$
11.3-54	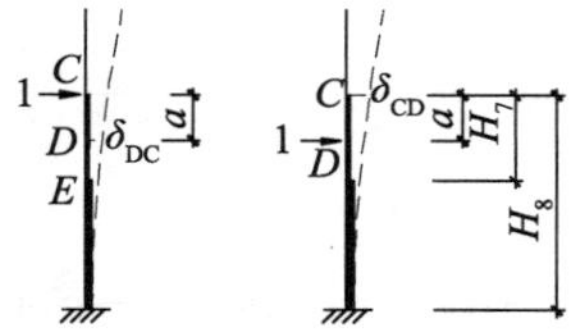	$a<H_7$ $\delta_{CD}=\delta_{DC}=\frac{1}{E}\left[\frac{H_7^3-a^3}{3I_2}-\frac{a(H_7^2-a^2)}{2I_2}+\frac{H_8^3-H_7^3}{3I_3}-\frac{a(H_8^2-H_7^2)}{2I_3}\right]$
11.3-55	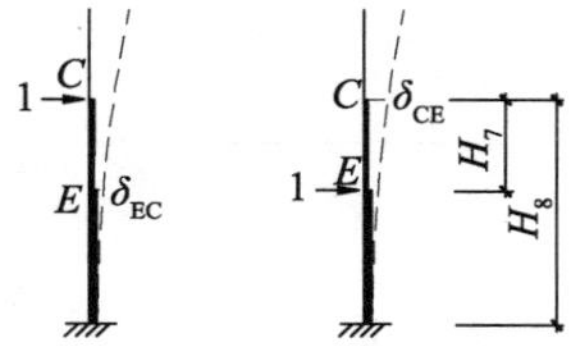	$\delta_{CE}=\delta_{EC}=\frac{1}{E}\left[\frac{H_8^3-H_7^3}{3I_3}-\frac{H_7(H_8^2-H_7^2)}{2I_3}\right]$
11.3-56	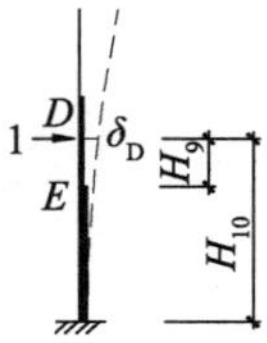	$\delta_D=\frac{1}{E}\left(\frac{H_9^3}{3I_2}+\frac{H_{10}^3-H_9^3}{3I_3}\right)$
11.3-57	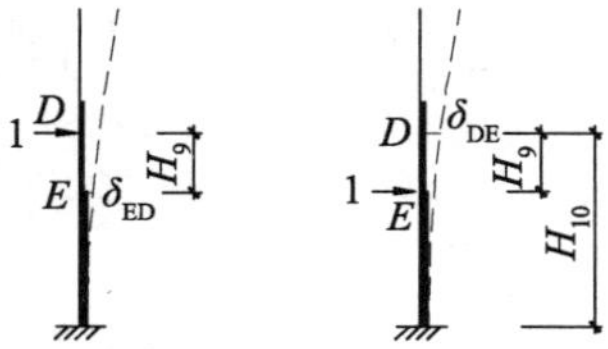	$\delta_{DE}=\delta_{ED}=\frac{1}{E}\left[\frac{H_{10}^3-H_9^3}{3I_3}-\frac{H_9(H_{10}^2-H_9^2)}{2I_3}\right]$
11.3-58	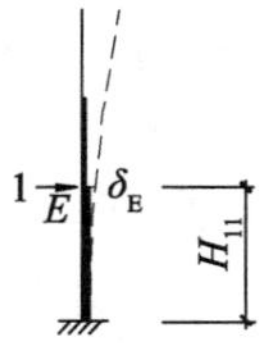	$\delta_E=\frac{1}{E}\times\frac{H_{11}^3}{3I_3}$
11.3-59	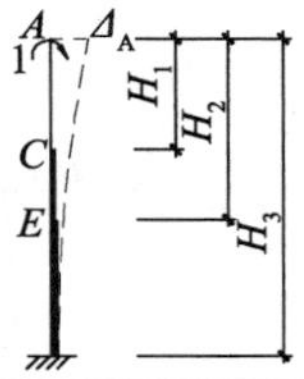	$\Delta_A=\frac{1}{E}\left(\frac{H_1^2}{2I_1}+\frac{H_2^2-H_1^2}{2I_2}+\frac{H_3^2-H_2^2}{2I_3}\right)$

续表

编号	计算简图	公式
11.3-60	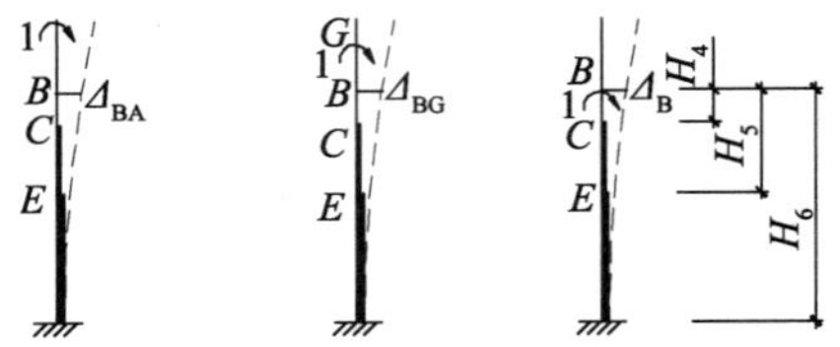	$\Delta_{BA}=\Delta_{BG}=\Delta_{B}=\frac{1}{E}\left(\frac{H_4^2}{2I_1}+\frac{H_5^2-H_4^2}{2I_2}+\frac{H_6^2-H_5^2}{2I_3}\right)$
11.3-61	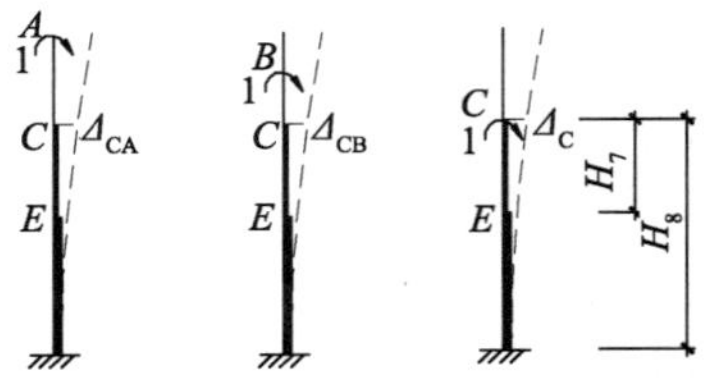	$\Delta_{CA}=\Delta_{CB}=\Delta_{C}=\frac{1}{E}\left(\frac{H_7^2}{2I_2}+\frac{H_8^2-H_7^2}{2I_3}\right)$
11.3-62	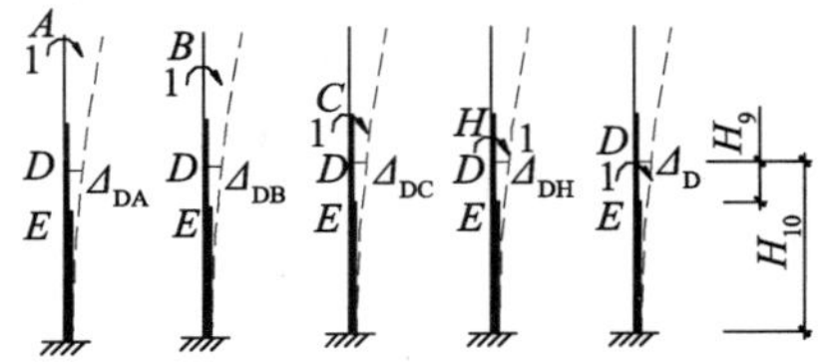	$\Delta_{DA}=\Delta_{DB}=\Delta_{DC}=\Delta_{DH}=\Delta_{D}=\frac{1}{E}\left(\frac{H_9^2}{2I_2}+\frac{H_{10}^2-H_9^2}{2I_3}\right)$
11.3-63	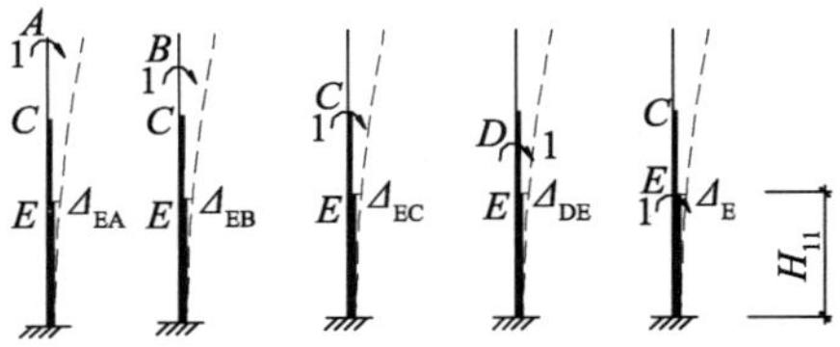	$\Delta_{EA}=\Delta_{EB}=\Delta_{EC}=\Delta_{ED}=\Delta_{E}=\frac{1}{E}\times\frac{H_{11}^2}{2I_2}$
11.3-64	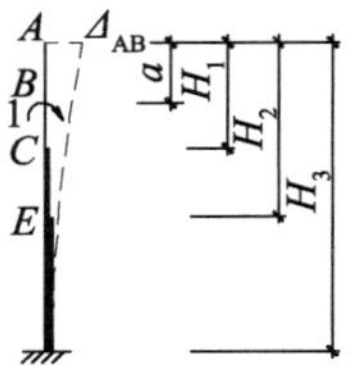	$a<H_1$ $\Delta_{AB}=\frac{1}{E}\left(\frac{H_1^2-a^2}{2I_1}+\frac{H_2^2-H_1^2}{2I_2}+\frac{H_3^2-H_2^2}{2I_3}\right)$
11.3-65	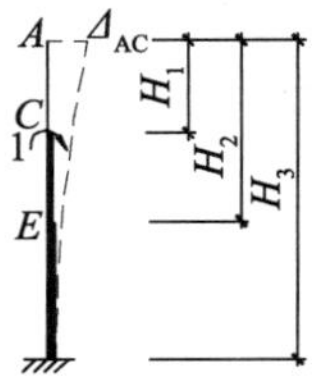	$\Delta_{AC}=\frac{1}{E}\left(\frac{H_2^2-H_1^2}{2I_2}+\frac{H_3^2-H_2^2}{2I_3}\right)$
11.3-66	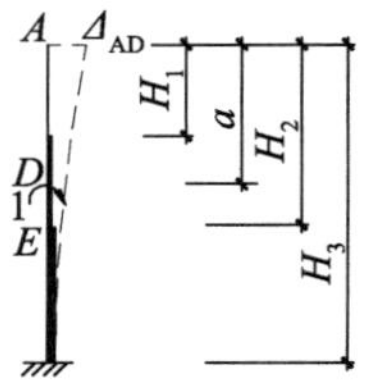	$H_1<a<H_2$ $\Delta_{AD}=\frac{1}{E}\left(\frac{H_2^2-a^2}{2I_2}+\frac{H_3^2-H_2^2}{2I_3}\right)$

续表

编号	计算简图	公式
11.3-67	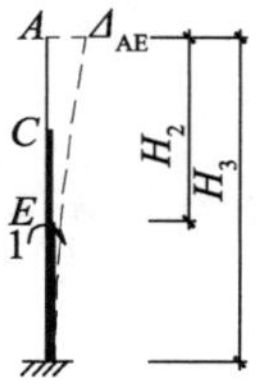 A, Δ_{AE}, C, E, 1, H_2, H_3	$\Delta_{AE}=\frac{1}{E}\times\frac{H_3^2-H_2^2}{2I_3}$
11.3-68	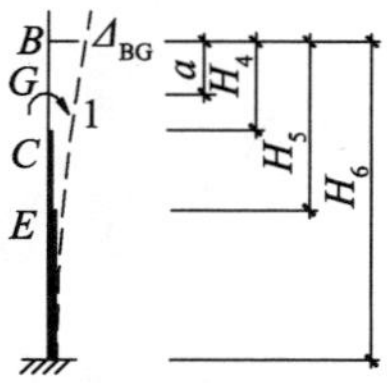 B, Δ_{BG}, G, 1, C, E, a, H_4, H_5, H_6	$a<H_4$ $\Delta_{BG}=\frac{1}{E}\left(\frac{H_4^2-a^2}{2I_1}+\frac{H_5^2-H_4^2}{2I_2}+\frac{H_6^2-H_5^2}{2I_3}\right)$
11.3-69	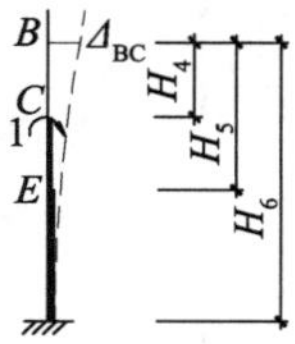 B, Δ_{BC}, C, 1, E, H_4, H_5, H_6	$\Delta_{BC}=\frac{1}{E}\left(\frac{H_5^2-H_4^2}{2I_2}+\frac{H_6^2-H_5^2}{2I_3}\right)$
11.3-70	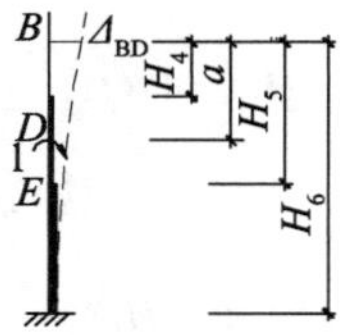 B, Δ_{BD}, D, 1, E, H_4, a, H_5, H_6	$H_4<a<H_5$ $\Delta_{BD}=\frac{1}{E}\left(\frac{H_5^2-a^2}{2I_2}+\frac{H_6^2-H_5^2}{2I_3}\right)$
11.3-71	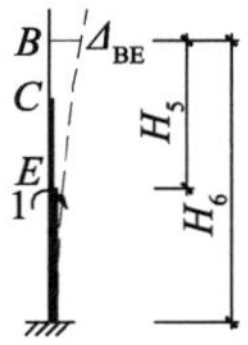 B, Δ_{BE}, C, E, 1, H_5, H_6	$\Delta_{BE}=\frac{1}{E}\times\frac{H_6^2-H_5^2}{2I_3}$
11.3-72	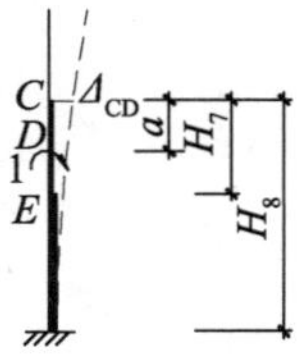 C, Δ_{CD}, D, 1, E, a, H_7, H_8	$a<H_7$ $\Delta_{BD}=\frac{1}{E}\left(\frac{H_7^2-a^2}{2I_2}+\frac{H_8^2-H_7^2}{2I_3}\right)$
11.3-73	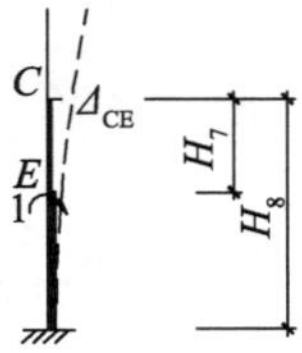 C, Δ_{CE}, E, 1, H_7, H_8	$\Delta_{CE}=\frac{1}{E}\times\frac{H_8^2-H_7^2}{2I_3}$

续表

编号	计算简图	公式
11.3-74	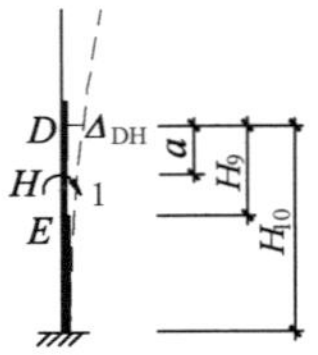	$a<H_9$ $\Delta_{DH}=\frac{1}{E}\left(\frac{H_9^2-a^2}{2I_2}+\frac{H_{10}^2-H_9^2}{2I_3}\right)$
11.3-75	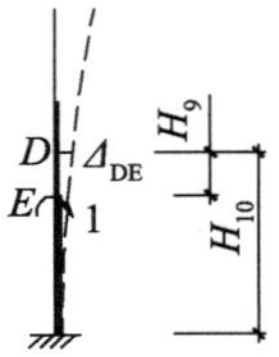	$\Delta_{DE}=\frac{1}{E}\times\frac{H_{10}^2-H_9^2}{2I_3}$
11.3-76	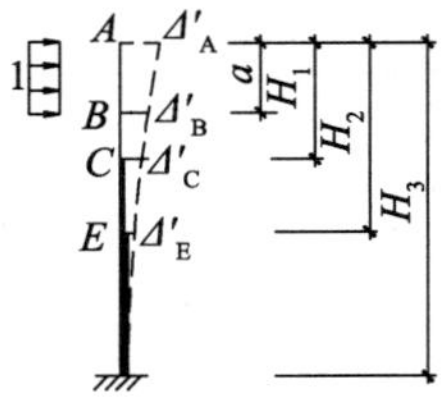	$a<H_1$ $\Delta'_A=\frac{1}{E}\left[\frac{a^4+2aH_1^2(4H_1-3a)}{24I_1}+\frac{4a(H_2^3-H_1^3)-3a^2(H_2^2-H_1^2)}{12I_2}+\frac{4a(H_3^3-H_2^3)-3a^2(H_3^2-H_2^2)}{12I_3}\right]$ $\Delta'_B=\frac{1}{E}\left[\frac{aH_4^2(4H_4+3a)}{12I_1}+\frac{aH_5^2(4H_5+3a)-aH_4^2(4H_4+3a)}{12I_2}+\frac{aH_6^2(4H_6+3a)-aH_5^2(4H_5+3a)}{12I_3}\right]$ $\Delta'_C=\frac{1}{E}\left[\frac{2a(H_2^3-H_1^3)-3\left(\frac{a^2}{2}+aH_1\right)(H_2^2-H_1^2)+3a^2H_1(H_2-H_1)}{6I_2}+\frac{2a(H_3^3-H_2^3)-3\left(\frac{a^2}{2}+aH_1\right)(H_3^2-H_2^2)+3a^2H_1(H_3-H_2)}{6I_3}\right]$ $\Delta'_E=\frac{1}{E}\times\frac{2a(H_3^3-H_2^3)-3\left(\frac{a^2}{2}+aH_2\right)(H_3^2-H_2^2)+3a^2H_2(H_3-H_2)}{6I_3}$
11.3-77	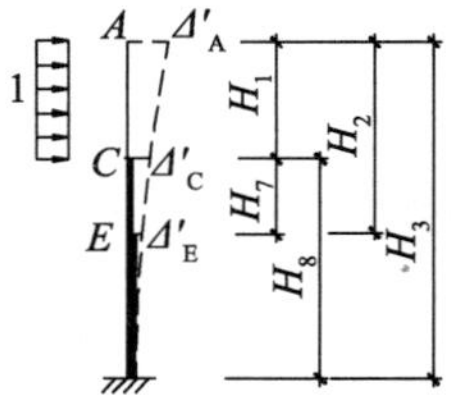	$\Delta'_A=\frac{1}{E}\left[\frac{H_1^4}{8I_1}+\frac{4H_1(H_2^3-H_1^3)-3H_1^2(H_2^2-H_1^2)}{12I_2}+\frac{4H_1(H_3^3-H_2^3)-3H_1^2(H_3^2-H_2^2)}{12I_3}\right]$ $\Delta'_C=\frac{1}{E}\left[\frac{H_1H_7^2(4H_7+3H_1)}{12I_2}+\frac{4H_1(H_8^3-H_7^3)+3H_1^2(H_8^2-H_7^2)}{12I_3}\right]$ $\Delta'_E=\frac{1}{E}\times\frac{2H_1(H_3^3-H_2^3)-3\left(\frac{H_1^2}{2}+H_1H_2\right)(H_3^2-H_2^2)+3H_1^2H_2(H_3-H_2)}{6I_3}$

续表

编号	计算简图	公式
11.3-78	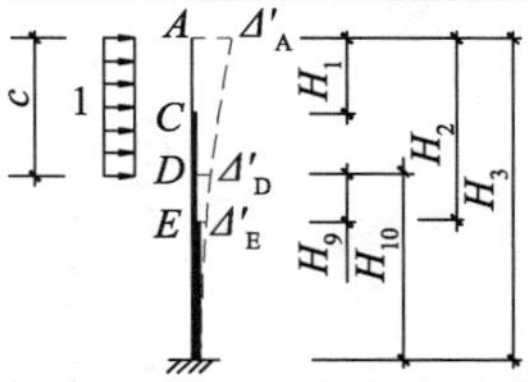 $H_1<c<H_2$ $\Delta'_A=\frac{1}{E}\left[\frac{H_1^4}{8I_1}+\frac{c^4-3H_1^4+2cH_2^2(4H_2-3c)}{24I_2}+\frac{4c(H_3^3-H_2^3)-3c^2(H_3^2-H_2^2)}{12I_3}\right]$ $\Delta'_D=\frac{1}{E}\left[\frac{cH_9^2(4H_9+3c)}{12I_2}+\frac{4c(H_{10}^3-H_9^3)+3c^2(H_{10}^2-H_9^2)}{12I_3}\right]$ $\Delta'_E=\frac{1}{E}\times\frac{2c(H_3^3-H_2^3)-3\left(\frac{c^2}{2}+cH_2\right)(H_3^2-H_2^2)+3c^2H_2(H_3-H_2)}{6I_3}$	
11.3-79	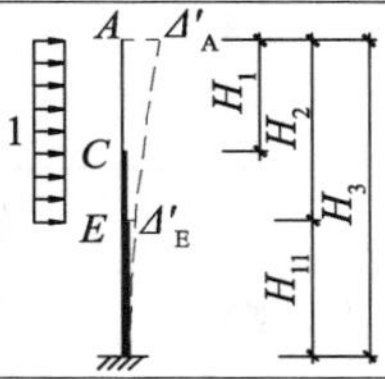	$\Delta'_A=\frac{1}{E}\left[\frac{H_1^4}{8I_1}+\frac{H_2^4-H_1^4}{8I_2}+\frac{4H_2(H_3^3-H_2^3)-3H_2^2(H_3^2-H_2^2)}{12I_3}\right]$ $\Delta'_E=\frac{1}{E}\times\frac{H_2H_{11}^2(4H_{11}+3H_2)}{12I_3}$
11.3-80	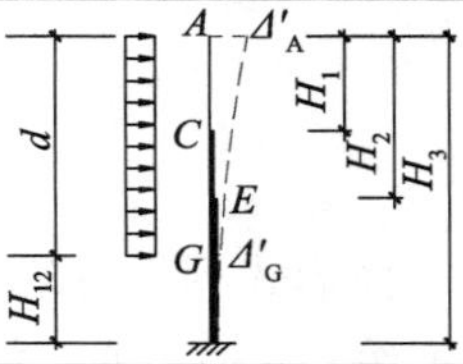 $d>H_2$ $\Delta'_A=\frac{1}{E}\left[\frac{H_1^4}{8I_1}+\frac{H_2^4-H_1^4}{8I_2}+\frac{d^4-3H_2^4+2dH_3^2(4H_3-3d)}{24I_3}\right]$ $\Delta'_G=\frac{1}{E}\times\frac{dH_{12}^2(4H_{12}+3d)}{12I_3}$	
11.3-81	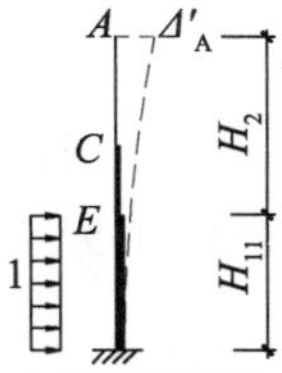	$\Delta'_A=\frac{1}{E}\times\frac{H_{11}^3(4H_2+3H_{11})}{24I_3}$
11.3-82	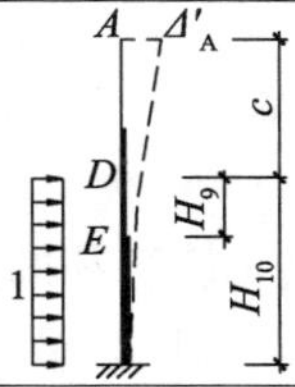	$\Delta'_A=\frac{1}{E}\left[\frac{H_9^3(4c+3H_9)}{24I_2}+\frac{H_{10}^3(4c+3H_{10})-H_9^3(4c+3H_9)}{24I_3}\right]$
11.3-83	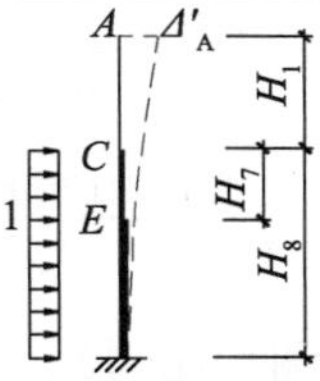	$\Delta'_A=\frac{1}{E}\left[\frac{H_7^3(4H_1+3H_7)}{24I_2}+\frac{H_8^3(4H_1+3H_8)-H_7^3(4H_1+3H_7)}{24I_3}\right]$

续表

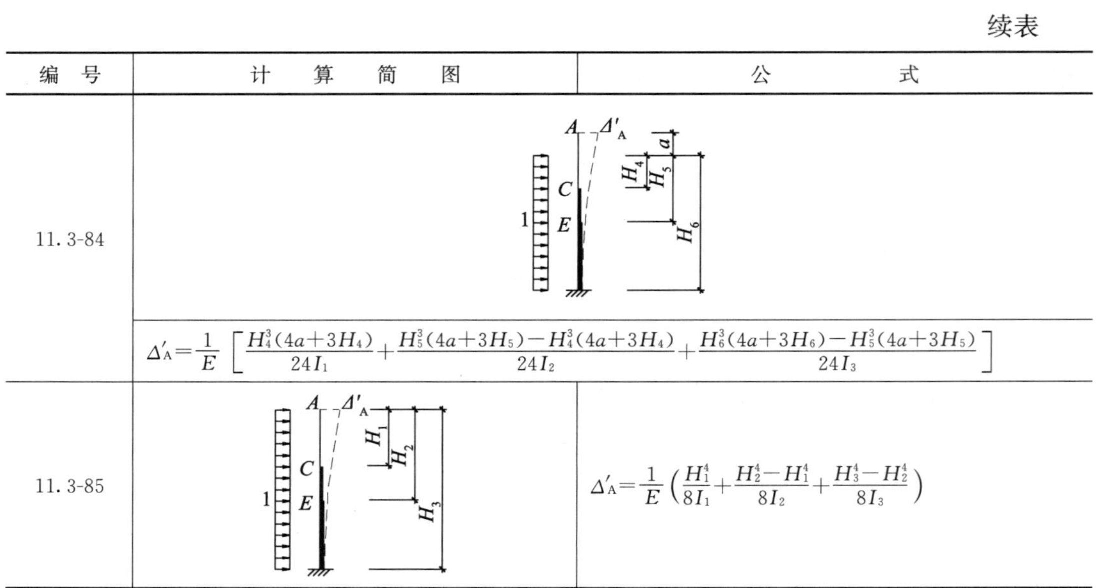

编　号	计　算　简　图	公　　式
11.3-84	（图）	
	$\Delta'_{A}=\frac{1}{E}\left[\frac{H_4^3(4a+3H_4)}{24I_1}+\frac{H_5^3(4a+3H_5)-H_4^3(4a+3H_4)}{24I_2}+\frac{H_6^3(4a+3H_6)-H_5^3(4a+3H_5)}{24I_3}\right]$	
11.3-85	（图）	$\Delta'_{A}=\frac{1}{E}\left(\frac{H_1^4}{8I_1}+\frac{H_2^4-H_1^4}{8I_2}+\frac{H_3^4-H_2^4}{8I_3}\right)$

11.4　等高排架计算

11.4.1　概述

本节中对等高排架结构按三种形式列出计算公式汇编表，表 11.4-1 为等高单跨排架在主要受力工况下的计算公式汇编；表 11.4-2 为等高两跨排架在主要受力工况下的计算公式汇编；表 11.4-3 为等高三跨排架在主要受力工况下的计算公式汇编。若实际问题不为所列表中的项目，则可通过拆成分项查表计算后，再进行叠加组合来获得计算结果。

11.4.2　公式应用说明

（1）按本节提供的公式计算时，需要求出各立柱顶端自由时的柱顶位移 δ 与顶端铰接时的柱顶反力 R。将它们代入相应的公式即可求得各柱的柱顶剪力 V，然后可进一步计算立柱在指定截面上的内力。

（2）柱顶位移 δ 的计算

1）柱底固定、柱顶自由的悬臂柱在柱顶作用单位水平集中力时，柱顶的水平位移定义为柱顶位移 δ。

2）本章 11.3 节中列有等截面柱、单阶形柱（两截面柱）和两阶形柱（三截面柱）的水平位移计算公式，其中表 11.3-1～表 11.3-3 中编号为 11.3-02、11.3-12 和 11.3-43 表格栏内给出的就是求柱顶位移 δ 的公式，可用 δ_{A}、δ_{B}、…等表示。

（3）柱顶反力 R 的计算

1）柱底为固定、柱顶为不动铰支座的立柱，在外荷载作用下柱顶铰支座的水平反力定义为柱顶反力 R。

2）设外荷载为 P（可以是集中水平力、集中力偶和均布力），则柱顶反力

$$R=P\times\frac{\Delta}{\delta}$$

式中 Δ——柱底固定、柱顶自由的悬臂柱在与 P 相对应的单位外荷载作用下的柱顶水平位移，可由本章 11.3 节中获取相应的计算公式。其中，当 P 为集中水平力时，Δ 用 δ_{AC}、δ_{BD} 等表示（A、B 为柱顶点，C、D 为集中力作用点）；当 P 为均布力时，Δ 用 Δ'_A、Δ'_B 等表示；当 P 为集中力偶时，Δ 用 Δ_A、Δ_B 或 Δ_{AC}、Δ_{BD} 等表示。

δ——前已计算的柱顶位移。

（4）基本参数 K 的计算

本章各表第一栏（编号为 11.4-01、11.4-11 和 11.4-23）所列的是计算基本参数 K 的公式，这些参数在各表的其他计算公式中均要被引用，故在选用各公式时，要首先确定 K 的量值。

（5）力的方向

在与本节公式对应的计算简图中标有作用外力以及导出的反力和内力（剪力 V）的方向，图中剪力的方向仅标出了一半，即只标出了柱顶截面处、柱体所受到的剪力的方向。计算时，若实际外力的方向与简图中的方向相反，则应以负值代入。并且，计算得到的反力或剪力为正时，表示该力的方向与图示方向一致，否则表示与图示方向相反。

（6）立柱的内力计算

在求得等高排架各立柱的柱顶剪力 V 之后，就可按截面法计算立柱中各个截面的内力（弯矩和剪力）。计算时，要注意柱顶剪力的实际方向，而且外荷载中不包括柱顶集中水平外力。

11.4.3 计算公式

单跨排架 **表 11.4-1**

编 号	计 算 简 图	公 式
11.4-01	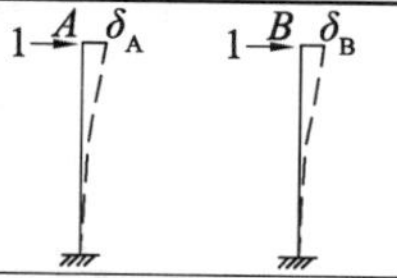 1—A δ_A　1—B δ_B	$K_1=\frac{\delta_A}{\delta_A+\delta_B}$ $K_2=\frac{\delta_B}{\delta_A+\delta_B}$
11.4-02	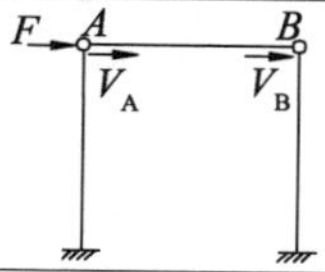 F A B V_A V_B	$V_A=F\cdot K_2$ $V_B=F\cdot K_1$
11.4-03	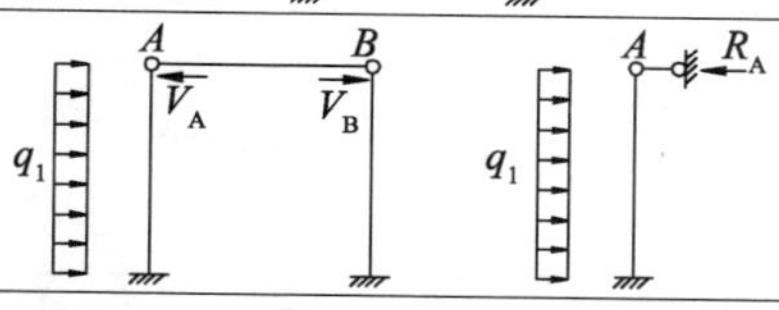 q_1 A B V_A V_B　q_1 A R_A	$V_A=V_B=R_A\cdot K_1$
11.4-04	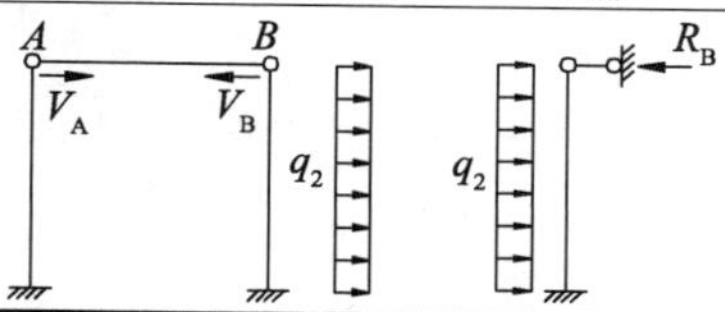 A B V_A V_B q_2　q_2 R_B	$V_A=V_B=R_B\cdot K_2$

续表

编号	计算简图	公式
11.4-05	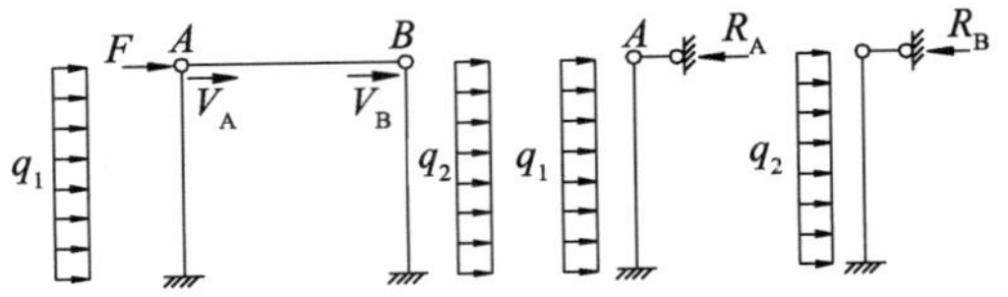	$V_A=(F+R_B)\cdot K_2-R_A\cdot K_1$ $V_B=(F+R_A)\cdot K_1-R_B\cdot K_2$
11.4-06	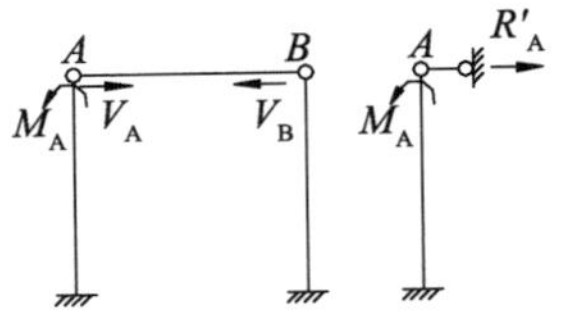	$V_A=V_B=R'_A\cdot K_1$
11.4-07	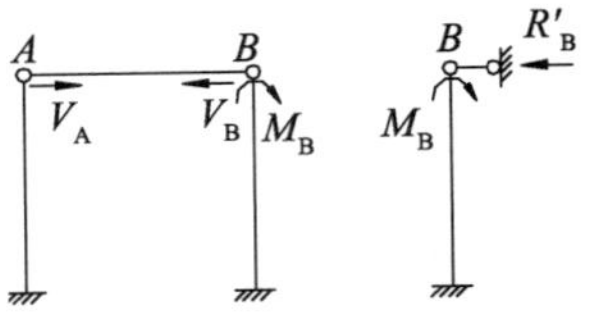	$V_A=V_B=R'_B\cdot K_2$
11.4-08	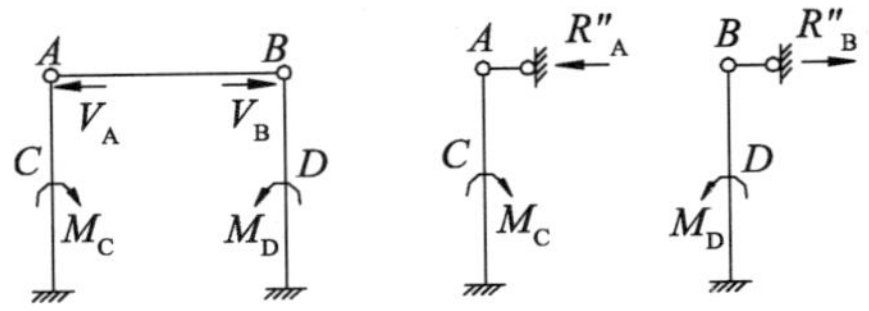	$V_A=V_B=R''_A\cdot K_1+R''_B\cdot K_2$
11.4-09	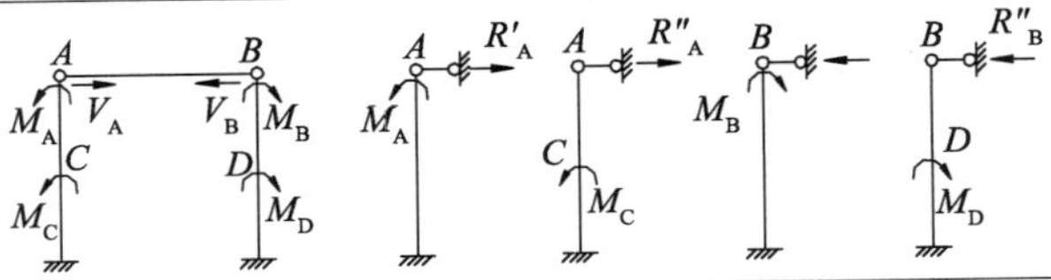 $V_A=V_B=(R'_A+R''_A)\cdot K_1+(R'_B+R''_B)\cdot K_2$	
11.4-10	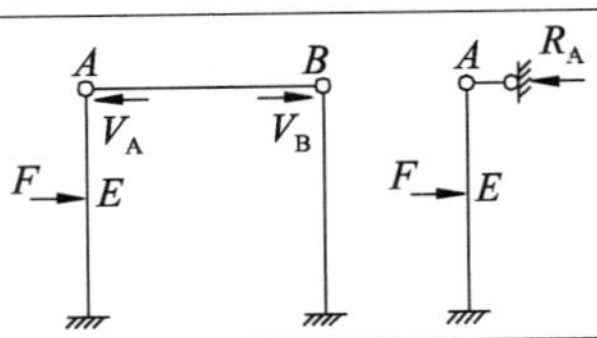	$V_A=V_B=R_A\cdot K_1$

等高两跨排架 **表 11.4-2**

编号	计算简图	公式
11.4-11	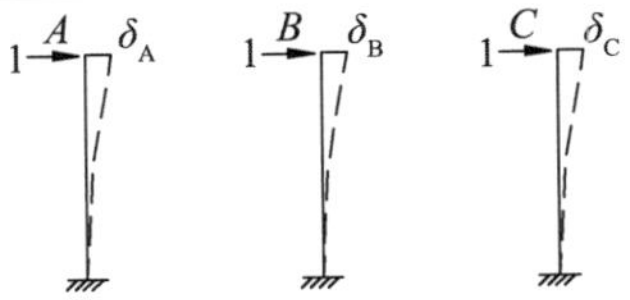	$K=\frac{1}{\delta_A}+\frac{1}{\delta_B}+\frac{1}{\delta_C}$
11.4-12	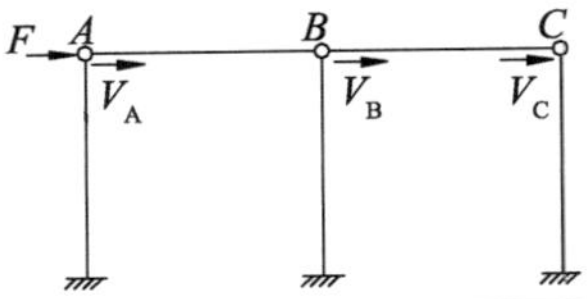	$V_A=\frac{F}{\delta_A\cdot K}$; $V_B=\frac{F}{\delta_B\cdot K}$ $V_C=\frac{F}{\delta_C\cdot K}$

续表

编　号	计　算　简　图	公　　式
11.4-13	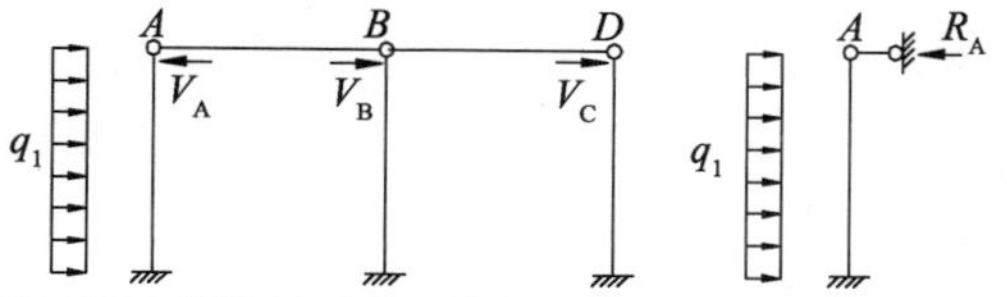	$V_A=V_B+V_C$ $V_B=\frac{R_A}{\delta_B \cdot K}$;$V_C=\frac{R_A}{\delta_C \cdot K}$
11.4-14	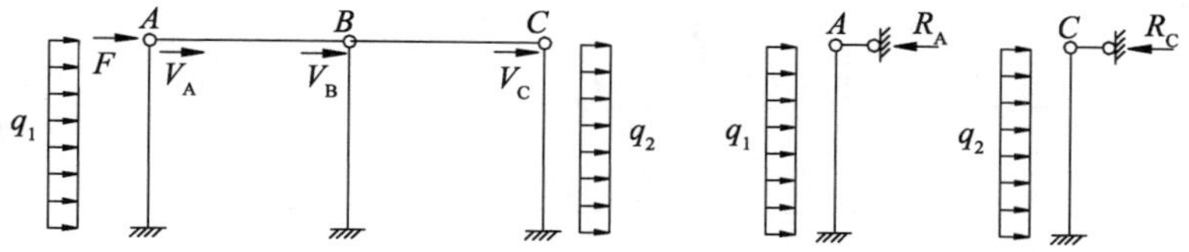	
	$W=F+R_A+R_C$;$V_A=\frac{W}{\delta_A \cdot K}-R_A$;$V_B=\frac{W}{\delta_B \cdot K}$;$V_C=\frac{W}{\delta_C \cdot K}-R_C$	
11.4-15	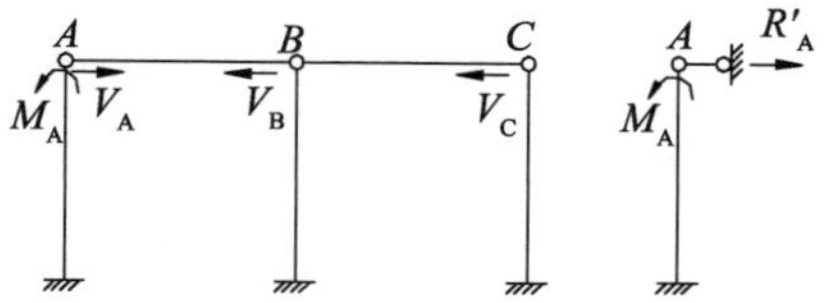	$V_A=V_B+V_C$ $V_B=\frac{R'_A}{\delta_B \cdot K}$;$V_C=\frac{R'_A}{\delta_C \cdot K}$
11.4-16	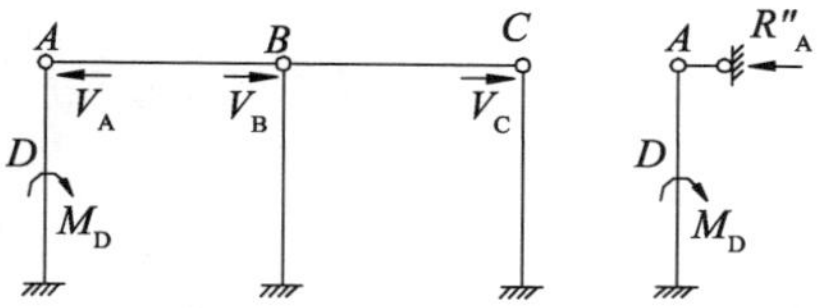	$V_A=V_B+V_C$ $V_B=\frac{R''_A}{\delta_B \cdot K}$;$V_C=\frac{R''_A}{\delta_C \cdot K}$
11.4-17	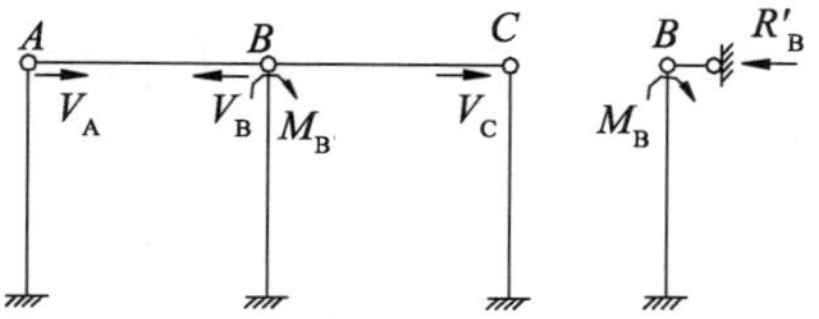	$V_A=\frac{R'_B}{\delta_A \cdot K}$ $V_B=V_A+V_C$ $V_C=\frac{R'_B}{\delta_C \cdot K}$
11.4-18	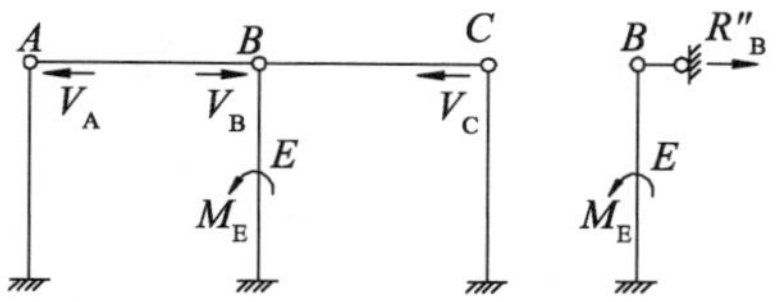	$V_A=\frac{R''_B}{\delta_A \cdot K}$ $V_B=V_A+V_C$ $V_C=\frac{R''_B}{\delta_C \cdot K}$
11.4-19	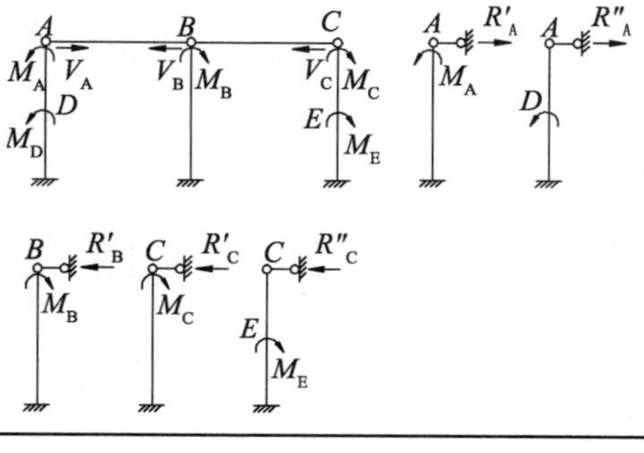	$W=R'_C+R''_C+R'_B-R'_A-R''_A$ $V_A=R'_A+R''_A+\frac{W}{\delta_A \cdot K}$ $V_B=V_A-V_C$ $V_C=R'_C+R''_C-\frac{W}{\delta_C \cdot K}$

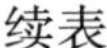
续表

编号	计算简图	公式
11.4-20		$V_A=(R''_B-R''_A)\frac{1}{\delta_A \cdot K}+R''_A$ $V_B=V_A+V_C$ $V_C=(R''_B-R''_A)\frac{1}{\delta_C \cdot K}$
11.4-21		$V_A=V_B+V_C$ $V_B=\frac{R_A}{\delta_B \cdot K}$;$V_C=\frac{R_A}{\delta_C \cdot K}$
11.4-22		$V_A=\frac{R_B}{\delta_A \cdot K}$;$V_B=V_A+V_C$ $V_C=\frac{R_B}{\delta_C \cdot K}$

等高三跨排架 **表 11.4-3**

编号	计算简图	公式
11.4-23		$K=\frac{1}{\delta_A}+\frac{1}{\delta_B}+\frac{1}{\delta_C}+\frac{1}{\delta_D}$
11.4-24		$V_A=\frac{F}{\delta_A \cdot K}$;$V_B=\frac{F}{\delta_B \cdot K}$ $V_C=\frac{F}{\delta_C \cdot K}$;$V_D=\frac{F}{\delta_D \cdot K}$
11.4-25		$V_A=V_B+V_C+V_D$ $V_B=\frac{R_A}{\delta_B \cdot K}$ $V_C=\frac{R_A}{\delta_C \cdot K}$;$V_D=\frac{R_A}{\delta_D \cdot K}$
11.4-26		
	$W=F+R_A+R_D$;$V_A=\frac{W}{\delta_A \cdot K}-R_A$;$V_B=\frac{W}{\delta_B \cdot K}$;$V_C=\frac{W}{\delta_C \cdot K}$;$V_D=\frac{W}{\delta_D \cdot K}-R_D$	
11.4-27		
	$V_A=V_B+V_C+V_D$;$V_B=\frac{R'_A}{\delta_B \cdot K}$;$V_C=\frac{R'_A}{\delta_C \cdot K}$;$V_D=\frac{R'_A}{\delta_D \cdot K}$	

续表

编 号	计 算 简 图	公　　式
11.4-28	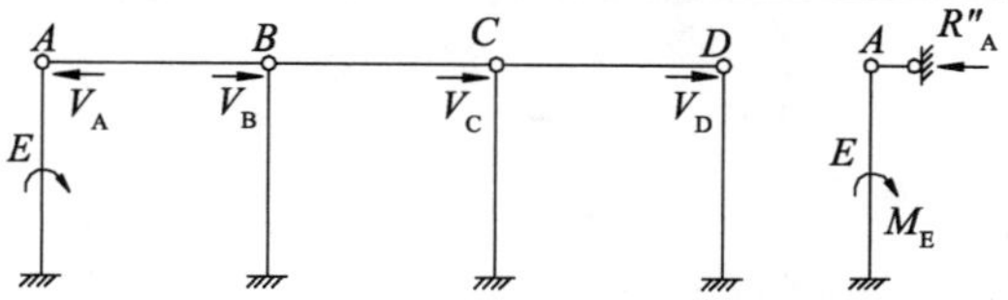	
	$V_A=V_B+V_C+V_D;V_B=\frac{R''_A}{\delta_B\cdot K};V_C=\frac{R''_A}{\delta_C\cdot K};V_D=\frac{R''_A}{\delta_D\cdot K}$	
11.4-29	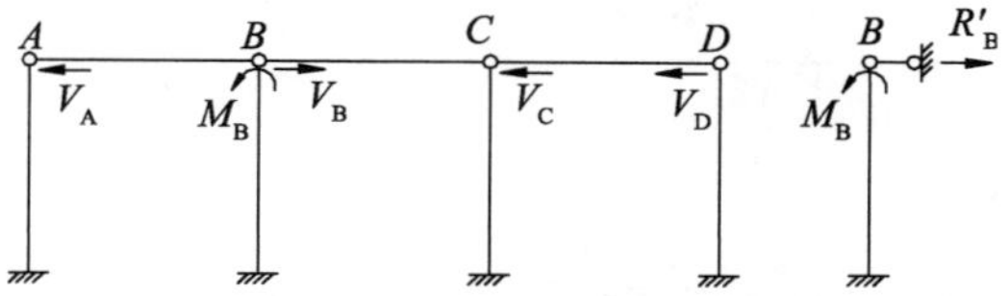	
	$V_A=\frac{R'_B}{\delta_A\cdot K};V_B=V_A+V_C+V_D;V_C=\frac{R'_B}{\delta_C\cdot K};V_D=\frac{R'_B}{\delta_D\cdot K}$	
11.4-30	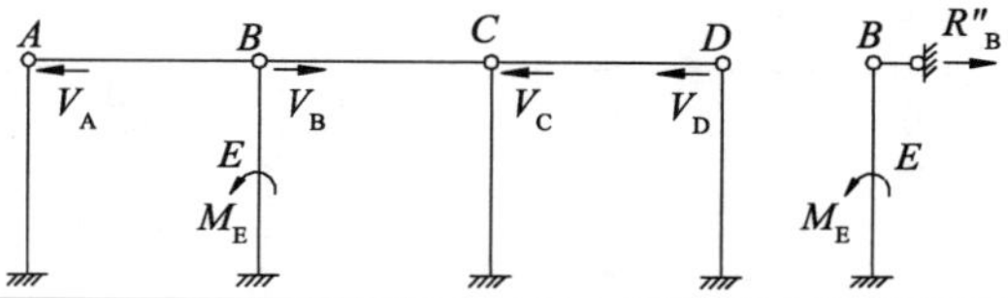	
	$V_A=\frac{R''_B}{\delta_A\cdot K};V_B=V_A+V_C+V_D;V_C=\frac{R''_B}{\delta_C\cdot K};V_D=\frac{R''_B}{\delta_D\cdot K}$	
11.4-31	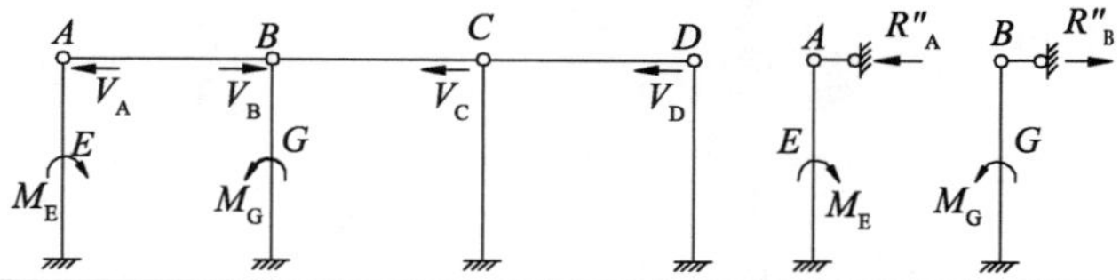	
	$V_A=R''_A+(R''_B-R''_A)\frac{1}{\delta_A\cdot K};V_B=R''_B-(R''_B-R''_A)\frac{1}{\delta_B\cdot K};V_C=(R''_B-R''_A)\cdot\frac{1}{\delta_C\cdot K};$ $V_D=(R''_B-R''_A)\cdot\frac{1}{\delta_D\cdot K}$	
11.4-32	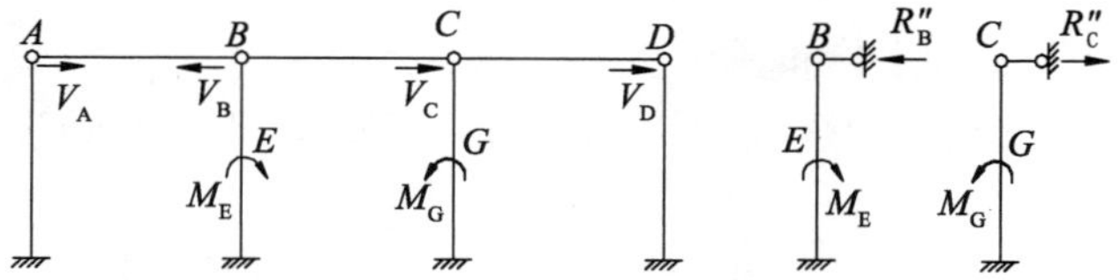	
	$V_A=(R''_B-R''_C)\frac{1}{\delta_A\cdot K};V_B=R''_B-(R''_B-R''_C)\frac{1}{\delta_B\cdot K};V_C=R''_C+(R''_B-R''_C)\cdot\frac{1}{\delta_C\cdot K};$ $V_D=(R''_B-R''_C)\cdot\frac{1}{\delta_D\cdot K}$	
11.4-33	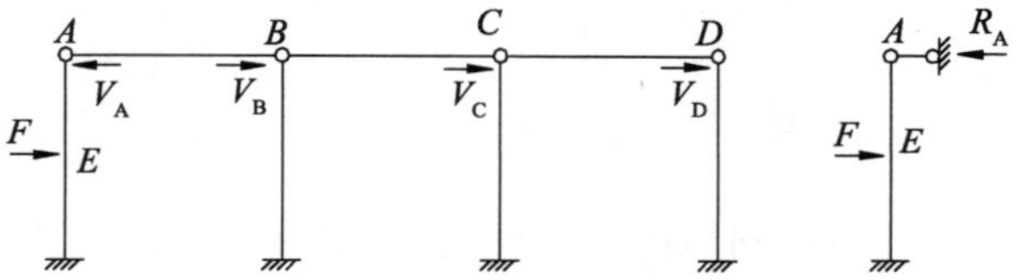	
	$V_A=V_B+V_C+V_D;V_B=\frac{R_A}{\delta_B\cdot K};V_C=\frac{R_A}{\delta_C\cdot K};V_D=\frac{R_A}{\delta_D\cdot K}$	

续表

编　号	计　算　简　图	公　式
11.4-34	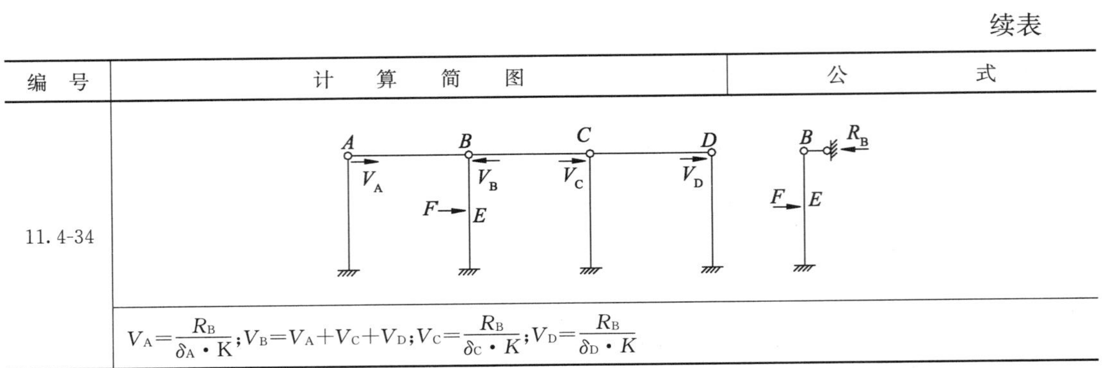	
	$V_A=\frac{R_B}{\delta_A \cdot K}$；$V_B=V_A+V_C+V_D$；$V_C=\frac{R_B}{\delta_C \cdot K}$；$V_D=\frac{R_B}{\delta_D \cdot K}$	

11.4.4　算例

【例题 11-1】 图 11.4-1 所示的单跨厂房排架，两柱的截面形式相同，皆为单阶柱，其中上柱截面为矩形，下柱截面为工字形，尺寸见图 11.4-2。要求计算两柱控制截面的弯矩。

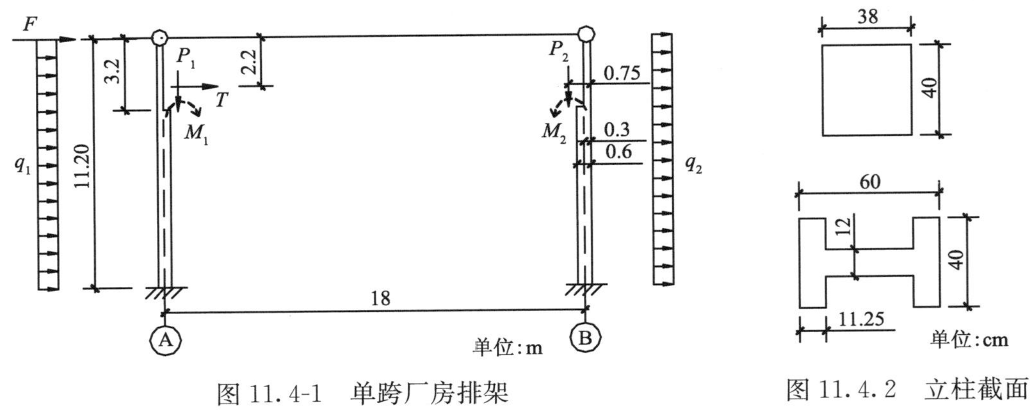

图 11.4-1　单跨厂房排架　　　　图 11.4.2　立柱截面

排架承受以下荷载

(1) 风荷载　$F=16.4$kN（柱顶集中风力），$q_1=3.12$kN/m（A 轴柱上均布风压），$q_2=2.34$kN/m（B 轴柱上均布风压）；

(2) 吊车作用于柱上的垂直荷载　$P_{max}=317$kN，$P_{min}=76$kN，垂直荷载与下柱轴线的偏心距 $e=0.45$m；

(3) 吊车水平制动力　$T=8.88$kN，作用于下柱顶面以上 1m 处。

【解】 (1) 几何、材料、荷载参数汇总

$$H_1=3.20\text{m},\ H_2=11.20\text{m},\ H_5=8.00\text{m}$$

$$I_1=\frac{0.4\times0.38^3}{12}=1.8291\times10^{-3}\text{m}^4$$

$$I_2=\frac{0.4\times0.6^3}{12}-\frac{(0.4-0.12)\times(0.6-2\times0.1125)^3}{12}=5.9695\times10^{-3}\text{m}^4$$

$E=1$（由于两柱材料相同，可将弹性模量设为单位值，量纲也设为单位 1，不影响内力计算）

$$F=16.4\text{kN},\ q_1=3.12\text{kN/m},\ q_2=2.34\text{kN/m}$$

$$M_1 = P_{max} \times e = 317 \times 0.45 = 142.56\text{kNm}$$

$$M_2 = P_{min} \times e = 76 \times 0.45 = 34.20\text{kNm}$$

$$T = 8.88\text{kN}$$

（2）基本参数计算

进行本例题计算时，所运用的相关公式中都要涉及基本参数 K_1、K_2 以及有关的柔度系数，为此先进行这些基本参数的计算，按表 11.4-1 中的“11.4-01”栏（注：即表中编号为 11.4-01 的表格栏，下同）：

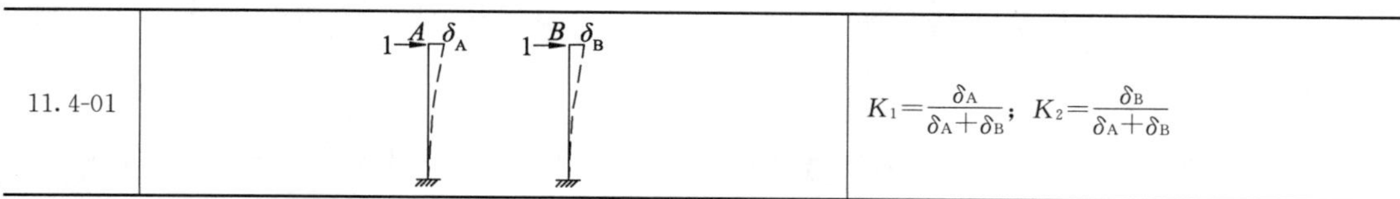

11.4-01		$K_1=\frac{\delta_A}{\delta_A+\delta_B}$；$K_2=\frac{\delta_B}{\delta_A+\delta_B}$

其中的 δ_A、δ_B 可查表 11.3-2 中的“11.3-12”栏计算，即

11.3-12		$\delta_A=\frac{1}{E}\left(\frac{H_1^3}{3I_1}+\frac{H_2^3-H_1^3}{3I_2}\right)$

今 A、B 两柱截面相同，故

$$\delta_A = \delta_B = \frac{1}{E}\left(\frac{H_1^3}{3I_1} + \frac{H_2^3 - H_1^3}{3I_2}\right) = \frac{3.20^3}{3 \times 1.8291 \times 10^{-3}} + \frac{11.20^3 - 3.20^3}{3 \times 5.9695 \times 10^{-3}} = 82.5922 \times 10^3 \text{m}^{-1}$$

得
$$K_1 = \frac{\delta_A}{\delta_A + \delta_B} = \frac{1}{2}, K_2 = \frac{\delta_B}{\delta_A + \delta_B} = \frac{1}{2}$$

（3）风荷载作用下的计算

按表 11.4-1 中的“11.4-05”栏

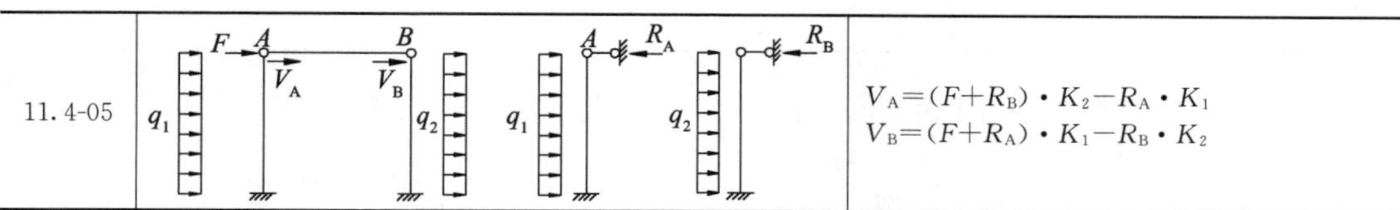

11.4-05		$V_A=(F+R_B)\cdot K_2-R_A\cdot K_1$ $V_B=(F+R_A)\cdot K_1-R_B\cdot K_2$

其中，$R_A = q_1 \frac{\Delta'_A}{\delta_A}$，$R_B = q_2 \frac{\Delta'_B}{\delta_B}$，而 Δ'_A、Δ'_B应按表 11.3-2 中的“11.3-41”栏计算，即

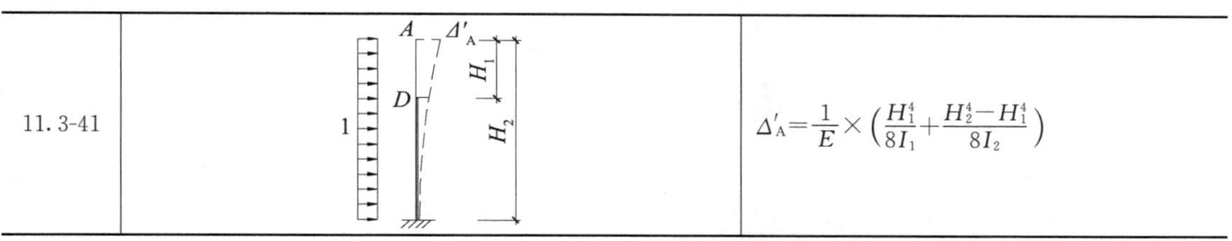

11.3-41		$\Delta'_A=\frac{1}{E}\times\left(\frac{H_1^4}{8I_1}+\frac{H_2^4-H_1^4}{8I_2}\right)$

从而

$$\Delta'_A=\Delta'_B=\frac{1}{E}\times\left(\frac{H_1^4}{8I_1}+\frac{H_2^4-H_1^4}{8I_2}\right)=\frac{3.20^4}{8\times1.8291\times10^{-3}}+\frac{11.20^4-3.20^4}{8\times5.9695\times10^{-3}}$$

$$=334.4617\times10^3$$

这样，

$$R_A=q_1\frac{\Delta'_A}{\delta_A}=3.12\times\frac{334.4617\times10^3}{82.5922\times10^3}=12.6346\text{kN}$$

$$R_B=q_2\frac{\Delta'_B}{\delta_B}=2.34\times\frac{334.4617\times10^3}{82.5922\times10^3}=9.4760\text{kN}$$

进而得到

$$V_A=(F+R_B)\cdot K_2-R_A\cdot K_1=\frac{1}{2}\times(16.4+9.4760)-\frac{1}{2}\times12.6346=6.6207\text{kN}$$

$$V_B=(F+R_A)\cdot K_1-R_B\cdot K_2=\frac{1}{2}\times(16.4+12.6346)-\frac{1}{2}\times9.4760=9.7793\text{kN}$$

(4) 吊车垂直荷载作用

按表 11.4-1 中的“11.4-08”栏

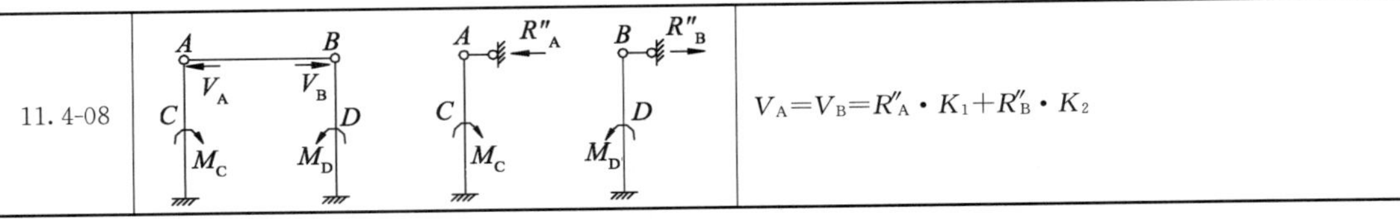

11.4-08		$V_A=V_B=R''_A\cdot K_1+R''_B\cdot K_2$

其中，$R''_A=M_C\frac{\Delta_{AC}}{\delta_A}$，$R''_B=M_D\frac{\Delta_{BD}}{\delta_B}$，对本题 $M_C=M_1$，$M_D=M_2$，Δ_{AC}、Δ_{BD}应按表 11.3-2 中的“11.3-29”栏所给公式计算，即

11.3-29	A Δ_{AD} D 1 H_1 H_2	$\Delta_{AD}=\frac{1}{E}\times\frac{H_2^2-H_1^2}{2I_2}$

将“11.3-29”栏中的标识字母进行调整，使其与“11.4-08”栏一致，便有

$$\Delta_{AC}=\Delta_{BD}=\frac{1}{E}\times\frac{H_2^2-H_1^2}{2I_2}=\frac{11.20^2-3.20^2}{2\times5.9695\times10^{-3}}=9.6490\times10^3\text{m}^{-2}$$

因此

$$R''_A=M_1\frac{\Delta_{AC}}{\delta_A}=142.56\times\frac{9.6490\times10^3}{82.5922\times10^3}=16.6549\text{kN}$$

$$R''_B=M_2\frac{\Delta_{BD}}{\delta_B}=34.20\times\frac{9.6490\times10^3}{82.5922\times10^3}=3.9955\text{kN}$$

这样，$V_A=V_B=R''_A\cdot K_1+R''_B\cdot K_2=\frac{1}{2}(16.6549+3.9955)=10.3252\text{kN}$。

(5) 吊车水平制动力作用

以制动力作用于 A 柱为例，按表 11.4-1 中的“11.4-10”栏

11.4-10	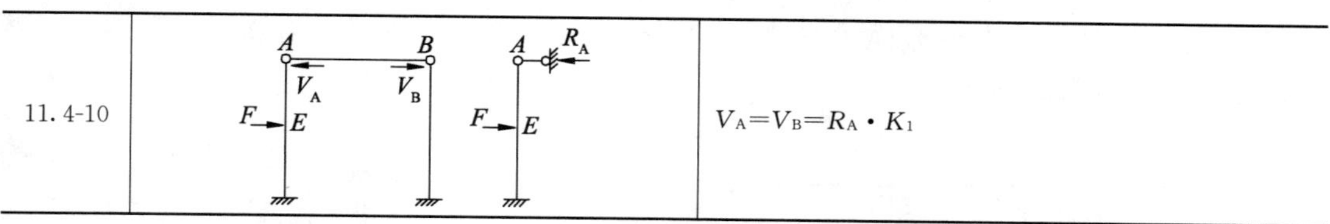	$V_A=V_B=R_A \cdot K_1$

其中，$R_A=F\dfrac{\delta_{AE}}{\delta_A}=T\dfrac{\delta_{AE}}{\delta_A}$，而 δ_{AE} 应按表 11.3-2 中的“11.3-13”栏计算，即

11.3-13		$a<H_1$ $\delta_{AC}=\delta_{CA}=\dfrac{1}{E}\left[\dfrac{H_1^3-a^3}{3I_1}-\dfrac{a(H_1^2-a^2)}{2I_1}+\dfrac{H_2^3-H_1^3}{3I_2}-\dfrac{a(H_2^2-H_1^2)}{2I_2}\right]$

调整字母标识，并注意到 $a=2.2\text{m}$，则有

$$\delta_{AE}=\frac{1}{E}\left[\frac{H_1^3-a^3}{3I_1}-\frac{a(H_1^2-a^2)}{2I_1}+\frac{H_2^3-H_1^3}{3I_2}-\frac{a(H_2^2-H_1^2)}{2I_2}\right]$$

$$=\frac{3.20^3-2.20^3}{3\times1.8291\times10^{-3}}-\frac{2.20\times3.20^2-2.20^3}{2\times1.8291\times10^{-3}}+\frac{11.20^3-3.20^3}{3\times5.9695\times10^{-3}}-\frac{2.20\times(11.20^2-3.20^2)}{2\times5.9695\times10^{-3}}$$

$$=4.0311\times10^3-3.2475\times10^3+76.6206\times10^3-21.2279\times10^3=56.1763\times10^3\text{m}^{-1}$$

这样，

$$R_A=T\frac{\delta_{AE}}{\delta_A}=8.88\times\frac{56.1763\times10^3}{82.5922\times10^3}=6.0399\text{kN}$$

由此可得

$$V_A=V_B=R_A\cdot K_1=\frac{1}{2}\times6.0399=3.0200\text{kN}$$

（6）立柱控制截面的弯矩

综合上述各种荷载，可计算出两立柱中各控制截面处的弯矩值，具体结果列于表 11.4-4。

控制截面处的弯矩值（单位：kN·m）　　**表 11.4-4**

柱　别	截面位置	风荷载作用	吊车竖向荷载作用	吊车制动荷载作用
A柱	变阶截面	33.17	−33.04（109.52）	−0.78
	柱底截面	269.84	26.92	46.10
B柱	变阶截面	43.27	33.04（−1.16）	9.66
	柱底截面	256.29	−81.44	33.82

注：1. 表内数据以截面左侧受拉为正，右侧受拉为负。
2. 吊车竖向荷载作用一栏中括弧外、内的数据分别表示变阶截面（集中力偶作用处）上侧、下侧部位的弯矩值。

【例题 11-2】 图 11.4-3 所示两跨厂房排架，各柱柱顶在同一标高，A、B 柱柱身长为 11.60m，C 柱比 A、B 柱长 2.0m，为 13.60m；三柱均为单阶柱，A、C 柱的上柱截面为

0.4m×0.4m，B柱的上柱截面为0.6m×0.4m，三柱的下柱截面均为0.8m×0.4m。要求计算各柱控制截面的弯矩。

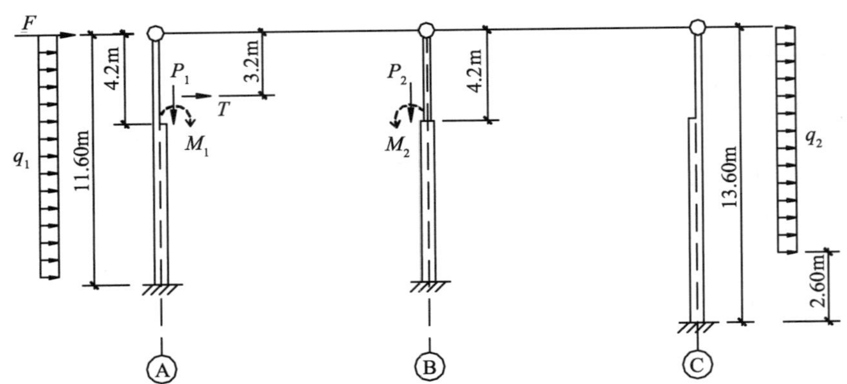

图11.4-3　等高两跨厂房排架

排架承受以下荷载

(1) 风荷载　$F=5.05$kN（柱顶集中风力），$q_1=3.46$kN/m（A柱上均布风压），$q_2=2.59$kN/m（C柱上均布风压，在柱的上部11m范围内作用）。

(2) 吊车作用于A、B柱上的垂直荷载　$P_{max}=825$kN，$P_{min}=247$kN，垂直荷载与A柱下柱轴线的偏心距$e_A=0.35$m，垂直荷载与B柱下柱轴线的偏心距$e_B=0.75$m。

(3) 吊车水平制动力　$T=26.9$kN，作用点离下柱顶面1m。

【解】(1) 三柱的基本参数

1) 截面惯性矩、弹性模量

A、C柱：$I_1=\frac{0.4^4}{12}=2.1333\times10^{-3}\text{m}^4$；$I_2=\frac{0.4\times0.8^3}{12}=17.0667\times10^{-3}\text{m}^4$

B柱：$I_1=\frac{0.4\times0.6^3}{12}=7.2\times10^{-3}\text{m}^4$；$I_2=\frac{0.4\times0.8^3}{12}=17.0667\times10^{-3}\text{m}^4$

三立柱构件材料相同，故可取弹性模量$E=1$。

2) 柱的尺寸

A、B柱：$H_1=4.20$m，$H_2=11.60$m

C柱：$H_1=4.20$m，$H_2=13.60$m，$c=11.00$m

3) 荷载情况

$$F=5.05\text{kN},\ q_1=3.46\text{kN/m},\ q_2=2.59\text{kN/m}$$

当$P_{max}=825$kN作用于A柱，$P_{min}=247$kN作用于B柱时，有

$$M_1=P_{max}\times e_A=825\times0.35=288.75\text{kNm}$$

$$M_2=P_{min}\times e_B=247\times0.75=185.25\text{kNm}$$

$$T=26.9\text{kN}$$

(2) 基本参数K及柔度系数的计算

本题涉及两跨等高排架所采用的公式中都要用到基本参数K以及有关柔度系数，为此先进行这些参数的计算。

按表 11.4-2 中的“11.4-11”栏

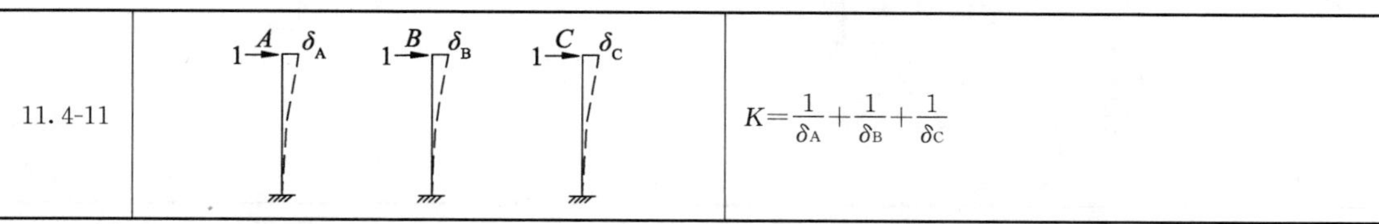

11.4-11		$K=\frac{1}{\delta_A}+\frac{1}{\delta_B}+\frac{1}{\delta_C}$

其中 δ_A、δ_B、δ_C 应由表 11.3-2 中“11.3-12”栏计算，即

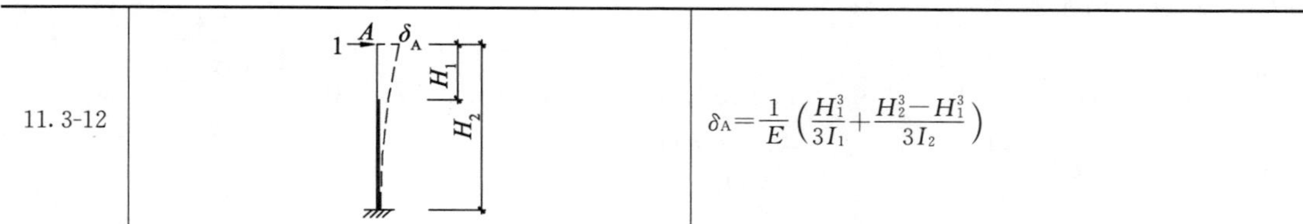

11.3-12		$\delta_A=\frac{1}{E}\left(\frac{H_1^3}{3I_1}+\frac{H_2^3-H_1^3}{3I_2}\right)$

并由 A、B、C 三柱的实际尺寸及截面参数，可得

$$\delta_A=\frac{1}{E}\left(\frac{H_1^3}{3I_1}+\frac{H_2^3-H_1^3}{3I_2}\right)=\frac{4.20^3}{3\times 2.1333\times 10^{-3}}+\frac{11.60^3-4.20^3}{3\times 17.0667\times 10^{-3}}=40.6156\times 10^3\,\mathrm{m}^{-1}$$

$$\delta_B=\frac{1}{E}\left(\frac{H_1^3}{3I_1}+\frac{H_2^3-H_1^3}{3I_2}\right)=\frac{4.20^3}{3\times 7.2\times 10^{-3}}+\frac{11.60^3-4.20^3}{3\times 17.0667\times 10^{-3}}=32.4692\times 10^3\,\mathrm{m}^{-1}$$

$$\delta_C=\frac{1}{E}\left(\frac{H_1^3}{3I_1}+\frac{H_2^3-H_1^3}{3I_2}\right)=\frac{4.20^3}{3\times 2.1333\times 10^{-3}}+\frac{13.60^3-4.20^3}{3\times 17.0667\times 10^{-3}}=59.2593\times 10^3\,\mathrm{m}^{-1}$$

$$K=\frac{1}{\delta_A}+\frac{1}{\delta_B}+\frac{1}{\delta_C}=\left(\frac{1}{40.6156}+\frac{1}{32.4692}+\frac{1}{59.2593}\right)\times 10^{-3}=7.2294\times 10^{-5}\,\mathrm{m}$$

（3）风荷载作用下的计算

按表 11.4-2 中的“11.4-14”栏

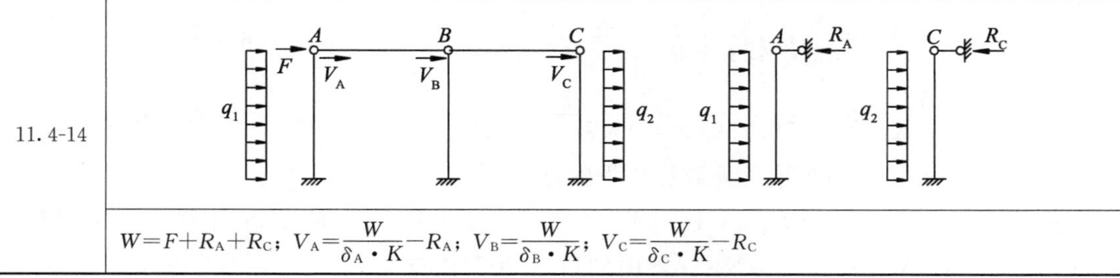

11.4-14	
	$W=F+R_A+R_C$；$V_A=\frac{W}{\delta_A\cdot K}-R_A$；$V_B=\frac{W}{\delta_B\cdot K}$；$V_C=\frac{W}{\delta_C\cdot K}-R_C$

其中 $R_A=q_1\frac{\Delta'_A}{\delta_A}$，$R_C=q_2\frac{\Delta'_C}{\delta_C}$，而 Δ'_A、Δ'_C 应按表 11.3-2 中“11.3-41”栏和“11.3-38”栏所给公式计算得到，即

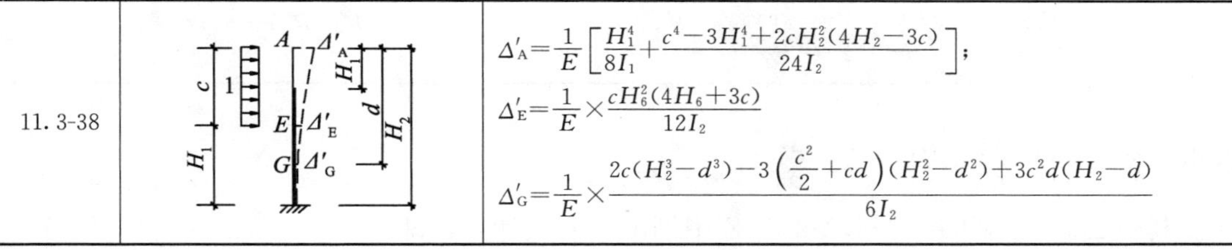

11.3-38		$\Delta'_A=\frac{1}{E}\left[\frac{H_1^4}{8I_1}+\frac{c^4-3H_1^4+2cH_2^2(4H_2-3c)}{24I_2}\right]$； $\Delta'_E=\frac{1}{E}\times\frac{cH_6^2(4H_6+3c)}{12I_2}$ $\Delta'_G=\frac{1}{E}\times\frac{2c(H_2^3-d^3)-3\left(\frac{c^2}{2}+cd\right)(H_2^2-d^2)+3c^2d(H_2-d)}{6I_2}$

11.3-41	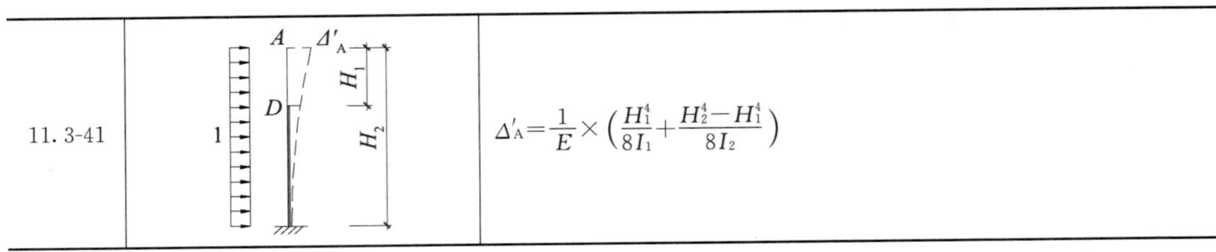	$\Delta'_A=\frac{1}{E}\times\left(\frac{H_1^4}{8I_1}+\frac{H_2^4-H_1^4}{8I_2}\right)$

上述公式应用时，要根据实际结构中字母标识作对应的调整或替换，如“11.3-38”栏中的Δ'_A在本例题中为Δ'_C，等等。

$$\Delta'_A=\frac{1}{E}\times\left(\frac{H_1^4}{8I_1}+\frac{H_2^4-H_1^4}{8I_2}\right)=\frac{4.20^4}{8\times2.1333\times10^{-3}}+\frac{11.60^4-4.20^4}{8\times17.0667\times10^{-3}}=148.5688\times10^3$$

$$\Delta'_C=\frac{1}{E}\left(\frac{H_1^4}{8I_1}+\frac{c^4-3H_1^4+2cH_2^2(4H_2-3c)}{24I_2}\right)$$

$$=\frac{4.20^4}{8\times2.1333\times10^{-3}}$$

$$+\frac{11^4-3\times4.20^4+2\times11\times13.6^2\times(4\times13.6-3\times11)}{24\times17.0667\times10^{-3}}$$

$$=264.2936\times10^3$$

因此 $R_A=q_1\frac{\Delta'_A}{\delta_A}=3.46\times\frac{148.5688}{40.6156}=12.6564\text{kN}$

$$R_C=q_2\frac{\Delta'_C}{\delta_C}=2.59\times\frac{264.2936}{59.2593}=11.5513\text{kN}$$

由此得到 $W=F+R_A+R_C=5.05+12.6564+11.5513=29.2577\text{kN}$

$$V_A=\frac{W}{\delta_AK}-R_A=\frac{29.2577}{40.6156\times10^3\times7.2294\times10^{-5}}-12.6564=-2.6921\text{kN}$$

$$V_B=\frac{W}{\delta_BK}=\frac{29.2577}{32.4692\times10^3\times7.2294\times10^{-5}}=12.4643\text{kN}$$

$$V_C=\frac{W}{\delta_CK}-R_C=\frac{29.2577}{59.2593\times10^3\times7.2294\times10^{-5}}-11.5513=-4.7219\text{kN}$$

（4）在 *A-B* 跨受吊车垂直荷载作用下的计算

按 $P_{max}=825\text{kN}$ 作用于 *A* 柱，$P_{min}=247\text{kN}$ 作用于 *B* 柱工况计算，此时 $M_1=288.75\text{kN}\cdot\text{m}$，$M_2=185.25\text{kN}\cdot\text{m}$，由“11.4-20”栏有

11.4-20	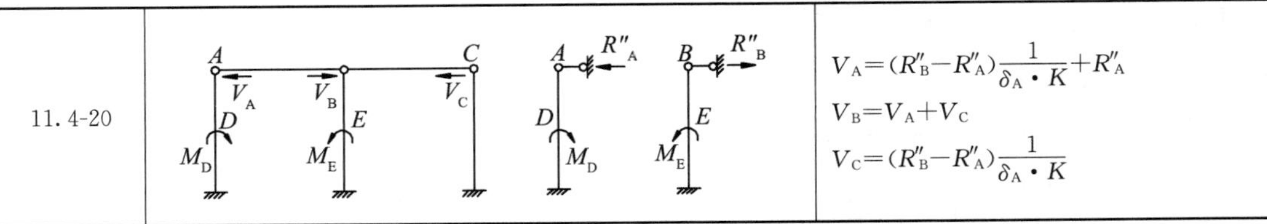	$V_A=(R''_B-R''_A)\frac{1}{\delta_A\cdot K}+R''_A$ $V_B=V_A+V_C$ $V_C=(R''_B-R''_A)\frac{1}{\delta_A\cdot K}$

这里，$R''_A=M_1\frac{\Delta_{AD}}{\delta_A}$，$R''_B=M_2\frac{\Delta_{BE}}{\delta_B}$

其中Δ_{AD}，Δ_{BE}可由“11.3-29”栏中列出的公式计算，即

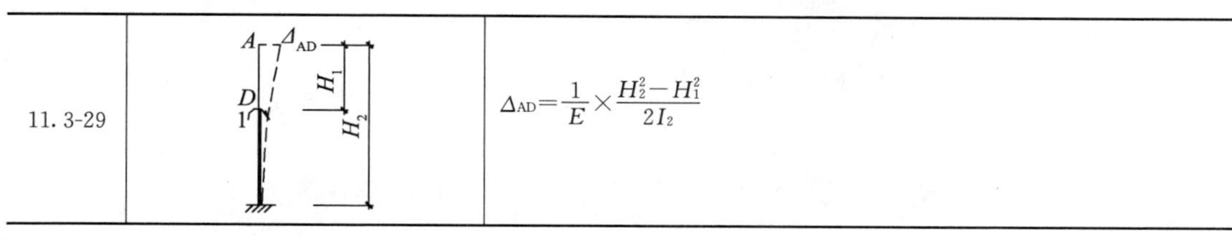

11.3-29		$\Delta_{AD}=\frac{1}{E}\times\frac{H_2^2-H_1^2}{2I_2}$

$$\Delta_{AD}=\Delta_{BE}=\frac{1}{E}\times\frac{H_2^2-H_1^2}{2I_2}=\frac{11.60^2-4.20^2}{2\times17.0667\times10^{-3}}=3.4254\times10^3\text{m}^{-2}$$

这样，

$$R''_A=M_1\frac{\Delta_{AD}}{\delta_A}=288.75\times\frac{3.4254\times10^3}{40.6156\times10^3}=24.3523\text{kN}$$

$$R''_B=M_2\frac{\Delta_{BE}}{\delta_B}=185.25\times\frac{3.4254\times10^3}{32.4692\times10^3}=19.5433\text{kN}$$

从而

$$V_A=(R''_B-R''_A)\frac{1}{\delta_A\cdot K}+R''_A=\frac{19.5433-24.3523}{40.6156\times10^3\times7.2294\times10^{-5}}+24.3523=22.7145\text{kN}$$

$$V_C=(R''_B-R''_A)\frac{1}{\delta_C\cdot K}=\frac{19.5433-24.3523}{59.2593\times10^3\times7.2294\times10^{-5}}=-1.1225\text{kN}$$

$$V_B=V_A+V_C=22.7145-1.1225=21.5920\text{kN}$$

（5）在 A 柱上受吊车水平制动力作用下的计算

本例中，以 A 柱作用水平制动力为例，其中 $T=26.9$kN。由“11.4-21”栏

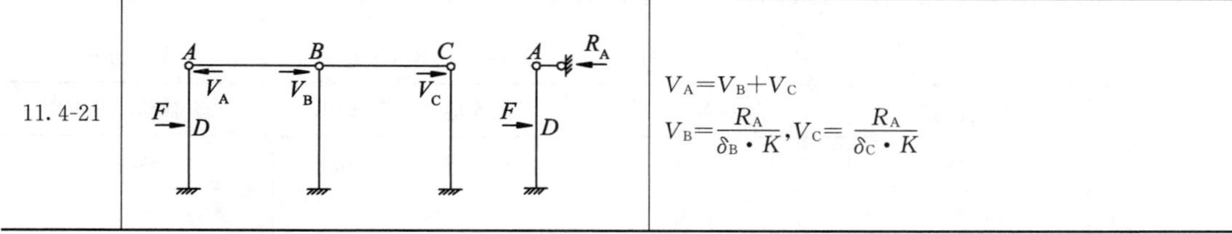

11.4-21		$V_A=V_B+V_C$ $V_B=\frac{R_A}{\delta_B\cdot K}$, $V_C=\frac{R_A}{\delta_C\cdot K}$

其中，$R_A=T\frac{\Delta}{\delta}=T\frac{\delta_{AD}}{\delta_A}$，而 δ_{AD}应查“11.3-13”栏

11.3-13		$a<H_1$ $\delta_{AC}=\delta_{CA}=\frac{1}{E}\left[\frac{H_1^3-a^3}{3I_1}-\frac{a(H_1^2-a^2)}{2I_1}+\frac{H_2^3-H_1^3}{3I_2}-\frac{a(H_2^2-H_1^2)}{2I_2}\right]$

将“11.3-13”栏中的 δ_{AC}替换为 δ_{AD}，并代入 $a=3.2$m，得

$$\delta_{AD}=\frac{1}{E}\left[\frac{H_1^3-a^3}{3I_1}-\frac{a(H_1^2-a^2)}{2I_1}+\frac{H_2^3-H_1^3}{3I_2}-\frac{a(H_2^2-H_1^2)}{2I_2}\right]$$

$$=\frac{4.20^3-3.20^3}{3\times2.1333\times10^{-3}}-\frac{3.20\times(4.20^2-3.20^2)}{2\times2.1333\times10^{-3}}$$

$$+\frac{11.60^3-4.20^3}{3\times17.0667\times10^{-3}}-\frac{3.20\times(11.60^2-4.20^2)}{2\times17.0667\times10^{-3}}$$

$$=6.4564\times10^{3}-5.5501\times10^{3}+29.0392\times10^{3}-10.9612\times10^{3}=18.9843\times10^{3}\text{m}^{-1}$$

从而得

$$R_{A}=T\frac{\delta_{AD}}{\delta_{A}}=26.9\times\frac{18.9843\times10^{3}}{40.6156\times10^{3}}=12.5734\text{kN}$$

$$V_{B}=\frac{R_{A}}{\delta_{B}K}=\frac{12.5734}{32.4692\times10^{3}\times7.2294\times10^{-5}}=5.3565\text{kN}$$

$$V_{C}=\frac{R_{A}}{\delta_{C}K}=\frac{12.5734}{59.2593\times10^{3}\times7.2294\times10^{-5}}=2.9349\text{kN}$$

$$V_{A}=V_{B}+V_{C}=5.3565\text{kN}+2.9349=8.2914\text{kN}$$

(6) 立柱控制截面弯矩

综合上述各种荷载，可以得到三立柱在相应工况下控制截面的弯矩，如风荷载引起的柱底截面弯矩为

$$M_{A}=V_{A}H_{2}+q_{1}\frac{H_{2}^{2}}{2}=-2.69223\times11.6+3.46\times\frac{11.6^{2}}{2}=201.5589\text{kN}\cdot\text{m}(\text{左拉})$$

$$M_{B}=V_{B}H_{2}=12.46417\times11.6=144.5844\text{kN}\cdot\text{m}(\text{左拉})$$

$$M_{C}=V_{C}H_{2}+q_{2}\left[\frac{H_{2}^{2}}{2}-\frac{(H_{2}-c)^{2}}{2}\right]=-4.72195\times13.6+2.59\times\frac{13.6^{2}-(13.6-11.0)^{2}}{2}=166.5505\text{kN}\cdot\text{m}(\text{左拉})$$

各种荷载作用下立柱控制截面处的弯矩计算结果见表 11.4-5。

各立柱控制截面处的弯矩值（单位：kN·m） **表 11.4-5**

柱　　别	截面位置	风荷载作用	吊车竖向荷载作用	吊车制动荷载作用
A柱	变阶截面	19.21	−95.40 (193.35)	−7.92
	柱底截面	201.56	25.26	129.78
B柱	变阶截面	52.35	90.69 (−94.56)	22.50
	柱底截面	144.60	62.21	62.14
C柱	变阶截面	3.01	4.71	12.33
	柱底截面	166.55	15.27	39.91

注：1. 表内数据以截面左侧受拉为正，右侧受拉为负。
2. 吊车竖向荷载作用一栏中括弧外、内的数据分别表示变阶截面（集中力偶作用处）上侧、下侧部位的弯矩值。

11.5 不等高排架计算

11.5.1 概述

本节中对不等高排架结构按三种形式列出计算公式汇编表，表 11.5-1 为不等高两跨排架在主要受力工况下的计算公式汇编；表 11.5-2 和表 11.5-3 为不等高三跨 A 型和 B 型

排架在主要受力工况下的计算公式汇编；A 型排架中的两个连跨为等高，B 型排架中三跨均不在一个高度。表中所列不等高排架中各跨的高度按常见厂房形式布置，对具体结构中各跨的高度布置不与表中相符合时（如两跨不等高排架中，实际结构为左高右低，不同于表中左低右高的形式），计算公式仍可使用（见 11.5.3 节例题 11-3），只是要注意公式内涉及的参数（如 δ_{IJ}、Δ_{IJ}，I、J 为 A、B、C、……），计算时要与实际情况相一致。另外，当实际结构的荷载情况比较复杂时，则可通过拆成分项进行查表计算，再进行叠加组合来获得结果。

11.5.2　公式应用说明

（1）按本节表中提供的公式计算时，需要利用本章 11.3 节给出的柱位移计算公式求出各立柱在单位集中水平力作用下的位移 δ 以及柱在其他单位外荷载（集中力偶或均布力）作用下的位移 Δ 或 Δ'，将它们代入相应的公式即可求得赘余力 X_1、X_2、…，然后再进一步计算立柱的截面内力。

（2）柱位移 δ 的计算

1）柱底固定、柱顶自由的悬臂柱在柱上一点作用单位集中水平力时，柱上另一点（或同一点）的水平位移值定义为柱位移 δ。

2）本章 11.3 节中列有等截面柱、单阶形柱（两截面柱）和两阶形柱（三截面柱）的柱位移计算公式，表 11.3-1～表 11.3-3 中编号为 11.3-02～11.3-04，11.3-12～11.3-23 以及 11.3-43～11.3-58 表格栏中所列的公式就是求柱位移 δ 的公式。一般用 δ_A、δ_B 或 δ_{AC}、δ_{BD}等表示。

（3）柱位移 Δ 的计算

1）柱底固定、柱顶自由的悬臂柱在柱上作用指定形式单位外荷载（集中力偶或均布力）时，柱上某一点的水平位移值定义为柱位移 Δ。

2）本章 11.3 节中列有等截面柱、单阶形柱（两截面柱）和两阶形柱（三截面柱）在不同形式单位外荷载作用下的柱位移 Δ 的计算公式。其中，当荷载为均布力时，Δ 用 Δ'_A、Δ'_B等表示；当荷载为集中力偶时，Δ 用 Δ_A、Δ_B 或 Δ_{AC}、Δ_{BD}等表示。

（4）基本参数 K_i 的计算

本节各表第一栏（编号为 11.5-01、11.5-19 和 11.5-42）所列的是基本参数 K_i 的计算公式，这些参数在各表的其他计算公式中均要被引用，故在选用各公式时，要首先确定 K_i 的量值。

（5）力的方向

在与本节公式对应的计算简图中标有作用外力的方向以及赘余力——横杆轴力 X_1、X_2、…的受力特征（箭头指向结点为压力，箭头背离结点为拉力）。计算时，若实际外力的方向与简图中的方向相反，则应以负值代入。同时，计算得到的赘余力为正时，表示该力的拉压特性与图示的拉压特性一致，否则表示与图示特性相反。

（6）立柱的内力计算

按本节公式求得赘余力 X_1、X_2、…之后，应在基本结构上，按全部外荷载的共同作用来计算柱的截面内力。计算时应注意 X_1、X_2、…的正负号，明确其拉压特征方向，并在截面内力计算中作相应的调整。

11.5.3 计算公式

不等高两跨排架　　表 11.5-1

编号	计算简图	公式
11.5-01	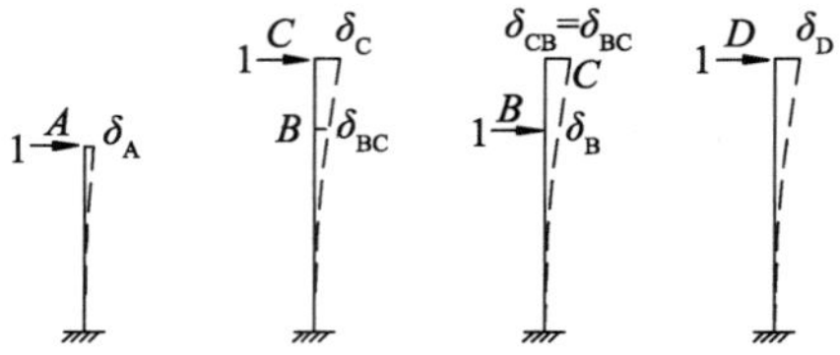	$K_1=\frac{\delta_{BC}}{\delta_C+\delta_D}$;$K_2=\frac{\delta_{BC}}{\delta_A+\delta_B}$ $K_3=\delta_A+\delta_B-\delta_{BC}\cdot K_1$ $K_4=\delta_C+\delta_D-\delta_{BC}\cdot K_2$
11.5-02	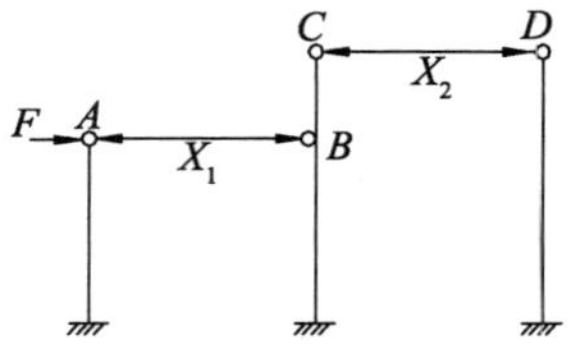	$X_1=\frac{F\cdot\delta_A}{K_3}$ $X_2=X_1\cdot K_1$
11.5-03	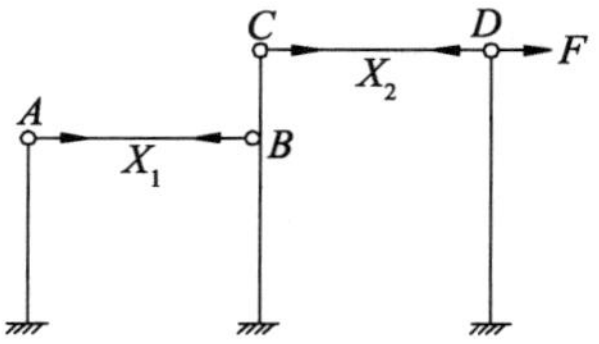	$X_2=\frac{F\cdot\delta_D}{K_4}$ $X_1=X_2\cdot K_2$
11.5-04	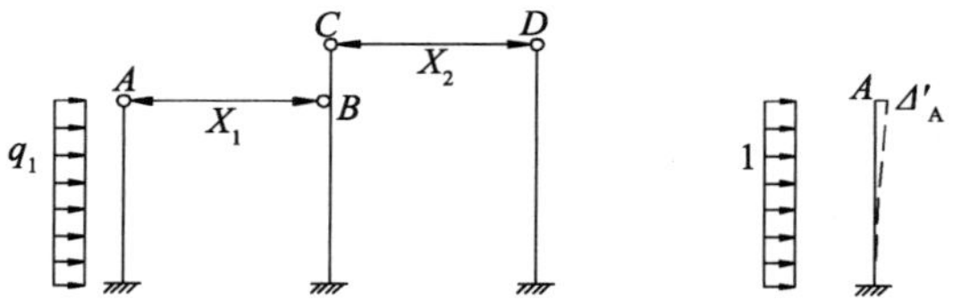	$X_1=\frac{q_1\cdot\Delta'_A}{K_3}$ $X_2=X_1\cdot K_1$
11.5-05	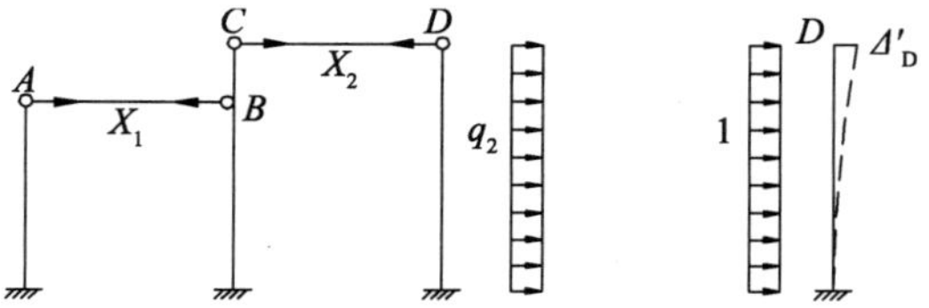	$X_2=\frac{q_2\cdot\Delta'_D}{K_4}$ $X_1=X_2\cdot K_2$
11.5-06	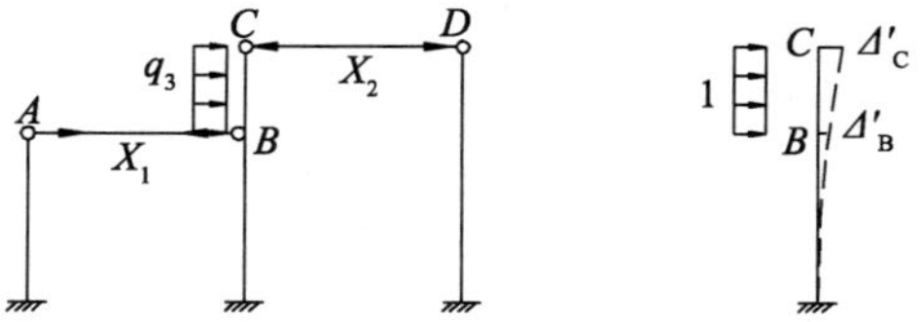	$X_1=\frac{q_3(\Delta'_B-\Delta'_C\cdot K_1)}{K_3}$ $X_2=\frac{q_3\cdot\Delta'_C-X_1\cdot\delta_{BC}}{\delta_C+\delta_D}$

续表

编　号	计　算　简　图	公　　式
11.5-07	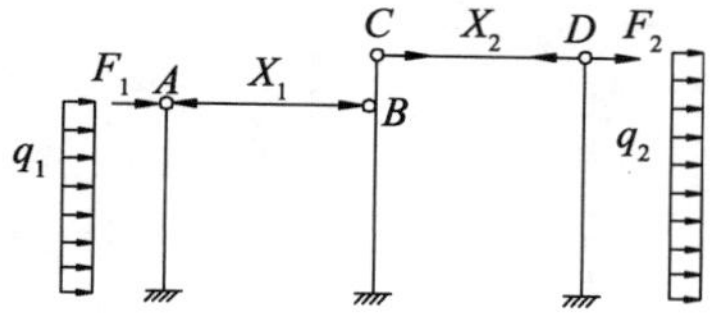	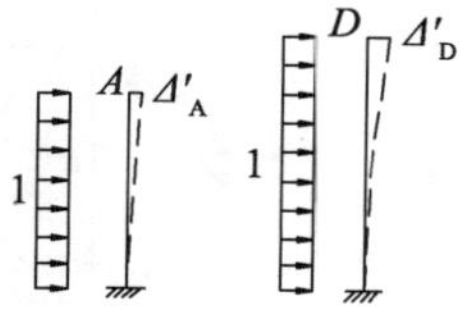
	$P=F_1\cdot\delta_A+q_1\cdot\Delta'_A$；$Q=F_2\cdot\delta_D+q_2\cdot\Delta'_D$；$X_1=\frac{P}{K_3}-\frac{Q}{K_3}\cdot K_1$；$X_2=\frac{Q}{K_4}-\frac{P}{K_4}\cdot K_2$	
11.5-08	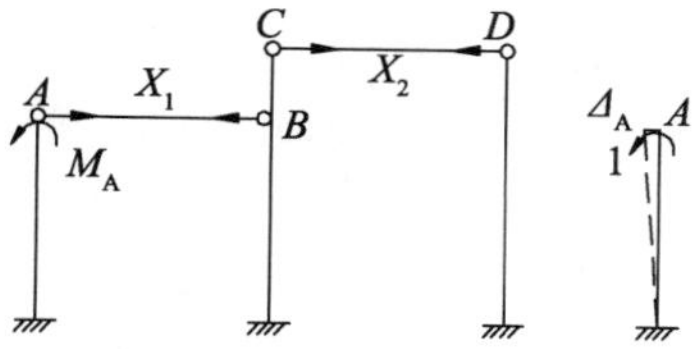	$X_1=\frac{M_A\cdot\Delta_A}{K_3}$ $X_2=X_1\cdot K_1$
11.5-09	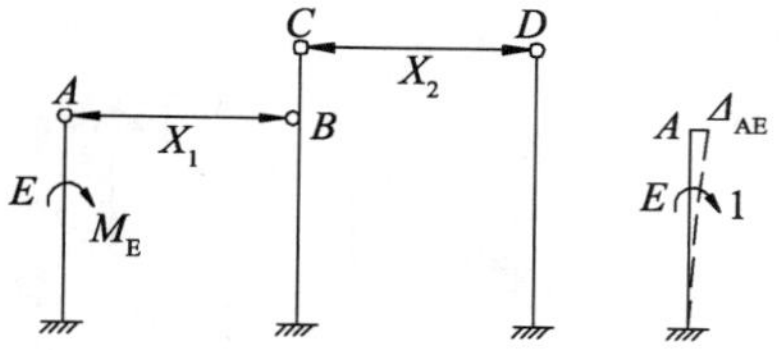	$X_1=\frac{M_E\cdot\Delta_{AE}}{K_3}$ $X_2=X_1\cdot K_1$
11.5-10	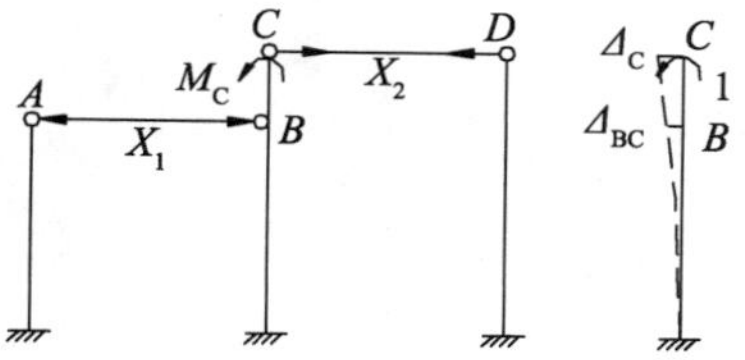	$X_1=\frac{M_C(\Delta_{BC}-\Delta_C\cdot K_1)}{K_3}$ $X_2=\frac{M_C\cdot\Delta_C-X_1\cdot\delta_{BC}}{\delta_C+\delta_D}$
11.5-11	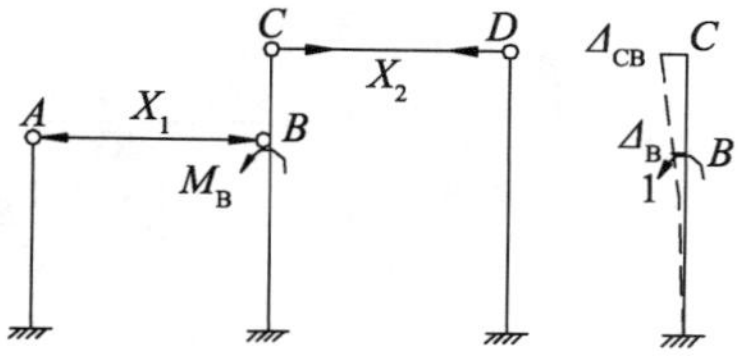	$X_1=\frac{M_B(\Delta_B-\Delta_{CB}\cdot K_1)}{K_3}$ $X_2=\frac{M_B\cdot\Delta_{CB}-X_1\cdot\delta_{BC}}{\delta_C+\delta_D}$
11.5-12	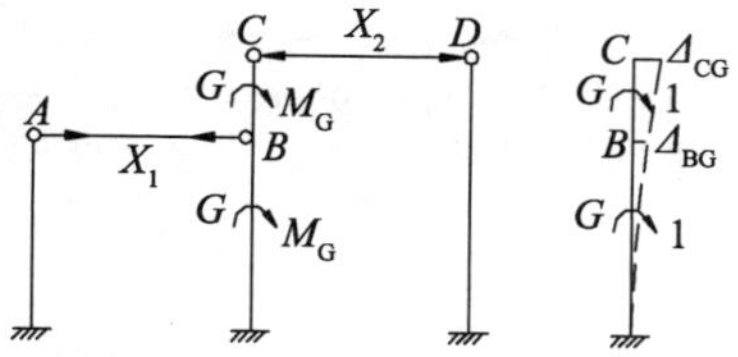	$X_1=\frac{M_G(\Delta_{BG}-\Delta_{CG}\cdot K_1)}{K_3}$ $X_2=\frac{M_G\cdot\Delta_{CG}-X_1\cdot\delta_{BC}}{\delta_C+\delta_D}$
	说明：本栏可分三种情况考虑：(1) M_G 作用于 B 点之上；(2) M_G 作用于 B 点之下；(3) B 点上下同时作用 M_G。三种情况下 Δ_{BG}、Δ_{CG}的计算式是不相同的。对于第 (3) 种情况，Δ_{BG}、Δ_{CG}应由前两种情况叠加获得。当 B 点上下作用不同量值的 M_G 时，应分别按 (1)、(2) 情形单独计算后，再运用叠加原理来得到最终结果。	

续表

编号	计算简图	公式
11.5-13	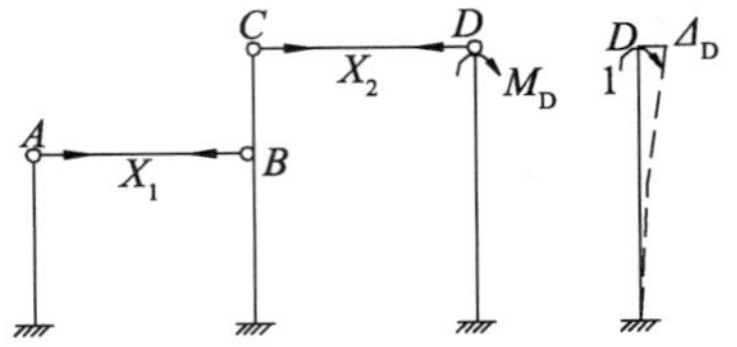	$X_2=\dfrac{M_D\cdot\Delta_D}{K_4}$ $X_1=X_2\cdot K_2$
11.5-14	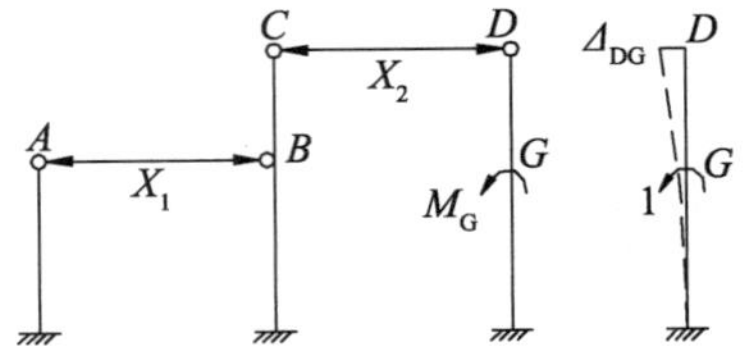	$X_2=\dfrac{M_G\cdot\Delta_{DG}}{K_4}$ $X_1=X_2\cdot K_2$
11.5-15	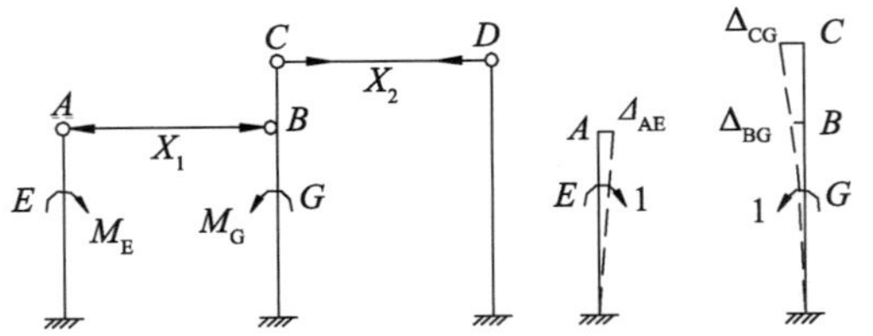	
	$X_1=\dfrac{M_E\cdot\Delta_{AE}+M_G(\Delta_{BG}-\Delta_{CG}\cdot K_1)}{K_3}$；$X_2=\dfrac{M_G\cdot\Delta_{CG}-X_1\cdot\delta_{BC}}{\delta_C+\delta_D}$	
11.5-16	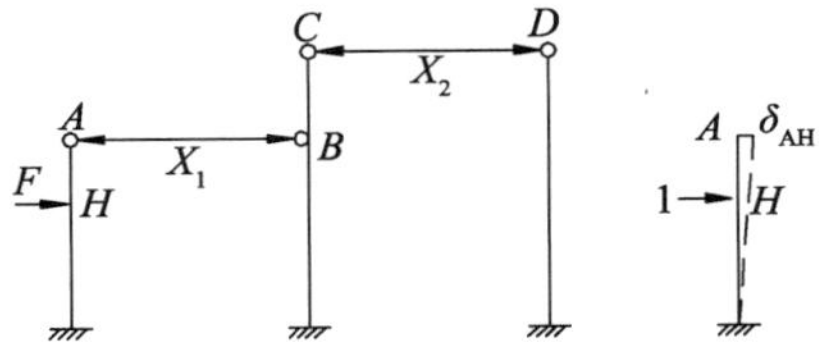	$X_1=\dfrac{F\cdot\delta_{AH}}{K_3}$ $X_2=X_1\cdot K_1$
11.5-17	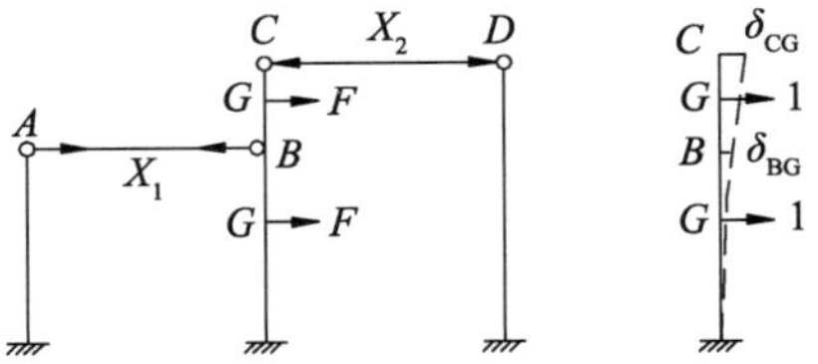	$X_1=\dfrac{F(\delta_{BG}-\delta_{CG}\cdot K_1)}{K_3}$ $X_2=\dfrac{F\cdot\delta_{CG}-X_1\cdot\delta_{BC}}{\delta_C+\delta_D}$
	说明：本栏分三种情况考虑：(1) 单个集中力 F 作用于 B 点之上；(2) 单个集中力 F 作用于 B 点之下；(3) 两个相同的集中力 F 分别作用于 B 点的上部或下部。三种情况下 δ_{BG}、δ_{CG}的计算式是不相同的，其中第 (3) 种情况的 δ_{BG}、δ_{CG}可用第 (1)、(2) 两种情况所得的结果叠加得到，当 B 点上下作用不同量值的 F 时，应分别按 (1)、(2) 情形单独计算后，再运用叠加原理来得到最终结果。	
11.5-18	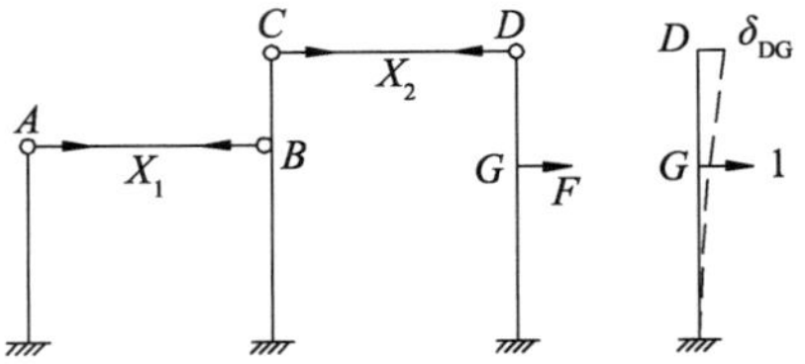	$X_2=\dfrac{F\cdot\delta_{DG}}{K_4}$ $X_1=X_2\cdot K_2$

不等高三跨排架（A）　　**表 11.5-2**

编　号	计　算　简　图	公　　式
11.5-19	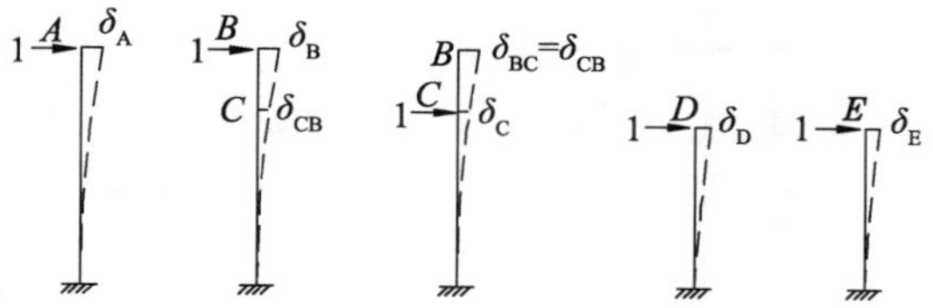 1→A δ_A；1→B δ_B，C δ_{CB}；B $\delta_{BC}=\delta_{CB}$，1→C δ_C；1→D δ_D；1→E δ_E	
	$K_1=\frac{\delta_{BC}}{\delta_C+\delta_D(1-K_2)}$；$K_2=\frac{\delta_D}{\delta_D+\delta_E}$；$K_3=\frac{\delta_{BC}}{\delta_A+\delta_B}$；$K_4=\frac{\delta_D}{\delta_C+\delta_D-\delta_{BC}\cdot K_3}$ $K_5=\delta_A+\delta_B-\delta_{BC}\cdot K_1$；$K_6=\delta_C+\delta_D(1-K_2)$；$K_7=\delta_E+\delta_D(1-K_4)$	
11.5-20	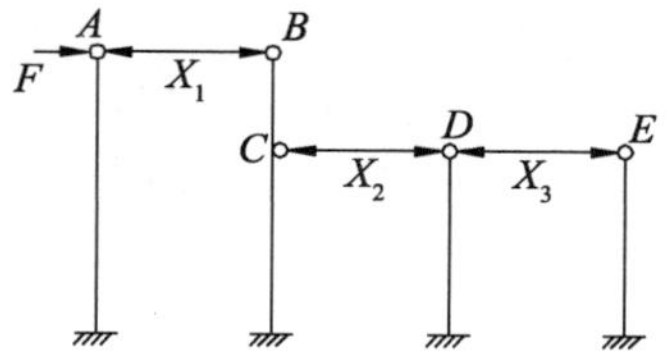 F, A, B, X_1, C, D, E, X_2, X_3	$X_1=\frac{F\cdot\delta_A}{K_5}$ $X_2=X_1\cdot K_1$ $X_3=X_2\cdot K_2$
11.5-21	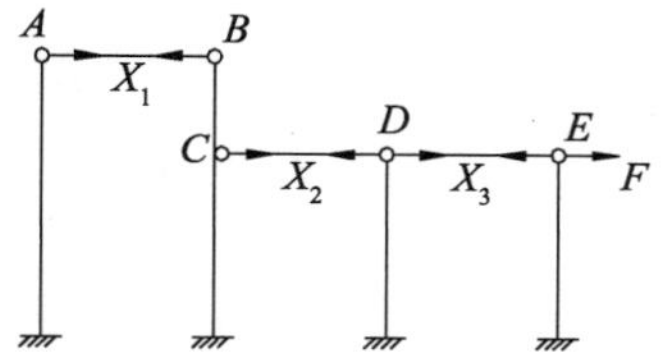 A, B, X_1, C, D, E, F, X_2, X_3	$X_3=\frac{F\cdot\delta_E}{K_7}$ $X_2=X_3\cdot K_4$ $X_1=X_2\cdot K_3$
11.5-22	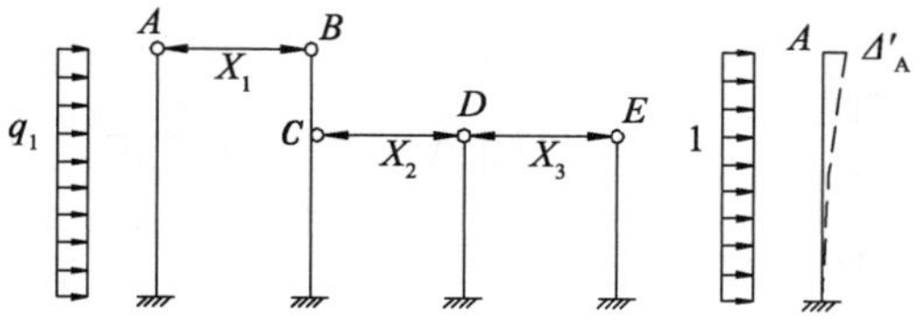 q_1, A, B, X_1, C, D, E, X_2, X_3；1, A Δ'_A	$X_1=\frac{q_1\cdot\Delta'_A}{K_5}$ $X_2=X_1\cdot K_1$ $X_3=X_2\cdot K_2$
11.5-23	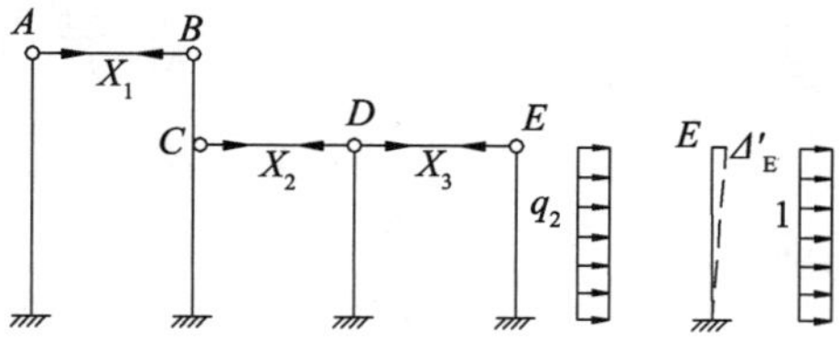 A, B, X_1, C, D, E, X_2, X_3, q_2；E Δ'_E, 1	$X_3=\frac{q_2\cdot\Delta'_E}{K_7}$ $X_2=X_3\cdot K_4$ $X_1=X_2\cdot K_3$
11.5-24	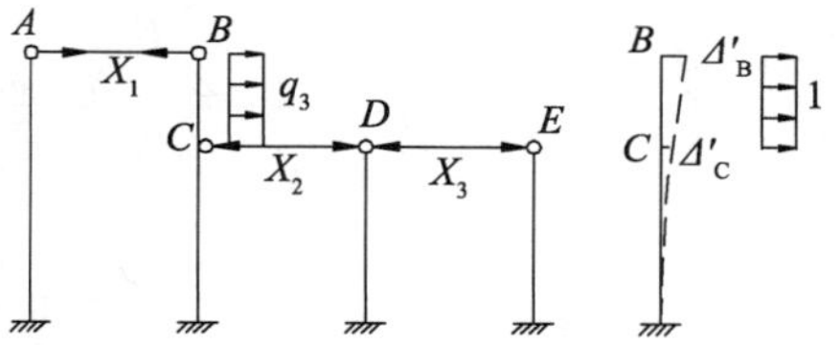 A, B, X_1, q_3, C, D, E, X_2, X_3；B Δ'_B, 1, C Δ'_C	$X_1=\frac{q_3(\Delta'_B-\Delta'_C\cdot K_1)}{K_5}$ $X_2=\frac{q_3\cdot\Delta'_C-X_1\cdot\delta_{BC}}{K_6}$ $X_3=X_2\cdot K_2$

续表

编 号	计 算 简 图	公 式
11.5-25	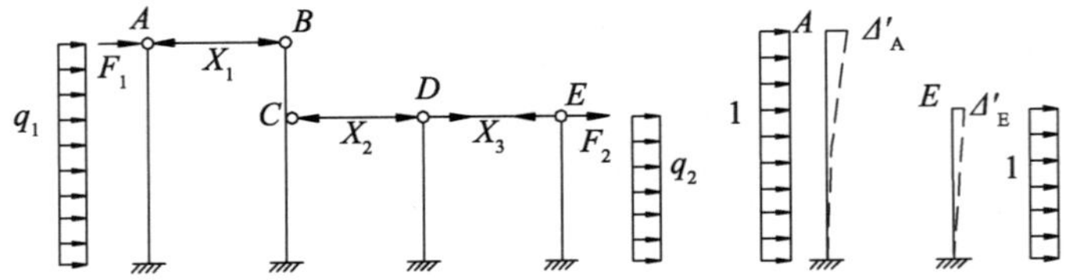	$P=F_1\cdot\delta_A+q_1\cdot\Delta'_A;Q=F_2\cdot\delta_E+q_2\cdot\Delta'_E$ $X_1=\frac{P}{K_5}-\frac{Q}{K_7}\cdot K_4\cdot K_3;X_3=\frac{Q}{K_7}-\frac{P}{K_5}\cdot K_1\cdot K_2;X_2=\frac{X_1\cdot\delta_{BC}-X_3\cdot\delta_D}{\delta_C+\delta_D}$
11.5-26	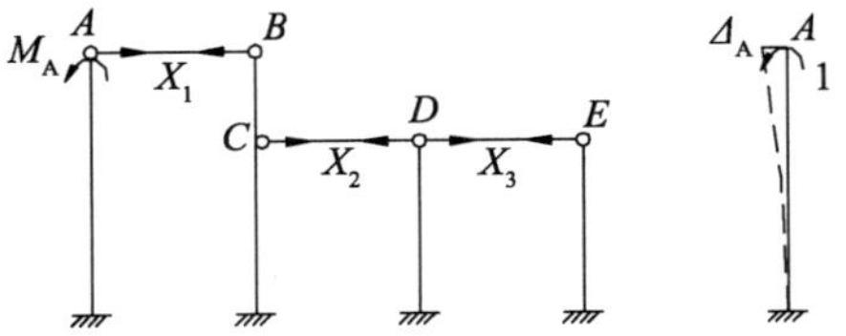	$X_1=\frac{M_A\cdot\Delta_A}{K_5}$ $X_2=X_1\cdot K_1$ $X_3=X_2\cdot K_2$
11.5-27	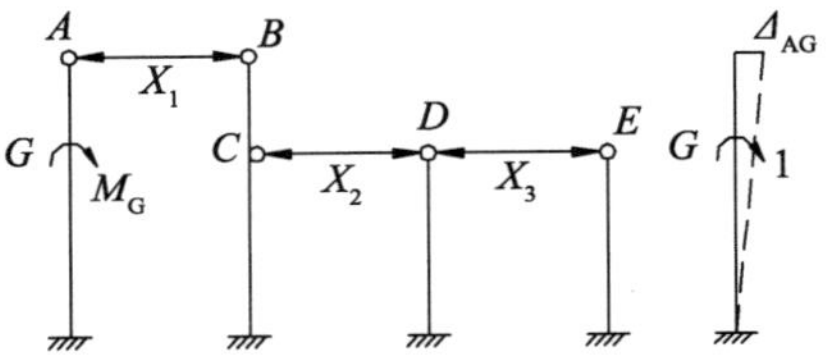	$X_1=\frac{M_G\cdot\Delta_{AG}}{K_5}$ $X_2=X_1\cdot K_1$ $X_3=X_2\cdot K_2$
11.5-28	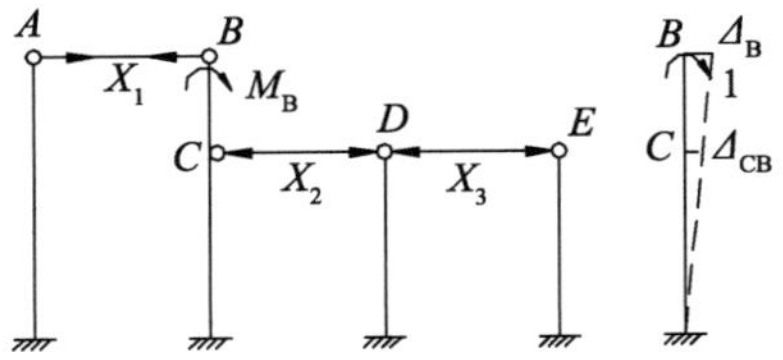	$X_1=\frac{M_B(\Delta_B-\Delta_{CB}\cdot K_1)}{K_5}$ $X_2=\frac{M_B\cdot\Delta_{CB}-X_1\cdot\delta_{BC}}{K_6}$ $X_3=X_2\cdot K_2$
11.5-29	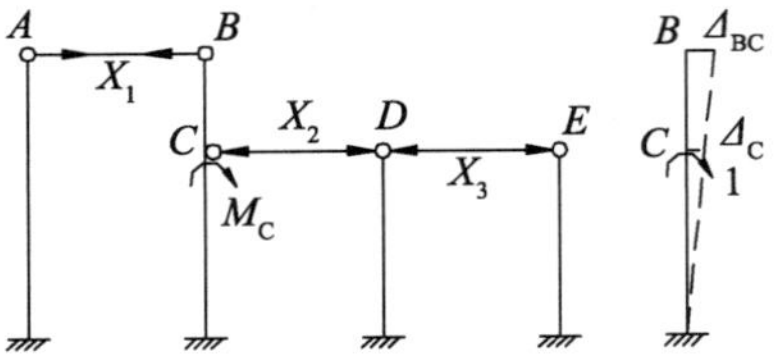	$X_1=\frac{M_C(\Delta_{BC}-\Delta_C\cdot K_1)}{K_5}$ $X_2=\frac{M_C\cdot\Delta_C-X_1\cdot\delta_{BC}}{K_6}$ $X_3=X_2\cdot K_2$
11.5-30	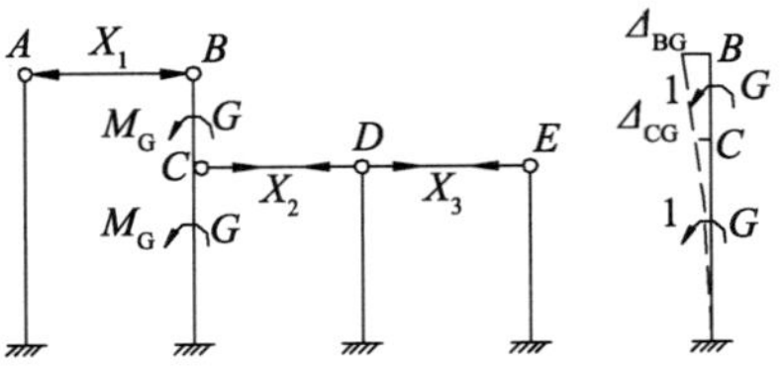	$X_1=\frac{M_G(\Delta_{BG}-\Delta_{CG}\cdot K_1)}{K_5}$ $X_2=\frac{M_G\cdot\Delta_{CG}-X_1\cdot\delta_{BC}}{K_6}$ $X_3=X_2\cdot K_2$
	注：运用本栏公式时请参见 11.5-12 栏内的说明。	

续表

编　号	计　算　简　图	公　　式
11.5-31	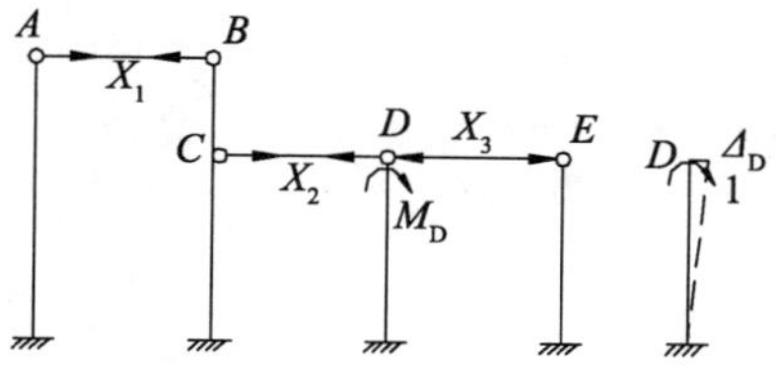	$X_3=\dfrac{M_D\cdot\Delta_D(1-K_4)}{K_7}$ $X_2=\left(\dfrac{M_D\cdot\Delta_D}{\delta_D}-X_3\right)\cdot K_4$ $X_1=X_2\cdot K_3$
11.5-32	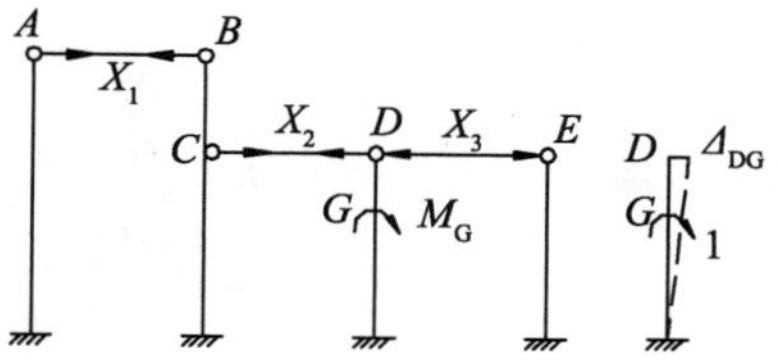	$X_3=\dfrac{M_G\cdot\Delta_{DG}(1-K_4)}{K_7}$ $X_2=\left(\dfrac{M_G\cdot\Delta_{DG}}{\delta_D}-X_3\right)\cdot K_4$ $X_1=X_2\cdot K_3$
11.5-33	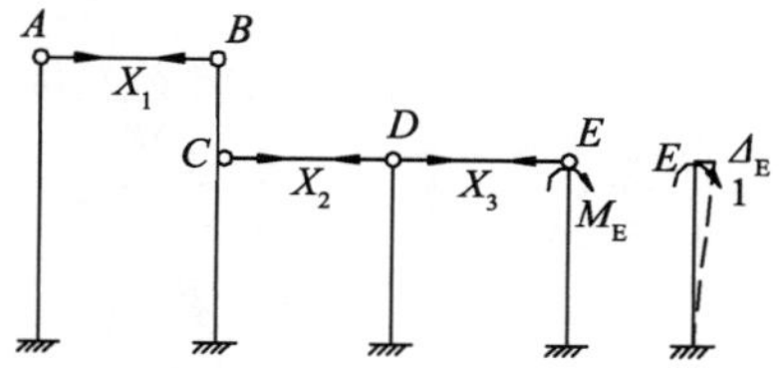	$X_3=\dfrac{M_E\cdot\Delta_E}{K_7}$ $X_2=X_3\cdot K_4$ $X_1=X_2\cdot K_3$
11.5-34	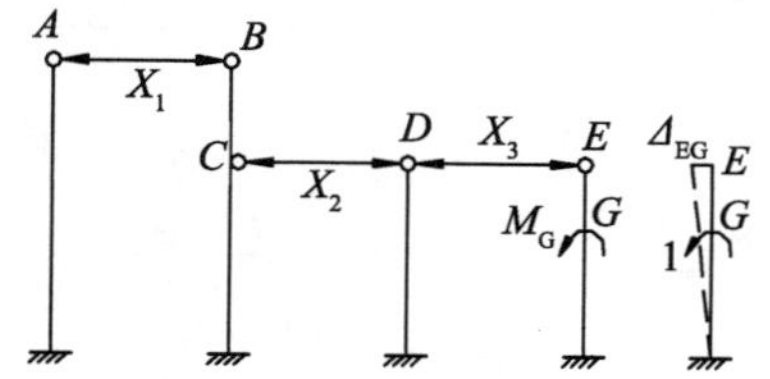	$X_3=\dfrac{M_G\cdot\Delta_{EG}}{K_7}$ $X_2=X_3\cdot K_4$ $X_1=X_2\cdot K_3$
11.5-35	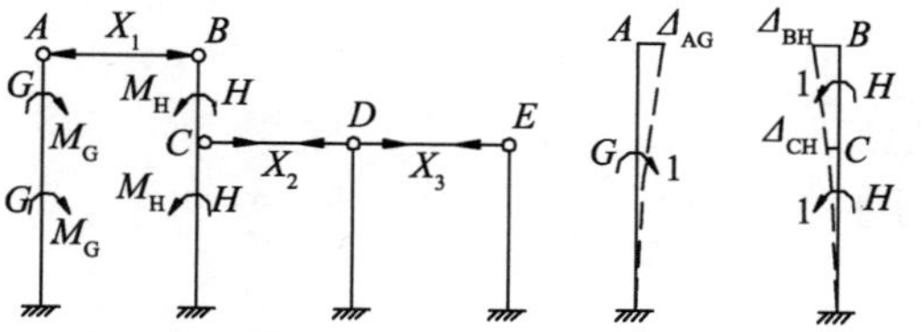	$X_1=\dfrac{M_G\cdot\Delta_{AG}+M_H(\Delta_{BH}-\Delta_{CH}\cdot K_1)}{K_5}$ $X_2=\dfrac{M_H\cdot\Delta_{CH}-X_1\cdot\delta_{BC}}{K_6}$ $X_3=X_2\cdot K_2$
	注：运用本栏公式时请参见 11.5-12 栏内的说明。	
11.5-36	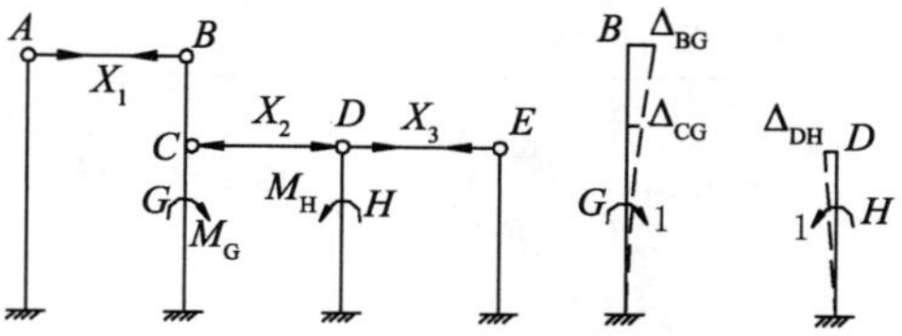	
	$X_1=\dfrac{M_G\cdot(\Delta_{BG}-\Delta_{CG}\cdot K_1)}{K_5}-\left[\dfrac{M_H\cdot\Delta_{DH}}{\delta_D}-\dfrac{M_H\cdot\Delta_{DH}(1-K_4)}{K_7}\right]\cdot K_4\cdot K_3$ $X_2=\dfrac{M_G\cdot\Delta_{CG}+M_H\cdot\Delta_{DH}(1-K_2)-X_1\cdot\delta_{BC}}{K_6}$；$X_3=\dfrac{M_H\cdot\Delta_{DH}-X_2\cdot\delta_D}{\delta_D+\delta_E}$	

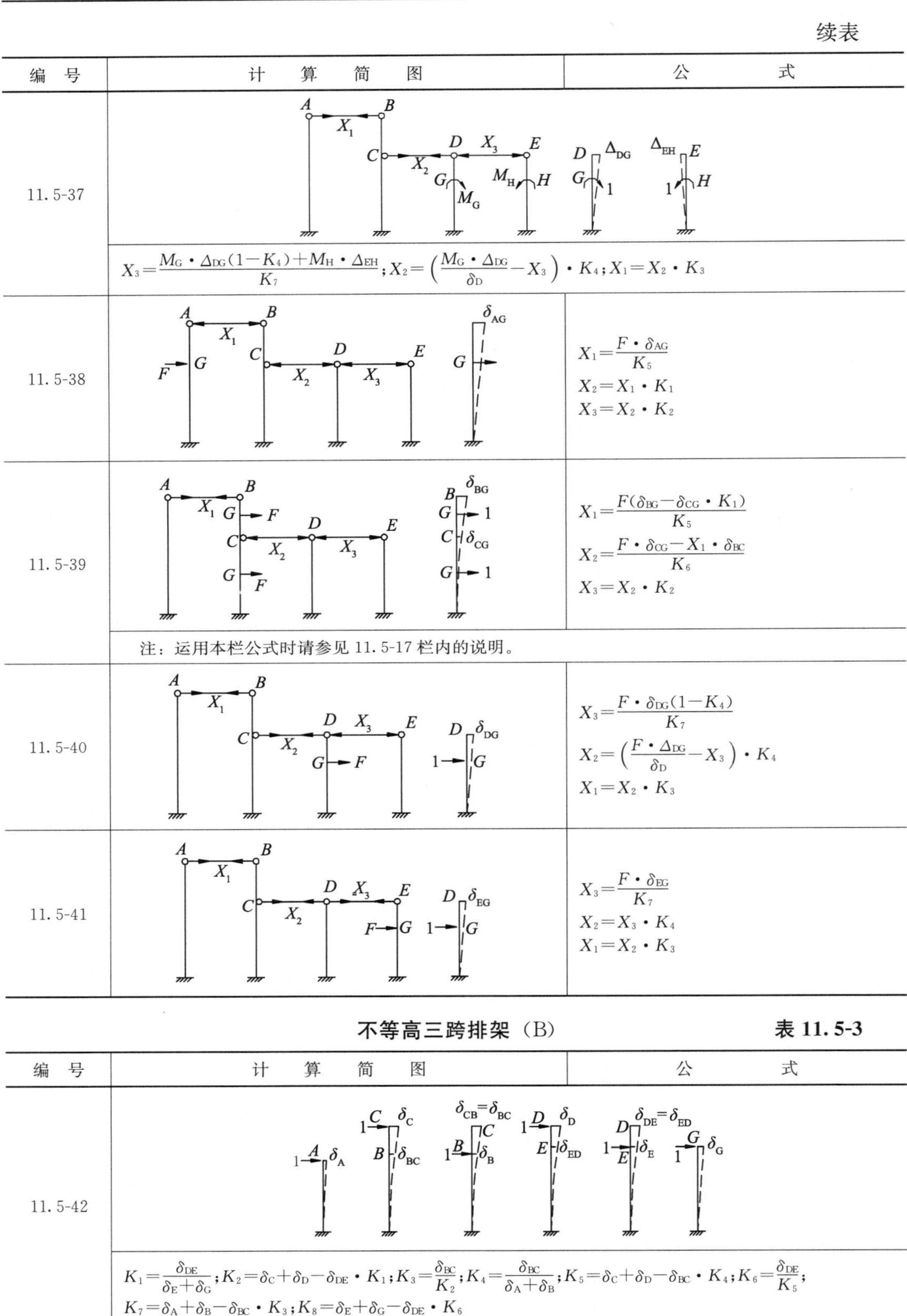

续表

编　号	计　算　简　图	公　　式
11.5-37		
	$X_3=\dfrac{M_G\cdot\Delta_{DG}(1-K_4)+M_H\cdot\Delta_{EH}}{K_7}$；$X_2=\left(\dfrac{M_G\cdot\Delta_{DG}}{\delta_D}-X_3\right)\cdot K_4$；$X_1=X_2\cdot K_3$	
11.5-38		$X_1=\dfrac{F\cdot\delta_{AG}}{K_5}$ $X_2=X_1\cdot K_1$ $X_3=X_2\cdot K_2$
11.5-39		$X_1=\dfrac{F(\delta_{BG}-\delta_{CG}\cdot K_1)}{K_5}$ $X_2=\dfrac{F\cdot\delta_{CG}-X_1\cdot\delta_{BC}}{K_6}$ $X_3=X_2\cdot K_2$
	注：运用本栏公式时请参见 11.5-17 栏内的说明。	
11.5-40		$X_3=\dfrac{F\cdot\delta_{DG}(1-K_4)}{K_7}$ $X_2=\left(\dfrac{F\cdot\Delta_{DG}}{\delta_D}-X_3\right)\cdot K_4$ $X_1=X_2\cdot K_3$
11.5-41		$X_3=\dfrac{F\cdot\delta_{EG}}{K_7}$ $X_2=X_3\cdot K_4$ $X_1=X_2\cdot K_3$

不等高三跨排架（B）　　表 11.5-3

编　号	计　算　简　图	公　　式
11.5-42		
	$K_1=\dfrac{\delta_{DE}}{\delta_E+\delta_G}$；$K_2=\delta_C+\delta_D-\delta_{DE}\cdot K_1$；$K_3=\dfrac{\delta_{BC}}{K_2}$；$K_4=\dfrac{\delta_{BC}}{\delta_A+\delta_B}$；$K_5=\delta_C+\delta_D-\delta_{BC}\cdot K_4$；$K_6=\dfrac{\delta_{DE}}{K_5}$； $K_7=\delta_A+\delta_B-\delta_{BC}\cdot K_3$；$K_8=\delta_E+\delta_G-\delta_{DE}\cdot K_6$	

续表

编 号	计 算 简 图	公 式
11.5-43	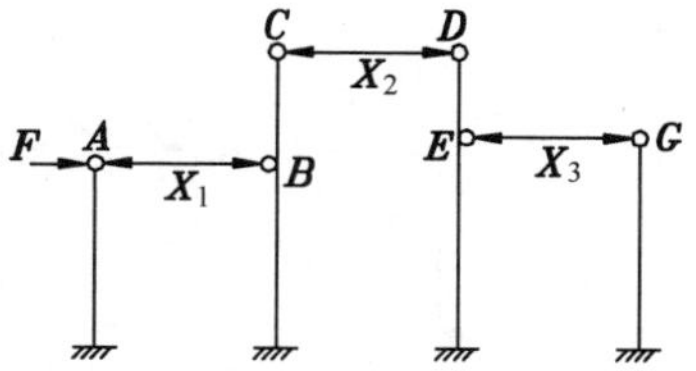	$X_1=\frac{F\cdot\delta_A}{K_7}$ $X_2=X_1\cdot K_3$ $X_3=X_2\cdot K_1$
11.5-44	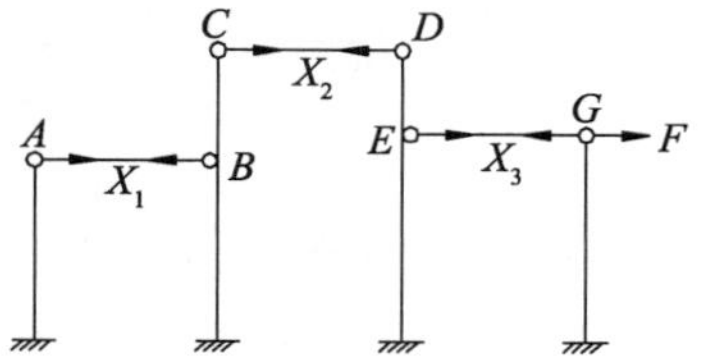	$X_3=\frac{F\cdot\delta_G}{K_8}$ $X_2=X_3\cdot K_6$ $X_1=X_2\cdot K_4$
11.5-45	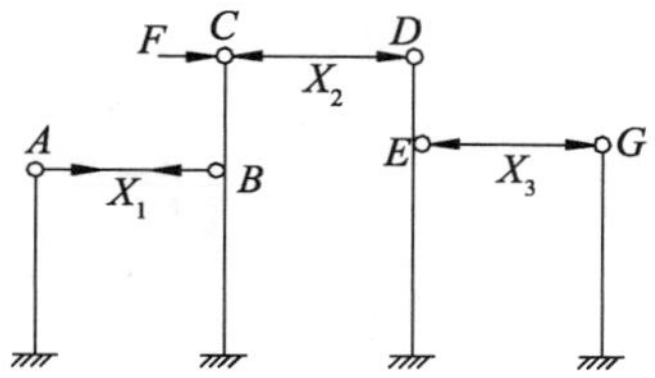	$X_1=\frac{F(\delta_{BC}-\delta_C\cdot K_3)}{K_7}$ $X_2=\frac{F\cdot\delta_C-X_1\cdot\delta_{BC}}{K_2}$ $X_3=X_2\cdot K_1$
11.5-46	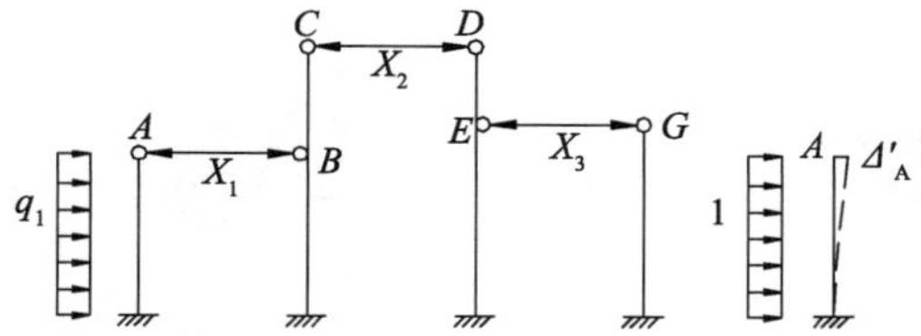	$X_1=\frac{q_1\cdot\Delta'_A}{K_7}$ $X_2=X_1\cdot K_3$ $X_3=X_2\cdot K_1$
11.5-47	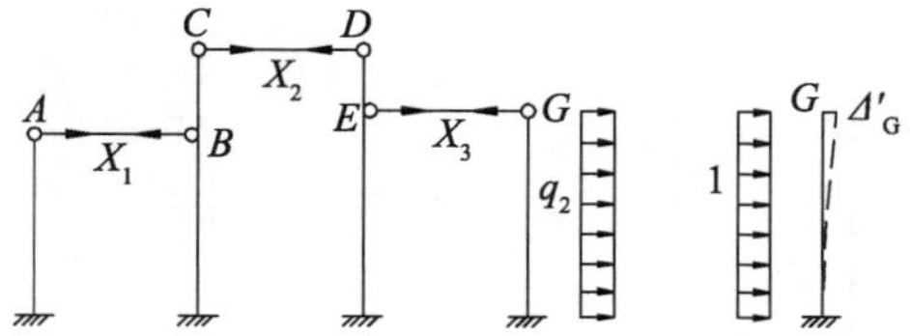	$X_3=\frac{q_2\cdot\Delta'_G}{K_8}$ $X_2=X_3\cdot K_6$ $X_1=X_2\cdot K_4$
11.5-48	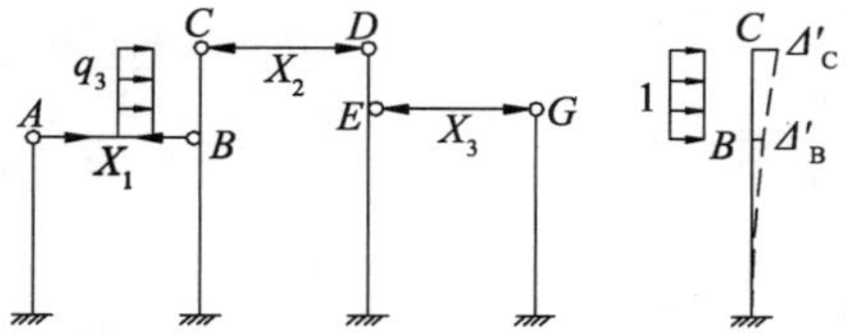	$X_1=\frac{q_3(\Delta'_B-\Delta'_C\cdot K_3)}{K_7}$ $X_2=\frac{q_3\cdot\Delta'_C-X_1\cdot\delta_{BC}}{K_2}$ $X_3=X_2\cdot K_1$
11.5-49	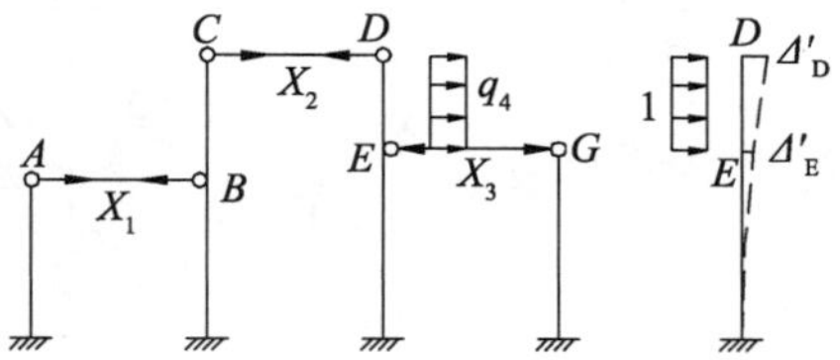	$X_3=\frac{q_4(\Delta'_E-\Delta'_D\cdot K_6)}{K_8}$ $X_2=\frac{q_4\cdot\Delta'_D-X_3\cdot\delta_{DE}}{K_5}$ $X_1=X_2\cdot K_4$

续表

编号	计算简图	公式
11.5-50	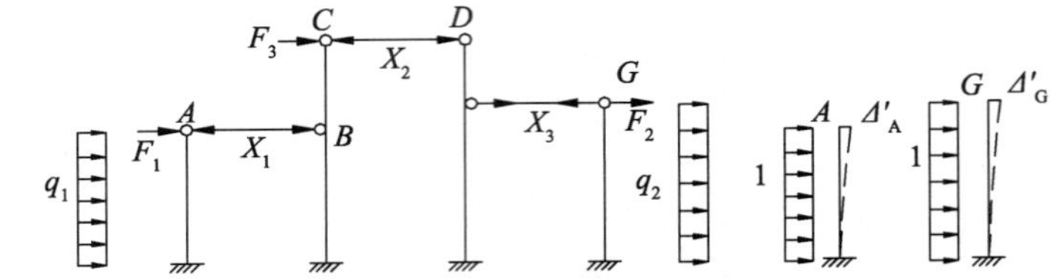	
	$P=F_1\cdot\delta_A+q_1\cdot\Delta'_A$；$Q=F_2\cdot\delta_G+q_2\cdot\Delta'_G$ $X_1=\dfrac{P-F_3(\delta_{BC}-\delta_C\cdot K_3)-Q\cdot K_1\cdot K_3}{K_7}$；$X_2=\dfrac{F_3\cdot\delta_C+X_1\cdot\delta_{BC}-Q\cdot K_1}{K_2}$；$X_3=\dfrac{Q-X_2\cdot\delta_{DE}}{\delta_E+\delta_G}$	
11.5-51	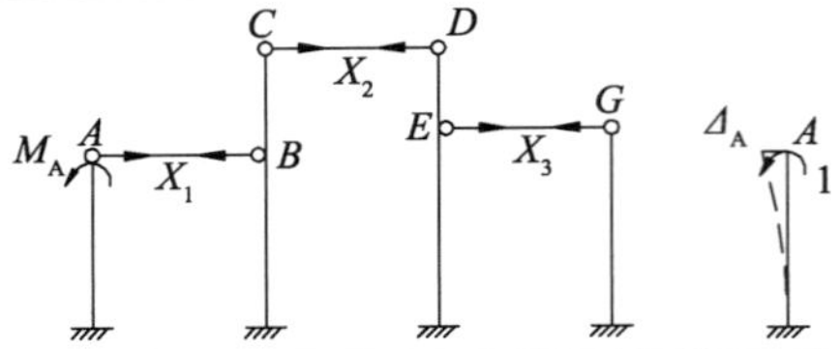	$X_1=\dfrac{M_A\cdot\Delta_A}{K_7}$ $X_2=X_1\cdot K_3$ $X_3=X_2\cdot K_1$
11.5-52	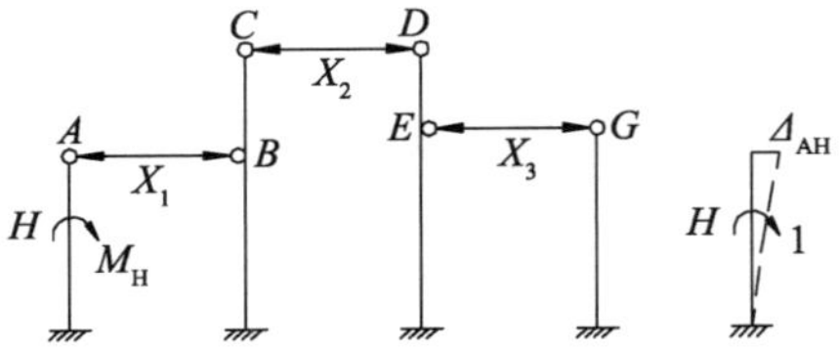	$X_1=\dfrac{M_H\cdot\Delta_{AH}}{K_7}$ $X_2=X_1\cdot K_3$ $X_3=X_2\cdot K_1$
11.5-53	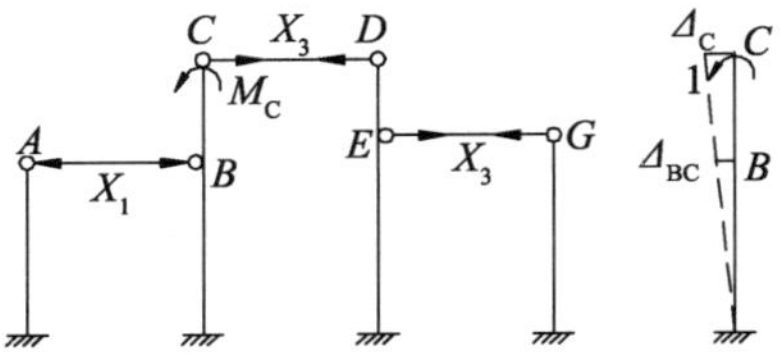	$X_1=\dfrac{M_C(\Delta_{BC}-\Delta_C\cdot K_3)}{K_7}$ $X_2=\dfrac{M_C\cdot\Delta_C-X_1\cdot\delta_{BC}}{K_2}$ $X_3=X_2\cdot K_1$
11.5-54	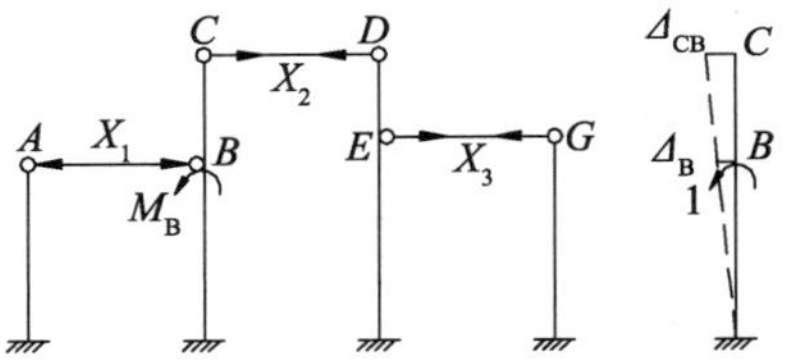	$X_1=\dfrac{M_B(\Delta_B-\Delta_{CB}\cdot K_3)}{K_7}$ $X_2=\dfrac{M_B\cdot\Delta_{CB}-X_1\cdot\delta_{BC}}{K_2}$ $X_3=X_2\cdot K_1$
11.5-55	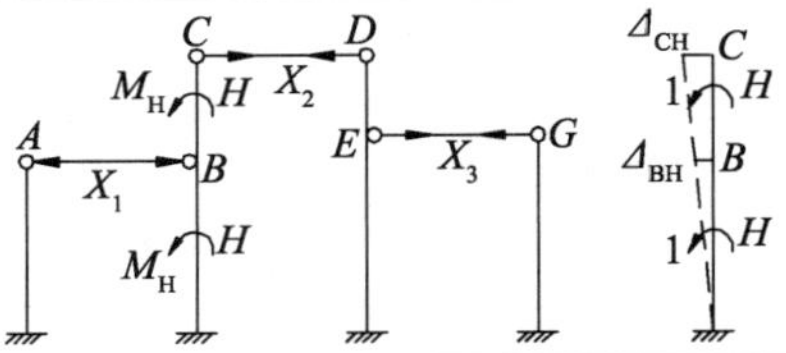	$X_1=\dfrac{M_H(\Delta_{BH}-\Delta_{CH}\cdot K_3)}{K_7}$ $X_2=\dfrac{M_H\cdot\Delta_{CH}-X_1\cdot\delta_{BC}}{K_2}$ $X_3=X_2\cdot K_1$
	注：运用本栏公式时请参见 11.5-12 栏内的说明。	
11.5-56	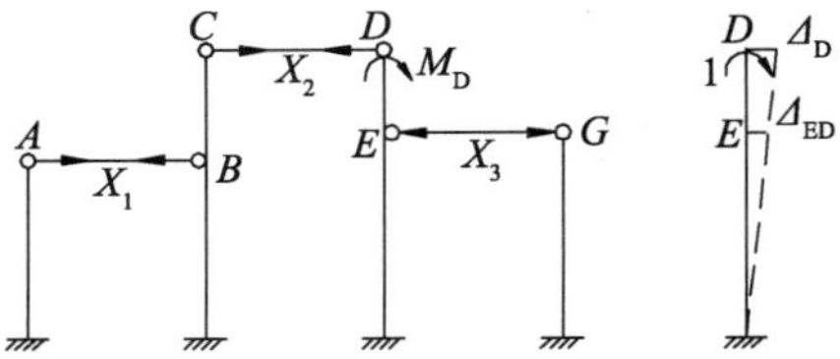	$X_3=\dfrac{M_D(\Delta_{ED}-\Delta_D\cdot K_6)}{K_8}$ $X_2=\dfrac{M_D\cdot\Delta_D-X_3\cdot\delta_{DE}}{K_5}$ $X_1=X_2\cdot K_4$

续表

编号	计算简图	公式
11.5-57		$X_3=\frac{M_E(\Delta_E-\Delta_{DE}\cdot K_6)}{K_8}$ $X_2=\frac{M_E\cdot\Delta_{DE}-X_3\cdot\delta_{DE}}{K_5}$ $X_1=X_2\cdot K_4$
11.5-58		$X_3=\frac{M_H(\Delta_{EH}-\Delta_{DH}\cdot K_6)}{K_8}$ $X_2=\frac{M_H\cdot\Delta_{DH}-X_3\cdot\delta_{DE}}{K_5}$ $X_1=X_2\cdot K_4$
	注：运用本栏公式时请参见 11.5-12 栏内的说明。	
11.5-59		$X_3=\frac{M_G\cdot\Delta_G}{K_8}$ $X_2=X_3\cdot K_6$ $X_1=X_2\cdot K_4$
11.5-60		$X_3=\frac{M_H\cdot\Delta_{GH}}{K_8}$ $X_2=X_3\cdot K_6$ $X_1=X_2\cdot K_4$
11.5-61		$X_1=\frac{M_H\cdot\Delta_{AH}+M_I(\Delta_{BI}-\Delta_{CI}\cdot K_3)}{K_7}$ $X_2=\frac{M_I\cdot\Delta_{CI}-X_1\cdot\delta_{BC}}{K_2}$ $X_3=X_2\cdot K_1$
11.5-62	$X_2=\frac{M_H\cdot\Delta_{CH}+M_I\cdot\Delta_{DI}-M_H\cdot\Delta_{BH}\cdot K_4-M_I\cdot\Delta_{EI}\cdot K_1}{\delta_C+\delta_D-\delta_{BC}\cdot K_4-\delta_{DE}\cdot K_1}$ $X_1=\frac{M_H\cdot\Delta_{BH}-X_2\cdot\delta_{BC}}{\delta_A+\delta_B}$；$X_3=\frac{M_I\cdot\Delta_{EI}-X_2\cdot\delta_{DE}}{\delta_E+\delta_G}$ 注：运用本栏公式时请参见 11.5-12 栏内的说明。	

续表

编 号	计 算 简 图	公 式
11.5-63	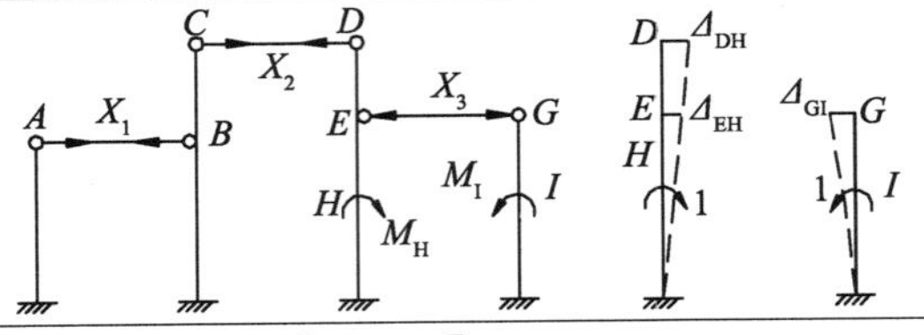 A、B、C、D、E、G、H、I、X_1、X_2、X_3、M_H、M_I、Δ_{DH}、Δ_{EH}、Δ_{GI}、1	$X_3=\frac{M_H(\Delta_{EH}-\Delta_{DH}\cdot K_6)+M_I\cdot\Delta_{GI}}{K_8}$ $X_2=\frac{M_H\cdot\Delta_{DH}-X_3\cdot\delta_{DE}}{K_5}$ $X_1=X_2\cdot K_4$
11.5-64	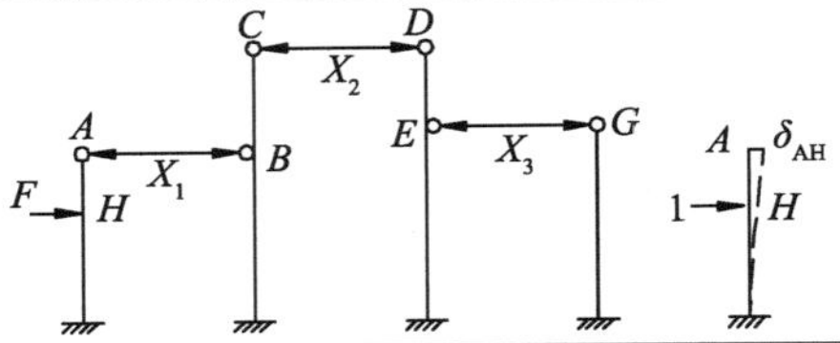 A、B、C、D、E、G、H、F、X_1、X_2、X_3、δ_{AH}、1	$X_1=\frac{F\cdot\delta_{AH}}{K_7}$ $X_2=X_1\cdot K_3$ $X_3=X_2\cdot K_1$
11.5-65	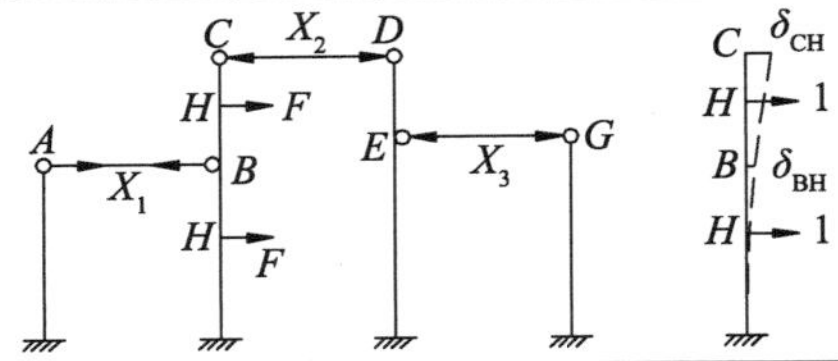 A、B、C、D、E、G、H、F、X_1、X_2、X_3、δ_{CH}、δ_{BH}、1	$X_1=\frac{F\cdot(\delta_{BH}-\delta_{CH}\cdot K_3)}{K_7}$ $X_2=\frac{F\cdot\delta_{CH}-X_1\cdot\delta_{BC}}{K_2}$ $X_3=X_2\cdot K_1$
	注：运用本栏公式时请参见 11.5-17 栏内的说明。	
11.5-66	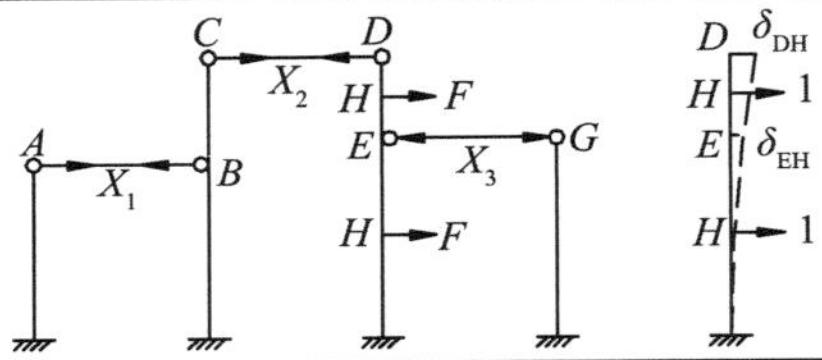 A、B、C、D、E、G、H、F、X_1、X_2、X_3、δ_{DH}、δ_{EH}、1	$X_3=\frac{F\cdot(\delta_{EH}-\delta_{DH}\cdot K_6)}{K_8}$ $X_2=\frac{F\cdot\delta_{DH}-X_3\cdot\delta_{DE}}{K_5}$ $X_1=X_2\cdot K_4$
	注：运用本栏公式时请参见 11.5-17 栏内的说明。	
11.5-67	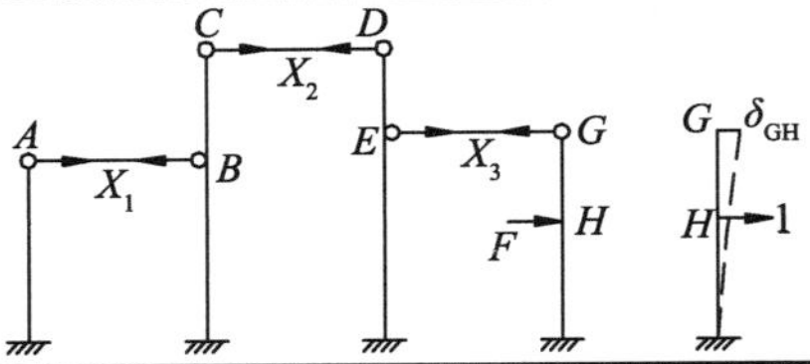 A、B、C、D、E、G、H、F、X_1、X_2、X_3、δ_{GH}、1	$X_3=\frac{F\cdot\delta_{GH}}{K_8}$ $X_2=X_3\cdot K_6$ $X_1=X_2\cdot K_4$

11.5.4 算例

【例题 11-3】图 11.5-1 所示的具有高低跨两跨的厂房排架中，三立柱Ⅰ、Ⅱ、Ⅲ均为单阶柱，其中Ⅰ、Ⅱ两柱为相同构件：上柱截面的惯性矩为 $I_1=2.667\times10^{-3}\text{m}^4$，下柱截面的惯性矩为 $I_2=17.923\times10^{-3}\text{m}^4$。Ⅲ柱的上柱截面惯性矩为 $I_1=1.429\times10^{-3}\text{m}^4$，下柱截面惯性矩为 $I_2=5.972\times10^{-3}\text{m}^4$。两跨排架承受以下荷载作用：

（1）风荷载

Ⅰ柱柱顶集中风力 $F_1=24.1\text{kN}$，Ⅲ柱柱顶集中风力 $F_2=8.0\text{kN}$，Ⅰ柱上均布风压 $q_1=3.12\text{kN/m}$，Ⅲ柱上均布风压 $q_2=2.34\text{kN/m}$。

（2）吊车垂直荷载作用

Ⅰ～Ⅱ跨　$P_{max}=825\text{kN}$，$P_{min}=247\text{kN}$，垂直荷载与Ⅰ柱下柱轴线的偏心距 $e_1=$

0.35m，垂直荷载与Ⅱ柱下柱轴线的偏心距 e_2＝0.75m；

Ⅱ～Ⅲ跨　P_{max}＝317kN，P_{min}＝76kN，垂直荷载与Ⅱ、Ⅲ两柱下柱轴线的偏心距均为 e_3＝0.45m。

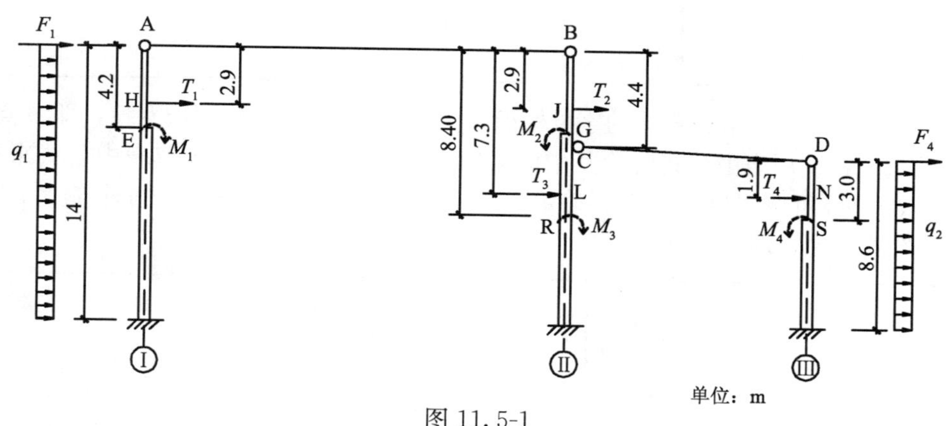

图 11.5-1

（3）吊车水平制动力作用

Ⅰ～Ⅱ跨　$T_1=T_2$＝26.9kN；

Ⅱ～Ⅲ跨　$T_3=T_4$＝8.88kN。

各跨内的两个水平制动力不同时作用，且作用方向也不固定。

排架结构的具体尺寸、受载位置详见图 11.5-1，其中吊车垂直荷载已用对应的力矩表达。

【解】本题所讨论的不等高排架为左边跨高，右边跨低，且右边跨横梁有些坡度，与表 11.5-1 所列的两跨不等高排架形式有些区别，由于表内计算公式中所涉及的参数均与各立柱的柱上作用荷载有关，各跨彼此间的关联只通过中间立柱（Ⅱ柱）横杆联结结点处的柔度系数 δ_{U} 来体现，根据柔度系数的互等性质，当中柱两边横杆高度确定后，无论是左高右低还是左低右高，其柔度系数 δ_{U} 都是相同的。另外右边跨横杆可按斜度较小的情形进行简化计算。因此，本题的计算分析完全可采用表 11.5-1 所列的计算公式来进行。

（1）几何、材料、荷载参数汇总

Ⅰ、Ⅱ柱截面惯性矩　上柱 $I_1=2.667\times10^{-3}\text{m}^4$，下柱 $I_2=17.923\times10^{-3}\text{m}^4$

Ⅲ柱截面惯性矩　上柱 $I_1=1.429\times10^{-3}\text{m}^4$，下柱 $I_2=5.972\times10^{-3}\text{m}^4$

F_1＝24.1kN，F_2＝8.0kN，q_1＝3.12kN/m，q_2＝2.34kN/m

$$M_1=P_{max}\times e_1=825\times0.35=288.75\text{kNm}$$

$$M_2=P_{min}\times e_2=247\times0.75=185.25\text{kNm}$$

$$M_3=P_{max}\times e_3=317\times0.45=142.56\text{kNm}$$

$$M_4=P_{min}\times e_3=67\times0.45=34.20\text{kNm}$$

$$T_1=T_2=26.9\text{kN};\ T_3=T_4=8.88\text{kN}$$

E＝1（由于三立柱材料相同，可将弹性模量设为单位值，不影响计算）

（2）基本参数计算

由于本例在具体进行各项荷载作用下的计算中都要涉及基本参数 K_1、K_2、K_3、K_4 以及相关的柔度系数，为此，先进行这些基本参数的计算。查表 11.5-1 中的“11.5-01”栏，有

11.5-01	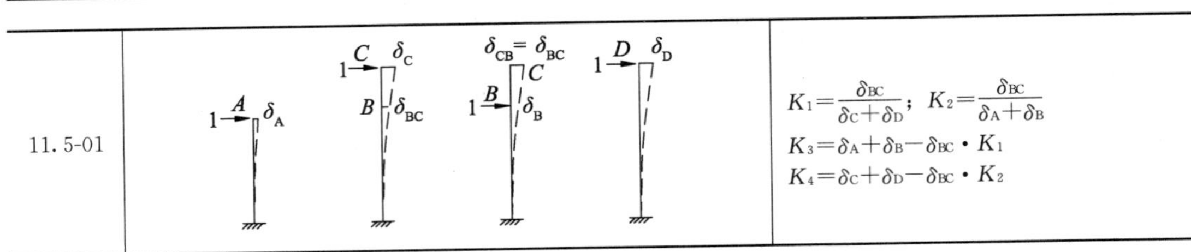	$K_1=\frac{\delta_{BC}}{\delta_C+\delta_D}$；$K_2=\frac{\delta_{BC}}{\delta_A+\delta_B}$ $K_3=\delta_A+\delta_B-\delta_{BC}\cdot K_1$ $K_4=\delta_C+\delta_D-\delta_{BC}\cdot K_2$

依据本例实际结构中节点或截面的字母标识，栏中图示的 C、B 位置应互换，即 B 点位于Ⅱ柱的顶端。在运用表中公式时，其中的柔度系数 δ 可通过查 11.3 节表中公式来计算。其中 δ_A、δ_B、δ_D 可按“11.3-12”栏确定，δ_C 应按“11.3-22”栏确定，另外 $\delta_{BC}=\delta_{CB}$ 则按“11.3-15”栏确定，即

11.3-12		$\delta_A=\frac{1}{E}\left(\frac{H_1^3}{3I_1}+\frac{H_2^3-H_1^3}{3I_2}\right)$
11.3-22		$\delta_E=\frac{1}{E}\times\frac{H_6^3}{3I_2}$
11.3-15		$a>H_1$ $\delta_{AE}=\delta_{EA}=\frac{1}{E}\left[\frac{H_2^3-a^3}{3I_2}-\frac{a\ (H_2^2-a^2)}{2I_2}\right]$

具体计算时，δ 的下标要根据实际应用中所标识的字母做相应的调整，例如“11.3-15”栏中的 A、E，在与“11.5-01”栏一致时应改为 B、C。这样

$$\delta_A=\delta_B=\frac{1}{E}\left(\frac{H_1^3}{3I_1}+\frac{H_2^3-H_1^3}{3I_2}\right)$$

$$=\frac{4.2^3}{3\times2.667\times10^{-3}}+\frac{14^3-4.2^3}{3\times17.923\times10^{-3}}$$

$$=58.9151\times10^3\,\text{m}^{-1}$$

$$\delta_D=\frac{1}{E}\left(\frac{H_1^3}{3I_1}+\frac{H_2^3-H_1^3}{3I_2}\right)$$

$$=\frac{3^3}{3\times1.429\times10^{-3}}+\frac{8.6^3-3^3}{3\times5.972\times10^{-3}}$$

$$=40.2932\times10^3\,\text{m}^{-1}$$

$$\delta_C=\frac{1}{E}\times\frac{H_6^3}{3I_2}=\frac{(14-4.4)^3}{3\times17.923\times10^{-3}}=16.4544\times10^3\,\text{m}^{-1}$$

$$\delta_{CB}=\delta_{BC}=\frac{1}{E}\left[\frac{H_2^3-a^3}{3I_2}-\frac{a(H_2^2-a^2)}{2I_2}\right]$$

$$=\frac{14^3-4.4^3}{3\times17.923\times10^{-3}}-\frac{4.4\times(14^2-4.4^2)}{2\times17.923\times10^{-3}}$$

$$=27.7668\times10^3\,\mathrm{m}^{-1}$$

从而有

$$K_1=\frac{\delta_{\mathrm{BC}}}{\delta_{\mathrm{C}}+\delta_{\mathrm{D}}}=\frac{27.7668\times10^3}{16.4544\times10^3+40.2932\times10^3}=0.4893$$

$$K_2=\frac{\delta_{\mathrm{BC}}}{\delta_{\mathrm{A}}+\delta_{\mathrm{B}}}=\frac{27.7668\times10^3}{2\times58.9151\times10^3}=0.2357$$

$$K_3=\delta_{\mathrm{A}}+\delta_{\mathrm{B}}-\delta_{\mathrm{BC}}\cdot K_1=2\times58.9151\times10^3-27.7668\times10^3\times0.4893=104.2439\times10^3\,\mathrm{m}^{-1}$$

$$K_4=\delta_{\mathrm{C}}+\delta_{\mathrm{D}}-\delta_{\mathrm{BC}}\cdot K_2=16.4544\times10^3+40.2932\times10^3-27.7668\times10^3\times0.2357=50.2030\times10^3\,\mathrm{m}^{-1}$$

（3）风荷载作用下的计算

按“11.5-07”栏

11.5-07	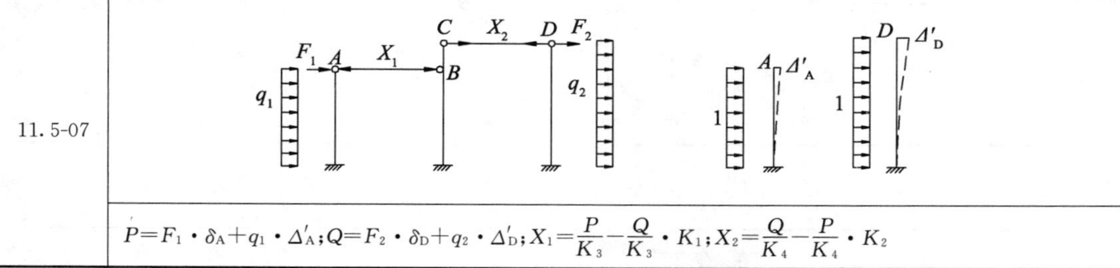
	$P=F_1\cdot\delta_{\mathrm{A}}+q_1\cdot\Delta'_{\mathrm{A}}$；$Q=F_2\cdot\delta_{\mathrm{D}}+q_2\cdot\Delta'_{\mathrm{D}}$；$X_1=\frac{P}{K_3}-\frac{Q}{K_3}\cdot K_1$；$X_2=\frac{Q}{K_4}-\frac{P}{K_4}\cdot K_2$

其中，Δ'_{A}、Δ'_{D}按“11.3-41”栏给出的公式计算

11.3-41	1　A　δ'_{A}　D　H_1　H_2	$\Delta'_{\mathrm{A}}=\frac{1}{E}\times\left(\frac{H_1^4}{8I_1}+\frac{H_2^4-H_1^4}{8I_2}\right)$

$$\Delta'_{\mathrm{A}}=\frac{1}{E}\times\left(\frac{H_1^4}{8I_1}+\frac{H_2^4-H_1^4}{8I_2}\right)=\frac{4.2^4}{8\times2.667\times10^{-3}}+\frac{14^4-4.2^4}{8\times17.923\times10^{-3}}=280.3380\times10^3$$

$$\Delta'_{\mathrm{D}}=\frac{1}{E}\times\left(\frac{H_1^4}{8I_1}+\frac{H_2^4-H_1^4}{8I_2}\right)=\frac{3^4}{8\times1.429\times10^{-3}}+\frac{8.6^4-3^4}{8\times5.972\times10^{-3}}=119.8843\times10^3$$

所以

$$P=F_1\cdot\delta_{\mathrm{A}}+q_1\cdot\Delta'_{\mathrm{A}}=24.1\times58.9151\times10^3$$

$$+3.12\times280.3380\times10^{3}=2294.5085\times10^{3}\text{kNm}^{-1}$$

$$Q=F_2\cdot\delta_D+q_2\cdot\Delta'_D=8.0\times40.2932\times10^{3}$$

$$+2.34\times119.8843\times10^{3}=602.8749\times10^{3}\text{kNm}^{-1}$$

$$X_1=\frac{P}{K_3}-\frac{Q}{K_3}\cdot K_1=\frac{2294.5085\times10^{3}-602.8749\times10^{3}\times0.4893}{104.2439\times10^{3}}=19.1812\text{kN}$$

$$X_2=\frac{Q}{K_4}-\frac{P}{K_4}\cdot K_2=\frac{602.8749\times10^{3}-2294.5085\times10^{3}\times0.2357}{50.2030\times10^{3}}=1.2362\text{kN}$$

计算得到 X_1、X_2 为正，说明实际结构中Ⅰ～Ⅱ跨间的横杆为压杆，Ⅱ-Ⅲ跨间的横杆为拉杆，与“11.5-07”栏图中设定的杆件受力特性一致。

(4) 吊车垂直荷载作用下的计算

以Ⅰ-Ⅱ跨受吊车垂直荷载作用为例，其中 $P_{max}=825\text{kN}$ 作用于Ⅰ柱，$P_{min}=247\text{kN}$ 作用于Ⅱ柱。由垂直荷载与两柱下柱轴线的偏心距可得到两个外力偶为 $M_1=288.75\text{kNm}$；$M_2=185.25\text{kNm}$；这样便可按“11.5-15”栏进行横杆轴力的计算，即

11.5-15	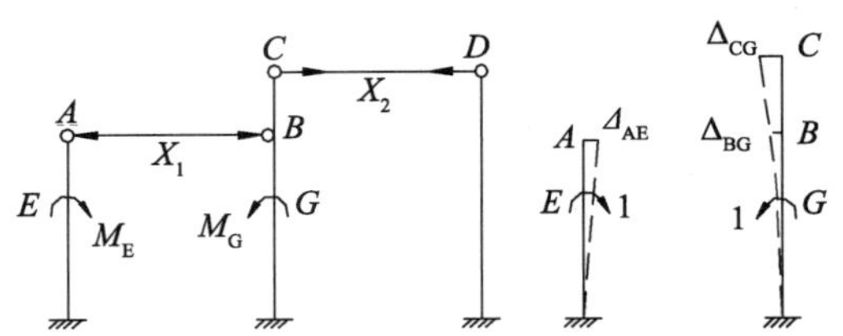 A B C D E G X_1 X_2 M_E M_G Δ_{AE} Δ_{BG} Δ_{CG} 1	$X_1=\frac{M_E\cdot\Delta_{AE}+M_G(\Delta_{BG}-\Delta_{CG}\cdot K_1)}{K_3}$ $X_2=\frac{M_G\cdot\Delta_{CG}-X_1\cdot\delta_{BC}}{\delta_C+\delta_D}$

这里，$M_E=M_1$，$M_G=M_2$，其中 Δ_{AE}、Δ_{BG}、Δ_{CG} 按“11.3-29”栏、“11.3-27”栏计算

11.3-29	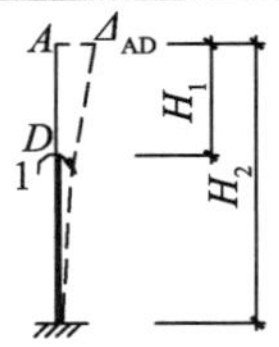 A D 1 Δ_{AD} H_1 H_2	$\Delta_{AD}=\frac{1}{E}\times\frac{H_2^2-H_1^2}{2I_2}$
11.3-27	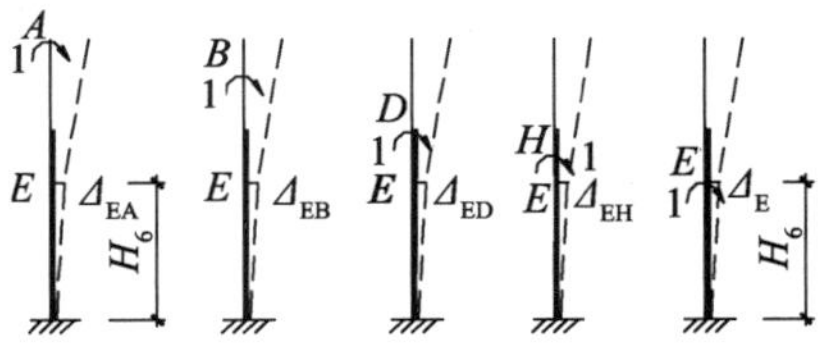 A B D H E 1 Δ_{EA} Δ_{EB} Δ_{ED} Δ_{EH} Δ_E H_6	$\Delta_{EA}=\Delta_{EB}=\Delta_{ED}=\Delta_{EH}=\Delta_E=\frac{1}{E}\times\frac{H_6^2}{2I_2}$

将“11.5-15”栏以及“11.3-29”栏、“11.3-27”栏中对应的截面位置调整为与本例中的截面标识一致，并注意到实际结构中 B 点为柱顶点，而 C 点在 G 点的下方，即低于 M_G 的作用点，这样

$$\Delta_{AE}=\Delta_{BG}=\frac{1}{E}\times\frac{H_2^2-H_1^2}{2I_2}=\frac{14^2-4.20^2}{2\times17.923\times10^{-3}}=4.9757\times10^{3}\text{m}^{-2}$$

$$\Delta_{CG}=\frac{1}{E}\times\frac{H_6^2}{2I_2}=\frac{9.6^2}{2\times17.923\times10^{-3}}=2.5710\times10^{3}\text{m}^{-2}$$

由此，

$$X_1=\frac{M_E\cdot\Delta_{AE}+M_G(\Delta_{BG}-\Delta_{CG}\cdot K_1)}{K_3}$$

$$=\frac{288.75\times4.9757\times10^3+185.25\times(4.9757\times10^3-2.5710\times10^3\times0.4893)}{104.2439\times10^3}$$

$$=20.3891\text{kN}$$

$$X_2=\frac{M_G\cdot\Delta_{CG}-X_1\cdot\delta_{BC}}{\delta_C+\delta_D}$$

$$=\frac{185.25\times2.5710\times10^3-20.3891\times27.7668\times10^3}{16.4544\times10^3+40.2932\times10^3}$$

$$=-1.5835\text{kN}$$

计算得到 $X_1>0$，表明Ⅰ-Ⅱ跨间横杆为压杆，$X_2<0$ 表明Ⅱ-Ⅲ跨间的横杆受力与图中设定的受拉特性相反，也为压杆。

对于Ⅱ-Ⅲ跨内作用吊车垂直荷载的讨论可以采用两种方法进行计算，一是运用“11.5-12”栏和“11.5-14”分别计算在 M_3 和 M_4 作用下的结构赘余力，然后进行叠加；二是将结构连同作用的 M_3 和 M_4 进行左右反转使其成为如图 11.5-2 的结构系统，运用“11.5-15”栏进行计算，这时某些基本参数和柔度系数会与前述的情况有所不同，要重新计算。这两种方法，读者可作为练习自行计算相互校验。

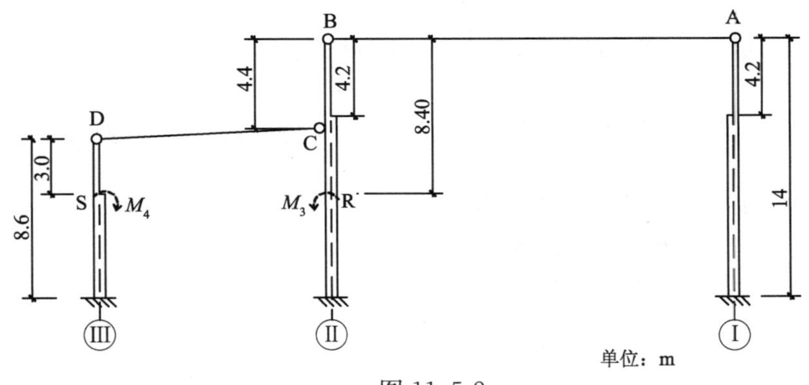

图 11.5-2

（5）吊车水平制动力作用于Ⅱ柱

本例中，将Ⅰ-Ⅱ跨内吊车的水平制动力和Ⅱ-Ⅲ跨内吊车的水平制动力同时作用作为计算工况，即在Ⅱ柱上的 J 点作用有 $T_2=26.9\text{kN}$，L 点作用有 $T_3=8.88\text{kN}$，两者的方向一致，如图 11.5-1 所示。查表 11.5-1 中“11.5-17”栏，有

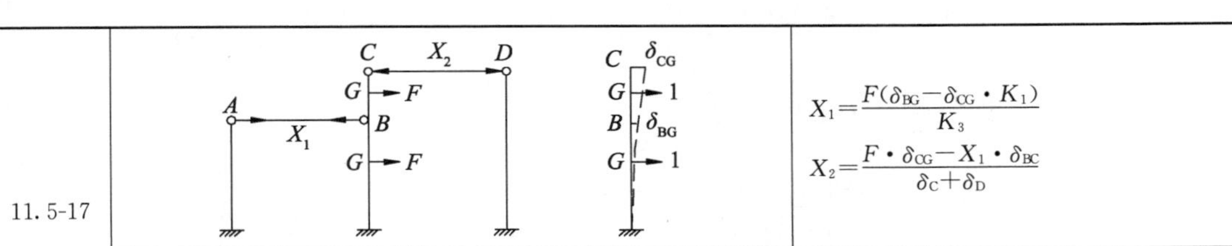

11.5-17		$X_1=\frac{F(\delta_{BG}-\delta_{CG}\cdot K_1)}{K_3}$ $X_2=\frac{F\cdot\delta_{CG}-X_1\cdot\delta_{BC}}{\delta_C+\delta_D}$
	说明：本栏分三种情况考虑：（1）单个集中力 F 作用于 B 点之上；（2）单个集中力 F 作用于 B 点之下；（3）两个相同的集中力 F 分别作用于 B 点的上部或下部。三种情况下 δ_{BG}、δ_{CG}的计算式是不相同的，其中第（3）种情况的 δ_{BG}、δ_{CG}可用第（1）、（2）两种情况所得的结果叠加得到；当 B 点上下作用不同量值的 F 时，应分别按（1）、（2）情形单独计算后，运用叠加原理来得到最终结果。	

根据该表格栏中的说明，本例应分两种情况分别计算：(1) $T_2=26.9\text{kN}$ 作用下的情况；(2) $T_3=8.88\text{kN}$ 作用下的情况。现分别讨论如下：

1) $T_2=26.9\text{kN}$ 作用于图 11.5-1 中的 J 点。将"11.5-17"栏中对应的截面位置调整为与本例中的截面标识相一致，这样，"11.5-17"栏所列公式中的 δ_{BG}、δ_{CG} 应为 δ_{BJ}、δ_{CJ}，并且 B 点处于柱的顶端，查"11.3-13"栏和"11.3-19"栏有

11.3-13	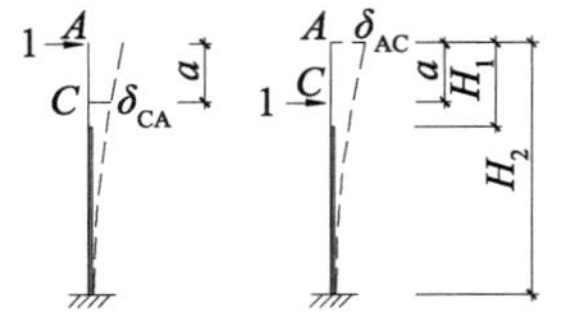	$a<H_1$ $\delta_{AC}=\delta_{CA}=\frac{1}{E}\left[\frac{H_1^3-a^3}{3I_1}-\frac{a(H_1^2-a^2)}{2I_1}+\frac{H_2^3-H_1^3}{3I_2}-\frac{a(H_2^2-H_1^2)}{2I_2}\right]$
11.3-19	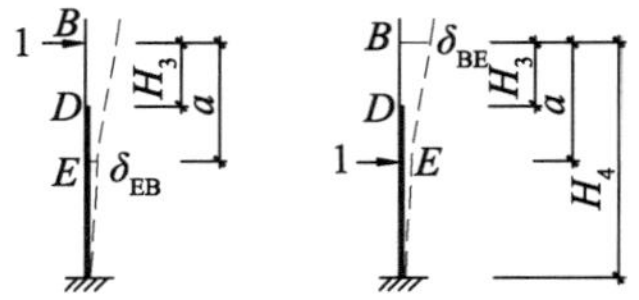	$a>H_3$ $\delta_{BE}=\delta_{EB}=\frac{1}{E}\left[\frac{H_4^3-a^3}{3I_2}-\frac{a(H_4^2-a^2)}{2I_2}\right]$

调整截面的标识，可得：

$$\delta_{BJ}=\frac{1}{E}\left[\frac{H_1^3-a^3}{3I_1}-\frac{a(H_1^2-a^2)}{2I_1}+\frac{H_2^3-H_1^3}{3I_2}-\frac{a(H_2^2-H_1^2)}{2I_2}\right]$$

$$=\frac{4.2^3-2.9^3}{3\times2.667\times10^{-3}}-\frac{2.9\times(4.2^2-2.9^2)}{2\times2.667\times10^{-3}}+\frac{14^3-4.2^3}{3\times17.923\times10^{-3}}-\frac{2.9\times(14^2-4.2^2)}{2\times17.923\times10^{-3}}$$

$$=(6.2116-5.0182+49.6552-14.4296)\times10^3=36.4190\times10^3\text{m}^{-1}$$

$$\delta_{CJ}=\frac{1}{E}\left[\frac{H_4^3-a^3}{3I_2}-\frac{a(H_4^2-a^2)}{2I_2}\right]=\frac{(14-2.9)^3-(4.4-2.9)^3}{3\times17.923\times10^{-3}}$$

$$-\frac{(4.4-2.9)\times(14-2.9)^2-(4.4-2.9)^3}{2\times17.923\times10^{-3}}$$

$$=\frac{11.1^3-1.5^3}{3\times17.923\times10^{-3}}-\frac{1.5\times11.1^2-1.5^3}{2\times17.923\times10^{-3}}=20.3109\times10^3\text{m}^{-1}$$

这样

$$X_1=\frac{F(\delta_{BG}-\delta_{CG}\cdot K_1)}{K_3}=\frac{T_2(\delta_{BJ}-\delta_{CJ}\cdot K_1)}{K_3}$$

$$=\frac{26.9\times(36.4190\times10^3-20.3109\times10^3\times0.4893)}{104.2439\times10^3}=6.8334\text{kN}$$

$$X_2=\frac{F\cdot\delta_{CG}-X_1\cdot\delta_{BC}}{\delta_C+\delta_D}=\frac{T_2\cdot\delta_{CJ}-X_1\cdot\delta_{BC}}{\delta_C+\delta_D}$$

$$=\frac{26.9\times20.3109\times10^3-6.8334\times27.7668\times10^3}{16.4544\times10^3+40.2932\times10^3}=6.2843\text{kN}$$

2) $T_3=8.88\text{kN}$ 作用于图 11.5-1 中的 L 点。将"11.5-17"栏中对应的截面位置调整为与本例中的截面标识相一致，那么"11.5-17"所列公式中的 δ_{BG}、δ_{CG} 应为 δ_{BL}、δ_{CL}，查"11.3-15"栏和"11.3-23"栏，即

11.3-15	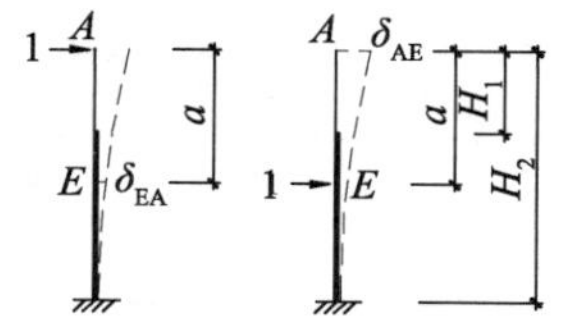	$a>H_1$ $\delta_{AE}=\delta_{EA}=\frac{1}{E}\left[\frac{H_2^3-a^3}{3I_2}-\frac{a\ (H_2^2-a^2)}{2I_2}\right]$
11.3-23	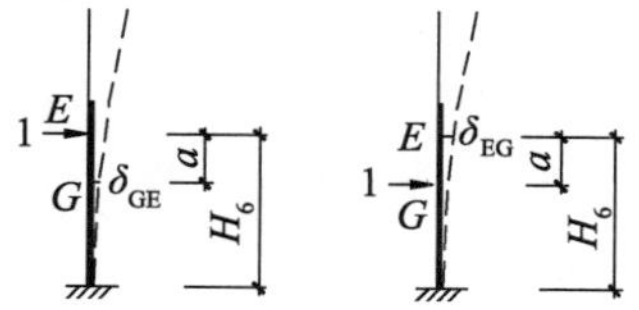	$\delta_{EG}=\delta_{GE}=\frac{1}{E}\left[\frac{H_6^3-a^3}{3I_2}-\frac{a\ (H_6^2-a^2)}{2I_2}\right]$

并调整截面的标识，便有

$$\delta_{BL}=\frac{1}{E}\left[\frac{H_2^3-a^3}{3I_2}-\frac{a(H_2^2-a^2)}{2I_2}\right]=\frac{14^3-7.3^3}{3\times17.923\times10^{-3}}-\frac{7.3\times(14^2-7.3^2)}{2\times17.923\times10^{-3}}=14.7354\times10^3\text{m}^{-1}$$

$$\delta_{CL}=\frac{1}{E}\left[\frac{H_6^3-a^3}{3I_2}-\frac{a(H_6^2-a^2)}{2I_2}\right]=\frac{9.6^3-2.9^3}{3\times17.923\times10^{-3}}-\frac{2.9\times(9.6^2-2.9^2)}{2\times17.923\times10^{-3}}=9.2253\times10^3\text{m}^{-1}$$

因此，

$$X_1=\frac{F(\delta_{BG}-\delta_{CG}\cdot K_1)}{K_3}=\frac{T_3(\delta_{BL}-\delta_{CL}\cdot K_1)}{K_3}=\frac{8.88\times(14.7354\times10^3-9.2253\times10^3\times0.4893)}{104.2439\times10^3}=0.8707\text{kN}$$

$$X_2=\frac{F\cdot\delta_{CG}-X_1\cdot\delta_{BC}}{\delta_C+\delta_D}=\frac{T_3\cdot\delta_{CL}-X_1\cdot\delta_{BC}}{\delta_C+\delta_D}=\frac{8.88\times9.2253\times10^3-0.8707\times27.7668\times10^3}{16.4544\times10^3+40.2932\times10^3}=1.0176\text{kN}$$

综合以上两种水平制动力的作用效果，得横杆中的轴力为

$$X_1=6.8334+0.8707=7.7041\text{kN}$$

$$X_2=6.2843+1.0176=7.3019\text{kN}$$

（6）立柱控制截面弯矩

综合上述各种荷载情况，可以得到三立柱中在相应工况下的控制截面弯矩值，结果见表 11.5-4。

各立柱控制截面处的弯矩值（单位：kN·m）　　　**表 11.5-4**

柱　别	截 面 位 置	风荷载作用	吊车竖向荷载作用	吊车制动荷载作用
Ⅰ柱	变阶截面	48.18	−85.63（203.12）	32.36
	柱底截面	374.62	3.30	107.86
Ⅱ柱	变阶截面	80.56	85.63（−99.62）	2.61
	柱底截面	256.67	85.00	180.13

续表

柱　别	截　面　位　置	风荷载作用	吊车竖向荷载作用	吊车制动荷载作用
Ⅲ柱	变阶截面	38.24	4.75	21.91
	柱底截面	165.96	13.62	62.80

注：1. 表内数据以截面左侧受拉为正，右侧受拉为负。
2. 吊车竖向荷载作用一栏中括弧外、内的数据分别表示变阶截面（集中力偶作用处）上侧、下侧部位的弯矩值。

参 考 文 献

[11.1]《建筑结构静力计算手册》编写组．建筑结构静力计算手册（第二版）．北京：中国建筑工业出版社，1998

[11.2] 刘百铨．单层厂房排架计算公式．北京：中国建筑工业出版社，1973

[11.3] 龙驭球，包世华．结构力学基本教程（第2版）．北京：高等教育出版社，2006

第12章　特种楼梯

12.1　螺旋楼梯

12.1.1　概述

螺旋楼梯按结构形式分螺旋板式楼梯和螺旋梁式楼梯两种，钢筋混凝土螺旋楼梯通常采用板式楼梯，而钢螺旋楼梯则通常采用梁式楼梯。按上楼方向可分为左旋式和右旋式两种，见图 12.1-1。螺旋楼梯平面投影通常为圆弧形，也有采用椭圆形。

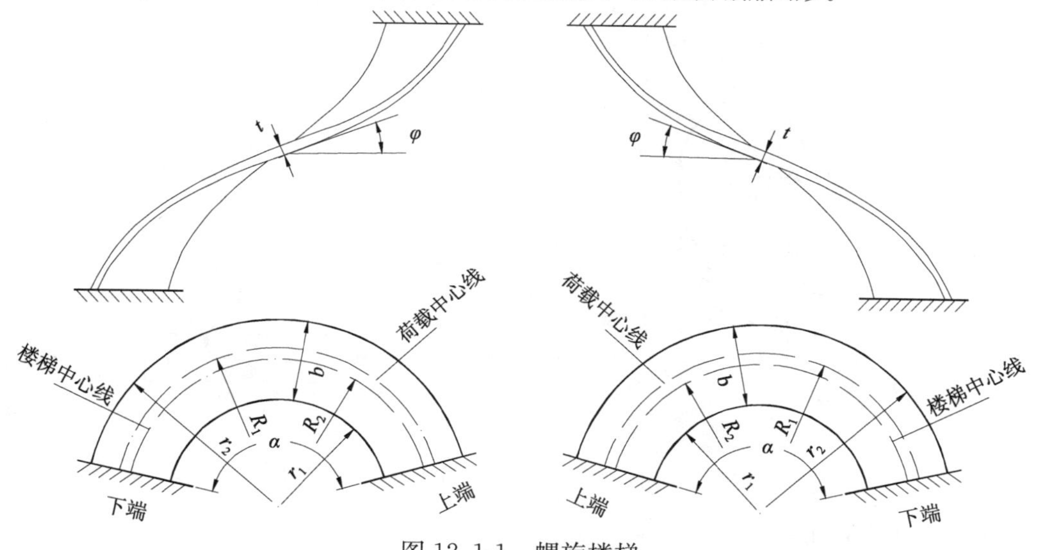

图 12.1-1　螺旋楼梯

螺旋板式楼梯上端与上层楼面梁相连，下端与下层楼面梁或基础相连。当支承螺旋楼梯的楼面梁或基础梁抗扭刚度不很大时，可将螺旋板式楼梯上、下端假定为铰支，在支座配筋时还需考虑实际存在的嵌固作用。当支承螺旋楼梯的楼面梁或基础梁抗扭刚度足够大时，可将螺旋板式楼梯上、下端假定为固支。

12.1.2　两端铰支螺旋楼梯内力计算

计算假定：螺旋楼梯上、下端以水平柱状铰与楼面梁连接，垂直方向为铰接、水平方向为固接。

1. 几何尺寸、计算公式符号

两端铰支螺旋楼梯计算简图见图 12.1-1、图 12.1-2，其符号说明如下：

H——楼层层高；

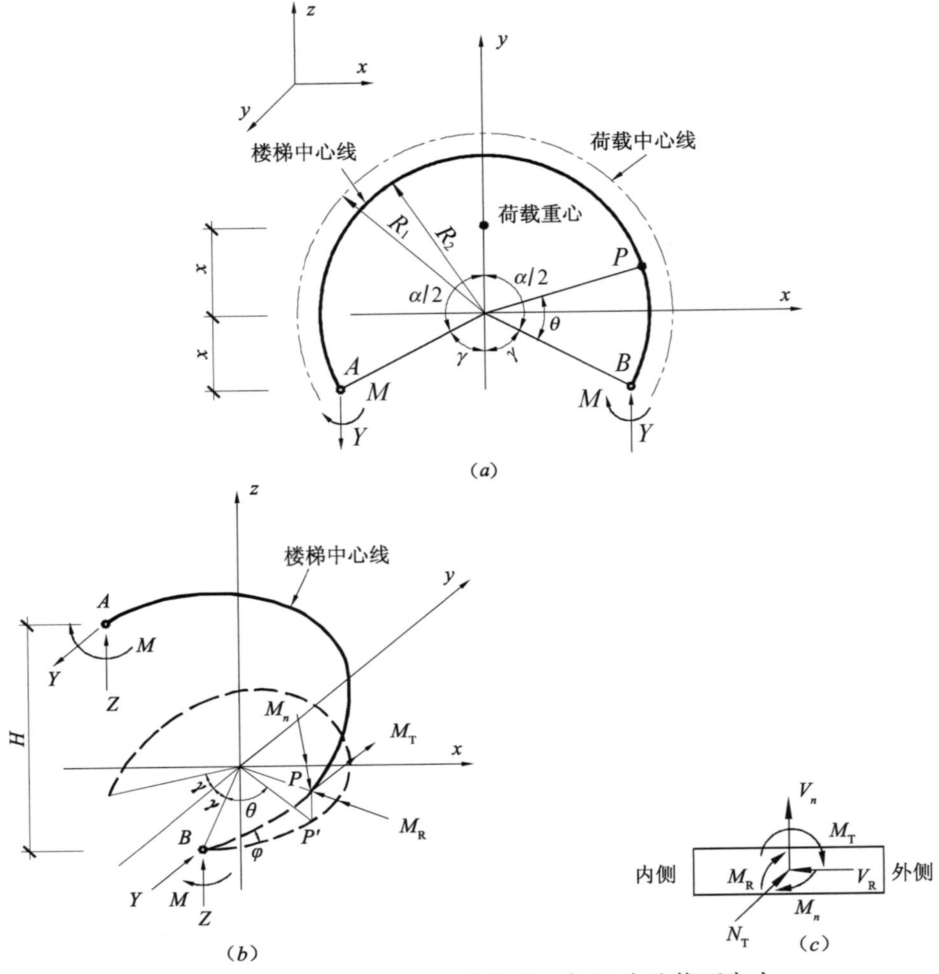

图 12.1-2　右旋螺旋楼梯几何尺寸及截面内力

α——总水平转角；

b——楼梯宽度；

r_1——楼梯内侧半径；

r_2——楼梯外侧半径；

R_1——荷载中心线半径，可近似取 $R_1=\frac{2}{3}\left(\frac{r_2^3-r_1^3}{r_2^2-r_1^2}\right)$；

h——楼梯板厚；

q——荷载中心线处的线荷载，$q=\frac{3}{4}\frac{(r_2^2-r_1^2)^2}{(r_2^3-r_1^3)}(g+p)+2c$；

g——每个踏步单位面积上的自重，$g=\frac{G}{A}$；G 为每个踏步自重，A 为每个踏步面积，

$A=\frac{1}{2}\omega(r_2^2-r_1^2)$，$\omega$ 为每个踏步的夹角；

p——楼梯上的均布活荷载；

c——楼梯边栏杆及扶手自重；
φ——楼梯中心线处的倾角；
θ——下端到动点 P 的水平转角；
N_T——轴向力，以压为正，见图 12.1-2（c）；
V_R——径向剪力，指向圆心为正，见图 12.1-2（c）；
V_n——法向剪力，以向上为正，见图 12.1-2（c）；
M_R——径向弯矩，以下面受拉为正，见图 12.1-2（b）；
M_T——扭矩，以 P 点的切线为旋转中心的力矩，并使外侧向下内侧向上转动为正，见图 12.1-2（b）；
M_n——法向弯矩，以外侧受拉为正，见图 12.1-2（b）；
Y——支座推力；
Z——支座反力；
M——支座平面弯矩。

2. 支座反力公式

$$Z=\frac{1}{2}qR_1\alpha \tag{12.1-1}$$

$$Y=\frac{q}{H}R_1\left[2R_1\sin\left(\frac{\alpha}{2}\right)+R_2\alpha\sin\left(\frac{\alpha}{2}-\frac{\pi}{2}\right)\right] \tag{12.1-2}$$

$$M=YR_2\sin\left(\frac{\alpha}{2}\right) \tag{12.1-3}$$

3. 螺旋线上任意截面 *P* 的内力公式

$$M_T=\left[qR_1R_2\ \frac{\alpha}{2}(1-\cos\theta)-YH\ \frac{\theta}{\alpha}\sin\left(\theta+\gamma-\frac{\pi}{2}\right)+qR_1(R_1\sin\theta-R_2\theta)\right]\cos\varphi$$
$$-YR_2\cos\left(\theta+\gamma-\frac{\pi}{2}\right)\sin\varphi \tag{12.1-4}$$

$$M_n=\left[qR_1R_2\ \frac{\alpha}{2}(1-\cos\theta)-YH\ \frac{\theta}{\alpha}\sin\left(\theta+\gamma-\frac{\pi}{2}\right)+qR_1(R_1\sin\theta-R_2\theta)\right]\cos\varphi$$
$$+YR_2\cos\left(\theta+\gamma-\frac{\pi}{2}\right)\cos\varphi \tag{12.1-5}$$

$$M_R=qR_1R_2\ \frac{\alpha}{2}\sin\theta-YH\ \frac{\theta}{\alpha}\cos\left(\theta+\gamma-\frac{\pi}{2}\right)-qR_1^2(1-\cos\theta) \tag{12.1-6}$$

$$V_R=-Y\sin\left(\theta+\gamma-\frac{\pi}{2}\right) \tag{12.1-7}$$

$$V_n=-Y\cos\left(\theta+\gamma-\frac{\pi}{2}\right)\sin\varphi+(Z-qR_1\theta)\cos\varphi \tag{12.1-8}$$

$$N_T=Y\cos\left(\theta+\gamma-\frac{\pi}{2}\right)\cos\varphi+(Z-qR_1\theta)\sin\varphi \tag{12.1-9}$$

式中　$\gamma=\pi-\frac{\alpha}{2}$。

4. 计算图表

将式（12.1-4）～式（12.1-9）改写为：

$$M_T=A_TqR_2^2 \tag{12.1-10}$$

$$M_r = A_r q R_2^2 \qquad (12.1\text{-}11)$$

$$M_n = A_n q R_2^2 \qquad (12.1\text{-}12)$$

$$V_R = B_R q R_2 \qquad (12.1\text{-}13)$$

$$V_n = B_n q R_2 \qquad (12.1\text{-}14)$$

$$N_T = B_T q R_2 \qquad (12.1\text{-}15)$$

式中内力系数 A_T、A_r、A_n、B_R、B_n 及 B_T 仅与螺旋楼梯几何参数有关，与荷载无关，可按式（12.1-4）～式（12.1-9）计算得到。为方便使用，参照文献［12.3］及文献［12.5］，取 $\varphi=30°$、$R_1/R_2=1.05$ 给出两端铰支的内力系数，见表 12.1-1，表中内力系数为螺旋楼梯下半段的内力系数，上半段内力可根据反对称关系求得。当 φ 角为 25°或 35°时可乘表中相应修正系数。

12.1.3 两端固支螺旋楼梯内力计算

1. 对称轴截面上径向水平力 H_0 和径向弯矩 M_0 计算公式

根据螺旋楼梯对称的特点，图 12.1-3 所示两端固定的螺旋楼梯，在对称轴截面处的内力除径向水平力 H_0 和径向弯矩 M_0 外均为零。以下图中及计算公式中的符号均与铰接螺旋楼梯相同。对称轴截面上的径向水平力 H_0 和径向弯矩 M_0 计算公式如下：

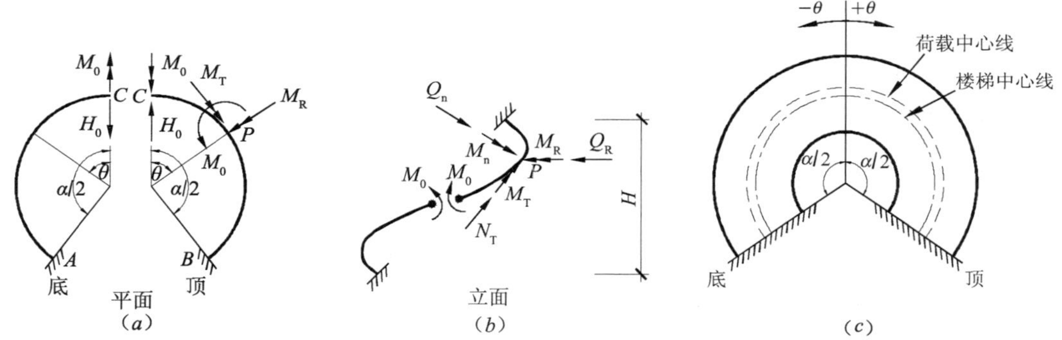

图 12.1-3 两端固接左旋梯几何尺寸及截面内力

$$M_0 = a_1 q R_2^2 \qquad (12.1\text{-}16)$$

$$H_0 = a_2 q R_2^2 \qquad (12.1\text{-}17)$$

式中 a_1、a_2 值可由图 12.1-4、图 12.1-5 查出。

2. 螺旋线上任意截面的内力计算公式

$$M_T = M_0\sin\theta\cos\varphi - H_0 R_2\sin\varphi(\cos\theta - \sin\theta) + qR_1\cos\varphi(R_1\sin\theta - R_2\theta)$$

$$M_n = M_0\sin\theta\cos\varphi - H_0 R_2(\theta\cos\theta\sin\varphi\tan\varphi + \sin\theta\cos\varphi) + (R_1^2\sin\theta - R_1R_2\theta)q\sin\varphi$$

$$M_R = M_0\cos\theta + H_0 R_2\theta\sin\theta\tan\varphi - qR_1^2(1-\cos\theta)$$

$$V_R = H_0\cos\theta$$

$$V_n = qR_1\theta\cos\varphi - H_0\sin\theta\sin\varphi$$

$$N_T = -H_0\sin\theta\cos\varphi - qR_1\theta\sin\varphi$$

两端铰支内力系数　　**表 12.1-1**

α	90°	120°	150°	180°	210°	240°	270°	300°	330°	360°	校正系数	
											$\alpha=25°$	$\alpha=35°$
A_T	0.153 0 —	0.290 0 —	0.454 0 —	0.608 0 —	0.714 0 —	0.736 0 —	0.657 0 —	0.485 0 —	0.250 0 —	0.000 0 —	1.045	0.945
A_r	0.265 0 —	0.503 0 —	0.784 0 —	1.053 0 1.054 $\theta=1.61°$	1.236 0 1.326 $\theta=21.03°$	1.274 0 1.636 $\theta=37.73°$	1.138 0 1.972 $\theta=53.11°$	0.840 0 2.309 $\theta=65.91°$	0.432 0 2.654 $\theta=81.75°$	0.000 0 2.965 $\theta=95.35°$	1.295	0.780
A_n	0 0.260 0.260 $\theta=45°$	0 0.401 0.401 $\theta=60°$	0 0.510 0.510 $\theta=75°$	0 0.542 0.542 $\theta=90°$	0 0.471 0.486 $\theta=66.51°$	0 0.196 0.488 $\theta=46.48°$	0 −0.133 0.587 $\theta=41.62°$	0 −0.683 0.776 $\theta=41.62°$	0 −1.409 1.058 $\theta=44.26°$	0 −2.205 1.438 $\theta=48.38°$	1.0	1.0
B_R	−0.307 −0.434 —	−0.335 −0.670 —	−0.243 −0.939 —	0.000 −1.216 —	0.383 −1.478 —	0.849 −1.699 —	1.314 −1.859 —	1.680 −1.940 —	1.862 −1.928 —	1.819 −1.819 —	1.240	0.825
B_R	0.561 0 —	0.662 0 —	0.737 0 —	0.820 0 —	0.953 0 —	1.169 0 —	1.485 0 —	1.896 0 —	2.369 0 —	2.857 0 —	1.045	0.945
B_T	0.678 0 —	1.052 0 —	1.473 0 —	1.878 0 —	2.198 0 —	2.374 0 —	2.375 0 —	1.944 0 —	1.649 0 —	1.649 0 —	1.060	0.972

注：表中每格第一行为支座反力，第二行为中点内力，第三行为内力极值，第四行为内力极值位置。

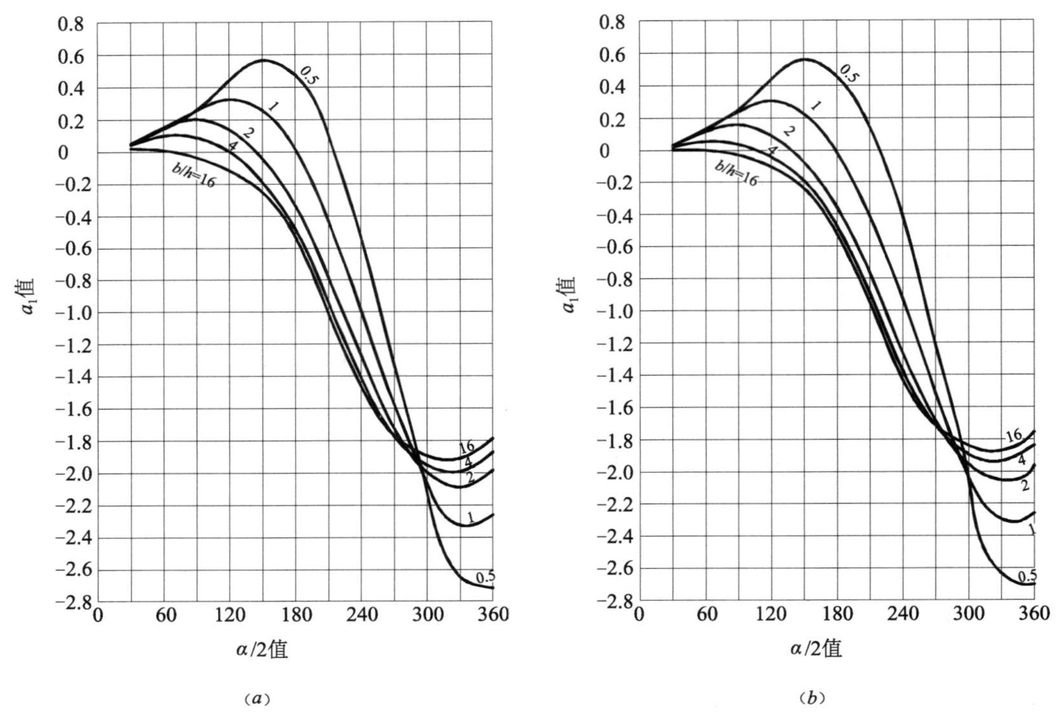

图 12.1-4　螺旋楼梯对称点内力系数 a_1

(a) $R_1/R_2=1.05$、$\varphi=20°$；(b) $R_1/R_2=1.05$、$\varphi=30°$

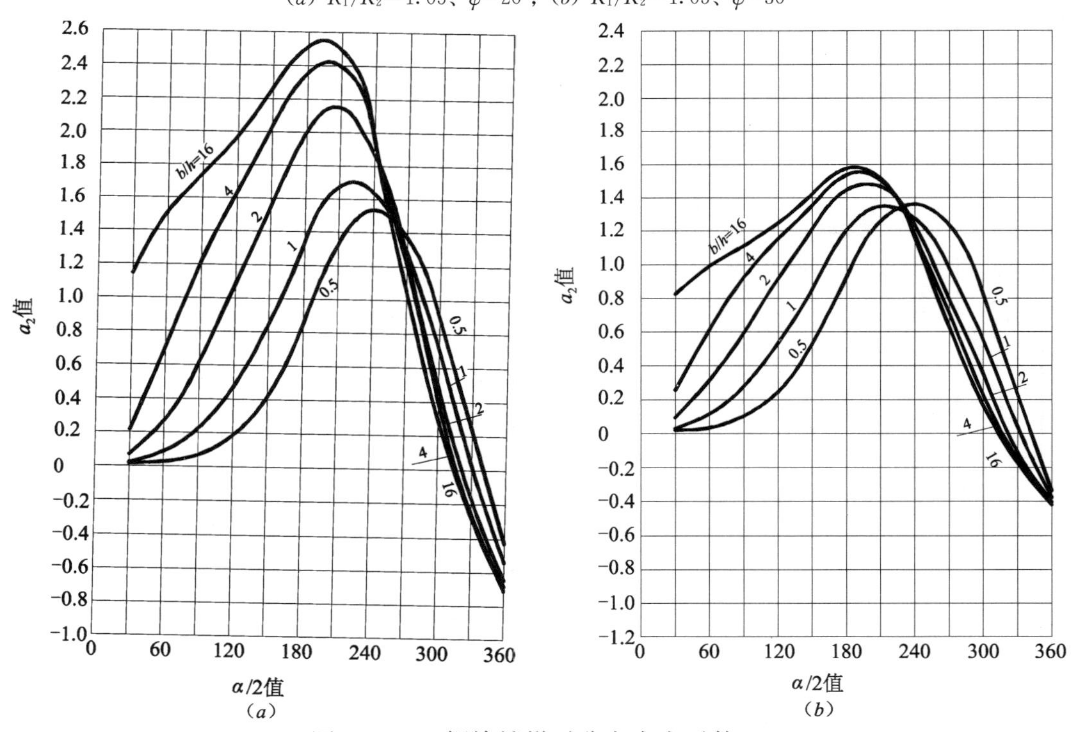

图 12.1-5　螺旋楼梯对称点内力系数 a_2

(a) $R_1/R_2=1.05$、$\varphi=20°$；(b) $R_1/R_2=1.05$、$\varphi=30°$

式中 θ 值，计算上半梯段时取正值，计算下半梯段时取负值。

3. 螺旋楼梯固接处径向弯矩达到最大值，其计算公式

$$M_{\max}=a_3qR_2^2$$

式中 a_3 值可由图 12.1-6 中查得，图 12.1-6 仅适用于 $\alpha\leqslant360°$的螺旋楼梯。

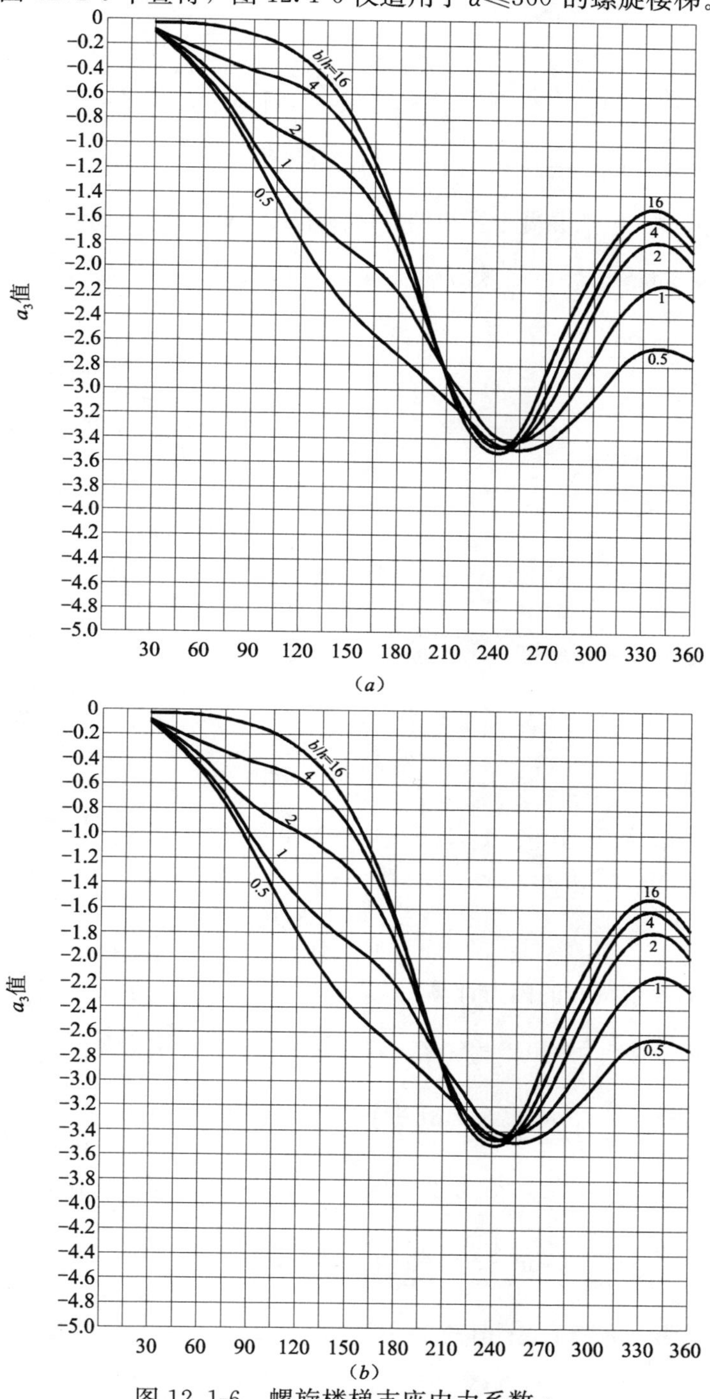

图 12.1-6　螺旋楼梯支座内力系数 a_3

(a) $R_1/R_2=1.05$、$\varphi=20°$；(b) $R_1/R_2=1.05$、$\varphi=30°$

【例题 12-1】某钢筋混凝土螺旋楼梯，计算楼层层高 $H=3.6\text{m}$，楼梯宽度 $b=1.8\text{m}$，内、外侧半径分别为 $r_1=1.3\text{m}$、$r_2=3.1\text{m}$，共 25 步、24 个水平投影级，每步高 0.144m，每步水平转角 7.5°，总水平转角 $\alpha=180°$。求算在自重和均布活荷载 3.5kN/m^2 作用下的内力。

【解】

荷载中心线半径 $R_1=\dfrac{2}{3}\times\dfrac{r_2^3-r_1^3}{r_2^2-r_1^2}=\dfrac{2}{3}\times\dfrac{3.1^3-1.3^3}{3.1^2-1.3^2}=2.32\text{m}$

楼梯中心线半径 $R_2=\dfrac{1}{2}(r_1+r_2)=\dfrac{1}{2}(1.3+3.1)=2.2\text{m}$

每个踏步自重 G（包括混凝土及粉刷）可按下式计算（图 12.1-7）

$$G=\frac{1}{4}\rho(a+2e)\omega(r_2^2-r_1^2)=\frac{1}{4}\times27(0.144+2\times0.225)\frac{7.5}{180}\pi(3.1^2-1.3^2)=2.76\text{kN}$$

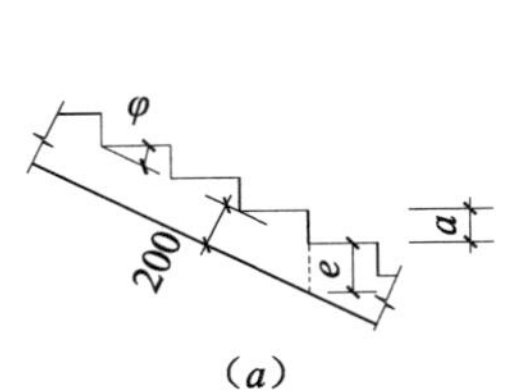

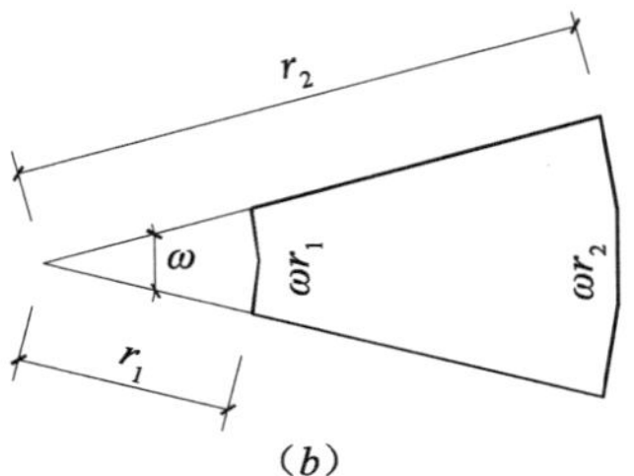

图 12.1-7 螺旋楼梯梯段及踏步示意

(a) 梯段示意；(b) 踏步示意

其中 ρ 是钢筋混凝土的质量密度（考虑粉刷取 $\rho=27\text{kN/m}^3$）。

每个踏步面积 $A=\dfrac{1}{2}\omega(r_2^2-r_1^2)=\dfrac{1}{2}\times\dfrac{7.5}{180}\pi(3.1^2-1.3^2)=0.3446\text{m}^2$

单位面积自重 $g=1.2\dfrac{G}{A}=1.2\times\dfrac{2.76}{0.3446}=9.6\text{kN/m}^2$

楼梯上的均布活荷载 $q=1.4\times3.5=4.9\text{kN/m}^2$

荷载中心线上的线荷载

$$q=\frac{3}{4}\frac{(r_2^2-r_1^2)^2}{r_2^3-r_1^3}(p+g)+2c=\frac{3}{4}\times\frac{(3.1^2-1.3^2)^2}{(3.1^3-1.3^3)}(4.9+9.6)+2\times0.5\approx26\text{kN/m}$$

(1) 假定两端为铰接时的内力计算

竖向支座反力 $Z=\dfrac{1}{2}qR_1\alpha=\dfrac{1}{2}\times26\times2.32\times3.1416=94.74\text{kN}$

水平支座反力
$$Y=\frac{q}{H}R_1\left[2R_1\sin\left(\frac{\alpha}{2}\right)+R_2\alpha\sin\left(\frac{\alpha}{2}-\frac{\pi}{2}\right)\right]$$
$$=\frac{26}{3.6}\times2.32\left[2\times2.32\times\sin90°+2.2\times3.1416\times\sin\left(\frac{180}{2}-\frac{180}{2}\right)\right]\approx77.75\text{kN}$$

支座平面内弯矩 $M=YR_2\sin\left(\dfrac{\alpha}{2}\right)=77.75\times2.2\sin90°=171.0\text{kN}\cdot\text{m}$

中心线处倾角 $\varphi=\arctan\left(\dfrac{H_1}{R_2\alpha}\right)=\arctan\left(\dfrac{3.6}{2.2\times3.1416}\right)=27.51°$

$$\sin\varphi=0.4619，\cos\varphi=0.8869$$

螺旋楼梯段上任意点的扭矩

$$\begin{aligned}M_{\mathrm{T}}&=\left[qR_1R_2\frac{\alpha}{2}(1-\cos\theta)-YH\frac{\theta}{\alpha}\sin\left(\theta+\gamma-\frac{\pi}{2}\right)\right.\\&\left.+qR_1(R_1\sin\theta)-R_2\theta\right]\cos\varphi-\left[YR_2\cos\left(\theta+\gamma-\frac{\pi}{2}\right)\right]\sin\varphi\\&=\left[26\times2.32\times2.2\times\frac{3.1416}{2}(1-\cos\theta)-77.75\right.\\&\times3.6\times\frac{\theta}{3.1416}\times\sin\left(\theta+90-\frac{180}{2}\right)+26\\&\left.\times2.32(2.32\sin\theta-2.2\theta)\right]\cos27.51^\circ\\&-\left[77.75\times2.2\cos\left(\theta+90-\frac{180}{2}\right)\right]\sin27.51^\circ\\&=184.9+\sin\theta(124.1-79.3\theta)-117.7\theta-264.1\cos\theta\end{aligned}$$

旋转总转角 180°，分成 20 段，分别把 $\theta=1°$、9°、18°、27°、……、180°代入即得各截面上的 M_{T}；同理 M_n、M_{R}、V_{R}、V_n、N_{T} 也可依次求得。由于上半梯段内力，除 M_{R}、V_{R} 与下半梯段对称外，其余诸力均与下半梯段内力反对称，故只要计算半个梯段截面内力即可。各内力的计算结果列于表 12.1-2。

下半梯段内力汇总表 **表 12.1-2**

θ	0°	9°	18°	27°	36°	45°	54°	63°	72°	81°	90°
M_{T} (kN·m)	−79.3	−77.0	−72.7	−66.5	−59.1	−50.6	−41.3	−31.5	−21.3	−10.9	0
M_n (kN·m)	152.2	150.9	146.1	137.7	125.7	110.5	92.2	71.4	48.7	24.6	0
M_{R} (kN·m)	0	17.0	30.9	41.8	50.4	56.7	61.4	64.7	66.8	68.1	68.5
V_{R} (kN)	0	−12.2	−24.1	−35.4	−45.8	−55.2	−63.1	−69.5	−74.1	−77.0	−78.0
V_n (kN)	48.0	40.0	32.9	26.7	21.2	16.5	12.4	8.8	5.6	2.7	0
N_{T} (kN)	112.9	107.7	100.8	92.3	82.2	70.8	58.1	44.5	30.1	15.2	0

（2）假定按两端固接时的内力计算

计算楼梯的对称截面上径向水平力 H_0、径向弯矩 M_0。

$R_1/R_2=2.32/2.2=1.054\approx1.05$，$b/h_2=1.30/0.2=6.5$，$\varphi=27.51°$，$\alpha/2=180°/2=90°$。

由图 12.1-4、图 12.1-5，查得 $\varphi=20°$及 $\varphi=30°$的 a_1、a_2 值；再按插入法求得 $\varphi=27.51°$时的 $a_1=0.04$，$a_2=1.35$。

$$M_0=a_1qR_2^2=0.04\times26\times2.2^2=5.0\mathrm{kN\cdot m}$$

$$H_0=a_2qR_2=1.35\times26\times2.2=77.2\mathrm{kN}$$

螺旋楼梯段上任意点的扭矩

$$\begin{aligned}M_{\mathrm{T}}&=M_0\sin\theta\cos\varphi-H_0R_2\sin\varphi(\cos\theta-\sin\theta)+qR_1\cos\varphi(R_1\sin\theta-R_2\theta)\\&=5.0\times0.8869\times\sin\theta-77.2\times2.2\times0.4619(\cos\theta-\sin\theta)\\&\quad+26\times2.32\times0.8869(2.32\sin\theta-2.2\theta)\\&=207.1\sin\theta-78.5\cos\theta-117.7\theta\end{aligned}$$

按旋梯总转角 180°分成 20 段，分别计算各截面上的 M_T；同理 M_n、M_R、V_R、V_n、N_T 也可依次求得。在计算公式中，θ 从跨中算起，上半梯段 θ 为正，下半梯段 θ 为负。各内力的计算结果列于表 12.1-3。

上半梯段内力汇总表　　表 12.1-3

θ	0°	9°	18°	27°	36°	45°	54°	63°	72°	81°	90°
M_T（k·Nm）	0	1.7	3.5	5.6	7.8	10.3	13.1	15.8	18.5	20.7	22.1
M_n（k·Nm）	0	−28.7	−56.7	−83.1	−107.3	−128.6	−146.5	−160.6	−170.6	−176.3	−178.0
M_R（k·Nm）	4.9	5.3	6.4	8.1	9.9	11.6	12.7	12.5	10.6	6.3	−1.0
V_R（kN）	77.2	76.3	73.4	68.8	62.5	54.6	45.4	35.1	23.9	12.1	0
V_n（kN）	0	2.8	5.8	9.0	12.6	16.8	21.6	27.0	33.3	40.4	48.4
N_T（kN）	0	−15.1	−29.9	−44.2	−57.8	−70.3	−81.7	−91.7	−100.2	−105.7	−112.3

12.2 悬挑式楼梯

12.2.1 概述

常见钢筋混凝土悬挑式楼梯形式有Ⅱ形、直角形及Ⅴ形（图 12.2-1）。悬挑式楼梯是一种多次超静定空间结构，内力分析复杂、烦琐，简化计算方法主要有空间构架法和板的相互作用法。计算方法不同，截面配筋和构造也不尽相同。

图 12.2-1　常见悬挑楼梯形式

空间构架法将楼梯斜板简化为梯板中心线处的斜杆、平台板简化为半圆形杆，斜杆与半圆形杆形成空间构架，近似地忽略了矩形平台板转角部分的影响。板的相互作用法在计算交线梁的内力与变形时，考虑上、下梯斜板对它的作用；同样在计算上、下梯板时也考虑交线梁对它的作用。试验表明，板的相互作用法的计算结果，除了支座负弯矩偏小一些外，其余部位都比较符合实际。与空间构架相比较，板的相互作用法的计算及构造比较简单，物理概念明确。据国外对两跑剪刀式楼梯的研究结果，板的相互作用法计算较符合实际。

本节主要介绍用板的相互作用法分析悬挑式楼梯的设计方法。

12.2.2 板相互作用法计算悬挑式楼梯

1. 截面尺寸

为满足楼梯正常使用的变形控制要求，悬挑式楼梯各部分板厚宜满足以下条件（图 12.2-2）：上、下梯板厚度宜取 $t \geqslant \frac{l}{25} \sim \frac{l}{20}$，支座嵌固较好、使用荷载较小时可取小值。梯板与休息平台板相接处板厚宜取 $t_1 \geqslant \frac{b}{6} \sim \frac{b}{8}$。平台板端部 t_2 可取 80～100mm。

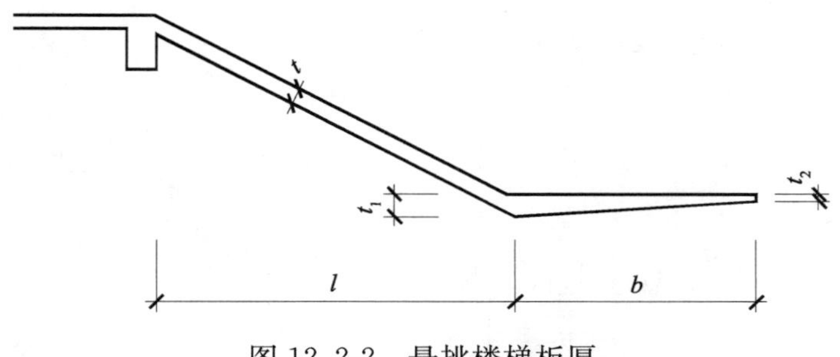

图 12.2-2 悬挑楼梯板厚

2. 计算假定

在竖向荷载作用下，内力计算分为两个步骤：第一步，沿图 12.2-3（*b*）中交线 3-4、9-10 虚设竖向不动铰支座，求出在竖向荷载作用下不动铰支座的反力 *rb* 及平台板上、下梯板各控制截面的内力。第二步，去掉虚设的竖向不动铰支座，将支座虚反力 *rb* 反向作用到交线 3-4、9-10 上，形成的计算图形如图 12.2-3（*c*）所示。悬挑式楼梯的内力等于按以上两个计算图形求出内力之和。

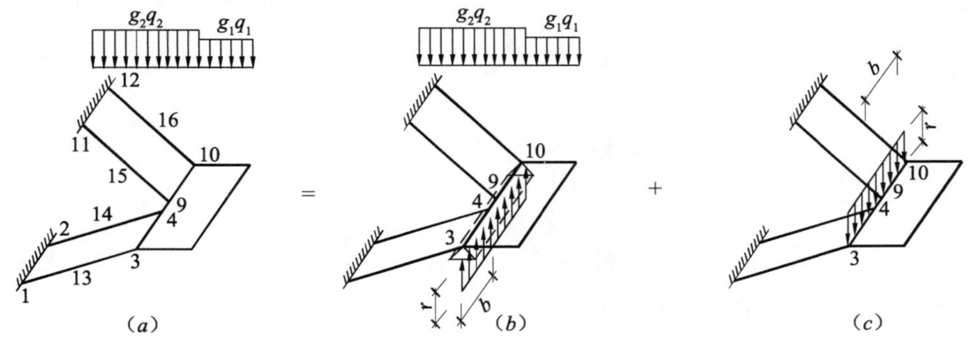

图 12.2-3 板相互作用法计算假定

第一步计算得到的内力称为基本内力。第二步按静力平衡条件求得的内力也称为基本内力；而考虑交线梁与梯板间变形协调求得的内力称为附加内力。实际工程设计中一般可忽略附加内力。

梯板内力方向及正负号规定见图 12.2-4。图中：

V_x——x 方向的水平剪力，使上段截离体向内侧错动为正，反之为负；

V_y——y 方向的竖向剪力，使与上支座相连的上段截离体向上错动为正，反之为负；

N——压力为正，拉力为负；

M_x——x 方向的弯矩，以使板底受拉为正，反之为负；

M_y——y 方向的弯矩，即在板平面内的弯矩，以使板的外侧受拉为正，反之为负；

T——扭矩，顺时针为正，即使上段截离体由内侧向上往外扭转为正，反之为负。

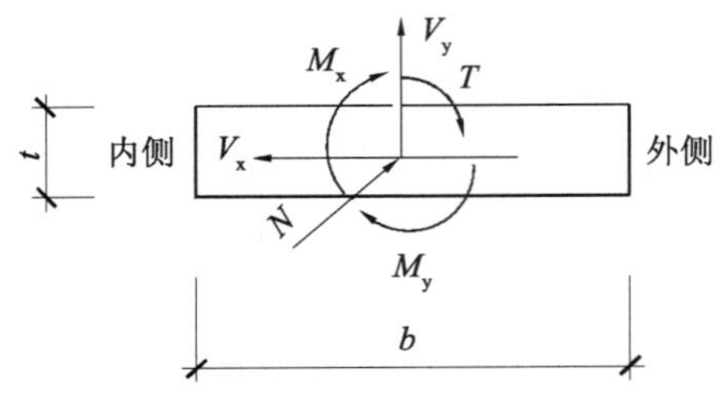

图 12.2-4　梯板计算截面内力的正方向

3. 基本内力计算

（1）有不动铰支座时的基本内力（图 12.2-5）

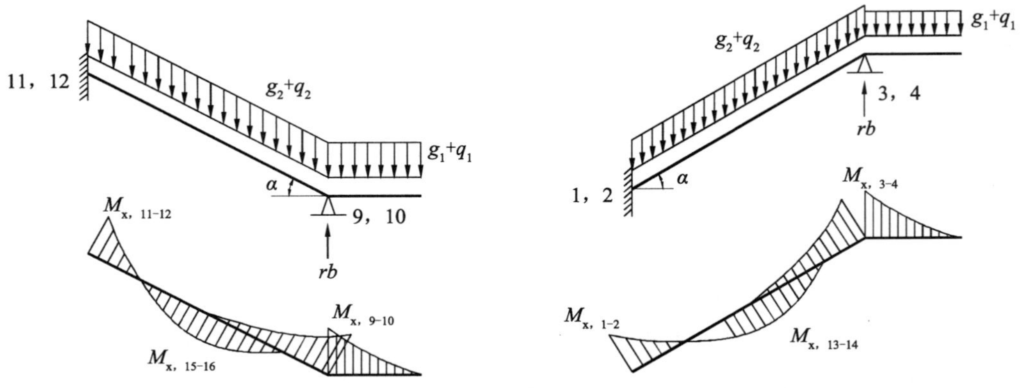

图 12.2-5　有不动铰支座时的梯段计算简图及弯矩

图 12.2-5 中，g_1、g_2 分别为平台板和梯板每米（m）的永久荷载折算线荷载，q_1、q_2 分别为平台板和梯板每米（m）的可变荷载折算线荷载。可求得不动铰支座的最大均布线反力为：

满载时

$$r=\frac{3}{8b}(g_2+q_2)l+(g_1+q_1)\left(1+\frac{3b}{4l}\right) \tag{12.2-1}$$

平台上无可变荷载 q_1 时

$$r=\frac{3}{8b}(g_2+q_2)l+g_1\left(1+\frac{3b}{4l}\right) \tag{12.2-1$'$}$$

各控制截面的最不利基本内力如下：

1）平台板

截面 3-4 和 9-10

$$M_{x,3\text{-}4}=M_{x,9\text{-}10}=-\frac{1}{2}(g_1+q_1)b^2 \tag{12.2-2}$$

2）上、下梯板

截面 1-2 和 11-12

$$M_{x,1\text{-}2}=M_{x,11\text{-}12}=-\frac{1}{8}(g_2+q_2)l^2+\frac{1}{4}g_1b^2 \tag{12.2-3}$$

$$N_{11\text{-}12}=[-(g_1+q_1)b-(g_2+q_2)l+rb]\sin\alpha \tag{12.2-4}$$

$$N_{1\text{-}2}=-N_{11\text{-}12} \tag{12.2-5}$$

截面 13-14 和 15-16

$$M_{x,13\text{-}14}=M_{x,15\text{-}16}=\frac{1}{16}(g_2+q_2)l^2-\frac{1}{8}g_1b^2 \tag{12.2-6}$$

$$N_{15\text{-}16}=N_{11\text{-}12}+\frac{1}{2}(g_2+q_2)l\sin\alpha \tag{12.2-7}$$

$$N_{13\text{-}14}=-N_{15\text{-}16} \tag{12.2-8}$$

（2）在线荷载 r 作用下的基本内力

上、下楼梯斜板中的内力：

由图 12.2-6 可知，线荷载 r 的合力 $2rb$ 竖直向下作用在 0 点，由上楼梯斜板的拉力 $N_{0,u}$和下楼梯斜板压力 $N_{0,d}$来平衡。显然$U_{0,u}$和$U_{0,d}$即为合力 $2rb$ 在上、下斜板处的分力：

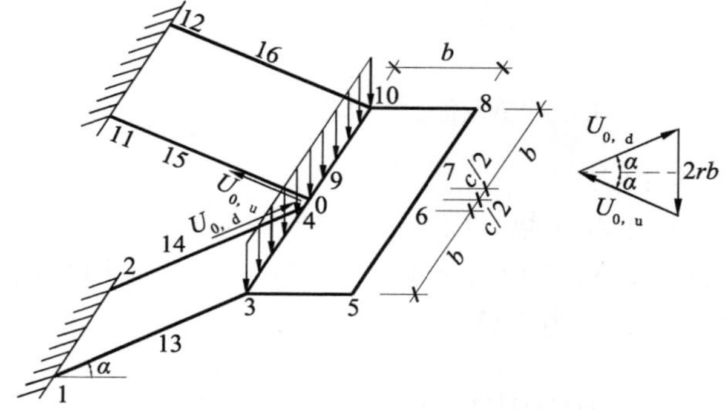

图 12.2-6　线荷载 r 作用下的静力平衡

$$U_{0,u}=-U_{0,d}=\frac{rb}{\sin\alpha} \tag{12.2-9}$$

$N_{0,u}=-U_{0,u}$是对上梯板的偏心拉力，其偏心距 $e_0=\dfrac{b+c}{2}$（图 12.2-7a），则

$$N_{11\text{-}12}=N_{15\text{-}16}=N_{9\text{-}10}=-\frac{rb}{\sin\alpha} \tag{12.2-10}$$

$$M_{y,11\text{-}12}=M_{y,15\text{-}16}=M_{y,9\text{-}10}=-\frac{rb(b+c)}{2\sin\alpha} \tag{12.2-11}$$

同理 $N_{0,d}=-U_{0,d}$对下梯板是偏心压力，其偏心距 $e_0=\dfrac{b+c}{2}$（图 12.2-7b），则

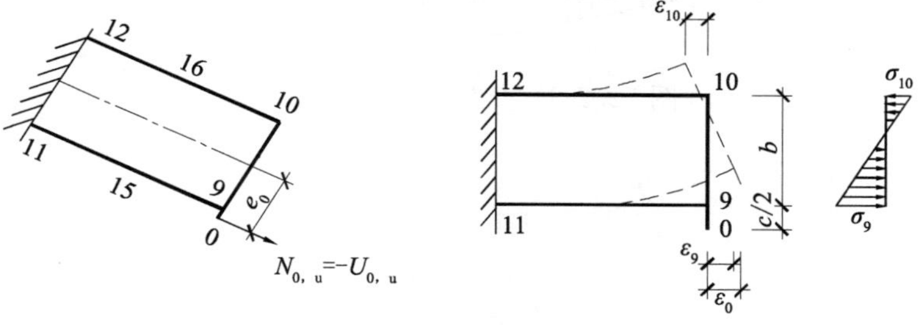

(a)

图 12.2-7　上、下梯板的基本内力（一）

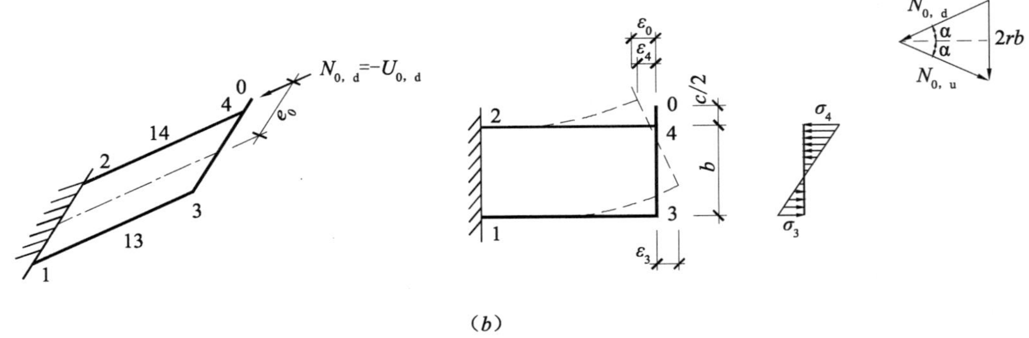

(*b*)

图 12.2-7　上、下梯板的基本内力（二）

$$N_{1\text{-}2}=N_{13\text{-}14}=N_{3\text{-}4}=-\frac{rb}{\sin\alpha} \tag{12.2-12}$$

$$M_{y,1\text{-}2}=M_{y,13\text{-}14}=M_{y,3\text{-}4}=-\frac{rb(b+c)}{2\sin\alpha} \tag{12.2-13}$$

交线梁 3-4-0-9-10 的内力：

交线梁上除作用有均布线荷载 r 以外（图 12.2.8*a*），还应考虑上、下梯板对交线梁在 3-4 和 9-10 处的作用力。从图 12.2-7（*a*）可知，上梯板在偏心拉力 $N_{0,u}$的作用下，在 9 点和 10 点处的应力为（拉应力为负）：

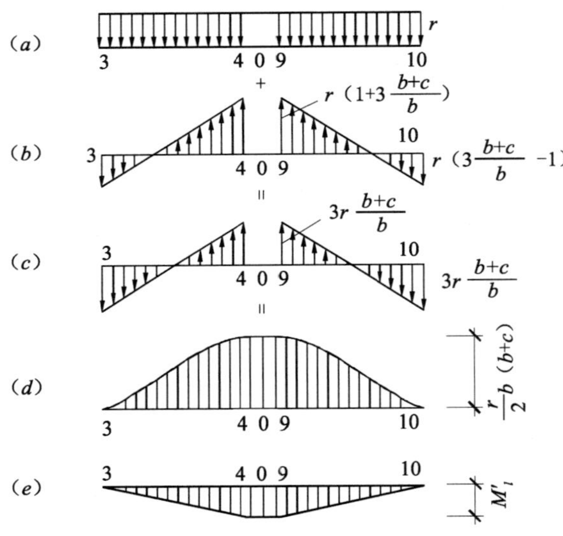

图 12.2-8　交线梁荷载及弯矩图

$$\sigma_9=-\frac{r}{t\sin\alpha}\left(3\frac{b+c}{b}+1\right) \tag{12.2-14}$$

$$\sigma_{10}=\frac{r}{t\sin\alpha}\left(3\frac{b+c}{b}-1\right) \tag{12.2-15}$$

式中 t 是上、下梯板厚度。

由此，即可求得上楼梯斜板在 9 点和 10 点处对交线梁的竖向作用力分别为：

$$\sigma_9 t\sin\alpha = -r\left(3\,\frac{b+c}{b}+1\right) \tag{12.2-16}$$

$$\sigma_{10} t\sin\alpha = r\left(3\,\frac{b+c}{b}-1\right) \tag{12.2-17}$$

同理，可求出下梯板在 3 点和 4 点对交线梁的竖向作用力。

上、下梯板对交线梁的竖向作用力如图 12.2-8（b）所示。叠加图 12.2-8（a）和图 12.2-8（b）可得作用在交线梁上的总竖向荷载图（图 12.2-8c）。由此可求出交线梁的弯矩图（图 12.2-8d），其最大值为：

$$M_{x,4\text{-}6} = M_{x,0\text{-}0} = M_{x,7\text{-}9} = -\frac{rb(b+c)}{2} \tag{12.2-18}$$

4. 附加内力计算

附加内力作为次要内力，可由变形协调条件求得，用以修正基本内力。

（1）交线处的附加均布线荷载 r' 及其产生的附加内力

在基本内力作用下，上梯板伸长、下梯板压缩，楼梯总体下垂，致使交线处产生附加均布线荷载 r'

$$r' = \frac{t^2}{4l^2\sin^2\alpha}\left[1+3\left(\frac{b+c}{b}\right)^2\right]r \tag{12.2-19}$$

附加均布线荷载 r' 引起的上、下梯板各控制截面中附加负弯矩为：

$$M'_{x,11\text{-}12} = M'_{x,1\text{-}2} = -r'bl \tag{12.2-20}$$

$$M'_{x,15\text{-}16} = M'_{x,13\text{-}14} = -\frac{r'bl}{2} \tag{12.2-21}$$

由式（12.2-19）可见，r' 与 t^2/l^2 成正比，而实际工程中 t^2/l^2 一般很小，则 r' 也很小，故一般可忽略不计。

（2）附加弯矩 M'_l

图 12.2-8 所示交线梁的荷载和弯矩图均未考虑平台板与上、下梯板之间变形的影响。实际上交线梁向下弯曲产生竖向变位时，必定受到上、下梯板的约束，对交线梁产生附加正弯矩 M'_l。而交线梁对上、下楼梯斜板则产生一个反向的 M'_l。M'_l 的矢量方向为水平向，其两个分矢量则为上、下梯板中的附加扭矩 T' 和附加弯矩 M'_y（图 12.2-9）：

$$T' = \pm M'_l\cos\alpha \tag{12.2-22}$$

$$M'_y = \pm M'_l\sin\alpha \tag{12.2-23}$$

式（12.2-2）和式（12.2-23）中，正号用于上梯板，负号用于下梯板。M'_l 的存在对交线梁有利，对上、下梯板之 M_y 也有利，但上、下梯板内产生了附加扭矩。

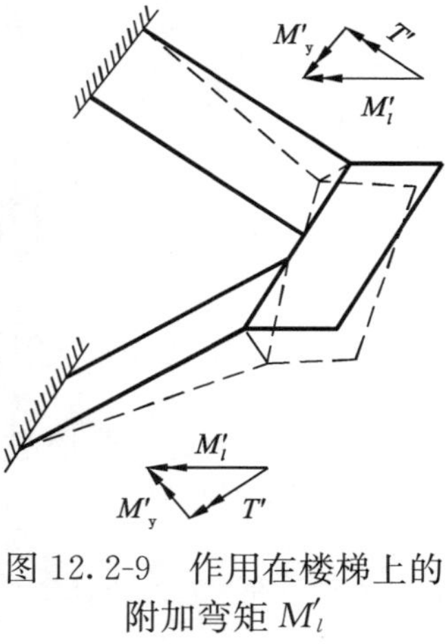

图 12.2-9　作用在楼梯上的附加弯矩 M'_l

附加弯矩 M'_l 可以由交线梁与楼梯斜板的变形协调条件求得

$$M'_l = \frac{r}{2}\,\frac{(b+c)\left(bc+\dfrac{st^2}{b}\right)}{\dfrac{2l\cos\alpha}{K'_2}+h\,\dfrac{t^2}{b^2}\sin\alpha+c} \tag{12.2-24}$$

式中　$K'_2=\frac{GI_{t2}}{EI_{xl}}$；

s——楼梯斜长，即 $s=l/\cos\alpha$；

I_{xl}——按交线梁宽度 $b/2$ 计算的截面惯性矩 $I_{xl}=\frac{1}{12}\left(\frac{b}{2}\cdot t_n^3\right)$；

t_n——宽度为 $b/2$ 的交线梁的平均厚度；

I_{t2}——梯板截面抗扭惯性矩，$I_{t2}=K_1bt^3$；K_1 见表 12.2-1。

$\frac{G}{E}\approx0.42$　　$h=l\cdot\tan\alpha$

系数 K_1　　**表 12.2-1**

b/t	1.0	1.5	1.75	2	2.5	3	4	6	8	10	∞
K_1	0.141	0.196	0.214	0.229	0.249	0.263	0.281	0.299	0.307	0.313	0.333

用求得的附加内力 M'_l 及 r' 对基本内力进行修正。附加内力的正方向与基本内力相同，见图 12.2-4。

【例题 12-2】 图 12.2-10 所示悬挑楼梯，其基本尺寸为 $l=3.0$m，$h=1.50$m，$b=1.50$m，$c=0.2$m，楼梯面层 30mm 厚，板底粉刷 20mm 厚，计算楼梯结构在永久荷载及可变荷载作用下的内力，设平台板上的可变荷载标准值 Q_1 与梯板上的可变荷载 Q_2 标准值均为 3.5kN/m²。

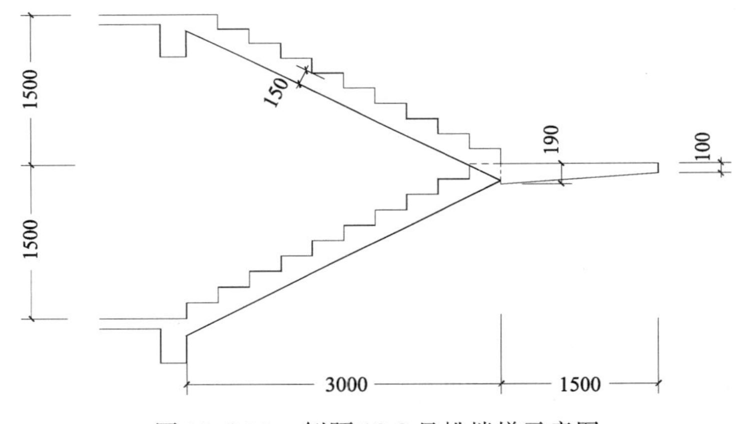

图 12.2-10　例题 12-2 悬挑楼梯示意图

【解】 以下解题中各控制截面编号同图 12.2-6。

（1）楼梯板厚

上、下梯板板厚 t：$t\geqslant\frac{l}{20}=\frac{3000}{20}=150$mm

平台板厚度 t_1：$t_1\geqslant\frac{b}{8}=\frac{1500}{8}=187.7$，采用 $t_1=190$mm，$t_2=100$mm

梯板倾角　$\alpha=\arctan\left(\frac{1.5}{3}\right)=26.56°$，$\sin\alpha=0.4472$，$\cos\alpha=0.8944$

（2）平台板及梯板的线荷载设计值

取永久荷载分项系数 $\gamma_G=1.2$、可变荷载分项系数 $\gamma_Q=1.4$。

1）平台板永久荷载设计值 g_1

自重　$G_1=\frac{0.19+0.1}{2}\times25+0.05\times20=4.625\text{kN/m}^2$

$$g_1=\gamma_G G_1\left(b+\frac{c}{2}\right)=1.2\times4.625\left(1.5+\frac{0.2}{2}\right)=8.88\text{kN/m}$$

考虑栏杆及侧边粉刷，以下计算时取 $g_1=10\text{kN/m}$。

2）平台板可变荷载设计值

$$q_1=\gamma_Q Q_1\left(b+\frac{c}{2}\right)=1.4\times3.5\left(1.5+\frac{0.2}{2}\right)=7.84\text{kN/m}$$

3）梯板永久荷载设计值 g_2

自重　$G_2=\left(\frac{0.3\times0.15}{2}+\frac{0.30}{\cos\alpha}\times0.15\right)\times1\times\frac{1}{0.30}\times25+(0.3+0.15)\times1$

$$\times\frac{1}{0.30}\times0.03\times20+\frac{1}{\cos\alpha}\times1\times\frac{1}{0.30}\times0.02\times20=7.42\text{kN/m}^2$$

$$g_2=\gamma_G G_2 b=1.2\times7.42\times1.5=13.36\text{kN/m}$$

考虑栏杆及侧边粉刷，以下计算时取 $g_2=15\text{kN/m}$。

4）梯板可变荷载设计值

$$q_2=\gamma_Q Q_2 b=1.4\times3.5\times1.5=7.35\text{kN/m}$$

（3）r、$U_{0,u}$、r' 和 M'_l 值

1）满载时（g_1+q_1 及 g_2+q_2 同时作用下）

$$\begin{aligned}r&=\frac{3}{8b}(g_2+q_2)l+(g_1+q_1)\left(1+\frac{3b}{4l}\right)\\&=\frac{3}{8\times1.5}\times22.35\times3+17.84\left(1+\frac{3\times1.5}{4\times3}\right)\\&=41.29\text{kN/m}\end{aligned}$$

按式（12.2-9），$U_{0,u}=\frac{rb}{\sin\alpha}=\frac{41.29\times1.5}{0.4472}=138.50\text{kN}$

按式（12.2-19），

$$r'=\frac{t^2}{4l^2\sin^2\alpha}\left[1+3\left(\frac{b+c}{b}\right)^2\right]r=\frac{0.15^2}{4\times3^2\times0.4472^2}\left[1+3\left(\frac{1.5+0.2}{1.5}\right)^2\right]\times41.29$$
$$=0.63\text{kN/m}$$

M'_l 按式（12.2-24）计算，其中交线梁惯性矩 I_{xl} 近似地按 $b/2$ 宽度范围内的平均厚度计算

$$I_{xl}=\frac{1}{12}\times\frac{1.5}{2}\times\left(\frac{0.19+0.145}{2}\right)^3=2.94\times10^{-4}\text{m}^4$$

根据 $b/t=1.5/0.15=10$，查表 12.2-1 得 $K_1=0.313$，则

$$I_{t2}=K_1 bt^3=0.313\times1.5\times0.15^3=15.85\times10^{-4}\text{m}^4$$

$$K'_2=\frac{GI_{t2}}{EI_{xl}}=\frac{0.42\times15.85}{2.94}=2.26$$

按式（12.2-24）

$$M'_l=\frac{r}{2}\frac{(b+c)\left(bc+\frac{st^2}{b}\right)}{\frac{2l\cos\alpha}{K'_2}+h\frac{t^2}{b^2}\sin\alpha+c}=\frac{41.29}{2}$$

$$\times\frac{(1.5+0.2)\left(1.5\times0.2+\frac{3\times0.15^2}{1.5\times0.8944}\right)}{\frac{2\times3\times0.8944}{2.26}+1.5\times\frac{0.15^2}{1.5^2}\times0.4472+0.2}$$

$$=6.16\text{kN}\cdot\text{m}$$

2）平台板上没有可变荷载 q_1 时（g_1 及 g_2+q_2 作用下）

$$r=\frac{3}{8\times1.5}\times22.35\times3+10\left(1+\frac{3\times1.5}{4\times3}\right)=30.51\text{kN/m}$$

$$U_{0,\text{u}}=\frac{30.51\times1.5}{0.4472}=102.34\text{kN}$$

$$r'=0.63\times\frac{30.51}{41.29}=0.47\text{kN/m}$$

$$M'_l=6.16\times\frac{30.51}{41.29}=4.55\text{kN/m}$$

（4）平台板控制截面 7-9 和 9-10 内力（g_1+q_1 及 g_2+q_2 同时作用下）

$$M_{\text{x},9\text{-}10}=-\frac{1}{2}(g_1+q_1)b^2=-\frac{1}{2}\times17.84\times1.5^2=-20.07\text{kN}\cdot\text{m}$$

按式（12.2-18）和式（12.2-24）

$$M_{\text{x},7\text{-}9}=-\frac{rb(b+c)}{2}+M'_l=-\frac{41.29\times1.5\times1.7}{2}+6.16=-46.48\text{kN}\cdot\text{m}$$

（5）上楼梯板控制截面 11-12 内力

1）满载时（g_1+q_1 及 g_2+q_2 同时作用下）

$$M_{\text{x},11\text{-}12}=-\frac{1}{8}(g_2+q_2)l^2+\frac{1}{4}(g_1+q_1)b^2-r'bl$$

$$=-\frac{1}{8}\times22.35\times3^2+\frac{1}{4}\times17.84\times1.5^2$$

$$-0.63\times1.5\times3=-17.94\text{kN}\cdot\text{m}$$

$$M_{\text{y},11\text{-}12}=-U_{0,\text{u}}\times\frac{b+c}{2}+M'_l\sin\alpha=-138.50\times\frac{1.7}{2}$$

$$+6.16\times0.4472=-114.97\text{kN}\cdot\text{m}$$

$$T_{11\text{-}12}=M'_l\cos\alpha=6.16\times0.8944=5.51\text{kN}\cdot\text{m}$$

$$N_{11\text{-}12}=[-(g_1+q_1)b-(g_2+q_2)l+rb]\sin\alpha-U_{0,\text{u}}$$

$$=(-17.84\times1.5-22.35\times3+41.29$$

$$\times1.5)0.4472-138.50=-152.75\text{kN}$$

$$V_{\text{y},11\text{-}12}=[-(g_1+q_1)b-(g_2+q_2)l+rb]\cos\alpha$$

$$=(-17.84\times1.5-22.35\times3+41.29\times1.5)0.8944=-28.50\text{kN}$$

2）平台板没有可变荷载 q_1 时（g_1 及 g_2+q_2 作用下）

$$M_{\text{x},11\text{-}12}=-\frac{1}{8}(g_2+q_2)l^2+\frac{1}{4}\times g_1b^2-r'bl$$

$$=-\frac{1}{8}\times22.35\times3^2+\frac{1}{4}\times10\times1.5^2-0.47\times1.5\times3=-21.63\text{kN}\cdot\text{m}$$

$$M_{y,11\text{-}12}=-U_{0,u}\times\frac{b+c}{2}+M_l'\sin\alpha$$

$$=-102.34\times\frac{1.7}{2}+4.55\times0.4472=-84.95\text{kN}\cdot\text{m}$$

$$T_{11\text{-}12}=M_l'\cos\alpha=4.55\times0.8944=4.07\text{kN}\cdot\text{m}$$

$$N_{11\text{-}12}=[-g_1b-(g_2+q_2)l+rb]\sin\alpha-U_{0,u}$$

$$=(-10\times1.5-22.35\times3+30.51\times1.5)0.4472-102.34=118.61\text{kN}$$

$$V_{y,11\text{-}12}=[-g_1b-(g_2+q_2)l+rb]\cos\alpha$$

$$=(-10\times1.5-22.35\times3+30.51\times1.5)0.8944=-32.45\text{kN}$$

（6）上梯板控制截面 15-16 内力

1）满载时（g_1+q_1 及 g_2+q_2 同时作用下）

$$M_{x,15\text{-}16}=\frac{1}{16}(g_2+q_2)l^2-\frac{1}{8}(g_1+q_1)b^2$$

$$=\frac{1}{16}\times22.35\times3^2-\frac{1}{8}\times17.84\times1.5^2=7.55\text{kN}\cdot\text{m}$$

$$M_{y,15\text{-}16}=M_{y,11\text{-}12}=-114.97\text{kN}\cdot\text{m}$$

$$T_{15\text{-}16}=T_{11\text{-}12}=5.51\text{kN}\cdot\text{m}$$

$$N_{15\text{-}16}=N_{11\text{-}12}+\frac{1}{2}(g_2+q_2)l\sin\alpha=-152.75+\frac{1}{2}\times22.35\times3\times0.4472=137.76\text{kN}$$

$$V_{y,15\text{-}16}=V_{y,11\text{-}12}+\frac{1}{2}(g_2+q_2)l\cos\alpha=-28.50+\frac{1}{2}\times22.35\times3\times0.8944=1.48\text{kN}$$

2）平台板没有可变荷载 q_1 时（g_1 及 g_2+q_2 作用下）

$$M_{x,15\text{-}16}=\frac{1}{16}(g_2+q_2)l^2-\frac{1}{8}g_1b_2=\frac{1}{16}\times22.35\times3^2-\frac{1}{8}\times10\times1.5^2=9.76\text{kN}\cdot\text{m}$$

$$M_{y,15\text{-}16}=M_{y,11\text{-}12}=-84.95\text{kN}\cdot\text{m}$$

$$T_{15\text{-}16}=T_{11\text{-}12}=4.07\text{kN}\cdot\text{m}$$

$$N_{15\text{-}16}=N_{11\text{-}12}+\frac{1}{2}(g_2+q_2)l\sin\alpha=-118.61+\frac{1}{2}\times22.35\times3\times0.4472=-117.03\text{kN}$$

$$V_{y,15\text{-}16}=V_{y,11\text{-}12}+\frac{1}{2}(g_2+q_2)l\cos\alpha=-32.45+\frac{1}{2}\times22.35\times3\times0.8944=-2.47\text{kN}$$

参 考 文 献

[12.1] 吴健生，何广民．钢筋混凝土螺旋楼梯结构计算手册．北京：中国建筑出版社，1987

[12.2] 程文瀼．楼梯、阳台和雨篷设计．南京：东南大学出版社，1998

[12.3] 程文瀼．钢筋混凝土特种楼梯．北京：中国铁道出版社，1990

[12.4] 唐锦春，郭鼎康主编．简明建筑结构设计手册（第二版）．北京：中国建筑出版社，1992

[12.5] 中国有色工程设计研究总院主编．混凝土结构构造手册（第三版）．北京：中国建筑出版社，2003

第13章　网　　架

13.1 概　　述

13.1.1　网架结构的一般计算原则

（1）网架结构应进行在外荷载作用下的内力、位移计算，并应根据具体情况，对地震、温度变化、支座沉降及施工安装荷载等作用下的内力、位移进行计算。荷载取值及荷载效应组合按现行荷载规范确定。网架结构的内力和位移可按弹性阶段进行计算。

（2）网架结构分析时可忽略节点刚度的影响，假定节点为铰接，杆件只承受轴向力。即网架结构的计算模型可假定为空间铰接杆系结构。

（3）网架结构的外荷载按静力等效原则，将节点所辖区域内的荷载集中作用在该节点上。

（4）网架结构的支承条件，可根据支承结构的刚度、支座节点的构造情况，分别假定为两向可侧移、一向可侧移或无侧移的铰接支座或弹性支承。

13.1.2　网架结构计算方法概述

网架结构的计算模型可分为四种类型（图 13.1-1）：铰接杆系计算模型、桁架系计算模型、梁系计算模型和平板计算模型。铰接杆系计算模型把网架看成铰接杆件的集合，以每根铰接杆件作为基本计算单元；桁架系计算模型把网架看成桁架系的集合，以一段桁架作为基本计算单元，可分为平面桁架系计算模型和空间桁架系计算模型；梁系计算模型把网架折算等代为梁系，以梁段作为基本计算单元，求出梁的内力和节点位移后再回代求出网架杆件内力；平板计算模型把网架折算等代为平板，求出板的内力后再回代求出杆件内力，可分为普通平板计算模型和夹层板计算模型。上述四种计算模型中，前两种是离散型的计算模型，比较符合网架本身离散构造的特点，有可能求得网架结构的精确解；后两种是连续化的计算模型，分析过程中必然存在从离散等代为连续、再从连续回代到离散的步骤，一般只能求得网架结构的近似解。描述离散型计算模型的数学表达式是离散的代数方程，而描述连续化计算模型的数学表达式是微分方程。

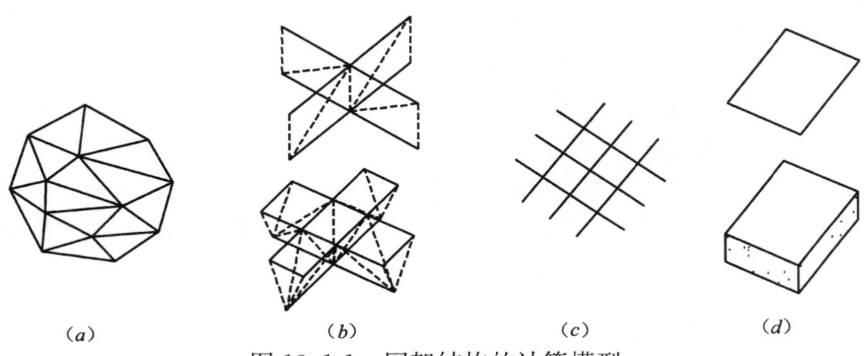

图 13.1-1　网架结构的计算模型

(*a*) 铰接杆系计算模型；(*b*) 桁架系计算模型；(*c*) 梁系计算模型；(*d*) 平板计算模型

建立了网架结构的计算模型，还需要寻找合适的分析方法以反映网架的内力和变形状态并求得这些内力和变位。网架结构的分析方法包括有限元法、力法、差分法、微分方程的解析解法和微分方程的近似解法等五类。将上述四种计算模型和五种分析方法一一对应结合，即可形成网架结构现有的各种具体计算方法。表 13.1-1 归纳了网架结构十种主要计算方法的特点、适用范围和误差范围，方法前标“＊”者为本手册将介绍的计算方法。

网架结构计算方法汇总 **表 13.1-1**

计算方法	特点	适用范围	误差（%）
＊ 空间桁架位移法	铰接杆系的有限元法	各种类型的网架	精确解
交叉梁系梁元法	等代梁系的有限元法	平面桁架系网架	约 5
交叉梁系力法	等代梁系的柔度法	两向平面桁架系网架	10～20
＊ 交叉梁系差分法	等代梁系的差分解法	平面桁架系网架、正放四角锥网架	10～20
混合法	平面桁架系的差分解法	平面桁架系网架	0～10
假想弯矩法	空间桁架系的差分解法	斜放四角锥网架、棋盘形四角锥网架	15～30
网板法	空间桁架系的差分解法	正放四角锥网架	10～20
＊ 下弦内力法	空间桁架系的差分解法	蜂窝形三角锥网架	0～5 （简支时精确解）
拟板法	等代普通平板的经典解法	正交正放类网架、平面桁架系网架	10～20
＊ 拟夹层板法	等代夹层板的非经典解法	正交正放类网架、平面桁架系网架、斜放四角锥网架	5～10

13.2 空间桁架位移法

13.2.1 概述

空间桁架位移法采用铰接杆系计算模型，以网架结构的各杆件为基本单元，以节点位移为基本未知量。首先通过单元分析建立杆件内力与杆端位移之间的关系，形成单元刚度矩阵；然后对结构进行整体分析，根据各节点的变形协调条件和静力平衡条件建立结构的节点荷载与节点位移之间的关系，形成结构的总刚度矩阵和总刚度方程；引入边界条件对基本方程进行修正，求解后得到节点位移，进而由单元杆件的内力位移关系求得杆件内力。网架结构的空间桁架位移法，实质上就是结构力学中的位移法。

空间桁架位移法是目前网架结构计算中普遍采用的一种精确计算方法，它适用范围广，可用于分析不同类型、不同平面形状、不同边界条件和支承方式、承受各种荷载和作用的网架结构，还可考虑网架与下部支承结构的共同工作。

空间桁架位移法以节点位移为基本未知量，而网架结构的节点数很多，结构基本方程十分庞大，往往需要借助计算机才能求解。因此本节主要介绍空间桁架位移法的基本方法和计算步骤，然后简单介绍网架结构的计算机分析方法。

13.2.2 计算步骤

1. 根据网架结构及荷载条件的对称情况，选取计算单元。

2. 对计算单元的节点和杆件进行编号，节点编号应满足相邻节点号差最小的原则以加快计算速度、减少计算机容量。

3. 建立各杆件的单元刚度矩阵。

（1）首先计算各杆件的长度及与坐标轴夹角的方向余弦

任一杆件 ij 的杆件长度 l_{ij} 可由 i 点坐标 x_i、y_i、z_i 及 j 点坐标 x_j、y_j、z_j 表示为

$$l_{ij}=\sqrt{(x_j-x_i)^2+(y_j-y_i)^2+(z_j-z_i)^2} \tag{13.2-1}$$

ij 杆与坐标轴夹角的方向余弦为

$$l=\cos\alpha=\frac{x_j-x_i}{l_{ij}} \tag{13.2-2a}$$

$$m=\cos\beta=\frac{y_j-y_i}{l_{ij}} \tag{13.2-2b}$$

$$n=\cos\gamma=\frac{z_j-z_i}{l_{ij}} \tag{13.2-2c}$$

式中　α、β、γ——分别为 ij 杆的杆轴与结构总体坐标正向的夹角。

（2）计算杆件的单元刚度矩阵

在结构总体坐标系中，杆件 ij 的轴向力分量与轴向位移分量之间的关系可表示为

$$\{F\}_{ij}=[K]_{ij}\{\delta\}_{ij} \tag{13.2-3}$$

式中　$\{F\}_{ij}$——杆端力列向量，$\{F\}_{ij}=\{F_{xi}\quad F_{yi}\quad F_{zi}\quad F_{xj}\quad F_{yj}\quad F_{zj}\}$；

$\{\delta\}_{ij}$——杆端位移列向量，$\{\delta\}_{ij}=\{u_i\quad v_i\quad w_i\quad u_j\quad v_j\quad w_j\}$；

$[K]_{ij}$——杆件 ij 在总体坐标系中的单元刚度矩阵，由下式表示

$$[K]_{ij}=\frac{EA}{l_{ij}}\begin{bmatrix} l^2 & & & \text{对} & & \\ lm & m^2 & & & & \\ ln & mn & n^2 & & \text{称} & \\ -l^2 & -lm & -ln & l^2 & & \\ -lm & -m^2 & -mn & lm & m^2 & \\ -ln & -mn & -n^2 & ln & mn & n^2 \end{bmatrix} \tag{13.2-4}$$

其中，E 为材料的弹性模量；A 为杆件 ij 的截面面积。

式（13.2-4）的 6×6 阶矩阵形式也可写为 4 个 3×3 阶的分块矩阵形式，即

$$[K]_{ij}=\begin{bmatrix} [K_{ii}^j] & [K_{ij}] \\ [K_{ji}] & [K_{jj}^i] \end{bmatrix} \tag{13.2-5}$$

式中

$$[K_{ii}^j]=[K_{jj}^i]=-[K_{ij}]=-[K_{ji}]=\frac{EA}{l_{ij}}\begin{bmatrix} l^2 & \text{对} & \\ lm & m^2 & \text{称} \\ ln & mn & n^2 \end{bmatrix} \tag{13.2-6}$$

4. 建立结构总刚度方程。

网架中任一节点 i，与该节点相交的杆件有 ij、ik、…、im，作用在节点上的外荷载为 $\{P_i\}$，则该节点上的内外力平衡条件可表示为

$$\{P_i\}=\left(\sum_{k=1}^{n_i}[K_{ii}^k]\right)\{\delta_i\}+[K_{ij}]\{\delta_j\}+[K_{ik}]\{\delta_k\}+\cdots\cdots+[K_{im}]\{\delta_m\} \tag{13.2-7}$$

式中　n_i——交于节点 i 的杆件数。

对网架的每一节点，逐点建立类似的内外力平衡方程，联立起来即形成结构的总刚度方程如下

$$\begin{bmatrix} \sum_{k=1}^{n_1}[K_{11}^k] & [K_{12}] & [K_{13}] & \cdots & [K_{1i}] & [K_{1j}] & [K_{1k}] & \cdots & \cdot \\ & \sum_{k=1}^{n_2}[K_{22}^k] & [K_{23}] & \cdots & [K_{2i}] & [K_{2j}] & [K_{2k}] & \cdots & \cdot \\ & & \ddots & & & & & & \vdots \\ & & & & \sum_{k=1}^{n_i}[K_{ii}^k] & [K_{ij}] & [K_{ik}] & \cdots & [K_{im}] \\ & 对 & & & & \ddots & & & \vdots \\ & & & 称 & & & & \ddots & \vdots \\ & & & & & & & & \sum_{k=1}^{n_m}[K_{mm}^k] \end{bmatrix} \begin{Bmatrix} \{\delta_1\} \\ \{\delta_2\} \\ \vdots \\ \{\delta_i\} \\ \{\delta_j\} \\ \{\delta_k\} \\ \vdots \\ \{\delta_m\} \end{Bmatrix} = \begin{Bmatrix} \{P_1\} \\ \{P_2\} \\ \vdots \\ \{P_i\} \\ \{P_j\} \\ \{P_k\} \\ \vdots \\ \{P_m\} \end{Bmatrix} \tag{13.2-8}$$

或简写为

$$[K]\{\delta\}=\{P\} \tag{13.2-9}$$

式中 $\{\delta\}$ ——节点位移列矩阵，$\{\delta\}=\{\{\delta_1\}\{\delta_2\}\cdots\{\delta_i\}\cdots\}^{\mathrm{T}}$，$\{\delta_i\}=\{u_i\ v_i\ w_i\}^{\mathrm{T}}$；

$\{P\}$ ——节点荷载列矩阵，$\{P\}=\{\{P_1\}\{P_2\}\cdots\{P_i\}\cdots\}^{\mathrm{T}}$，$\{P_i\}=\{P_{xi}\ P_{yi}\ P_{zi}\}^{\mathrm{T}}$；

$[K]$ ——总刚度矩阵，由各杆的单元刚度矩阵在同一节点上的同一元素叠加而得，为 $3n\times3n$ 阶的对称方阵（n 为网架节点数）。

5. 根据边界条件，对总刚度方程进行边界处理。

总刚度矩阵 $[K]$ 是奇异矩阵，只有根据边界条件对其进行修正，使结构满足几何不变体系的条件同时消除刚体位移的情况下，才可求解总刚度方程。

(1) 刚性支承的处理

刚性支承包括三种情况：不动球铰支座（$u=v=w=0$）、不动圆柱铰支座（$u=w=0$ 或 $v=w=0$）及可动铰支座（$w=0$），即在某些方向上总存在位移为零的情况。修正总刚度矩阵可采用以下两种方法：1）在与支承位移为零相对应的主对角元素上乘一个充分大的数 R（如 10^{15}）；2）直接划去刚度矩阵中位移为零的相应的行和列。计算机实现时第 1 种方法较简单。

(2) 弹性支承的处理

考虑支承结构的弹性作用时，理想的方法是把网架与支承结构作为整体进行分析，但这会导致计算工作量的增加。当支承结构比较简单（如为独立柱）时，可把支承结构换算为等效弹簧，求出弹簧刚度，叠加到总刚度矩阵主对角元的相应位置上。独立柱在水平位移方向的等效弹簧刚度系数 K 为

$$K=\frac{3EI}{H^3} \tag{13.2-10}$$

式中　E、I、H——分别为支承柱的材料弹性模量、截面惯性矩和柱子高度。

(3) 支座沉降的处理

若支座节点 i 发生竖向沉降 δ，刚度矩阵中与其对应的元素位于 c 行（列），则将 c 行（列）的主对角元素充大数 R，并将右端荷载列阵的 c 行改为 $R\delta$。

(4) 斜边界的处理

斜边界的处理可采用两种方法：1) 在边界点沿斜边界方向设一根具有一定截面的杆，截面面积根据斜边界上的约束条件确定；2) 将斜边界处的节点位移向量作坐标变换，使在整体坐标下的节点位移向量变换到任意的斜方向，然后按一般边界条件处理。

6. 求解结构总刚度方程，求得节点位移 $\{\delta\}$，并根据节点位移求杆件内力。

网架杆件内力 N_{ji} 可由下式求得（受拉为正）：

$$N_{ji}=-N_{ij}=\frac{EA_{ij}}{l_{ij}}[\cos\alpha(u_j-u_i)+\cos\beta(v_j-v_i)+\cos\gamma(w_j-w_i)] \tag{13.2-11}$$

13.2.3　计算机分析方法简介

本节介绍的空间桁架位移法是网架结构最有效、也是最精确的分析计算方法，目前广泛应用的网架结构计算机辅助设计软件（网架结构 CAD）的计算部分大多采用了这种方法。网架结构分析设计软件通常包括前处理、分析计算和后处理三个部分。前处理是指以尽可能少的原始数据输入，实现计算分析所需的数据，减少输入工作量和人为失误的可能性。对于基本网格形式的网架结构，只需输入平面尺寸、网格数、网架高度等少量参数，程序即可实现网架节点的自动编号和优化，建立结构拓扑关系，自动形成杆件信息，自动生成节点坐标、节点荷载及约束信息等。分析计算部分主要进行有限元的分析与优化设计，通过满应力优化方法，使杆件应力达到或接近设计允许应力，确定杆件最优截面，使结构用料最省。后处理部分主要提供计算书及相关数据，完成网架结构施工图和加工图的绘制。

目前，国内应用较广的网架结构分析设计软件有 MSTCAD（轻软登字第 001 号）、SFCAD（轻软登字第 002 号）、MSGS（轻软登字第 003 号）等。

13.3　下弦内力法

下弦内力法是适用于蜂窝形三角锥网架的一种简捷而精确的分析方法。在蜂窝形三角锥网架中，上弦平面以下的结构都属静定，因此不论网架周边支承情况如何，下弦杆、腹杆的内力和支座的竖向反力均可由静力平衡条件求得。上弦杆的内力则与网架的水平约束条件有关，对静定网架，上弦杆内力也可由静力平衡条件求得；对超静定网架，上弦杆内力则需根据网架水平变位的协调条件求得。

13.3.1　下弦内力的基本方程

图 13.3-1 所示蜂窝形三角锥网架，上弦节点编号为 1、2、3、…，下弦节点为 A、

B、C、…；上弦杆内力用 N_{12}、N_{23}、N_{31}、N_{14}、…表示，腹杆内力用 N_{1A}、N_{2A}、N_{3A}、N_{1B}、…表示，对应于上弦节点 1、2、3、4、…的下弦杆内力用 N_1、N_2、N_3、N_4、…表示。作用于网架上、下弦节点的竖向节点荷载分别为 P_a、P_b。腹杆与水平面的夹角为 ϕ。

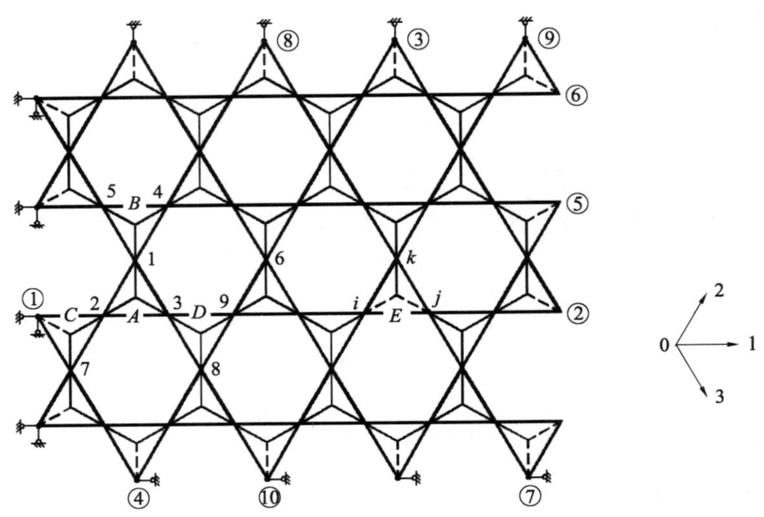

图 13.3-1　蜂窝形三角锥网架平面及节点编号示意图

由下弦节点的平衡条件可求得以下弦内力表示的腹杆内力表达式，如对下弦节点 A，有

$$\left.\begin{aligned}N_{1A}&=\frac{1}{3\cos\phi}(-2N_1+N_2+N_3+P_b\cot\phi)\\N_{2A}&=\frac{1}{3\cos\phi}(-2N_2+N_3+N_1+P_b\cot\phi)\\N_{3A}&=\frac{1}{3\cos\phi}(-2N_3+N_1+N_2+P_b\cot\phi)\end{aligned}\right\}\tag{13.3-1a}$$

同理，对下弦节点 B，有

$$\left.\begin{aligned}N_{1B}&=\frac{1}{3\cos\phi}(-2N_1+N_4+N_5+P_b\cot\phi)\\N_{4B}&=\frac{1}{3\cos\phi}(-2N_4+N_5+N_1+P_b\cot\phi)\\N_{5B}&=\frac{1}{3\cos\phi}(-2N_5+N_1+N_4+P_b\cot\phi)\end{aligned}\right\}\tag{13.3-1b}$$

由上弦节点 1 的垂直力平衡方程可得如下包含五个下弦内力的基本方程

$$4N_1-N_2-N_3-N_4-N_5=Q_n\tag{13.3-2a}$$

式中

$$Q_n=(3P_a+2P_b)\cot\phi\tag{13.3-3}$$

同理可得由上弦节点 2(靠近边界)、上弦节点 3(内部节点)、…的基本方程

$$4N_2-N_1-N_3-N_7=Q_n \tag{13.3-2b}$$

$$4N_3-N_1-N_2-N_8-N_9=Q_n \tag{13.3-2c}$$

……

式（13.3-2）可用图形来表示其系数，见图 13.3-2，上弦节点可分为内部节点和靠近边界或角部的节点两类。

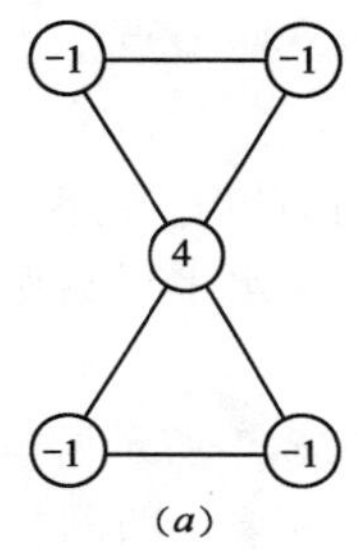

（a）

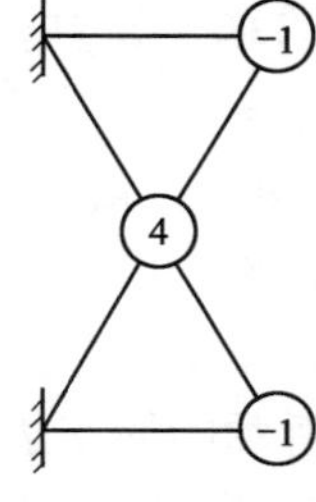

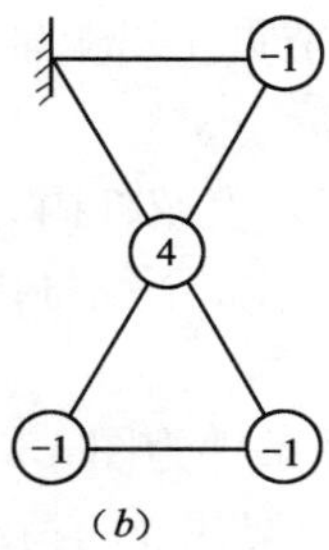

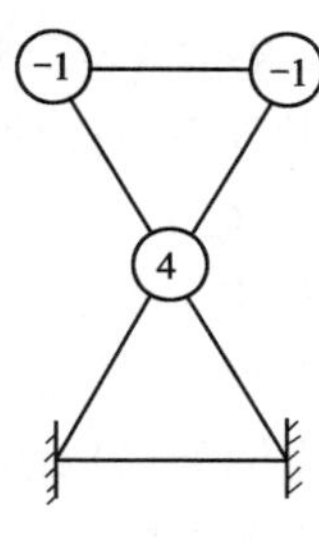

（b）

图 13.3-2　下弦内力方程系数图

（a）内部节点；（b）靠近边界或角部的节点

对网架的每个上弦节点建立类似式（13.3-2）的方程，综合后可得一组线性代数方程组，用矩阵形式表示为

$$[K]\{N\}=Q_n\{E\} \tag{13.3-4}$$

式中　$[K]$——系数矩阵；

$\{N\}$——下弦杆内力列阵；

$\{E\}$——单位列阵。

式（13.3-4）即为蜂窝形三角锥网架以下弦内力为未知数的基本方程式，其形式类似于差分方程式。

13.3.2　杆件内力计算

1. 下弦杆件内力

由于网架内部的每个上弦节点正好有一根对应下弦杆，下弦内力数与式（13.3-4）的方程数完全相等。因此，无需借助任何变形协调条件，便可直接求解式（13.3-4）得到下弦杆件内力

$$\{N\}=Q_n[K]^{-1}\{E\} \tag{13.3-5}$$

对承受竖向荷载作用的矩形平面蜂窝形三角锥网架，其下弦杆内力可直接查表求得（见 13.3.4 节）。

2. 腹杆内力及支座竖向反力

求得下弦内力后，可由式（13.3-1）求得腹杆内力。支座腹杆的竖向反力即为支座竖向反力。

3. 上弦杆件内力

图 13.3-1 所示网架，以三角锥 E 为例，其上弦杆（ij、jk、ki）的内力可由下式计算

$$\left.\begin{aligned}N_{ij}&=\frac{1}{3\sqrt{3}}[(T_{①})_1-(N_i+N_j+N_k+P_b\cot\phi)]\\N_{jk}&=\frac{1}{3\sqrt{3}}[(T_{⑦})_3-(N_i+N_j+N_k+P_b\cot\phi)]\\N_{ki}&=\frac{1}{3\sqrt{3}}[(T_{⑨})_2-(N_i+N_j+N_k+P_b\cot\phi)]\end{aligned}\right\}\tag{13.3-6}$$

式中 $(T_{①})_1$ 表示支座节点①沿 1 轴方向的水平分力，$(T_{⑦})_3$ 表示支座节点⑦沿 3 轴方向的水平分力，以此类推。

式（13.3-6）表明，上弦杆内力可用同一三角锥内的下弦杆内力以及支座节点沿该杆件方向的水平反力来表示。下弦杆内力已由式（13.3-5）求得，支座水平反力则由边界条件决定。

当网架结构的边界条件为图 13.3.3 所示的简支边界时（图 13.3.1 所示网架的边界条件即为图 13.3.3*a*），网架在竖向荷载下所有支座的水平反力均等于零，即网架属静定结构。此时，式（13.3-6）可改写为

$$N_{ij}=N_{jk}=N_{ki}=-\frac{1}{3\sqrt{3}}(N_i+N_j+N_k+P_b\cot\phi)\tag{13.3-7}$$

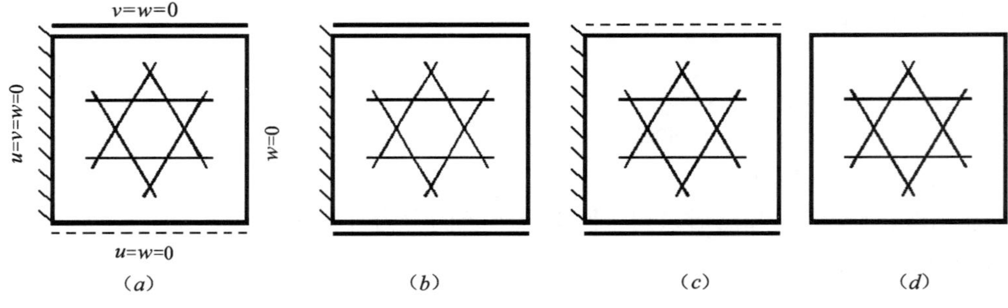

图 13.3-3　简支网架的水平支承方案

13.3.3　挠度计算

仍以图 13.3-1 所示网架为例，上弦节点 1、2、3、…的挠度用 w_1、w_2、w_3、…表示，l_a、l_b、l_c 与 A_a、A_b、A_c 分别为网架上弦杆、下弦杆、腹杆的长度与截面积。可由虚功原理建立挠度计算公式

$$4w_1-w_2-w_3-w_4-w_5=Q_{wn}N_1+Q_{wc}\tag{13.3-8a}$$

$$4w_2-w_1-w_3-w_7=Q_{wn}N_2+Q_{wc}\tag{13.3-8b}$$

$$4w_3-w_1-w_2-w_8-w_9=Q_{wn}N_3+Q_{wc}\tag{13.3-8c}$$

……

式中

$$\left.\begin{aligned}Q_{wn}&=\frac{2\sqrt{3}l_a\cot\phi}{E}\left(\frac{1}{\sqrt{3}A_a}+\frac{1}{A_b}\right)\\Q_{wc}&=\frac{l_a\cot^2\phi}{\sqrt{3}E}\left(\frac{3P_a+2P_b}{A_c\cos^3\phi}-\frac{\sqrt{3}P_a}{A_a}\right)\end{aligned}\right\}\tag{13.3-9}$$

对网架的内部上弦节点和靠近边界或角部的上弦节点，其挠度方程中的系数也可用图 13.3-2 的图形来表示，系数完全相同。

以矩阵形式表示的求解网架挠度的线性方程组为

$$[K]\{w\}=Q_{wn}\{N\}+Q_{wc}\{E\} \tag{13.3-10}$$

式中 $[K]$ ——系数矩阵；

$\{w\}$ ——上弦节点挠度列阵，$\{w\}=\{w_1\ w_2\ w_3\cdots w_i\cdots\}^{T}$。

求解式（13.3-10）可得

$$\{w\}=Q_{wn}[K]^{-1}\{N\}+Q_{wc}[K]^{-1}\{E\}=Q_{wn}Q_n[K]^{-1}[K]^{-1}\{E\}+Q_{wc}[K]^{-1}\{E\} \tag{13.3-11}$$

上式表明，网架挠度由两项组成，第一项由弯曲变形（即上、下弦杆的变形）引起，在求得下弦内力 $\{N\}$ 后再解一次系数矩阵相同、仅自由项不同的方程组即可求得，一般约占总挠度的 80%；第二项主要由剪切变形（即腹杆变形）引起，它可套用求解基本方程（13.3-4）的结果得到，只要以 Q_{wc} 替换 Q_n 即可。当网架各类杆件为变截面时，式（13.3-9）中的截面积可近似采用算术平均截面积。

13.3.4 矩形平面网架的内力、挠度计算用表

对矩形平面蜂窝形三角锥网架，有两个对称面，横向有 m 个（单数或双数）蜂窝，斜向有 n 个（仅为单数）蜂窝，则矩形平面的边长比 λ 必满足下式

$$\lambda=\frac{a}{b}=\frac{2m+1}{\sqrt{3}(n+1)} \tag{13.3-12}$$

对周边简支网架，作用在网架上、下弦平面的竖向均布荷载分别为 q_a、q_b，网架高度为 h，则有下列关系式

$$\left.\begin{aligned}P_a&=\frac{2}{\sqrt{3}}l_a^2q_a\\P_b&=\sqrt{3}l_a^2q_b\\\cot\phi&=\frac{l_a}{\sqrt{3}h}\end{aligned}\right\} \tag{13.3-13}$$

网架的下弦杆内力及上弦节点挠度可由下式表示

$$\left.\begin{aligned}N_i&=\frac{2l_a^3}{h}(q_a+q_b)\widetilde{N}_i\\w_i&=\frac{4l_a^5}{Eh^2}\left(\frac{1}{\sqrt{3}A_a}+\frac{1}{A_b}\right)(q_a+q_b)\widetilde{w}_{ni}+\frac{2l_a^5}{3Eh^2}\left(\frac{q_a+q_b}{A_c\cos^3\phi}-\frac{q_a}{\sqrt{3}A_a}\right)\widetilde{w}_{ci}\\\widetilde{w}_{ci}&=\widetilde{N}_i(i=1、2、3、\cdots)\end{aligned}\right\} \tag{13.3-14}$$

式中 $\widetilde{N}_i$、$\widetilde{w}_{ni}$、$\widetilde{w}_{ci}$为内力和挠度的无量纲系数，可由表 13.3-1～表 13.3-5 查得。本手册给出了 $m=$ 5、6、…、9，$n=$ 5、7、…、13 时的 24 组计算用表。为节省篇幅，网架挠度仅列出跨中最大挠度系数。

矩形平面蜂窝形三角锥网架的内力、挠度计算用表（$m=5$）　表 13.3-1

$m\times n$	a/b	内力挠度	s \ t	1	2	3	4	5	6	7	8	9	10
5×5	1.0585	$\tilde{N}_i$		1.060	2.072	2.417	2.786	2.878	1.168	3.810	4.849	2.612	4.242
			1	5.509	6.179	6.552	4.038	6.806	7.628	3.019	5.279	6.780	7.755
			2	8.204	1.760	6.279	8.229						
		$\tilde{w}_{ni}$	2				52.06						
5×7	$\frac{1}{1.2597}$	$\tilde{N}_i$		1.11	2.21	2.59	3.00	3.11	1.24	4.13	5.32	2.84	4.64
			1	6.09	6.86	7.30	4.50	7.73	8.73	3.41	6.09	7.88	9.10
			2	9.65	2.05	7.59	10.13	3.79	6.65	8.74	10.06	10.72	5.47
			3	9.65	10.97								
		$\tilde{w}_{ni}$	3		91.02								
5×9	$\frac{1}{1.5746}$	$\tilde{N}_i$		1.13	2.26	2.65	3.09	3.20	1.27	4.26	5.50	2.93	4.80
			1	6.32	7.13	7.59	4.68	8.09	9.16	3.56	6.41	8.30	9.62
			2	10.22	2.16	8.09	10.87	4.09	7.17	9.49	10.96	11.70	6.01
			3	10.75	12.28	4.24	7.56	9.98	11.57	12.36	2.37	9.02	12.22
		$\tilde{w}_{ni}$	3							118.5			
5×11	$\frac{1}{1.8895}$	$\tilde{N}_i$		1.14	2.28	2.68	3.12	3.23	1.28	4.30	5.57	2.97	4.85
			1	6.40	7.23	7.70	4.74	8.23	9.32	3.62	6.53	8.47	9.82
			2	10.43	2.20	8.29	11.15	4.20	7.37	9.78	11.29	12.07	6.22
			3	11.17	12.77	4.40	7.91	10.44	12.15	12.98	2.49	9.56	13.00
			4	4.54	8.11	10.77	12.51	13.38	6.58	11.89	13.63		
		$\tilde{w}_{ni}$	4								144.6		
5×13	$\frac{1}{2.2044}$	$\tilde{N}_i$		1.14	2.29	2.69	3.13	3.24	1.28	4.32	5.60	2.98	4.88
			1	6.44	7.26	7.75	4.77	8.28	9.38	3.64	6.57	8.53	9.89
			2	10.51	2.22	8.36	11.26	4.24	7.45	9.89	11.42	12.21	6.30
			3	11.32	12.96	4.47	8.04	10.62	12.36	13.21	2.53	9.76	13.30
			4	4.66	8.32	11.06	12.86	13.77	6.79	12.31	14.14	4.71	8.46
			5	11.24	13.09	14.01	2.61	10.10	13.80				
		$\tilde{w}_{ni}$	5			158.1							

附图

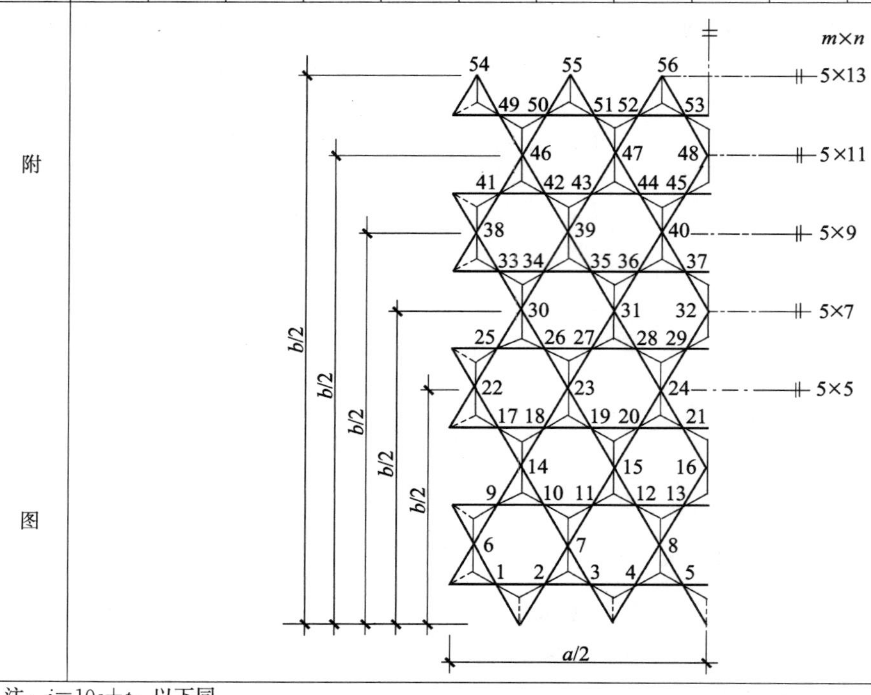

注：$i=10s+t$，以下同。

矩形平面蜂窝形三角锥网架的内力、挠度计算用表（$m=6$）　表 13.3-2

$m\times n$	a/b	内力挠度	s \ t	1	2	3	4	5	6	7	8	9	10
6×5	1.2509	$\widetilde{N}_i$		1.088	2.150	2.526	2.969	3.111	3.237	1.200	3.987	5.238	5.601
			1	2.712	4.436	5.835	6.643	7.228	7.465	4.211	7.273	8.565	3.146
			2	5.551	7.214	8.399	9.107	9.461	1.823	6.633	9.003	9.711	
		$\widetilde{w}_{ni}$	2									71.58	
6×7	$\frac{1}{1.0659}$	$\widetilde{N}_i$		1.16	2.34	2.76	3.29	3.46	3.61	1.30	4.43	5.93	6.38
			1	3.02	4.98	6.64	7.62	8.35	8.64	4.82	8.54	10.21	3.65
			2	6.61	8.68	10.24	11.17	11.66	2.19	8.31	11.58	12.61	4.09
			3	7.25	9.68	11.39	12.51	13.05	5.92	10.79	13.03		
		$\widetilde{w}_{ni}$	3					129.8					
6×9	$\frac{1}{1.3323}$	$\widetilde{N}_i$		1.19	2.42	2.87	3.43	3.62	3.78	1.34	4.63	6.24	6.74
			1	3.17	5.23	7.01	8.06	8.87	9.19	5.09	9.13	10.97	3.89
			2	7.10	9.35	11.09	12.13	12.68	2.35	9.07	12.77	13.95	4.51
			3	8.02	10.81	12.77	14.09	14.72	6.68	12.40	15.11	4.70	8.50
			4	11.42	13.58	14.97	15.66	2.60	10.21	14.52	15.91		
		$\widetilde{w}_{ni}$	4								191.7		
6×11	$\frac{1}{1.5988}$	$\widetilde{N}_i$		1.21	2.46	2.92	3.50	3.69	3.86	1.36	4.73	6.39	6.90
			1	3.23	5.34	7.18	8.26	9.10	9.43	5.22	9.39	11.30	3.99
			2	7.32	9.65	11.47	12.55	13.13	2.42	9.41	13.30	14.55	4.70
			3	8.36	11.31	13.38	14.79	15.46	7.02	13.11	16.04	4.97	9.06
			4	12.19	14.55	16.06	16.83	2.78	11.06	15.83	17.39	5.15	9.33
			5	12.64	15.06	16.66	17.46	7.49	14.10	17.31			
		$\widetilde{w}_{ni}$	5				235.7						
6×13	$\frac{1}{1.8653}$	$\widetilde{N}_i$		1.21	2.48	2.94	3.53	3.72	3.89	1.37	4.77	6.45	6.97
			1	3.26	5.39	7.25	8.35	9.20	9.54	5.27	9.50	11.45	4.03
			2	7.41	9.78	11.64	12.74	13.33	2.45	9.56	13.53	14.81	4.78
			3	8.51	11.54	13.65	15.10	15.78	7.17	13.42	16.44	5.08	9.30
			4	12.53	14.98	16.54	17.34	2.86	11.42	16.41	18.04	5.35	9.70
			5	13.17	15.71	17.41	18.24	7.85	14.84	18.28	5.43	9.91	13.43
			6	16.06	17.79	18.66	2.96	11.92	17.18	18.91			
		$\widetilde{w}_{ni}$	6							277.7			
附图													

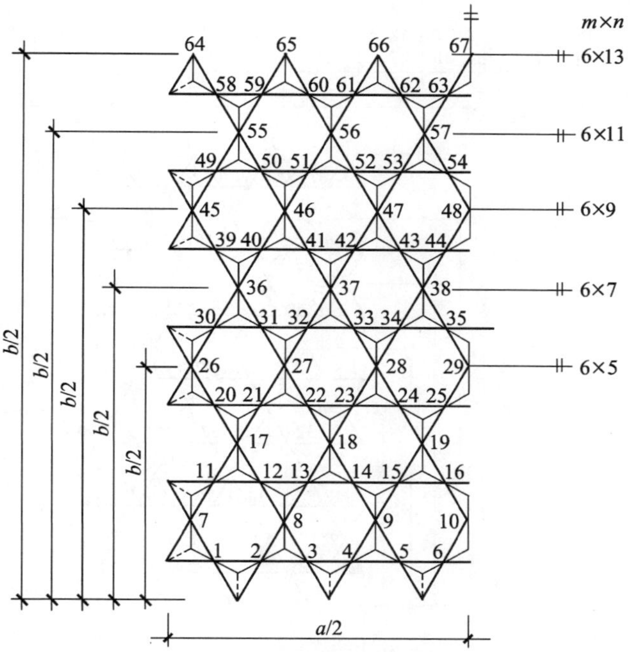

矩形平面蜂窝形三角锥网架的内力、挠度计算用表（$m=7$）　表 13.3-3

$m\times n$	a/b	内力挠度	s \ t	1	2	3	4	5	6	7	8	9	10
7×5	1.4434	$\widetilde{N}_i$		1.10	2.19	2.59	3.07	3.24	3.44	3.49	1.22	4.09	5.45
			1	6.02	2.77	4.54	6.02	6.90	7.61	7.97	8.18	4.31	7.53
			2	9.09	9.55	3.22	5.70	7.46	8.76	9.61	10.17	10.42	1.86
			3	6.83	9.44	10.54							
		$\widetilde{w}_{ni}$	3			85.59							
7×7	1.0825	$\widetilde{N}_i$		1.19	2.43	2.88	3.47	3.69	3.94	4.00	1.33	4.63	6.33
			1	7.07	3.14	5.20	7.01	8.12	9.04	9.53	9.81	5.03	9.08
			2	11.19	11.84	3.82	6.96	9.21	11.01	12.18	13.00	13.37	2.28
			3	8.78	12.55	14.26	4.29	7.65	10.32	12.28	13.71	14.61	15.06
			4	6.22	11.55	14.41	15.31						
		$\widetilde{w}_{ni}$	4				176.4						
7×9	$\frac{1}{1.1547}$	$\widetilde{N}_i$		1.23	2.55	3.04	3.69	3.92	4.21	4.28	1.39	4.91	6.79
			1	7.62	3.34	5.54	7.53	8.75	9.79	10.35	10.67	5.40	9.89
			2	12.29	13.05	4.13	7.61	10.12	12.18	13.53	14.49	14.92	2.49
			3	9.79	14.17	16.22	4.83	8.65	11.79	14.11	15.87	16.96	17.52
			4	7.18	13.62	17.22	18.38	5.04	9.21	12.50	15.07	16.92	18.14
			5	18.73	2.77	11.10	16.24	18.69					
		$\widetilde{w}_{ni}$	5	266.4									
7×11	$\frac{1}{1.3856}$	$\widetilde{N}_i$		1.26	2.61	3.11	3.79	4.04	4.34	4.41	1.42	5.06	7.02
			1	7.90	3.43	5.72	7.79	9.07	10.17	10.76	11.11	5.59	10.30
			2	12.85	13.65	4.28	7.94	10.58	12.77	14.21	15.24	15.70	2.60
			3	10.30	14.99	17.21	5.10	9.15	12.54	15.04	16.95	18.14	18.76
			4	7.66	14.66	18.64	19.93	5.41	9.98	13.59	16.47	18.54	19.93
			5	20.60	3.01	12.26	18.11	20.93	5.64	10.31	14.14	17.11	19.31
			6	20.75	21.46	8.23	15.87	20.28	21.71				
		$\widetilde{w}_{ni}$	6						357.4				
7×13	$\frac{1}{1.6166}$	$\widetilde{N}_i$		1.27	2.64	3.15	3.84	4.10	4.40	4.48	1.44	5.13	7.13
			1	8.04	3.48	5.80	7.91	9.23	10.36	10.96	11.32	5.69	10.50
			2	13.12	13.96	4.36	8.10	10.80	13.06	14.55	15.62	16.09	2.65
			3	10.55	15.40	17.70	5.24	9.40	12.90	15.49	17.49	18.73	19.37
			4	7.90	15.17	19.34	20.69	5.60	10.36	14.13	17.17	19.33	20.81
			5	21.52	3.13	12.82	19.02	22.04	5.93	10.86	14.94	18.11	20.49
			6	22.03	22.81	8.74	16.98	21.79	23.37	6.03	11.13	15.29	18.58
			7	21.01	22.62	23.42	3.27	13.46	20.04	23.27			
		$\widetilde{w}_{ni}$	7			423.4							

附图

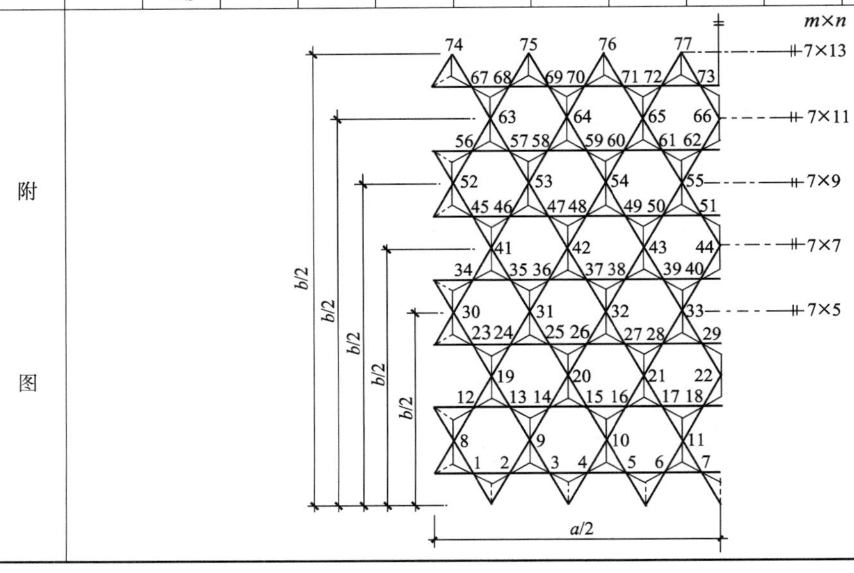

矩形平面蜂窝形三角锥网架的内力、挠度计算用表（$m=8$）　表 13.3-4

$m\times n$	a/b	内力挠度	s \ t	1	2	3	4	5	6	7	8	9	10
8×5	1.6358	$\widetilde{N}_i$		1.11	2.22	2.62	3.13	3.31	3.55	3.62	3.69	1.23	4.14
			1	5.58	6.25	6.45	2.80	4.60	6.12	7.05	7.81	8.26	8.58
			2	8.71	4.36	7.68	9.38	10.10	3.26	5.79	7.59	8.96	9.89
			3	10.56	10.95	11.15	1.88	6.94	9.68	11.01	11.40		
		$\widetilde{w}_{ni}$	3								100.4		
8×7	1.2269	$\widetilde{N}_i$		1.21	2.48	2.96	3.60	3.84	4.15	4.26	4.36	1.36	4.76
			1	6.59	7.52	7.81	3.22	5.35	7.25	8.44	9.49	10.10	10.57
			2	10.76	5.17	9.44	11.83	12.90	3.92	7.19	9.56	11.50	12.85
			3	13.87	14.48	14.80	2.33	9.10	13.18	15.34	16.02	4.42	7.91
			4	10.73	12.86	14.50	15.63	16.38	16.73	6.42	12.05	15.32	16.81
		$\widetilde{w}_{ni}$	4									214.7	
8×9	$\frac{1}{1.1089}$	$\widetilde{N}_i$		1.27	2.63	3.15	3.87	4.14	4.51	4.63	4.74	1.43	5.11
			1	7.18	8.26	8.60	3.46	5.77	7.90	9.25	10.46	11.18	11.74
			2	11.96	5.63	10.45	13.25	14.54	4.30	7.98	10.68	12.97	14.55
			3	15.80	16.54	16.94	2.59	10.32	15.19	17.87	18.73	5.06	9.11
			4	12.51	15.09	17.16	18.59	19.56	20.02	7.54	14.51	18.76	20.77
			5	5.29	9.72	13.29	16.16	18.34	19.95	20.98	21.50	2.89	11.75
			6	17.50	20.72	21.75							
		$\widetilde{w}_{ni}$	6			355.2							
8×11	$\frac{1}{1.2226}$	$\widetilde{N}_i$		1.30	2.72	3.26	4.02	4.31	4.70	4.83	4.96	1.47	5.31
			1	7.51	8.67	9.04	3.59	6.01	8.26	9.69	11.00	11.77	12.38
			2	12.63	5.88	11.01	14.04	15.46	4.51	8.42	11.30	13.78	15.50
			3	16.88	17.69	18.13	2.73	10.99	16.31	19.28	20.24	5.41	9.77
			4	13.49	16.33	18.64	20.23	21.34	21.85	8.16	15.87	20.68	22.98
			5	5.77	10.70	14.69	17.98	20.48	22.36	23.55	24.16	3.20	13.20
			6	19.89	23.72	24.96	6.02	11.08	15.32	18.72	21.39	23.34	24.63
			7	25.26	8.80	17.27	22.61	25.20					
		$\widetilde{w}_{ni}$	7	483.9									
8×13	$\frac{1}{1.4264}$	$\widetilde{N}_i$		1.31	2.76	3.32	4.10	4.40	4.81	4.95	5.08	1.49	5.42
			1	7.68	8.90	9.28	3.66	6.14	8.45	9.94	11.30	12.10	12.73
			2	12.99	6.02	11.31	14.47	15.95	4.62	8.66	11.64	14.22	16.02
			3	17.46	18.31	18.77	2.81	11.36	16.92	20.05	21.06	5.61	10.12
			4	14.02	17.00	19.44	21.12	22.30	22.84	8.50	16.61	21.71	24.18
			5	6.02	11.24	15.45	18.97	21.63	23.66	24.95	25.61	3.36	13.98
			6	21.18	25.35	26.71	6.41	11.82	16.41	20.10	23.04	25.18	26.61
			7	27.31	9.48	18.75	24.70	27.61	6.53	12.14	16.82	20.67	23.68
			8	25.92	27.39	28.12	3.52	14.73	22.42	26.90	28.37		
		$\widetilde{w}_{ni}$	8								611.0		
附图													

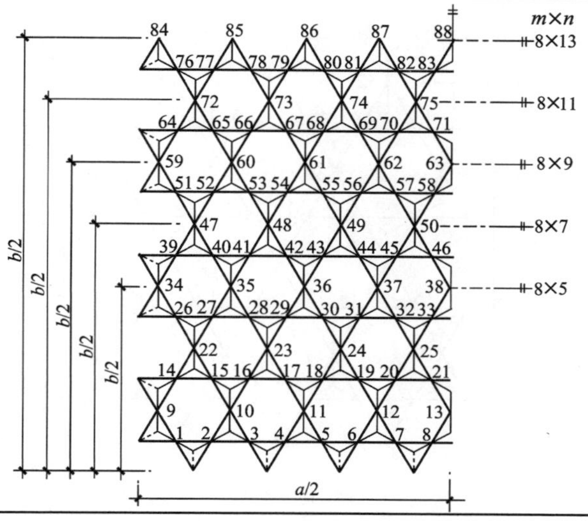

矩形平面蜂窝形三角锥网架的内力、挠度计算用表（$m=9$）　　表 13.3-5

$m\times n$	a/b	内力 挠度	s \ t	1	2	3	4	5	6	7	8	9	10
9×5	1.8283	$\widetilde{N}_i$		1.12	2.23	2.64	3.16	3.35	3.61	3.70	3.80	3.83	1.23
			1	4.17	5.64	6.38	6.69	2.82	4.64	6.17	7.13	7.93	8.41
			2	8.80	9.00	9.11	4.39	7.76	9.54	10.40	10.65	3.28	5.83
			3	7.67	9.07	10.05	10.77	11.25	11.55	11.69	1.89	7.00	9.81
			4	11.26	11.87								
		$\widetilde{w}_{ni}$	4		110.2								
9×7	1.3712	$\widetilde{N}_i$		1.22	2.52	3.01	3.68	3.93	4.29	4.42	4.58	4.62	1.37
			1	4.84	6.76	7.81	8.28	3.27	5.44	7.40	8.65	9.78	10.48
			2	11.06	11.37	11.56	5.26	9.67	12.24	13.59	14.01	3.99	7.33
			3	9.78	11.83	13.27	14.44	15.20	15.73	15.97	2.37	9.30	13.59
			4	16.04	17.16	4.50	8.09	11.00	13.24	15.01	16.30	17.23	17.82
			5	18.11	6.54	12.37	15.90	17.78	18.36				
		$\widetilde{w}_{ni}$	5						256.2				
9×9	1.0970	$\widetilde{N}_i$		1.29	2.70	3.24	4.00	4.30	4.72	4.88	5.07	5.12	1.46
			1	5.26	7.46	8.72	9.30	3.55	5.94	8.16	9.60	10.94	11.77
			2	12.50	12.88	13.11	5.79	10.84	13.94	15.61	16.14	4.43	8.25
			3	11.08	13.53	15.29	16.75	17.70	18.38	18.68	2.66	10.70	15.93
			4	19.06	20.53	5.23	9.44	13.02	15.80	18.09	19.76	21.03	21.82
			5	22.22	7.80	15.15	19.87	22.49	23.32	5.47	10.09	13.85	16.95
			6	19.37	21.26	22.60	23.49	23.93	2.98	12.22	18.41	22.18	23.96
		$\widetilde{w}_{ni}$	6									433.9	
9×11	$\frac{1}{1.0939}$	$\widetilde{N}_i$		1.33	2.80	3.38	4.19	4.51	4.98	5.15	5.37	5.43	1.51
			1	5.51	7.88	9.26	9.90	3.71	6.24	8.62	10.17	11.64	12.55
			2	13.36	13.78	14.04	6.11	11.55	14.95	16.83	17.43	4.68	8.80
			3	11.86	14.56	16.49	18.13	19.20	19.98	20.32	2.84	11.53	17.33
			4	20.88	22.56	5.66	10.24	14.23	17.32	19.94	21.84	23.32	24.23
			5	24.70	8.55	16.81	22.25	25.33	26.33	6.04	11.26	15.54	19.15
			6	21.98	24.24	25.84	26.93	27.45	3.34	13.93	21.27	25.88	28.09
			7	6.32	11.68	16.23	19.96	23.00	25.35	27.08	28.21	28.78	9.25
			8	18.34	24.42	27.90	29.03						
		$\widetilde{w}_{ni}$	8				632.5						

附图

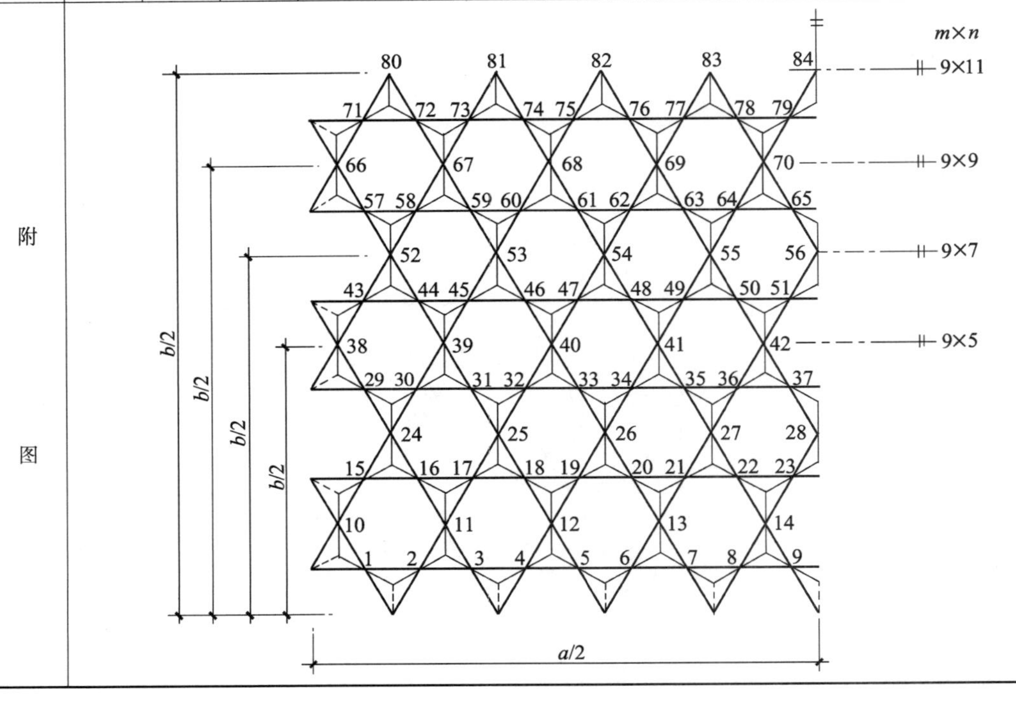

13.3.5　算例

【例题 13-1】 一蜂窝形三角锥网架，蜂窝数 5×5，平面尺寸 $a\times b=14.089\text{m}\times 13.31\text{m}$，三角锥边长（弦杆长）1.21m，网架高 1m。上弦均布荷载设计值 1.5kN/m^2，下弦荷载设计值 0.3kN/m^2。试用下弦内力法计算各杆内力及跨中最大挠度。

【解】（1）荷载计算

上弦节点荷载　$P_a=(2/\sqrt{3})l_a^2q_a=(2/\sqrt{3})\times1.21^2\times1.5=2.536\text{kN/m}^2$

下弦节点荷载　$P_b=\sqrt{3}l_a^2q_b=\sqrt{3}\times1.21^2\times0.3=0.761\text{kN/m}^2$

$\cot\phi=1/\sqrt{3}\times l_a/h=1/\sqrt{3}\times1.21/1=0.699$

（2）内力计算

考虑对称性，取 1/4 网架进行计算，网架平面及节点编号示于图 13.3-4。

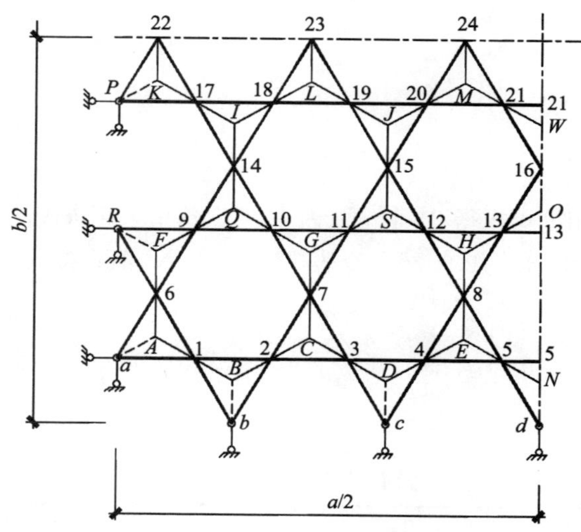

图 13.3-4　蜂窝型三角锥网架算例

1）下弦杆内力计算

按式（13.3-2）逐点建立以下弦杆内力为未知数的基本方程组。

节点 1　$4N_1-N_2-N_6=Q_n$

节点 2　$4N_2-N_1-N_3-N_7=Q_n$

节点 3　$4N_3-N_2-N_4-N_7=Q_n$

节点 4　$4N_4-N_3-N_5-N_8=Q_n$

节点 5　$4N_5-N_4-N_5-N_8=Q_n$

节点 6　$4N_6-N_1-N_9=Q_n$

节点 7　$4N_7-N_2-N_3-N_{10}-N_{11}=Q_n$

节点 8　$4N_8-N_4-N_5-N_{12}-N_{13}=Q_n$

节点 9　$4N_9-N_6-N_{10}-N_{14}=Q_n$

节点 10　$4N_{10}-N_7-N_9-N_{11}-N_{14}=Q_n$

节点 11　$4N_{11}-N_7-N_{10}-N_{12}-N_{15}=Q_n$

节点 12　$4N_{12}-N_8-N_{11}-N_{13}-N_{15}=Q_n$

节点 13　$4N_{13}-N_8-N_{12}-N_{13}-N_{16}=Q_n$

节点 14　$4N_{14}-N_9-N_{10}-N_{17}-N_{18}=Q_n$

节点 15　$4N_{15}-N_{11}-N_{12}-N_{19}-N_{20}=Q_n$

节点 16　$4N_{16}-N_{13}-N_{13}-N_{21}-N_{21}=Q_n$

节点 17　$4N_{17}-N_{14}-N_{18}-N_{22}=Q_n$

节点 18　$4N_{18}-N_{14}-N_{17}-N_{19}-N_{23}=Q_n$

节点 19　$4N_{19}-N_{15}-N_{18}-N_{20}-N_{23}=Q_n$

节点 20　$4N_{20}-N_{15}-N_{19}-N_{21}-N_{24}=Q_n$

节点 21　$4N_{21}-N_{16}-N_{20}-N_{21}-N_{24}=Q_n$

节点 22　$4N_{22}-N_{17}=Q_n$

节点 23　$4N_{23}-N_{18}-N_{19}=Q_n$

节点 24　$4N_{24}-N_{20}-N_{21}=Q_n$

以上各方程中

$$Q_n=(3P_a+2P_b)\cot\phi=(3\times2.536+2\times0.761)\times0.699=6.382\text{kN/m}^2$$

解上述线性方程组即可求得 24 个下弦内力 N_i。这里采用查表法求取 N_i 值，由 $m\times n=5\times5$ 及 $a/b=14.089/13.31=1.0585$，查表 13.3-1 得 $\widetilde{N}_i$ 值；按式（13.3-14）计算各下弦杆内力

$$N_i=\frac{2l_a^3}{h}(q_a+q_b)\widetilde{N}_i=\frac{2\times1.21^3}{1}\times(1.5+0.3)\widetilde{N}_i=6.378\widetilde{N}_i$$

计算结果见表 13.3-6。

下弦杆内力值（单位：kN）　　**表 13.3-6**

i	$\widetilde{N}_i$	N_i	i	$\widetilde{N}_i$	N_i	i	$\widetilde{N}_i$	N_i	i	$\widetilde{N}_i$	N_i
1	1.060	6.76	7	3.810	24.30	13	6.552	41.79	19	6.780	43.24
2	2.072	13.22	8	4.849	30.93	14	4.038	25.75	20	7.755	49.46
3	2.417	15.42	9	2.612	16.66	15	6.806	43.41	21	8.204	52.33
4	2.786	17.77	10	4.242	27.06	16	7.628	48.65	22	1.760	11.23
5	2.878	18.36	11	5.509	35.14	17	3.019	19.26	23	6.279	40.05
6	1.168	7.45	12	6.179	39.41	18	5.279	33.67	24	8.229	52.48

2）上弦杆内力计算

上弦杆内力计算按式（13.3-7）计算，即

$$N_{ij}=N_{jk}=N_{ki}=-\frac{1}{3\sqrt{3}}(N_i+N_j+N_k+P_b\cot\phi)$$

$$P_b\cot\phi=0.761\times0.699=0.532$$

$$N_{a1}=N_{16}=N_{6a}=-\frac{1}{3\sqrt{3}}(6.76+7.45+0.532)=-2.84\text{kN}$$

$$N_{12}=N_{2b}=N_{b1}=-\frac{1}{3\sqrt{3}}(6.76+13.22+0.532)=-3.95\text{kN}$$

$$N_{23}=N_{37}=N_{72}=-\frac{1}{3\sqrt{3}}(13.22+15.42+24.30+0.532)=-10.29\text{kN}$$

$$N_{34}=N_{4c}=N_{c3}=-\frac{1}{3\sqrt{3}}(15.42+17.77+0.532)=-6.49\text{kN}$$

$$N_{45}=N_{58}=N_{84}=-\frac{1}{3\sqrt{3}}(17.77+18.36+30.93+0.532)=-13.01\text{kN}$$

$$N_{55}=N_{5d}=N_{d5}=-\frac{1}{3\sqrt{3}}(18.36+18.36+0.532)=-7.17\text{kN}$$

$$N_{69}=N_{9R}=N_{R6}=-\frac{1}{3\sqrt{3}}(7.45+16.66+0.532)=-4.74\text{kN}$$

$$N_{9,10}=N_{10,14}=N_{14,9}=-\frac{1}{3\sqrt{3}}(16.66+27.06+25.75+0.532)=-13.47\text{kN}$$

$$N_{7,10}=N_{10,11}=N_{11,7}=-\frac{1}{3\sqrt{3}}(24.30+27.06+35.14+0.532)=-16.75\text{kN}$$

……

$$N_{15,19}=N_{19,20}=N_{20,15}=-\frac{1}{3\sqrt{3}}(43.41+43.24+49.46+0.532)=-26.30\text{kN}$$

$$N_{20,21}=N_{21,24}=N_{24,20}=-\frac{1}{3\sqrt{3}}(49.46+52.33+52.48+0.532)=-29.79\text{kN}$$

$$N_{16,21}=N_{21,21}=N_{21,16}=-\frac{1}{3\sqrt{3}}(48.65+52.33+52.33+0.532)=-29.61\text{kN}$$

3）腹杆内力计算

按式（13.3-1）计算各腹杆内力。

$$\cos\phi=\frac{\cot\phi}{\sqrt{1+\cot^2\phi}}=\frac{0.699}{\sqrt{1+0.699^2}}=0.573$$

A 点 $T_{A1}=\frac{1}{3\cos\phi}(-2N_1+N_6+0+P_b\cot\phi)$

$$=\frac{1}{3\times0.573}\times(-2\times6.76+7.45+0.761\times0.699)$$

$$=0.582\times(-2\times6.76+7.45+0.532)=-3.22\text{kN}$$

$T_{Aa}=0.582\times(6.67+7.45+0.532)=8.53\text{kN}$

$T_{A6}=0.582\times(-2\times7.45+6.67+0.532)=-4.48\text{kN}$

B 点 $T_{B1}=0.582\times(-2\times6.67+13.22+0.532)=-0.240\text{kN}$

$T_{Bb}=0.582\times(6.67+13.22+0.532)=11.89\text{kN}$

$T_{B2}=0.582\times(-2\times13.22+6.67+0.532)=-11.20\text{kN}$

C 点 $T_{C2}=0.582\times(-2\times13.22+15.42+24.30+0.532)=8.04\text{kN}$

$T_{C3}=0.582\times(-2\times15.42+13.22+24.30+0.532)=4.20\text{kN}$

$T_{C7}=0.582\times(-2\times24.30+15.42+13.22+0.532)=-11.31\text{kN}$

D 点 $T_{D3}=0.582\times(-2\times15.42+17.77+0.532)=-7.30\text{kN}$

$T_{Dc}=0.582\times(15.42+17.77+0.532)=19.63\text{kN}$

$T_{D4}=0.582\times(-2\times17.77+15.42+0.532)=-11.40\text{kN}$

E 点 $T_{E4}=0.582\times(-2\times17.77+18.36+30.93+0.532)=8.31\text{kN}$

$T_{E5}=0.582\times(-2\times18.36+17.77+30.93+0.532)=7.28\text{kN}$

$T_{E8}=0.582\times(-2\times30.93+18.36+17.77+0.532)=-14.67\text{kN}$

N 点 $T_{Nd}=0.582\times(18.36+0.532)=11.00\text{kN}$

$T_{N5}=0.582\times(-2\times18.36+0.532)=-21.06\text{kN}$

……

……

……

M 点 $T_{M,20}=0.582\times(-2\times49.46+52.33+52.48+0.532)=3.74\text{kN}$

$T_{M,21}=0.582\times(-2\times52.33+49.46+52.48+0.532)=-1.27\text{kN}$

$T_{M,24}=0.582\times(-2\times52.48+52.33+49.46+0.532)=-1.54\text{kN}$

W 点 $T_{W,16}=0.582\times(-2\times48.65+52.33+52.33+0.532)=4.59\text{kN}$

$T_{W,21}=0.582\times(-2\times52.33+48.65+52.33+0.532)=-1.83\text{kN}$

所有杆件的内力示于图 13.3-5。

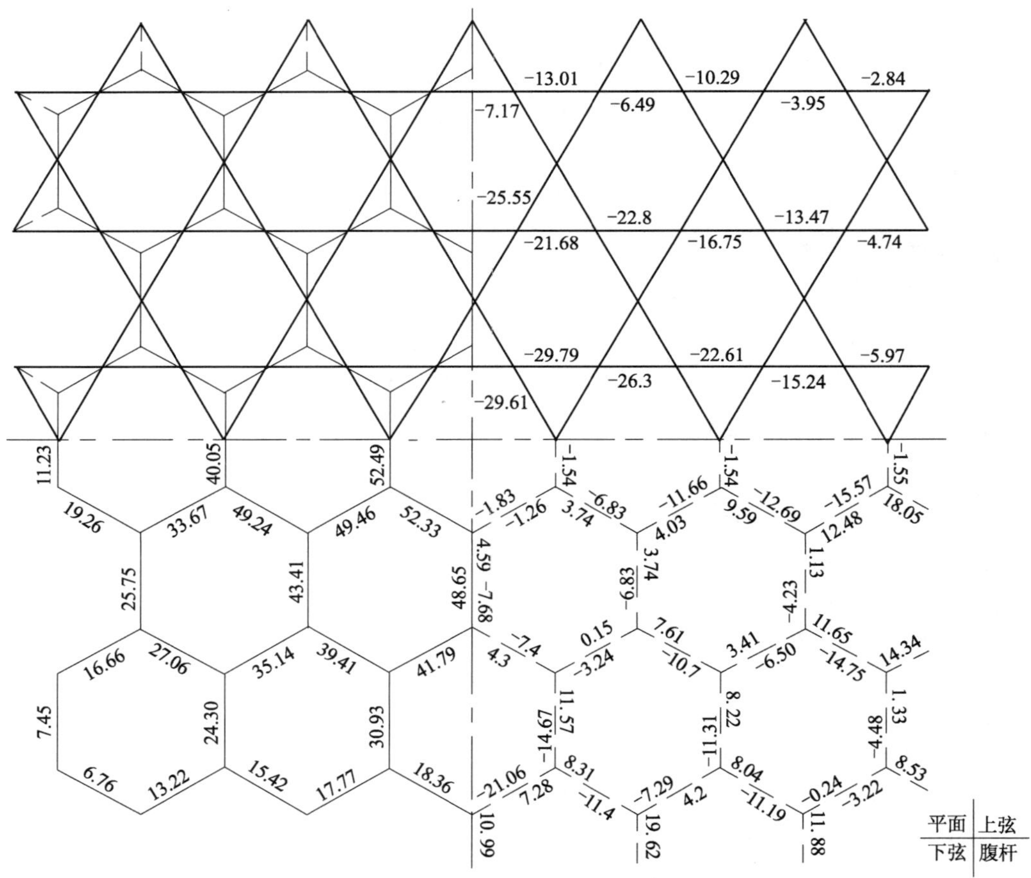

图 13.3-5 杆件内力

(3) 网架跨中最大挠度

由表 13.3-1 查得，该网架最大挠度系数位于第 24 上弦节点，$\widetilde{w}_{24}=52.06$，$\widetilde{w}_{c24}=\widetilde{N}_{24}=8.229$。钢材弹性模量 $E=2.06\times10^5\mathrm{N/mm^2}$，上、下弦均采用 $\phi45\times2.5$ 钢管（$A_a=A_b=3.34\mathrm{cm^2}$），腹杆均采用 $\phi40\times2$ 钢管（$A_c=2.39\mathrm{cm^2}$）。则跨中挠度（公式 13.3-14 第 2 式）

$$w=\frac{4\times1210^5}{2.06\times10^5\times1000^2}\times\left(\frac{1}{\sqrt{3}\times3.34\times10^2}+\frac{1}{3.34\times10^2}\right)\times1.8\times10^{-3}\times52.06$$
$$+\frac{2\times1210^5}{3\times2.06\times10^5\times1000^2}\times\left(\frac{1.8\times10^{-3}}{2.39\times10^2\times0.573^3}-\frac{1.5\times10^{-3}}{\sqrt{3}\times2.39\times10^2}\right)\times8.229$$
$$=22.29+2.52=24.81\mathrm{mm}$$

$$\frac{w}{l}=\frac{24.81}{13310}=\frac{1}{536}<\frac{1}{200}$$

13.4　交叉梁系差分法

交叉梁系差分法把交叉桁架系网架简化为交叉梁系，按交叉梁系理论建立微分方程，利用差分法将梁系的微分方程简化为差分（代数）方程求得梁系交叉点处的挠度，然后求得网架弯矩和杆件内力。交叉梁系差分法适用于由平面桁架系组成的网架及正放四角锥网架的计算。本节介绍两向正交正放、两向正交斜放及三向网架的交叉梁系差分法，本节方法没有考虑网架剪切变形的影响。

13.4.1　网架结构的差分表达式

1. 两向正交网架

图 13.4-1 所示的两向正交正放和两向正交斜放网架，0 点的差分方程为

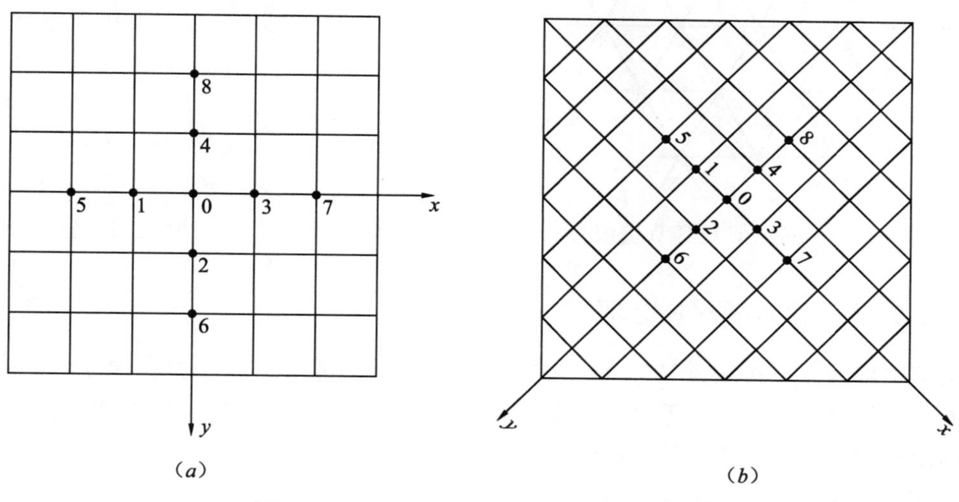

图 13.4-1　两向正交网架及其节点编号
(a) 两向正交正放网架；(b) 两向正交斜放网架

$$12w_0-4(w_1+w_2+w_3+w_4)-(w_5+w_6+w_7+w_8)=\frac{1}{EI}qs^5 \tag{13.4-1}$$

式中　w_i——网架节点挠度，下标 i 表示节点号；

q——网架上作用的均布荷载；

s——网格间距；

E——网架材料的弹性模量；

I——交叉梁系的折算惯性矩，按下式计算

$$I=\frac{A_a A_b}{A_a+A_b}h^2 \tag{13.4-2}$$

式（13.4-2）中，A_a、A_b 分别为网架上、下弦杆的截面面积（截面面积不等时，分别取上下弦截面积的算术平均值）；h 是网架高度。

为便于记忆，可将两向正交正放网架式（13.4-1）等号左端的各项系数写成如图 13.4-2 所示的差分算子形式。两向正交斜放网架的差分算子将该图转 45°即可。

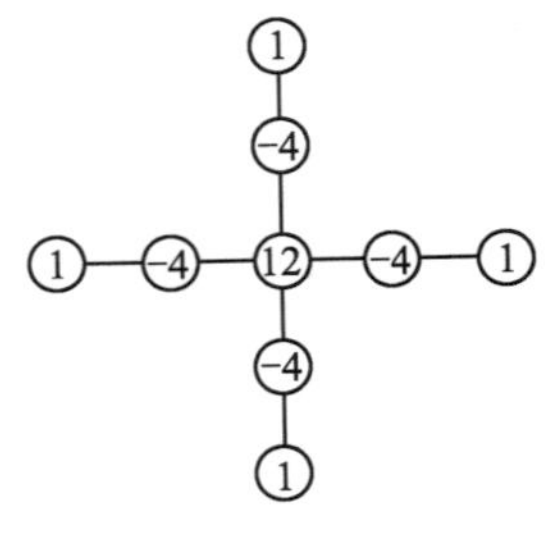

图 13.4-2　两向正交正放网架的差分算子

2. 三向网架

图 13.4-3 所示的三向网架，0 点的差分方程为

$$18w_0-4(w_1+w_2+w_3+w_4+w_5+w_6)-(w_7+w_8+w_9+w_{10}+w_{11}+w_{12})=\frac{\sqrt{3}}{2EI}qs^5 \tag{13.4-3}$$

上式等号左端的各项系数也可写成如图 13.4-4 所示的差分算子图。

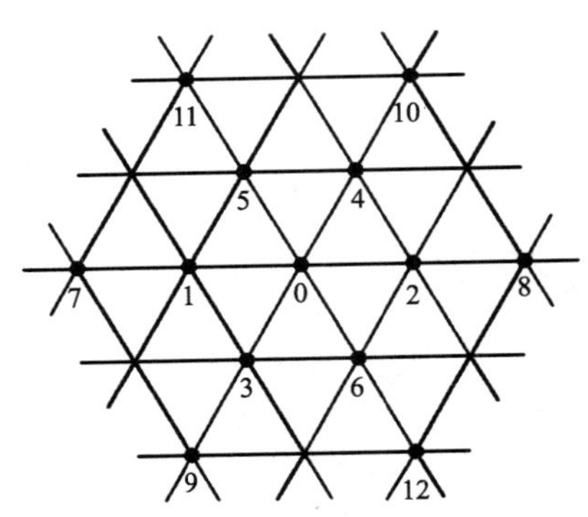

图 13.4-3　三向网架及其节点编号

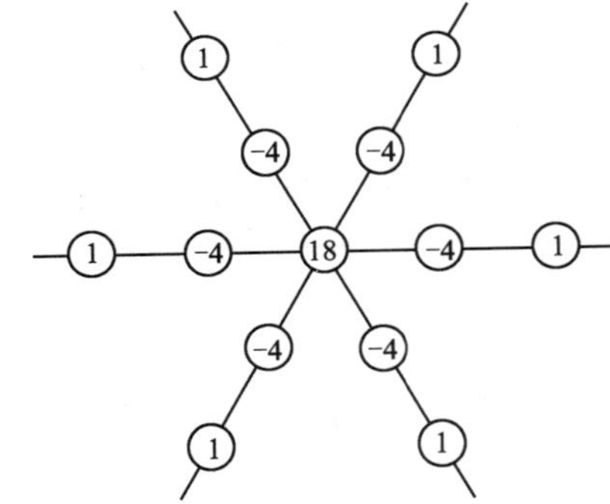

图 13.4-4　三向网架的差分算子

13.4.2　边界条件处理

网架中部节点可按式（13.4-1）、式（13.4-3）建立差分方程，但在建立边界附近节点的差分方程时需要借助边界以外的虚点（开拓点）的挠度，其值可根据边界条件确定。下面给出常用边界条件的开拓点挠度计算方法。

1. 简支边界

简支边界上节点的挠度为零，故边界节点不必建立差分方程。而在建立边界内第一排节点的差分方程时，需建立边界外一排开拓点。图 13.4-5（a）所示的两向正交正放网架，有

$$w_{i+1}=-w_{i-1} \tag{13.4-4}$$

上式表示边界开拓点的挠度等于相应的界内点挠度的负值。

两向正交斜放及三向网架的开拓点的挠度见图 13.4-5（*b*）和图 13.4-5（*c*）。可以看出，同一个界外开拓点可能有 2 个或 3 个不同的挠度值，实际计算时可作如下处理：列某点的差分方程时，开拓点挠度按该点挠度确定，即界外开拓点的挠度按在同一直线上的界内点取差分值。

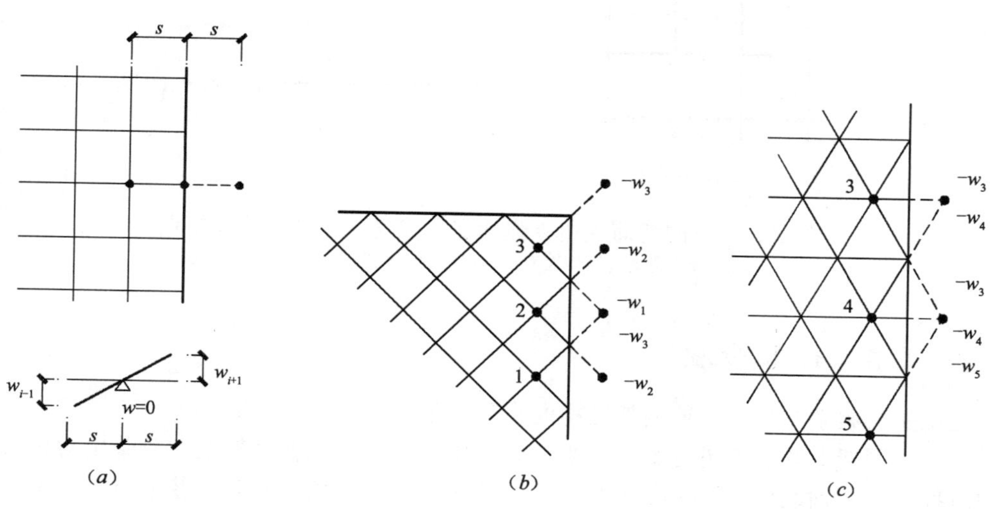

图 13.4-5　网架简支边界开拓点

（*a*）两向正交正放网架；（*b*）两向正交斜放网架；（*c*）三向网架

2. 自由边界

自由边界上节点挠度不等于零，建立边界 i 点的差分方程时需要建立两排开拓点（$i+1$、$i+2$）的挠度（图 13.4-6）

$$w_{i+1}=2w_i-w_{i-1} \tag{13.4-5}$$

$$w_{i+2}=3w_i-2w_{i-1} \tag{13.4-6}$$

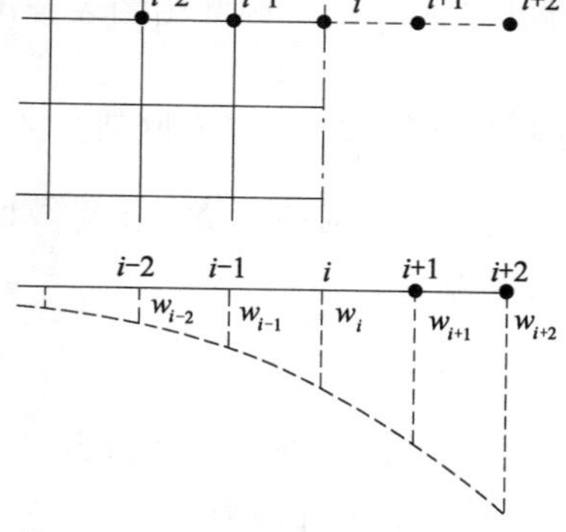

图 13.4-6　网架自由边界开拓点

3. 简支边界为弹性支承或发生支座沉降

当网架支承于边梁或边桁架时（图 13.4-7*a*），边梁上的 i 点应按弹性支承处理，其开拓点的挠度为

$$w_{i+1}=2\sum P_i\delta_{ii}-w_{i-1} \tag{13.4-7}$$

式中　P_i——作用于边桁架 i 点的荷载，包括网架在 i 点的反力和作用在 i 点的外荷载两部分；

δ_{ii}——作用在 i 点的单位荷载引起 i 点的竖向位移。

当网架 i 点发生支座沉降 δ 时（图 13.4-7*b*），开拓点挠度为

$$w_{i+1}=2\delta-w_{i-1} \tag{13.4-8}$$

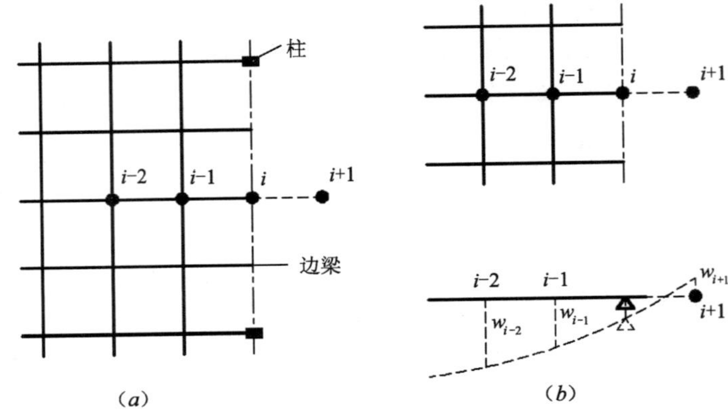

图 13.4-7　网架简支边界弹性支承或支座沉降时的开拓点

(a) 简支边界弹性支承；(b) 简支边界支座沉降

13.4.3　计算步骤

利用交叉梁系差分法计算网架结构的步骤如下：

(1) 对网架上弦节点进行编号。当网架结构对称，作用在网架上的荷载也对称时，可利用对称条件分别取 1/2、1/4、1/8 等的网架作为计算对象，对其上弦节点进行编号。

(2) 逐点建立挠度差分方程。建立边界附近节点的差分方程时根据边界条件确定开拓点挠度。

(3) 求解由各点差分方程组成的线性方程组，求得各节点的挠度值。对于周边简支的中小型网架，可以不必经过列差分方程求挠度的步骤，因为已经编有交叉梁系差分法的计算图表可供查用，节点挠度可通过图表直接查出。13.4.4 节给出了部分网架的差分法计算图表。应该指出，图表中的节点挠度系数是按公式（13.4-1）或公式（13.4-3）等号右端取 1 算出的，因此由图表查出的节点挠度系数还应乘以$\frac{qs^5}{EI}$（两向正交正放或正交斜放网架）或$\frac{\sqrt{3}qs^5}{2EI}$（三向网架）才是实际挠度值。

(4) 根据各点挠度值计算网架（交叉梁）的弯矩。以 x 方向桁架为例，弯矩可由下式求得

$$M_{A,x}=\frac{EI}{s^2}(2w_A-w_{A+1}-w_{A-1}) \tag{13.4-9}$$

(5) 计算网架杆件内力（图 13.4-8）

1) 上弦杆轴力

$$N_t=-\frac{M_{A+1,x}}{h} \tag{13.4-10}$$

2) 下弦杆轴力

$$N_b=\frac{M_{A,x}}{h} \tag{13.4-11}$$

3) 斜腹杆轴力

$$N_c=\frac{M_{A+1,x}-M_{A,x}}{s\cdot\sin\phi} \tag{13.4-12}$$

4）竖杆轴力由上弦节点（或下弦节点）的竖向平衡条件确定。

式（13.4-9）～式（13.4-12）中，s 是上、下弦杆长度；h 是网架高度；φ 是斜腹杆与下弦平面的夹角。

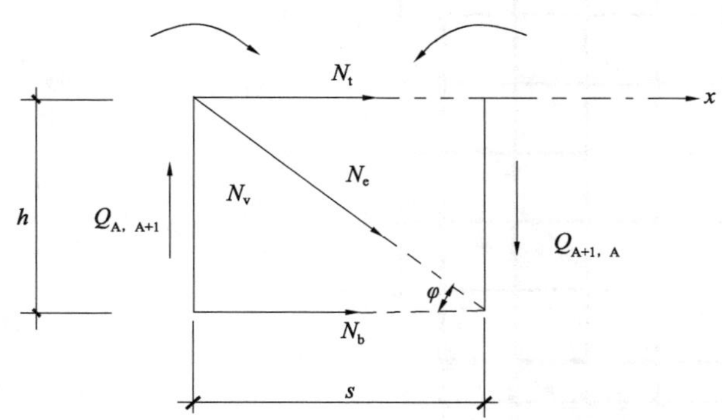

图 13.4-8　平面桁架系网架的弯矩和杆件内力

（6）杆件和节点设计。求得各杆件内力后，即可按相关规范（如钢结构设计规范、网架结构设计与施工规程）的要求选择杆件截面尺寸，并进行节点设计。

13.4.4　差分法节点挠度系数表

本节给出部分常见网架的差分法计算图表。图 13.4-9～图 13.4-22 给出了部分两向正交正放网架（网格分别为 6×6、6×7、6×8、6×9、8×8、8×9、8×10、8×11、10×10、10×11、10×12、12×12、12×13、12×14）的差分法计算图表，图 13.4-23～图 13.4-32 给出了部分两向正交斜放网架（网格分别为 8×8、8×9、8×10、8×11、10×10、10×11、10×12、12×12、12×13、12×14）的差分法计算图表，图 13.4-33～图 13.4-37给出了部分三向网架（每边网格数分别为 4、6、8、10、12）的差分法计算图表。

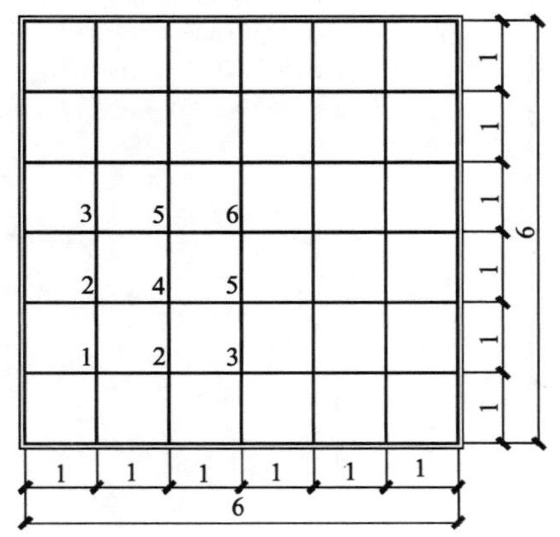

$w_1=2.8158$
$w_2=4.7534$
$w_3=5.4347$
$w_4=8.0714$
$w_5=9.2466$
$w_6=10.6005$

图 13.4-9　两向正交正放网架的差分法节点挠度系数（6×6 网格）

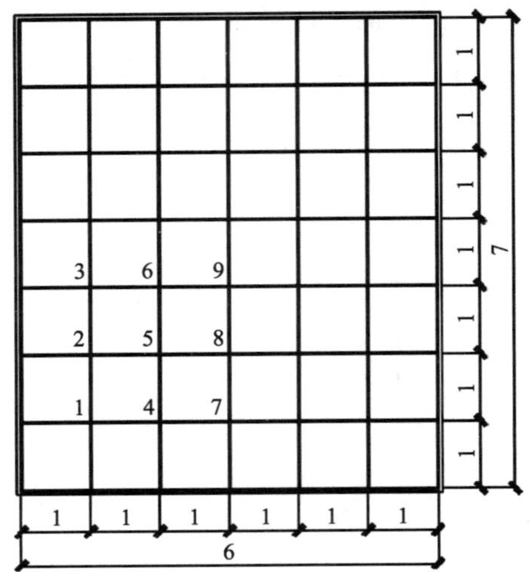

$w_1=3.2048$　$w_6=11.7217$

$w_2=5.6031$　$w_7=6.2132$

$w_3=6.8616$　$w_8=10.9489$

$w_4=5.4275$　$w_9=13.4605$

$w_5=9.5449$

图 13.4-10　两向正交正放网架的差分法节点挠度系数（6×7 网格）

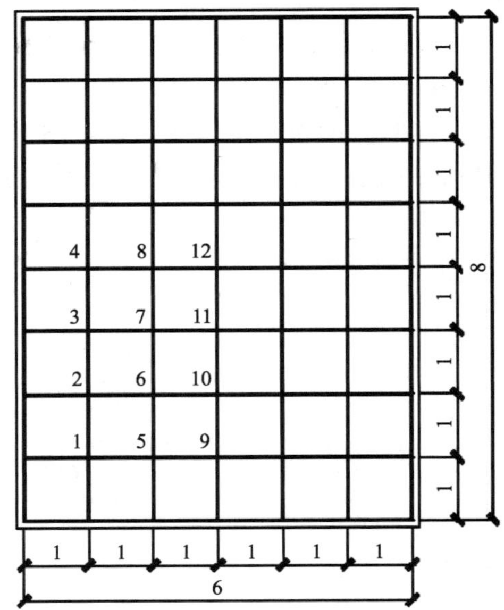

$w_1=3.3663$　$w_7=13.0640$

$w_2=6.0015$　$w_8=14.0187$

$w_3=7.6356$　$w_9=6.5362$

$w_4=8.1856$　$w_{10}=11.7462$

$w_5=5.7072$　$w_{11}=15.0114$

$w_6=10.2351$　$w_{12}=16.1148$

图 13.4-11　两向正交正放网架的差分法节点挠度系数（6×8 网格）

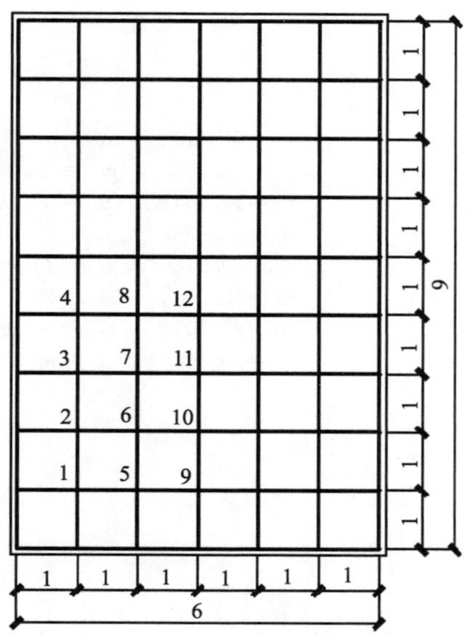

$w_1=3.3900$　　$w_7=13.5875$

$w_2=6.1071$　　$w_8=15.1663$

$w_3=7.9376$　　$w_9=6.5836$

$w_4=8.8472$　　$w_{10}=11.9573$

$w_5=5.7482$　　$w_{11}=15.6161$

$w_6=10.4180$　　$w_{12}=17.4409$

图 13.4-12　两向正交正放网架的差分法节点挠度系数（6×9 网格）

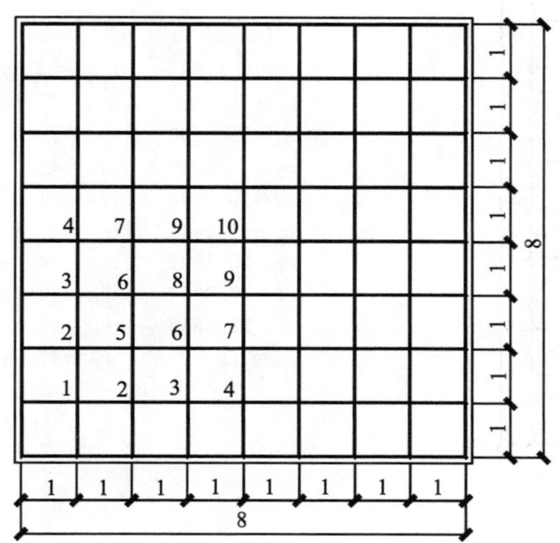

$w_1=5.2794$

$w_2=9.5405$

$w_3=12.2648$

$w_4=13.1986$

$w_5=17.3273$

$w_6=22.3420$

$w_7=24.0663$

$w_8=28.8678$

$w_9=31.1178$

$w_{10}=33.5517$

图 13.4-13　两向正交正放网架的差分法节点挠度系数（8×8 网格）

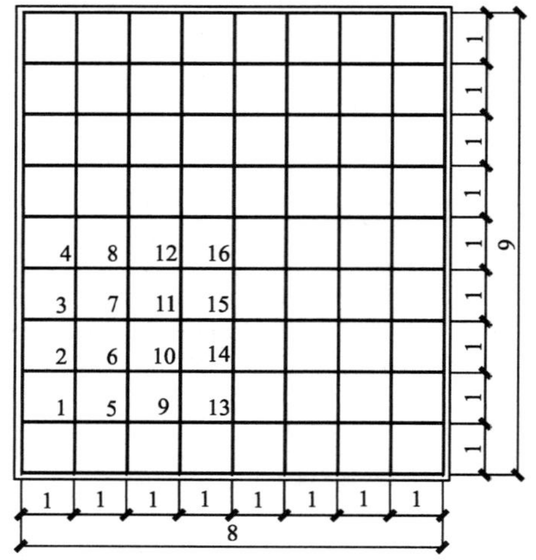

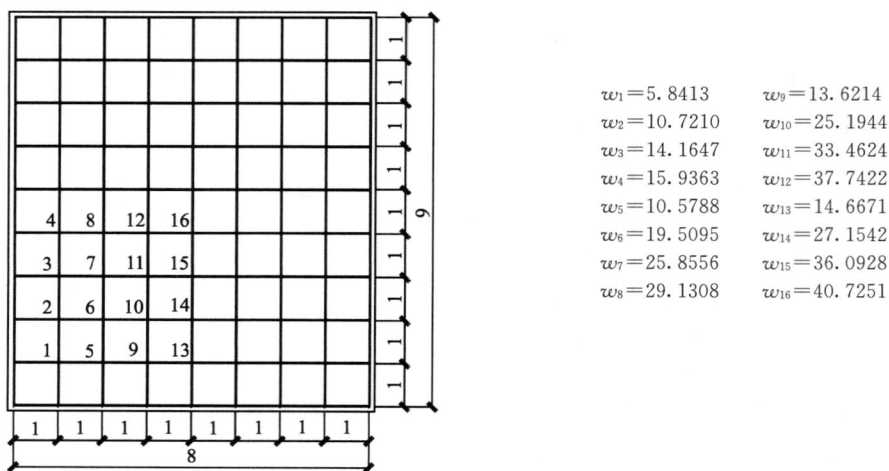

w_1=5.8413　w_9=13.6214
w_2=10.7210　w_{10}=25.1944
w_3=14.1647　w_{11}=33.4624
w_4=15.9363　w_{12}=37.7422
w_5=10.5788　w_{13}=14.6671
w_6=19.5095　w_{14}=27.1542
w_7=25.8556　w_{15}=36.0928
w_8=29.1308　w_{16}=40.7251

图 13.4-14　两向正交正放网架的差分法节点挠度系数（8×9 网格）

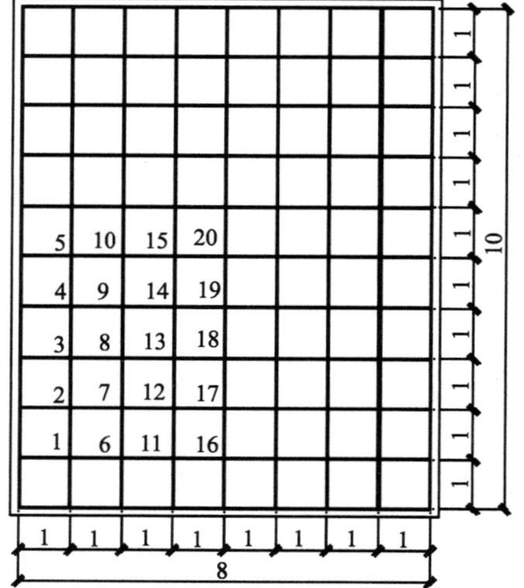

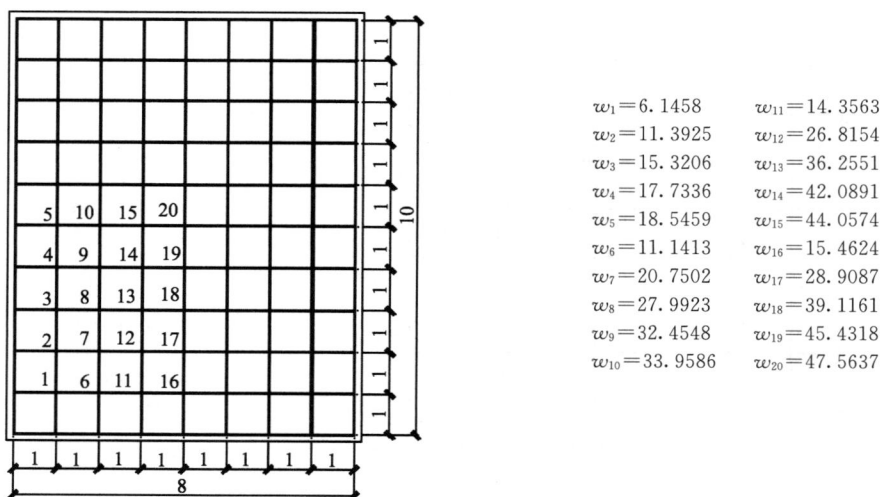

w_1=6.1458　w_{11}=14.3563
w_2=11.3925　w_{12}=26.8154
w_3=15.3206　w_{13}=36.2551
w_4=17.7336　w_{14}=42.0891
w_5=18.5459　w_{15}=44.0574
w_6=11.1413　w_{16}=15.4624
w_7=20.7502　w_{17}=28.9087
w_8=27.9923　w_{18}=39.1161
w_9=32.4548　w_{19}=45.4318
w_{10}=33.9586　w_{20}=47.5637

图 13.4-15　两向正交正放网架的差分法节点挠度系数（8×10 网格）

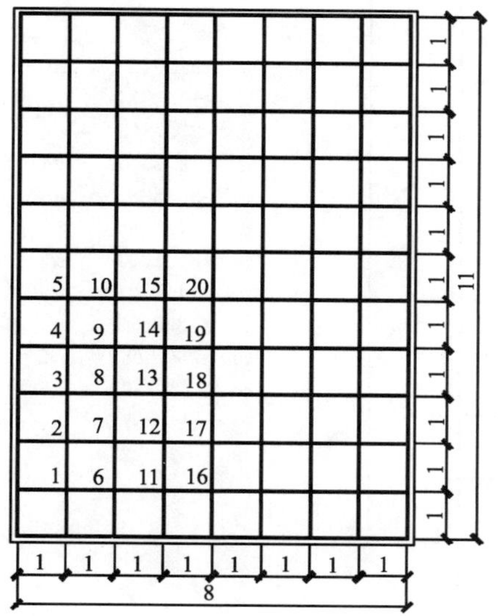

$w_1=6.2637$	$w_{11}=14.6407$
$w_2=11.6835$	$w_{12}=27.5174$
$w_3=15.8921$	$w_{13}=37.6348$
$w_4=18.7384$	$w_{14}=44.5170$
$w_5=20.1686$	$w_{15}=47.9826$
$w_6=11.3591$	$w_{16}=15.7701$
$w_7=21.2877$	$w_{17}=29.6685$
$w_8=29.0482$	$w_{18}=40.6049$
$w_9=34.3122$	$w_{19}=48.0602$
$w_{10}=36.9598$	$w_{20}=51.8141$

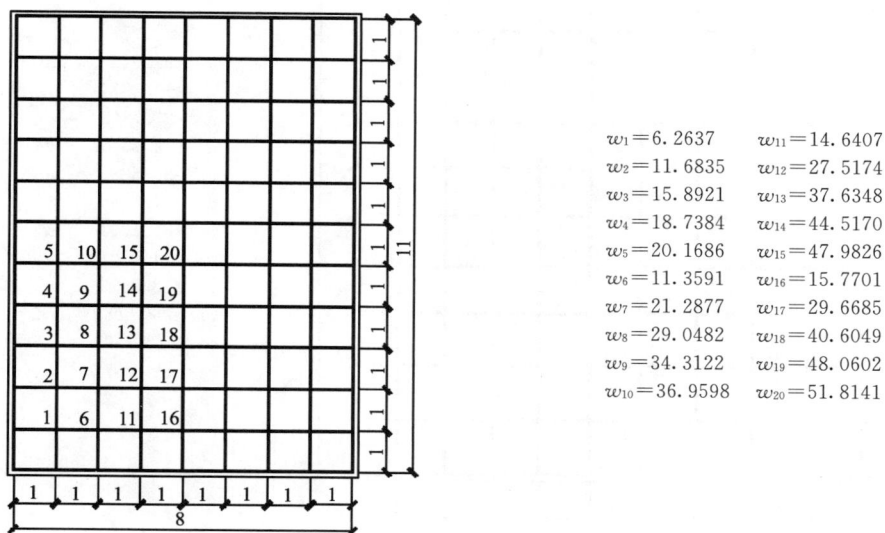

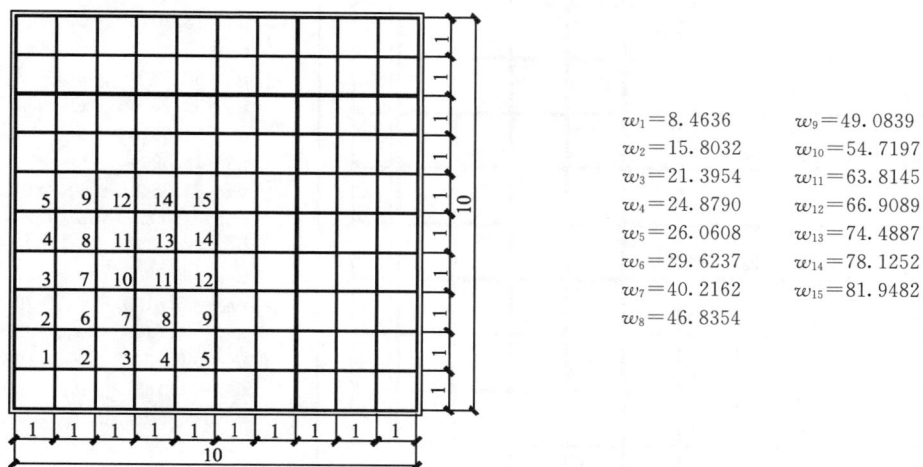

图 13.4-16 两向正交正放网架的差分法节点挠度系数（8×11 网格）

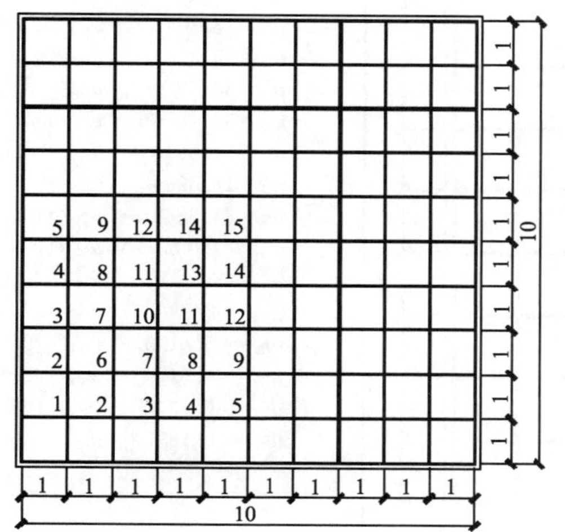

$w_1=8.4636$	$w_9=49.0839$
$w_2=15.8032$	$w_{10}=54.7197$
$w_3=21.3954$	$w_{11}=63.8145$
$w_4=24.8790$	$w_{12}=66.9089$
$w_5=26.0608$	$w_{13}=74.4887$
$w_6=29.6237$	$w_{14}=78.1252$
$w_7=40.2162$	$w_{15}=81.9482$
$w_8=46.8354$	

图 13.4-17 两向正交正放网架的差分法节点挠度系数（10×10 网格）

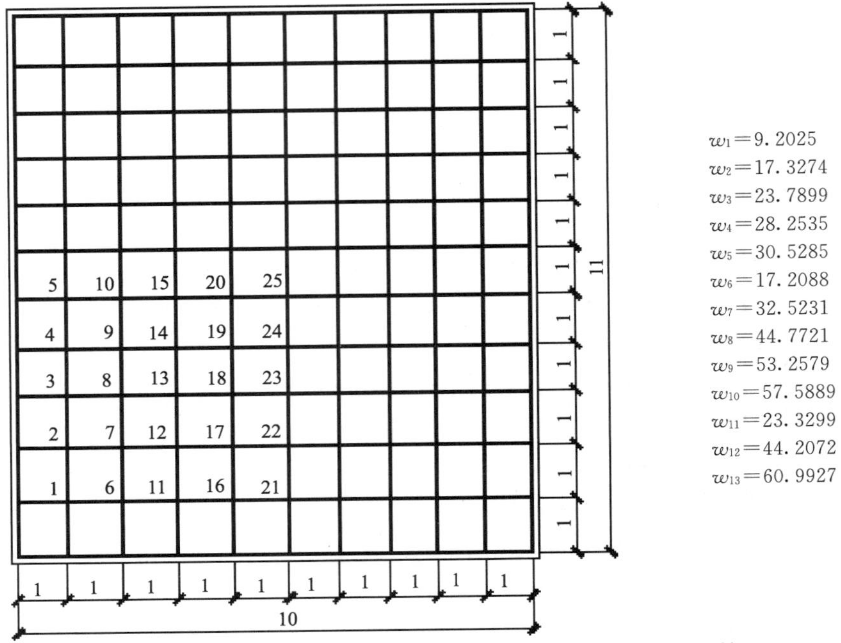

$w_1=9.2025$
$w_2=17.3274$
$w_3=23.7899$
$w_4=28.2535$
$w_5=30.5285$
$w_6=17.2088$
$w_7=32.5231$
$w_8=44.7721$
$w_9=53.2579$
$w_{10}=57.5889$
$w_{11}=23.3299$
$w_{12}=44.2072$
$w_{13}=60.9927$
$w_{14}=72.6607$
$w_{15}=78.6265$
$w_{16}=27.1528$
$w_{17}=51.5272$
$w_{18}=71.1908$
$w_{19}=84.8940$
$w_{20}=91.9103$
$w_{21}=28.4531$
$w_{22}=54.0168$
$w_{23}=74.6652$
$w_{24}=89.0678$
$w_{25}=96.4460$

图 13.4-18　两向正交正放网架的差分法节点挠度系数（10×11 网格）

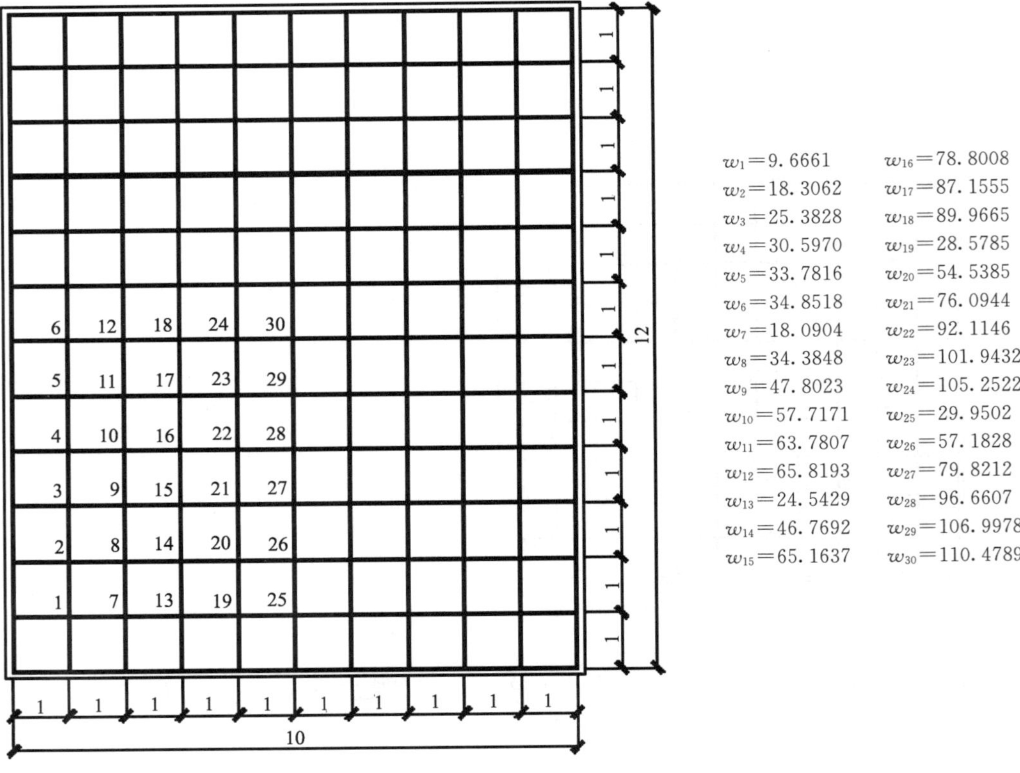

图 13.4-19　两向正交正放网架的差分法节点挠度系数（10×12 网格）

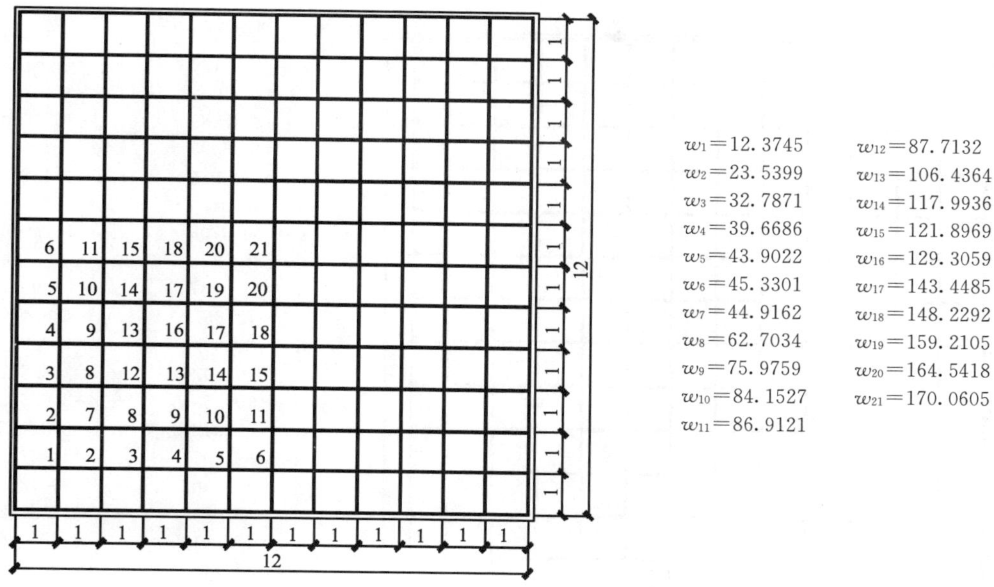

图 13.4-20　两向正交正放网架的差分法节点挠度系数（12×12 网格）

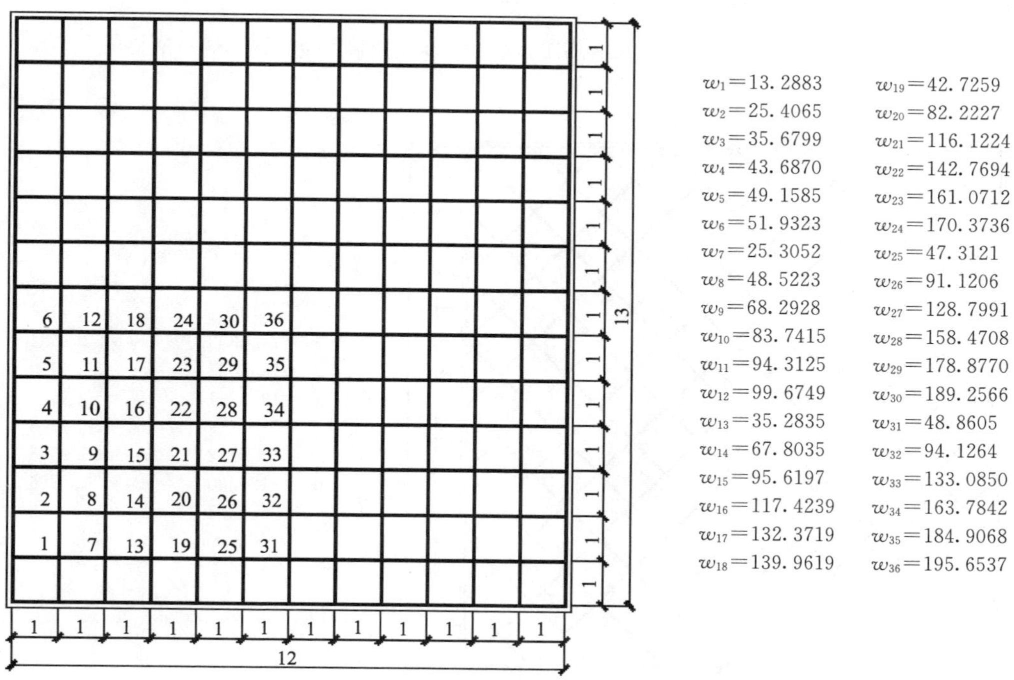

图 13.4-21　两向正交正放网架的差分法节点挠度系数（12×13 网格）

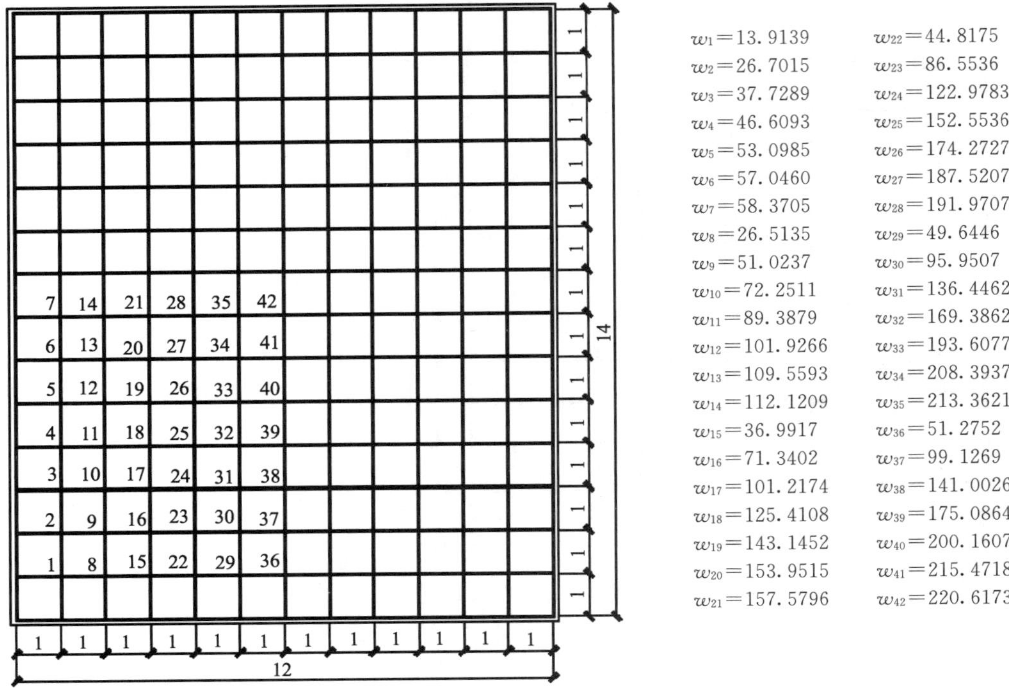

$w_1=13.9139$
$w_2=26.7015$
$w_3=37.7289$
$w_4=46.6093$
$w_5=53.0985$
$w_6=57.0460$
$w_7=58.3705$
$w_8=26.5135$
$w_9=51.0237$
$w_{10}=72.2511$
$w_{11}=89.3879$
$w_{12}=101.9266$
$w_{13}=109.5593$
$w_{14}=112.1209$
$w_{15}=36.9917$
$w_{16}=71.3402$
$w_{17}=101.2174$
$w_{18}=125.4108$
$w_{19}=143.1452$
$w_{20}=153.9515$
$w_{21}=157.5796$
$w_{22}=44.8175$
$w_{23}=86.5536$
$w_{24}=122.9783$
$w_{25}=152.5536$
$w_{26}=174.2727$
$w_{27}=187.5207$
$w_{28}=191.9707$
$w_{29}=49.6446$
$w_{30}=95.9507$
$w_{31}=136.4462$
$w_{32}=169.3862$
$w_{33}=193.6077$
$w_{34}=208.3937$
$w_{35}=213.3621$
$w_{36}=51.2752$
$w_{37}=99.1269$
$w_{38}=141.0026$
$w_{39}=175.0864$
$w_{40}=200.1607$
$w_{41}=215.4718$
$w_{42}=220.6173$

图 13.4-22　两向正交正放网架的差分法节点挠度系数（12×14 网格）

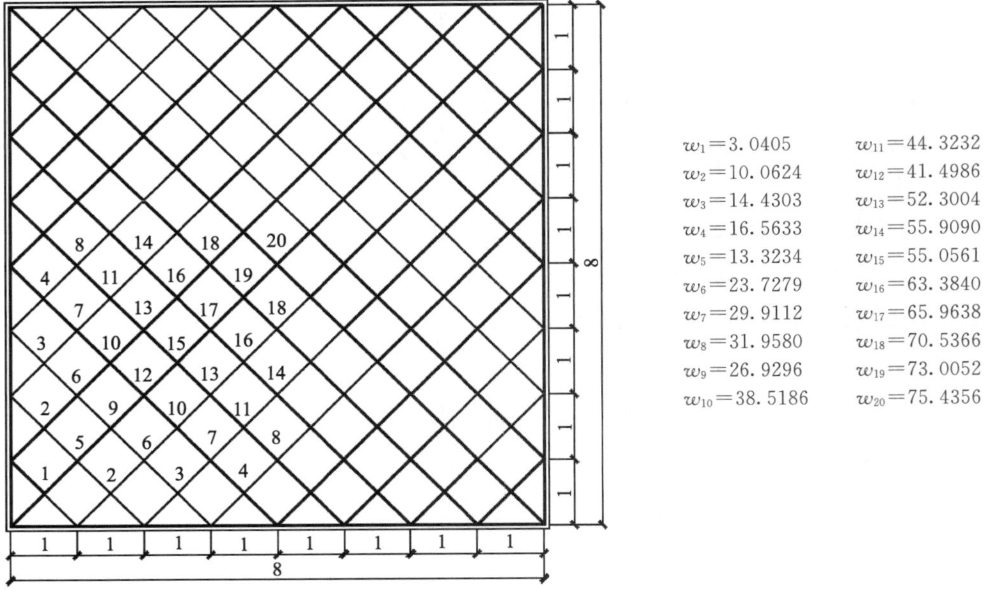

$w_1=3.0405$
$w_2=10.0624$
$w_3=14.4303$
$w_4=16.5633$
$w_5=13.3234$
$w_6=23.7279$
$w_7=29.9112$
$w_8=31.9580$
$w_9=26.9296$
$w_{10}=38.5186$
$w_{11}=44.3232$
$w_{12}=41.4986$
$w_{13}=52.3004$
$w_{14}=55.9090$
$w_{15}=55.0561$
$w_{16}=63.3840$
$w_{17}=65.9638$
$w_{18}=70.5366$
$w_{19}=73.0052$
$w_{20}=75.4356$

图 13.4-23　两向正交斜放网架的差分法节点挠度系数（8×8 网格）

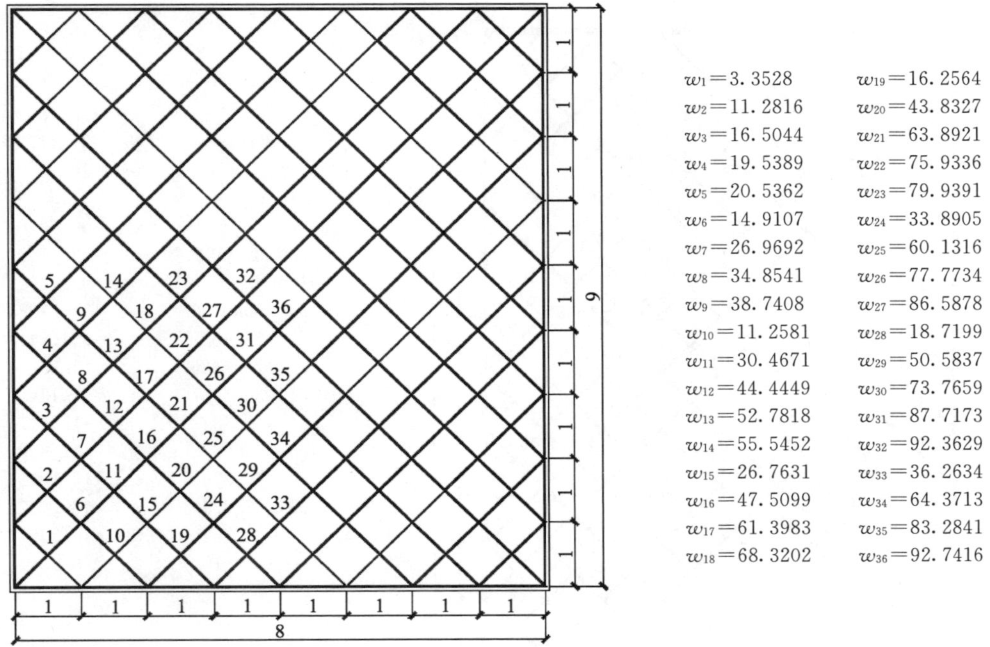

$w_1=3.3528$
$w_2=11.2816$
$w_3=16.5044$
$w_4=19.5389$
$w_5=20.5362$
$w_6=14.9107$
$w_7=26.9692$
$w_8=34.8541$
$w_9=38.7408$
$w_{10}=11.2581$
$w_{11}=30.4671$
$w_{12}=44.4449$
$w_{13}=52.7818$
$w_{14}=55.5452$
$w_{15}=26.7631$
$w_{16}=47.5099$
$w_{17}=61.3983$
$w_{18}=68.3202$
$w_{19}=16.2564$
$w_{20}=43.8327$
$w_{21}=63.8921$
$w_{22}=75.9336$
$w_{23}=79.9391$
$w_{24}=33.8905$
$w_{25}=60.1316$
$w_{26}=77.7734$
$w_{27}=86.5878$
$w_{28}=18.7199$
$w_{29}=50.5837$
$w_{30}=73.7659$
$w_{31}=87.7173$
$w_{32}=92.3629$
$w_{33}=36.2634$
$w_{34}=64.3713$
$w_{35}=83.2841$
$w_{36}=92.7416$
8
9

图 13.4-24　两向正交斜放网架的差分法节点挠度系数（8×9 网格）

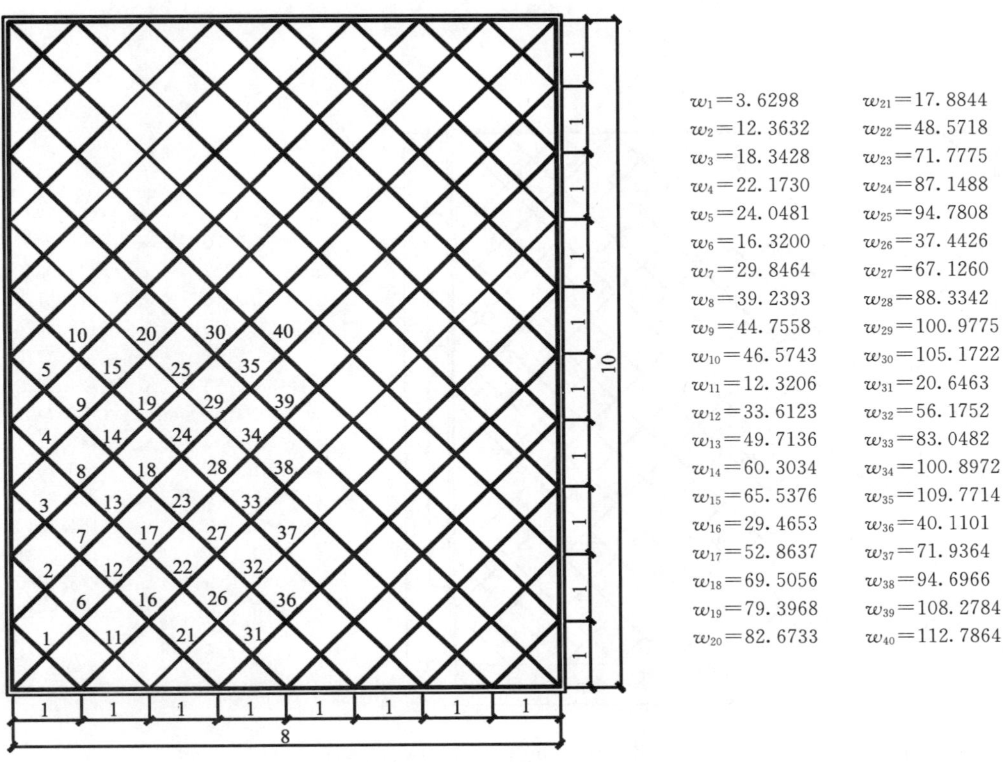

$w_1=3.6298$
$w_2=12.3632$
$w_3=18.3428$
$w_4=22.1730$
$w_5=24.0481$
$w_6=16.3200$
$w_7=29.8464$
$w_8=39.2393$
$w_9=44.7558$
$w_{10}=46.5743$
$w_{11}=12.3206$
$w_{12}=33.6123$
$w_{13}=49.7136$
$w_{14}=60.3034$
$w_{15}=65.5376$
$w_{16}=29.4653$
$w_{17}=52.8637$
$w_{18}=69.5056$
$w_{19}=79.3968$
$w_{20}=82.6733$
$w_{21}=17.8844$
$w_{22}=48.5718$
$w_{23}=71.7775$
$w_{24}=87.1488$
$w_{25}=94.7808$
$w_{26}=37.4426$
$w_{27}=67.1260$
$w_{28}=88.3342$
$w_{29}=100.9775$
$w_{30}=105.1722$
$w_{31}=20.6463$
$w_{32}=56.1752$
$w_{33}=83.0482$
$w_{34}=100.8972$
$w_{35}=109.7714$
$w_{36}=40.1101$
$w_{37}=71.9364$
$w_{38}=94.6966$
$w_{39}=108.2784$
$w_{40}=112.7864$
8
10

图 13.4-25　两向正交斜放网架的差分法节点挠度系数（8×10 网格）

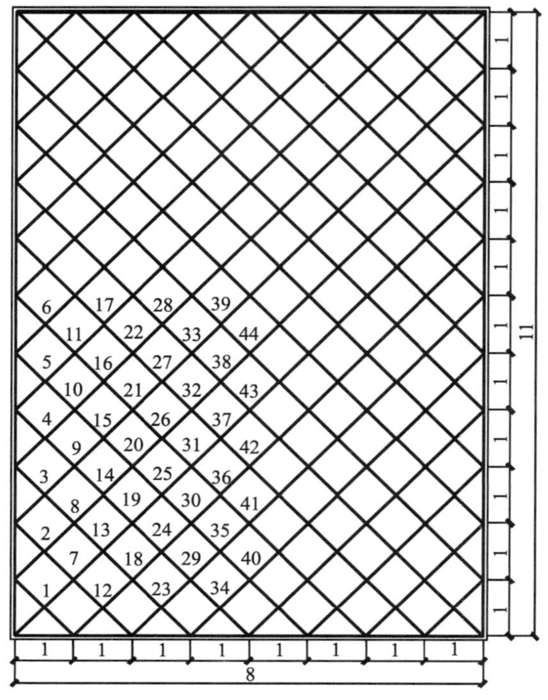

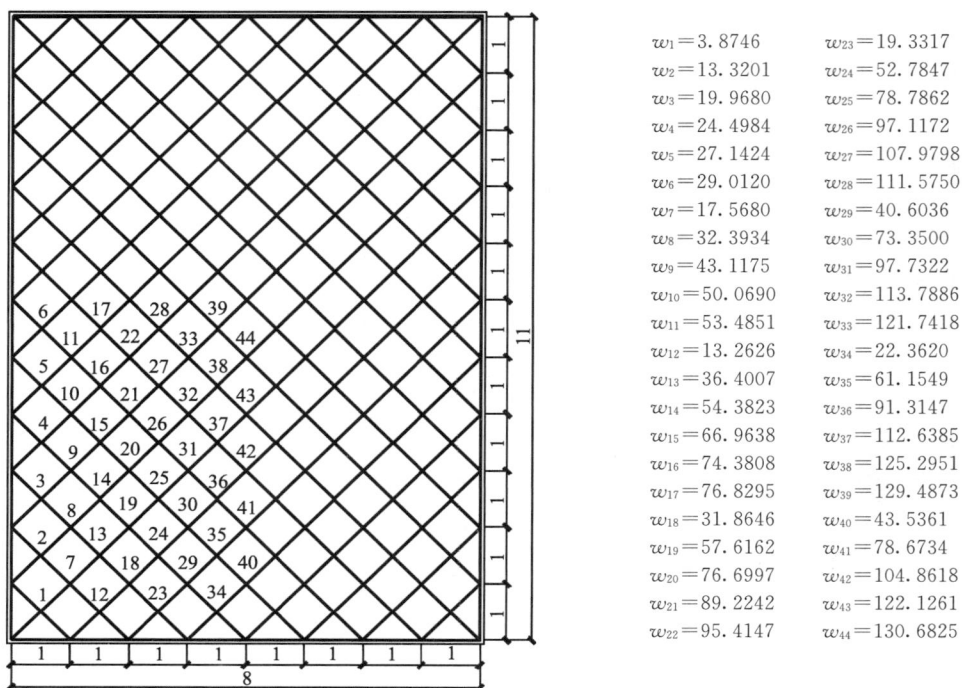

$w_1=3.8746$	$w_{23}=19.3317$
$w_2=13.3201$	$w_{24}=52.7847$
$w_3=19.9680$	$w_{25}=78.7862$
$w_4=24.4984$	$w_{26}=97.1172$
$w_5=27.1424$	$w_{27}=107.9798$
$w_6=29.0120$	$w_{28}=111.5750$
$w_7=17.5680$	$w_{29}=40.6036$
$w_8=32.3934$	$w_{30}=73.3500$
$w_9=43.1175$	$w_{31}=97.7322$
$w_{10}=50.0690$	$w_{32}=113.7886$
$w_{11}=53.4851$	$w_{33}=121.7418$
$w_{12}=13.2626$	$w_{34}=22.3620$
$w_{13}=36.4007$	$w_{35}=61.1549$
$w_{14}=54.3823$	$w_{36}=91.3147$
$w_{15}=66.9638$	$w_{37}=112.6385$
$w_{16}=74.3808$	$w_{38}=125.2951$
$w_{17}=76.8295$	$w_{39}=129.4873$
$w_{18}=31.8646$	$w_{40}=43.5361$
$w_{19}=57.6162$	$w_{41}=78.6734$
$w_{20}=76.6997$	$w_{42}=104.8618$
$w_{21}=89.2242$	$w_{43}=122.1261$
$w_{22}=95.4147$	$w_{44}=130.6825$

图 13.4-26　两向正交斜放网架的差分法节点挠度系数（8×11 网格）

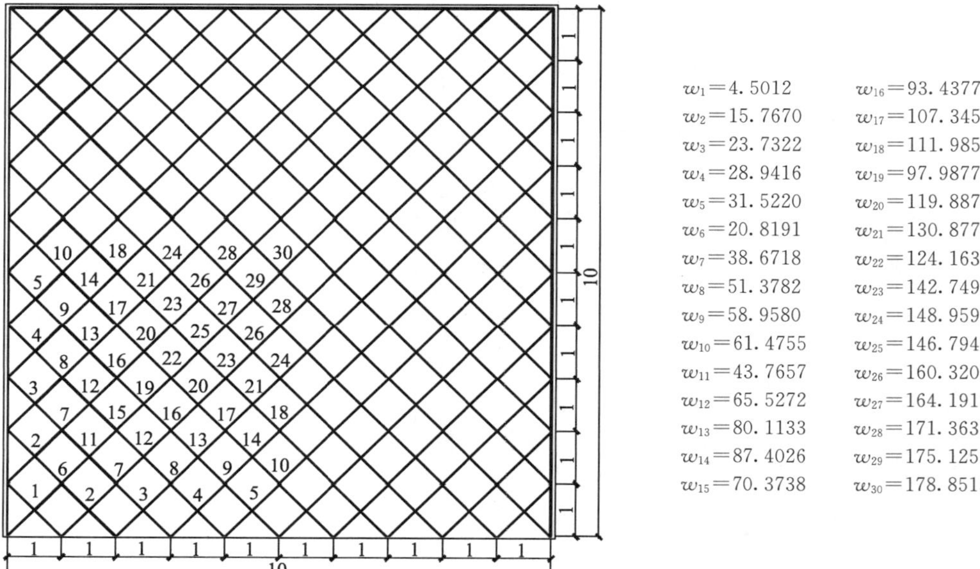

$w_1=4.5012$	$w_{16}=93.4377$
$w_2=15.7670$	$w_{17}=107.3457$
$w_3=23.7322$	$w_{18}=111.9855$
$w_4=28.9416$	$w_{19}=97.9877$
$w_5=31.5220$	$w_{20}=119.8876$
$w_6=20.8191$	$w_{21}=130.8773$
$w_7=38.6718$	$w_{22}=124.1632$
$w_8=51.3782$	$w_{23}=142.7492$
$w_9=58.9580$	$w_{24}=148.9591$
$w_{10}=61.4755$	$w_{25}=146.7940$
$w_{11}=43.7657$	$w_{26}=160.3206$
$w_{12}=65.5272$	$w_{27}=164.1912$
$w_{13}=80.1133$	$w_{28}=171.3631$
$w_{14}=87.4026$	$w_{29}=175.1255$
$w_{15}=70.3738$	$w_{30}=178.8513$

图 13.4-27　两向正交斜放网架的差分法节点挠度系数（10×10 网格）

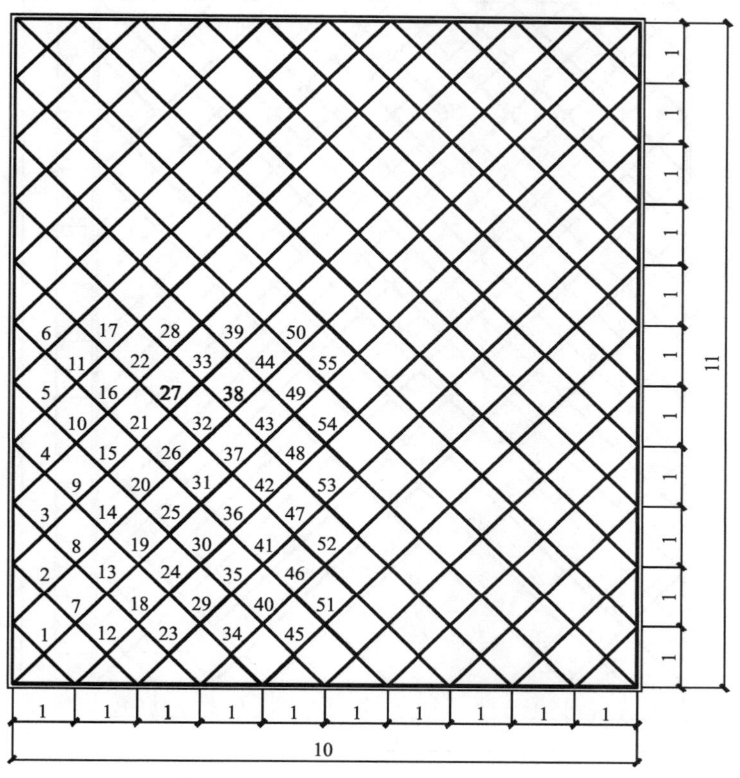

$w_{1}=4.8832$　$w_{11}=72.1173$　$w_{21}=123.1115$　$w_{31}=140.1714$　$w_{41}=119.8431$　$w_{51}=68.1343$

$w_{2}=17.2817$　$w_{12}=17.2676$　$w_{22}=132.0906$　$w_{32}=164.3090$　$w_{42}=161.4843$　$w_{52}=125.1049$

$w_{3}=26.3027$　$w_{13}=48.2492$　$w_{23}=26.1225$　$w_{33}=176.3773$　$w_{43}=189.3984$　$w_{53}=168.6191$

$w_{4}=32.5886$　$w_{14}=73.0199$　$w_{24}=72.5496$　$w_{34}=31.9582$　$w_{44}=203.3685$　$w_{54}=197.8043$

$w_{5}=36.3079$　$w_{15}=90.7082$　$w_{25}=109.6490$　$w_{35}=88.9502$　$w_{45}=34.8608$　$w_{55}=212.4149$

$w_{6}=37.5393$　$w_{16}=101.2725$　$w_{26}=136.3219$　$w_{36}=134.5239$　$w_{46}=97.1780$

$w_{7}=22.7994$　$w_{17}=104.7826$　$w_{27}=152.3280$　$w_{37}=167.3908$　$w_{47}=147.0529$

$w_{8}=42.7268$　$w_{18}=42.5773$　$w_{28}=157.6581$　$w_{38}=187.1508$　$w_{48}=183.0649$

$w_{9}=57.5193$　$w_{19}=78.1335$　$w_{29}=56.7788$　$w_{39}=193.7370$　$w_{49}=204.7342$

$w_{10}=67.2752$　$w_{20}=105.1153$　$w_{30}=104.1014$　$w_{40}=65.2986$　$w_{50}=211.9597$

图 13.4-28　两向正交斜放网架的差分法节点挠度系数（10×11 网格）

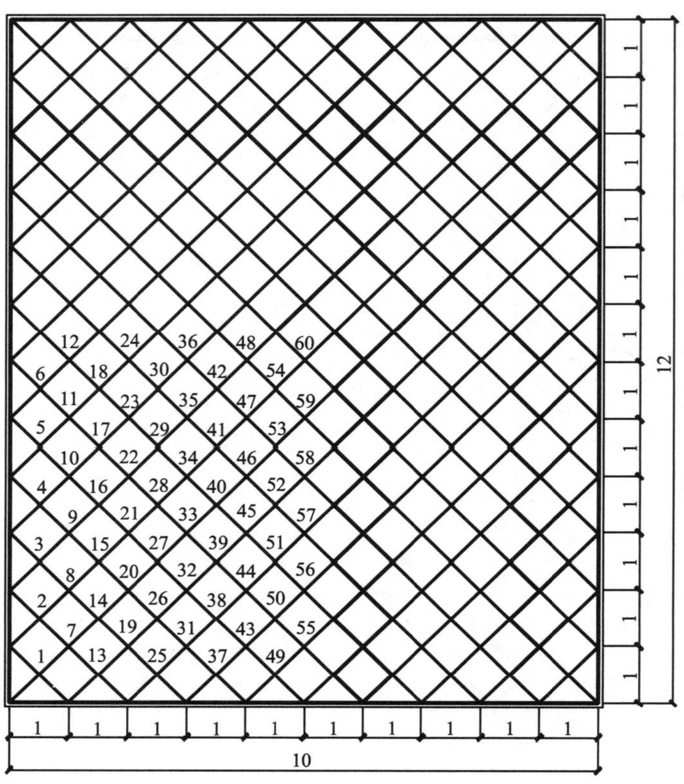

w_1=5.2296	w_{13}=18.6311	w_{25}=28.3004	w_{37}=34.7137	w_{49}=37.9161
w_2=18.6568	w_{14}=52.3246	w_{26}=78.9486	w_{38}=97.0221	w_{50}=106.1223
w_3=28.6364	w_{15}=79.8329	w_{27}=120.2770	w_{39}=147.8969	w_{51}=161.8575
w_4=35.8996	w_{16}=100.3467	w_{28}=151.3145	w_{40}=186.2260	w_{52}=203.9010
w_5=40.6535	w_{17}=113.9016	w_{29}=171.9286	w_{41}=211.7364	w_{53}=231.9099
w_6=43.0050	w_{18}=120.6341	w_{30}=182.1967	w_{42}=224.4588	w_{54}=245.8860
w_7=24.5977	w_{19}=46.1315	w_{31}=61.7061	w_{43}=71.0959	w_{55}=74.2300
w_8=46.4102	w_{20}=85.1955	w_{32}=113.8315	w_{44}=131.2706	w_{56}=137.1155
w_9=63.0987	w_{21}=115.7491	w_{33}=154.7849	w_{45}=178.6253	w_{57}=186.6273
w_{10}=74.8341	w_{22}=137.4820	w_{34}=184.0193	w_{46}=212.4918	w_{58}=222.0566
w_{11}=81.7951	w_{23}=150.4477	w_{35}=201.5032	w_{47}=232.7694	w_{59}=243.2775
w_{12}=84.1015	w_{24}=154.7542	w_{36}=207.3175	w_{48}=239.5165	w_{60}=250.3398

图 13.4-29　两向正交斜放网架的差分法节点挠度系数（10×12 网格）

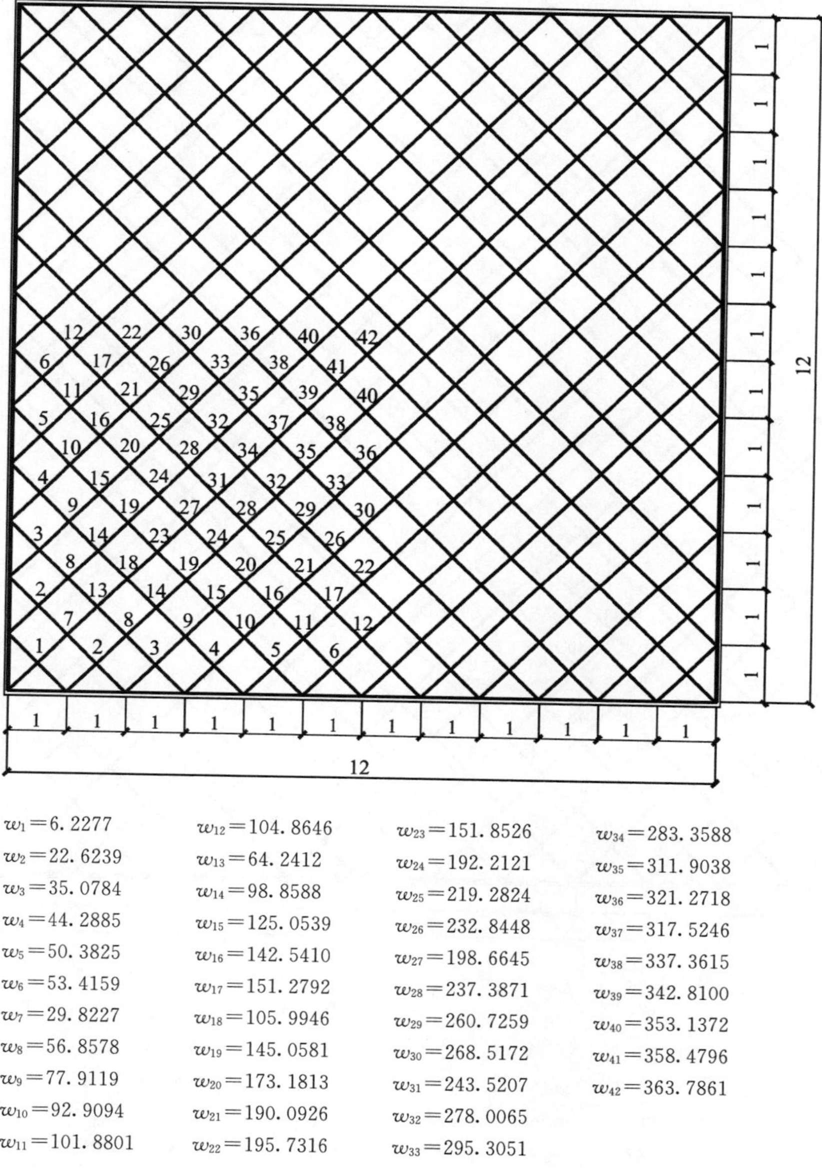

1
12
$w_1=6.2277$
$w_2=22.6239$
$w_3=35.0784$
$w_4=44.2885$
$w_5=50.3825$
$w_6=53.4159$
$w_7=29.8227$
$w_8=56.8578$
$w_9=77.9119$
$w_{10}=92.9094$
$w_{11}=101.8801$
$w_{12}=104.8646$
$w_{13}=64.2412$
$w_{14}=98.8588$
$w_{15}=125.0539$
$w_{16}=142.5410$
$w_{17}=151.2792$
$w_{18}=105.9946$
$w_{19}=145.0581$
$w_{20}=173.1813$
$w_{21}=190.0926$
$w_{22}=195.7316$
$w_{23}=151.8526$
$w_{24}=192.2121$
$w_{25}=219.2824$
$w_{26}=232.8448$
$w_{27}=198.6645$
$w_{28}=237.3871$
$w_{29}=260.7259$
$w_{30}=268.5172$
$w_{31}=243.5207$
$w_{32}=278.0065$
$w_{33}=295.3051$
$w_{34}=283.3588$
$w_{35}=311.9038$
$w_{36}=321.2718$
$w_{37}=317.5246$
$w_{38}=337.3615$
$w_{39}=342.8100$
$w_{40}=353.1372$
$w_{41}=358.4796$
$w_{42}=363.7861$

图 13.4-30　两向正交斜放网架的差分法节点挠度系数（12×12 网格）

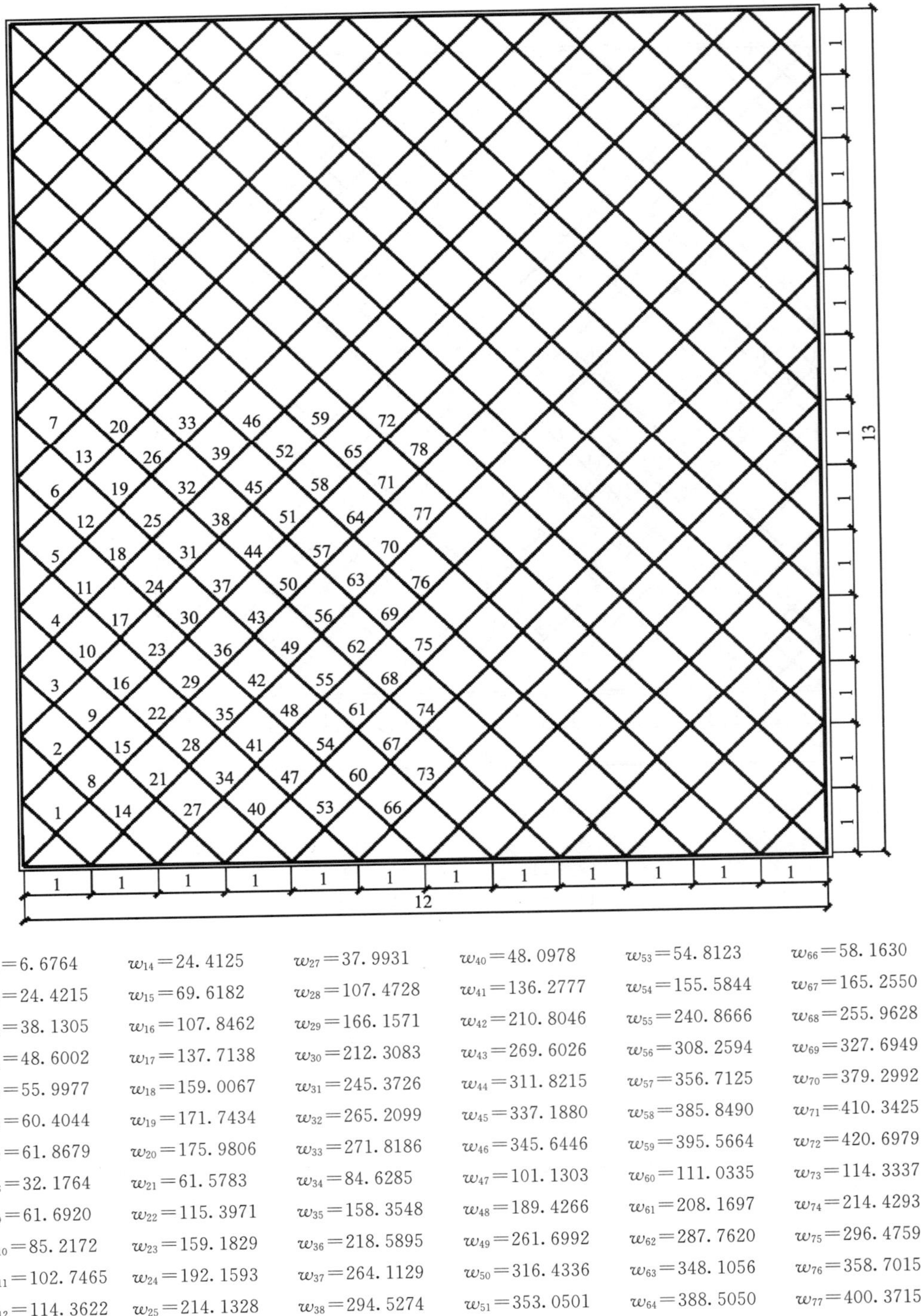

w_{1}=6.6764	w_{14}=24.4125	w_{27}=37.9931	w_{40}=48.0978	w_{53}=54.8123	w_{66}=58.1630
w_{2}=24.4215	w_{15}=69.6182	w_{28}=107.4728	w_{41}=136.2777	w_{54}=155.5844	w_{67}=165.2550
w_{3}=38.1305	w_{16}=107.8462	w_{29}=166.1571	w_{42}=210.8046	w_{55}=240.8666	w_{68}=255.9628
w_{4}=48.6002	w_{17}=137.7138	w_{30}=212.3083	w_{43}=269.6026	w_{56}=308.2594	w_{69}=327.6949
w_{5}=55.9977	w_{18}=159.0067	w_{31}=245.3726	w_{44}=311.8215	w_{57}=356.7125	w_{70}=379.2992
w_{6}=60.4044	w_{19}=171.7434	w_{32}=265.2099	w_{45}=337.1880	w_{58}=385.8490	w_{71}=410.3425
w_{7}=61.8679	w_{20}=175.9806	w_{33}=271.8186	w_{46}=345.6446	w_{59}=395.5664	w_{72}=420.6979
w_{8}=32.1764	w_{21}=61.5783	w_{34}=84.6285	w_{47}=101.1303	w_{60}=111.0335	w_{73}=114.3337
w_{9}=61.6920	w_{22}=115.3971	w_{35}=158.3548	w_{48}=189.4266	w_{61}=208.1697	w_{74}=214.4293
w_{10}=85.2172	w_{23}=159.1829	w_{36}=218.5895	w_{49}=261.6992	w_{62}=287.7620	w_{75}=296.4759
w_{11}=102.7465	w_{24}=192.1593	w_{37}=264.1129	w_{50}=316.4336	w_{63}=348.1056	w_{76}=358.7015
w_{12}=114.3622	w_{25}=214.1328	w_{38}=294.5274	w_{51}=353.0501	w_{64}=388.5050	w_{77}=400.3715
w_{13}=120.1457	w_{26}=225.1038	w_{39}=309.7319	w_{52}=371.3748	w_{65}=408.7324	w_{78}=421.2373

图 13.4-31　两向正交斜放网架的差分法节点挠度系数（12×13 网格）

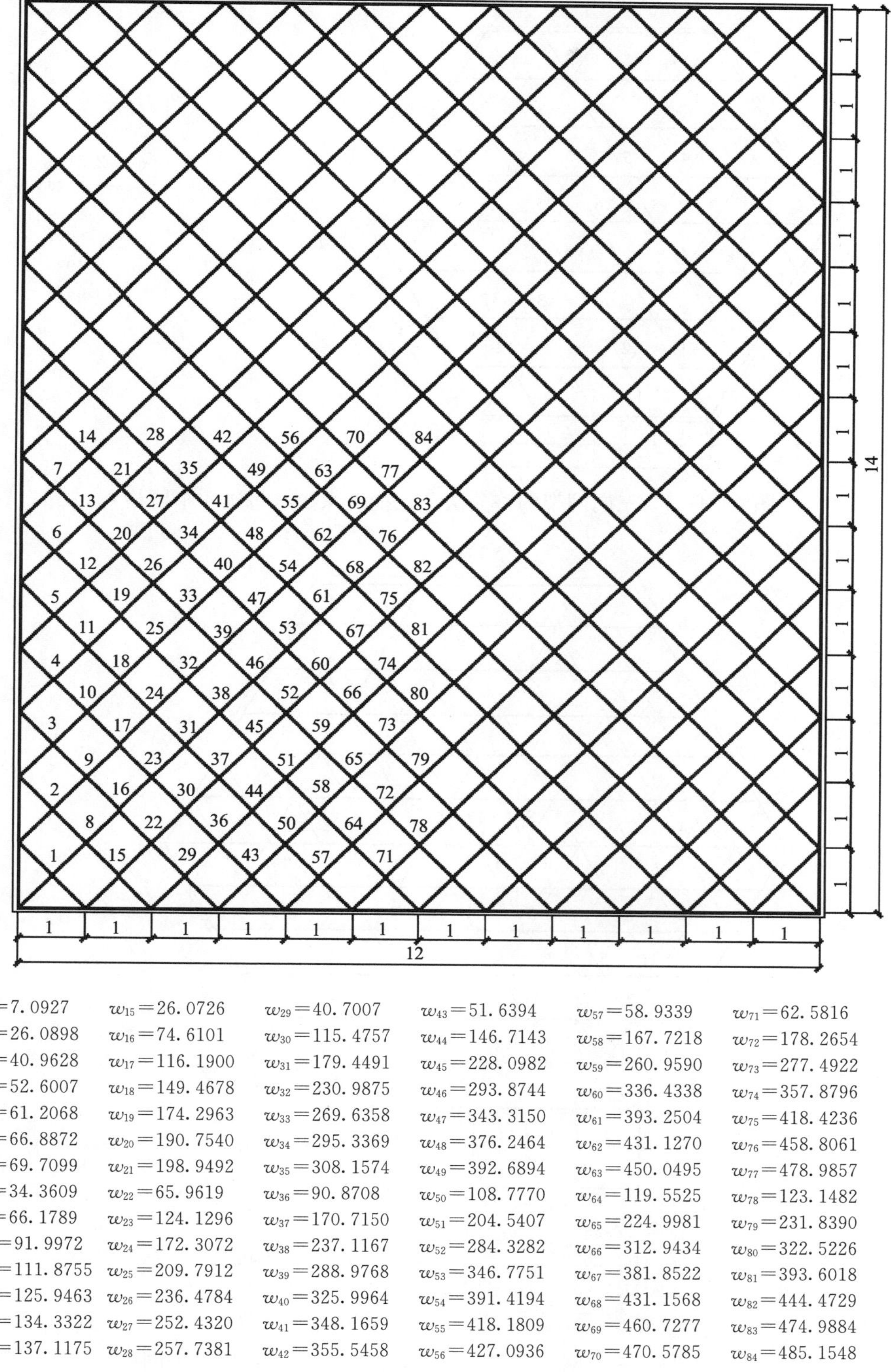

w_1=7.0927	w_{15}=26.0726	w_{29}=40.7007	w_{43}=51.6394	w_{57}=58.9339	w_{71}=62.5816
w_2=26.0898	w_{16}=74.6101	w_{30}=115.4757	w_{44}=146.7143	w_{58}=167.7218	w_{72}=178.2654
w_3=40.9628	w_{17}=116.1900	w_{31}=179.4491	w_{45}=228.0982	w_{59}=260.9590	w_{73}=277.4922
w_4=52.6007	w_{18}=149.4678	w_{32}=230.9875	w_{46}=293.8744	w_{60}=336.4338	w_{74}=357.8796
w_5=61.2068	w_{19}=174.2963	w_{33}=269.6358	w_{47}=343.3150	w_{61}=393.2504	w_{75}=418.4236
w_6=66.8872	w_{20}=190.7540	w_{34}=295.3369	w_{48}=376.2464	w_{62}=431.1270	w_{76}=458.8061
w_7=69.7099	w_{21}=198.9492	w_{35}=308.1574	w_{49}=392.6894	w_{63}=450.0495	w_{77}=478.9857
w_8=34.3609	w_{22}=65.9619	w_{36}=90.8708	w_{50}=108.7770	w_{64}=119.5525	w_{78}=123.1482
w_9=66.1789	w_{23}=124.1296	w_{37}=170.7150	w_{51}=204.5407	w_{65}=224.9981	w_{79}=231.8390
w_{10}=91.9972	w_{24}=172.3072	w_{38}=237.1167	w_{52}=284.3282	w_{66}=312.9434	w_{80}=322.5226
w_{11}=111.8755	w_{25}=209.7912	w_{39}=288.9768	w_{53}=346.7751	w_{67}=381.8522	w_{81}=393.6018
w_{12}=125.9463	w_{26}=236.4784	w_{40}=325.9964	w_{54}=391.4194	w_{68}=431.1568	w_{82}=444.4729
w_{13}=134.3322	w_{27}=252.4320	w_{41}=348.1659	w_{55}=418.1809	w_{69}=460.7277	w_{83}=474.9884
w_{14}=137.1175	w_{28}=257.7381	w_{42}=355.5458	w_{56}=427.0936	w_{70}=470.5785	w_{84}=485.1548

图 13.4-32　两向正交斜放网架的差分法节点挠度系数（12×14 网格）

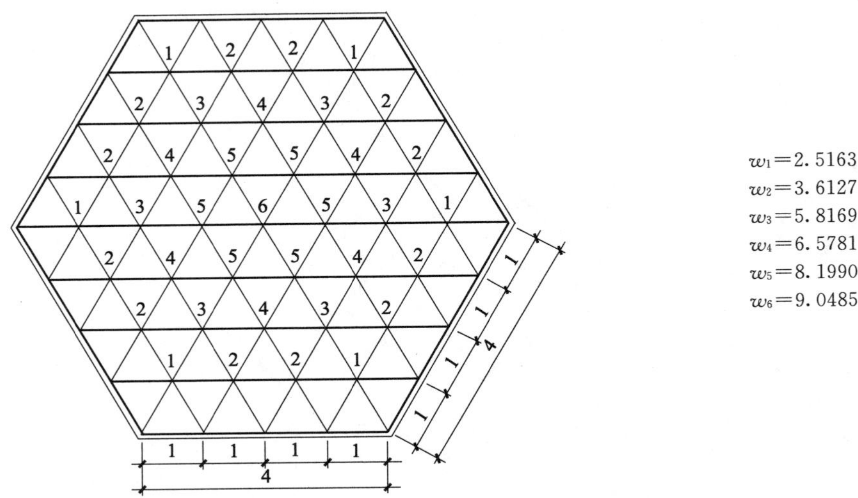

图 13.4-33　三向网架的差分法节点挠度系数（每边 4 个网格）

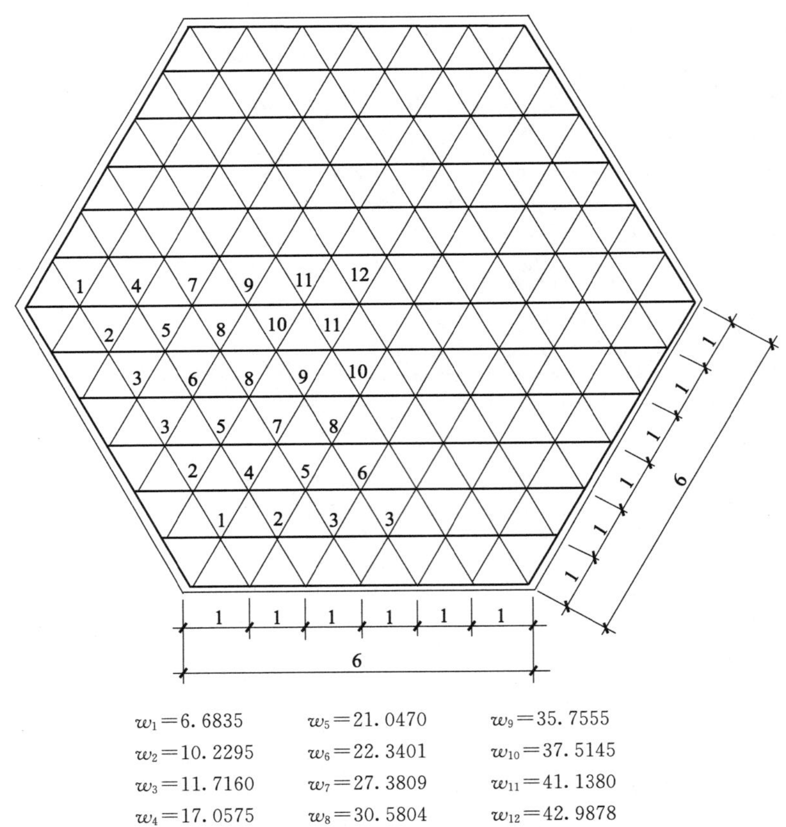

图 13.4-34　三向网架的差分法节点挠度系数（每边 6 个网格）

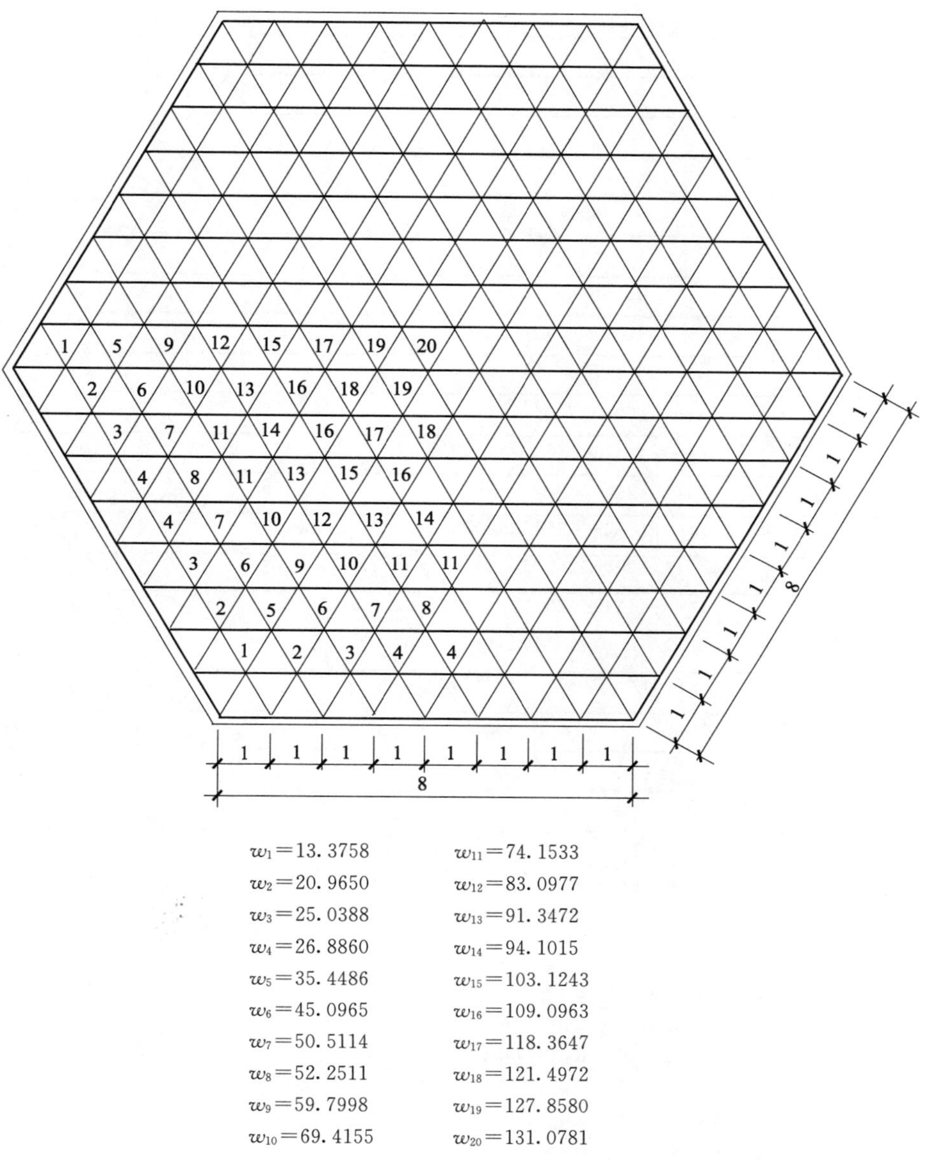

图 13.4-35　三向网架的差分法节点挠度系数（每边 8 个网格）

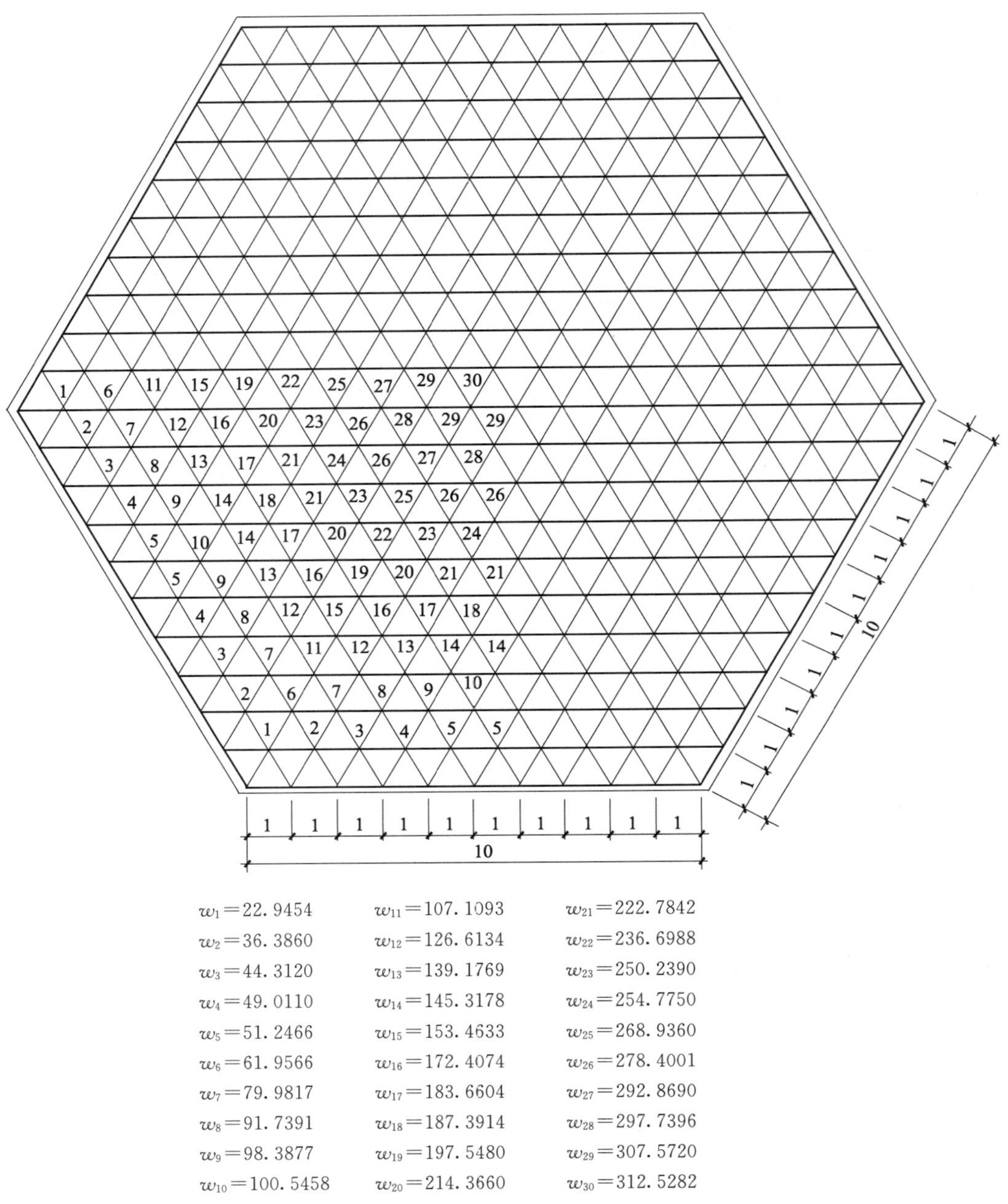

w_1=22.9454
w_2=36.3860
w_3=44.3120
w_4=49.0110
w_5=51.2466
w_6=61.9566
w_7=79.9817
w_8=91.7391
w_9=98.3877
w_{10}=100.5458
w_{11}=107.1093
w_{12}=126.6134
w_{13}=139.1769
w_{14}=145.3178
w_{15}=153.4633
w_{16}=172.4074
w_{17}=183.6604
w_{18}=187.3914
w_{19}=197.5480
w_{20}=214.3660
w_{21}=222.7842
w_{22}=236.6988
w_{23}=250.2390
w_{24}=254.7750
w_{25}=268.9360
w_{26}=278.4001
w_{27}=292.8690
w_{28}=297.7396
w_{29}=307.5720
w_{30}=312.5282

图 13.4-36　三向网架的差分法节点挠度系数（每边 10 个网格）

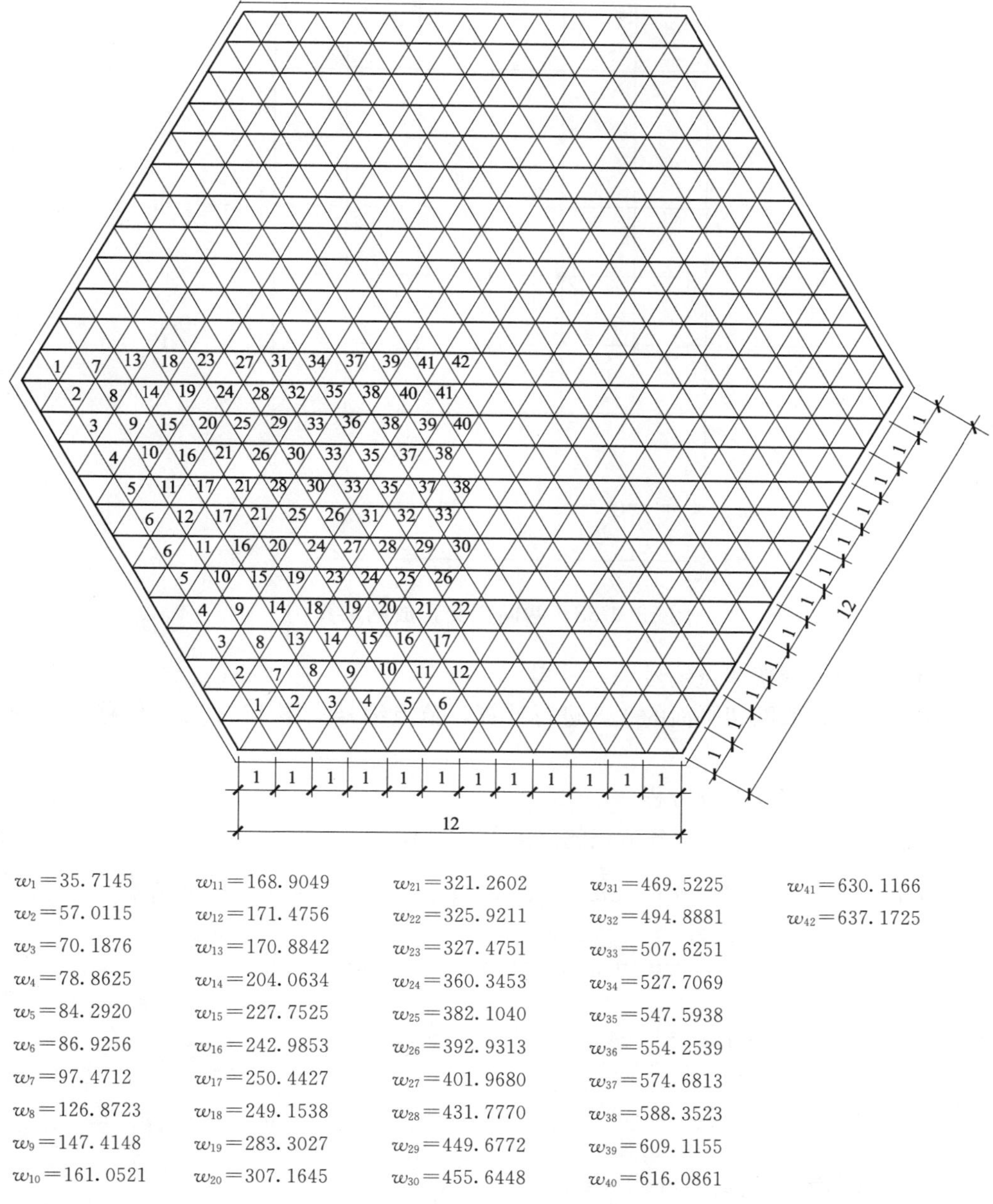

$w_1=35.7145$	$w_{11}=168.9049$	$w_{21}=321.2602$	$w_{31}=469.5225$	$w_{41}=630.1166$
$w_2=57.0115$	$w_{12}=171.4756$	$w_{22}=325.9211$	$w_{32}=494.8881$	$w_{42}=637.1725$
$w_3=70.1876$	$w_{13}=170.8842$	$w_{23}=327.4751$	$w_{33}=507.6251$	
$w_4=78.8625$	$w_{14}=204.0634$	$w_{24}=360.3453$	$w_{34}=527.7069$	
$w_5=84.2920$	$w_{15}=227.7525$	$w_{25}=382.1040$	$w_{35}=547.5938$	
$w_6=86.9256$	$w_{16}=242.9853$	$w_{26}=392.9313$	$w_{36}=554.2539$	
$w_7=97.4712$	$w_{17}=250.4427$	$w_{27}=401.9680$	$w_{37}=574.6813$	
$w_8=126.8723$	$w_{18}=249.1538$	$w_{28}=431.7770$	$w_{38}=588.3523$	
$w_9=147.4148$	$w_{19}=283.3027$	$w_{29}=449.6772$	$w_{39}=609.1155$	
$w_{10}=161.0521$	$w_{20}=307.1645$	$w_{30}=455.6448$	$w_{40}=616.0861$	

图 13.4-37 三向网架的差分法节点挠度系数（每边 12 个网格）

13.4.5 算例

【例题 13-2】 一周边简支的两向正交正放网架（图 13.4-38），平面尺寸 18m×18m，网格尺寸 3m，网架高度 2m，屋面荷载（含自重）设计值为 2kN/m^2。试由交叉梁系差分法求解网架杆件内力。

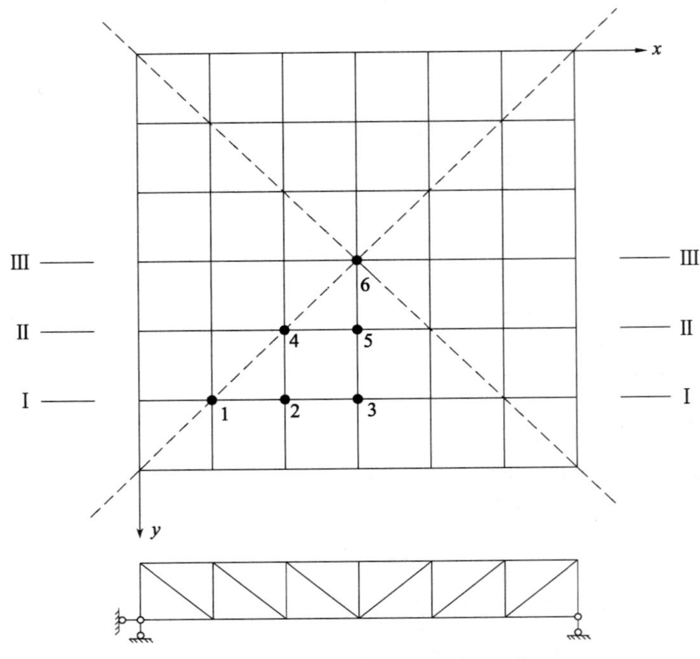

图 13.4-38　两向正交正放网架算例

【解】　(1) 网架节点编号

利用对称性，取网架平面的 1/8 进行计算，节点编号见图 13.4-38，位移为 0 的点不编号。

(2) 建立节点挠度差分方程

根据公式 (13.4-1) 建立各节点的挠度差分方程。

节点 1　$12w_1-4\times 2w_2+(-2w_1+2w_3)=\dfrac{qs^5}{EI}$，即 $5w_1-4w_2+w_3=\dfrac{1}{2}\dfrac{qs^5}{EI}$

节点 2　$12w_2-4\times(w_1+w_3+w_4)+(-w_2+w_2+w_5)=\dfrac{qs^5}{EI}$

即 $-4w_1+12w_2-4w_3-4w_4+w_5=\dfrac{qs^5}{EI}$

节点 3　$12w_3-4\times(2w_2+w_5)+(-w_3+w_1+w_6+w_1)=\dfrac{qs^5}{EI}$

即 $2w_1-8w_2+11w_3-4w_5+w_6=\dfrac{qs^5}{EI}$

节点 4　$12w_4-4\times(2w_2+2w_5)+(w_4+w_4)=\dfrac{qs^5}{EI}$，即 $-4w_2+7w_4-4w_5=\dfrac{1}{2}\dfrac{qs^5}{EI}$

节点 5　$12w_5-4\times(w_3+2w_4+w_6)+(2w_2+w_5)=\dfrac{qs^5}{EI}$

即 $2w_2-4w_3-8w_4+13w_5-4w_6=\dfrac{qs^5}{EI}$

节点 6　$12w_6-4\times(4w_5)+(4w_3)=\dfrac{qs^5}{EI}$，即 $w_3-4w_5+3w_6=\dfrac{1}{4}\dfrac{qs^5}{EI}$

将上述方程组写成以下矩阵形式（同时代入 $q=2\text{kN/m}^2$ 和 $s=3\text{m}$）

$$\begin{bmatrix} 5 & -4 & 1 & 0 & 0 & 0 \\ 4 & 12 & -4 & -4 & 1 & 0 \\ 2 & -8 & 11 & 0 & -4 & 1 \\ 0 & -4 & 0 & 7 & -4 & 0 \\ 0 & 2 & -4 & -8 & 13 & -4 \\ 0 & 0 & 1 & 0 & -4 & 3 \end{bmatrix} \begin{Bmatrix} w_1 \\ w_2 \\ w_3 \\ w_4 \\ w_5 \\ w_6 \end{Bmatrix} = \begin{Bmatrix} 1/2 \\ 1 \\ 1 \\ 1/2 \\ 1 \\ 1/4 \end{Bmatrix} \frac{486}{EI}$$

求解方程组可得各节点的竖向位移：

$$w_1=1368.5\frac{1}{EI}(2.8158),\quad w_2=2310.2\frac{1}{EI}(4.7534),\quad w_3=2641.3\frac{1}{EI}(5.4347)$$

$$w_4=3922.7\frac{1}{EI}(8.0714),\quad w_5=4493.8\frac{1}{EI}(9.2466),\quad w_6=5151.9\frac{1}{EI}(10.6005)$$

以上的 w_i 值亦可由计算图表求得。对 6×6 网格的两向正交正放网架，由图 13.4-9 查取各节点挠度系数（见上面括号内数值），然后乘以$\frac{qs^5}{EI}$即得实际挠度值，结果与上述解方程组所得相同。

（3）求各节点在 x 和 y 方向所分配的集中荷载

本例的网架平面有 8 个对称面，沿 x 和 y 方向的相应桁架相同，故只需计算 3 榀桁架。以 x 向桁架为例，节点弯矩可由式（13.4-9）求得，剪力则为 $V_{\text{A,A+1}}=\frac{M_{\text{A+1,x}}-M_{\text{A,x}}}{s}$。

桁架 I-I：

$$M_{1x}=-\frac{EI}{s^2}(w_2-2w_1+w_0)=-\frac{EI}{3^2}(2310.2-2\times1368.5)\frac{1}{EI}=47.42\text{kN}\cdot\text{m}$$

$$M_{2x}=-\frac{EI}{s^2}(w_3-2w_2+w_1)=-\frac{EI}{3^2}(2641.3-2\times2310.2+1368.5)\frac{1}{EI}=67.84\text{kN}\cdot\text{m}$$

$$M_{3x}=-\frac{EI}{s^2}(w_2-2w_3+w_2)=-\frac{EI}{3^2}(2\times2310.2-2\times2641.3)\frac{1}{EI}=73.58\text{kN}\cdot\text{m}$$

$$V_{1-2}=\frac{M_{2x}-M_{1x}}{s}=\frac{67.844-47.422}{3}=6.81\text{kN}$$

$$V_{2-3}=\frac{M_{3x}-M_{2x}}{s}=\frac{73.578-67.844}{3}=1.91\text{kN}$$

$$V_{0-1}=\frac{M_{1x}-0}{s}=\frac{47.422}{3}=15.81\text{kN}$$

桁架 II-II：

$$M_{2x}=-\frac{EI}{s^2}(w_4-2w_2+0)=-\frac{EI}{3^2}(3922.7-2\times2310.2)\frac{1}{EI}=77.52\text{kN}\cdot\text{m}$$

$$M_{4x}=-\frac{EI}{s^2}(w_5-2w_4+w_2)=-\frac{EI}{3^2}(4493.8-2\times3922.7+2310.2)\frac{1}{EI}=115.71\text{kN}\cdot\text{m}$$

$$M_{5x}=-\frac{EI}{s^2}(w_4-2w_5+w_4)=-\frac{EI}{3^2}(3922.7-2\times4493.8+3922.7)\frac{1}{EI}=126.91\text{kN}\cdot\text{m}$$

$$V_{2-4}=\frac{M_{4x}-M_{2x}}{s}=12.73\text{kN}$$

$$V_{4-5}=\frac{M_{5x}-M_{4x}}{s}=3.73\text{kN}$$

$$V_{0-2}=\frac{M_{2x}}{s}=25.84\text{kN}$$

桁架 III-III：

$$M_{3x}=-\frac{EI}{s^2}(w_5-2w_3+0)=-\frac{EI}{3^2}(4493.8-2\times2641.3)\frac{1}{EI}=87.64\text{kN}\cdot\text{m}$$

$$M_{5x}=-\frac{EI}{s^2}(w_6-2w_5+w_3)=-\frac{EI}{3^2}(5151.9-2\times4493.8+2641.3)\frac{1}{EI}=132.71\text{kN}\cdot\text{m}$$

$$M_{6x}=-\frac{EI}{s^2}(w_5-2w_6+w_5)=-\frac{EI}{3^2}(4493.8-2\times5151.9+4493.8)\frac{1}{EI}=146.24\text{kN}\cdot\text{m}$$

$$V_{3-5}=\frac{M_{5x}-M_{3x}}{s}=15.02\text{kN}$$

$$V_{5-6}=\frac{M_{6x}-M_{5x}}{s}=4.51\text{kN}$$

$$V_{0-3}=\frac{M_{3x}}{s}=29.22\text{kN}$$

(4)求网架各杆件的轴力

1)取桁架的脱离体计算上弦、下弦及斜腹杆的内力

桁架 I-I(以 1-2 节间为例)：

取右边脱离体

$$\sum M_{2'}=0 \quad N_{12}=-\frac{M_{2x}}{h}=-\frac{67.84}{2}=-33.92\text{kN}$$

取左边脱离体

$$\sum M_1=0 \quad N_{1'2'}=-\frac{M_{1x}}{h}=\frac{47.42}{2}=23.71\text{kN}$$

$$\sum Y=0 \quad N_{12'}=\frac{V_{1-2}}{\sin\phi}=\frac{6.81}{2/\sqrt{13}}=12.27\text{kN}$$

桁架 I-I 其余节间的计算见图 13.4-39。同理，桁架 II-II、III-III 的计算结果分别见图 13.4-40 和图 13.4-41。图中轴力单位 kN，拉为正，压为负。

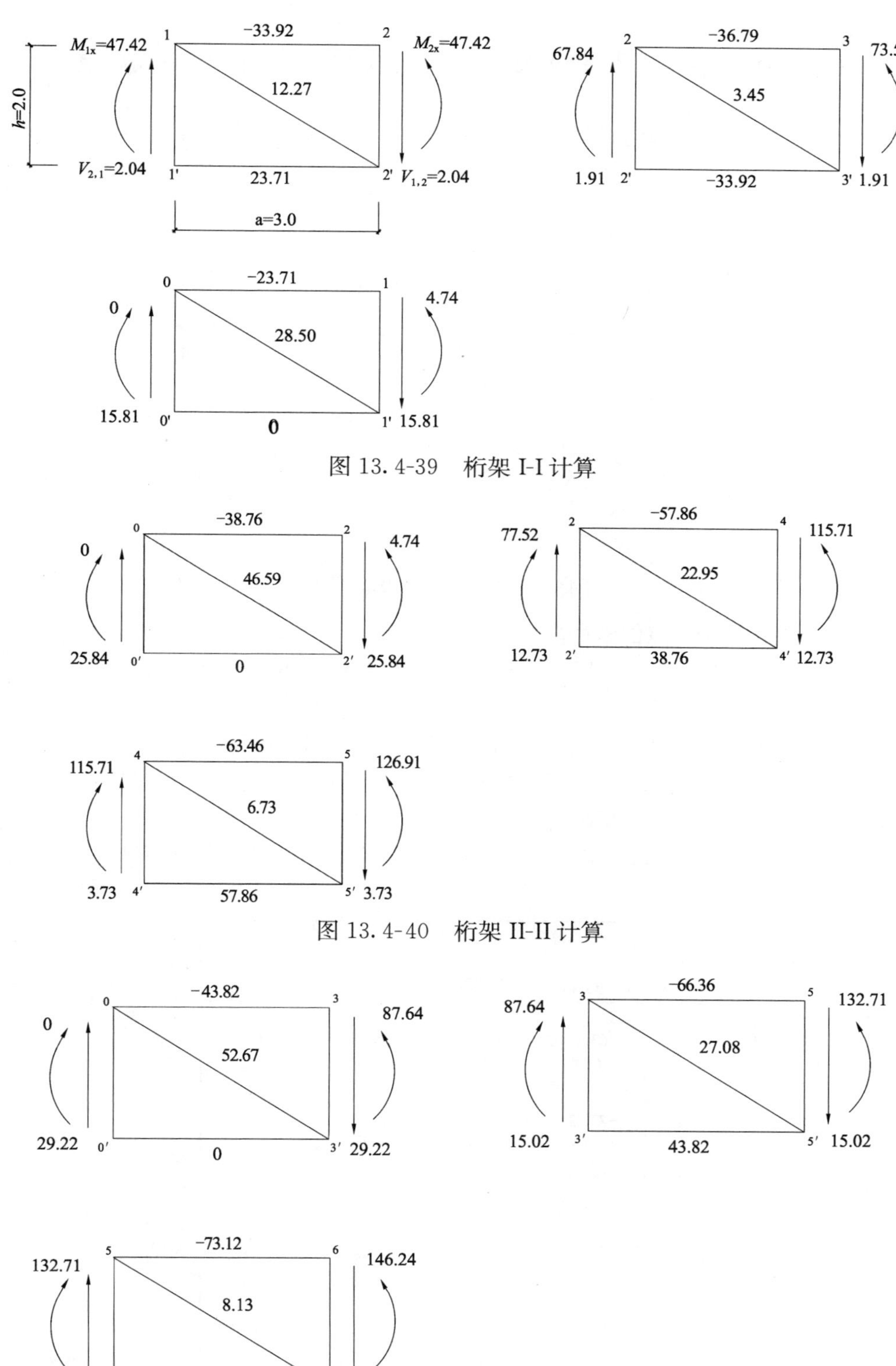

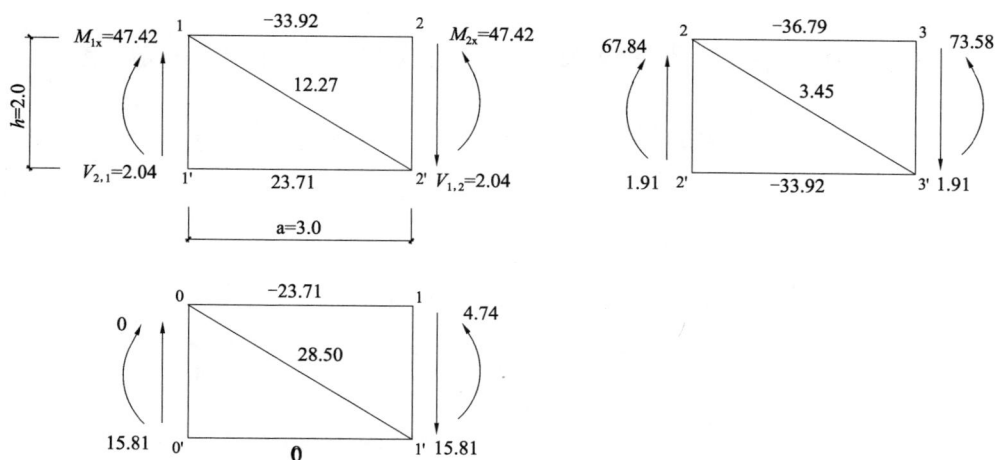

图 13.4-39 桁架 I-I 计算

图 13.4-40 桁架 II-II 计算

图 13.4-41 桁架 III-III 计算

2）竖杆计算

节点荷载：$P_i = qa^2 = 2 \times 3^2 = 18\text{kN}$。以节点 1 为例，由上弦节点平衡（图 13.4-42）可得

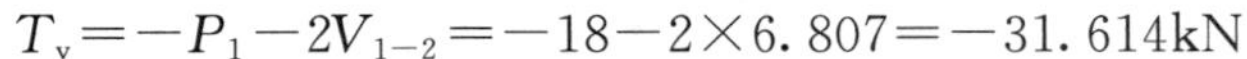

$$T_v = -P_1 - 2V_{1-2} = -18 - 2 \times 6.807 = -31.614\text{kN}$$

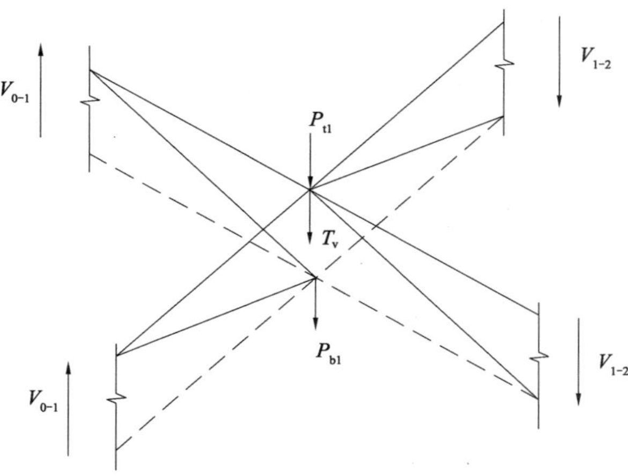

图 13.4-42　节点 1 竖杆计算

同理，可求得其余节点的竖杆内力：

节点 2　$T_v = -P_2 - V_{2-3} - V_{2-4} = -18 - 1.911 - 12.729 = -32.64\text{kN}$

节点 3　$T_v = -P_3 - V_{5-3} = -18 - 15.022 = -33.022\text{kN}$

节点 4　$T_v = -P_4 - 2V_{4-5} = -18 - 2 \times 3.733 = -25.466\text{kN}$

节点 5　$T_v = -P_5 - V_{5-6} = -18 - 4.511 = -22.511\text{kN}$

节点 6　$T_v = -P_6 = -18\text{kN}$

网架各杆内力详见图 13.4-43，括号中数值为空间桁架位移法的计算结果。

-23.71 (-23.3)	-33.92 (-32.2)	-36.79 (-33.4)	33.92 (32.2)	23.71 (23.3)	0.00 (0.0)
-38.76 (-42.3)	-57.86 (-63.1)	-63.46 (-69.4)	57.86 (63.1)	38.76 (42.3)	0.00 (0.0)
-43.82 (-50.7)	-66.36 (-74.8)	-73.12 (-82.1)	66.36 (74.8)	43.82 (50.7)	0.00 (0.0)
-33.02 (-34.7)	-32.64 (-23.6)	-18.00 (-18.7)	8.13 (8.8)	27.08 (29.0)	52.67 (60.9)
-32.64 (-33.4)	-25.47 (-27.1)		6.73 (7.5)	22.95 (25.0)	46.59 (50.9)
-31.61 (-30.5)			3.45 (1.5)	12.27 (10.6)	28.50 (28.1)

上弦	下弦
竖杆	斜杆

图 13.4-43　算例杆件内力（单位：kN）

13.5 拟夹层板法

拟夹层板法把网架结构等代为一块具有夹心层的平板，考虑夹心层的、即网架腹杆的横向剪切变形，采用具有三个广义位移的非经典平板理论，建立基本微分方程式，用重三角级数求解，进而求得网架杆件的内力。网架结构采用考虑剪切变形的夹层板理论，提高了分析精度，拟夹层板法是网架结构的近似分析方法中精度最高的一种。拟夹层板法适用于多种类型的网架结构，本手册仅介绍两向正交正放类网架（包括两向正交正放网架、正放四角锥网架和正放抽空四角锥网架）的拟夹层板分析法。

13.5.1 拟夹层板的刚度计算公式

拟夹层板法把网架结构的上、下弦杆等代为夹层板的上、下表层，可承受沿原杆件方向的轴向力，但不能承受横向剪力，即上、下表层只有层内的平面刚度而忽略横向剪切刚度；把斜腹杆和竖腹杆等代为夹层板的夹心层（其厚度即为网架高度），只承受横向剪力而不能承受轴向力，即夹心层只有横向剪切刚度而忽略平面刚度。

两向正交正放类网架拟夹层板的等代刚度系数可由表 13.5-1 的表达式确定，其中 A_{ax}、A_{ay}为上弦杆截面积，A_{bx}、A_{by}为下弦杆截面积，A_{cx}、A_{cy}为斜腹杆截面积，A_d 为竖腹杆截面积，s 为网格间距，h 为网架高度，β 为斜腹杆倾角，E 为网架材料的弹性模量。

拟夹层板的刚度表达式 **表 13.5-1**

刚　度	网架形式		
	两向正交正放网架	正放四角锥网架	正放抽空四角锥网架
上表层平面刚度	$B_x^a=\frac{EA_{ax}}{s}$，$B_y^a=\frac{EA_{ay}}{s}$		
下表层平面刚度	$B_x^b=\frac{EA_{bx}}{s}$，$B_y^b=\frac{EA_{by}}{s}$		$B_x^b=\frac{EA_{bx}}{2s}$，$B_y^b=\frac{EA_{by}}{2s}$
弯曲刚度	$D_x=\frac{B_x^aB_x^b}{B_x^a+B_x^b}h^2$，$D_y=\frac{B_y^aB_y^b}{B_y^a+B_y^b}h^2$		
剪切刚度	$C_x=\frac{EA_{cx}A_d\sin^2\beta\cos\beta}{(A_{cx}\sin^3\beta+A_d)s}$ $C_y=\frac{EA_{cy}A_d\sin^2\beta\cos\beta}{(A_{cy}\sin^3\beta+A_d)s}$	$C_x=C_y=\frac{\sqrt{2}EA_c\sin^2\beta\cos\beta}{s}$	$C_x=C_y=\frac{3\sqrt{2}EA_c\sin^2\beta\cos\beta}{4s}$

注：如两向正交正放网架的 $s_x\neq s_y$、$\beta_x\neq\beta_y$ 时，则 s、β 应具有相应的下标 x 或 y。

13.5.2 拟夹层板的基本方程式及其求解

两向正交正放类网架结构考虑剪切变形的拟夹层板的基本方程式是一个六阶的偏微分方程式

$$\left[k_d\frac{\partial^4}{\partial x^4}+\frac{1}{k_d}\frac{\partial^4}{\partial y^4}-\frac{D}{C}\frac{\partial^4}{\partial x^2\partial y^2}\left(k_c\frac{\partial^2}{\partial x^2}+\frac{1}{k_c}\frac{\partial^2}{\partial y^2}\right)\right]\omega=\frac{q}{D} \tag{13.5-1}$$

$$C=\sqrt{C_xC_y},\ D=\sqrt{D_xD_y},\ k_c=\sqrt{\frac{C_x}{C_y}},\ k_d=\sqrt{\frac{D_x}{D_y}} \tag{13.5-2}$$

式中　q——网架承受的竖向均布荷载；

C_x、C_y——网架两个方向上的剪切刚度；

D_x、D_y——网架两个方向上的弯曲刚度；

ω——位移函数，它与三个广义位移 w、ψ_x、ψ_y 之间存在以下关系

$$\left.\begin{aligned}\psi_x&=\frac{\partial}{\partial x}\left(1-\frac{k_c}{k_d}\frac{D}{C}\frac{\partial^2}{\partial y^2}\right)\omega\\ \psi_y&=\frac{\partial}{\partial y}\left(1-\frac{k_d}{k_c}\frac{D}{C}\frac{\partial^2}{\partial x^2}\right)\omega\\ w&=\left(1-\frac{k_d}{k_c}\frac{D}{C}\frac{\partial^2}{\partial x^2}\right)\left(1-\frac{k_c}{k_d}\frac{D}{C}\frac{\partial^2}{\partial y^2}\right)\omega\end{aligned}\right\} \tag{13.5-3}$$

对于矩形平面（边长 $a\times b$）的周边简支网架，可采用重三角级数求解。位移函数、三个广义位移和四个内力的表达式为

$$\omega=\frac{16qa^4}{\pi^6D}\sum_{m=1,3,\cdots}\sum_{n=1,3,\cdots}(-1)^{\frac{m+n-2}{2}}\frac{1}{\Delta_{mn}}\cos\frac{m\pi x}{a}\cos\frac{n\pi y}{b} \tag{13.5-4a}$$

$$w=\frac{16qa^4}{\pi^6D}\sum_{m=1,3,\cdots}\sum_{n=1,3,\cdots}(-1)^{\frac{m+n-2}{2}}\frac{\left(1+p^2m^2\frac{k_d}{k_c}\right)\left(1+p^2\lambda^2n^2\frac{k_c}{k_d}\right)}{\Delta_{mn}}\cos\frac{m\pi x}{a}\cos\frac{n\pi y}{b} \tag{13.5-4b}$$

$$\psi_x=\frac{16qa^3}{\pi^5D}\sum_{m=1,3,\cdots}\sum_{n=1,3,\cdots}(-1)^{\frac{m+n-2}{2}}\frac{\left(1+p^2\lambda^2n^2\frac{k_c}{k_d}\right)m}{\Delta_{mn}}\sin\frac{m\pi x}{a}\cos\frac{n\pi y}{b} \tag{13.5-4c}$$

$$\psi_y=\frac{16qa^4}{\pi^5D}\sum_{m=1,3,\cdots}\sum_{n=1,3,\cdots}(-1)^{\frac{m+n-2}{2}}\frac{\left(1+p^2m^2\frac{k_d}{k_c}\right)\lambda n}{\Delta_{mn}}\cos\frac{m\pi x}{a}\cos\frac{n\pi y}{b} \tag{13.5-4d}$$

$$M_x=\frac{16qa^2}{\pi^4D}\sum_{m=1,3,\cdots}\sum_{n=1,3,\cdots}(-1)^{\frac{m+n-2}{2}}\frac{(k_d+p^2\lambda^2n^2k_c)m^2}{\Delta_{mn}}\cos\frac{m\pi x}{a}\cos\frac{n\pi y}{b} \tag{13.5-4e}$$

$$M_y=\frac{16qa^2}{\pi^4D}\sum_{m=1,3,\cdots}\sum_{n=1,3,\cdots}(-1)^{\frac{m+n-2}{2}}\frac{\left(\frac{1}{k_d}+\frac{p^2m^2}{k_c}\right)\lambda^2n^2}{\Delta_{mn}}\cos\frac{m\pi x}{a}\cos\frac{n\pi y}{b} \tag{13.5-4f}$$

$$Q_x=-\frac{16qa}{\pi^3D}\sum_{m=1,3,\cdots}\sum_{n=1,3,\cdots}(-1)^{\frac{m+n-2}{2}}\frac{(k_d+p^2\lambda^2n^2k_c)}{\Delta_{mn}}\sin\frac{m\pi x}{a}\cos\frac{n\pi y}{b} \tag{13.5-4g}$$

$$Q_y=-\frac{16qa}{\pi^3D}\sum_{m=1,3,\cdots}\sum_{n=1,3,\cdots}(-1)^{\frac{m+n-2}{2}}\frac{\left(\frac{1}{k_d}+\frac{p^2m^2}{k_c}\right)\lambda^3n^3}{\Delta_{mn}}\cos\frac{m\pi x}{a}\sin\frac{n\pi y}{b} \tag{13.5-4h}$$

式中　$$\Delta_{mn}=mn\left[(k_d+p^2\lambda^2n^2k_c)m^4+\left(\frac{1}{k_d}+\frac{p^2m^2}{k_c}\right)\lambda^4n^4\right] \tag{13.5-5}$$

$$p=\frac{\pi}{a}\sqrt{\frac{D}{C}},\ \lambda=\frac{a}{b} \tag{13.5-6}$$

这里，p 为表示网架剪切变形的一个无量纲参数，λ 为边长比。

13.5.3　拟夹层板内力、挠度计算用表

拟夹层板的内力、位移表达式（13.5-4）中包括四个参数：λ、$k_d^2=D_x/D_y$、$k_c^2=C_x/C_y$

和 p，分析表明，其中对内力和位移影响最大的是参数 λ，其次是 D_x/D_y 和 p。计算用表只需按参数 λ 编制，D_x/D_y 和 p 的影响可通过修正系数 η 考虑。

表 13.5-2a～表 13.5-6a 给出了 λ=1.0、1.1、1.2、1.3、1.4 时共 5 组拟夹层板的内力、挠度系数，同时在表 13.5-2b～表 13.5-6b 中给出了相应的修正系数。在这些图表中没有给出剪力的系数，拟夹层板无扭矩，弯矩的导数即剪力，具体计算时可用弯矩的系数按差分法求得。表 13.5-2a～表 13.5-6a 给出的是无量纲的内力、挠度系数 $\widetilde{M}_x$、$\widetilde{M}_y$、$\widetilde{w}$，实际内力、挠度应按下式求得

$$\left.\begin{aligned} M_x &= qa^2\widetilde{M}_x \cdot 10^{-1} \\ M_y &= qa^2\widetilde{M}_y \cdot 10^{-1} \\ w &= \frac{qa^4}{D}\widetilde{w} \cdot 10^{-2} \end{aligned}\right\} \tag{13.5-7}$$

当网架的各类杆件为变截面时，可近似沿两个方向分别取其算术平均截面，按两向不等刚度考虑。这样处理内力具有足够的精度，但挠度误差稍大。

两向正交正放类网架拟夹层板法内力、挠度系数（λ=1.0）　表 13.5-2a

内力挠度	y/b \ x/a	0.00	0.05	0.10	0.15	0.20	0.25	0.30	0.35	0.40	0.45	0.50
$\widetilde{M}_x$	0.00	0.772	0.765	0.745	0.714	0.667	0.604	0.524	0.425	0.306	0.165	0.000
	0.05	0.762	0.756	0.737	0.705	0.659	0.597	0.518	0.421	0.303	0.163	0.000
	0.10	0.734	0.728	0.710	0.680	0.636	0.577	0.502	0.408	0.294	0.159	0.000
	0.15	0.687	0.682	0.666	0.638	0.598	0.544	0.474	0.387	0.280	0.152	0.000
	0.20	0.624	0.619	0.605	0.581	0.546	0.498	0.436	0.357	0.260	0.141	0.000
	0.25	0.545	0.541	0.529	0.509	0.479	0.439	0.386	0.319	0.233	0.128	0.000
	0.30	0.453	0.449	0.440	0.424	0.400	0.368	0.326	0.271	0.201	0.111	0.000
	0.35	0.349	0.347	0.340	0.328	0.311	0.287	0.256	0.215	0.161	0.091	0.000
	0.40	0.238	0.236	0.231	0.224	0.212	0.196	0.176	0.149	0.114	0.067	0.000
	0.45	0.120	0.120	0.117	0.113	0.108	0.100	0.090	0.077	0.060	0.037	0.000
	0.50	0.000	0.000	0.000	0.000	0.000	0.000	0.000	0.000	0.000	0.000	0.000
$\widetilde{M}_y$	0.00	0.772	0.762	0.734	0.687	0.624	0.545	0.453	0.349	0.238	0.120	0.000
	0.05	0.765	0.756	0.728	0.682	0.619	0.541	0.449	0.347	0.236	0.120	0.000
	0.10	0.746	0.737	0.710	0.666	0.605	0.529	0.440	0.340	0.231	0.117	0.000
	0.15	0.714	0.705	0.680	0.638	0.581	0.509	0.424	0.328	0.224	0.113	0.000
	0.20	0.667	0.659	0.636	0.598	0.546	0.479	0.400	0.311	0.212	0.108	0.000
	0.25	0.604	0.597	0.577	0.544	0.498	0.439	0.368	0.287	0.196	0.100	0.000
	0.30	0.524	0.518	0.502	0.474	0.436	0.386	0.326	0.256	0.176	0.090	0.000
	0.35	0.425	0.421	0.408	0.387	0.357	0.319	0.271	0.215	0.149	0.077	0.000
	0.40	0.306	0.303	0.294	0.280	0.260	0.233	0.201	0.161	0.114	0.060	0.000
	0.45	0.165	0.163	0.159	0.152	0.141	0.128	0.111	0.091	0.067	0.037	0.000
	0.50	0.000	0.000	0.000	0.000	0.000	0.000	0.000	0.000	0.000	0.000	0.000
$\widetilde{w}$	0.00	0.820	0.811	0.782	0.735	0.699	0.588	0.491	0.381	0.260	0.132	0.000

内力、挠度修正系数（λ=1.0）　　表 13.5-2b

η	D_x/D_y	p=0.0	p=0.1	p=0.2	p=0.3	p=0.4	p=0.5
η_{mx}	1.0	1.000	0.999	0.998	0.996	0.993	0.990
	0.9	0.944	0.944	0.945	0.945	0.945	0.946
	0.8	0.772	0.883	0.885	0.889	0.893	0.897
	0.7	0.813	0.815	0.819	0.825	0.833	0.842
	0.6	0.735	0.737	0.744	0.754	0.766	0.780
η_{my}	1.0	1.000	0.999	0.998	0.996	0.993	0.990
	0.9	1.056	1.054	1.051	1.046	1.040	1.033
	0.8	1.117	1.115	1.110	1.102	1.093	1.082
	0.7	1.186	1.183	1.176	1.165	1.151	1.136
	0.6	1.263	1.260	1.250	1.235	1.218	1.198
η_{w1}	1.0	1.000	1.009	1.036	1.081	1.144	1.225
	0.9	0.999	1.008	1.035	1.080	1.143	1.224
	0.8	0.994	1.003	1.030	1.076	1.139	1.221
	0.7	0.983	0.993	1.021	1.067	1.132	1.216
	0.6	0.967	0.977	1.006	1.054	1.120	1.205

两向正交正放类网架拟夹层板法内力、挠度系数（λ=1.1）　　表 13.5-3a

内力挠度	y/b \ x/a	0.00	0.05	0.10	0.15	0.20	0.25	0.30	0.35	0.40	0.45	0.50
$\widetilde{M}_x$	0.00	0.618	0.613	0.600	0.577	0.544	0.497	0.435	0.357	0.260	0.141	0.000
	0.05	0.610	0.606	0.593	0.571	0.537	0.491	0.431	0.353	0.257	0.140	0.000
	0.10	0.587	0.583	0.571	0.550	0.518	0.475	0.417	0.343	0.250	0.136	0.000
	0.15	0.550	0.546	0.535	0.516	0.487	0.447	0.394	0.325	0.238	0.130	0.000
	0.20	0.499	0.495	0.486	0.469	0.444	0.409	0.361	0.300	0.221	0.122	0.000
	0.25	0.435	0.433	0.425	0.410	0.389	0.360	0.320	0.267	0.198	0.110	0.000
	0.30	0.361	0.359	0.352	0.342	0.325	0.301	0.270	0.227	0.170	0.096	0.000
	0.35	0.279	0.277	0.272	0.264	0.252	0.234	0.211	0.179	0.137	0.079	0.000
	0.40	0.189	0.236	0.185	0.180	0.172	0.160	0.145	0.124	0.097	0.057	0.000
	0.45	0.095	0.120	0.094	0.091	0.087	0.081	0.074	0.064	0.050	0.031	0.000
	0.50	0.000	0.000	0.000	0.000	0.000	0.000	0.000	0.000	0.000	0.000	0.000
$\widetilde{M}_y$	0.00	0.761	0.755	0.727	0.681	0.619	0.541	0.450	0.348	0.237	0.120	0.000
	0.05	0.757	0.748	0.721	0.676	0.614	0.537	0.447	0.345	0.235	0.119	0.000
	0.10	0.737	0.728	0.702	0.658	0.599	0.524	0.436	0.338	0.230	0.116	0.000
	0.15	0.702	0.694	0.669	0.629	0.573	0.502	0.419	0.325	0.221	0.112	0.000
	0.20	0.652	0.645	0.623	0.586	0.535	0.471	0.394	0.306	0.209	0.106	0.000
	0.25	0.587	0.581	0.562	0.530	0.485	0.429	0.360	0.281	0.193	0.098	0.000
	0.30	0.506	0.501	0.485	0.457	0.422	0.374	0.316	0.249	0.172	0.088	0.000
	0.35	0.407	0.403	0.391	0.371	0.343	0.306	0.261	0.207	0.145	0.074	0.000
	0.40	0.291	0.288	0.280	0.266	0.247	0.222	0.191	0.154	0.109	0.057	0.000
	0.45	0.155	0.154	0.150	0.143	0.133	0.121	0.105	0.086	0.063	0.035	0.000
	0.50	0.000	0.000	0.000	0.000	0.000	0.000	0.000	0.000	0.000	0.000	0.000
$\widetilde{w}$	0.00	0.666	0.658	0.635	0.597	0.544	0.478	0.400	0.311	0.213	0.108	0.000

内力、挠度修正系数（$\lambda=1.1$）　　表 13.5-3b

η	D_x/D_y	$p=0.0$	$p=0.1$	$p=0.2$	$p=0.3$	$p=0.4$	$p=0.5$
η_{mx}	1.0	1.000	1.001	1.003	1.007	1.012	1.017
	0.9	0.933	0.935	0.940	0.947	0.956	0.965
	0.8	0.861	0.863	0.870	0.881	0.894	0.909
	0.7	0.782	0.785	0.794	0.809	0.826	0.846
	0.6	0.695	0.699	0.711	0.729	0.751	0.776
η_{my}	1.0	1.000	0.998	0.994	0.987	0.979	0.970
	0.9	1.011	1.042	1.036	1.027	1.016	1.004
	0.8	1.092	1.089	1.081	1.070	1.056	1.041
	0.7	1.143	1.140	1.131	1.117	1.100	1.082
	0.6	1.200	1.196	1.185	1.169	1.149	1.128
η_{w1}	1.0	1.000	1.010	1.040	1.091	1.162	1.253
	0.9	0.988	0.999	1.029	1.081	1.152	1.244
	0.8	0.973	0.983	1.014	1.067	1.139	1.233
	0.7	0.951	0.962	0.994	1.048	1.122	1.218
	0.6	0.922	0.934	0.967	1.023	1.100	1.198

两向正交正放类网架拟夹层板法内力、挠度系数（$\lambda=1.2$）　表 13.5-4a

内力挠度	y/b \ x/a	0.00	0.05	0.10	0.15	0.20	0.25	0.30	0.35	0.40	0.45	0.50
$\widetilde{M}_x$	0.00	0.486	0.483	0.475	0.461	0.438	0.405	0.359	0.299	0.220	0.121	0.000
	0.05	0.480	0.477	0.469	0.455	0.433	0.400	0.355	0.296	0.218	0.120	0.000
	0.10	0.462	0.459	0.452	0.438	0.417	0.387	0.344	0.287	0.212	0.117	0.000
	0.15	0.432	0.430	0.423	0.411	0.392	0.364	0.325	0.272	0.202	0.112	0.000
	0.20	0.391	0.390	0.384	0.373	0.357	0.332	0.298	0.250	0.187	0.105	0.000
	0.25	0.341	0.341	0.336	0.327	0.313	0.292	0.263	0.223	0.168	0.095	0.000
	0.30	0.284	0.283	0.279	0.272	0.260	0.244	0.221	0.189	0.145	0.083	0.000
	0.35	0.219	0.218	0.215	0.210	0.202	0.190	0.173	0.149	0.116	0.068	0.000
	0.40	0.149	0.148	0.146	0.143	0.137	0.130	0.119	0.103	0.082	0.050	0.000
	0.45	0.075	0.075	0.074	0.072	0.070	0.066	0.060	0.053	0.042	0.027	0.000
	0.50	0.000	0.000	0.000	0.000	0.000	0.000	0.000	0.000	0.000	0.000	0.000
$\widetilde{M}_y$	0.00	0.732	0.723	0.697	0.654	0.595	0.521	0.434	0.335	0.228	0.116	0.000
	0.05	0.725	0.717	0.691	0.648	0.590	0.517	0.430	0.333	0.227	0.115	0.000
	0.10	0.704	0.696	0.671	0.631	0.574	0.504	0.420	0.325	0.222	0.112	0.000
	0.15	0.669	0.662	0.639	0.601	0.548	0.482	0.402	0.312	0.213	0.108	0.000
	0.20	0.620	0.613	0.592	0.558	0.510	0.450	0.377	0.294	0.201	0.102	0.000
	0.25	0.556	0.550	0.532	0.502	0.461	0.408	0.343	0.269	0.185	0.094	0.000
	0.30	0.477	0.472	0.457	0.433	0.398	0.354	0.300	0.236	0.164	0.084	0.000
	0.35	0.382	0.378	0.367	0.348	0.322	0.288	0.246	0.196	0.137	0.071	0.000
	0.40	0.271	0.269	0.261	0.248	0.231	0.207	0.179	0.144	0.103	0.054	0.000
	0.45	0.144	0.143	0.139	0.133	0.124	0.112	0.097	0.080	0.059	0.032	0.000
	0.50	0.000	0.000	0.000	0.000	0.000	0.000	0.000	0.000	0.000	0.000	0.000
$\widetilde{w}$	0.00	0.533	0.527	0.509	0.479	0.437	0.385	0.322	0.251	0.172	0.087	0.000

内力、挠度修正系数（λ=1.2）　　表 13.5-4b

η	D_x/D_y	p=0.0	p=0.1	p=0.2	p=0.3	p=0.4	p=0.5
η_{mx}	1.0	1.000	1.003	1.012	1.024	1.039	1.056
	0.9	0.923	0.927	0.938	0.955	0.975	0.996
	0.8	0.842	0.846	0.860	0.880	0.905	0.932
	0.7	0.754	0.760	0.776	0.800	0.829	0.861
	0.6	0.660	0.666	0.685	0.712	0.746	0.784
η_{my}	1.0	1.000	0.998	0.991	0.981	0.969	0.956
	0.9	1.034	1.031	1.024	1.012	0.998	0.983
	0.8	1.071	1.067	1.058	1.045	1.029	1.012
	0.7	1.109	1.106	1.096	1.081	1.062	1.043
	0.6	1.151	1.147	1.135	1.119	1.099	1.077
η_{w1}	1.0	1.000	1.012	1.047	1.105	1.187	1.291
	0.9	0.980	0.992	1.028	1.087	1.170	1.276
	0.8	0.955	0.967	1.004	1.065	1.149	1.257
	0.7	0.925	0.937	0.975	1.038	1.124	1.235
	0.6	0.887	0.900	0.939	1.004	1.094	1.207

两向正交正放类网架拟夹层板法内力、挠度系数（λ=1.3）　　表 13.5-5a

内力挠度	y/b \ x/a	0.00	0.05	0.10	0.15	0.20	0.25	0.30	0.35	0.40	0.45	0.50
$\widetilde{M}_x$	0.00	0.378	0.376	0.372	0.365	0.351	0.329	0.297	0.250	0.187	0.105	0.000
	0.05	0.373	0.372	0.368	0.360	0.347	0.325	0.293	0.248	0.186	0.101	0.000
	0.10	0.359	0.358	0.354	0.347	0.334	0.314	0.281	0.240	0.180	0.101	0.000
	0.15	0.336	0.335	0.332	0.325	0.314	0.295	0.268	0.228	0.172	0.097	0.000
	0.20	0.305	0.304	0.301	0.295	0.285	0.269	0.245	0.210	0.159	0.091	0.000
	0.25	0.266	0.265	0.263	0.258	0.250	0.237	0.217	0.187	0.143	0.082	0.000
	0.30	0.221	0.220	0.218	0.214	0.203	0.198	0.182	0.158	0.123	0.072	0.000
	0.35	0.170	0.170	0.168	0.166	0.161	0.153	0.142	0.125	0.099	0.059	0.000
	0.40	0.116	0.116	0.115	0.113	0.110	0.105	0.097	0.086	0.069	0.043	0.000
	0.45	0.059	0.059	0.058	0.057	0.056	0.053	0.049	0.044	0.036	0.023	0.000
	0.50	0.000	0.000	0.000	0.000	0.000	0.000	0.000	0.000	0.000	0.000	0.000
$\widetilde{M}_y$	0.00	0.686	0.678	0.654	0.614	0.560	0.491	0.409	0.317	0.216	0.110	0.000
	0.05	0.679	0.671	0.647	0.608	0.555	0.487	0.406	0.314	0.215	0.109	0.000
	0.10	0.659	0.651	0.629	0.591	0.539	0.474	0.396	0.307	0.210	0.106	0.000
	0.15	0.625	0.618	0.597	0.562	0.514	0.452	0.379	0.294	0.201	0.102	0.000
	0.20	0.578	0.572	0.553	0.521	0.478	0.422	0.354	0.276	0.190	0.096	0.000
	0.25	0.517	0.511	0.495	0.468	0.430	0.381	0.322	0.252	0.174	0.089	0.000
	0.30	0.442	0.438	0.424	0.402	0.370	0.330	0.280	0.221	0.154	0.079	0.000
	0.35	0.353	0.350	0.339	0.322	0.298	0.267	0.228	0.182	0.128	0.067	0.000
	0.40	0.250	0.248	0.241	0.229	0.213	0.191	0.165	0.134	0.096	0.051	0.000
	0.45	0.132	0.131	0.128	0.122	0.113	0.103	0.090	0.073	0.054	0.030	0.000
	0.50	0.000	0.000	0.000	0.000	0.000	0.000	0.000	0.000	0.000	0.000	0.000
$\widetilde{w}$	0.00	0.424	0.419	0.405	0.381	0.349	0.308	0.258	0.201	0.138	0.070	0.000

内力、挠度修正系数（λ=1.3）　　表 13.5-5b

η	D_x/D_y	p=0.0	p=0.1	p=0.2	p=0.3	p=0.4	p=0.5
η_{mx}	1.0	1.000	1.006	1.022	1.046	1.075	1.106
	0.9	0.915	0.921	0.940	0.968	1.002	1.039
	0.8	0.825	0.832	0.854	0.885	0.924	0.966
	0.7	0.730	0.738	0.762	0.797	0.841	0.888
	0.6	0.629	0.639	0.664	0.703	0.751	0.803
η_{my}	1.0	1.000	0.997	0.989	0.977	0.963	0.947
	0.9	1.027	1.023	1.014	1.001	0.985	0.968
	0.8	1.054	1.051	1.041	1.026	1.009	0.991
	0.7	1.083	1.079	1.069	1.053	1.034	1.014
	0.6	1.113	1.109	1.098	1.081	1.061	1.040
η_{w1}	1.0	1.000	1.014	1.055	1.122	1.217	1.338
	0.9	0.973	0.987	1.029	1.098	1.194	1.317
	0.8	0.941	0.956	0.998	1.069	1.168	1.293
	0.7	0.904	0.918	0.963	1.036	1.137	1.265
	0.6	0.859	0.874	0.920	0.996	1.100	1.232

两向正交正放类网架拟夹层板法内力、挠度系数（λ=1.4）　表 13.5-6a

内力挠度	y/b \ x/a	0.00	0.05	0.10	0.15	0.20	0.25	0.30	0.35	0.40	0.45	0.50
$\widetilde{M}_x$	0.00	0.291	0.291	0.290	0.288	0.281	0.268	0.246	0.212	0.161	0.092	0.000
	0.05	0.288	0.288	0.287	0.284	0.278	0.265	0.244	0.210	0.160	0.091	0.000
	0.10	0.277	0.277	0.276	0.274	0.268	0.256	0.236	0.203	0.153	0.089	0.000
	0.15	0.259	0.259	0.258	0.256	0.251	0.241	0.222	0.192	0.148	0.085	0.000
	0.20	0.235	0.235	0.234	0.233	0.228	0.219	0.203	0.177	0.137	0.079	0.000
	0.25	0.205	0.205	0.205	0.203	0.200	0.192	0.179	0.158	0.123	0.072	0.000
	0.30	0.171	0.170	0.170	0.169	0.166	0.160	0.150	0.133	0.106	0.063	0.000
	0.35	0.132	0.132	0.131	0.130	0.128	0.124	0.117	0.105	0.085	0.052	0.000
	0.40	0.090	0.089	0.089	0.089	0.087	0.085	0.080	0.072	0.059	0.038	0.000
	0.45	0.045	0.045	0.045	0.045	0.044	0.043	0.041	0.037	0.031	0.020	0.000
	0.50	0.000	0.000	0.000	0.000	0.000	0.000	0.000	0.000	0.000	0.000	0.000
$\widetilde{M}_y$	0.00	0.633	0.626	0.604	0.569	0.519	0.456	0.381	0.296	0.202	0.102	0.000
	0.05	0.626	0.619	0.598	0.563	0.514	0.452	0.378	0.294	0.201	0.102	0.000
	0.10	0.607	0.601	0.580	0.547	0.500	0.440	0.369	0.286	0.196	0.099	0.000
	0.15	0.576	0.570	0.551	0.519	0.476	0.420	0.352	0.275	0.186	0.096	0.000
	0.20	0.532	0.526	0.509	0.481	0.441	0.391	0.329	0.257	0.177	0.090	0.000
	0.25	0.475	0.470	0.455	0.431	0.396	0.352	0.298	0.235	0.162	0.083	0.000
	0.30	0.405	0.401	0.389	0.369	0.341	0.304	0.259	0.205	0.143	0.074	0.000
	0.35	0.323	0.320	0.311	0.295	0.273	0.245	0.211	0.169	0.119	0.062	0.000
	0.40	0.228	0.226	0.220	0.209	0.194	0.175	0.152	0.123	0.089	0.047	0.000
	0.45	0.120	0.119	0.116	0.111	0.103	0.094	0.082	0.067	0.050	0.028	0.000
	0.50	0.000	0.000	0.000	0.000	0.000	0.000	0.000	0.000	0.000	0.000	0.000
$\widetilde{w}$	0.00	0.336	0.333	0.322	0.304	0.278	0.246	0.207	0.162	0.111	0.057	0.000

内力、挠度修正系数（$\lambda=1.4$）　　表 13.5-6*b*

η	D_x/D_y	$p=0.0$	$p=0.1$	$p=0.2$	$p=0.3$	$p=0.4$	$p=0.5$
η_{mx}	1.0	1.000	1.009	1.035	1.073	1.119	1.169
	0.9	0.906	0.917	0.945	0.987	1.038	1.093
	0.8	0.809	0.820	0.851	0.897	0.952	1.013
	0.7	0.707	0.719	0.752	0.801	0.861	0.927
	0.6	0.602	0.614	0.648	0.703	0.764	0.834
η_{my}	1.0	1.000	0.997	0.988	0.974	0.958	0.942
	0.9	1.020	1.017	1.007	0.993	0.976	0.958
	0.8	1.041	1.037	1.027	1.012	0.995	0.976
	0.7	1.062	1.058	1.048	1.032	0.014	0.994
	0.6	1.083	1.080	1.069	1.053	1.034	1.013
η_{w1}	1.0	1.000	1.016	1.064	1.143	1.253	1.393
	0.9	0.967	0.984	1.032	1.113	1.225	1.368
	0.8	0.930	0.947	0.997	1.079	1.194	1.339
	0.7	0.887	0.904	0.956	1.041	1.158	1.306
	0.6	0.837	0.855	0.908	0.996	1.116	1.268

13.5.4　网架变刚度时的挠度修正

当考虑网架变刚度影响时，假定四边简支拟夹层板的刚度变化按变阶形计（阶数为 n），则网架挠度值的一级近似计算可按不考虑变刚度时的计算挠度值，再乘以表 13.5-7 的修正系数 η_{w2}。

变刚度时挠度修正系数　　表 13.5-7

n	1	2	3	4	5
η_{w2}	1.000	0.864	0.775	0.732	0.706

因此，拟夹层板为变刚度时，挠度计算的最终修正系数 η_w 为：

$$\eta_w=\eta_{w1}\eta_{w2} \tag{13.5-8}$$

13.5.5　由拟夹层板内力求网架杆件内力的计算公式

求得拟夹层板内力后，可根据单位宽度内内力相等的原则，导出网架各类杆件的内力计算公式，见表 13.5-8～表 13.5-10。表中为 h 网架高度，β 为斜杆倾角，角标 A、B、C、…表示取 A、B、C、…点处的拟夹层板内力。

两向正交正放网架杆件内力计算公式 **表 13.5-8**

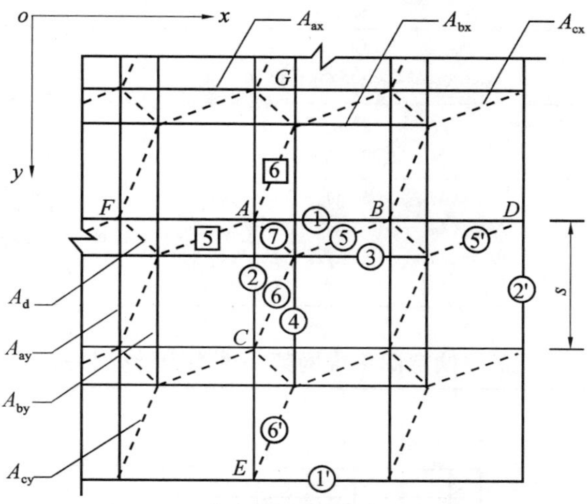

网架杆件位置简图

杆 件 类 型	内部区域计算公式	简支边界计算公式
上弦	$N_1=-sM_x^A/h$ $N_2=-sM_y^A/h$	$N_1'=0$ $N_2'=0$
下弦	$N_3=-sM_x^B/h$ $N_4=-sM_y^C/h$	
斜杆	$N_5=(M_x^A-M_x^B)/\sin\beta$ $N_6=(M_y^A-M_y^C)/\sin\beta$	$N_5'=(M_x^B-M_x^D)/\sin\beta$ $N_6'=(M_y^C-M_y^E)/\sin\beta$
竖杆	$N_7=M_x^B-M_x^A+M_y^C-M_y^A$	

正放四角锥网架杆件内力计算公式 **表 13.5-9**

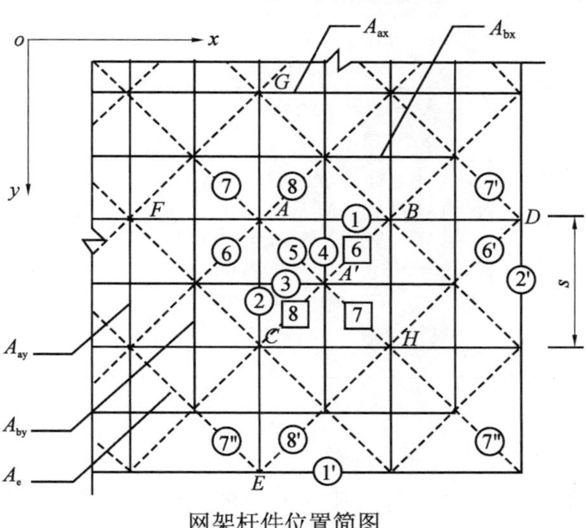

网架杆件位置简图

续表

杆件类型	内部区域计算公式	简支边界计算公式
上弦	$N_1=-s(M_x^A+M_x^B)/2h$ $N_2=-s(M_y^A+M_y^C)/2h$	$N'_1\approx 0$ $N'_2\approx 0$
下弦	$N_3=s(M_x^A+M_x^C)/2h$ $N_4=s(M_y^A+M_y^B)/2h$	
斜杆	$N_5=(M_x^B-M_x^A+M_y^C-M_y^A)/2\sin\beta$ $N_6=(M_x^F-M_x^A+M_y^C-M_y^A)/2\sin\beta$ $N_7=(M_x^F-M_x^A+M_y^G-M_y^A)/2\sin\beta$ $N_8=(M_x^B-M_x^A+M_y^G-M_y^A)/2\sin\beta$	$N_6{}'=N_7{}'=(M_x^B-M_x^D)/2\sin\beta$ $N_7{}''=N_8{}'=(M_y^C-M_y^E)/2\sin\beta$ $N_7{}'''=0$

正放抽空四角锥网架杆件内力计算公式 **表 13.5-10**

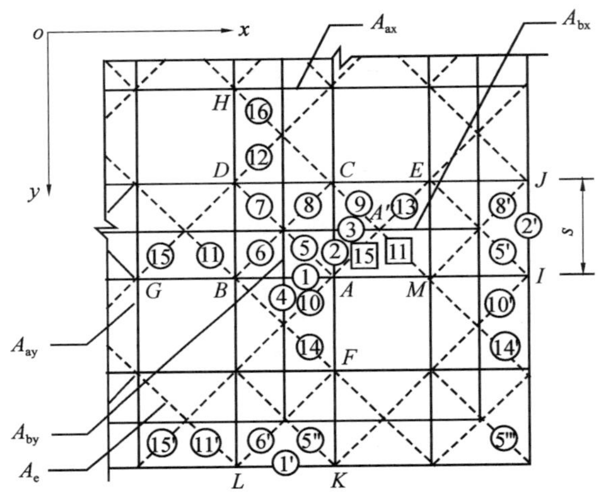

网架杆件位置简图

杆件类型	内部区域计算公式	简支边界计算公式
上弦	$N_1=-s(M_x^A+M_x^B)/2h$ $N_2=-s(M_y^A+M_y^C)/2h$	$N'_1\approx 0$ $N'_2\approx 0$
下弦	$N_3=s(M_x^A+M_x^C)/h$ $N_4=s(M_y^A+M_y^B)/h$	
斜杆	$N_5=(M_x^B-M_x^A+M_y^C-M_y^A)/\sin\beta$ $N_6=(M_x^A-M_x^B+M_y^D-M_y^B)/\sin\beta$ $N_7=(M_x^C-M_x^D+M_y^B-M_y^D)/\sin\beta$ $N_9=-N_{13}=(M_x^E-M_x^C)/\sin\beta$ $N_{10}=-N_{14}=(M_y^F-M_y^A)/\sin\beta$ $N_{11}=-N_{15}=(M_y^G-M_x^B)/\sin\beta$ $N_{12}=-N_{16}=(M_y^H-M_y^D)/\sin\beta$	$N_5{}'=(M_x^M-M_x^I)/\sin\beta$ $N_8{}'=(M_x^E-M_x^J)/\sin\beta$ $N_5{}''=(M_y^F-M_y^K)/\sin\beta$ $N_6{}''=(M_y^N-M_y^L)/\sin\beta$ $N_{10}{}'=-N_{14}{}'=0$ $N_{11}{}'=-N_{15}{}'=0$ $N_5{}'''=0$

13.5.6 计算步骤

(1) 根据已选定的网架形式，计算确定网架的主要几何参数：网架高度 h、上弦网格间距 s、平面尺寸 $a\times b$、边长比 $\lambda=a/b$、斜杆倾角 β。

（2）由边长比 λ 查无量纲内力系数表（表 13.5-2a～表 13.5-6a），由式（13.5-7）计算所需坐标点处的拟夹层板弯矩 M_x、M_y（此时，不需知道网架杆件的截面积，亦即不需已知拟夹层板的弯曲刚度与剪切刚度）。

（3）根据表 13.5-8～表 13.5-10 的网架杆件内力计算公式，确定各类杆件的内力。

（4）进行杆件设计，选配网架各类杆件的截面积：上弦杆 A_{ax}、A_{ay}，下弦杆 A_{bx}、A_{by}，斜腹杆 A_{cx}、A_{cy}，竖腹杆 A_d。

（5）根据表 13.5-1 的表达式，计算拟夹层板的抗弯刚度 D_x、D_y 及抗剪刚度 C_x、C_y。

（6）由式（13.5-6）计算参数 p，并由参数 λ、p、D_x/D_y，根据表 13.5-2b～表 13.5-6b 查得内力修正系数 η_{mx}、η_{my}。

（7）对拟夹层板内力、进而对网架各类杆件内力进行修正，检验原杆件设计时选配的截面面积是否满足要求。如不满足而需重选杆件截面时，则重复第四步到第七步，一般重复一两次即能满足要求。

（8）按表 13.5-2b～表 13.5-6b 以及表 13.5-7 查得拟夹层板的挠度修正系数 η_{w1}、η_{w2}，并由式（13.5-8）计算最终修正系数 η_w，然后计算网架跨中的挠度。网架挠度应满足规程要求，若不满足挠度限值，应采取相应措施，如增加网架高度、减小上弦杆间距、调整上下弦杆截面面积等。此时，从第三步到第八步重复计算，直至挠度值满足要求，一般只需重复一次即可。

13.5.7 算例

【例题 13-3】 一周边简支正放四角锥网架，平面尺寸 18m×18m，网格尺寸 3m，网架高 2m，屋面均布荷载设计值 $q=2\text{kN/m}^2$（包括网架自重）。上弦杆件截面积平均值 $A_{ax}=A_{ay}=15.48\text{cm}^2$，下弦杆截面积平均值 $A_{bx}=A_{by}=11.95\text{cm}^2$，腹杆截面积平均值 $A_{cx}=A_{cy}=7.04\text{cm}^2$。1/8 网架平面图见图 13.5-1。试用拟夹层板法求解网架杆件内力。

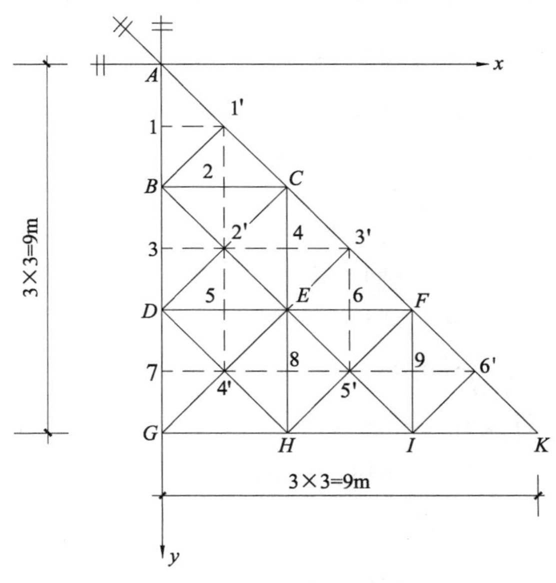

图 13.5-1 算例网架 1/8 平面图

【解】 (1) 对网架节点进行编号

利用对称性，取网架平面的1/8进行计算，节点编号见图13.5-1。英文字母为上弦节点编号，数字上有“′”者为下弦节点编号，无“′”者求网架各点内力时采用。

(2) 各种系数计算

$$D_x=\frac{E}{s}\frac{A_{ax}A_{bx}}{A_{ax}+A_{bx}}h^2=\frac{2.1\times10^{11}}{3}\times\frac{15.48\times10^{-4}\times11.95\times10^{-4}}{15.48\times10^{-4}+11.95\times10^{-4}}\times2^2=1.888\times10^8\text{N}\cdot\text{m}$$

$$D_y=D_x=1.888\times10^8\text{N}\cdot\text{m}$$

$$D=\sqrt{D_xD_y}=D_x=1.888\times10^8\text{N}\cdot\text{m}$$

$$\sin\beta=\frac{2}{\sqrt{2^2+(3\times0.707)^2}}=0.686$$

(3) 求各点的内力

$$qa^2=2.0\times18^2=648\text{kN}$$

A 点　$x/a=0/18=0$，$y/b=0$，查表13.5-2*a*得

$$\widetilde{M}_x=\widetilde{M}_y=0.772$$

$$M_x^A=qa^2\widetilde{M}_x\cdot10^{-1}=648\times0.772\times10^{-1}=50.03\text{kN}\cdot\text{m/m}$$

$$M_y^A=qa^2\widetilde{M}_y\cdot10^{-1}=648\times0.772\times10^{-1}=50.03\text{kN}\cdot\text{m/m}$$

B 点　$\frac{x}{a}=0$，$\frac{y}{b}=\frac{3}{18}=0.167$，查表得

$$\widetilde{M}_x=\frac{0.624-0.687}{0.05}\times0.017+0.687=0.666$$

$$\widetilde{M}_y=\frac{0.667-0.714}{0.05}\times0.017+0.714=0.698$$

$$M_x^B=qa^2\widetilde{M}_x\cdot10^{-1}=648\times0.666\times10^{-1}=43.13\text{kN}\cdot\text{m/m}$$

$$M_y^B=qa^2\widetilde{M}_y\cdot10^{-1}=648\times0.698\times10^{-1}=45.23\text{kN}\cdot\text{m/m}$$

C 点　$\frac{x}{a}=0.167$，$\frac{y}{b}=0.167$

$$M_x^C=qa^2\widetilde{M}_x\cdot10^{-1}=648\times0.605\times10^{-1}=39.20\text{kN}\cdot\text{m/m}$$

$$M_y^C=qa^2\widetilde{M}_y\cdot10^{-1}=648\times0.605\times10^{-1}=39.20\text{kN}\cdot\text{m/m}$$

D 点　$\frac{x}{a}=0$，$\frac{y}{b}=0.333$

$$M_x^D=qa^2\widetilde{M}_x\cdot10^{-1}=648\times0.384\times10^{-1}=24.88\text{kN}\cdot\text{m/m}$$

$$M_y^D=qa^2\widetilde{M}_y\cdot10^{-1}=648\times0.459\times10^{-1}=29.74\text{kN}\cdot\text{m/m}$$

E 点　$\frac{x}{a}=0.167$，$\frac{y}{b}=0.333$

$$M_x^E=qa^2\widetilde{M}_x\cdot10^{-1}=648\times0.354\times10^{-1}=22.94\text{kN}\cdot\text{m/m}$$

$$M_y^E=qa^2\widetilde{M}_y\cdot10^{-1}=648\times0.395\times10^{-1}=25.60\text{kN}\cdot\text{m/m}$$

F 点　$\frac{x}{a}=0.333$，$\frac{y}{b}=0.333$

$$M_x^F=qa^2\widetilde{M}_x\cdot10^{-1}=648\times0.250\times10^{-1}=16.20\text{kN}\cdot\text{m/m}$$

$$M_y^F=qa^2\widetilde{M}_y\cdot10^{-1}=648\times0.250\times10^{-1}=16.20\text{kN}\cdot\text{m/m}$$

G 点　$\frac{x}{a}=0$，$\frac{y}{b}=0.5$

$$M_x^G=qa^2\widetilde{M}_x\cdot 10^{-1}=648\times 0.0\times 10^{-1}=0$$

$$M_y^G=0$$

H 点　$M_x^H=M_y^H=0$

I 点　$M_x^I=M_y^I=0$

K 点　$M_x^K=M_y^K=0$

（4）求杆件内力

1）上弦杆

$$N_{AB}=-\frac{s(M_y^A+M_y^B)}{2h}=-\frac{3\times(50.03+45.23)}{2\times 2}=-71.45\text{kN}$$

$$N_{BC}=-\frac{s(M_x^B+M_x^C)}{2h}=-\frac{3\times(43.13+39.20)}{2\times 2}=-61.75\text{kN}$$

$$N_{BD}=-\frac{s(M_y^B+M_y^D)}{2h}=-\frac{3\times(45.23+29.74)}{2\times 2}=-56.23\text{kN}$$

$$N_{DE}=-\frac{s(M_x^D+M_x^E)}{2h}=-\frac{3\times(24.88+22.94)}{2\times 2}=-35.87\text{kN}$$

$$N_{EF}=-\frac{s(M_x^E+M_x^F)}{2h}=-\frac{3\times(22.94+16.20)}{2\times 2}=-29.36\text{kN}$$

$$N_{DG}=-\frac{s(M_y^D+M_y^G)}{2h}=-\frac{3\times(29.74+0)}{2\times 2}=-22.31\text{kN}$$

$$N_{GH}=0$$

$$N_{HI}=0$$

……

2）下弦杆

$$N_{1'1'}=\frac{s(M_x^A+M_x^B)}{2h}=\frac{3\times(50.03+43.13)}{2\times 2}=69.87\text{kN}$$

$$N_{1'2'}=\frac{3}{4}(45.23+39.20)=63.32\text{kN}$$

$$N_{2'2'}=\frac{3}{4}(43.13+24.88)=51.01\text{kN}$$

$$N_{2'3'}=\frac{3}{4}(39.20+22.94)=46.61\text{kN}$$

$$N_{2'4'}=\frac{3}{4}(29.74+25.60)=41.51\text{kN}$$

$$N_{3'5'}=\frac{3}{4}(25.60+16.20)=31.35\text{kN}$$

$$N_{4'4'}=\frac{3}{4}(24.88+0)=18.66\text{kN}$$

$$N_{4'5'}=\frac{3}{4}(22.94+0)=17.21\text{kN}$$

$$N_{5'6'}=\frac{3}{4}(16.20+0)=12.15\text{kN}$$

3）斜腹杆

$$N_{A1'}=\frac{M_x^B-M_x^A+M_y^B-M_y^A}{2\sin\beta}=\frac{43.13-50.03+45.23-50.03}{2\times0.686}=-8.53\text{kN}$$

$$N_{B2'}=\frac{M_x^C-M_x^B+M_y^D-M_y^B}{2\sin\beta}=\frac{39.20-43.13+29.74-45.23}{2\times0.686}=-14.15\text{kN}$$

$$N_{D4'}=\frac{M_x^E-M_x^D+M_y^G-M_y^D}{2\sin\beta}=\frac{22.94-24.88+0-29.74}{2\times0.686}=-23.09\text{kN}$$

$$N_{D2'}=\frac{M_x^E-M_x^D+M_y^B-M_y^D}{2\sin\beta}=\frac{22.94-29.74+45.23-24.88}{2\times0.686}=9.88\text{kN}$$

$$N_{E2'}=\frac{M_x^D-M_x^E+M_y^C-M_y^E}{2\sin\beta}=\frac{24.88-22.94+39.20-25.60}{2\times0.686}=11.33\text{kN}$$

$$N_{F5'}=\frac{M_x^E-M_x^F+M_y^I-M_y^F}{2\sin\beta}=\frac{22.94-16.20+0-16.20}{2\times0.686}=-6.90\text{kN}$$

$$N_{G4'}=\frac{M_y^D-M_y^G}{2\sin\beta}=\frac{29.74-0}{2\times0.686}=21.68\text{kN}$$

$$N_{K6'}=0$$

……

网架各杆件内力详见图 13.5-2，括号中数值为空间桁架位移法的计算结果。

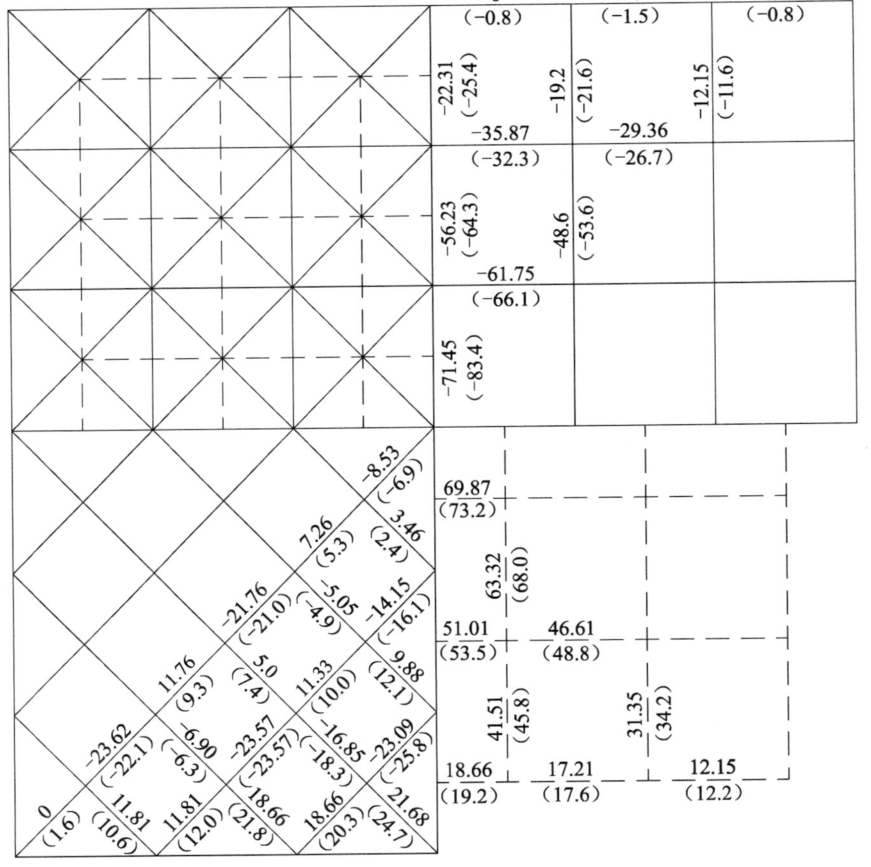

图 13.5-2　算例杆件内力（单位：kN）

13.6　组合网架的计算

13.6.1　组合网架的计算方法

组合网架结构是以钢筋混凝土上弦板代替一般钢网架结构的钢上弦，以钢和钢筋混凝土的组合节点代替钢上弦节点，从而形成的一种下部为钢结构、上部为钢筋混凝土结构的新型组合空间网架结构。组合网架的下弦杆、腹杆及下弦节点的受力状态与一般网架完全相同，而上弦板与上弦节点则有较大差别。目前，组合网架结构的分析计算主要有以下三种方法。

一、有限元法

采用杆元、梁元、板壳元的组合结构有限元法进行分析。将组合网架的上弦板离散成板壳元与梁元，板壳元能承受平面内力和弯曲内力，梁元能承受轴力、弯矩和扭矩，将腹杆和下弦杆仍作为仅承受轴力的杆元，按一般有限元法建立刚度方程，编制专用程序或利用通用程序进行内力、位移计算。

二、拟夹层板法

把组合网架的上弦板作为夹层板的上表层，把腹杆和下弦杆等代成夹层板的夹心层和下表层，从而把组合网架连续化为一块构造上的夹层板，由微分方程描述其受力状态，采用解析法或近似法求解，进而计算组合网架的内力和位移。拟夹层板的微分方程通常为十阶偏微分方程，对简支边界的矩形平面网架，微分方程的求解尚较方便，但对其他平面形状及边界条件，求解十分困难。

三、简化计算法——等代空间桁架位移法

根据能量原理把上弦板等代为上弦平面内的四组或三组平面交叉杆系，从而使组合网架结构转化为一个等代的空间铰接杆系结构，可直接采用空间桁架位移法的专用程序进行电算；然后由等代平面交叉杆系的内力返回求得上弦板及其肋的内力。因此，这种简化计算法的实质是一种把组合网架的上弦板从连续体转化为离散体，再由离散体回代到连续体的分析途径。我国已建成的组合网架大多采用了这种简化计算法。

13.6.2　组合网架简化计算法的设计计算步骤

两向正交正放组合网架、正放四角锥组合网架、正放抽空四角锥组合网架及棋盘形四角锥组合网架均属两向正交类组合网架。这类组合网架的上弦板可由预制的正方形（矩形）平面带肋板装配而成，分析时可把上弦带肋板的平板部分折算成四组平面交叉杆系。下面以两向正交类组合网架为例，说明组合网架简化计算法的设计计算步骤。

1. 若两向正交类组合网架的带肋上弦板如图 13.6-1（*a*）所示，根据经验或利用拟夹层板法等近似计算方法初估平板厚度 t，肋的截面积 A_i（$i=1，2，3，4$）。一般选取 $A_2^0=A_1^0$、$A_4^0=A_3^0$。

2. 把平板等代为四组杆系（见图 13.6-1（*b*)，图中节点 O 以上弦节点计，而 O' 不以上弦节点计），并按下式确定其截面积

$$\left.\begin{aligned}A_1=A_2=0.75\eta ts\\A_3=A_4=0.375\sqrt{2}\eta ts\end{aligned}\right\} \tag{13.6-1}$$

式中

t——平板厚度；

s——正方形带肋板的边长；

η——考虑混凝土泊松比 ν 影响的刚度修正系数，当 $\nu=1/6$ 时，可取 $\eta=0.825$。

对于组合网架沿边界处等代杆件的截面积 A_{is} 应取

$$A_{is}=\frac{1}{2}A_i \quad (i=1,\ 2) \tag{13.6-2}$$

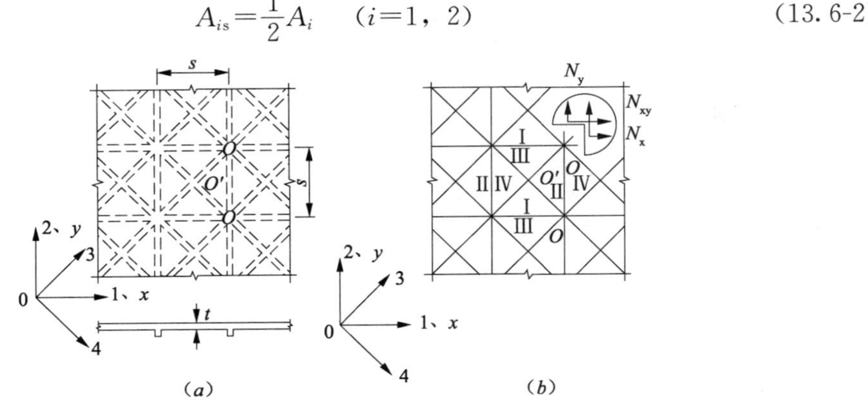

图 13.6-1 组合网架上弦板的内力计算

(a) 带肋平板；(b) 等代上弦杆

3. 确定等代上弦杆的刚度 $E\overline{A}_i$

$$E\overline{A}_i=E\ (A_i+A_i^0) \qquad (i=1,\ 2,\ 3,\ 4) \tag{13.6-3}$$

式中，E 为混凝土的弹性模量。考虑混凝土收缩徐变的影响，弹性模量在长期荷载组合下应乘以折减系数 0.5，在短期荷载组合下则乘以折减系数 0.85。A_i^0 为肋的截面积。在网架沿边界处应取

$$E\overline{A}_{is}=E\ (A_{is}+A_{is}^0) \qquad (i=1,\ 2) \tag{13.6-4}$$

其中 A_{is}^0 为边界处肋的截面积。

4. 采用空间桁架位移法求解等代网架，并求得等代上弦杆的内力 $\overline{N}_i$。

5. 按刚度分配求得平板等代杆系及肋中的内力

$$N_i=\frac{A_i}{\overline{A}_i}\overline{N}_i \qquad N_i^0=\frac{A_i^0}{\overline{A}_i}\overline{N}_i \tag{13.6-5}$$

在网架沿边界处应为（设边界处等代上弦杆的内力为 $\overline{N}_{is}$）

$$N_{is}=\frac{A_{is}}{\overline{A}_{is}}\overline{N}_{is} \qquad N_{is}^0=\frac{A_{is}^0}{\overline{A}_{is}}\overline{N}_{is} \tag{13.6-6}$$

6. 由平板等代杆系的内力 N_i，分别由以下回代公式计算板的 I、III 类三角形单元及 II、IV 类三角形单元的内力 N_x、N_y、N_{xy}（图 13.6-1 (b)）

$$\left.\begin{aligned}\begin{Bmatrix}N_x\\N_y\\N_{xy}\end{Bmatrix}=\frac{1}{2s}\begin{bmatrix}2&1&1\\-2&3&3\\0&1&-1\end{bmatrix}\begin{Bmatrix}N_1\\\sqrt{2}N_3\\\sqrt{2}N_4\end{Bmatrix}\\\begin{Bmatrix}N_x\\N_y\\N_{xy}\end{Bmatrix}=\frac{1}{2s}\begin{bmatrix}-2&3&3\\2&1&1\\0&1&-1\end{bmatrix}\begin{Bmatrix}N_2\\\sqrt{2}N_3\\\sqrt{2}N_4\end{Bmatrix}\end{aligned}\right\}\tag{13.6-7}$$

设网架沿边界处平板等代杆的内力为 N_{1s}、N_{2s}，则网架沿边界处的内力回代计算公式为

$$\left.\begin{aligned}\begin{Bmatrix}N_x\\N_y\\N_{xy}\end{Bmatrix}=\frac{1}{2s}\begin{bmatrix}2&1&1\\-2&3&3\\0&1&-1\end{bmatrix}\begin{Bmatrix}2N_{1s}\\\sqrt{2}N_3\\\sqrt{2}N_4\end{Bmatrix}\\\begin{Bmatrix}N_x\\N_y\\N_{xy}\end{Bmatrix}=\frac{1}{2s}\begin{bmatrix}-2&3&3\\2&1&1\\0&1&-1\end{bmatrix}\begin{Bmatrix}2N_{2s}\\\sqrt{2}N_3\\\sqrt{2}N_4\end{Bmatrix}\end{aligned}\right\}\tag{13.6-8}$$

7. 根据组合网架上弦板之间及上弦板与上弦节点之间的连续构造情况，按多支点双向多跨连续板或四角支承单跨板计算板中局部弯曲内力$\{M_x\ M_y\ M_{xy}\}^T$、剪力$\{Q_x\ Q_y\}^T$ 及肋中弯矩 M^0、剪力 Q^0。然后连同已求得的$\{N_x\ N_y\ N_{xy}\}^T$、N^0 进行配筋并验算原定的板厚 t 及肋的截面尺寸是否满足要求。如不满足要求，则应采取措施，调整截面尺寸，并重复计算第一步到第七步，直至满足要求，一般重复计算一两次便可达到要求。

8. 验算组合网架的跨中挠度是否满足挠度允许限值（用于屋盖时为 $L_2/250$，用于楼层时为 $L_2/300$，L_2 为组合网架的短向跨度）。如不满足挠度限值，应采取相应措施，如增加组合网架的高度，调整截面尺寸，重复计算第一步到第八步，直至满足要求，一般重复计算一次即可。

组合网架下弦杆和腹杆的设计计算与一般网架完全相同，这里不再赘述。

参 考 文 献

[13.1] 董石麟，罗尧治，赵阳等. 新型空间结构分析、设计与施工. 北京：人民交通出版社，2006

[13.2] 浙江大学建筑工程学院，浙江大学建筑设计研究院. 空间结构. 北京：中国计划出版社，2003

[13.3] 董石麟，钱若军. 空间网格结构分析理论与计算方法. 北京：中国建筑工业出版社，2000

[13.4] 肖炽，李维斌，马少华. 空间结构设计与施工. 南京：东南大学出版社，1999

[13.5] 沈祖炎，严慧，马克俭，陈扬骥. 空间网架结构. 贵阳：贵州人民出版社，1987

[13.6] 刘锡良，刘毅轩. 平板网架设计. 北京：中国建筑工业出版社，1979

[13.7] 董石麟，宦荣芬．蜂窝形三角锥网架计算的新方法——下弦内力法．空间结构论文选集，北京：科学出版社，1985，49-72

[13.8] 董石麟，夏亨熹．正交正放类网架结构的拟板（夹层板）分析法．建筑结构学报，1982，3（2&3）：14-25，14-22

[13.9] 董石麟，杨永革．网架-平板组合结构的简化计算法．建筑结构学报，1985，6（4&5）：10-20，29-35

第 14 章　杆与板的稳定性计算

14.1　概　　述

（1）本章涉及的杆，主要包括以下三类：轴心受压构件（常简称压杆或轴压柱）、实腹式受弯构件（以下简称梁）和压弯构件，图 14.1-1 所示为两端简支的压杆、梁和压弯构件。板是指承受面内荷载作用的矩形薄板，图 14.1-2 所示为四种单一应力作用下的矩形板。

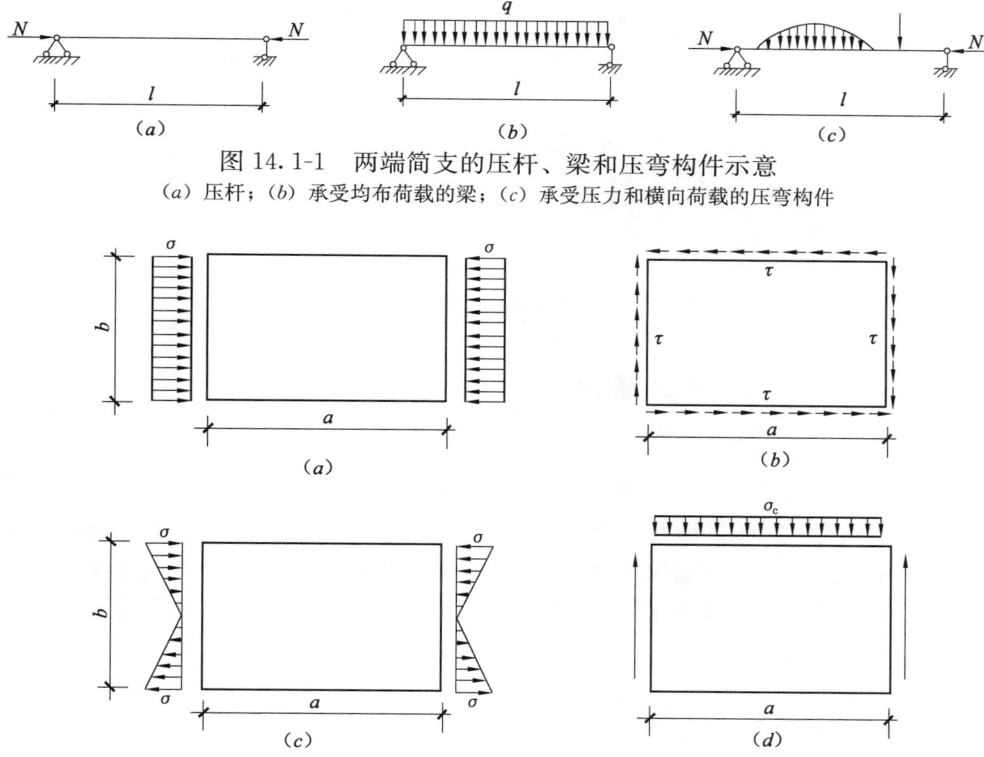

图 14.1-1　两端简支的压杆、梁和压弯构件示意

（a）压杆；（b）承受均布荷载的梁；（c）承受压力和横向荷载的压弯构件

图 14.1-2　单一应力作用下的矩形板示意

（a）单向均布压应力；（b）均布剪应力；（c）均匀弯曲应力；（d）局部压应力

（2）杆与板的稳定性计算，主要介绍理想情况下的屈曲临界荷载/应力计算（或稳定计算原理）和我国国家标准《钢结构设计规范》GB 50017—2003 中的稳定性实用计算方法。限于篇幅，对我国另一册有关钢结构设计的国家标准《冷弯薄壁型钢结构技术规范》（GB 50018—2002）不作介绍。

为叙述简便，“《钢结构设计规范》(GB 50017—2003)”以下简称“我国规范”或“规范”。

14.2 轴心受压构件

14.2.1 截面形式

除 H 型钢（宽翼缘工字钢）和钢管截面外，目前实际工程应用最多的压杆是图 14.2-1 所示利用型钢或钢板焊接而成的实腹式组合截面。当受压构件的荷载并不太大而长度较长时，为了加大截面的回转半径，可采用图 14.2-2 所示利用轧制型钢由缀件相连而成的格构式组合截面，缀件包括缀条和缀板两种，如图中虚线所示。

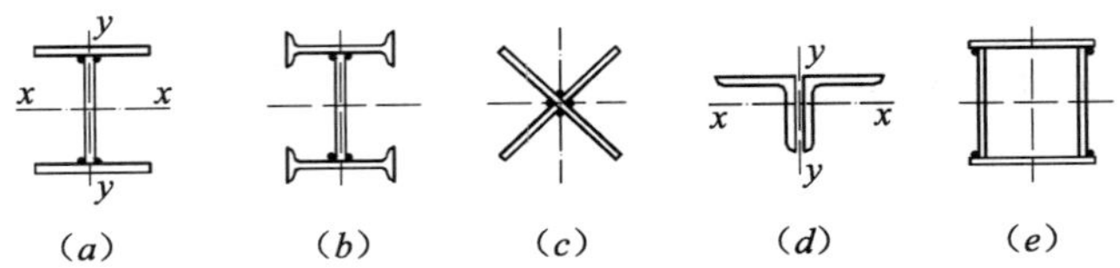

图 14.2-1　常用的焊接实腹式轴心受压构件截面

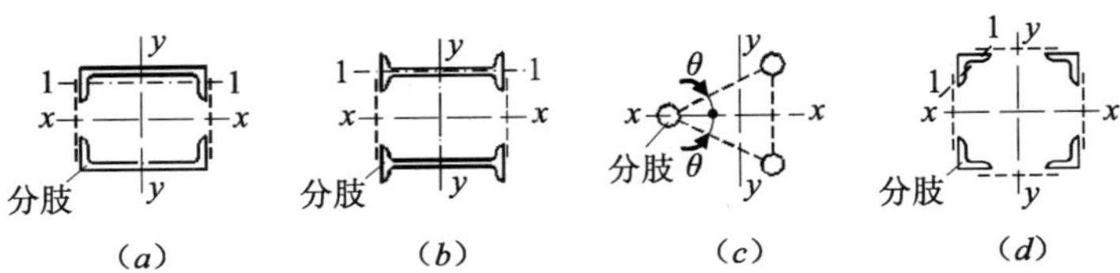

图 14.2-2　常用的格构式轴心受压构件截面

14.2.2 理想压杆的屈曲临界荷载

1. 弹性屈曲临界荷载

轴心压杆整体失稳有三种可能的变形形态，即绕截面形心主惯性轴（以下简称截面主轴）的弯曲、绕构件纵轴的扭转和弯曲与扭转的耦合，分别称为**弯曲屈曲、扭转屈曲**和**弯扭屈曲**。常用的双轴对称截面压杆多为弯曲屈曲，但长度较短的十字形截面压杆易扭转屈曲。应用较多的单轴对称截面压杆，当绕截面非对称主轴屈曲时为弯曲屈曲，绕其对称主轴屈曲时为弯扭屈曲。

(1) 弯曲屈曲

1) 实腹式截面（图 14.2-1）

两端铰接的实腹式理想压杆发生弹性弯曲屈曲的临界荷载为

$$N_{cr}=\frac{\pi^2 EI}{l^2} \tag{14.2-1}$$

式中，E 为钢材的弹性模量，I 为截面的惯性矩，l 为构件的几何长度。该公式所示荷载是 1744 年由欧拉（L. Euler）提出的，故称为欧拉荷载，常记作 N_E。

当构件两端不是简支而是其他支承情况时，以 $l_0=\mu l$ 代替式（14.2-1）中的 l 即可。各种支承情况的 μ 值如表 14.2-1 所示，表中分别列出理论值和建议取值，后者是考虑到实际支承与理想支承有所不同而作的修正。l_0 称为计算长度，μ 称为计算长度系数。

不同端部支承情况下轴心受压构件（柱）的计算长度系数 μ[1]　　表 14.2-1

端部约束条件	两端简支	一端简支 一端嵌固	两端嵌固	悬臂柱	一端简支，另一端不能转动但能侧移	一端嵌固，另一端不能转动但能侧移
理论值	1.0	0.7	0.5	2.0	2.0	1.0
建议取值	1.0	0.8	0.65	2.1	2.0	1.2

注：框架柱、桁架杆件等的计算长度系数应按《钢结构设计规范》(GB 50017—2003) 中的有关规定确定。

当用平均应力表示时，式（14.2-1）可改写成临界应力为

$$\sigma_{cr}=\frac{\pi^2 EI}{l_0^2 A}=\frac{\pi^2 E}{\lambda^2} \tag{14.2-2}$$

式中，$\lambda=l_0/i$ 称为长细比；$i=\sqrt{I/A}$，是截面的回转半径，I 和 A 分别是截面的惯性矩和面积。

2）格构式截面（图 14.2-2）

确定空腹的格构式柱的临界荷载时需考虑剪切变形的不利影响，即应按下式计算格构式理想压杆发生弹性弯曲屈曲的临界荷载

$$N_{cr}=\frac{N_E}{1+\frac{kN_E}{AG}}=\frac{N_E}{1+\gamma_1 N_E} \tag{14.2-3}$$

式中，N_E 为不考虑剪切变形影响的欧拉临界荷载，按公式（14.2-1）计算；k 为随柱截面形状而变的剪应力分布不均匀系数（附录 C），例如：矩形截面的 $k=1.2$，圆截面的 $k=1.11$，工字形截面绕其强轴弯曲时 $k\approx 0.6A/A_f$、绕其弱轴弯曲时 $k\approx A/A_w$（A 为柱截面面积，A_f 和 A_w 分别为一个翼缘板和腹板的面积）；G 为钢材的剪切弹性模量；γ_1 为单位剪力作用下的剪应变，实腹式构件的剪切变形对临界荷载的影响只有千分之三左右，通常略去不计，即取 $\gamma_1=0$，因而 $N_{cr}=N_E$。格构式柱中 $\gamma_1>0$，因而 $N_{cr}<N_E$。

【说明】　若轴心压杆除承受端部压力（图 14.1-1a）外，同时还承受其他荷载作用（方向与杆轴线一致），如在杆的某一位置作用有一集中力，或沿杆长作用有分布荷载等，其弹性弯曲屈曲临界荷载的计算公式见参考文献 [14.2]，限于篇幅，此处不作摘录。

（2）弯扭屈曲

单轴对称截面的实腹式压杆（图 14.2-1d 和图 14.2-3），绕截面非对称主轴 x 轴失稳时为弯曲屈曲，临界荷载 N_{Ex} 按公式（14.2-1）确定；绕截面对称主轴 y 轴失稳时为弯扭屈曲，其弹性弯扭屈曲的临界荷载 N_{yz} 由下列稳定特征方程式确定：

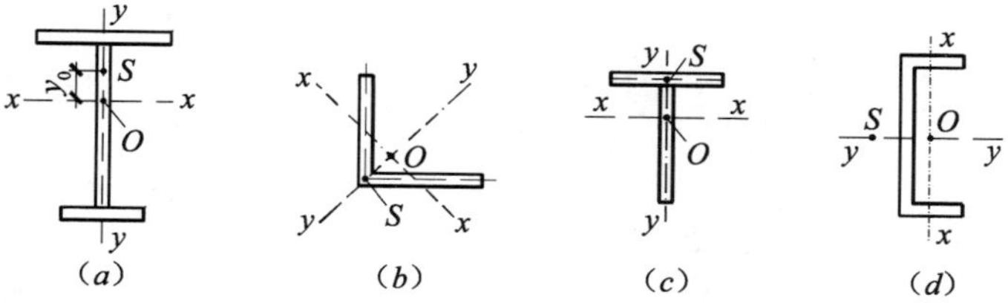

图 14.2-3　常用的单轴对称截面轴心压杆（O—形心，S—剪切中心）

[1] B. G. Johnson (Editor). Guide to Stability Design Criterion for Metal Structures. 3rd Edition. New York: John Wiley & Sons, Inc. 1976. 74.

$$(N_{Ey}-N_{yz})(N_z-N_{yz})-\frac{y_0^2}{i_0^2}N_{yz}^2=0 \tag{14.2-4}$$

式中，N_{Ey}为对 y 轴的欧拉临界荷载，$N_{Ey}=\pi^2 EI_y/l_{0y}{}^2$；$N_z$ 为扭转屈曲时的临界荷载，

$$N_z=\frac{1}{i_0^2}\left(GI_t+\frac{\pi^2 EI_\omega}{l_\omega^2}\right) \tag{14.2-5}$$

y_0 为截面形心至剪心的距离（如图 14.2-3a 所示）；i_0 为截面对剪心 S 的极回转半径，

$$i_0^2=y_0^2+i_x^2+i_y^2 \tag{14.2-6}$$

式中，i_x 和 i_y 分别是截面对主轴 x 和 y 的回转半径。

式（14.2-5）中包含自由扭转和约束扭转两个因素。其中，I_t 为抗扭惯性矩，按表 4.2-3 公式计算；I_ω 为扇性惯性矩，按表 4.3-2 公式计算，对十字形截面（图 14.2-1c）和角形截面（图 14.2-3b）也可取 $I_\omega=0$；l_ω 为约束扭转屈曲的计算长度，对两端铰接端部截面可自由翘曲或两端嵌固端部截面的翘曲完全受到约束的构件，取 $l_\omega=l_{0y}$（即前者 $l_\omega=1.0l$，后者 $l_\omega=0.5l$）。

2. 弹塑性弯曲屈曲临界荷载

当应力 σ 低于钢材的比例极限 f_p 时，钢材处于弹性工作阶段，应力-应变关系为一直线，其斜率即弹性模量 E 为常量。$\sigma\geqslant f_p$ 后钢材进入弹塑性阶段，其应力-应变关系为一曲线，如图 14.2-4 所示，其中某点 B 处的斜率为

$$\frac{d\sigma}{d\varepsilon}=E_t \tag{14.2-7}$$

E_t 称为钢材的切线模量，它不是一个常量，随应力 σ 的大小而变化。因此，当轴心压杆截面上的平均应力 $\sigma\geqslant f_p$ 后，上述弹性弯曲屈曲的欧拉荷载即式（14.2-1）不再适用。此时构件处于弹塑性工作阶段，其临界荷载按切线模量理论确定，为

$$N_t=\frac{\pi^2 E_t I}{l^2} \tag{14.2-8}$$

称为切线模量荷载，为了与欧拉荷载相区别，故用 N_t 表示，此时的临界应力为

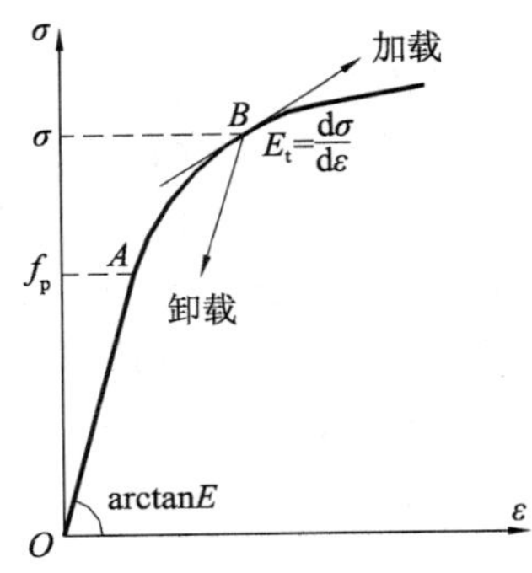

图 14.2-4　应力-应变曲线

$$\sigma_{cr,t}=\frac{\pi^2 E_t}{\lambda^2} \tag{14.2-9}$$

14.2.3　规范公式

1. 计算公式

轴心受压构件的稳定性应按下式计算

$$\frac{N}{\varphi A}\leqslant f \tag{14.2-10}$$

式中，N 为轴心压力设计值；A 为构件的毛截面面积；f 为钢材的抗压强度设计值，由规范规定，表 14.2-2 为常用的 Q235 钢和 Q345 钢的强度设计值；$\varphi=\sigma_{cr}/f_y$ 为轴心受压构件的稳定系数，取决于构件的钢材屈服强度 f_y、截面类别和长细比 λ（见后面公式14.2-24）。

Q235 钢和 Q345 钢的强度设计值（N/mm^2）　　表 14.2-2

钢材		抗拉、抗压和抗弯 f	抗　剪 f_v	端面承压（刨平顶紧）f_{ce}
牌　号	厚度或直径（mm）			
Q235 钢	≤16	215	125	325
	>16～40	205	120	
	>40～60	200	115	
	>60～100	190	110	
Q345 钢	≤16	310	180	400
	>16～35	295	170	
	>35～50	265	155	
	>50～100	250	145	

注：表中厚度系指计算点的钢材厚度，对轴心受拉和轴心受压构件系指截面中较厚板件的厚度。

2. 截面类别

轴心受压构件按截面的形式、残余应力的分布及其峰值、屈曲方向、钢板边缘的加工方式和钢板厚度等分为 a、b、c 和 d 四类。钢板厚度 $t<40$mm 的截面分 a、b 和 c 三类，属于 a 类截面的只有 2 种：（1）绕强轴 x 轴屈曲、截面宽高比 $b/h\leqslant0.8$ 的热轧中翼缘与窄翼缘 H 型钢❶、热轧标准工字钢；（2）热轧无缝钢管。属于 c 类截面的有 3 种：（1）对绕截面弱轴屈曲的翼缘为轧制边或剪切边的焊接工字形和 T 形截面；（2）对任一主轴屈曲、板件宽厚比≤20 的箱形截面；（3）对任一主轴屈曲、板件边缘为轧制或剪切的焊接十字形截面。除上述 5 种截面外，钢板厚度 $t<40$mm 的其余截面均属 b 类。

钢板厚度 $t\geqslant40$mm 的轴心受压构件截面分 b、c 和 d 三类，详见规范表 5.1.2-2。

3. 构件长细比 λ

应按照下列规定确定

（1）实腹式截面

1）截面为双轴对称或极对称的构件（图 14.2-1a、b、c、e）

$$\lambda_x=\frac{l_{0x}}{i_x}\qquad\lambda_y=\frac{l_{0y}}{i_y}\tag{14.2-11}$$

式中，l_{0x}和 l_{0y}为构件关于截面主轴 x 轴和 y 轴的计算长度。

对双轴对称十字形截面构件，λ_x 或 λ_y 取值不得小于 $5.07b'/t$（其中 b'/t 为悬伸板件宽厚比），以避免发生扭转屈曲。

2）截面为单轴对称的构件（图 14.2-1d、图 14.2-3）

绕非对称主轴的长细比 λ_x 仍按式（14.2-11）计算，绕非对称主轴以外任一轴的长细比应取考虑弯扭效应的换算长细比来计算压杆对该轴的稳定性。

① 绕对称轴 y 轴的弯扭屈曲换算长细比 λ_{yz}应按下式计算：

---

❶　我国对 H 形截面与工字形截面无明确定义，因此以下一般不作区分。我国国家标准《热轧 H 型钢和剖分 T 型钢》GB/T 11293—1998 中把 H 型钢分成宽翼缘、中翼缘和窄翼缘三类，后二者的 b/h 都小于 0.8。按英国标准 BS 5950—1：2000 的定义，截面全高不大于翼缘宽度的 1.2 倍才称为 H 形截面。

$$\lambda_{yz}^2=\frac{1}{2}(\lambda_y^2+\lambda_z^2)+\frac{1}{2}\sqrt{(\lambda_y^2+\lambda_z^2)^2-4\lambda_y^2\lambda_z^2\left(1-\frac{y_0^2}{i_0^2}\right)} \tag{14.2-12}$$

式中扭转屈曲换算长细比为

$$\lambda_z^2=\frac{i_0^2 A}{\dfrac{I_t}{25.7}+\dfrac{I_\omega}{l_\omega^2}} \tag{14.2-13}$$

对单角钢截面（图 14.2-3b）、双角钢组合截面（图 14.2-1d）绕对称轴的换算长细比 λ_{yz} 可按下列简化公式计算：

A. 等边单角钢截面（图 14.2-5a）

$$当\frac{b}{t}\leqslant 0.54\left(\frac{l_{0y}}{b}\right)时，\lambda_{yz}=\lambda_y\left(1+\frac{0.85b^4}{l_{0y}^2t^2}\right) \tag{14.2-14a}$$

$$当\frac{b}{t}>0.54\left(\frac{l_{0y}}{b}\right)时，\lambda_{yz}=4.78\frac{b}{t}\left(1+\frac{l_{0y}^2t^2}{13.5b^4}\right) \tag{14.2-14b}$$

式中，b 和 t 分别为角钢的边长和厚度。

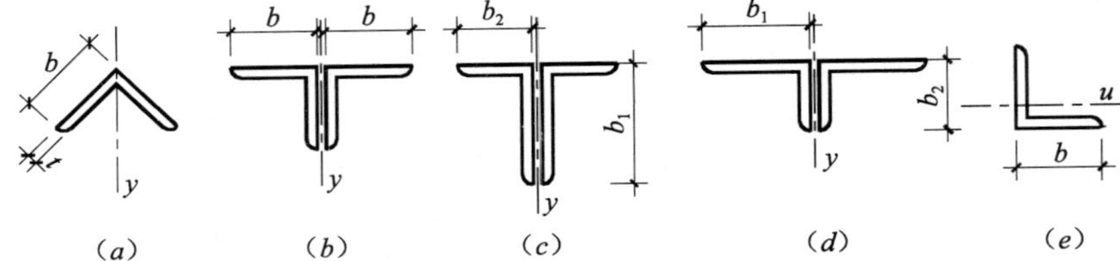

图 14.2-5 单角钢截面和双角钢 T 形组合截面

b_1—长边；b_2—短边；u—形心轴

B. 等边双角钢截面（图 14.2-5b）

$$当\frac{b}{t}\leqslant 0.58\left(\frac{l_{0y}}{b}\right)时，\lambda_{yz}=\lambda_y\left(1+\frac{0.475b^4}{l_{0y}^2t^2}\right) \tag{14.2-15a}$$

$$当\frac{b}{t}>0.58\left(\frac{l_{0y}}{b}\right)时，\lambda_{yz}=3.9\frac{b}{t}\left(1+\frac{l_{0y}^2t^2}{18.6b^4}\right) \tag{14.2-15b}$$

C. 长边相并的不等边双角钢截面（图 14.2-5c）

$$当\frac{b_2}{t}\leqslant 0.48\left(\frac{l_{0y}}{b_2}\right)时，\lambda_{yz}=\lambda_y\left(1+\frac{1.09b_2^4}{l_{0y}^2t^2}\right) \tag{14.2-16a}$$

$$当\frac{b_2}{t}>0.48\left(\frac{l_{0y}}{b_2}\right)时，\lambda_{yz}=5.1\frac{b_2}{t}\left(1+\frac{l_{0y}^2t^2}{17.4b_2^4}\right) \tag{14.2-16b}$$

D. 短边相并的不等边双角钢截面（图 14.2-5d）

当 $b_1/t\leqslant 0.56l_{0y}/b_1$ 时，可近似取 $\lambda_{yz}=\lambda_y$。否则应取

$$\lambda_{yz}=3.7\frac{b_1}{t}\left(1+\frac{l_{0y}^2t^2}{52.7b_1^4}\right) \tag{14.2-17}$$

② 计算等边单角钢压杆绕其平行轴（图 14.2-5e 所示的 u 轴）的稳定性时，可按下式计算其换算长细比 λ_{uz}，并按 b 类截面确定其 φ 值：

$$当\frac{b}{t}\leqslant 0.69\left(\frac{l_{0u}}{b}\right)时，\lambda_{uz}=\lambda_u\left(1+\frac{0.25b^4}{l_{0u}^2t^2}\right) \tag{14.2-18a}$$

$$当\frac{b}{t}>0.69\left(\frac{l_{0u}}{b}\right)时，\lambda_{uz}=5.4\frac{b}{t} \tag{14.2-18b}$$

式中，$\lambda_u=l_{0u}/i_u$，l_{0u} 为构件对 u 轴的计算长度，i_u 为构件截面对 u 轴的回转半径。

③ 对单面连接的单角钢轴心压杆，按规范第 3.4.2 条规定对强度设计值考虑折减系数后，可不计弯扭效应。

（2）格构式截面

1）计算公式

绕实轴（图 14.2-2*a*、*b* 中的 *y* 轴）的长细比 λ_y 仍按式（14.2-11）计算，绕虚轴（图 14.2-2*a*、*b* 的 *x* 轴和图 14.2-2*c*、*d* 的 *x* 与 *y* 轴）的长细比应取考虑剪切变形影响的换算长细比。换算长细比应按下列公式计算：

① 双肢格构柱（图 14.2-2*a*、*b*）

缀板柱

$$\lambda_{0x}=\sqrt{\lambda_x^2+\lambda_1^2} \tag{14.2-19}$$

缀条柱

$$\lambda_{0x}=\sqrt{\lambda_x^2+27\frac{A}{A_{1x}}} \tag{14.2-20}$$

式中，λ_x 为整个构件对 *x* 轴的长细比；$\lambda_1=l_{01}/i_1$ 为分肢对其自身最小刚度轴 1-1 的长细比，其计算长度 l_{01} 取为：焊接时取相邻两缀板的净距离，螺栓连接时取相邻两缀板内边缘螺栓的距离；A_{1x} 为构件同一横截面中垂直于虚轴 *x* 轴的各斜缀条毛截面面积之和。

② 缀件为缀条的三肢格构柱（图 14.2-2*c*）

$$\lambda_{0x}=\sqrt{\lambda_x^2+\frac{42A}{A_1(1.5-\cos^2\theta)}} \tag{14.2-21a}$$

$$\lambda_{0y}=\sqrt{\lambda_y^2+\frac{42A}{A_1\cos^2\theta}} \tag{14.2-21b}$$

式中，A_1 为构件截面中各斜缀条毛截面面积之和，θ 为构件截面内缀条所在平面与 *x* 轴的夹角。

③ 四肢格构柱（图 14.2-2*d*）

缀板柱

$$\lambda_{0x}=\sqrt{\lambda_x^2+\lambda_1^2} \tag{14.2-22a}$$

$$\lambda_{0y}=\sqrt{\lambda_y^2+\lambda_1^2} \tag{14.2-22b}$$

缀条柱

$$\lambda_{0x}=\sqrt{\lambda_x^2+40\frac{A}{A_{1x}}} \tag{14.2-23a}$$

$$\lambda_{0y}=\sqrt{\lambda_y^2+40\frac{A}{A_{1y}}} \tag{14.2-23b}$$

式中，λ_x 和 λ_y 分别为整个构件对 *x* 轴和 *y* 轴的长细比，A_{1x} 和 A_{1y} 分别为构件同一横截面中垂直于虚轴 *x* 轴和虚轴 *y* 轴的各斜缀条毛截面面积之和。

2）构造要求

① 缀条布置[14.4]

图 14.2-6（*a*）～（*d*）示缀条布置的四种常见形式，一般情况下宜采用图 14.2-6（*a*）、（*b*）所示单斜缀条体系；当选用图 14.2-6（*d*）所示带横缀条的双斜缀条体系时，斜缀条的截面宜较计算所需略予加大，以考虑柱身受荷压缩使斜缀条额外受力的不利影响。斜缀条与柱身轴线的夹角 α 应在 40°～70°范围内。

图 14.2-6（*e*）和（*f*）所示斜杆式缀条布置形式不宜采用，以确保换算长细比公式的准确性，并避免构件发生如图中虚线所示的变形而恶化构件的受力性能。

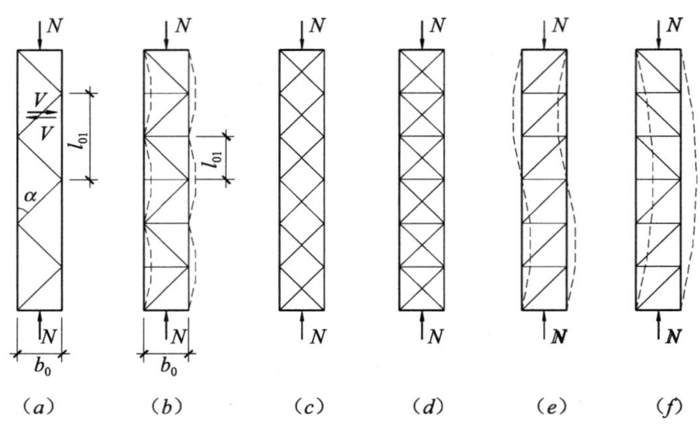

图 14.2-6　缀条布置

（*a*）、（*b*）三角式单斜缀条体系；（*c*）、（*d*）双斜缀条体系；（*e*）、（*f*）斜杆式单斜缀条体系

② 缀板刚度

缀板通常由钢板制成，必要时也有采用型钢截面。缀板的线刚度应符合下列要求（见规范第 8.4.1 条）：缀板柱中，同一截面处缀板（或型钢横杆）的线刚度之和不得小于柱较大分肢线刚度的 6 倍。

4. 稳定系数 φ

轴心受压构件的稳定系数应按下列公式计算：

（1）当 $\lambda_n=\frac{\lambda}{\pi}\sqrt{\frac{f_y}{E}}\leqslant 0.215$ 时，

$$\varphi=1-\alpha_1\lambda_n^2 \tag{14.2-24a}$$

（2）当 $\lambda_n>0.215$ 时，

$$\varphi=\frac{1}{2\lambda_n^2}\left[(\alpha_2+\alpha_3\lambda_n+\lambda_n^2)-\sqrt{(\alpha_2+\alpha_3\lambda_n+\lambda_n^2)^2-4\lambda_n^2}\right] \tag{14.2-24b}$$

式中的系数 α_1、α_2、α_3 应根据截面类别按表 14.2-3 采用。

系数 α_1、α_2、α_3 的取值　　表 14.2-3

截面类别		α_1	α_2	α_3
a 类		0.41	0.986	0.152
b 类		0.65	0.965	0.300
c 类	$\lambda_n\leqslant 1.05$	0.73	0.906	0.595
	$\lambda_n>1.05$		1.216	0.302
d 类	$\lambda_n\leqslant 1.05$	1.35	0.868	0.915
	$\lambda_n>1.05$		1.375	0.432

规范按上述公式编制给出了可直接查取的稳定系数 φ 表格（见规范附录 C 表 C-1 至表 C-4），以方便实际应用。

5. 分肢承载力计算

对格构式柱（图 14.2-2），除按上述规定计算稳定性外，为确保分肢不先于构件整体失去承载力，分肢的长细比 λ_1 应满足下列要求：

（1）缀条柱

$$\lambda_1 \leqslant 0.7\lambda_{max} \tag{14.2-25}$$

式中，分肢长细比 $\lambda_1 = l_{01}/i_1$，其计算长度 l_{01} 取为缀条体系相邻节点中心距离；λ_{max} 为构件两方向长细比（对虚轴取换算长细比）的较大值，对图 14.2-2（*a*）、（*b*）示双肢格构柱为 $\lambda_{max} = \max\{\lambda_{0x}, \lambda_y\}$。

（2）缀板柱

$$\lambda_1 \leqslant \begin{cases} 40 \\ 0.5\lambda_{max} \quad (\lambda_{max} \geqslant 50) \end{cases} \tag{14.2-26}$$

14.2.4　算例

【例题 14-1】　某钢屋架中的轴心受压上弦杆，承受的轴心压力设计值 $N = 1020\text{kN}$，计算长度 $l_{0x} = 150.9\text{cm}$、$l_{0y} = 301.8\text{cm}$，节点板厚 14mm。钢材为 Q235B 钢，屈服强度 $f_y = 235\text{N/mm}^2$，弹性模量 $E = 2.06 \times 10^5\text{N/mm}^2$。采用等边双角钢 2∟125×12 组成的 T 形截面（参阅图 14.2-5*b*）：$A = 57.82\text{cm}^2$，$i_x = 3.83\text{cm}$，$i_y = 5.71\text{cm}$，$r = 14\text{mm}$。试验算该上弦杆的整体稳定性是否满足要求。

【解】　角钢厚度 $t = 12\text{mm}$，由表 14.2-2 得 Q235 钢的抗压强度设计值 $f = 215\text{N/mm}^2$。

双角钢组成的 T 形截面轴心受压构件对 x 轴和 y 轴屈曲时均属 b 类截面，但在计算绕对称轴 y 轴的稳定性时应计及扭转效应的不利影响，用换算长细比 λ_{yz} 求取相应的稳定系数 φ。

按题意，长细比

$$\lambda_x = \frac{l_{0x}}{i_x} = \frac{150.9}{3.83} = 39.4$$

$$\lambda_y = \frac{l_{0y}}{i_y} = \frac{301.8}{5.71} = 52.9$$

因　$$\frac{b}{t} = \frac{125}{12} = 10.4 < 0.58\frac{l_{0y}}{b} = 0.58 \times \frac{301.8 \times 10}{125} = 14.0$$

故按公式（14.2-15*a*）计算弯扭屈曲换算长细比 λ_{yz}：

$$\lambda_{yz} = \lambda_y\left(1 + \frac{0.475b^4}{l_{0y}^2 t^2}\right) = 52.9 \times \left(1 + \frac{0.475 \times 125^4}{3018^2 \times 12^2}\right) = 57.6$$

由 $\lambda = \max\{\lambda_x, \lambda_{yz}\} = 57.6$，得

$$\lambda_n = \frac{\lambda}{\pi}\sqrt{\frac{f_y}{E}} = \frac{57.6}{3.1416}\sqrt{\frac{235}{2.06 \times 10^5}} = 0.619 > 0.215$$

应按公式（14.2-24*b*）计算稳定性系数 φ。

查表 14.2-3 得（b 类截面）：$\alpha_1 = 0.65$、$\alpha_2 = 0.965$ 和 $\alpha_3 = 0.300$，$\alpha_2 + \alpha_3\lambda_n + \lambda_n^2 = 1.534$；代入公式（14.2-24*b*），

$$\varphi = \frac{1}{2 \times 0.619^2}\left[1.534 - \sqrt{1.534^2 - 4 \times 0.619^2}\right] = 0.820$$

压杆的整体稳定性：

$$\frac{N}{\varphi A}=\frac{1020\times10^3}{0.820\times57.82\times10^2}=215.1\text{N/mm}^2\approx f=215\text{N/mm}^2\text{，可}$$

【说明】 压杆的稳定性系数 φ 可不按公式（14.2-24*b*）计算，而由 $\lambda=57.6$ 直接查规范附录 C 表 C-2 得到（结果完全相同）。

【例题 14-2】 某工作平台的轴心受压柱，承受轴心压力设计值 $N=2800\text{kN}$（包括柱身等构造自重），计算长度 $l_{0x}=l_{0y}=7.2\text{m}$。钢材采用 Q235BF 钢，焊条 E43 型，手工焊。柱截面为两个热轧普通槽钢［40b 组成的双肢缀板柱（图 14.2-7）：$A=2\times83.068=166.14\text{cm}^2$，$i_y=15.0\text{cm}$；分肢对最小刚度轴 1-1 轴的惯性矩 $I_1=640\text{cm}^4$，回转半径 $i_1=2.78\text{cm}$；翼缘厚度 $t=18\text{mm}$；$y_0=2.44\text{cm}$。缀板的高度和厚度分别为 $d_b=240\text{mm}$ 和 $t_b=10\text{mm}$，与分肢采用角焊缝连接，相邻两缀板的净距离 $l_{01}=68\text{cm}$。要求验算该格构柱的稳定性。

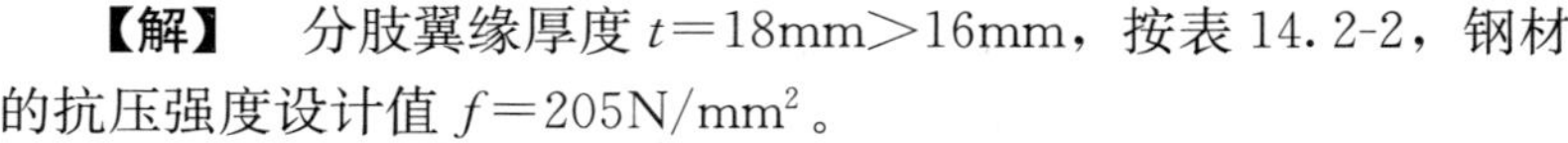

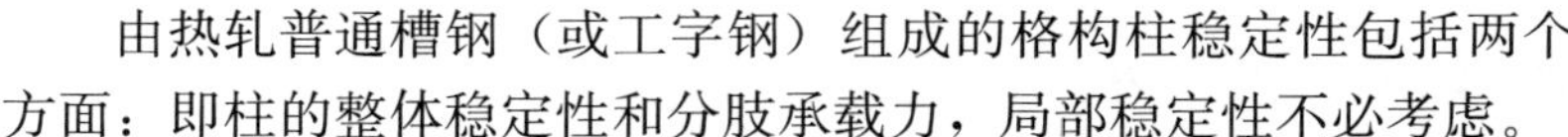

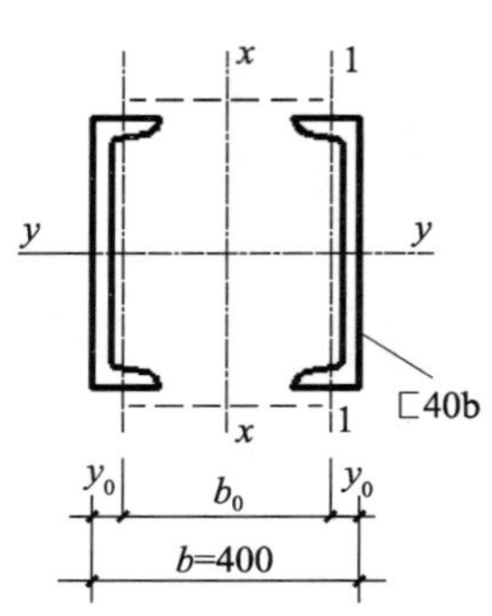

图 14.2-7 缀板柱截面

【解】 分肢翼缘厚度 $t=18\text{mm}>16\text{mm}$，按表 14.2-2，钢材的抗压强度设计值 $f=205\text{N/mm}^2$。

由热轧普通槽钢（或工字钢）组成的格构柱稳定性包括两个方面：即柱的整体稳定性和分肢承载力，局部稳定性不必考虑。

（1）整体稳定性验算

两分肢的净距 $b_0=b-2y_0=40\text{-}2\times2.44=35.1\text{cm}$

柱截面对虚轴 x 轴的惯性矩 I_x 和回转半径 i_x 分别为（参阅第 1 章中公式 1.1-3 和 1.1-9）：

$$I_x=2\left[I_1+\frac{A}{2}\left(\frac{b_0}{2}\right)^2\right]=2\left[640+83.068\times\left(\frac{35.1}{2}\right)^2\right]=52450.3\text{cm}^4$$

$$i_x=\sqrt{\frac{I_x}{A}}=\sqrt{\frac{52450.3}{166.14}}=17.77\text{cm}$$

柱子长细比：

$$\lambda_x=\frac{l_{0x}}{i_x}=\frac{7.2\times10^2}{17.77}=40.5,\quad \lambda_y=\frac{l_{0y}}{i_y}=\frac{7.2\times10^2}{15.0}=48$$

对虚轴 x 轴的稳定性应按换算长细比 λ_{0x}（公式 14.2-19）计算，其中分肢对自身最小刚度轴 1-1 的长细比为（图 14.2-7）

$$\lambda_1=\frac{l_{01}}{i_1}=\frac{68}{2.78}=24.5$$

得

$$\lambda_{0x}=\sqrt{\lambda_x^2+\lambda_1^2}=\sqrt{40.5^2+24.5^2}=47.3<\lambda_y=48$$

格构柱对实轴和虚轴的稳定验算同属 b 类截面，今 $\lambda_{0x}<\lambda_y$，说明整体稳定性由绕实轴 y 的弯曲屈曲控制。

由 $\lambda=\max\{\lambda_{0x},\lambda_y\}=48$，可得：$\varphi=0.865$（按公式 14.2-24 计算或由规范附录 C 查取，下同，不再赘述），

$$\frac{N}{\varphi A}=\frac{2800\times10^3}{0.865\times166.14\times10^2}=194.8\text{N/mm}^2<f=205\text{N/mm}^2$$

整体稳定性满足要求。

（2）分肢承载力

按公式（14.2-26）计算：

$$\lambda_{max}=\max\{\lambda_{0x},\quad \lambda_y,\quad 50\}=50$$

$$\lambda_1=24.5<\begin{cases}40\\0.5\lambda_{max}=0.5\times50=25\end{cases}，可$$

（3）缀板刚度验算

同一截面处缀板的线刚度之和为：

$$K_b=\frac{I_b}{b_0}=\frac{2\times\frac{1}{12}t_b d_b^3}{b_0}=\frac{2\times\frac{1}{12}\times1\times24^3}{35.1}=65.6\text{cm}^3$$

柱子较大分肢的线刚度为

$$K_1=\frac{I_1}{l_1}=\frac{640}{92}=6.96\text{cm}^3$$

式中相邻两缀板轴线间距离 $l_1=l_{01}+d_b=68+24=92\text{cm}$。

$$\frac{K_b}{K_1}=\frac{65.6}{6.96}=9.4>6，缀板刚度满足要求$$

综上，该格构柱的稳定性满足规范要求。

14.3　梁

14.3.1　理想梁的弹性弯扭屈曲临界弯矩

钢梁在其最大刚度平面内承受荷载作用时（即弯矩绕图 14.3-1 所示截面的 x 轴作用），当荷载不大，梁基本上在其最大刚度平面内弯曲，但当荷载大到一定数值后，梁将同时产生较大的侧向弯曲和扭转变形，最后很快使梁丧失继续承载的能力。这种现象，称为梁丧失整体稳定性，或称为梁发生弯扭屈曲/侧扭屈曲，此时梁承受的最大弯矩称为弯扭屈曲临界弯矩或简称临界弯矩 M_{cr}。

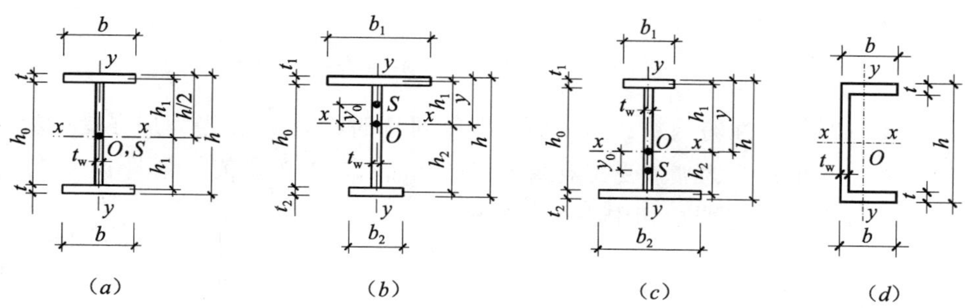

图 14.3-1　工字形截面和槽形截面

（a）双轴对称工字形截面（$\beta_y=0$，$y_0=0$）；（b）加强受压翼缘的工字形截面（$\beta_y>0$，$y_0<0$）；（c）加强受拉翼缘的工字形截面（$\beta_y<0$，$y_0>0$）；（d）槽形截面

常用的钢梁截面为工字形（包括焊接工字形、热轧 H 型钢、热轧普通工字钢）、箱形和槽形等。

理想（不计其缺陷）的工字形和槽形截面（图 14.3-1）简支梁发生弹性弯扭弯曲的临界弯矩 M_{cr} 为：

1. 承受纯弯曲时的双轴对称工字形截面和槽形截面梁（图 14.3-1*a*、*d*）

$$M_{cr}=\frac{\pi}{l_0}\sqrt{EI_yGI_t}\sqrt{1+\frac{\pi^2EI_\omega}{l_0^2GI_t}} \tag{14.3-1}$$

式中，$l_0=\mu l_1$ 为梁的侧向计算长度，l_1 为梁的侧向无支长度（或称受压翼缘的自由长度），μ 为侧向计算长度系数，见表 14.3-1；EI_y、GI_t 和 EI_ω 分别为截面对弱轴 y 轴的抗弯刚度、截面的扭转刚度和截面的翘曲刚度。

两端简支梁侧扭屈曲临界弯矩公式（14.3-1）和式（14.3-2）中的系数表 14.3-1

项　次	荷 载 类 型	梁端对 y 轴转动约束情况	μ	C_1	C_2	C_3
1	跨度中点作用一个集中荷载	没有约束	1.0	1.35	0.55	0.41
		完全约束	0.5	1.07	0.42	—
2	满跨均布荷载	没有约束	1.0	1.13	0.45	0.53
		完全约束	0.5	0.97	0.29	—
3	纯弯曲	没有约束	1.0	1.0	0	1.0
		完全约束	0.5	1.0	0	1.0

2. 承受横向荷载时的单轴对称工字形截面梁（图 14.3-1*b*、*c*）

$$M_{cr}=C_1\frac{\pi^2EI_y}{l_0^2}\left[C_2a+C_3\beta_y+\sqrt{(C_2a+C_3\beta_y)^2+\frac{I_\omega}{I_y}\left(1+\frac{l_0^2GI_t}{\pi^2EI_\omega}\right)}\right] \tag{14.3-2}$$

式中，C_1、C_2 和 C_3 是随荷载类型及支座情况而异的系数，表 14.3-1 给出了对截面强轴 x 可以自由转动的两端简支梁在三种典型荷载情况下的各个 C_1～C_3 值；

a 是荷载在截面上的作用点与截面剪切中心 S 间的距离，当荷载作用点位于剪切中心上方时，a 为负值，反之为正值；

$$\beta_y=\frac{1}{2I_x}\int_A y(x^2+y^2)\mathrm{d}A-y_0 \tag{14.3-3}$$

是反映截面单轴对称特性的函数：当截面为双轴对称时，$\beta_y=0$；当为加强受压翼缘工字形截面时，β_y 为正值；当为加强受拉翼缘工字形截面时，β_y 为负值，见图 14.3-1。

式（14.3-3）中的 y_0 是剪切中心 S 的坐标：

$$y_0=\frac{I_2h_2-I_1h_1}{I_y} \tag{14.3-4}$$

这里，I_1、I_2 分别是受压翼缘和受拉翼缘对 y 轴的惯性矩，$I_y=I_1+I_2$。当为双轴对称截面时，$y_0=0$；当为单轴对称工字形截面时，$y_0<0$ 或 $y_0>0$，见图 14.3-1（*b*）、（*c*）。

箱形截面简支梁的弹性侧扭屈曲临界弯矩计算，可参阅参考文献［14.3］。

14.3.2　规范公式

1. 不需验算梁整体稳定性的情况

（1）当梁上有铺板（各种钢筋混凝土板和钢板）密铺在梁的受压翼缘上并与其牢固相连、能阻止梁受压翼缘的侧向位移时。

【注意】要使铺板能阻止梁受压翼缘发生侧向位移，铺板自身必须具备一定的刚度且必须与钢梁牢固相连，否则就达不到预期的目的。

（2）H 型钢或等截面工字形简支梁受压翼缘的自由长度 $l_1$❶ 与其宽度 b_1 之比满足下列要求时：

$$\frac{l_1}{b_1}\leqslant\begin{cases}13\sqrt{\dfrac{235}{f_y}}\text{，跨中无侧向支承点的梁、荷载作用在上翼缘时}\\20\sqrt{\dfrac{235}{f_y}}\text{，跨中无侧向支承点的梁、荷载作用在下翼缘时}\\16\sqrt{\dfrac{235}{f_y}}\text{，跨中受压翼缘有侧向支承点的梁、不论荷载作用在何处}\end{cases}\tag{14.3-5}$$

（3）箱形截面（见图 14.3-2）简支梁当其截面尺寸满足下列要求时：

$$\begin{cases}\dfrac{h}{b_0}\leqslant 6\\\dfrac{l_1}{b_0}\leqslant 95\left(\dfrac{235}{f_y}\right)\end{cases}\tag{14.3-6}$$

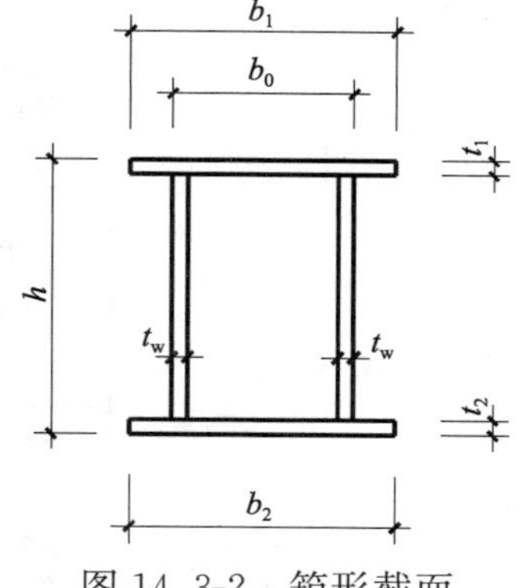

图 14.3-2　箱形截面

实际工程应用中，式（14.3-6）这两个条件都能做到，因而规范中就没有给出箱形截面简支梁整体稳定系数的计算方法。

不符合以上情况/要求时，必须按下列规定计算梁的整体稳定性。

2. 基本公式

（1）在最大刚度主平面内受弯的梁（弯矩绕强轴 x 轴作用），应按下式计算其整体稳定性：

$$\frac{M_x}{\varphi_b W_x}\leqslant f\tag{14.3-7}$$

（2）在两个主平面内受弯的工字形截面（含 H 型钢）梁，应按下式计算其整体稳定性：

$$\frac{M_x}{\varphi_b W_x}+\frac{M_y}{\gamma_y W_y}\leqslant f\tag{14.3-8}$$

公式（14.3-7）和公式（14.3-8）中，M_x、M_y 为同一截面处绕 x 轴（强轴）和绕 y 轴的弯矩；W_x、W_y 为按受压纤维确定的对 x 轴和对 y 轴的毛截面模量；γ_y 为对 y 轴的截面塑性发展系数，工字形截面的 $\gamma_y=1.20$，箱形截面的 $\gamma_y=1.05$，其他截面的 γ_y 应按

❶　对跨中无侧向支承点的梁，l_1 为其跨度；对跨中有侧向支承点的梁，l_1 为受压翼缘侧向支承点间的距离（梁的支座处视为有侧向支承）。

规范表 5.2.1 采用；$\varphi_b = M_{cr}/(f_y W_x)$ 为按绕强轴 x 轴弯曲所确定的梁整体稳定系数，应按下列规定采用。

3. 梁弹性屈曲的整体稳定性系数 φ_b

（1）焊接工字形等截面（参阅图 14.3-1）（含 H 型钢）简支梁

$$\varphi_b = \beta_b \varphi_{b0} \tag{14.3-9a}$$

$$\varphi_{b0} = \frac{4320}{\lambda_y^2} \cdot \frac{Ah}{W_x}\left[\sqrt{1+\left(\frac{\lambda_y t_1}{4.4h}\right)^2}+\eta_b\right]\frac{235}{f_y} \tag{14.3-9b}$$

式中，β_b 为梁整体稳定的等效临界弯矩系数，与梁的荷载、侧向支承点情况等有关，见表 14.3-2；φ_{b0} 为纯弯曲时的梁整体稳定性系数；λ_y 为梁在相邻侧向支承点间对截面弱轴 y 的长细比，即 $\lambda_y = l_1/i_y$；A 为梁的毛截面面积；h 和 t_1 为梁截面的全高和受压翼缘的厚度；η_b 为截面不对称影响系数：双轴对称工字形截面的 $\eta_b = 0$，单轴对称工字形截面加强受压翼缘时的 $\eta_b = 0.8\ (2\alpha_b - 1)$、加强受拉翼缘时的 $\eta_b = 2\alpha_b - 1$，其中 $\alpha_b = I_1/(I_1 + I_2)$（当为双轴对称时 $\alpha_b = 0.5$，加强受压翼缘时 $\alpha_b > 0.5$，加强受拉翼缘时 $\alpha_b < 0.5$，α_b 的取值范围是 $0 < \alpha_b < 1.0$）。

H 型钢和等截面工字形简支梁的等效临界弯矩系数 β_b　　表 14.3-2

项次	侧向支承	荷载		$\xi \leqslant 2.0$	$\xi > 2.0$	适用范围
1	跨中无侧向支承	均布荷载作用在	上翼缘	$0.69+0.13\xi$	0.95	双轴对称和加强受压翼缘的单轴对称工字形截面
2			下翼缘	$1.73-0.20\xi$	1.33	
3		集中荷载作用在	上翼缘	$0.73+0.18\xi$	1.09	
4			下翼缘	$2.23-0.28\xi$	1.67	
5	跨度中点有一个侧向支承点	均布荷载作用在	上翼缘	1.15		双轴对称和所有单轴对称工字形截面
6			下翼缘	1.40		
7		集中荷载作用在截面高度上任意位置		1.75		
8	跨中有不少于两个等距离侧向支承点	任意荷载作用在	上翼缘	1.20		
9			下翼缘	1.40		
10	梁端有弯矩，但跨中无荷载作用			$1.75-1.05\left(\frac{M_2}{M_1}\right)+0.3\left(\frac{M_2}{M_1}\right)^2$，但 $\leqslant 2.3$		

注：1. 参数 $\xi = \frac{l_1 t_1}{b_1 h}$。

2. M_1、M_2 为梁的端弯矩，使梁产生同向曲率时 M_1 和 M_2 取同号，产生反向曲率时取异号，$|M_1| \geqslant |M_2|$。

3. 表中项次 3、4 和 7 的集中荷载是指一个或少数几个集中荷载位于跨中央附近的情况，对其他情况的集中荷载，应按表中项次 1、2、5、6 内的数值采用。

4. 表中项次 8、9 的 β_b，当集中荷载作用在侧向支承点处时，取 $\beta_b = 1.20$。

5. 荷载作用在上翼缘系指荷载作用点在翼缘表面，方向指向截面形心；荷载作用在下翼缘系指荷载作用点在翼缘表面，方向背向截面形心。

6. 对 $\alpha_b > 0.8$ 的加强受压翼缘工字形截面，下列情况的 β_b 值应乘以相应的系数：
项次 1：当 $\xi \leqslant 1.0$ 时，乘以 0.95；
项次 3：当 $\xi \leqslant 0.5$ 时，乘以 0.90；当 $0.5 < \xi \leqslant 1.0$ 时，乘以 0.95。

（2）轧制普通工字钢简支梁

应按梁的侧向支承情况、荷载类型与作用点位置、工字钢型号以及侧向无支长度（即

受压翼缘自由长度 l_1）查表 14.3-3 得到 φ_b，不能按公式（14.3-9）求取 φ_b。

（3）轧制普通槽钢简支梁

不论荷载形式及荷载作用点位置，轧制普通槽钢简支梁的整体稳定性系数均按下式计算：

$$\varphi_b = \frac{570bt}{l_1 h} \cdot \frac{235}{f_y} \tag{14.3-10}$$

式中，h、b、t 分别为由槽钢型钢表查得的截面高度、翼缘宽度和平均厚度（参阅图 14.3-1d）。

公式（14.3-10）是按纯弯曲导得的简化公式，用于各种荷载情况[14.4]。

（4）双轴对称工字形等截面（含 H 型钢）悬臂梁

仍按上述适用于简支梁的公式（14.3-9）计算 φ_b，但因为是双轴对称工字形截面，故 $\eta_b=0$，其整体稳定等效临界弯矩系数 β_b 则应按表 14.3-4 查取。需注意：侧向长细比 $\lambda_1=l_1/i_y$ 中的 l_1 和参数 ξ 中的 l_1 都是指悬臂梁的悬臂长度。

轧制普通工字钢简支梁的整体稳定系数 φ_b　　表 14.3-3

项次	荷载情况			工字钢型号	自由长度 l_1（m）								
					2	3	4	5	6	7	8	9	10
1	跨中无侧向支承点的梁	集中荷载作用在	上翼缘	10～20 22～32 36～63	2.00 2.40 2.80	1.30 1.48 1.60	0.99 1.09 1.07	0.80 0.86 0.83	0.68 0.72 0.68	0.58 0.62 0.56	0.53 0.54 0.50	0.48 0.49 0.45	0.43 0.45 0.40
2			下翼缘	10～20 22～40 45～63	3.10 5.50 7.30	1.95 2.80 3.60	1.34 1.84 2.30	1.01 1.37 1.62	0.82 1.07 1.20	0.69 0.86 0.96	0.63 0.73 0.80	0.57 0.64 0.69	0.52 0.56 0.60
3		均布荷载作用在	上翼缘	10～20 22～40 45～63	1.70 2.10 2.60	1.12 1.30 1.45	0.84 0.93 0.97	0.68 0.73 0.73	0.57 0.60 0.59	0.50 0.51 0.50	0.45 0.45 0.44	0.41 0.40 0.38	0.37 0.36 0.35
4			下翼缘	10～20 22～40 45～63	2.50 4.00 5.60	1.55 2.20 2.80	1.08 1.45 1.80	0.83 1.10 1.25	0.68 0.85 0.95	0.56 0.70 0.78	0.52 0.60 0.65	0.47 0.52 0.55	0.42 0.46 0.49
5	跨中有侧向支承点的梁（不论荷载作用点在截面高度上的位置）			10～20 22～40 45～63	2.20 3.00 4.00	1.39 1.80 2.20	1.01 1.24 1.38	0.79 0.96 1.01	0.66 0.76 0.80	0.57 0.65 0.66	0.52 0.56 0.56	0.47 0.49 0.49	0.42 0.43 0.43

注：1. 同表 14.3-2 的注 3、5。

2. 表中的 φ_b 适用于 Q235 钢。对其他钢材牌号，表中数值应乘以 $235/f_y$。

双轴对称工字形等截面（含 H 型钢）悬臂梁的等效临界弯矩系数 β_b　表 14.3-4

项次	荷载形式		$0.6\leqslant\xi\leqslant1.24$	$1.24<\xi\leqslant1.96$	$1.96<\xi\leqslant3.10$
1	自由端一个集中荷载作用在	上翼缘	$0.21+0.67\xi$	$0.27+0.26\xi$	$1.17+0.03\xi$
2		下翼缘	$2.94-0.65\xi$	$2.64-0.40\xi$	$2.15-0.15\xi$
3	均布荷载作用在上翼缘		$0.62+0.82\xi$	$1.25+0.31\xi$	$1.66+0.10\xi$

注：1. 本表是按支承端为固定端的情况确定的，当用于由邻跨延伸出来的伸臂梁时，应在构造上采取措施加强支承处的抗扭能力。

2. 表中 ξ 见表 14.3-2 注 1。

4. 梁弹塑性屈曲的整体稳定性系数 φ_b'

当按上述公式或表格求得的 $\varphi_b>0.60$ 时，梁处于弹塑性工作阶段，计算其整体稳定性时需用下式算出相应的 φ_b'代替公式（14.3-7）或公式（14.3-8）中的 φ_b 值：

$$\varphi'_b=1.07-\frac{0.282}{\varphi_b}\leqslant 1.0 \tag{14.3-11}$$

14.3.3 非规范规定情况下梁弹性屈曲的整体稳定性系数 φ_b

本小节给出规范中未明确规定但在实际工程中又经常遇见的几种情况的简支梁 φ_b 计算方法，供使用时参考。

1. 梁承受若干种不同类型荷载时的 φ_b

当梁承受若干种不同类型的荷载且各种荷载产生的弯矩属同一数量级时，等截面焊接工字形（含 H 型钢）简支梁的 φ_b 仍按公式（14.3-9a）计算，其中纯弯曲时的梁整体稳定性系数 φ_{b0} 按公式（14.3-9b）计算，但梁整体稳定的等效临界弯矩系数 β_b 应按下式计算[14.4]：

$$\beta_b=\frac{M_x}{\sum_{i=1}^{n}\left(\frac{M_{xi}}{\beta_{bi}}\right)} \tag{14.3-12}$$

式中，M_{x1}，M_{x2}……M_{xi}……为各类荷载在同一截面上产生的最大弯矩；β_{bi} 为相应于第 i 种荷载的等效临界弯矩系数；$M_x=\sum M_{xi}$。

当各类荷载情况求得的弯矩数量级不同时，通常可根据主要的荷载计算 β_b，不一定按式（14.3-12）计算，所得结果误差将不致过大。同样，如果各类荷载作用在梁截面的同一高度时（即使各类荷载产生的弯矩数量级难分主次），一般取其中较主要一种荷载作为确定 β_b 的根据即可[14.5]。

2. 变截面梁的 φ_b

前面所有关于梁整体稳定性的计算都是限于等截面梁。对变截面梁的整体稳定性计算，我国和国外大部分设计规范都未作规定。以下转录参考文献［14.6］中介绍的澳大利亚 1990 年钢结构设计规范中有关变截面梁整体稳定性的计算规定，以供参考。

设截面在简支梁两端各为 $\alpha\cdot l$ 处改变，l 为梁的跨度。

变截面梁的弹性临界弯矩（或整体稳定性系数）为按最大截面尺寸的等截面梁计算所得乘以下列折减系数：

$$\eta=1.0-2.4\alpha\left[1-\left(0.6+0.4\frac{h_s}{h_c}\right)\frac{A_s}{A_c}\right] \tag{14.3-13}$$

式中，A_c 和 h_c 为跨中最大截面处的截面积和截面高度；A_s 和 h_s 为梁两端改变截面后的翼缘截面积和截面高度。如取 $h_c=h_s$、$A_s=0.5A_c$ 和 $\alpha=1/6$，则得 $\eta=0.8$。

此外，还有一个比式（14.3-13）稍为粗糙的折减系数公式❶，即

❶ B. G Johnson(Editor). Guide to Stability Design Criteria for Metal Structures. 3rd Edition. New York: John Wiley & Sons, Inc. 1976. 145

$$\eta=\sqrt{\frac{I_{min}}{I_{max}}} \tag{14.3-14}$$

式中，I_{max}和I_{min}分别为截面改变前和后的惯性矩。这是由 Austin 研究提出的简化经验公式。

3. 设置有间距不等的中间侧向支承时梁的 φ_b

中间侧向支承可提高梁的整体稳定性。表 14.3-2 中列出了 H 型钢和等截面工字形简支梁有等间距侧向支承时整体稳定等效临界弯矩系数 β_b 的取值，找到 β_b 后即可按前述公式（14.3-9）计算 φ_b。

当梁设置有间距不等的侧向支承时，其整体稳定性计算在有关梁的稳定书籍中虽也时有介绍[14.6]，但设计习惯上常偏安全地采用把侧向支承点间的梁段分割开来单独计算的近似方法，根据各段所受端弯矩情况按表 14.3-2 项次 10 求 β_b。由于不考虑各梁段间的相互约束作用，分段单独计算的结果偏于安全一边，见例题 14-3。

14.3.4　简支梁的端部构造

材料力学中研究梁的应力和变形时只涉及在最大刚度平面内的变形，因此对简支梁两端的边界条件只设定为 $v=0$（竖向位移为零）和 $v''=0$（弯矩 M_x 为零），端截面可以绕 x 轴自由转动（图 14.3-3a）。在研究梁的整体稳定性时，因涉及侧向弯曲和扭转，边界条件还需添加 $u=0$（侧向位移为零）、$\varphi=0$ 和 $\varphi''=0$（扭转角为零和翘曲弯矩为零），端截面可以绕 y 轴自由转动但不能绕 z 轴转动。亦即整体稳定计算中的简支实际上应为“夹支”。因此在钢梁的设计中，必须从构造上满足 $\varphi=u=0$，以保证与计算模型相符合。图 14.3-3 给出两种增加简支梁端部抗扭能力的构造措施：（1）如图 14.3-3（b）所示在梁端上翼缘处设置侧向支点，可防止产生转动，效果较好；（2）如图 14.3-3（c）所示在梁端设置加劲肋，使该处截面形成刚性，则利用下翼缘与支座相连的螺栓也可以提供一定的抗扭能力。图 14.3-3（d）为无上述措施时梁端截面的变形示意，此时不满足 $\varphi=u=0$ 的要求。

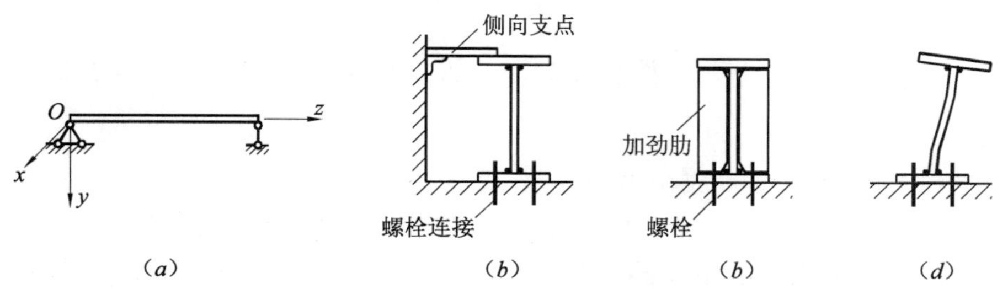

图 14.3-3　简支钢梁端部的抗扭构造措施示意图

14.3.5　算例

【例题 14-3】　图 14.3-4 所示某焊接工字形等截面简支梁，跨度 $l=15$m，支座及跨中共设有四个水平侧向支承。钢材为 Q345 钢，$f_y=345\text{N/mm}^2$。承受的均布荷载设计值为 $q=53.5$kN/m，作用在梁的上翼缘板。试验算此梁的整体稳定性。

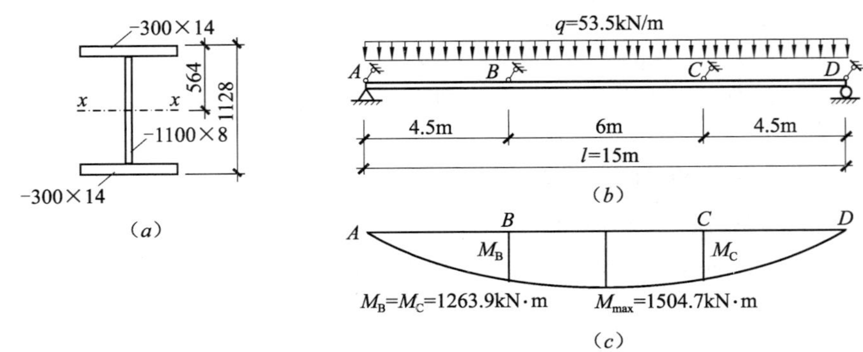

图 14.3-4　设置有不等间距侧向支承点的梁

【解】　(1) 梁截面几何特性

截面积　$A=2\times30\times1.4+110\times0.8=172\text{cm}^2$

惯性矩　$I_x=\frac{1}{12}\times(30\times112.8^3-29.2\times110^3)=349356\text{cm}^4$

$$I_y=2\times\frac{1}{12}\times1.4\times30^3=6300\text{cm}^4$$

截面模量　$W_x=\frac{2I_x}{h}=\frac{2\times349356}{112.8}=6194\text{cm}^3$

回转半径　$i_y=\sqrt{\frac{I_y}{A}}=\sqrt{\frac{6300}{172}}=6.05\text{cm}$

(2) 梁的整体稳定验算

跨中侧向支承点非均匀布置，我国规范[14.1]中无求相应梁整体稳定等效临界弯矩系数 β_b 的规定。对这种情况，目前常用近似法求解 β_b，即假设梁由三个分离的梁段 AB、BC 和 CD 组成，分别对每一梁段进行分析求解。

1) AB 梁段（或 CD 梁段）

最大弯矩　$M_B=M_C=\frac{1}{2}\times53.5\times(15\times4.5-4.5^2)=1263.9\text{kN}\cdot\text{m}$

$\frac{l_1}{b_1}=\frac{4.5\times10^2}{30}=15>10.5$（按公式 14.3-5 求得并取 0.5 的倍数），故需验算此梁段的整体稳定。

AB 梁段上的荷载可看成由两部分组成，其一是在 B 端作用一力矩 $M_1=M_B=1263.9\text{kN}\cdot\text{m}$，其二是梁段上的均布荷载 q。因该梁段上的弯矩图形接近于三角形、均布荷载引起的最大弯矩与 M_B 不在同一截面上，故可近似地略去均布荷载的影响，利用表 14.3-2 项次 10 的公式求该梁段的整体稳定等效临界弯矩系数，即：

$$\beta_{b1}=1.75-1.05\left(\frac{M_2}{M_1}\right)+0.3\left(\frac{M_2}{M_1}\right)^2=1.75$$

式中 M_2 为作用在 A 端的力矩，令 $M_2=0$。

AB 梁段对截面弱轴 y 的长细比 $\lambda_y=\frac{l_1}{i_y}=\frac{4.5\times10^2}{6.05}=74.4$

按公式（14.3-9），得

$$\varphi_{b0}=\frac{4320}{\lambda_y^2}\cdot\frac{Ah}{W_x}\left[\sqrt{1+\left(\frac{\lambda_y t_1}{4.4h}\right)^2}+\eta_b\right]\frac{235}{f_y}$$

$$=\frac{4320}{74.4^2}\times\frac{172\times112.8}{6194}\left[\sqrt{1+\left(\frac{74.4\times1.4}{4.4\times112.8}\right)^2}+0\right]\frac{235}{345}=1.701$$

$$\varphi_b=\beta_b\varphi_{b0}=1.75\times1.701=2.977$$

$\varphi_b>0.6$，表明梁段失稳时处于弹塑性工作阶段，需按公式（14.3-11）计算其实际的整体稳定系数，即

$$\varphi'_b=1.07-\frac{0.282}{\varphi_b}=1.07-\frac{0.282}{2.977}=0.975$$

AB 梁段的整体稳定性

$$\frac{M_x}{\varphi'_b W_x}=\frac{1263.9\times10^6}{0.975\times6194\times10^3}=209.3\text{N/mm}^2<f=310\text{N/mm}^2\text{，可}$$

2）BC 梁段

最大弯矩 $\qquad M_{max}=\frac{1}{8}\times53.5\times15^2=1504.7\text{kN}\cdot\text{m}$

$$\frac{l_1}{b_1}=\frac{6\times10^2}{30}=20>10.5\text{，需验算此梁段的整体稳定。}$$

$$\lambda_y=\frac{l_1}{i_y}=\frac{6\times10^2}{6.05}=99.2$$

$$\varphi_{b0}=\frac{4320}{99.2^2}\times\frac{172\times112.8}{6194}\times\sqrt{1+\left(\frac{99.2\times1.4}{4.4\times112.8}\right)^2}\times\frac{235}{345}=0.973$$

BC 梁段的荷载可看成由两部分组成：其一是纯弯曲，承受两个端弯矩 $M_1=M_B=1263.9\text{kN}\cdot\text{m}$；其二是简支梁承受均布荷载，其最大弯矩为

$$M_q=\frac{1}{8}\times53.5\times6^2=240.8\text{kN}\cdot\text{m}$$

相应纯弯曲的整体稳定等效临界弯矩系数 $\beta_{b1}=1.0$（按表 14.3-2 项次 10 计算）

相应均布荷载的等效临界弯矩系数 β_{b2}，由表 14.3-2 项次 1 得到：

$$\xi=\frac{l_1t_1}{b_1h}=\frac{6\times10^2\times1.4}{30\times112.8}=0.248<2.0$$

$$\beta_{b2}=0.69+0.13\xi=0.69+0.13\times0.248=0.722$$

BC 梁段在纯弯曲和均布荷载两种荷载共同作用下的梁整体稳定等效临界弯矩系数 β_b，按公式（14.3-12）计算为

$$\beta_b=\frac{M_1+M_2}{\frac{M_1}{\beta_{b1}}+\frac{M_2}{\beta_{b2}}}=\frac{1263.9+240.8}{\frac{1263.9}{1.0}+\frac{240.8}{0.722}}=\frac{1504.7}{1597.4}=0.942$$

$$\varphi_b=\beta_b\varphi_{b0}=0.942\times0.973=0.917>0.6$$

$$\varphi'_b=1.07-\frac{0.282}{\varphi_b}=1.07-\frac{0.282}{0.917}=0.762$$

$$\frac{M_x}{\varphi'_b W_x}=\frac{1504.7\times10^6}{0.762\times6194\times10^3}=318.8\text{N/mm}^2>f=310\text{N/mm}^2$$

超过 2.84%<5%，可认为梁的整体稳定性仍满足要求。

【讨论】　参考文献［14.6］第 101～104 页介绍了一种考虑相邻梁段约束作用的稳定

计算方法，今以跨中梁段（*BC* 梁段）为例说明其计算步骤如下，供参考。

（1）计算各梁段为独立的简支梁时的整体稳定系数

上面已求得：*AB* 梁段的整体稳定系数 $(\varphi'_b)_{AB}=0.975$，*BC* 梁段的整体稳定系数 $(\varphi'_b)_{BC}=0.762$。

（2）确定 *BC* 梁段侧扭屈曲的计算长度系数

把跨中梁段（*BC* 梁段）看成框架柱，其两边的梁段（*AB* 梁段和 *CD* 梁段）为约束横梁；按边梁段与跨中梁段线刚度的比值由规范附录 D 表 D-1（无侧移框架柱的计算长度系数 μ）查取 *BC* 梁段侧扭屈曲的计算长度系数 μ。

跨中梁段的线刚度为

$$K_{BC}=2\frac{EI_y}{l_{BC}}=2\times\frac{EI_y}{6}=0.3333EI_y$$

边梁段的线刚度为

$$K_{AB}=K_{CD}=3\frac{EI_y}{l_{AB}}\left[1-\frac{(\varphi'_b)_{BC}}{(\varphi'_b)_{AB}}\right]=3\frac{EI_y}{4.5}\left[1-\frac{0.762}{0.975}\right]=0.1456EI_y$$

边梁段与跨中梁段线刚度的比值

$$K_1=K_2=\frac{K_{AB}}{K_{BC}}=\frac{0.1456}{0.3333}=0.437$$

由 $K_1=K_2=0.437$，查规范附录 D 表 D-1 得 $\mu=0.8688$。

（3）计算考虑两边梁段约束作用后的 *BC* 梁段整体稳定系数

取 $l_1=\mu\cdot l_{BC}=0.8688\times6=5.213\text{m}$，得

$$\frac{l_1}{b_1}=\frac{5.213\times10^2}{30}=17.4>10.5\text{（需验算此梁段的整体稳定）}$$

$$\lambda_y=\frac{l_1}{i_y}=\frac{5.213\times10^2}{6.05}=86.2$$

$$\varphi_{b0}=\frac{4320}{86.2^2}\times\frac{172\times112.8}{6194}\times\sqrt{1+\left(\frac{86.2\times1.4}{4.4\times112.8}\right)^2}\times\frac{235}{345}=1.277$$

前面已求得 *BC* 梁段的整体稳定等效临界弯矩系数 $\beta_b=0.942$，于是

$$\varphi_b=\beta_b\varphi_{b0}=0.942\times1.277=1.203>0.6$$

$$\varphi'_b=1.07-\frac{0.282}{\varphi_b}=1.07-\frac{0.282}{1.203}=0.836$$

$$\frac{M_x}{\varphi'_bW_x}=\frac{1504.7\times10^6}{0.836\times6194\times10^3}=290.6\text{N/mm}^2<f=310\text{N/mm}^2$$，可

考虑两边梁段约束作用后的 *BC* 梁段整体稳定系数提高了 9.7%。

14.4 压弯构件

14.4.1 概述

压弯构件常采用单轴对称或双轴对称的截面。当弯矩只作用在构件的最大刚度平面内时称为单向压弯构件，在两个主平面内都有弯矩作用的构件称为双向压弯构件。工程结构

中大多数压弯构件可按单向压弯构件考虑。

图 14.4-1 所示为单向压弯构件的常用截面形式。其中图（*a*）表示焊接工字形和热轧 H 型钢，当所受弯矩有正、负两种可能且其大小又较接近时，宜采用双轴对称截面，否则宜用单轴对称截面，两者均应使弯矩作用于截面的最大刚度平面内。在实腹式构件中，弯矩作用平面内宜有较大的截面高度，使有较大的刚度而能抵抗更大的弯矩。在格构式构件中，应使截面的实轴与弯矩作用平面一致，调整其两分肢的间距可使具有抵抗更大弯矩的能力。

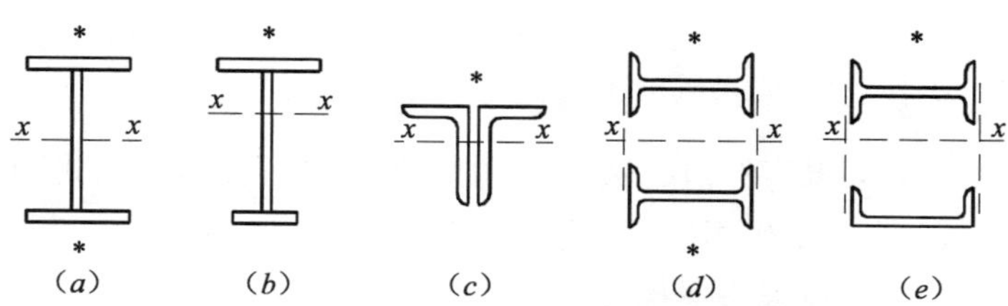

图 14.4-1　单向压弯构件的常用截面形式

*—轴心压力的作用点（或弯矩产生的受压侧）

单向压弯构件的整体稳定性计算，主要包括弯矩作用平面内的稳定和弯矩作用平面外的稳定两方面。当为格构式构件时（图 14.4-1*d*、*e*），还应计算分肢的稳定。

14.4.2　单向压弯构件稳定性计算原理

1. 实腹式单向压弯构件在弯矩作用平面内的稳定性

有以下三种常用的计算方法：极限荷载法（单项公式）、边缘纤维屈服准则和相关公式（也称为两项公式）。

极限荷载计算方法，理论上比较严密，概念明确，计算公式简洁，可表示为

$$\frac{N}{\varphi_{\mathrm{bc}}A}\leqslant f \tag{14.4-1}$$

式中，$\varphi_{\mathrm{bc}}=N_{\mathrm{ux}}/(Af_{\mathrm{y}})=\sigma_{\mathrm{ux}}/f_{\mathrm{y}}$ 为压弯构件弯矩作用平面内稳定系数，N_{ux}是保持弯矩作用平面内稳定的极限荷载，它与构件的截面形状、残余应力（模式及峰值）、弯矩与轴心压力的比值和弯矩作用平面内构件的长细比 λ_{x} 等众多因素有关，很难给出便于设计人员应用的表格或曲线，因此极限荷载法现已较少应用。

公式（14.4-1）称为压弯构件弯矩作用平面内稳定验算的单项公式。

边缘纤维屈服准则是一种用强度计算来代替压弯构件弯矩作用平面内稳定计算的方法，即以构件中应力最大的纤维开始屈服时的荷载，也就是构件在弹性工作阶段的最大荷载作为临界荷载的下限，用下式表达：

$$\sigma_{\max}=\frac{N}{A}+\frac{M_{\max}}{W_{1\mathrm{x}}}\leqslant f_{\mathrm{y}} \tag{a}$$

式中，$W_{1\mathrm{x}}$为对最大受压纤维的毛截面模量；$M_{\max}$为考虑轴心压力和初始缺陷影响后的构件最大弯矩，可表示为[14.4]

$$M_{\max}=\frac{\beta_{\mathrm{mx}}M_{\mathrm{x}}+N\cdot e^{*}}{\left(1-\dfrac{N}{N_{\mathrm{Ex}}}\right)} \tag{b}$$

式（b）中，β_{mx}为等效弯矩系数，即承受各种荷载的压弯构件等效于承受纯弯曲的压弯构件时β_{mx}应取之值；M_x为由横向荷载产生的构件最大弯矩（不考虑轴心压力影响的一阶弯矩）；e^*为考虑构件缺陷的等效偏心距，为

$$e^* = \left(\frac{1}{\varphi_x} - 1\right)\frac{W_{1x}}{A}\left(1 - \frac{N}{N_{Ex}}\right) \tag{c}$$

将式（b）和式（c）代入式（a），取N和M_x为内力设计值，并对f_y和N_{Ex}考虑抗力分项系数γ_R，整理后可得

$$\frac{N}{\varphi_x A} + \frac{\beta_{mx} M_x}{W_{1x}\left(1 - \varphi_x \dfrac{N}{N'_{Ex}}\right)} \leqslant f \tag{14.4-2}$$

公式（14.4-2）为考虑构件初始缺陷后的边缘纤维屈服准则，式中$N'_{Ex} = N_{Ex}/\gamma_R = \pi^2 EA/(1.1\lambda_x^2)$，$\varphi_x$为弯矩作用平面内轴心受压构件的稳定系数。

鉴于边缘纤维屈服准则只考虑构件在弹性阶段工作，结果过于保守，且实质是应力问题而不是稳定问题；而极限荷载法，从理论上讲是合理的，但又过于繁复不便计算；因此目前对压弯构件的计算，各国设计规范多采用较简单的相关公式，这是一个实用的半理论半经验公式。当已知轴心压力或弯矩单独作用时的构件承载能力，那么轴心压力和弯矩共同作用时构件所能承受的轴心压力和弯矩必然比单独作用时的小。由此可根据典型情况的理论分析提出一个估计轴心压力和弯矩共同作用时的计算公式——相关公式，然后用对极限荷载的数值分析和试验来验证其是否接近于实际情况而加以必要的调整，因而它是半理论半经验的公式。压弯构件的相关公式还必须满足两个极端条件：当轴力等于零时，它应该是梁的计算公式；当弯矩等于零时，它应该是轴压构件的计算公式。我国设计规范GB 50017中关于实腹式单向压弯构件平面内稳定计算的相关公式来源于边缘纤维屈服准则，即来自公式（14.4-2）。

2. 实腹式单向压弯构件在弯矩作用平面外的稳定性

当实腹式单向压弯构件在侧向没有足够的支承时，有可能发生侧扭屈曲（即失去弯矩作用平面外的稳定性）而破坏。由于考虑初始缺陷的侧扭屈曲弹塑性分析过于复杂，目前我国设计规范采用的计算公式是按理想的屈曲理论为依据的。

根据稳定理论，承受均匀弯矩的两端简支压弯构件（如图14.4-3a所示当$M_1 = M_2$时），当截面为双轴对称的工字形截面、构件绕截面强轴x弯曲，其弹性侧扭屈曲临界力N_{cr}可由下式解出：

$$(N_{Ey} - N)(N_z - N) - \left(\frac{e}{i_0}\right)^2 N^2 = 0 \tag{14.4-3}$$

式中，N_{Ey}为绕截面弱轴y弯曲的欧拉临界力；N_z为扭转屈曲临界力，按公式（14.2-5）计算；e为偏心率，$e = M/N$；i_0为极回转半径，$i_0 = [(I_x + I_y)/A]^{1/2} = (i_x^2 + i_y^2)^{1/2}$。

双轴对称工字形截面简支梁纯弯曲时的临界弯矩可改写为（见前面公式14.3-1)

$$M_{cr} = i_0\sqrt{N_{Ey} \cdot N_z} \tag{14.4-4}$$

代入式（14.4-3），并取$M = N \cdot e$，得：

$$\left(1 - \frac{N}{N_{Ey}}\right)\left(1 - \frac{N}{N_z}\right) - \left(\frac{M}{M_{cr}}\right)^2 = 0 \tag{14.4-5}$$

给出 N_z/N_{Ey} 的不同值，可绘出（N/N_{Ey}）－（M/M_{cr}）的相关曲线，如图 14.4-2 所示。因一般情况下 $N_z>N_{Ey}$，因而该相关曲线均为向外凸。如采用直线式

$$\frac{N}{N_{Ey}}+\frac{M}{M_{cr}}=1 \tag{14.4-6}$$

代替式（14.4-5），显然是偏安全的。

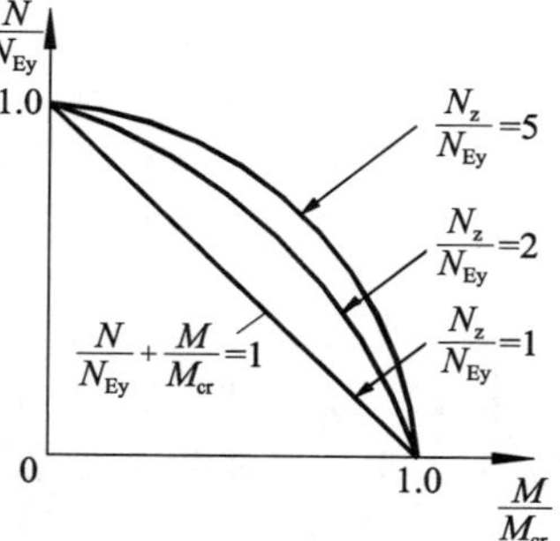

图 14.4-2　侧扭屈曲时的相关曲线

3. 格构式单向压弯构件的稳定性

（1）弯矩绕截面实轴作用的格构式压弯构件

此时，在弯矩作用平面内和平面外的构件稳定性计算与实腹式构件相同，但在计算弯矩作用平面外（如图 14.4-5 所示绕截面虚轴 x 弯曲）的稳定性时，轴心受压构件的稳定系数 φ_x 应按换算长细比 λ_{0x} 确定，并取均匀弯曲的受弯构件整体稳定系数 $\varphi_b=1.0$（见后面公式 14.4-10）。

（2）弯矩绕截面虚轴作用的格构式压弯构件

设计规范 GB 50017 对弯矩作用平面内（绕截面虚轴 x 轴）的稳定采用考虑初始缺陷的边缘纤维屈服准则作为计算依据，计算公式见（14.4-2）。

14.4.3　规范公式

1. 实腹式单向压弯构件

（1）弯矩作用平面内的稳定性

弯矩作用在对称轴平面内（绕 x 轴）的实腹式单向压弯构件，其弯矩作用平面内的稳定性应按下式计算：

$$\frac{N}{\varphi_x A}+\frac{\beta_{mx}M_x}{\gamma_x W_{1x}\left(1-0.8\frac{N}{N'_{Ex}}\right)}\leqslant f \tag{14.4-7}$$

γ_x 为对 x 轴的截面塑性发展系数，工字形截面和箱形截面均取 $\gamma_x=1.05$，其他截面的 γ_x 值应按规范表 5.2.1 采用。当压弯构件受压翼缘的自由外伸宽度与其厚度之比大于 13 $(235/f_y)^{1/2}$ 而不超过 15 $(235/f_y)^{1/2}$ 时，应取 $\gamma_x=1.0$。

规范对公式（14.4-7）中等效弯矩系数 β_{mx} 的取值区分下列 4 种情况：

1）悬臂构件和分析内力未考虑二阶效应的无支撑框架和弱支撑框架柱，取 $\beta_{mx}=1.0$；

2）两端支承的构件（包括不属于第 1 种情况所指的框架柱，下均同）当构件上无横向荷载作用时，取

$$\beta_{mx}=0.65+0.35\frac{M_2}{M_1} \tag{14.4-8}$$

式中的端弯矩 $|M_1|\geqslant|M_2|$，M_1 和 M_2 使构件产生同向曲率时取同号，使构件产生反向曲率时取异号，如图 14.4-3 所示。

3）两端支承的构件在端弯矩和横向荷载同时作用时

使构件产生同向曲率 $\beta_{mx}=1.0$

使构件产生反向曲率 $\beta_{mx}=0.85$

4）两端支承的构件无端弯矩而只有横向荷载作用时，$\beta_{mx}=1.0$。

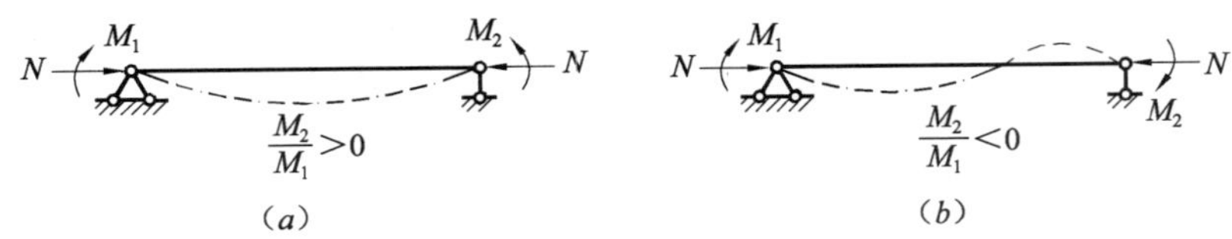

图 14.4-3　端弯矩 M_1 和 M_2 的符号

(a) 构件产生同向曲率；(b) 构件产生反向曲率

【说明】　比较公式（14.4-7）和上述边缘纤维屈服准则公式（14.4-2），差别有两处：一是以 $\gamma_x W_{1x}$ 代替先前的 W_{1x}，这是因为公式（14.4-2）只是限于弹性工作阶段，而公式（14.4-7）容许在截面上局部发展塑性变形；二是公式第二项分母中用常数 0.8 代替先前的参变数 φ_x，0.8 是一个经验的修正系数，按极限荷载理论的结果校核得到。

对如图 14.4-4 所示三种形状的单轴对称截面压弯构件，当弯矩作用在对称轴平面内且使翼缘受压时，除按上述公式（14.4-7）计算外，还应按下式计算

$$\left|\frac{N}{A}-\frac{\beta_{mx}M_x}{\gamma_{x2}W_{2x}\left(1-1.25\dfrac{N}{N'_{Ex}}\right)}\right|\leqslant f \tag{14.4-9}$$

式中，γ_{x2}、W_{2x} 为对无翼缘端的截面塑性发展系数和毛截面模量。

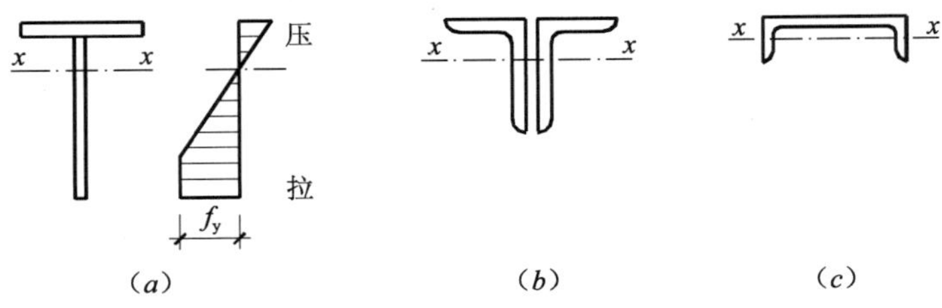

图 14.4-4　T 形截面和槽形截面

（2）弯矩作用平面外的稳定性

应按下式计算：

$$\frac{N}{\varphi_y A}+\eta\frac{\beta_{tx}M_x}{\varphi_b W_{1x}}\leqslant f \tag{14.4-10}$$

式中，φ_y 为弯矩作用平面外的轴心受压构件稳定系数，当为单轴对称截面时，φ_y 值应按计及扭转效应的换算长细比 λ_{yz} 查取；φ_b 为均匀弯曲时的受弯构件整体稳定系数：对闭口截面 $\varphi_b=1.0$，对工字形截面和 T 形截面可按下列 φ_b 的近似公式（14.4-11）～公式（14.4-15）计算；η 是截面影响系数，闭口截面 $\eta=0.7$，其他截面 $\eta=1.0$；M_x 为所计算构件段范围内的最大弯矩设计值。

公式（14.4-10）中等效弯矩系数 β_{tx} 的取值，对弯矩作用平面外为悬臂的构件，取 $\beta_{tx}=1.0$；对在弯矩作用平面外有侧向支承的构件，应根据两相邻侧向支承点间构件段内的荷载和内力情况确定，具体规定与 β_{mx} 的相同，此处不赘述。

（3）用于压弯构件平面外稳定计算的受弯构件整体稳定性系数 φ_b 的近似公式

1）工字形截面

双轴对称时（含 H 型钢）

$$\varphi_b=1.07-\frac{\lambda_y^2}{44000}\cdot\frac{f_y}{235} \tag{14.4-11}$$

单轴对称时

$$\varphi_b=1.07-\frac{W_x}{(2\alpha_b+0.1)Ah}\cdot\frac{\lambda_y^2}{14000}\cdot\frac{f_y}{235} \tag{14.4-12}$$

式中，$\alpha_b=I_1/(I_1+I_2)$，I_1 和 I_2 分别为受压翼缘和受拉翼缘对 y 轴的惯性矩。

当按式（14.4-11）和公式（14.4-12）算得的 $\varphi_b>1.0$ 时，取 $\varphi_b=1.0$。

2）T 形截面（弯矩作用在对称轴平面，绕 x 轴）

① 弯矩使翼缘受压时

双角钢 T 形截面

$$\varphi_b=1-0.0017\lambda_y\sqrt{\frac{f_y}{235}} \tag{14.4-13}$$

两钢板焊接而成的 T 形截面和剖分 T 型钢

$$\varphi_b=1-0.0022\lambda_y\sqrt{\frac{f_y}{235}} \tag{14.4-14}$$

② 弯矩使翼缘受拉且腹板宽厚比不大于 $18\sqrt{\frac{235}{f_y}}$ 时

$$\varphi_b=1-0.0005\lambda_y\sqrt{\frac{f_y}{235}} \tag{14.4-15}$$

所有按上述公式求得的 $\varphi_b>0.6$ 时，都不必按第 14.3 节中的公式（14.3-11）换算成 $\varphi_b{}'$（因在导出上述公式时，已考虑这种换算，这里的 φ_b 实际已是 $\varphi_b{}'$）。

【说明】　(1) 以 $N_{Ey}=\varphi_y Af_y$、$M_{cr}=\varphi_b W_{1x}f_y$ 和考虑实际荷载情况不一定都是均匀弯曲引入侧扭屈曲时的等效弯矩系数 β_{tx}，代入式（14.4-6），并把 f_y 改为 f、N 和 M 取设计值，即得上述弯矩作用平面外的稳定性计算公式（14.4-10）。

(2) 公式（14.4-10）虽然导自理想双轴对称截面的弹性侧扭屈曲，但理论分析和试验结果都证实此公式可用于弹塑性工作和单轴对称截面❶。

2. 实腹式双向压弯构件

规范中对弯矩作用在两个主平面内的双轴对称实腹式工字形（含 H 形）和箱形（闭口）截面的压弯构件，规定其稳定性应按下列两公式计算：

$$\frac{N}{\varphi_x A}+\frac{\beta_{mx}M_x}{\gamma_x W_x\left(1-0.8\frac{N}{N'_{Ex}}\right)}+\eta\frac{\beta_{ty}M_y}{\varphi_{by}W_y}\leqslant f \tag{14.4-16}$$

$$\frac{N}{\varphi_y A}+\eta\frac{\beta_{tx}M_x}{\varphi_{bx}W_x}+\frac{\beta_{my}M_y}{\gamma_y W_y\left(1-0.8\frac{N}{N'_{Ey}}\right)}\leqslant f \tag{14.4-17}$$

式中，φ_{bx} 和 φ_{by} 分别为受弯构件对 x 轴和 y 轴均匀弯曲时的整体稳定性系数：对工字形（含 H 形）截面的非悬臂（悬伸）构件，φ_{bx} 可按公式（14.4-11）计算，φ_{by} 可取 1.0；对箱形（闭口）截面，取 $\varphi_{bx}=\varphi_{by}=1.0$。公式（14.4-16）和公式（14.4-17）中其他符号的

---

❶　陈绍蕃。偏心压杆弯扭屈曲的相关公式。(全国钢结构标准技术委员会。钢结构研究论文报告选集：第一册，第 24～38 页)。

意义只需注意其下角标中的 x 和 y（角标 x 为对截面强轴 x 轴，角标 y 为对截面弱轴 y 轴），取值规定同前。

公式（14.4-16）和公式（14.4-17）是理论计算和试验资料证明可用于实际设计的经验公式。

3. 弯矩绕虚轴作用的格构式压弯构件

规范考虑到格构式压弯构件当绕其虚轴 x 轴弯曲时，由于空腹和分肢壁厚较小，不宜在分肢腹板上沿壁厚发展塑性变形，故规定其弯矩作用平面内的稳定性应按式（14.4-2）计算，即

$$\frac{N}{\varphi_x A}+\frac{\beta_{mx}M_x}{W_{1x}\left(1-\varphi_x\frac{N}{N'_{Ex}}\right)}\leqslant f \tag{14.4-2}$$

式中，$W_{1x}=I_x/y_c$，I_x 为截面对 x 轴的毛截面抵抗矩；y_c 为由 x 轴到压力较大分肢的轴线距离或到压力较大分肢腹板外边缘的距离，两者中取其较大者，参阅图 14.4-5；φ_x 和 N'_{Ex}应由换算长细比 λ_{0x}确定。

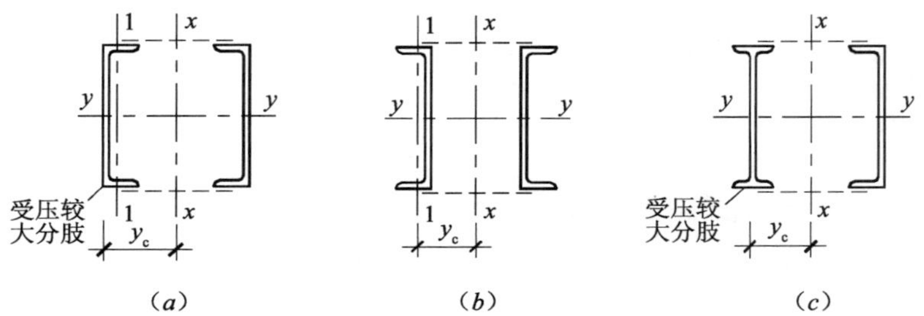

图 14.4-5　格构式压弯构件截面中 $W_{1x}=I_x/y_c$ 的 y_c 取值

格构式压弯构件的两分肢受力不等时，受压较大分肢上的平均应力大于整个截面的平均应力，还需对分肢进行稳定性验算。只要受压较大分肢在其两个主轴方向的稳定性得到满足，整个构件在弯矩作用平面外的稳定性也可得到保证，就不必再验算构件在弯矩作用平面外的整体稳定性。

验算分肢稳定性时，分肢的轴心压力应按桁架中的弦杆计算；对缀板连接的分肢，除轴心压力外还应考虑由剪力引起的局部弯矩，该剪力应取构件的实际最大剪力和按下式算出的剪力两者中的较大值[14.1]：

$$V=\frac{Af}{85}\sqrt{\frac{f_y}{235}} \tag{14.4-18}$$

式中，A 为构件的毛截面面积（即各分肢的毛截面面积之和）。

14.4.4 算例

【例题 14-4】　图 14.4-6 示某屋架上弦杆，杆长 $l=3$m，两端铰接，跨中设有一个侧向支承点。上弦采用不等边角钢 2∟90×56×5 组成的 T 形截面（长边相并）：面积 $A=14.424\text{cm}^2$，回转半径 $i_x=2.90$cm、$i_y=2.44$cm，截面模量 $W_{1x}=W_{xmax}=41.54\text{cm}^3$、$W_{2x}=W_{xmix}=19.84\text{cm}^3$，自重 $g_k=0.111$kN/m。承受的荷载设计值为：轴心压力 $N=$

74kN，均布线荷载 q=3.3kN/m。材料用 Q235B 钢。试验算该上弦杆的整体稳定性。

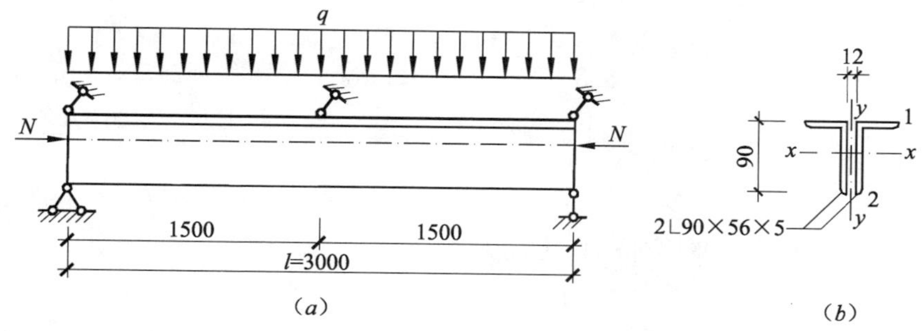

图 14.4-6 长边相并的双角钢 T 形截面压弯构件

(a) 构件受力及支承情况；(b) 截面尺寸

【解】 计算长度 $l_{0x}=l=3\text{m}$，$l_{0y}=l/2=1.5\text{m}$

双角钢 T 形截面杆件对 x 轴屈曲和对 y 轴屈曲均属 b 类截面（见“14.2.3 规范公式”之“2. 截面类别”，或规范表 5.1.2-1）。

杆件无端弯矩但承受横向均布荷载作用，弯矩作用平面内、外的等效弯矩系数为：$\beta_{mx}=\beta_{tx}=1.0$。

截面塑性发展系数（规范表 5.2.1）：$\gamma_{x1}=1.05$，$\gamma_{x2}=1.20$。

最大弯矩设计值为（计入角钢自重影响）

$$M_x=\frac{1}{8}(1.2g_k+q)l^2=\frac{1}{8}\times(1.2\times0.111+3.3)\times3^2=3.86\text{kN}\cdot\text{m}$$

式中 g_k 前面的系数 1.2 是永久荷载分项系数[14.7]。

(1) 杆件在弯矩作用平面内的稳定性验算

因杆件截面单轴对称、横向荷载 q 产生的弯矩作用在对称轴 y 轴平面内且使较大翼缘——角钢水平边 1 受压（图 14.4-6b），故弯矩作用平面内的稳定性应按照下列两种情况计算：

1) 对角钢水平边 1

$$\frac{N}{\varphi_x A}+\frac{\beta_{mx}M_x}{\gamma_{x1}W_{1x}\left(1-0.8\dfrac{N}{N'_{Ex}}\right)}\leqslant f(=215\text{N/mm}^2)$$ 见 (14.4-7)

2) 对角钢竖直边 2

$$\left|\frac{N}{A}-\frac{\beta_{mx}M_x}{\gamma_{x2}W_{2x}\left(1-1.25\dfrac{N}{N'_{Ex}}\right)}\right|\leqslant f(=215\text{N/mm}^2)$$ 见 (14.4-9)

今
$$\lambda_x=\frac{l_{0x}}{i_x}=\frac{300}{2.90}=103.4$$

$\varphi_x=0.533$（按公式 14.2-24 计算或由规范附录 C 表 C-2 查取）

$$N'_{Ex}=\frac{\pi^2EA}{1.1\lambda_x^2}=\frac{\pi^2\times206\times10^3\times14.424\times10^2}{1.1\times103.4^2}\times10^{-3}=249.4\text{kN}$$

$$\frac{N}{N'_{Ex}}=\frac{74}{249.4}=0.2967$$

$$\frac{N}{\varphi_{x}A}+\frac{\beta_{mx}M_{x}}{\gamma_{x1}W_{1x}\left(1-0.8\frac{N}{N'_{Ex}}\right)}=\frac{74\times10^{3}}{0.533\times14.424\times10^{2}}+\frac{1.0\times3.86\times10^{6}}{1.05\times41.54\times10^{3}(1-0.8\times0.2967)}$$

$$=96.3+116.0=212.3\text{N/mm}^{2}<f=215\text{N/mm}^{2}\text{，可}$$

$$\left|\frac{N}{A}-\frac{\beta_{mx}M_{x}}{\gamma_{x2}W_{2x}(1-1.25N/N'_{Ex})}\right|=\left|\frac{74\times10^{3}}{14.424\times10^{2}}-\frac{1.0\times3.86\times10^{6}}{1.20\times19.84\times10^{3}(1-1.25\times0.2967)}\right|$$

$$=|51.3-257.7|=206.4\text{N/mm}^{2}<f=215\text{N/mm}^{2}\text{，可}$$

（2）杆件在弯矩作用平面外的稳定性验算

因杆件截面单轴对称，弯矩作用平面外稳定性验算公式（14.4-10）中的轴心受压构件稳定系数 φ_y 应计及扭转效应的不利影响。计算如下（见图 14.2-5c 和公式 14.2-16）：

$$\lambda_{y}=\frac{l_{0y}}{i_{y}}=\frac{150}{2.44}=61.5$$

$$\frac{b_{2}}{t}=\frac{56}{5}=11.2$$

$$0.48\left(\frac{l_{0y}}{b_{2}}\right)=0.48\times\frac{1500}{56}=12.9$$

$$\frac{b_{2}}{t}<0.48\left(\frac{l_{0y}}{b_{2}}\right)$$

故绕对称轴 y 计及扭转效应的换算长细比为（公式 14.2-16a）

$$\lambda_{yz}=\lambda_{y}\left(1+\frac{1.09b_{2}^{4}}{l_{0y}^{2}t^{2}}\right)=61.5\times\left(1+\frac{1.09\times56^{4}}{1500^{2}\times5^{2}}\right)=61.5\times1.19=73.2$$

由 $\lambda_{yz}=73.2$ 得 $\varphi_y=0.731$。

受弯构件整体稳定系数近似值为（公式 14.4-13）

$$\varphi_{b}=1-0.0017\lambda_{y}\sqrt{\frac{f_{y}}{235}}=1-0.0017\times61.5\times1.0=0.895$$

$$\frac{N}{\varphi_{y}A}+\eta\frac{\beta_{tx}M_{x}}{\varphi_{b}W_{1x}}=\frac{74\times10^{3}}{0.731\times14.424\times10^{2}}+1.0\times\frac{1.0\times3.86\times10^{6}}{0.895\times41.54\times10^{3}}$$

$$=70.2+103.8=174.0\text{N/mm}^{2}<f=215\text{N/mm}^{2}\text{，可}$$

综上，杆件的整体稳定性满足要求。

【例题 14-5】 图 14.4-7 示一单向压弯格构式双肢缀板柱，在弯矩作用平面内柱有侧移，其计算长度 $l_{0x}=16.8$m❶；弯矩作用平面外两端有支承，其计算长度为 $l_{0y}=6$m。分肢截面为热轧普通工字钢 2I36a，材料为 Q235B 钢。承受的静力荷载设计值为：轴心压力 $N=1180$kN，弯矩 $M_x=130$kN·m，剪力 $V=22$kN。试验算该缀板柱的稳定性。已知一个热轧普通工字钢 I36a 的截面几何特性为：$A_1=76.48\text{cm}^2$，对强轴即柱截面实轴 y 轴的回转半径 $i_{y1}=14.4$cm，对最小刚度轴 1-1（图 14.4-7b）的惯性矩 I_1、截面模量 W_1 和回转半径 i_1 分别为 $I_1=552\text{cm}^4$、$W_1=81.2\text{cm}^3$ 和 $i_1=2.69$cm；腹板厚 $t_w=10$mm，翼缘宽 $b_1=136$mm、厚 $t=15.8$mm。缀板的截面尺寸如图中所示：高 240mm，厚 10mm。

❶ 构件两端有相对侧移时的计算长度应按规范 5.3.3 条或 5.3.4 条计算，本例题中数字由此而来．

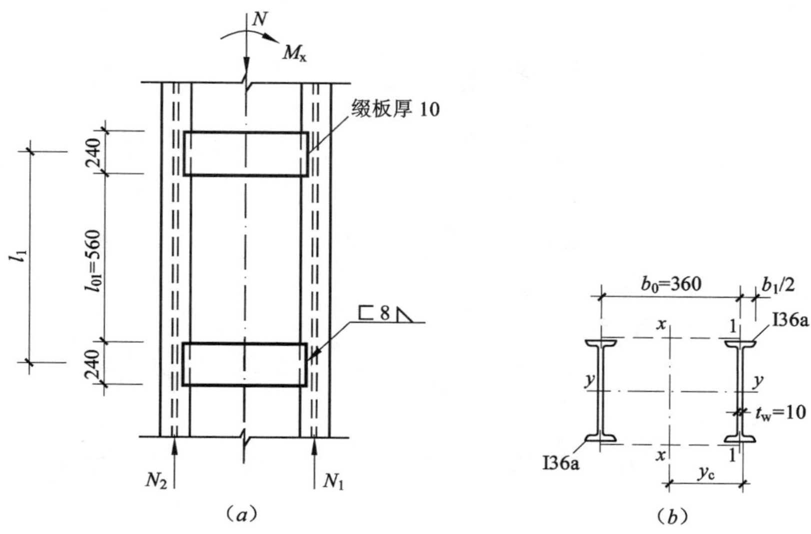

图 14.4-7　单向压弯格构式双肢缀板柱

【解】　分肢翼缘厚度 $t=15.8\text{mm}<16\text{mm}$，按表 14.2-2，钢材的抗压强度设计值 $f=215\text{N/mm}^2$。

(1) 柱截面几何特性计算（图 14.4-7b）

截面积　　$A=2A_1=2\times76.48=152.96\text{cm}^2$

惯性矩

$$I_x=2\left[I_1+A_1\left(\frac{b_0}{2}\right)^2\right]=2\left[552+76.48\times\left(\frac{36}{2}\right)^2\right]=50663\text{cm}^4$$

回转半径　　$i_x=\sqrt{\frac{I_x}{A}}=\sqrt{\frac{50663}{152.96}}=18.20\text{cm}$

截面模量（用于稳定验算）

$$W_{1x}=\frac{I_x}{y_c}=\frac{I_x}{\frac{(b_0+t_w)}{2}}=\frac{50663}{\frac{(36+1)}{2}}=2739\text{cm}^3$$

(2) 柱的稳定性验算

弯矩绕虚轴 x 作用的格构式压弯构件，除应按公式（14.4-2）计算弯矩作用平面内的整体稳定性外，还需对分肢进行稳定性验算。整个构件在弯矩作用平面外的稳定性不必验算。

1) 弯矩作用平面内的整体稳定性

分肢对最小刚度轴 1-1 的计算长度 l_{01} 和长细比 λ_1 分别为（图 14.4-7a）

$$l_{01}=56\text{cm} \text{ 和 } \lambda_1=\frac{l_{01}}{i_1}=\frac{56}{2.69}=20.8$$

柱对截面虚轴 x 轴的长细比 λ_x 和换算长细比 λ_{0x} 分别为

$$\lambda_x=\frac{l_{0x}}{i_x}=\frac{16.8\times10^2}{18.20}=92.3 \text{ 和 } \lambda_{0x}=\sqrt{\lambda_x^2+\lambda_1^2}=\sqrt{92.3^2+20.8^2}=94.6$$

由 $\lambda_{0x}=94.6$ 得 $\varphi_x=0.590$

欧拉临界力设计值

$$N'_{Ex}=\frac{\pi^2 EA}{1.1\lambda_{0x}^2}=\frac{\pi^2\times 206\times 10^3\times 152.96\times 10^2}{1.1\times 94.6^2}\times 10^{-3}=3159\text{kN}$$

$$\varphi_x\frac{N}{N'_{Ex}}=0.590\times\frac{1180}{3159}=0.2204$$

等效弯矩系数 $\beta_{mx}=1.0$（有侧移时）

弯矩作用平面内的整体稳定性（公式 14.4-2）

$$\frac{N}{\varphi_x A}+\frac{\beta_{mx}M_x}{W_{1x}\left(1-\varphi_x\dfrac{N}{N'_{Ex}}\right)}=\frac{1180\times 10^3}{0.590\times 152.96\times 10^2}+\frac{1.0\times 130\times 10^6}{2739\times 10^3(1-0.2204)}$$

$$=191.6\text{N/mm}^2<f=215\text{N/mm}^2\text{，可}$$

2）分肢的稳定性

格构式单向压弯缀板柱分肢的稳定性，应按弯矩绕分肢最小刚度轴 1-1 作用的实腹式单向压弯构件计算。

① 分肢内力

分肢承受的轴心压力（图 14.4-7）

$$N_1=\frac{N}{2}+\frac{M_x}{b_0}=\frac{1180}{2}+\frac{130\times 10^2}{36}=951.1\text{kN}$$

分肢承受的弯矩 M_1 由剪力 V 引起，按多层刚架计算。计算时假定在剪力作用下各反弯点分别位于横梁（缀板）和柱（分肢）的中央，如图 14.4-8（a）示。

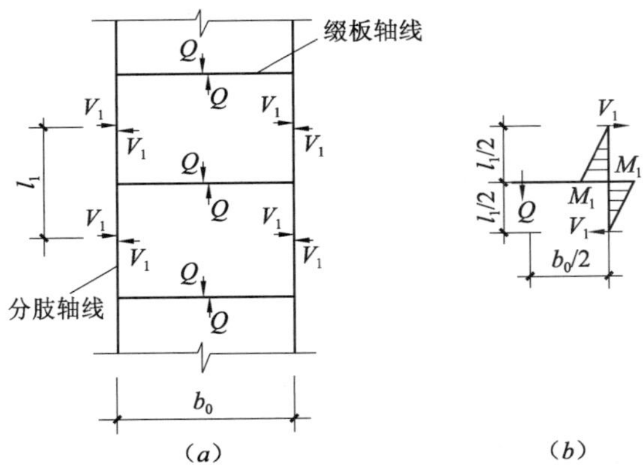

图 14.4-8　分肢承受的弯矩 M_1 计算简图

柱子的计算剪力，按公式（14.4-18）

$$V=\frac{Af}{85}\sqrt{\frac{f_y}{235}}=\frac{152.96\times 10^2\times 215}{85}\sqrt{\frac{235}{235}}\times 10^{-3}=38.7\text{kN}>V=22\text{kN}(\text{柱的实际剪力})$$

因此，取 $V=38.7$kN 计算分肢承受的弯矩 M_1（图 14.4-8）：

每个分肢承担的剪力 $V_1=V/2=38.7/2=19.3$kN，得

$$M_1=V_1\cdot\frac{l_1}{2}=19.35\times\frac{(560+240)\times 10^{-3}}{2}=7.74\text{kN}\cdot\text{m}$$

式中 l_1 为相邻两缀板轴线间距离（图 14.4-7a）。

② 分肢在弯矩作用平面内的稳定性

应满足公式（14.4-7）的要求，即

$$\frac{N_1}{\varphi_1 A_1}+\frac{\beta_{m1} M_1}{\gamma_1 W_1\left(1-0.8\dfrac{N}{N'_{E1}}\right)}\leqslant f=215\text{N/mm}^2$$

今 $\lambda_1=20.8$，得 $\varphi_1=0.968$（b 类截面）

欧拉临界力设计值

$$N'_{E1}=\frac{\pi^2 EA_1}{1.1\lambda_1^2}=\frac{\pi^2\times 206\times 10^3\times 76.48\times 10^2}{1.1\times 20.8^2}\times 10^{-3}=32673\text{kN}$$

$$N/N'_{E1}=951.1/32673=0.0291$$

截面塑性发展系数 $\gamma_1=1.20$（规范 5.2.1）

等效弯矩系数取有侧移时的 $\beta_{m1}=1.0$

$$\frac{N_1}{\varphi_1 A_1}+\frac{\beta_{m1} M_1}{\gamma_1 W_1\left(1-0.8\dfrac{N}{N'_{E1}}\right)}=\frac{951.1\times 10^3}{0.968\times 76.48\times 10^2}+\frac{1.0\times 7.74\times 10^6}{1.20\times 81.2\times 10^3\times(1-0.8\times 0.0291)}$$

$$=209.8\text{N/mm}^2<f=215\text{N/mm}^2\text{，可}$$

③ 分肢在弯矩作用平面外的稳定性

应满足公式（14.4-10）的要求，即

$$\frac{N_1}{\varphi_{y1} A_1}+\eta\frac{\beta_{t1} M_1}{\varphi_b W_1}\leqslant f=215\text{N/mm}^2$$

今 $\lambda_{y1}=\dfrac{l_{0y}}{i_{y1}}=\dfrac{6\times 10^2}{14.4}=41.7$，$\varphi_{y1}=0.938$（a 类截面）

等效弯矩系数近似取 $\beta_{t1}=0.85$（规范第 48 页，第 5.2.2 条 2 中 β_{tx}取值之②）

受弯构件整体稳定系数（对工字形截面、弯矩绕弱轴作用时，按规范第 5.2.5 条）$\varphi_b=1.0$

$$\frac{N_1}{\varphi_{y1} A_1}+\eta\frac{\beta_{t1} M_1}{\varphi_b W_1}=\frac{951.1\times 10^3}{0.938\times 76.48\times 10^2}+1.0\times\frac{0.85\times 7.74\times 10^6}{1.0\times 81.2\times 10^3}$$

$$=213.6\text{N/mm}^2<f=215\text{N/mm}^2\text{，可}$$

（3）缀板刚度验算

同一截面处缀板的线刚度之和为（图 14.4-7）

$$K_b=\frac{I_b}{b_0}=\frac{2\times\dfrac{1}{12}t_b d_b^3}{b_0}=\frac{2\times\dfrac{1}{12}\times 1\times 24^3}{36}=64.0\text{cm}^3$$

柱子较大分肢的线刚度为

$$K_1=\frac{I_1}{l_1}=\frac{552}{80}=6.9\text{cm}^3$$

式中相邻两缀板轴线间距离 $l_1=l_{01}+d_b=56+24=80\text{cm}$。

$$\frac{K_b}{K_1}=\frac{64.0}{6.9}=9.3>6\text{，缀板刚度满足要求}$$

综上，该柱的稳定性满足规范要求。

14.5 板　　件

14.5.1 局部稳定性

上述钢结构的三类基本构件（压杆、梁和压弯构件），都可视为是由若干薄而狭长的矩形钢板（或简称“板件”）组成的。钢构件除需验算整体稳定性外，通常还需保证组成构件的板件在整体构件失去稳定性前不会发生出平面的鼓曲现象——失去局部稳定性，即还需计算其组成板件的局部稳定性。

根据板件的受力性质，我国规范采用不同的措施来保证其局部稳定性：对主要承受压应力的压杆、压弯构件的组成板件和梁的受压翼缘板，采用限制其宽（高）厚比来保证；对承受剪应力、弯曲应力、局部压应力或几种应力共同作用下的梁的腹板，可通过设置各种加劲肋来保证。但当梁为承受静力荷载或间接承受动力荷载的工字形截面焊接组合梁（简称焊接工字梁）时，宜考虑腹板屈曲后强度，按规范第 4.4 节的规定计算其抗弯和抗剪承载力。限于篇幅，本章对板梁考虑腹板屈曲后强度的承载力计算不作进一步的介绍，读者可参阅参考文献［14.5］或文献［14.8］。

我国规范中规定的板件容许宽（高）厚比，是依据以下两条原则制定的：(1) 等稳定原则——使板件的屈曲临界应力不小于构件整体屈曲的临界应力；(2) 等强度原则——使板件的屈曲临界应力等于钢材的屈服强度。

梁的腹板加劲肋设置，由腹板的高厚比、受压边缘约束情况、受力特点和屈曲条件等确定。

14.5.2 理想情况下的屈曲临界应力

1. 均匀受力的板件

轴心受压构件的组成板件均匀受压（图 14.1-2a），梁和压弯构件的受压翼缘板近似均匀受压，梁的腹板承受均布剪应力（图 14.1-2b）、均匀弯曲应力（图 14.1-2c）、局部压应力（图 14.1-2d）或这几种应力的共同作用。本章中把这些板件统称为均匀受力的板件。

(1) 弹性屈曲临界应力

单一应力作用下均匀受力板件的弹性屈曲临界应力可用下式统一表达❶

$$\sigma_{cr}=\chi\cdot\frac{K\pi^2E}{12(1-\nu^2)}\left(\frac{t}{b}\right)^2=18.6\chi K\left(\frac{100t}{b}\right)^2 \tag{14.5-1}$$

式中，χ 为不小于 1.0 的系数，常称为嵌固系数，用以考虑相邻板件提供的约束作用；K 是板件支承边为简支时的屈曲系数，与板件的受力、尺寸等有关；b 为板件受力边的宽

❶ 对工字形截面的梁和压弯构件，规范在确定按弹性设计的受压翼缘板自由外伸宽度 b' 与其厚度 t 之比的容许值时，为考虑残余应力等初始缺陷的不利影响，对公式（14.5-1）中的弹性模量 E 采用了修正系数，取修正系数为 2/3（见参考文献［14.4］第 288 页和第 351 页）。

（高）度，对翼缘板取自由外伸宽度 b'，对腹板取计算高度 $h_0$❶；t 为板件厚度，对腹板为 t_w。式中取钢材的弹性模量 $E=2.06\times10^5\mathrm{N/mm^2}$、泊松比 $\nu=0.3$ 和圆周率 $\pi=3.14$。规范中采用的 χ 和 K 值，见表 14.5-1。

板件的嵌固系数 χ 与屈曲系数 K　　　　**表 14.5-1**

<table>
<tr><th colspan="2">名　　称</th><th>嵌固系数 χ</th><th>屈曲系数 K</th></tr>
<tr><td rowspan="2">轴心受压构件</td><td>翼缘</td><td>1.0</td><td>0.425</td></tr>
<tr><td>腹板</td><td>工字形截面：$\chi=1.3$；箱形截面：$\chi=1.0$</td><td>4.0</td></tr>
<tr><td rowspan="4">梁</td><td>受压翼缘</td><td>1.0</td><td>0.425</td></tr>
<tr><td rowspan="3">腹板</td><td>均布剪应力（图 14.1-2b）：$\chi=1.23$</td><td>$K=\begin{cases}4+5.34\left(\dfrac{h_0}{a}\right)^2, & \dfrac{a}{h_0}\leqslant1.0\\ 5.34+4\left(\dfrac{h_0}{a}\right)^2, & \dfrac{a}{h_0}>1.0\end{cases}$</td></tr>
<tr><td>均匀弯曲应力（图 14.1-2c）：
（1）受压翼缘的扭转变形受到约束时 $\chi=1.66$，
（2）受压翼缘的扭转变形未受到约束时 $\chi=1.23$</td><td>23.9</td></tr>
<tr><td>局部压应力：$\chi=1.81-0.255\dfrac{h_0}{a}$</td><td>$K=\begin{cases}\left(7.4+4.5\dfrac{h_0}{a}\right)\dfrac{h_0}{a}, & 0.5\leqslant\dfrac{a}{h_0}\leqslant1.5\\ \left(11-0.9\dfrac{h_0}{a}\right)\dfrac{h_0}{a}, & 1.5<\dfrac{a}{h_0}\leqslant2.0\end{cases}$</td></tr>
<tr><td colspan="2">压弯构件受压翼缘</td><td colspan="2">与梁的受压翼缘相同</td></tr>
</table>

注：翼缘板为三边支承一边自由的矩形板。

（2）弹塑性屈曲临界应力

轴心受压构件组成板件的弹塑性屈曲临界应力为

$$\sigma_{cr}=18.6\chi K\sqrt{\eta}\left(\frac{100t}{b}\right)^2 \tag{14.5-2}$$

式中，η 为弹性模量的折减系数，当板件所受纵向平均压应力 σ 小于钢材的比例极限 f_p 时，板件处于弹性工作阶段，$\eta=1.0$，此时公式（14.5-2）转化为公式（14.5-1）；当 $\sigma\geqslant f_p$ 时，板件纵向进入弹塑性工作阶段，规范根据轴心受压构件局部稳定的试验资料，取 η 与轴心受压构件的长细比 λ 和钢材的 f_y/E 有关，即❷

$$\eta=0.1013\lambda^2\left(1-0.0248\lambda^2\frac{f_y}{E}\right)\frac{f_y}{E} \tag{14.5-3}$$

梁和压弯构件的受压翼缘板发生弹塑性屈曲的临界应力可表达为

$$\sigma_{cr}=\chi\cdot\frac{K\pi^2(0.5E)}{12(1-\nu^2)}\left(\frac{t}{b}\right)^2=9.3K\left(\frac{100t}{b}\right)^2 \tag{14.5-4}$$

式中，嵌固系数 $\chi=1.0$（见表 14.5-1）；弹性模量 E 前面的数字 0.5，是综合考虑残余应力等初始缺陷和截面上塑性变形发展的影响而采用的修正系数[14.4]。

2. 非均匀受力的板件

（1）受力状态与弹性屈曲临界条件

❶ 翼缘板自由外伸宽度 b' 的取值为：对焊接构件，取腹板边至翼缘板（肢）边缘的距离；对轧制构件，取内圆弧起点至翼缘板（肢）边缘的距离。腹板计算高度 h_0 的取值为：对焊接构件，取腹板高度；对轧制构件，取腹板与上、下翼缘相接处两圆弧起点（腹板上）之间的距离。

❷ 何保康。轴心压杆局部稳定试验研究。西安冶金建筑学院学报，1985，1：20～28。

压弯构件的腹板为非均匀受力板件，纵向承受以压为主的非均布正应力 σ，四周承受均布剪应力 τ，如图 14.5-1 所示。在 σ 和 τ 的联合作用下腹板弹性屈曲的临界条件为

$$\left(\frac{\tau}{\tau_0}\right)^2+\left[1-\left(\frac{\alpha_0}{2}\right)^5\right]\frac{\sigma}{\sigma_0}+\left(\frac{\alpha_0}{2}\right)^5\left(\frac{\sigma}{\sigma_0}\right)^2=1 \tag{14.5-5}$$

式中，σ、τ 分别为腹板计算高度边缘所受的最大压应力（$\sigma=\sigma_{max}$，计算时不考虑构件的稳定系数和截面塑性发展系数）和均布剪应力；σ_0、τ_0 分别为非均布正应力或剪应力单独作用时的屈曲临界应力；α_0 为腹板所受正应力的应力梯度，即

$$\alpha_0=\frac{\sigma_{max}-\sigma_{min}}{\sigma_{max}} \tag{14.5-6}$$

σ_{min}是腹板计算高度另一边缘相应的应力；σ_{max}和 σ_{min} 均以压应力为正、拉应力为负。$\alpha_0=0$ 时表示承受均布压应力（图 14.1-2*a*），$\alpha_0=2$ 时表示为均匀弯曲应力状态（图 14.1-2*c*）。

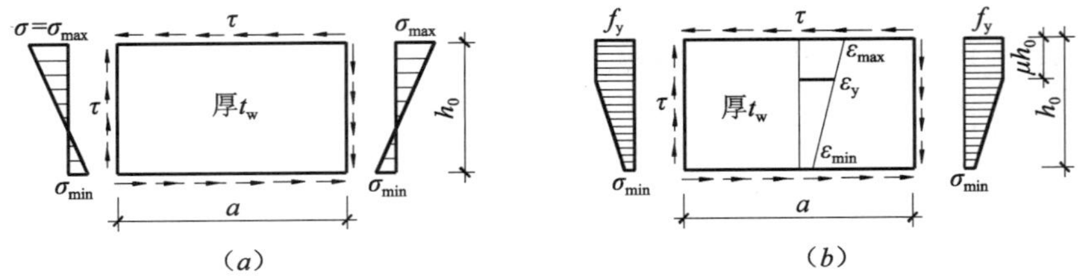

图 14.5-1　压弯构件腹板的受力状态：
（*a*）弹性阶段；（*b*）弹塑性阶段

（2）屈曲临界压应力

由公式（14.5-5）可见，压弯构件的腹板由于剪应力的存在，σ 和 τ 联合作用下的临界压应力将有所降低。设定剪应力 τ，代入式（14.5-5）可求得在 σ 和 τ 联合作用下的弹性屈曲临界压应力为

$$\sigma_{cr}=K_e\frac{\pi^2E}{12(1-\nu^2)}\left(\frac{t_w}{h_0}\right)^2=18.6K_e\left(\frac{100t_w}{h_0}\right)^2 \tag{14.5-7}$$

式中，K_e 为非均布正应力与剪应力联合作用下的弹性屈曲系数，与应力比 τ/σ 和应力梯度 α_0 有关，计算结果表明[14.5]：当 $\alpha_0\leqslant1.0$ 时，τ/σ 值的变化对弹性屈曲系数 K_e，即弹性屈曲临界压应力 σ_{cr}的影响较小。

在很多压弯构件中，腹板是在弹塑性状态屈曲的（图 14.5-1*b*），此时在 σ 和 τ 联合作用下的屈曲临界压应力可用下式表达

$$\sigma_{cr}=K_p\frac{\pi^2E}{12(1-\nu^2)}\left(\frac{t_w}{h_0}\right)^2=18.6K_p\left(\frac{100t_w}{h_0}\right)^2 \tag{14.5-8}$$

式中，K_p 为非均布正应力与剪应力联合作用下的弹塑性屈曲系数，其值取决于：应力比 τ/σ、应变梯度 $\alpha=(\varepsilon_{max}-\varepsilon_{min})/\varepsilon_{max}$和腹板边缘的最大割线模量 E_s，而割线模量 E_s 又取决于腹板的塑性变形发展深度 μh_0[14.1]。

14.5.3　规范公式

1. 受压翼缘板的容许宽厚比

对各种钢构件的受压翼缘板，规范通过限制宽厚比来保证其局部稳定性。图 14.5-2 所示工字形（H 形）截面、箱形截面和 T 形截面构件的受压翼缘板容许宽厚比见表 14.5-2。

钢构件受压翼缘板的容许宽厚比　　　　表 14.5-2

截面形式	轴心受压构件	梁、压弯构件	说明
工字形、H 形截面（图 14.5-2*a*）	$\left[\frac{b'}{t}\right]=(10+0.1\lambda)\sqrt{\frac{235}{f_y}}$	$\left[\frac{b'}{t}\right]=\begin{cases}15\sqrt{\frac{235}{f_y}}，弹性设计\\13\sqrt{\frac{235}{f_y}}，弹塑性设计\end{cases}$	轴心受压构件受压翼缘板容许宽厚比公式中的 λ 是构件两方向长细比的较大值；当 $\lambda<30$ 时，取 $\lambda=30$；当 $\lambda>100$ 时，取 $\lambda=100$
箱形截面（图 14.5-2*b*）	$\left[\frac{b_0}{t}\right]=40\sqrt{\frac{235}{f_y}}$		
T 形截面（图 14.5-2*c*）	$\left[\frac{b'}{t}\right]=(10+0.1\lambda)\sqrt{\frac{235}{f_y}}$	$\left[\frac{b'}{t}\right]=\begin{cases}15\sqrt{\frac{235}{f_y}}，弹性设计\\13\sqrt{\frac{235}{f_y}}，弹塑性设计\end{cases}$	

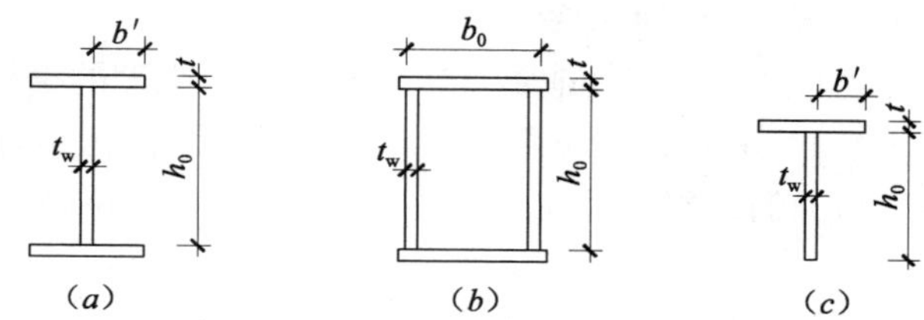

图 14.5-2　工字形（H 形）截面、箱形截面和 T 形截面

2. 受压构件腹板的容许高厚比

（1）对受压钢构件的腹板，通常通过限制高厚比来保证其局部稳定性。工字形（H 形）截面、箱形截面和 T 形截面轴心受压构件和压弯构件的腹板容许高厚比 $[h_0/t_w]$ 见表 14.5-3。

受压钢构件腹板的容许高厚比　　　　表 14.5-3

截面形式	轴心受压构件	压弯构件
工字形、H 形截面（图 14.5-2*a*）	$\left[\frac{h_0}{t_w}\right]=(25+0.5\lambda)\sqrt{\frac{235}{f_y}}$	$\left[\frac{h_0}{t_w}\right]=\begin{cases}(16\alpha_0+0.5\lambda+25)\sqrt{\frac{235}{f_y}}, & 0\leqslant\alpha_0\leqslant1.6\\(48\alpha_0+0.5\lambda-26.2)\sqrt{\frac{235}{f_y}}, & 1.6<\alpha_0\leqslant2.0\end{cases}$
箱形截面（图 14.5-2*b*）	$\left[\frac{h_0}{t_w}\right]=40\sqrt{\frac{235}{f_y}}$	取工字形、H 形截面压弯构件腹板高厚比的容许值乘以 0.8，且不小于 $40\sqrt{\frac{235}{f_y}}$
T 形截面（图 14.5-2*c*）	热轧剖分 T 型钢： $\left[\frac{h_0}{t_w}\right]=(15+0.2\lambda)\sqrt{\frac{235}{f_y}}$ 焊接 T 形钢： $\left[\frac{h_0}{t_w}\right]=(13+0.17\lambda)\sqrt{\frac{235}{f_y}}$	（1）弯矩使腹板自由边受压的压弯构件 $\left[\frac{h_0}{t_w}\right]=\begin{cases}15\sqrt{\frac{235}{f_y}}, & \alpha_0\leqslant1.0\\18\sqrt{\frac{235}{f_y}}, & \alpha_0>1.0\end{cases}$ （2）弯矩使腹板自由边受拉的压弯构件 取与 T 形截面轴心受压构件相同的腹板容许高厚比
说明	λ 是构件两方向长细比的较大值：当 $\lambda<30$ 时，取 $\lambda=30$；当 $\lambda>100$ 时，取 $\lambda=100$	λ 为构件在弯矩作用平面内的长细比：当 $\lambda<30$ 时，取 $\lambda=30$；当 $\lambda>100$ 时，取 $\lambda=100$

（2）对工字形（H形）和箱形截面受压构件的腹板，当其高厚比 h_0/t_w 超过表 14.5-3 中的容许高厚比 $[h_0/t_w]$ 时，可用纵向加劲肋加强，或在计算构件的截面强度和整体稳定性时将腹板的截面仅考虑计算高度边缘范围内两侧宽度各为 $20t_w\ (235/f_y)^{1/2}$ 的部分，即计算时翼缘板按全部截面而腹板仅考虑有效面积（图 14.5-3 中所示阴影部分腹板截面）

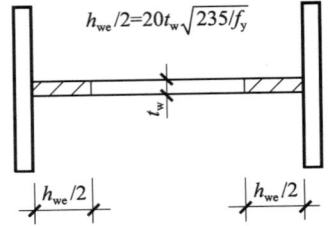

$$A_{we}=h_{we}\cdot t_w=40t_w^2\sqrt{\frac{235}{f_y}} \tag{14.5-9}$$

图 14.5-3 受压构件腹板的有效截面

但在确定稳定系数 φ 时仍用构件的全部截面。此法称为有效截面法，考虑了腹板的屈曲后强度。若按上述有效截面计算，强度和整体稳定性仍符合要求，则构件能安全承载。

3. 梁腹板的加劲肋与局部稳定性验算

对直接承受动力荷载的吊车梁或其他不考虑腹板屈曲后强度的钢板组合梁，规范采取在其腹板配置加劲肋（图 14.5-4），把腹板分成若干区格，对各区格计算其稳定性，保证不使局部失稳。轧制型钢梁的翼缘和腹板厚度都较大，一般没有局部稳定性问题，不必考虑。

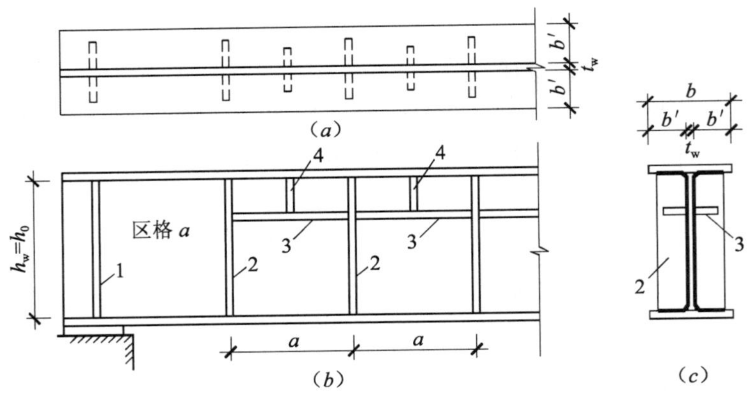

图 14.5-4 焊接工字形板梁的加劲肋

1—支承加劲肋；2—横向加劲肋；3—纵向加劲肋；4—短加劲肋

（1）腹板加劲肋的配置

根据腹板的高厚比 h_0/t_w 大小和所受荷载的情况，腹板的加劲肋分支承加劲肋、横向加劲肋、纵向加劲肋和短加劲肋等四种，如图 14.5-4 所示，并应按下列规定配置：

1）当 $\dfrac{h_0}{t_w}\leqslant 80\sqrt{\dfrac{235}{f_y}}$ 时，

① 对有局部压应力（$\sigma_c\neq 0$）的梁，应按构造配置横向加劲肋；

② 对无局部压应力（$\sigma_c=0$）的梁，可不配置加劲肋。

2）当 $\dfrac{h_0}{t_w}>80\sqrt{\dfrac{235}{f_y}}$ 时，应配置横向加劲肋，其中，

① 对吊车梁，若

$$\frac{h_0}{t_w}>\begin{cases}170\sqrt{\dfrac{235}{f_y}} & \text{当受压翼缘扭转受到约束时}\\ 150\sqrt{\dfrac{235}{f_y}} & \text{当受压翼缘扭转未受到约束时}\end{cases}$$

则还应在弯曲应力较大区格的受压区增加配置纵向加劲肋。

② 对非吊车梁，若❶

$$\frac{h_0}{t_w}>\begin{cases}150\sqrt{\dfrac{235}{f_y}} & \text{当受压翼缘扭转受到约束时}\\ 130\sqrt{\dfrac{235}{f_y}} & \text{当受压翼缘扭转未受到约束时}\end{cases}$$

同样应在弯曲应力较大区格的受压区增加配置纵向加劲肋。

对局部压应力 σ_c 很大的梁，必要时尚应在受压区配置短加劲肋。

此处，对单轴对称梁，当确定是否需要配置纵向加劲肋时，腹板的计算高度 h_0 应取为腹板受压区高度 h_c 的 2 倍。

任何情况下，腹板的计算高度 h_0 与其厚度 t_w 之比值 h_0/t_w 均不应超过 250，以免产生过大的焊接翘曲变形。

3）梁的支座处和上翼缘受有较大固定集中荷载处，宜设置支承加劲肋。支承加劲肋用于承受固定集中荷载（如梁端支座反力），同时起横向加劲肋的作用。

（2）腹板的通用高厚比 λ

因梁的用途不同和被加劲肋分割的腹板各区格位置不同，各腹板区格所受的荷载也就互异。为了验算各腹板区格的局部稳定性，应先求取在各种荷载单独作用下各区格保持稳定的临界应力，然后利用几种应力同时作用下的临界条件验算各区格的局部稳定性。

为了使临界应力表达式既能考虑非弹性工作和初始缺陷的影响，又形式简洁而统一，规范引进了一个参数：通用高厚比 λ。

腹板通用高厚比的一般性定义是：钢材受弯、受剪或受压的屈服强度除以相应腹板区格受弯、受剪或受局部压应力的弹性屈曲临界应力之商的平方根。各种应力作用下的腹板通用高厚比应按下列规定计算：

1）弯曲应力作用下的腹板通用高厚比 λ_b

$$\lambda_b=\sqrt{\frac{f_y}{\sigma_{cr}^e}}=\begin{cases}\dfrac{2h_c/t_w}{177}\sqrt{\dfrac{f_y}{235}} & \text{当受压翼缘扭转受到约束时}\\ \dfrac{2h_c/t_w}{153}\sqrt{\dfrac{f_y}{235}} & \text{当受压翼缘扭转未受到约束时}\end{cases} \tag{14.5-10}$$

2）均布剪应力作用下的腹板通用高厚比 λ_s

❶ 见参考文献［14.4］第 299 页。

$$\lambda_s=\sqrt{\frac{f_{vy}}{\tau_{cr}^e}}=\begin{cases}\dfrac{h_0/t_w}{41\sqrt{4+5.34\ (h_0/a)^2}}\sqrt{\dfrac{f_y}{235}}, & \text{当 } a/h_0\leqslant 1.0 \text{ 时}\\ \dfrac{h_0/t_w}{41\sqrt{5.34+4\left(\dfrac{h_0}{a}\right)^2}}\sqrt{\dfrac{f_y}{235}} & \text{当 } a/h_0>1.0 \text{ 时}\end{cases} \tag{14.5-11}$$

式中 a 为横向加劲肋的间距

3）局部压应力作用下的腹板通用高厚比 λ_c

$$\lambda_c=\sqrt{\frac{f_y}{\sigma_{c,cr}^e}}=\begin{cases}\dfrac{h_0/t_w}{28\sqrt{10.9+13.4(1.83-a/h_0)^3}}\sqrt{\dfrac{f_y}{235}} & \text{当 } 0.5\leqslant a/h_0\leqslant 1.5 \text{ 时}\\ \dfrac{h_0/t_w}{28\sqrt{18.9-5a/h_0}}\sqrt{\dfrac{f_y}{235}} & \text{当 } 1.5<a/h_0\leqslant 2.0 \text{ 时}\end{cases} \tag{14.5-12}$$

上述公式（14.5-10）～公式（14.5-12）中，σ_{cr}^e、τ_{cr}^e 和 $\sigma_{c,cr}^e$ 分别为弯曲应力、均布剪应力和局部压应力单独作用下的弹性屈曲临界应力，按公式（14.5-1）计算，并以 t_w 替代 t 和以 $2h_c$ 替代 b（计算 σ_{cr}^e 时）或以 h_0 替代 b（计算 τ_{cr}^e 和 $\sigma_{c,cr}^e$ 时）；h_c 为腹板弯曲受压区高度，对双轴对称截面 $2h_c=h_0$；$f_{vy}=0.58f_y$，为钢材的受剪屈服强度。

局部压应力作用下的腹板通用高厚比 λ_c 也可采用如下更为简便的公式计算[14.5]

$$\lambda_c=\begin{cases}\left(\dfrac{3.08+5.08a/h_0}{1000}\right)\cdot\dfrac{h_0}{t_w}\sqrt{\dfrac{f_y}{235}} & \text{当 } 0.5\leqslant a/h_0\leqslant 1.5 \text{ 时}\\ \left(\dfrac{6.39+2.78a/h_0}{1000}\right)\cdot\dfrac{h_0}{t_w}\sqrt{\dfrac{f_y}{235}} & \text{当 } 1.5<a/h_0\leqslant 2.0 \text{ 时}\end{cases} \tag{14.5-13}$$

（3）单一应力作用下腹板的屈曲临界应力

1）弯曲应力作用下

$$\sigma_{cr}=\begin{cases}f & \lambda_b\leqslant 0.85\\ [1-0.75(\lambda_b-0.85)]f & 0.85<\lambda_b\leqslant 1.25\\ 1.1f/\lambda_b^2 & \lambda_b>1.25\end{cases} \tag{14.5-14}$$

2）均布剪应力作用下

$$\tau_{cr}=\begin{cases}f_v & \lambda_s\leqslant 0.80\\ [1-0.59(\lambda_s-0.8)]f_v & 0.8<\lambda_s\leqslant 1.2\\ 1.1f_v/\lambda_s^2 & \lambda_s>1.2\end{cases} \tag{14.5-15}$$

3）局部压应力作用下

$$\sigma_{c,cr}=\begin{cases}f & \lambda_c\leqslant 0.9\\ [1-0.79(\lambda_c-0.9)]f & 0.9<\lambda_c\leqslant 1.2\\ 1.1f/\lambda_c^2 & \lambda_c>1.2\end{cases} \tag{14.5-16}$$

公式（14.5-14）～公式（14.5-16）中的 λ_b、λ_s 和 λ_c 分别按公式（14.5-10）～公式（14.5-13）确定。

（4）只配置横向加劲肋的腹板区格局部稳定验算

只配置横向加劲肋的腹板的受力可简化为如图 14.5-5 所示情况，规范中规定其局部稳定的验算条件是

$$\left(\frac{\sigma}{\sigma_{cr}}\right)^2+\left(\frac{\tau}{\tau_{cr}}\right)^2+\frac{\sigma_c}{\sigma_{c,cr}}\leqslant 1.0 \qquad (14.5\text{-}17)$$

式中，σ 为所计算腹板区格内由平均弯矩产生的腹板计算高度边缘的弯曲压应力；τ 为所计算腹板区格内由平均剪力产生的平均剪应力，应按 $\tau=V/(h_w t_w)$ 计算，h_w 和 t_w 分别为腹板的高度和厚度；σ_c 为腹板计算高度边缘的局部压应力，应按 $\sigma_c=F/(l_z t_w)$ 计算，F 为集中荷载（对动力荷载应考虑动力系数）。单一应力作用下的临界应力 σ_{cr}、τ_{cr} 和 $\sigma_{c,cr}$ 应分别按上述公式（14.5-14）、公式（14.5-15）和公式（14.5-16）计算。

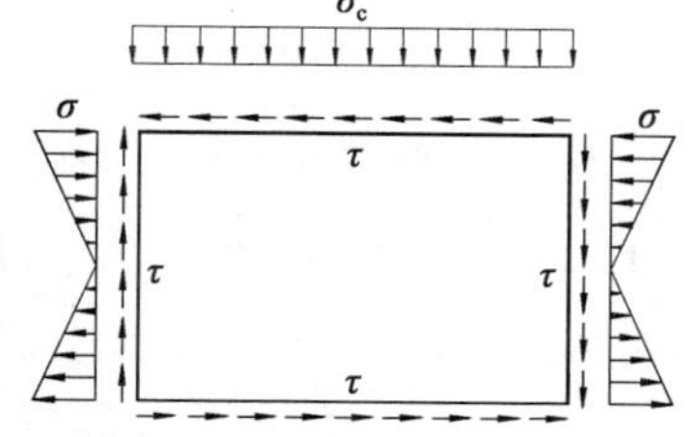

图 14.5-5　只配置横向加劲肋的腹板受力情况

（5）同时配置横向和纵向加劲肋的腹板区格局部稳定验算

图 14.5-6 示同时配置横向和纵向加劲肋的腹板区格及其受力情况。腹板被纵向加劲肋分成上、下两个区格 I 和 II，其高度各为 h_1 和 h_2，$h_1+h_2=h_0$。

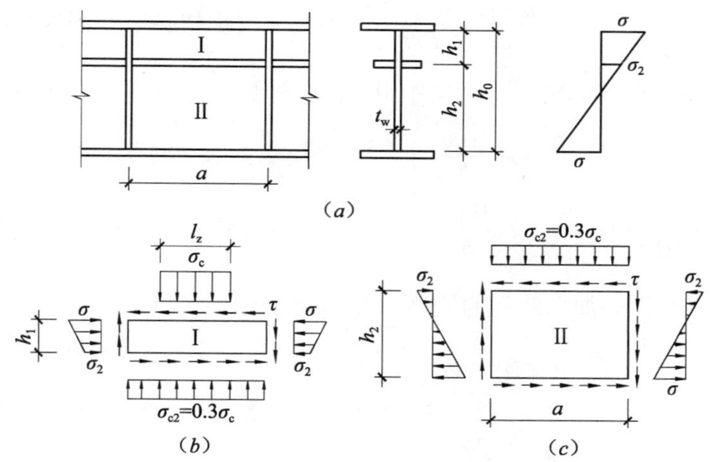

图 14.5-6　同时用横向加劲肋和纵向加劲肋加强的腹板

1）受压翼缘与纵向加劲肋间的区格 I 的局部稳定验算（图 14.5-6*b*）

规范中规定的验算条件是

$$\frac{\sigma}{\sigma_{cr1}}+\left(\frac{\tau}{\tau_{cr1}}\right)^2+\left(\frac{\sigma_c}{\sigma_{c,cr1}}\right)^2\leqslant 1.0 \qquad (14.5\text{-}18)$$

式中，σ、τ 和 σ_c 分别为腹板区格 I 所受弯曲压应力、均布剪应力和局部承压应力，计算方法同上述“（4）只配置横向加劲肋的腹板区格局部稳定验算”中的规定。临界应力 σ_{cr1}、τ_{cr1} 和 $\sigma_{c,cr1}$ 分别按下列规定计算：

① 区格 I 的弯曲临界应力 σ_{cr1}

σ_{cr1} 按前述公式（14.5-14）计算，但式中的 λ_b 改用 λ_{b1} 替代。λ_{b1} 为

$$\lambda_{b1}=\sqrt{\frac{f_y}{\sigma_{cr1}^e}}=\begin{cases}\dfrac{h_1/t_w}{75}\sqrt{\dfrac{f_y}{235}} & \text{当受压翼缘扭转受到约束时}\\[2ex] \dfrac{h_1/t_w}{64}\sqrt{\dfrac{f_y}{235}} & \text{当受压翼缘扭转未受到约束时}\end{cases} \tag{14.5-19}$$

式中，σ_{cr1}^e 为区格 I 在弯曲应力单独作用下的弹性屈曲临界应力，按式（14.5-1）确定，但以 t_w 替代 t 与 h_1 替代 b，并取屈曲系数 $K=5.13$ 和嵌固系数 $\chi=1.4$（当受压翼缘扭转受到约束时）或 $\chi=1.0$（当受压翼缘扭转未受到约束时）。

② 区格 I 的剪切临界应力 τ_{cr1}

τ_{cr1} 按前述公式（14.5-15）计算，但计算 λ_s 时应以 h_1 替代 h_0。

③ 区格 I 的局部承压临界应力 $\sigma_{c,cr1}$

腹板区格 I 在局部压应力作用下，上、下边缘受压，与弯曲应力作用下左、右边缘受压相似，因此，$\sigma_{c,cr1}$ 按前述公式（14.5-14）计算，但式中的 λ_b 应以下列 λ_{c1} 替代：

$$\lambda_{c1}=\sqrt{\frac{f_y}{\sigma_{c,cr1}^e}}=\begin{cases}\dfrac{h_1/t_w}{56}\sqrt{\dfrac{f_y}{235}} & \text{当受压翼缘扭转受到约束时}\\[2ex] \dfrac{h_1/t_w}{40}\sqrt{\dfrac{f_y}{235}} & \text{当受压翼缘扭转未受到约束时}\end{cases} \tag{14.5-20}$$

式中，$\sigma_{c,cr1}^e$ 为区格 I 在局部压应力单独作用下的弹性屈曲临界应力，按下列公式计算[14.4]

$$\sigma_{c,cr1}^e=\begin{cases}\dfrac{\pi^2E}{3(1-\nu^2)}\left(\dfrac{t_w}{h_1}\right)^2=74\left(\dfrac{100t_w}{h_1}\right)^2 & \text{当受压翼缘扭转受到约束时}\\[2ex] \dfrac{\pi^2E}{6(1-\nu^2)}\left(\dfrac{t_w}{h_1}\right)^2=37\left(\dfrac{100t_w}{h_1}\right)^2 & \text{当受压翼缘扭转未受到约束时}\end{cases} \tag{14.5-21}$$

2）受拉翼缘与纵向加劲肋间的区格 II 的局部稳定验算（图 14.5-6c）

规范中规定的验算条件为

$$\left(\frac{\sigma_2}{\sigma_{cr2}}\right)^2+\left(\frac{\tau}{\tau_{cr2}}\right)^2+\frac{\sigma_{c2}}{\sigma_{c,cr2}}\leqslant 1 \tag{14.5-22}$$

式中，σ_2 为所计算区格由平均弯矩产生的腹板在纵向加劲肋处的弯曲压应力（图 14.5-6a）；σ_{c2} 为腹板在纵向加劲肋处的竖向压应力，取为 $\sigma_{c2}=0.3\sigma_c$（参见图 14.5-6c）。

临界应力 σ_{cr2}、τ_{cr2} 和 $\sigma_{c,cr2}$ 分别按下列公式计算：

① σ_{cr2} 按前述公式（14.5-14）计算，但式中的 λ_b 改用下列 λ_{b2} 代替，

$$\lambda_{b2}=\sqrt{\frac{f_y}{\sigma_{cr2}^e}}=\frac{h_2/t_w}{194}\sqrt{\frac{f_y}{235}} \tag{14.5-23}$$

式中，σ_{cr2}^e 为区格 II 在弯曲应力单独作用下的弹性屈曲临界应力，按式（14.5-1）确定，但以 t_w 替代 t 与 h_2 替代 h_0、取屈曲系数 $K=47.6$ 和嵌固系数 $\chi=1.0$。

② τ_{cr2} 按前述公式（14.5-15）计算，但计算 λ_s 时应以 h_2 替代 h_0。

③ $\sigma_{c,cr2}$ 按前述公式（14.5-16）计算，但计算 λ_c 时应以 h_2 替代 h_0，当 $a/h_2>2$ 时，取 $a/h_2=2$。

(6) 在受压翼缘与纵向加劲肋之间设有短加劲肋的腹板区格局部稳定验算

图 14.5-7 示同时用横向加劲肋、纵向加劲肋和短加劲肋加强的腹板区格及其受力情况。区格 II 的局部稳定计算与上述“(5) 同时配置横向和纵向加劲肋的腹板区格局部稳定验算”中的完全相同，区格 I 则应按以下所述进行局部稳定计算：

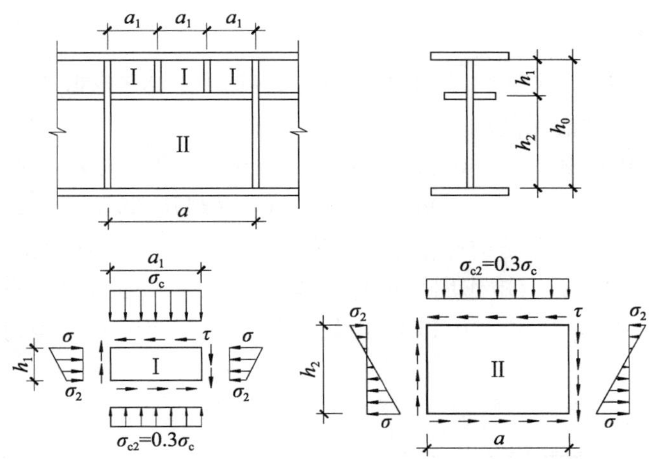

图 14.5-7　同时用横向加劲肋和纵向加劲肋及短加劲肋加强的腹板

验算条件见前述公式 (14.5-18)，式中的 σ_{cr1} 仍按公式 (14.5-19) 确定的 λ_{b1} 计算；τ_{cr1} 按前述公式 (14.5-15) 计算，但计算 λ_s 时应将 h_0 和 a 改为 h_1 和 a_1，a_1 为短加劲肋的间距 (图 14.5-7)；$\sigma_{c,cr1}$ 按前述公式 (14.5-14) 计算，但公式中的 λ_b 应改用下列 λ_{c1} 替代：

1) 对 $a_1/h_1 \leqslant 1.2$ 的区格

$$\lambda_{c1}=\sqrt{\frac{f_y}{\sigma_{c,cr1}^{e}}}=\begin{cases}\dfrac{a_1/t_w}{87}\sqrt{\dfrac{f_y}{235}} & \text{当受压翼缘扭转受到约束时}\\[2ex] \dfrac{a_1/t_w}{73}\sqrt{\dfrac{f_y}{235}} & \text{当受压翼缘扭转未受到约束时}\end{cases} \tag{14.5-24}$$

式中，$\sigma_{c,cr1}^{e}$ 为区格 I 在图 14.5-7 所示局部压应力单独作用下的弹性屈曲临界应力，按式 (14.5-1) 确定，但以 t_w 替代 t 与 a_1 替代 b，并取屈曲系数 $K=6.8$ 和嵌固系数 $\chi=1.4$ (当受压翼缘扭转受到约束时) 或 $\chi=1.0$ (当受压翼缘扭转未受到约束时)。

2) 对 $a_1/h_1>1.2$ 的区格

$$\lambda_{c1}=\begin{cases}\dfrac{a_1/t_w}{87\sqrt{0.4+0.5\dfrac{a_1}{h_1}}}\sqrt{\dfrac{f_y}{235}} & \text{当受压翼缘扭转受到约束时}\\[3ex] \dfrac{a_1/t_w}{73\sqrt{0.4+0.5\dfrac{a_1}{h_1}}}\sqrt{\dfrac{f_y}{235}} & \text{当受压翼缘扭转未受到约束时}\end{cases} \tag{14.5-25}$$

当 $a_1/h_1>1.2$ 时，因屈曲系数 K 将随 a_1/h_1 的加大而呈线性增大，故将公式 (14.5-24) 右边应乘以 $1/(0.4+0.5a_1/h_1)^{1/2}$ 得到公式 (14.5-25)。

（7）轻、中级工作制吊车梁腹板的局部稳定计算

规范中为了适当考虑腹板屈曲后强度的有利影响，规定对轻、中级工作制的吊车梁腹板局部稳定性计算，可对吊车轮压设计值乘以折减系数 0.9。注意：这条规定只适用于腹板局部稳定计算时，不能用于其他情况。

14.5.4 算例

【例题 14-6】 试验算图 14.5-8 所示双轴对称焊接工字形截面压弯构件能否安全承载。翼缘为剪切边，截面无削弱。承受的静力荷载设计值为：轴心压力 $N=1400\text{kN}$，构件跨度中点横向集中荷载 $F=180\text{kN}$。构件长 $l=10\text{m}$，两端铰接并在两端和跨中各设有一侧向支承点，计算长度为 $l_{0x}=10\text{m}$ 和 $l_{0y}=5\text{m}$。材料用 Q235B 钢。已知：弯矩作用平面内的构件长细比、轴心受压构件稳定系数和等效弯矩系数分别为 $\lambda_x=38.3$、$\varphi_x=0.905$（b 类截面）和 $\beta_{mx}=1.0$；弯矩作用平面外的构件长细比、轴心受压构件稳定系数和等效弯矩系数分别为 $\lambda_y=50.3$、$\varphi_y=0.773$（c 类截面）和 $\beta_{tx}=0.65$；均匀弯曲的受弯构件整体稳定系数为 $\varphi_b=1.0$。

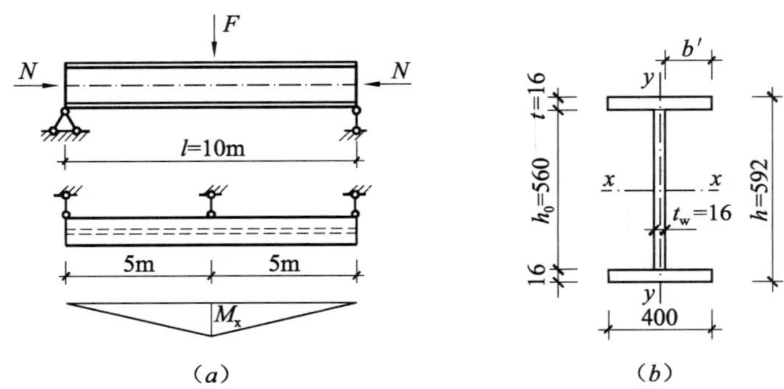

图 14.5-8 双轴对称焊接工字形截面压弯构件

（a）荷载及弯矩；（b）截面尺寸

【解】 （1）局部稳定性验算

1）截面几何特性

截面积 $A=2\times40\times1.6+56\times0.8=172.8\text{cm}^2$

惯性矩

$$I_x=\frac{1}{12}[40\times59.2^3-(40-0.8)\times56^3]=117903\text{cm}^4$$

$$I_y=2\times\frac{1}{12}\times1.6\times40^3=17067\text{cm}^4$$

2）受压翼缘板

$$\frac{b'}{t}=\frac{b-t_w}{2t}=\frac{400-8}{2\times16}=12.3<13\sqrt{\frac{235}{f_y}}=13\sqrt{\frac{235}{235}}=13,\text{可}$$

3）腹板

构件承受的最大弯矩设计值 $M_x=\frac{1}{4}\times180\times10=450\text{kN}\cdot\text{m}$

腹板计算高度边缘的最大压应力

$$\sigma_{max}=\frac{N}{A}+\frac{M_x}{I_x}\cdot\frac{h_0}{2}=\frac{1400\times10^3}{172.8\times10^2}+\frac{450\times10^6}{117903\times10^4}\times\frac{560}{2}=187.9\text{N/mm}^2$$

腹板计算高度另一边缘相应的应力

$$\sigma_{min}=\frac{N}{A}-\frac{M_x}{I_x}\cdot\frac{h_0}{2}=\frac{1400\times10^3}{172.8\times10^2}-\frac{450\times10^6}{117903\times10^4}\times\frac{560}{2}=-25.9\text{N/mm}^2\text{(拉应力)}$$

应力梯度

$$\alpha_0=\frac{\sigma_{max}-\sigma_{min}}{\sigma_{max}}=\frac{187.9-(-25.9)}{187.9}=1.14<1.6$$

腹板计算高度 h_0 与其厚度 t_w 之比的容许值（表 14.5-3）

$$\left[\frac{h_0}{t_w}\right]=(16\alpha_0+0.5\lambda+25)\sqrt{\frac{235}{f_y}}=(16\times1.14+0.5\times38.3+25)\sqrt{\frac{235}{235}}=62.4$$

实际 $\frac{h_0}{t_w}=\frac{560}{8}=70>\left[\frac{h_0}{t_w}\right]=62.4$，不满足要求

试考虑腹板的屈曲后强度，按有效截面计算构件的强度和整体稳定性，若能符合要求，则该构件仍能安全承载。

（2）按有效截面验算构件的整体稳定性

1）有效截面的几何特性（参阅前图 14.5-3）

腹板的有效高度

$$h_{we}=2\times20t_w\sqrt{235/f_y}=2\times20\times0.8\sqrt{235/235}=32\text{cm}$$

构件的有效截面积

$$A_e=A-(h_w-h_{we})t_w=172.8-(56-32)\times0.8=153.6\text{cm}^2$$

有效截面的惯性矩

$$I_{x,e}=I_x-\frac{1}{12}t_w(h_w-h_{we})^3=117903-\frac{1}{12}\times0.8\times24^3=116981\text{cm}^4$$

弯矩作用平面内受压较大翼缘的有效毛截面模量

$$W_{1x,e}=W_{x,e}=\frac{I_{x,e}}{h/2}=\frac{2\times116981}{59.2}=3952\text{cm}^3$$

2）弯矩作用平面内的稳定性（公式 14.4-7）

截面塑性发展系数 $\gamma_x=1.05$（静载且 $b'/t=12.3<[b'/t]=13$）

按有效截面计算的欧拉临界力设计值

$$N'_{Ex,e}=\frac{\pi^2EA_e}{1.1\lambda_x^2}=\frac{\pi^2\times206\times10^3\times153.6\times10^2}{1.1\times38.3^2}\times10^{-3}=19354\text{kN}$$

$$N/N'_{Ex,e}=1400/19354=0.0723$$

$$\frac{N}{\varphi_xA_e}+\frac{\beta_{mx}M_x}{\gamma_xW_{1x,e}\left(1-0.8\frac{N}{N'_{Ex,e}}\right)}=\frac{1400\times10^3}{0.905\times153.6\times10^2}+\frac{1.0\times450\times10^6}{1.05\times3952\times10^3\times(1-0.8\times0.0723)}$$

$$=215.8\text{N/mm}^2\approx f=215\text{N/mm}^2\text{，可}$$

3）弯矩作用平面外的稳定（公式 14.4-10）

$$\frac{N}{\varphi_y A_e}+\eta\frac{\beta_{tx}M_x}{\varphi_b W_{1x,e}}=\frac{1400\times10^3}{0.773\times153.6\times10^2}+1.0\times\frac{0.65\times450\times10^6}{1.0\times3952\times10^3}$$

$$=191.9\text{N/mm}^2<f=215\text{N/mm}^2\text{，可}$$

因截面无削弱、双轴对称，且等效弯矩系数 $\beta_{mx}=1.0$，截面强度条件必然满足，不必验算。

因此，该压弯构件能安全承载（不需再考虑腹板的局部稳定性）。

【例题 14-7】❶ 图 14.5-9 示一焊接工字形截面钢板梁，承受静力荷载，作用于上翼缘，荷载设计值为：集中荷载 $F=460$kN，均布荷载 $q=66$kN/m。为节省钢材，在距离支座 5m 处，即图（*a*）中的截面 *E*、*F* 处，改变翼缘板宽度。截面尺寸如图（*b*）所示，括号内数字为翼缘改变后的宽度（即 *A*-*E* 和 *F*-*B* 梁段的翼缘宽度），材料为 Q345 钢。腹板加劲肋布置如图（*e*）所示。梁的强度、整体稳定性和刚度均满足要求。试验算该梁的局部稳定性。梁的内力为（图 *c* 和 *d*）：$M_{max}=5433$kN·m，$M_C=5136$kN·m，$V_{max}=1054$kN，$V_{C左}=658$kN，$V_{C右}=198$kN。截面对强轴 *x* 的惯性矩：支座附近 *A*-*E* 和 *F*-*B* 梁段为 $I_{x1}=1230000\text{cm}^4$，跨中 *E*-*C*-*D*-*F* 梁段为 $I_x=1676000\text{cm}^4$。

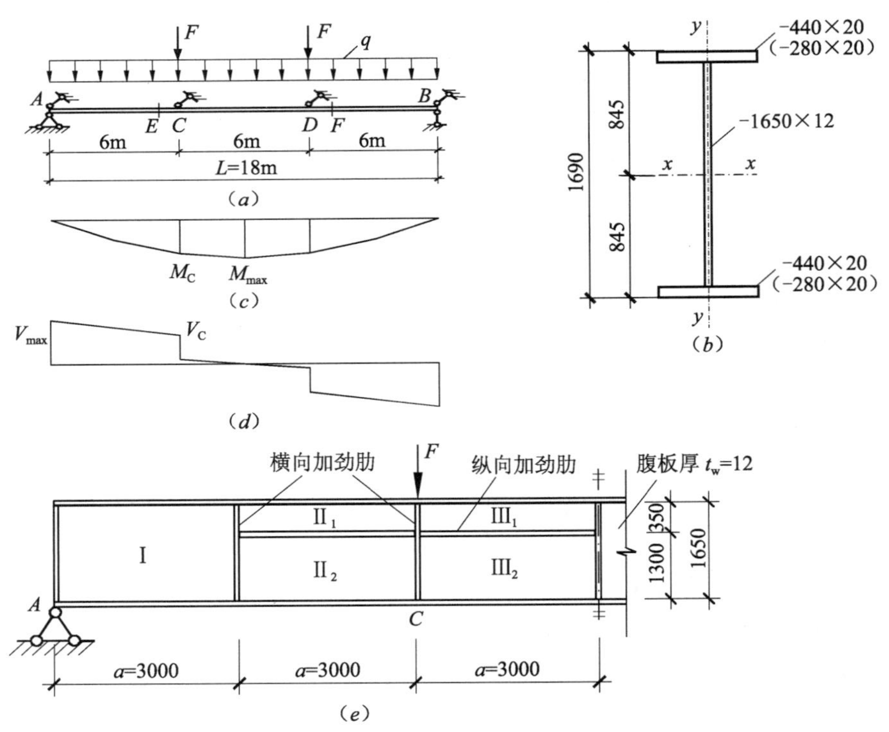

图 14.5-9 焊接工字形截面钢板梁

（*a*）荷载简图；（*b*）截面尺寸（括号内数字为翼缘改变后的宽度）；（*c*）弯矩图；（*d*）剪力图；（*e*）加劲肋布置示意

【解】 腹板为 Q345 钢、厚度 $t_w=12\text{mm}<16\text{mm}$，由表 14.2-2 得其抗弯和抗剪强度设计值分别为 $f=310\text{N/mm}^2$ 和 $f_v=180\text{N/mm}^2$。

❶ 见参考文献［14.8］第 119～130 页。

设集中荷载 F 作用处的横向加劲肋按支承加劲肋设计，得 $\sigma_c=0$，$\sigma_{c,cr}$不必计算。

（1）腹板区格Ⅰ的局部稳定性验算

区格Ⅰ为只配置横向加劲肋的腹板区格，其局部稳定性应满足公式（14.5-17）的要求，即（代入 $\sigma_c=0$）

$$\left(\frac{\sigma}{\sigma_{cr}}\right)^2+\left(\frac{\tau}{\tau_{cr}}\right)^2\leqslant 1.0$$

1）确定各种应力单独作用下的临界应力

① 弯曲临界应力 σ_{cr}

由公式（14.5-10）得用于区格Ⅰ受弯计算时的通用高厚比为

$$\lambda_b=\frac{2h_c/t_w}{153}\sqrt{\frac{f_y}{235}}=\frac{1650/12}{153}\sqrt{\frac{345}{235}}=1.089$$

$0.85<\lambda_b=1.089<1.25$，由公式（14.5-14）弯曲临界应力 σ_{cr} 为

$$\sigma_{cr}=[1-0.75(\lambda_b-0.85)]f=[1-0.75(1.089-0.85)]\times 310=254.4\text{N/mm}^2$$

② 剪切临界应力 τ_{cr}

$a/h_0=3000/1650=1.82>1.0$，由公式（14.5-11）得用于区格Ⅰ受剪计算时的通用高厚比为

$$\lambda_s=\frac{h_0/t_w}{41\sqrt{5.34+4(h_0/a)^2}}\sqrt{\frac{f_y}{235}}=\frac{1650/12}{41\sqrt{5.34+4(1650/3000)^2}}\sqrt{\frac{345}{235}}=1.59>1.2$$

由公式 14.5-15 剪切临界应力 τ_{cr} 为

$$\tau_{cr}=\frac{1.1f_v}{\lambda_s{}^2}=\frac{1.1\times 180}{1.59^2}=78.3\text{N/mm}^2$$

2）计算区格受力

区格Ⅰ左边（支座处）的弯矩 $M_{I,1}$ 与剪力 $V_{I,1}$ 和右边（距支座 3m 处）的弯矩 $M_{I,2}$ 与剪力 $V_{I,2}$ 分别为（图 14.5-9c、d）

$$M_{I,1}=0,\qquad V_{I,1}=V_{max}=1054\text{kN}$$

$$M_{I,2}=Fa+\frac{1}{2}qa(L-a)=460\times 3+\frac{1}{2}\times 66\times 3(18-3)=2865\text{kN}\cdot\text{m}$$

$$V_{I,2}=F+q\left(\frac{L}{2}-a\right)=460+66\times\left(\frac{18}{2}-3\right)=856\text{kN}$$

区格Ⅰ的平均弯矩 $M_{\text{I平均}}$ 和平均剪力 $V_{\text{I平均}}$ 分别为

$$M_{\text{I平均}}\approx\frac{1}{2}(M_{I,1}+M_{I,2})=\frac{1}{2}(0+2865)=1432.5\text{kN}\cdot\text{m}$$

$$V_{\text{I平均}}=\frac{1}{2}(V_{I,1}+V_{I,2})=\frac{1}{2}(1054+856)=955\text{kN}$$

平均弯矩产生的腹板计算高度边缘的弯曲压应力

$$\sigma=\frac{M_{\text{I平均}}}{I_{x1}}h_c=\frac{1432.5\times 10^6}{1230000\times 10^4}\times\frac{1650}{2}=96.1\text{N/mm}^2$$

平均剪力产生的腹板平均剪应力

$$\tau=\frac{V_{\text{I平均}}}{h_w t_w}=\frac{955\times 10^3}{1650\times 12}=48.2\text{N/mm}^2$$

3）局部稳定验算

$$\left(\frac{\sigma}{\sigma_{cr}}\right)^2+\left(\frac{\tau}{\tau_{cr}}\right)^2=\left(\frac{96.1}{254.4}\right)^2+\left(\frac{48.2}{78.3}\right)^2=0.522<1.0,\text{可}$$

（2）受压翼缘与纵向加劲肋之间腹板区格（II_1 和 III_1）的局部稳定性验算

区格 II 和 III 为同时配置横向和纵向加劲肋的腹板区格，其受压翼缘与纵向加劲肋之间区格（II_1 和 III_1）的局部稳定性应满足公式（14.5-18）的要求，即（代入 $\sigma_c=0$）：

$$\frac{\sigma}{\sigma_{cr1}}+\left(\frac{\tau}{\tau_{cr1}}\right)^2\leqslant 1.0$$

1）确定各种应力单独作用下的临界应力

① 弯曲临界应力 σ_{cr1}

σ_{cr1} 按公式（14.5-14）计算，但式中的 λ_b 改用按式（14.5-19）计算的 λ_{b1} 替代，为：

$$\lambda_{b1}=\frac{h_1/t_w}{64}\sqrt{\frac{f_y}{235}}=\frac{350/12}{64}\sqrt{\frac{345}{235}}=0.552$$

式中，纵向加劲肋至腹板计算高度受压边缘的距离 $h_1=350\text{mm}$（见图 14.5-9e）。

因 $\lambda_{b1}=0.552<0.85$，得：$\sigma_{cr1}=f=310\text{N/mm}^2$

② 剪切临界应力 τ_{cr1}

τ_{cr1} 按公式（14.5-15）计算，但计算 λ_s 时应以 h_1 替代 h_0。因 $a/h_1=3000/350=8.57>1.0$，故按公式（14.5-11）：

$$\lambda_{s1}=\frac{h_1/t_w}{41\sqrt{5.34+4(h_1/a)^2}}\sqrt{\frac{f_y}{235}}=\frac{350/12}{41\sqrt{5.34+4(350/3000)^2}}\sqrt{\frac{345}{235}}=0.371<0.8$$

得
$$\tau_{cr1}=f_v=180\text{N/mm}^2$$

2）区格 II_1 的局部稳定性

该区格的平均弯矩 $M_{II平均}$ 和平均剪力 $V_{II平均}$ 分别为（图 14.5-9a、c、d）：

$$M_{II平均}\approx\frac{1}{2}(M_{II,1}+M_{II,2})=\frac{1}{2}(M_{I,2}+M_C)=\frac{1}{2}(2865+5136)=4000.5\text{kN}\cdot\text{m}$$

$$V_{II平均}=\frac{1}{2}(V_{II,1}+V_{II,2})=\frac{1}{2}(V_{I,2}+V_{C左})=\frac{1}{2}(856+658)=757\text{kN}$$

以上式中的 $M_{II,1}$、$V_{II,1}$ 和 $M_{II,2}$、$V_{II,2}$ 分别为所计算区格左和右截面处的弯矩、剪力。

平均弯矩产生的腹板计算高度边缘的弯曲压应力

$$\sigma=\frac{M_{II平均}}{I_{x1}}h_c=\frac{4000.5\times10^6}{1230000\times10^4}\times\frac{1650}{2}=268.3\text{N/mm}^2$$

平均剪力产生的腹板平均剪应力

$$\tau=\frac{V_{II平均}}{h_wt_w}=\frac{757\times10^3}{1650\times12}=38.2\text{N/mm}^2$$

得
$$\frac{\sigma}{\sigma_{cr1}}+\left(\frac{\tau}{\tau_{cr1}}\right)^2=\frac{268.3}{310}+\left(\frac{38.2}{180}\right)^2=0.911<1.0,\text{可}$$

3）跨中附近区格 III_1 的局部稳定性

该区格的平均弯矩 $M_{III平均}$ 和平均剪力 $V_{III平均}$ 分别为（图 14.5-9a、c、d）

$$M_{III平均}\approx\frac{1}{2}(M_C+M_{max})=\frac{1}{2}(5136+5433)=5284.5\text{kN}\cdot\text{m}$$

$$V_{\text{III平均}}=\frac{1}{2}V_{\text{C右}}=\frac{1}{2}\times198=99\text{kN}$$

平均弯矩产生的腹板计算高度边缘的弯曲压应力

$$\sigma=\frac{M_{\text{III平均}}}{I_x}h_c=\frac{5284.5\times10^6}{1676000\times10^4}\times\frac{1650}{2}=260.1\text{N/mm}^2$$

平均剪力产生的腹板平均剪应力

$$\tau=\frac{V_{\text{III平均}}}{h_w t_w}=\frac{99\times10^3}{1650\times12}=5\text{N/mm}^2$$

得
$$\frac{\sigma}{\sigma_{cr1}}+\left(\frac{\tau}{\tau_{cr1}}\right)^2=\frac{260.1}{310}+\left(\frac{5}{180}\right)^2=0.840<1.0\text{，可}$$

（3）受拉翼缘与纵向加劲肋之间腹板区格（II_2 和 III_2）的局部稳定性验算

在同时配置横向和纵向加劲肋的腹板区格 II 和 III 中，受拉翼缘与纵向加劲肋之间区格（II_2 和 III_2）的局部稳定性应满足公式（14.5-22）的要求，即（代入 $\sigma_{c2}=0$）

$$\left(\frac{\sigma_2}{\sigma_{cr2}}\right)^2+\left(\frac{\tau}{\tau_{cr2}}\right)^2\leqslant1.0$$

1）确定各种应力单独作用下的临界应力

纵向加劲肋至腹板计算高度受拉边缘的距离为 $h_2=1300\text{mm}$（见图 14.5-9*e*）。

① 弯曲临界应力 σ_{cr2}

σ_{cr2} 按公式（14.5-14）计算，但式中的 λ_b 改用按式（14.5-23）计算的 λ_{b2} 替代，为

$$\lambda_{b2}=\frac{h_2/t_w}{194}\sqrt{\frac{f_y}{235}}=\frac{1300/12}{194}\sqrt{\frac{345}{235}}=0.677$$

因 $\lambda_{b2}=0.677<0.85$，得：$\sigma_{cr2}=f=310\text{N/mm}^2$

② 剪切临界应力 τ_{cr2}

τ_{cr2} 按公式（14.5-15）计算，但计算 λ_s 时应以 h_2 替代 h_0。因 $a/h_2=3000/1300=2.31>1.0$，故按公式（14.5-11），

$$\lambda_{s2}=\frac{h_2/t_w}{41\sqrt{5.34+4(h_2/a)^2}}\sqrt{\frac{f_y}{235}}=\frac{1300/12}{41\sqrt{5.34+4(1300/3000)^2}}\sqrt{\frac{345}{235}}=1.30>1.2$$

得
$$\tau_{cr}=\frac{1.1f_v}{\lambda_{s2}^2}=\frac{1.1\times180}{1.30^2}=117.2\text{N/mm}^2$$

2）区格 II_2 的局部稳定性

平均弯矩产生的腹板在纵向加劲肋处的弯曲压应力

$$\sigma_2=\frac{M_{\text{II平均}}}{I_{x1}}(h_c-h_1)=\frac{4000.5\times10^6}{1230000\times10^4}\times\left(\frac{1650}{2}-350\right)=154.5\text{N/mm}^2$$

平均剪力产生的腹板平均剪应力 $\tau=38.2\text{N/mm}^2$

得
$$\left(\frac{\sigma_2}{\sigma_{cr2}}\right)^2+\left(\frac{\tau}{\tau_{cr2}}\right)^2=\left(\frac{154.5}{310}\right)^2+\left(\frac{38.2}{117.2}\right)^2=0.355<1.0\text{，可}$$

3）跨中附近区格 III_2 的局部稳定性

平均弯矩产生的腹板在纵向加劲肋处的弯曲压应力

$$\sigma_2=\frac{M_{\text{III平均}}}{I_x}(h_c-h_1)=\frac{5284.5\times10^6}{1676000\times10^4}\times\left(\frac{1650}{2}-350\right)=149.8\text{N/mm}^2$$

平均剪力产生的腹板平均剪应力 $\tau=5\text{N/mm}^2$

得 $$\left(\frac{\sigma_2}{\sigma_{cr2}}\right)^2+\left(\frac{\tau}{\tau_{cr2}}\right)^2=\left(\frac{149.8}{310}\right)^2+\left(\frac{5}{117.2}\right)^2=0.235<1.0,\text{可}$$

（4）受压翼缘板的局部稳定性验算

最大的受压翼缘板自由外伸宽度 b'（跨中截面）与其厚度 t 之比为

$$\frac{b'}{t}=\frac{(440-12)/2}{20}=10.7<13\sqrt{\frac{235}{f_y}}=13\sqrt{\frac{235}{345}}=10.73,\text{可}$$

综上，本例中钢板梁的局部稳定性全部满足规范要求。

参 考 文 献

［14.1］中华人民共和国国家标准.《钢结构设计规范》(GB 50017—2003). 北京：中国计划出版社，2003

［14.2］Warren C. Young. Roark’s. Formulas for Stress and Strain. 6th Edition. New York：McGraw-HillBook Company，1989

［14.3］潘有昌. 单轴对称箱形简支梁的整体稳定性法. 钢结构研究论文报告选集第二册. 北京：全国钢结构标准技术委员会出版，1983. 40～57

［14.4］姚谏，夏志斌编著. 钢结构-原理与设计. 北京：中国建筑工业出版社，2011

［14.5］姚谏，赵滇生编著. 钢结构设计及工程应用. 北京：中国建筑工业出版社，2008

［14.6］陈绍蕃著. 钢结构稳定设计指南（第二版）. 北京：中国建筑工业出版社，2004

［14.7］中华人民共和国国家标准《建筑结构荷载规范》（GB 50009—2012）. 北京：中国建筑工业出版社，2012

［14.8］夏志斌，姚谏编著. 钢结构设计-方法与例题. 北京：中国建筑工业出版社，2005

附录 A 常用数学计算资料

A1 常用数学公式

A1.1 代数

1. 恒等式及因式分解

(1) $(a\pm b)^2=a^2\pm 2ab+b^2$

(2) $(a\pm b)^3=a^3\pm 3a^2b+3ab^3\pm b^3$

(3) $$(a+b)^n=a^n+na^{n-1}b+\frac{n(n-1)}{2!}a^{n-2}b^2+\cdots\cdots+\frac{n(n-1)\cdots\cdots(n-r-1)}{r!}a^{n-r}b^r+\cdots\cdots+nab^{n-1}+b^n$$

(4) $(a+b+c)^2=a^2+b^2+c^2+2ab+2bc+2ca$

(5) $a^2-b^2=(a+b)(a-b)$

(6) $a^3\mp b^3=(a\mp b)(a^2\pm ab+b^2)$

(7) $a^n-b^n=(a-b)(a^{n-1}+a^{n-2}b+a^{n-3}b^2+\cdots\cdots+ab^{n-2}+b^{n-1})$

(8) $a^n+b^n=(a+b)(a^{n-1}-a^{n-2}b+a^{n-3}b^2-\cdots\cdots-ab^{n-2}+b^{n-1})$， $n=$奇数

2. 指数

(1) $a^m\times a^n=a^{m+n}$　　(2) $a^m\div a^n=a^{m-n}$　　(3) $(a^m)^n=a^{mn}$

(4) $(ab)^m=a^mb^m$　　(5) $\left(\frac{a}{b}\right)^m=\frac{a^m}{b^m}$　　(6) $a^{\frac{m}{n}}=\sqrt[n]{a^m}=(\sqrt[n]{a})^m$

(7) $a^0=1$　　(8) $a^{-m}=\frac{1}{a^m}$

3. 一元二次方程

$$ax^2+bx+c=0$$

它的根：

$$\left.\begin{matrix}x_1\\x_2\end{matrix}\right\}=\frac{-b\pm\sqrt{b^2-4ac}}{2a}$$

4. 行列式

(1) $|A|=\begin{vmatrix}a_1 & b_1\\a_2 & b_2\end{vmatrix}=a_1b_2-a_2b_1$

(2) $$|A|=\begin{vmatrix}a_1 & b_1 & c_1\\a_2 & b_2 & c_2\\a_3 & b_3 & c_3\end{vmatrix}=a_1\begin{vmatrix}b_2 & c_2\\b_3 & c_3\end{vmatrix}-a_2\begin{vmatrix}b_1 & c_1\\b_3 & c_3\end{vmatrix}+a_3\begin{vmatrix}b_1 & c_1\\b_2 & c_2\end{vmatrix}$$

$$=a_1(b_2c_3-b_3c_2)-a_2(b_1c_3-b_3c_1)+a_3(b_1c_2-b_2c_1)$$

5. 多元一次方程组

$$\begin{cases} a_1x+b_1y+c_1z=d_1 \\ a_2x+b_2y+c_2z=d_2 \\ a_3x+b_3y+c_3z=d_3 \end{cases}$$

$$x=\frac{\Delta_x}{\Delta},\quad y=\frac{\Delta_y}{\Delta},\quad z=\frac{\Delta_z}{\Delta},(\Delta\neq 0)$$

式中 $\Delta=\begin{vmatrix} a_1 & b_1 & c_1 \\ a_2 & b_2 & c_2 \\ a_3 & b_3 & c_3 \end{vmatrix}$，$\Delta_x=\begin{vmatrix} d_1 & b_1 & c_1 \\ d_2 & b_2 & c_2 \\ d_3 & b_3 & c_3 \end{vmatrix}$，$\Delta_y=\begin{vmatrix} a_1 & d_1 & c_1 \\ a_2 & d_2 & c_2 \\ a_3 & d_3 & c_3 \end{vmatrix}$，$\Delta_z=\begin{vmatrix} a_1 & b_1 & d_1 \\ a_2 & b_2 & d_2 \\ a_3 & b_3 & d_3 \end{vmatrix}$

6. 以 10 为底的常用对数

（1）$\lg 1=0$　（2）$\lg(N_1N_2)=\lg N_1+\lg N_2$

（3）$\lg\left(\frac{N_1}{N_2}\right)=\lg N_1-\lg N_2$　（4）$\lg(N^n)=n\lg N$　（5）$\lg\sqrt[n]{N}=\frac{1}{n}\lg N$

注：以 e 为底的自然对数或以任何数为底的对数，均符合上述公式的规律。

（6）以 e 为底的自然对数（即 $\ln N$）与以 10 为底的普通对数（即 $\lg N$）间的关系：

$$\ln N=\ln 10\lg N=2.3026\lg N$$

$$\lg N=\lg e\ln N=0.4343\ln N$$

（7）换底公式

$$\log_b N=\frac{\log_a N}{\log_a b}$$

A1.2 平面三角

1. 三角函数的基本公式

（1）$\sin^2\alpha+\cos^2\alpha=1$　（2）$\sec^2\alpha-\tan^2\alpha=1$

（3）$\csc^2\alpha-\cot^2\alpha=1$　（4）$\tan\alpha=\frac{\sin\alpha}{\cos\alpha}$

2. 两角和及差的三角函数

（1）$\sin(\alpha\pm\beta)=\sin\alpha\cos\beta\pm\cos\alpha\sin\beta$　（2）$\cos(\alpha\pm\beta)=\cos\alpha\cos\beta\mp\sin\alpha\sin\beta$

（3）$\tan(\alpha\pm\beta)=\frac{\tan\alpha\pm\tan\beta}{1\mp\tan\alpha\tan\beta}$

3. 半角及倍角的三角函数

（1）$\sin\frac{\alpha}{2}=\pm\sqrt{\frac{1-\cos\alpha}{2}}$　（2）$\cos\frac{\alpha}{2}=\pm\sqrt{\frac{1+\cos\alpha}{2}}$　（3）$\sin 2\alpha=2\sin\alpha\cos\alpha$

（4）$\cos 2\alpha=\cos^2\alpha-\sin^2\alpha=1-2\sin^2\alpha=2\cos^2\alpha-1$　（5）$\tan 2\alpha=\frac{2\tan\alpha}{1-\tan^2\alpha}$

4. 负角的三角函数

（1）$\sin(-\alpha)=-\sin\alpha$　（2）$\cos(-\alpha)=\cos\alpha$

5. 三角函数的和及差

（1）$\sin\alpha\pm\sin\beta=2\sin\frac{\alpha\pm\beta}{2}\cos\frac{\alpha\mp\beta}{2}$　（2）$\cos\alpha+\cos\beta=2\cos\frac{\alpha+\beta}{2}\cos\frac{\alpha-\beta}{2}$

(3) $\cos\alpha-\cos\beta=-2\sin\frac{\alpha+\beta}{2}\sin\frac{\alpha-\beta}{2}$　　(4) $\tan\alpha\pm\tan\beta=\frac{\sin(\alpha\pm\beta)}{\cos\alpha\cos\beta}$

6. 三角函数的乘积

(1) $\sin\alpha\sin\beta=\frac{1}{2}[\cos(\alpha-\beta)-\cos(\alpha+\beta)]$

(2) $\cos\alpha\cos\beta=\frac{1}{2}[\cos(\alpha-\beta)+\cos(\alpha+\beta)]$

(3) $\sin\alpha\cos\beta=\frac{1}{2}[\sin(\alpha-\beta)+\sin(\alpha+\beta)]$

7. 三角函数的象限换算表

表 A1. 2-1

函数	换算角（度）						
	$90-\alpha$	$90+\alpha$	$180-\alpha$	$180+\alpha$	$270-\alpha$	$270+\alpha$	$360-\alpha$
sin	$\cos\alpha$	$\cos\alpha$	$\sin\alpha$	$-\sin\alpha$	$-\cos\alpha$	$-\cos\alpha$	$-\sin\alpha$
cos	$\sin\alpha$	$-\sin\alpha$	$-\cos\alpha$	$-\cos\alpha$	$-\sin\alpha$	$\sin\alpha$	$\cos\alpha$
tan	$\cot\alpha$	$-\cot\alpha$	$-\tan\alpha$	$\tan\alpha$	$\cot\alpha$	$-\cot\alpha$	$-\tan\alpha$

8. 特殊角三角函数和三角函数表

特殊角三角函数表　　**表 A1. 2-2**

α	$\sin\alpha$	$\cos\alpha$	$\tan\alpha$	$\cot\alpha$	
0°	0	1	0	∞	90°
15°	$\frac{\sqrt{3}-1}{2\sqrt{2}}$	$\frac{\sqrt{3}+1}{2\sqrt{2}}$	$2-\sqrt{3}$	$2+\sqrt{3}$	75°
18°	$\frac{1}{4}(\sqrt{5}-1)$	$\frac{1}{2}\sqrt{\frac{1}{2}(5+\sqrt{5})}$	$\sqrt{1-\frac{2}{5}\sqrt{5}}$	$\sqrt{5+2\sqrt{5}}$	72°
22. 5°	$\frac{1}{2}\sqrt{2-\sqrt{2}}$	$\frac{1}{2}\sqrt{2+\sqrt{2}}$	$\sqrt{2}-1$	$\sqrt{2}+1$	67. 5°
30°	$\frac{1}{2}$	$\frac{\sqrt{3}}{2}$	$\frac{\sqrt{3}}{3}$	$\sqrt{3}$	60°
36°	$\frac{1}{2}\sqrt{\frac{1}{2}(5-\sqrt{5})}$	$\frac{1}{4}(\sqrt{5}+1)$	$\sqrt{5-2\sqrt{5}}$	$\sqrt{1+\frac{2}{5}\sqrt{5}}$	54°
45°	$\frac{\sqrt{2}}{2}$	$\frac{\sqrt{2}}{2}$	1	1	45°
	$\cos\alpha$	$\sin\alpha$	$\cot\alpha$	$\tan\alpha$	α

A1. 3　双曲线函数

$\sinh x=\frac{e^x-e^{-x}}{2}$，　$\cosh x=\frac{e^x+e^{-x}}{2}$，　$\tanh x=\frac{\sinh x}{\cosh x}=\frac{e^x-e^{-x}}{e^x+e^{-x}}$

$\sinh(-x)=-\sinh x$，　$\cosh(-x)=\cosh x$，　$\tanh(-x)=-\tanh x$

$\cosh^2 x-\sinh^2 x=1$，　$\sinh(x\pm y)=\sinh x\cosh y\pm\cosh x\sinh y$

$\cosh(x\pm y)=\cosh x\cosh y\pm\sinh x\sinh y$，　$\tanh(x\pm y)=\frac{\tanh x\pm\tanh y}{1\pm\tanh x\tanh y}$

$\sinh x\pm\sinh y=2\sinh\frac{x\pm y}{2}\cosh\frac{x\mp y}{2}$，　$\cosh x+\cosh y=2\cosh\frac{x+y}{2}\cosh\frac{x-y}{2}$

$\cosh x-\cosh y=2\sinh\dfrac{x+y}{2}\sinh\dfrac{x-y}{2}$, $\cosh x\pm\sinh x=\dfrac{1\pm\tanh(x/2)}{1\mp\tanh(x/2)}$,

$\tanh x\pm\tanh y=\dfrac{\sinh(x\pm y)}{\cosh x\cosh y}$

$\sinh 2x=2\sinh x\cosh x$, $\cosh 2x=\cosh^2 x+\sinh^2 x$, $\tanh 2x=\dfrac{2\tanh x}{1+\tanh^2 x}$

$\sinh\dfrac{x}{2}=\pm\sqrt{\dfrac{\cosh x-1}{2}}$, $\cosh\dfrac{x}{2}=\sqrt{\dfrac{\cosh x+1}{2}}$, $\tanh\dfrac{x}{2}=\pm\sqrt{\dfrac{\cosh x-1}{\cosh x+1}}$

$\sinh x=-i\sin ix$, $\cosh x=\cos ix$, $\tanh x=-i\tan ix$

$\sin x=-i\sinh ix$, $\cos x=\cosh ix$, $\tan x=-i\tanh ix$

式中 $i=\sqrt{-1}$。

双曲线函数互换式 **表 A1.3-1**

	$\sinh x$	$\cosh x$	$\tanh x$
$\sinh x$	—	$\sqrt{\cosh^2 x-1}$	$\dfrac{\tanh x}{\sqrt{1-\tanh^2 x}}$
$\cosh x$	$\sqrt{\sinh^2 x+1}$	—	$\dfrac{1}{\sqrt{1-\tanh^2 x}}$
$\tanh x$	$\dfrac{\sinh x}{\sqrt{\sinh^2 x+1}}$	$\dfrac{\sqrt{\cosh^2 x-1}}{\cosh x}$	—

A1.4 微分

1. 微分的一般定理

y、u、v 等均为 x 的函数，C 和 n 为常数。

(1) $y=f(x)$, $y'=f'(x)=\dfrac{dy}{dx}$, $\dfrac{d^2y}{dx^2}=\dfrac{df'(x)}{dx}$

(2) $y=C$, $y'=0$

(3) $y=Cf(x)$, $y'=Cf'(x)$

(4) $y=u+v-w$, $y'=u'+v'-w'$

(5) $y=uv$, $y'=uv'+vu'$

(6) $y=\dfrac{u}{v}$, $y'=\dfrac{vu'-uv'}{v^2}$

(7) $y=\ln u$, $y'=\dfrac{u'}{u}$

(8) $y=u^n$, $y'=nu^{n-1}u'$

(9) $y=u^v$, $y'=vu^{v-1}u'+u^v v'\ln u$

(10) $y=f(u)$, $u=\varphi(x)$

$y'=f'(u)u'=f'(u)\varphi'(x)$

(11) $y=f(u)$, $u=\varphi(v)$, $v=\psi(x)$

$y'=\dfrac{dy}{du}\times\dfrac{du}{dv}\times\dfrac{dv}{dx}$

(12) $f(x,y)=0$，　$y'=\frac{dy}{dx}=-\frac{\frac{\partial f}{\partial x}}{\frac{\partial f}{\partial y}}$

2. 导数的几何意义（图 A1.4-1）

$y=f(x)$，　$f'(x_0)=\tan\alpha$

3. 函数的极大及极小值

在函数曲线极值点所作的切线必与 x 轴平行。当求 $y=f(x)$ 的极大或极小值时（图 A1.4-1），令 $\frac{dy}{dx}=0$，解出 x，然后将 x 值代入 $y=f(x)$ 式子可以得到极大或极小值。

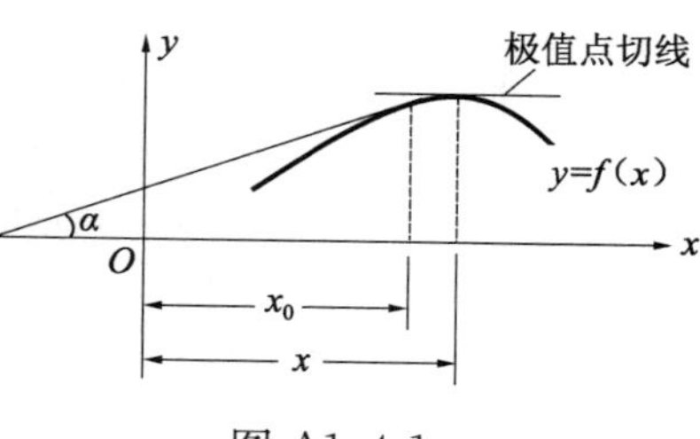

图 A1.4-1

4. 基本函数的导数

(1) $y=x^n$，$y'=nx^{n-1}$

(2) $y=e^x$，$y'=e^x$

(3) $y=a^x$，$y'=a^x\ln a$

(4) $y=\ln x$，$y'=\frac{1}{x}$

(5) $y=\sin x$，$y'=\cos x$

(6) $y=\cos x$，$y'=-\sin x$

(7) $y=\tan x$，$y'=\frac{1}{\cos^2 x}$

(8) $y=\cot x$，$y'=-\frac{1}{\sin^2 x}$

(9) $y=\sinh x$，$y'=\cosh x$

(10) $y=\cosh x$，$y'=\sinh x$

A1.5　积分

1. 积分的一般原理

不定积分：

(1) $\int F(x)dx=f(x)+C$

(2) $\int aF(x)dx=a\int F(x)dx$

(3) $\int(u+v-w)dx=\int udx+\int vdx-\int wdx$

(4) $\int F(x)dx, x=\varphi(t), dx=\varphi'(t)dt$

$\int F(x)dx=\int F[\varphi(t)]\varphi'(t)dt$

(5) $\int udv=uv-\int vdu$

定积分：

(6) $\int_a^b F(x)dx=[f(x)]_a^b=f(b)-f(a)$

2. 基本函数的积分公式

(1) $\int x^n dx=\frac{x^{n+1}}{n+1}+C$

(2) $\int \frac{dx}{x} = \ln x + C$

(3) $\int \sin x dx = -\cos x + C$

(4) $\int \cos x dx = \sin x + C$

(5) $\int \tan x dx = -\ln|\cos x| + C$

(6) $\int \cot x dx = \ln|\sin x| + C$

(7) $\int \frac{dx}{\cos^2 x} = \tan x + C$

(8) $\int \frac{dx}{\sin^2 x} = -\cot x + C$

(9) $\int \frac{dx}{1+x^2} = \arctan x + C$

(10) $\int \frac{dx}{\sqrt{1-x^2}} = \arcsin x + C$

(11) $\int e^x dx = e^x + C$

(12) $\int a^x dx = \frac{a^x}{\ln a} + C$

(13) $\int \sinh x dx = \cosh x + C$

(14) $\int \cosh x dx = \sinh x + C$

3. 辛普生数值积分公式

$$\int_a^b f(x)dx = \frac{b-a}{3n}(y_0 + 4y_1 + 2y_2 + 4y_3 + 2y_4 + \cdots\cdots + 4y_{n-3} + 2y_{n-2} + 4y_{n-1} + y_n)$$

式中，n 为积分区间的等分段数，是偶数；y_0，y_1，y_2……y_n 为 $y=f(x)$ 在相应的等分点（共 $n+1$ 个点）上的函数值。

A1.6 函数展开式

1. 泰勒级数

$$f(x)=f(x_0)+\frac{f'(x_0)}{1!}(x-x_0)+\frac{f''(x_0)}{2!}(x-x_0)^2+\cdots\cdots+\frac{f^{(n)}(x_0)}{n!}(x-x_0)^n+\cdots\cdots$$

2. 当 $x_0=0$ 时，泰勒级数称为麦克劳林级数：

$$f(x)=f(0)+\frac{f'(0)}{1!}x+\frac{f''(0)}{2!}x^2+\cdots\cdots+\frac{f^{(n)}(0)}{n!}x^n+\cdots\cdots$$

3. $\sin x=x-\frac{x^3}{3!}+\frac{x^5}{5!}-\frac{x^7}{7!}+\cdots\cdots \quad (-\infty<x<\infty)$

4. $\cos x=1-\frac{x^2}{2!}+\frac{x^4}{4!}-\frac{x^6}{6!}+\cdots\cdots \quad (-\infty<x<\infty)$

5. $\tan x = x+\frac{x^3}{3}+\frac{2x^5}{3\times5}+\frac{17x^7}{3^2\times5\times7}+\frac{62x^9}{3^2\times5\times7\times9}+\cdots\cdots$

$$=x+\frac{x^3}{3}+\frac{2x^5}{15}+\frac{17x^7}{315}+\frac{62x^9}{2835}+\cdots\cdots\quad\left(-\frac{\pi}{2}<x<\frac{\pi}{2}\right)$$

6. $\arcsin x=x+\frac{x^3}{2\times3}+\frac{3x^5}{2\times4\times5}+\frac{3\times5x^7}{2\times4\times6\times7}+\cdots\cdots\quad(-1<x<1)$

7. $\arctan x=x-\frac{x^3}{3}+\frac{x^5}{5}-\frac{x^7}{7}+\cdots\cdots\quad(-1\leqslant x\leqslant1)$

8. $\sinh x=\frac{e^x-e^{-x}}{2}=x+\frac{x^3}{3!}+\frac{x^5}{5!}+\frac{x^7}{7!}+\cdots\cdots\quad(-\infty<x<\infty)$

9. $\cosh x=\frac{e^x+e^{-x}}{2}=1+\frac{x^2}{2!}+\frac{x^4}{4!}+\frac{x^6}{6!}+\cdots\cdots\quad(-\infty<x<\infty)$

10. $\tanh x=x-\frac{x^3}{3}+\frac{2x^5}{15}-\frac{17x^7}{315}+\cdots\cdots\quad\left(-\frac{\pi}{2}<x<\frac{\pi}{2}\right)$

A1.7 矩阵

1. 矩阵的概念

在结构计算中，常遇到下列形式的线性代数方程组

$$\left.\begin{array}{l}a_{11}x_1+a_{12}x_2+a_{13}x_3+\cdots+a_{1n}x_n=b_1\\a_{21}x_1+a_{22}x_2+a_{23}x_3+\cdots+a_{2n}x_n=b_2\\a_{31}x_1+a_{32}x_2+a_{33}x_3+\cdots+a_{3n}x_n=b_3\\\cdots\cdots\cdots\cdots\cdots\cdots\cdots\cdots\cdots\cdots\cdots\cdots\\a_{m1}x_1+a_{m2}x_2+a_{m3}x_3+\cdots+a_{mn}x_n=b_m\end{array}\right\}\quad(\text{A1.7-1})$$

将方程组（A1.7-1）中 $m\times n$ 个系数 a_{ij} 按照原来的顺序排在一起，写成下列形式的数组（表格）

$$\begin{bmatrix}a_{11}&a_{12}&a_{13}&\cdots&a_{1n}\\a_{21}&a_{22}&a_{23}&\cdots&a_{2n}\\a_{31}&a_{32}&a_{33}&\cdots&a_{3n}\\\vdots&\vdots&\vdots&\vdots&\vdots\\a_{m1}&a_{m2}&a_{m3}&\cdots&a_{mn}\end{bmatrix}$$

这样的数组就称为 m 行 n 列的矩阵，或称为 $m\times n$ 阶矩阵，记作 $[A]$。数组中任一数 a_{ij} 称为该矩阵 $[A]$ 的元素，前一脚标表示元素所在的行，后一脚标表示元素所在的列。

矩阵 $[A]$ 的记法与行列式 $|A|$ 的记法相近，但意义完全不同。行列式 $|A|$ 代表一个数或一个代数式，而矩阵 $[A]$ 是若干数排成的表格，它不能展开，但可按照一定的规则作加、减、乘等各种运算。

公式（A1.7-1）中 n 个未知量 x_i 和 m 个常数 b_i，也可按顺序排列成矩阵形式

$$[X]=\begin{bmatrix}x_1\\x_2\\x_3\\\vdots\\x_n\end{bmatrix};\qquad[B]=\begin{bmatrix}b_1\\b_2\\b_3\\\vdots\\b_m\end{bmatrix}$$

矩阵只有一行时，称为行矩阵。矩阵只有一列时，称为列矩阵。上面的矩阵［X］及［B］均为列矩阵。

当矩阵的行数和列数相等时（即$m=n$），称为方阵。方阵中左上角至右下角的连线称为主对角线。如果一个方阵除主对角线外的所有元素均为零，则称为对角线矩阵。

若在一方阵中，对称于主对角线的元素两两相等，则该方阵称为对称矩阵。方阵［A］成为对称矩阵的条件是$a_{ij}=a_{ji}$。

当方阵的主对角线元素均为1，其余元素均为零时，称该方阵为单位矩阵，记作［I］。下面举例列出一个四阶单位矩阵

$$[I]=\begin{bmatrix}1&0&0&0\\0&1&0&0\\0&0&1&0\\0&0&0&1\end{bmatrix}$$

当矩阵中所有元素均为零时，称为零矩阵，记作［0］。

2. 矩阵的初等运算

要进行矩阵的运算，需要知道矩阵相等的概念：当两个矩阵的行数相同，列数相同，并且对应行和列中的所有元素两两相等时，称为两矩阵相等。例如，由

$$\begin{bmatrix}x_{11}&x_{12}&x_{13}\\x_{21}&x_{22}&x_{23}\end{bmatrix}=\begin{bmatrix}7&-4&-1\\0&2&-5\end{bmatrix}$$

可知：$x_{11}=7$，$x_{12}=-4$，$x_{13}=-1$，$x_{21}=0$，$x_{22}=2$，$x_{23}=-5$。

注意：两个行数或列数不同的矩阵谈不上相等。

（1）矩阵的加法和减法

两个矩阵只有在行数和列数相同时，才能相加或相减，所得的矩阵仍为一个具有相同行数和列数的矩阵。

矩阵的相加或相减，就是矩阵中对应元素的相加或相减。例如

$$\begin{bmatrix}a_{11}&a_{12}\\a_{21}&a_{22}\\a_{31}&a_{32}\end{bmatrix}+\begin{bmatrix}b_{11}&b_{12}\\b_{21}&b_{22}\\b_{31}&b_{32}\end{bmatrix}=\begin{bmatrix}a_{11}+b_{11}&a_{12}+b_{12}\\a_{21}+b_{21}&a_{22}+b_{22}\\a_{31}+b_{31}&a_{32}+b_{32}\end{bmatrix}$$

$$\begin{bmatrix}2&-7\\0&-3\end{bmatrix}-\begin{bmatrix}-5&1\\3&-6\end{bmatrix}=\begin{bmatrix}2-(-5)&-7-1\\0-3&-3-(-6)\end{bmatrix}=\begin{bmatrix}7&-8\\-3&3\end{bmatrix}$$

（2）数与矩阵的乘法

一个数与矩阵的乘积，就是将矩阵的所有元素都与该数相乘后所得的矩阵。例如

$$k\begin{bmatrix}x_{11}&x_{12}&x_{13}\\x_{21}&x_{22}&x_{23}\end{bmatrix}=\begin{bmatrix}kx_{11}&kx_{12}&kx_{13}\\kx_{21}&kx_{22}&kx_{23}\end{bmatrix}$$

（3）矩阵的乘法

两个矩阵只有在前一个矩阵的列数和后一个矩阵的行数相同时，才能相乘。

第一个矩阵第i行中各元素，分别乘以第二个矩阵中第j列相应的各元素，将各乘积的和作为新矩阵的第i行第j列相交处的元素。这个新矩阵就是第一个矩阵与第二个矩阵的乘积。

设$m\times r$阶矩阵［A］与$r\times n$阶矩阵［B］相乘，得一矩阵［C］。［C］必为$m\times n$阶

矩阵，且［C］中的元素与［A］及［B］中相应元素的关系由下式决定

$$c_{ij}=a_{i1}b_{1j}+a_{i2}b_{2j}+\cdots\cdots+a_{ir}b_{rj}=\sum_{s=1}^{r}a_{is}b_{sj}$$

$$(1\leqslant i\leqslant m,1\leqslant j\leqslant n)$$

例如

$$\begin{bmatrix}a_1 & a_2 & a_3\\ b_1 & b_2 & b_3\\ c_1 & c_2 & c_3\\ d_1 & d_2 & d_3\end{bmatrix}\begin{bmatrix}e_1 & f_1\\ e_2 & f_2\\ e_3 & f_3\end{bmatrix}=\begin{bmatrix}a_1e_1+a_2e_2+a_3e_3 & a_1f_1+a_2f_2+a_3f_3\\ b_1e_1+b_2e_2+b_3e_3 & b_1f_1+b_2f_2+b_3f_3\\ c_1e_1+c_2e_2+c_3e_3 & c_1f_1+c_2f_2+c_3f_3\\ d_1e_1+d_2e_2+d_3e_3 & d_1f_1+d_2f_2+d_3f_3\end{bmatrix}$$

（4）矩阵基本运算的性质

只要矩阵的阶数满足前面所说的相加、相减或相乘的条件，则矩阵的运算就有下列性质

1）$[A]+([B]+[C])=([A]+[B])+[C]$

2）$[A]+[B]=[B]+[A]$

3）$[A]+[0]=[A]$

4）$[A]+[-B]=[A]-[B]$，　$[A]+[-A]=[0]$

5）$k([A][B])=(k[A])[B]=[A](k[B])$

6）$([A][B])[C]=[A]([B][C])$

7）$([A]+[B])[C]=[A][C]+[B][C]$，　$[A]([B]+[C])=[A][B]+[A][C]$

8）$[A][I]=[A],[I][B]=[B]$

（5）矩阵的运算与数的运算有以下几个不同之处，需特别注意

1）在一般情况下，$[A][B]\neq[B][A]$。例如

$$[A][B]=\begin{bmatrix}1 & -1\\ 1 & 1\end{bmatrix}\begin{bmatrix}1 & 1\\ 1 & -1\end{bmatrix}=\begin{bmatrix}0 & 2\\ 2 & 0\end{bmatrix}$$

$$[B][A]=\begin{bmatrix}1 & 1\\ 1 & -1\end{bmatrix}\begin{bmatrix}1 & -1\\ 1 & 1\end{bmatrix}=\begin{bmatrix}2 & 0\\ 0 & -2\end{bmatrix}$$

因此，在矩阵运算中，在等式$[A]=[C]$两边同乘以某矩阵［B］时，必须区别“左乘”与“右乘”，不能任意调换位置。

当两边左乘矩阵［B］时，$[B][A]=[B][C]$

当两边右乘矩阵［B］时，$[A][B]=[C][B]$

2）已知 $[A][B]=[0]$，并不能肯定［A］与［B］中必有一零矩阵。例如

$$\begin{bmatrix}3 & -2\\ -3 & 2\end{bmatrix}\begin{bmatrix}2 & 2\\ 3 & 3\end{bmatrix}=\begin{bmatrix}0 & 0\\ 0 & 0\end{bmatrix}$$

可见，两个矩阵都不是零矩阵，但乘积可能是零矩阵。

3）已知 $[A][C]=[B][C]$，并不能肯定 $[A]=[B]$。例如，设

$$[A]=\begin{bmatrix}1 & 0 & 1\\ 0 & 1 & 0\end{bmatrix},[B]=\begin{bmatrix}0 & -1 & 1\\ 1 & 2 & 0\end{bmatrix},[C]=\begin{bmatrix}1 & -1\\ -1 & 1\\ 1 & 0\end{bmatrix}$$

显然$[\mathrm{A}]\neq[\mathrm{B}]$，但

$$[A][C]=[B][C]=\begin{bmatrix}2 & -1\\ -1 & 1\end{bmatrix}$$

如果矩阵 $[C]$ 的元素 c_{ij} 取任意值时，下列等式均成立，

$$[A][C]=[B][C]$$

则可以断定 $[A]=[B]$。

如果矩阵 $[C]$ 有逆矩阵，则当 $[A][C]=[B][C]$ 时，也可断定 $[A]=[B]$。

（6）转置矩阵与逆矩阵

1）转置矩阵　用一个矩阵的第一行组成另一个矩阵的第一列（保持行与列的元素顺序不变，下同），第二行组成另一个矩阵的第二列，依次类推，则这两个矩阵互为转置矩阵。矩阵 $[A]$ 的转置矩阵记作 $[A]^{\mathrm{T}}$。例如

$$\begin{bmatrix}a_{11} & a_{12} & a_{13} & a_{14}\\ a_{21} & a_{22} & a_{23} & a_{24}\end{bmatrix}^{\mathrm{T}}=\begin{bmatrix}a_{11} & a_{21}\\ a_{12} & a_{22}\\ a_{13} & a_{23}\\ a_{14} & a_{24}\end{bmatrix}$$

显然，对称矩阵的转置矩阵就是它自己。

两向量的数量积，可写成矩阵运算形式。若已知

$$[A]=\begin{bmatrix}a_1\\ a_2\\ \vdots\\ a_n\end{bmatrix},\qquad [B]=\begin{bmatrix}b_1\\ b_2\\ \vdots\\ b_n\end{bmatrix}$$

则数量积 $[C]=[A]^{\mathrm{T}}[B]=[B]^{T}[A]=\sum\limits_{i=1}^{n}a_ib_i$。

显然，行矩阵与同阶的列矩阵相乘，乘积是一个数。

转置矩阵运算的性质

$$(k[A])^{\mathrm{T}}=k[A]^{\mathrm{T}}$$

$$([A]+[B])^{\mathrm{T}}=[A]^{\mathrm{T}}+[B]^{\mathrm{T}}$$

$$([A][B][C]\cdots[Y][Z])^{\mathrm{T}}=[Z]^{\mathrm{T}}[Y]^{\mathrm{T}}\cdots[C]^{\mathrm{T}}[B]^{\mathrm{T}}[A]^{\mathrm{T}}$$

2）逆矩阵　对于一个 n 阶方阵 $[A]$，如果能够找到另一个 n 阶方阵 $[B]$，使得

$$[A][B]=[I]$$

则称 $[B]$ 为 $[A]$ 的**逆矩阵**，记为 $[A]^{-1}$。若方阵 $[A]$ 不存在相应的逆矩阵，则称 $[A]$ 为奇异矩阵。

当所讨论矩阵均为同阶方阵时，逆矩阵具有下列性质

$$[A][A]^{-1}=[A]^{-1}[A]=[I]$$

$$([A]^{-1})^{-1}=[A];$$

$$([A]^{-1})^{\mathrm{T}}=([A]^{\mathrm{T}})^{-1}$$

对若干同阶方阵，有

$$([A][B][C]\cdots[Y][Z])^{-1}=[Z]^{-1}[Y]^{-1}\cdots[C]^{-1}[B]^{-1}[A]^{-1}$$

对于公式（A1.7-1）所示代数方程组，其矩阵表达式为 $[A][X]=[B]$。当 $m=n$ 时，由矩阵运算的性质可得：

$$[A]^{-1}[A][X] = [A]^{-1}[B]$$
$$[I][X] = [A]^{-1}[B]$$
$$[X] = [A]^{-1}[B]$$

如果通过某种方式（例如电子计算机），求得矩阵 $[A]$ 的逆矩阵 $[A]^{-1}$，则由上面的最后一个公式，用矩阵乘法即可求得未知量 $[X]$。

（7）分块矩阵

矩阵 $[A]$ 可用贯穿矩阵的纵线和横线分割成若干块：

$$[A]=\left[\begin{array}{cc:c:cc} a_{11} & a_{12} & a_{13} & a_{14} & a_{15} \\ a_{21} & a_{22} & a_{23} & a_{24} & a_{25} \\ \hdashline a_{31} & a_{32} & a_{33} & a_{34} & a_{35} \end{array}\right]$$

这样的矩阵$[A]$称为**分块矩阵**。其中的每一块均为$[A]$的子矩阵。当子矩阵的阶数满足矩阵运算的条件时，分块矩阵的运算可按与普通矩阵相似的运算规则进行。下面举例表示分块矩阵的乘法：

$$\begin{bmatrix} [A_{11}] & [A_{12}] \\ [A_{21}] & [A_{22}] \end{bmatrix}\begin{bmatrix} [B_{11}] & [B_{12}] \\ [B_{21}] & [B_{22}] \end{bmatrix}=\begin{bmatrix} [A_{11}][B_{11}]+[A_{12}][B_{21}] & [A_{11}][B_{12}]+[A_{12}][B_{22}] \\ [A_{21}][B_{11}]+[A_{22}][B_{21}] & [A_{21}][B_{12}]+[A_{22}][B_{22}] \end{bmatrix}$$

3. 对称矩阵与三角矩阵

（1）对称矩阵

当矩阵 $[A]$ 为方阵且对于任意脚标 i 与 j 恒有 $a_{ij}=a_{ji}$ 时，称矩阵 $[A]$ 为对称矩阵。

（2）上三角矩阵

当矩阵 $[B]$ 为方阵且主对角线左下方所有的元素均为零时，称矩阵 $[B]$ 为上三角矩阵。下面举例列出一个四阶上三角矩阵：

$$[B]=\begin{bmatrix} b_{11} & b_{12} & b_{13} & b_{14} \\ 0 & b_{22} & b_{23} & b_{24} \\ 0 & 0 & b_{33} & b_{34} \\ 0 & 0 & 0 & b_{44} \end{bmatrix}$$

（3）下三角矩阵

当矩阵 $[B]$ 为方阵且主对角线右上方所有的元素均为零时，称矩阵 $[B]$ 为下三角矩阵。下面举例列出一个四阶下三角矩阵：

$$[B]=\begin{bmatrix} b_{11} & 0 & 0 & 0 \\ b_{21} & b_{22} & 0 & 0 \\ b_{31} & b_{32} & b_{33} & 0 \\ b_{41} & b_{42} & b_{43} & b_{44} \end{bmatrix}$$

（4）三角矩阵的转置

上三角矩阵 $[B]$ 的转置矩阵 $[B]^{T}$ 是下三角矩阵。反之，下三角矩阵 $[B]$ 的转置矩阵 $[B]^{T}$ 是上三角矩阵。

（5）对称矩阵的一些性质

1）若方阵 $[A]=[A]^{T}$，则 $[A]$ 为对称矩阵。

2）若 $[B]$ 为上（下）三角矩阵且 $[A]=[B]^{T}[B]$，则 $[A]$ 为对称矩阵。

3）若［B］为上（下）三角矩阵，［A］为对称矩阵，且［C］＝［B］^{T}［A］［B］，则［C］为对称矩阵。

A2 立体图形的面积及体积计算公式

表 A2-1

V—容积、体积　　S—表面积

A_s—侧面积　　A_b—底面积

x—形心离底面的距离　　C—形心点

简　　图	容积及有关数值
正方形体	$V=a^3$ $S=6a^2$ $A_s=4a^2$ $x=\frac{a}{2}$ $d=\sqrt{3}a$
长方形柱 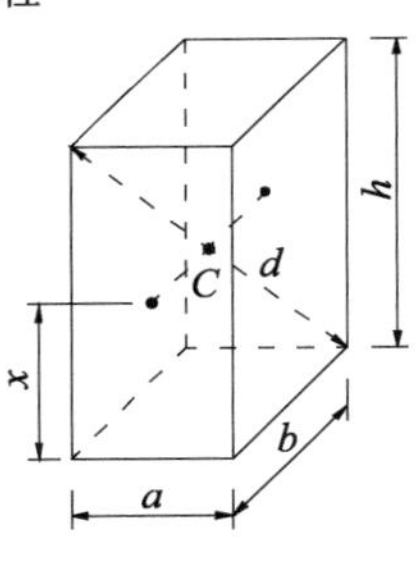	$V=abh$ $S=2(ab+ah+bh)$ $A_s=2h(a+b)$ $x=\frac{h}{2}$ $d=\sqrt{a^2+b^2+h^2}$
正多角形柱体 a—边长； n—边数； h—高度； A_b—底面积；	$V=A_bh$ $S=2A_b+nha$ $A_s=nha$ $x=\frac{h}{2}$
截头圆柱体 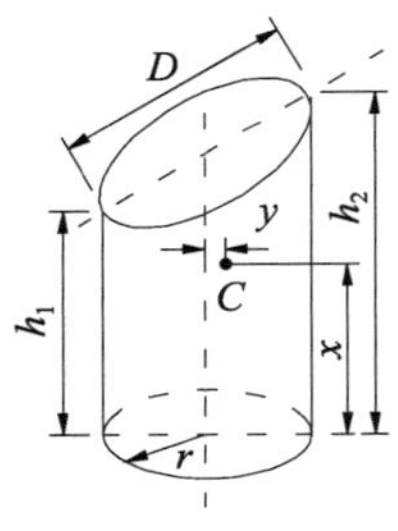	$V=\pi r^2(\frac{h_1+h_2}{2})$；$A_s=\pi r(h_1+h_2)$ $D=\sqrt{4r^2+(h_2-h_1)^2}$ $x=\frac{h_1+h_2}{4}+\frac{(h_2-h_1)^2}{16(h_1+h_2)}$ $y=\frac{r(h_2-h_1)}{4(h_1+h_2)}$

续表

简图	容积及有关数值	
圆柱体　中空圆柱体 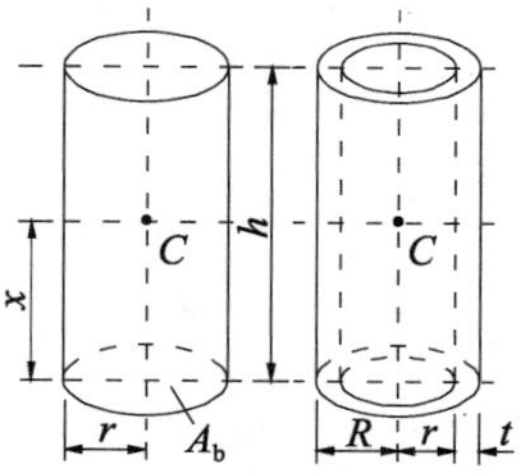	圆柱体 $V=\pi r^2 h=A_b h$ $S=2\pi r(r+h)$ $A_s=2\pi rh$ $x=\frac{h}{2}$	中空圆柱体 $V=\pi h(R^2-r^2)$ $=\pi ht(2R-t)$ $=\pi ht(2r+t)$ $x=\frac{h}{2}$
正六角形柱体 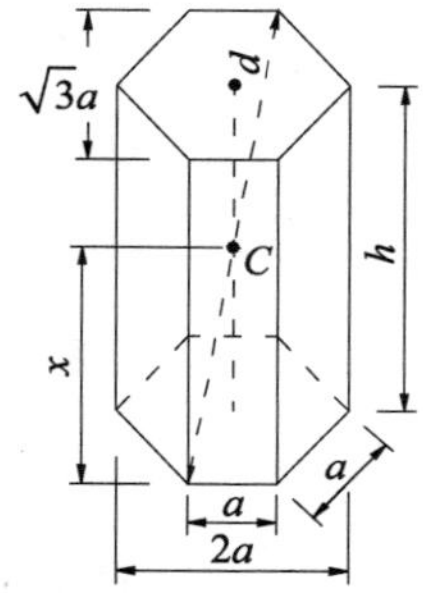	$V=2.5981a^2h$ $S=5.1962a^2+6ah$ $A_s=6ah$ $x=\frac{h}{2}$ $d=\sqrt{h^2+4a^2}$	
圆锥体 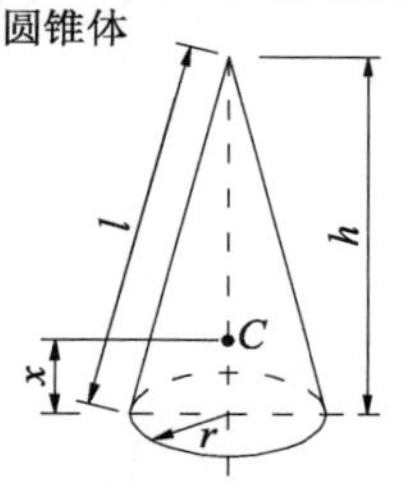	$V=\frac{\pi r^2 h}{3}$ $A_s=\pi rl$ $l=\sqrt{r^2+h^2}$ $x=\frac{h}{4}$	
角锥体 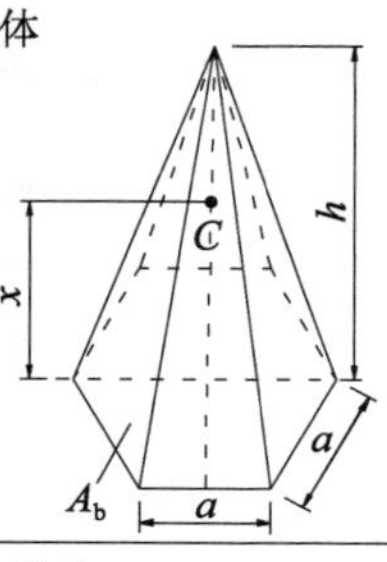	$V=\frac{A_b h}{3}$ $x=\frac{h}{4}$	
截头角锥体 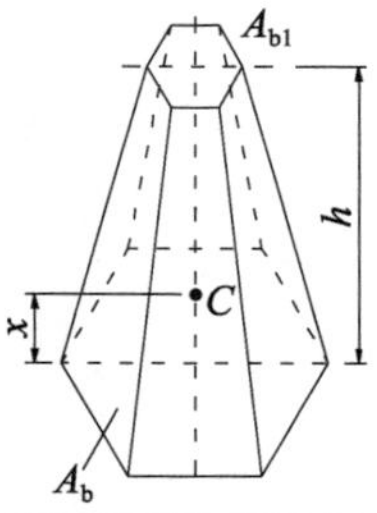	$V=\frac{h}{3}(A_b+A_{b1}+\sqrt{A_b\cdot A_{b1}})$ $x=\frac{h}{4}\left(\frac{A_b+2\sqrt{A_b\cdot A_{b1}}+3A_{b1}}{A_b+\sqrt{A_b\cdot A_{b1}}+A_{b1}}\right)$	

续表

简　　图	容积及有关数值
截头圆锥体 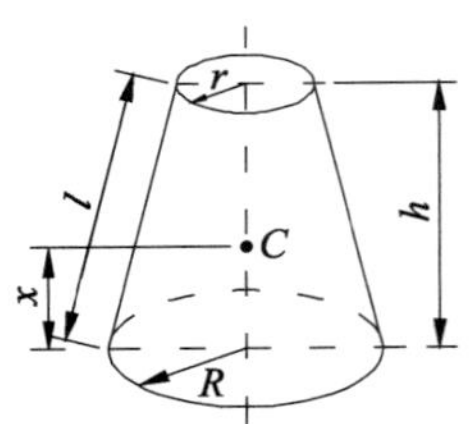 	$V=\frac{\pi h}{3}(R^2+Rr+r^2)=\frac{\pi h}{4}(a^2+\frac{1}{3}b^2)$ $A_s=\pi la$ $a=R+r;b=R-r;l=\sqrt{b^2+h^2}$ $x=\frac{h}{4}\left(\frac{R^2+2Rr+3r^2}{R^2+Rr+r^2}\right)$
圆球体 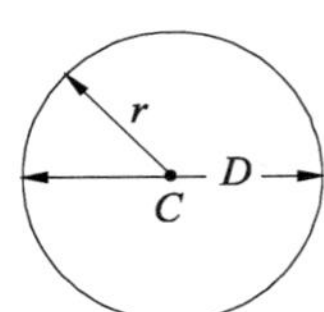 	$V=\frac{4\pi r^3}{3}=\frac{\pi D^3}{6}$ $S=4\pi r^2=\pi D^2$
削球体 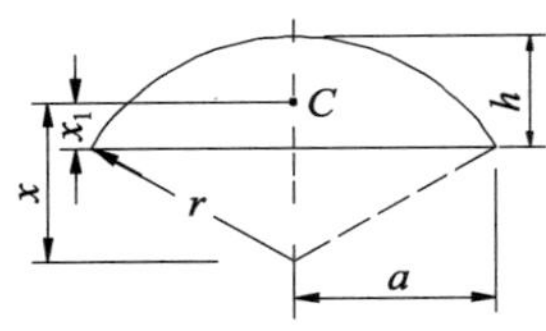 	$V=\frac{\pi h}{6}(3a^2+h^2)=\frac{\pi h^2}{3}(3r-h)$ $A_s=2\pi rh=\pi(a^2+h^2)$ $S=\pi h(4r-h)$；　$a^2=h(2r-h)$ $x=\frac{3}{4}\left[\frac{(2r-h)^2}{3r-h}\right]$；　$x_1=\frac{h}{4}(\frac{4r-h}{3r-h})$
长方棱台体 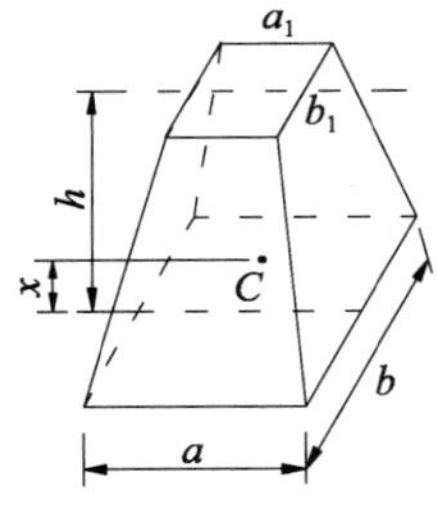 	$V=\frac{h}{6}[(2a+a_1)b+(2a_1+a)b_1]$ $=\frac{h}{6}[ab+(a+a_1)(b+b_1)+a_1b_1]$ $x=\frac{h}{2}\left(\frac{ab+ab_1+a_1b+3a_1b_1}{2ab+ab_1+a_1b+2a_1b_1}\right)$
圆环体 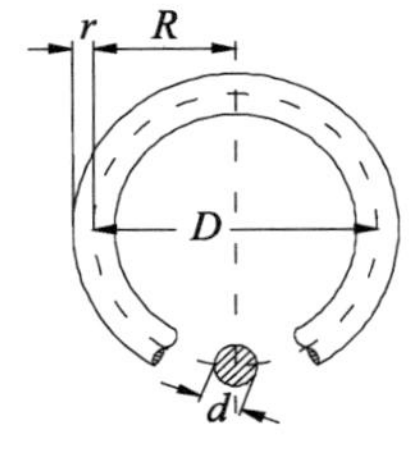 	$V=2\pi^2Rr^2=\frac{1}{4}\pi^2Dd^2$ $S=4\pi^2Rr=\pi^2Dd$ $D=2R$；　$d=2r$

续表

简图	容积及有关数值
球状楔 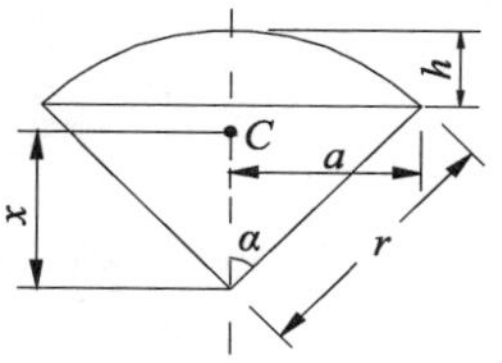	$V=\frac{2\pi r^2 h}{3}$； $A_s=a\pi r$ $S=\pi r(2h+a)$ $x=\frac{3}{8}(2r-h)$； $a=r\sin\alpha$ $h=r(1-\cos\alpha)$
球带体 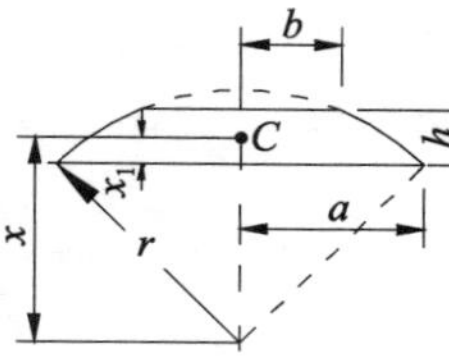	$V=\frac{\pi h}{6}(3a^2+3b^2+h^2)$ $A_s=2\pi rh$； $r^2=a^2+(\frac{a^2-b^2-h^2}{2h})^2$ $x=\frac{3}{2}\times\frac{a^4-b^4}{h(3a^2+3b^2+h^2)}$ $x_1=\frac{h}{2}\times\frac{2a^2+4b^2+h^2}{3a^2+3b^2+h^2}$

A3 常用常数值和常用单位与法定计量单位之间的换算

常用常数值 **表 A3-1**

常数	数值	常数	数值
$\sqrt{2}$	1.4142136	π^2	9.8696044
$\sqrt{3}$	1.7320508	e(自然对数底)	2.7182818
$\sqrt{5}$	2.2360680	1弧度$\left(=\frac{180°}{\pi}\right)$	57.29578°=57°17′44.81″
π(圆周率)	3.1415927	1°$\left(=\frac{\pi}{180}弧度\right)$	0.01745329弧度

常用法定计量单位 **表 A3-2**

量的名称	单位名称	单位符号	换算关系和说明
长度	毫米 米	mm m	1m=1000mm
面积	平方毫米 平方米	mm^2 m^2	$1m^2=10^6mm^2$
体积 (容积)	立方毫米 立方米 升	mm^3 m^3 L	$1m^3=10^9mm^3$ $1L=1dm^3=10^{-3}m^3$
时间	秒 分 时 日	s min h d	1min=60s 1h=60min=3600s 1d=24h=86400s

续表

量的名称	单位名称	单位符号	换算关系和说明
平面角	[角]秒 [角]分 度 弧度	(″) (′) (°) rad	$1°=(\pi/180)$rad $1'=(1/60)°=(\pi/10800)$rad $1''=(1/60)'=(\pi/648000)$rad
质量	千克(公斤) 吨	kg t	1t=1000kg(10^3kg)
力(重力)	牛[顿]	N	加在质量为1kg的物体使之产生$1m/s^2$加速度的力为1N
压力　应力	帕[斯卡] 兆帕[斯卡]	Pa(N/m^2) MPa(N/mm^2)	$1N/mm^2=10^6N/m^2$
力矩	牛[顿]米 千牛[顿]米	N·m kN·m	
截面惯性矩 极惯性矩	四次方米	m^4	
截面模量	三次方米	m^3	

长度单位换算表　　**表 A3-3**

米(m)	厘米(cm)	毫米(mm)	英寸(in)	英尺(ft)
1	100	1000	39.37	3.28
10^{-2}	1	10	0.3937	3.28×10^{-2}
10^{-3}	10^{-1}	1	3.937×10^{-2}	3.28×10^{-3}
2.54×10^{-2}	2.54	25.4	1	8.33×10^{-2}
3.048×10^{-1}	30.48	304.8	12	1

面积单位换算表　　**表 A3-4**

平方米(m^2)	平方厘米(cm^2)	平方毫米(mm^2)	平方英寸(in^2)	平方英尺(ft^2)
1	10^4	10^6	1550	10.764
10^{-4}	1	10^2	1.55×10^{-1}	1.0764×10^{-3}
10^{-6}	10^{-2}	1	1.55×10^{-3}	1.0764×10^{-5}
6.45×10^{-4}	6.45	645.16	1	6.944×10^{-3}
9.29×10^{-2}	929	929×10^2	144	1

注：1公顷=100公亩=10000m^2
　　1公亩=100m^2

体积(容积)单位换算表(一)　　**表 A3-5**

立方米(m^3)	立方厘米(cm^3)	立方毫米(mm^3)	立方英寸(in^3)	立方英尺(ft^3)
1	10^6	10^9	61023.38	35.29
10^{-6}	1	10^3	6.1×10^{-2}	3.529×10^{-5}
10^{-9}	1×10^{-3}	1	6.1×10^{-5}	3.529×10^{-8}
1.64×10^{-5}	16.39	16387	1	5.787×10^{-4}
2.83×10^{-2}	28316.8	28316846.6	1728	1

体积(容积)单位换算表(二) **表 A3-6**

立方米(m^3)	升(L)	英加仑(gal)	美加仑(gal)
1	10^3	220	264
10^{-3}	1	2.2×10^{-1}	2.64×10^{-1}
4.546×10^{-3}	4.546	1	1.201
3.785×10^{-3}	3.785	8.33×10^{-1}	1

力单位换算表 **表 A3-7**

牛[顿](N)	千克力(kgf)	千磅力(kipf)	达因(dyn)
1	1.019×10^{-1}	2.248×10^{-4}	10^5
9.81	1	2.205×10^{-3}	9.81×10^5
4.448×10^3	454	1	4.448×10^8
10^{-5}	1.019×10^{-6}	2.248×10^{-9}	1

注:重力 1t=9.81kN(1t≈10kN)
1kN≈0.1t

压力(应力)单位换算表 **表 A3-8**

帕[斯卡] (Pa=N/m^2)	千克/平方厘米 (kg/cm^2)	千克/平方毫米 (kg/mm^2)	磅/平方英尺 (Psf)	磅/平方英寸 (Psi)
1	1.019×10^{-5}	1.019×10^{-7}	20.88×10^{-3}	0.145×10^{-3}
9.81×10^4	1	10^{-2}	2048.2	14.22
9.81×10^6	10^2	1	20.482×10^4	1.422×10^3
47.9	4.88×10^{-4}	4.88×10^{-6}	1	6.94×10^{-3}
6.9×10^3	7.03×10^{-2}	7.03×10^{-4}	144	1

注:1MPa(1兆帕)=1000000Pa=1000000N/m^2=1N/mm^2
1kg/cm^2=0.0981MPa
1t/m^2=9.81kPa(≈10kPa)

力矩单位换算表 **表 A3-9**

牛[顿]米 (N·m)	千克厘米 (kg·cm)	千克毫米 (kg·mm)	千磅英尺 (kiP·ft)	磅英尺 (lb·ft)
1	10.19	101.9	7.37×10^{-4}	7.37×10^{-1}
9.81×10^{-2}	1	10	7.233×10^{-5}	7.233×10^{-2}
9.81×10^{-3}	10^{-1}	1	7.233×10^{-6}	7.233×10^{-3}
1.356×10^3	13.83×10^3	13.83×10^4	1	10^3
1.356	13.83	138.3	10^{-3}	1

注:1t·m=1000kg·m=9810N=9.81kN≈10kN
截面模量:1in^3=$1.63871\times10^{-5}m^3$,
1ft^3=0.0283168m^3
截面惯性矩:1in^4=$4.16232\times10^{-7}m^4$,
1ft^4=$8.631\times10^{-3}m^4$

附录B　平面杆系计算结构力学部分内容介绍

平面杆件系统结构力学的传统求解方法，长期以来一直处于繁重的手工计算阶段。自从电子计算机应用到结构力学中之后，产生了一个飞跃。手工计算中最困难的大型方程组求解问题，在这里变得比较容易了。从而能够顺利求解生产实际中出现的许多结构力学问题。

编写计算机应用程序时，最关心计算方法的统一性、广泛适用性和程序编写的方便。在平面杆件系统中用矩阵位移法能较好地满足这些要求。这里介绍的是与矩阵位移法相关的内容。

在单元分析中介绍的是平面刚架单元。直接采用平面刚架单元能够求解平面铰接桁架，也能够计算连续梁，应用时不必另行构造平面桁架单元与连续梁单元。

在国外，连续体的有限元法最早是从杆件系统矩阵位移法的概念发展起来的，因此在计算结构力学中，一些术语、概念与连续体的有限元法相通。

B1　推导矩阵位移法方程的基本约定

B1.1　符号

1. 刚度矩阵

$[K_e]$——局部坐标系下的单元刚度矩阵；

$[K_\gamma]$——总体坐标系下的单元刚度矩阵；

$[K]$——结构的总刚度矩阵。

2. 位移列向量

$\{D_e\}$——局部坐标系下杆件的节点位移列向量；

$\{D_\gamma\}$——总体坐标系下杆件的节点位移列向量；

$\{D\}$——结构的总位移列向量。

3. 力列向量

$\{S_e\}$——局部坐标系下杆件的杆端力列向量；

$\{S_\gamma\}$——总体坐标系下杆件的杆端力列向量；

$\{\bar{R}_e\}$——局部坐标系下杆件的固端力列向量；

$\{\bar{R}_\gamma\}$——总体坐标系下杆件的固端力列向量；

$\{F_e\}$——局部坐标系下杆件的等效节点力列向量；

$\{F_\gamma\}$——总体坐标系下杆件的等效节点力列向量；

$\{P\}$——直接作用于节点上的结构外力列向量；

$\{F\}$——结构的总外力列向量。

B1.2　局部坐标系与总体坐标系

沿着杆件轴线方向的 $x^{(e)}$ 轴及垂直于杆件轴线方向的 $y^{(e)}$ 轴组成的坐标系称为杆件的局部坐标系；在整体结构中以 x 轴与 y 轴组成的坐标系称为总体坐标系。两个坐标系的关系见图 B1.2-1。

局部坐标系与整体坐标系相交的角度为 α，约定只考虑坐标系之间的旋转变换

$$\begin{Bmatrix} x^{(e)} \\ y^{(e)} \end{Bmatrix} = \begin{bmatrix} \cos\alpha & \sin\alpha \\ -\sin\alpha & \cos\alpha \end{bmatrix} \begin{Bmatrix} x \\ y \end{Bmatrix} \tag{B1.2-1}$$

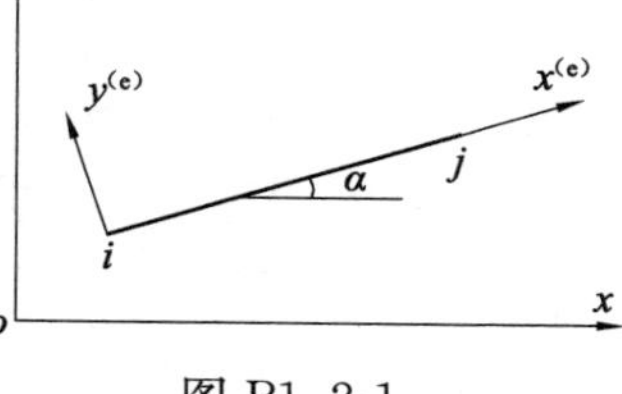

图 B1.2-1

B1.3　力和位移的正负号约定

凡力或位移的方向与图 B1.2-1 所示坐标正方向一致者约定为正，反之为负。

凡力矩或转角的旋转方向为逆时针者约定为正，反之为负。后面图 B2.1-1 中所示的固端力、杆端力及转角均为正值。

B2　结构刚度矩阵与节点力列向量

B2.1　局部坐标系下的单元刚度矩阵

杆端力、杆端位移以及外力引起的固端力如图 B2.1-1 所示。

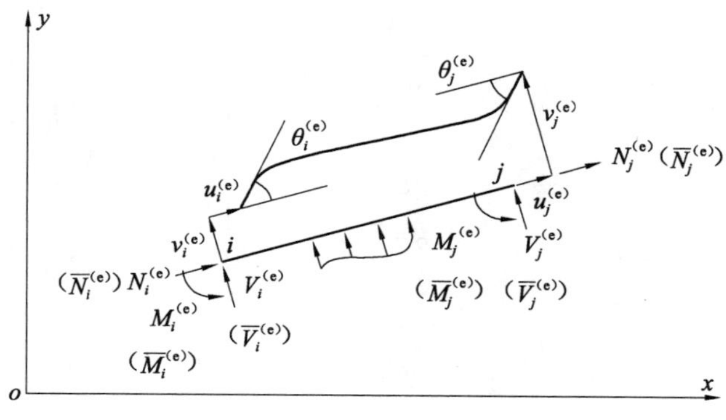

图 B2.1-1

对于平面刚架单元，假设轴向变形与弯曲变形之间相互独立，可以分别写出杆件 ij 的角变位移方程和轴向位移方程

$$\left.\begin{aligned}M_i^{(e)}&=\frac{4EI}{l}\theta_i^{(e)}+\frac{2EI}{l}\theta_j^{(e)}-\frac{6EI}{l^2}(v_j^{(e)}-v_i^{(e)})+\overline{M}_i^{(e)}\\M_j^{(e)}&=\frac{2EI}{l}\theta_i^{(e)}+\frac{4EI}{l}\theta_j^{(e)}-\frac{6EI}{l^2}(v_j^{(e)}-v_i^{(e)})+\overline{M}_j^{(e)}\\V_i^{(e)}&=\frac{6EI}{l^2}\theta_i^{(e)}+\frac{6EI}{l^2}\theta_j^{(e)}-\frac{12EI}{l^3}(v_j^{(e)}-v_i^{(e)})+\overline{V}_i^{(e)}\\V_j^{(e)}&=-\frac{6EI}{l^2}\theta_i^{(e)}-\frac{6EI}{l^2}\theta_j^{(e)}+\frac{12EI}{l^3}(v_j^{(e)}-v_i^{(e)})+\overline{V}_i^{(e)}\end{aligned}\right\}\tag{B2.1-1}$$

式中　$M_i^{(e)}$，$M_j^{(e)}$——i 和 j 端的弯矩；

$\overline{M}_i^{(e)}$，$\overline{M}_j^{(e)}$——i 和 j 端的固端弯矩；

$V_i^{(e)}$，$V_j^{(e)}$——i 和 j 端的剪力；

$\overline{V}_i^{(e)}$，$\overline{V}_j^{(e)}$——i 和 j 端的固端剪力；

$\theta_i^{(e)}$，$\theta_j^{(e)}$——i 和 j 端的转角；

$v_i^{(e)}$，$v_j^{(e)}$——i 和 j 端垂直于杆件轴线的线位移。

$$\left.\begin{aligned}N_i^{(e)}&=-\frac{EA}{l}(u_j^{(e)}-u_i^{(e)})+\overline{N}_i^{(e)}\\N_j^{(e)}&=\frac{EA}{l}(u_j^{(e)}-u_i^{(e)})+\overline{N}_j^{(e)}\end{aligned}\right\}\tag{B2.1-2}$$

式中　$N_i^{(e)}$，$N_j^{(e)}$——i 和 j 端的轴力；

$\overline{N}_i^{(e)}$，$\overline{N}_j^{(e)}$——i 和 j 端的固端轴力；

$u_i^{(e)}$，$u_j^{(e)}$——i 和 j 端平行于杆件轴线的线位移。

综合式（B2.1-1）与式（B2.1-2）可得下列单元刚度方程

$$\begin{bmatrix}\frac{EA}{l}&0&0&-\frac{EA}{l}&0&0\\0&\frac{12EI}{l^3}&\frac{6EI}{l^2}&0&-\frac{12EI}{l^3}&\frac{6EI}{l^2}\\0&\frac{6EI}{l^2}&\frac{4EI}{l}&0&-\frac{6EI}{l^2}&\frac{2EI}{l}\\-\frac{EA}{l}&0&0&\frac{EA}{l}&0&0\\0&-\frac{12EI}{l^3}&-\frac{6EI}{l^2}&0&\frac{12EI}{l^3}&-\frac{6EI}{l^2}\\0&\frac{6EI}{l^2}&\frac{2EI}{l}&0&-\frac{6EI}{l^2}&\frac{4EI}{l}\end{bmatrix}\begin{bmatrix}u_i^{(e)}\\v_i^{(e)}\\\theta_i^{(e)}\\u_j^{(e)}\\v_j^{(e)}\\\theta_j^{(e)}\end{bmatrix}=\begin{bmatrix}N_i^{(e)}\\V_i^{(e)}\\M_i^{(e)}\\N_j^{(e)}\\V_j^{(e)}\\M_j^{(e)}\end{bmatrix}-\begin{bmatrix}\overline{N}_i^{(e)}\\\overline{V}_i^{(e)}\\\overline{M}_i^{(e)}\\\overline{N}_j^{(e)}\\\overline{V}_j^{(e)}\\\overline{M}_j^{(e)}\end{bmatrix}\tag{B2.1-3}$$

式（B2.1-3）可以简化为

$$[K_e]\{D_e\mathrm{v}\}=\{S_e\}-\{\overline{R}_e\}\tag{B2.1-4}$$

上式中［K_e］就是局部坐标系下的单元刚度矩阵

$$[K_e]=\begin{bmatrix} \frac{EA}{l} & 0 & 0 & -\frac{EA}{l} & 0 & 0 \\ 0 & \frac{12EI}{l^3} & \frac{6EI}{l^2} & 0 & -\frac{12EI}{l^3} & \frac{6EI}{l^2} \\ 0 & \frac{6EI}{l^2} & \frac{4EI}{l} & 0 & -\frac{6EI}{l^2} & \frac{2EI}{l} \\ -\frac{EA}{l} & 0 & 0 & \frac{EA}{l} & 0 & 0 \\ 0 & -\frac{12EI}{l^3} & -\frac{6EI}{l^2} & 0 & \frac{12EI}{l^3} & -\frac{6EI}{l^2} \\ 0 & \frac{6EI}{l^2} & \frac{2EI}{l} & 0 & -\frac{6EI}{l^2} & \frac{4EI}{l} \end{bmatrix} \tag{B2.1-5}$$

B2.2 坐标变换矩阵

平面刚架单元中的节点位移，除去沿坐标轴 x、y（或 x_e、y_e）方向的位移 u 和 v 外还有转角 θ。在旋转变换时转角 θ 不发生变化，此时单元节点位移列向量的坐标变换矩阵为

$$[T_e]=\begin{bmatrix} \cos\alpha & \sin\alpha & 0 & & & \\ -\sin\alpha & \cos\alpha & 0 & & 0 & \\ 0 & 0 & 1 & & & \\ & & & \cos\alpha & \sin\alpha & 0 \\ & 0 & & -\sin\alpha & \cos\alpha & 0 \\ & & & 0 & 0 & 1 \end{bmatrix} \tag{B2.2-1}$$

相应的节点位移列向量与节点力列向量的变换关系式为

$$\left.\begin{aligned} \{D_e\}&=[T_e]\{D_\gamma\} \\ \{S_\gamma\}&=[T_e]^T\{S_e\} \\ \{\bar{R}_\gamma\}&=[T_e]^T\{\bar{R}_e\} \end{aligned}\right\} \tag{B2.2-2}$$

B2.3 总体坐标系下的单元刚度矩阵

1. 总体坐标系下的单元刚度矩阵

（1）将式（B2.1-4）两边同时左乘 $[T_e]^T$，可得

$$[T_e]^T[K_e]\{D_e\}=[T_e]^T\{S_e\}-[T_e]^T\{\bar{R}_e\}$$

（2）再利用式（B2.2-2）可得

$$[T_e]^T[K_e][T_e]\ \{D_\gamma\}\ =\ \{S_\gamma\}\ -\ \{\bar{R}_\gamma\} \tag{B2.3-1}$$

（3）单元刚度方程可简化为

$$[K_\gamma]\{D_\gamma\}=\{S_\gamma\}-\{\bar{R}_\gamma\} \tag{B2.3-2}$$

2. 对比式（B2.3-1）及式（B2.3-2）可知总体坐标系下的单元刚度矩阵

$$[K_\gamma]=[T_e]^T[K_e][T_e] \tag{B2.3-3}$$

3. 单元刚度矩阵 $[K_\gamma]$ 也可采用将式（B2.3-3）的矩阵相乘后得到的展开形式，但对于后面带刚性区域单元的式（B6.2-12），若采用同样的展开形式就比较复杂。为统一起见，这里也不列出展开形式。

B2.4 结构的总刚度矩阵

1. 结构总刚度矩阵的概念

在位移法中，对整体结构的未知位移项可以包括节点的角变与位变。此时，可按结构力学的方法形成下列形式的位移法方程组

$$\left.\begin{array}{l} k_{11}d_1+k_{12}d_2+\cdots\cdots+k_{1n}d_n=f_1 \\ k_{21}d_1+k_{22}d_2+\cdots\cdots+k_{2n}d_n=f_2 \\ k_{31}d_1+k_{32}d_2+\cdots\cdots+k_{3n}d_n=f_3 \\ \cdots\cdots\cdots\cdots\cdots\cdots\cdots\cdots\cdots\cdots\cdots\cdots \\ k_{n1}d_1+k_{n2}d_2+\cdots\cdots+k_{nn}d_n=f_n \end{array}\right\} \tag{B2.4-1}$$

式（B2.4-1）中的系数项所组成的矩阵就是结构的总刚度矩阵，公式如下

$$[K]=\begin{bmatrix} k_{11} & k_{12} & \cdots\cdots & k_{1n} \\ k_{21} & k_{22} & \cdots\cdots & k_{2n} \\ k_{31} & k_{32} & \cdots\cdots & k_{3n} \\ \cdots & \cdots & \cdots\cdots & \cdots \\ k_{n1} & k_{n2} & \cdots\cdots & k_{nn} \end{bmatrix} \tag{B2.4-2}$$

2. 结构的总位移列向量

形成总刚度矩阵需要知道结构的总位移列向量 $\{D\}$，它是公式（B2.4-1）中位移项所组成的列矩阵。它的转置形式为

$$\{D\}^{\mathrm{T}}=[d_1 \quad d_2 \quad d_3 \quad \cdots\cdots \quad d_n] \tag{B2.4-3}$$

上式中，结构的位移未知量总数为 n，结构的位移未知量按顺序连续编号，位移的下脚标号码就代表连续编号的顺序号。

3. 单元刚度矩阵与总刚度矩阵之间元素的对应关系

（1）在式（B2.3-2）中，单元刚度矩阵 $[K_\gamma]$ 的各元素位置与节点位移列向量 $\{D_\gamma\}$ 的各元素位置相关，且 $[K_\gamma]$ 中各元素在结构总刚度矩阵 $[K]$ 中的对应位置可以由 $\{D_\gamma\}$ 与结构总位移列向量 $\{D\}$ 中相应元素的序号对照关系确定。

（2）以后面图 B2.4-1 中的杆件②为例，杆件节点位移列向量 $\{D_\gamma\}$ 与结构总位移列向量 $\{D\}$ 中各元素的序号对应关系如下所示

杆件节点位移序号表　（1，2，3，4，5，6）

↓　↓　↓　↓　↓　↓

结构总位移序号对应表（4，5，6，7，8，9）

由位移序号对照表可知，单元刚度矩阵 $[K_\gamma]$ 中第 2 行第 2 列的元素应该叠加到总刚度矩阵 $[K]$ 中第 5 行第 5 列处，$[K_\gamma]$ 中第 5 行第 3 列的元素应该叠加到 $[K]$ 中第 8 行第 6 列处。其余元素的叠加位置依次类推。

（3）当杆件节点位移列向量｛D_γ｝中某些位移分量被约束时，在结构总位移列向量｛D｝中就不存在对应的位移。此时位移序号对照表中的序号应为0，［K_γ］中相关的元素均不应叠加到总刚度矩阵［K］中。下面实例中对杆件⑤的说明就反映了对照表中序号为0时的处理过程。

（4）根据上述位移号的对应关系就可以“对号入座”将单元刚度矩阵中的元素叠加到总刚度矩阵中去。

“对号入座”的关键是建立一个位移序号对照表，在上例中这个位移序号对照表是（4，5，6，7，8，9）。至于杆件节点位移序号表（1，2，3，4，5，6）可以隐含在上述位移序号对照表中，不需单独列出。

（5）位移序号对照表形成的方法有两种：一是在求单元刚度矩阵之前先行计算所有杆件的位移序号对照表；二是在每一次计算单元刚度矩阵时，临时计算该杆件的位移序号对照表。两种方法各有优缺点。这已涉及编写程序的细节问题，这里不再赘述。

4. 形成结构总刚度矩阵的方法

结构的总刚度矩阵由式（B2.3-3）所形成的单元刚度矩阵［K_γ］叠加而得，步骤如下：

（1）将总刚度矩阵［K］的每一个元素全部设置为0。

（2）针对每一杆件按式（B2.3-3）形成单元刚度矩阵［K_γ］。

（3）建立杆件节点位移列向量｛D_γ｝与结构位移列向量｛D｝之间的位移序号对照表。

（4）根据位移序号对照表，按上面说明的方法确定单元刚度矩阵［K_γ］中每一元素与总刚度矩阵［K］中相应元素的位置对应关系。分别“对号入座”将单元刚度矩阵［K_γ］中的元素叠加到总刚度矩阵［K］对应位置的元素中。简记为

$$[K]=\sum[K_\gamma] \tag{B2.4-4}$$

（5）对所有杆件全部单元刚度矩阵的元素叠加完毕后，即得总刚度矩阵［K］。

5. 结构总刚度矩阵形成的实例

（1）以图B2.4-1所示刚架为例，要求形成该结构的总刚度矩阵。

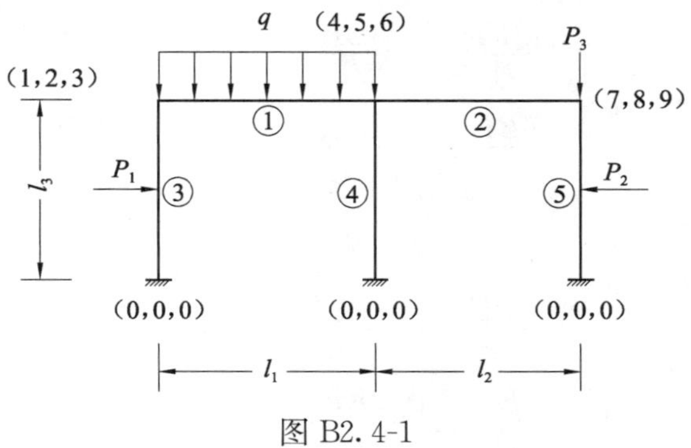

图B2.4-1

已知条件：杆件①的面积为A_1，惯性矩为I_1；杆件②的面积为A_2，惯性矩为I_2；杆件③④⑤的面积为A_3，惯性矩为I_3；各杆件的弹性模量为E。

（2）杆件①的单元刚度矩阵

$$[K_\gamma]=[K_e]=\begin{bmatrix}\frac{EA_1}{l_1} & 0 & 0 & -\frac{EA_1}{l_1} & 0 & 0\\ 0 & \frac{12EI_1}{l_1^3} & \frac{6EI_1}{l_1^2} & 0 & -\frac{12EI_1}{l_1^3} & \frac{6EI_1}{l_1^2}\\ 0 & \frac{6EI_1}{l_1^2} & \frac{4EI_1}{l_1} & 0 & -\frac{6EI_1}{l_1^2} & \frac{2EI_1}{l_1}\\ -\frac{EA_1}{l_1} & 0 & 0 & \frac{EA_1}{l_1} & 0 & 0\\ 0 & -\frac{12EI}{l^3} & -\frac{6EI_1}{l_1^2} & 0 & \frac{12EI}{l^3} & -\frac{6EI_1}{l_1^2}\\ 0 & \frac{6EI_1}{l_1^2} & \frac{2EI_1}{l_1} & 0 & -\frac{6EI_1}{l_1^2} & \frac{4EI_1}{l_1}\end{bmatrix}$$

（3）杆件②的单元刚度矩阵

$$[K_\gamma]=[K_e]=\begin{bmatrix}\frac{EA_2}{l_2} & 0 & 0 & -\frac{EA_2}{l_2} & 0 & 0\\ 0 & \frac{12EI_2}{l_2^3} & \frac{6EI_2}{l_2^2} & 0 & -\frac{12EI_2}{l_2^3} & \frac{6EI_2}{l_2^2}\\ 0 & \frac{6EI_2}{l_2^2} & \frac{4EI_2}{l_2} & 0 & -\frac{6EI_2}{l_2^2} & \frac{2EI_2}{l_2}\\ -\frac{EA_2}{l_2} & 0 & 0 & \frac{EA_2}{l_2} & 0 & 0\\ 0 & -\frac{12EI_2}{l_2^3} & -\frac{6EI_2}{l_2^2} & 0 & \frac{12EI_2}{l_2^3} & -\frac{6EI_2}{l_2^2}\\ 0 & \frac{6EI_2}{l_2^2} & \frac{2EI_2}{l_2} & 0 & -\frac{6EI_2}{l_2^2} & \frac{4EI_2}{l_2}\end{bmatrix}$$

（4）杆件③④⑤的单元刚度矩阵

1）局部坐标系的单元刚度矩阵

$$[K_e]=\begin{bmatrix}\frac{EA_3}{l_3} & 0 & 0 & -\frac{EA_3}{l_3} & 0 & 0\\ 0 & \frac{12EI_3}{l_3^3} & \frac{6EI_3}{l_3^2} & 0 & -\frac{12EI_3}{l_3^3} & \frac{6EI_3}{l_3^2}\\ 0 & \frac{6EI_3}{l_3^2} & \frac{4EI_3}{l_3} & 0 & -\frac{6EI_3}{l_3^2} & \frac{2EI_3}{l_3}\\ -\frac{EA_3}{l_3} & 0 & 0 & \frac{EA_3}{l_3} & 0 & 0\\ 0 & -\frac{12EI_3}{l_3^3} & -\frac{6EI_3}{l_3^2} & 0 & \frac{12EI_3}{l_3^3} & -\frac{6EI_3}{l_3^2}\\ 0 & \frac{6EI_3}{l_3^2} & \frac{2EI_3}{l_3} & 0 & -\frac{6EI_3}{l_3^2} & \frac{4EI_3}{l_3}\end{bmatrix}$$

2）坐标转换矩阵

局部坐标系与总体坐标系的角度关系：

$$\alpha=90^\circ,\ \sin\alpha=1,\ \cos\alpha=0$$

根据公式（B2.2-1）可得

$$[T_e]=\begin{bmatrix} 0 & 1 & 0 & & & \\ -1 & 0 & 0 & & 0 & \\ 0 & 0 & 1 & & & \\ & & & 0 & 1 & 0 \\ & 0 & & -1 & 0 & 0 \\ & & & 0 & 0 & 1 \end{bmatrix}$$

3）总体坐标系的单元刚度矩阵

$$[K_\gamma]=[T_e]^T[K_e][T_e]$$

$$=\begin{bmatrix} \frac{12EI_3}{l_3^3} & 0 & -\frac{6EI_3}{l_3^2} & -\frac{12EI_3}{l_3^3} & 0 & -\frac{6EI_3}{l_3^2} \\ 0 & \frac{EA_3}{l_3} & 0 & 0 & -\frac{EA_3}{l_3} & 0 \\ -\frac{6EI_3}{l_3^2} & 0 & \frac{4EI_3}{l_3} & \frac{6EI_3}{l_3^2} & 0 & \frac{2EI_3}{l_3} \\ -\frac{12EI_3}{l_3^3} & 0 & \frac{6EI_3}{l_3^2} & \frac{12EI_3}{l_3^3} & 0 & \frac{6EI_3}{l_3^2} \\ 0 & -\frac{EA_3}{l_3} & 0 & 0 & \frac{EA_3}{l_3} & 0 \\ -\frac{6EI_3}{l_3^2} & 0 & \frac{2EI_3}{l_3} & \frac{6EI_3}{l_3^2} & 0 & \frac{4EI_3}{l_3} \end{bmatrix}$$

（5）总体坐标系的位移顺序号

刚架固端节点的三个位移全部为 0，它们不包括在整体结构的位移顺序号中，图 B2.4-1 中用（0，0，0）表示。其余每个节点各有三个位移号，依次排列为 1～9 号。每个节点的三个位移号均表示在图 B2.4-1 中。

（6）单元刚度矩阵的叠加

以杆件⑤为例，从图 B2.4-1 得知，杆件的位移号对照表为（0，0，0，7，8，9）。单元刚度矩阵［K_γ］中位移号为 0 的元素不应该叠加至总刚度矩阵，因此只有第 4 行以后及第 4 列以后的 9 个元素才应叠加到总刚度矩阵中去。

由杆件⑤的位移序号对照表可知，杆件的第 4 个位移对应总刚度矩阵中位移号 7，杆件的第 6 个位移对应总刚度矩阵中位移号 9。所以“对号入座”的规则是，［K_γ］中第 4 行第 4 列元素应该叠加到总刚度矩阵［K］的第 7 行第 7 列处，［K_γ］中第 6 行第 4 列元素应该叠加到总刚度矩阵［K］的第 9 行第 7 列处。依此类推，可以完成全部单元刚度矩阵的叠加。

（7）图 B2.4-1 所示结构的总刚度矩阵［K］，见下页。

$$[K]=\begin{bmatrix}
\frac{EA_1}{l_1}+\frac{12EI_3}{l_3^3} & 0 & \frac{6EI_3}{l_3^2} & -\frac{EA_1}{l_1} & 0 & 0 & & & \\
0 & \frac{12EI_1}{l_1^3}+\frac{EA_3}{l_3} & \frac{6EI_1}{l_1^2} & 0 & -\frac{12EI_1}{l_1^3} & \frac{6EI_1}{l_1^2} & & 0 & \\
\frac{6EI_3}{l_3^2} & \frac{6EI_1}{l_1^2} & \frac{4EI_1}{l_1}+\frac{4EI_3}{l_3} & 0 & -\frac{6EI_1}{l_1^2} & \frac{2EI_1}{l_1} & & & \\
-\frac{EA_1}{l_1} & 0 & 0 & \frac{EA_1}{l_1}+\frac{EA_2}{l_2}+\frac{12EI_3}{l_3^3} & 0 & \frac{6EI_3}{l_3^2} & -\frac{EA_2}{l_2} & 0 & 0 \\
0 & -\frac{12EI_1}{l_1^3} & -\frac{6EI_1}{l_1^2} & 0 & \frac{12EI_1}{l_1^3}+\frac{12EI_2}{l_2^3}+\frac{EA_3}{l_3} & -\frac{6EI_1}{l_1^2}+\frac{6EI_2}{l_2^2} & 0 & \frac{12EI_2}{l_2^3} & \frac{6EI_2}{l_2^2} \\
0 & \frac{6EI_1}{l_1^2} & \frac{2EI_1}{l_1} & \frac{6EI_3}{l_3^2} & -\frac{6EI_1}{l_1^2}+\frac{6EI_2}{l_2^2} & \frac{4EI_1}{l_1}+\frac{4EI_2}{l_2}+\frac{4EI_3}{l_3} & 0 & -\frac{6EI_2}{l_2^2} & \frac{2EI_2}{l_2} \\
 & & & -\frac{EA_2}{l_2} & 0 & 0 & \frac{EA_2}{l_2}+\frac{12EI_3}{l_3^3} & 0 & \frac{6EI_3}{l_3^2} \\
 & 0 & & 0 & -\frac{12EI_2}{l_2^3} & -\frac{6EI_2}{l_2^2} & 0 & \frac{12EI_2}{l_2^3}+\frac{EA_3}{l_3} & -\frac{6EI_2}{l_2^2} \\
 & & & 0 & \frac{6EI_2}{l_2^2} & \frac{2EI_2}{l_2} & 0 & -\frac{6EI_2}{l_2^2} & \frac{4EI_2}{l_2}+\frac{4EI_3}{l_3}
\end{bmatrix}$$

B2.5　杆件的位移列向量与节点力列向量

1. 局部坐标系下杆件的节点位移列向量$\{D_e\}$与总体坐标系下杆件的节点位移列向量$\{D_\gamma\}$可用它们的转置形式表达如下（图 B2.5-1*a*）

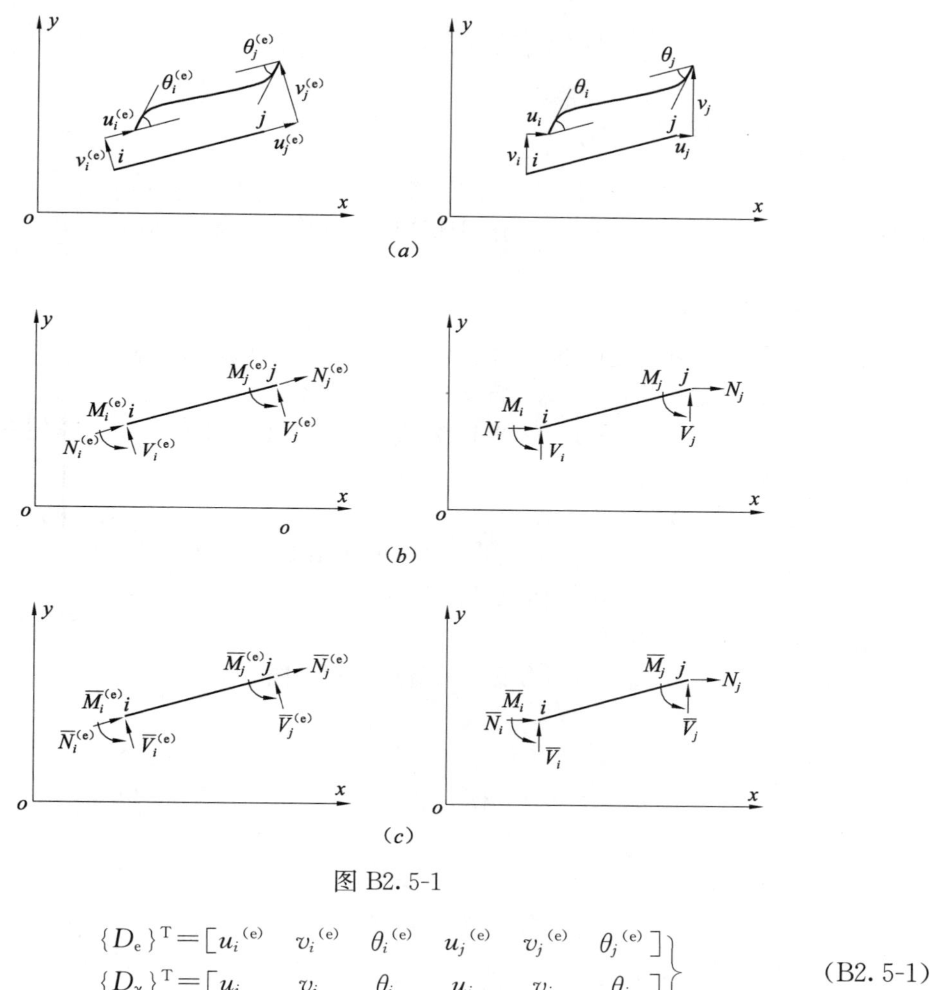

图 B2.5-1

$$\left.\begin{aligned}\{D_e\}^T&=[u_i^{(e)}\quad v_i^{(e)}\quad \theta_i^{(e)}\quad u_j^{(e)}\quad v_j^{(e)}\quad \theta_j^{(e)}]\\ \{D_\gamma\}^T&=[u_i\quad v_i\quad \theta_i\quad u_j\quad v_j\quad \theta_j]\end{aligned}\right\}\tag{B2.5-1}$$

式中 $\theta_i^{(e)}=\theta_i$；$\theta_j^{(e)}=\theta_j$。

2. 局部坐标系下杆件的端杆力列向量$\{S_e\}$与总体坐标系下杆件的杆端力列向量$\{S_\gamma\}$可用它们的转置形式表达如下（图 B2.5-1*b*）

$$\left.\begin{aligned}\{S_e\}^T&=[N_i^{(e)}\quad V_i^{(e)}\quad M_i^{(e)}\quad N_j^{(e)}\quad V_j^{(e)}\quad M_j^{(e)}]\\ \{S_\gamma\}^T&=[N_i\quad V_i\quad M_i\quad N_j\quad V_j\quad M_j]\end{aligned}\right\}\tag{B2.5-2}$$

式中 $M_i^{(e)}=M_i$；$M_j^{(e)}=M_j$。

3. 局部坐标系下杆件的固端力列向量 $\{\overline{R}_e\}$ 与总体坐标系杆件的固端力列向量 $\{\overline{R}_\gamma\}$ 可用它们的转置形式表达如下（图 B2.5-1*c*）：

$$\left.\begin{array}{l}\{\bar{R}_{e}\}^{T}=[\bar{N}_{i}{}^{(e)} \quad \bar{V}_{i}{}^{(e)} \quad \bar{M}_{i}{}^{(e)} \quad \bar{N}_{j}{}^{(e)} \quad \bar{V}_{j}{}^{(e)} \quad \bar{M}_{j}{}^{(e)}] \\ \{\bar{R}_{y}\}^{T}=[\bar{N}_{i} \quad \bar{V}_{i} \quad \bar{M}_{i} \quad \bar{N}_{j} \quad \bar{V}_{j} \quad \bar{M}_{j}]\end{array}\right\} \tag{B2.5-3}$$

式中 $\bar{M}_i^{(e)}=\bar{M}_i$；$\bar{M}_j^{(e)}=\bar{M}_j$。

4. 局部坐标系与总体坐标系下节点位移列向量及节点力列向量的变换。

局部坐标系与总体坐标系下节点位移列向量及节点力列向量的变换关系式见式（B2.2-2）。

B2.6 等效节点力

1. 当荷载作用在单元内部时，可以将整体结构计算的问题（图 B2.6-1*a*）分解为两个问题（图 B2.6-1*b*、图 B2.6-1*c*），分别计算后再叠加，从而得到最终的结果。

2. 问题一（图 B2.6-1*b*）

将全部节点约束，此时每个杆件都成为单独的两端固定杆（所有的节点力暂时排除在外）。此问题的求解比较方便。

图 B2.6-1（*a*）在每个节点处加上各个杆件在荷载作用下的固端力后与图 B2.6-1（*b*）等价。

3. 问题二（图 B2.6-1*c*）

将问题一中节点上的固端力全部反号再加上图 B2.6-1（*a*）中的节点外力，共同作用在原结构上就成为问题二。矩阵位移法方程的解实际上是问题二的解。

图 B2.6-1（*c*）中代表固端力反号的节点力称为图 B2.6-1（*a*）中杆件内荷载的等效节点力。

(*a*)

(*b*)

(*c*)

图 B2.6-1

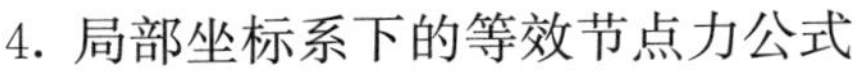

4. 局部坐标系下的等效节点力公式

$$\{F_e\}=-\{\bar{R}_e\} \tag{B2.6-1}$$

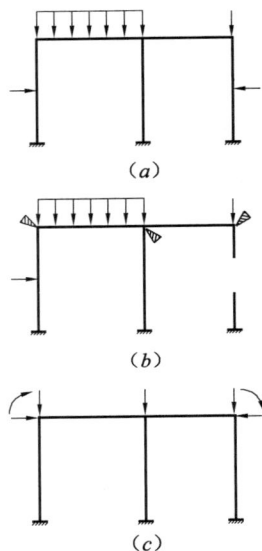

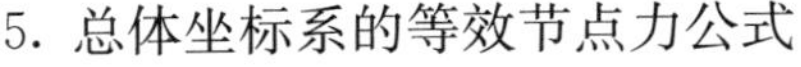

5. 总体坐标系的等效节点力公式

与式（B2.2-2）相似，有

$$\{F_\gamma\}=[T_e]^T\{F_e\} \tag{B2.6-2}$$

与式（B2.6-1）相似，有

$$\{F_\gamma\}=-\{\bar{R}_\gamma\} \tag{B2.6-3}$$

B2.7 作用于结构的总外力列向量

1. 在式（B2.4-1）中，位移法方程组右端项组成的列矩阵就是结构的总外力列向量$\{F\}$，

$$\{F\}^T=[f_1 \quad f_2 \quad f_3 \quad \cdots\cdots \quad f_n] \tag{B2.7-1}$$

2. 在本附录讨论的范围内，结构的总外力列向量$\{F\}$包括两个部分：一是直接作用于节点上的外力列向量$\{P\}$；二是由杆件的等效节点力$\{F_\gamma\}$叠加而得的部分，简记为$\sum\{F_\gamma\}$。写成公式形式为

$$\{F\}=[P]+\sum\{F_\gamma\} \tag{B2.7-2}$$

3. 等效节点力的叠加方法与前述总刚度矩阵的形成方法相似。可根据位移序号对照表确定的对应关系“对号入座”，将式（B2.6-2）或式（B2.6-3）中 $\{F_\gamma\}$ 的元素叠加到总外力列向量 $\{F\}$ 对应元素的位置处。

4. 结构总外力列向量形成的实例（图 B2.4-1）

（1）直接作用于节点上的外力列向量 $\{P\}$

$$\{P\}^{\mathrm{T}}=[0\quad 0\quad 0\quad 0\quad 0\quad 0\quad 0\quad -P_3\quad 0]$$

（2）杆件①的等效节点力列向量$\{F_\gamma\}$

1）固端力列向量 $\{\overline{R}_\gamma\}$

$$\{\overline{R}_\gamma\}^{\mathrm{T}}=\{\overline{R}_{\mathrm{e}}\}^{\mathrm{T}}=\begin{bmatrix}0 & \dfrac{ql_1}{2} & \dfrac{ql_1^2}{12} & 0 & \dfrac{ql_1}{2} & -\dfrac{ql_1^2}{12}\end{bmatrix}$$

2）等效节点力列向量$\{F_\gamma\}$

$$\{F_\gamma\}^{\mathrm{T}}=-\{\overline{R}_\gamma\}^{\mathrm{T}}=\begin{bmatrix}0 & -\dfrac{ql_1}{2} & -\dfrac{ql_1^2}{12} & 0 & -\dfrac{ql_1}{2} & \dfrac{ql_1^2}{12}\end{bmatrix}$$

（3）杆件③的等效节点力列向量 $\{F_\gamma\}$

1）局部坐标系的固端力列向量 $\{\overline{R}_{\mathrm{e}}\}$

$$\{\overline{R}_{\mathrm{e}}\}^{\mathrm{T}}=\begin{bmatrix}0 & \dfrac{P_1}{2} & \dfrac{P_1l_3}{4} & 0 & \dfrac{P_1}{2} & -\dfrac{P_1l_3}{4}\end{bmatrix}$$

2）局部坐标系的等效节点力列向量 $\{F_{\mathrm{e}}\}$

$$\{F_{\mathrm{e}}\}^{\mathrm{T}}=-\{\overline{R}_\gamma\}^{\mathrm{T}}=\begin{bmatrix}0 & -\dfrac{P_1}{2} & -\dfrac{P_1l_3}{4} & 0 & -\dfrac{P_1}{2} & \dfrac{P_1l_3}{4}\end{bmatrix}$$

3）总体坐标系的等效节点力列向量 $\{F_\gamma\}$

根据杆件③的坐标变换矩阵 $[T_{\mathrm{e}}]$，再将式（B2.6-2）稍做变化，可得

$$\{F_\gamma\}^{\mathrm{T}}=\{F_{\mathrm{e}}\}^{\mathrm{T}}[T_{\mathrm{e}}]=\begin{bmatrix}\dfrac{P_1}{2} & 0 & -\dfrac{P_1l_3}{4} & \dfrac{P_1}{2} & 0 & \dfrac{P_1l_3}{4}\end{bmatrix}$$

（4）同理可得杆件⑤的等效节点力列向量$\{F_\gamma\}$

$$\{F_\gamma\}^{\mathrm{T}}=\begin{bmatrix}-\dfrac{P_2}{2} & 0 & \dfrac{P_2l_3}{4} & -\dfrac{P_2}{2} & 0 & -\dfrac{P_2l_3}{4}\end{bmatrix}$$

（5）根据（1）中的直接作用于节点上的外力列向量$\{P\}$，再按照“对号入座”的方法将各杆件的等效节点力列向量 $\{F_\gamma\}$ 叠加进去，最终可得到图 B2.4-1 所示结构的总外力列向量 $\{F\}$

$$\{F\}^{\mathrm{T}}=\begin{bmatrix}\dfrac{P_1}{2} & -\dfrac{ql_1}{2} & -\dfrac{ql_1{}^2}{12}+\dfrac{P_1l_3}{4} & 0 & -\dfrac{ql_1}{2} & \dfrac{ql_1{}^2}{12} & -\dfrac{P_2}{2} & -P_3 & -\dfrac{P_2l_3}{4}\end{bmatrix}$$

B3 矩阵位移法方程及方程的求解

B3.1 矩阵位移法方程

1. 式（B2.3-2）是总体坐标系下的单元刚度方程，利用式（B2.6-3）可以改写成

$$[K_\gamma]\{D_\gamma\}=\{S_\gamma\}+\{F_\gamma\} \tag{B3.1-1}$$

按“对号入座”方式叠加各杆的刚度矩阵 $[K_\gamma]$、杆端力列向量 $\{S_\gamma\}$ 及等效节点力

列向量 $\{F_\gamma\}$ 之后，可得简记形式的方程

$$\sum([K_\gamma])\{D_\gamma\} = \sum\{S_\gamma\} + \sum\{F_\gamma\} \tag{B3.1-2}$$

2. 由节点平衡条件可知任一节点的杆端内力之和等于作用在节点上的外力。据此容易证明

$$\sum\{S_\gamma\} = \{P\}$$

代入式（B2.7-2）得

$$\sum\{S_\gamma\} + \sum\{F_\gamma\} = \{F\} \tag{B3.1-3}$$

3. 利用式（B2.4-4）与式（B3.1-3）可以将式（附 B3.1-2）转变成矩阵位移法方程

$$[K]\{D\}=\{F\} \tag{B3.1-4}$$

B3.2 矩阵位移法方程的求解

1. 矩阵位移法方程一般采用计算机求解。为了便于理解，本节只给出一般性的概念。

2. 在式（B3.1-4）中，已知的是总刚度矩阵 $[K]$ 和总外力列向量$\{F\}$，待求的未知量是$\{D\}$。

对于这种多元一次代数方程组，常用的解法一般是高斯消去法的变形。

3. 程序中常见的处理方法是，将总刚度矩阵 $[K]$ 中的元素按照某种顺序存放在一维数组中，将总外力列向量$\{F\}$按照对应的顺序存放在另一个一维数组中。在运行了一个通用的解方程组子程序后，就可以得到待求的总位移列向量$\{D\}$，它也存放在一个一维数组中。

B4 杆端力及截面内力

1. 杆端力 $\{S_e\}$ 的求解

（1）求总体坐标系下杆件的节点位移列向量 $\{D_\gamma\}$。解方程组后，结构的总位移列向量 $\{D\}$ 已经求得。对于任一确定的杆件，根据位移序号对照表找出杆件节点位移列向量 $\{D_\gamma\}$ 与结构总位移列向量 $\{D\}$ 中相应元素的序号对照关系。用“对号入座”的方法将 $\{D\}$ 中相应的元素传送到 $\{D_\gamma\}$ 中规定位置中去，即可得出杆件节点位移列向量 $\{D_\gamma\}$。

（2）按照式（B2.2-1）计算杆件的坐标变化矩阵 $[T_e]$。

（3）局部坐标系下杆件的节点位移列向量 $\{D_e\}$，按照式（B2.2-2）中 $\{D_e\} = [T_e]\{D_\gamma\}$ 计算得出。

（4）按照式（B2.1-5）计算局部坐标系下的单元刚度矩阵 $[K_e]$。

（5）计算局部坐标系杆件的固端力列向量 $\{\overline{R}_e\}$。

（6）杆端力 $\{S_e\}$。按照式（B2.1-4）计算，杆端力为

$$\{S_e\}=[K_e]\{D_e\}+\{\overline{R}_e\}$$

2. 截面内力的求解

已知杆端力$\{S_e\}$后，可以利用静力平衡条件计算任一截面处的截面内力。计算时须注意杆端力与截面内力不同的正负号规定。

B5　常用单元刚度矩阵

1. 杆单元

$$K=\begin{bmatrix} \frac{EA}{l} & 0 & 0 & -\frac{EA}{l} & 0 & 0 \\ 0 & 0 & 0 & 0 & 0 & 0 \\ 0 & 0 & 0 & 0 & 0 & 0 \\ -\frac{EA}{l} & 0 & 0 & \frac{EA}{l} & 0 & 0 \\ 0 & 0 & 0 & 0 & 0 & 0 \\ 0 & 0 & 0 & 0 & 0 & 0 \end{bmatrix}$$

2. 梁单元

$$K=\begin{bmatrix} \frac{EA}{l} & 0 & 0 & -\frac{EA}{l} & 0 & 0 \\ 0 & \frac{12EI}{l^3} & \frac{6EI}{l^2} & 0 & -\frac{12EI}{l^3} & \frac{6EI}{l^2} \\ 0 & \frac{6EI}{l^2} & \frac{4EI}{l} & 0 & -\frac{6EI}{l^2} & \frac{2EI}{l} \\ -\frac{EA}{l} & 0 & 0 & \frac{EA}{l} & 0 & 0 \\ 0 & -\frac{12EI}{l^3} & -\frac{6EI}{l^2} & 0 & \frac{12EI}{l^3} & -\frac{6EI}{l^2} \\ 0 & \frac{6EI}{l^2} & \frac{2EI}{l} & 0 & -\frac{6EI}{l^2} & \frac{4EI}{l} \end{bmatrix}$$

B6　工程设计中的一些问题

B6.1　变截面杆件与考虑剪切变形的杆件

1. 引言

（1）在工程设计中，除去等截面杆件外还有常用的变截面杆件与考虑剪切变形的等截面杆件。这里提供的计算公式对它们都适用。

（2）变截面杆件

本段提供的公式，适用于矩形截面、T形截面或工字形截面的变截面杆件。这些截面的腹板高度沿杆件轴线作变化，无论是一端加腋或是两端加腋均可视为一个杆件计算，对于多种荷载形式也能方便地求解。

当为沿高度直线变化的矩形变截面杆件时，有导出的解析公式。但此类公式有一个缺点，在变截面杆件蜕化为等截面杆件时会遇到$\frac{0}{0}$的不定式，这将导致错误的结果。例如，在变截面拱的计算模型中，当采用足够多的变截面直杆作逼近计算时会遇到截面高度变化很小的杆段，此时接近于$\frac{0}{0}$不定式的计算会引起不能容忍的误差。因此这里不提供此类公式。

此处提供的变截面杆件位移计算公式采用了如下的基本思路：一是计算等截面部分的贡献，它可以引用结构力学的有关公式；二是计算变截面部分的补充贡献，它是一种定积分形式，只与截面变化的区段有关。当为等截面杆件时该项补充贡献等于0。

该法利于将等截面杆件与变截面杆件的计算程序融为一体，当变截面杆件蜕化为等截面杆件时不增加计算误差。按此法编写的程序已通过多年实际工程应用的考验，并与按其他方法算得的变截面形常数、载常数表做过严格的比较。

（3）考虑剪切变形的杆件

这里提供的考虑剪切变形杆件是等截面的。计算的基本假定是杆件的剪切变形只由剪力决定，杆件的截面转角仅取决于弯曲变形。

2. 单元刚度矩阵及固端力

（1）单元刚度矩阵

对于变截面杆件与考虑剪切变形的杆件，可以从刚度系数的原始定义出发将式（B2.1-5）中的［K_e］用更普遍有效的形式表达。

$$[K_e]=\begin{bmatrix} \rho & 0 & 0 & -\rho & 0 & 0 \\ 0 & S_{ij} & S_{ic} & 0 & -S_{ij} & S_{jc} \\ 0 & S_{ic} & S_i & 0 & -S_{ic} & S_c \\ -\rho & 0 & 0 & \rho & 0 & 0 \\ 0 & -S_{ij} & -S_{ic} & 0 & S_{ij} & S_{jc} \\ 0 & S_{jc} & S_c & 0 & S_{jc} & S_j \end{bmatrix} \tag{B6.1-1}$$

式中

$$S_c=S_iC_{ij} \tag{B6.1-2}$$

$$S_{ic}=\frac{S_i+S_c}{l} \tag{B6.1-3}$$

$$S_{jc}=\frac{S_i+S_c}{l} \tag{B6.1-4}$$

$$S_{ij}=\frac{S_{ic}+S_{jc}}{l} \tag{B6.1-5}$$

S_i——i端弯曲刚度系数，在节点位移列向量$\{D_e\}$中仅$\theta_i^{(e)}=1$，其余均等于0时的$M_i^{(e)}$值；

S_j——j端弯曲刚度系数，在节点位移列向量$\{D_e\}$中仅$\theta_j^{(e)}=1$，其余均等于0时的$M_j^{(e)}$值；

C_{ij}——传递系数，在节点位移列向量$\{D_e\}$中仅$\theta_i^{(e)}=1$，其余均等于0时的$\frac{M_j^{(e)}}{M_i^{(e)}}$值；

ρ——拉压刚度系数，在节点位移列向量$\{D_e\}$中仅$u_i^{(e)}=1$，其余均等于0时的$N_i^{(e)}$值。

（2）刚度系数S_i及传递系数C_{ij}

在j端固定i端自由的基本结构（图B6.1-1）中，由于$M_i^{(e)}$与$V_i^{(e)}$的联合作用，i点

产生单位转角$\theta_i^{(e)}=1$且侧向位移$v_i^{(e)}=0$。此时可列出如下的联立方程式

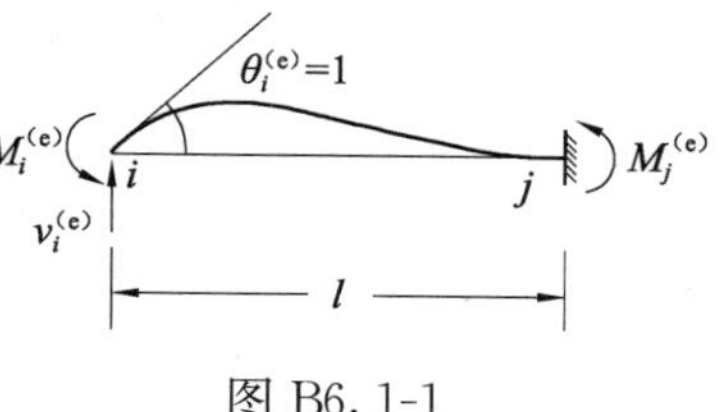

图 B6.1-1

$$\left.\begin{aligned}\delta_{dd}V_i^{(e)}+\delta_{d\theta}M_i^{(e)}=0\\ \delta_{\theta d}V_i^{(e)}+\delta_{\theta\theta}M_i^{(e)}=1\end{aligned}\right\}\tag{B6.1-6}$$

式中 δ_{dd}——由于$V_i^{(e)}=1$的作用，使基本结构在$V_i^{(e)}$正方向产生的位移；

$\delta_{d\theta}$——由于$M_i^{(e)}=1$的作用，使基本结构在$V_i^{(e)}$正方向产生的位移；

$\delta_{\theta d}$——由于$V_i^{(e)}=1$的作用，使基本结构在$M_i^{(e)}$正方向产生的转角$\delta_{\theta d}=\delta_{d\theta}$；

$\delta_{\theta\theta}$——由于$M_i^{(e)}=1$的作用，使基本结构在$M_i^{(e)}$正方向产生的转角。

对方程组（B6.1-6）求解，得

$$M_i^{(e)}=\frac{\delta_{dd}}{\delta_{dd}\delta_{\theta\theta}-\delta_{d\theta}^2}$$

$$V_i^{(e)}=-\frac{\delta_{d\theta}}{\delta_{dd}\delta_{\theta\theta}-\delta_{d\theta}^2}$$

由基本结构的平衡条件得

$$M_j^{(e)}=-M_i^{(e)}+V_i^{(e)}l$$

根据刚度系数、传递系数的定义$S_i=M_i^{(e)}$，$C_{ij}=\dfrac{M_j^{(e)}}{M_i^{(e)}}$，可得

$$\left.\begin{aligned}S_i=\frac{\delta_{dd}}{\delta_{dd}\delta_{\theta\theta}-\delta_{d\theta}^2}\\ C_{ij}=-1-\frac{\delta_{d\theta}}{\delta_{dd}}l\end{aligned}\right\}\tag{B6.1-7}$$

（3）刚度系数S_j

在计算机程序中，将i端和j端的有关参数对换，再重复求S_i的过程即可求得S_j。

（4）拉压刚度系数ρ

在j端固定i端自由的基本结构（图B6.1-2）中，由于$N_i^{(e)}$的作用，i点产生单位位移$u_i^{(e)}=1$，且其余位移为0。此时可列出如下的位移方程

$$N_i^{(e)}\delta_{nn}=1\tag{B6.1-8}$$

式中 δ_{nn}——由于$N_i^{(e)}=1$的作用，使得基本结构在$N_i^{(e)}$正方向产生的位移。

由拉压刚度的定义可知ρ应为基本结构仅产生单位位移$u_i^{(e)}=1$时的$N_i^{(e)}$值。

根据公式（B6.1-8）得

$$\rho=\frac{1}{\delta_{nn}}\tag{B6.1-9}$$

（5）固端力的基本公式

1）去掉原固端杆（图B6.1-3a）的赘余联系，代以相应的赘余力，变为静定的基本结构（图B6.1-3b）。基本结构在荷载及赘余力的共同作用下应该与原结构具有相同的变形。利用已知变形条件可以列出力法方程组

$$\left.\begin{aligned}\delta_{dd}\overline{V}_i^{(e)}+\delta_{d\theta}\overline{M}_i^{(e)}+\delta_{dq}=0\\ \delta_{\theta d}\overline{V}_i^{(e)}+\delta_{\theta\theta}\overline{M}_i^{(e)}+\delta_{\theta q}=0\\ \delta_{nn}\overline{N}_i^{(e)}+\delta_{nq}=0\end{aligned}\right\}\tag{B6.1-10}$$

式中　$\overline{N}_i^{(e)}$、$\overline{V}_i^{(e)}$、$\overline{M}_i^{(e)}$——i 端的固定力；

δ_{dq}——由于杆上荷载的作用，使基本结构在 $\overline{V}_i^{(e)}$ 正方向产生的位移；

$\delta_{\theta q}$——由于杆上荷载的作用，使基本结构在 $\overline{M}_i^{(e)}$ 正方向产生的转角；

δ_{nq}——由于杆上荷载的作用，使基本结构在 $\overline{N}_i^{(e)}$ 正方向产生的位移。

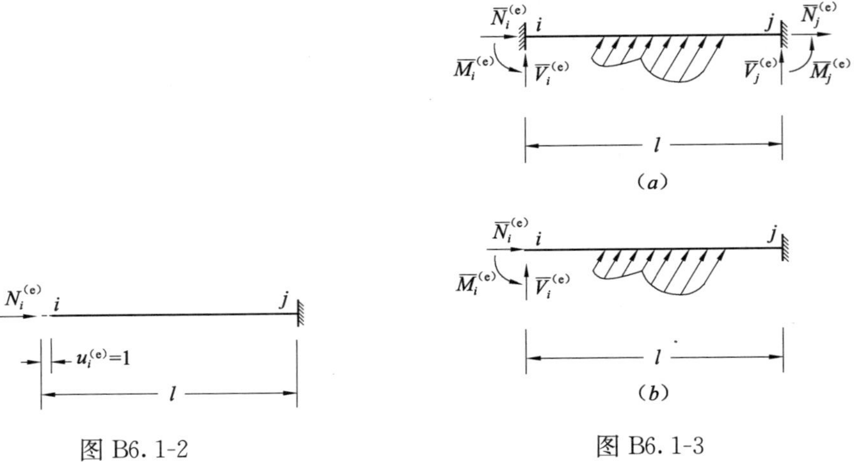

图 B6.1-2　　　　图 B6.1-3

2）对方程组（B6.1-10）求解可得 i 端固端力

$$\left.\begin{aligned}\overline{M}_i^{(e)}&=\frac{\delta_{dq}\delta_{d\theta}-\delta_{\theta q}\delta_{dd}}{\delta_{dd}\delta_{\theta\theta}-\delta_{d\theta}^2}\\ \overline{V}_i^{(e)}&=\frac{\delta_{\theta q}\delta_{d\theta}-\delta_{\theta q}\delta_{\theta\theta}}{\delta_{dd}\delta_{\theta\theta}-\delta_{d\theta}^2}\\ \overline{N}_i^{(e)}&=-\frac{\delta_{nq}}{\delta_{nn}}\end{aligned}\right\}\tag{B6.1-11}$$

3）j 端的固端力由基本结构的平衡条件求出，即

$$\left.\begin{aligned}\overline{M}_j{}^{(e)}&=-\overline{M}_i{}^{(e)}+\overline{V}_i{}^{(e)}l+M_q(l)\\ \overline{V}_j{}^{(e)}&=-\overline{V}_i{}^{(e)}-V_q(l)\\ \overline{N}_j{}^{(e)}&=-\overline{N}_i{}^{(e)}+N_q(l)\end{aligned}\right\}\tag{B6.1-12}$$

式中　M_q（l）——在杆上荷载的作用下基本结构 j 端产生的弯矩；使截面上部受压、下部受拉为正

V_q（l）——在杆上荷载的作用下基本结构 j 端产生的剪力；对邻近截面所产生的力矩沿顺时针方向者为正；

N_q（l）——在杆上荷载的作用下基本结构 j 端产生的轴力；以受拉者为正。

3. 一端固定、一端自由基本结构的位移公式

（1）应用前面的公式计算单元刚度矩阵及固端力时，需要先针对图 B6.1-4 所示 i 端自由，j 端固定的基本结构进行计算。

需要实现计算的位移有两类：一类是在 i 端作用单位力时 i 端的位移（图 B6.1-4a）；另一类是在杆件内作用任意荷载 q 时 i 端的位移（图 B6.1-4b）。现将需要计算的位移项汇总起来列在下面

δ_{dd}——由于$V_i^{(e)}=1$的作用，使基本结构在$V_i^{(e)}$正方向产生的位移；

$\delta_{d\theta}$——由于$M_i^{(e)}=1$的作用，使基本结构在$V_i^{(e)}$正方向产生的位移；

$\delta_{\theta\theta}$——由于$M_i^{(e)}=1$的作用，使基本结构在$M_i^{(e)}$正方向产生的转角；

δ_{nn}——由于$N_i^{(e)}=1$的作用，使基本结构在$N_i^{(e)}$正方向产生的位移；

δ_{nq}——由于杆上荷载的作用，使得基本结构在$\overline{N}_i^{(e)}$正方向产生的位移；

δ_{dq}——由于杆上荷载的作用，使得基本结构在$\overline{V}_i^{(e)}$正方向产生的位移；

(a)

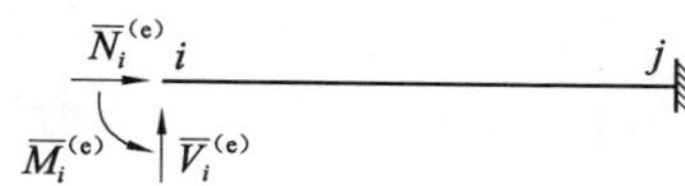

(b)

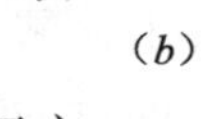

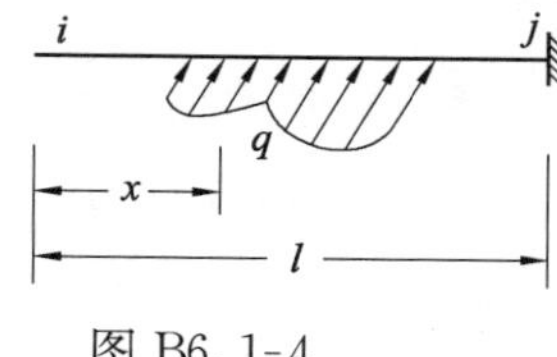

图 B6.1-4

$\delta_{\theta q}$——由于杆上荷载的作用，使得基本结构在$\overline{M}_i^{(e)}$正方向产生的转角。

(2) 符号约定

1) 公共部分

A_0——截面面积，对于变截面杆为等截面部分的截面面积，无等截面部分时可取任一截面面积；

I_0——截面惯性矩，对于变截面杆为等截面部分的惯性矩，无等截面部分时可取与A_0同一截面的惯性矩；

E——弹性模量。

2) 变截面杆

$A(x)$——离i端x处的截面积；

$I(x)$——离i端x处的截面惯性矩；

$$\gamma(x)=\frac{A(x)-A_0}{A(x)}$$

$$\beta(x)=\frac{I(x)-I_0}{I(x)} \qquad \gamma_0=\frac{1}{l}\int_0^l\gamma(x)\mathrm{d}x$$

$$\beta_0=\frac{1}{l}\int_0^l\beta(x)\mathrm{d}x \qquad \eta_0=1-\beta_0$$

$$\beta_1=\frac{1}{l^2}\int_0^l x\beta(x)\mathrm{d}x \qquad \eta_1=1-\beta_1$$

$$\beta_2=\frac{1}{l^3}\int_0^l x^2\beta(x)\mathrm{d}x \qquad \eta_2=1-\beta_2$$

M_q (x) ——在杆上荷载作用下x处的弯矩，使截面上部受压、下部受拉者为正；

N_q (x) ——在杆上荷载作用下x处的轴力，受拉者为正。

3) 考虑剪切变形的等截面杆

A. $k=\frac{A_0}{I_0^2}\int\frac{S^2(y)}{b(y)}\mathrm{d}y$——截面形状系数（见附录C）；

其中 $S(y)$ ——截面中y以上的面积对形心轴的面积矩；

$b(y)$ ——y处的截面宽度。

B. $\alpha=\dfrac{kEI_0}{GA_0l^2}$

其中 $G=\dfrac{E}{2(1+\nu)}$——剪切模量；

ν——泊松比。

C. $V_q(x)$ ——在杆上荷载的作用下 x 处的剪力；对邻近截面所产生的力矩沿顺时针方向者为正。

(3) 基本结构中位移 δ 的计算公式

1) 变截面杆与考虑剪切变形杆的综合公式

$$\left.\begin{aligned}
\delta_{dd}&=\frac{l^3}{3EI_0}(1+3\alpha)\eta_2\\
\delta_{d\theta}&=-\frac{l^2}{2EI_0}\eta_1\\
\delta_{\theta\theta}&=\frac{l}{EI_0}\eta_0\\
\delta_{nn}&=\frac{l}{EA_0}(1-\gamma_0)\\
\delta_{dq}&=\delta_{dq}^{(0)}+\delta_{dq}^{(1)}-\frac{1}{EI_0}\int_0^l x\beta(x)M_q(x)\mathrm{d}x\\
\delta_{\theta q}&=\delta_{\theta q}^{(0)}+\frac{1}{EI_0}\int_0^l \beta(x)M_q(x)\mathrm{d}x\\
\delta_{nq}&=\delta_{nq}^{(0)}+\frac{1}{EA}\int_0^l \gamma(x)N_q(x)\mathrm{d}x
\end{aligned}\right\}\tag{B6.1-13}$$

式中 $\delta_{dq}^{(0)}$——惯性矩为 I_0 的等截面基本结构（图 B6.1-4b），在杆上荷载的作用下使 i 点在 $V_i^{(e)}$ 正方向产生的位移；

$\delta_{\theta q}^{(0)}$——惯性矩为 I_0 的等截面基本结构（图 B6.1-4b），在杆上荷载的作用下使 i 点在 $M_i^{(e)}$ 正方向产生的转角；

$\delta_{nq}^{(0)}$——截面面积为 A_0 的等截面基本结构（图 B6.1-4b），在杆上荷载的作用下使 i 点在 $N_i^{(e)}$ 正方向产生的位移；

$\delta_{dq}^{(1)}$——截面面积为 A_0、惯性矩为 I_0 的等截面基本结构（图 B6.1-4b），在杆上荷载的作用下，由于剪切变形的影响使 i 点在 $V_i^{(e)}$ 正方向产生的附加位移。

2) $\delta_{dq}^{(0)}$、$\delta_{\theta q}^{(0)}$ 等的计算公式可以从第 2 章第 2.2 节的表 2.2-1 中查得，但须注意正负号规定的差别。

公式（B6.1-13）及 γ_0、β_0、β_1、β_2 中的定积分表达式，可以在计算机程序中使用辛普生数值积分公式或其他数值积分公式计算。

3) 位移 $\delta_{dq}^{(1)}$ 的基本公式

$$\delta_{dq}^{(1)}=\int_0^l \frac{kV_q(x)\overline{V}_d(x)}{GA_0}\mathrm{d}x$$

其中 $\overline{V}_d(x)$ ——在图 B6.1-4 所示的基本结构中，当 $V_i^{(e)}=1$ 时 x 处截面的剪力。

利用公式 $\alpha=\dfrac{kEI_0}{GA_0l^2}$ 并注意到在任一 x 处截面处均有 $\overline{V}_d(x)=1$，可得

$$\delta_{dq}^{(1)}=\frac{\alpha l^2}{EI_0}\int_0^l V(x)\mathrm{d}x \tag{B6.1-14}$$

4）几种荷载情况 $\delta_{dq}^{(1)}$ 的公式

A. 集种荷载（图 B6.1-5）

$$\delta_{dq}^{(1)}=-\frac{\alpha b^2 l^2}{EI_0}P$$

B. 局部作用的均布荷载（图 B6.1-6）

$$\delta_{dq}^{(1)}=-\frac{\alpha b^2 l^2}{2EI_0}q$$

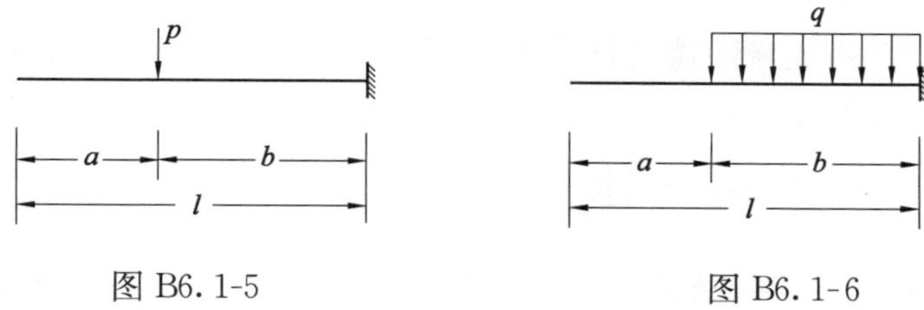

图 B6.1-5　　　　图 B6.1-6

C. 局部作用的直线变化分布荷载（图 B6.1-7）

$$\delta_{dq}^{(1)}=-\frac{\alpha b^2 l^2}{6EI_0}q$$

D. 集中力矩（图 B6.1-8）

$$\delta_{dq}^{(1)}=0$$

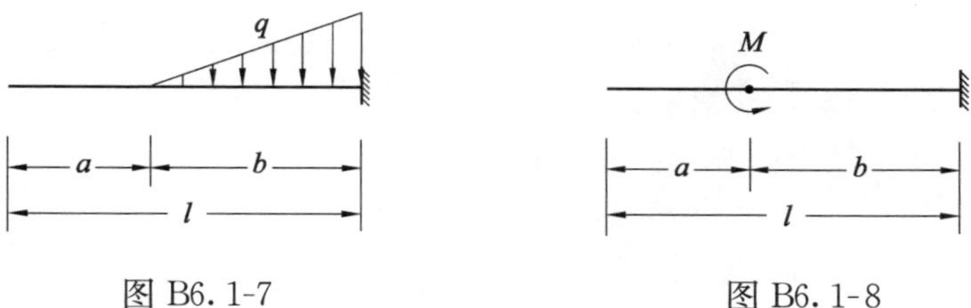

图 B6.1-7　　　　图 B6.1-8

（4）截面条件简化时公式（图 B-40）的处理

1）当不是变截面杆时

$$\eta_0=\eta_1=\eta_2=1, \gamma_0=0$$

公式（B6.1-13）中各项定积分均等于 0。

2）当不考虑剪切变形的影响时

$$\alpha=0, \qquad \delta_{dq}^{(1)}=0$$

3）当为普通等截面杆时

$$\eta_0=\eta_1=\eta_2=1, \gamma_0=0, \alpha=0, \delta_{dq}^{(1)}=0$$

各项定积分均等于 0。

容易证明，此时按这里所给的公式算处的单元刚度矩阵与前面的公式（B2.1-5）完全一致。

B6.2　主从节点关系与带刚域的杆件

1. 引言

在实际的工程问题中，经常遇到需将某些杆件的刚度设为很大的情况，或者会遇到某些杆件的端部带有刚性很大的区域。一种简单的办法是将这些刚性区域一律看成刚性很大的杆件，除去将单元刚度矩阵的元素设成很大的数值以外，其余的处理方法不需作任何变化。

这样写程序比较方便，但会产生很大的计算误差。即使在程序中采用双倍精度计算，在许多情况下误差还是无法容忍，甚至在输出结果中第一位有效数字就不正确。这样形成的总刚度矩阵在计算数学中称为“病态矩阵”，计算结果并不可靠。

采用主从节点关系或带刚域的杆件来处理这类问题，可以有效地避开“病态矩阵”，从而明显地改善计算精度。

2. 主从节点关系

（1）主从节点的概念

主节点的位移是独立位移，它与普通节点相同。从节点用刚臂与主节点相连。从节点的位移不是独立的，是主节点位移的相关位移。这里仅讨论从节点的全部位移都是相关位移的情形。

为方便计算机程序的编写，主节点的独立位移与从节点的相关位移仍可按统一顺序分别编号。式（B3.1-4）的矩阵位移法方程中只有主节点位移起作用，从节点的相关位移在式（B3.1-4）中不起作用。从节点位移通过主从关系的变换来间接计算。从节点对总刚度矩阵的贡献是通过主节点实现的，因此总刚度矩阵应作必要的处理，否则将导致解方程组失败。可以令总刚度矩阵中与从节点位移对应的主对角线元素等于1，即能正常求解。应该指出此时从节点位移必须根据对应的主节点位移按公式（B6.2-2）求解。

（2）主从节点间的刚臂变换

在图B6.2-1中 i 是主节点，i' 是从节点，ii' 是一段刚臂，图中所示方向为节点力的正方向。

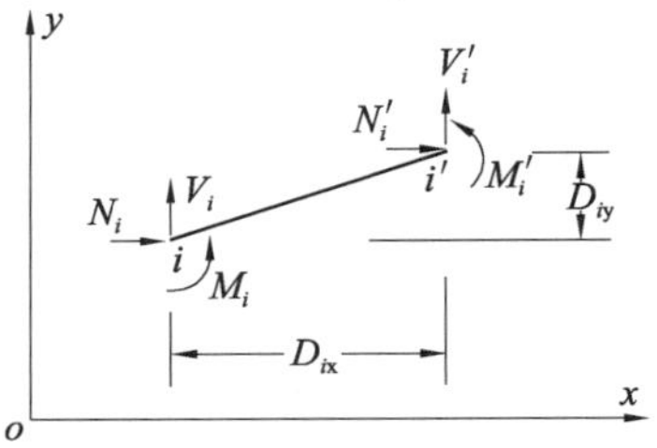

由节点力的等价条件得

$$\begin{Bmatrix} N_i \\ V_i \\ M_i \end{Bmatrix} = \begin{bmatrix} 1 & 0 & 0 \\ 0 & 1 & 0 \\ -D_{iy} & D_{ix} & 1 \end{bmatrix} \begin{Bmatrix} N_i' \\ V_i' \\ M_i' \end{Bmatrix} \tag{B6.2-1}$$

图 B6.2-1

由刚体运动的条件得

$$\begin{Bmatrix} u_i' \\ v_i' \\ \theta_i' \end{Bmatrix} = \begin{bmatrix} 1 & 0 & -D_{iy} \\ 0 & 1 & D_{ix} \\ 0 & 0 & 1 \end{bmatrix} \begin{Bmatrix} u_i \\ v_i \\ \theta_i \end{Bmatrix} \tag{B6.2-2}$$

式中　u_i'，v_i'，θ_i'——从节点 i' 处总体坐标系的节点位移；

u_i，v_i，θ_i——主节点 i 处总体坐标系的节点位移。

（3）节点力列向量及节点位移列向量的主从关系

1）与主节点对应的节点力列向量及节点位移列向量的表达式为

$$\left.\begin{array}{l}\{F_i\}^{\mathrm{T}}=[N_i \quad V_i \quad M_i] \\ \{D_i\}^{\mathrm{T}}=[u_i \quad v_i \quad \theta_i]\end{array}\right\} \tag{B6.2-3}$$

2）与从节点对应的节点力列向量及节点位移列向量的表达式为

$$\left.\begin{array}{l}\{F'_i\}^{\mathrm{T}}=[N'_i \quad V'_i \quad M'_i] \\ \{D'_i\}^{\mathrm{T}}=[u'_i \quad v'_i \quad \theta'_i]\end{array}\right\} \tag{B6.2-4}$$

3）主从节点变换矩阵

$$[T_{ei}]=\begin{bmatrix}1 & 0 & -D_{iy} \\ 0 & 1 & D_{ix} \\ 0 & 0 & 1\end{bmatrix} \tag{B6.2-5}$$

4）节点力列向量的主从关系式

$$\{F_i\}=[T_{ei}]^{\mathrm{T}}\{F'_i\} \tag{B6.2-6}$$

5）节点位移列向量的主从关系式

$$\{D'_i\}=[T_{ei}]\{D_i\} \tag{B6.2-7}$$

3. 带刚性区域的杆件

（1）带刚性区域杆的概念

带刚性区域杆指的是，杆件的一段或两端带有刚性很大的区域。刚性区域的连线可以是杆件轴线的延伸线，也可以与杆件轴线有一个交角。

例如，在将剪力墙视为考虑剪切变形的杆件时，连系梁在剪力墙范围内的一部分可以视为刚性区域，一般是在杆件轴线的延伸线上；又如，在单层排架结构中，当上、下柱的中心线不在一条直线上时，为了能自动处理上、下柱偏心作用可将上、下柱交界处看作有一小段刚性区域，此刚性区域与杆件轴线有 90°的交角；它既可附在上柱的下面，也可附在下柱的上面。

图 B6.2-2 所示为两端刚域杆的一般形式。ii' 及 jj' 区段为刚性区域，可视为刚臂。$i'j'$ 区段为杆件的弹性部分，其截面特性与普通杆的表达方式一致。单元的端节点为 i 与 j，内节点（或称弹性端点）为 i' 及 j'。内节点的相关位移不在总体坐标系的节点位移号中出现。

单元的局部坐标系是 $i'j'$ 区段所对应的局部坐标系。单元的总体坐标系是 i 与 j 节点对应的总体坐标系。

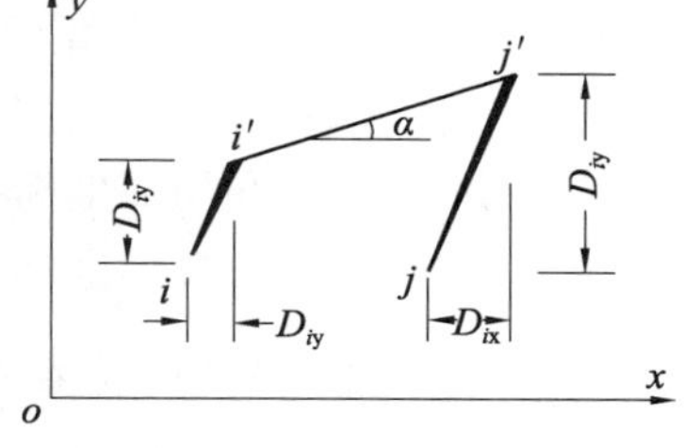

图 B6.2-2

（2）带刚性区域杆变换的步骤及公式（图 B6.2-2）

1）对弹性区段 $i'j'$ 形成局部坐标系的单元刚度矩阵 $[K_e]$。

2）参照式（B2.2-1）形成弹性区段 $i'j'$ 的坐标变换矩阵

$$[T_{e0}]=\begin{bmatrix}\cos\alpha & \sin\alpha & 0 & & & \\ -\sin\alpha & \cos\alpha & 0 & & 0 & \\ 0 & 0 & 1 & & & \\ & & & \cos\alpha & \sin\alpha & 0 \\ & 0 & & -\sin\alpha & \cos\alpha & 0 \\ & & & 0 & 0 & 1\end{bmatrix} \tag{B6.2-8}$$

3）将i'视为i的从节点，j'视为j的从节点，参照式（B6.2-5）计算并综合之后，得

$$[T_{e1}]=\begin{bmatrix} 1 & 0 & -D_{iy} & & & \\ 0 & 1 & D_{ix} & & 0 & \\ 0 & 0 & 1 & & & \\ & & & 1 & 0 & -D_{jy} \\ & 0 & & 0 & 1 & D_{jx} \\ & & & 0 & 0 & 1 \end{bmatrix} \tag{B6.2-9}$$

4）与i、j节点对应的总体坐标系单元刚度矩阵

$$[K_\gamma]=[T_{e1}]^T[T_{e0}]^T[K_e][T_{e0}][T_{e1}] \tag{B6.2-10}$$

令$[T_e]=[T_{e0}][T_{e1}]$，则有

$$[T_e]=\begin{bmatrix} \cos\alpha & \sin\alpha & D_{ix}\sin\alpha-D_{iy}\cos\alpha & & & \\ -\sin\alpha & \cos\alpha & D_{ix}\cos\alpha+D_{iy}\sin\alpha & & 0 & \\ 0 & 0 & 1 & & & \\ & & & \cos\alpha & \sin\alpha & D_{jx}\sin\alpha-D_{jy}\cos\alpha \\ & 0 & & -\sin\alpha & \cos\alpha & D_{jx}\cos\alpha+D_{jy}\sin\alpha \\ & & & 0 & 0 & 1 \end{bmatrix} \tag{B6.2-11}$$

此时，式（B6.2-10）可改写为

$$[K_\gamma]=[T_e]^T[K_e][T_e] \tag{B6.2-12}$$

与式（B2.3-3）具有相同的形式。

5）节点力列向量及节点位移列向量的变换关系

$$\left.\begin{aligned} \{F_\gamma\}&=[T_e]\{F_e\} \\ \{D_e\}&=[T_e]\{D_\gamma\} \end{aligned}\right\} \tag{B6.2-13}$$

式中 $\{F_e\}$——以弹性端点i'、j'为基准的局部坐标系等效节点力列向量；

$\{F_\gamma\}$——与节点i、j对应的总体坐标系等效节点力列向量；

$\{D_e\}$——在局部坐标系中对应于弹性端点i'、j'的位移列向量；

$\{D_\gamma\}$——在总体坐标系中对应于节点i、j的位移列向量。

B6.3 杆件间的连接

1. 在平面杆件系统中，除去图 B2.4-1 所示的平面刚架计算简图外，还经常会出现图 B6.3-1 所示的结构计算简图。

此时，有些节点为刚接节点，如图 B6.3-1（*b*）中的节点 5。有些节点为铰接节点如图 B6.3-1（*b*）中的节点 4 与图 B6.3-1（*c*）中的节点 9。

在刚接节点中总体坐标系下的节点位移数等于 3。例如在图 B6.3-1（*b*）中节点 5 处的位移表为（8，9，10）。

在铰接节点中，总体坐标系下的节点位移数大于 3. 例如图 B6.3-1（*b*）中节点 4 处的节点位移数等于 4，其中转角位移有 2 个，他们在总位移列向量中的序号分别为 6 与 7. 又如图 B6.3-1（*c*）中节点 9 处的节点位移数等于 6，其中转角位移有 4 个。

这些都是需要在杆件间的连接中解决的问题。

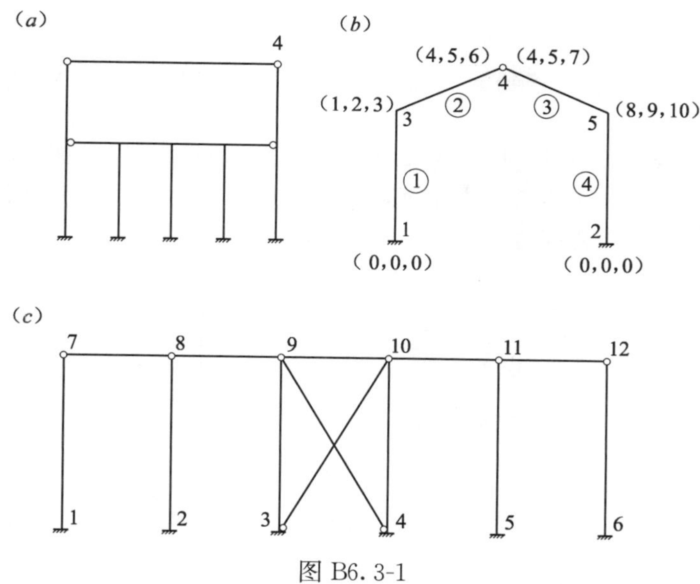

图 B6.3-1

2. 与杆件间连接有关的实施步骤

(1) 计算结构总位移列向量 $\{D\}$ 中的序号

在 $\{D\}$ 的位移序号中应包括铰接节点处增加的转角位移。例如，在图 B6.3-1(*b*) 中就表达了这种位移号的排列顺序，此时位移号的总数是 10. 如果没有铰接节点，它的位移号总数应该是 9。

(2) 生成各杆件的位移序号对照表

带有铰接节点的杆件位移序号对照表，需根据铰接节点的实际情况确定。例如，对于图 B6.3-1 (*b*) 所示的结构，杆件②的位移序号对照表为 (1, 2, 3, 4, 5, 6)，杆件③的位移序号对照表为 (4, 5, 7, 8, 9, 10)。

(3) 确定了位移号的对应关系后，就可以按照与前面相同的“对号入座”规则，叠加单元刚度矩阵和叠加杆件的等效节点力。

3. 杆件位移序号对照表的算法以及结构总位移列向量 $\{D\}$ 中增加转角位移的算法，可以有不同的技巧，它们涉及到编写程序的细节，这里不再赘述。

4. 也可以在同一节点处用几个节点编号来处理铰接节点。此时，需要选定一个节点作主节点，其他节点作从节点，通过约束信息描述主从节点关系，据此生成杆件的节点位移序号对照表。

这种方法的有点是每个编号节点仍可用三个位移表达，程序编写比较方便。缺点是像图 B6.3-1 (*c*) 中节点 9 需要 4 个节点编号，原始数据的准备比较复杂。特别是在修改计算时，若需要在原结构上增加铰接节点，将使原始数据中的节点编号有较大的变动，难于修改。这里不介绍这种方法。

5. 采用这里介绍的杆件间的连接技巧时，若在原结构上增设铰接节点，则不需改变原始数据中的节点编号，易于修改。

采用此法还可以很方便地平面刚架单元法去求解平面铰接桁架，不需另行构造平面桁架单元。

B6.4 支座沉降与限制节点位移

1. 在平面杆件系统中会遇到某些节点的位移值是已知的情况，此时要求计算这些位移值给定时的内力。

当计算支座相对沉降或限制节点位移时就会遇到这种情况。下面是两个典型的例子：图 B6.4-1（*a*）中表示了节点 3 有支座沉降 Δ 的情形；图 B6.4-1（*b*）表示了所有的节点均限制竖向位移为 0，节点 1 处同时限制水平位移为 0 时的情形。

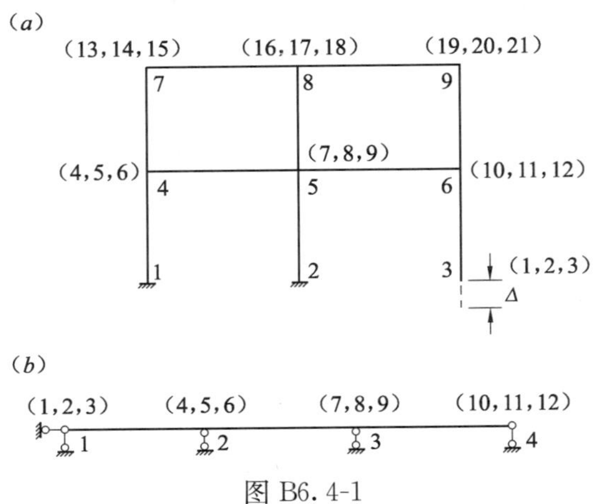

图 B6.4-1

2. 所有的支座沉降均可用限制节点位移来表达。例如，为了表达图 B6.4-1（*a*）中节点 3 的支座沉降 Δ，可用限制节点位移的办法采取下列措施：

（1）撤销节点 3 的约束，即节点 3 不能视为固定端。

（2）将结构总位移列向量 {*D*} 中第 2 号位移（节点 3 的竖向位移）限制为 Δ。

（3）为了保持节点 3 的嵌固特性，还需将 {*D*} 中第 1 号位移（节点 3 的水平位移）与第 3 号位移（节点 3 的转角位移）限制为 0。

3. 对于图 B6.4-1（*b*）所示的连续梁，可采取如下措施：

（1）将连续梁的 4 个节点全部视为非约束节点。

（2）将结构总位移列向量 {*D*} 中第 2、5、8、11 号位移（分别对应节点 1、2、3、4 的竖向位移）限制为 0，将 {*D*} 中第 1 号位移（节点 1 的水平位移）限制为 0.

4. 限制节点位移的处理方法

限制节点位移可以通过修改结构的总刚度矩阵［*K*］与修改结构的总位移列向量 {*D*} 来完成。

当需将总位移列向量 {*D*} 中第 *i* 号位移限制为 Δ 时，实现的思路如下：

（1）将式（B3.1-4）改写成下面的形式

$$\begin{bmatrix} k_{11} & k_{12} & \cdots\cdots & k_{1i} & \cdots\cdots & k_{1n} \\ k_{21} & k_{22} & \cdots\cdots & k_{2i} & \cdots\cdots & k_{2n} \\ \cdots & \cdots & \cdots\cdots & \cdots & \cdots\cdots & \cdots \\ k_{i1} & k_{i2} & \cdots\cdots & k_{ii} & \cdots\cdots & k_{in} \\ \cdots & \cdots & \cdots\cdots & \cdots & \cdots\cdots & \cdots \\ k_{n1} & k_{n2} & \cdots\cdots & k_{ni} & \cdots\cdots & k_{nn} \end{bmatrix} \begin{bmatrix} d_1 \\ d_2 \\ M \\ d_i \\ M \\ d_n \end{bmatrix} = \begin{bmatrix} f_1 \\ f_2 \\ M \\ f_i \\ M \\ f_n \end{bmatrix} \tag{B6.4-1}$$

(2) 将总刚度矩阵中的元素 k_{ii} 乘以一个大数，例如 10^{20}，此时元素 k_{ii} 被改为 $10^{20}\cdot k_{ii}$。将总外力列向量中的元素 f_i 改为 $10^{20}\cdot k_{ii}\cdot\Delta$。

(3) 此时，式（B6.4-1）所代表的联立方程组中第 i 个方程将变为

$$k_{i1}d_1+k_{i2}d_2+\cdots\cdots+10^{20}\cdot k_{ii}\cdot d_i+\cdots\cdots+k_{in}d_n=10^{20}\cdot k_{ii}\cdot\Delta$$

上式的左部除 $10^{20}\cdot k_{ii}\cdot d_i$ 一项外其余均可略去不计，从而有近似等式

$$10^{20}\cdot k_{ii}\cdot d_i=10^{20}\cdot k_{ii}\Delta$$

由此可知，解方程的结果是 $d_i=\Delta$，只要边值程序时按上述处理方法实施，就能达到第 i 号位移限制为 Δ 的目标。

5. 注意事项

(1) 限制位移值 Δ 应该与结构总位移列向量 $\{D\}$ 中的对应分量有相同的量纲。

(2) 限制位移值 Δ 应带正负号，正号方向与位移的正方向相同。由此可见，图 B6.4-1 (a)的 Δ 值前应冠以负号。

(3) 当在斜方向限制位移时，可对限制位移值实行分解，求出它在该节点的水平分量与垂直分量。然后分别作为对应位移上的限制位移值去作进一步的处理。

(4) 支座沉降与限制节点位移的处理方法，已经修改了原有的结构总刚度矩阵。因此，支座沉降计算不能与其他荷载同时作组合计算。

6. 采用这里介绍的限制节点位移方法，可以很方便地用平面刚架单元去求解连续梁，不需另外构造连续梁单元。

B6.5 弹性支座

1. 在平面杆件系统的计算简图中，有时会遇到弹性支座，图 B6.5-1 就是其中的一种。

在图 B6.5-1 的 17、18、19 节点处另一方向的梁作为支撑，对 17、18、19 节点来说，这些支撑可以用弹簧来代替，因而可简化成弹性支座。

在这种情况下，弹簧刚度 k 的定义是，另一方向的梁在相交节点处沿竖向产生单位位移时所需施加的力。

作为例子，对于另一方向的梁讨论了两种情况，如图 B6.5-2 所示。在这两种情况中，梁的抗弯刚度均为 EI，节点 C 均居于 AB 杆的重点。

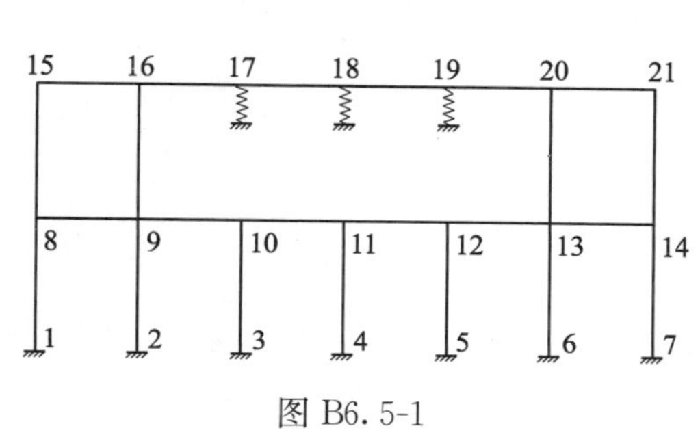

图 B6.5-1

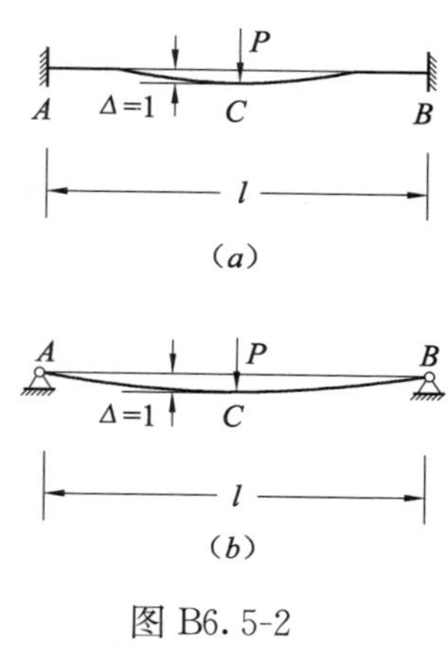

图 B6.5-2

在图 B6.5-2（a）中，当产生单位位移 $\Delta=1$ 时，$P=\frac{192EI}{l^3}$，即弹簧刚度 $k=\frac{192EI}{l^3}$。

在图 B6.5-2（b）中产生单位位移 $\Delta=1$ 时，$P=\frac{48EI}{l^3}$，即弹簧刚度 $k=\frac{48EI}{l^3}$。

在普通的情况下，弹簧刚度常介于这两者之间。可根据实际情况取一近似的弹簧刚度 k。

2. 弹性支座的处理方法

（1）当某一节点有弹性支座时，在该节点的弹性支座方向不得设置约束。

（2）若在结构总位移列向量 $\{D\}$ 的第 i 个位移 d_i 的方向上，具有弹性支座且其弹簧刚度为 k，只需在结构总刚度矩阵的第 i 个元素 k_{ii} 上加弹簧刚度 k，即可将 k_{ii} 改为 $k_{ii}+k$。

（3）若有多个弹性支座时，可用同样的方法在各自的主元素处加上相应的弹簧刚度。

3. 注意事项

（1）弹簧刚度 k 应该与总刚度矩阵中对应的主元素有相同的量纲。当长度单位采用 m，力的单位采用 kN 时，弹簧刚度的量纲应为 kN/m。此时在计算弹簧刚度 k 时，弹簧模量 E 的量纲应化为 kN/m^2，截面惯性矩 I 的量纲应为 m^4。

（2）弹簧刚度均为正值。

（3）当弹性支座为斜方向时，先求得弹簧刚度 k 在水平方向与竖直方向的分量 k_x 与 k_y，然后在总刚度矩阵中与这些分量对应的主元素上叠加各自的弹簧刚度分量 k_x（或 k_y）即可。

4. 当弹性支座约束的是节点的扭转位移时，相当于在节点上加一个扭簧。其扭转刚度的叠加方法与前面的说明相似，但需注意扭簧扭转刚度的量纲是 kN·m。在实际工程中很难遇到需要设置扭簧的情况，所以这里只是简单地提一下。

参 考 文 献

[B.1]《建筑结构静力计算手册》编写组编. 建筑结构静力计算手册（第二版）. 北京：中国建筑工业出版社. 1998

[B.2] 龙驭球，包世华等合编. 结构力学教程（I）. 北京：高等教育出版社. 2000

[B.3] 龙驭球，包世华等合编. 结构力学教程（II）. 北京：高等教育出版社. 2000

[B.4] 凌道盛，徐兴编著. 非线性有限元及程序. 杭州：浙江大学出版社. 2004

[B.5] 钟万勰著. 计算结构力学微机程序设计. 北京：水利电力出版社. 1986

附录C　考虑剪切变形杆件的剪应力分布不均匀系数 k

C1　概　　述

在高层及多层建筑中，经常采用钢筋混凝土剪力墙结构。在平面杆件系统的计算中需要考虑剪切变形的影响。求剪切变形时要引用剪应力分布不均匀系数 k❶，它代表用平均剪应力计算时的剪切变形修正系数。k 值主要取决于截面形状与尺寸，由下式计算

$$k=\frac{A}{I^2}\int_A\frac{S^2(y)}{b^2(y)}\mathrm{d}A \tag{C1-1}$$

其中 A 为截面面积，I 为主惯性矩，$S(y)$ 为计算点 y 平行于主惯性轴线以上面积的静矩（面积矩），$b(y)$ 为计算点平行于主惯性轴的截面宽度。对于矩形截面，$k=1.2$。对于T形、任意工字形、任意十字形等截面可按后面推导的公式计算。

C2　计 算 公 式

C2.1　T形、任意工字形、任意十字形截面的计算图形

见图C2.1-1、图C2.1-2、图C2.1-3。为简化本附录公式的表达，图中采用的尺寸符号与前述各章不尽相同。

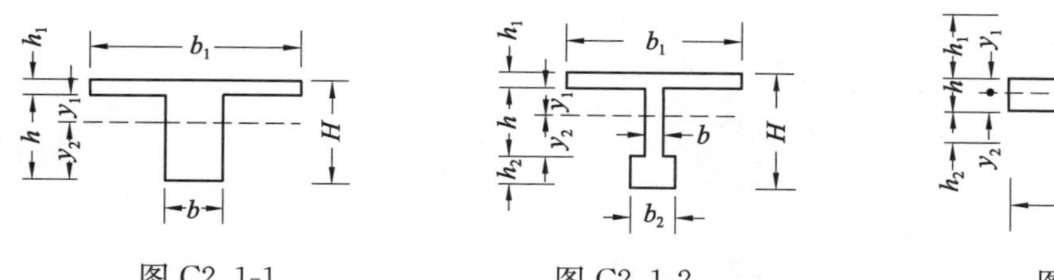

图C2.1-1　　图C2.1-2　　图C2.1-3

C2.2　有关参数

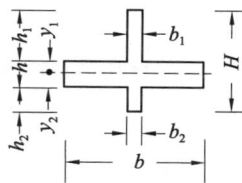

$$\beta_i=\frac{b_i}{b},\ i=1,\ 2$$

$$\gamma_i=\frac{h_i}{h},\ i=1,\ 2$$

$$\alpha_1=\frac{1}{2}\left[1-\frac{\beta_1\gamma_1(1+\gamma_1)-\beta_2\gamma_2(1+\gamma_2)}{\beta_1\gamma_1+\beta_2\gamma_2+1}\right]$$

$$\alpha_2=1-\alpha_1$$

---

❶ 剪应力分布不均匀系数也称截面形状系数。

$$\alpha=\frac{1}{12}(\beta_1\gamma_1^3+\beta_2\gamma_2^3+1)+\frac{1}{4}(\alpha_1-\alpha_2)^2+\sum_{i=1}^{2}\beta_i\gamma_i\left(\alpha_i+\frac{\gamma_i}{2}\right)^2$$

$$\eta_i=\frac{2}{15}\alpha_i^5+\beta_i\gamma_i\left[\frac{2}{3}\alpha_i^3\left(\alpha_i+\frac{\gamma_i}{2}\right)+\alpha_i\beta_i\gamma_i\left(\alpha_i+\frac{\gamma_i}{2}\right)^2+\gamma_i^2\left(\frac{\alpha_i^2}{3}+\frac{5}{12}\alpha_i\gamma_i+\frac{2}{15}\gamma_i^2\right)\right],\qquad i=1,2$$

C2.3　*k* 值的计算

1. 截面积 *A*

$$A=b_1h_1+b_2h_2+bh=bh(\beta_1\gamma_1+\beta_2\gamma_2+1)$$

2. 面积矩 *S*

计算原点取在中段的中点，向上为正

$$S=b_1h_1\left(\frac{h}{2}+\frac{h_1}{2}\right)-b_2h_2\left(\frac{h}{2}+\frac{h_2}{2}\right)=bh^2\left\{\frac{1}{2}[\beta_1\gamma_1(1+\gamma_1)-\beta_2\gamma_2(1+\gamma_2)]\right\}$$

3. 形心位置

$$y_1=\frac{h}{2}-\frac{S}{A}=h\cdot\frac{1}{2}\left[1-\frac{\beta_1\gamma_1(1+\gamma_1)-\beta_2\gamma_2(1+\gamma_2)}{\beta_1\gamma_1+\beta_2\gamma_2+1}\right]=\alpha_1h$$

$$y_2=h-y_1=\alpha_2h$$

4. 惯性矩

$$I=\frac{b_1h_1^3}{12}+\frac{b_2h_2^3}{12}+\frac{bh^3}{12}+bh\left(\frac{y_1-y_2}{2}\right)^2+\sum_{i=1}^{2}b_ih_i\left(y_i+\frac{h_i}{2}\right)^2$$

$$=bh^3\left[\frac{1}{12}(\beta_1\gamma_1^3+\beta_2\gamma_2^3+1)+\frac{1}{4}(\alpha_1-\alpha_2)^2+\sum_{i=1}^{2}\beta_i\gamma_i\left(\alpha_i+\frac{\gamma_i}{2}\right)^2\right]=\alpha bh^3$$

5. *S*（*y*）的计算

可以证明，计算点 y 以上面积对中性轴的静矩（面积矩）$S(y)$ 为

（1）当 y 在区间［y_i，y_i+h_i］内时，

$$S(y)=\frac{bh^2}{2}\beta_i\left[(\alpha_i+\gamma_i)^2-\frac{y^2}{h^2}\right]$$

（2）当 y 在区间［0，y_i］内时，

$$S(y)=\frac{bh^2}{2}\left[\alpha_i^2+2\beta_i\gamma_i\left(\alpha_i+\frac{\gamma_i}{2}\right)-\frac{y^2}{h^2}\right]$$

6. *k* 值

可以证明，k 值的计算能够利用积分的相似形式，即

$$k=\frac{A}{I^2}\int_A\frac{S^2(y)}{b^2(y)}\mathrm{d}A=\frac{A}{I^2}\sum_{i=1}^{2}\left\{\frac{1}{b_i^2}\int_{y_i}^{y_i+h_i}\frac{b^2h^4}{4}\beta_i^2\left[(\alpha_i+\gamma_i)^2-\frac{y^2}{h^2}\right]^2b_i\mathrm{d}y\right.$$

$$\left.+\frac{1}{b^2}\int_0^{y_i}\frac{b^2h^4}{4}\left[\alpha_i^2+2\beta_i\gamma_i\left(\alpha_i+\frac{\gamma_i}{2}\right)-\frac{y^2}{h^2}\right]^2b\mathrm{d}y\right\}$$

$$=\frac{A}{I^2}bh^4\sum_{i=1}^{2}\left\{\frac{\beta_i}{4}\int_{\alpha_ih}^{(\alpha_i+\gamma_i)h}\left[(\alpha_i+\gamma_i)^2-\frac{y^2}{h^2}\right]^2\mathrm{d}y+\frac{1}{4}\int_0^{\alpha_ih}\left[\alpha_i^2+2\beta_i\gamma_i\left(\alpha_i+\frac{\gamma_i}{2}\right)-\frac{y^2}{h^2}\right]^2\mathrm{d}y\right\}$$

计算定积分后得

$$k=\frac{A}{I^2}bh^5\sum_{i=1}^{2}\left\{\frac{2}{15}\alpha_i^5+\beta_i\gamma_i\left[\frac{2}{3}\alpha_i^3\left(\alpha_i+\frac{\gamma_i}{2}\right)+\alpha_i\beta_i\gamma_i\left(\alpha_i+\frac{\gamma_i}{2}\right)^2+\gamma_i^2\left(\frac{\alpha_i^2}{3}+\frac{5}{12}\alpha_i\gamma_i+\frac{2}{15}\gamma_i^2\right)\right]\right\}$$

$$=\frac{\beta_1\gamma_1+\beta_2\gamma_2+1}{\alpha^2}\sum_{i=1}^{2}\eta_i$$

C3　计 算 用 表

C3.1　T形截面的 k 值表

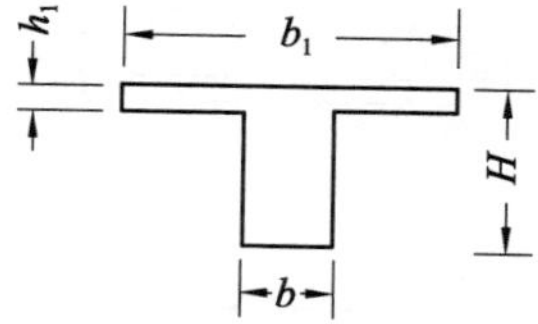

附表 C3-1

H/h_1 \ b_1/b	1	2	3	4	5	6	8	10	12	14	16	18	20
2	1.200	1.279	1.392	1.492	1.575	1.643	1.741	1.802	1.840	1.862	1.872	1.875	1.873
4	1.200	1.379	1.582	1.790	1.998	2.204	2.605	2.991	3.362	3.717	4.057	4.383	4.695
6	1.200	1.334	1.491	1.655	1.821	1.988	2.322	2.655	2.984	3.310	3.632	3.951	4.267
8	1.200	1.299	1.420	1.548	1.679	1.812	2.080	2.348	2.616	2.883	3.149	3.414	3.677
10	1.200	1.275	1.371	1.474	1.581	1.690	1.910	2.131	2.353	2.575	2.796	3.017	3.238
12	1.200	1.259	1.336	1.422	1.511	1.603	1.788	1.976	2.164	2.352	2.541	2.729	2.917
14	1.200	1.247	1.311	1.384	1.460	1.538	1.698	1.860	2.023	2.186	2.350	2.513	2.677
16	1.200	1.238	1.293	1.355	1.420	1.489	1.629	1.771	1.914	2.058	2.203	2.347	2.491
18	1.200	1.232	1.278	1.332	1.390	1.450	1.574	1.701	1.829	1.957	2.086	2.215	2.344
20	1.200	1.227	1.267	1.314	1.365	1.419	1.530	1.644	1.759	1.875	1.991	2.108	2.225
22	1.200	1.223	1.258	1.300	1.346	1.394	1.494	1.597	1.702	1.807	1.913	2.020	2.126
25	1.200	1.219	1.248	1.283	1.322	1.363	1.450	1.540	1.632	1.725	1.819	1.912	2.006
30	1.200	1.214	1.236	1.263	1.294	1.327	1.398	1.472	1.547	1.624	1.702	1.780	1.859
35	1.200	1.211	1.228	1.250	1.275	1.302	1.360	1.423	1.487	1.552	1.619	1.685	1.753
40	1.200	1.208	1.222	1.240	1.261	1.284	1.333	1.386	1.442	1.498	1.556	1.614	1.673
45	1.200	1.207	1.218	1.233	1.251	1.270	1.313	1.359	1.407	1.457	1.507	1.559	1.611
50	1.200	1.206	1.215	1.228	1.243	1.259	1.296	1.337	1.379	1.424	1.469	1.515	1.561

H/h_1 \ b_1/b	22	24	26	28	30	32	34	36	38	40
2	1.866	1.858	1.848	1.837	1.825	1.812	1.800	1.787	1.775	1.763
4	4.993	5.280	5.554	5.816	6.068	6.308	6.539	6.760	6.972	7.175
6	4.579	4.887	5.192	5.493	5.791	6.086	6.377	6.664	6.949	7.230
8	3.940	4.202	4.462	4.721	4.979	5.236	5.492	5.746	5.999	6.251
10	3.458	3.677	3.897	4.115	4.334	4.551	4.769	4.985	5.202	5.418
12	3.105	3.292	3.480	3.667	3.854	4.041	4.227	4.414	4.600	4.786
14	2.840	3.003	3.166	3.329	3.492	3.655	3.818	3.980	4.143	4.305
16	2.635	2.780	2.924	3.068	3.212	3.356	3.500	3.644	3.787	3.931
18	2.473	2.602	2.731	2.860	2.989	3.118	3.247	3.376	3.504	3.633
20	2.341	2.458	2.575	2.692	2.808	2.925	3.042	3.158	3.275	3.391
22	2.232	2.339	2.446	2.552	2.659	2.765	2.872	2.978	3.084	3.191
25	2.100	2.195	2.289	2.383	2.477	2.571	2.665	2.760	2.854	2.948
30	1.937	2.016	2.095	2.174	2.253	2.332	2.410	2.489	2.568	2.647
35	1.820	1.888	1.955	2.023	2.091	2.159	2.227	2.294	2.362	2.430
40	1.732	1.791	1.850	1.909	1.969	2.028	2.088	2.147	2.207	2.266
45	1.663	1.715	1.768	1.821	1.873	1.926	1.979	2.032	2.085	2.138
50	1.608	1.655	1.702	1.749	1.797	1.844	1.892	1.940	1.987	2.035

C3.2 对称工字形截面的 k 值表

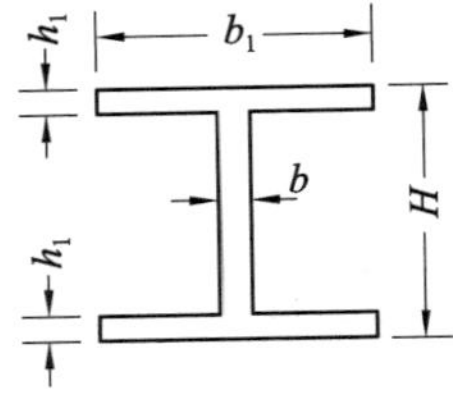

附表 C3-2

H/h_1 \ b_1/b	1	2	3	4	5	6	8	10	12	14	16	18	20
4	1.200	1.548	1.936	2.337	2.742	3.149	3.969	4.791	5.615	6.439	7.264	8.090	8.915
6	1.200	1.455	1.743	2.042	2.345	2.651	3.267	3.886	4.506	5.127	5.749	6.371	6.993
8	1.200	1.386	1.603	1.831	2.063	2.299	2.774	3.252	3.732	4.213	4.694	5.176	5.658
10	1.200	1.340	1.511	1.692	1.878	2.067	2.450	2.837	3.225	3.614	4.004	4.394	4.785
12	1.200	1.310	1.447	1.596	1.750	1.907	2.227	2.550	2.874	3.200	3.527	3.854	4.181
14	1.200	1.288	1.402	1.527	1.658	1.792	2.064	2.341	2.619	2.899	3.179	3.460	3.742
16	1.200	1.272	1.369	1.476	1.588	1.704	1.941	2.183	2.426	2.671	2.916	3.162	3.409
18	1.200	1.260	1.343	1.436	1.535	1.636	1.846	2.059	2.275	2.492	2.710	2.929	3.148
20	1.200	1.251	1.323	1.405	1.492	1.582	1.769	1.960	2.154	2.349	2.545	2.742	2.939
22	1.200	1.244	1.307	1.379	1.457	1.538	1.707	1.879	2.055	2.232	2.410	2.588	2.767
25	1.200	1.236	1.288	1.350	1.416	1.486	1.632	1.783	1.936	2.091	2.247	2.404	2.561
30	1.200	1.226	1.267	1.315	1.367	1.424	1.542	1.665	1.791	1.919	2.048	2.178	2.309
35	1.200	1.220	1.252	1.291	1.334	1.380	1.479	1.583	1.689	1.798	1.907	2.018	2.129
40	1.200	1.216	1.242	1.274	1.310	1.349	1.433	1.521	1.613	1.707	1.802	1.898	1.995
45	1.200	1.213	1.234	1.261	1.292	1.325	1.398	1.475	1.555	1.637	1.721	1.805	1.891
50	1.200	1.211	1.229	1.252	1.278	1.307	1.370	1.438	1.509	1.582	1.656	1.732	1.808
55	1.200	1.209	1.224	1.244	1.267	1.292	1.348	1.408	1.472	1.537	1.604	1.672	1.741
60	1.200	1.208	1.221	1.238	1.258	1.281	1.330	1.384	1.441	1.501	1.561	1.623	1.685

H/h_1 \ b_1/b	22	24	26	28	30	32	34	36	38	40
4	9.741	10.57	11.39	12.22	13.04	13.87	14.70	15.52	16.35	17.18
6	7.615	8.238	8.861	9.483	10.11	10.73	11.35	11.97	12.60	13.22
8	6.140	6.623	7.105	7.588	8.070	8.553	9.036	9.519	10.00	10.48
10	5.175	5.566	5.957	6.349	6.740	7.131	7.523	7.914	8.305	8.697
12	4.508	4.836	5.164	5.492	5.820	6.149	6.477	6.805	7.134	7.462
14	4.023	4.305	4.587	4.869	5.151	5.434	5.716	5.998	6.281	6.563
16	3.655	3.902	4.150	4.397	4.644	4.892	5.139	5.387	5.635	5.882
18	3.367	3.587	3.807	4.027	4.247	4.467	4.688	4.908	5.129	5.349
20	3.136	3.334	3.532	3.730	3.928	4.127	4.325	4.523	4.722	4.921
22	2.947	3.126	3.306	3.486	3.666	3.847	4.027	4.208	4.388	4.569
25	2.719	2.877	3.035	3.193	3.352	3.510	3.669	3.828	3.987	4.146
30	2.440	2.571	2.703	2.834	2.966	3.098	3.230	3.363	3.495	3.628
35	2.241	2.353	2.465	2.578	2.691	2.804	2.917	3.030	3.143	3.257
40	2.092	2.190	2.288	2.386	2.484	2.583	2.682	2.781	2.880	2.979
45	1.977	2.063	2.150	2.237	2.324	2.412	2.499	2.587	2.675	2.763
50	1.885	1.962	2.040	2.118	2.196	2.275	2.353	2.432	2.511	2.590
55	1.810	1.880	1.951	2.021	2.092	2.163	2.234	2.306	2.377	2.449
60	1.748	1.812	1.876	1.941	2.005	2.070	2.135	2.201	2.266	2.332

C3.3　不对称工字形截面的 k 值表(1)

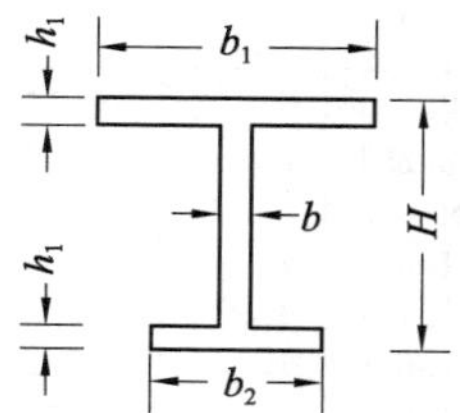

表 C3-3

H/h_1 \ b_1/b	$b_2=0.8b_1$										
	2	3	4	5	6	8	10	12	14	16	18	20
4	1.475	1.819	2.177	2.539	2.905	3.641	4.379	5.119	5.860	6.602	7.344	8.086
6	1.402	1.657	1.923	2.194	2.469	3.021	3.577	4.135	4.693	5.252	5.811	6.371
8	1.346	1.538	1.740	1.948	2.159	2.585	3.014	3.445	3.877	4.310	4.743	5.177
10	1.310	1.460	1.620	1.786	1.955	2.298	2.645	2.993	3.343	3.693	4.044	4.395
12	1.286	1.406	1.537	1.674	1.814	2.100	2.389	2.681	2.973	3.267	3.560	3.855
14	1.269	1.368	1.478	1.594	1.713	1.956	2.204	2.453	2.704	2.956	3.209	3.461
16	1.256	1.340	1.433	1.533	1.636	1.847	2.063	2.281	2.501	2.721	2.942	3.163
18	1.247	1.318	1.399	1.486	1.576	1.763	1.954	2.147	2.341	2.537	2.733	2.930
20	1.240	1.301	1.372	1.449	1.529	1.695	1.866	2.039	2.214	2.390	2.566	2.743
22	1.234	1.288	1.351	1.419	1.491	1.640	1.794	1.951	2.109	2.269	2.429	2.589
25	1.227	1.272	1.325	1.384	1.445	1.574	1.708	1.845	1.984	2.124	2.264	2.405
30	1.220	1.254	1.295	1.342	1.391	1.495	1.605	1.717	1.831	1.947	2.063	2.180
35	1.215	1.242	1.275	1.313	1.353	1.440	1.532	1.626	1.723	1.821	1.920	2.019
40	1.212	1.234	1.261	1.292	1.326	1.400	1.478	1.559	1.643	1.727	1.813	1.900
45	1.210	1.228	1.250	1.277	1.306	1.369	1.437	1.508	1.581	1.655	1.731	1.807
50	1.208	1.223	1.242	1.265	1.290	1.345	1.405	1.467	1.532	1.598	1.665	1.733

H/h_1 \ b_1/b	$b_2=0.8b_1$									
	22	24	26	28	30	32	34	36	38	40
4	8.828	9.571	10.31	11.06	11.80	12.54	13.28	14.03	14.77	15.51
6	6.930	7.490	8.050	8.611	9.171	9.731	10.29	10.85	11.41	11.97
8	5.610	6.044	6.478	6.913	7.347	7.781	8.215	8.650	9.084	9.519
10	4.746	5.098	5.450	5.802	6.154	6.506	6.858	7.210	7.562	7.914
12	4.149	4.444	4.739	5.034	5.329	5.624	5.920	6.215	6.510	6.806
14	3.715	3.968	4.222	4.475	4.729	4.983	5.237	5.491	5.745	5.999
16	3.385	3.607	3.829	4.052	4.274	4.497	4.720	4.942	5.165	5.388
18	3.127	3.325	3.522	3.720	3.918	4.116	4.314	4.513	4.711	4.909
20	2.920	3.098	3.276	3.454	3.632	3.810	3.989	4.167	4.346	4.524
22	2.751	2.912	3.074	3.235	3.397	3.560	3.722	3.884	4.046	4.209
25	2.547	2.688	2.830	2.973	3.115	3.258	3.400	3.543	3.686	3.829
30	2.297	2.415	2.533	2.651	2.770	2.888	3.007	3.126	3.245	3.364
35	2.119	2.220	2.321	2.422	2.523	2.624	2.726	2.828	2.930	3.031
40	1.987	2.074	2.162	2.250	2.338	2.427	2.515	2.604	2.693	2.782
45	1.884	1.961	2.039	2.117	2.195	2.273	2.352	2.431	2.509	2.588
50	1.802	1.871	1.941	2.010	2.080	2.151	2.221	2.292	2.363	2.434

续表

H/h_1 \ b_1/b	$b_2=0.6b_1$										
	2	3	4	5	6	8	10	12	14	16	18	20
4	1.408	1.708	2.022	2.342	2.664	3.314	3.967	4.622	5.277	5.934	6.590	7.247
6	1.354	1.576	1.810	2.049	2.291	2.780	3.272	3.766	4.261	4.757	5.253	5.749
8	1.313	1.479	1.656	1.839	2.025	2.401	2.781	3.163	3.546	3.930	4.314	4.699
10	1.285	1.414	1.554	1.700	1.849	2.152	2.458	2.767	3.076	3.387	3.698	4.010
12	1.266	1.370	1.484	1.604	1.727	1.979	2.235	2.492	2.751	3.011	3.272	3.533
14	1.253	1.338	1.434	1.535	1.639	1.854	2.072	2.293	2.515	2.738	2.962	3.186
16	1.243	1.315	1.396	1.483	1.573	1.759	1.949	2.142	2.336	2.531	2.727	2.923
18	1.236	1.297	1.367	1.443	1.522	1.686	1.854	2.024	2.196	2.369	2.543	2.718
20	1.230	1.283	1.344	1.411	1.481	1.627	1.777	1.930	2.084	2.240	2.396	2.552
22	1.226	1.272	1.326	1.385	1.448	1.579	1.714	1.853	1.992	2.133	2.275	2.417
25	1.221	1.259	1.305	1.355	1.409	1.522	1.640	1.760	1.882	2.006	2.130	2.255
30	1.215	1.244	1.280	1.319	1.362	1.453	1.549	1.648	1.748	1.850	1.953	2.056
35	1.212	1.234	1.263	1.295	1.330	1.405	1.486	1.569	1.654	1.740	1.827	1.915
40	1.209	1.227	1.251	1.277	1.307	1.370	1.439	1.510	1.583	1.658	1.733	1.810
45	1.208	1.222	1.242	1.264	1.289	1.344	1.403	1.465	1.529	1.595	1.661	1.728
50	1.206	1.219	1.235	1.254	1.276	1.323	1.375	1.430	1.487	1.545	1.604	1.664

H/h_1 \ b_1/b	$b_2=0.6b_1$									
	22	24	26	28	30	32	34	36	38	40
4	7.904	8.562	9.219	9.876	10.53	11.19	11.85	12.51	13.16	13.82
6	6.246	6.743	7.240	7.737	8.234	8.731	9.228	9.726	10.22	10.72
8	5.084	5.469	5.854	6.239	6.625	7.010	7.396	7.782	8.168	8.553
10	4.321	4.633	4.946	5.258	5.571	5.883	6.196	6.508	6.821	7.134
12	3.794	4.056	4.317	4.579	4.841	5.103	5.366	5.628	5.890	6.153
14	3.411	3.635	3.860	4.085	4.311	4.536	4.762	4.987	5.213	5.438
16	3.120	3.317	3.514	3.711	3.908	4.106	4.304	4.501	4.699	4.897
18	2.892	3.067	3.242	3.418	3.594	3.769	3.945	4.121	4.297	4.473
20	2.710	2.867	3.025	3.183	3.341	3.499	3.657	3.815	3.974	4.132
22	2.560	2.703	2.846	2.989	3.133	3.277	3.421	3.565	3.709	3.853
25	2.380	2.505	2.631	2.757	2.884	3.010	3.136	3.263	3.390	3.517
30	2.160	2.264	2.369	2.473	2.578	2.683	2.789	2.894	2.999	3.105
35	2.003	2.092	2.181	2.271	2.360	2.450	2.540	2.630	2.721	2.811
40	1.886	1.964	2.041	2.119	2.197	2.276	2.354	2.433	2.511	2.590
45	1.796	1.864	1.933	2.002	2.071	2.140	2.210	2.279	2.349	2.419
50	1.724	1.785	1.846	1.908	1.970	2.032	2.094	2.157	2.220	2.282

H/h_1 \ b_1/b	$b_2=0.4b_1$										
	3	4	5	6	8	10	12	14	16	18	20
4	1.610	1.879	2.154	2.432	2.994	3.558	4.124	4.691	5.259	5.827	6.395
6	1.509	1.710	1.917	2.126	2.550	2.978	3.407	3.838	4.269	4.701	5.133
8	1.431	1.584	1.742	1.903	2.230	2.560	2.892	3.226	3.560	3.895	4.230
10	1.379	1.500	1.626	1.755	2.018	2.284	2.552	2.822	3.092	3.364	3.635
12	1.342	1.441	1.545	1.652	1.871	2.093	2.317	2.542	2.769	2.995	3.223
14	1.316	1.399	1.487	1.577	1.764	1.953	2.145	2.339	2.533	2.727	2.923
16	1.297	1.367	1.443	1.521	1.682	1.848	2.015	2.184	2.354	2.524	2.695
18	1.282	1.343	1.408	1.477	1.619	1.765	1.914	2.064	2.214	2.365	2.517
20	1.270	1.323	1.381	1.442	1.569	1.699	1.832	1.967	2.102	2.238	2.374
22	1.261	1.308	1.359	1.414	1.527	1.645	1.766	1.887	2.010	2.133	2.257
25	1.250	1.289	1.333	1.380	1.478	1.581	1.686	1.792	1.900	2.008	2.116
30	1.237	1.268	1.302	1.340	1.419	1.503	1.589	1.676	1.765	1.854	1.944
35	1.229	1.253	1.281	1.312	1.378	1.448	1.520	1.594	1.669	1.745	1.822
40	1.223	1.243	1.266	1.292	1.347	1.407	1.469	1.533	1.598	1.664	1.730
45	1.219	1.236	1.255	1.277	1.324	1.376	1.430	1.486	1.543	1.601	1.660
50	1.216	1.230	1.247	1.265	1.307	1.352	1.400	1.449	1.500	1.551	1.604

续表

H/h_1 \ b_1/b	$b_2=0.4b_1$									
	22	24	26	28	30	32	34	36	38	40
4	6.963	7.532	8.101	8.670	9.238	9.807	10.38	10.95	11.51	12.08
6	5.565	5.998	6.431	6.864	7.297	7.730	8.163	8.596	9.029	9.463
8	4.566	4.901	5.237	5.573	5.910	6.246	6.582	6.919	7.256	7.592
10	3.907	4.179	4.451	4.724	4.996	5.269	5.542	5.815	6.088	6.361
12	3.451	3.679	3.907	4.135	4.364	4.593	4.821	5.050	5.279	5.508
14	3.118	3.314	3.510	3.707	3.903	4.100	4.297	4.493	4.690	4.887
16	2.866	3.038	3.210	3.382	3.554	3.726	3.899	4.071	4.244	4.416
18	2.669	2.822	2.974	3.127	3.280	3.434	3.587	3.740	3.894	4.048
20	2.511	2.648	2.786	2.923	3.061	3.199	3.337	3.475	3.613	3.751
22	2.381	2.506	2.631	2.756	2.881	3.006	3.131	3.257	3.382	3.508
25	2.225	2.335	2.444	2.554	2.664	2.774	2.884	2.995	3.105	3.216
30	2.035	2.125	2.216	2.308	2.399	2.491	2.582	2.674	2.766	2.858
35	1.899	1.976	2.054	2.132	2.210	2.288	2.366	2.445	2.524	2.602
40	1.797	1.865	1.932	2.000	2.068	2.136	2.205	2.273	2.342	2.411
45	1.719	1.778	1.838	1.898	1.958	2.019	2.079	2.140	2.201	2.262
50	1.656	1.709	1.763	1.817	1.871	1.925	1.979	2.034	2.088	2.143

H/h_1 \ b_1/b	$b_2=0.2b_1$								
	5	6	8	10	12	14	16	18	20
4	1.998	2.230	2.697	3.165	3.633	4.102	4.571	5.040	5.509
6	1.821	2.000	2.360	2.722	3.085	3.449	3.813	4.178	4.543
8	1.679	1.818	2.098	2.381	2.664	2.947	3.231	3.516	3.801
10	1.581	1.693	1.921	2.150	2.380	2.610	2.841	3.072	3.303
12	1.511	1.605	1.795	1.988	2.181	2.374	2.568	2.762	2.956
14	1.460	1.540	1.703	1.868	2.034	2.201	2.368	2.535	2.702
16	1.420	1.490	1.633	1.777	1.923	2.069	2.215	2.362	2.508
18	1.390	1.451	1.577	1.706	1.835	1.965	2.095	2.226	2.356
20	1.365	1.420	1.533	1.648	1.764	1.881	1.999	2.116	2.234
22	1.346	1.394	1.496	1.600	1.706	1.813	1.919	2.026	2.133
25	1.322	1.364	1.452	1.543	1.636	1.730	1.823	1.918	2.012
30	1.294	1.328	1.399	1.474	1.550	1.628	1.706	1.784	1.863
35	1.275	1.302	1.362	1.424	1.489	1.555	1.622	1.689	1.756
40	1.261	1.284	1.334	1.388	1.444	1.501	1.559	1.617	1.675
45	1.251	1.270	1.313	1.360	1.409	1.459	1.510	1.561	1.613
50	1.243	1.260	1.297	1.338	1.381	1.426	1.471	1.517	1.563

H/h_1 \ b_1/b	$b_2=0.2b_1$									
	22	24	26	28	30	32	34	36	38	40
4	5.978	6.447	6.916	7.385	7.853	8.322	8.791	9.260	9.729	10.20
6	4.908	5.273	5.638	6.004	6.369	6.735	7.100	7.466	7.832	8.198
8	4.085	4.371	4.656	4.941	5.227	5.512	5.798	6.084	6.370	6.656
10	3.535	3.766	3.998	4.230	4.462	4.694	4.926	5.158	5.391	5.623
12	3.150	3.345	3.539	3.734	3.929	4.123	4.318	4.513	4.708	4.903
14	2.869	3.036	3.204	3.371	3.539	3.706	3.874	4.042	4.210	4.378
16	2.655	2.802	2.949	3.096	3.243	3.390	3.537	3.684	3.831	3.978
18	2.487	2.618	2.749	2.879	3.010	3.141	3.272	3.403	3.534	3.665
20	2.352	2.470	2.587	2.705	2.823	2.941	3.059	3.177	3.295	3.413
22	2.240	2.348	2.455	2.562	2.669	2.777	2.884	2.991	3.099	3.206
25	2.106	2.201	2.295	2.390	2.484	2.579	2.673	2.768	2.862	2.957
30	1.941	2.020	2.099	2.178	2.257	2.336	2.414	2.493	2.572	2.651
35	1.823	1.891	1.958	2.026	2.094	2.161	2.229	2.297	2.364	2.432
40	1.734	1.793	1.852	1.912	1.971	2.030	2.089	2.149	2.208	2.267
45	1.665	1.718	1.770	1.823	1.875	1.928	1.980	2.033	2.086	2.139
50	1.610	1.657	1.704	1.751	1.799	1.846	1.893	1.941	1.988	2.036

C3.4 不对称工字形截面的 k 值表(2)

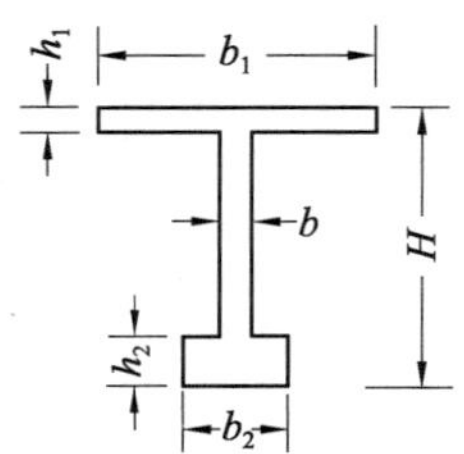

附表 C3-4

H/h_1 \ b_1/b	$h_2=2h_1, b_2=2b$												
	1	2	3	4	5	6	8	10	12	14	16	18	20
4	1.279	1.445	1.621	1.800	1.978	2.156	2.507	2.851	3.188	3.517	3.839	4.154	4.462
6	1.381	1.514	1.663	1.818	1.975	2.132	2.447	2.760	3.072	3.383	3.691	3.998	4.302
8	1.379	1.469	1.581	1.701	1.825	1.950	2.202	2.456	2.709	2.962	3.215	3.467	3.718
10	1.357	1.421	1.508	1.604	1.703	1.805	2.012	2.221	2.430	2.640	2.849	3.058	3.268
12	1.334	1.383	1.452	1.530	1.613	1.698	1.872	2.049	2.226	2.404	2.582	2.760	2.938
14	1.315	1.353	1.410	1.476	1.546	1.618	1.768	1.920	2.074	2.228	2.383	2.537	2.692
16	1.299	1.330	1.377	1.433	1.494	1.557	1.688	1.822	1.957	2.093	2.229	2.366	2.502
18	1.286	1.311	1.352	1.400	1.453	1.509	1.625	1.744	1.864	1.986	2.108	2.230	2.353
20	1.275	1.297	1.332	1.374	1.421	1.470	1.574	1.681	1.790	1.900	2.010	2.121	2.231
22	1.266	1.285	1.315	1.353	1.395	1.439	1.533	1.630	1.729	1.829	1.929	2.030	2.131
25	1.255	1.270	1.296	1.328	1.363	1.402	1.483	1.568	1.655	1.743	1.832	1.921	2.011
30	1.242	1.254	1.273	1.298	1.326	1.357	1.423	1.493	1.565	1.638	1.712	1.787	1.862
35	1.234	1.242	1.258	1.277	1.300	1.326	1.381	1.440	1.501	1.563	1.627	1.691	1.755
40	1.227	1.234	1.247	1.263	1.282	1.303	1.350	1.400	1.453	1.507	1.563	1.618	1.675
45	1.222	1.228	1.238	1.252	1.268	1.286	1.327	1.371	1.417	1.464	1.513	1.562	1.612
50	1.219	1.224	1.232	1.244	1.258	1.273	1.309	1.347	1.388	1.430	1.474	1.518	1.563

H/h_1 \ b_1/b	$h_2=2h_1, b_2=2b$									
	22	24	26	28	30	32	34	36	38	40
4	4.762	5.056	5.343	5.624	5.898	6.166	6.428	6.684	6.934	7.178
6	4.604	4.905	5.203	5.500	5.794	6.087	6.377	6.666	6.952	7.237
8	3.969	4.219	4.468	4.717	4.965	5.212	5.459	5.705	5.950	6.194
10	3.477	3.685	3.894	4.102	4.309	4.517	4.724	4.931	5.137	5.344
12	3.116	3.294	3.472	3.649	3.827	4.004	4.181	4.358	4.535	4.711
14	2.847	3.001	3.156	3.310	3.465	3.619	3.773	3.928	4.082	4.236
16	2.639	2.776	2.912	3.049	3.186	3.322	3.459	3.595	3.732	3.868
18	2.475	2.597	2.720	2.843	2.965	3.087	3.210	3.332	3.455	3.577
20	2.342	2.453	2.564	2.675	2.786	2.897	3.008	3.119	3.230	3.341
22	2.233	2.334	2.435	2.537	2.638	2.740	2.841	2.943	3.044	3.146
25	2.100	2.190	2.280	2.370	2.460	2.550	2.639	2.729	2.819	2.909
30	1.937	2.012	2.088	2.163	2.239	2.315	2.390	2.466	2.541	2.617
35	1.820	1.885	1.950	2.015	2.080	2.145	2.210	2.276	2.341	2.406
40	1.731	1.788	1.845	1.903	1.960	2.017	2.074	2.132	2.189	2.247
45	1.663	1.713	1.764	1.815	1.866	1.917	1.968	2.019	2.071	2.122
50	1.608	1.653	1.699	1.745	1.791	1.837	1.883	1.929	1.975	2.022

续表

H/h_1 \ b_1/b	$h_2=3h_1, b_2=2b$												
	1	2	3	4	5	6	8	10	12	14	16	18	20
6	1.279	1.424	1.574	1.724	1.872	2.019	2.312	2.601	2.888	3.172	3.455	3.735	4.014
8	1.367	1.471	1.590	1.712	1.836	1.960	2.208	2.456	2.703	2.949	3.194	3.439	3.682
10	1.386	1.457	1.548	1.646	1.746	1.848	2.054	2.261	2.468	2.675	2.882	3.088	3.294
12	1.379	1.431	1.502	1.581	1.664	1.750	1.923	2.099	2.275	2.451	2.627	2.804	2.980
14	1.365	1.404	1.461	1.527	1.597	1.670	1.819	1.970	2.123	2.276	2.429	2.582	2.736
16	1.349	1.380	1.427	1.483	1.543	1.606	1.736	1.869	2.003	2.138	2.273	2.408	2.544
18	1.334	1.359	1.399	1.447	1.499	1.554	1.669	1.787	1.907	2.027	2.148	2.269	2.391
20	1.321	1.342	1.376	1.417	1.463	1.512	1.615	1.721	1.828	1.937	2.046	2.156	2.266
22	1.309	1.327	1.356	1.393	1.434	1.478	1.570	1.666	1.764	1.863	1.962	2.062	2.162
25	1.294	1.308	1.333	1.363	1.398	1.436	1.516	1.600	1.685	1.773	1.860	1.949	2.037
30	1.275	1.285	1.304	1.327	1.355	1.385	1.450	1.518	1.589	1.662	1.735	1.809	1.883
35	1.261	1.269	1.283	1.302	1.325	1.349	1.403	1.461	1.521	1.583	1.645	1.708	1.772
40	1.250	1.257	1.268	1.284	1.303	1.323	1.369	1.418	1.470	1.524	1.578	1.633	1.689
45	1.242	1.247	1.257	1.270	1.286	1.304	1.343	1.386	1.431	1.478	1.526	1.575	1.624
50	1.236	1.240	1.249	1.260	1.273	1.288	1.323	1.360	1.401	1.442	1.485	1.529	1.573

H/h_1 \ b_1/b	$h_2=3h_1, b_2=2b$									
	22	24	26	28	30	32	34	36	38	40
6	4.291	4.566	4.839	5.110	5.380	5.648	5.914	6.179	6.442	6.703
8	3.925	4.168	4.409	4.650	4.890	5.130	5.369	5.607	5.845	6.082
10	3.500	3.705	3.910	4.115	4.320	4.524	4.728	4.931	5.135	5.338
12	3.156	3.332	3.508	3.684	3.859	4.035	4.210	4.385	4.560	4.735
14	2.889	3.043	3.196	3.349	3.502	3.655	3.808	3.961	4.114	4.266
16	2.680	2.815	2.951	3.086	3.222	3.357	3.493	3.628	3.763	3.898
18	2.512	2.633	2.755	2.876	2.998	3.119	3.241	3.362	3.483	3.605
20	2.376	2.486	2.596	2.706	2.816	2.926	3.036	3.145	3.255	3.365
22	2.263	2.363	2.464	2.564	2.665	2.765	2.866	2.966	3.067	3.167
25	2.126	2.215	2.304	2.393	2.482	2.571	2.660	2.749	2.838	2.927
30	1.957	2.032	2.106	2.181	2.256	2.331	2.406	2.480	2.555	2.630
35	1.836	1.900	1.964	2.029	2.093	2.158	2.222	2.287	2.351	2.416
40	1.745	1.801	1.857	1.914	1.971	2.027	2.084	2.141	2.198	2.254
45	1.674	1.724	1.774	1.824	1.875	1.925	1.976	2.027	2.077	2.128
50	1.617	1.662	1.708	1.753	1.798	1.844	1.890	1.935	1.981	2.027

H/h_1 \ b_1/b	$h_2=2h_1, b_2=3b$												
	1	2	3	4	5	6	8	10	12	14	16	18	20
4	1.392	1.578	1.757	1.931	2.102	2.272	2.606	2.934	3.256	3.573	3.884	4.191	4.493
6	1.591	1.729	1.880	2.033	2.187	2.341	2.649	2.956	3.261	3.564	3.866	4.167	4.466
8	1.582	1.667	1.776	1.893	2.014	2.136	2.382	2.629	2.876	3.123	3.370	3.617	3.862
10	1.537	1.594	1.676	1.767	1.863	1.962	2.163	2.365	2.569	2.773	2.977	3.182	3.386
12	1.491	1.532	1.596	1.670	1.749	1.831	1.999	2.170	2.342	2.515	2.688	2.862	3.035
14	1.452	1.483	1.535	1.596	1.663	1.732	1.876	2.024	2.172	2.322	2.472	2.622	2.773
16	1.420	1.444	1.487	1.539	1.596	1.656	1.782	1.911	2.041	2.173	2.305	2.438	2.571
18	1.393	1.413	1.449	1.494	1.544	1.596	1.707	1.822	1.938	2.056	2.174	2.292	2.411
20	1.371	1.388	1.419	1.458	1.501	1.548	1.647	1.750	1.855	1.961	2.068	2.175	2.282
22	1.352	1.366	1.393	1.428	1.467	1.509	1.598	1.691	1.786	1.883	1.980	2.078	2.176
25	1.329	1.341	1.363	1.392	1.426	1.462	1.539	1.620	1.704	1.789	1.875	1.961	2.048
30	1.301	1.310	1.327	1.350	1.376	1.405	1.467	1.534	1.603	1.674	1.746	1.818	1.891
35	1.282	1.288	1.302	1.320	1.341	1.365	1.417	1.474	1.532	1.593	1.654	1.716	1.778
40	1.267	1.273	1.284	1.299	1.316	1.336	1.381	1.429	1.480	1.532	1.585	1.639	1.694
45	1.256	1.261	1.270	1.283	1.298	1.315	1.353	1.395	1.439	1.485	1.532	1.580	1.629
50	1.248	1.252	1.259	1.270	1.283	1.298	1.331	1.368	1.407	1.448	1.490	1.533	1.577

续表

H/h_1 \ b_1/b	$h_2=2h_1, b_2=3b$									
	22	24	26	28	30	32	34	36	38	40
4	4.790	5.082	5.369	5.652	5.931	6.205	6.475	6.740	7.002	7.259
6	4.764	5.060	5.355	5.648	5.940	6.231	6.520	6.808	7.094	7.379
8	4.108	4.353	4.597	4.841	5.085	5.328	5.570	5.812	6.053	6.294
10	3.590	3.793	3.997	4.200	4.403	4.606	4.809	5.011	5.213	5.415
12	3.208	3.382	3.555	3.728	3.901	4.074	4.246	4.419	4.592	4.764
14	2.923	3.073	3.224	3.374	3.525	3.675	3.825	3.975	4.125	4.275
16	2.703	2.836	2.969	3.102	3.235	3.368	3.501	3.633	3.766	3.899
18	2.530	2.649	2.768	2.887	3.006	3.125	3.244	3.363	3.482	3.601
20	2.390	2.497	2.605	2.713	2.821	2.929	3.036	3.144	3.252	3.360
22	2.274	2.373	2.471	2.570	2.668	2.767	2.865	2.964	3.062	3.161
25	2.135	2.222	2.309	2.396	2.484	2.571	2.658	2.746	2.833	2.921
30	1.964	2.037	2.110	2.183	2.257	2.330	2.404	2.477	2.551	2.624
35	1.841	1.904	1.967	2.030	2.094	2.157	2.221	2.284	2.348	2.411
40	1.749	1.804	1.860	1.915	1.971	2.027	2.083	2.138	2.194	2.250
45	1.677	1.727	1.776	1.825	1.875	1.925	1.975	2.025	2.075	2.125
50	1.620	1.665	1.709	1.754	1.799	1.843	1.888	1.934	1.979	2.024

H/h_1 \ b_1/b	$h_2=3h_1, b_2=3b$												
	1	2	3	4	5	6	8	10	12	14	16	18	20
6	1.392	1.567	1.730	1.885	2.035	2.181	2.465	2.743	3.017	3.288	3.556	3.823	4.088
8	1.564	1.681	1.806	1.931	2.055	2.178	2.423	2.665	2.905	3.143	3.381	3.617	3.853
10	1.598	1.671	1.761	1.858	1.957	2.058	2.260	2.462	2.663	2.864	3.065	3.266	3.466
12	1.582	1.630	1.698	1.775	1.856	1.939	2.108	2.279	2.450	2.622	2.793	2.964	3.136
14	1.552	1.586	1.639	1.702	1.769	1.839	1.983	2.130	2.278	2.427	2.576	2.725	2.874
16	1.521	1.546	1.589	1.641	1.698	1.758	1.883	2.011	2.141	2.272	2.403	2.535	2.666
18	1.491	1.510	1.546	1.590	1.639	1.691	1.801	1.915	2.030	2.147	2.264	2.382	2.499
20	1.464	1.480	1.509	1.547	1.590	1.637	1.734	1.836	1.940	2.045	2.150	2.256	2.363
22	1.441	1.453	1.479	1.512	1.550	1.591	1.678	1.770	1.864	1.960	2.056	2.153	2.250
25	1.410	1.420	1.441	1.468	1.500	1.535	1.611	1.691	1.773	1.857	1.942	2.027	2.113
30	1.371	1.377	1.393	1.414	1.439	1.467	1.528	1.593	1.661	1.730	1.801	1.872	1.943
35	1.341	1.346	1.358	1.375	1.396	1.418	1.469	1.523	1.581	1.640	1.700	1.761	1.822
40	1.319	1.323	1.333	1.346	1.363	1.382	1.425	1.472	1.521	1.572	1.624	1.677	1.731
45	1.301	1.305	1.313	1.324	1.339	1.355	1.391	1.432	1.475	1.520	1.566	1.613	1.660
50	1.288	1.290	1.297	1.307	1.319	1.333	1.365	1.401	1.439	1.479	1.520	1.562	1.604

H/h_1 \ b_1/b	$h_2=3h_1, b_2=3b$									
	22	24	26	28	30	32	34	36	38	40
6	4.351	4.613	4.873	5.132	5.390	5.646	5.902	6.156	6.409	6.661
8	4.088	4.323	4.557	4.790	5.023	5.255	5.487	5.718	5.949	6.179
10	3.666	3.865	4.064	4.263	4.462	4.660	4.858	5.056	5.254	5.452
12	3.307	3.478	3.649	3.820	3.990	4.161	4.331	4.501	4.672	4.842
14	3.023	3.172	3.321	3.470	3.618	3.767	3.916	4.064	4.213	4.361
16	2.798	2.929	3.061	3.193	3.324	3.456	3.587	3.719	3.850	3.982
18	2.617	2.735	2.853	2.971	3.088	3.206	3.324	3.442	3.560	3.678
20	2.469	2.576	2.683	2.789	2.896	3.003	3.110	3.216	3.323	3.430
22	2.347	2.444	2.542	2.639	2.737	2.834	2.932	3.029	3.127	3.224
25	2.198	2.284	2.371	2.457	2.543	2.630	2.716	2.802	2.889	2.975
30	2.015	2.087	2.160	2.232	2.304	2.377	2.449	2.522	2.595	2.667
35	1.884	1.946	2.008	2.070	2.133	2.195	2.258	2.320	2.383	2.446
40	1.785	1.839	1.894	1.949	2.003	2.058	2.113	2.168	2.223	2.279
45	1.708	1.757	1.805	1.854	1.903	1.952	2.001	2.050	2.099	2.148
50	1.647	1.691	1.734	1.778	1.822	1.866	1.911	1.955	2.000	2.044

C3.5　对称十字形截面的 k 值表

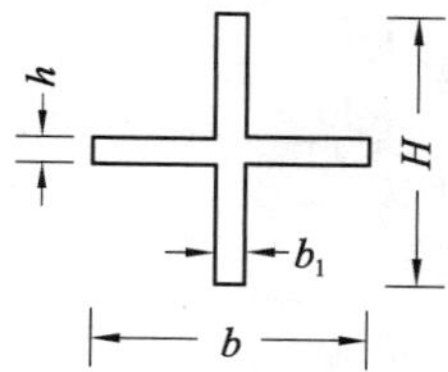

附表 C3-5

H/h \ b/b_1	1	2	3	4	5	6	8	10	12	14	16	18	20
3	1.200	1.127	1.177	1.248	1.320	1.387	1.505	1.600	1.675	1.735	1.782	1.818	1.847
5	1.200	1.173	1.254	1.358	1.470	1.583	1.807	2.023	2.228	2.422	2.605	2.778	2.942
7	1.200	1.188	1.264	1.360	1.464	1.571	1.788	2.003	2.216	2.426	2.631	2.832	3.029
9	1.200	1.195	1.261	1.345	1.436	1.530	1.721	1.914	2.106	2.298	2.488	2.676	2.863
13	1.200	1.199	1.251	1.315	1.385	1.458	1.606	1.756	1.907	2.058	2.209	2.360	2.510
17	1.200	1.201	1.242	1.294	1.350	1.408	1.527	1.648	1.770	1.892	2.015	2.137	2.259
21	1.200	1.201	1.236	1.279	1.326	1.374	1.473	1.574	1.676	1.778	1.880	1.982	2.084
25	1.200	1.201	1.231	1.268	1.308	1.349	1.434	1.520	1.607	1.695	1.782	1.870	1.957
29	1.200	1.201	1.227	1.260	1.295	1.331	1.405	1.480	1.556	1.632	1.708	1.785	1.862
33	1.200	1.201	1.224	1.253	1.284	1.316	1.382	1.449	1.516	1.583	1.651	1.719	1.787
37	1.200	1.201	1.222	1.248	1.276	1.304	1.363	1.423	1.484	1.545	1.606	1.667	1.728
41	1.200	1.201	1.220	1.244	1.269	1.295	1.348	1.403	1.458	1.513	1.568	1.624	1.679
45	1.200	1.201	1.218	1.240	1.263	1.287	1.336	1.386	1.436	1.486	1.537	1.588	1.638
49	1.200	1.201	1.217	1.237	1.258	1.280	1.325	1.371	1.418	1.464	1.511	1.558	1.604

H/h \ b/b_1	22	24	26	28	30	32	34	36	38	40
3	1.868	1.884	1.896	1.905	1.910	1.913	1.914	1.914	1.912	1.909
5	3.096	3.241	3.378	3.508	3.630	3.745	3.854	3.956	4.053	4.144
7	3.222	3.410	3.595	3.776	3.952	4.125	4.294	4.459	4.621	4.779
9	3.047	3.230	3.411	3.591	3.768	3.944	4.117	4.289	4.459	4.628
13	2.661	2.810	2.959	3.108	3.257	3.404	3.552	3.698	3.845	3.991
17	2.382	2.504	2.626	2.748	2.869	2.991	3.112	3.234	3.355	3.476
21	2.186	2.289	2.391	2.493	2.595	2.698	2.800	2.902	3.003	3.105
25	2.045	2.133	2.220	2.308	2.396	2.483	2.571	2.659	2.746	2.834
29	1.938	2.015	2.092	2.168	2.245	2.322	2.398	2.475	2.552	2.628
33	1.855	1.923	1.991	2.059	2.128	2.196	2.264	2.332	2.400	2.468
37	1.789	1.850	1.911	1.972	2.034	2.095	2.156	2.217	2.278	2.340
41	1.734	1.790	1.846	1.901	1.957	2.012	2.068	2.123	2.179	2.235
45	1.689	1.740	1.791	1.842	1.893	1.944	1.995	2.045	2.096	2.147
49	1.651	1.698	1.745	1.792	1.839	1.886	1.933	1.979	2.026	2.073

C3.6 不对称十字形截面的 k 值表

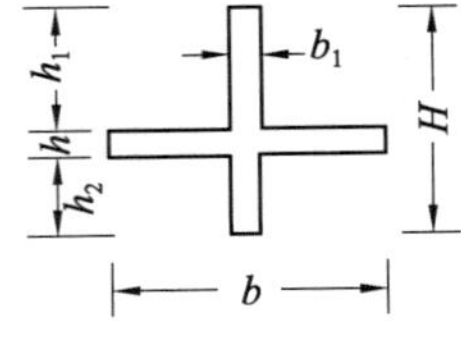

附表 C3-6

H/h \ b/b_1	$h_2=0.8h_1$												
	1	2	3	4	5	6	8	10	12	14	16	18	20
3	1.200	1.134	1.191	1.268	1.345	1.417	1.543	1.644	1.725	1.788	1.839	1.878	1.909
5	1.200	1.180	1.267	1.378	1.496	1.616	1.852	2.079	2.296	2.501	2.695	2.879	3.052
7	1.200	1.194	1.275	1.376	1.485	1.597	1.824	2.050	2.274	2.494	2.709	2.921	3.128
9	1.200	1.200	1.270	1.358	1.453	1.551	1.751	1.952	2.153	2.354	2.552	2.750	2.945
13	1.200	1.203	1.257	1.325	1.397	1.472	1.626	1.782	1.940	2.097	2.255	2.412	2.569
17	1.200	1.203	1.247	1.301	1.359	1.419	1.543	1.668	1.795	1.922	2.049	2.176	2.304
21	1.200	1.203	1.240	1.285	1.333	1.383	1.486	1.590	1.695	1.801	1.907	2.013	2.120
25	1.200	1.203	1.234	1.273	1.314	1.357	1.444	1.533	1.623	1.714	1.804	1.895	1.986
29	1.200	1.203	1.230	1.264	1.300	1.337	1.413	1.491	1.569	1.648	1.727	1.807	1.886
33	1.200	1.203	1.227	1.257	1.289	1.322	1.389	1.458	1.528	1.597	1.668	1.738	1.808
37	1.200	1.203	1.224	1.251	1.280	1.309	1.370	1.432	1.494	1.557	1.620	1.683	1.746
41	1.200	1.202	1.222	1.246	1.272	1.299	1.354	1.410	1.467	1.524	1.581	1.638	1.695
45	1.200	1.202	1.220	1.242	1.266	1.291	1.341	1.392	1.444	1.496	1.548	1.601	1.653
49	1.200	1.202	1.219	1.239	1.261	1.284	1.330	1.377	1.425	1.473	1.521	1.569	1.618

H/h \ b/b_1	$h_2=0.8h_1$									
	22	24	26	28	30	32	34	36	38	40
3	1.932	1.950	1.963	1.972	1.978	1.981	1.983	1.982	1.980	1.977
5	3.216	3.371	3.518	3.656	3.786	3.910	4.026	4.136	4.240	4.338
7	3.331	3.530	3.725	3.915	4.102	4.285	4.463	4.638	4.809	4.977
9	3.139	3.331	3.521	3.710	3.896	4.080	4.263	4.444	4.623	4.800
13	2.726	2.883	3.039	3.194	3.349	3.504	3.658	3.812	3.965	4.118
17	2.431	2.559	2.686	2.813	2.940	3.067	3.194	3.321	3.447	3.574
21	2.226	2.332	2.439	2.546	2.652	2.758	2.865	2.971	3.078	3.184
25	2.077	2.169	2.260	2.351	2.442	2.534	2.625	2.716	2.808	2.899
29	1.966	2.045	2.125	2.205	2.284	2.364	2.444	2.524	2.604	2.684
33	1.879	1.949	2.020	2.091	2.162	2.232	2.303	2.374	2.445	2.516
37	1.809	1.873	1.936	2.000	2.063	2.127	2.190	2.254	2.318	2.381
41	1.753	1.810	1.868	1.925	1.983	2.041	2.098	2.156	2.214	2.272
45	1.706	1.758	1.811	1.864	1.916	1.969	2.022	2.075	2.128	2.181
49	1.666	1.714	1.763	1.811	1.860	1.909	1.957	2.006	2.055	2.104

续表

b/b_1 \ H/h	$h_2=0.6h_1$												
	1	2	3	4	5	6	8	10	12	14	16	18	20
3	1.200	1.164	1.244	1.341	1.437	1.526	1.682	1.808	1.909	1.989	2.054	2.104	2.144
5	1.200	1.208	1.318	1.451	1.590	1.731	2.008	2.276	2.531	2.775	3.006	3.226	3.435
7	1.200	1.217	1.316	1.434	1.560	1.689	1.950	2.211	2.468	2.722	2.971	3.216	3.457
9	1.200	1.218	1.303	1.405	1.514	1.625	1.852	2.082	2.311	2.539	2.766	2.992	3.215
13	1.200	1.216	1.281	1.358	1.440	1.524	1.698	1.873	2.050	2.228	2.405	2.583	2.761
17	1.200	1.214	1.265	1.327	1.392	1.459	1.597	1.737	1.878	2.021	2.163	2.306	2.449
21	1.200	1.212	1.255	1.305	1.359	1.415	1.529	1.645	1.762	1.880	1.998	2.117	2.236
25	1.200	1.210	1.247	1.290	1.336	1.383	1.480	1.579	1.678	1.779	1.880	1.981	2.082
29	1.200	1.209	1.241	1.278	1.318	1.359	1.444	1.529	1.616	1.704	1.791	1.879	1.968
33	1.200	1.208	1.236	1.270	1.305	1.341	1.416	1.491	1.568	1.645	1.723	1.801	1.879
37	1.200	1.208	1.233	1.262	1.294	1.327	1.393	1.461	1.530	1.599	1.668	1.738	1.808
41	1.200	1.207	1.230	1.257	1.285	1.315	1.375	1.437	1.499	1.561	1.624	1.687	1.751
45	1.200	1.206	1.227	1.252	1.278	1.305	1.360	1.416	1.473	1.530	1.587	1.645	1.703
49	1.200	1.206	1.225	1.248	1.272	1.297	1.347	1.399	1.451	1.504	1.557	1.610	1.663

b/b_1 \ H/h	$h_2=0.6h_1$									
	22	24	26	28	30	32	34	36	38	40
3	2.175	2.199	2.217	2.229	2.238	2.243	2.246	2.246	2.245	2.241
5	3.633	3.821	3.999	4.168	4.329	4.481	4.626	4.763	4.894	5.018
7	3.693	3.925	4.153	4.376	4.595	4.809	5.020	5.226	5.429	5.628
9	3.437	3.657	3.876	4.092	4.306	4.519	4.729	4.938	5.145	5.350
13	2.938	3.115	3.291	3.467	3.643	3.818	3.993	4.167	4.341	4.515
17	2.592	2.736	2.879	3.022	3.165	3.308	3.450	3.593	3.736	3.878
21	2.355	2.474	2.593	2.713	2.832	2.952	3.071	3.190	3.310	3.429
25	2.184	2.286	2.388	2.490	2.592	2.694	2.796	2.899	3.001	3.103
29	2.056	2.145	2.234	2.323	2.412	2.501	2.590	2.679	2.768	2.858
33	1.957	2.036	2.114	2.193	2.272	2.351	2.430	2.509	2.588	2.667
37	1.878	1.949	2.019	2.090	2.161	2.231	2.302	2.373	2.444	2.515
41	1.814	1.878	1.942	2.006	2.070	2.134	2.198	2.262	2.327	2.391
45	1.761	1.819	1.878	1.936	1.995	2.053	2.112	2.170	2.229	2.288
49	1.716	1.770	1.823	1.877	1.931	1.985	2.039	2.093	2.147	2.201

b/b_1 \ H/h	$h_2=0.4h_1$												
	1	2	3	4	5	6	8	10	12	14	16	18	20
3	1.200	1.224	1.349	1.484	1.614	1.735	1.947	2.122	2.265	2.381	2.477	2.554	2.616
5	1.200	1.264	1.413	1.581	1.753	1.925	2.263	2.590	2.904	3.206	3.494	3.770	4.034
7	1.200	1.262	1.391	1.536	1.687	1.840	2.147	2.452	2.754	3.051	3.344	3.632	3.917
9	1.200	1.255	1.364	1.487	1.615	1.746	2.009	2.273	2.536	2.798	3.058	3.317	3.573
13	1.200	1.243	1.325	1.416	1.512	1.609	1.807	2.007	2.207	2.407	2.607	2.807	3.006
17	1.200	1.235	1.299	1.372	1.447	1.524	1.681	1.839	1.999	2.158	2.318	2.477	2.637
21	1.200	1.229	1.282	1.342	1.404	1.468	1.597	1.728	1.859	1.991	2.123	2.255	2.387
25	1.200	1.225	1.270	1.321	1.373	1.427	1.537	1.648	1.760	1.872	1.985	2.097	2.210
29	1.200	1.222	1.261	1.305	1.351	1.397	1.493	1.589	1.686	1.784	1.882	1.980	2.078
33	1.200	1.219	1.254	1.293	1.333	1.374	1.459	1.544	1.630	1.716	1.802	1.889	1.976
37	1.200	1.217	1.248	1.283	1.319	1.356	1.431	1.508	1.585	1.662	1.739	1.817	1.894
41	1.200	1.216	1.244	1.275	1.308	1.341	1.409	1.478	1.548	1.618	1.688	1.758	1.829
45	1.200	1.214	1.240	1.269	1.299	1.329	1.391	1.454	1.518	1.581	1.645	1.710	1.774
49	1.200	1.213	1.237	1.263	1.291	1.319	1.376	1.434	1.492	1.551	1.610	1.669	1.728

续表

H/h \ b/b_1	$h_2=0.4h_1$									
	22	24	26	28	30	32	34	36	38	40
3	2.667	2.707	2.738	2.762	2.780	2.793	2.802	2.807	2.809	2.808
5	4.287	4.529	4.760	4.982	5.194	5.397	5.591	5.777	5.955	6.126
7	4.196	4.472	4.743	5.009	5.272	5.530	5.784	6.034	6.281	6.523
9	3.828	4.081	4.332	4.582	4.829	5.075	5.318	5.560	5.801	6.039
13	3.205	3.404	3.602	3.799	3.996	4.193	4.389	4.584	4.779	4.974
17	2.796	2.955	3.114	3.273	3.432	3.591	3.749	3.907	4.065	4.223
21	2.520	2.652	2.784	2.916	3.048	3.180	3.312	3.444	3.575	3.707
25	2.323	2.435	2.548	2.661	2.773	2.886	2.999	3.111	3.224	3.336
29	2.176	2.274	2.372	2.470	2.569	2.667	2.765	2.863	2.961	3.059
33	2.062	2.149	2.236	2.323	2.410	2.497	2.584	2.671	2.758	2.845
37	1.972	2.050	2.128	2.206	2.284	2.362	2.440	2.518	2.596	2.674
41	1.899	1.970	2.040	2.111	2.181	2.252	2.323	2.393	2.464	2.535
45	1.838	1.903	1.967	2.032	2.096	2.161	2.225	2.290	2.355	2.419
49	1.787	1.846	1.906	1.965	2.025	2.084	2.144	2.203	2.263	2.322

H/h \ b/b_1	$h_2=0.2h_1$												
	1	2	3	4	5	6	8	10	12	14	16	18	20
3	1.200	1.313	1.491	1.672	1.844	2.004	2.292	2.537	2.745	2.923	3.073	3.201	3.309
5	1.200	1.336	1.522	1.717	1.912	2.106	2.487	2.858	3.216	3.564	3.900	4.225	4.540
7	1.200	1.318	1.472	1.634	1.798	1.962	2.289	2.613	2.933	3.249	3.562	3.872	4.177
9	1.200	1.299	1.428	1.562	1.699	1.836	2.110	2.383	2.655	2.924	3.193	3.459	3.725
13	1.200	1.274	1.368	1.467	1.568	1.669	1.871	2.074	2.276	2.477	2.677	2.878	3.077
17	1.200	1.259	1.332	1.410	1.489	1.568	1.728	1.888	2.047	2.206	2.364	2.523	2.681
21	1.200	1.248	1.309	1.372	1.437	1.503	1.634	1.765	1.897	2.028	2.159	2.289	2.420
25	1.200	1.241	1.292	1.346	1.401	1.456	1.568	1.679	1.791	1.903	2.014	2.125	2.236
29	1.200	1.236	1.280	1.326	1.374	1.422	1.519	1.616	1.713	1.810	1.907	2.003	2.100
33	1.200	1.231	1.270	1.312	1.353	1.396	1.481	1.567	1.653	1.738	1.824	1.909	1.995
37	1.200	1.228	1.263	1.300	1.337	1.375	1.451	1.528	1.605	1.682	1.759	1.835	1.912
41	1.200	1.225	1.257	1.290	1.324	1.358	1.427	1.497	1.566	1.636	1.705	1.775	1.844
45	1.200	1.223	1.252	1.282	1.313	1.344	1.407	1.471	1.534	1.598	1.661	1.725	1.788
49	1.200	1.221	1.248	1.276	1.304	1.333	1.391	1.449	1.507	1.566	1.624	1.683	1.741

H/h \ b/b_1	$h_2=0.2h_1$									
	22	24	26	28	30	32	34	36	38	40
3	3.401	3.478	3.542	3.596	3.641	3.677	3.707	3.730	3.748	3.762
5	4.844	5.139	5.425	5.701	5.968	6.227	6.477	6.720	6.955	7.182
7	4.480	4.778	5.074	5.365	5.654	5.939	6.221	6.500	6.775	7.047
9	3.988	4.251	4.511	4.771	5.029	5.285	5.540	5.794	6.047	6.298
13	3.276	3.475	3.673	3.870	4.068	4.265	4.461	4.657	4.853	5.048
17	2.838	2.996	3.153	3.309	3.466	3.623	3.779	3.935	4.091	4.247
21	2.550	2.679	2.809	2.939	3.068	3.197	3.326	3.455	3.584	3.713
25	2.346	2.457	2.567	2.677	2.788	2.897	3.007	3.117	3.227	3.336
29	2.196	2.292	2.388	2.484	2.580	2.675	2.771	2.866	2.962	3.057
33	2.080	2.165	2.250	2.335	2.420	2.504	2.589	2.673	2.758	2.842
37	1.988	2.064	2.141	2.217	2.293	2.369	2.445	2.520	2.596	2.672
41	1.913	1.983	2.052	2.121	2.190	2.258	2.327	2.396	2.465	2.533
45	1.852	1.915	1.978	2.041	2.104	2.167	2.230	2.293	2.356	2.418
49	1.800	1.858	1.916	1.974	2.032	2.090	2.148	2.206	2.264	2.322

参 考 文 献

[C. 1]《建筑结构静力计算手册》编写组．建筑结构静力计算手册（第二版）．北京：中国建筑工业出版社．1998

[C. 2] 孙训方，方孝淑，关来泰编．材料力学（第三版）．北京：高等教育出版社，1994

附录 D 建筑结构水平地震作用计算——底部剪力法

D1 一 般 规 定

现行《建筑抗震设计规范》GB 50011 规定：在抗震设防烈度为 7 度和 7 度以上地区，应对建筑结构进行多遇地震作用下的截面抗震验算；同时也规定对于高度不超过 40m，以剪切变形为主且质量和刚度沿高度分布比较均匀的结构，以及近似于单质点体系的结构，可采用底部剪力法进行抗震计算。即对于类似多层砌体和多层钢筋混凝土房屋，可按底部剪力法计算结构水平地震作用，进而进行构件截面的抗震验算。

D2 底部剪力法的计算方法

采用底部剪力法计算结构的水平地震作用时，根据结构受力特点，每一楼层仅取一个自由度，一个质点代表一个楼层，计算简图如图 D.2-1 所示。

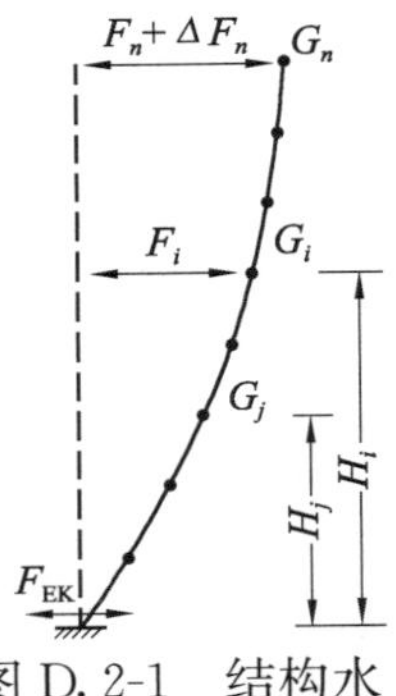

图 D.2-1 结构水平地震作用计算简图

结构总水平地震作用标准值 F_{Ek} 按下式计算：

$$F_{Ek}=\alpha_1 G_{eq} \tag{D.2-1}$$

式中 F_{Ek}——结构总水平地震作用标准值；

α_1——相应于结构基本自振周期的水平地震影响系数值；对于多层砌体房屋、底部框架砌体房屋，可取表 D.2-1 所给的水平地震影响系数最大值；

G_{eq}——结构等效总重力荷载，单质点应取总重力荷载代表值，多质点可取总重力荷载代表值的 85%。

水平地震影响系数的最大值　　表 D.2-1

地震影响	7 度	8 度	9 度
多遇地震	0.08（0.12）	0.16（0.24）	0.32

注：括号中数值分别用于设计基本地震加速度为 0.15g 和 0.30g 的地区。

各楼层 i（质点 i）的水平地震作用标准值 F_i 按下式计算：

$$F_i=\frac{G_iH_i}{\sum_{j=1}^{n}G_jH_j}F_{EK}(1-\delta_n)(i=1,2\cdots n) \tag{D.2-2}$$

式中 G_i、G_j——分别为集中于楼层 i、j（质点 i、j）的重力荷载代表值，应取结构及其构配件自重标准值与各可变荷载组合值之和；各可变荷载的组合值系数，按表 D.2-2 采用；

H_i、H_j——分别为楼层 i、j（质点 i、j）的计算高度。

可变荷载的组合值系数　　表 D. 2-2

可变荷载	组合值系数	可变荷载		组合值系数
雪荷载	0.5	按实际情况计算的楼面活荷载		1.0
屋面积灰荷载	0.5	按等效均布荷载计算的楼面活荷载	藏书库、档案库	0.8
屋面活荷载	不计入		其他民用建筑	0.5

顶部附加水平地震作用为

$$\Delta F_n = \delta_n F_{EK} \qquad (D.2\text{-}3)$$

式中 δ_n 是顶部附加地震作用系数，多层钢筋混凝土和钢结构房屋可按表 D. 2-3 采用，多层内框架砖房可采用 0.2，其他房屋可采用 0.0；

顶部附加地震作用系数　　表 D. 2-3

T_g（s）	$T_1>1.4T_g$	$T_1\leqslant 1.4T_g$
$\leqslant$0.35	$0.08T_1+0.07$	0.0
$<$0.35～0.55	$0.08T_1+0.01$	
$>$0.55	$0.08T_1-0.02$	

注：T_1 为结构基本自振周期；T_g 为特征周期，按《建筑抗震设计规范》的规定取用。

D3　算　　例

【例题 D-1】一幢位于抗震设防烈度为 8 度区的五层砖砌体住宅，采用横墙承重体系，楼屋面为现浇钢筋混凝土梁板。建筑剖面示意如图 D. 3-1 所示。计算此住宅的水平地震作用。

【解】每一楼层集中为一个质点，包括楼盖自重，上下各半层的墙体自重，以及楼面上的可变荷载等。假定质点均集中在楼层的标高处，如图 D. 3-2 所示。

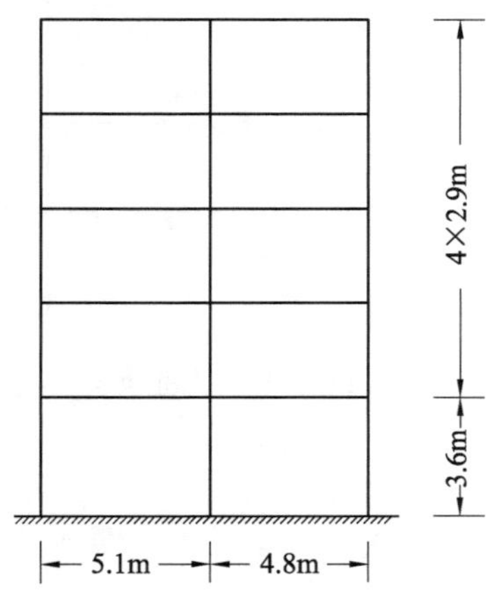

图 D. 3-1　剖面示意

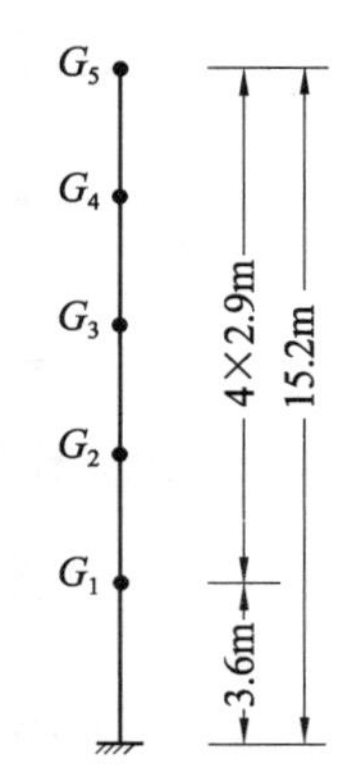

图 D. 3-2　质量分布

因房屋为五层，故上部集中为五个质点。按有关规定计算得到各质点的重力荷载代表值分别为：

$G_5=2520\text{kN}$　　$G_4=4420\text{kN}$　　$G_3=4420\text{kN}$

$$G_2 = 4420\text{kN} \qquad G_1 = 4420\text{kN} \qquad \sum G = 20200\text{kN}$$

本建筑为砖砌体，抗震设防烈度为 8 度，查表 D. 2-1 有 $\alpha_1 = 0.16$。

结构总水平地震作用标准值为

$$F_{\text{EK}} = \alpha_1 G_{\text{eq}} = 0.16 \times 0.85 \times 20200 = 2747.2\text{kN}$$

各楼层的水平地震作用标准值按下式计算：

$$F_i = \frac{G_i H_i}{\sum_{j=1}^{5} G_j H_j} F_{\text{Ek}}(1 - \delta_5) \qquad (i=1,\ 2\cdots 5)$$

本建筑为砖砌体，其顶部附加地震作用系数 δ_5 按表 D. 2-3 取 0. 0。各楼层的水平地震作用标准值的计算结果列于表 D. 3-1，水平地震作用分布如图 D. 3-3 所示。

各层地震剪力标准值 V_{ik} 按下式计算：

$$V_{ik} = \sum_{i}^{5} F_i \qquad (i=1,\ 2\cdots 5)$$

结果列于表 D. 3-1。层间地震剪力分布如图 D. 3-4 所示。

各层地震剪力设计值计算 **表 D. 3-1**

楼层 i	G_i（kN）	H_i（m）	G_iH_i	F_i（kN）	V_{ik}（kN）
5	2520	15. 2	38304	588. 3	588. 3
4	4420	12. 3	54366	835. 0	1423. 4
3	4420	9. 4	41548	638. 2	2061. 5
2	4420	6. 5	28730	441. 3	2502. 8
1	4420	3. 6	15912	244. 4	2747. 2
Σ	20200		178860	2747. 2	

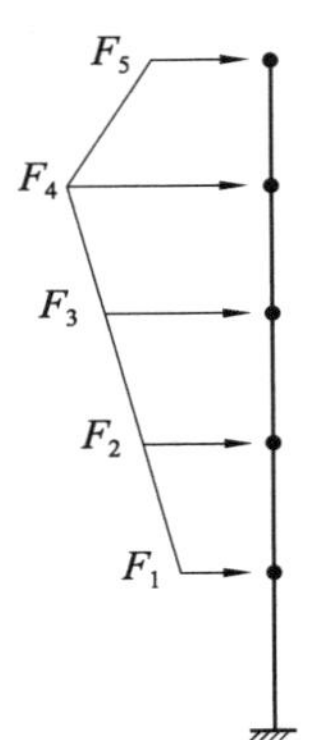

图 D. 3-3 地震作用分布

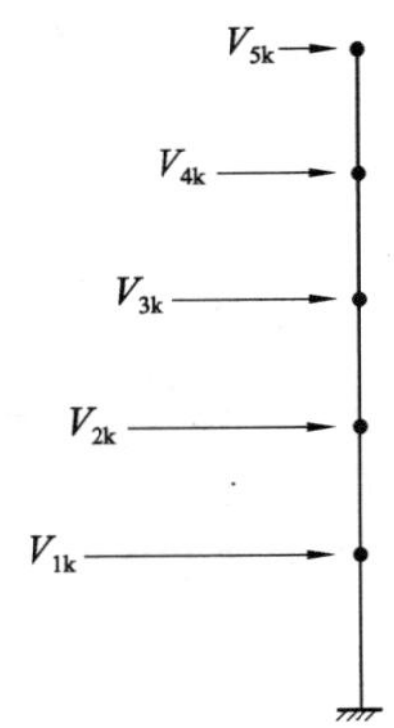

图 D. 3-4 层间地震剪力分布

参 考 文 献

[D. 1] 中华人民共和国国家标准：建筑抗震设计规范（GB 50011—2010）. 北京：中国建筑工业出版社. 2010

[D. 2] 裘民川，周炳章，施耀新编著 . 常用房屋抗震计算实例 . 北京：地震出版社. 1993